Grundstudium Mathematik
Grundstudium Mathematik Prüfungstraining

Herausgegeben von
Thomas C. T. Michaels, Department of Physics and Astronomy, University College London, London, UK
Marcel Liechti, Institut Mathematik-Coaching, Dübendorf, Schweiz

Übung macht den Meister. Oder anders formuliert, zum Prüfungserfolg führen Üben, Lernen, Üben, Trainieren.... Nur womit? Die Bände in der Reihe Grundstudium Mathematik Prüfungstraining ergänzen ideal die gängigen Lehrbücher zum Bachelor-Studium Mathematik und die Mathematik-Grundlagenvorlesungen für Ingenieur-, naturwissenschaftliche und wirtschaftswissenschaftliche Studiengänge. Die Bücher folgen einem bewährten Konzept: Zum einen bieten sie eine Sammlung vieler sorgfältig ausgewählter Aufgaben mit ausführlichen, gut verständlichen Lösungen und Beispielen. Aber auch die Theorie kommt nicht zu kurz, der wesentliche Stoff wird kompakt wiederholt. Eine ideale Kombination für die Prüfungsvorbereitung.

Weitere Bände in der Reihe: http://www.springer.com/series/5008

Thomas C. T. Michaels • Marcel Liechti

Prüfungstraining Lineare Algebra Band I

Band I: Matrizen, Determinanten, Lineare Gleichungssysteme, Vektorräume, Lineare Abbildungen, Eigenwerte und Eigenvektoren

Birkhäuser

Thomas C. T. Michaels
Department of Physics and Astronomy
University College London
London, UK

Marcel Liechti
Institut Mathematik-Coaching
Dübendorf, Schweiz

ISSN 2504-3641 ISSN 2504-3668 (electronic)
Grundstudium Mathematik
ISBN 978-3-030-65885-4 ISBN 978-3-030-65886-1 (eBook)
https://doi.org/10.1007/978-3-030-65886-1

Die Deutsche Nationalbibliothek verzeichnet diese Publikation in der Deutschen Nationalbibliografie; detaillierte bibliografische Daten sind im Internet über http://dnb.d-nb.de abrufbar.

Birkhäuser

Planung/Lektorat: Sarah Annette Goob
Birkhäuser ist ein Imprint der eingetragenen Gesellschaft Springer Nature Switzerland AG und ist ein Teil von Springer Nature.
Die Anschrift der Gesellschaft ist: Gewerbestrasse 11, 6330 Cham, Switzerland

Vorwort

Zu den vielen existierenden Büchern zur linearen Algebra gesellt sich hier ein weiteres, aber **sehr spezielles**. Das vorliegende Buch soll vielen Studenten im Assessmentjahr die lang ersehnte echte Hilfe zur effektiven Prüfungsvorbereitung liefern. Beim Verfassen des Buches hatten die Autoren die folgenden Aspekte im Fokus:

- Viele **typische Aufgaben** der linearen Algebra I, die sich rezeptartig und didaktisch transparent lösen lassen. Das Buch bietet eine Sammlung der wichtigsten **Lösungsrezepte und Tricks.**
- Eine **übersichtliche Darstellung in Hauptthemen**, die in ein oder zwei Semestern Lineare Algebra an Universitäten, Technischen Hochschulen oder Fachhochschulen behandelt werden.
- Eine Aufteilung des Stoffes in viele etwa gleich kurze Übungs- bzw. Lerneinheiten. In jedem Kapitel werden die wichtigen Definitionen und Sätze kurz und einfach zusammengefasst und diese Theorie wird anhand von ausführlich durchgerechneten Musterbeispielen erklärt.
- **Zahlreiche Beispiele** erklären die Theorie anschaulich und didaktisch transparent. Sie untermauern das Anwenden der vorgeschlagenen **„Kochrezepte“** durchgehend.
- Ausführliche, verständliche Lösungsanleitungen mit **verschiedenen Schwierigkeitsgraden**. Durch ○ ○ ○ (leicht), ● ○ ○, ● ● ○, bis ● ● ● (schwierig) wird ein ungefährer Schwierigkeitsgrad der Aufgaben vorgeschlagen.
- Es wurden bewusst Übungen gewählt, die sowohl für Studenten von **anwendungsorientierten** Fachrichtungen wie für zukünftige Ingenieure, Wirtschaftswissenschafter, Naturwissenschafter, Informatiker als auch für **theorieorientierte** Mathematiker und Physiker geeignet sind. Insbesondere befinden sich im Buch zahlreiche **Beweisaufgaben** mit bekannten Tricks um die „Kunst“ des Beweisens eintrainieren zu können.
- Mittels **150 Multiple-Choice-Aufgaben**, wie sie immer häufiger an Assessment-Prüfungen aufzufinden sind, inklusive Lösungen, wird der erarbeitete Gesamtstoff nochmals repetiert und gefestigt.
- Zu guter Letzt offerieren wir am Schluss, quasi als letzten Schliff, vier komplette 3- bis 4-stündige **Musterprüfungen** vom Schwierigkeitsgrad leichter ● ○ ○ ○ bis schwierig ● ● ● ●; natürlich mit **ausführlichen Lösungswegen!**

Was darf man sich also vom vorliegenden Buch erwarten? Im Buch befinden sich **mehr als 600 prüfungsrelevante Übungen**, alle **ausführlich gelöst**. Alle Lösungsschritte werden **akurat durchgerechnet** und es gibt kein „trivial“ oder „man sieht leicht“. Dieses Buch eignet sich also perfekt zum Trainieren und hilft zu verstehen, was konkret hinter den abstrakten Definitionen und Sätzen der linearen Algebra steckt. Es ist aus unserer Sicht das ideale Begleitbuch für jeden Studenten als Prüfungsvorbereiter. Viele anspruchsvolle, weiterführende Themen und „härtere“ Beispiele wurden bewusst in den Folgeband Prüfungstraining Lineare Algebra Band II ausgelagert.

Das Buch will ganz bewusst das ganze Spektrum von relativ elementaren bis anspruchsvollen Beispielen abdecken. Unsere langjährige Erfahrung im Mathematikcoaching an Hochschulen erlaubt uns, eine grobe Klassifizierung der Bearbeitungsgruppen vorzunehmen. Es ist uns klar, dass ein Wirtschaftsstudent nicht die gleichen Anforderungen in lineare Algebra hat wie ein Physik- oder Mathematikstudent. Die vorgeschlagene Tabelle ist als „Empfehlung“ zu verstehen, die jederzeit individuell angepasst werden kann.

	Wirtschaft, Architektur, Bauingenieur	Lehramtsstudenten	Maschinenbau, Elektrotechnik	Naturwissenschaften	Informatik	Mathematik, Physik
Teil I	●●○	●●○	●●○	●●●	●●●	●●●
Teil II	●○○	●●○	●●○	●●○	●●○	●●●
Teil III	●○○	●●○	●●○	●●○	●●●	●●●
Beispiele in $\mathbb{C}$	–	●●○	●●○	●○○	●●○	●●●
Beispiele in $P_n(\mathbb{K})$	–	●○○	●●○	●○○	●●○	●●●

Ein Buch kann kaum alle Bedürfnisse gleichzeitig erfüllen: Es wird somit nicht auf Exaktheit und Beweisvollständigkeit verzichtet. Wir haben überall dort, wo es uns inhaltlich richtig erschien, Beweise in Form von Beispielen vollständig präsentiert. Technische Beweise, welche nur lange Schreibarbeit erfordern, aber keinen wesentlichen Beitrag zum Verständnis beitragen, wurden bewusst weggelassen, wir verweisen auf die umfangreiche entsprechende Literatur.

Wir wollen das Buch jetzt nicht weiter beschreiben: Sie haben es ja vor sich! Wir sind überzeugt, dass Sie ein echtes Juwel in Ihren Händen tragen. Wir wünschen von Herzen einen überzeugenden Prüfungserfolg und hoffentlich nimmt dieses Buch allen Lesern die unnötige Angst, die sie möglicherweise vor der linearen Algebra haben! Nicht vergessen wollen wir die vielen Studenten, die uns verschiedene gute Tipps und Korrekturen mitgeteilt haben. Insbesondere die ETHZ-Mathematikstudenten Tanja Kaister und Raphael Guido. Wir danken Claudia Flandoli (www.draw.science) für die Herstellung aussagekräftiger Grafiken.

Thomas Michaels

Marcel Liechti
Mai 2021

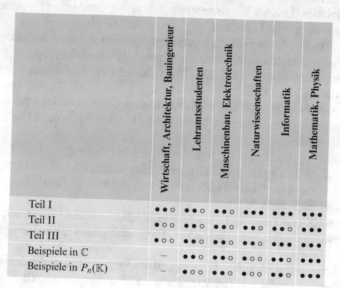

Inhaltsverzeichnis

II Vektorräume

III Lineare Abbildungen

Grundlagen: Matrizen und lineare Gleichungssysteme

Inhaltsverzeichnis

Matrizen

Inhaltsverzeichnis

T. C. T. Michaels, M. Liechti, *Prüfungstraining Lineare Algebra*, Grundstudium Mathematik Prüfungstraining, https://doi.org/10.1007/978-3-030-65886-1_1

Bevor wir mit der eigentlichen linearen Algebra loslegen, wollen wir in diesem ersten Kapitel kompakt, quasi als Vokabular, die wichtigsten Tatsachen über Matrizen festhalten.

LERNZIELE

Nach gewissenhaftem Bearbeiten des ► Kap. 1 sind Sie in der Lage:

- Aufbau und Manipulation von Matrizen zu verstehen und zu erklären,
- Eigenschaften von Matrizen wie Spur, Potenz, Transponierte, Adjungierte, Inverse, etc. zu erklären und anzuwenden,
- die wichtigsten Matrizentypen zu interpretieren und anzuwenden,
- die wichtigsten Eigenschaften spezifischer Matrizen zu erklären und anzuwenden.

1.1 Matrizen (Grundlagen)

1.1.1 Reelle Matrizen

Eine reelle **($m \times n$)-Matrix** ist eine rechteckige Anordnung von reellen Zahlen in ***m* Zeilen** und ***n* Spalten**. Eine beliebige reelle ($m \times n$)-Matrix $\boldsymbol{A}$ sieht somit wie folgt aus:

$$\boldsymbol{A} = \underbrace{\begin{bmatrix} a_{11} & a_{12} & \cdots & a_{1n} \\ a_{21} & a_{22} & \cdots & a_{2n} \\ \vdots & \vdots & \ddots & \vdots \\ a_{m1} & a_{m2} & \cdots & a_{mn} \end{bmatrix}}_{n \text{ Spalten}} \left.\vphantom{\begin{bmatrix} a \\ a \\ \vdots \\ a \end{bmatrix}}\right\} m \text{ Zeilen} \tag{1.1}$$

wobei die Zahlen $a_{ij} \in \mathbb{R}$ die **Matrixelemente** (auch **Matrixeinträge**) von $\boldsymbol{A}$ bezeichnen, kurz:

$$[\boldsymbol{A}]_{ij} = a_{ij}. \tag{1.2}$$

Der erste Index i nummeriert die Zeilen von $\boldsymbol{A}$, der zweite Index j die Spalten von $\boldsymbol{A}$. Das Matrixelement a_{ij} befindet sich somit an der Kreuzung der i-ten Zeile und j-ten Spalte:

$$\boldsymbol{A} = \begin{bmatrix} & \vdots & \\ \cdots & \boxed{a_{ij}} & \cdots \\ & \vdots & \end{bmatrix} \leftarrow i\text{-te Zeile} \tag{1.3}$$

$$\uparrow$$
$$j\text{-te Spalte}$$

Die Matrixelemente a_{ii} (d. h. mit $i = j$) befinden sich auf der Hauptdiagonalen von $\boldsymbol{A}$ und werden somit als **Diagonalelemente** bezeichnet.

1.1.2 Matrizen auf beliebigen Körpern

Die Einträge einer Matrix $\boldsymbol{A}$ brauchen nicht immer reell zu sein. In der Tat kann man beispielsweise auch **komplexe** Matrizen betrachten, deren Einträge komplexe Zahlen sind. Im Allgemeinen kann man Matrizen auf beliebigen Körpern $\mathbb{K}$ definieren, wenn die Matrixelemente zu $\mathbb{K}$ gehören.

Bemerkung

In der Praxis finden wir oft $\mathbb{K} = \mathbb{R}$ (reelle Matrizen), $\mathbb{K} = \mathbb{C}$ (komplexe Matrizen), $\mathbb{K} = \mathbb{Q}$ (rationale Matrizen) oder $\mathbb{K} = \mathbb{Z}_p$ (Primkörper). Es ist wichtig, dass der Leser sich mit den Rechenregeln auf solchen Körper vertraut macht (vgl. Übung 1.9 und Anhang B.3).

1.1.3 Die Menge $\mathbb{K}^{m\times n}$

► Definition 1.1

Die Menge aller $(m \times n)$-Matrizen mit Einträgen aus $\mathbb{K}$ (wobei $\mathbb{K} = \mathbb{R}, \mathbb{C}, \mathbb{Q}$, usw.) bezeichnet man mit

$$\boxed{\mathbb{K}^{m\times n} := \{\text{Alle } (m \times n)\text{-Matrizen mit Einträgen aus } \mathbb{K}\}} \tag{1.4}$$

◄

► Beispiel

- $\mathbb{R}^{m\times n}$ = reelle Matrizen
- $\mathbb{C}^{m\times n}$ = komplexe Matrizen ◄

Dimension

Wir wollen nun kurz die Dimension von $\mathbb{K}^{m\times n}$ diskutieren. Wir werden den Begriff der Dimension später in ► Kap. 6 noch genauer definieren. Für die momentane Betrachtung reicht es zu wissen, dass die **Dimension** einer Menge grundsätzlich die **Anzahl der freien Parameter** ist, die man braucht, um diese Menge zu definieren. Um eine reelle $(m\times n)$-Matrix aufzustellen, muss man $m{\cdot}n$ reelle Zahlen angeben, d. h., eine reelle $(m \times n)$-Matrix hat $m \cdot n$ freie Parameter. Man sagt, dass die Menge aller reellen $(m \times n)$-Matrizen die ***Dimension*** $m \cdot n$ besitzt. Man schreibt dies:

$$\dim\left(\mathbb{R}^{m\times n}\right) = m \cdot n. \tag{1.5}$$

► Beispiel

$\dim(\mathbb{R}^{2\times 2}) = 4$, $\dim(\mathbb{R}^{3\times 3}) = 9$, usw. ◄

Für komplexwertige Matrizen muss man aufpassen:

- Betrachtet man die Menge der komplexen $(m \times n)$-Matrizen über $\mathbb{R}$, so muss man beachten, dass jede komplexe Zahl zwei freie Parameter hat: den Real- und den

Imaginärteil. Daher benötigen wir für jeden Matrixeintrag zwei reelle Zahlen. Die Dimension von $\mathbb{C}^{m \times n}$ über $\mathbb{R}$ ist somit:

$$\dim_{\mathbb{R}}\left(\mathbb{C}^{m\times n}\right) = 2\,m \cdot n. \tag{1.6}$$

- Betrachtet man die komplexen $(m \times n)$-Matrizen über $\mathbb{C}$, so benötigen wir für jeden Matrixeintrag eine komplexe Zahl. Daher ist die Dimension von $\mathbb{C}^{m\times n}$ über $\mathbb{C}$:

$$\dim_{\mathbb{C}}\left(\mathbb{C}^{m\times n}\right) = m \cdot n. \tag{1.7}$$

1.1.4 Wichtige Matrizen

Wir betrachten jetzt einige wichtige Beispiele von Matrizen.

- Sind alle Elemente der Matrix $\boldsymbol{A}$ gleich Null ($a_{ij} = 0$ für alle i, j) so nennt man $\boldsymbol{A}$ die ***Nullmatrix***:

$$\mathbf{0} := \begin{bmatrix} 0 & 0 & \cdots & 0 \\ 0 & 0 & \cdots & 0 \\ \vdots & \vdots & \ddots & \vdots \\ 0 & 0 & \cdots & 0 \end{bmatrix}. \tag{1.8}$$

- Die Matrix

$$\boldsymbol{E} := \begin{bmatrix} 1 & 0 & \cdots & 0 \\ 0 & 1 & \cdots & 0 \\ \vdots & \vdots & \ddots & \vdots \\ 0 & 0 & \cdots & 1 \end{bmatrix} \tag{1.9}$$

heißt sinngemäß ***Einheitsmatrix*** (oder **Identitätsmatrix**). Die Einträge der Einheitsmatrix sind wie folgt definiert:

$$[\boldsymbol{E}]_{ij} := \delta_{ij} = \begin{cases} 1, & i = j \\ 0, & \text{sonst} \end{cases} \tag{1.10}$$

wobei δ_{ij} das sogenannte **Kronecker-Delta** darstellt (nach dem Deutschen Mathematiker Leopold Kronecker).

- Eine Matrix $\boldsymbol{A}$ mit $m = n$ (d. h. $\boldsymbol{A}$ hat die **gleiche Anzahl Zeilen und Spalten**) heißt ***quadratisch***:

$$\boldsymbol{A} = \begin{bmatrix} a_{11} & a_{12} & \cdots & a_{1n} \\ a_{21} & a_{22} & \cdots & a_{2n} \\ \vdots & \vdots & \ddots & \vdots \\ a_{n1} & a_{n2} & \cdots & a_{nn} \end{bmatrix}. \tag{1.11}$$

- Eine Matrix mit $a_{ij} = 0$ für alle $i < j$ heißt eine ***untere Dreiecksmatrix***. Bei diesen Matrizen sind alle Elemente über der Diagonalen gleich Null:

$$\boldsymbol{A} = \begin{bmatrix} a_{11} & 0 & \cdots & 0 \\ a_{21} & a_{22} & \cdots & 0 \\ \vdots & \vdots & \ddots & \vdots \\ a_{n1} & a_{n2} & \cdots & a_{nn} \end{bmatrix}. \tag{1.12}$$

- Eine Matrix mit $a_{ij} = 0$ für alle $i > j$ heißt eine ***obere Dreiecksmatrix***. Mit anderen Worten, alle Elemente unter der Diagonalen sind Null:

$$\boldsymbol{A} = \begin{bmatrix} a_{11} & a_{12} & \cdots & a_{1n} \\ 0 & a_{22} & \cdots & a_{2n} \\ \vdots & \vdots & \ddots & \vdots \\ 0 & 0 & \cdots & a_{nn} \end{bmatrix}. \tag{1.13}$$

- Eine Matrix mit $a_{ij} = 0$ für alle $i \neq j$ heißt ***Diagonalmatrix***. Bei diesen Matrizen sind alle Elemente außer der Diagonalen gleich Null:

$$\boldsymbol{A} = \begin{bmatrix} a_{11} & 0 & \cdots & 0 \\ 0 & a_{22} & \cdots & 0 \\ \vdots & \vdots & \ddots & \vdots \\ 0 & 0 & \cdots & a_{nn} \end{bmatrix} \tag{1.14}$$

  Notiert wird dies oft wie folgt:

$$\boldsymbol{A} = \mathrm{diag}[a_{11}, a_{22}, \cdots, a_{nn}]. \tag{1.15}$$

- Ein ***Zeilenvektor*** ist eine $(1 \times n)$-Matrix, d. h. eine Matrix mit **nur einer Zeile**:

$$\boldsymbol{v} = \begin{bmatrix} v_1 & v_2 & \cdots & v_n \end{bmatrix}. \tag{1.16}$$

- Ein ***Spaltenvektor*** ist eine $(m \times 1)$-Matrix, d. h. eine Matrix mit **nur einer Spalte**:

$$\boldsymbol{v} = \begin{bmatrix} v_1 \\ v_2 \\ \vdots \\ v_m \end{bmatrix}. \tag{1.17}$$

- Eine **Blockdiagonalmatrix** (oder **Kästchenmatrix**) ist eine Matrix in Diagonalgestalt, wobei die Diagonalelemente selbst Matrizen sind:

$$A = \mathrm{diag}[A_1, A_2, \cdots, A_p] = \left[\begin{array}{c|c|c|c} A_1 & 0 & \cdots & 0 \\ \hline 0 & A_2 & \cdots & 0 \\ \hline \vdots & \vdots & \ddots & \vdots \\ \hline 0 & 0 & \cdots & A_p \end{array}\right]. \tag{1.18}$$

Die Matrizen $A_1, A_2, \cdots, A_p$ sind die **Blöcke** von A. Zum Beispiel, die folgende Matrix

$$\left[\begin{array}{ccc|cc} 1 & 2 & 3 & 0 & 0 \\ 4 & 5 & 6 & 0 & 0 \\ 7 & 8 & 9 & 0 & 0 \\ \hline 0 & 0 & 0 & 1 & 2 \\ 0 & 0 & 0 & 0 & 3 \end{array}\right] = \left[\begin{array}{c|c} A_1 & 0 \\ \hline 0 & A_2 \end{array}\right]$$

ist eine Blockdiagonalmatrix mit (3×3)- und (2×2)-Blöcken. Man beachte, dass eine Diagonalmatrix ein Spezialfall einer Blockdiagonalmatrix ist, welche nur aus (1×1)-Blöcken besteht.

1.2 Operationen auf und mit Matrizen

Wir betrachten nun die wichtigsten Operationen bezüglich Matrizen.

1.2.1 Addition und Subtraktion von Matrizen

Für zwei Matrizen $A, B \in \mathbb{K}^{m \times n}$, **mit der gleichen Dimension**, definiert man die **Summe** oder **Differenz** $A \pm B \in \mathbb{K}^{m \times n}$ wie folgt. Es seien a_{ij} und b_{ij} die Einträge von A beziehungsweise B. Dann ist die Matrix $A \pm B$ durch

$$[A \pm B]_{ij} := a_{ij} \pm b_{ij} \tag{1.19}$$

definiert. Anders ausgedrückt, die Einträge von A und B werden einfach addiert oder subtrahiert. Explizit:

$$\begin{bmatrix} a_{11} & \cdots & a_{1n} \\ \vdots & \ddots & \vdots \\ a_{m1} & \cdots & a_{mn} \end{bmatrix} \pm \begin{bmatrix} b_{11} & \cdots & b_{1n} \\ \vdots & \ddots & \vdots \\ b_{m1} & \cdots & b_{mn} \end{bmatrix} = \begin{bmatrix} a_{11} \pm b_{11} & \cdots & a_{1n} \pm b_{1n} \\ \vdots & \ddots & \vdots \\ a_{m1} \pm b_{m1} & \cdots & a_{mn} \pm b_{mn} \end{bmatrix}. \tag{1.20}$$

► **Beispiel**

$$\begin{bmatrix} -1 & 3 & 2 \\ 4 & 0 & 1 \\ -2 & 1 & 5 \end{bmatrix} + \begin{bmatrix} 4 & 1 & 1 \\ 3 & 2 & -2 \\ 1 & 2 & -3 \end{bmatrix} = \begin{bmatrix} -1+4 & 3+1 & 2+1 \\ 4+3 & 0+2 & 1+(-2) \\ -2+1 & 1+2 & 5+(-3) \end{bmatrix} = \begin{bmatrix} 3 & 4 & 3 \\ 7 & 2 & -1 \\ -1 & 3 & 2 \end{bmatrix}.$$ ◄

► Satz 1.1 (Rechenregeln für Addition/Subtraktion von Matrizen)

Seien $A, B, C \in \mathbb{K}^{m\times n}$ **Matrizen mit den gleichen Dimensionen**. Dann gelten die folgenden Rechenregeln:

(A1) $A + B = B + A$ **(Kommutativität der Addition)**

(A2) $(A + B) + C = A + (B + C)$ **(Assoziativität der Addition)**

(A3) $A + \mathbf{0} = A$ ◄

Bemerkung

Aus Eigenschaft (A3) folgt, dass die Nullmatrix **0** das **neutrale Element** bezüglich der Addition/Subtraktion von Matrizen ist.

Übung 1.1

○○○ Man berechne (sofern möglich) $A + B$ und $A - B$:

a) $A = \begin{bmatrix} 2 & 0 & 4 \\ -1 & 4 & 5 \\ 2 & 2 & 6 \end{bmatrix}, B = \begin{bmatrix} 1 & 3 & 1 \\ 0 & -1 & 2 \\ 0 & 5 & 1 \end{bmatrix}$ über $\mathbb{K} = \mathbb{R}$.

b) $A = \begin{bmatrix} 1 & 1 & 0 \\ 1 & 0 & 1 \\ 0 & 1 & 1 \end{bmatrix}, B = \begin{bmatrix} 2 & 4 \\ -1 & -1 \\ 6 & 1 \end{bmatrix}$ über $\mathbb{K} = \mathbb{R}$.

c) $A = \begin{bmatrix} i & 1+i \\ 1-i & 1 \\ 1 & -1 \end{bmatrix}, B = \begin{bmatrix} 1 & 2 \\ 3i & 4 \\ 5 & 6i \end{bmatrix}$ über $\mathbb{K} = \mathbb{C}$.

d) $A = \begin{bmatrix} 1 & 2 \\ 1 & 3 \\ 0 & 1 \end{bmatrix}, B = \begin{bmatrix} 1 & 1 \\ -1 & -1 \\ 2 & 4 \end{bmatrix}$ über $\mathbb{K} = \mathbb{Z}_3$.

Lösung

a) $$A + B = \begin{bmatrix} 2 & 0 & 4 \\ -1 & 4 & 5 \\ 2 & 2 & 6 \end{bmatrix} + \begin{bmatrix} 1 & 3 & 1 \\ 0 & -1 & 2 \\ 0 & 5 & 1 \end{bmatrix} = \begin{bmatrix} 2+1 & 0+3 & 4+1 \\ -1+0 & 4+(-1) & 5+2 \\ 2+0 & 2+5 & 6+1 \end{bmatrix} = \begin{bmatrix} 3 & 3 & 5 \\ -1 & 3 & 7 \\ 2 & 7 & 7 \end{bmatrix},$$

$$A - B = \begin{bmatrix} 2 & 0 & 4 \\ -1 & 4 & 5 \\ 2 & 2 & 6 \end{bmatrix} - \begin{bmatrix} 1 & 3 & 1 \\ 0 & -1 & 2 \\ 0 & 5 & 1 \end{bmatrix} = \begin{bmatrix} 2-1 & 0-3 & 4-1 \\ -1-0 & 4-(-1) & 5-2 \\ 2-0 & 2-5 & 6-1 \end{bmatrix} = \begin{bmatrix} 1 & -3 & 3 \\ -1 & 5 & 3 \\ 2 & -3 & 5 \end{bmatrix}.$$

b) Die Matrizen A und B haben nicht die gleichen Dimensionen. Somit sind die Operationen $A + B$ und $A - B$ *nicht* definiert.

c) $$A+B=\begin{bmatrix} i & 1+i \\ 1-i & 1 \\ 1 & -1 \end{bmatrix}+\begin{bmatrix} 1 & 2 \\ 3i & 4 \\ 5 & 6i \end{bmatrix}=\begin{bmatrix} 1+i & 1+i+2 \\ 1-i+3i & 1+4 \\ 1+5 & -1+6i \end{bmatrix}=\begin{bmatrix} 1+i & 3+i \\ 1+2i & 5 \\ 6 & -1+6i \end{bmatrix},$$

$$A-B=\begin{bmatrix} i & 1+i \\ 1-i & 1 \\ 1 & -1 \end{bmatrix}-\begin{bmatrix} 1 & 2 \\ 3i & 4 \\ 5 & 6i \end{bmatrix}=\begin{bmatrix} i-1 & 1+i-2 \\ 1-i-3i & 1-4 \\ 1-5 & -1-6i \end{bmatrix}=\begin{bmatrix} i-1 & i-1 \\ 1-4i & -3 \\ -4 & -1-6i \end{bmatrix}.$$

d) Wir führen alle Rechnungen in $\mathbb{Z}_3$ durch (vgl. Anhang B.4). In $\mathbb{Z}_3$ ist $3=0$, $5=2$, $-2=1$ und $-3=0$. Daher:

$$A+B=\begin{bmatrix} 1 & 2 \\ 1 & 3 \\ 0 & 1 \end{bmatrix}+\begin{bmatrix} 1 & 1 \\ -1 & -1 \\ 2 & 4 \end{bmatrix}=\begin{bmatrix} 2 & 3 \\ 0 & 2 \\ 2 & 5 \end{bmatrix}=\begin{bmatrix} 2 & 0 \\ 0 & 2 \\ 2 & 2 \end{bmatrix}$$

$$A-B=\begin{bmatrix} 1 & 2 \\ 1 & 3 \\ 0 & 1 \end{bmatrix}-\begin{bmatrix} 1 & 1 \\ -1 & -1 \\ 2 & 4 \end{bmatrix}=\begin{bmatrix} 0 & 1 \\ 2 & 4 \\ -2 & -3 \end{bmatrix}=\begin{bmatrix} 0 & 1 \\ 2 & 1 \\ 1 & 0 \end{bmatrix}.$$

■

Übung 1.2

○○○ Man betrachte die reellen Matrizen $A=\begin{bmatrix} 1 & -2 & 3 \\ 0 & 5 & -6 \\ 2 & -1 & 4 \end{bmatrix}$, $C=\begin{bmatrix} 1 & 2 & 0 \\ -1 & 5 & 2 \\ 2 & 1 & 3 \end{bmatrix}$. Man bestimme eine Matrix B, sodass $A+B=C$ gilt.

Lösung

Aus $A+B=C$ folgt $B=C-A=\begin{bmatrix} 1 & 2 & 0 \\ -1 & 5 & 2 \\ 2 & 1 & 3 \end{bmatrix}-\begin{bmatrix} 1 & -2 & 3 \\ 0 & 5 & -6 \\ 2 & -1 & 4 \end{bmatrix}=\begin{bmatrix} 0 & 4 & -3 \\ -1 & 0 & 8 \\ 0 & 2 & -1 \end{bmatrix}$. ■

1.2.2 Skalarmultiplikation

Die **Skalarmultiplikation** beschreibt das Produkt einer beliebigen $(m \times n)$-Matrix A aus $\mathbb{K}^{m\times n}$ mit einer Zahl (Skalar) $\alpha \in \mathbb{K}$ (in der Praxis ist $\mathbb{K} = \mathbb{R}, \mathbb{C}, \mathbb{Q}, \mathbb{Z}_p$, usw.). Alle Einträge von A werden einfach mit α multipliziert, d. h., αA ist die Matrix mit den Einträgen

$$[\alpha A]_{ij} := \alpha\, a_{ij}. \tag{1.21}$$

Explizit:

$$\alpha \begin{bmatrix} a_{11} & a_{12} & \cdots & a_{1n} \\ a_{21} & a_{22} & \cdots & a_{2n} \\ \vdots & \vdots & \ddots & \vdots \\ a_{m1} & a_{m2} & \cdots & a_{mn} \end{bmatrix} = \begin{bmatrix} \alpha\, a_{11} & \alpha\, a_{12} & \cdots & \alpha\, a_{1n} \\ \alpha\, a_{21} & \alpha\, a_{22} & \cdots & \alpha\, a_{2n} \\ \vdots & \vdots & \ddots & \vdots \\ \alpha\, a_{m1} & \alpha\, a_{m2} & \cdots & \alpha\, a_{mn} \end{bmatrix}. \tag{1.22}$$

► Beispiel

$$6 \begin{bmatrix} 1 & 2 \\ 3 & 4 \end{bmatrix} = \begin{bmatrix} 6 \cdot 1 & 6 \cdot 2 \\ 6 \cdot 3 & 6 \cdot 4 \end{bmatrix} = \begin{bmatrix} 6 & 12 \\ 18 & 24 \end{bmatrix}. \blacktriangleleft$$

► Satz 1.2 (Rechenregeln für Skalarmultiplikation)

Seien $\boldsymbol{A}, \boldsymbol{B} \in \mathbb{K}^{m \times n}$ und $\alpha, \beta \in \mathbb{K}$. Dann gelten die folgenden Rechenregeln:

(S1) $(\alpha\beta)\, \boldsymbol{A} = \alpha\, (\beta\, \boldsymbol{A})$ **(Assoziativität der Skalarmultiplikation)**

(S2) $\alpha\, (\boldsymbol{A} + \boldsymbol{B}) = \alpha\, \boldsymbol{A} + \alpha\, \boldsymbol{B}$ **(Distributivität der Skalarmultiplikation)**

(S3) $\alpha\, \boldsymbol{0} = \boldsymbol{0}$ ◄

Übung 1.3

○ ○ ○ Man führe jeweils die Skalarmultiplikation über $\mathbb{K}$ durch:

a) $2 \begin{bmatrix} 1 & 2 \\ -2 & 3 \\ 1 & 0 \end{bmatrix}, \mathbb{K} = \mathbb{R}$

b) $(-4) \begin{bmatrix} 2 & 0 & -7 \\ -4 & 3 & 2 \\ -2 & 1 & 0 \end{bmatrix}, \mathbb{K} = \mathbb{R}$

c) $\frac{i}{3} \begin{bmatrix} 0 & -i & 9 & 6 \\ i & 1 & 3 & -2i \end{bmatrix}, \mathbb{K} = \mathbb{C}$

d) $2 \begin{bmatrix} 1 & 2 \\ 0 & 2 \\ 3 & 4 \end{bmatrix}, \mathbb{K} = \mathbb{Z}_5$

Lösung

a) $2 \begin{bmatrix} 1 & 2 \\ -2 & 3 \\ 1 & 0 \end{bmatrix} = \begin{bmatrix} 2 \cdot 1 & 2 \cdot 2 \\ 2 \cdot (-2) & 2 \cdot 3 \\ 2 \cdot 1 & 2 \cdot 0 \end{bmatrix} = \begin{bmatrix} 2 & 4 \\ -4 & 6 \\ 2 & 0 \end{bmatrix}.$

b) $(-4) \begin{bmatrix} 2 & 0 & -7 \\ -4 & 3 & 2 \\ -2 & 1 & 0 \end{bmatrix} = \begin{bmatrix} (-4) \cdot 2 & (-4) \cdot 0 & (-4) \cdot (-7) \\ (-4) \cdot (-4) & (-4) \cdot 3 & (-4) \cdot 2 \\ (-4) \cdot (-2) & (-4) \cdot 1 & (-4) \cdot 0 \end{bmatrix} = \begin{bmatrix} -8 & 0 & 28 \\ 16 & -12 & -8 \\ 8 & -4 & 0 \end{bmatrix}.$

c) $\frac{i}{3} \begin{bmatrix} 0 & -i & 9 & 6 \\ i & 1 & 3 & -2i \end{bmatrix} = \begin{bmatrix} \frac{i}{3} \cdot 0 & \frac{i}{3} \cdot (-i) & \frac{i}{3} \cdot 9 & \frac{i}{3} \cdot 6 \\ \frac{i}{3} \cdot i & \frac{i}{3} \cdot 1 & \frac{i}{3} \cdot 3 & \frac{i}{3} \cdot (-2i) \end{bmatrix} = \begin{bmatrix} 0 & \frac{1}{3} & 3i & 2i \\ -\frac{1}{3} & \frac{i}{3} & i & \frac{2}{3} \end{bmatrix}.$

d) Wir führen alle Rechnungen in $\mathbb{Z}_5$ durch (vgl. Anhang B.4). In $\mathbb{Z}_5$ ist $6 = 1$ und $8 = 3$. Daher:

$$2\begin{bmatrix}1 & 2\\0 & 2\\3 & 4\end{bmatrix} = \begin{bmatrix}2 & 4\\0 & 4\\6 & 8\end{bmatrix} = \begin{bmatrix}2 & 4\\0 & 4\\1 & 3\end{bmatrix}.$$

■

1.2.3 Transponierte Matrix A^T

Sei A eine $(m \times n)$-Matrix mit Einträgen a_{ij}. Die ***Transponierte*** von A, notiert als A^T, ist die $(n \times m)$-Matrix mit den Einträgen

$$\left[A^T\right]_{ij} := a_{ji}. \tag{1.23}$$

Beachte, dass bei A^T die Indices i und j vertauscht werden. Die Zeilen von A^T sind somit die Spalten von A und, *vice versa*, die Spalten von A^T sind die Zeilen von A:

$$A = \underbrace{\begin{bmatrix} a_{11} & a_{12} & \cdots & a_{1n} \\ \boxed{a_{21} \quad a_{22} \quad \cdots \quad a_{2n}} \\ \vdots & \vdots & \ddots & \vdots \\ a_{m1} & a_{m2} & \cdots & a_{mn} \end{bmatrix}}_{m\times n} \quad \Rightarrow \quad A^T = \underbrace{\begin{bmatrix} a_{11} & a_{21} & \cdots & a_{m1} \\ a_{12} & a_{22} & \cdots & a_{m2} \\ \vdots & \vdots & \ddots & \vdots \\ a_{1n} & a_{2n} & \cdots & a_{mn} \end{bmatrix}}_{n\times m}. \tag{1.24}$$

Praxistipp

Das Vertauschen der Indizes i und j bei der Transponierten A^T entspricht der **Spiegelung von A an der Hauptdiagonale** a_{ii} von oben links nach unten rechts

► Beispiel

$$A = \underbrace{\begin{bmatrix} 1 & 2 & 3 & 4 \\ 5 & 6 & 7 & 8 \\ 9 & 10 & 11 & 12 \end{bmatrix}}_{3\times 4} \quad \Rightarrow \quad A^T = \underbrace{\begin{bmatrix} 1 & 5 & 9 \\ 2 & 6 & 10 \\ 3 & 7 & 11 \\ 4 & 8 & 12 \end{bmatrix}}_{4\times 3}. \blacktriangleleft$$

► **Satz 1.3 (Rechenregeln für Transponierte A^T)**

Seien $\boldsymbol{A}, \boldsymbol{B} \in \mathbb{K}^{m \times n}$ Matrizen mit gleichen Dimensionen und $\alpha \in \mathbb{K}$. Dann gelten die folgenden Rechenregeln:

(T1) $(\boldsymbol{A} + \boldsymbol{B})^T = \boldsymbol{A}^T + \boldsymbol{B}^T$

(T2) $\left(\boldsymbol{A}^T\right)^T = \boldsymbol{A}$

(T3) $(\alpha \boldsymbol{A})^T = \alpha \boldsymbol{A}^T$ ◄

Übung 1.4

∘ ∘ ∘ Man bestimme zu jeder der folgenden Matrizen die Transponierte:

$$\boldsymbol{A} = \begin{bmatrix} 1 & 3 & 0 \\ 3 & 4 & -1 \\ 2 & 5 & -3 \end{bmatrix}, \quad \boldsymbol{B} = \begin{bmatrix} 1 & 3 & 2 & 3 \\ 3 & -4 & 0 & 1 \end{bmatrix}, \quad \boldsymbol{C} = \begin{bmatrix} 1 & -2i & 0 \\ 2i & i & 0 \\ 0 & 0 & -1 \end{bmatrix}$$

$$\boldsymbol{D} = \begin{bmatrix} 2 \\ 0 \\ -1 \end{bmatrix}, \quad \boldsymbol{E} = \begin{bmatrix} 0 & 3 & 1 \\ 3 & 0 & 5 \\ -1 & 5 & 0 \\ 1 & 1 & 1 \end{bmatrix}, \quad \boldsymbol{F} = \begin{bmatrix} 1 & 0 & -3 & 2 & 11 \\ 30 & -10 & 0 & 5 & 7 \\ 2 & 1 & -15 & 0 & 1 \end{bmatrix}.$$

Lösung

$$\boldsymbol{A}^T = \begin{bmatrix} 1 & 3 & 2 \\ 3 & 4 & 5 \\ 0 & -1 & -3 \end{bmatrix}, \boldsymbol{B}^T = \begin{bmatrix} 1 & 3 \\ 3 & -4 \\ 2 & 0 \\ 3 & 1 \end{bmatrix}, \boldsymbol{C}^T = \begin{bmatrix} 1 & 2i & 0 \\ -2i & i & 0 \\ 0 & 0 & -1 \end{bmatrix},$$

$$\boldsymbol{D}^T = \begin{bmatrix} 2 & 0 & -1 \end{bmatrix}, \boldsymbol{E}^T = \begin{bmatrix} 0 & 3 & -1 & 1 \\ 3 & 0 & 5 & 1 \\ 1 & 5 & 0 & 1 \end{bmatrix}, \boldsymbol{F}^T = \begin{bmatrix} 1 & 30 & 2 \\ 0 & -10 & 1 \\ -3 & 0 & -15 \\ 2 & 5 & 0 \\ 11 & 7 & 1 \end{bmatrix}.$$

■

1.2.4 Komplexe Konjugation $\overline{A}$

Bei einer komplexwertigen $(m \times n)$-Matrix $\boldsymbol{A} \in \mathbb{C}^{m \times n}$, definiert man die **komplexe Konjugation** $\overline{\boldsymbol{A}}$ durch

$$\left[\overline{\boldsymbol{A}}\right]_{ij} := \overline{a_{ij}}. \tag{1.25}$$

Praxistipp

Bei $\overline{A}$ werden **alle Matrixeinträge komplex konjugiert**. Erinnerung: Für eine komplexe Zahl $z = x + iy$, ist die konjugiert komplexe Zahl $\overline{z} = x - iy$ (vgl. Anhang B.4.2). Zum Beispiel $\overline{1 + 2i} = 1 - 2i$.

Bemerkung
Man beachte, dass für reellwertige Matrizen $\overline{A} = A$ gilt.

▶ Beispiel

$$A = \begin{bmatrix} 2+3i & 1 \\ i & 1+2i \end{bmatrix} \quad \Rightarrow \quad \overline{A} = \begin{bmatrix} 2-3i & 1 \\ -i & 1-2i \end{bmatrix}. \blacktriangleleft$$

Übung 1.5
∘ ∘ ∘ Man führe für jede der folgenden Matrizen die komplexe Konjugation durch:

$$A = \begin{bmatrix} 0 & -i & 9 & 6 \\ i & 1 & 3 & -2i \end{bmatrix}, \quad B = \begin{bmatrix} i & 1+i \\ 1-i & 1 \\ 1 & -1 \end{bmatrix}, \quad C = \begin{bmatrix} 1 & 2+2i \\ 2-3i & 4 \\ 5 & 1-6i \end{bmatrix}.$$

Lösung

$$\overline{A} = \begin{bmatrix} 0 & i & 9 & 6 \\ -i & 1 & 3 & 2i \end{bmatrix}, \overline{B} = \begin{bmatrix} -i & 1-i \\ 1+i & 1 \\ 1 & -1 \end{bmatrix}, \overline{C} = \begin{bmatrix} 1 & 2-2i \\ 2+3i & 4 \\ 5 & 1+6i \end{bmatrix}.$$ ■

1.2.5 Adjungierte Matrix A^*

Sei $A \in \mathbb{C}^{m \times n}$ eine komplexwertige $(m \times n)$-Matrix mit Einträgen a_{ij}. Die ***Adjungierte*** von A, bezeichnet mit A^*, ist die $(n \times m)$-Matrix definiert durch

$$A^* := \overline{A}^T, \quad \text{d. h.} \quad [A^*]_{ij} = \overline{a_{ji}}. \tag{1.26}$$

Bei der Adjungierten A^* werden somit **alle Einträge komplex konjugiert** und **Zeilen mit Spalten vertauscht**:

$$A = \begin{bmatrix} a_{11} & a_{12} & \cdots & a_{1n} \\ \boxed{a_{21} \quad a_{22} \quad \cdots \quad a_{2n}} \\ \vdots & \vdots & \ddots & \vdots \\ a_{m1} & a_{m2} & \cdots & a_{mn} \end{bmatrix} \quad \Rightarrow \quad A^* = \overline{A}^T = \begin{bmatrix} \overline{a_{11}} & \overline{a_{21}} & \cdots & \overline{a_{m1}} \\ \overline{a_{12}} & \overline{a_{22}} & \cdots & \overline{a_{m2}} \\ \vdots & \vdots & \ddots & \vdots \\ \overline{a_{1n}} & \overline{a_{2n}} & \cdots & \overline{a_{mn}} \end{bmatrix}. \tag{1.27}$$

Bemerkung

Beachte, dass für reellwertige Matrizen $A^* = A^T$ gilt.

Beispiel

$$A = \begin{bmatrix} 2+3i & 1 \\ i & 1+2i \end{bmatrix} \quad \Rightarrow \quad A^* = \overline{A}^T = \begin{bmatrix} 2-3i & 1 \\ -i & 1-2i \end{bmatrix}^T = \begin{bmatrix} 2-3i & -i \\ 1 & 1-2i \end{bmatrix}. \blacktriangleleft$$

Satz 1.4 (Rechenregeln für Adjungierte A^*)

Seien $A, B \in \mathbb{C}^{m \times n}$ komplexwertigen Matrizen mit gleichen Dimensionen und $\alpha \in \mathbb{C}$. Dann gelten die folgenden Rechenregeln:

(A1) $(A + B)^* = A^* + B^*$

(A2) $\left(A^*\right)^* = A$

(A3) $(\alpha\, A)^* = \overline{\alpha}\, A^*$ ◀

Übung 1.6

∘∘∘ Man bestimme zu jeder der folgenden Matrizen die adjungierte Matrix:

$$A = \begin{bmatrix} 0 & -i & 9 & 6 \\ i & 1 & 3 & -2i \end{bmatrix}, \quad B = \begin{bmatrix} i & 1+i \\ 1-i & 1 \\ 1 & -1 \end{bmatrix}, \quad C = \begin{bmatrix} 1 & 2+2i \\ 2-3i & 4 \\ 5 & 1-6i \end{bmatrix}.$$

Lösung

$$A^* = \begin{bmatrix} 0 & -i \\ i & 1 \\ 9 & 3 \\ 6 & 2i \end{bmatrix}, \quad B^* = \begin{bmatrix} -i & 1+i & 1 \\ 1-i & 1 & -1 \end{bmatrix}, \quad C^* = \begin{bmatrix} 1 & 2+3i & 5 \\ 2-2i & 4 & 1+6i \end{bmatrix}.$$

■

1.2.6 Produkt von Matrizen

Es seien $A \in \mathbb{K}^{m \times n}$ und $B \in \mathbb{K}^{p \times q}$. Falls $n = p$ (und nur in diesem Fall!) definiert man das **Produkt** AB (A und B in dieser Reihenfolge) als die $(m \times q)$-Matrix mit den Einträgen:

$$\boxed{[AB]_{ij} := a_{i1}b_{1j} + a_{i2}b_{2j} + \cdots + a_{in}b_{nj} = \sum_{k=1}^{n} a_{ik}b_{kj}} \tag{1.28}$$

Praxistipp

Der (i, j)-Eintrag des Produktes $\boldsymbol{AB}$ ist nichts anderes als das **Skalarprodukt der i-ten Zeile von A mit der j-ten Spalte von B**:

$$\begin{array}{cc} & \left[\begin{array}{ccc} & \boxed{\begin{array}{c} b_{1j} \\ b_{2j} \\ \vdots \\ b_{nj} \end{array}} & \end{array}\right] \\ \left[\begin{array}{c} \\ \boxed{a_{i1}\ a_{i2}\ \cdots\ a_{in}} \\ \\ \end{array}\right] & \left[\begin{array}{ccc} & & \\ & \boxed{c_{ij}} & \\ & & \end{array}\right] \end{array}, \text{ wobei } c_{ij} = \sum_{k=1}^{n} a_{ik} b_{kj}. \qquad (1.29)$$

Die Anordnung in Gl. (1.29) ist bekannt als **Falk'sches Schema**, nach dem deutschen Ingenieur Sigurd Falk.

Bemerkung

Das Produkt von zwei Matrizen $\boldsymbol{A}$ und $\boldsymbol{B}$ ist nur dann definiert, wenn die **Anzahl Spalten von $\boldsymbol{A}$ gleich der Anzahl Zeilen von $\boldsymbol{B}$** ist (d. h. $n = p$), ansonsten ist es nicht möglich, das Skalarprodukt zwischen den Zeilen von $\boldsymbol{A}$ und den Spalten von $\boldsymbol{B}$ zu bilden. Durch die Multiplikation einer $(m \times n)$-Matrix $\boldsymbol{A}$ mit einer $(n \times q)$-Matrix $\boldsymbol{B}$ entsteht eine $(m \times q)$-Matrix. Das Produkt $\boldsymbol{AB}$ hat dann so viele Zeilen wie $\boldsymbol{A}$ und so viele Spalten wie $\boldsymbol{B}$. Der gemeinsame Index n verschwindet bei der Multiplikation. Es gilt folgende **Faustregel**:

$$\boldsymbol{A}_{(\boxed{m}\times \not{n})(\not{p}\times \boxed{q})}\boldsymbol{B} \Rightarrow \boldsymbol{AB}_{(m\times q)}$$

▶ Beispiel

Als erstes Beispiel betrachten wir das Produkt der Matrizen $\boldsymbol{A} = \begin{bmatrix} 1 & 1 & 1 \\ 2 & 3 & 0 \end{bmatrix}$, $\boldsymbol{B} = \begin{bmatrix} 1 & 5 \\ 2 & 3 \\ 0 & 1 \end{bmatrix}$. Da $\boldsymbol{A}$ eine (2×3)-Matrix und $\boldsymbol{B}$ eine (3×2)-Matrix ist, ergibt sich bei der Multiplikation $\boldsymbol{AB}$ eine (2×2)-Matrix (s. auch Faustregel):

$$\boldsymbol{A}_{(\boxed{2}\times \not{3})(\not{3}\times \boxed{2})}\boldsymbol{B} \Rightarrow \boldsymbol{AB}_{(2\times 2)}.$$

Der $(1, 1)$-Eintrag des Produktes $\boldsymbol{AB}$ erhält man aus dem Skalarprodukt der ersten Zeile von $\boldsymbol{A}$ mit der ersten Spalte von $\boldsymbol{B}$. Analog, der $(1, 2)$ Eintrag von $\boldsymbol{AB}$ ist das Skalarprodukt der ersten Zeile von $\boldsymbol{A}$ mit der zweiten Spalte von $\boldsymbol{B}$, usw.

$$\begin{array}{cc} & \begin{bmatrix}\boxed{\begin{matrix}1\\2\\0\end{matrix}}&\begin{matrix}5\\3\\1\end{matrix}\end{bmatrix}\\ \begin{bmatrix}\boxed{1\ 1\ 1}\\2\ 3\ 0\end{bmatrix} & \begin{bmatrix}\boxed{3}& \\ & \end{bmatrix}\end{array} \qquad \begin{array}{cc} & \begin{bmatrix}\begin{matrix}1\\2\\0\end{matrix}&\boxed{\begin{matrix}5\\3\\1\end{matrix}}\end{bmatrix}\\ \begin{bmatrix}\boxed{1\ 1\ 1}\\2\ 3\ 0\end{bmatrix} & \begin{bmatrix} & \boxed{9}\\ & \end{bmatrix}\end{array}$$

$$\begin{array}{cc} & \begin{bmatrix}\boxed{\begin{matrix}1\\2\\0\end{matrix}}&\begin{matrix}5\\3\\1\end{matrix}\end{bmatrix}\\ \begin{bmatrix}1\ 1\ 1\\\boxed{2\ 3\ 0}\end{bmatrix} & \begin{bmatrix} & \\ \boxed{8} & \end{bmatrix}\end{array} \qquad \begin{array}{cc} & \begin{bmatrix}\begin{matrix}1\\2\\0\end{matrix}&\boxed{\begin{matrix}5\\3\\1\end{matrix}}\end{bmatrix}\\ \begin{bmatrix}1\ 1\ 1\\\boxed{2\ 3\ 0}\end{bmatrix} & \begin{bmatrix} & \\ & \boxed{19}\end{bmatrix}\end{array}$$

Also

$$AB = \begin{bmatrix}1&1&1\\2&3&0\end{bmatrix}\begin{bmatrix}1&5\\2&3\\0&1\end{bmatrix} = \begin{bmatrix}3&9\\8&19\end{bmatrix}.$$

Als zweites Beispiel betrachten wir die Multiplikation der Matrizen $A = \begin{bmatrix}0&2&1\\1&1&0\\1&1&1\end{bmatrix}$ und $B = \begin{bmatrix}1&1&0&1\\1&2&1&0\end{bmatrix}$. Das Produkt AB ist in diesem Fall nicht definiert (s. auch Faustregel):

$A_{(3\times\boxed{3})}\,{}_{(\boxed{2}\times 4)}B$ ist nicht definiert, weil $2 \neq 3$. ◀

Produkt von Matrix mit Vektor

Ein besonders wichtiger Spezialfall des Produktes von Matrizen ist die Multiplikation einer $(m \times n)$-Matrix mit einem n-komponentigen Spaltenvektor (d. h. einer $(n \times 1)$-Matrix), woraus ein m-komponentiger Spaltenvektor (d. h. eine $(m \times 1)$-Matrix) resultiert.

▶ Beispiel

$$\begin{array}{cc} & \begin{bmatrix}1\\-1\end{bmatrix}\\ \begin{bmatrix}1&2\\4&-2\end{bmatrix} & \begin{bmatrix}-1\\6\end{bmatrix}\end{array}$$ ◀

Beachte: Matrixmultiplikation ist nicht kommutativ, d. h. $AB \neq BA$

Im Unterschied zu der Multiplikation von reellen oder komplexen Zahlen ist das Produkt von Matrizen im Allgemeinen **nicht kommutativ**, d. h., AB ist im Allgemeinen nicht dasselbe wie BA.

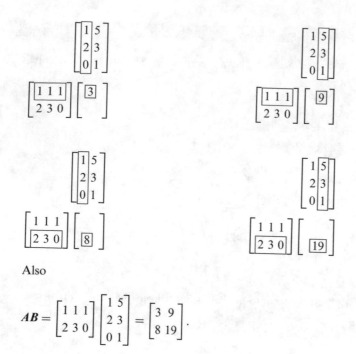

► Beispiel

Bei der Multiplikation der beiden Matrizen $\boldsymbol{A} = \left[\begin{smallmatrix} 1 & -1 \\ 2 & 0 \end{smallmatrix}\right]$, $\boldsymbol{B} = \left[\begin{smallmatrix} 0 & 1 \\ 1 & 1 \end{smallmatrix}\right]$ ergibt die Multiplikation $\boldsymbol{AB}$ das folgende Resultat:

$$\boldsymbol{AB} = \begin{bmatrix} 1 & -1 \\ 2 & 0 \end{bmatrix}\begin{bmatrix} 0 & 1 \\ 1 & 1 \end{bmatrix} = \begin{bmatrix} 1\cdot 0 + (-1)\cdot 1 & 1\cdot 1 + (-1)\cdot 1 \\ 2\cdot 0 + 0\cdot 1 & 2\cdot 1 + 0\cdot 1 \end{bmatrix} = \begin{bmatrix} -1 & 0 \\ 0 & 2 \end{bmatrix},$$

während das Produkt $\boldsymbol{BA}$ Folgendes ergibt:

$$\boldsymbol{BA} = \begin{bmatrix} 0 & 1 \\ 1 & 1 \end{bmatrix}\begin{bmatrix} 1 & -1 \\ 2 & 0 \end{bmatrix} = \begin{bmatrix} 0\cdot 1 + 1\cdot 2 & 0\cdot(-1) + 1\cdot 0 \\ 1\cdot 1 + 1\cdot 2 & 1\cdot(-1) + 1\cdot 0 \end{bmatrix} = \begin{bmatrix} 2 & 0 \\ 3 & -1 \end{bmatrix}.$$

Es ist offensichtlich, dass $\boldsymbol{BA}$ nicht dasselbe wie $\boldsymbol{AB}$ ist. ◄

Kommutator

Die Kommutativität von Matrizen spielt eine wichtige Rolle in der linearen Algebra, weshalb es sogar einen eigenen Begriff erhält: den **Kommutator**. Für zwei quadratischen Matrizen $\boldsymbol{A}$ und $\boldsymbol{B}$ definiert man deren **Kommutator** $[\boldsymbol{A}, \boldsymbol{B}]$ wie folgt

$$\boxed{[\boldsymbol{A}, \boldsymbol{B}] := \boldsymbol{AB} - \boldsymbol{BA}} \tag{1.30}$$

- $\boldsymbol{A}$ und $\boldsymbol{B}$ **kommutieren** genau dann wenn ihr **Kommutator gleich Null** ist, d. h. wenn $[\boldsymbol{A}, \boldsymbol{B}] = \boldsymbol{0} \Rightarrow \boldsymbol{AB} = \boldsymbol{BA}$.
- Zwei Matrizen mit $[\boldsymbol{A}, \boldsymbol{B}] \neq \boldsymbol{0}$ ($\Rightarrow \boldsymbol{AB} \neq \boldsymbol{BA}$) heißen **nicht kommutativ**.

► Satz 1.5 (Rechenregeln für Produkte von Matrizen A, B und C)

Seien $\boldsymbol{A}$, $\boldsymbol{B}$ und $\boldsymbol{C}$ Matrizen, sodass deren Produkte definiert sind. Dann gilt:

(P1) $\boldsymbol{EA} = \boldsymbol{AE} = \boldsymbol{A}$

(P2) $\boldsymbol{0A} = \boldsymbol{A0} = \boldsymbol{0}$

(P3) $\boldsymbol{A}(\boldsymbol{B} + \boldsymbol{C}) = \boldsymbol{AB} + \boldsymbol{AC}$, $(\boldsymbol{A} + \boldsymbol{B})\boldsymbol{C} = \boldsymbol{AC} + \boldsymbol{BC}$ **(Distributivgesetz)**

(P4) $\boldsymbol{A}(\boldsymbol{BC}) = (\boldsymbol{AB})\boldsymbol{C}$ **(Assoziativgesetz)**

(P5) $(\boldsymbol{AB})^T = \boldsymbol{B}^T\boldsymbol{A}^T$ (Beachte, dass die Reihenfolge des Produktes sich vertauscht!)

Außerdem gilt für komplexwertige Matrizen:

(P6) $(\boldsymbol{AB})^* = \boldsymbol{B}^*\boldsymbol{A}^*$ (auch hier wechselt die Reihenfolge des Produktes) ◄

Merkregel

Bei der Transponierten eines Produktes wird die Reihenfolge der Matrizen vertauscht, zum Beispiel $(\boldsymbol{ABCD})^T = \boldsymbol{D}^T\boldsymbol{C}^T\boldsymbol{B}^T\boldsymbol{A}^T$.

Bemerkung

Wegen (P1) und (P2) spielen die Nullmatrix $\boldsymbol{0}$ und die Identitätsmatrix $\boldsymbol{E}$ eine analoge Rolle wie 0 und 1 im Rahmen der üblichen Multiplikation von reellen Zahlen (vgl. ► Kap. 5).

Übung 1.7

• ○ ○ Man bilde jeweils (sofern wie möglich) alle Produkte von je zwei der folgenden Matrizen, also A^2, AB, AC, BA usw.

$$A = \begin{bmatrix} 4 & 3 & -2 \end{bmatrix}, \quad B = \begin{bmatrix} 3 \\ -1 \\ 2 \end{bmatrix}, \quad C = \begin{bmatrix} 2 & 0 & -2 \\ 1 & 3 & 2 \\ -2 & 1 & 0 \end{bmatrix}$$

Lösung

$AB = \begin{bmatrix} 4 & 3 & -2 \end{bmatrix} \begin{bmatrix} 3 \\ -1 \\ 2 \end{bmatrix} = 5$, $AC = \begin{bmatrix} 4 & 3 & -2 \end{bmatrix} \begin{bmatrix} 2 & 0 & -2 \\ 1 & 3 & 2 \\ -2 & 1 & 0 \end{bmatrix} = \begin{bmatrix} 15 & 7 & -2 \end{bmatrix}$, $CB = \begin{bmatrix} 2 & 0 & -2 \\ 1 & 3 & 2 \\ -2 & 1 & 0 \end{bmatrix} \begin{bmatrix} 3 \\ -1 \\ 2 \end{bmatrix} = \begin{bmatrix} 2 \\ 4 \\ -7 \end{bmatrix}$, $BA = \begin{bmatrix} 3 \\ -1 \\ 2 \end{bmatrix} \begin{bmatrix} 4 & 3 & -2 \end{bmatrix} = \begin{bmatrix} 12 & 9 & -6 \\ -4 & -3 & 2 \\ 8 & 6 & -4 \end{bmatrix}$, $C^2 = \begin{bmatrix} 2 & 0 & -2 \\ 1 & 3 & 2 \\ -2 & 1 & 0 \end{bmatrix} \begin{bmatrix} 2 & 0 & -2 \\ 1 & 3 & 2 \\ -2 & 1 & 0 \end{bmatrix} = \begin{bmatrix} 8 & -2 & -4 \\ 1 & 11 & 4 \\ -3 & 3 & 6 \end{bmatrix}$ ■

Übung 1.8

• ○ ○ Man betrachte die folgenden Matrizen:

$$A = \begin{bmatrix} -1 & 2 & 5 & -3 \\ 3 & -1 & 0 & 2 \\ 4 & 0 & 0 & -2 \end{bmatrix}, \quad B = \begin{bmatrix} 0 & -2 & 5 \\ 4 & -3 & 2 \end{bmatrix}, \quad C = \begin{bmatrix} 5 & 0 \\ -1 & 2 \\ 4 & 5 \\ 5 & -1 \end{bmatrix}$$

$$D = \begin{bmatrix} 3 & 5 \\ -1 & 10 \\ -2 & 0 \end{bmatrix}, \quad E = \begin{bmatrix} -2 & 4 & 1 \\ -4 & 4 & 4 \\ 0 & 0 & 0 \end{bmatrix}, \quad F = \begin{bmatrix} -3 & 1 & -1 \\ -8 & 5 & 3 \end{bmatrix}.$$

Welche der folgenden Produkte A^2, AB, AC usw. existieren?

Lösung

$$AC = \begin{bmatrix} -2 & 32 \\ 26 & -4 \\ 10 & 2 \end{bmatrix}, \quad BA = \begin{bmatrix} 14 & 2 & 0 & -14 \\ -5 & 11 & 20 & -22 \end{bmatrix}, \quad BD = \begin{bmatrix} -8 & -20 \\ 11 & -10 \end{bmatrix}$$

$$BE = \begin{bmatrix} 8 & -8 & -8 \\ 4 & 4 & -8 \end{bmatrix}, \quad CB = \begin{bmatrix} 0 & -10 & 25 \\ 8 & -4 & -1 \\ 20 & -23 & 30 \\ -4 & -7 & 23 \end{bmatrix}, \quad CF = \begin{bmatrix} -15 & 5 & -5 \\ -13 & 9 & 7 \\ -52 & 29 & 11 \\ -7 & 0 & -8 \end{bmatrix}$$

$$DB = \begin{bmatrix} 20 & -21 & 25 \\ 40 & -28 & 15 \\ 0 & 4 & -10 \end{bmatrix}, \quad DF = \begin{bmatrix} -49 & 28 & 12 \\ -77 & 49 & 31 \\ 6 & -2 & 2 \end{bmatrix}, \quad EA = \begin{bmatrix} 18 & -8 & -10 & 12 \\ 32 & -12 & -20 & 12 \\ 0 & 0 & 0 & 0 \end{bmatrix}$$

$$ED = \begin{bmatrix} -12 & 30 \\ -24 & 20 \\ 0 & 0 \end{bmatrix}, \quad E^2 = \begin{bmatrix} -12 & 8 & 14 \\ -8 & 0 & 12 \\ 0 & 0 & 0 \end{bmatrix}, \quad FA = \begin{bmatrix} 2 & -7 & -15 & 13 \\ 35 & -21 & -40 & 28 \end{bmatrix}$$

$$FD = \begin{bmatrix} -8 & -5 \\ -35 & 10 \end{bmatrix}, \quad FE = \begin{bmatrix} 2 & -8 & 1 \\ -4 & -12 & 12 \end{bmatrix}$$ ■

Übung 1.9

● ○ ○ Sei $\mathbb{K} = \mathbb{Z}_3$. Man betrachte die folgenden Matrizen auf $\mathbb{K}^{2\times 2}$: $\boldsymbol{A} = \left[\begin{smallmatrix} 1 & 2 \\ 0 & 1 \end{smallmatrix}\right]$, $\boldsymbol{B} = \left[\begin{smallmatrix} 2 & 0 \\ 2 & 1 \end{smallmatrix}\right]$. Man berechne $\boldsymbol{A}^2 - \boldsymbol{AB}$.

Lösung

Mit diesem Beispiel wollen wir die Situation betrachten, wo die Matrizen nicht wie üblich auf $\mathbb{K} = \mathbb{R}$ oder $\mathbb{K} = \mathbb{C}$ definiert sind, sondern die Einträge in einem etwas speziellen Körper liegen ($\mathbb{K} = \mathbb{Z}_3$ in diesem Fall). Der einzige Unterschied hier ist, dass wir alle Operationen in $\mathbb{K} = \mathbb{Z}_3$ durchführen müssen, wo andere Rechenregel zu $\mathbb{R}$ oder $\mathbb{C}$ gelten (vgl. Anhang B.4). Zum Beispiel, in $\mathbb{Z}_3$ ist $1+2=3=0$, $2+2=4=1$, $2+2+1=5=2$, $2-1=-1=2$, usw. Es gilt somit

$$\boldsymbol{A}^2 = \begin{bmatrix} 1 & 2 \\ 0 & 1 \end{bmatrix}\begin{bmatrix} 1 & 2 \\ 0 & 1 \end{bmatrix} = \begin{bmatrix} 1 & 4 \\ 0 & 1 \end{bmatrix} = \begin{bmatrix} 1 & 1 \\ 0 & 1 \end{bmatrix}, \quad \boldsymbol{AB} = \begin{bmatrix} 1 & 2 \\ 0 & 1 \end{bmatrix}\begin{bmatrix} 2 & 0 \\ 2 & 1 \end{bmatrix} = \begin{bmatrix} 6 & 2 \\ 2 & 1 \end{bmatrix} = \begin{bmatrix} 0 & 2 \\ 2 & 1 \end{bmatrix}$$

$$\Rightarrow \quad \boldsymbol{A}^2 - \boldsymbol{BA} = \begin{bmatrix} 1 & 1 \\ 0 & 1 \end{bmatrix} - \begin{bmatrix} 0 & 2 \\ 2 & 1 \end{bmatrix} = \begin{bmatrix} 1 & -1 \\ -2 & 0 \end{bmatrix} = \begin{bmatrix} 1 & 2 \\ 1 & 0 \end{bmatrix}$$ ■

Übung 1.10

○ ○ ○ Man berechne den Kommutator $[\boldsymbol{A}, \boldsymbol{B}]$ der folgenden Matrizen

a) $\boldsymbol{A} = \begin{bmatrix} 2 & -1 & 0 \\ 1 & 0 & 0 \\ 0 & 1 & 0 \end{bmatrix}, \boldsymbol{B} = \begin{bmatrix} 1 & 2 & 3 \\ 2 & 4 & 6 \\ 1 & 0 & 1 \end{bmatrix}$ **b)** $\boldsymbol{A} = \begin{bmatrix} 1 & 2 & 3 \\ 4 & 5 & 6 \\ 5 & 7 & 9 \end{bmatrix}, \boldsymbol{B} = \begin{bmatrix} 1 & 1 & -1 \\ 0 & 0 & 0 \\ 0 & 0 & 0 \end{bmatrix}$

Lösung

a) $[\boldsymbol{A}, \boldsymbol{B}] = \boldsymbol{AB} - \boldsymbol{BA} = \begin{bmatrix} 0 & 0 & 0 \\ 1 & 2 & 3 \\ 2 & 4 & 6 \end{bmatrix} - \begin{bmatrix} 4 & 2 & 0 \\ 8 & 4 & 0 \\ 2 & 0 & 0 \end{bmatrix} = \begin{bmatrix} -4 & -2 & 0 \\ -7 & -2 & 3 \\ 0 & 4 & 6 \end{bmatrix} \neq \boldsymbol{0}$. Es folgt: $\boldsymbol{A}$ und $\boldsymbol{B}$ kommutieren nicht.

b) $[\boldsymbol{A}, \boldsymbol{B}] = \boldsymbol{AB} - \boldsymbol{BA} = \begin{bmatrix} 1 & 1 & -1 \\ 4 & 4 & -4 \\ 5 & 5 & -5 \end{bmatrix} - \begin{bmatrix} 0 & 0 & 0 \\ 0 & 0 & 0 \\ 0 & 0 & 0 \end{bmatrix} = \begin{bmatrix} 1 & 1 & -1 \\ 4 & 4 & -4 \\ 5 & 5 & -5 \end{bmatrix} \neq \boldsymbol{0}$. Es folgt: $\boldsymbol{A}$ und $\boldsymbol{B}$ kommutieren nicht. ■

Übung 1.11

●●○

a) Man zeige, durch direkte Berechnung, dass für reelle (2×2)-Matrizen $\boldsymbol{A}$ und $\boldsymbol{B}$ gilt $(\boldsymbol{AB})^T = \boldsymbol{B}^T \boldsymbol{A}^T$.

b) Man beweise diese Formel für allgemeine $(n \times n)$-Matrizen $\boldsymbol{A}, \boldsymbol{B} \in \mathbb{K}^{n \times n}$.

Lösung

a) Wir betrachten die (2×2)-Matrizen $\boldsymbol{A} = \begin{bmatrix} a_{11} & a_{12} \\ a_{21} & a_{22} \end{bmatrix}$, $\boldsymbol{B} = \begin{bmatrix} b_{11} & b_{12} \\ b_{21} & b_{22} \end{bmatrix}$. Wir rechnen zuerst das Produkt $\boldsymbol{AB}$ aus

$$\boldsymbol{AB} = \begin{bmatrix} a_{11} & a_{12} \\ a_{21} & a_{22} \end{bmatrix} \begin{bmatrix} b_{11} & b_{12} \\ b_{21} & b_{22} \end{bmatrix} = \begin{bmatrix} a_{11}b_{11} + a_{12}b_{21} & a_{11}b_{12} + a_{12}b_{22} \\ a_{21}b_{11} + a_{22}b_{21} & a_{21}b_{12} + a_{22}b_{22} \end{bmatrix}.$$

Daraus folgt

$$(\boldsymbol{AB})^T = \begin{bmatrix} a_{11}b_{11} + a_{12}b_{21} & a_{21}b_{11} + a_{22}b_{21} \\ a_{11}b_{12} + a_{12}b_{22} & a_{21}b_{12} + a_{22}b_{22} \end{bmatrix}.$$

Nun betrachten wir den Ausdruck $\boldsymbol{B}^T \boldsymbol{A}^T$. Wegen $\boldsymbol{A}^T = \begin{bmatrix} a_{11} & a_{21} \\ a_{12} & a_{22} \end{bmatrix}$, $\boldsymbol{B}^T = \begin{bmatrix} b_{11} & b_{21} \\ b_{12} & b_{22} \end{bmatrix}$ ist:

$$\boldsymbol{B}^T \boldsymbol{A}^T = \begin{bmatrix} b_{11} & b_{21} \\ b_{12} & b_{22} \end{bmatrix} \begin{bmatrix} a_{11} & a_{21} \\ a_{12} & a_{22} \end{bmatrix} = \begin{bmatrix} a_{11}b_{11} + a_{12}b_{21} & a_{21}b_{11} + a_{22}b_{21} \\ a_{11}b_{12} + a_{12}b_{22} & a_{21}b_{12} + a_{22}b_{22} \end{bmatrix}.$$

Dies ist dasselbe wie $(\boldsymbol{AB})^T$. Somit ist die Formel $(\boldsymbol{AB})^T = \boldsymbol{B}^T \boldsymbol{A}^T$ für (2×2)-Matrizen bewiesen, da $\boldsymbol{A}$ und $\boldsymbol{B}$ beliebig waren.

b) Wir rechnen komponentenweise. Es seien $[\boldsymbol{A}]_{ij} = a_{ij}$ und $[\boldsymbol{B}]_{ij} = b_{ij}$ die Komponenten von $\boldsymbol{A}$ beziehungsweise $\boldsymbol{B}$. Dann gilt

$$[\boldsymbol{AB}]_{ij} = \sum_{k=1}^{n} a_{ik} b_{kj} \Rightarrow \left[(\boldsymbol{AB})^T\right]_{ij} = [\boldsymbol{AB}]_{ji} = \sum_{k=1}^{n} a_{jk} b_{ki}.$$

Anderseits, ist $\left[\boldsymbol{A}^T\right]_{ij} = [\boldsymbol{A}]_{ji} = a_{ji}$ und $\left[\boldsymbol{B}^T\right]_{ij} = [\boldsymbol{B}]_{ji} = b_{ji}$, d. h.

$$\left[\boldsymbol{B}^T \boldsymbol{A}^T\right]_{ij} = \sum_{k=1}^{n} \left[\boldsymbol{B}^T\right]_{ik} \left[\boldsymbol{A}^T\right]_{kj} = \sum_{k=1}^{n} b_{ki} a_{jk} = \sum_{k=1}^{n} a_{jk} b_{ki} = \left[(\boldsymbol{AB})^T\right]_{ij}.$$

Somit ist die Formel $(\boldsymbol{AB})^T = \boldsymbol{B}^T \boldsymbol{A}^T$ auch für $(n \times n)$-Matrizen bewiesen. ■

Übung 1.12

• • ∘ Die Matrix $\boldsymbol{R}(\varphi) = \begin{bmatrix} \cos(\varphi) & -\sin(\varphi) \\ \sin(\varphi) & \cos(\varphi) \end{bmatrix}$ beschreibt eine Drehung in $\mathbb{R}^2$ um den Winkel φ in positiver Richtung (Gegenuhrzeiger). Man zeige, dass $\boldsymbol{R}(\varphi_1)\boldsymbol{R}(\varphi_2) = \boldsymbol{R}(\varphi_2)\boldsymbol{R}(\varphi_1) = \boldsymbol{R}(\varphi_1 + \varphi_2)$ gilt, und man interpretiere das Resultat geometrisch.

Lösung

Wegen

$$\boldsymbol{R}(\varphi_1)\boldsymbol{R}(\varphi_2) = \begin{bmatrix} \cos(\varphi_1) & -\sin(\varphi_1) \\ \sin(\varphi_1) & \cos(\varphi_1) \end{bmatrix} \begin{bmatrix} \cos(\varphi_2) & -\sin(\varphi_2) \\ \sin(\varphi_2) & \cos(\varphi_2) \end{bmatrix}$$
$$= \begin{bmatrix} \cos(\varphi_1)\cos(\varphi_2) - \sin(\varphi_1)\sin(\varphi_2) & -\cos(\varphi_1)\sin(\varphi_2) - \sin(\varphi_1)\cos(\varphi_2) \\ \sin(\varphi_1)\cos(\varphi_2) + \cos(\varphi_1)\sin(\varphi_2) & \cos(\varphi_1)\cos(\varphi_2) - \sin(\varphi_1)\sin(\varphi_2) \end{bmatrix}$$

und

$$\boldsymbol{R}(\varphi_2)\boldsymbol{R}(\varphi_1) = \begin{bmatrix} \cos(\varphi_2) & -\sin(\varphi_2) \\ \sin(\varphi_2) & \cos(\varphi_2) \end{bmatrix} \begin{bmatrix} \cos(\varphi_1) & -\sin(\varphi_1) \\ \sin(\varphi_1) & \cos(\varphi_1) \end{bmatrix}$$
$$= \begin{bmatrix} \cos(\varphi_1)\cos(\varphi_2) - \sin(\varphi_1)\sin(\varphi_2) & -\sin(\varphi_1)\cos(\varphi_2) - \cos(\varphi_1)\sin(\varphi_2) \\ \sin(\varphi_1)\cos(\varphi_2) + \cos(\varphi_1)\sin(\varphi_2) & \cos(\varphi_1)\cos(\varphi_2) - \sin(\varphi_1)\sin(\varphi_2) \end{bmatrix}$$

ist $\boldsymbol{R}(\varphi_1)\boldsymbol{R}(\varphi_2) = \boldsymbol{R}(\varphi_2)\boldsymbol{R}(\varphi_1)$. Unter Einbezug der trigonometrischen Formeln (Additionstheorem) $\cos(\varphi_1)\cos(\varphi_2) - \sin(\varphi_1)\sin(\varphi_2) = \cos(\varphi_1 + \varphi_2)$ und $\sin(\varphi_1)\cos(\varphi_2) + \cos(\varphi_1)\sin(\varphi_2) = \sin(\varphi_1 + \varphi_2)$ finden wir

$$\boldsymbol{R}(\varphi_1)\boldsymbol{R}(\varphi_2) = \begin{bmatrix} \cos(\varphi_1 + \varphi_2) & -\sin(\varphi_1 + \varphi_2) \\ \sin(\varphi_1 + \varphi_2) & \cos(\varphi_1 + \varphi_2) \end{bmatrix} = \boldsymbol{R}(\varphi_1 + \varphi_2),$$

d. h., $\boldsymbol{R}(\varphi_1)\boldsymbol{R}(\varphi_2)$ beschreibt eine Gesamtdrehung um den Winkel $\varphi_1 + \varphi_2$ in positiver (Gegenuhrzeiger) Richtung (◘ Abb. 1.1). ■

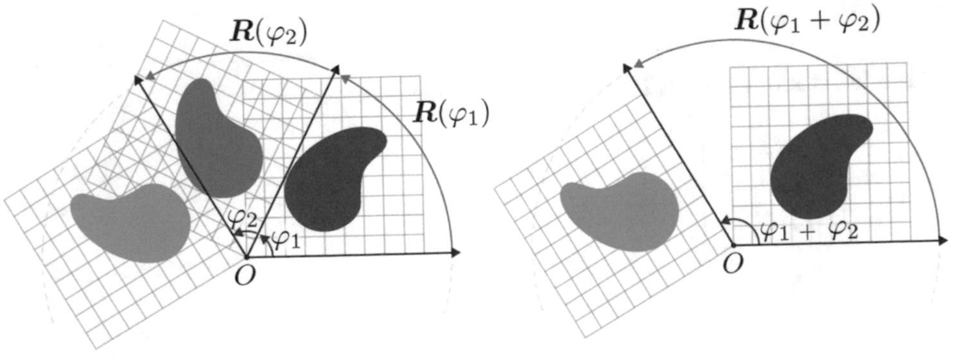

◘ **Abb. 1.1** Geometrische Interpretation von Übung 1.12

Übung 1.13

• • ∘ Die sogenannten **Pauli-Matrizen** $\sigma_x = \begin{bmatrix} 0 & 1 \\ 1 & 0 \end{bmatrix}$, $\sigma_y = \begin{bmatrix} 0 & -i \\ i & 0 \end{bmatrix}$, $\sigma_z = \begin{bmatrix} 1 & 0 \\ 0 & -1 \end{bmatrix}$ spielen eine wichtige Rolle in der Quantenmechanik.

a) Man zeige: $[\sigma_x, \sigma_y] = 2i\sigma_z, \quad [\sigma_y, \sigma_z] = 2i\sigma_x, \quad [\sigma_z, \sigma_x] = 2i\sigma_y$.

b) Der Antikommutator für zwei Matrizen $\boldsymbol{A}$ und $\boldsymbol{B}$ ist definiert durch $\{\boldsymbol{A}, \boldsymbol{B}\} := \boldsymbol{AB} + \boldsymbol{BA}$. Man zeige: $\{\sigma_x, \sigma_y\} = \{\sigma_y, \sigma_z\} = \{\sigma_z, \sigma_x\} = \mathbf{0}$.

Lösung

a) Eine direkte Berechnung zeigt:

$$[\sigma_x, \sigma_y] = \sigma_x\sigma_y - \sigma_y\sigma_x = \begin{bmatrix} i & 0 \\ 0 & -i \end{bmatrix} - \begin{bmatrix} -i & 0 \\ 0 & i \end{bmatrix} = \begin{bmatrix} 2i & 0 \\ 0 & -2i \end{bmatrix} = 2i \begin{bmatrix} 1 & 0 \\ 0 & -1 \end{bmatrix} = 2i\sigma_z$$

$$[\sigma_y, \sigma_z] = \sigma_y\sigma_z - \sigma_z\sigma_y = \begin{bmatrix} 0 & i \\ i & 0 \end{bmatrix} - \begin{bmatrix} 0 & -i \\ -i & 0 \end{bmatrix} = \begin{bmatrix} 0 & 2i \\ 2i & 0 \end{bmatrix} = 2i \begin{bmatrix} 0 & 1 \\ 1 & 0 \end{bmatrix} = 2i\sigma_x$$

$$[\sigma_z, \sigma_x] = \sigma_z\sigma_x - \sigma_x\sigma_z = \begin{bmatrix} 0 & 1 \\ -1 & 0 \end{bmatrix} - \begin{bmatrix} 0 & -1 \\ 1 & 0 \end{bmatrix} = \begin{bmatrix} 0 & 2 \\ -2 & 0 \end{bmatrix} = 2i \begin{bmatrix} 0 & -i \\ i & 0 \end{bmatrix} = 2i\sigma_y$$

b) Eine weitere direkte Rechnung zeigt:

$$\{\sigma_x, \sigma_y\} = \sigma_x\sigma_y + \sigma_y\sigma_x = \begin{bmatrix} i & 0 \\ 0 & -i \end{bmatrix} + \begin{bmatrix} -i & 0 \\ 0 & i \end{bmatrix} = \begin{bmatrix} 0 & 0 \\ 0 & 0 \end{bmatrix} = \mathbf{0}$$

$$\{\sigma_y, \sigma_z\} = \sigma_y\sigma_z + \sigma_z\sigma_y = \begin{bmatrix} 0 & i \\ i & 0 \end{bmatrix} + \begin{bmatrix} 0 & -i \\ -i & 0 \end{bmatrix} = \begin{bmatrix} 0 & 0 \\ 0 & 0 \end{bmatrix} = \mathbf{0}$$

$$\{\sigma_z, \sigma_x\} = \sigma_z\sigma_x + \sigma_x\sigma_z = \begin{bmatrix} 0 & 1 \\ -1 & 0 \end{bmatrix} + \begin{bmatrix} 0 & -1 \\ 1 & 0 \end{bmatrix} = \begin{bmatrix} 0 & 0 \\ 0 & 0 \end{bmatrix} = \mathbf{0}$$

■

1.2.7 Blockmatrizen

Jede Matrix kann man in Teilmatrizen aufteilen. Zum Beispiel:

$$\left[\begin{array}{cc|ccc} 1 & 2 & 3 & 4 & 5 \\ 6 & 7 & 8 & 9 & 10 \\ \hline 11 & 12 & 13 & 14 & 15 \\ 16 & 17 & 18 & 19 & 20 \\ 21 & 22 & 23 & 24 & 25 \end{array}\right].$$

Diese Aufteilung in Teilmatrizen ist offenbar **nicht eindeutig**. Zum Beispiel man kann die obige Matrix auf mehreren Arten in Teilmatrizen aufteilen:

$$\left[\begin{array}{ccc|cc} 1 & 2 & 3 & 4 & 5 \\ 6 & 7 & 8 & 9 & 10 \\ \hline 11 & 12 & 13 & 14 & 15 \\ 16 & 17 & 18 & 19 & 20 \\ 21 & 22 & 23 & 24 & 25 \end{array}\right] \text{ oder } \left[\begin{array}{cc|ccc} 1 & 2 & 3 & 4 & 5 \\ 6 & 7 & 8 & 9 & 10 \\ 11 & 12 & 13 & 14 & 15 \\ 16 & 17 & 18 & 19 & 20 \\ \hline 21 & 22 & 23 & 24 & 25 \end{array}\right] \text{ usw.}$$

Teilt man eine Matrix in Teilmatrizen auf, so spricht man von einer **Blockmatrix** oder einer Matrix in **Blockform**. Die Teilmatrizen heißen **Blöcke**.

Praxis Tip

Operationen mit Blockmatrizen. Für die Manipulation von Blockmatrizen kann man grundsätzlich jeden Block als einen „einzigen Matrixeintrag" betrachten und mit den üblichen Rechenregeln für Matrizen rechnen.

Summe

$$\left[\begin{array}{c|c} A_1 & B_1 \\ \hline C_1 & D_1 \end{array}\right] + \left[\begin{array}{c|c} A_2 & B_2 \\ \hline C_2 & D_2 \end{array}\right] = \left[\begin{array}{c|c} A_1 + A_2 & B_1 + B_2 \\ \hline C_1 + C_2 & D_1 + D_2 \end{array}\right] \quad (1.31)$$

Produkt

$$\left[\begin{array}{c|c} A_1 & B_1 \\ \hline C_1 & D_1 \end{array}\right] \left[\begin{array}{c|c} A_2 & B_2 \\ \hline C_2 & D_2 \end{array}\right] = \left[\begin{array}{c|c} A_1A_2 + B_1C_2 & A_1B_2 + B_1D_2 \\ \hline C_1A_2 + D_1D_2 & C_1B_2 + D_1D_2 \end{array}\right] \quad (1.32)$$

Transponierte

$$\left[\begin{array}{c|c} A & B \\ \hline C & D \end{array}\right]^T = \left[\begin{array}{c|c} A^T & C^T \\ \hline B^T & D^T \end{array}\right] \quad (1.33)$$

Die Transponierte einer Blockmatrix entsteht durch Spiegelung aller Blöcke an der Hauptdiagonale und Transposition jedes Blocks.

Spezielle Blockmatrizen

Die Aufteilung von Matrizen in Blockmatrizen ist besonders nützlich, wenn einige Blöcke gleich Null sind, wie in den folgenden Situationen:

$$\left[\begin{array}{c|c} A & 0 \\ \hline 0 & D \end{array}\right] \text{ Blockdiagonalmatrix} \quad (1.34)$$

$$\left[\begin{array}{c|c} A & B \\ \hline 0 & D \end{array}\right] \text{ (obere) Blockdreiecksmatrix} \quad (1.35)$$

$$\left[\begin{array}{c|c} A & \mathbf{0} \\ \hline C & D \end{array}\right] \text{ (untere) Blockdreiecksmatrix} \tag{1.36}$$

Das Rechnen mit Blockmatrizen ist besonders einfach, wie man in den folgenden Beispielen erfahren wird:

Übung 1.14

∘∘∘ Man berechne (möglichst geschickt) die folgende Produkte AB:

a) $A = \begin{bmatrix} 0 & 0 & 1 & 2 \\ 0 & 0 & 0 & 1 \\ 1 & 0 & 0 & 0 \\ 0 & 1 & 0 & 0 \end{bmatrix}$, $B = \begin{bmatrix} 0 & 0 & 2 & -1 \\ 0 & 0 & 1 & 1 \\ 2 & 4 & 0 & 0 \\ 1 & 0 & 0 & 0 \end{bmatrix}$

b) $A = \begin{bmatrix} 1 & -1 & 0 & 0 & 0 & 0 \\ 1 & -1 & 0 & 0 & 0 & 0 \\ 0 & 0 & 1 & 1 & 0 & 0 \\ 0 & 0 & 2 & 1 & 0 & 0 \\ 0 & 0 & 0 & 0 & -1 & 1 \\ 0 & 0 & 0 & 0 & 1 & 3 \end{bmatrix}$, $B = \begin{bmatrix} 2 & 1 & 0 & 0 & 0 & 0 \\ 1 & 0 & 0 & 0 & 0 & 0 \\ 0 & 0 & 0 & 1 & 0 & 0 \\ 0 & 0 & 1 & 0 & 0 & 0 \\ 0 & 0 & 0 & 0 & 1 & 1 \\ 0 & 0 & 0 & 0 & 1 & 0 \end{bmatrix}$.

Lösung

a) Man kann die Matrizen geschickt in Teilmatrizen aufteilen und diese Teilmatrizen als einzige Matrixeinträge betrachten:

$$AB = \left[\begin{array}{cc|cc} 0 & 0 & 1 & 2 \\ 0 & 0 & 0 & 1 \\ \hline 1 & 0 & 0 & 0 \\ 0 & 1 & 0 & 0 \end{array}\right] \left[\begin{array}{cc|cc} 0 & 0 & 2 & -1 \\ 0 & 0 & 1 & 1 \\ \hline 2 & 4 & 0 & 0 \\ 1 & 0 & 0 & 0 \end{array}\right]$$

$$= \left[\begin{array}{c|c} \begin{bmatrix} 1 & 2 \\ 0 & 1 \end{bmatrix}\begin{bmatrix} 2 & 4 \\ 1 & 0 \end{bmatrix} & \mathbf{0} \\ \hline \mathbf{0} & \begin{bmatrix} 1 & 0 \\ 0 & 1 \end{bmatrix}\begin{bmatrix} 2 & -1 \\ 1 & 1 \end{bmatrix} \end{array}\right] = \left[\begin{array}{cc|cc} 4 & 4 & 0 & 0 \\ 1 & 0 & 0 & 0 \\ \hline 0 & 0 & 2 & -1 \\ 0 & 0 & 1 & 1 \end{array}\right].$$

b) Die Matrizen sind Blockdiagonal. Somit können wir die (2×2)-Blöcke auf der Hauptdiagonale als einzige Matrixeinträge sehen:

$$\mathbf{AB} = \left[\begin{array}{cc|cc|cc} 1 & -1 & 0 & 0 & 0 & 0 \\ 1 & -1 & 0 & 0 & 0 & 0 \\ \hline 0 & 0 & 1 & 1 & 0 & 0 \\ 0 & 0 & 2 & 1 & 0 & 0 \\ \hline 0 & 0 & 0 & 0 & -1 & 1 \\ 0 & 0 & 0 & 0 & 1 & 3 \end{array}\right] \left[\begin{array}{cc|cc|cc} 2 & 1 & 0 & 0 & 0 & 0 \\ 1 & 0 & 0 & 0 & 0 & 0 \\ \hline 0 & 0 & 0 & 1 & 0 & 0 \\ 0 & 0 & 1 & 0 & 0 & 0 \\ \hline 0 & 0 & 0 & 0 & 1 & 1 \\ 0 & 0 & 0 & 0 & 1 & 0 \end{array}\right].$$

Wir rechnen nach: $\left[\begin{smallmatrix}1 & -1\\1 & -1\end{smallmatrix}\right]\left[\begin{smallmatrix}2 & 1\\1 & 0\end{smallmatrix}\right] = \left[\begin{smallmatrix}1 & 1\\1 & 1\end{smallmatrix}\right]$, $\left[\begin{smallmatrix}1 & 1\\2 & 1\end{smallmatrix}\right]\left[\begin{smallmatrix}0 & 1\\1 & 0\end{smallmatrix}\right] = \left[\begin{smallmatrix}1 & 1\\1 & 2\end{smallmatrix}\right]$, $\left[\begin{smallmatrix}-1 & 1\\1 & 3\end{smallmatrix}\right]\left[\begin{smallmatrix}1 & 1\\1 & 0\end{smallmatrix}\right] = \left[\begin{smallmatrix}0 & -1\\4 & 1\end{smallmatrix}\right]$. Somit

$$\mathbf{AB} = \left[\begin{array}{cc|cc|cc} 1 & 1 & 0 & 0 & 0 & 0 \\ 1 & 1 & 0 & 0 & 0 & 0 \\ \hline 0 & 0 & 1 & 1 & 0 & 0 \\ 0 & 0 & 1 & 2 & 0 & 0 \\ \hline 0 & 0 & 0 & 0 & 0 & -1 \\ 0 & 0 & 0 & 0 & 4 & 1 \end{array}\right].$$

■

Bemerkung
Beachte: Bei der Addition/Subtraktion sowie Multiplikation von Blockmatrizen gelten die gleichen Regeln bzgl. der Dimension wie bei den üblichen Matrizen!

Übung 1.15

○ ○ ○ Man berechne $\begin{bmatrix} 0 & 0 & 2 & -1 \\ 0 & 0 & 1 & 1 \\ 2 & 4 & 0 & 0 \\ 1 & 0 & 0 & 0 \end{bmatrix}^T$ (als Blockmatrix).

Lösung
Man kann die gegebene Matrix geschickt in Teilmatrizen aufteilen und diese Teilmatrizen als einzige Matrixeinträge betrachten:

$$\left[\begin{array}{cc|cc} 0 & 0 & 2 & -1 \\ 0 & 0 & 1 & 1 \\ \hline 2 & 4 & 0 & 0 \\ 1 & 0 & 0 & 0 \end{array}\right]^T = \left[\begin{array}{c|c} \mathbf{0} & \left[\begin{smallmatrix}2 & 4\\1 & 0\end{smallmatrix}\right]^T \\ \hline \left[\begin{smallmatrix}2 & -1\\1 & 1\end{smallmatrix}\right]^T & \mathbf{0} \end{array}\right] = \left[\begin{array}{cc|cc} 0 & 0 & 2 & 1 \\ 0 & 0 & 4 & 0 \\ \hline 2 & 1 & 0 & 0 \\ -1 & 1 & 0 & 0 \end{array}\right].$$

■

1.2.8 Potenzen von Matrizen und Matrixpolynome

Es sei $\boldsymbol{A} \in \mathbb{K}^{n\times n}$ eine quadratische $(n \times n)$-Matrix. Die ***k*-te Potenz** von $\boldsymbol{A}$ ist wie folgt definiert

$$\boxed{\boldsymbol{A}^0 := \boldsymbol{E}, \quad \boldsymbol{A}^k := \underbrace{\boldsymbol{A}\boldsymbol{A}\cdots\boldsymbol{A}}_{k\ \text{Mal}}} \tag{1.37}$$

Wie bei reellen und komplexen Zahlen, kann man auch Polynome von Matrizen definieren. Ein **Matrixpolynom** ist ein Ausdruck der Form:

$$p(\boldsymbol{A}) := a_k\boldsymbol{A}^k + a_{k-1}\boldsymbol{A}^{k-1} + \cdots + a_2\boldsymbol{A}^2 + a_1\boldsymbol{A} + a_0\boldsymbol{E} = \sum_{i=0}^{k} a_i\boldsymbol{A}^i \tag{1.38}$$

Bemerkung

Das Argument bzw. Variable des Matrixpolynoms sind Matrizen. Außerdem ist das Resultat $p(A)$ selbst eine Matrix. Daher wird bei Matrixpolynomen der konstante Term a_0 mit der Einheitsmatrix multipliziert $a_0 \to a_0\boldsymbol{E}$ (das Endresultat muss eine Matrix sein).

Übung 1.16

• ○ ○ Man berechne $\boldsymbol{A}^3 - 2\boldsymbol{A}^2 + \boldsymbol{A} - \boldsymbol{A}^0$ für $\boldsymbol{A} = \begin{bmatrix} 1 & 1 & 2 \\ 1 & 1 & 1 \\ 2 & 1 & 1 \end{bmatrix}$.

Lösung

Wir berechnen zuerst die Potenzen der Matrix $\boldsymbol{A}$. Es gilt $\boldsymbol{A}^0 = \boldsymbol{E}$. Außerdem haben wir

$$\boldsymbol{A}^2 = \begin{bmatrix} 1 & 1 & 2 \\ 1 & 1 & 1 \\ 2 & 1 & 1 \end{bmatrix} \begin{bmatrix} 1 & 1 & 2 \\ 1 & 1 & 1 \\ 2 & 1 & 1 \end{bmatrix} = \begin{bmatrix} 6 & 4 & 5 \\ 4 & 3 & 4 \\ 5 & 4 & 6 \end{bmatrix},$$

$$\boldsymbol{A}^3 = \boldsymbol{A}^2\boldsymbol{A} = \begin{bmatrix} 6 & 4 & 5 \\ 4 & 3 & 4 \\ 5 & 4 & 6 \end{bmatrix} \begin{bmatrix} 1 & 1 & 2 \\ 1 & 1 & 1 \\ 2 & 1 & 1 \end{bmatrix} = \begin{bmatrix} 20 & 15 & 21 \\ 15 & 11 & 15 \\ 21 & 15 & 20 \end{bmatrix}.$$

Daraus folgt

$$\begin{aligned} \boldsymbol{A}^3 - 2\boldsymbol{A}^2 + \boldsymbol{A} - \boldsymbol{A}^0 &= \begin{bmatrix} 20 & 15 & 21 \\ 15 & 11 & 15 \\ 21 & 15 & 20 \end{bmatrix} - 2\begin{bmatrix} 6 & 4 & 5 \\ 4 & 3 & 4 \\ 5 & 4 & 6 \end{bmatrix} + \begin{bmatrix} 1 & 1 & 2 \\ 1 & 1 & 1 \\ 2 & 1 & 1 \end{bmatrix} - \begin{bmatrix} 1 & 0 & 0 \\ 0 & 1 & 0 \\ 0 & 0 & 1 \end{bmatrix} \\ &= \begin{bmatrix} 8 & 8 & 13 \\ 8 & 5 & 8 \\ 13 & 8 & 8 \end{bmatrix}. \end{aligned}$$

■

Übung 1.17

• ○ ○ Es seien $\boldsymbol{A}, \boldsymbol{B} \in \mathbb{K}^{n\times n}$ mit $[\boldsymbol{A}, \boldsymbol{B}] = \boldsymbol{0}$. Man zeige

a) $(\boldsymbol{AB})^2 = \boldsymbol{A}^2\boldsymbol{B}^2$

b) $(\boldsymbol{A}^2 + \boldsymbol{B}^2)(\boldsymbol{A}^2 - \boldsymbol{B}^2) = \boldsymbol{A}^4 - \boldsymbol{B}^4$

Lösung

a) Wegen $[A, B] = 0$, gilt $AB = BA$. Daraus folgt

$$(AB)^2 = (AB)(AB) = A(\underbrace{BA}_{=AB})B = AABB = A^2B^2.$$

b) Mit Teilaufgabe (a) finden wir

$$\begin{aligned}(A^2 + B^2)(A^2 - B^2) &= A^2A^2 - A^2B^2 + B^2A^2 - B^2B^2 \\ &= A^4 - (\underbrace{AB}_{=BA})^2 + (BA)^2 - B^4 = A^4 - B^4.\end{aligned}$$

■

Übung 1.18

• ○ ○ Es sei $A \in \mathbb{K}^{n\times n}$ diagonal.

a) Man zeige, dass A^2 diagonal ist.

b) Man beweise, dass A^k diagonal ist. Wie kann man somit effizient die k-te Potenz einer Diagonalmatrix berechnen?

c) Man berechne A^2, A^3, A^{1000} für $A = \begin{bmatrix} 1 & 0 & 0 \\ 0 & -1 & 0 \\ 0 & 0 & 2 \end{bmatrix}$.

Lösung

a) Es sei $A = \begin{bmatrix} \lambda_1 & \cdots & 0 \\ \vdots & \ddots & \vdots \\ 0 & \cdots & \lambda_n \end{bmatrix}$. Dann ist:

$$A^2 = \begin{bmatrix} \lambda_1 & \cdots & 0 \\ \vdots & \ddots & \vdots \\ 0 & \cdots & \lambda_n \end{bmatrix} \begin{bmatrix} \lambda_1 & \cdots & 0 \\ \vdots & \ddots & \vdots \\ 0 & \cdots & \lambda_n \end{bmatrix} = \begin{bmatrix} \lambda_1^2 & \cdots & 0 \\ \vdots & \ddots & \vdots \\ 0 & \cdots & \lambda_n^2 \end{bmatrix} \quad \Rightarrow \quad A^2 \text{ ist diagonal.}$$

b) Nun rechnen wir einige weitere Potenzen von A aus, um ein Gefühl für die Situation zu bekommen:

$$A^3 = A^2A = \begin{bmatrix} \lambda_1^2 & \cdots & 0 \\ \vdots & \ddots & \vdots \\ 0 & \cdots & \lambda_n^2 \end{bmatrix} \begin{bmatrix} \lambda_1 & \cdots & 0 \\ \vdots & \ddots & \vdots \\ 0 & \cdots & \lambda_n \end{bmatrix} = \begin{bmatrix} \lambda_1^3 & \cdots & 0 \\ \vdots & \ddots & \vdots \\ 0 & \cdots & \lambda_n^3 \end{bmatrix},$$

$$A^4 = A^3 A = \begin{bmatrix} \lambda_1^3 & \cdots & 0 \\ \vdots & \ddots & \vdots \\ 0 & \cdots & \lambda_n^3 \end{bmatrix} \begin{bmatrix} \lambda_1 & \cdots & 0 \\ \vdots & \ddots & \vdots \\ 0 & \cdots & \lambda_n \end{bmatrix} = \begin{bmatrix} \lambda_1^4 & \cdots & 0 \\ \vdots & \ddots & \vdots \\ 0 & \cdots & \lambda_n^4 \end{bmatrix},$$

und so weiter. Man sieht also, dass im Allgemeinen

$$A^k = \begin{bmatrix} \lambda_1^k & \cdots & 0 \\ \vdots & \ddots & \vdots \\ 0 & \cdots & \lambda_n^k \end{bmatrix} \tag{1.39}$$

gilt. Kritische Leser werden eindecken, dass Formel (1.39) z. B. per vollständige Induktion bewiesen werden muss:

- $k = 1$ (Verankerung): A ist bereits diagonal und Gleichung (1.39) ist somit erfüllt. ✓
- $k \Rightarrow k+1$ (Induktionsschritt): Wir nehmen an, dass Formel (1.39) für A^k stimmt (Induktionsannahme) und zeigen, dass die Aussage auch für A^{k+1} stimmt. Mithilfe der Induktionsannahme finden wir

$$A^{k+1} = AA^k = \begin{bmatrix} \lambda_1 & \cdots & 0 \\ \vdots & \ddots & \vdots \\ 0 & \cdots & \lambda_n \end{bmatrix} \begin{bmatrix} \lambda_1^k & \cdots & 0 \\ \vdots & \ddots & \vdots \\ 0 & \cdots & \lambda_n^k \end{bmatrix} = \begin{bmatrix} \lambda_1^{k+1} & \cdots & 0 \\ \vdots & \ddots & \vdots \\ 0 & \cdots & \lambda_n^{k+1} \end{bmatrix} \checkmark$$

c) Die gegebene Matrix ist diagonal. Um A^2, A^3, A^{1000} zu bestimmen müssen wir einfach die Diagonalelemente zur 2., 3., 1000. Potenz erheben:

$$A^2 = \begin{bmatrix} 1^2 & 0 & 0 \\ 0 & (-1)^2 & 0 \\ 0 & 0 & 2^2 \end{bmatrix} = \begin{bmatrix} 1 & 0 & 0 \\ 0 & 1 & 0 \\ 0 & 0 & 4 \end{bmatrix} \qquad A^3 = \begin{bmatrix} 1^3 & 0 & 0 \\ 0 & (-1)^3 & 0 \\ 0 & 0 & 2^3 \end{bmatrix} = \begin{bmatrix} 1 & 0 & 0 \\ 0 & -1 & 0 \\ 0 & 0 & 8 \end{bmatrix}$$

$$A^{1000} = \begin{bmatrix} 1^{1000} & 0 & 0 \\ 0 & (-1)^{1000} & 0 \\ 0 & 0 & 2^{1000} \end{bmatrix} = \begin{bmatrix} 1 & 0 & 0 \\ 0 & 1 & 0 \\ 0 & 0 & 2^{1000} \end{bmatrix}.$$

■

Merkregel

Um die k-te Potenz einer Diagonalmatrix zu bestimmen, genügt es, alle Diagonalelemente zur k-ten Potenz zu berechnen:

$$\begin{bmatrix} \lambda_1 & \cdots & 0 \\ \vdots & \ddots & \vdots \\ 0 & \cdots & \lambda_n \end{bmatrix}^k = \begin{bmatrix} \lambda_1^k & \cdots & 0 \\ \vdots & \ddots & \vdots \\ 0 & \cdots & \lambda_n^k \end{bmatrix}.$$

1.2.9 Die Spur einer Matrix

Für eine $(n \times n)$-Matrix $\boldsymbol{A} \in \mathbb{K}^{n \times n}$ definiert man deren **Spur** als die Summe der Diagonaleinträge von $\boldsymbol{A}$, konkret:

$$\boxed{\operatorname{Spur}(\boldsymbol{A}) := a_{11} + a_{22} + \cdots + a_{nn} = \sum_{i=1}^{n} a_{ii}} \tag{1.40}$$

▶ Beispiel

$$\operatorname{Spur}\begin{bmatrix} \boxed{1} & 2 & 3 & 4 \\ 2 & \boxed{5} & 6 & 7 \\ 3 & 6 & \boxed{8} & 9 \\ 4 & 7 & 9 & \boxed{10} \end{bmatrix} = 1 + 5 + 8 + 10 = 24. ◀$$

▶ Satz 1.6 (Rechenregeln für die Spur einer Matrix)

Für die Spur gelten die folgenden Rechenregeln

(S1) $\operatorname{Spur}(\boldsymbol{A} + \boldsymbol{B}) = \operatorname{Spur}(\boldsymbol{A}) + \operatorname{Spur}(\boldsymbol{B})$

(S2) $\operatorname{Spur}(\alpha \boldsymbol{A}) = \alpha \operatorname{Spur}(\boldsymbol{A})$

(S3) $\operatorname{Spur}(\boldsymbol{AB}) = \operatorname{Spur}(\boldsymbol{BA})$

(S4) $\operatorname{Spur}(\boldsymbol{ABC}) = \operatorname{Spur}(\boldsymbol{BCA}) = \operatorname{Spur}(\boldsymbol{CAB})$ (zyklische Permutation von $\boldsymbol{ABC}$)

(S5) $\operatorname{Spur}(\boldsymbol{A}^T) = \operatorname{Spur}(\boldsymbol{A})$

Für komplexwertige Matrizen gilt:

(S6) $\operatorname{Spur}(\boldsymbol{A}^*) = \overline{\operatorname{Spur}(\boldsymbol{A})}$ ◀

Bemerkung

Eigenschaften (S1) und (S2) implizieren, dass die Spur **linear** ist (vgl. ▶ Kap. 7).

Übung 1.19

●○○ Man betrachte die Matrizen $\boldsymbol{A}$ und $\boldsymbol{B}$ von Übung 1.10(a). Man berechne $\operatorname{Spur}(\boldsymbol{A} + \boldsymbol{B})$, $\operatorname{Spur}(2\boldsymbol{A})$, $\operatorname{Spur}(\boldsymbol{A}^T)$, $\operatorname{Spur}(\boldsymbol{AB})$, $\operatorname{Spur}(\boldsymbol{BA})$ und $\operatorname{Spur}([\boldsymbol{A}, \boldsymbol{B}])$.

Lösung

Es gilt:

$$\boldsymbol{A} + \boldsymbol{B} = \begin{bmatrix} 3 & 1 & 3 \\ 3 & 4 & 6 \\ 1 & 1 & 1 \end{bmatrix} \quad \Rightarrow \quad \operatorname{Spur}(\boldsymbol{A} + \boldsymbol{B}) = 3 + 4 + 1 = 8.$$

Alternative: Mit Rechenregel (S1) finden wir:

$$\left.\begin{aligned}\text{Spur}(\boldsymbol{A}) &= 2+0+0=2\\ \text{Spur}(\boldsymbol{B}) &= 1+4+1=6\end{aligned}\right\} \Rightarrow \quad \text{Spur}(\boldsymbol{A}+\boldsymbol{B}) = \text{Spur}(\boldsymbol{A}) + \text{Spur}(\boldsymbol{B}) = 2+6=8 \checkmark$$

Für Spur($2\boldsymbol{A}$) finden wir:

$$2\boldsymbol{A} = \begin{bmatrix} 4 & -2 & 0\\ 2 & 0 & 0\\ 0 & 2 & 0\end{bmatrix} \quad \Rightarrow \quad \text{Spur}(2\boldsymbol{A}) = 4+0+0=4.$$

Alternative: Aus Rechenregel (S2) folgt Spur($\boldsymbol{A}$) $= 2 \Rightarrow$ Spur($2\boldsymbol{A}$) $= 2\,$Spur($\boldsymbol{A}$) $= 4 \checkmark$.
Für Spur($\boldsymbol{A}^T$) gilt:

$$\boldsymbol{A}^T = \begin{bmatrix} 2 & 1 & 0\\ -1 & 0 & 1\\ 0 & 0 & 0\end{bmatrix} \quad \Rightarrow \quad \text{Spur}(\boldsymbol{A}^T) = 2+0+0=2.$$

Alternative: Aus Rechenregel (S5) folgt Spur($\boldsymbol{A}$) $= 2 \Rightarrow$ Spur($\boldsymbol{A}^T$) $=$ Spur($\boldsymbol{A}$) $= 2 \checkmark$.
In Übung 1.10(a), haben wir gezeigt, dass

$$\boldsymbol{AB} = \begin{bmatrix} 0 & 0 & 0\\ 1 & 2 & 3\\ 2 & 4 & 6\end{bmatrix}, \quad \boldsymbol{BA} = \begin{bmatrix} 4 & 2 & 0\\ 8 & 4 & 0\\ 2 & 0 & 0\end{bmatrix}, \quad [\boldsymbol{A}, \boldsymbol{B}] = \begin{bmatrix} -4 & -2 & 0\\ -7 & -2 & 3\\ 0 & 4 & 6\end{bmatrix}$$

gilt. Es folgt somit:

$$\text{Spur}(\boldsymbol{AB}) = 0+2+6=8, \quad \text{Spur}(\boldsymbol{BA}) = 4+4+0=8.$$

Beachte, dass Spur($\boldsymbol{AB}$) $=$ Spur($\boldsymbol{BA}$), obwohl $\boldsymbol{AB} \neq \boldsymbol{BA}$ (dies ist Rechenregel (S3)). Beachte auch, dass aus Spur($\boldsymbol{AB}$) $=$ Spur($\boldsymbol{BA}$) folgt sofort Spur($[\boldsymbol{A}, \boldsymbol{B}]$) $= 0$. Dies kann man auch direkt nachweisen:

$$\text{Spur}([\boldsymbol{A}, \boldsymbol{B}]) = \text{Spur}\begin{bmatrix} -4 & -2 & 0\\ -7 & -2 & 3\\ 0 & 4 & 6\end{bmatrix} = -4-2+6=0 \checkmark$$

■

Übung 1.20

• • ○ Es seien $\boldsymbol{A}, \boldsymbol{B}, \boldsymbol{C} \in \mathbb{K}^{n\times n}$. Man zeige:

a) Spur($\boldsymbol{AB}$) $=$ Spur($\boldsymbol{BA}$)

b) Spur($[\boldsymbol{A}, \boldsymbol{B}]$) $= 0$

c) Spur($\boldsymbol{ABC}$) $=$ Spur($\boldsymbol{CAB}$) $=$ Spur($\boldsymbol{BCA}$).

Lösung

a) Es seien $\boldsymbol{A}, \boldsymbol{B} \in \mathbb{K}^{n\times n}$ mit Einträgen a_{ij} bzw. b_{ij}. Dann gilt:

$$[\boldsymbol{AB}]_{ij} = \sum_{k=1}^{n} a_{ik}b_{kj} \quad \Rightarrow \quad \mathrm{Spur}(\boldsymbol{AB}) = \sum_{i=1}^{m}[\boldsymbol{AB}]_{ii} = \sum_{i=1}^{m}\sum_{k=1}^{n} a_{ik}b_{ki}$$

$$[\boldsymbol{BA}]_{ij} = \sum_{k=1}^{n} b_{ik}a_{kj} \quad \Rightarrow \quad \mathrm{Spur}(\boldsymbol{BA}) = \sum_{i=1}^{m}[\boldsymbol{BA}]_{ii} = \sum_{i=1}^{m}\sum_{k=1}^{n} b_{ik}a_{ki} = \sum_{i=1}^{m}\sum_{k=1}^{n} a_{ik}b_{ki}$$

Somit ist Spur($\boldsymbol{AB}$) = Spur($\boldsymbol{BA}$).

b) Aus Teilaufgabe (a) folgt direkt (zusammen mit der Linearität der Spur), dass

$$\begin{aligned}\mathrm{Spur}([\boldsymbol{A}, \boldsymbol{B}]) &= \mathrm{Spur}(\boldsymbol{AB} - \boldsymbol{BA}) = \mathrm{Spur}(\boldsymbol{AB}) - \mathrm{Spur}(\boldsymbol{BA}) \\ &= \mathrm{Spur}(\boldsymbol{AB}) - \mathrm{Spur}(\boldsymbol{AB}) = 0.\end{aligned}$$

c) Aus Teilaufgabe (a) folgt genau so:

$$\mathrm{Spur}(\boldsymbol{ABC}) = \mathrm{Spur}\big((\boldsymbol{AB})\boldsymbol{C}\big) = \mathrm{Spur}\big(\boldsymbol{C}(\boldsymbol{AB})\big) = \mathrm{Spur}(\boldsymbol{CAB}),$$
$$\mathrm{Spur}(\boldsymbol{ABC}) = \mathrm{Spur}\big(\boldsymbol{A}(\boldsymbol{BC})\big) = \mathrm{Spur}\big((\boldsymbol{BC})\boldsymbol{A}\big) = \mathrm{Spur}(\boldsymbol{BCA}).$$ ■

Merkregel
Die Spur ist invariant bezüglich **zyklischer Vertauschungen** der Matrizen in einem Produkt (d. h., die Matrizen werden im „Kreis" vertauscht). Zum Beispiel:

$$\mathrm{Spur}(\boldsymbol{ABCD}) = \mathrm{Spur}(\boldsymbol{DABC}) = \mathrm{Spur}(\boldsymbol{CDAB}) = \mathrm{Spur}(\boldsymbol{BCDA}).$$

1.3 Inverse Matrix und die Menge GL(n, $\mathbb{K}$)

▶ **Definition 1.2**
Es sei $\boldsymbol{A} \in \mathbb{K}^{n\times n}$ eine $(n \times n)$-Matrix. Falls eine $(n \times n)$-Matrix $\boldsymbol{B} \in \mathbb{K}^{n\times n}$ existiert für die

$$\boldsymbol{AB} = \boldsymbol{BA} = \boldsymbol{E} \tag{1.41}$$

gilt, so heißt die Matrix $\boldsymbol{A}$ **invertierbar** oder **regulär**. Die Matrix $\boldsymbol{B}$ heißt dann die ***Inverse*** von $\boldsymbol{A}$, kurz:

$$\boldsymbol{B} = \boldsymbol{A}^{-1}. \tag{1.42}$$

◀

In Komponentenschreibweise lautet die Bedingung (1.2) wie folgt:

$$\sum_{k=1}^{n} a_{ik}b_{kj} = \sum_{k=1}^{n} b_{ik}a_{kj} = \delta_{ij} = \begin{cases} 1, & \text{für } i = j \\ 0, & \text{für } i \neq j \end{cases} \tag{1.43}$$

wobei a_{ij} und b_{ij} die Komponenten von $\boldsymbol{A}$ bzw. $\boldsymbol{B}$ sind. Beachte, dass für reguläre Matrizen ihre Inverse **eindeutig** ist (siehe Übung 1.27).

▶ **Beispiel**

Die (2×2)-Matrix $\boldsymbol{A} = \begin{bmatrix} 1 & 2 \\ 3 & 4 \end{bmatrix}$ ist invertierbar mit Inverse $\boldsymbol{A}^{-1} = \begin{bmatrix} -2 & 1 \\ \frac{3}{2} & -\frac{1}{2} \end{bmatrix}$. Denn es gilt

$$\boldsymbol{A}\boldsymbol{A}^{-1} = \begin{bmatrix} 1 & 2 \\ 3 & 4 \end{bmatrix}\begin{bmatrix} -2 & 1 \\ \frac{3}{2} & -\frac{1}{2} \end{bmatrix} = \begin{bmatrix} 1 & 0 \\ 0 & 1 \end{bmatrix}, \quad \boldsymbol{A}^{-1}\boldsymbol{A} = \begin{bmatrix} -2 & 1 \\ \frac{3}{2} & -\frac{1}{2} \end{bmatrix}\begin{bmatrix} 1 & 2 \\ 3 & 4 \end{bmatrix} = \begin{bmatrix} 1 & 0 \\ 0 & 1 \end{bmatrix}. \blacktriangleleft$$

1.3.1 Singuläre Matrizen

Beachte, dass nicht alle Matrizen eine Inverse besitzen. Solche Matrizen heißen ***nichtinvertierbar*** oder ***singulär***. Ein solches Beispiel ist die Matrix $\boldsymbol{A} = \begin{bmatrix} 1 & 0 \\ 0 & 0 \end{bmatrix}$.

1.3.2 Die Menge GL(n, $\mathbb{K}$)

▶ **Definition 1.3**

Die Menge aller invertierbaren (regulären) $(n \times n)$-Matrizen in $\mathbb{K}^{n \times n}$ wird mit

$$\boxed{\mathrm{GL}(n, \mathbb{K}) := \{\boldsymbol{A} \in \mathbb{K}^{n \times n} \mid \boldsymbol{A} \text{ ist invertiebar}\}} \tag{1.44}$$

bezeichnet. GL(n, $\mathbb{K}$) nennt man die **allgemeine lineare Gruppe** (auf English: General Linear Group). ◀

1.3.3 Rechenregeln für inverse Matrizen

▶ **Satz 1.7 (Rechenregeln für inverse Matrizen)**

Für **invertierbare** quadratische Matrizen $\boldsymbol{A}, \boldsymbol{B} \in \mathrm{GL}(n, \mathbb{K})$ gelten die folgenden Gesetze bzw. Rechenregeln:

(I1) $\left(\boldsymbol{A}^{-1}\right)^{-1} = \boldsymbol{A}$;

(I2) $\left(\boldsymbol{A}^{T}\right)^{-1} = \left(\boldsymbol{A}^{-1}\right)^{T}$;

(I3) $(\boldsymbol{A}\boldsymbol{B})^{-1} = \boldsymbol{B}^{-1}\boldsymbol{A}^{-1}$ (Beachte: die Reihenfolge der Matrizen wird vertauscht!).

(I4) Für Blockdiagonalmatrizen gilt: $\left[\begin{array}{c|c} \boldsymbol{A} & \boldsymbol{0} \\ \hline \boldsymbol{0} & \boldsymbol{B} \end{array}\right]^{-1} = \left[\begin{array}{c|c} \boldsymbol{A}^{-1} & \boldsymbol{0} \\ \hline \boldsymbol{0} & \boldsymbol{B}^{-1} \end{array}\right]$.

Außerdem für komplexwertigen Matrizen gilt:

(I5) $(A^*)^{-1} = \left(A^{-1}\right)^*$. ◄

Bemerkung

Aufpassen:

- $AB = C \Rightarrow B = A^{-1}C$ (Inverse wird **links** multipliziert);
- $BA = C \Rightarrow B = CA^{-1}$ (Inverse wird **rechts** multipliziert).

Übung 1.21

○○○ Man zeige jeweils, dass B die Inverse von A ist

a) $A = \begin{bmatrix} 5 & 3 \\ 3 & 2 \end{bmatrix}$, $B = \begin{bmatrix} 2 & -3 \\ -3 & 5 \end{bmatrix}$ **b)** $A = \begin{bmatrix} 1 & 0 & 1 \\ 2 & 3 & 4 \\ 0 & 0 & 1 \end{bmatrix}$, $B = \begin{bmatrix} 1 & 0 & -1 \\ -\frac{2}{3} & \frac{1}{3} & -\frac{2}{3} \\ 0 & 0 & 1 \end{bmatrix}$

Lösung

a) Wir müssen einfach nachweisen, dass $AB = BA = E$ gilt. Wegen

$$AB = \begin{bmatrix} 5 & 3 \\ 3 & 2 \end{bmatrix}\begin{bmatrix} 2 & -3 \\ -3 & 5 \end{bmatrix} = \begin{bmatrix} 1 & 0 \\ 0 & 1 \end{bmatrix}, \quad BA = \begin{bmatrix} 2 & -3 \\ -3 & 5 \end{bmatrix}\begin{bmatrix} 5 & 3 \\ 3 & 2 \end{bmatrix} = \begin{bmatrix} 1 & 0 \\ 0 & 1 \end{bmatrix}$$

ist B die Inverse von A.

b) Wegen

$$AB = \begin{bmatrix} 1 & 0 & 1 \\ 2 & 3 & 4 \\ 0 & 0 & 1 \end{bmatrix}\begin{bmatrix} 1 & 0 & -1 \\ -\frac{2}{3} & \frac{1}{3} & -\frac{2}{3} \\ 0 & 0 & 1 \end{bmatrix} = \begin{bmatrix} 1 & 0 & 0 \\ 0 & 1 & 0 \\ 0 & 0 & 1 \end{bmatrix}$$

$$BA = \begin{bmatrix} 1 & 0 & -1 \\ -\frac{2}{3} & \frac{1}{3} & -\frac{2}{3} \\ 0 & 0 & 1 \end{bmatrix}\begin{bmatrix} 1 & 0 & 1 \\ 2 & 3 & 4 \\ 0 & 0 & 1 \end{bmatrix} = \begin{bmatrix} 1 & 0 & 0 \\ 0 & 1 & 0 \\ 0 & 0 & 1 \end{bmatrix}$$

ist B die Inverse von A. ■

Übung 1.22

●○○ Für welche Werte von $\alpha \in \mathbb{R}$ ist B die Inverse von A?

$$A = \begin{bmatrix} 1+\alpha & 4 \\ -1 & \alpha \end{bmatrix}, \quad B = \begin{bmatrix} \frac{1}{5} & -\frac{2}{5} \\ \frac{1}{10} & \frac{3}{10} \end{bmatrix}$$

Lösung

Damit $\boldsymbol{B}$ die Inverse von $\boldsymbol{A}$ ist, muss $\boldsymbol{AB} = \boldsymbol{E}$ gelten. Wir rechnen nach:

$$\boldsymbol{AB} = \begin{bmatrix} 1+\alpha & 4 \\ -1 & \alpha \end{bmatrix} \begin{bmatrix} \frac{1}{5} & -\frac{2}{5} \\ \frac{1}{10} & \frac{3}{10} \end{bmatrix} = \begin{bmatrix} \frac{\alpha+3}{5} & \frac{4-2\alpha}{5} \\ \frac{\alpha-2}{10} & \frac{3\alpha+4}{10} \end{bmatrix} \stackrel{!}{=} \begin{bmatrix} 1 & 0 \\ 0 & 1 \end{bmatrix}.$$

Koeffizientenvergleich: aus $\frac{\alpha+3}{5} = 1$, $\frac{4-2\alpha}{5} = 0$, $\frac{\alpha-2}{10} = 0$ und $\frac{3\alpha+4}{10} = 1$ folgt $\alpha = 2$. ■

Übung 1.23

• ○ ○ Sei $\boldsymbol{A} \in \mathrm{GL}(n, \mathbb{K})$ invertierbar. Man zeige:

a) $(\boldsymbol{A}^{-1})^{-1} = \boldsymbol{A}$

b) $(\boldsymbol{A}^{T})^{-1} = (\boldsymbol{A}^{-1})^{T}$

Lösung

a) Wegen $\boldsymbol{AA}^{-1} = \boldsymbol{E}$ ist $\boldsymbol{A}$ die Inverse von $\boldsymbol{A}^{-1}$, d. h. $(\boldsymbol{A}^{-1})^{-1} = \boldsymbol{A}$.

b) Wegen $(\boldsymbol{AB})^T = \boldsymbol{B}^T\boldsymbol{A}^T$ ist $(\boldsymbol{A}^{-1})^T\boldsymbol{A}^T = \left(\boldsymbol{AA}^{-1}\right)^T = \boldsymbol{E}^T = \boldsymbol{E}$. Somit ist $(\boldsymbol{A}^{-1})^T$ die Inverse von $\boldsymbol{A}^T$, d. h. $(\boldsymbol{A}^T)^{-1} = (\boldsymbol{A}^{-1})^T$. ■

Übung 1.24

• ○ ○ Seien $\boldsymbol{A}, \boldsymbol{B} \in \mathrm{GL}(n, \mathbb{K})$ invertierbare Matrizen.

a) Man zeige, dass $\boldsymbol{AB} \in \mathrm{GL}(n, \mathbb{K})$ (d. h. dass $\boldsymbol{AB}$ invertiebar ist) und dass für die Inverse $(\boldsymbol{AB})^{-1} = \boldsymbol{B}^{-1}\boldsymbol{A}^{-1}$ gilt.

b) Sei $\boldsymbol{C} \in \mathrm{GL}(n, \mathbb{K})$ invertierbar. Man finde eine Formel für $(\boldsymbol{ABC})^{-1}$.

Lösung

a) Wegen $(\boldsymbol{B}^{-1}\boldsymbol{A}^{-1})(\boldsymbol{AB}) = \boldsymbol{B}^{-1}(\boldsymbol{A}^{-1}\boldsymbol{A})\boldsymbol{B} = \boldsymbol{B}^{-1}\boldsymbol{EB} = \boldsymbol{B}^{-1}\boldsymbol{B} = \boldsymbol{E}$ ist $\boldsymbol{B}^{-1}\boldsymbol{A}^{-1}$ die Inverse von $\boldsymbol{AB}$, d. h. $\boldsymbol{AB}$ ist invertierbar und $(\boldsymbol{AB})^{-1} = \boldsymbol{B}^{-1}\boldsymbol{A}^{-1}$.

b) Wir wenden die Formel $(\boldsymbol{AB})^{-1} = \boldsymbol{B}^{-1}\boldsymbol{A}^{-1}$ zwei Mal an und finden: $(\boldsymbol{ABC})^{-1} = \left((\boldsymbol{AB})\boldsymbol{C}\right)^{-1} = \boldsymbol{C}^{-1}(\boldsymbol{AB})^{-1} = \boldsymbol{C}^{-1}\boldsymbol{B}^{-1}\boldsymbol{A}^{-1}$. ■

Merkregel

Bei der Bildung der Inversen eines beliebigen Produktes wird die Reihenfolge immer vertauscht. Zum Beispiel, $(\boldsymbol{ABCDEF})^{-1} = \boldsymbol{F}^{-1}\boldsymbol{E}^{-1}\boldsymbol{D}^{-1}\boldsymbol{C}^{-1}\boldsymbol{B}^{-1}\boldsymbol{A}^{-1}$.

Übung 1.25

• ○ ○ Es seien $\boldsymbol{A}, \boldsymbol{B} \in \mathrm{GL}(n, \mathbb{K})$. Man löse die Matrizengleichung $\boldsymbol{A} + 2\boldsymbol{AB} + 2\boldsymbol{B} = \left(\boldsymbol{B}^T\boldsymbol{BA}^T + \boldsymbol{B}\right)^T$ nach $\boldsymbol{A}$ auf.

Lösung

Es gilt: $A + 2AB + 2B = \left(B^T BA^T + B\right)^T \Leftrightarrow A(E + 2B) + 2B = AB^T B + B^T \Leftrightarrow A\left(E + 2B - B^T B\right) = B^T - 2B$. Es ergibt sich somit $A = \left(B^T - 2B\right)\left(E + 2B - B^T B\right)^{-1} = \left(B^T - 2B\right)\left(E + 2B^{-1} - B^{-1}B^{-T}\right)$. ■

Übung 1.26

• ○ ○ Es seien $A, B \in \mathrm{GL}(n, \mathbb{K})$. Man zeige $\mathrm{Spur}(A^{-1}BA) = \mathrm{Spur}(B)$.

Lösung

Es ist $\mathrm{Spur}(A^{-1}BA) = \mathrm{Spur}(B\underbrace{AA^{-1}}_{=E}) = \mathrm{Spur}(BE) = \mathrm{Spur}(B)$. ■

Übung 1.27

• ○ ○ Sei $A \in \mathrm{GL}(n, \mathbb{K})$ eine invertierbare $(n \times n)$-Matrix. Man zeige, dass die Inverse A^{-1} eindeutig ist.

Lösung

Wir nehmen an, dass A zwei Inverse B und C hat, d. h. dass es zwei Matrizen B und C gibt mit $BA = AB = E$ und $CA = AC = E$. Dann gilt $B = BE = B(AC) = (BA)C = EC = C$. Daraus folgt $B = C$, d. h., die Inverse von A ist eindeutig. ■

Übung 1.28

• ○ ○ Es seien $A \in \mathrm{GL}(n, \mathbb{K})$ und $B \in \mathrm{GL}(r, \mathbb{K})$ invertierbar. Man zeige:

$$\left[\begin{array}{c|c} A & 0 \\ \hline 0 & B \end{array}\right]^{-1} = \left[\begin{array}{c|c} A^{-1} & 0 \\ \hline 0 & B^{-1} \end{array}\right].$$

Lösung

Mit den Rechenregeln für Blockmatrizen (▶ vgl. Abschn. 1.2.7) finden wir:

$$\left[\begin{array}{c|c} A^{-1} & 0 \\ \hline 0 & B^{-1} \end{array}\right]\left[\begin{array}{c|c} A & 0 \\ \hline 0 & B \end{array}\right] = \left[\begin{array}{c|c} A^{-1}A + 0 & A^{-1}0 + 0B \\ \hline 0A + B^{-1}0 & 0 + B^{-1}B \end{array}\right]$$

$$= \left[\begin{array}{c|c} E_{n\times n} & 0 \\ \hline 0 & E_{r\times r} \end{array}\right] = E_{(n+r)\times(n+r)}.$$

Somit ist $\left[\begin{array}{c|c} A & 0 \\ \hline 0 & B \end{array}\right]^{-1} = \left[\begin{array}{c|c} A^{-1} & 0 \\ \hline 0 & B^{-1} \end{array}\right]$. ■

Ein etwas anspruchsvolles Beispiel aus der komplexen Analysis:

Übung 1.29

• • • Eine (normierte) **Möbius-Transformation** ist eine Abbildung $M : \mathbb{C} \cup \{\infty\} \to \mathbb{C} \cup \{\infty\}$, $z \to M(z) = \frac{az+b}{cz+d}$, wobei $ad - bc = 1$. Möbius-Transformationen kann man mit (2×2)-Matrizen wie folgt darstellen:

$$M(z) = \frac{az+b}{cz+d} \leftrightarrow [M] = \begin{bmatrix} a & b \\ c & d \end{bmatrix}.$$

a) Welche Möbius-Transformation wird von der Einheitsmatrix $\boldsymbol{E}$ erzeugt?
b) Ist die Darstellung von Möbius-Transformationen mit Matrizen eindeutig?
c) Es sei $M(z)$ eine Möbius-Transformation mit Matrixdarstellung $[M]$. Wie lautet die Matrixdarstellung von $M^{-1}(z)$?
d) Es seien $M_1(z)$ und $M_2(z)$ Möbius-Transformationen mit Matrixdarstellungen $[M_1]$ bzw. $[M_2]$. Man zeige, dass die Matrixdarstellung von $M_2 \circ M_1$ ist $[M_2 \circ M_1] = [M_2][M_1]$.

Lösung

a) Es gilt

$$[M] = \begin{bmatrix} 1 & 0 \\ 0 & 1 \end{bmatrix} \to M(z) = \frac{1 \cdot z + 0}{0 \cdot z + 1} = z.$$

Die Einheitsmatrix erzeugt die Identität $M(z) = z$.

b) Die Matrixdarstellung von Möbius-Transformationen ist nicht eindeutig. Denn $[M]$ und $-[M]$ erzeugen dieselbe Möbius-Transformation:

$$[M] = \begin{bmatrix} a & b \\ c & d \end{bmatrix} \to M(z) = \frac{az+b}{cz+d}$$

$$-[M] = \begin{bmatrix} -a & -b \\ -c & -d \end{bmatrix} \to M(z) = \frac{-az-b}{-cz-d} = \frac{az+b}{cz+d}.$$

c) Es gilt

$$y = \frac{az+b}{cz+d} \Rightarrow z = \frac{dy-b}{-cy+a} \Rightarrow M^{-1}(y) = \frac{dy-b}{-cy+a} \Rightarrow [M^{-1}] = \begin{bmatrix} d & -b \\ -c & a \end{bmatrix}.$$

Wegen $ad - bc = 1$ ist $[M^{-1}]$ (Matrixdarstellung von M^{-1}) genau die Inverse von $[M]$ (Matrixdarstellung von M):

$$[M^{-1}][M] = \begin{bmatrix} d & -b \\ -c & a \end{bmatrix} \begin{bmatrix} a & b \\ c & d \end{bmatrix} = \begin{bmatrix} ad-bc & bd-bd \\ -ac+ac & ad-bc \end{bmatrix} = \begin{bmatrix} 1 & 0 \\ 0 & 1 \end{bmatrix}.$$

Mit anderen Worten $[M^{-1}] = [M]^{-1}$.

d) Es seien M_1 und M_2 Möbius-Transformationen mit Matrizen $[M_1]$ bzw. $[M_2]$:

$$[M_1] = \begin{bmatrix} a_1 & b_1 \\ c_1 & d_1 \end{bmatrix} \rightarrow M_1(z) = \frac{a_1 z + b_1}{c_1 z + d_1}, \quad [M_2] = \begin{bmatrix} a_2 & b_2 \\ c_2 & d_2 \end{bmatrix} \rightarrow M_2(z) = \frac{a_2 z + b_2}{c_2 z + d_2}$$

Es gilt:

$$\begin{aligned}(M_2 \circ M_1)(z) = M_2(M_1(z)) = M_2\left(\frac{a_1 z + b_1}{c_1 z + d_1}\right) &= \frac{a_2 \frac{a_1 z + b_1}{c_1 z + d_1} + b_2}{c_2 \frac{a_1 z + b_1}{c_1 z + d_1} + d_2} \\ &= \frac{a_2(a_1 z + b_1) + b_2(c_1 z + d_1)}{c_2(a_1 z + b_1) + d_2(c_1 z + d_1)} = \frac{(a_2 a_1 + b_2 c_1)z + (a_2 b_1 + b_2 d_1)}{(c_2 a_1 + d_2 c_1)z + (c_2 b_1 + d_2 d_1)}\end{aligned}$$

Beachte, dass

$$[M_2][M_1] = \begin{bmatrix} a_2 & b_2 \\ c_2 & d_2 \end{bmatrix} \begin{bmatrix} a_1 & b_1 \\ c_1 & d_1 \end{bmatrix} = \begin{bmatrix} a_2 a_1 + b_2 c_1 & a_2 b_1 + b_2 d_1 \\ c_2 a_1 + d_2 c_1 & c_2 b_1 + d_2 d_1 \end{bmatrix}.$$

Die Matrixdarstellung der Komposition $M_2 \circ M_1$ ist somit gleich dem Produkt der Darstellungsmatrizen von M_2 und M_1, d. h. $[M_2 \circ M_1] = [M_2][M_1]$. ■

1.4 Spezielle Matrizen

Anschließend diskutieren wir noch einige spezielle Typen quadratischer Matrizen, welche eine wichtige Rolle in der linearen Algebra spielen.

1.4.1 Symmetrische Matrizen

Eine $(n \times n)$-Matrix $A \in \mathbb{K}^{n \times n}$ mit der Eigenschaft

$$A^T = A \tag{1.45}$$

heißt **symmetrisch**. Eine Matrix ist somit genau dann symmetrisch, wenn A bezüglich der Diagonalen symmetrisch ist, d. h. wenn für die Einträge von A

$$a_{ij} = a_{ji} \tag{1.46}$$

gilt. Man beachte dass, aufgrund der Dimensionen, symmetrische Matrizen notwendigerweise quadratisch sein müssen.

Definition 1.4

Die Menge aller symmetrischen $(n \times n)$-Matrizen in $\mathbb{K}^{n \times n}$ wird mit

$$\boxed{\operatorname{Sym}_n(\mathbb{K}) := \{\boldsymbol{A} \in \mathbb{K}^{n \times n} \mid \boldsymbol{A} \text{ ist symmetrisch}\}} \tag{1.47}$$

bezeichnet. ◄

Bemerkung

Beachte: $\operatorname{Sym}_n(\mathbb{K})$ ist **keine** Gruppe, weil für symmetrische Matrizen $\boldsymbol{A}, \boldsymbol{B} \in \operatorname{Sym}_n(\mathbb{K})$ im Allgemeinen $\boldsymbol{AB} \notin \operatorname{Sym}_n(\mathbb{K})$ gilt (vgl. Übung 1.32).

Übung 1.30

∘∘∘ Ist $\boldsymbol{A} = \begin{bmatrix} 1 & 2 & 3 & 4 \\ 2 & 5 & 6 & 7 \\ 3 & 6 & 8 & 9 \\ 4 & 7 & 9 & 10 \end{bmatrix}$ symmetrisch?

Lösung

Wegen $\boldsymbol{A}^T = \begin{bmatrix} 1 & 2 & 3 & 4 \\ 2 & 5 & 6 & 7 \\ 3 & 6 & 8 & 9 \\ 4 & 7 & 9 & 10 \end{bmatrix} = \boldsymbol{A}$ ist $\boldsymbol{A}$ symmetrisch. Man sieht dies auch direkt, weil die Matrix bezüglich der Diagonalen symmetrisch ist. ■

Übung 1.31

•∘∘ Berechne die Produkte $\boldsymbol{A}^2$, $\boldsymbol{AA}^T$ und $\boldsymbol{A}^T\boldsymbol{A}$ für $\boldsymbol{A} = \begin{bmatrix} 1 & 2 & 0 \\ 3 & 0 & 1 \\ 1 & 0 & 1 \end{bmatrix}$. Welche der Matrizen $\boldsymbol{A}^2$, $\boldsymbol{AA}^T$ und $\boldsymbol{A}^T\boldsymbol{A}$ sind symmetrisch?

Lösung

$$\boldsymbol{A}^2 = \begin{bmatrix} 1 & 2 & 0 \\ 3 & 0 & 1 \\ 1 & 0 & 1 \end{bmatrix} \begin{bmatrix} 1 & 2 & 0 \\ 3 & 0 & 1 \\ 1 & 0 & 1 \end{bmatrix} = \begin{bmatrix} 7 & 2 & 2 \\ 4 & 6 & 1 \\ 2 & 2 & 1 \end{bmatrix}$$

$$\boldsymbol{AA}^T = \begin{bmatrix} 1 & 2 & 0 \\ 3 & 0 & 1 \\ 1 & 0 & 1 \end{bmatrix} \begin{bmatrix} 1 & 3 & 1 \\ 2 & 0 & 0 \\ 0 & 1 & 1 \end{bmatrix} = \begin{bmatrix} 5 & 3 & 1 \\ 3 & 10 & 4 \\ 1 & 4 & 2 \end{bmatrix}$$

$$\boldsymbol{A}^T\boldsymbol{A} = \begin{bmatrix} 1 & 3 & 1 \\ 2 & 0 & 0 \\ 0 & 1 & 1 \end{bmatrix} \begin{bmatrix} 1 & 2 & 0 \\ 3 & 0 & 1 \\ 1 & 0 & 1 \end{bmatrix} = \begin{bmatrix} 11 & 2 & 4 \\ 2 & 4 & 0 \\ 4 & 0 & 2 \end{bmatrix}$$

Die Matrizen $\boldsymbol{AA}^T$ und $\boldsymbol{A}^T\boldsymbol{A}$ sind symmetrisch, während $\boldsymbol{A}^2$ **nicht** symmetrisch ist. ■

Übung 1.32

● ○ ○ Für welche Werte von $\alpha \in \mathbb{R}$ ist das Produkt $\boldsymbol{AB}$ symmetrisch?

$$\boldsymbol{A} = \begin{bmatrix} \alpha & 1 \\ 2 & -1 \end{bmatrix}, \quad \boldsymbol{B} = \begin{bmatrix} 0 & 1-\alpha \\ 1 & 1 \end{bmatrix}$$

Ist das Produkt symmetrischer Matrizen immer symmetrisch?

Lösung

Wir berechnen das Produkt aus

$$\boldsymbol{AB} = \begin{bmatrix} \alpha & 1 \\ 2 & -1 \end{bmatrix} \begin{bmatrix} 0 & 1-\alpha \\ 1 & 1 \end{bmatrix} = \begin{bmatrix} 1 & \alpha(1-\alpha)+1 \\ -1 & 2(1-\alpha)-1 \end{bmatrix}$$

Die Matrix ist symmetrisch wenn $\alpha(1-\alpha)+1 = -1$, d. h. $\alpha^2-\alpha-2 = 0 \Rightarrow \alpha = \{-1, 2\}$. Das Produkt symmetrischer Matrizen ist im Allgemeinen **nicht** symmetrisch. Zum Beispiel, die Matrizen $\boldsymbol{A} = \left[\begin{smallmatrix} 2 & 1 \\ 1 & 1 \end{smallmatrix}\right]$, $\boldsymbol{B} = \left[\begin{smallmatrix} 1 & 1 \\ 1 & 2 \end{smallmatrix}\right]$ sind symmetrisch. Deren Produkt $\boldsymbol{AB} = \left[\begin{smallmatrix} 3 & 4 \\ 2 & 3 \end{smallmatrix}\right]$ ist aber nicht symmetrisch. Aus diesem Grund ist $\mathrm{Sym}_n(\mathbb{K})$ **keine** Gruppe bezüglich der Matrixmultiplikation (vgl. Anhang B). ■

Übung 1.33

● ○ ○ Sei $\boldsymbol{A} \in \mathbb{K}^{n\times n}$ eine $(n \times n)$-Matrix. Man beweise, dass $\boldsymbol{AA}^T$ und $\boldsymbol{A}^T\boldsymbol{A}$ immer symmetrisch sind.

Lösung

Es ist:

$$\begin{aligned} (\boldsymbol{AA}^T)^T &= (\boldsymbol{A}^T)^T\boldsymbol{A}^T = \boldsymbol{AA}^T & \Rightarrow \quad & \boldsymbol{AA}^T \text{ symmetrisch} \\ (\boldsymbol{A}^T\boldsymbol{A})^T &= \boldsymbol{A}^T(\boldsymbol{A}^T)^T = \boldsymbol{A}^T\boldsymbol{A} & \Rightarrow \quad & \boldsymbol{A}^T\boldsymbol{A} \text{ symmetrisch} \end{aligned}$$

■

1.4.2 Schiefsymmetrische Matrizen

Eine $(n \times n)$-Matrix $\boldsymbol{A} \in \mathbb{K}^{n\times n}$, welche

$$\boldsymbol{A}^T = -\boldsymbol{A} \tag{1.48}$$

erfüllt, heißt **schiefsymmetrisch** oder **antisymmetrisch** (auf Englisch: *skew symmetric*). Mit anderen Worten, eine Matrix ist schiefsymmetrisch, wenn für ihre Einträge

$$a_{ij} = -a_{ji} \tag{1.49}$$

gilt. Beachte, dass bei einer schiefsymmetrischen Matrix **alle Diagonaleinträge gleich Null** sind. Denn aus Gl. (1.49) mit $i = j$ folgt

$$a_{ii} = -a_{ii} \quad \Rightarrow \quad a_{ii} = 0. \tag{1.50}$$

► **Definition 1.5**

Die Menge aller schiefsymmetrischen $(n \times n)$-Matrizen in $\mathbb{K}^{n \times n}$ wird mit

$$\boxed{\text{Skew}_n(\mathbb{K}) := \{\boldsymbol{A} \in \mathbb{K}^{n \times n} \mid \boldsymbol{A} \text{ ist schiefsymmetrisch}\}} \tag{1.51}$$

bezeichnet. ◄

Übung 1.34

○○○ Man zeige, dass die Matrix $\boldsymbol{A} = \begin{bmatrix} 0 & 2 & -3 & 4 \\ -2 & 0 & -6 & -7 \\ 3 & 6 & 0 & 9 \\ -4 & 7 & -9 & 0 \end{bmatrix}$ schiefsymmetrisch ist.

Lösung

Wegen $\boldsymbol{A}^T = \begin{bmatrix} 0 & -2 & 3 & -4 \\ 2 & 0 & 6 & 7 \\ -3 & -6 & 0 & -9 \\ 4 & -7 & 9 & 0 \end{bmatrix} = -\boldsymbol{A}$ ist $\boldsymbol{A}$ schiefsymmetrisch. ■

Übung 1.35

●●○

a) Man zeige: Jede $(n \times n)$-Matrix $\boldsymbol{A} \in \mathbb{K}^{n \times n}$ kann als Summe einer symmetrischen und einer schiefsymmetrischen Matrix geschrieben werden.

b) Man stelle die Matrix $\boldsymbol{A} = \begin{bmatrix} 2 & 3 & 1 \\ 5 & 6 & -6 \\ 3 & 9 & -3 \end{bmatrix}$ als Summe einer symmetrischen und einer schiefsymmetrischen Matrix dar.

Lösung

a) Wir schreiben $\boldsymbol{A}$ wie folgt:

$$\boldsymbol{A} = \frac{1}{2}\boldsymbol{A} + \frac{1}{2}\boldsymbol{A} = \frac{1}{2}\boldsymbol{A} + \frac{1}{2}\boldsymbol{A} + \frac{1}{2}\boldsymbol{A}^T - \frac{1}{2}\boldsymbol{A}^T = \underbrace{\frac{\boldsymbol{A} + \boldsymbol{A}^T}{2}}_{=\boldsymbol{S}} + \underbrace{\frac{\boldsymbol{A} - \boldsymbol{A}^T}{2}}_{=\boldsymbol{T}} = \boldsymbol{S} + \boldsymbol{T}.$$

Die Matrix $\boldsymbol{S}$ ist symmetrisch, weil

$$S^T = \left(\frac{A + A^T}{2}\right)^T = \frac{A^T + (A^T)^T}{2} = \frac{A^T + A}{2} = \frac{A + A^T}{2} = S.$$

Die Matrix T ist schiefsymmetrisch, weil

$$T^T = \left(\frac{A - A^T}{2}\right)^T = \frac{A^T - (A^T)^T}{2} = \frac{A^T - A}{2} = -\frac{A - A^T}{2} = -T.$$

b) Aus Teilaufgabe (a) wissen wir, dass jede $(n \times n)$-Matrix A als Summe einer symmetrischen und einer schiefsymmetrischen Matrix darstellbar ist:

$$A = S + T, \quad \text{wobei } S = \frac{A + A^T}{2} \text{ und } T = \frac{A - A^T}{2}.$$

In diesem Fall

$$A = \begin{bmatrix} 2 & 3 & 1 \\ 5 & 6 & -6 \\ 3 & 9 & -3 \end{bmatrix} \quad \Rightarrow \quad A^T = \begin{bmatrix} 2 & 5 & 3 \\ 3 & 6 & 9 \\ 1 & -6 & -3 \end{bmatrix}$$

$$\Rightarrow \quad S = \frac{A + A^T}{2} = \frac{1}{2}\begin{bmatrix} 4 & 8 & 4 \\ 8 & 12 & 3 \\ 4 & 3 & -6 \end{bmatrix} = \begin{bmatrix} 2 & 4 & 2 \\ 4 & 6 & \frac{3}{2} \\ 2 & \frac{3}{2} & -3 \end{bmatrix} \quad \text{symmetrisch}$$

$$\Rightarrow \quad T = \frac{A - A^T}{2} = \frac{1}{2}\begin{bmatrix} 0 & -2 & -2 \\ 2 & 0 & -15 \\ 2 & 15 & 0 \end{bmatrix} = \begin{bmatrix} 0 & -1 & -1 \\ 1 & 0 & -\frac{15}{2} \\ 1 & \frac{15}{2} & 0 \end{bmatrix} \quad \text{schiefsymmetrisch}$$

$$\text{Probe: } S + T = \begin{bmatrix} 2 & 4 & 2 \\ 4 & 6 & \frac{3}{2} \\ 2 & \frac{3}{2} & -3 \end{bmatrix} + \begin{bmatrix} 0 & -1 & -1 \\ 1 & 0 & -\frac{15}{2} \\ 1 & \frac{15}{2} & 0 \end{bmatrix} = \begin{bmatrix} 2 & 3 & 1 \\ 5 & 6 & -6 \\ 3 & 9 & -3 \end{bmatrix} = A \checkmark$$

■

Merkregel

Jede $(n \times n)$-Matrix $A \in \mathbb{K}^{n \times n}$ kann man wie folgt als Summe einer symmetrischen und einer schiefsymmetrischen Matrix zerlegen:

$$A = S + T, \quad \text{wobei } S = \frac{A + A^T}{2} \text{ und } T = \frac{A - A^T}{2}.$$

Diese Darstellung ist in vielen Situationen nützlich (vgl. Übung 5.26).

Bemerkung

Analoge Zerlegungen treten in mehreren Bereichen der Mathematik auf. Zum Beispiel kann man jede Funktion f in einen geraden Teil g (mit $g(-x) = g(x)$) und einen ungeraden Teil h (mit $h(-x) = -h(x)$) zerlegen:

$$f(x) = g(x) + h(x), \quad g(x) = \frac{f(x) + f(-x)}{2}, \quad h(x) = \frac{f(x) - f(-x)}{2}.$$

Ein weiteres Beispiel ist die Zerlegung einer komplexen Zahl $z \in \mathbb{C}$ in einen reellen Teil x (mit $\bar{x} = x$) und einen imaginären Teil iy (mit $\overline{iy} = -iy$):

$$z = x + iy, \quad x = \frac{z + \bar{z}}{2}, \quad iy = \frac{z - \bar{z}}{2}.$$

1.4.3 Hermitesche oder selbstadjungierte Matrizen

Eine komplexwertige $(n \times n)$-Matrix $\boldsymbol{A} \in \mathbb{C}^{n \times n}$ heißt **hermitesch** oder **selbstadjungiert** wenn

$$\boldsymbol{A}^* = \boldsymbol{A} \tag{1.52}$$

gilt, wobei $\boldsymbol{A}^*$ die adjungierte Matrix von $\boldsymbol{A}$ bezeichnet. Anders ausgedrückt, $\boldsymbol{A}$ ist genau dann hermitesch, wenn für ihre Einträge

$$a_{ij} = \overline{a_{ji}} \tag{1.53}$$

gilt. Beachte, dass die Diagonalelemente einer hermiteschen Matrix immer reell sein müssen. Denn aus Gl. (1.53) mit $i = j$ folgt

$$a_{ii} = \overline{a_{ii}} \quad \Rightarrow \quad a_{ii} \in \mathbb{R}. \tag{1.54}$$

► **Definition 1.6**

Die Menge aller hermiteschen $(n \times n)$-Matrizen in $\mathbb{C}^{n \times n}$ wird mit

$$\boxed{H_n(\mathbb{C}) := \{\boldsymbol{A} \in \mathbb{C}^{n \times n} \mid \boldsymbol{A} \text{ ist hermitesch}\}}$$

bezeichnet. ◄

Übung 1.36

∘∘∘ Man zeige, dass $\boldsymbol{A} = \begin{bmatrix} 1 & i & 0 \\ -i & 0 & 1 \\ 0 & 1 & 1 \end{bmatrix}$ hermitesch ist.

Lösung

Wegen $\boldsymbol{A}^* = \overline{\boldsymbol{A}}^T = \begin{bmatrix} 1 & \overline{-i} & 0 \\ \bar{i} & 0 & 1 \\ 0 & 1 & 1 \end{bmatrix} = \begin{bmatrix} 1 & i & 0 \\ -i & 0 & 1 \\ 0 & 1 & 1 \end{bmatrix} = \boldsymbol{A}$ ist $\boldsymbol{A}$ hermitesch. ■

Übung 1.37

• • ∘ Man zeige, dass die Pauli-Matrizen (vgl. Übung 1.13) $\sigma_x = \begin{bmatrix} 0 & 1 \\ 1 & 0 \end{bmatrix}$, $\sigma_y = \begin{bmatrix} 0 & -i \\ i & 0 \end{bmatrix}$, $\sigma_z = \begin{bmatrix} 1 & 0 \\ 0 & -1 \end{bmatrix}$ hermitesch sind.

Lösung

Eine direkte Rechnung zeigt:

$$\sigma_x{}^* = \overline{\sigma_x}^T = \begin{bmatrix} 0 & 1 \\ 1 & 0 \end{bmatrix}^T = \begin{bmatrix} 0 & 1 \\ 1 & 0 \end{bmatrix} = \sigma_x \qquad \sigma_y{}^* = \overline{\sigma_y}^T = \begin{bmatrix} 0 & i \\ -i & 0 \end{bmatrix}^T = \begin{bmatrix} 0 & -i \\ i & 0 \end{bmatrix} = \sigma_y$$

$$\sigma_z{}^* = \overline{\sigma_z}^T = \begin{bmatrix} 1 & 0 \\ 0 & -1 \end{bmatrix}^T = \begin{bmatrix} 1 & 0 \\ 0 & -1 \end{bmatrix} = \sigma_z \qquad \Rightarrow \sigma_x, \sigma_y, \sigma_z \text{ sind hermitesch.}$$

■

Übung 1.38

• ∘ ∘ Für welche $\alpha, \beta, \gamma \in \mathbb{C}$ ist die folgende Matrix hermitesch?

$$A = \begin{bmatrix} 1 & \alpha + 2i & \gamma \\ 1 - 2i & 0 & 1 + \beta i \\ \beta i & 2 - \alpha i & -2 \end{bmatrix}$$

Lösung

Es gilt

$$A^* = \overline{A}^T = \begin{bmatrix} 1 & 1 + 2i & -\overline{\beta} i \\ \overline{\alpha} - 2i & 0 & 2 + \overline{\alpha} i \\ \overline{\gamma} & 1 - \overline{\beta} i & -2 \end{bmatrix}.$$

Damit A hermitesch ist, muss A^* gleich A sein. Daraus folgt

$$1 + 2i = \alpha + 2i \quad \Rightarrow \quad \alpha = 1$$

$$1 - \overline{\beta} i = 2 - \alpha i = 2 - i \quad \Rightarrow \quad \overline{\beta} i = -1 + i \quad \Rightarrow \quad \beta = 1 - i$$

$$\overline{\gamma} = \beta i = 1 + i \quad \Rightarrow \quad \gamma = 1 - i.$$

Die gesuchte Matrix lautet somit $A = \begin{bmatrix} 1 & 1 + 2i & 1 - i \\ 1 - 2i & 0 & 2 + i \\ 1 + i & 2 - i & -2 \end{bmatrix}$.

■

1.4.4 Orthogonale Matrizen

Eine $(n \times n)$-Matrix $\boldsymbol{A} \in \mathbb{K}^{n\times n}$ heißt **orthogonal** wenn

$$\boldsymbol{A}^T\boldsymbol{A} = \boldsymbol{E} \tag{1.55}$$

gilt. Beachte, dass diese Bedingung äquivalent zu

$$\boldsymbol{A}^{-1} = \boldsymbol{A}^T \tag{1.56}$$

ist, d. h., eine orthogonale Matrix $\boldsymbol{A}$ ist **immer invertierbar** und die Inverse von $\boldsymbol{A}$ ist gleich $\boldsymbol{A}^T$.

► **Definition 1.7**

Die Menge aller orthogonalen $(n \times n)$-Matrizen in $\mathbb{K}^{n\times n}$ wird mit

$$\boxed{O_n(\mathbb{K}) := \{\boldsymbol{A} \in \mathbb{K}^{n\times n} \mid \boldsymbol{A} \text{ ist orthogonal}\}} \tag{1.57}$$

bezeichnet. $O_n(\mathbb{K})$ heißt **orthogonale Gruppe** (auf Englisch: Orthogonal group). ◄

Bemerkung

Dass $O_n(\mathbb{K})$ eine **Gruppe** bezüglich der Matrixmultiplikation ist, folgt aus Übung 1.41.

Übung 1.39

●○○ Man zeige, dass die folgenden Matrizen orthogonal sind und man bestimme jeweils die Inverse:

$$\boldsymbol{A} = \frac{1}{3}\begin{bmatrix} 1 & 2 & 2 \\ 2 & 1 & -2 \\ -2 & 2 & -1 \end{bmatrix}, \quad \boldsymbol{B} = \begin{bmatrix} -\frac{1}{\sqrt{2}} & \frac{1}{\sqrt{3}} & -\frac{1}{\sqrt{6}} \\ 0 & \frac{1}{\sqrt{3}} & \frac{2}{\sqrt{6}} \\ \frac{1}{\sqrt{2}} & \frac{1}{\sqrt{3}} & -\frac{1}{\sqrt{6}} \end{bmatrix}, \quad \boldsymbol{C} = \frac{1}{2}\begin{bmatrix} 1 & 1 & 1 & 1 \\ 1 & -1 & -1 & 1 \\ -1 & -1 & 1 & 1 \\ -1 & 1 & -1 & 1 \end{bmatrix}$$

Lösung

a) Wegen

$$\boldsymbol{A}^T\boldsymbol{A} = \frac{1}{9}\begin{bmatrix} 1 & 2 & -2 \\ 2 & 1 & 2 \\ 2 & -2 & -1 \end{bmatrix}\begin{bmatrix} 1 & 2 & 2 \\ 2 & 1 & -2 \\ -2 & 2 & -1 \end{bmatrix} = \frac{1}{9}\begin{bmatrix} 9 & 0 & 0 \\ 0 & 9 & 0 \\ 0 & 0 & 9 \end{bmatrix} = \begin{bmatrix} 1 & 0 & 0 \\ 0 & 1 & 0 \\ 0 & 0 & 1 \end{bmatrix}$$

ist $\boldsymbol{A}$ orthogonal. Da für orthogonale Matrizen $\boldsymbol{A}^{-1} = \boldsymbol{A}^T$ gilt, ist $\boldsymbol{A}^{-1} = \boldsymbol{A}^T = \frac{1}{3}\begin{bmatrix} 1 & 2 & -2 \\ 2 & 1 & 2 \\ 2 & -2 & -1 \end{bmatrix}$.

b) Wegen

$$B^T B = \begin{bmatrix} -\frac{1}{\sqrt{2}} & 0 & \frac{1}{\sqrt{2}} \\ \frac{1}{\sqrt{3}} & \frac{1}{\sqrt{3}} & \frac{1}{\sqrt{3}} \\ -\frac{1}{\sqrt{6}} & \frac{2}{\sqrt{6}} & -\frac{1}{\sqrt{6}} \end{bmatrix} \begin{bmatrix} -\frac{1}{\sqrt{2}} & \frac{1}{\sqrt{3}} & -\frac{1}{\sqrt{6}} \\ 0 & \frac{1}{\sqrt{3}} & \frac{2}{\sqrt{6}} \\ \frac{1}{\sqrt{2}} & \frac{1}{\sqrt{3}} & -\frac{1}{\sqrt{6}} \end{bmatrix} = \begin{bmatrix} 1 & 0 & 0 \\ 0 & 1 & 0 \\ 0 & 0 & 1 \end{bmatrix}$$

ist $\boldsymbol{B}$ orthogonal. Daher ist $\boldsymbol{B}^{-1} = \boldsymbol{B}^T = \begin{bmatrix} -\frac{1}{\sqrt{2}} & 0 & \frac{1}{\sqrt{2}} \\ \frac{1}{\sqrt{3}} & \frac{1}{\sqrt{3}} & \frac{1}{\sqrt{3}} \\ -\frac{1}{\sqrt{6}} & \frac{2}{\sqrt{6}} & -\frac{1}{\sqrt{6}} \end{bmatrix}$.

c) Wegen

$$C^T C = \frac{1}{4} \begin{bmatrix} 1 & 1 & -1 & -1 \\ 1 & -1 & -1 & 1 \\ 1 & -1 & 1 & -1 \\ 1 & 1 & 1 & 1 \end{bmatrix} \begin{bmatrix} 1 & 1 & 1 & 1 \\ 1 & -1 & -1 & 1 \\ -1 & -1 & 1 & 1 \\ -1 & 1 & -1 & 1 \end{bmatrix} = \frac{1}{4} \begin{bmatrix} 4 & 0 & 0 & 0 \\ 0 & 4 & 0 & 0 \\ 0 & 0 & 4 & 0 \\ 0 & 0 & 0 & 4 \end{bmatrix} = \begin{bmatrix} 1 & 0 & 0 & 0 \\ 0 & 1 & 0 & 0 \\ 0 & 0 & 1 & 0 \\ 0 & 0 & 0 & 1 \end{bmatrix}$$

ist $\boldsymbol{C}$ orthogonal. Da $\boldsymbol{C}$ orthogonal ist, gilt: $\boldsymbol{C}^{-1} = \boldsymbol{C}^T = \frac{1}{2} \begin{bmatrix} 1 & 1 & -1 & -1 \\ 1 & -1 & -1 & 1 \\ 1 & -1 & 1 & -1 \\ 1 & 1 & 1 & 1 \end{bmatrix}$. ■

Übung 1.40

• ○ ○ Die Matrix $\boldsymbol{R}(\varphi) = \begin{bmatrix} \cos(\varphi) & -\sin(\varphi) \\ \sin(\varphi) & \cos(\varphi) \end{bmatrix}$ beschreibt eine Drehung im $\mathbb{R}^2$ um den Winkel φ in positiver Richtung (vgl. Übung 1.12).

a) Man zeige, dass $\boldsymbol{R}(\varphi)$ orthogonal ist.

b) Man bestimme die Inverse $\boldsymbol{R}^{-1}(\varphi)$ und interpretiere das Resultat geometrisch.

Lösung

a) Wegen $\cos^2(\varphi) + \sin^2(\varphi) = 1$ ist

$$\begin{aligned} \boldsymbol{R}(\varphi)^T \boldsymbol{R}(\varphi) &= \begin{bmatrix} \cos(\varphi) & \sin(\varphi) \\ -\sin(\varphi) & \cos(\varphi) \end{bmatrix} \begin{bmatrix} \cos(\varphi) & -\sin(\varphi) \\ \sin(\varphi) & \cos(\varphi) \end{bmatrix} \\ &= \begin{bmatrix} \cos^2(\varphi) + \sin^2(\varphi) & 0 \\ 0 & \cos^2(\varphi) + \sin^2(\varphi) \end{bmatrix} \\ &= \begin{bmatrix} 1 & 0 \\ 0 & 1 \end{bmatrix} \quad \Rightarrow \quad \boldsymbol{R}(\varphi) \text{ ist orthogonal.} \end{aligned}$$

b) Da $\boldsymbol{R}(\varphi)$ orthogonal ist, ist $\boldsymbol{R}^{-1}(\varphi) = \boldsymbol{R}(\varphi)^T$

$$\boldsymbol{R}(\varphi)^{-1} = \boldsymbol{R}(\varphi)^T = \begin{bmatrix} \cos(\varphi) & \sin(\varphi) \\ -\sin(\varphi) & \cos(\varphi) \end{bmatrix}.$$

Wegen $\sin(-\varphi) = -\sin(\varphi)$ und $\cos(-\varphi) = \cos(\varphi)$ können wir $\boldsymbol{R}(\varphi)^{-1}$ wie folgt umschreiben

$$\boldsymbol{R}(\varphi)^{-1} = \begin{bmatrix} \cos(-\varphi) & -\sin(-\varphi) \\ \sin(-\varphi) & \cos(-\varphi) \end{bmatrix} = \boldsymbol{R}(-\varphi),$$

d. h., $\boldsymbol{R}\,(\varphi)^{-1}$ beschreibt eine Drehung um den Winkel $-\varphi$. Dies bedeutet, dass $\boldsymbol{R}(\varphi)^{-1}$ eine Drehung um den gleichen Winkel φ in Gegenrichtung ist. ■

Übung 1.41

● ○ ○ Seien $\boldsymbol{A}$ und $\boldsymbol{B}$ zwei orthogonale $(n \times n)$-Matrizen. Man zeige, dass auch $\boldsymbol{AB}$ orthogonal ist.

Lösung

Wegen $(\boldsymbol{AB})^T = \boldsymbol{B}^T\boldsymbol{A}^T$ gilt $(\boldsymbol{AB})^T\boldsymbol{AB} = \boldsymbol{B}^T\boldsymbol{A}^T\boldsymbol{AB}$. Da $\boldsymbol{A}$ und $\boldsymbol{B}$ orthogonal sind, ist $\boldsymbol{A}^T\boldsymbol{A} = \boldsymbol{B}^T\boldsymbol{B} = \boldsymbol{E}$. Daraus folgt:

$$(\boldsymbol{AB})^T\boldsymbol{AB} = \boldsymbol{B}^T(\boldsymbol{A}^T\boldsymbol{A})\boldsymbol{B} = \boldsymbol{B}^T\boldsymbol{E}\boldsymbol{B}^T = \boldsymbol{B}^T\boldsymbol{B}^T = \boldsymbol{E}.$$

Somit ist $\boldsymbol{AB}$ orthogonal. Daraus folgt, dass $O_n(\mathbb{K})$ eine Gruppe bezüglich der Matrixmultiplikation ist. ■

Übung 1.42

● ○ ○ Sei $\boldsymbol{A}$ schiefsymmetrisch und seien $\boldsymbol{A} + \boldsymbol{E}$ und $\boldsymbol{A} - \boldsymbol{E}$ invertierbar. Man zeige, dass $(\boldsymbol{E} + \boldsymbol{A})(\boldsymbol{E} - \boldsymbol{A})^{-1}$ orthogonal ist.

Lösung

$\boldsymbol{A}$ ist schiefsymmetrisch $\Rightarrow \boldsymbol{A}^T = -\boldsymbol{A}$. Mit der Formel $(\boldsymbol{AB})^T = \boldsymbol{B}^T\boldsymbol{A}^T$ finden wir dann (beachte $\boldsymbol{E}^T = \boldsymbol{E}$):

$$\left((\boldsymbol{E}+\boldsymbol{A})(\boldsymbol{E}-\boldsymbol{A})^{-1}\right)^T(\boldsymbol{E}+\boldsymbol{A})(\boldsymbol{E}-\boldsymbol{A})^{-1} = (\boldsymbol{E}-\boldsymbol{A})^{-T}(\boldsymbol{E}+\boldsymbol{A})^T(\boldsymbol{E}+\boldsymbol{A})(\boldsymbol{E}-\boldsymbol{A})^{-1}$$
$$= (\boldsymbol{E}-\boldsymbol{A}^T)^{-1}(\boldsymbol{E}+\boldsymbol{A}^T)(\boldsymbol{E}+\boldsymbol{A})(\boldsymbol{E}-\boldsymbol{A})^{-1} = (\boldsymbol{E}+\boldsymbol{A})^{-1}(\boldsymbol{E}-\boldsymbol{A})(\boldsymbol{E}+\boldsymbol{A})(\boldsymbol{E}-\boldsymbol{A})^{-1}$$

Nun würden wir gerne die Terme $(\boldsymbol{E} - \boldsymbol{A})$ und $(\boldsymbol{E} + \boldsymbol{A})$ vertauschen können. Dies ist nur möglich, wenn $(\boldsymbol{E} - \boldsymbol{A})$ und $(\boldsymbol{E} + \boldsymbol{A})$ kommutieren. Wegen

$$(\boldsymbol{E}-\boldsymbol{A})(\boldsymbol{E}+\boldsymbol{A}) = \boldsymbol{E} + \boldsymbol{EA} - \boldsymbol{AE} - \boldsymbol{A}^2 = \boldsymbol{E} - \boldsymbol{A}^2$$

$$(E + A)(E - A) = E - EA + AE - A^2 = E - A^2$$

ist $(E - A)(E + A) = (E + A)(E - A)$. Daraus folgt

$$\begin{aligned}\left((E + A)(E - A)^{-1}\right)^T (E + A)(E - A)^{-1} &= (E + A)^{-1}(E - A)(E + A)(E - A)^{-1}\\ &= \underbrace{(E + A)^{-1}(E + A)}_{=E}\underbrace{(E - A)(E - A)^{-1}}_{=E} = E.\end{aligned}$$

Somit ist $(E + A)(E - A)^{-1}$ orthogonal. ■

1.4.5 Unitäre Matrizen

Eine komplexwertige $(n \times n)$-Matrix $A \in \mathbb{C}^{n\times n}$ heißt **unitär**, wenn

$$A^*A = E. \tag{1.58}$$

Wie für orthogonale Matrizen aus Gl. (1.58) folgt insbesondere, dass unitäre Matrizen **invertierbar** sind. Die Inverse von A ist A^*. Somit ist A genau dann unitär, wenn gilt:

$$A^{-1} = A^*. \tag{1.59}$$

▶ Definition 1.8

Die Menge aller unitären $(n \times n)$-Matrizen in $\mathbb{C}^{n\times n}$ wird mit

$$\boxed{U_n(\mathbb{C}) := \{A \in \mathbb{C}^{n\times n} \mid A \text{ ist unitär}\}} \tag{1.60}$$

bezeichnet. $U_n(\mathbb{C})$ nennt man die **unitäre Gruppe**. ◀

Übung 1.43

○ ○ ○ Man zeige, dass $A = \frac{1}{2\sqrt{3}}\begin{bmatrix} 2 & -2 & -2 \\ \sqrt{3} - i & \sqrt{3} + i & -2i \\ 1 - \sqrt{3}i & -1 - \sqrt{3}i & 2 \end{bmatrix}$ unitär ist.

Lösung

Wegen

$$A^*A = \frac{1}{12}\begin{bmatrix} 2 & \sqrt{3}+i & 1+\sqrt{3}i \\ -2 & \sqrt{3}-i & -1+\sqrt{3}i \\ -2 & 2i & 2 \end{bmatrix}\begin{bmatrix} 2 & -2 & -2 \\ \sqrt{3}-i & \sqrt{3}+i & -2i \\ 1-\sqrt{3}i & -1-\sqrt{3}i & 2 \end{bmatrix}$$

$$= \frac{1}{12}\begin{bmatrix} 12 & 0 & 0 \\ 0 & 12 & 0 \\ 0 & 0 & 12 \end{bmatrix} = \begin{bmatrix} 1 & 0 & 0 \\ 0 & 1 & 0 \\ 0 & 0 & 1 \end{bmatrix}$$

ist A unitär. ■

Übung 1.44

• ○ ○ Seien $A \in \mathbb{K}^{n\times n}$ hermitesch und $U \in \mathbb{K}^{n\times n}$ unitär. Man zeige, dass $U^{-1}AU$ hermitesch ist.

Lösung

A ist hermitesch $\Rightarrow A^* = A$. Außerdem ist U unitär $\Rightarrow U^* = U^{-1}$. Daher ist $\left(U^{-1}AU\right)^* = U^*A^*\left(U^{-1}\right)^* = U^{-1}A\left(U^*\right)^{-1} = U^{-1}A\left(U^{-1}\right)^{-1} = U^{-1}AU \Rightarrow$ $U^{-1}AU$ ist hermitesch. ■

1.4.6 Idempotente Matrizen

Eine $(n \times n)$-Matrix $A \in \mathbb{K}^{n\times n}$, für welche

$$A^2 = A \tag{1.61}$$

gilt, heißt **idempotent**.

Übung 1.45

• ○ ○ Man bestimme alle reellen idempotenten (2×2)-Matrizen.

Lösung

$A = \left[\begin{smallmatrix} a & b \\ c & d \end{smallmatrix}\right]$ ist genau dann idempotent, wenn

$$A^2 = \begin{bmatrix} a & b \\ c & d \end{bmatrix}\begin{bmatrix} a & b \\ c & d \end{bmatrix} = \begin{bmatrix} a^2+bc & ab+bd \\ ac+cd & bc+d^2 \end{bmatrix} \stackrel{!}{=} \begin{bmatrix} a & b \\ c & d \end{bmatrix} = A \quad \Rightarrow \quad \begin{cases} a^2+bc = a \\ ab+bd = b \\ ac+cd = c \\ bc+d^2 = d \end{cases}$$

Aus der zweiten und dritten Gleichung folgt

$$ab+bd = b \quad \Rightarrow \quad b(a+d-1) = 0 \quad \Rightarrow \quad b = 0 \text{ oder } a+d = 1$$

$$ac+cd = c \quad \Rightarrow \quad c(a+d-1) = 0 \quad \Rightarrow \quad c = 0 \text{ oder } a+d = 1.$$

- Gilt $c = b = 0$, so ist A diagonal und aus den Bedingungen $a^2 + bc = a$ und $bc + d^2 = d$ folgt $a^2 = a$ und $d^2 = d$. Das heißt, a und d sind entweder gleich 0 oder 1. Daraus ergeben sich die folgenden vier Möglichkeiten

$$\begin{bmatrix} 1 & 0 \\ 0 & 1 \end{bmatrix}, \quad \begin{bmatrix} 1 & 0 \\ 0 & 0 \end{bmatrix}, \quad \begin{bmatrix} 0 & 0 \\ 0 & 1 \end{bmatrix}, \quad \begin{bmatrix} 0 & 0 \\ 0 & 0 \end{bmatrix},$$

- Ist $c, b \neq 0$ und $d = 1-a$, so folgt aus der ersten (oder vierten) Gleichung $bc = a-a^2$ $\Rightarrow c = \frac{a-a^2}{b}$ und $b \neq 0$ ist beliebig. Das heißt, A sieht wie folgt aus

$$\begin{bmatrix} a & b \\ \frac{a-a^2}{b} & 1-a \end{bmatrix}, \quad a \in \mathbb{R}, \; b \neq 0.$$

■

Übung 1.46

• ○ ○ Es sei $A \in GL(n, \mathbb{K})$. Man zeige, dass $H = A\left(A^T A\right)^{-1} A^T$ symmetrisch und idempotent ist.

Lösung

Wegen $H^T = \left(A^T\right)^T \left(A^T A\right)^{-T} A^T = A\left(A^T\left(A^T\right)^T\right)^{-1} A^T = A\left(A^T A\right)^{-1} A^T = H$ ist H symmetrisch. Wegen $H^2 = A\underbrace{\left(A^T A\right)^{-1} A^T A}_{=E}\left(A^T A\right)^{-1} A^T = A\left(A^T A\right)^{-1} A^T =$ H ist H idempotent.

Alternative: Man erkennt, dass $H = A\left(A^T A\right)^{-1} A^T = AA^{-1}A^{-T}A^T = E$. *Die Einheitsmatrix* E *ist sowohl symmetrisch als auch idempotent.* ■

1.4.7 Involutive Matrizen

Eine $(n \times n)$-Matrix $\boldsymbol{A} \in \mathbb{K}^{n\times n}$ heißt **involutiv**, wenn

$$\boldsymbol{A}^2 = \boldsymbol{E} \tag{1.62}$$

gilt. Aus Gl. (1.62) folgt, dass jede involutive Matrix $\boldsymbol{A}$ **invertierbar** ist und

$$\boldsymbol{A}^{-1} = \boldsymbol{A}. \tag{1.63}$$

Übung 1.47

○ ○ ○ Man zeige, dass die Pauli Matrizen (vgl. Übung 1.13) $\boldsymbol{\sigma_x} = \begin{bmatrix} 0 & 1 \\ 1 & 0 \end{bmatrix}$, $\boldsymbol{\sigma_y} = \begin{bmatrix} 0 & -i \\ i & 0 \end{bmatrix}$, $\boldsymbol{\sigma_z} = \begin{bmatrix} 1 & 0 \\ 0 & -1 \end{bmatrix}$ involutiv sind, und man bestimme deren Inversen.

Lösung

Es gilt

$$\boldsymbol{\sigma_x}^2 = \begin{bmatrix} 0 & 1 \\ 1 & 0 \end{bmatrix}\begin{bmatrix} 0 & 1 \\ 1 & 0 \end{bmatrix} = \begin{bmatrix} 1 & 0 \\ 0 & 1 \end{bmatrix} = \boldsymbol{E}, \qquad \boldsymbol{\sigma_y}^2 = \begin{bmatrix} 0 & -i \\ i & 0 \end{bmatrix}\begin{bmatrix} 0 & -i \\ i & 0 \end{bmatrix} = \begin{bmatrix} 1 & 0 \\ 0 & 1 \end{bmatrix} = \boldsymbol{E},$$

$$\boldsymbol{\sigma_z}^2 = \begin{bmatrix} 1 & 0 \\ 0 & -1 \end{bmatrix}\begin{bmatrix} 1 & 0 \\ 0 & -1 \end{bmatrix} = \begin{bmatrix} 1 & 0 \\ 0 & 1 \end{bmatrix} = \boldsymbol{E} \qquad \Rightarrow \boldsymbol{\sigma_x}, \boldsymbol{\sigma_y}, \boldsymbol{\sigma_z} \text{ sind involutiv.}$$

Daraus folgt

$$\boldsymbol{\sigma_x}^{-1} = \boldsymbol{\sigma_x} = \begin{bmatrix} 0 & 1 \\ 1 & 0 \end{bmatrix}, \quad \boldsymbol{\sigma_y}^{-1} = \boldsymbol{\sigma_y} = \begin{bmatrix} 0 & -i \\ i & 0 \end{bmatrix}, \quad \boldsymbol{\sigma_z}^{-1} = \boldsymbol{\sigma_z} = \begin{bmatrix} 1 & 0 \\ 0 & -1 \end{bmatrix}.$$

■

Übung 1.48

• ○ ○ Man bestimme alle reellen involutiven (2×2)-Matrizen.

Lösung

$\boldsymbol{A} = \left[\begin{smallmatrix} a & b \\ c & d \end{smallmatrix}\right]$ ist genau dann involutiv, wenn

$$\boldsymbol{A}^2 = \begin{bmatrix} a & b \\ c & d \end{bmatrix}\begin{bmatrix} a & b \\ c & d \end{bmatrix} = \begin{bmatrix} a^2+bc & ab+bd \\ ac+cd & bc+d^2 \end{bmatrix} \stackrel{!}{=} \begin{bmatrix} 1 & 0 \\ 0 & 1 \end{bmatrix} = \boldsymbol{E} \Rightarrow \begin{cases} a^2+bc = 1 \\ ab+bd = 0 \\ ac+cd = 0 \\ bc+d^2 = 1 \end{cases}$$

Aus der zweiten und dritten Gleichung folgt

$$b(a+d)=0 \quad \Rightarrow \quad b=0 \text{ oder } a=-d$$

$$c(a+d)=0 \quad \Rightarrow \quad c=0 \text{ oder } a=-d.$$

- Gilt $c=b=0$, so ist $\boldsymbol{A}$ diagonal und aus den Bedingungen $a^2+bc=1$ und $bc+d^2=1$ folgt $a^2=1$ und $d^2=1$. Das heißt, a und d sind entweder gleich 1 oder -1. Daraus ergeben sich die folgenden vier Möglichkeiten

$$\begin{bmatrix} 1 & 0 \\ 0 & 1 \end{bmatrix}, \quad \begin{bmatrix} 1 & 0 \\ 0 & -1 \end{bmatrix}, \quad \begin{bmatrix} -1 & 0 \\ 0 & 1 \end{bmatrix}, \quad \begin{bmatrix} -1 & 0 \\ 0 & -1 \end{bmatrix}.$$

- Ist $c, b \neq 0$ und $d=-a$, so folgt aus der ersten (oder vierten) Gleichung $bc = 1-a^2$ $\Rightarrow c = \frac{1-a^2}{b}$. D. h. $\boldsymbol{A}$ sieht wie folgt aus

$$\begin{bmatrix} a & b \\ \frac{1-a^2}{b} & -a \end{bmatrix}, \quad a \in \mathbb{R},\ b \neq 0.$$

■

1.4.8 Nilpotente Matrizen

Eine $(n \times n)$-Matrix $\boldsymbol{A} \in \mathbb{K}^{n \times n}$ heißt **nilpotent**, wenn es ein $m \in \mathbb{N}$ gibt, sodass

$$\boldsymbol{A}^m = 0, \quad \boldsymbol{A}^{m-1} \neq 0 \tag{1.64}$$

gilt. Die kleinste solche Zahl m heißt **Nilpotenzgrad** (oder **Nilpotenzindex**).

Bemerkung
Für den Nilpotenzgrad m einer quadratischen $(n \times n)$-Matrix gilt $m \leq n$ (vgl. Satz von Cayley-Hamilton, Band II).

Übung 1.49

∘ ∘ ∘ Man zeige, dass $\boldsymbol{A} = \begin{bmatrix} 2 & 2 & -10 \\ 1 & 2 & -7 \\ 0 & 2 & -4 \end{bmatrix}$ und $\boldsymbol{B} = \begin{bmatrix} 0 & 1 & 1 & 1 \\ 0 & 0 & 1 & 1 \\ 0 & 0 & 0 & 1 \\ 0 & 0 & 0 & 0 \end{bmatrix}$ nilpotent sind. Man bestimme den Nilpotenzgrad.

Lösung

Wegen

$$A^2 = \begin{bmatrix} 6 & -12 & 6 \\ 4 & -8 & 4 \\ 2 & -4 & 2 \end{bmatrix}, \quad A^3 = \begin{bmatrix} 0 & 0 & 0 \\ 0 & 0 & 0 \\ 0 & 0 & 0 \end{bmatrix}$$

ist $\boldsymbol{A}$ nilpotent mit Nilpotenzgrad 3. Für $\boldsymbol{B}$ gilt:

$$\boldsymbol{B}^2 = \begin{bmatrix} 0 & 0 & 1 & 2 \\ 0 & 0 & 0 & 1 \\ 0 & 0 & 0 & 0 \\ 0 & 0 & 0 & 0 \end{bmatrix}, \quad \boldsymbol{B}^3 = \begin{bmatrix} 0 & 0 & 0 & 1 \\ 0 & 0 & 0 & 0 \\ 0 & 0 & 0 & 0 \\ 0 & 0 & 0 & 0 \end{bmatrix} \quad \boldsymbol{B}^4 = \begin{bmatrix} 0 & 0 & 0 & 0 \\ 0 & 0 & 0 & 0 \\ 0 & 0 & 0 & 0 \\ 0 & 0 & 0 & 0 \end{bmatrix}$$

$\boldsymbol{B}$ ist nilpotent mit Nilpotenzgrad 4. ■

Übung 1.50

● ○ ○

a) Man bestimme alle reellen nilpotenten (2×2)-Matrizen.

b) Sei $\mathbb{K} = \mathbb{Z}_2$. Man bestimme alle nilpotenten Matrizen in $\mathbb{K}^{2\times 2}$.

Lösung

a) $\boldsymbol{A} = \left[\begin{smallmatrix} a & b \\ c & d \end{smallmatrix}\right]$ ist genau dann nilpotent, wenn

$$\boldsymbol{A}^2 = \begin{bmatrix} a & b \\ c & d \end{bmatrix}\begin{bmatrix} a & b \\ c & d \end{bmatrix} = \begin{bmatrix} a^2+bc & ab+bd \\ ac+cd & bc+d^2 \end{bmatrix} \stackrel{!}{=} \begin{bmatrix} 0 & 0 \\ 0 & 0 \end{bmatrix} \Rightarrow \begin{cases} a^2+bc=0 \\ b(a+d)=0 \\ c(a+d)=0 \\ bc+d^2=0 \end{cases}$$

Aus der zweiten und dritten Gleichung folgt entweder $b = 0$ und $c = 0$ oder $a = -d$.

- Ist $b = c = 0$, so folgt aus der ersten und vierten Gleichung $a^2 = 0$ und $d^2 = 0$, d. h. $a = d = 0$. Daraus ergibt sich die foldende nilpotente Matrix

$$\begin{bmatrix} 0 & 0 \\ 0 & 0 \end{bmatrix}.$$

- Ist $b = 0$ aber $c \neq 0$ so muss $a = -d$ sein. Aus der ersten Gleichung folgt dann $a^2 = bc = 0 \Rightarrow a = 0$. Daraus ergibt sich die foldende Matrix

$$\begin{bmatrix} 0 & 0 \\ c & 0 \end{bmatrix}, \quad c \in \mathbb{R}.$$

- Ist $c = 0$ aber $b \neq 0$ so ergibt sich die foldende Matrix

$$\begin{bmatrix} 0 & b \\ 0 & 0 \end{bmatrix}, \quad b \in \mathbb{R}.$$

- Ist $a = -d$ mit $b, c \neq 0$, so folgt aus der ersten (oder vierten) Gleichung $bc = -a^2 \Rightarrow c = -a^2/b$. D. h. $\boldsymbol{A}$ sieht wie folgt aus

$$\begin{bmatrix} a & b \\ \frac{-a^2}{b} & -a \end{bmatrix}, \quad a \in \mathbb{R}, b \neq 0.$$

Zusammenfassend ergeben sich die folgenden vier Möglichkeiten

$$\begin{bmatrix} 0 & 0 \\ 0 & 0 \end{bmatrix}, \quad \begin{bmatrix} 0 & 0 \\ c & 0 \end{bmatrix}, \quad \begin{bmatrix} 0 & b \\ 0 & 0 \end{bmatrix}, \quad \begin{bmatrix} a & b \\ \frac{-a^2}{b} & -a \end{bmatrix}.$$

b) $\mathbb{Z}_2$ besteht nur aus den Elementen 0 und 1 (vgl. Anhang B.4). Matrizen in $\mathbb{Z}_2^{2\times 2}$ haben also nur 0 oder 1 als Einträge. Außerdem in $\mathbb{Z}_2$ gilt $-1 = 1$. Aus Teilaufgabe (a) ergeben sich somit die folgenden vier nilpotente Matrizen

$$\begin{bmatrix} 0 & 0 \\ 0 & 0 \end{bmatrix}, \quad \begin{bmatrix} 0 & 0 \\ 1 & 0 \end{bmatrix}, \quad \begin{bmatrix} 0 & 1 \\ 0 & 0 \end{bmatrix}, \quad \begin{bmatrix} 1 & 1 \\ 1 & 1 \end{bmatrix}.$$

■

Übung 1.51

●●○ Sei $\boldsymbol{A} \in \mathbb{K}^{n\times n}$ nilpotent mit Nilpotenzgrad m. Man zeige, dass $\boldsymbol{E} - \boldsymbol{A}$ invertierbar ist mit Inverse $(\boldsymbol{E} - \boldsymbol{A})^{-1} = \boldsymbol{E} + \boldsymbol{A} + \boldsymbol{A}^2 + \cdots + \boldsymbol{A}^{m-1}$.

Lösung

$\boldsymbol{A} \in \mathbb{K}^{n\times n}$ ist nilpotent mit Nilpotenzgrad $m \Rightarrow \boldsymbol{A}^m = \boldsymbol{0}$. Daher ist

$$\begin{aligned}(\boldsymbol{E} - \boldsymbol{A})(\boldsymbol{E} + \boldsymbol{A} + \boldsymbol{A}^2 + \cdots + \boldsymbol{A}^{m-1}) &= \boldsymbol{E} + \boldsymbol{A} + \boldsymbol{A}^2 + \cdots + \boldsymbol{A}^{m-1} \\ &\quad - \boldsymbol{A} - \boldsymbol{A}^2 - \cdots - \boldsymbol{A}^{m-1} - \boldsymbol{A}^m \\ &= \boldsymbol{E} - \boldsymbol{A}^m = \boldsymbol{E}\end{aligned}$$

d. h. $\boldsymbol{E} + \boldsymbol{A} + \boldsymbol{A}^2 + \cdots + \boldsymbol{A}^{m-1}$ ist die Inverse von $\boldsymbol{E} - \boldsymbol{A}$. ■

1.4.9 Normale Matrizen

Eine reelle $(n \times n)$-Matrix $\boldsymbol{A} \in \mathbb{R}^{n\times n}$, welche

$$\boldsymbol{A}^T\boldsymbol{A} = \boldsymbol{A}\boldsymbol{A}^T \tag{1.65}$$

erfüllt, heißt **normal**. Anders ausgedrückt: Eine Matrix $\boldsymbol{A}$ ist normal, wenn sie mit ihrer Transponierten kommutiert, d. h.

$$[\boldsymbol{A}, \boldsymbol{A}^T] = \mathbf{0}. \tag{1.66}$$

Bei komplexwertigen Matrizen muss man bei der obigen Definition die Transponierte mit der Adjungierten ersetzen. Eine komplexwertigen $(n \times n)$-Matrix $\boldsymbol{A} \in \mathbb{C}^{n\times n}$, heißt normal, falls

$$\boldsymbol{A}^*\boldsymbol{A} = \boldsymbol{A}\boldsymbol{A}^*. \tag{1.67}$$

Übung 1.52

○ ○ ○ Man zeige, dass $\boldsymbol{A} = \begin{bmatrix} 0 & -1 & 1 \\ 1 & 0 & -1 \\ -1 & 1 & 0 \end{bmatrix}$ und $\boldsymbol{B} = \begin{bmatrix} 1+i & 1-i \\ 1-i & 1+i \end{bmatrix}$ normal sind.

Lösung

Wegen $\boldsymbol{A}^T\boldsymbol{A} = \begin{bmatrix} 2 & -1 & -1 \\ -1 & 2 & -1 \\ -1 & -1 & 2 \end{bmatrix}$ und $\boldsymbol{A}\boldsymbol{A}^T = \begin{bmatrix} 2 & -1 & -1 \\ -1 & 2 & -1 \\ -1 & -1 & 2 \end{bmatrix}$ ist $\boldsymbol{A}$ normal. Wegen:

$$\boldsymbol{B}\boldsymbol{B}^* = \begin{bmatrix} 1+i & 1-i \\ 1-i & 1+i \end{bmatrix}\begin{bmatrix} 1-i & 1+i \\ 1+i & 1-i \end{bmatrix} = \begin{bmatrix} 4 & 0 \\ 0 & 4 \end{bmatrix}, \quad \boldsymbol{B}^*\boldsymbol{B} = \begin{bmatrix} 4 & 0 \\ 0 & 4 \end{bmatrix}$$

ist $\boldsymbol{B}$ normal.

■

Übung 1.53

● ○ ○ Sei $\boldsymbol{A} \in \mathbb{R}^{n\times n}$. Man zeige:

a) Ist $\boldsymbol{A}$ symmetrisch, dann ist $\boldsymbol{A}$ normal.
b) Ist $\boldsymbol{A}$ schiefsymmetrisch, dann ist $\boldsymbol{A}$ normal.
c) Ist $\boldsymbol{A}$ orthogonal, dann ist $\boldsymbol{A}$ normal.

Lösung

a) Ist $\boldsymbol{A}$ symmetrisch, so gilt $\boldsymbol{A}^T = \boldsymbol{A}$. Daraus folgt $\boldsymbol{A}^T\boldsymbol{A} = \boldsymbol{A}\boldsymbol{A} = \boldsymbol{A}\boldsymbol{A}^T \Rightarrow \boldsymbol{A}$ ist normal.
b) Ist $\boldsymbol{A}$ schiefsymmetrisch, so gilt $\boldsymbol{A}^T = -\boldsymbol{A}$. Daraus folgt $\boldsymbol{A}^T\boldsymbol{A} = (-\boldsymbol{A})\boldsymbol{A} = \boldsymbol{A}(-\boldsymbol{A}) = \boldsymbol{A}\boldsymbol{A}^T \Rightarrow \boldsymbol{A}$ ist normal.
c) Ist $\boldsymbol{A}$ orthogonal, so gilt $\boldsymbol{A}^T\boldsymbol{A} = \boldsymbol{E} = \boldsymbol{A}\boldsymbol{A}^T$. Somit ist $\boldsymbol{A}$ normal.

■

Lineare Gleichungssysteme

Inhaltsverzeichnis

T. C. T. Michaels, M. Liechti, *Prüfungstraining Lineare Algebra*, Grundstudium Mathematik Prüfungstraining, https://doi.org/10.1007/978-3-030-65886-1_2

In diesem Kapitel diskutieren wir eine zentrale Anwendung von Matrizen auf die Lösung von linearen Gleichungssystemen (LGS).

LERNZIELE

Nach gewissenhaftem Bearbeiten des ▶ Kap. 2 sind Sie in der Lage:
- ein lineares Gleichungssystem (LGS) in Matrixform schreiben und mittels Gauß-Algorithmus zu lösen,
- die Lösungen eines LGS als Menge darstellen und grafisch zu interpretieren,
- LGS mit Parameteren zu diskutieren,
- den Rang eines LGS bestimmen und die Lösungen konkret nach dem Satz von Rouché-Capelli zu klassifizieren,
- LGS auf beliebigen Körpern ($\mathbb{R}$, $\mathbb{Q}$, $\mathbb{C}$, $\mathbb{Z}_2$, $\mathbb{Z}_3$, $\cdots$) zu lösen,
- den Zusammenhang zwischen Gesamtlösung sowie homogenen und partikulären Lösungen eines LGS zu erklären und anzuwenden,
- die Inverse einer Matrix mittels Gauß-Algorithmus zu bestimmen,
- Kriterien für die Existenz einer inversen Matrix zu kennen und anzuwenden.

2.1 Lineare Gleichungssysteme (LGS)

Ein reelles **lineares Gleichungssystem (LGS) mit *m* Gleichungen und *n* Unbekannten** hat die folgende Form:

$$\begin{cases} a_{11}x_1 + a_{12}x_2 + \cdots + a_{1n}x_n = b_1 \\ a_{21}x_1 + a_{22}x_2 + \cdots + a_{2n}x_n = b_2 \\ \quad \vdots \qquad\quad \vdots \qquad\qquad\quad \vdots \qquad \vdots \\ a_{m1}x_1 + a_{m2}x_2 + \cdots + a_{mn}x_n = b_m \end{cases} \tag{2.1}$$

$x_1, x_2, \cdots, x_n$ sind die n **Unbekannten**. Die **Koeffizienten** a_{ij}, b_i sind reelle Zahlen. Weitere Definitionen sind:
- Falls $b_1 = b_2 = \cdots = b_m = 0$, heißt das LGS (2.1) **homogen**. Sonst heißt das LGS **inhomogen**.
- Ein LGS mit $m = n$ heißt **quadratisch** oder **bestimmt**. Wenn $m > n$ heißt das LGS **überbestimmt**, während für $m < n$ es **unterbestimmt** heißt.

2.1.1 Lösungsmenge eines LGS

Die **Lösungsmenge** $\mathbb{L}$ des LGSs (2.1) besteht aus allen Tupeln $(x_1, x_2, \cdots, x_n)$, welche alle Gleichungen in (2.1) gleichzeitig erfüllen. Es gibt drei Möglichkeiten für $\mathbb{L}$:
- In einigen Situationen besitzt das LGS (2.1) **keine Lösung**. In diesem Fall ist die Lösungsmenge $\mathbb{L}$ leer

  $$\mathbb{L} = \emptyset = \{\}.$$

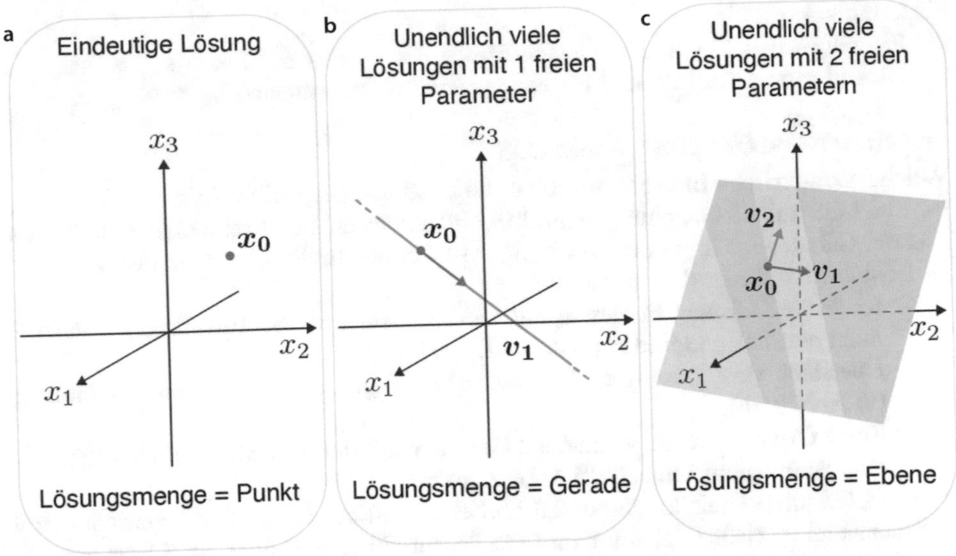

Abb. 2.1 (**a**) Wenn das LGS (2.1) eine eindeutige Lösung besitzt, besteht $\mathbb{L}$ aus einem einzigen Punkt $\boldsymbol{x_0}$ im Raum. (**b**) Hat $\mathbb{L}$ als Lösungsmenge einen einzigen freien Parameter, dann ist $\mathbb{L}$ eine Gerade, welche durch den Punkt $\boldsymbol{x_0}$ geht und in die Richtung $\boldsymbol{v_1}$ zeigt. (**c**) Hat die Lösungsmenge zwei freie Parameter, dann ist $\mathbb{L}$ eine Ebene, welche den Punkt $\boldsymbol{x_0}$ enthält und durch die Vektoren $\boldsymbol{v_1}$, $\boldsymbol{v_2}$ aufgespannt ist (vgl. Anhang A)

- Wenn das LGS (2.1) **eine eindeutige Lösung** besitzt, dann besteht die Lösungsmenge aus einem **einzigen Punkt** $\boldsymbol{x_0}$ im Raum (Abb. 2.1a)

$$\mathbb{L} = \left\{ \begin{bmatrix} x_1 \\ \vdots \\ x_n \end{bmatrix} \in \mathbb{R}^n \;\middle|\; \begin{bmatrix} x_1 \\ \vdots \\ x_n \end{bmatrix} = \boldsymbol{x_0} \right\} = \{\boldsymbol{x_0}\}.$$

- In einigen Situationen besitzt das LGS (2.1) **unendlich viele Lösungen**. Die Lösungsmenge ist in diesem Fall durch **ein oder mehrere freie Parameter** $t, s, \cdots$ beschrieben:

$$\mathbb{L} = \left\{ \begin{bmatrix} x_1 \\ \vdots \\ x_n \end{bmatrix} \in \mathbb{R}^n \;\middle|\; \begin{bmatrix} x_1 \\ \vdots \\ x_n \end{bmatrix} = \boldsymbol{x_0} + t\,\boldsymbol{v_1} + s\,\boldsymbol{v_2} + \cdots \text{ mit } t, s, \cdots \in \mathbb{R} \right\}.$$

  - Gibt es **einen einzigen freien Parameter**, dann beschreibt die Lösungsmenge $\mathbb{L}$ eine **Gerade** im Raum (Abb. 2.1b).
  - Gibt es **zwei freie Parameter**, dann beschreibt $\mathbb{L}$ eine **Ebene** im Raum (Abb. 2.1c).
  - Bei drei oder mehreren freien Parametern, beschreibt $\mathbb{L}$ eine **Hyperebene** im $\mathbb{R}^n$.

Bemerkung
Eine Hyperebene ist eine Verallgemeinerung des Begriffs der Ebene auf beliebige Dimension, was aber schwierig bis unmöglich mit einer Zeichnung darzustellen ist.

Geometrische Deutung eines LGS

Welche geometrische Interpretation hat die Lösungsmenge eines LGSs?

- Ein LGS mit 2 Gleichungen und 2 Unbekannten beschreibt den **Schnitt von zwei Geraden** im $\mathbb{R}^2$ (jede Gleichung im LGS beschreibt eine Gerade). Alle drei Lösbarkeitsfälle sind dann möglich:
  - **Eindeutige Lösung**: In diesem Fall ist die Lösung der Schnittpunkt zwischen 2 nicht parallelen Geraden (Abb. 2.2a).
  - **Unendlich viele Lösungen**: In diesem Fall liegen die 2 Geraden aufeinander (Abb. 2.2b).
  - **Keine Lösung** tritt ein, wenn die 2 Geraden parallel sind, also keinen gemeinsamen Schnittpunkt haben (Abb. 2.2c).
- Ein LGS mit 3 Gleichungen und 3 Unbekannten beschreibt den **Schnitt von drei Ebenen** im $\mathbb{R}^3$ (jede Gleichung im LGS beschreibt eine Ebene). Drei Lösbarkeitsfälle unterscheiden sich dann:
  - **Eindeutige Lösung**: In diesem Fall ist die Lösung ein Punkt im $\mathbb{R}^3$, wo alle drei Ebenen sich schneiden (Abb. 2.3a).
  - **Unendlich viele Lösungen** mit einem Parameter: Die Lösung ist eine Gerade in der sich drei nicht parallele Ebenen schneiden. Falls alle Ebenen aufeinander liegen, hat die Lösung 2 freie Parameter (Abb. 2.3b).
  - **Keine Lösung**: In diesem Fall gibt es keine gemeinsame Schnittpunkte zwischen den drei Ebenen (z. B. wenn die drei Ebenen parallel sind, Abb. 2.3c).

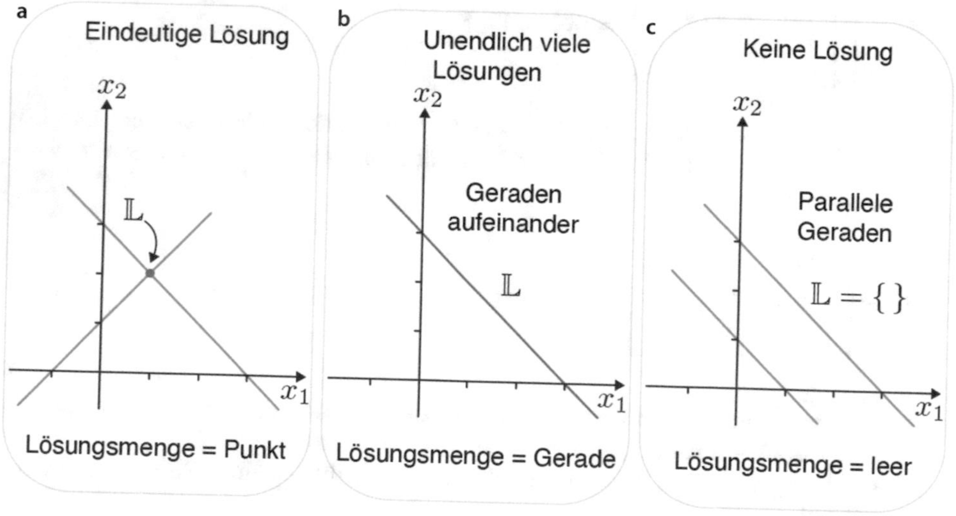

Abb. 2.2 Grafische Interpretation der drei Lösbarkeitsfälle eines (2×2)-LGSs. Jede Gleichung im LGS entspricht einer Geraden

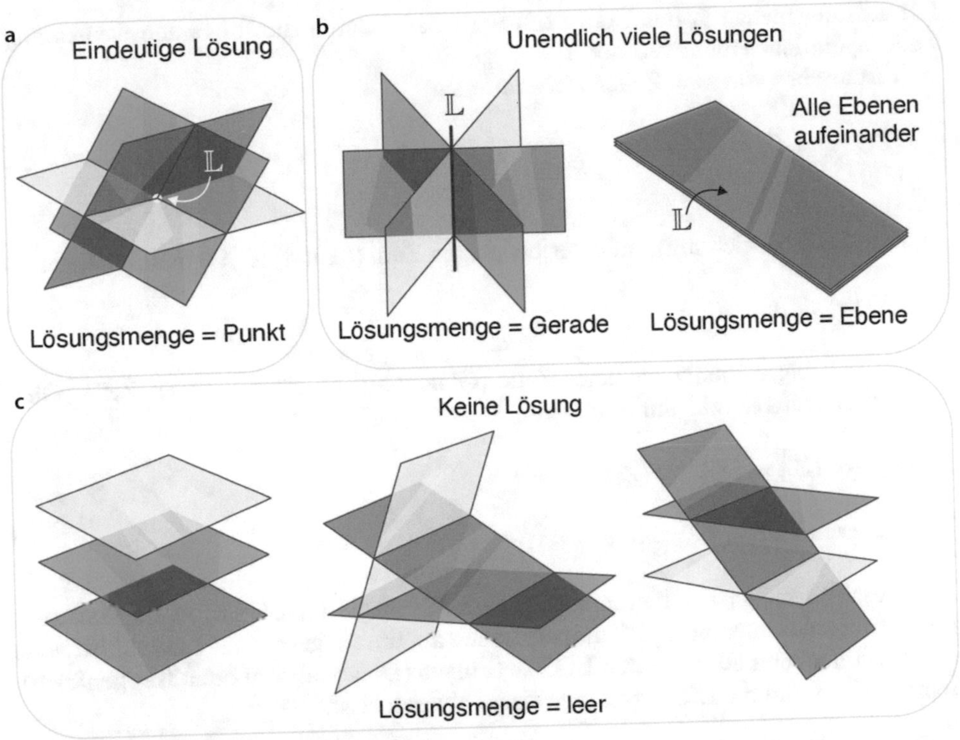

Abb. 2.3 Grafische Interpretation der drei Lösbarkeitsfälle eines (3×3)-LGSs. Jede Gleichung im LGS entspricht einer Ebene. Abhängig davon, wie sich diese Ebenen schneiden, hat das LGS (**a**) genau eine Lösung, (**b**) unendlich viele Lösungen, oder (**c**) keine Lösung

2.1.2 LGS auf beliebigen Körpern

Man kann ein LGS auch auf einem beliebigen Körper $\mathbb{K}$ definieren. Im diesem Fall sind die Koeffizienten a_{ij} und b_i in (2.1) Elemente aus $\mathbb{K}$. In der Praxis ist $\mathbb{K} = \mathbb{R}, \mathbb{C}$. Es können aber auch kompliziertere Situationen auftreten, wie zum Beispiel $\mathbb{K} = \mathbb{Z}_p$ (► vgl. Abschn. B.4).

2.1.3 Bestimmung der Lösungsmenge eines LGS durch elementare Zeilenoperationen

Um Berechnungen anschaulicher zu machen, ist es oft nützlich, die verschiedenen Gleichungen (Zeilen) eines LGS mit $(Z_1), (Z_2), \cdots, (Z_m)$ zu nummerieren:

$$\begin{cases} a_{11}x_1 + a_{12}x_2 + \cdots + a_{1n}x_n = b_1 & (Z_1) \\ a_{21}x_1 + a_{22}x_2 + \cdots + a_{2n}x_n = b_2 & (Z_2) \\ \quad \vdots \qquad\quad \vdots \qquad\qquad\quad \vdots \qquad \vdots & \vdots \\ a_{m1}x_1 + a_{m2}x_2 + \cdots + a_{mn}x_n = b_m & (Z_m) \end{cases} \tag{2.2}$$

Die Lösungsmenge $\mathbb{L}$ des LGS (2.2) wird dann durch die folgenden **elementaren Zeilenoperationen** nicht verändert:

- **Vertauschen** von zwei Zeilen (Gleichungen)

$$\begin{matrix}(Z_i)\\(Z_j)\end{matrix} \rightsquigarrow \begin{matrix}(Z_i') = (Z_j)\\(Z_j') = (Z_i)\end{matrix}$$

- Eine Zeile (Gleichung) mit einer beliebigen Zahl (Skalar) $\alpha \neq 0$ **multiplizieren**

$$(Z_j) \rightsquigarrow (Z_j') = \alpha(Z_j)$$

- Ein beliebiges Vielfaches einer Zeile (Gleichung) zu einer anderen Zeile (Gleichung) **addieren** oder **subtrahieren**

$$(Z_j) \rightsquigarrow (Z_j') = (Z_j) + \beta(Z_i), \qquad i \neq j$$

  In diesem Fall darf $\beta = 0$ sein.

Aus diesen Tatsachen resultiert eine allgemeine Strategie, um LGS zu lösen. Man wendet die obigen elementaren Zeilenoperationen an, um ein gegebenes LGS schrittweise auf ein einfacheres äquivalenten LGS zu bringen (Diagonalform oder Treppenform), woraus sich dann die Lösungsmenge **direkt** ablesen lässt.

Übung 2.1

○○○ Man löse das folgende LGS mittels elementaren Zeilenoperationen:

$$\begin{cases} x_1 - x_3 = 1 \\ 2x_1 + 4x_2 + 4x_3 = 4 \\ -x_1 + 3x_2 + 4x_3 = 0 \end{cases}$$

Lösung

$$\begin{cases} x_1 - x_3 = 1 & (Z_1) \\ 2x_1 + 4x_2 + 4x_3 = 4 & (Z_2) \\ -x_1 + 3x_2 + 4x_3 = 0 & (Z_3) \end{cases} \rightsquigarrow \begin{cases} x_1 - x_3 = 1 & (Z_1') = (Z_1) \\ 4x_2 + 6x_3 = 2 & (Z_2') = (Z_2) - 2(Z_1) \\ 3x_2 + 3x_3 = 1 & (Z_3') = (Z_3) + (Z_1) \end{cases}$$

$$\rightsquigarrow \begin{cases} x_1 - x_3 = 1 & (Z_1'') = (Z_1') \\ 4x_2 + 6x_3 = 2 & (Z_2'') = (Z_2') \\ -\frac{3}{2}x_3 = -\frac{1}{2} & (Z_3'') = (Z_3') - \frac{3}{4}(Z_2') \end{cases}$$

$$\rightsquigarrow \begin{cases} x_1 - x_3 = 1 & (Z_1''') = (Z_1'') \\ x_2 + \frac{3}{2}x_3 = \frac{1}{2} & (Z_2''') = \frac{1}{4}(Z_2'') \\ x_3 = \frac{1}{3} & (Z_3''') = -\frac{2}{3}(Z_3'') \end{cases}$$

Nun können wir die Lösung des LGS direkt ablesen (von unten nach oben)

$$\begin{cases} x_1 \quad - \quad x_3 = 1 \\ x_2 + \frac{3}{2}x_3 = \frac{1}{2} \\ x_3 = \frac{1}{3} \end{cases} \rightsquigarrow \begin{cases} x_1 = 1 + x_3 = \frac{4}{3} \\ x_2 = \frac{1}{2} - \frac{3}{2}x_2 = 0 \\ x_3 = \frac{1}{3} \end{cases} \Rightarrow \quad \mathbb{L} = \left\{ \begin{bmatrix} \frac{4}{3} \\ 0 \\ \frac{1}{3} \end{bmatrix} \right\}.$$

■

2.2 Der Gauß-Algorithmus

Der **Gauß-Algorithmus** ist ein allgemeines Verfahren zur Lösung eines LGS. Der Gauß-Algorithmus besteht aus einer Sequenz von elementaren Zeilenoperationen, welche direkt auf die **Matrixdarstellung** eines LGS angewandt werden können.

2.2.1 Zeilenstufenform einer Matrix

Bevor wir den Gauß-Algorithmus detailliert anwenden, wollen wir die **Zeilenstufenform** einer Matrix erklären.

▶ **Satz 2.1**

Jede Matrix $A \in \mathbb{K}^{m \times n}$ lässt sich durch elementare Zeilenoperationen auf sogenannte **Zeilenstufenform** bringen:

$$Z = \begin{bmatrix} 1 & \cdots & \star & \star & \cdots & \star & \star & \cdots & \star \\ 0 & \cdots & 0 & 1 & \cdots & \star & \star & \cdots & \star \\ \vdots & \ddots & \vdots & \vdots & \ddots & \vdots & \vdots & \ddots & \vdots \\ 0 & \cdots & 0 & 0 & \cdots & 0 & 1 & \cdots & \star \\ 0 & \cdots & 0 & 0 & \cdots & 0 & 0 & \cdots & 0 \\ \vdots & \ddots & \vdots & \vdots & \ddots & \vdots & \vdots & \ddots & \vdots \\ 0 & \cdots & 0 & 0 & \cdots & 0 & 0 & \cdots & 0 \end{bmatrix} \tag{2.3}$$

◀

Bemerkung

Das Sternchen $\star$ dient als Platzhalter für eine beliebige Zahl. Es können auch Nullen vorkommen.

Die Zeilenstufenform einer Matrix A erhält man, indem man eine Kombination der folgenden **elementaren Zeilenoperationen** auf die Zeilen der Matrix A anwendet.

Elementare Zeilenoperationen

- Vertauschen der i-ten mit der j-ten Zeile.

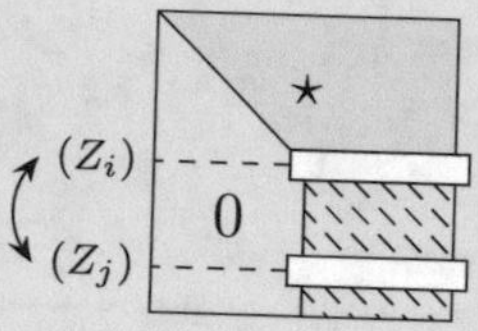

- Ersetzen der j-ten Zeile (Z_j) durch $\alpha(Z_j)$, wobei $\alpha \neq 0$.

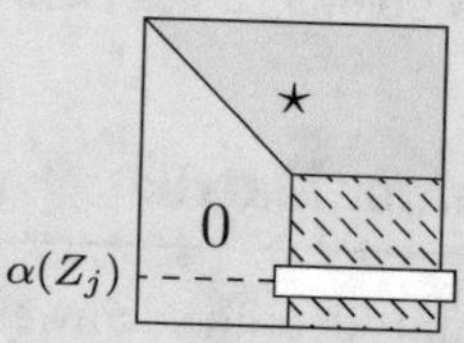

- Ersetzen der j-ten Zeile durch $(Z_j) + \beta(Z_i)$, $j \neq i$ (es darf $\beta = 0$ sein).

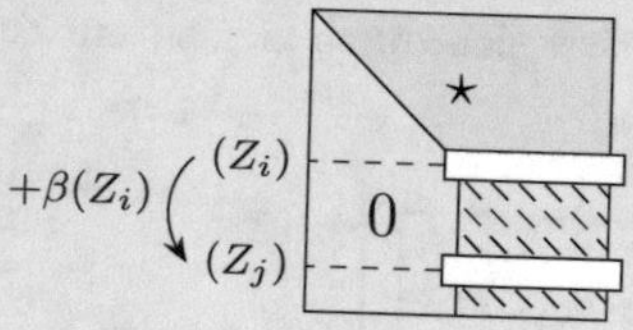

Die Zeile, welche addiert wird, heißt **Pivotzeile**. Die Spalte die „ausgeräumt" werden muss heißt **Pivotspalte**. Der Koeffizient an der Kreuzung der Pivotzeile mit der Pivotspalte heißt **Pivotelement** oder **Pivot**.

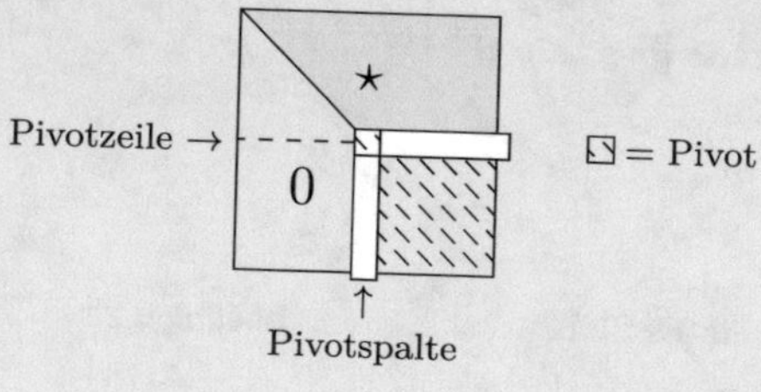

Bemerkung

Beachte: Die Pivotspalte besteht nur aus dem Pivot und den Elementen unter dem Pivot.

Übung 2.2

∘ ∘ ∘ Man bringe die folgende Matrix mittels elementarer Zeilenoperationen auf Zeilenstufenform:

$$A = \begin{bmatrix} 0 & 1 & 2 & 2 & 1 \\ 0 & -1 & -2 & 1 & 2 \\ 0 & 2 & 4 & -1 & -3 \\ 0 & 4 & 8 & 3 & -1 \end{bmatrix}.$$

Lösung

$$\begin{bmatrix} 0 & 1 & 2 & 2 & 1 \\ 0 & -1 & -2 & 1 & 2 \\ 0 & 2 & 4 & -1 & -3 \\ 0 & 4 & 8 & 3 & -1 \end{bmatrix} \begin{matrix} (Z_1) \\ (Z_2) \\ (Z_3) \end{matrix} \overset{\substack{(Z_2)+(Z_1) \\ (Z_3)-2(Z_1) \\ (Z_4)-4(Z_1)}}{\rightsquigarrow} \begin{bmatrix} 0 & 1 & 2 & 2 & 1 \\ 0 & 0 & 0 & 3 & 3 \\ 0 & 0 & 0 & -5 & -5 \\ 0 & 0 & 0 & -5 & -5 \end{bmatrix}$$

$$\overset{\substack{(Z_3)+\frac{5}{3}(Z_2) \\ (Z_4)-(Z_3)}}{\rightsquigarrow} \begin{bmatrix} 0 & 1 & 2 & 2 & 1 \\ 0 & 0 & 0 & 3 & 3 \\ 0 & 0 & 0 & 0 & 0 \\ 0 & 0 & 0 & 0 & 0 \end{bmatrix} \overset{\frac{1}{3}(Z_2)}{\rightsquigarrow} \begin{bmatrix} 0 & 1 & 2 & 2 & 1 \\ 0 & 0 & 0 & 1 & 1 \\ 0 & 0 & 0 & 0 & 0 \\ 0 & 0 & 0 & 0 & 0 \end{bmatrix} = Z.$$

Die gesuchte Zeilenstufenform von A lautet somit:

$$Z = \begin{bmatrix} 0 & 1 & 2 & 2 & 1 \\ 0 & 0 & 0 & 1 & 1 \\ 0 & 0 & 0 & 0 & 0 \\ 0 & 0 & 0 & 0 & 0 \end{bmatrix}.$$

■

2.2.2 Matrixdarstellung eines LGS

Jedes LGS

$$\begin{cases} a_{11}x_1 + a_{12}x_2 + \cdots + a_{1n}x_n = b_1 & (Z_1) \\ a_{21}x_1 + a_{22}x_2 + \cdots + a_{2n}x_n = b_2 & (Z_2) \\ \vdots \quad\quad \vdots \quad\quad\quad \vdots \quad \vdots & \vdots \\ a_{m1}x_1 + a_{m2}x_2 + \cdots + a_{mn}x_n = b_m & (Z_m) \end{cases} \tag{2.4}$$

kann man in Matrixschreibweise $Ax = b$ umschreiben:

$$
\underbrace{\begin{bmatrix} a_{11} & a_{12} & \cdots & a_{1n} \\ a_{21} & a_{22} & \cdots & a_{2n} \\ \vdots & \vdots & \ddots & \vdots \\ a_{m1} & a_{m2} & \cdots & a_{mn} \end{bmatrix}}_{A} \underbrace{\begin{bmatrix} x_1 \\ x_2 \\ \vdots \\ x_n \end{bmatrix}}_{x} = \underbrace{\begin{bmatrix} b_1 \\ b_2 \\ \vdots \\ b_m \end{bmatrix}}_{b} . \tag{2.5}
$$

Die $(m \times n)$-Matrix A heißt **Darstellungsmatrix** (auch **Koeffizientenmatrix**) des LGS und der Vektor b heißt **Lösungsvektor**. In kompakter Form kann man also das LGS in einer einzigen Matrix zusammenfassen:

$$
[A|b] = \begin{bmatrix} a_{11} & a_{12} & \cdots & a_{1n} & b_1 \\ a_{21} & a_{22} & \cdots & a_{2n} & b_2 \\ \vdots & \vdots & \ddots & \vdots & \vdots \\ a_{m1} & a_{m2} & \cdots & a_{mn} & b_m \end{bmatrix} . \tag{2.6}
$$
$$
\underbrace{\phantom{a_{11} \quad a_{12} \quad \cdots \quad a_{1n}}}_{A} \underbrace{}_{b}
$$

Die Matrix $[A|b]$ heißt **erweiterte Matrix** (auch **erweiterte Koeffizientenmatrix**) des LGS.

> **Bemerkung**
>
> Der vertikale Strich in der erweiterten Matrix hat keine mathematische Bedeutung; er dient einfach dazu, Berechnungen übersichtlicher zu machen.

▶ **Beispiel**

$$
\begin{cases} 2x_1 + 2x_2 + 4x_3 = 4 & (Z_1) \\ x_1 \quad\quad - x_3 = 1 & (Z_2) \\ -x_1 + 3x_2 + 4x_3 = 0 & (Z_3) \end{cases} \quad\rightsquigarrow\quad [A|b] = \begin{bmatrix} 2 & 2 & 4 & 4 \\ 1 & 0 & -1 & 1 \\ -1 & 3 & 4 & 0 \end{bmatrix} . \ \blacktriangleleft
$$

Übung 2.3

∘ ∘ ∘ Man schreibe die folgenden LGS in Matrixform um. Man gebe jeweils die erweiterte Matrix an.

a) $\begin{cases} x_1 - 3x_2 = 2 \\ 2x_1 + x_2 = -1 \end{cases}$

b) $\begin{cases} x_1 + x_2 = 0 \\ x_1 = x_2 \end{cases}$

c) $\begin{cases} 6x_1 + 2x_2 + x_3 + x_4 = 0 \\ x_3 - x_1 - x_2 = x_4 \end{cases}$

$$\textbf{d)} \begin{cases} -3x_1 - 2x_2 - x_3 + 4x_4 = 3 \\ 15x_1 - 4x_3 - x_4 = 0 \\ 2x_1 + 5x_3 - 3x_4 - 1 = 2 \end{cases}$$

Lösung

a) $\left[\begin{array}{cc|c} 1 & -3 & 2 \\ 2 & 1 & -1 \end{array}\right]$, **b)** $\left[\begin{array}{cc|c} 1 & 1 & 0 \\ 1 & -1 & 0 \end{array}\right]$, **c)** $\left[\begin{array}{cccc|c} 6 & 2 & 1 & 1 & 0 \\ -1 & -1 & 1 & -1 & 0 \end{array}\right]$, **d)** $\left[\begin{array}{cccc|c} -3 & -2 & -1 & 4 & 3 \\ 15 & 0 & -4 & -1 & 0 \\ 2 & 0 & 5 & -3 & 3 \end{array}\right]$. ∎

2.2.3 Der konkrete Gauß-Algorithmus

Gegeben sei ein LGS mit erweiterter Matrix $[\boldsymbol{A}|\boldsymbol{b}]$. Mittels elementarer Zeilenoperationen kann man $[\boldsymbol{A}|\boldsymbol{b}]$ wie folgt in Zeilenstufenform bringen:

$$[\boldsymbol{A}|\boldsymbol{b}] = \underbrace{\left[\begin{array}{cccc} a_{11} & a_{12} & \cdots & a_{1n} \\ a_{21} & a_{22} & \cdots & a_{2n} \\ \vdots & \vdots & \ddots & \vdots \\ a_{m1} & a_{m2} & \cdots & a_{mn} \end{array}\right.}_{\boldsymbol{A}} \underbrace{\left|\begin{array}{c} b_1 \\ b_2 \\ \vdots \\ b_m \end{array}\right]}_{\boldsymbol{b}} \rightsquigarrow \boldsymbol{Z} = \left[\begin{array}{cccccccccc} 1 & \cdots & \star & \star & \cdots & \star & \star & \cdots & \star \\ 0 & \cdots & 0 & 1 & \cdots & \star & \star & \cdots & \star \\ \vdots & \ddots & \vdots & \vdots & \ddots & \vdots & \vdots & \ddots & \vdots \\ 0 & \cdots & 0 & 0 & \cdots & 0 & 1 & \cdots & \star \\ 0 & \cdots & 0 & 0 & \cdots & 0 & 0 & \cdots & 0 \\ \vdots & \ddots & \vdots & \vdots & \ddots & \vdots & \vdots & \ddots & \vdots \\ 0 & \cdots & 0 & 0 & \cdots & 0 & 0 & \cdots & 0 \end{array}\right] \tag{2.7}$$

Die so erzeugte Matrix $\boldsymbol{Z}$ heißt **Zielmatrix**. Hat man die erweiterte Matrix $[\boldsymbol{A}|\boldsymbol{b}]$ auf Zeilenstufenform gebracht, so kann man die folgenden Fallunterscheidungen vornehmen, um die Lösungsmenge des LGS aus der Zielmatrix $\boldsymbol{Z}$ zu bestimmen.

- **Fall 1:** Hat die Zielmatrix $\boldsymbol{Z}$ das folgende Aussehen (**Dreiecksform**)

$$\boldsymbol{Z} = \left[\begin{array}{cccc|c} 1 & \star & \cdots & \star & \star \\ 0 & 1 & \cdots & \star & \star \\ \vdots & \vdots & \ddots & \vdots & \vdots \\ 0 & 0 & \cdots & 1 & \star \\ 0 & 0 & \cdots & 0 & 0 \\ \vdots & \vdots & \ddots & \vdots & \vdots \\ 0 & 0 & \cdots & 0 & 0 \end{array}\right] \tag{2.8}$$

so hat das LGS **genau eine Lösung**. Es gibt genauso viele von Null verschiedene Gleichungen als Unbekannte. Die eindeutige Lösung wird in diesem Fall einfach durch **Rückwärtseinsetzen** bestimmt.

► Beispiel

Das LGS mit Zielmatrix

$$\boldsymbol{Z} = \left[\begin{array}{cc|c} 1 & 2 & 1 \\ 0 & 1 & 3 \end{array}\right]$$

hat **genau eine Lösung** (Fall 1). Die Lösung wird durch **Rückwärtseinsetzen** bestimmt. Aus der zweiten Zeile folgt $x_2 = 3$. Einsetzen in die erste Zeile liefert $x_1 + 2x_2 = 1 \Rightarrow x_1 = 1 - 2x_2 = 1 - 2 \cdot 3 = -5$. Die Lösungsmenge besteht somit aus dem einzigen Vektor:

$$\mathbb{L} = \left\{ \begin{bmatrix} -5 \\ 3 \end{bmatrix} \right\}. ◄$$

- **Fall 2:** Wenn die Zielmatrix $\boldsymbol{Z}$ wie folgt aussieht (**Treppenform**)

$$\boldsymbol{Z} = \left[\begin{array}{cccccc|c} 1 & \star \cdots \star & \star & \star \cdots \star & \star & \star \cdots \star & \star \\ 0 & 0 \cdots 0 & 1 & \star \cdots \star & \star & \star \cdots \star & \star \\ \vdots & \vdots \ddots \vdots & \vdots & \vdots \ddots \vdots & \vdots & \vdots \ddots \vdots & \vdots \\ 0 & 0 \cdots 0 & 0 & 0 \cdots 0 & 1 & \star \cdots \star & \star \\ 0 & 0 \cdots 0 & 0 & 0 \cdots 0 & 0 & 0 \cdots 0 & 0 \\ \vdots & \vdots \ddots \vdots & \vdots & \vdots \ddots \vdots & \vdots & \vdots \ddots \vdots & \vdots \\ 0 & \underbrace{0 \cdots 0}_{k_1 \text{ Spalten}} & 0 & \underbrace{0 \cdots 0}_{k_2 \text{ Spalten}} & 0 & \underbrace{0 \cdots 0}_{k_r \text{ Spalten}} & 0 \end{array}\right] \tag{2.9}$$

dann hat das LGS **unendlich viele Lösungen**. In diesem Fall ist die Anzahl von Null verschieden Gleichungen kleiner als die Anzahl von Unbekannten. Einige Variablen sind somit frei wählbar. Die Lösungsmenge ist durch $k_1 + k_2 + \cdots + k_r$ frei wählbare Parameter beschrieben.

Praxistipp

Eine alternative Formel für die Anzahl freier Parameter ist:

$$\boxed{\text{Anzahl freie Parameter } = n - \text{ Anzahl von Null verschiedenen Zeilen in } \boldsymbol{Z}} \tag{2.10}$$

wobei n die Anzahl der Unbekannten ist.

► **Beispiel**

Das LGS mit Zielmatrix

$$Z = \left[\begin{array}{cc|c} 1 & 1 & 2 \\ 0 & 0 & 0 \end{array}\right]$$

hat **unendlich viele Lösungen** (Fall 2). Es gibt einen freien Parameter; setzen wir, beispielsweise, $x_2 = t$, dann folgt $x_1 = 2 - x_2 = 2 - t$. Die Lösungsmenge ist somit:

$$\mathbb{L} = \left\{ \begin{bmatrix} x_1 \\ x_2 \end{bmatrix} \in \mathbb{R}^2 \,\middle|\, \begin{bmatrix} x_1 \\ x_2 \end{bmatrix} = \begin{bmatrix} 2 \\ 0 \end{bmatrix} + t \begin{bmatrix} -1 \\ 1 \end{bmatrix}, \; t \in \mathbb{R} \right\}. \blacktriangleleft$$

► **Beispiel**

Das LGS mit Zielmatrix

$$Z = \left[\begin{array}{cccccc|c} 1 & 2 & 0 & 1 & 1 & 0 & 1 \\ 0 & 0 & 1 & 0 & 1 & 0 & 1 \\ 0 & 0 & 0 & 1 & 1 & 9 & 1 \\ 0 & 0 & 0 & 0 & 0 & 0 & 0 \end{array}\right]$$

hat **unendlich viele Lösungen** mit drei freien Parametern: $x_2 = t$, $x_5 = s$ und $x_6 = r$. Alle Variablen direkt neben den markierten Elementen sind freie Variablen:

$$\begin{array}{cccccc|c} x_1 & x_2 & x_3 & x_4 & x_5 & x_6 & \\ \boxed{1} & 2 & 0 & 1 & 1 & 0 & 1 \\ 0 & 0 & \boxed{1} & 0 & 1 & 0 & 1 \\ 0 & 0 & 0 & \boxed{1} & 1 & 9 & 1 \\ 0 & 0 & 0 & 0 & 0 & 0 & 0 \\ & \uparrow & & & \uparrow & \uparrow & \end{array}$$

$$\Rightarrow \quad x_2 = t, \; x_5 = s, \; \text{und } x_6 = r \text{ freie Variablen.}$$

Aus der dritten Zeile folgt dann: $x_4 = 1 - x_5 - 9x_6 = 1 - s - 9r$. Aus der zweiten Zeile folgt: $x_3 = 1 - x_5 = 1 - s$. Ferner folgt aus der ersten Zeile folgt: $x_1 = 1 - 2x_2 - x_4 - x_5 = -2t + 9r$. Die Lösungsmenge ist somit:

$$\mathbb{L} = \left\{ \begin{bmatrix} x_1 \\ x_2 \\ x_3 \\ x_4 \\ x_5 \\ x_6 \end{bmatrix} \in \mathbb{R}^6 \,\middle|\, \begin{bmatrix} x_1 \\ x_2 \\ x_3 \\ x_4 \\ x_5 \\ x_6 \end{bmatrix} = \begin{bmatrix} 0 \\ 0 \\ 1 \\ 1 \\ 0 \\ 0 \end{bmatrix} + t \begin{bmatrix} -2 \\ 1 \\ 0 \\ 0 \\ 0 \\ 0 \end{bmatrix} + s \begin{bmatrix} 0 \\ 0 \\ -1 \\ -1 \\ 1 \\ 0 \end{bmatrix} + r \begin{bmatrix} 9 \\ 0 \\ 0 \\ -9 \\ 0 \\ 1 \end{bmatrix}, \; t, s, r \in \mathbb{R} \right\}. \blacktriangleleft$$

- **Fall 3:** Falls

$$
Z = \left[\begin{array}{ccccccccc|c}
1 & \cdots & \star & \star & \cdots & \star & \star & \cdots & \star & \star \\
0 & \cdots & 0 & 1 & \cdots & \star & \star & \cdots & \star & \star \\
\vdots & \ddots & \vdots & \vdots & \ddots & \vdots & \vdots & \ddots & \vdots & \vdots \\
0 & \cdots & 0 & 0 & \cdots & 0 & 1 & \cdots & \star & \star \\
0 & \cdots & 0 & 0 & \cdots & 0 & 0 & \cdots & 0 & \circledast \\
\vdots & \ddots & \vdots & \vdots & \ddots & \vdots & \vdots & \ddots & \vdots & \vdots \\
0 & \cdots & 0 & 0 & \cdots & 0 & 0 & \cdots & 0 & \circledast
\end{array}\right] \quad \text{mit } \circledast \neq 0 \tag{2.11}
$$

dann hat das LGS **keine Lösung**, weil die letzten k Gleichungen $0 = \circledast$ lauten, was wegen $\circledast \neq 0$ unmöglich ist.

Bemerkung

$\circledast$ dient als Platzhalter für eine von Null verschiedene Zahl. Es genügt schon, dass ein $\circledast \neq 0$ ist!

► Beispiel

Das LGS mit Zielmatrix

$$
Z = \left[\begin{array}{cc|c} 1 & -1 & 2 \\ 0 & 0 & \boxed{1} \end{array}\right]
$$

hat **keine Lösung** (Fall 3). Denn die Gleichung $0 = 1$ ist nie erfüllt. Die Lösungsmenge ist leer $\mathbb{L} = \{\,\}$. ◄

Übung 2.4

• ○ ○ Man betrachte die folgenden Zielmatrizen:

a) $Z = \left[\begin{array}{ccc|c} 1 & 2 & 1 & 4 \\ 0 & 1 & -2 & 2 \\ 0 & 0 & 1 & 3 \end{array}\right]$

b) $Z = \left[\begin{array}{ccc|c} 1 & 3 & 0 & 5 \\ 0 & 1 & 3 & -1 \\ 0 & 0 & 0 & 1 \end{array}\right]$

c) $Z = \left[\begin{array}{ccc|c} 1 & -1 & 1 & 0 \\ 0 & 0 & 0 & 0 \\ 0 & 0 & 0 & 0 \end{array}\right]$

d) $Z = \left[\begin{array}{ccc|c} 1 & -1 & 1 & 5 \\ 0 & 1 & 7 & 2 \\ 0 & 0 & 0 & 0 \end{array}\right]$

Man entscheide, ob die zugehörigen LGS (i) eine, (ii) keine oder (iii) unendlich viele Lösungen besitzen. Man bestimme jeweils die Lösungsmenge.

Lösung

a) $\left[\begin{array}{ccc|c} 1 & 2 & 1 & 4 \\ 0 & 1 & -2 & 2 \\ 0 & 0 & 1 & 3 \end{array}\right] \Rightarrow$ **genau eine Lösung** (Fall 1).

Die Lösung erhalten wir durch Rückwärtseinsetzen. Aus der dritten Zeile folgt: $x_3 = 3$. Einsetzen in die zweite Gleichung liefert: $x_2 = 2 + 2x_3 = 8$. Aus der ersten Zeile folgt dann: $x_1 = 4 - 2x_2 - x_3 = -15$. Die Lösungsmenge ist eindeutig:

$$\mathbb{L} = \left\{ \begin{bmatrix} -15 \\ 8 \\ 3 \end{bmatrix} \right\}.$$

b) $\left[\begin{array}{ccc|c} 1 & 3 & 0 & 5 \\ 0 & 1 & 3 & -1 \\ 0 & 0 & 0 & 1 \end{array}\right] \Rightarrow$ **keine Lösung** (Fall 3).

c) $\left[\begin{array}{ccc|c} 1 & -1 & 1 & 0 \\ 0 & 0 & 0 & 0 \\ 0 & 0 & 0 & 0 \end{array}\right] \Rightarrow$ **unendlich viele Lösungen** (2 freie Parameter, Fall 2).

Wir setzen $x_2 = t$ und $x_3 = s$. Dann folgt aus der ersten Zeile: $x_1 = x_2 - x_3 = t - s$. Die Lösungsmenge ist somit

$$\mathbb{L} = \left\{ \begin{bmatrix} x_1 \\ x_2 \\ x_3 \end{bmatrix} \in \mathbb{R}^3 \;\middle|\; \begin{bmatrix} x_1 \\ x_2 \\ x_3 \end{bmatrix} = t \begin{bmatrix} 1 \\ 1 \\ 0 \end{bmatrix} + s \begin{bmatrix} -1 \\ 0 \\ 1 \end{bmatrix},\ t, s \in \mathbb{R} \right\}.$$

d) $\left[\begin{array}{ccc|c} 1 & -1 & 1 & 5 \\ 0 & 1 & 7 & 2 \\ 0 & 0 & 0 & 0 \end{array}\right] \Rightarrow$ **unendlich viele Lösungen** (1 freier Parameter, Fall 2).

Wir setzen $x_3 = t$. Dann folgt aus der zweiten Zeile: $x_2 = 2 - 7x_3 = 2 - 7t$. Einsetzen in die erste Gleichung liefert: $x_1 = 5 + x_2 - x_3 = 7 - 8t$. Die Lösungsmenge ist somit

$$\mathbb{L} = \left\{ \begin{bmatrix} x_1 \\ x_2 \\ x_3 \end{bmatrix} \in \mathbb{R}^3 \;\middle|\; \begin{bmatrix} x_1 \\ x_2 \\ x_3 \end{bmatrix} = \begin{bmatrix} 7 \\ 2 \\ 0 \end{bmatrix} + t \begin{bmatrix} -8 \\ -7 \\ 1 \end{bmatrix},\ t \in \mathbb{R} \right\}.$$

■

Musterbeispiel 1: LGS mit genau einer eindeutigen Lösung

Nun betrachten wir einige Musterbeispiele zum Gauß-Algorithmus. Wir werden immer an geeigneten Stellen auf praktische Tipps und Optimierungsmöglichkeiten hinweisen. Manchmal geben wir ganze Kochrezepte an. Siehe in diesem Fall Kochrezept 2.1.

Musterbeispiel 2.1 (LGS mit genau einer eindeutigen Lösung)

Wir betrachten das folgende LGS:

$$\begin{cases} 3x_1 - 3x_2 + x_3 = 1 \\ -x_1 + x_2 + 2x_3 = 2 \\ 2x_1 + x_2 - 3x_3 = 0 \end{cases}$$

Schritt 1 Als erstes ordnen wir dem Gleichungssystem die erweiterte Matrix $[\boldsymbol{A}|\boldsymbol{b}]$ zu:

$$\begin{cases} 3x_1 - 3x_2 + x_3 = 1 & (Z_1) \\ -x_1 + x_2 + 2x_3 = 2 & (Z_2) \\ 2x_1 + x_2 - 3x_3 = 0 & (Z_3) \end{cases} \rightsquigarrow [\boldsymbol{A}|\boldsymbol{b}] = \left[\begin{array}{ccc|c} 3 & -3 & 1 & 1 \\ -1 & 1 & 2 & 2 \\ 2 & 1 & -3 & 0 \end{array}\right].$$

Schritt 2 Jetzt wenden wir den Gauß-Algorithmus an: Das Ziel ist es, die erweiterte Matrix $[\boldsymbol{A}|\boldsymbol{b}]$ mittels elementarer Zeilenoperationen in die Zeilenstufenform (2.2.3) zu bringen. Durch das Vertauschen der ersten Zeile mit der zweiten Zeile und die Multiplikation der ersten Zeile mit -1 erhalten wir eine 1 als erste Ziffer, auch **Pivot** genannt:

$$\left[\begin{array}{ccc|c} 3 & -3 & 1 & 1 \\ -1 & 1 & 2 & 2 \\ 2 & 1 & -3 & 0 \end{array}\right] \overset{(Z_1) \leftrightarrow -(Z_2)}{\rightsquigarrow} \left[\begin{array}{ccc|c} \boxed{1} & -1 & -2 & -2 \\ 3 & -3 & 1 & 1 \\ 2 & 1 & -3 & 0 \end{array}\right].$$

Nun erzeugen wir Nullen an der ersten Position der zweiten und dritten Zeile durch $(Z_2) - 3(Z_1)$ und $(Z_3) - 2(Z_1)$:

$$\left[\begin{array}{ccc|c} 1 & -1 & -2 & -2 \\ 3 & -3 & 1 & 1 \\ 2 & 1 & -3 & 0 \end{array}\right] \overset{\substack{(Z_2) - 3(Z_1) \\ (Z_3) - 2(Z_1)}}{\rightsquigarrow} \left[\begin{array}{ccc|c} 1 & -1 & -2 & -2 \\ \boxed{0} & 0 & 7 & 7 \\ \boxed{0} & 3 & 1 & 4 \end{array}\right].$$

Dann vertauschen wir die zweite Zeile mit der dritten Zeile, damit wir zwei Nullen in der untersten Zeile erhalten

$$\left[\begin{array}{ccc|c} 1 & -1 & -2 & -2 \\ 0 & 0 & 7 & 7 \\ 0 & 3 & 1 & 4 \end{array}\right] \overset{(Z_2) \leftrightarrow (Z_3)}{\rightsquigarrow} \left[\begin{array}{ccc|c} 1 & -1 & -2 & -2 \\ 0 & 3 & 1 & 4 \\ 0 & 0 & 7 & 7 \end{array}\right].$$

Weiter wollen wir alles Einsen auf der Hauptdiagonale erzeugen. Also dividieren wir die zweite Zeile durch 3 und die dritte durch 7:

$$\left[\begin{array}{ccc|c} 1 & -1 & -2 & -2 \\ 0 & 3 & 1 & 4 \\ 0 & 0 & 7 & 7 \end{array}\right] \overset{\substack{\frac{1}{3}(Z_2) \\ \frac{1}{7}(Z_3)}}{\rightsquigarrow} \left[\begin{array}{ccc|c} \boxed{1} & -1 & -2 & -2 \\ 0 & \boxed{1} & \frac{1}{3} & \frac{4}{3} \\ 0 & 0 & \boxed{1} & 1 \end{array}\right] = \boldsymbol{Z}.$$

Die Zielmatrix $\boldsymbol{Z}$ ist jetzt eine obere Dreiecksmatrix. Der Gauß-Algorithmus hat somit sein Ziel erreicht. Die Zielmatrix $\boldsymbol{Z}$ entspricht Fall 1: Das gegebene LGS hat **genau eine Lösung**.

Schritt 3 Aus der Zielmatrix $\boldsymbol{Z}$ können wir nun die Lösung direkt ableiten:

$$\begin{cases} x_1 - x_2 - 2x_3 = -2 \\ x_2 + \frac{1}{3}x_3 = \frac{4}{3} \\ x_3 = 1 \end{cases} \Rightarrow \begin{cases} x_1 = -2 + x_2 + 2x_3 = 1 \\ x_2 = \frac{4}{3} - \frac{1}{3}x_3 = 1 \\ x_3 = 1 \end{cases}$$

Die eindeutige Lösung des LGS lautet somit $\mathbb{L} = \left\{ \begin{bmatrix} 1 \\ 1 \\ 1 \end{bmatrix} \right\}$. Die Lösungsmenge ist ein Punkt wo die drei Ebenen (Gleichungen) sich schneiden (▫ Abb. 2.4).

Bemerkung
Beim Gauß-Algorithmus darf man je zwei Zeilen vertauschen, ohne die Lösungsmenge zu verändern. Dies folgt direkt aus der Tatsache, dass es keine Rolle spielt, in welcher Ordnung die einzelnen Gleichungen in einem LGS auftreten (vgl. elementare Zeilenoperationen). Zum Beispiel

$$\begin{cases} x_1 + x_2 = 1 \\ x_1 + 2x_2 = 2 \end{cases} \quad \text{ist dasselbe LGS wie} \quad \begin{cases} x_1 + 2x_2 = 2 \\ x_1 + x_2 = 1 \end{cases}$$

Musterbeispiel 2: LGS mit unendlich vielen Lösungen

Als nächtes Musterbeispiel betrachten wir ein LGS, das unendlich viele Lösungen besitzt.

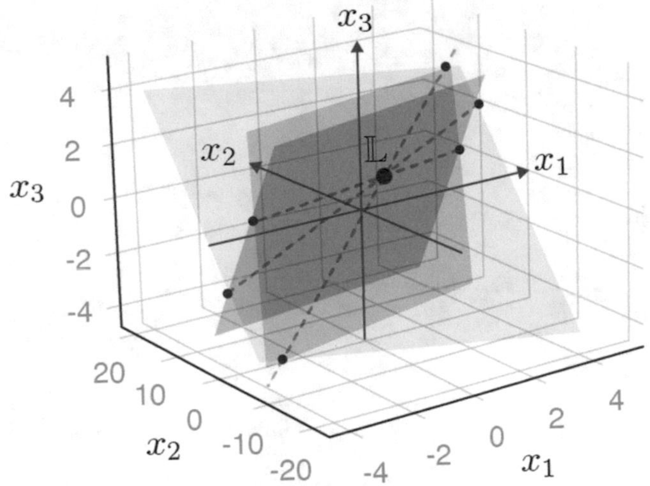

▫ **Abb. 2.4** Grafische Darstellung der Lösung von Musterbeispiel 2.1

Musterbeispiel 2.2 (LGS mit unendlich vielen Lösungen)

Wir betrachten das folgende LGS:

$$\begin{cases} x_1 + x_2 - x_3 = 4 \\ 2x_1 - x_2 + 3x_3 = 7 \\ 4x_1 + x_2 + x_3 = 15 \end{cases}$$

Schritt 1 Wir ordnen dem LGS die erweiterte Matrix $[\boldsymbol{A}|\boldsymbol{b}]$ zu:

$$\begin{cases} x_1 + x_2 - x_3 = 4 & (Z_1) \\ 2x_1 - x_2 + 3x_3 = 7 & (Z_2) \\ 4x_1 + x_2 + x_3 = 15 & (Z_3) \end{cases} \rightsquigarrow [\boldsymbol{A}|\boldsymbol{b}] = \left[\begin{array}{ccc|c} 1 & 1 & -1 & 4 \\ 2 & -1 & 3 & 7 \\ 4 & 1 & 1 & 15 \end{array}\right].$$

Schritt 2 Dann wenden wir den Gauß-Algorithmus an. Wir erzeugen Nullen an der ersten Position der zweiten und dritten Zeile durch $(Z_2) - 2(Z_1)$ und $(Z_3) - 4(Z_1)$:

$$\left[\begin{array}{ccc|c} 1 & 1 & -1 & 4 \\ 2 & -1 & 3 & 7 \\ 4 & 1 & 1 & 15 \end{array}\right] \overset{\substack{(Z_2)-2(Z_1) \\ (Z_3)-4(Z_1)}}{\rightsquigarrow} \left[\begin{array}{ccc|c} 1 & 1 & -1 & 4 \\ \boxed{0} & -3 & 5 & -1 \\ \boxed{0} & -3 & 5 & -1 \end{array}\right].$$

Nun erkennen wir, dass die letzten zwei Zeilen gleich sind. Also durch $(Z_3) - (Z_2)$ erhalten wir

$$\left[\begin{array}{ccc|c} 1 & 1 & -1 & 4 \\ 0 & -3 & 5 & -1 \\ 0 & -3 & 5 & -1 \end{array}\right] \overset{(Z_3)-(Z_2)}{\rightsquigarrow} \left[\begin{array}{ccc|c} 1 & 1 & -1 & 4 \\ 0 & -3 & 5 & -1 \\ 0 & 0 & 0 & 0 \end{array}\right].$$

Schließlich dividieren wir die zweite Zeile durch (-3):

$$\left[\begin{array}{ccc|c} 1 & 1 & -1 & 4 \\ 0 & -3 & 5 & -1 \\ 0 & 0 & 0 & 0 \end{array}\right] \overset{-\frac{1}{3}(Z_2)}{\rightsquigarrow} \left[\begin{array}{ccc|c} \boxed{1} & 1 & -1 & 4 \\ 0 & \boxed{1} & -\frac{5}{3} & \frac{1}{3} \\ 0 & 0 & 0 & 0 \end{array}\right] = \boldsymbol{Z}.$$

Die Zielmatrix ist vom Typ 2. Das LGS hat somit **unendlich viele Lösungen mit einem freien Parameter**.

Schritt 3 Herauslesen der Lösung

$$\begin{cases} x_1 + x_2 - x_3 = 4 \\ x_2 - \frac{5}{3}x_3 = \frac{1}{3} \end{cases}$$

Es sind 2 Gleichungen für 3 Unbekannte, x_1, x_2, x_3: Es gibt somit **unendlich viele Lösungen**, weil eine der 3 Unbekannten beliebig ist. In solchen Situationen wählt man $x_3 = t$, wobei t ein freier Parameter ist, und schreibt die anderen Variablen in Abhängigkeit von t. Aus der zweiten Gleichung folgt $x_2 = \frac{1}{3} + \frac{5}{3}x_3 = \frac{1}{3} + \frac{5}{3}t$. Aus der ersten Gleichung folgt $x_1 = 4 - x_2 + x_3 = \frac{11}{3} - \frac{2}{3}t$. Die Lösung ist somit

$$\mathbb{L} = \left\{ \begin{bmatrix} x_1 \\ x_2 \\ x_3 \end{bmatrix} \in \mathbb{R}^3 \;\middle|\; \begin{bmatrix} x_1 \\ x_2 \\ x_3 \end{bmatrix} = \underbrace{\begin{bmatrix} \frac{11}{3} \\ \frac{1}{3} \\ 0 \end{bmatrix}}_{=\boldsymbol{x}_0} + t \underbrace{\begin{bmatrix} -\frac{2}{3} \\ \frac{5}{3} \\ 1 \end{bmatrix}}_{=\boldsymbol{v}_1},\ t \in \mathbb{R} \right\}.$$

Die Lösungsmenge ist eine Gerade im $\mathbb{R}^3$ in der sich 3 Ebenen schneiden (■ Abb. 2.5).

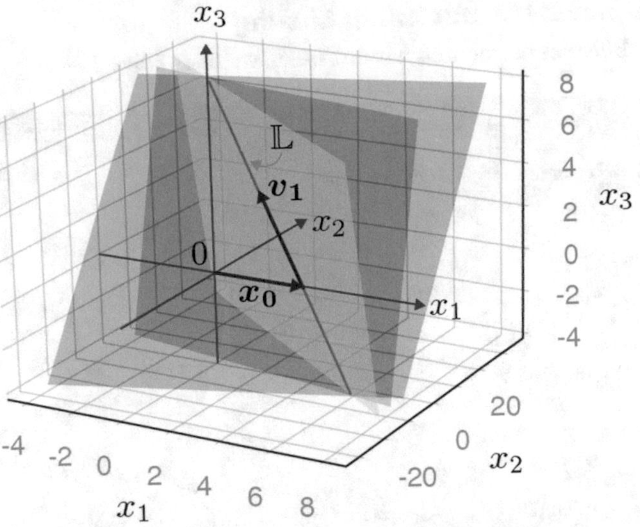

■ **Abb. 2.5** Grafische Darstellung der Lösung von Musterbeispiel 2.2

Praxistipp

Alle Variablen direkt neben den markierten Elementen (Pivots) sind freie Variablen

$$\begin{array}{ccc|c} x_1 & x_2 & x_3 & \\ \boxed{1} & 1 & -1 & 4 \\ 0 & \boxed{1} & -\frac{5}{3} & \frac{1}{3} \\ 0 & 0 & 0 & 0 \\ & & \uparrow & \end{array}$$

$$0 \cdot x_3 = 0 \quad \Rightarrow \quad x_3 = t \text{ freie Variable.}$$

Bemerkung

Dem aufmerksamen Leser fällt sicher auf, dass die dritte Gleichung des LGSs im Musterbeispiel 2.2 eine Linearkombination der ersten und zweiten Gleichung ist. Genauer: $(Z_3) = 2(Z_1)+(Z_2)$. Daher hat das LGS unendlich viele Lösungen mit einem freien Parameter.

Musterbeispiel 3: LGS mit keiner Lösung

Als nächstes Beispiel betrachten wir ein LGS, welches keine Lösung besitzt.

Musterbeispiel 2.3 (LGS mit keiner Lösung)

Man löse das folgende LGS mit dem Gauß-Algorithmus:

$$\begin{cases} x_1 + x_2 - x_3 = -3 \\ 2x_1 + 2x_2 + x_3 = 0 \\ 5x_1 + 5x_2 - 3x_3 = -8 \end{cases}$$

Schritt 1 Zunächst stellen wir die erweiterte Matrix $[\boldsymbol{A}|\boldsymbol{b}]$ des LGS auf:

$$\begin{cases} x_1 + x_2 - x_3 = 3 & (Z_1) \\ 2x_1 + 2x_2 + x_3 = 0 & (Z_2) \\ 5x_1 + 5x_2 - 3x_3 = -8 & (Z_3) \end{cases} \rightsquigarrow [\boldsymbol{A}|\boldsymbol{b}] = \left[\begin{array}{ccc|c} 1 & 1 & -1 & -3 \\ 2 & 2 & 1 & 0 \\ 5 & 5 & -3 & -8 \end{array}\right].$$

Schritt 2 Wir wenden den Gauß-Algorithmus in 3 Schritten an:

$$\left[\begin{array}{ccc|c} 1 & 1 & -1 & -3 \\ 2 & 2 & 1 & 0 \\ 5 & 5 & -3 & -8 \end{array}\right] \overset{\substack{(Z_2)-2(Z_1) \\ (Z_3)-5(Z_1)}}{\rightsquigarrow} \left[\begin{array}{ccc|c} 1 & 1 & -1 & -3 \\ 0 & 0 & 3 & 6 \\ 0 & 0 & 2 & 7 \end{array}\right] \overset{\frac{1}{3}(Z_2)}{\rightsquigarrow} \left[\begin{array}{ccc|c} 1 & 1 & -1 & -3 \\ 0 & 0 & 1 & 2 \\ 0 & 0 & 2 & 7 \end{array}\right]$$

$$\overset{(Z_3)-2(Z_2)}{\rightsquigarrow} \left[\begin{array}{ccc|c} 1 & 1 & -1 & -3 \\ 0 & 0 & 1 & 2 \\ 0 & 0 & 0 & \boxed{3} \end{array}\right] = \boldsymbol{Z}.$$

Die Zielmatrix ist vom Typ 3. Das LGS hat somit **keine Lösung** (die letzte Gleichung ist $0 = 3$, was unmöglich ist) (■ Abb. 2.6).

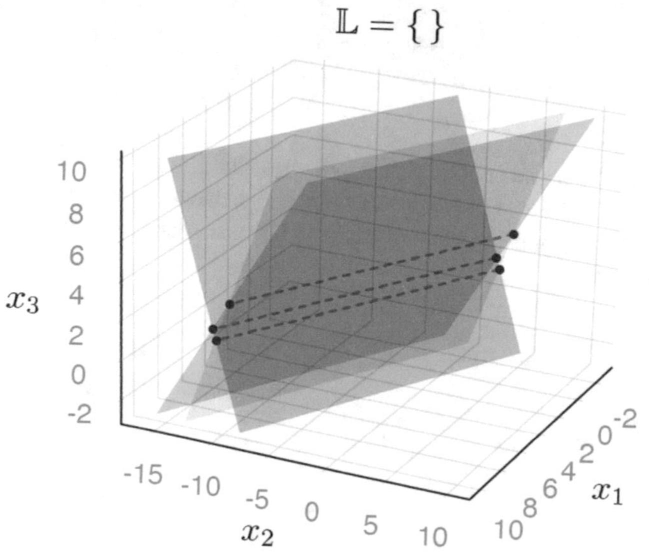

■ **Abb. 2.6** Grafische Darstellung der Lösung von Musterbeispiel 2.3

Musterbeispiel 4: Gleichzeitige Lösung mehrerer LGS

Mit dem Gauß-Algorithmus kann man mehrere LGS mit der selben Darstellungsmatrix $\boldsymbol{A}$, aber verschiedenen Lösungsvektoren $\boldsymbol{b}_1, \boldsymbol{b}_2, \cdots, \boldsymbol{b}_r$ gleichzeitig (simultan) lösen:

$$\boldsymbol{A}\boldsymbol{x} = \boldsymbol{b}_1, \quad \boldsymbol{A}\boldsymbol{x} = \boldsymbol{b}_2, \quad \cdots, \quad \boldsymbol{A}\boldsymbol{x} = \boldsymbol{b}_r. \tag{2.12}$$

In kompakter Form kann man die verschiedenen LGS mithilfe einer einzigen erweiterten Matrix zusammenfassen:

$$[\boldsymbol{A}|\boldsymbol{b}_1 \cdots \boldsymbol{b}_r] = \left[\begin{array}{cccc|cccc} a_{11} & a_{12} & \cdots & a_{1n} & b_{11} & b_{21} & \cdots & b_{r1} \\ a_{21} & a_{22} & \cdots & a_{2n} & b_{12} & b_{22} & \cdots & b_{r2} \\ \vdots & \vdots & \ddots & \vdots & \vdots & \vdots & \ddots & \vdots \\ a_{m1} & a_{m2} & \cdots & a_{mn} & b_{1m} & b_{2m} & \cdots & b_{rm} \end{array}\right]. \tag{2.13}$$

Musterbeispiel 2.4 (Gleichzeitige Lösung mehrerer LGS)

Man löse die zwei folgenden LGS mit dem Gauß-Algorithmus simultan:

$$\begin{cases} x_1 + 4x_2 + 3x_3 = 1 \\ 2x_1 + 5x_2 + 4x_3 = 4 \\ x_1 + x_2 + x_3 = 3 \end{cases} \quad \text{und} \quad \begin{cases} x_1 + 4x_2 + 3x_3 = -1 \\ 2x_1 + 5x_2 + 4x_3 = 0 \\ x_1 + x_2 + x_3 = 2 \end{cases}$$

Schritt 1 Bei der gleichzeitigen Lösung mehreren LGS $\boldsymbol{A}\boldsymbol{x} = \boldsymbol{b}_1$ und $\boldsymbol{A}\boldsymbol{x} = \boldsymbol{b}_2$, kann man die erweiterte Matrix $[\boldsymbol{A}|\boldsymbol{b}_1\boldsymbol{b}_2]$ aufstellen (beachte, dass es jetzt zwei Spalten nach dem vertikalen Strich | gibt):

$$\begin{cases} x_1 + 4x_2 + 3x_3 = 1 \text{ und } -1 & (Z_1) \\ 2x_1 + 5x_2 + 4x_3 = 4 \text{ und } 0 & (Z_2) \\ x_1 + x_2 + x_3 = 3 \text{ und } 2 & (Z_3) \end{cases} \rightsquigarrow \left[\begin{array}{ccc|cc} 1 & 4 & 3 & 1 & -1 \\ 2 & 5 & 4 & 4 & 0 \\ 1 & 1 & 1 & 3 & 2 \end{array}\right].$$

Schritt 2 Wir führen den Gauß-Algorithmus wie gehabt durch:

$$\left[\begin{array}{ccc|cc} 1 & 4 & 3 & 1 & -1 \\ 2 & 5 & 4 & 4 & 0 \\ 1 & 1 & 1 & 3 & 2 \end{array}\right] \overset{\substack{(Z_2)-2(Z_1) \\ (Z_3)-(Z_1)}}{\rightsquigarrow} \left[\begin{array}{ccc|cc} 1 & 4 & 3 & 1 & -1 \\ 0 & -3 & -2 & 2 & 2 \\ 0 & -3 & -2 & 2 & 3 \end{array}\right]$$

$$\overset{(Z_3)-(Z_2)}{\rightsquigarrow} \left[\begin{array}{ccc|cc} 1 & 4 & 3 & 1 & -1 \\ 0 & -3 & -2 & 2 & 2 \\ 0 & 0 & 0 & 0 & 1 \end{array}\right] \overset{-\frac{1}{3}(Z_2)}{\rightsquigarrow} \left[\begin{array}{ccc|cc} 1 & 4 & 3 & 1 & -1 \\ 0 & 1 & \frac{2}{3} & -\frac{2}{3} & -\frac{2}{3} \\ 0 & 0 & 0 & 0 & 1 \end{array}\right] = \boldsymbol{Z}.$$

Schritt 3 Herauslesen der Lösungen:

- Die Zielmatrix für den ersten LGS ist vom Typ 2 (Trapezform). Das erste LGS hat somit **undendlich viele Lösungen** mit einem freien Parameter (eine Gerade im $\mathbb{R}^3$):

$$\mathbb{L} = \left\{ \begin{bmatrix} x_1 \\ x_2 \\ x_3 \end{bmatrix} \in \mathbb{R}^3 \;\middle|\; \begin{bmatrix} x_1 \\ x_2 \\ x_3 \end{bmatrix} = \begin{bmatrix} \frac{11}{3} \\ -\frac{2}{3} \\ 0 \end{bmatrix} + t \begin{bmatrix} -\frac{1}{3} \\ -\frac{2}{3} \\ 1 \end{bmatrix}, \; t \in \mathbb{R} \right\}.$$

- Die Zielmatrix für den zweiten LGS ist vom Typ 3. Das zweite LGS hat somit **keine Lösung** (die letzte Gleichung, $0 = 1$, ist unmöglich).

2.2.4 Kochrezept für Gauß-Algorithmus

Kochrezept 2.1 (Gauß-Algorithmus)

Schritt 1 Man bestimme die erweiterte Matrix $[\boldsymbol{A}|\boldsymbol{b}]$ des LGS:

$$\left\{\begin{array}{lll} a_{11}x_1 + \cdots + a_{1n}x_n = b_1 & & (Z_1) \\ \vdots \qquad\quad \vdots \quad \vdots & & \vdots \\ a_{m1}x_1 + \cdots + a_{mn}x_n = b_m & & (Z_m) \end{array}\right. \rightsquigarrow [\boldsymbol{A}|\boldsymbol{b}] = \left[\begin{array}{ccc|c} a_{11} & \cdots & a_{1n} & b_1 \\ \vdots & \ddots & \vdots & \vdots \\ a_{m1} & \cdots & a_{mn} & b_m \end{array}\right].$$

Beachte: Der vertikale Strich in der erweiterten Matrix hat keine mathematische Bedeutung, aber hilft, Berechnungen übersichtlicher zu gestalten.

Schritt 2 Man forme die erweiterte Matrix $[\boldsymbol{A}|\boldsymbol{b}]$ mittels elementarer Zeilenoperationen um, bis man die Zielmatrix $\boldsymbol{Z}$ bekommt. Dabei sind folgende Zeilenoperationen erlaubt:

- vertauschen von zwei Zeilen;
- eine Zeile mit einer beliebigen Zahl $\alpha \neq 0$ multiplizieren;
- ein beliebiges Vielfaches einer Zeile zu einer anderen Zeile addieren oder subtrahieren.

Es resultieren 3 mögliche Fälle für die Zielmatrix $\boldsymbol{Z}$:

Fall 1: Dreiecksform

$$\boldsymbol{Z} = \left[\begin{array}{cccc|c} 1 & \star & \cdots & \star & \star \\ 0 & 1 & \cdots & \star & \star \\ \vdots & \vdots & \ddots & \vdots & \vdots \\ 0 & 0 & \cdots & 1 & \star \\ 0 & 0 & \cdots & 0 & 0 \\ \vdots & \vdots & \ddots & \vdots & \vdots \\ 0 & 0 & \cdots & 0 & 0 \end{array}\right]$$

Genau eine Lösung

Fall 2: Treppenform

$$\boldsymbol{Z} = \left[\begin{array}{cccccccccccc|c} 1 & \star & \cdots & \star & \star & \star & \cdots & \star & \star & \star & \cdots & \star & \star \\ 0 & 0 & \cdots & 0 & 1 & \star & \cdots & \star & \star & \star & \cdots & \star & \star \\ \vdots & \vdots & \ddots & \vdots & \vdots & \vdots & \ddots & \vdots & \vdots & \vdots & \ddots & \vdots & \vdots \\ 0 & 0 & \cdots & 0 & 0 & 0 & \cdots & 0 & 1 & \star & \cdots & \star & \star \\ 0 & 0 & \cdots & 0 & 0 & 0 & \cdots & 0 & 0 & 0 & \cdots & 0 & 0 \\ \vdots & \vdots & \ddots & \vdots & \vdots & \vdots & \ddots & \vdots & \vdots & \vdots & \ddots & \vdots & \vdots \\ 0 & \multicolumn{3}{c}{\underbrace{0 \ \cdots \ 0}_{k_1 \text{ Spalten}}} & 0 & \multicolumn{3}{c}{\underbrace{0 \ \cdots \ 0}_{k_2 \text{ Spalten}}} & 0 & \multicolumn{3}{c|}{\underbrace{0 \ \cdots \ 0}_{k_r \text{ Spalten}}} & 0 \end{array}\right]$$

Unendlich viele Lösungen mit $k_1 + k_2 + \cdots + k_r$ freien Parametern. Alle Variablen direkt neben dem Pivot-Element sind freie Variablen.

Fall 3

$$
Z = \left[\begin{array}{ccccccccc|c}
1 & \cdots & \star & \star & \cdots & \star & \star & \cdots & \star & \star \\
0 & \cdots & 0 & 1 & \cdots & \star & \star & \cdots & \star & \star \\
\vdots & \ddots & \vdots & \vdots & \ddots & \vdots & \vdots & \ddots & \vdots & \vdots \\
0 & \cdots & 0 & 0 & \cdots & 0 & 1 & \cdots & \star & \star \\
0 & \cdots & 0 & 0 & \cdots & 0 & 0 & \cdots & 0 & \circledast \\
\vdots & \ddots & \vdots & \vdots & \ddots & \vdots & \vdots & \ddots & \vdots & \vdots \\
0 & \cdots & 0 & 0 & \cdots & 0 & 0 & \cdots & 0 & \circledast
\end{array}\right] \quad \text{mit } \circledast \neq 0
$$

Keine Lösung

- $\star$ = Platzhalter für eine beliebige Zahl (Null auch erlaubt).
- $\circledast$ = Platzhalter für eine von Null verschiedene Zahl ($\circledast \neq 0$).

Schritt 3 Aus der Zielmatrix $\boldsymbol{Z}$ kann die Lösungsmenge direkt abgeleitet werden.

- **Fall 1.** Die Lösung erhalten wir durch Rückwärtseinsetzen. Man beginnt mit der letzten (untersten) Gleichung, welche nach x_n aufgelöst wird. Dann setzt man diese Lösung in der zweitletzten Gleichung ein und löst nach x_{n-1} auf. So geht man weiter, bis x_1 gefunden ist.
- **Fall 2.** Man braucht k freie Parameter $t, s, \cdots$. Man setzt die freien Unbekannten gleich $t, s, \cdots$ und löst die $n - k$ von Null verschiedenen Gleichungen auf. Somit erhält man die allgemeine Lösungsmenge, welche von $t, s, \cdots$ abhängt. Es gilt:

  $$\text{Anzahl freie Parameter } = n - \text{ Anzahl von Null verschiedenen Zeilen in } \boldsymbol{Z},$$

  wobei n die Anzahl der Unbekannten ist.
- **Fall 3.** Die Lösungsmenge ist leer.

2.2.5 Weitere Beispiele zum Gauß-Algorithmus:

Nun betrachten wir weitere typische Beispiele zum Gauß-Algorithmus. In allen Beispielen gehen wir nach dem Kochrezept 2.1 vor.

Übung 2.5

○ ○ ○ Man löse das folgende LGS mit dem Gauß-Algorithmus:

$$
\begin{cases}
x_1 - 3x_2 = -6 \\
x_1 - 2x_2 = 4
\end{cases}
$$

Lösung

Wir gehen nach dem Kochrezept 2.1 vor.

Schritt 1 Als Erstes ordnen wir dem LGS die erweiterte Matrix $[\boldsymbol{A}|\boldsymbol{b}]$ zu:

$$\begin{cases} x_1 - 3x_2 = -6 & (Z_1) \\ x_1 - 2x_2 = 4 & (Z_2) \end{cases} \rightsquigarrow [\boldsymbol{A}|\boldsymbol{b}] = \left[\begin{array}{cc|c} 1 & -3 & -6 \\ 1 & -2 & 4 \end{array}\right].$$

Schritt 2 Wir realisieren den Gauß-Algorithmus in einem Schritt:

$$\left[\begin{array}{cc|c} 1 & -3 & -6 \\ 1 & -2 & 4 \end{array}\right] \overset{(Z_2)-(Z_1)}{\rightsquigarrow} \left[\begin{array}{cc|c} 1 & -3 & -6 \\ 0 & 1 & 10 \end{array}\right] = \boldsymbol{Z}.$$

Die Zielmatrix ist vom Typ 1 (Dreiecksform). Das LGS hat somit **genau eine Lösung**.

Schritt 3 Herauslesen der Lösung direkt aus dem Endschema $\boldsymbol{Z}$ (durch Rückwärtseinsetzen):

$$\begin{cases} x_1 - 3x_2 = -6 \\ x_2 = 10 \end{cases} \Rightarrow \begin{cases} x_1 = -6 + 3 \cdot 10 = 24 \\ x_2 = 10 \end{cases} \Rightarrow \mathbb{L} = \left\{ \begin{bmatrix} 24 \\ 10 \end{bmatrix} \right\}.$$

■

Übung 2.6

○ ○ ○ Man löse das folgende LGS mit dem Gauß-Algorithmus:

$$\begin{cases} x_1 + 2x_2 = 4 \\ 2x_1 + 4x_2 = 6 \end{cases}$$

Lösung

Schritt 1 Wir stellen zuerst die erweiterte Matrix $[\boldsymbol{A}|\boldsymbol{E}]$ auf:

$$\begin{cases} x_1 + 2x_2 = 4 & (Z_1) \\ 2x_1 + 4x_2 = 6 & (Z_2) \end{cases} \rightsquigarrow [\boldsymbol{A}|\boldsymbol{b}] = \left[\begin{array}{cc|c} 1 & 2 & 4 \\ 2 & 4 & 6 \end{array}\right].$$

Schritt 2 Wir realisieren den Gauß-Algorithmus in einem Schritt:

$$\left[\begin{array}{cc|c} 1 & 2 & 4 \\ 2 & 4 & 6 \end{array}\right] \overset{(Z_2)-2(Z_1)}{\rightsquigarrow} \left[\begin{array}{cc|c} 1 & 2 & 4 \\ 0 & 0 & -2 \end{array}\right] = \boldsymbol{Z}.$$

Die Zielmatrix ist vom Typ 3. Das LGS hat somit **keine Lösung**, d. h. $\mathbb{L} = \{\ \}$. ■

Übung 2.7

• ○ ○ Man löse das folgende LGS mit dem Gauß-Algorithmus:

$$\begin{cases} x_1 + 2x_2 + x_3 = 1 \\ 3x_1 + 9x_2 + 4x_3 = 5 \\ x_1 + 3x_2 + 2x_3 = 3 \end{cases}$$

Lösung

Schritt 1 Als erstes bestimmen wir die erweiterte Matrix $[\boldsymbol{A}|\boldsymbol{b}]$ des LGS:

$$\begin{cases} x_1 + 2x_2 + x_3 = 1 & (Z_1) \\ 3x_1 + 9x_2 + 4x_3 = 5 & (Z_2) \\ x_1 + 3x_2 + 2x_3 = 3 & (Z_3) \end{cases} \rightsquigarrow [\boldsymbol{A}|\boldsymbol{b}] = \left[\begin{array}{ccc|c} 1 & 2 & 1 & 1 \\ 3 & 9 & 4 & 5 \\ 1 & 3 & 2 & 3 \end{array}\right].$$

Schritt 2 Wir führen den Gauß-Algorithmus in drei Schritten durch:

$$\left[\begin{array}{ccc|c} 1 & 2 & 1 & 1 \\ 3 & 9 & 4 & 5 \\ 1 & 3 & 2 & 3 \end{array}\right] \overset{\substack{(Z_2)-3(Z_1) \\ (Z_3)-(Z_1)}}{\rightsquigarrow} \left[\begin{array}{ccc|c} 1 & 2 & 1 & 1 \\ 0 & 3 & 1 & 2 \\ 0 & 1 & 1 & 2 \end{array}\right] \overset{3(Z_3)-(Z_2)}{\rightsquigarrow} \left[\begin{array}{ccc|c} 1 & 2 & 1 & 1 \\ 0 & 3 & 1 & 2 \\ 0 & 0 & 2 & 4 \end{array}\right] \overset{\substack{(Z_2)/3 \\ (Z_3)/2}}{\rightsquigarrow} \left[\begin{array}{ccc|c} 1 & 2 & 1 & 1 \\ 0 & 1 & \frac{1}{3} & \frac{2}{3} \\ 0 & 0 & 1 & 2 \end{array}\right] = \boldsymbol{Z}.$$

Die Zielmatrix ist vom Typ 1 (Diagonalform). Das LGS hat somit eine **eindeutige Lösung**.

Schritt 3 Herauslesen der Lösung aus dem Endschema $\boldsymbol{Z}$

$$\begin{cases} x_1 + 2x_2 + x_3 = 1 \\ x_2 + \frac{1}{3}x_3 = \frac{2}{3} \\ x_3 = 2 \end{cases} \Rightarrow \begin{cases} x_1 = -1 \\ x_2 = 0 \\ x_3 = 2 \end{cases} \Rightarrow \mathbb{L} = \left\{ \begin{bmatrix} -1 \\ 0 \\ 2 \end{bmatrix} \right\}.$$

■

Übung 2.8

• ○ ○ Man löse das folgende LGS mit dem Gauß-Algorithmus:

$$\begin{cases} x_2 - 3x_3 = 2 \\ x_1 + 2x_2 + x_3 = 1 \\ x_1 + x_2 + 4x_3 = 2 \end{cases}$$

Lösung

Schritt 1 Die erweiterte Matrix $[\boldsymbol{A}|\boldsymbol{b}]$ des LGS ist:

$$\begin{cases} \phantom{x_1 + {}} x_2 - 3x_3 = 2 & (Z_1) \\ x_1 + 2x_2 + x_3 = 1 & (Z_2) \\ x_1 + x_2 + 4x_3 = 2 & (Z_3) \end{cases} \rightsquigarrow [\boldsymbol{A}|\boldsymbol{b}] = \left[\begin{array}{ccc|c} 0 & 1 & -3 & 2 \\ 1 & 2 & 1 & 1 \\ 1 & 1 & 4 & 2 \end{array}\right].$$

Schritt 2 Wir wenden den Gauß-Algorithmus in drei Schritten an:

$$\left[\begin{array}{ccc|c} 0 & 1 & -3 & 2 \\ 1 & 2 & 1 & 1 \\ 1 & 1 & 4 & 2 \end{array}\right] \overset{(Z_1) \leftrightarrow (Z_2)}{\rightsquigarrow} \left[\begin{array}{ccc|c} 1 & 2 & 1 & 1 \\ 0 & 1 & -3 & 2 \\ 1 & 1 & 4 & 2 \end{array}\right] \overset{(Z_3) - (Z_1)}{\rightsquigarrow} \left[\begin{array}{ccc|c} 1 & 2 & 1 & 1 \\ 0 & 1 & -3 & 2 \\ 0 & -1 & 3 & 1 \end{array}\right]$$

$$\overset{(Z_3) + (Z_2)}{\rightsquigarrow} \left[\begin{array}{ccc|c} 1 & 2 & 1 & 1 \\ 0 & 1 & -3 & 2 \\ 0 & 0 & 0 & 3 \end{array}\right] = \boldsymbol{Z}.$$

Die Zielmatrix ist vom Typ 3. Das LGS hat somit **keine Lösung**, d. h. $\mathbb{L} = \{\ \}$. ■

Übung 2.9

• ○ ○ Man löse das folgende LGS mit dem Gauß-Algorithmus:

$$\begin{cases} x_1 + 3x_2 + x_3 = 1 \\ 3x_1 + 9x_2 + 4x_3 = 5 \\ x_1 + 3x_2 + 2x_3 = 3 \end{cases}$$

Lösung

Schritt 1 Wir bestimmen die erweiterte Matrix $[\boldsymbol{A}|\boldsymbol{b}]$ des LGS:

$$\begin{cases} x_1 + 3x_2 + x_3 = 1 & (Z_1) \\ 3x_1 + 9x_2 + 4x_3 = 5 & (Z_2) \\ x_1 + 3x_2 + 2x_3 = 3 & (Z_3) \end{cases} \rightsquigarrow [\boldsymbol{A}|\boldsymbol{b}] = \left[\begin{array}{ccc|c} 1 & 3 & 1 & 1 \\ 3 & 9 & 4 & 5 \\ 1 & 3 & 2 & 3 \end{array}\right].$$

Schritt 2 Wir realisieren den Gauß-Algorithmus in zwei Schritten:

$$\left[\begin{array}{ccc|c} 1 & 3 & 1 & 1 \\ 3 & 9 & 4 & 5 \\ 1 & 3 & 2 & 3 \end{array}\right] \overset{\substack{(Z_2) - 3(Z_1) \\ (Z_3) - (Z_1)}}{\rightsquigarrow} \left[\begin{array}{ccc|c} 1 & 2 & 1 & 1 \\ 0 & 0 & 1 & 2 \\ 0 & 0 & 1 & 2 \end{array}\right] \overset{(Z_3) - (Z_2)}{\rightsquigarrow} \left[\begin{array}{ccc|c} 1 & 2 & 1 & 1 \\ 0 & 0 & 1 & 2 \\ 0 & 0 & 0 & 0 \end{array}\right] = \boldsymbol{Z}.$$

Die Zielmatrix ist vom Typ 2 (Trapezform). Das LGS hat somit **unendlich viele Lösungen** mit einem freien Parameter.

Schritt 3 Aus der zweiten Gleichung folgt $x_3 = 2$. Dann setzen wir $x_2 = t$ als freien Parameter. Aus der ersten Gleichung folgt dann $x_1 = 1 - 2x_2 - x_3 = -2t - 1$. Als Lösung erhalten wir somit eine Gerade im $\mathbb{R}^3$:

$$\mathbb{L} = \left\{ \begin{bmatrix} x_1 \\ x_2 \\ x_3 \end{bmatrix} \in \mathbb{R}^3 \;\middle|\; \begin{bmatrix} x_1 \\ x_2 \\ x_3 \end{bmatrix} = \begin{bmatrix} -1 \\ 0 \\ 2 \end{bmatrix} + t \begin{bmatrix} -2 \\ 1 \\ 0 \end{bmatrix},\ t \in \mathbb{R} \right\}.$$

■

Übung 2.10

● ○ ○ Man löse das folgende LGS mit dem Gauß-Algorithmus:

$$\begin{cases} x_1 + x_2 + x_3 = 1 \\ 2x_1 + 2x_2 + 2x_3 = 2 \\ 3x_1 + 3x_2 + 3x_3 = 3 \end{cases}$$

Lösung

Schritt 1 Die erweiterte Matrix $[\boldsymbol{A}|\boldsymbol{b}]$ des LGS ist:

$$\begin{cases} x_1 + x_2 + x_3 = 1 & (Z_1) \\ 2x_1 + 2x_2 + 2x_3 = 2 & (Z_2) \\ 3x_1 + 3x_2 + 3x_3 = 3 & (Z_3) \end{cases} \rightsquigarrow [\boldsymbol{A}|\boldsymbol{b}] = \left[\begin{array}{ccc|c} 1 & 1 & 1 & 1 \\ 2 & 2 & 2 & 2 \\ 3 & 3 & 3 & 3 \end{array}\right].$$

Schritt 2 Wir führen den Gauß-Algorithmus durch:

$$\left[\begin{array}{ccc|c} 1 & 1 & 1 & 1 \\ 2 & 2 & 2 & 2 \\ 3 & 3 & 3 & 3 \end{array}\right] \overset{\substack{(Z_2)-2(Z_1) \\ (Z_3)-3(Z_1)}}{\rightsquigarrow} \left[\begin{array}{ccc|c} 1 & 1 & 1 & 1 \\ 0 & 0 & 0 & 0 \\ 0 & 0 & 0 & 0 \end{array}\right] = \boldsymbol{Z}.$$

Die Zielmatrix ist vom Typ 2, d. h., das LGS hat **unendlich viele Lösungen** mit zwei freien Parametern t, s.

Schritt 3 Wir setzen $x_2 = t$ und $x_3 = s$ als freie Parameter. Aus der ersten Gleichung im Endschema $\boldsymbol{Z}$ erhalten wir $x_1 = 1 - x_2 - x_3 = 1 - t - s$. Als Lösung erhalten wir somit eine Ebene im $\mathbb{R}^3$

$$\mathbb{L} = \left\{ \begin{bmatrix} x_1 \\ x_2 \\ x_3 \end{bmatrix} \in \mathbb{R}^3 \;\middle|\; \begin{bmatrix} x_1 \\ x_2 \\ x_3 \end{bmatrix} = \begin{bmatrix} 1 \\ 0 \\ 0 \end{bmatrix} + t \begin{bmatrix} -1 \\ 1 \\ 0 \end{bmatrix} + s \begin{bmatrix} -1 \\ 0 \\ 1 \end{bmatrix},\ t, s \in \mathbb{R} \right\}.$$

■

Praxistipp

Alle Variablen direkt neben dem ersten Pivot sind freie Variablen

$$\begin{array}{ccc|c} x_1 & x_2 & x_3 & \\ \boxed{1} & 1 & 1 & 1 \\ 0 & 0 & 0 & 0 \\ 0 & 0 & 0 & 0 \\ & \uparrow & \uparrow & \end{array}$$

$x_2 = t,\ x_3 = s$ freie Variablen.

Übung 2.11

● ○ ○ Man löse das folgende LGS mit dem Gauß-Algorithmus:

$$\begin{cases} x_1 + 2x_2 + x_4 = 0 \\ 2x_1 + 5x_2 + 4x_3 + 4x_4 = 0 \\ 3x_1 + 5x_2 - 6x_3 + 4x_4 = 0 \end{cases}$$

Lösung

Schritt 1 Wir ordnen dem LGS die erweiterte Matrix $[\boldsymbol{A}|\boldsymbol{b}]$ zu:

$$\begin{cases} x_1 \ + \ 2x_2 \qquad\qquad + \ x_4 = 0 \quad (Z_1) \\ 2x_1 + 5x_2 + 4x_3 + 4x_4 = 0 \quad (Z_2) \\ 3x_1 + 5x_2 - 6x_3 + 4x_4 = 0 \quad (Z_3) \end{cases} \rightsquigarrow [\boldsymbol{A}|\boldsymbol{b}] = \left[\begin{array}{cccc|c} 1 & 2 & 0 & 1 & 0 \\ 2 & 5 & 4 & 4 & 0 \\ 3 & 5 & -6 & 4 & 0 \end{array}\right].$$

Schritt 2 Wir wenden den Gauß-Algorithmus in drei Schritten an:

$$\left[\begin{array}{cccc|c} 1 & 2 & 0 & 1 & 0 \\ 2 & 5 & 4 & 4 & 0 \\ 3 & 5 & -6 & 4 & 0 \end{array}\right] \overset{\substack{(Z_2)-2(Z_1)\\(Z_3)-3(Z_1)}}{\rightsquigarrow} \left[\begin{array}{cccc|c} 1 & 2 & 0 & 1 & 0 \\ 0 & 1 & 4 & 2 & 0 \\ 0 & -1 & -6 & 1 & 0 \end{array}\right] \overset{(Z_3)+(Z_2)}{\rightsquigarrow} \left[\begin{array}{cccc|c} 1 & 2 & 0 & 1 & 0 \\ 0 & 1 & 4 & 2 & 0 \\ 0 & 0 & -2 & 3 & 0 \end{array}\right]$$

$$\overset{-\frac{1}{2}(Z_3)}{\rightsquigarrow} \left[\begin{array}{cccc|c} 1 & 2 & 0 & 1 & 0 \\ 0 & 1 & 4 & 2 & 0 \\ 0 & 0 & 1 & -\frac{3}{2} & 0 \end{array}\right] = \boldsymbol{Z}.$$

Die Zielmatrix ist vom Typ 2 (Trapezform). Das LGS hat somit **unendlich viele Lösungen** mit einem freien Parameter.

Schritt 3 Wir setzen $x_4 = t$ als freien Parameter. Aus der dritten Gleichung im Endschema $\boldsymbol{Z}$ erhalten wir $x_3 = \frac{3}{2}x_4 = \frac{3}{2}t$. Aus der zweiten Gleichung folgt $x_2 = -4x_3 - 2x_4 = -8t$. Aus der ersten Gleichung folgt $x_1 = -2x_2 - x_4 = 15t$. Als Lösung erhalten wir somit eine Gerade durch den Nullpunkt:

$$\mathbb{L} = \left\{ \begin{bmatrix} x_1 \\ x_2 \\ x_3 \\ x_4 \end{bmatrix} \in \mathbb{R}^4 \;\middle|\; \begin{bmatrix} x_1 \\ x_2 \\ x_3 \\ x_4 \end{bmatrix} = t \begin{bmatrix} 15 \\ -8 \\ \frac{3}{2} \\ 1 \end{bmatrix},\ t \in \mathbb{R} \right\}.$$

■

Übung 2.12

• ○ ○ Man löse das folgende homogene LGS:

$$\begin{cases} 2x_1 + x_2 + 5x_3 + 5x_4 = 0 \\ x_1 - x_2 + 2x_3 - x_4 = 0 \\ x_1 + 2x_3 + 3x_4 = 0 \\ 2x_2 + x_3 + 4x_4 = 0 \end{cases}$$

Lösung

Schritt 1 Die erweiterte Matrix $[\boldsymbol{A}|\boldsymbol{b}]$ des LGS ist:

$$\begin{cases} 2x_1 + x_2 + 5x_3 + 5x_4 = 0 & (Z_1) \\ x_1 - x_2 + 2x_3 - x_4 = 0 & (Z_2) \\ x_1 + 2x_3 + 3x_4 = 0 & (Z_3) \\ 2x_2 + x_3 + 4x_4 = 0 & (Z_3) \end{cases} \rightsquigarrow [\boldsymbol{A}|\boldsymbol{b}] = \left[\begin{array}{cccc|c} 2 & 1 & 5 & 5 & 0 \\ 1 & -1 & 2 & -1 & 0 \\ 1 & 0 & 2 & 3 & 0 \\ 0 & 2 & 1 & 4 & 0 \end{array}\right].$$

Schritt 2 Wir führen den Gauß-Algorithmus in mehreren Schitten durch:

$$\left[\begin{array}{cccc|c} 2 & 1 & 5 & 5 & 0 \\ 1 & -1 & 2 & -1 & 0 \\ 1 & 0 & 2 & 3 & 0 \\ 0 & 2 & 1 & 4 & 0 \end{array}\right] \overset{\substack{2(Z_2)-(Z_1) \\ 2(Z_3)-(Z_1)}}{\rightsquigarrow} \left[\begin{array}{cccc|c} 2 & 1 & 5 & 5 & 0 \\ 0 & -3 & -1 & -7 & 0 \\ 0 & -1 & -1 & 1 & 0 \\ 0 & 2 & 1 & 4 & 0 \end{array}\right] \overset{\substack{(Z_1)/2 \\ -(Z_2)/3 \\ -(Z_3) \\ (Z_4)/2}}{\rightsquigarrow} \left[\begin{array}{cccc|c} 1 & \frac{1}{2} & \frac{5}{2} & \frac{5}{2} & 0 \\ 0 & 1 & \frac{1}{3} & \frac{7}{3} & 0 \\ 0 & 1 & 1 & -1 & 0 \\ 0 & 1 & \frac{1}{2} & 2 & 0 \end{array}\right]$$

$$\overset{\substack{(Z_3)-(Z_2) \\ (Z_4)-(Z_2)}}{\rightsquigarrow} \left[\begin{array}{cccc|c} 1 & \frac{1}{2} & \frac{5}{2} & \frac{5}{2} & 0 \\ 0 & 1 & \frac{1}{3} & \frac{7}{3} & 0 \\ 0 & 0 & \frac{2}{3} & -\frac{10}{3} & 0 \\ 0 & 0 & \frac{1}{6} & -\frac{1}{3} & 0 \end{array}\right] \overset{\substack{\frac{3}{2}(Z_3) \\ 6(Z_4)}}{\rightsquigarrow} \left[\begin{array}{cccc|c} 1 & \frac{1}{2} & \frac{5}{2} & \frac{5}{2} & 0 \\ 0 & 1 & \frac{1}{3} & \frac{7}{3} & 0 \\ 0 & 0 & 1 & -5 & 0 \\ 0 & 0 & 1 & -2 & 0 \end{array}\right]$$

$$\overset{(Z_4)-(Z_3)}{\rightsquigarrow} \left[\begin{array}{cccc|c} 1 & \frac{1}{2} & \frac{5}{2} & \frac{5}{2} & 0 \\ 0 & 1 & \frac{1}{3} & \frac{7}{3} & 0 \\ 0 & 0 & 1 & -5 & 0 \\ 0 & 0 & 0 & 3 & 0 \end{array}\right] \overset{(Z_4)/3}{\rightsquigarrow} \left[\begin{array}{cccc|c} 1 & \frac{1}{2} & \frac{5}{2} & \frac{5}{2} & 0 \\ 0 & 1 & \frac{1}{3} & \frac{7}{3} & 0 \\ 0 & 0 & 1 & -5 & 0 \\ 0 & 0 & 0 & 1 & 0 \end{array}\right] = \boldsymbol{Z}$$

Die Zielmatrix ist vom Typ 1 (Diagonalform). Das LGS hat somit **genau eine Lösung**.

Schritt 3 Herauslesen der Lösung aus dem Endschema $\boldsymbol{Z}$ (Rückwärtseinsetzen):

$$\begin{cases} x_1 + \frac{1}{2}x_2 + \frac{5}{2}x_3 + \frac{5}{2}x_4 = 0 \\ x_2 + \frac{1}{3}x_3 + \frac{7}{3}x_4 = 0 \\ x_3 - 5x_4 = 0 \\ x_4 = 0 \end{cases} \Rightarrow \begin{cases} x_1 = 0 \\ x_2 = 0 \\ x_3 = 0 \\ x_4 = 0 \end{cases} \Rightarrow \mathbb{L} = \left\{ \begin{bmatrix} 0 \\ 0 \\ 0 \\ 0 \end{bmatrix} \right\}.$$

■

Bemerkung

In den ► Abschns. 2.3.4 und 3.5.1 werden wir die Theorie der homogenen LGS genauer anschauen. Im Allgemeinen hat ein homogenes LGS immer die Triviale Lösung $= \boldsymbol{0}$. Das LGS hat eine nichttriviale Lösung $\neq \boldsymbol{0}$ genau dann, wenn $\det(\boldsymbol{A}) = 0$ gilt. Für die Matrix in Übung 2.12 ist $\det(\boldsymbol{A}) \neq 0$. Aus diesem Grund ist $\boldsymbol{0}$ die einzige Lösung des LGS.

Übung 2.13

• ○ ○ Man löse das folgende LGS mit dem Gauß-Algorithmus:

$$\begin{cases} x_1 + x_2 + x_3 + 6x_4 = 0 \\ x_1 + x_2 + 2x_3 + 8x_4 = 0 \\ 2x_1 + 2x_2 + 8x_4 = 0 \\ 2x_3 + 4x_4 + x_5 = 0 \end{cases}$$

Lösung

Schritt 1 Als Erstes ordnen wir dem LGS die erweiterte Matrix $[\boldsymbol{A}|\boldsymbol{b}]$ zu:

$$\begin{cases} x_1 + x_2 + x_3 + 6x_4 = 0 & (Z_1) \\ x_1 + x_2 + 2x_3 + 8x_4 = 0 & (Z_2) \\ 2x_1 + 2x_2 + 8x_4 = 0 & (Z_3) \\ 2x_3 + 4x_4 + x_5 = 0 & (Z_4) \end{cases} \rightsquigarrow [\boldsymbol{A}|\boldsymbol{b}] = \left[\begin{array}{ccccc|c} 1 & 1 & 1 & 6 & 0 & 0 \\ 1 & 1 & 2 & 8 & 0 & 0 \\ 2 & 2 & 0 & 8 & 0 & 0 \\ 0 & 0 & 2 & 4 & 1 & 0 \end{array}\right].$$

Schritt 2 Wir wenden den Gauß-Algorithmus an:

$$\left[\begin{array}{ccccc|c} 1 & 1 & 1 & 6 & 0 & 0 \\ 1 & 1 & 2 & 8 & 0 & 0 \\ 2 & 2 & 0 & 8 & 0 & 0 \\ 0 & 0 & 2 & 4 & 1 & 0 \end{array}\right] \overset{\substack{(Z_2)-(Z_1) \\ (Z_3)-2(Z_1)}}{\rightsquigarrow} \left[\begin{array}{ccccc|c} 1 & 1 & 1 & 6 & 0 & 0 \\ 0 & 0 & 1 & 2 & 0 & 0 \\ 0 & 0 & -2 & -4 & 0 & 0 \\ 0 & 0 & 2 & 4 & 1 & 0 \end{array}\right] \overset{\substack{-(Z_3)/2 \\ (Z_4)/2}}{\rightsquigarrow} \left[\begin{array}{ccccc|c} 1 & 1 & 1 & 6 & 0 & 0 \\ 0 & 0 & 1 & 2 & 0 & 0 \\ 0 & 0 & 1 & 2 & 0 & 0 \\ 0 & 0 & 1 & 2 & \frac{1}{2} & 0 \end{array}\right]$$

$$\overset{\substack{(Z_3)-(Z_2) \\ (Z_4)-(Z_2)}}{\rightsquigarrow} \left[\begin{array}{ccccc|c} 1 & 1 & 1 & 6 & 0 & 0 \\ 0 & 0 & 1 & 2 & 0 & 0 \\ 0 & 0 & 0 & 0 & 0 & 0 \\ 0 & 0 & 0 & 0 & \frac{1}{2} & 0 \end{array}\right] \overset{(Z_3) \leftrightarrow 2(Z_4)}{\rightsquigarrow} \left[\begin{array}{ccccc|c} 1 & 1 & 1 & 6 & 0 & 0 \\ 0 & 0 & 1 & 2 & 0 & 0 \\ 0 & 0 & 0 & 0 & 1 & 0 \\ 0 & 0 & 0 & 0 & 0 & 0 \end{array}\right] = \boldsymbol{Z}.$$

Die Zielmatrix ist vom Typ 2 (Trapezform). Das LGS hat somit ***unendlich viele Lösungen*** mit 2 freien Parametern.

Schritt 3 Herauslesen der Lösung aus dem Endschema $\boldsymbol{Z}$:

$$\begin{cases} x_1 + x_2 + x_3 + 6x_4 = 0 \\ x_3 + 2x_4 = 0 \\ x_5 = 0 \end{cases} \Rightarrow \begin{cases} x_1 = -t - 4s \\ x_2 = t \\ x_3 = -2s \\ x_4 = s \\ x_5 = 0 \end{cases}$$

Als Lösung erhalten wir somit:

$$\mathbb{L} = \left\{ \begin{bmatrix} x_1 \\ x_2 \\ x_3 \\ x_4 \\ x_5 \end{bmatrix} \in \mathbb{R}^5 \;\middle|\; \begin{bmatrix} x_1 \\ x_2 \\ x_3 \\ x_4 \\ x_5 \end{bmatrix} = t \begin{bmatrix} -1 \\ 1 \\ 0 \\ 0 \\ 0 \end{bmatrix} + s \begin{bmatrix} -4 \\ 0 \\ -2 \\ 1 \\ 0 \end{bmatrix},\; t, s \in \mathbb{R} \right\}.$$

■

Praxistipp

Alle Variablen direkt neben den markierten Elementen sind freie Variablen

$$\begin{array}{ccccc|c} x_1 & x_2 & x_3 & x_4 & x_5 & \\ \boxed{1} & 1 & 1 & 6 & 0 & 0 \\ 0 & 0 & \boxed{1} & 2 & 0 & 0 \\ 0 & 0 & 0 & 0 & \boxed{1} & 0 \\ 0 & 0 & 0 & 0 & 0 & 0 \\ & \uparrow & & \uparrow & & \end{array}$$

$x_2 = t,\; x_4 = s$ freie Variablen.

Übung 2.14

● ● ○ Eine Matrix $\boldsymbol{A} \in \mathbb{R}^{n \times n}$ heißt **magisches Quadrat**, wenn alle Zeilen, Spalten und Diagonalen dieselbe Summe α ergeben. Diese Zahl α heißt **magische Summe**. Man finde alle (2×2)-magische Quadrate.

Lösung

Es sei $\boldsymbol{A} = \begin{bmatrix} a & b \\ c & d \end{bmatrix}$. Damit $\boldsymbol{A}$ ein magisches Quadrat ist, müssen alle Zeilen, Spalten und Diagonalen dieselbe Summe α ergeben, d. h.

$$\begin{cases} a+b=\alpha \\ c+d=\alpha \\ a+c=\alpha \\ b+d=\alpha \\ a+d=\alpha \\ c+b=\alpha \end{cases} \rightsquigarrow [\boldsymbol{A}|\boldsymbol{b}] = \left[\begin{array}{cccc|c} 1 & 1 & 0 & 0 & \alpha \\ 0 & 0 & 1 & 1 & \alpha \\ 1 & 0 & 1 & 0 & \alpha \\ 0 & 1 & 0 & 1 & \alpha \\ 1 & 0 & 0 & 1 & \alpha \\ 0 & 1 & 1 & 0 & \alpha \end{array}\right].$$

Wir bekommen somit ein LGS für die Matrixeinträge a, b, c, d. Dies lösen wir mittels Gauß-Algorithmus.

$$\left[\begin{array}{cccc|c} 1 & 1 & 0 & 0 & \alpha \\ 0 & 0 & 1 & 1 & \alpha \\ 1 & 0 & 1 & 0 & \alpha \\ 0 & 1 & 0 & 1 & \alpha \\ 1 & 0 & 0 & 1 & \alpha \\ 0 & 1 & 1 & 0 & \alpha \end{array}\right] \overset{\substack{(Z_3)-(Z_1)\\(Z_5)-(Z_1)}}{\rightsquigarrow} \left[\begin{array}{cccc|c} 1 & 1 & 0 & 0 & \alpha \\ 0 & 0 & 1 & 1 & \alpha \\ 0 & -1 & 1 & 0 & 0 \\ 0 & 1 & 0 & 1 & \alpha \\ 0 & -1 & 0 & 1 & 0 \\ 0 & 1 & 1 & 0 & \alpha \end{array}\right] \overset{(Z_2)\leftrightarrow(Z_6)}{\rightsquigarrow} \left[\begin{array}{cccc|c} 1 & 1 & 0 & 0 & \alpha \\ 0 & 1 & 1 & 0 & \alpha \\ 0 & -1 & 1 & 0 & 0 \\ 0 & 1 & 0 & 1 & \alpha \\ 0 & -1 & 0 & 1 & 0 \\ 0 & 0 & 1 & 1 & \alpha \end{array}\right]$$

$$\overset{\substack{(Z_3)+(Z_2)\\(Z_4)-(Z_2)\\(Z_5)+(Z_2)}}{\rightsquigarrow} \left[\begin{array}{cccc|c} 1 & 1 & 0 & 0 & \alpha \\ 0 & 1 & 1 & 0 & \alpha \\ 0 & 0 & 2 & 0 & \alpha \\ 0 & 0 & -1 & 1 & 0 \\ 0 & 0 & 1 & 1 & \alpha \\ 0 & 0 & 1 & 1 & \alpha \end{array}\right] \overset{\substack{2(Z_4)+(Z_3)\\2(Z_5)-(Z_3)\\(Z_6)-(Z_5)}}{\rightsquigarrow} \left[\begin{array}{cccc|c} 1 & 1 & 0 & 0 & \alpha \\ 0 & 1 & 1 & 0 & \alpha \\ 0 & 0 & 2 & 0 & \alpha \\ 0 & 0 & 0 & 2 & \alpha \\ 0 & 0 & 0 & 2 & \alpha \\ 0 & 0 & 0 & 0 & 0 \end{array}\right] \overset{(Z_5)-(Z_4)}{\rightsquigarrow} \left[\begin{array}{cccc|c} 1 & 1 & 0 & 0 & \alpha \\ 0 & 1 & 1 & 0 & \alpha \\ 0 & 0 & 2 & 0 & \alpha \\ 0 & 0 & 0 & 2 & \alpha \\ 0 & 0 & 0 & 0 & 0 \\ 0 & 0 & 0 & 0 & 0 \end{array}\right] = \boldsymbol{Z}.$$

Die Zielmatrix ist vom Typ 1, d. h., das LGS hat **genau eine Lösung**. Die Lösung lesen wir direkt aus dem Endschema $\boldsymbol{Z}$ heraus: $a = b = c = d = \frac{\alpha}{2}$. Alle (2×2)-magische Quadrate sehen somit wie folgt aus:

$$\boldsymbol{A} = \begin{bmatrix} \frac{\alpha}{2} & \frac{\alpha}{2} \\ \frac{\alpha}{2} & \frac{\alpha}{2} \end{bmatrix}.$$

■

2.2.6 Diskussion von LGS mit Parametern

Nun diskutieren wir LGS mit Parametern.

Praxistipp

In solchen Situationen geht man gemäß Kochrezept 2.1 vor. Im Schritt 2 muss man aufpassen, dass man keine Zeile mit Null multipliziert. Wenn es vorkommt, dass für einige spezifische Werte des Parameters mit Null multipliziert wird, kann man diese Spezialfälle mit einer **Fallunterscheidung** separat untersuchen.

Übung 2.15

• ◦ ◦ Man untersuche in Abhängigkeit von $a \in \mathbb{R}$, ob das folgende LGS keine, genau eine oder unendlich viele Lösungen hat:

$$\begin{cases} 2x_1 + 4x_2 = -2a \\ x_1 + (a+2)x_2 = 1 - a \end{cases}$$

Lösung

Schritt 1 Die erweiterte Matrix $[\boldsymbol{A}|\boldsymbol{b}]$ des LGS ist:

$$\begin{cases} 2x_1 + \quad 4x_2 = -2a & (Z_1) \\ x_1 + (a+2)x_2 = 1-a & (Z_2) \end{cases} \rightsquigarrow [\boldsymbol{A}|\boldsymbol{b}] = \left[\begin{array}{cc|c} 2 & 4 & -2a \\ 1 & a+2 & 1-a \end{array}\right].$$

Schritt 2 Wir führen den Gauß-Algorithmus in zwei Schritten durch:

$$\left[\begin{array}{cc|c} 2 & 4 & -2a \\ 1 & a+2 & 1-a \end{array}\right] \overset{(Z_1)/2}{\rightsquigarrow} \left[\begin{array}{cc|c} 1 & 2 & -a \\ 1 & a+2 & 1-a \end{array}\right] \overset{(Z_2)-(Z_1)}{\rightsquigarrow} \left[\begin{array}{cc|c} 1 & 2 & -a \\ 0 & a & 1 \end{array}\right] = \boldsymbol{Z}.$$

Wir stellen fest, dass je nach Wert von a, die Zielmatrix entweder vom Typ 1 (Dreiecksform, wenn $a \neq 0$) oder vom Typ 3 (wenn $a = 0$) ist. Wir führen somit eine Fallunterscheidung durch:

- Fall $a = 0$: In diesem Fall ist die Zielmatrix vom Typ 3

$$\boldsymbol{Z} = \left[\begin{array}{cc|c} 1 & 2 & 0 \\ 0 & 0 & 1 \end{array}\right].$$

  Das LGS hat somit **keine Lösung**, d. h. $\mathbb{L} = \{\ \}$.

- Fall $a \neq 0$: In diesem Fall ist die Zielmatrix vom Typ 1. Das LGS hat somit **genau eine Lösung**:

$$\begin{cases} x_1 + 2x_2 = -a \\ ax_2 = 1 \end{cases} \Rightarrow \begin{cases} x_1 = -a - \frac{2}{a} \\ x_2 = \frac{1}{a} \end{cases} \Rightarrow \mathbb{L} = \left\{ \begin{bmatrix} -\frac{a^2+2}{a} \\ \frac{1}{a} \end{bmatrix} \right\}.$$

■

Bemerkung

In Übung 2.15 ist der dritte Fall (unendlich viele Lösungen) nicht möglich, weil die zweite Komponente = 1 ist, also verschieden von Null!

Übung 2.16

• ∘ ∘ Man untersuche in Abhängigkeit von $a \in \mathbb{R}$, ob das folgende LGS keine, genau eine oder unendlich viele Lösungen hat

$$\begin{cases} x_1 + a^2 x_2 = 1 \\ a^2 x_1 + x_2 = a \end{cases}$$

Lösung

Schritt 1 Die erweiterte Matrix $[\boldsymbol{A}|\boldsymbol{b}]$ des LGS ist:

$$\begin{cases} x_1 + a^2 x_2 = 1 & (Z_1) \\ a^2 x_1 + x_2 = a & (Z_2) \end{cases} \rightsquigarrow [\boldsymbol{A}|\boldsymbol{b}] = \left[\begin{array}{cc|c} 1 & a^2 & 1 \\ a^2 & 1 & a \end{array}\right].$$

Schritt 2 Wir wenden den Gauß-Algorithmus in einem Schritt an:

$$\left[\begin{array}{cc|c} 1 & a^2 & 1 \\ a^2 & 1 & a \end{array}\right] \overset{(Z_2)-a^2(Z_1)}{\rightsquigarrow} \left[\begin{array}{cc|c} 1 & a^2 & 1 \\ 0 & 1-a^4 & a-a^2 \end{array}\right] = \boldsymbol{Z}.$$

Je nach Wert von a ist die Zielmatrix entweder vom Typ 1 (wenn $1-a^4 \neq 0$), Typ 2 (wenn $1-a^4 = 0$ und $a-a^2 = 0$) oder vom Typ 3 (wenn $1-a^4 = 0$ und $a-a^2 \neq 0$). Wir machen somit diverse Fallunterscheidungen. Mit der Gleichung $1 - a^4 = (1-a^2)(1+a^2) = (1-a)(1+a)(1+a^2)$ erhalten wir:

$$\boldsymbol{Z} = \left[\begin{array}{cc|c} 1 & a^2 & 1 \\ 0 & (1-a)(1+a)(1+a^2) & a(1-a) \end{array}\right].$$

- Fall $a = 1$: Hier ist die Zielmatrix vom Typ 2 (Trapezform)

  $$\boldsymbol{Z} = \left[\begin{array}{cc|c} 1 & 1 & 1 \\ 0 & 0 & 0 \end{array}\right].$$

  Das LGS hat somit **unendlich viele Lösungen** mit einem freien Parameter. Wir setzen $x_2 = t$ und mithilfe der ersten Gleichung im Endschema erhalten wir $x_1 = 1 - x_2 = 1 - t$. Als Lösung erhalten wir eine Gerade:

  $$\mathbb{L} = \left\{ \begin{bmatrix} x_1 \\ x_2 \end{bmatrix} \in \mathbb{R}^2 \;\middle|\; \begin{bmatrix} x_1 \\ x_2 \end{bmatrix} = \begin{bmatrix} 1 \\ 0 \end{bmatrix} + t \begin{bmatrix} -1 \\ 1 \end{bmatrix},\ t \in \mathbb{R} \right\}.$$

- Fall $a = -1$: In diesem Fall ist die Zielmatrix vom Typ 3

  $$\boldsymbol{Z} = \left[\begin{array}{cc|c} 1 & 1 & 1 \\ 0 & 0 & -2 \end{array}\right].$$

  Das LGS hat somit **keine Lösung**, d. h. $\mathbb{L} = \{\ \}$.

- Fall $a = 0$: Die Zielmatrix ist vom Typ 1 (Diagonalform):

$$\boldsymbol{Z} = \left[\begin{array}{cc|c} 1 & 0 & 1 \\ 0 & 1 & 0 \end{array}\right].$$

Das LGS hat somit **genau eine Lösung** $\mathbb{L} = \left\{ \begin{bmatrix} 1 \\ 0 \end{bmatrix} \right\}$.

- Fall $a \neq 0, \pm 1$: Die Zielmatrix ist vom Typ 1 (Diagonalform), d. h., das LGS hat **genau eine Lösung** (Abb. 2.7):

$$\begin{cases} x_1 + a^2 x_2 = 1 \\ (1+a)(1+a^2)x_2 = a \end{cases} \Rightarrow \begin{cases} x_1 = 1 - a^2 x_2 = \frac{1+a+a^2}{(1+a)(1+a^2)} \\ x_2 = \frac{a}{(1+a)(1+a^2)} \end{cases}$$

$$\Rightarrow \mathbb{L} = \left\{ \begin{bmatrix} \frac{1+a+a^2}{(1+a)(1+a^2)} \\ \frac{a}{(1+a)(1+a^2)} \end{bmatrix} \right\}.$$

■

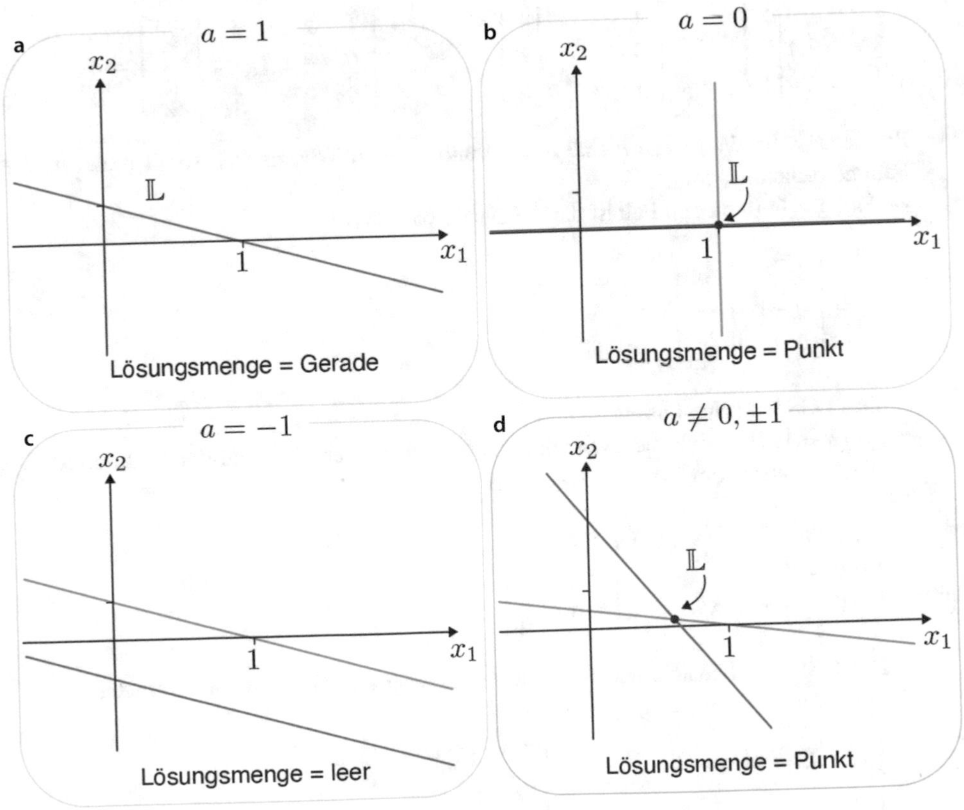

Abb. 2.7 Grafische Darstellung der Lösung von Übung 2.16 in Abhängigkeit des Parameters a

Übung 2.17

● ○ ○ Man untersuche in Abhängigkeit von $a \in \mathbb{R}$, ob das folgende LGS keine, genau eine oder unendlich viele Lösungen hat

$$\begin{cases} 2x_1 + 4x_2 + ax_3 = 5 \\ 3x_1 + (a+5)x_2 + x_3 = 7 \\ x_1 + 2x_2 + ax_3 = 3 \end{cases}$$

Lösung

Schritt 1 Wir stellen zuerst die erweiterte Matrix $[\boldsymbol{A}|\boldsymbol{E}]$ auf:

$$\begin{cases} 2x_1 + \quad 4x_2 + ax_3 = 5 & (Z_1) \\ 3x_1 + (a+5)x_2 + \quad x_3 = 7 & (Z_2) \\ \quad x_1 + \quad 2x_2 + ax_3 = 3 & (Z_3) \end{cases} \rightsquigarrow [\boldsymbol{A}|\boldsymbol{b}] = \left[\begin{array}{ccc|c} 2 & 4 & a & 5 \\ 3 & a+5 & 1 & 7 \\ 1 & 2 & a & 3 \end{array}\right].$$

Schritt 2 Wir führen den Gauß-Algorithmus in zwei Schritten durch:

$$\left[\begin{array}{ccc|c} 2 & 4 & a & 5 \\ 3 & a+5 & 1 & 7 \\ 1 & 2 & a & 3 \end{array}\right] \overset{(Z_1)/2}{\rightsquigarrow} \left[\begin{array}{ccc|c} 1 & 2 & \frac{a}{2} & \frac{5}{2} \\ 3 & a+5 & 1 & 7 \\ 1 & 2 & a & 3 \end{array}\right] \overset{\substack{(Z_2)-3(Z_1) \\ (Z_3)-(Z_1)}}{\rightsquigarrow} \left[\begin{array}{ccc|c} 1 & 2 & \frac{a}{2} & \frac{5}{2} \\ 0 & a-1 & 1-\frac{3a}{2} & -\frac{1}{2} \\ 0 & 0 & \frac{a}{2} & \frac{1}{2} \end{array}\right] = \boldsymbol{Z}.$$

Problematische Werte von a sind $a = 0$ und $a = 1$. Wir machen somit geeignete Fallunterscheidungen:

- Fall $a = 0$: In diesem Fall ist die Zielmatrix vom Typ 3

$$\boldsymbol{Z} = \left[\begin{array}{ccc|c} 1 & 2 & 0 & \frac{5}{2} \\ 0 & -1 & 1 & -\frac{1}{2} \\ 0 & 0 & 0 & \frac{1}{2} \end{array}\right].$$

  Das LGS hat **keine Lösung**, d. h. $\mathbb{L} = \{\ \}$.

- Fall $a = 1$: Hier sind die zweite und dritte Gleichungen identisch und dadurch ist die Zielmatrix vom Typ 2 (Trapezform)

$$\left[\begin{array}{ccc|c} 1 & 2 & \frac{1}{2} & \frac{5}{2} \\ 0 & 0 & -\frac{1}{2} & -\frac{1}{2} \\ 0 & 0 & \frac{1}{2} & \frac{1}{2} \end{array}\right] \overset{\substack{(Z_3)+(Z_2) \\ -2(Z_2)}}{\rightsquigarrow} \left[\begin{array}{ccc|c} 1 & 2 & \frac{1}{2} & \frac{5}{2} \\ 0 & 0 & 1 & 1 \\ 0 & 0 & 0 & 0 \end{array}\right].$$

  Das LGS hat offensichtlich **unendlich viele Lösungen** mit dem freien Parameter t:

$$\begin{cases} x_1 + 2x_2 + \frac{1}{2}x_3 = \frac{5}{2} \\ x_3 = 1 \end{cases} \Rightarrow \begin{cases} x_1 = \frac{5}{2} - 2x_2 - \frac{1}{2}x_3 = 2 - 2t \\ x_2 = t \\ x_3 = 1 \end{cases}$$

Als Lösung erhalten wir eine Gerade im dreidimensionalen Raum $\mathbb{R}^3$:

$$\mathbb{L} = \left\{ \begin{bmatrix} x_1 \\ x_2 \\ x_3 \end{bmatrix} \in \mathbb{R}^3 \;\middle|\; \begin{bmatrix} x_1 \\ x_2 \\ x_3 \end{bmatrix} = \begin{bmatrix} 2 \\ 0 \\ 1 \end{bmatrix} + t \begin{bmatrix} -2 \\ 1 \\ 0 \end{bmatrix}, \; t \in \mathbb{R} \right\}.$$

- Fall $a \neq 0, 1$: Die Zielmatrix ist vom Typ 1 (Diagonalform) und das LGS hat **genau eine Lösung**:

$$\begin{cases} x_1 + 2x_2 + \frac{a}{2}x_3 = \frac{5}{2} \\ (a-1)x_2 + \left(1 - \frac{3a}{2}\right)x_3 = -\frac{1}{2} \\ \frac{a}{2}x_3 = \frac{1}{2} \end{cases} \quad \Rightarrow \quad \begin{cases} x_1 = \frac{5}{2} - 2x_2 - \frac{a}{2}x_3 = \frac{2(a-1)}{a} \\ x_2 = -\frac{\left(1-\frac{3a}{2}\right)x_3 + \frac{1}{2}}{a-1} = \frac{1}{a} \\ x_3 = \frac{1}{a} \end{cases}$$

Als Lösung erhalten wir den einzigen Vektor $\mathbb{L} = \left\{ \frac{1}{a} \begin{bmatrix} 2(a-1) \\ 1 \\ 1 \end{bmatrix} \right\}$. ■

Übung 2.18

● ○ ○ Man untersuche in Abhängigkeit von $a \in \mathbb{R}$, ob das folgende LGS keine, genau eine oder unendlich viele Lösungen hat

$$\begin{cases} x_1 + x_3 = 0 \\ x_1 + a\,x_2 + (a+1)x_3 = 2a \\ 3x_1 + a\,x_2 + (a+3)x_3 = 2a \end{cases}$$

Lösung

Wir gehen nach unserem bekannten Kochrezept 2.1 vor.

Schritt 1 Als Erstes ordnen wir dem Gleichungssystem die erweiterte Matrix $[\boldsymbol{A}|\boldsymbol{b}]$ zu:

$$\begin{cases} x_1 \qquad\quad + \qquad\quad x_3 = 0 & (Z_1) \\ x_1 + a\,x_2 + (a+1)x_3 = 2a & (Z_2) \\ 3x_1 + a\,x_2 + (a+3)x_3 = 2a & (Z_3) \end{cases} \rightsquigarrow [\boldsymbol{A}|\boldsymbol{b}] = \left[\begin{array}{ccc|c} 1 & 0 & 1 & 0 \\ 1 & a & a+1 & 2a \\ 3 & a & a+3 & 2a \end{array}\right].$$

Schritt 2 Wir führen den Gauß-Algorithmus in zwei Schritten durch:

$$\left[\begin{array}{ccc|c} 1 & 0 & 1 & 0 \\ 1 & a & a+1 & 2a \\ 3 & a & a+3 & 2a \end{array}\right] \overset{\substack{(Z_2)-(Z_1) \\ (Z_3)-3(Z_1)}}{\rightsquigarrow} \left[\begin{array}{ccc|c} 1 & 0 & 1 & 0 \\ 0 & a & a & 2a \\ 0 & a & a & 2a \end{array}\right] \overset{(Z_3)-(Z_2)}{\rightsquigarrow} \left[\begin{array}{ccc|c} 1 & 0 & 1 & 0 \\ 0 & a & a & 2a \\ 0 & 0 & 0 & 0 \end{array}\right] = \boldsymbol{Z}.$$

Wir führen zwei Fallunterscheidungen durch:

- Fall $a = 0$: Die Zielmatrix ist vom Typ 2 (Trapezform):

$$\boldsymbol{Z} = \left[\begin{array}{ccc|c} 1 & 0 & 1 & 0 \\ 0 & 0 & 0 & 0 \\ 0 & 0 & 0 & 0 \end{array}\right].$$

Das LGS hat somit **unendlich viele Lösungen** mit zwei freien Parametern. Die Variable x_2 ist frei wählbar, genauso wie x_3. Setzen wir $x_3 = t$ und $x_2 = s$, so erhalten wir aus der ersten Gleichung $x_1 = -x_3 = -t$. Als Lösung erhalten wir eine Ebene durch den Nullpunkt:

$$\mathbb{L} = \left\{ \begin{bmatrix} x_1 \\ x_2 \\ x_3 \end{bmatrix} \in \mathbb{R}^3 \;\middle|\; \begin{bmatrix} x_1 \\ x_2 \\ x_3 \end{bmatrix} = t \begin{bmatrix} -1 \\ 0 \\ 1 \end{bmatrix} + s \begin{bmatrix} 0 \\ 1 \\ 0 \end{bmatrix},\ t, s \in \mathbb{R} \right\}.$$

- Fall $a \neq 0$: Die Zielmatrix ist vom Typ 2 (Trapezform):

$$\boldsymbol{Z} = \left[\begin{array}{ccc|c} 1 & 0 & 1 & 0 \\ 0 & a & a & 2a \\ 0 & 0 & 0 & 0 \end{array}\right].$$

Das LGS hat somit **unendlich viele Lösungen** mit einem freien Parameter. Setzen wir $x_3 = t$, so folgt aus der zweiten Gleichung $x_2 = 2 - x_3 = 2 - t$. Aus der ersten Gleichung folgt $x_1 = -x_3 = -t$. Als Lösung erhalten wir eine (affine) Gerade durch $[0, 2, 0]^T$:

$$\mathbb{L} = \left\{ \begin{bmatrix} x_1 \\ x_2 \\ x_3 \end{bmatrix} \in \mathbb{R}^3 \;\middle|\; \begin{bmatrix} x_1 \\ x_2 \\ x_3 \end{bmatrix} = \begin{bmatrix} 0 \\ 2 \\ 0 \end{bmatrix} + t \begin{bmatrix} -1 \\ -1 \\ 1 \end{bmatrix},\ t \in \mathbb{R} \right\}.$$

■

Übung 2.19

• • ○ Man untersuche in Abhängigkeit von $a \in \mathbb{R}$, ob das folgende LGS keine, genau eine oder unendlich viele Lösungen hat

$$\begin{cases} x_1 + ax_2 + 3x_3 = a \\ x_1 + (a-2)x_2 + (2a+3)x_3 = -a^2 \\ x_2 - ax_3 = 1 \end{cases}$$

Lösung

Schritt 1 Die erweiterte Matrix $[\boldsymbol{A}|\boldsymbol{b}]$ des LGS ist:

$$\begin{cases} x_1 + ax_2 + 3x_3 = a & (Z_1) \\ x_1 + (a-2)x_2 + (2a+3)x_3 = -a^2 & (Z_2) \\ x_2 - ax_3 = 1 & (Z_3) \end{cases} \rightsquigarrow [\boldsymbol{A}|\boldsymbol{b}] = \left[\begin{array}{ccc|c} 1 & a & 3 & a \\ 1 & a-2 & 2a+3 & -a^2 \\ 0 & 1 & -a & 1 \end{array}\right].$$

Schritt 2 Wir führen wie immer den Gauß-Algorithmus durch:

$$\left[\begin{array}{ccc|c} 1 & a & 3 & a \\ 1 & a-2 & 2a+3 & -a^2 \\ 0 & 1 & -a & 1 \end{array}\right] \overset{(Z_2)-(Z_1)}{\rightsquigarrow} \left[\begin{array}{ccc|c} 1 & a & 3 & a \\ 0 & -2 & 2a & -a^2-a \\ 0 & 1 & -a & 1 \end{array}\right]$$

$$\overset{(Z_3)\leftrightarrow(Z_2)}{\rightsquigarrow} \left[\begin{array}{ccc|c} 1 & a & 3 & a \\ 0 & 1 & -a & 1 \\ 0 & -2 & 2a & -a^2-a \end{array}\right] \overset{(Z_3)+2(Z_2)}{\rightsquigarrow} \left[\begin{array}{ccc|c} 1 & a & 3 & a \\ 0 & 1 & -a & 1 \\ 0 & 0 & 0 & -a^2-a+2 \end{array}\right] = \boldsymbol{Z}.$$

Wegen $2-a-a^2 = -(a-1)(a+2)$, machen wir 3 Fallunterscheidungen zwischen (1) $a=1$, (2) $a=-2$ und (3) $a \neq 1, -2$:

- Fall $a=1$: Die Zielmatrix ist vom Typ 2 (Trapezform):

$$\boldsymbol{Z} = \left[\begin{array}{ccc|c} 1 & 1 & 3 & 1 \\ 0 & 1 & -1 & 1 \\ 0 & 0 & 0 & 0 \end{array}\right].$$

Das LGS hat bekanntlich **unendlich viele Lösungen** mit einem freien Parameter t. Setzen wir $x_3 = t$, so erhalten wir aus der zweiten Gleichung $x_2 = 1 + x_3 = 1 + t$. Aus der ersten Gleichung folgt $x_1 = 1 - x_2 - 3x_3 = -4t$. Als Lösung erhalten wir:

$$\mathbb{L} = \left\{ \begin{bmatrix} x_1 \\ x_2 \\ x_3 \end{bmatrix} \in \mathbb{R}^3 \;\middle|\; \begin{bmatrix} x_1 \\ x_2 \\ x_3 \end{bmatrix} = \begin{bmatrix} 0 \\ 1 \\ 0 \end{bmatrix} + t \begin{bmatrix} -4 \\ 1 \\ 1 \end{bmatrix}, \, t \in \mathbb{R} \right\}.$$

- Fall $a=-2$: in diesem Fall, ist die Zielmatrix vom Typ 2 (Trapezform)

$$\boldsymbol{Z} = \left[\begin{array}{ccc|c} 1 & -2 & 3 & -2 \\ 0 & 1 & 2 & 1 \\ 0 & 0 & 0 & 0 \end{array}\right].$$

Das LGS hat ebenso **unendlich viele Lösungen** mit einem freien Parameter. Wir setzen $x_3 = t$ als freien Parameter. Es folgt $x_2 = 1 - 2x_3 = 1 - 2t$ und $x_1 = -2 + 2x_2 - 3x_3 = -7t$. Als Lösung erhalten wir:

$$\mathbb{L} = \left\{ \begin{bmatrix} x_1 \\ x_2 \\ x_3 \end{bmatrix} \in \mathbb{R}^3 \;\middle|\; \begin{bmatrix} x_1 \\ x_2 \\ x_3 \end{bmatrix} = \begin{bmatrix} 0 \\ 1 \\ 0 \end{bmatrix} + t \begin{bmatrix} -7 \\ -2 \\ 1 \end{bmatrix},\ t \in \mathbb{R} \right\}.$$

- Fall $a \neq 1, -2$: Die Zielmatrix ist vom Typ 3. Das LGS hat **keine Lösung**, $\mathbb{L} = \{\ \}$.

■

Übung 2.20

●●○

$$\begin{cases} kx_1 + kx_2 + k^2x_3 = 4 \\ x_1 + x_2 + kx_3 = k \\ x_1 + 2x_2 + 3x_3 = 2k \end{cases}$$

Für welche Werte von $k \in \mathbb{R}$ hat das LGS eine eindeutige Lösung, unendlich viele Lösungen oder keine Lösung? Man bestimme gegebenfalls konkret die Lösung(en).

Lösung

Schritt 1 Als Erstes ordnen wir dem LGS die erweiterte Matrix $[\boldsymbol{A}|\boldsymbol{b}]$ zu:

$$\begin{cases} kx_1 + kx_2 + k^2x_3 = 4 & (Z_1) \\ x_1 + x_2 + kx_3 = k & (Z_2) \\ x_1 + 2x_2 + 3x_3 = 2k & (Z_3) \end{cases} \rightsquigarrow [\boldsymbol{A}|\boldsymbol{b}] = \left[\begin{array}{ccc|c} k & k & k^2 & 4 \\ 1 & 1 & k & k \\ 1 & 2 & 3 & 2k \end{array}\right].$$

Schritt 2 Wir wenden den Gauß-Algorithmus in zwei Schritten an:

$$\left[\begin{array}{ccc|c} k & k & k^2 & 4 \\ 1 & 1 & k & k \\ 1 & 2 & 3 & 2k \end{array}\right] \overset{(Z_3) \leftrightarrow (Z_1)}{\rightsquigarrow} \left[\begin{array}{ccc|c} 1 & 2 & 3 & 2k \\ 1 & 1 & k & k \\ k & k & k^2 & 4 \end{array}\right] \overset{\substack{(Z_2)-(Z_1) \\ (Z_3)-k(Z_2)}}{\rightsquigarrow} \left[\begin{array}{ccc|c} 1 & 2 & 3 & 2k \\ 0 & -1 & k-3 & -k \\ 0 & 0 & 0 & 4-k^2 \end{array}\right] = \boldsymbol{Z}.$$

Wegen $4 - k^2 = (2-k)(2+k)$, führen wir Fallunterscheidungen zwischen (1) $k = 2$, (2) $k = -2$ und (3) $k \neq \pm 2$ durch:

- Fall $k = 2$: Die Zielmatrix ist vom Typ 2 (Trapezform):

$$\boldsymbol{Z} = \left[\begin{array}{ccc|c} 1 & 2 & 3 & 4 \\ 0 & -1 & -1 & -2 \\ 0 & 0 & 0 & 0 \end{array}\right].$$

Das LGS hat somit **unendlich viele Lösungen** mit einem freien Parameter. Setzen wir $x_3 = t$, so erhalten wir:

$$\begin{cases} x_1 = 4 - 2x_2 - 3x_3 = -t \\ x_2 = 2 - x_3 = 2 - t \\ x_3 = t \end{cases} \Rightarrow \mathbb{L} = \left\{ \begin{bmatrix} x_1 \\ x_2 \\ x_3 \end{bmatrix} \in \mathbb{R}^3 \;\middle|\; \begin{bmatrix} x_1 \\ x_2 \\ x_3 \end{bmatrix} = \begin{bmatrix} 0 \\ 2 \\ 0 \end{bmatrix} + t \begin{bmatrix} -1 \\ -1 \\ 1 \end{bmatrix}, t \in \mathbb{R} \right\}.$$

- Fall $k = -2$: Die Zielmatrix ist vom Typ 2 (Trapezform):

$$\boldsymbol{Z} = \left[\begin{array}{ccc|c} 1 & 2 & 3 & -4 \\ 0 & -1 & -5 & 2 \\ 0 & 0 & 0 & 0 \end{array}\right].$$

Das LGS hat somit **unendlich viele Lösungen** mit einem freien Parameter $x_3 = t$:

$$\begin{cases} x_1 = -4 - 2x_2 - 3x_3 = 7t \\ x_2 = -2 - 5x_3 = -2 - 5t \\ x_3 = t \end{cases}$$

$$\Rightarrow \mathbb{L} = \left\{ \begin{bmatrix} x_1 \\ x_2 \\ x_3 \end{bmatrix} \in \mathbb{R}^3 \;\middle|\; \begin{bmatrix} x_1 \\ x_2 \\ x_3 \end{bmatrix} = \begin{bmatrix} 0 \\ -2 \\ 0 \end{bmatrix} + t \begin{bmatrix} 7 \\ -5 \\ 1 \end{bmatrix}, t \in \mathbb{R} \right\}.$$

- Fall $k \neq \pm 2$: Die Zielmatrix ist vom Typ 3. Das LGS hat **keine Lösung**, $\mathbb{L} = \{\ \}$.

■

Bemerkung

In Übung 2.20 ist es wichtig, dass wir zuerst die erste Zeile mit der dritten Zeile vertauschen. Wenn wir diese Operation nicht durchführen würden, wären Operationen wie $k(Z_2) - (Z_1)$ oder $k(Z_3) - (Z_1)$ nötig, um den ersten Schritt des Gauß-Algorithmus durchzuführen. Wie im Kochrezept 2.1 erklärt, sind diese Operationen für $k = 0$ **nicht** erlaubt!

Merkregel

Im Allgemeinen muss man aufpassen, wenn ein Parameter als **Pivotelement** vorkommt. In einem solchen Fall ist es oft eine gute Idee, Zeilen zu vertauschen. Alternativ kann man problematische Situationen separat mit einer Fallunterscheidung betrachten.

Übung 2.21

●●○

$$\begin{cases} x_1 + x_2 = 1 \\ kx_1 + x_2 + x_3 = 1 - k \\ x_2 + (1 - k)x_3 = 1 \end{cases}$$

Für welche Werte von $k \in \mathbb{R}$ hat das LGS genau eine Lösung, unendlich viele Lösungen oder keine Lösung? Man bestimme gegebenfalls die Lösung(en).

Lösung

Schritt 1 Die erweiterte Matrix $[\boldsymbol{A}|\boldsymbol{b}]$ des LGS ist:

$$\begin{cases} x_1 + x_2 = 1 & (Z_1) \\ kx_1 + x_2 + x_3 = 1-k & (Z_2) \\ x_2 + (1-k)x_3 = 1 & (Z_3) \end{cases} \rightsquigarrow [\boldsymbol{A}|\boldsymbol{b}] = \left[\begin{array}{ccc|c} 1 & 1 & 0 & 1 \\ k & 1 & 1 & 1-k \\ 0 & 1 & 1-k & 1 \end{array}\right].$$

Schritt 2 Wir wenden den Gauß-Algorithmus in drei Schritten an:

$$\left[\begin{array}{ccc|c} 1 & 1 & 0 & 1 \\ k & 1 & 1 & 1-k \\ 0 & 1 & 1-k & 1 \end{array}\right] \overset{(Z_2)-k(Z_1)}{\rightsquigarrow} \left[\begin{array}{ccc|c} 1 & 1 & 0 & 1 \\ 0 & 1-k & 1 & 1-2k \\ 0 & 1 & 1-k & 1 \end{array}\right] \overset{(Z_3)\leftrightarrow(Z_2)}{\rightsquigarrow}$$

$$\left[\begin{array}{ccc|c} 1 & 1 & 0 & 1 \\ 0 & 1 & 1-k & 1 \\ 0 & 1-k & 1 & 1-2k \end{array}\right] \overset{(Z_3)-(1-k)(Z_2)}{\rightsquigarrow} \left[\begin{array}{ccc|c} 1 & 1 & 0 & 1 \\ 0 & 1 & 1-k & 1 \\ 0 & 0 & -k^2+2k & -k \end{array}\right] = \boldsymbol{Z}.$$

Wegen $-k^2 + 2k = -k(k-2)$, machen wir die nötigen Fallunterscheidungen zwischen (1) $k = 0$, (2) $k = 2$ und (3) $k \neq 0, 2$:

- Fall $k = 0$: Die Zielmatrix ist vom Typ 2 (Trapezform):

$$\boldsymbol{Z} = \left[\begin{array}{ccc|c} 1 & 1 & 0 & 1 \\ 0 & 1 & 1 & 1 \\ 0 & 0 & 0 & 0 \end{array}\right].$$

Das LGS hat **unendlich viele Lösungen** mit einem freien Parameter t:

$$\begin{cases} x_1 + x_2 = 1 \\ x_2 + x_3 = 1 \end{cases} \Rightarrow \begin{cases} x_1 = t \\ x_2 = 1-t \\ x_3 = t \end{cases}$$

Als Lösung erhalten wir:

$$\mathbb{L} = \left\{ \begin{bmatrix} x_1 \\ x_2 \\ x_3 \end{bmatrix} \in \mathbb{R}^3 \;\middle|\; \begin{bmatrix} x_1 \\ x_2 \\ x_3 \end{bmatrix} = \begin{bmatrix} 0 \\ 1 \\ 0 \end{bmatrix} + t \begin{bmatrix} 1 \\ -1 \\ 1 \end{bmatrix},\; t \in \mathbb{R} \right\}.$$

- Fall $k = 2$: Die Zielmatrix ist vom Typ 3:

$$Z = \left[\begin{array}{ccc|c} 1 & 1 & 0 & 1 \\ 0 & 1 & -1 & 1 \\ 0 & 0 & 0 & -2 \end{array}\right].$$

Das LGS hat **keine Lösung**, $\mathbb{L} = \{\ \}$.
- Fall $k \neq 0, 2$: Die Zielmatrix ist vom Typ 1 (Diagonalform). Das LGS hat **genau eine Lösung**:

$$\begin{cases} x_1 + x_2 = 1 \\ x_2 - (k-1)x_3 = 1 \\ -k(k-2)x_3 = -k \end{cases} \Rightarrow \begin{cases} x_1 = \frac{1-k}{k-2} \\ x_2 = \frac{2k-3}{k-2} \\ x_3 = \frac{1}{k-2} \end{cases} \Rightarrow \mathbb{L} = \left\{ \frac{1}{k-2} \begin{bmatrix} 1-k \\ 2k-3 \\ 1 \end{bmatrix} \right\}.$$

■

Bemerkung
Auch in Übung 2.21 ist es wichtig, dass wir beim zweiten Schritt des Gauß-Algorithmus die zweite und dritte Zeile vertauschen. Ohne diese Transformation müssten wir die Operation $(1-k)(Z_3) - (Z_2)$ anwenden, was wegen $k = 1$ nicht erlaubt ist. Alternativ könnte man mit dem Gauß-Algorithmus weiter verfahren, ohne Zeilen zu vertauschen, und den Spezialfall $k = 1$ separat betrachten.

Übung 2.22

●●○

$$\begin{cases} x_1 + 2x_4 = 1 \\ x_1 + x_2 + 3x_3 + 2x_4 = 1 \\ 2x_1 + x_2 + (k+2)x_3 + 4x_4 = 2 \\ x_1 + x_2 + 3x_3 + (k^2 - k + 2)x_4 = k \end{cases}$$

Für welche Werte von $k \in \mathbb{R}$ hat das LGS eine eindeutige Lösung, unendlich viele Lösungen oder keine Lösung? Man bestimme die konkreten Lösung(en).

Lösung
Schritt 1 Wir ordnen dem LGS die erweiterte Matrix $[\boldsymbol{A}|\boldsymbol{b}]$ zu:

$$\begin{cases} x_1 & & & + & 2x_4 = 1 & (Z_1) \\ x_1 & + x_2 + & 3x_3 & + & 2x_4 = 1 & (Z_2) \\ 2x_1 & + x_2 + & (k+2)x_3 & + & 4x_4 = 2 & (Z_3) \\ x_1 & + x_2 + & 3x_3 & + & (k^2-k+2)x_4 = k & (Z_4) \end{cases}$$

$$\rightsquigarrow [\boldsymbol{A}|\boldsymbol{b}] = \left[\begin{array}{cccc|c} 1 & 0 & 0 & 2 & 1 \\ 1 & 1 & 3 & 2 & 1 \\ 2 & 1 & k+2 & 4 & 2 \\ 1 & 1 & 3 & k^2-k+2 & k \end{array}\right].$$

Schritt 2 Wir wenden den Gauß-Algorithmus in zwei Schritten an:

$$\left[\begin{array}{cccc|c} 1 & 0 & 0 & 2 & 1 \\ 1 & 1 & 3 & 2 & 1 \\ 2 & 1 & k+2 & 4 & 2 \\ 1 & 1 & 3 & k^2-k+2 & k \end{array}\right] \overset{\substack{(Z_2)-(Z_1)\\(Z_3)-2(Z_1)\\(Z_4)-(Z_2)}}{\rightsquigarrow} \left[\begin{array}{cccc|c} 1 & 0 & 0 & 2 & 1 \\ 0 & 1 & 3 & 0 & 0 \\ 0 & 1 & k+2 & 0 & 0 \\ 0 & 0 & 0 & k^2-k & k-1 \end{array}\right]$$

$$\overset{(Z_3)-(Z_2)}{\rightsquigarrow} \left[\begin{array}{cccc|c} 1 & 0 & 0 & 2 & 1 \\ 0 & 1 & 3 & 0 & 0 \\ 0 & 0 & k-1 & 0 & 0 \\ 0 & 0 & 0 & k^2-k & k-1 \end{array}\right] = \boldsymbol{Z}.$$

Wegen $k^2 - k = k(k-1)$, machen wir Fallunterscheidungen zwischen (1) $k = 0$, (2) $k = 1$ und (3) $k \neq 0, 1$:

- Fall $k = 0$: Die Zielmatrix ist vom Typ 3 und das LGS hat somit **keine Lösung**

$$\boldsymbol{Z} = \left[\begin{array}{cccc|c} 1 & 0 & 0 & 2 & 1 \\ 0 & 1 & 3 & 0 & 0 \\ 0 & 0 & -1 & 0 & 0 \\ 0 & 0 & 0 & 0 & -1 \end{array}\right] \quad \Rightarrow \quad \mathbb{L} = \{\ \}.$$

- Fall $k = 1$: Die Zielmatrix vom Typ 2 (Trapezform):

$$\boldsymbol{Z} = \left[\begin{array}{cccc|c} 1 & 0 & 0 & 2 & 1 \\ 0 & 1 & 3 & 0 & 0 \\ 0 & 0 & 0 & 0 & 0 \\ 0 & 0 & 0 & 0 & 0 \end{array}\right].$$

Das LGS hat **unendlich viele Lösungen** mit zwei freien Parametern, z. B. t, s:

$$\begin{cases} x_1 + 2x_4 = 1 \\ x_2 + 3x_3 = 0 \end{cases} \quad \Rightarrow \quad \begin{cases} x_1 = 1 - 2t \\ x_2 = -3s \\ x_3 = s \\ x_4 = t \end{cases}$$

Als Lösungsmenge erhalten wir:

$$\mathbb{L} = \left\{ \begin{bmatrix} x_1 \\ x_2 \\ x_3 \\ x_4 \end{bmatrix} \in \mathbb{R}^4 \;\middle|\; \begin{bmatrix} x_1 \\ x_2 \\ x_3 \\ x_4 \end{bmatrix} = \begin{bmatrix} 1 \\ 0 \\ 0 \\ 0 \end{bmatrix} + t \begin{bmatrix} -2 \\ 0 \\ 0 \\ 1 \end{bmatrix} + s \begin{bmatrix} 0 \\ -3 \\ 1 \\ 0 \end{bmatrix},\; t, s \in \mathbb{R} \right\}.$$

- Fall $k \neq 0, 1$: Die Zielmatrix vom Typ 1 (Diagonalform). Das LGS hat **genau eine Lösung**:

$$\begin{cases} x_1 + 2x_4 = 1 \\ x_2 + 3x_3 = 0 \\ (k-1)x_3 = 0 \\ k(k-1)x_4 = k - 1 \end{cases} \Rightarrow \begin{cases} x_1 = \frac{k-2}{k} \\ x_2 = 0 \\ x_3 = 0 \\ x_4 = \frac{1}{k} \end{cases} \Rightarrow \mathbb{L} = \left\{ \frac{1}{k} \begin{bmatrix} k-2 \\ 0 \\ 0 \\ 1 \end{bmatrix} \right\}.$$

■

2.2.7 LGS auf beliebigen Körpern

Im Folgenden betrachten wir Beispiele von LGS auf beliebigen Körpern $\mathbb{K}$. Es ist wichtig, dass der Leser sich mit solchen Konzepten vertraut macht (vgl. Anhang B.3).

Übung 2.23

• • ∘ Man betrachte das folgende LGS auf $\mathbb{K} = \mathbb{C}$

$$\begin{cases} z_1 + iz_2 = 2 - i \\ iz_1 + z_2 = 0 \end{cases}$$

a) Man bestimme die Lösungsmenge des LGS (auf $\mathbb{C}$).

b) Man zeige, dass das LGS zu einem **reellen** (4×4)-LGS äquivalent ist.

Lösung

a) Wir gehen nach dem Kochrezept 2.1 vor, aber führen **alle Rechnungen in** $\mathbb{C}$ durch!
Schritt 1 Wir ordnen dem LGS die erweiterte Matrix $[\boldsymbol{A}|\boldsymbol{b}]$ zu:

$$\begin{cases} z_1 + iz_2 = 2 - i & (Z_1) \\ iz_1 + z_2 = 0 & (Z_2) \end{cases} \rightsquigarrow [\boldsymbol{A}|\boldsymbol{b}] = \left[\begin{array}{cc|c} 1 & i & 2-i \\ i & 1 & 0 \end{array}\right].$$

Schritt 2 Wir führen den Gauß-Algorithmus einmal durch:

$$\left[\begin{array}{cc|c} 1 & i & 2-i \\ i & 1 & 0 \end{array}\right] \overset{(Z_2)-i(Z_1)}{\rightsquigarrow} \left[\begin{array}{cc|c} 1 & i & 2-i \\ 0 & 2 & -1-2i \end{array}\right] = \boldsymbol{Z}.$$

Die Zielmatrix ist vom Typ 1 (Dreiecksform). Das LGS hat somit **genau eine Lösung**.

Schritt 3 Herauslesen der Lösung direkt aus dem Endschema $\boldsymbol{Z}$ (durch Rückwärts auflösen):

$$\begin{cases} z_1 + iz_2 = 2 - i \\ 2z_2 = -1 - 2i \end{cases} \Rightarrow \begin{cases} z_1 = 2 - i - iz_2 = 1 - \frac{i}{2} \\ z_2 = -\frac{1}{2} - i \end{cases}$$

Als einzige Lösung erhalten wir:

$$\mathbb{L} = \left\{ \begin{bmatrix} z_1 \\ z_2 \end{bmatrix} = \begin{bmatrix} 1 - \frac{i}{2} \\ -\frac{1}{2} - i \end{bmatrix} \in \mathbb{C}^2 \right\}.$$

b) Ist etwas anspruchsvoller. Wir schreiben $z_1 = x_1 + iy_1$ und $z_2 = x_2 + iy_2$, wobei $x_1, y_1, x_2, y_2 \in \mathbb{R}$. Das LGS hat dann folgende Form:

$$z_1 + iz_2 = (x_1 + iy_1) + i(x_2 + iy_2)$$

$$= (x_1 - y_2) + i(x_2 + y_1) \stackrel{!}{=} 2 - i \Rightarrow \begin{cases} x_1 - y_2 = 2 \\ x_2 + y_1 = -1 \end{cases}$$

$$iz_1 + z_2 = i(x_1 + iy_1) + (x_2 + iy_2) = (x_2 - y_1) + i(x_1 + y_2) \stackrel{!}{=} 0 \Rightarrow \begin{cases} x_2 - y_1 = 0 \\ x_1 + y_2 = 0 \end{cases}$$

Es ergibt sich somit ein (4×4)-LGS für die 4 Unbekannten x_1, y_1, x_2, y_2:

$$\begin{cases} x_1 \quad - y_2 = 2 & (Z_1) \\ y_1 + x_2 = -1 & (Z_2) \\ -y_1 + x_2 = 0 & (Z_3) \\ x_1 \quad + y_2 = 0 & (Z_4) \end{cases} \rightsquigarrow [\boldsymbol{A}|\boldsymbol{b}] = \left[\begin{array}{cccc|c} 1 & 0 & 0 & -1 & 2 \\ 0 & 1 & 1 & 0 & -1 \\ 0 & -1 & 1 & 0 & 0 \\ 1 & 0 & 0 & 1 & 0 \end{array}\right].$$

Wir wenden den Gauß-Algorithmus einmal an:

$$\left[\begin{array}{cccc|c} 1 & 0 & 0 & -1 & 2 \\ 0 & 1 & 1 & 0 & -1 \\ 0 & -1 & 1 & 0 & 0 \\ 1 & 0 & 0 & 1 & 0 \end{array}\right] \overset{\substack{(Z_4)-(Z_1) \\ (Z_3)+(Z_2)}}{\rightsquigarrow} \left[\begin{array}{cccc|c} 1 & 0 & 0 & -1 & 2 \\ 0 & 1 & 1 & 0 & -1 \\ 0 & 0 & 2 & 0 & -1 \\ 0 & 0 & 0 & 2 & -2 \end{array}\right] = \boldsymbol{Z}.$$

Wir erhalten die einzige Lösung:

$$\mathbb{L} = \left\{ \begin{bmatrix} x_1 \\ y_1 \\ x_2 \\ y_2 \end{bmatrix} = \begin{bmatrix} 1 \\ -\frac{1}{2} \\ -\frac{1}{2} \\ -1 \end{bmatrix} \in \mathbb{R}^4 \right\}.$$

Diese Lösung ist äquivalent zur Lösung von Teilaufgabe (a), weil $z_1 = x_1 + iy_1 = 1 - \frac{i}{2}$ und $z_2 = x_2 + iy_2 = -\frac{1}{2} - i$. ■

Übung 2.24

• • ∘ Man löse das folgende LGS auf $\mathbb{K} = \mathbb{Z}_5$

$$\begin{cases} 3x_1 + 4x_2 = 501 \,(\text{mod } 5) \\ x_1 + 3x_2 = 17 \,(\text{mod } 5) \end{cases}$$

Lösung

Wir gehen wie üblich vor, aber führen **alle Rechnungen in** $\mathbb{Z}_5$ durch (vgl. Anhang B.4). In $\mathbb{Z}_5$ gilt $501 = 1$ und $17 = 2$. Somit müssen wir das LGS

$$\begin{cases} 3x_1 + 4x_2 = 1 & (Z_1) \\ x_1 + 3x_2 = 2 & (Z_2) \end{cases} \rightsquigarrow [\boldsymbol{A}|\boldsymbol{b}] = \left[\begin{array}{cc|c} 3 & 4 & 1 \\ 1 & 3 & 2 \end{array}\right].$$

in $\mathbb{Z}_5$ lösen. Wir führen den Gauß-Algorithmus einmal durch:

$$\left[\begin{array}{cc|c} 3 & 4 & 1 \\ 1 & 3 & 2 \end{array}\right] \overset{3(Z_2)-(Z_1)}{\rightsquigarrow} \left[\begin{array}{cc|c} 3 & 4 & 1 \\ 0 & 5 & 5 \end{array}\right] = \left[\begin{array}{cc|c} 3 & 4 & 1 \\ 0 & 0 & 0 \end{array}\right] = \boldsymbol{Z}.$$

Hier haben wir die Tatsache benutzt, dass in $\mathbb{Z}_5$ $5 = 0$ gilt. Das LGS hat somit **unendlich viele Lösungen** mit einem freien Parameter (in $\mathbb{Z}_5$). Setzen wir $x_2 = t \in \mathbb{Z}_5$ als freien Parameter, so erhalten wir mit den Rechenregeln in $\mathbb{Z}_5$:

$$3x_1 + 4t = 1 \quad \Rightarrow \quad x_1 = 3^{-1}(1 - 4t) = 2(1 - 4t) = 2\,(1 + t) = 2 + 2t.$$

Die gesuchte Lösung des LGS ist somit

$$\mathbb{L} = \left\{ \begin{bmatrix} x_1 \\ x_2 \end{bmatrix} \in \mathbb{Z}_5^2 \;\middle|\; \begin{bmatrix} x_1 \\ x_2 \end{bmatrix} = \begin{bmatrix} 2 \\ 0 \end{bmatrix} + t \begin{bmatrix} 2 \\ 1 \end{bmatrix},\ t \in \mathbb{Z}_5 \right\}.$$

■

Bemerkung

Auf $\mathbb{Z}_5$ gilt $3^{-1} = 2$ weil $2 \cdot 3 = 6 = 1$. Außerdem ist $-4 = 1$

2.2.8 Homogene und inhomogene LGS

Grundprinzip für inhomogene LGS

Ein LGS $\boldsymbol{Ax} = \boldsymbol{b}$ heißt **homogen**, falls $\boldsymbol{b} = \boldsymbol{0}$, oder **inhomogen**, falls $\boldsymbol{b} \neq \boldsymbol{0}$. Zu einem inhomogenen LGS $\boldsymbol{Ax} = \boldsymbol{b}$ gehört immer ein homogenes LGS, wenn man $\boldsymbol{b} = \boldsymbol{0}$ setzt. Das inhomogene LGS $\boldsymbol{Ax} = \boldsymbol{b}$ und das zugehörige homogene LGS $\boldsymbol{Ax} = \boldsymbol{0}$ gehören zusammen und diese Ähnlichkeit übeträgt sich auch auf die entsprechenden Lösungen. In der Tat kann man die allgemeine Lösung eines inhomogenen LGS $\boldsymbol{Ax} = \boldsymbol{b}$ wie folgt beschreiben:

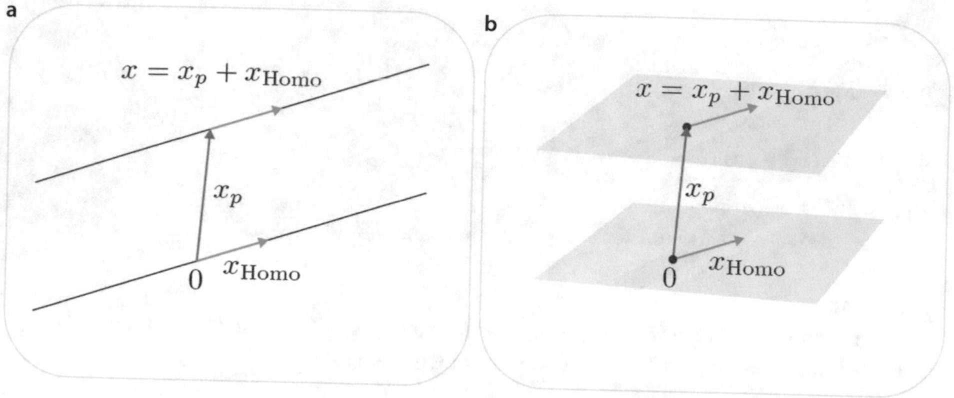

Abb. 2.8 Grundprinzip für inhomogene LGS. Die allgemeine Lösung eines inhomogenen LGS ist gleich der Lösung des zugehörigen homogenen Problems $\boldsymbol{x}_{\text{Homo}}$, welche von einer partikulären Lösung $\boldsymbol{x}_p$ verschoben wird. (**a**) Wenn die homogene Lösung eine Gerade durch den Nullpunkt ist, dann beschreibt die allgemeine Lösung des inhomogenen LGS eine parallele Gerade durch den Punkt $\boldsymbol{x}_p$. (**b**) Ist die Lösungsmenge des homogenen Problems eine Ebene durch den Nullpunkt, so ist die allgemeine Lösung des inhomogenen Problems eine Ebene, welche $\boldsymbol{x}_p$ enthält

$$\boxed{\underbrace{\boldsymbol{x}}_{\text{Gesamtlösung}} = \underbrace{\boldsymbol{x}_{\text{Homo}}}_{\substack{\text{allgemeine Lösung}\\ \text{des homogenen}\\ \text{Problems}}} + \underbrace{\boldsymbol{x}_p}_{\substack{\text{partikuläre Lösung}\\ \text{des inhomogenen}\\ \text{Problems}}}} \tag{2.14}$$

wobei $\boldsymbol{x}_{\text{Homo}}$ die allgemeine Lösung des zugehörigen ***homogenen LGS*** (d. h. $\boldsymbol{A}\boldsymbol{x} = \boldsymbol{0}$) und $\boldsymbol{x}_p$ eine ***partikuläre Lösung des inhomogenen Problems*** ist. Das Lösen von inhomogenen LGS erfolgt zuerst durch die Lösung des zugehörigen homogenen Problems und anschließend durch die Suche einer partikulären Lösung, welche das inhomogene LGS erfüllt (Abb. 2.8).

▶ Beispiel

Man betrachte das inhomogene LGS

$$\begin{cases} x_1 + x_2 + x_3 = 2 \\ x_2 + 2x_3 = 1 \end{cases} \quad \rightsquigarrow \quad [\boldsymbol{A}|\boldsymbol{b}] = \left[\begin{array}{ccc|c} 1 & 1 & 1 & 2 \\ 0 & 1 & 2 & 1 \\ 0 & 0 & 0 & 0 \end{array}\right].$$

Für die Lösung dieses LGS benutzen wir den Grundsatz 2.2.8, d. h. $\boldsymbol{x} = \boldsymbol{x}_{\text{Homo}} + \boldsymbol{x}_p$. Es wird also zuerst die Lösung des zugehörigen homogenen LGS gefunden. Das zugehörige homogene LGS lautet

$$\begin{cases} x_1 + x_2 + x_3 = 0 \\ x_2 + 2x_3 = 0 \end{cases} \quad \rightsquigarrow \quad [\boldsymbol{A}|\boldsymbol{0}] = \left[\begin{array}{ccc|c} 1 & 1 & 1 & 0 \\ 0 & 1 & 2 & 0 \\ 0 & 0 & 0 & 0 \end{array}\right].$$

Die Lösung des homogenen Problems ist

$$\boldsymbol{x}_{\text{Homo}} = t\begin{bmatrix}1\\-2\\1\end{bmatrix}, \; t \in \mathbb{R}.$$

Dann wird eine partikuläre Lösung des inhomogenen LGS gesucht. Eine Möglichkeit für das Aufsuchen einer partikulären Lösung ist einfach zu erraten. Wir probieren einige Zahlen aus und stellen fest, dass eine Lösung

$$\boldsymbol{x}_p = \begin{bmatrix}1\\1\\0\end{bmatrix}$$

ist. Die Gesamtlösung des inhomogenen LGS lautet also

$$\boldsymbol{x} = \boldsymbol{x}_{\text{Homo}} + \boldsymbol{x}_p = \underbrace{t\begin{bmatrix}1\\-2\\1\end{bmatrix}}_{\substack{\text{homogene}\\ \text{Lösung}}} + \underbrace{\begin{bmatrix}1\\1\\0\end{bmatrix}}_{\substack{\text{partikuläre}\\ \text{Lösung}}}, \; t \in \mathbb{R}. \blacktriangleleft$$

Bemerkung
Für die partikuläre Lösung $\boldsymbol{x}_p$ gibt es natürlich mehrere Möglichkeiten. In unserem Fall hätten wir beispielsweise auch $\boldsymbol{x}_p = \begin{bmatrix}2\\-1\\1\end{bmatrix}$ als eine mögliche partikuläre Lösung wählen können.

Übung 2.25
● ○ ○ Es sei $\boldsymbol{A}\boldsymbol{x} = \boldsymbol{b}$ ein inhomogenes LGS mit partikulärer Lösung $\boldsymbol{x}_p$. Man zeige, dass die allgemeine Lösung des inhomogenen LGS $\boldsymbol{A}\boldsymbol{x} = \boldsymbol{b}$ durch $\boldsymbol{x} = \boldsymbol{x}_{\text{Homo}} + \boldsymbol{x}_p$ gegeben ist, wobei $\boldsymbol{x}_{\text{Homo}}$ die allgemeine Lösung des zugehörigen homogenen LGS $\boldsymbol{A}\boldsymbol{x} = \boldsymbol{0}$ ist.

Lösung
$\boldsymbol{x}_p$ ist eine partikuläre Lösung von $\boldsymbol{A}\boldsymbol{x} = \boldsymbol{b} \Rightarrow \boldsymbol{A}\boldsymbol{x}_p = \boldsymbol{b}$. Analog ist $\boldsymbol{x}_{\text{Homo}}$ die allgemeine Lösung des zugehörigen homogenen LGS $\boldsymbol{A}\boldsymbol{x} = \boldsymbol{0} \Rightarrow \boldsymbol{A}\boldsymbol{x}_{\text{Homo}} = \boldsymbol{0}$. Daraus folgt:

$$\boldsymbol{A}\boldsymbol{x} = \boldsymbol{A}\left(\boldsymbol{x}_{\text{Homo}} + \boldsymbol{x}_p\right) = \underbrace{\boldsymbol{A}\boldsymbol{x}_{\text{Homo}}}_{=\boldsymbol{0}} + \underbrace{\boldsymbol{A}\boldsymbol{x}_p}_{=\boldsymbol{b}} = \boldsymbol{0} + \boldsymbol{b} = \boldsymbol{b}.$$

$\boldsymbol{x}$ ist somit die allgemeine Lösung des inhomogenen LGS $\boldsymbol{A}\boldsymbol{x} = \boldsymbol{b}$. ■

Übung 2.26

• ○ ○ Man bestimme die allgemeine Lösung des folgenden inhomogenen LGS

$$\begin{cases} x_1 + x_3 = 0 \\ x_2 - 2x_3 = 1 \end{cases}.$$

Lösung

Wir betrachten zuerst das zugehörige homogene LGS

$$\begin{cases} x_1 + x_3 = 0 \\ x_2 - 2x_3 = 0 \end{cases} \rightsquigarrow [\boldsymbol{A}|\boldsymbol{0}] = \left[\begin{array}{ccc|c} 1 & 0 & 1 & 0 \\ 0 & 1 & -2 & 0 \\ 0 & 0 & 0 & 0 \end{array}\right].$$

Die allgemeine Lösung des homogenen Problems ist

$$\boldsymbol{x}_{\text{Homo}} = t \begin{bmatrix} -1 \\ 2 \\ 1 \end{bmatrix}, \quad t \in \mathbb{R}.$$

Dann suchen wir eine partikuläre Lösung des inhomogenen LGS. Nach einigem Ausprobieren stellen wir fest, dass $\boldsymbol{x}_p = \left[\begin{smallmatrix} 0 \\ 1 \\ 0 \end{smallmatrix}\right]$ eine Lösung ist. Die Gesamtlösung des inhomogenen LGS ist

$$\boldsymbol{x} = \boldsymbol{x}_{\text{Homo}} + \boldsymbol{x}_p = \underbrace{t \begin{bmatrix} -1 \\ 2 \\ 1 \end{bmatrix}}_{\substack{\text{homogene} \\ \text{Lösung}}} + \underbrace{\begin{bmatrix} 0 \\ 1 \\ 0 \end{bmatrix}}_{\substack{\text{partikuläre} \\ \text{Lösung}}}, \quad t \in \mathbb{R}.$$

■

2.3 Rang

Ein wichtiger Begriff beim Lösen eines LGS ist der **Rang** einer Matrix. In diesem Abschnitt werden wir den Rang einer Matrix vorerst einmal einführen; eine genauere Definition dieses Begriffes werden wir später im ▶ Abschn. 8.1.4 vornehmen.

2.3.1 Definition

Es sei $\boldsymbol{A} \in \mathbb{K}^{m \times n}$ eine $(m \times n)$-Matrix. Den **Rang** von $\boldsymbol{A}$ (bezeichnet mit $\text{Rang}(\boldsymbol{A})$) definiert man wie folgt:

► **Definition 2.1**

Es sei $\boldsymbol{Z}$ die bereits definierte Zielmatrix einer durch den Gauß-Algorithmus reduzierte Matrix $\boldsymbol{A}$. Dann ist:

$$\begin{aligned}\operatorname{Rang}(\boldsymbol{A}) &= \operatorname{Rang}(\boldsymbol{Z})\\ &= \text{Anzahl von Null verschiedenen Zeilen in der Zielmatrix } \boldsymbol{Z}.\end{aligned}$$ ◄

2.3.2 Berechnung

Praxistipp

In der Praxis, um den Rang der Matrix $\boldsymbol{A}$ zu bestimmen, bringt man zuerst mittels Gauß-Algorithmus die Matrix $\boldsymbol{A}$ in Zeilenstufenform $\boldsymbol{Z}$. Der Rang von $\boldsymbol{A}$ entspricht dann der Anzahl der Zeilenvektoren von $\boldsymbol{Z}$, die ungleich Null sind.

Musterbeispiel 2.5 (Rang bestimmen)

Man betrachte $\boldsymbol{A} = \begin{bmatrix} 1 & -1 & 1 \\ 0 & 0 & 1 \\ 1 & -1 & 0 \end{bmatrix}$. Mittels des Gauß-Algorithmus erzeugen wir die Zielmatrix $\boldsymbol{Z}$

$$\begin{bmatrix} 1 & -1 & 1 \\ 0 & 0 & 1 \\ 1 & -1 & 0 \end{bmatrix} \overset{(Z_3)-(Z_1)}{\rightsquigarrow} \begin{bmatrix} 1 & -1 & 1 \\ 0 & 0 & 1 \\ 0 & 0 & -1 \end{bmatrix} \overset{(Z_3)+(Z_2)}{\rightsquigarrow} \begin{bmatrix} 1 & -1 & 1 \\ 0 & 0 & 1 \\ 0 & 0 & 0 \end{bmatrix} = \boldsymbol{Z}.$$

Die Zielmatrix $\boldsymbol{Z}$ besteht aus genau 2 Zeilen $\neq [0, 0, 0]$. Somit nach Definition:

$\operatorname{Rang}(\boldsymbol{A}) = 2.$

Rechenregeln für Rang

► **Satz 2.2 (Rechenregeln für Rang)**

Es seien $\boldsymbol{A}, \boldsymbol{B} \in \mathbb{K}^{m\times n}$ und $\boldsymbol{C} \in \mathbb{K}^{n\times r}$. Außerdem seien $\boldsymbol{0}$ die Nullmatrix und $\boldsymbol{E}_n \in \mathbb{K}^{n\times n}$ die $(n \times n)$-Einheitsmatrix. Dann gelten die folgenden Rechenregeln:

(R1) $\operatorname{Rang}(\boldsymbol{0}) = 0$;
(R2) $\operatorname{Rang}(\boldsymbol{E}_n) = n$;
(R3) $\operatorname{Rang}(\boldsymbol{A}) \leq \min\{m, n\}$. Bei Gleichheit sagt man: ***A* hat maximalen Rang**;
(R4) $\operatorname{Rang}(\boldsymbol{A}^T) = \operatorname{Rang}(\boldsymbol{A})$;
(R5) $\operatorname{Rang}(\boldsymbol{A} + \boldsymbol{B}) \leq \operatorname{Rang}(\boldsymbol{A}) + \operatorname{Rang}(\boldsymbol{B})$;
(R6) $\operatorname{Rang}(\boldsymbol{AC}) \leq \min\{\operatorname{Rang}(\boldsymbol{A}), \operatorname{Rang}(\boldsymbol{C})\}$;
(R7) $\operatorname{Rang}(\boldsymbol{AC}) \geq \operatorname{Rang}(\boldsymbol{A}) + \operatorname{Rang}(\boldsymbol{C}) - n$. ◄

Übung 2.27

○ ○ ○ Man bestimme den Rang der folgenden Matrix

$$A = \begin{bmatrix} 1 & -2 & -3 \\ 3 & 0 & 3 \\ 7 & -3 & 1 \\ 2 & 1 & 4 \\ 1 & -2 & -3 \end{bmatrix}.$$

Lösung

Mittels Gauß-Algorithmus erzeugen wir die Zielmatrix $\boldsymbol{Z}$:

$$\begin{bmatrix} 1 & -2 & -3 \\ 3 & 0 & 3 \\ 7 & -3 & 1 \\ 2 & 1 & 4 \\ 1 & -2 & -3 \end{bmatrix} \overset{\substack{(Z_2)-3(Z_1)\\(Z_3)-7(Z_1)\\(Z_4)-2(Z_1)\\(Z_5)-(Z_1)}}{\rightsquigarrow} \begin{bmatrix} 1 & -2 & -3 \\ 0 & 6 & 12 \\ 0 & 11 & 22 \\ 0 & 5 & 10 \\ 0 & 0 & 0 \end{bmatrix} \overset{\substack{(Z_2)/6\\(Z_3)/11\\(Z_4)/5}}{\rightsquigarrow} \begin{bmatrix} 1 & -2 & -3 \\ 0 & 1 & 2 \\ 0 & 1 & 2 \\ 0 & 1 & 2 \\ 0 & 0 & 0 \end{bmatrix}$$

$$\overset{\substack{(Z_3)-(Z_2)\\(Z_4)-(Z_2)}}{\rightsquigarrow} \begin{bmatrix} 1 & -2 & -3 \\ 0 & 1 & 2 \\ 0 & 0 & 0 \\ 0 & 0 & 0 \\ 0 & 0 & 0 \end{bmatrix} = \boldsymbol{Z}.$$

Die Zielmatrix $\boldsymbol{Z}$ besteht aus genau 2 Zeilen $\neq [0, 0, 0]$. Somit $\text{Rang}(\boldsymbol{A}) = 2$. ■

Übung 2.28

○ ○ ○ Man berechne den Rang der folgenden Matrix

$$A = \begin{bmatrix} 1 & 3 & 7 & 2 & 1 \\ -2 & 0 & -3 & 1 & -2 \\ -3 & 3 & 1 & 4 & -3 \end{bmatrix}.$$

Lösung

Mittels Gauß-Algorithmus erzeugen wir die Zielmatrix $\boldsymbol{Z}$:

$$\begin{bmatrix} 1 & 3 & 7 & 2 & 1 \\ -2 & 0 & -3 & 1 & -2 \\ -3 & 3 & 1 & 4 & -3 \end{bmatrix} \overset{\substack{(Z_2)+2(Z_1)\\(Z_3)+3(Z_1)}}{\rightsquigarrow} \begin{bmatrix} 1 & 3 & 7 & 2 & 1 \\ 0 & 6 & 11 & 5 & 0 \\ 0 & 12 & 22 & 10 & 0 \end{bmatrix} \overset{(Z_3)-2(Z_2)}{\rightsquigarrow} \begin{bmatrix} 1 & 3 & 7 & 2 & 1 \\ 0 & 6 & 11 & 5 & 0 \\ 0 & 0 & 0 & 0 & 0 \end{bmatrix} = \boldsymbol{Z}.$$

Die Zielmatrix $\boldsymbol{Z}$ besteht aus genau 2 Zeilen $\neq [0, 0, 0, 0, 0]$. Somit $\text{Rang}(\boldsymbol{A}) = 2$. ■

Übung 2.29

∘ ∘ ∘ Man berechne den Rang der folgenden Matrix

$$A = \begin{bmatrix} 1 & 0 & 2 \\ -1 & 2 & -3 \\ 1 & 3 & 1 \\ 1 & -1 & -1 \end{bmatrix}.$$

Lösung

Wir erzeugen die Zielmatrix Z mit dem Gauß-Algorithmus:

$$\begin{bmatrix} 1 & 0 & 2 \\ -1 & 2 & -3 \\ 1 & 3 & 1 \\ 1 & -1 & -1 \end{bmatrix} \overset{\substack{(Z_2)+(Z_1)\\(Z_3)-(Z_1)\\(Z_4)-(Z_1)}}{\rightsquigarrow} \begin{bmatrix} 1 & 0 & 2 \\ 0 & 2 & -1 \\ 0 & 3 & -1 \\ 0 & -1 & -3 \end{bmatrix} \overset{\substack{2(Z_3)-3(Z_2)\\2(Z_4)+(Z_2)}}{\rightsquigarrow} \begin{bmatrix} 1 & 0 & 2 \\ 0 & 2 & -1 \\ 0 & 0 & 1 \\ 0 & 0 & -7 \end{bmatrix}$$

$$\overset{(Z_4)+7(Z_3)}{\rightsquigarrow} \begin{bmatrix} 1 & 0 & 2 \\ 0 & 2 & -1 \\ 0 & 0 & 1 \\ 0 & 0 & 0 \end{bmatrix} = Z.$$

Die Zielmatrix Z besteht aus genau 3 Zeilen $\neq [0, 0, 0]$. Somit beträgt $\text{Rang}(A) = 3$. ∎

Übung 2.30

• ∘ ∘ Man betrachte die folgenden Matrizen

$$A = \begin{bmatrix} 1 & 1 & 1 \\ 2 & 0 & -1 \end{bmatrix}, \quad B = \begin{bmatrix} 1 & 2 & 0 & 1 \\ 0 & 1 & 1 & 1 \\ 1 & 3 & 1 & 2 \end{bmatrix}.$$

Man verifiziere, dass $\text{Rang}(AB) \leq \min\{\text{Rang}(A), \text{Rang}(B)\}$ gilt.

Lösung

Mittels Gauß-Algorithmus erzeugen wir die Zielmatrix Z für A:

$$\begin{bmatrix} 1 & 1 & 1 \\ 2 & 0 & -1 \end{bmatrix} \overset{(Z_2)-2(Z_1)}{\rightsquigarrow} \begin{bmatrix} 1 & 1 & 1 \\ 0 & -2 & -3 \end{bmatrix} = Z \quad \Rightarrow \quad \text{Rang}(A) = 2.$$

Für die Matrix B bekommen wir:

$$\begin{bmatrix} 1 & 2 & 0 & 1 \\ 0 & 1 & 1 & 1 \\ 1 & 3 & 1 & 2 \end{bmatrix} \overset{(Z_3)-(Z_1)}{\rightsquigarrow} \begin{bmatrix} 1 & 2 & 0 & 1 \\ 0 & 1 & 1 & 1 \\ 0 & 1 & 1 & 1 \end{bmatrix} \overset{(Z_3)-(Z_2)}{\rightsquigarrow} \begin{bmatrix} 1 & 2 & 0 & 1 \\ 0 & 1 & 1 & 1 \\ 0 & 0 & 0 & 0 \end{bmatrix} = \boldsymbol{Z} \quad \Rightarrow \quad \text{Rang}(\boldsymbol{B}) = 2.$$

Für das Produkt $\boldsymbol{AB}$ haben wir

$$\boldsymbol{AB} = \begin{bmatrix} 1 & 1 & 1 \\ 2 & 0 & -1 \end{bmatrix} \begin{bmatrix} 1 & 2 & 0 & 1 \\ 0 & 1 & 1 & 1 \\ 1 & 3 & 1 & 2 \end{bmatrix} = \begin{bmatrix} 2 & 6 & 2 & 4 \\ 1 & 1 & -1 & 0 \end{bmatrix}.$$

Mittels Gauß-Algorithmus erzeugen wir die Zielmatrix für $\boldsymbol{AB}$:

$$\begin{bmatrix} 2 & 6 & 2 & 4 \\ 1 & 1 & -1 & 0 \end{bmatrix} \overset{2(Z_2)-(Z_1)}{\rightsquigarrow} \begin{bmatrix} 2 & 6 & 2 & 4 \\ 0 & -4 & -4 & -4 \end{bmatrix} = \boldsymbol{Z} \quad \Rightarrow \quad \text{Rang}(\boldsymbol{AB}) = 2.$$

$\text{Rang}(\boldsymbol{AB}) = 2$ ist gleich $\min\{\text{Rang}(\boldsymbol{A}), \text{Rang}(\boldsymbol{B})\} = \min\{2, 2\} = 2$. Somit ist die Ungleichung $\text{Rang}(\boldsymbol{AB}) \leq \min\{\text{Rang}(\boldsymbol{A}), \text{Rang}(\boldsymbol{B})\}$ erfüllt. ■

Übung 2.31

● ○ ○ Man bestimme den Rang der folgenden Matrix in Abhängigkeit des Parameters $k \in \mathbb{R}$

$$\boldsymbol{A} = \begin{bmatrix} 1 & -4 & 0 \\ 0 & k+1 & -1 \\ 0 & 0 & k-2 \end{bmatrix}.$$

Lösung

Die gegebene Matrix ist bereits in Zeilenstufenform. Wir machen somit folgende Fallunterscheidungen:

- Fall $k \neq -1, 2$: Die Zielmatrix hat 3 Zeilen $\neq [0, 0, 0]$. Somit $\text{Rang}(\boldsymbol{A}) = 3$.
- Fall $k = 2$: $\boldsymbol{Z} = \begin{bmatrix} 1 & -4 & 0 \\ 0 & 3 & -1 \\ 0 & 0 & 0 \end{bmatrix}$ hat 2 Zeilen $\neq [0, 0, 0]$. Ssomit $\text{Rang}(\boldsymbol{A}) = 2$.
- Fall $k = -1$: Die Zielmatrix lautet:

$$\begin{bmatrix} 1 & -4 & 0 \\ 0 & 0 & -1 \\ 0 & 0 & -3 \end{bmatrix} \overset{(Z_3)-3(Z_2)}{\rightsquigarrow} \begin{bmatrix} 1 & -4 & 0 \\ 0 & 0 & -1 \\ 0 & 0 & 0 \end{bmatrix} = \boldsymbol{Z}.$$

Die Zielmatrix besteht somit aus 2 Zeilen $\neq [0, 0, 0]$, d. h. $\text{Rang}(\boldsymbol{A}) = 2$. ■

Übung 2.32

● ○ ○ Man bestimme den Rang der folgenden Matrix in Abhängigkeit von $k \in \mathbb{R}$

$$A = \begin{bmatrix} -1 & 3 & 0 \\ 1 & 2 & -1 \\ 0 & 0 & 2k+1 \end{bmatrix}.$$

Lösung

Mittels Gauß-Algorithmus erzeugen wir die Zielmatrix $\boldsymbol{Z}$:

$$\begin{bmatrix} -1 & 3 & 0 \\ 1 & 2 & -1 \\ 0 & 0 & 2k+1 \end{bmatrix} \overset{(Z_2)+(Z_1)}{\rightsquigarrow} \begin{bmatrix} -1 & 3 & 0 \\ 0 & 5 & -1 \\ 0 & 0 & 2k+1 \end{bmatrix} = \boldsymbol{Z}.$$

Nun machen wir die üblichen Fallunterscheidungen:

- <u>Fall $k = -\frac{1}{2}$</u>: $\boldsymbol{Z} = \begin{bmatrix} -1 & 3 & 0 \\ 0 & 5 & -1 \\ 0 & 0 & 0 \end{bmatrix}$ hat 2 Zeilen $\neq [0, 0, 0]$. Somit $\text{Rang}(\boldsymbol{A}) = 2$.
- <u>Fall $k \neq -\frac{1}{2}$</u>: Die Zielmatrix hat 3 Zeilen $\neq [0, 0, 0]$. Somit $\text{Rang}(\boldsymbol{A}) = 3$. ■

Übung 2.33

● ○ ○ Man bestimme den Rang der Matrix in Abhängigkeit von $k \in \mathbb{R}$

$$A = \begin{bmatrix} -1 & 3 & 0 & 1 \\ 1 & 2 & -1 & 0 \\ 0 & 5 & k+2 & k \end{bmatrix}.$$

Lösung

Mittels Gauß-Algorithmus erzeugen wir die Zielmatrix $\boldsymbol{Z}$:

$$\begin{bmatrix} -1 & 3 & 0 & 1 \\ 1 & 2 & -1 & 0 \\ 0 & 5 & k+2 & k \end{bmatrix} \overset{(Z_2)+(Z_1)}{\rightsquigarrow} \begin{bmatrix} -1 & 3 & 0 & 1 \\ 0 & 5 & -1 & 1 \\ 0 & 5 & k+2 & k \end{bmatrix} \overset{(Z_3)-(Z_2)}{\rightsquigarrow} \begin{bmatrix} -1 & 3 & 0 & 1 \\ 0 & 5 & -1 & 1 \\ 0 & 0 & k+3 & k-1 \end{bmatrix} = \boldsymbol{Z}.$$

Die Zielmatrix besteht immer aus 3 Zeilen $\neq [0, 0, 0, 0]$, weil die Einträge $k + 3$ und $k - 1$ nie gleichzeitig Null sind. Daraus folgt $\text{Rang}(\boldsymbol{A}) = 3$ für alle $k \in \mathbb{R}$. ■

Übung 2.34

• • ∘ Man bestimme den Rang der folgenden Matrix in Abhängigkeit des Parameters $k \in \mathbb{R}$

$$A = \begin{bmatrix} 1 & -4 & 2 \\ 0 & k+1 & -1 \\ -1 & 4 & k-5 \\ 2 & -8 & k+4 \end{bmatrix}.$$

Lösung

Mit dem Gauß-Algorithmus erzeugen wir die Zielmatrix $\boldsymbol{Z}$:

$$\begin{bmatrix} 1 & -4 & 2 \\ 0 & k+1 & -1 \\ -1 & 4 & k-5 \\ 2 & -8 & k+4 \end{bmatrix} \overset{\substack{(Z_3)+(Z_1) \\ (Z_4)-2(Z_1)}}{\rightsquigarrow} \begin{bmatrix} 1 & -4 & 2 \\ 0 & k+1 & -1 \\ 0 & 0 & k-3 \\ 0 & 0 & k \end{bmatrix} = \boldsymbol{Z}.$$

Nun machen wir Fallunterscheidungen:

- Fall $k = 3$: $\boldsymbol{Z} = \begin{bmatrix} 1 & -4 & 2 \\ 0 & 4 & -1 \\ 0 & 0 & 0 \\ 0 & 0 & 3 \end{bmatrix}$ hat genau 3 Zeilen $\neq [0, 0, 0]$. Somit $\text{Rang}(\boldsymbol{A}) = 3$.
- Fall $k = 0$: $\boldsymbol{Z} = \begin{bmatrix} 1 & -4 & 2 \\ 0 & 1 & -1 \\ 0 & 0 & -3 \\ 0 & 0 & 0 \end{bmatrix}$ besteht aus 3 Zeilen $\neq [0, 0, 0]$. Somit $\text{Rang}(\boldsymbol{A}) = 3$.
- Fall $k = -1$: Die Zielmatrix ist:

$$\begin{bmatrix} 1 & -4 & 2 \\ 0 & 0 & -1 \\ 0 & 0 & -4 \\ 0 & 0 & -1 \end{bmatrix} \overset{\substack{(Z_3)-4(Z_2) \\ (Z_4)-(Z_2)}}{\rightsquigarrow} \begin{bmatrix} 1 & -4 & 2 \\ 0 & 0 & -1 \\ 0 & 0 & 0 \\ 0 & 0 & 0 \end{bmatrix} = \boldsymbol{Z}.$$

  Die Zielmatrix besteht aus 2 Zeilen $\neq [0, 0, 0]$. Somit $\text{Rang}(\boldsymbol{A}) = 2$.
- Fall $k \neq -1, 0, 3$: In diesem Fall dürfen wir mithilfe des Gaus-Algorithmus die vierte Zeile eliminieren:

$$\begin{bmatrix} 1 & -4 & 2 \\ 0 & k+1 & -1 \\ 0 & 0 & k-3 \\ 0 & 0 & k \end{bmatrix} \overset{(k-3)(Z_4)-k(Z_3)}{\rightsquigarrow} \begin{bmatrix} 1 & -4 & 2 \\ 0 & k+1 & -1 \\ 0 & 0 & k-3 \\ 0 & 0 & 0 \end{bmatrix} = \boldsymbol{Z}.$$

  Die Zielmatrix besteht aus 3 Zeilen $\neq [0, 0, 0]$, d. h. $\text{Rang}(\boldsymbol{A}) = 3$. ■

Bemerkung

In Übung 2.34 beachte, dass die Zeilenoperation $(k-3)(Z_4) - k(Z_3)$ für $k \neq 3$ erlaubt ist (vgl. Kochrezept 2.1).

Übung 2.35

● ○ ○ Man bestimme den Rang der folgenden Matrix in Abhängigkeit des Parameters $k \in \mathbb{R}$

$$A = \begin{bmatrix} 1 & 0 & 3 & k \\ 2 & 1 & 2 & k+1 \\ k & 0 & k & 0 \end{bmatrix}.$$

Lösung

Mittels Gauß-Algorithmus erzeugen wir die Zielmatrix $\boldsymbol{Z}$:

$$\begin{bmatrix} 1 & 0 & 3 & k \\ 2 & 1 & 2 & k+1 \\ k & 0 & k & 0 \end{bmatrix} \overset{\substack{(Z_2)-2(Z_1)\\(Z_3)-k(Z_1)}}{\rightsquigarrow} \begin{bmatrix} 1 & 0 & 3 & k \\ 0 & 1 & -4 & 1-k \\ 0 & 0 & -2k & -k^2 \end{bmatrix} = \boldsymbol{Z}.$$

Nun machen wir zwei Fallunterscheidungen:

- Fall $k \neq 0$: Die Zielmatrix besteht aus 3 Zeilen $\neq [0, 0, 0, 0]$. Somit $\text{Rang}(\boldsymbol{A}) = 3$.
- Fall $k = 0$: $\boldsymbol{Z} = \left[\begin{smallmatrix} 1 & 0 & 3 & 0 \\ 0 & 1 & -4 & 1 \\ 0 & 0 & 0 & 0 \end{smallmatrix}\right]$ hat 2 Zeilen $\neq [0, 0, 0, 0]$. Somit $\text{Rang}(\boldsymbol{A}) = 2$. ■

Übung 2.36

● ● ○ Es sei $\boldsymbol{A} = \begin{bmatrix} 1 & 1 & 1 & -1 \\ 1 & 1 & 0 & 0 \\ 0 & 0 & 1 & 1 \end{bmatrix}$.

a) Man bestimme den Rang von $\boldsymbol{A}$ über dem Körper $\mathbb{R}$.

b) Man bestimme den Rang von $\boldsymbol{A}$ über dem Körper $\mathbb{Z}_2$.

Lösung

a) Mittels Gauß-Algorithmus erzeugen wir die Zielmatrix $\boldsymbol{Z}$:

$$\begin{bmatrix} 1 & 1 & 1 & -1 \\ 1 & 1 & 0 & 0 \\ 0 & 0 & 1 & 1 \end{bmatrix} \overset{(Z_2)-(Z_1)}{\rightsquigarrow} \begin{bmatrix} 1 & 1 & 1 & -1 \\ 0 & 0 & -1 & 1 \\ 0 & 0 & 1 & 1 \end{bmatrix} \overset{(Z_3)+(Z_2)}{\rightsquigarrow} \begin{bmatrix} 1 & 1 & 1 & -1 \\ 0 & 0 & -1 & 1 \\ 0 & 0 & 0 & 2 \end{bmatrix} = \boldsymbol{Z}.$$

Die Zielmatrix besteht aus 3 Zeilen $\neq [0, 0, 0, 0]$. Somit $\text{Rang}(\boldsymbol{A}) = 3$.

b) Wir gehen wie in Teilaufgabe (a) vor, aber führen alle Rechnungen in $\mathbb{Z}_2$ durch, wo $-1 = 1$ gilt:

$$\begin{bmatrix} 1 & 1 & 1 & -1 \\ 1 & 1 & 0 & 0 \\ 0 & 0 & 1 & 1 \end{bmatrix} = \begin{bmatrix} 1 & 1 & 1 & 1 \\ 1 & 1 & 0 & 0 \\ 0 & 0 & 1 & 1 \end{bmatrix} \overset{(Z_2)-(Z_1)}{\rightsquigarrow} \begin{bmatrix} 1 & 1 & 1 & 1 \\ 0 & 0 & -1 & -1 \\ 0 & 0 & 1 & 1 \end{bmatrix} = \begin{bmatrix} 1 & 1 & 1 & 1 \\ 0 & 0 & 1 & 1 \\ 0 & 0 & 1 & 1 \end{bmatrix}$$

$$\overset{(Z_3)-(Z_2)}{\rightsquigarrow} \begin{bmatrix} 1 & 1 & 1 & 1 \\ 0 & 0 & 1 & 1 \\ 0 & 0 & 0 & 0 \end{bmatrix} = \boldsymbol{Z}.$$

Die Zielmatrix besteht in diesem Fall aus 2 Zeilen $\neq [0, 0, 0, 0]$. Somit $\text{Rang}(\boldsymbol{A}) = 2$. ■

Übung 2.37

••• Es sei $\boldsymbol{A} = \begin{bmatrix} 1 & 2 & 0 & -5 \\ 0 & 1 & 2 & 0 \\ 0 & 0 & a+1 & -2 \\ 0 & 0 & 0 & a^2+3a \end{bmatrix}$.

a) Man bestimme den Rang von $\boldsymbol{A}$ über $\mathbb{R}$ in Abhängigkeit von $a \in \mathbb{R}$.

b) Man bestimme den Rang von $\boldsymbol{A}$ über $\mathbb{Z}_2$ in Abhängigkeit von $a \in \mathbb{Z}_2$.

Lösung

a) Die vorgegebene Matrix ist bereits in Zeilenstufenform. Wir machen eine Fallunterscheidung:

- $\underline{a+1=0 \Rightarrow a=-1.}$ In diesem Fall lautet $\boldsymbol{A}$ wie folgt

$$\boldsymbol{A} = \begin{bmatrix} 1 & 2 & 0 & -5 \\ 0 & 1 & 2 & 0 \\ 0 & 0 & 0 & -2 \\ 0 & 0 & 0 & -2 \end{bmatrix} \overset{(Z_4)-(Z_3)}{\rightsquigarrow} \begin{bmatrix} 1 & 2 & 0 & -5 \\ 0 & 1 & 2 & 0 \\ 0 & 0 & 0 & -2 \\ 0 & 0 & 0 & 0 \end{bmatrix} = \boldsymbol{Z} \Rightarrow \text{Rang}(\boldsymbol{A}) = 3.$$

- $\underline{a(a+3)=0 \Rightarrow a=0 \text{ oder } a=-3.}$ $\boldsymbol{A}$ hat drei Zeilen $\neq [0, 0, 0, 0] \Rightarrow \text{Rang}(\boldsymbol{A}) = 3$.
- $\underline{a \neq 0, -1, -3.}$ In diesem Fall hat $\boldsymbol{A}$ Rang 4.

b) Ist $a \in \mathbb{Z}_2$, so kann a nur die Werte $a = 0$ oder $a = 1$ annehmen. Ist $a = 0$ so ist $a^2 + 3a = 0$. Ist $a = 1$ so ist $a^2 + 3a = 4 = 0$. Außerdem gilt über $\mathbb{Z}_2$: $2 = 0$ und $-5 = 1$.

$$\boldsymbol{A} = \begin{bmatrix} 1 & 0 & 0 & 1 \\ 0 & 1 & 0 & 0 \\ 0 & 0 & a+1 & 0 \\ 0 & 0 & 0 & 0 \end{bmatrix}.$$

Wir unterscheiden zwei Fälle:

- $\underline{a+1=0 \Rightarrow a=-1=1.}$ $\boldsymbol{A}$ hat zwei Zeilen $\neq [0, 0, 0, 0]$, also $\text{Rang}(\boldsymbol{A}) = 2$.
- $\underline{a+1 \neq 0 \Rightarrow a=0.}$ $\boldsymbol{A}$ hat drei Zeilen $\neq [0, 0, 0, 0]$. Somit $\text{Rang}(\boldsymbol{A}) = 3$. ■

2.3.3 Rang und LGS

Der Begriff des Ranges einer Matrix findet wichtige Anwendungen bei der Lösung eines LGS. Eine solche Anwendung ist der **Satz von Rouché-Capelli**.

Der Satz von Rouché-Capelli

Es sei $\boldsymbol{A}\boldsymbol{x} = \boldsymbol{b}$ ein LGS mit Darstellungsmatrix $\boldsymbol{A} \in \mathbb{K}^{m \times n}$ und Lösungsvektor $\boldsymbol{b} \in \mathbb{K}^m$. In ▶ Abschn. 2.2.2 haben wir die erweiterte Matrix $[\boldsymbol{A}|\boldsymbol{b}]$ des LGS wie folgt eingeführt:

$$[\boldsymbol{A}|\boldsymbol{b}] = \left[\begin{array}{cccc|c} a_{11} & a_{12} & \cdots & a_{1n} & b_1 \\ a_{21} & a_{22} & \cdots & a_{2n} & b_2 \\ \vdots & \vdots & \ddots & \vdots & \vdots \\ a_{m1} & a_{m2} & \cdots & a_{mn} & b_m \end{array}\right].$$

Mithilfe des Gauß-Algorithmus können wir den Rang von $\boldsymbol{A}$ und $[\boldsymbol{A}|\boldsymbol{b}]$ bestimmen. In Abhängigkeit vom Wert von Rang($\boldsymbol{A}$) und Rang($\boldsymbol{A}|\boldsymbol{b}$) können wir feststellen, ob das LGS **genau eine**, **keine** oder **unendlich viele Lösungen** besitzt. Dies ist der Inhalt des **Satzes von Rouché-Capelli** (◘ Abb. 2.9):

▶ Satz 2.3

Rouché-Capelli Sei $\boldsymbol{A}\boldsymbol{x} = \boldsymbol{b}$ ein LGS mit $\boldsymbol{m}$ **Gleichungen** und $\boldsymbol{n}$ **Unbekannten**. Dann gilt:

- $\text{Rang}(\boldsymbol{A}|\boldsymbol{b}) = \text{Rang}(\boldsymbol{A}) \quad \Leftrightarrow \quad$ LGS lösbar;
- $\text{Rang}(\boldsymbol{A}|\boldsymbol{b}) \neq \text{Rang}(\boldsymbol{A}) \quad \Leftrightarrow \quad$ keine Lösung.

Ist das LGS **lösbar**, dann:

- $\text{Rang}(\boldsymbol{A}|\boldsymbol{b}) = \text{Rang}(\boldsymbol{A}) = n \quad \Leftrightarrow \quad$ genau eine Lösung;
- $\text{Rang}(\boldsymbol{A}|\boldsymbol{b}) = \text{Rang}(\boldsymbol{A}) < n \quad \Leftrightarrow \quad$ unendlich viele Lösungen.
  In diesem Fall gilt für die Anzahl freier Parameter in der Lösungsmenge:

$$\text{Anzahl freie Parameter } = n - \text{Rang}(\boldsymbol{A}).$$

Diese Formel entspricht Gl. (2.10). ◀

Bemerkung

Wie wir später (▶ Kap. 5) erfahren werden, ist die Lösungsmenge ein affiner Raum der Dimension $n - \text{Rang}(A)$.

Bemerkung

Der Satz von Rouché-Capelli ist auch bekannt als Satz von Kronecker-Capelli, Satz von Rouché-Fontené, Satz von Rouché-Frobenius oder Satz von Frobenius.

Berechnung

Der Satz von Rouché-Capelli bietet eine einfache Methode, die Lösung eines gegebenen LGS zu diskutieren. Das Schema in ◘ Abb. 2.9 zeigt dies eindrücklich.

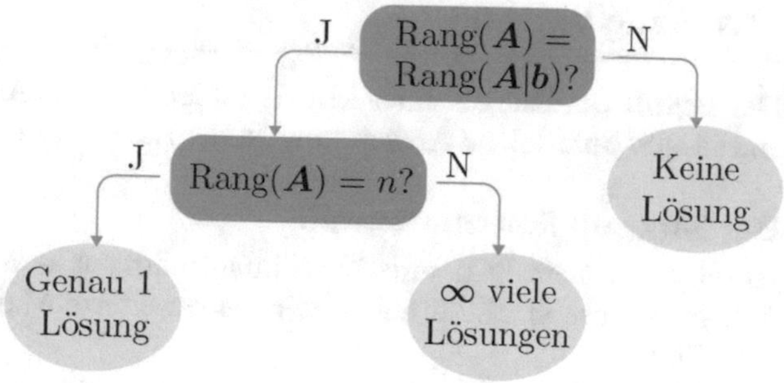

Abb. 2.9 Schnellentscheid über Lösung eines LGS mit Rang

Musterbeispiel 2.6 (LGS mit Rang lösen)

Man untersuche die Lösungen des folgenden LGS mithilfe des **Satzes von Rouché-Capelli**

$$\begin{cases} x_1 + 2x_2 + x_4 = 1 \\ 2x_1 + 4x_2 + x_3 = 3 \\ x_1 + 2x_2 + x_3 - x_4 = 2 \end{cases}$$

Das LGS hat $m = 3$ Gleichungen und $n = 4$ Unbekannte.
Schritt 1 Als Erstes ordnen wir dem LGS die erweiterte Matrix $[A|b]$ zu:

$$\begin{cases} x_1 + 2x_2 + x_4 = 1 & (Z_1) \\ 2x_1 + 4x_2 + x_3 = 3 & (Z_2) \\ x_1 + 2x_2 + x_3 - x_4 = 2 & (Z_3) \end{cases} \rightsquigarrow [A|b] = \left[\begin{array}{cccc|c} 1 & 2 & 0 & 1 & 1 \\ 2 & 4 & 1 & 0 & 3 \\ 1 & 2 & 1 & -1 & 2 \end{array}\right].$$

Schritt 2 Wir benötigen den Gauß-Algorithmus in zwei Schritten:

$$\left[\begin{array}{cccc|c} 1 & 2 & 0 & 1 & 1 \\ 2 & 4 & 1 & 0 & 3 \\ 1 & 2 & 1 & -1 & 2 \end{array}\right] \overset{\substack{(Z_2)-2(Z_1) \\ (Z_3)-(Z_1)}}{\rightsquigarrow} \left[\begin{array}{cccc|c} 1 & 2 & 0 & 1 & 1 \\ 0 & 0 & 1 & -2 & 1 \\ 0 & 0 & 1 & -2 & 1 \end{array}\right] \overset{(Z_3)-(Z_2)}{\rightsquigarrow} \left[\begin{array}{cccc|c} 1 & 2 & 0 & 1 & 1 \\ 0 & 0 & 1 & -2 & 1 \\ 0 & 0 & 0 & 0 & 0 \end{array}\right] = Z.$$

Wegen $\text{Rang}(A) = \text{Rang}(A|b) = 2 < n = 4$ hat das LGS **unendlich viele Lösungen**. Die Lösungsmenge hat **2 freie Parameter**, weil $n - \text{Rang}(A) = 4 - 2 = 2$. In der Tat ist die Lösung

$$\mathbb{L} = \left\{ \begin{bmatrix} x_1 \\ x_2 \\ x_3 \\ x_4 \end{bmatrix} \in \mathbb{R}^4 \;\middle|\; \begin{bmatrix} x_1 \\ x_2 \\ x_3 \\ x_4 \end{bmatrix} = \begin{bmatrix} 1 \\ 0 \\ 1 \\ 0 \end{bmatrix} + t \begin{bmatrix} -2 \\ 1 \\ 0 \\ 0 \end{bmatrix} + s \begin{bmatrix} -1 \\ 0 \\ 2 \\ 1 \end{bmatrix}, \; t, s \in \mathbb{R} \right\}.$$

Übung 2.38

●○○ Man untersuche die Lösungen des folgenden LGS mithilfe des Satzes von Rouché-Capelli

$$\begin{cases} x_1 + x_2 + x_3 = 1 \\ -x_1 + x_2 + 5x_3 = 0 \\ 2x_2 + 6x_3 = 0 \end{cases}$$

Lösung

Schritt 1 Als Erstes ordnen wir dem LGS die erweiterte Matrix $[\boldsymbol{A}|\boldsymbol{b}]$ zu:

$$\begin{cases} x_1 + x_2 + x_3 = 1 & (Z_1) \\ -x_1 + x_2 + 5x_3 = 0 & (Z_2) \\ 2x_2 + 6x_3 = 0 & (Z_3) \end{cases} \rightsquigarrow [\boldsymbol{A}|\boldsymbol{b}] = \left[\begin{array}{ccc|c} 1 & 1 & 1 & 1 \\ -1 & 1 & 5 & 0 \\ 0 & 2 & 6 & 0 \end{array}\right].$$

Schritt 2 Wir wenden den Gauß-Algorithmus in zwei Schritten an:

$$\left[\begin{array}{ccc|c} 1 & 1 & 1 & 1 \\ -1 & 1 & 5 & 0 \\ 0 & 2 & 6 & 0 \end{array}\right] \overset{(Z_2)+(Z_1)}{\rightsquigarrow} \left[\begin{array}{ccc|c} 1 & 1 & 1 & 1 \\ 0 & 2 & 6 & 1 \\ 0 & 2 & 6 & 0 \end{array}\right] \overset{(Z_3)-(Z_2)}{\rightsquigarrow} \left[\begin{array}{ccc|c} 1 & 1 & 1 & 1 \\ 0 & 2 & 6 & 1 \\ 0 & 0 & 0 & -1 \end{array}\right] = \boldsymbol{Z}.$$

Wegen $\text{Rang}(\boldsymbol{A}) = 2 \neq \text{Rang}(\boldsymbol{A}|\boldsymbol{b}) = 3$ hat das LGS **keine Lösung**. ■

Übung 2.39

●●○ Man untersuche die Lösungen des folgenden LGS in Abhängigkeit der Parameter $\alpha, \beta \in \mathbb{R}$

$$\begin{cases} x_1 + x_2 = \alpha \\ 2x_1 + x_2 = \beta \end{cases}$$

Lösung

Das LGS hat $m = 2$ Gleichungen und $n = 2$ Unbekannte.

Schritt 1 Die erweiterte Matrix $[\boldsymbol{A}|\boldsymbol{b}]$ des LGS ist:

$$\begin{cases} x_1 + x_2 = \alpha & (Z_1) \\ 2x_1 + x_2 = \beta & (Z_2) \end{cases} \rightsquigarrow [\boldsymbol{A}|\boldsymbol{b}] = \left[\begin{array}{cc|c} 1 & 1 & \alpha \\ 2 & 1 & \beta \end{array}\right].$$

Schritt 2 Wir führen den Gauß-Algorithmus in einem Schritt durch:

$$\left[\begin{array}{cc|c} 1 & 1 & \alpha \\ 2 & 1 & \beta \end{array}\right] \overset{(Z_2)-2(Z_1)}{\rightsquigarrow} \left[\begin{array}{cc|c} 1 & 1 & \alpha \\ 0 & -1 & \beta - 2\alpha \end{array}\right] = \boldsymbol{Z}.$$

Wegen Rang(A) = Rang($A|b$) = $n = 2$ hat das LGS **genau eine Lösung** für alle $\alpha, \beta \in \mathbb{R}$.
Die eindeutige Lösung lautet $\mathbb{L} = \left\{\begin{bmatrix} \beta - \alpha \\ 2\alpha - \beta \end{bmatrix}\right\}$. ∎

Übung 2.40

• • ○ Für welche $k \in \mathbb{R}$ hat das folgende LGS eine **eindeutige** Lösung?

$$\begin{cases} x_1 + x_2 = 1 \\ kx_1 + x_2 + x_3 = 1 - k \\ x_2 + (1-k)x_3 = 1 \end{cases}$$

Lösung

Das LGS hat $m = 3$ Gleichungen und $n = 3$ Unbekannte.
Schritt 1 Die erweiterte Matrix $[A|b]$ des LGS lautet:

$$\begin{cases} x_1 + x_2 \quad = 1 & (Z_1) \\ kx_1 + x_2 + x_3 = 1 - k & (Z_2) \\ x_2 + (1-k)x_3 = 1 & (Z_3) \end{cases} \rightsquigarrow [A|b] = \left[\begin{array}{ccc|c} 1 & 1 & 0 & 1 \\ k & 1 & 1 & 1-k \\ 0 & 1 & 1-k & 1 \end{array}\right].$$

Schritt 2 Wir wenden den Gauß-Algorithmus an:

$$\left[\begin{array}{ccc|c} 1 & 1 & 0 & 1 \\ k & 1 & 1 & 1-k \\ 0 & 1 & 1-k & 1 \end{array}\right] \overset{(Z_2)-k(Z_1)}{\rightsquigarrow} \left[\begin{array}{ccc|c} 1 & 1 & 0 & 1 \\ 0 & 1-k & 1 & 1-2k \\ 0 & 1 & 1-k & 1 \end{array}\right] \overset{(Z_3)\leftrightarrow(Z_2)}{\rightsquigarrow}$$

$$\left[\begin{array}{ccc|c} 1 & 1 & 0 & 1 \\ 0 & 1 & 1-k & 1 \\ 0 & 1-k & 1 & 1-2k \end{array}\right] \overset{(Z_3)-(1-k)(Z_2)}{\rightsquigarrow} \left[\begin{array}{ccc|c} 1 & 1 & 0 & 1 \\ 0 & 1 & 1-k & 1 \\ 0 & 0 & -k^2+2k & -k \end{array}\right] = \boldsymbol{Z}.$$

Nach dem Satz von Rouché-Capelli wissen wir, dass das gegebene LGS genau dann, eine eindeutige Lösung besitzt, wenn Rang(A) = Rang($A|b$) = $n = 3$ gilt. Dies gilt genau dann wenn $-k^2 + 2k \neq 0$, d. h. $k \neq 0, 2$. ∎

Bemerkung

In Übung 2.40 müssen wir im zweiten Schritt die zweite Zeile mit der dritten Zeile vertauschen, weil die Operation $(1-k)(Z_3) - (Z_2)$ für $k = 1$ **nicht** erlaubt ist.

Übung 2.41

• • ∘ Für welche $k \in \mathbb{R}$ hat das folgende LGS **keine** Lösung?

$$\begin{cases} 2x_1 + kx_2 + 3x_3 = k^2 \\ 2x_2 + 2kx_3 = 2(k+1) \\ x_1 + kx_3 = \frac{3}{2} \end{cases}$$

Lösung

Das LGS hat $m = 3$ Gleichungen und $n = 3$ Unbekannte.

Schritt 1 Wir ordnen dem LGS die erweiterte Matrix $[\boldsymbol{A}|\boldsymbol{b}]$ zu:

$$\begin{cases} 2x_1 + kx_2 + 3x_3 = k^2 & (Z_1) \\ 2x_2 + 2kx_3 = 2(k+1) & (Z_2) \\ x_1 + kx_3 = \frac{3}{2} & (Z_3) \end{cases} \rightsquigarrow [\boldsymbol{A}|\boldsymbol{b}] = \left[\begin{array}{ccc|c} 2 & k & 3 & k^2 \\ 0 & 2 & 2k & 2(k+1) \\ 1 & 0 & k & \frac{3}{2} \end{array}\right].$$

Schritt 2 Wir benötigen den Gauß-Algorithmus in zwei Schritten:

$$\left[\begin{array}{ccc|c} 2 & k & 3 & k^2 \\ 0 & 2 & 2k & 2(k+1) \\ 1 & 0 & k & \frac{3}{2} \end{array}\right] \overset{2(Z_3)-(Z_1)}{\rightsquigarrow} \left[\begin{array}{ccc|c} 2 & k & 3 & k^2 \\ 0 & 2 & 2k & 2(k+1) \\ 0 & -k & 2k-3 & 3-k^2 \end{array}\right]$$

$$\overset{(Z_3)+\frac{k}{2}(Z_2)}{\rightsquigarrow} \left[\begin{array}{ccc|c} 2 & k & 3 & k^2 \\ 0 & 2 & 2k & 2(k+1) \\ 0 & 0 & k^2+2k-3 & k+3 \end{array}\right] = \boldsymbol{Z}.$$

Nach dem Satz von Rouché-Capelli wissen wir, dass das gegebene LGS genau dann keine Lösung besitzt, wenn $\text{Rang}(\boldsymbol{A}) \neq \text{Rang}(\boldsymbol{A}|\boldsymbol{b})$ gilt. Wegen $k^2+2k-3 = (k+3)(k-1)$ ist dies für $k = 1$ der Fall:

$$\boldsymbol{Z} = \left[\begin{array}{ccc|c} 2 & 1 & 3 & 1 \\ 0 & 2 & 2 & 4 \\ 0 & 0 & 0 & 4 \end{array}\right].$$

Konkret $\text{Rang}(\boldsymbol{A}) = 2 \neq \text{Rang}(\boldsymbol{A}|\boldsymbol{b}) = 3$. ■

Übung 2.42

• • ∘ Für welche $k \in \mathbb{R}$ hat das folgende LGS keine, genau eine oder unendlich viele Lösungen?

$$\begin{cases} 2x_1 + 2x_2 + 4x_3 = 10 \\ 3x_1 + kx_2 + 10x_3 = 12 \\ -x_2 - kx_3 = 3 \end{cases}$$

Lösung

Das LGS hat $m = 3$ Gleichungen und $n = 3$ Unbekannte.

Schritt 1 Die erweiterte Matrix $[\boldsymbol{A}|\boldsymbol{b}]$ des LGS ist:

$$\begin{cases} 2x_1 + 2x_2 + 4x_3 = 10 & (Z_1) \\ 3x_1 + kx_2 + 10x_3 = 12 & (Z_2) \\ \quad - x_2 - kx_3 = 3 & (Z_3) \end{cases} \rightsquigarrow [\boldsymbol{A}|\boldsymbol{b}] = \left[\begin{array}{ccc|c} 2 & 2 & 4 & 10 \\ 3 & k & 10 & 12 \\ 0 & -1 & -k & 3 \end{array}\right].$$

Schritt 2 Wir wenden den Gauß-Algorithmus an:

$$\left[\begin{array}{ccc|c} 2 & 2 & 4 & 10 \\ 3 & k & 10 & 12 \\ 0 & -1 & -k & 3 \end{array}\right] \overset{2(Z_2)-3(Z_1)}{\rightsquigarrow} \left[\begin{array}{ccc|c} 2 & 2 & 4 & 10 \\ 0 & 2(k-3) & 8 & -6 \\ 0 & -1 & -k & 3 \end{array}\right] \overset{(Z_3)\leftrightarrow(Z_2)}{\rightsquigarrow} \left[\begin{array}{ccc|c} 2 & 2 & 4 & 10 \\ 0 & -1 & -k & 3 \\ 0 & 2(k-3) & 8 & -6 \end{array}\right]$$

$$\overset{\substack{-(Z_2) \\ (Z_3)+2(k-3)(Z_2)}}{\rightsquigarrow} \left[\begin{array}{ccc|c} 2 & 2 & 4 & 10 \\ 0 & 1 & k & -3 \\ 0 & 0 & -2(k+1)(k-4) & 6(k-4) \end{array}\right] = \boldsymbol{Z}$$

Wir unterscheiden 3 Fälle:

- <u>Fall $k = 4$:</u> Die Zielmatrix lautet: $\boldsymbol{Z} = \left[\begin{array}{ccc|c} 2 & 2 & 4 & 10 \\ 0 & 1 & 4 & -3 \\ 0 & 0 & 0 & 0 \end{array}\right]$. Es folgt $\text{Rang}(\boldsymbol{A}) = \text{Rang}(\boldsymbol{A}|\boldsymbol{b}) = 2 < n = 3$. Das LGS hat somit **unendlich viele Lösungen** mit einem freien Parameter t:

  $$\mathbb{L} = \left\{ \begin{bmatrix} x_1 \\ x_2 \\ x_3 \end{bmatrix} \in \mathbb{R}^3 \;\middle|\; \begin{bmatrix} x_1 \\ x_2 \\ x_3 \end{bmatrix} = \begin{bmatrix} 8 \\ -3 \\ 0 \end{bmatrix} + t \begin{bmatrix} 2 \\ -4 \\ 1 \end{bmatrix},\ t \in \mathbb{R} \right\}.$$

  Denn $n - \text{Rang}(\boldsymbol{A}) = 3 - 2 = 1$.
- <u>Fall $k = -1$:</u> Die Zielmatrix ist: $\boldsymbol{Z} = \left[\begin{array}{ccc|c} 2 & 2 & 4 & 10 \\ 0 & 1 & -1 & -3 \\ 0 & 0 & 0 & -30 \end{array}\right]$. Es folgt $\text{Rang}(\boldsymbol{A}) = 2$ aber $\text{Rang}(\boldsymbol{A}|\boldsymbol{b}) = n = 3$. Das LGS hat somit **keine Lösung**.
- <u>Fall $k \neq -1, 4$:</u> In diesem Fall ist $\text{Rang}(\boldsymbol{A}) = \text{Rang}(\boldsymbol{A}|\boldsymbol{b}) = 3$. Das LGS hat **genau eine Lösung**.

■

Bemerkung

In Übung 2.42 müssen wir im zweiten Schritt die zweite Zeile mit der dritten Zeile vertauschen, weil die Operation $2(k-3)(Z_3) + (Z_2)$ für $k = 3$ **nicht** erlaubt ist.

Übung 2.43

●●○ Man untersuche die Lösungen des folgenden LGS in Abhängigkeit des Parameters $k \in \mathbb{R}$

$$\begin{cases} x_1 + 2x_4 = 1 \\ x_1 + 2x_2 + x_3 + 4x_4 = -1 \\ 2x_2 + 2x_3 + 3x_4 = -1 \\ x_1 - 2x_2 + k^2 x_4 = k + 3 \end{cases}$$

Lösung

Das LGS hat $m = 4$ Gleichungen und $n = 4$ Unbekannte.

Schritt 1 Wir stellen zuerst die erweiterte Matrix $[\boldsymbol{A}|\boldsymbol{E}]$ auf:

$$\begin{cases} x_1 \qquad\qquad\quad + \ 2x_4 = 1 & (Z_1) \\ x_1 + 2x_2 + x_3 + 4x_4 = -1 & (Z_2) \\ \qquad 2x_2 + 2x_3 + 3x_4 = -1 & (Z_3) \\ x_1 - 2x_2 \qquad + k^2 x_4 = k + 3 & (Z_4) \end{cases} \rightsquigarrow [\boldsymbol{A}|\boldsymbol{b}] = \left[\begin{array}{cccc|c} 1 & 0 & 0 & 2 & 1 \\ 1 & 2 & 1 & 4 & -1 \\ 0 & 2 & 2 & 3 & -1 \\ 1 & -2 & 0 & k^2 & k+3 \end{array}\right].$$

Schritt 2 Wir benötigen den Gauß-Algorithmus:

$$\left[\begin{array}{cccc|c} 1 & 0 & 0 & 2 & 1 \\ 1 & 2 & 1 & 4 & -1 \\ 0 & 2 & 2 & 3 & -1 \\ 1 & -2 & 0 & k^2 & k+3 \end{array}\right] \overset{\substack{(Z_2)-(Z_1) \\ (Z_4)-(Z_1)}}{\rightsquigarrow} \left[\begin{array}{cccc|c} 1 & 0 & 0 & 2 & 1 \\ 0 & 2 & 1 & 2 & -2 \\ 0 & 2 & 2 & 3 & -1 \\ 0 & -2 & 0 & k^2-2 & k+2 \end{array}\right] \overset{\substack{(Z_3)-(Z_2) \\ (Z_4)+(Z_2)}}{\rightsquigarrow} \left[\begin{array}{cccc|c} 1 & 0 & 0 & 2 & 1 \\ 0 & 2 & 1 & 2 & -2 \\ 0 & 0 & 1 & 1 & 1 \\ 0 & 0 & 1 & k^2 & k \end{array}\right]$$

$$\overset{(Z_4)-(Z_3)}{\rightsquigarrow} \left[\begin{array}{cccc|c} 1 & 0 & 0 & 2 & 1 \\ 0 & 2 & 1 & 2 & -2 \\ 0 & 0 & 1 & 1 & 1 \\ 0 & 0 & 0 & k^2-1 & k-1 \end{array}\right] = \boldsymbol{Z}.$$

Wegen $k^2 - 1 = (k-1)(k+1)$, unterscheiden wir 3 Fälle:

- Fall $k = 1$: Aus $\boldsymbol{Z} = \left[\begin{array}{cccc|c} 1 & 0 & 0 & 2 & 1 \\ 0 & 2 & 1 & 2 & -2 \\ 0 & 0 & 1 & 1 & 1 \\ 0 & 0 & 0 & 0 & 0 \end{array}\right]$ folgt $\text{Rang}(\boldsymbol{A}) = \text{Rang}(\boldsymbol{A}|\boldsymbol{b}) = 3 < n = 4$. Das LGS hat somit **unendlich viele Lösungen mit einem freien Parameter**

$$\mathbb{L} = \left\{ \begin{bmatrix} x_1 \\ x_2 \\ x_3 \\ x_4 \end{bmatrix} \in \mathbb{R}^4 \,\middle|\, \begin{bmatrix} x_1 \\ x_2 \\ x_3 \\ x_4 \end{bmatrix} = \begin{bmatrix} 1 \\ -\frac{3}{2} \\ 1 \\ 0 \end{bmatrix} + t \begin{bmatrix} -2 \\ -\frac{1}{2} \\ -1 \\ 1 \end{bmatrix}, \ t \in \mathbb{R} \right\}.$$

Denn $n - \text{Rang}(\boldsymbol{A}) = 4 - 3 = 1$.

- Fall $k=-1$: Die Zielmatrix ist $\boldsymbol{Z}=\left[\begin{array}{cccc|c} 1&0&0&2&1\\ 0&2&1&2&-2\\ 0&0&1&1&1\\ 0&0&0&0&-2 \end{array}\right]$. Es folgt $\operatorname{Rang}(\boldsymbol{A})=3$, aber $\operatorname{Rang}(\boldsymbol{A}|\boldsymbol{b})=4$. Das LGS hat somit **keine Lösung**.
- Fall $k\neq\pm1$: In diesem Fall ist $\operatorname{Rang}(\boldsymbol{A})=\operatorname{Rang}(\boldsymbol{A}|\boldsymbol{b})=n=4$. Das LGS hat **genau eine Lösung** $\mathbb{L}=\left\{\frac{1}{1+k}\begin{bmatrix} k-1\\ -\frac{3}{2}k-2\\ k\\ 1 \end{bmatrix}\right\}$. ■

Übung 2.44

••○ Man untersuche die Lösungen des folgenden LGS in Abhängigkeit des Parameters $k\in\mathbb{R}$

$$\begin{cases} x_1+x_2-x_3+x_4=1\\ 2x_1+x_2-x_3+3x_4=0\\ x_1+(k^2-k)x_4=k \end{cases}$$

Lösung

Das LGS hat $m=3$ Gleichungen und $n=4$ Unbekannte.
Schritt 1 Die erweiterte Matrix $[\boldsymbol{A}|\boldsymbol{b}]$ des LGS ist:

$$\begin{cases} x_1+x_2-x_3+x_4=1 & (Z_1)\\ 2x_1+x_2-x_3+3x_4=0 & (Z_2)\\ x_1+(k^2-k)x_4=k & (Z_3) \end{cases} \rightsquigarrow [\boldsymbol{A}|\boldsymbol{b}]=\left[\begin{array}{cccc|c} 1&1&-1&1&1\\ 2&1&-1&3&0\\ 1&0&0&k^2-k&k \end{array}\right].$$

Schritt 2 Wir wenden den Gauß-Algorithmus an:

$$\left[\begin{array}{cccc|c} 1&1&-1&1&1\\ 2&1&-1&3&0\\ 1&0&0&k^2-k&k \end{array}\right] \overset{\substack{(Z_2)-2(Z_1)\\ (Z_3)-(Z_1)}}{\rightsquigarrow} \left[\begin{array}{cccc|c} 1&1&-1&1&1\\ 0&-1&1&1&-2\\ 0&-1&1&k^2-k-1&k-1 \end{array}\right]$$

$$\overset{(Z_3)-(Z_2)}{\rightsquigarrow} \left[\begin{array}{cccc|c} 1&1&-1&1&1\\ 0&-1&1&1&-2\\ 0&0&0&k^2-k-2&k+1 \end{array}\right]=\boldsymbol{Z}.$$

Wegen $k^2-k-2=(k+1)(k-2)$, unterscheiden wir 3 Fälle:

- Fall $k=-1$: Aus $\boldsymbol{Z}=\left[\begin{array}{cccc|c} 1&1&-1&1&1\\ 0&-1&1&1&-2\\ 0&0&0&0&0 \end{array}\right]$ folgt $\operatorname{Rang}(\boldsymbol{A})=\operatorname{Rang}(\boldsymbol{A}|\boldsymbol{b})=2<n=4$. Das LGS hat **unendlich viele Lösungen** mit 2 freien Parametern t, s:

$$\mathbb{L} = \left\{ \begin{bmatrix} x_1 \\ x_2 \\ x_3 \\ x_4 \end{bmatrix} \in \mathbb{R}^4 \;\middle|\; \begin{bmatrix} x_1 \\ x_2 \\ x_3 \\ x_4 \end{bmatrix} = \begin{bmatrix} -1 \\ 2 \\ 0 \\ 0 \end{bmatrix} + t \begin{bmatrix} 0 \\ 1 \\ 1 \\ 0 \end{bmatrix} + s \begin{bmatrix} -2 \\ 1 \\ 0 \\ 1 \end{bmatrix}, \; t, s \in \mathbb{R} \right\}.$$

Denn $n - \text{Rang}(A) = 4 - 2 = 2$.

- Fall $k = 2$: Wegen $Z = \left[\begin{array}{cccc|c} 1 & 1 & -1 & 1 & 1 \\ 0 & -1 & 1 & 1 & -2 \\ 0 & 0 & 0 & 0 & 3 \end{array}\right]$ ist $\text{Rang}(A) = 2$ aber $\text{Rang}(A|b) = 3$.

  Das LGS hat somit **keine Lösung**.
- Fall $k \neq -1, 2$: In diesem Fall ist $\text{Rang}(A) = \text{Rang}(A|b) = 3 < n = 4$. Das LGS hat **unendlich viele Lösungen** mit einem freien Parameter t, weil $n - \text{Rang}(A) = 4 - 3 = 1$:

$$\mathbb{L} = \left\{ \begin{bmatrix} x_1 \\ x_2 \\ x_3 \\ x_4 \end{bmatrix} \in \mathbb{R}^4 \;\middle|\; \begin{bmatrix} x_1 \\ x_2 \\ x_3 \\ x_4 \end{bmatrix} = \frac{1}{k-2} \begin{bmatrix} -k \\ 2k-3 \\ 0 \\ 1 \end{bmatrix} + t \begin{bmatrix} 0 \\ 1 \\ 1 \\ 0 \end{bmatrix}, \; t \in \mathbb{R} \right\}.$$

■

2.3.4 Homogene LGS

In diesem Abschnitt diskutieren wir eine Variante des Satzes von Rouché-Capelli für homogene LGS $Ax = 0$. Solche LGS haben immer eine Lösung: den Nullvektor $x = 0$. Diese Lösung heißt **triviale Lösung**. In ▶ Abschn. 2.1.1 haben wir gelernt, dass es 3 Möglichkeiten für die Lösung eines LGS gibt:

1) das LGS besitzt genau eine Lösung;
2) das LGS besitzt unendlich viele Lösungen;
3) das LGS ist nicht lösbar.

Da $Ax = 0$ immer die triviale Lösung besitzt, tritt Fall (3) nie für homogene LGS auf. Die folgende Variante des Satzes von Rouché-Capelli bietet ein Kriterium an, um zwischen Fall (1) und Fall (2) zu entscheiden.

▶ Satz 2.4 (Rouché-Capelli für homogene LGS)

Es sei $Ax = 0$ ein **homogenes** LGS mit m **Gleichungen** und n **Unbekannten**. Dann gilt:

$$Ax = 0 \text{ hat eine nichttriviale Lösung } x \neq 0 \quad \Leftrightarrow \quad \text{Rang}(A) < n$$

Die Anzahl von freien Parametern in der Lösungsmenge ist $n - \text{Rang}(A)$. ◀

Bemerkung

Äquivalent dazu: Das LGS hat genau dann **nur die triviale Lösung** $x = 0$, wenn gilt:

$$\text{Rang}(A) = n.$$

Übung 2.45

• ∘ ∘ Man bestimme die Lösungsmenge des folgenden homogenen LGS

$$\begin{cases} x_1 + 2x_2 + x_3 = 0 \\ 2x_1 - 2x_2 + 5x_3 = 0 \\ x_1 + 2x_3 = 0 \end{cases}$$

Lösung

Das LGS hat $m = 3$ Gleichungen für $n = 3$ Unbekannte.

Schritt 1 Als Erstes ordnen wir dem LGS die erweiterte Matrix $[\boldsymbol{A}|\boldsymbol{0}]$ zu:

$$\begin{cases} x_1 + 2x_2 + x_3 = 0 & (Z_1) \\ 2x_1 - 2x_2 + 5x_3 = 0 & (Z_2) \\ x_1 + 2x_3 = 0 & (Z_3) \end{cases} \rightsquigarrow [\boldsymbol{A}|\boldsymbol{b}] = \left[\begin{array}{ccc|c} 1 & 2 & 1 & 0 \\ 2 & -2 & 5 & 0 \\ 1 & 0 & 2 & 0 \end{array}\right].$$

Schritt 2 Wir wenden den Gauß-Algorithmus in zwei Schritten an:

$$\left[\begin{array}{ccc|c} 1 & 2 & 1 & 0 \\ 2 & -2 & 5 & 0 \\ 1 & 0 & 2 & 0 \end{array}\right] \overset{\substack{(Z_2)-2(Z_1) \\ (Z_3)-(Z_1)}}{\rightsquigarrow} \left[\begin{array}{ccc|c} 1 & 2 & 1 & 0 \\ 0 & -6 & 3 & 0 \\ 0 & -2 & 1 & 0 \end{array}\right] \overset{3(Z_3)-(Z_2)}{\rightsquigarrow} \left[\begin{array}{ccc|c} 1 & 2 & 1 & 0 \\ 0 & -6 & 3 & 0 \\ 0 & 0 & 0 & 0 \end{array}\right] = \boldsymbol{Z}.$$

In diesem Fall gilt $\text{Rang}(\boldsymbol{A}) = 2 < n = 3$. Aus dem Satz von Rouché-Capelli 2.4 folgt, dass das LGS **unendlich viele Lösungen** hat. Die Lösungsmenge hat einen freien Parameter, weil $n - \text{Rang}(\boldsymbol{A}) = 3 - 2 = 1$.

Herauslesen der Lösung:

$$\begin{cases} x_1 + 2x_2 + x_3 = 0 \\ -6x_2 + 3x_3 = 0 \end{cases} \Rightarrow \begin{cases} x_1 = -2x_2 - x_3 = -4t \\ x_2 = t \\ x_3 = 2x_3 = 2t \end{cases}$$

Als Lösung erhalten wir somit:

$$\mathbb{L} = \left\{ \begin{bmatrix} x_1 \\ x_2 \\ x_3 \end{bmatrix} \in \mathbb{R}^3 \,\middle|\, \begin{bmatrix} x_1 \\ x_2 \\ x_3 \end{bmatrix} = t \begin{bmatrix} -4 \\ 1 \\ 2 \end{bmatrix}, \; t \in \mathbb{R} \right\}.$$

■

Übung 2.46

● ○ ○ Man bestimme die Lösungsmenge des folgenden homogenen LGS

$$\begin{cases} x_1 + x_2 + x_3 = 0 \\ x_1 - x_3 = 0 \\ 2x_2 + x_3 = 0 \end{cases}$$

Lösung

Das LGS hat $m = 3$ Gleichungen für $n = 3$ Unbekannte.

Schritt 1 Die erweiterte Matrix $[\boldsymbol{A}|\boldsymbol{0}]$ des LGS ist:

$$\begin{cases} x_1 + x_2 + x_3 = 0 & (Z_1) \\ x_1 - x_3 = 0 & (Z_2) \\ 2x_2 + x_3 = 0 & (Z_3) \end{cases} \rightsquigarrow [\boldsymbol{A}|\boldsymbol{b}] = \left[\begin{array}{ccc|c} 1 & 1 & 1 & 0 \\ 1 & 0 & -1 & 0 \\ 0 & 2 & 1 & 0 \end{array}\right].$$

Schritt 2 Wir benötigen den Gauß-Algorithmus:

$$\left[\begin{array}{ccc|c} 1 & 1 & 1 & 0 \\ 1 & 0 & -1 & 0 \\ 0 & 2 & 1 & 0 \end{array}\right] \overset{(Z_2)-(Z_1)}{\rightsquigarrow} \left[\begin{array}{ccc|c} 1 & 1 & 1 & 0 \\ 0 & -1 & -2 & 0 \\ 0 & 2 & 1 & 0 \end{array}\right] \overset{(Z_3)+2(Z_2)}{\rightsquigarrow} \left[\begin{array}{ccc|c} 1 & 1 & 1 & 0 \\ 0 & -1 & -2 & 0 \\ 0 & 0 & -3 & 0 \end{array}\right] = \boldsymbol{Z}.$$

Es ist $\text{Rang}(\boldsymbol{A}) = n = 3$, d. h., das LGS hat **nur die triviale Lösung** $\mathbb{L} = \left\{ \begin{bmatrix} 0 \\ 0 \\ 0 \end{bmatrix} \right\}$. ■

Übung 2.47

● ● ○ Für welche $k \in \mathbb{R}$ besitzt das folgende homogene LGS nichttriviale Lösungen?

$$\begin{cases} x_1 + 2kx_2 + 2x_3 = 0 \\ x_1 + 3kx_3 = 0 \\ x_2 + kx_3 = 0 \end{cases}$$

Lösung

Das LGS hat $m = 3$ Gleichungen und $n = 3$ Unbekannte.

Schritt 1 Wir bestimmen die erweiterte Matrix $[\boldsymbol{A}|\boldsymbol{0}]$ des LGS:

$$\begin{cases} x_1 + 2kx_2 + 2x_3 = 0 & (Z_1) \\ x_1 + 3kx_3 = 0 & (Z_2) \\ x_2 + kx_3 = 0 & (Z_3) \end{cases} \rightsquigarrow [\boldsymbol{A}|\boldsymbol{b}] = \left[\begin{array}{ccc|c} 1 & 2k & 2 & 0 \\ 1 & 0 & 3k & 0 \\ 0 & 1 & k & 0 \end{array}\right].$$

Schritt 2 Wir wenden den Gauß-Algorithmus in drei Schritten an:

$$\left[\begin{array}{ccc|c} 1 & 2k & 2 & 0 \\ 1 & 0 & 3k & 0 \\ 0 & 1 & k & 0 \end{array}\right] \overset{(Z_2)-(Z_1)}{\rightsquigarrow} \left[\begin{array}{ccc|c} 1 & 2k & 2 & 0 \\ 0 & -2k & 3k-2 & 0 \\ 0 & 1 & k & 0 \end{array}\right] \overset{(Z_3)\leftrightarrow(Z_2)}{\rightsquigarrow} \left[\begin{array}{ccc|c} 1 & 2k & 2 & 0 \\ 0 & 1 & k & 0 \\ 0 & -2k & 3k-2 & 0 \end{array}\right]$$

$$\overset{(Z_3)+2k(Z_2)}{\rightsquigarrow} \left[\begin{array}{ccc|c} 1 & 2k & 2 & 0 \\ 0 & 1 & k & 0 \\ 0 & 0 & 2k^2+3k-2 & 0 \end{array}\right] = \boldsymbol{Z}.$$

Das LGS besitzt genau dann eine nichttriviale Lösung, wenn Rang($\boldsymbol{A}$) $< n = 3$. Dies ist für $2k^2 + 3k - 2 = 0$ der Fall. Daraus folgt, $k = -2$ oder $k = 1/2$. Das LGS besitzt somit eine nichttriviale Lösung für $k = \{-2, 1/2\}$. Für alle andere $k \in \mathbb{R}$ hat das LGS nur die triviale Lösung. ■

Bemerkung

In Übung 2.47 haben wir im zweiten Schritt die zweite Zeile mit der dritten Zeile vertauscht, weil die Operation $2k(Z_3) + (Z_2)$ für $k = 0$ **nicht** gestattet ist.

2.4 Matrizengleichungen und inverse Matrix

2.4.1 Matrizengleichungen

Mithilfe des Gauß-Algorithmus kann man auch **Matrizengleichungen** der folgenden Art einfach lösen.

Übung 2.48

● ○ ○ Man löse

$$\boldsymbol{AX} = \boldsymbol{B}, \quad \text{für } \boldsymbol{A} = \begin{bmatrix} 1 & 1 & 0 \\ 1 & 1 & 2 \\ 0 & 1 & 1 \end{bmatrix}, \ \boldsymbol{B} = \begin{bmatrix} -1 & 1 & 0 \\ -2 & -1 & 1 \\ 0 & -1 & 1 \end{bmatrix}.$$

Lösung

Wir stellen zuerst die erweiterte Matrix $[\boldsymbol{A}|\boldsymbol{B}]$ auf

$$[\boldsymbol{A}|\boldsymbol{B}] = \left[\begin{array}{ccc|ccc} 1 & 1 & 0 & -1 & 1 & 0 \\ 1 & 1 & 2 & -2 & -1 & 1 \\ 0 & 1 & 1 & 0 & -1 & 1 \end{array}\right]$$

und wenden den Gauß-Algorithmus an, bis die linke Matrix in die Identitätsmatrix $\boldsymbol{E}$ übergeführt worden ist:

$$\left[\begin{array}{ccc|ccc} 1 & 1 & 0 & -1 & 1 & 0 \\ 1 & 1 & 2 & -2 & -1 & 1 \\ 0 & 1 & 1 & 0 & -1 & 1 \end{array}\right] \overset{(Z_2)-(Z_1)}{\rightsquigarrow} \left[\begin{array}{ccc|ccc} 1 & 1 & 0 & -1 & 1 & 0 \\ 0 & 0 & 2 & -1 & -2 & 1 \\ 0 & 1 & 1 & 0 & -1 & 1 \end{array}\right] \overset{(Z_3)\leftrightarrow(Z_2)}{\rightsquigarrow} \left[\begin{array}{ccc|ccc} 1 & 1 & 0 & -1 & 1 & 0 \\ 0 & 1 & 1 & 0 & -1 & 1 \\ 0 & 0 & 2 & -1 & -2 & 1 \end{array}\right]$$

$$\overset{(Z_3)/2}{\rightsquigarrow} \left[\begin{array}{ccc|ccc} 1 & 1 & 0 & -1 & 1 & 0 \\ 0 & 1 & 1 & 0 & -1 & 1 \\ 0 & 0 & 1 & -\frac{1}{2} & -1 & \frac{1}{2} \end{array}\right] \overset{(Z_2)-(Z_3)}{\rightsquigarrow} \left[\begin{array}{ccc|ccc} 1 & 1 & 0 & -1 & 1 & 0 \\ 0 & 1 & 0 & \frac{1}{2} & 0 & \frac{1}{2} \\ 0 & 0 & 1 & -\frac{1}{2} & -1 & \frac{1}{2} \end{array}\right]$$

$$\overset{(Z_1)-(Z_2)}{\rightsquigarrow} \left[\begin{array}{ccc|ccc} 1 & 0 & 0 & -\frac{3}{2} & 1 & -\frac{1}{2} \\ 0 & 1 & 0 & \frac{1}{2} & 0 & \frac{1}{2} \\ 0 & 0 & 1 & -\frac{1}{2} & -1 & \frac{1}{2} \end{array}\right] = [\boldsymbol{E}|\boldsymbol{X}].$$

Die Lösung lautet somit: $\boldsymbol{X} = \begin{bmatrix} -\frac{3}{2} & 1 & -\frac{1}{2} \\ \frac{1}{2} & 0 & \frac{1}{2} \\ -\frac{1}{2} & -1 & \frac{1}{2} \end{bmatrix}$. ■

2.4.2 Bestimmung der inversen Matrix A^{-1} mithilfe des Gauß-Algorithmus

Wir analysieren jetzt die Bestimmung der inversen Matrix mithilfe des Gauß-Algorithmus. Sei

$$\boldsymbol{A} = \begin{bmatrix} a_{11} & \cdots & a_{1n} \\ \vdots & \ddots & \vdots \\ a_{n1} & \cdots & a_{nn} \end{bmatrix}$$

invertierbar. Wir suchen nach einer Matrix

$$\boldsymbol{B} = \begin{bmatrix} b_{11} & \cdots & b_{1n} \\ \vdots & \ddots & \vdots \\ b_{n1} & \cdots & b_{nn} \end{bmatrix},$$

welche die Matrizengleichung $\boldsymbol{AB} = \boldsymbol{E}$ erfüllt. $\boldsymbol{B}$ ist dann die gesuchte **Inverse** von $\boldsymbol{A}$, d. h. $\boldsymbol{B} = \boldsymbol{A}^{-1}$. In Komponenten lautet die Matrizengleichung $\boldsymbol{AB} = \boldsymbol{E}$:

$$\boldsymbol{AB} = \begin{bmatrix} a_{11}b_{11} + \cdots + a_{1n}b_{n1} & \cdots & a_{11}b_{1n} + \cdots + a_{1n}b_{nn} \\ \vdots & \ddots & \vdots \\ a_{n1}b_{11} + \cdots + a_{nn}b_{n1} & \cdots & a_{n1}b_{1n} + \cdots + a_{nn}b_{nn} \end{bmatrix} \overset{!}{=} \begin{bmatrix} 1 & \cdots & 0 \\ \vdots & \ddots & \vdots \\ 0 & \cdots & 1 \end{bmatrix}.$$

Dies entspricht ***n* linearen Gleichungssysteme**

$$\begin{cases} a_{11}b_{11} + \cdots + a_{1n}b_{n1} = 1 \\ a_{21}b_{11} + \cdots + a_{2n}b_{n1} = 0 \\ \quad\vdots \qquad\qquad\quad \vdots \quad\; \vdots \\ a_{n1}b_{11} + \cdots + a_{nn}b_{n1} = 0 \end{cases}$$

$$\vdots$$

$$\begin{cases} a_{11}b_{1n} + \cdots + a_{1n}b_{nn} = 0 \\ a_{21}b_{1n} + \cdots + a_{2n}b_{nn} = 0 \\ \quad\vdots \qquad\qquad\quad \vdots \quad\; \vdots \\ a_{n1}b_{1n} + \cdots + a_{nn}b_{nn} = 1 \end{cases}$$

welche wir **gleichzeitig** lösen müssen (▶ vgl. Abschn. 2.4.1). Wir stellen zuerst die erweiterte Matrix auf:

$$[\boldsymbol{A}|\boldsymbol{E}] = \left[\begin{array}{ccc|ccc} a_{11} & \cdots & a_{1n} & 1 & \cdots & 0 \\ \vdots & \ddots & \vdots & \vdots & \ddots & \vdots \\ a_{n1} & \cdots & a_{nn} & 0 & \cdots & 1 \end{array}\right].$$

Dann bringen wir mittels Gauß-Algorithmus die Matrix $[\boldsymbol{A}|\boldsymbol{E}]$ durch elementarer Zeilenoperationen in die folgende Form:

$$\left[\begin{array}{ccc|ccc} 1 & \cdots & 0 & b_{11} & \cdots & b_{1n} \\ \vdots & \ddots & \vdots & \vdots & \ddots & \vdots \\ 0 & \cdots & 1 & b_{n1} & \cdots & b_{nn} \end{array}\right] = [\boldsymbol{E}|\boldsymbol{B}].$$

Die Matrix $\boldsymbol{B}$, welche am Ende des Verfahrens auf der rechten Seite steht, ist genau die gesuchte Inverse $\boldsymbol{A}^{-1}$ der Matrix $\boldsymbol{A}$, d. h. $\boldsymbol{B} = \boldsymbol{A}^{-1}$.

Musterbeispiel: invertierbare (3 × 3)-Matrix

Musterbeispiel 2.7 (Inverse mit Gauß-Algorithmus bestimmen)

Man bestimme die Inverse der Matrix $\boldsymbol{A} = \begin{bmatrix} 1 & 1 & 1 \\ 1 & 2 & 3 \\ 0 & 1 & 1 \end{bmatrix}$. Wir stellen zuerst die erweiterte Matrix $[\boldsymbol{A}|\boldsymbol{E}]$ auf

$$[\boldsymbol{A}|\boldsymbol{E}] = \left[\begin{array}{ccc|ccc} 1 & 1 & 1 & 1 & 0 & 0 \\ 1 & 2 & 3 & 0 & 1 & 0 \\ 0 & 1 & 1 & 0 & 0 & 1 \end{array}\right].$$

und wenden den Gauß-Algorithmus an, bis die linke Matrix in die Einheitsmatrix $\boldsymbol{E}$ überführt wurde:

$$\left[\begin{array}{ccc|ccc}1&1&1&1&0&0\\1&2&3&0&1&0\\0&1&1&0&0&1\end{array}\right]\overset{(Z_2)-(Z_1)}{\rightsquigarrow}\left[\begin{array}{ccc|ccc}1&1&1&1&0&0\\0&1&2&-1&1&0\\0&1&1&0&0&1\end{array}\right]\overset{(Z_3)-(Z_2)}{\rightsquigarrow}\left[\begin{array}{ccc|ccc}1&1&1&1&0&0\\0&1&2&-1&1&0\\0&0&-1&1&-1&1\end{array}\right]$$

$$\overset{-(Z_3)}{\rightsquigarrow}\left[\begin{array}{ccc|ccc}1&1&1&1&0&0\\0&1&2&-1&1&0\\0&0&1&-1&1&-1\end{array}\right]\overset{(Z_1)-(Z_3)}{\rightsquigarrow}\left[\begin{array}{ccc|ccc}1&1&0&2&-1&1\\0&1&2&-1&1&0\\0&0&1&-1&1&-1\end{array}\right]\overset{(Z_2)-2(Z_3)}{\rightsquigarrow}$$

$$\left[\begin{array}{ccc|ccc}1&1&0&2&-1&1\\0&1&0&1&-1&2\\0&0&1&-1&1&-1\end{array}\right]\overset{(Z_1)-(Z_2)}{\rightsquigarrow}\left[\begin{array}{ccc|ccc}1&0&0&1&0&-1\\0&1&0&1&-1&2\\0&0&1&-1&1&-1\end{array}\right]=[\boldsymbol{E}|\boldsymbol{A}^{-1}].$$

Wir haben somit die erweiterte Matrix $[\boldsymbol{A}|\boldsymbol{E}]$ in die Form $[\boldsymbol{E}|\boldsymbol{A}^{-1}]$ überführt. Wir können die Inverse $\boldsymbol{A}^{-1}$ direkt aus der rechten Seite des Endschemas ablesen:

$$\boldsymbol{A}^{-1}=\begin{bmatrix}1&0&-1\\1&-1&2\\-1&1&-1\end{bmatrix}.$$

Somit ist $\boldsymbol{A}$ **invertierbar** und dic Inverse ist $\boldsymbol{A}^{-1}$.

Musterbeispiel: nichtinvertierbare (3 × 3)-Matrix

Was passiert wenn die vorgelegte Matrix nichtinvertierbar ist? Das nächste Beispiel soll diese Situation erläutern.

Musterbeispiel 2.8 (Inverse mit Gauß-Algorithmus bestimmen)

Man bestimme die Inverse von $\boldsymbol{A}=\begin{bmatrix}1&2&3\\1&1&2\\0&1&1\end{bmatrix}$. Die erweiterte Matrix $[\boldsymbol{A}|\boldsymbol{E}]$ ist

$$[\boldsymbol{A}|\boldsymbol{E}]=\left[\begin{array}{ccc|ccc}1&2&3&1&0&0\\1&1&2&0&1&0\\0&1&1&0&0&1\end{array}\right].$$

und führen den Gauß-Algorithmus durch, bis die linke Matrix in die Einheitsmatrix $\boldsymbol{E}$ umgewandelt wurde (oder auch nicht!):

$$\left[\begin{array}{ccc|ccc}1&2&3&1&0&0\\1&1&2&0&1&0\\0&1&1&0&0&1\end{array}\right]\overset{(Z_2)-(Z_1)}{\rightsquigarrow}\left[\begin{array}{ccc|ccc}1&2&3&1&0&0\\0&-1&-1&-1&1&0\\0&1&1&0&0&1\end{array}\right]\overset{-(Z_2)}{\rightsquigarrow}\left[\begin{array}{ccc|ccc}1&2&3&1&0&0\\0&1&1&1&-1&0\\0&1&1&0&0&1\end{array}\right]$$

$$\overset{(Z_3)-(Z_2)}{\rightsquigarrow}\left[\begin{array}{ccc|ccc}1&2&3&1&0&0\\0&1&1&1&-1&0\\0&0&0&-1&1&1\end{array}\right].$$

In diesem Fall, ist es nicht möglich, die erweiterte Matrix $[\boldsymbol{A}|\boldsymbol{E}]$ in der Form $[\boldsymbol{E}|\boldsymbol{A}^{-1}]$ überzuführen. Der Grund dafür ist, dass $\boldsymbol{A}$ **nichtinvertierbar** ist. In ▶ Kap. 3 werden wir mittels Determinante dies bald vorher feststellen!

Übung 2.49

• ∘ ∘ Man bestimme mittels des Gauß-Algorithmus die Inverse von

$$A = \begin{bmatrix} 5 & 3 \\ 3 & 2 \end{bmatrix}.$$

Lösung

Wir stellen die erweiterte Matrix auf $[A|E] = \left[\begin{array}{cc|cc} 5 & 3 & 1 & 0 \\ 3 & 2 & 0 & 1 \end{array}\right]$ und wenden den Gauß-Algorithmus an:

$$\left[\begin{array}{cc|cc} 5 & 3 & 1 & 0 \\ 3 & 2 & 0 & 1 \end{array}\right] \overset{(Z_1)/5}{\rightsquigarrow} \left[\begin{array}{cc|cc} 1 & \frac{3}{5} & \frac{1}{5} & 0 \\ 3 & 2 & 0 & 1 \end{array}\right] \overset{(Z_2)-3(Z_1)}{\rightsquigarrow} \left[\begin{array}{cc|cc} 1 & \frac{3}{5} & \frac{1}{5} & 0 \\ 0 & \frac{1}{5} & -\frac{3}{5} & 1 \end{array}\right]$$

$$\overset{(Z_1)-3(Z_2)}{\rightsquigarrow} \left[\begin{array}{cc|cc} 1 & 0 & 2 & -3 \\ 0 & \frac{1}{5} & -\frac{3}{5} & 1 \end{array}\right] \overset{5(Z_1)}{\rightsquigarrow} \left[\begin{array}{cc|cc} 1 & 0 & 2 & -3 \\ 0 & 1 & -3 & 5 \end{array}\right] = [E|A^{-1}].$$

Die gesuchte Inverse A^{-1} lautet somit $A^{-1} = \begin{bmatrix} 2 & -3 \\ -3 & 5 \end{bmatrix}$. Machen Sie die Probe! ■

Übung 2.50

• ∘ ∘ Man bestimme die Inverse der Matrix $A = \begin{bmatrix} 3 & 4 \\ -1 & 2 \end{bmatrix}$.

Lösung

Die erweiterte Matrix ist $[A|E] = \left[\begin{array}{cc|cc} 3 & 4 & 1 & 0 \\ -1 & 2 & 0 & 1 \end{array}\right]$. Mit dem Gauß-Algorithmus finden wir:

$$\left[\begin{array}{cc|cc} 3 & 4 & 1 & 0 \\ -1 & 2 & 0 & 1 \end{array}\right] \overset{(Z_1)/3}{\rightsquigarrow} \left[\begin{array}{cc|cc} 1 & \frac{4}{3} & \frac{1}{3} & 0 \\ -1 & 2 & 0 & 1 \end{array}\right] \overset{(Z_2)+(Z_1)}{\rightsquigarrow} \left[\begin{array}{cc|cc} 1 & \frac{4}{3} & \frac{1}{3} & 0 \\ 0 & \frac{10}{3} & \frac{1}{3} & 1 \end{array}\right] \overset{\frac{3}{10}(Z_2)}{\rightsquigarrow} \left[\begin{array}{cc|cc} 1 & \frac{4}{3} & \frac{1}{3} & 0 \\ 0 & 1 & \frac{1}{10} & \frac{3}{10} \end{array}\right]$$

$$\overset{(Z_1)-\frac{4}{3}(Z_2)}{\rightsquigarrow} \left[\begin{array}{cc|cc} 1 & 0 & \frac{1}{5} & -\frac{2}{5} \\ 0 & 1 & \frac{1}{10} & \frac{3}{10} \end{array}\right] = [E|A^{-1}] \quad \Rightarrow \quad A^{-1} = \begin{bmatrix} \frac{1}{5} & -\frac{2}{5} \\ \frac{1}{10} & \frac{3}{10} \end{bmatrix}.$$

■

Übung 2.51

• ∘ ∘ Man bestimme die Inverse der Matrix $A = \begin{bmatrix} 1 & 1 \\ 2 & 3 \end{bmatrix}$.

Lösung

Wir stellen die erweiterte Matrix $[\boldsymbol{A}|\boldsymbol{E}]$ auf, $[\boldsymbol{A}|\boldsymbol{E}] = \left[\begin{array}{cc|cc} 1 & 1 & 1 & 0 \\ 2 & 3 & 0 & 1 \end{array}\right]$, und führen den Gauß-Algorithmus durch:

$$\left[\begin{array}{cc|cc} 1 & 1 & 1 & 0 \\ 2 & 3 & 0 & 1 \end{array}\right] \overset{(Z_2)-2(Z_1)}{\rightsquigarrow} \left[\begin{array}{cc|cc} 1 & 1 & 1 & 0 \\ 0 & 1 & -2 & 1 \end{array}\right] \overset{(Z_1)-(Z_2)}{\rightsquigarrow} \left[\begin{array}{cc|cc} 1 & 0 & 3 & -1 \\ 0 & 1 & -2 & 1 \end{array}\right] = [\boldsymbol{E}|\boldsymbol{A}^{-1}]$$

$$\Rightarrow \boldsymbol{A}^{-1} = \begin{bmatrix} 3 & -1 \\ -2 & 1 \end{bmatrix}.$$

■

Übung 2.52

• ∘ ∘ Man bestimme die Inverse der Matrix $\boldsymbol{A} = \begin{bmatrix} 2 & 0 & 0 \\ 0 & -5 & 0 \\ 0 & 0 & \frac{1}{2} \end{bmatrix}$.

Lösung

Die erweiterte Matrix $[\boldsymbol{A}|\boldsymbol{E}]$ ist $[\boldsymbol{A}|\boldsymbol{E}] = \left[\begin{array}{ccc|ccc} 2 & 0 & 0 & 1 & 0 & 0 \\ 0 & -5 & 0 & 0 & 1 & 0 \\ 0 & 0 & \frac{1}{2} & 0 & 0 & 1 \end{array}\right]$. Mit dem Gauß-Algorithmus finden wir:

$$\left[\begin{array}{ccc|ccc} 2 & 0 & 0 & 1 & 0 & 0 \\ 0 & -5 & 0 & 0 & 1 & 0 \\ 0 & 0 & \frac{1}{2} & 0 & 0 & 1 \end{array}\right] \overset{\substack{\frac{1}{2}(Z_1) \\ -\frac{1}{5}(Z_2) \\ 2(Z_3)}}{\rightsquigarrow} \left[\begin{array}{ccc|ccc} 1 & 0 & 0 & \frac{1}{2} & 0 & 0 \\ 0 & 1 & 0 & 0 & -\frac{1}{5} & 0 \\ 0 & 0 & 1 & 0 & 0 & 2 \end{array}\right] = [\boldsymbol{E}|\boldsymbol{A}^{-1}] \Rightarrow \boldsymbol{A}^{-1} = \begin{bmatrix} \frac{1}{2} & 0 & 0 \\ 0 & -\frac{1}{5} & 0 \\ 0 & 0 & 2 \end{bmatrix}$$

■

Merkregel

Im Allgemeinen ist die Inverse einer Diagonalmatrix

$$\boldsymbol{A} = \begin{bmatrix} \lambda_1 & \cdots & 0 \\ \vdots & \ddots & \vdots \\ 0 & \cdots & \lambda_n \end{bmatrix} \Rightarrow \boldsymbol{A}^{-1} = \begin{bmatrix} \frac{1}{\lambda_1} & \cdots & 0 \\ \vdots & \ddots & \vdots \\ 0 & \cdots & \frac{1}{\lambda_n} \end{bmatrix}$$

vorausgesetzt $\lambda_1, \cdots, \lambda_n \neq 0$.

Übung 2.53

• ∘ ∘ Man bestimme die Inverse der Matrix $\boldsymbol{A} = \begin{bmatrix} 1 & -4 & 2 \\ 0 & 2 & -1 \\ 0 & 0 & 5 \end{bmatrix}$.

Lösung

Wir stellen zuerst die erweiterte Matrix $[\boldsymbol{A}|\boldsymbol{E}]$ auf: $[\boldsymbol{A}|\boldsymbol{E}] = \left[\begin{array}{ccc|ccc} 1 & -4 & 2 & 1 & 0 & 0 \\ 0 & 2 & -1 & 0 & 1 & 0 \\ 0 & 0 & 5 & 0 & 0 & 1 \end{array}\right]$. Dann wenden wir den Gauß-Algorithmus an:

$$\left[\begin{array}{ccc|ccc} 1 & -4 & 2 & 1 & 0 & 0 \\ 0 & 2 & -1 & 0 & 1 & 0 \\ 0 & 0 & 5 & 0 & 0 & 1 \end{array}\right] \overset{\substack{(Z_2)/2 \\ (Z_3)/5}}{\rightsquigarrow} \left[\begin{array}{ccc|ccc} 1 & -4 & 2 & 1 & 0 & 0 \\ 0 & 1 & -\frac{1}{2} & 0 & \frac{1}{2} & 0 \\ 0 & 0 & 1 & 0 & 0 & \frac{1}{5} \end{array}\right] \overset{(Z_2)+(Z_3)/2}{\rightsquigarrow} \left[\begin{array}{ccc|ccc} 1 & -4 & 2 & 1 & 0 & 0 \\ 0 & 1 & 0 & 0 & \frac{1}{2} & \frac{1}{10} \\ 0 & 0 & 1 & 0 & 0 & \frac{1}{5} \end{array}\right]$$

$$\overset{(Z_1)+4(Z_2)}{\rightsquigarrow} \left[\begin{array}{ccc|ccc} 1 & 0 & 2 & 1 & 2 & \frac{2}{5} \\ 0 & 1 & 0 & 0 & \frac{1}{2} & \frac{1}{10} \\ 0 & 0 & 1 & 0 & 0 & \frac{1}{5} \end{array}\right] \overset{(Z_1)-2(Z_3)}{\rightsquigarrow} \left[\begin{array}{ccc|ccc} 1 & 0 & 0 & 1 & 2 & 0 \\ 0 & 1 & 0 & 0 & \frac{1}{2} & \frac{1}{10} \\ 0 & 0 & 1 & 0 & 0 & \frac{1}{5} \end{array}\right] = [\boldsymbol{E}|\boldsymbol{A}^{-1}].$$

Die gesuchte Inverse $\boldsymbol{A}^{-1}$ ist:

$$\boldsymbol{A}^{-1} = \begin{bmatrix} 1 & 2 & 0 \\ 0 & \frac{1}{2} & \frac{1}{10} \\ 0 & 0 & \frac{1}{5} \end{bmatrix}.$$

■

Übung 2.54

● ○ ○ Man bestimme die Inverse der Matrix $\boldsymbol{A} = \begin{bmatrix} 1 & 0 & 1 \\ 0 & 1 & 1 \\ 0 & 0 & 2 \end{bmatrix}$.

Lösung

Wir stellen zuerst die erweiterte Matrix $[\boldsymbol{A}|\boldsymbol{E}]$ auf und führen den Gauß-Algorithmus durch:

$$\left[\begin{array}{ccc|ccc} 1 & 0 & 1 & 1 & 0 & 0 \\ 0 & 1 & 1 & 0 & 1 & 0 \\ 0 & 0 & 2 & 0 & 0 & 1 \end{array}\right] \overset{(Z_3)/2}{\rightsquigarrow} \left[\begin{array}{ccc|ccc} 1 & 0 & 1 & 1 & 0 & 0 \\ 0 & 1 & 1 & 0 & 1 & 0 \\ 0 & 0 & 1 & 0 & 0 & \frac{1}{2} \end{array}\right] \overset{(Z_1)-(Z_3)}{\rightsquigarrow} \left[\begin{array}{ccc|ccc} 1 & 0 & 0 & 1 & 0 & -\frac{1}{2} \\ 0 & 1 & 1 & 0 & 1 & 0 \\ 0 & 0 & 1 & 0 & 0 & \frac{1}{2} \end{array}\right]$$

$$\overset{(Z_2)-(Z_3)}{\rightsquigarrow} \left[\begin{array}{ccc|ccc} 1 & 0 & 0 & 1 & 0 & -\frac{1}{2} \\ 0 & 1 & 0 & 0 & 1 & -\frac{1}{2} \\ 0 & 0 & 1 & 0 & 0 & \frac{1}{2} \end{array}\right] = [\boldsymbol{E}|\boldsymbol{A}^{-1}] \quad \Rightarrow \boldsymbol{A}^{-1} = \begin{bmatrix} 1 & 0 & -\frac{1}{2} \\ 0 & 1 & -\frac{1}{2} \\ 0 & 0 & \frac{1}{2} \end{bmatrix}.$$

■

Übung 2.55

● ○ ○ Man bestimme die Inverse der Matrix $\boldsymbol{A} = \begin{bmatrix} 2 & -1 & 3 \\ 7 & 3 & 0 \\ -1 & 2 & -4 \end{bmatrix}$.

Lösung
Wir wenden den Gauß-Algorithmus an:

$$\left[\begin{array}{ccc|ccc} 2 & -1 & 3 & 1 & 0 & 0 \\ 7 & 3 & 0 & 0 & 1 & 0 \\ -1 & 2 & -4 & 0 & 0 & 1 \end{array}\right] \overset{(Z_1)\to(Z_2)\to(Z_3)}{\leadsto} \left[\begin{array}{ccc|ccc} -1 & 2 & -4 & 0 & 0 & 1 \\ 2 & -1 & 3 & 1 & 0 & 0 \\ 7 & 3 & 0 & 0 & 1 & 0 \end{array}\right] \overset{\substack{-(Z_1) \\ (Z_2)+2(Z_1) \\ (Z_3)+7(Z_1)}}{\leadsto}$$

$$\left[\begin{array}{ccc|ccc} 1 & -2 & 4 & 0 & 0 & -1 \\ 0 & 3 & -5 & 1 & 0 & 2 \\ 0 & 17 & -28 & 0 & 1 & 7 \end{array}\right] \overset{-\frac{3}{17}(Z_3)+(Z_2)}{\leadsto} \left[\begin{array}{ccc|ccc} 1 & -2 & 4 & 0 & 0 & -1 \\ 0 & 3 & -5 & 1 & 0 & 2 \\ 0 & 0 & -\frac{1}{17} & 1 & -\frac{3}{17} & \frac{13}{17} \end{array}\right] \overset{-17(Z_3)}{\leadsto}$$

$$\left[\begin{array}{ccc|ccc} 1 & -2 & 4 & 0 & 0 & -1 \\ 0 & 3 & -5 & 1 & 0 & 2 \\ 0 & 0 & 1 & -17 & 3 & -13 \end{array}\right] \overset{(Z_2)+5(Z_3)}{\leadsto} \left[\begin{array}{ccc|ccc} 1 & -2 & 4 & 0 & 0 & -1 \\ 0 & 3 & 0 & -84 & 15 & -63 \\ 0 & 0 & 1 & -17 & 3 & -13 \end{array}\right] \overset{(Z_2)/3}{\leadsto}$$

$$\left[\begin{array}{ccc|ccc} 1 & -2 & 4 & 0 & 0 & -1 \\ 0 & 1 & 0 & -28 & 5 & -21 \\ 0 & 0 & 1 & -17 & 3 & -13 \end{array}\right] \overset{(Z_1)+2(Z_2)}{\leadsto} \left[\begin{array}{ccc|ccc} 1 & 0 & 4 & -56 & 10 & -43 \\ 0 & 1 & 0 & -28 & 5 & -21 \\ 0 & 0 & 1 & -17 & 3 & -13 \end{array}\right] \overset{(Z_1)-4(Z_3)}{\leadsto}$$

$$\left[\begin{array}{ccc|ccc} 1 & 0 & 0 & 12 & -2 & 9 \\ 0 & 1 & 0 & -28 & 5 & -21 \\ 0 & 0 & 1 & -17 & 3 & -13 \end{array}\right] = [\boldsymbol{E}|\boldsymbol{A}^{-1}] \quad \Rightarrow \quad \boldsymbol{A}^{-1} = \begin{bmatrix} 12 & -2 & 9 \\ -28 & 5 & -21 \\ -17 & 3 & -13 \end{bmatrix}$$

■

Übung 2.56

● ● ○ Man bestimme die Inverse der Matrix $\boldsymbol{A} = \begin{bmatrix} 0 & 0 & 1 & 0 \\ 0 & -1 & 0 & -3 \\ 1 & 2 & 0 & 6 \\ 0 & 0 & 0 & 1 \end{bmatrix}$.

Lösung
Wir bestimmen die erweiterte Matrix $[\boldsymbol{A}|\boldsymbol{E}]$ und mit dem Gauß-Algorithmus finden wir:

$$\left[\begin{array}{cccc|cccc} 0 & 0 & 1 & 0 & 1 & 0 & 0 & 0 \\ 0 & -1 & 0 & -3 & 0 & 1 & 0 & 0 \\ 1 & 2 & 0 & 6 & 0 & 0 & 1 & 0 \\ 0 & 0 & 0 & 1 & 0 & 0 & 0 & 1 \end{array}\right] \overset{(Z_1)\leftrightarrow(Z_3)}{\leadsto} \left[\begin{array}{cccc|cccc} 1 & 2 & 0 & 6 & 0 & 0 & 1 & 0 \\ 0 & -1 & 0 & -3 & 0 & 1 & 0 & 0 \\ 0 & 0 & 1 & 0 & 1 & 0 & 0 & 0 \\ 0 & 0 & 0 & 1 & 0 & 0 & 0 & 1 \end{array}\right] \overset{(Z_1)+2(Z_2)}{\leadsto}$$

$$\left[\begin{array}{cccc|cccc} 1 & 0 & 0 & 0 & 0 & 2 & 1 & 0 \\ 0 & -1 & 0 & -3 & 0 & 1 & 0 & 0 \\ 0 & 0 & 1 & 0 & 1 & 0 & 0 & 0 \\ 0 & 0 & 0 & 1 & 0 & 0 & 0 & 1 \end{array}\right] \overset{(Z_2)+3(Z_4)}{\leadsto} \left[\begin{array}{cccc|cccc} 1 & 0 & 0 & 0 & 0 & 2 & 1 & 0 \\ 0 & -1 & 0 & 0 & 0 & 1 & 0 & 3 \\ 0 & 0 & 1 & 0 & 1 & 0 & 0 & 0 \\ 0 & 0 & 0 & 1 & 0 & 0 & 0 & 1 \end{array}\right] \overset{-(Z_2)}{\leadsto}$$

$$\left[\begin{array}{cccc|cccc} 1 & 0 & 0 & 0 & 0 & 2 & 1 & 0 \\ 0 & 1 & 0 & 0 & 0 & -1 & 0 & -3 \\ 0 & 0 & 1 & 0 & 1 & 0 & 0 & 0 \\ 0 & 0 & 0 & 1 & 0 & 0 & 0 & 1 \end{array}\right] = [\boldsymbol{E}|\boldsymbol{A}^{-1}] \quad \Rightarrow \quad \boldsymbol{A}^{-1} = \begin{bmatrix} 0 & 2 & 1 & 0 \\ 0 & -1 & 0 & -3 \\ 1 & 0 & 0 & 0 \\ 0 & 0 & 0 & 1 \end{bmatrix}.$$

■

Übung 2.57

● ● ○ Man bestimme die Inverse der folgenden $(n \times n)$-Matrix

$$\boldsymbol{A} = \begin{bmatrix} 1 & 2 & 3 & \cdots & n \\ 0 & 1 & 0 & \cdots & 0 \\ 0 & 0 & 1 & \cdots & 0 \\ \vdots & \vdots & \vdots & \ddots & \vdots \\ 0 & 0 & 0 & \cdots & 1 \end{bmatrix}.$$

Lösung

Wir bestimmen die erweiterte Matrix $[\boldsymbol{A}|\boldsymbol{E}]$ und führen den Gauß-Algorithmus durch:

$$\left[\begin{array}{ccccc|ccccc} 1 & 2 & 3 & \cdots & n & 1 & 0 & 0 & \cdots & 0 \\ 0 & 1 & 0 & \cdots & 0 & 0 & 1 & 0 & \cdots & 0 \\ 0 & 0 & 1 & \cdots & 0 & 0 & 0 & 1 & \cdots & 0 \\ \vdots & \vdots & \vdots & \ddots & \vdots & \vdots & \vdots & \vdots & \ddots & \vdots \\ 0 & 0 & 0 & \cdots & 1 & 0 & 0 & 0 & \cdots & 1 \end{array}\right] \overset{(Z_1)-2(Z_2)}{\rightsquigarrow} \left[\begin{array}{ccccc|ccccc} 1 & 0 & 3 & \cdots & n & 1 & -2 & 0 & \cdots & 0 \\ 0 & 1 & 0 & \cdots & 0 & 0 & 1 & 0 & \cdots & 0 \\ 0 & 0 & 1 & \cdots & 0 & 0 & 0 & 1 & \cdots & 0 \\ \vdots & \vdots & \vdots & \ddots & \vdots & \vdots & \vdots & \vdots & \ddots & \vdots \\ 0 & 0 & 0 & \cdots & 1 & 0 & 0 & 0 & \cdots & 1 \end{array}\right] \overset{(Z_1)-3(Z_3)}{\rightsquigarrow}$$

$$\left[\begin{array}{ccccc|ccccc} 1 & 0 & 0 & \cdots & n & 1 & -2 & -3 & \cdots & 0 \\ 0 & 1 & 0 & \cdots & 0 & 0 & 1 & 0 & \cdots & 0 \\ 0 & 0 & 1 & \cdots & 0 & 0 & 0 & 1 & \cdots & 0 \\ \vdots & \vdots & \vdots & \ddots & \vdots & \vdots & \vdots & \vdots & \ddots & \vdots \\ 0 & 0 & 0 & \cdots & 1 & 0 & 0 & 0 & \cdots & 1 \end{array}\right] \overset{(Z_1)-n(Z_n)}{\rightsquigarrow} \left[\begin{array}{ccccc|ccccc} 1 & 0 & 0 & \cdots & 0 & 1 & -2 & -3 & \cdots & -n \\ 0 & 1 & 0 & \cdots & 0 & 0 & 1 & 0 & \cdots & 0 \\ 0 & 0 & 1 & \cdots & 0 & 0 & 0 & 1 & \cdots & 0 \\ \vdots & \vdots & \vdots & \ddots & \vdots & \vdots & \vdots & \vdots & \ddots & \vdots \\ 0 & 0 & 0 & \cdots & 1 & 0 & 0 & 0 & \cdots & 1 \end{array}\right] = [\boldsymbol{E}|\boldsymbol{A}^{-1}].$$

Die gesuchte Inverse $\boldsymbol{A}^{-1}$ lautet somit:

$$\boldsymbol{A}^{-1} = \begin{bmatrix} 1 & -2 & -3 & \cdots & -n \\ 0 & 1 & 0 & \cdots & 0 \\ 0 & 0 & 1 & \cdots & 0 \\ \vdots & \vdots & \vdots & \ddots & \vdots \\ 0 & 0 & 0 & \cdots & 1 \end{bmatrix}.$$

■

Übung 2.58

• • ◦ Man betrachte die sogenannte **Heisenberg-Gruppe**

$$H_3(\mathbb{R}) = \left\{ \begin{bmatrix} 1 & x & z \\ 0 & 1 & y \\ 0 & 0 & 1 \end{bmatrix} \middle| \; x, y, z \in \mathbb{R} \right\}.$$

a) Es sei $\boldsymbol{A} \in H_3(\mathbb{R})$. Man berechne $\boldsymbol{A}^{-1}$.

b) Man zeige, dass $H_3(\mathbb{R})$ eine Gruppe bezüglich der üblichen Matrixmultiplikation ist.

c) Ist $H_3(\mathbb{R})$ abelsh?

Lösung

a) Es sei $\boldsymbol{A} = \begin{bmatrix} 1 & x & z \\ 0 & 1 & y \\ 0 & 0 & 1 \end{bmatrix} \in H_3(\mathbb{R})$. Mit dem erweiterten Schema $[\boldsymbol{A}|\boldsymbol{E}]$ und dem Gauß-Algorithmus finden wir:

$$\left[\begin{array}{ccc|ccc} 1 & x & z & 1 & 0 & 0 \\ 0 & 1 & y & 0 & 1 & 0 \\ 0 & 0 & 1 & 0 & 0 & 1 \end{array}\right] \overset{(Z_2)-y(Z_3)}{\rightsquigarrow} \left[\begin{array}{ccc|ccc} 1 & x & z & 1 & 0 & 0 \\ 0 & 1 & 0 & 0 & 1 & -y \\ 0 & 0 & 1 & 0 & 0 & 1 \end{array}\right] \overset{(Z_1)-x(Z_2)}{\rightsquigarrow} \left[\begin{array}{ccc|ccc} 1 & 0 & z & 1 & -x & xy \\ 0 & 1 & 0 & 0 & 1 & -y \\ 0 & 0 & 1 & 0 & 0 & 1 \end{array}\right]$$

$$\overset{(Z_1)-z(Z_3)}{\rightsquigarrow} \left[\begin{array}{ccc|ccc} 1 & 0 & 0 & 1 & -x & xy-z \\ 0 & 1 & 0 & 0 & 1 & -y \\ 0 & 0 & 1 & 0 & 0 & 1 \end{array}\right] = [\boldsymbol{E}|\boldsymbol{A}^{-1}] \quad \Rightarrow \quad \boldsymbol{A}^{-1} = \begin{bmatrix} 1 & -x & xy-z \\ 0 & 1 & -y \\ 0 & 0 & 1 \end{bmatrix}.$$

Beachte, dass $\boldsymbol{A}^{-1} \in H_3(\mathbb{R})$.

b) Zunächst stellen wir fest, dass die Matrixmultiplikation "·" auf $H_3(\mathbb{R})$ wohldefiniert ist. Denn für $\boldsymbol{A}_1 = \begin{bmatrix} 1 & x_1 & z_1 \\ 0 & 1 & y_1 \\ 0 & 0 & 1 \end{bmatrix} \in H_3(\mathbb{R})$ und $\boldsymbol{A}_2 = \begin{bmatrix} 1 & x_2 & z_2 \\ 0 & 1 & y_2 \\ 0 & 0 & 1 \end{bmatrix} \in H_3(\mathbb{R})$ gilt

$$\boldsymbol{A}_1\boldsymbol{A}_2 = \begin{bmatrix} 1 & x_1 & z_1 \\ 0 & 1 & y_1 \\ 0 & 0 & 1 \end{bmatrix} \begin{bmatrix} 1 & x_2 & z_2 \\ 0 & 1 & y_2 \\ 0 & 0 & 1 \end{bmatrix} = \begin{bmatrix} 1 & x_1+x_2 & z_1+z_2+x_1y_2 \\ 0 & 1 & y_1+y_2 \\ 0 & 0 & 1 \end{bmatrix} \in H_3(\mathbb{R}),$$

d. h. "·" ordnet zwei Matrizen in $H_3(\mathbb{R})$ einem Element von $H_3(\mathbb{R})$ zu. Dann zeigen wir, dass die $H_3(\mathbb{R})$ mit "·" drei Axiome einer Gruppe (G1)–(G3) erfüllt (vgl. Anhang B.2):

- Beweis von (G1): Die Assoziativität folgt direkt aus den Rechenregeln für die Matrixmultiplikation. ✓
- Beweis von (G2): Das neutrale Element der Matrixmultiplikation ist die Einheitsmatrix, welche in $H_3(\mathbb{R})$ enthalten ist (setze $x = y = z = 0$). Somit besitzt $H_3(\mathbb{R})$ das neutrale Element. ✓
- Beweis von (G3): Für jede Matrix $\boldsymbol{A} \in H_3(\mathbb{R})$ gilt $\boldsymbol{A}^{-1} \in H_3(\mathbb{R})$

$$A = \begin{bmatrix} 1 & x & z \\ 0 & 1 & y \\ 0 & 0 & 1 \end{bmatrix} \in H_3(\mathbb{R}) \quad \Rightarrow \quad A^{-1} = \begin{bmatrix} 1 & -x & xy - z \\ 0 & 1 & -y \\ 0 & 0 & 1 \end{bmatrix} \in H_3(\mathbb{R}).$$

Somit hat jedes Element in $H_3(\mathbb{R})$ ein eindeutig bestimmtes inverses Element in $H_3(\mathbb{R})$. ✓

$H_3(\mathbb{R})$ ist somit eine Gruppe bezüglich der Matrixmultiplikation.

c) Die Matrixmultiplikation auf $H_3(\mathbb{R})$ ist nicht kommutativ. Denn:

$$\begin{bmatrix} 1 & x_1 & z_1 \\ 0 & 1 & y_1 \\ 0 & 0 & 1 \end{bmatrix} \begin{bmatrix} 1 & x_2 & z_2 \\ 0 & 1 & y_2 \\ 0 & 0 & 1 \end{bmatrix} = \begin{bmatrix} 1 & x_1 + x_2 & z_1 + z_2 + x_1 y_2 \\ 0 & 1 & y_1 + y_2 \\ 0 & 0 & 1 \end{bmatrix}$$

$$\neq \begin{bmatrix} 1 & x_1 + x_2 & z_1 + z_2 + x_2 y_1 \\ 0 & 1 & y_1 + y_2 \\ 0 & 0 & 1 \end{bmatrix} = \begin{bmatrix} 1 & x_2 & z_2 \\ 0 & 1 & y_2 \\ 0 & 0 & 1 \end{bmatrix} \begin{bmatrix} 1 & x_1 & z_1 \\ 0 & 1 & y_1 \\ 0 & 0 & 1 \end{bmatrix}.$$

$H_3(\mathbb{R})$ ist somit nicht abelsch. ■

Determinanten

Inhaltsverzeichnis

T. C. T. Michaels, M. Liechti, *Prüfungstraining Lineare Algebra*, Grundstudium Mathematik Prüfungstraining, https://doi.org/10.1007/978-3-030-65886-1_3

In diesem Kapitel studieren wir sogenannte Determinaten. Die Determinante ist eine Zahl, welche man jeder quadratischer Matrix eindeutig zuordnen kann und eine zentrale Rolle in der linearen Algebra spielt. Wir werden zunächst die Determinante für eine (2×2)-Matrix einführen und dann diese Definition auf $(n \times n)$-Matrizen verallgemeinern. Ferner diskutieren wir einige Anwendungen von Determinanten: Berechnung der inversen Matrix, Untersuchung von Matrizen auf Invertierbarkeit und Lösung von LGS.

LERNZIELE

Nach gewissenhaftem Bearbeiten des ▶ Kap. 3 sind Sie in der Lage:

- das Konzept der Determinante einer Matrix verstehen und geometrisch zu interpretieren,
- die Regel von Sarrus und den Laplace-Entwicklungssatz anzuwenden,
- eine Determinante mittels Gauß-Algorithmus (vor allem bei großen Matrizen) zu berechnen,
- Permutationen und Leibniz-Formel für Determinanten zu erklären,
- das Determinantenkriterium für Invertierbarkeit anwenden und die Inverse einer Matrix mithilfe der Determinante zu bestimmen,
- die Cramer'sche Regel konkret anzuwenden,
- das Determinantenkriterium für die Lösung von homogenen LGS anzuwenden,
- die Komplexität der Determinantenberechnung erkennen und zu diskutieren.

3.1 Definition und erste Beispiele

3.1.1 Determinante von (2 × 2)-Matrizen

▶ Definition 3.1 (Determinante von (2 × 2)-Matrizen)

Für $A = \begin{bmatrix} a_{11} & a_{12} \\ a_{21} & a_{22} \end{bmatrix} \in \mathbb{K}^{2\times 2}$ definiert man die **Determinante** (Notation: $\det(A)$ oder $|A|$) wie folgt:

$$\boxed{\det(A) := \begin{vmatrix} a_{11} & a_{12} \\ a_{21} & a_{22} \end{vmatrix} = a_{11}a_{22} - a_{12}a_{21}.} \tag{3.1}$$

◀

▶ Beispiel

$$A = \begin{bmatrix} 10 & 1 \\ -3 & 2 \end{bmatrix} \Rightarrow \det(A) = \begin{vmatrix} 10 & 1 \\ -3 & 2 \end{vmatrix} = 10 \cdot 2 - (-3) \cdot 1 = 23.$$ ◀

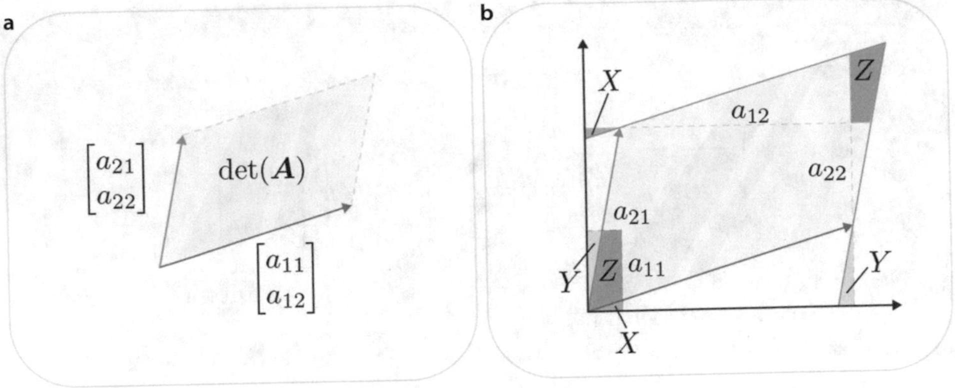

Abb. 3.1 (**a**) Geometrische Deutung der Determinante einer (2 × 2)-Matrix A. (**b**) Beweis ohne Worte, dass $\det(A)$ dem Flächeninhalt des durch die Vektoren $[a_{11}, a_{21}]^T$, $[a_{12}, a_{22}]^T$ aufgespannten Parallelogramms entspricht

Geometrische Deutung

Für $A = \begin{bmatrix} a_{11} & a_{12} \\ a_{21} & a_{22} \end{bmatrix}$ entspricht $\det(A)$ dem Flächeninhalt des durch die Vektoren $\begin{bmatrix} a_{11} \\ a_{21} \end{bmatrix}$, $\begin{bmatrix} a_{12} \\ a_{22} \end{bmatrix}$ aufgespannten Parallelogramms (Übung 3.9). Wir liefern hier einen „Beweis ohne Worte" (vgl. Abb. 3.1).

3.1.2 Determinante von (3 × 3)-Matrizen

▶ Definition 3.2 (Determinante von (3 × 3)-Matrizen)

Für $A = \begin{bmatrix} a_{11} & a_{12} & a_{13} \\ a_{21} & a_{22} & a_{23} \\ a_{31} & a_{32} & a_{33} \end{bmatrix} \in \mathbb{K}^{3\times 3}$ definiert man die Determinante rekursiv wie folgt:

$$\det(A) := \begin{vmatrix} a_{11} & a_{12} & a_{13} \\ a_{21} & a_{22} & a_{23} \\ a_{31} & a_{32} & a_{33} \end{vmatrix} = a_{11} \begin{vmatrix} a_{22} & a_{23} \\ a_{32} & a_{33} \end{vmatrix} - a_{21} \begin{vmatrix} a_{12} & a_{13} \\ a_{32} & a_{33} \end{vmatrix} + a_{31} \begin{vmatrix} a_{12} & a_{13} \\ a_{22} & a_{23} \end{vmatrix} \tag{3.2}$$

Die (2×2)-Determinanten in dieser Formel werden mithilfe der Regel für (2×2)-Matrizen bestimmt. Man erhält die folgende explizite Formel

$$\det(A) = a_{11}a_{22}a_{33} + a_{13}a_{21}a_{32} + a_{12}a_{23}a_{31} - a_{12}a_{21}a_{33} - a_{13}a_{22}a_{31} - a_{11}a_{23}a_{32}. \tag{3.3}$$

◀

Praxistipp

Die Determinante einer (3×3)-Matrix erhält man in drei Schritten wie folgt:

$$\det(A) = a_{11} \begin{vmatrix} a_{11} & a_{12} & a_{13} \\ a_{21} & a_{22} & a_{23} \\ a_{31} & a_{32} & a_{33} \end{vmatrix} - a_{21} \begin{vmatrix} a_{11} & a_{12} & a_{13} \\ a_{21} & a_{22} & a_{23} \\ a_{31} & a_{32} & a_{33} \end{vmatrix} + a_{31} \begin{vmatrix} a_{11} & a_{12} & a_{13} \\ a_{21} & a_{22} & a_{23} \\ a_{31} & a_{32} & a_{33} \end{vmatrix}$$

Wie wir im ► Abschn. 3.1.3 erfahren werden, entspricht diese Prozedur der Entwicklung der Determinante nach der ersten Spalte.

► Beispiel

Für $A = \begin{bmatrix} 1 & 2 & 3 \\ -3 & -2 & -1 \\ 1 & 0 & -1 \end{bmatrix}$ ist

$$\det(A) = \begin{vmatrix} 1 & 2 & 3 \\ -3 & -2 & -1 \\ 1 & 0 & -1 \end{vmatrix} = 1 \begin{vmatrix} 1 & 2 & 3 \\ -3 & -2 & -1 \\ 1 & 0 & -1 \end{vmatrix} - (-3) \begin{vmatrix} 1 & 2 & 3 \\ -3 & -2 & -1 \\ 1 & 0 & -1 \end{vmatrix} + 1 \begin{vmatrix} 1 & 2 & 3 \\ -3 & -2 & -1 \\ 1 & 0 & -1 \end{vmatrix}$$

$$= 1 \underbrace{\begin{vmatrix} -2 & -1 \\ 0 & -1 \end{vmatrix}}_{=2-0} - (-3) \underbrace{\begin{vmatrix} 2 & 3 \\ 0 & -1 \end{vmatrix}}_{=-2-0} + 1 \underbrace{\begin{vmatrix} 2 & 3 \\ -2 & -1 \end{vmatrix}}_{=-2+6} = 2 - 6 + 4 = 0. \blacktriangleleft$$

Praxistipp

Die Regel von Sarrus. Eine mnemotechnische Methode, die Determinanten einer (3×3)-Matrix zu bestimmen, ist die **Regel von Sarrus**. Gemäß dieser Regel ist die Determinante die Summe von Produkten, die den verschiedenen Diagonalen entsprechen. Wir notieren die Matrix auf, wie unten illustriert:

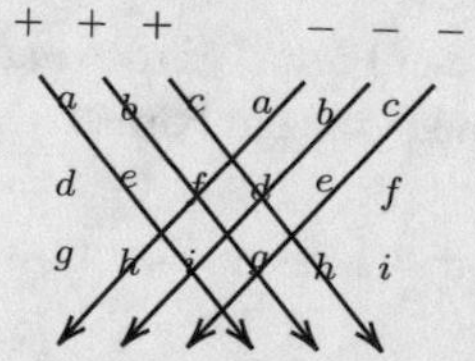

Die Determinante von A erhält man wie folgt: Man addiert die Produkte der durch die nach rechts zeigenden Pfeile verbundenen Elementen und subtrahiert die 3 Produkte der Elemente, die durch die nach links zeigenden Pfeile verbunden sind:

$$\det \begin{bmatrix} a & b & c \\ d & e & f \\ g & h & i \end{bmatrix} = aei + bfg + cdh - afh - bdi - ceg. \tag{3.4}$$

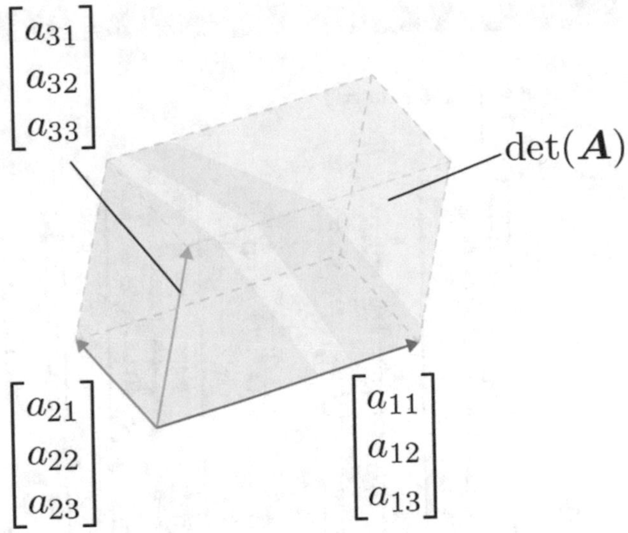

Abb. 3.2 Geometrische Deutung der Determinante einer (3×3)-Matrix A

Geometrische Deutung

Die Determinante von $A = \begin{bmatrix} a_{11} & a_{12} & a_{13} \\ a_{21} & a_{22} & a_{23} \\ a_{31} & a_{32} & a_{33} \end{bmatrix}$ ist gleich dem Volumen des durch die Vektoren $\begin{bmatrix} a_{11} \\ a_{21} \\ a_{31} \end{bmatrix}$, $\begin{bmatrix} a_{12} \\ a_{22} \\ a_{32} \end{bmatrix}$, $\begin{bmatrix} a_{13} \\ a_{23} \\ a_{33} \end{bmatrix}$ aufgespannten Parallelepipeds (Abb. 3.2).

3.1.3 Determinante von $(n \times n)$-Matrizen – Laplace-Entwicklung

Die Determinante einer beliebigen $(n \times n)$-Matrix wird **rekursiv** definiert: Die Berechnung einer $(n \times n)$-Determinante wird auf die Berechnung von $(n-1) \times (n-1)$-Determinanten zurückgeführt, welche selbst die Berechnung von $(n-2) \times (n-2)$-Determinanten beinhaltet, usw. Auf diese Art und Weise wird die Berechnung einer $(n \times n)$-Determinante nach maximal $n-2$ Schritten auf die Berechnung von Determinanten von (2×2)-Matrizen zurückgeführt.

Minoren

► **Definition 3.3**

Sei A eine $(n \times n)$-Matrix. Im Folgenden bezeichnen wir mit A_{ij} die $(n-1) \times (n-1)$-Untermatrix, die man erhält, wenn man die i-te Zeile und j-te Spalte streicht

$$A_{ij} = \begin{bmatrix} a_{11} & \cdots & a_{1j} & \cdots & a_{1n} \\ \vdots & \ddots & & \ddots & \vdots \\ a_{i1} & \cdots & a_{ij} & \cdots & a_{in} \\ \vdots & \ddots & & \ddots & \vdots \\ a_{m1} & \cdots & a_{mj} & \cdots & a_{mn} \end{bmatrix} \tag{3.5}$$

Die Determinanten dieser Untermatrizen A_{ij} heißen **Minoren** von A. ◄

▶ **Beispiel**

Für $A = \begin{bmatrix} 1 & 2 & 3 \\ 4 & 5 & 6 \\ 7 & 8 & 9 \end{bmatrix}$ sind

$$A_{11} = \begin{bmatrix} 1 & 2 & 3 \\ 4 & 5 & 6 \\ 7 & 8 & 9 \end{bmatrix} = \begin{bmatrix} 5 & 6 \\ 8 & 9 \end{bmatrix}, \quad A_{12} = \begin{bmatrix} 1 & 2 & 3 \\ 4 & 5 & 6 \\ 7 & 8 & 9 \end{bmatrix} = \begin{bmatrix} 4 & 6 \\ 7 & 9 \end{bmatrix}, \quad A_{13} = \begin{bmatrix} 1 & 2 & 3 \\ 4 & 5 & 6 \\ 7 & 8 & 9 \end{bmatrix} = \begin{bmatrix} 4 & 5 \\ 7 & 8 \end{bmatrix},$$

$$A_{21} = \begin{bmatrix} 1 & 2 & 3 \\ 4 & 5 & 6 \\ 7 & 8 & 9 \end{bmatrix} = \begin{bmatrix} 2 & 3 \\ 8 & 9 \end{bmatrix}, \quad A_{22} = \begin{bmatrix} 1 & 2 & 3 \\ 4 & 5 & 6 \\ 7 & 8 & 9 \end{bmatrix} = \begin{bmatrix} 1 & 3 \\ 7 & 9 \end{bmatrix}, \quad A_{23} = \begin{bmatrix} 1 & 2 & 3 \\ 4 & 5 & 6 \\ 7 & 8 & 9 \end{bmatrix} = \begin{bmatrix} 1 & 2 \\ 7 & 8 \end{bmatrix},$$

$$A_{31} = \begin{bmatrix} 1 & 2 & 3 \\ 4 & 5 & 6 \\ 7 & 8 & 9 \end{bmatrix} = \begin{bmatrix} 2 & 3 \\ 5 & 6 \end{bmatrix}, \quad A_{32} = \begin{bmatrix} 1 & 2 & 3 \\ 4 & 5 & 6 \\ 7 & 8 & 9 \end{bmatrix} = \begin{bmatrix} 1 & 3 \\ 4 & 6 \end{bmatrix}, \quad A_{33} = \begin{bmatrix} 1 & 2 & 3 \\ 4 & 5 & 6 \\ 7 & 8 & 9 \end{bmatrix} = \begin{bmatrix} 1 & 2 \\ 4 & 5 \end{bmatrix}.$$

Die entsprechenden Minoren von A sind:

$$\det(A_{11}) = \begin{vmatrix} 5 & 6 \\ 8 & 9 \end{vmatrix} = -3, \quad \det(A_{12}) = \begin{vmatrix} 4 & 6 \\ 7 & 9 \end{vmatrix} = -6, \quad \det(A_{13}) = \begin{vmatrix} 4 & 5 \\ 7 & 8 \end{vmatrix} = -3,$$

$$\det(A_{21}) = \begin{vmatrix} 2 & 3 \\ 8 & 9 \end{vmatrix} = -6, \quad \det(A_{22}) = \begin{vmatrix} 1 & 3 \\ 7 & 9 \end{vmatrix} = -12, \quad \det(A_{23}) = \begin{vmatrix} 1 & 2 \\ 7 & 8 \end{vmatrix} = -6,$$

$$\det(A_{31}) = \begin{vmatrix} 2 & 3 \\ 5 & 6 \end{vmatrix} = -3, \quad \det(A_{32}) = \begin{vmatrix} 1 & 3 \\ 4 & 6 \end{vmatrix} = -6, \quad \det(A_{33}) = \begin{vmatrix} 1 & 2 \\ 4 & 5 \end{vmatrix} = -3. \blacktriangleleft$$

Laplace-Entwicklung

Die Determinante einer Matrix $A \in \mathbb{K}^{n \times n}$ definiert man als Summe von n Minoren (d. h. Determinanten der Ordnung $n-1$) wie folgt rekursiv:

$$\begin{aligned} \det(A) &:= a_{11}\det(A_{11}) - a_{21}\det(A_{21}) + \cdots + (-1)^{n+1} a_{n1}\det(A_{n1}) \\ &= \sum_{i=1}^{n} (-1)^{i+1} a_{i1} \det(A_{i1}), \end{aligned} \tag{3.6}$$

wobei die Minoren $\det(A_{ij})$ im letzten Abschnitt eingeführt wurden. Man beachte das alternierende Vorzeichen, wegen des Terms $(-1)^{i+1}$. Da in dieser Formel jede Unterdeterminante jeweils mit den Elementen a_{i1} multipliziert wird, entspricht dies der **Entwicklung von** $\det(A)$ **nach der ersten Spalte**. Im Allgemeinen kann man $\det(A)$ durch Entwicklung nach einer beliebigen Spalte oder Zeile definieren. Der **Entwicklungssatz von Laplace** besagt dann, dass das Endresultat nicht von der Wahl der Entwicklungsspalte oder Entwicklungszeile abhängt.

► Satz 3.1 (Laplace-Entwicklung)

Sei $\boldsymbol{A} \in \mathbb{K}^{n \times n}$. Dann gilt:

- Für alle $i = 1, 2, \cdots, n$:

$$\boxed{\det(\boldsymbol{A}) := \sum_{j=1}^{n} (-1)^{i+j} a_{ij} \det(\boldsymbol{A_{ij}})} \tag{3.7}$$

Dies entspricht der **Entwicklung nach der *i*-ten Zeile.**

- Für alle $j = 1, 2, \cdots, n$:

$$\boxed{\det(\boldsymbol{A}) := \sum_{i=1}^{n} (-1)^{i+j} a_{ij} \det(\boldsymbol{A_{ij}})} \tag{3.8}$$

Dies entspricht der **Entwicklung nach der *j*-ten Spalte.** ◄

Praxistipp

Für die Bestimmung der richtigen Vorzeichenreihe in der Laplace-Entwicklung von $\det(\boldsymbol{A})$ kann man das folgende **Schachbrettschema** benutzen:

$$\begin{bmatrix} + & - & + & - & \cdots \\ - & + & - & + & \cdots \\ + & - & + & - & \cdots \\ - & + & - & + & \cdots \\ \vdots & \vdots & \vdots & \vdots & \ddots \end{bmatrix}.$$

Dies entspricht der Matrix mit den Einträgen $(-1)^{i+j}$.

Musterbeispiel 3.1 ((4 × 4)-Determinante bestimmen)

Als Beispiel berechnen wir die Determinante der folgenden (4 × 4)-Matrix

$$\boldsymbol{A} = \begin{bmatrix} 1 & -1 & 0 & 1 \\ 0 & -1 & 0 & 2 \\ 3 & -2 & 2 & 1 \\ 1 & 4 & 2 & 1 \end{bmatrix}.$$

Ein möglicher Lösungsweg ist, die Determinante **nach der ersten Spalte zu entwickeln:**

$$\det(\boldsymbol{A}) = 1 \cdot \begin{vmatrix} 1 & -1 & 0 & 1 \\ 0 & -1 & 0 & 2 \\ 3 & -2 & 2 & 1 \\ 1 & 4 & 2 & 1 \end{vmatrix} - 0 \cdot \begin{vmatrix} 1 & -1 & 0 & 1 \\ 0 & -1 & 0 & 2 \\ 3 & -2 & 2 & 1 \\ 1 & 4 & 2 & 1 \end{vmatrix} + 3 \cdot \begin{vmatrix} 1 & -1 & 0 & 1 \\ 0 & -1 & 0 & 2 \\ 3 & -2 & 2 & 1 \\ 1 & 4 & 2 & 1 \end{vmatrix} - 1 \cdot \begin{vmatrix} 1 & -1 & 0 & 1 \\ 0 & -1 & 0 & 2 \\ 3 & -2 & 2 & 1 \\ 1 & 4 & 2 & 1 \end{vmatrix}$$

$$= 1 \cdot \begin{vmatrix} -1 & 0 & 2 \\ -2 & 2 & 1 \\ 4 & 2 & 1 \end{vmatrix} - 0 + 3 \cdot \begin{vmatrix} -1 & 0 & 1 \\ -1 & 0 & 2 \\ 4 & 2 & 1 \end{vmatrix} - 1 \cdot \begin{vmatrix} -1 & 0 & 1 \\ -1 & 0 & 2 \\ -2 & 2 & 1 \end{vmatrix}.$$

Für die Bestimmung der richtigen Vorzeichenreihe, haben wir folgendes Schema benutzt

$$\begin{bmatrix} \boxed{+} & - & + & - \\ \boxed{-} & + & - & + \\ \boxed{+} & - & + & - \\ \boxed{-} & + & - & + \end{bmatrix}.$$

Nun müssen wir 3 Determinanten von (3×3)-Matrizen berechnen:

- $$\begin{vmatrix} -1 & 0 & 2 \\ -2 & 2 & 1 \\ 4 & 2 & 1 \end{vmatrix} = (-1) \cdot \underbrace{\begin{vmatrix} 2 & 1 \\ 2 & 1 \end{vmatrix}}_{=2-2=0} - (-2) \cdot \underbrace{\begin{vmatrix} 0 & 2 \\ 2 & 1 \end{vmatrix}}_{=0-4=-4} + 4 \cdot \underbrace{\begin{vmatrix} 0 & 2 \\ 2 & 1 \end{vmatrix}}_{=0-4=-4} = -24.$$
- $$\begin{vmatrix} -1 & 0 & 1 \\ -1 & 0 & 2 \\ 4 & 2 & 1 \end{vmatrix} = (-1) \cdot \underbrace{\begin{vmatrix} 0 & 2 \\ 2 & 1 \end{vmatrix}}_{=0-4=-4} - (-1) \cdot \underbrace{\begin{vmatrix} 0 & 1 \\ 2 & 1 \end{vmatrix}}_{=0-2=-2} + 4 \cdot \underbrace{\begin{vmatrix} 0 & 1 \\ 0 & 2 \end{vmatrix}}_{=0-0=0} = 2.$$
- $$\begin{vmatrix} -1 & 0 & 1 \\ -1 & 0 & 2 \\ -2 & 2 & 1 \end{vmatrix} = (-1) \cdot \underbrace{\begin{vmatrix} 0 & 2 \\ 2 & 1 \end{vmatrix}}_{=0-4=-4} - (-1) \cdot \underbrace{\begin{vmatrix} 0 & 1 \\ 2 & 1 \end{vmatrix}}_{=0-2=-2} + (-2) \cdot \underbrace{\begin{vmatrix} 0 & 1 \\ 0 & 2 \end{vmatrix}}_{=0-0=0} = 2.$$

Zusammenfassend:

$$\det(A) = \begin{vmatrix} 1 & -1 & 0 & 1 \\ 0 & -1 & 0 & 2 \\ 3 & -2 & 2 & 1 \\ 1 & 4 & 2 & 1 \end{vmatrix} = 1 \cdot \underbrace{\begin{vmatrix} -1 & 0 & 2 \\ -2 & 2 & 1 \\ 4 & 2 & 1 \end{vmatrix}}_{=-24} - 0 + 3 \cdot \underbrace{\begin{vmatrix} -1 & 0 & 1 \\ -1 & 0 & 2 \\ 4 & 2 & 1 \end{vmatrix}}_{=2} - 1 \cdot \underbrace{\begin{vmatrix} -1 & 0 & 1 \\ -1 & 0 & 2 \\ -2 & 2 & 1 \end{vmatrix}}_{=2} = -20.$$

Alternative: Aus dem Entwicklungssatz von Laplace folgt, dass wir die Determinante einer Matrix bezüglich einer beliebigen Spalte oder Zeile entwicklen können. In der Praxis wählt man die Spalte oder Zeile aus, welche **am meisten Nullen enthält**. Im vorliegenden Beispiel könnten wir $\det(A)$ beispielsweise **nach der dritten Spalten entwicklen**, weil diese Spalte zwei Nullen enthält:

$$\det(A) = 0 \cdot \begin{vmatrix} 1 & -1 & \boxed{0} & 1 \\ 0 & -1 & 0 & 2 \\ 3 & -2 & 2 & 1 \\ 1 & 4 & 2 & 1 \end{vmatrix} - 0 \cdot \begin{vmatrix} 1 & -1 & 0 & 1 \\ 0 & -1 & \boxed{0} & 2 \\ 3 & -2 & 2 & 1 \\ 1 & 4 & 2 & 1 \end{vmatrix} + 2 \cdot \begin{vmatrix} 1 & -1 & 0 & 1 \\ 0 & -1 & 0 & 2 \\ 3 & -2 & \boxed{2} & 1 \\ 1 & 4 & 2 & 1 \end{vmatrix} - 2 \cdot \begin{vmatrix} 1 & -1 & 0 & 1 \\ 0 & -1 & 0 & 2 \\ 3 & -2 & 2 & 1 \\ 1 & 4 & \boxed{2} & 1 \end{vmatrix}$$

$$= 2 \cdot \begin{vmatrix} 1 & -1 & 1 \\ 0 & -1 & 2 \\ 1 & 4 & 1 \end{vmatrix} - 2 \cdot \begin{vmatrix} 1 & -1 & 1 \\ 0 & -1 & 2 \\ 3 & -2 & 1 \end{vmatrix} = -20.$$

Für die Bestimmung der richtigen Vorzeichenreihe bei der Entwicklung nach der dritten Spalte haben wir folgendes Schema benutzt:

$$\begin{bmatrix} + & - & \boxed{+} & - \\ - & + & \boxed{-} & + \\ + & - & \boxed{+} & - \\ - & + & \boxed{-} & + \end{bmatrix}.$$

Komplexität der Determinantenberechnung

Es reicht aus, die Determinante einer (4×4)-Matrix als Beispiel zu berechnen, um zu erkennen, dass die Berechnung der Determinante für große Matrizen schnell zu einem äußerst komplexen Unterfangen wird. Wie komplex ist die Berechnung der Determinante einer $(n \times n)$-Matrix in Abhängigkeit von n? Mit der Laplace-Entwicklung führt man die Berechnung der Determinante einer $(n \times n)$-Matrix auf die Berechnung von n Determinanten von $(n-1) \times (n-1)$-Matrizen zurück. Jede von dieser Determinanten der Ordnung $n-1$ wird dann auf die Berechnung von $n-1$ Determinanten der Ordnung $n-2$ zurückgeführt usw. Insgesamt müssen wir $n(n-1)(n-2)\cdots 2 = n!$ Determinanten der Ordnung 1 berechnen. Es folgt, dass es Ordnung

$$\mathcal{O}(n!) \tag{3.9}$$

Operationen braucht, um die Determinante einer $(n \times n)$-Matrix mit der Definition (Laplace-Entwicklung) zu bestimmen. Sogar nur für eine (10×10)-Matrix sind es $10! = 3628800$ Operationen. Wie wir in ▶ Abschn. 3.2 sehen werden, kann man diese Anzahl Operationen auf die Ordnung

$$\mathcal{O}(n^3) \tag{3.10}$$

reduzieren, wenn man die Determinante mithilfe des Gauß-Algorithmus berechnet.

Bemerkung

Trotz der Komplexität der Determinantenberechnung, ist die Laplace-Entwicklung gut geeignet bei kleinen Matrizen (2×2 und 3×3) oder bei größeren Matrizen mit vielen Nullen.

3.1.4 Rechenregeln für Determinanten

▶ Satz 3.2 (Rechenregeln für Determinanten)

Es seien $\boldsymbol{A}, \boldsymbol{B} \in \mathbb{K}^{n \times n}$ und $\alpha \in \mathbb{K}$. Dann gelten die folgenden Rechenregel:

(D1) $\det(\boldsymbol{AB}) = \det(\boldsymbol{A})\det(\boldsymbol{B})$.

(D2) $\det\left(\boldsymbol{A}^T\right) = \det(\boldsymbol{A})$, d. h. die Determinante ändert sich beim Transponieren nicht.

(D3) $\boldsymbol{A}$ invertierbar $\Leftrightarrow \det(\boldsymbol{A}) \neq 0$. In diesem Fall ist $\det\left(\boldsymbol{A}^{-1}\right) = \frac{1}{\det(\boldsymbol{A})}$.

(D4) Vertauschen wir zwei Zeilen oder Spalten, dann ändert die Determinante das Vorzeichen.

(D5) Multiplizieren wir eine Zeile oder Spalte mit einer Zahl $\alpha \in \mathbb{K}$, so wird die Determinante entsprechend mit α multipliziert. Wird die ganze Matrix mit α multipliziert (d. h. jede Zeile und Spalte), so wird die Determinante mit α^n multipliziert:

$$\det(\alpha\boldsymbol{A}) = \alpha^n \det(\boldsymbol{A}).$$

(D6) $\det(\boldsymbol{0}) = 0$, $\det(\boldsymbol{E}) = 1$.

(D7) In den folgenden Situationen ist $\det(\boldsymbol{A}) = 0$:
- $\boldsymbol{A}$ beinhaltet eine Nullzeile oder eine Nullspalte;
- zwei Zeilen oder Spalten von $\boldsymbol{A}$ sind identisch;
- zwei Zeilen oder Spalten von $\boldsymbol{A}$ sind Vielfache voneinander.

(D8) Die Determinante einer Dreiecksmatrix oder Diagonalmatrix ist gleich dem Produkt der Diagonalelementen:

$$\det \begin{bmatrix} \boxed{a_{11}} & a_{12} & \cdots & a_{1n} \\ 0 & \boxed{a_{22}} & \cdots & a_{2n} \\ \vdots & \vdots & \ddots & \vdots \\ 0 & 0 & \cdots & \boxed{a_{nn}} \end{bmatrix} = a_{11} \cdot a_{22} \cdots a_{nn}.$$

(D9) Für Blockdreiecksmatrizen oder Blockdiagonalmatrizen ist die Determinante gleich dem Produkt der Determinanten der Diagonalblöcken:

$$\det \left[\begin{array}{c|c} \boldsymbol{A} & \boldsymbol{B} \\ \hline \boldsymbol{0} & \boldsymbol{D} \end{array}\right] = \det \left[\begin{array}{c|c} \boldsymbol{A} & \boldsymbol{0} \\ \hline \boldsymbol{C} & \boldsymbol{D} \end{array}\right] = \det(\boldsymbol{A}) \det(\boldsymbol{D}). \blacktriangleleft$$

Bemerkung

Beachte, dass im Allgemeinen $\det(\boldsymbol{A} + \boldsymbol{B}) \neq \det(\boldsymbol{A}) + \det(\boldsymbol{B})$. Außerdem aus $\det(\boldsymbol{A}) = 0$ folgt nicht unbedingt $\boldsymbol{A} = \boldsymbol{0}$.

▶ Beispiel

$$\det \begin{bmatrix} \boxed{2} & -1 & 1 \\ 0 & \boxed{3} & 1 \\ 0 & 0 & \boxed{1} \end{bmatrix} = 2 \cdot 3 \cdot 1 = 6. \blacktriangleleft$$

▶ Beispiel

$$\boldsymbol{A} = \left[\begin{array}{ccc|cc} 1 & 2 & 3 & 0 & 0 \\ 4 & 5 & 6 & 0 & 0 \\ 7 & 8 & 9 & 0 & 0 \\ \hline 0 & 0 & 0 & 1 & 2 \\ 0 & 0 & 0 & 0 & 3 \end{array}\right] \Rightarrow \det(\boldsymbol{A}) = \begin{vmatrix} 1 & 2 & 3 \\ 4 & 5 & 6 \\ 7 & 8 & 9 \end{vmatrix} \cdot \begin{vmatrix} 1 & 2 \\ 0 & 3 \end{vmatrix}. \blacktriangleleft$$

3.1.5 Beispiele

Übung 3.1

○ ○ ○ Man berechne die Determinante der folgenden Matrizen

a) $\boldsymbol{A} = \begin{bmatrix} 6 & 2 \\ 3 & -1 \end{bmatrix}$

b) $\boldsymbol{B} = \begin{bmatrix} 1 & -6 \\ -2 & 12 \end{bmatrix}$

c) $\boldsymbol{C} = \begin{bmatrix} i & 2-i \\ 1+3i & -i \end{bmatrix}$

Lösung

a) $\det(\boldsymbol{A}) = \begin{vmatrix} 6 & 2 \\ 3 & -1 \end{vmatrix} = 6 \cdot (-1) - 3 \cdot 2 = -6 - 6 = -12.$

b) $\det(\boldsymbol{B}) = \begin{vmatrix} 1 & -6 \\ -2 & 12 \end{vmatrix} = 1 \cdot 12 - (-2) \cdot (-6) = 12 - 12 = 0.$

c) $\det(\boldsymbol{C}) = \begin{vmatrix} i & 2-i \\ 1+3i & -i \end{vmatrix} = i \cdot (-i) - (1+3i) \cdot (2-i) = 1 - (5+5i) = -4 - 5i.$ ■

Übung 3.2

● ○ ○ Betrachte die Matrizen $\boldsymbol{A} = \begin{bmatrix} 1 & 2 \\ 3 & 4 \end{bmatrix}$, $\boldsymbol{B} = \begin{bmatrix} 2 & 4 \\ 1 & 2 \end{bmatrix}$. Man berechne $\det(\boldsymbol{A})$, $\det(\boldsymbol{B})$, $\det(\boldsymbol{AB})$ und $\det\left(\boldsymbol{A}^{-1}\right)$. Verifiziere durch explizite Berechnung, dass $\det(\boldsymbol{AB}) = \det(\boldsymbol{A}) \det(\boldsymbol{B})$ gilt.

Lösung

Es ist $\det(\boldsymbol{A}) = \det \begin{bmatrix} 1 & 2 \\ 3 & 4 \end{bmatrix} = 4 - 6 = -2$, $\det(\boldsymbol{B}) = \det \begin{bmatrix} 2 & 4 \\ 1 & 2 \end{bmatrix} = 4 - 4 = 0$. Daraus folgt $\det(\boldsymbol{AB}) = \det(\boldsymbol{A}) \det(\boldsymbol{B}) = (-2) \cdot 0 = 0$ und $\det\left(\boldsymbol{A}^{-1}\right) = \frac{1}{\det(\boldsymbol{A})} = -\frac{1}{2}$.

Explizite Rechnung: $\det(\boldsymbol{AB}) = \det\left(\begin{bmatrix} 1 & 2 \\ 3 & 4 \end{bmatrix} \cdot \begin{bmatrix} 2 & 4 \\ 1 & 2 \end{bmatrix}\right) = \det \begin{bmatrix} 4 & 8 \\ 10 & 20 \end{bmatrix} = 80 - 80 = 0.$ ■

Übung 3.3

○ ○ ○ Man berechne die Determinanten der folgenden Matrizen

a) $\boldsymbol{A} = \begin{bmatrix} 2 & 3 & -1 \\ 1 & -1 & 0 \\ 0 & 3 & -10 \end{bmatrix}$

b) $\boldsymbol{B} = \begin{bmatrix} 2 & 1 & 0 \\ 1 & 1 & -3 \\ -1 & -2 & 2 \end{bmatrix}$

c) $\boldsymbol{C} = \begin{bmatrix} 3 & 0 & 1 \\ 1 & 2 & 1 \\ 1 & -1 & 2 \end{bmatrix}$

d) $D = \begin{bmatrix} 1 & 4 & 1 \\ 2 & 5 & 0 \\ -1 & -2 & 2 \end{bmatrix}$

Lösung

a) $\det(A) = \begin{vmatrix} 2 & 3 & -1 \\ 1 & -1 & 0 \\ 0 & 3 & -10 \end{vmatrix} = 2 \cdot \underbrace{\begin{vmatrix} -1 & 0 \\ 3 & -10 \end{vmatrix}}_{=10-0} - 1 \cdot \underbrace{\begin{vmatrix} 3 & -1 \\ 3 & -10 \end{vmatrix}}_{=-30+3} + 0 \cdot \underbrace{\begin{vmatrix} 3 & -1 \\ -1 & 0 \end{vmatrix}}_{0-1} = 47.$

b) $\det(B) = \begin{vmatrix} 2 & 1 & 0 \\ 1 & 1 & -3 \\ -1 & -2 & 2 \end{vmatrix} = 2 \cdot \underbrace{\begin{vmatrix} 1 & -3 \\ -2 & 2 \end{vmatrix}}_{=2-6} - 1 \cdot \underbrace{\begin{vmatrix} 1 & 0 \\ -2 & 2 \end{vmatrix}}_{=2-0} + (-1) \cdot \underbrace{\begin{vmatrix} 1 & 0 \\ 1 & -3 \end{vmatrix}}_{=-3-0} = -7.$

c) $\det(C) = \begin{vmatrix} 3 & 0 & 1 \\ 1 & 2 & 1 \\ 1 & -1 & 2 \end{vmatrix} = 3 \cdot \underbrace{\begin{vmatrix} 2 & 1 \\ -1 & 2 \end{vmatrix}}_{=4+1} - 1 \cdot \underbrace{\begin{vmatrix} 0 & 1 \\ -1 & 2 \end{vmatrix}}_{=0+1} + 1 \cdot \underbrace{\begin{vmatrix} 0 & 1 \\ 2 & 1 \end{vmatrix}}_{=0-2} = 12.$

d) $\det(D) = \begin{vmatrix} 1 & 4 & 1 \\ 2 & 5 & 0 \\ -1 & -2 & 2 \end{vmatrix} = 1 \cdot \underbrace{\begin{vmatrix} 5 & 0 \\ -2 & 2 \end{vmatrix}}_{=10-0} - 2 \cdot \underbrace{\begin{vmatrix} 4 & 1 \\ -2 & 2 \end{vmatrix}}_{=8+2} + (-1) \cdot \underbrace{\begin{vmatrix} 4 & 1 \\ 5 & 0 \end{vmatrix}}_{=0-5} = -5.$ ■

Übung 3.4

● ○ ○ Sind die folgenden Matrizen invertierbar? Man berechne jeweils (sofern möglich) $\det\left(A^{-1}\right)$.

a) $A = \begin{bmatrix} 3 & 2 & -1 \\ 1 & 0 & 1 \\ 1 & -1 & 2 \end{bmatrix}$,

b) $B = \begin{bmatrix} 3 & 2 & -1 \\ 1 & 2 & 1 \\ 1 & 3 & 2 \end{bmatrix}$,

c) $C = \begin{bmatrix} 1 & 1 & 2 \\ -1 & 4 & 5 \\ 1 & 2 & 3 \end{bmatrix}$.

Lösung

a) $\det(A) = \det \begin{bmatrix} 3 & 2 & -1 \\ 1 & 0 & 1 \\ 1 & -1 & 2 \end{bmatrix} = 2 \neq 0 \Rightarrow$ A invertierbar. Daraus folgt $\det\left(A^{-1}\right) = \frac{1}{\det(A)} = \frac{1}{2}$.

b) $\det(\boldsymbol{B}) = \det \begin{bmatrix} 3 & 2 & -1 \\ 1 & 2 & 1 \\ 1 & 3 & 2 \end{bmatrix} = 0 \Rightarrow$ $\boldsymbol{B}$ nichtinvertierbar.

c) $\det(\boldsymbol{C}) = \det \begin{bmatrix} 1 & 1 & 2 \\ -1 & 4 & 5 \\ 1 & 2 & 3 \end{bmatrix} = -2 \neq 0 \Rightarrow$ $\boldsymbol{C}$ invertierbar $\Rightarrow \det\left(C^{-1}\right) = \frac{1}{\det(\boldsymbol{C})} = -\frac{1}{2}$. ■

Übung 3.5

● ○ ○ Man betrachte die folgenden Matrizen

$$\boldsymbol{A} = \begin{bmatrix} 2 & 1 & 1 \\ 1 & 1 & 2 \\ -1 & -2 & 2 \end{bmatrix}, \quad \boldsymbol{B} = \begin{bmatrix} 0 & 1 & 1 \\ -3 & 1 & 2 \\ 2 & -2 & 2 \end{bmatrix}, \quad \boldsymbol{C} = \begin{bmatrix} 2 & 0 & 1 \\ 1 & -3 & 2 \\ -1 & 2 & 2 \end{bmatrix}.$$

Man bestimme: $\det(\boldsymbol{A})$, $\det(\boldsymbol{B})$, $\det(\boldsymbol{C})$, $\det(\boldsymbol{AB})$, $\det(\boldsymbol{AC})$, $\det(\boldsymbol{BC})$, $\det\left(\boldsymbol{A}^T\right)$, $\det\left(\boldsymbol{A}^3\right)$, $\det\left(\boldsymbol{A}^{-1}\right)$, $\det\left(\boldsymbol{A}^{-1}\boldsymbol{B}^{-1}\right)$, $\det\left(\boldsymbol{A}^3\boldsymbol{B}^{-1}\boldsymbol{C}\right)$ und $\det\left(\boldsymbol{A}\boldsymbol{B}^{-2}\boldsymbol{C}^T\boldsymbol{B}^T\right)$.

Lösung

Wir lösen die Aufgabe, indem wir zuerst die Determinanten der Matrizen $\boldsymbol{A}$, $\boldsymbol{B}$ und $\boldsymbol{C}$ bestimmen. Mit der Formel für Determinanten von (3×3)-Matrizen bestimmen wir:

$$\det(\boldsymbol{A}) = \begin{vmatrix} 2 & 1 & 1 \\ 1 & 1 & 2 \\ -1 & -2 & 2 \end{vmatrix} = 7$$

$$\det(\boldsymbol{B}) = \begin{vmatrix} 0 & 1 & 1 \\ -3 & 1 & 2 \\ 2 & -2 & 2 \end{vmatrix} = 14$$

$$\det(\boldsymbol{C}) = \begin{vmatrix} 2 & 0 & 1 \\ 1 & -3 & 2 \\ -1 & 2 & 2 \end{vmatrix} = -21$$

Mithilfe der Rechenregeln für Determinanten finden wir:

$$\det(\boldsymbol{AB}) = \det(\boldsymbol{A})\det(\boldsymbol{B}) = 7 \cdot 14 = 98,$$

$$\det(\boldsymbol{AC}) = \det(\boldsymbol{A})\det(\boldsymbol{C}) = 7 \cdot (-21) = -147,$$

$$\det(\boldsymbol{BC}) = \det(\boldsymbol{B})\det(\boldsymbol{C}) = 14 \cdot (-21) = -294,$$

$$\det\left(\boldsymbol{A}^T\right) = \det(\boldsymbol{A}) = 7,$$

$$\det\left(\boldsymbol{A}^3\right) = \det(\boldsymbol{A})^3 = 7^3 = 343,$$

$$\det\left(A^{-1}\right) = \frac{1}{\det(A)} = \frac{1}{7},$$

$$\det\left(A^{-1}B^{-1}\right) = \det\left(A^{-1}\right)\det\left(B^{-1}\right) = \frac{1}{\det(A)}\frac{1}{\det(B)} = \frac{1}{7}\frac{1}{14} = \frac{1}{98},$$

$$\det\left(A^{3}B^{-1}C\right) = \det\left(A^{3}\right)\det\left(B^{-1}\right)\det(C) = \frac{\det(A)^3\det(C)}{\det(B)} = -\frac{1029}{2},$$

$$\det\left(AB^{-2}C^TB^T\right) = \det(A)\frac{1}{\det(B)^2}\det(C)\det(B) = \frac{\det(A)\det(C)}{\det(B)} = -\frac{21}{2}.$$

■

Übung 3.6

● ○ ○ Für welche Werte von $k \in \mathbb{R}$ ist $\det(A) \neq 0$?

$$A = \begin{bmatrix} k-2 & 0 & 6 \\ -1 & 4 & k+3 \\ 0 & -2 & 0 \end{bmatrix}.$$

Lösung

Wir berechnen die Determinante von A in Abhängigkeit von k

$$\det(A) = \begin{vmatrix} k-2 & 0 & 6 \\ -1 & 4 & k+3 \\ 0 & -2 & 0 \end{vmatrix} = (k-2)\cdot\underbrace{\begin{vmatrix} 4 & k+3 \\ -2 & 0 \end{vmatrix}}_{=0+2(k+3)} - (-1)\cdot\underbrace{\begin{vmatrix} 0 & 6 \\ -2 & 0 \end{vmatrix}}_{=0+12} + 0$$

$$= (k-2)\cdot(2k+6) + 12 = 2k^2 + 2k.$$

Die Determinante von A ist ungleich Null, wenn $2k^2+2k \neq 0$, d. h. wenn $2k(k+1) \neq 0$, also für $k \neq 0, -1$.

■

Übung 3.7

● ○ ○ Für welche Werte von $\alpha \in \mathbb{R}$ sind die folgenden Matrizen invertierbar?

a) $A = \begin{bmatrix} 2 & -1 & 2 \\ 3 & 3 & 1 \\ -4 & 2 & \alpha \end{bmatrix}$

b) $B = \begin{bmatrix} 2 & 3 & 4 \\ 1 & 0 & 3 \\ 0 & \alpha & -2 \end{bmatrix}$

c) $C = \begin{bmatrix} 2 & -1 & 1-\alpha \\ 1 & 1 & 6 \\ 2 & 2 & \alpha \end{bmatrix}$

Lösung

a) A ist invertierbar $\Leftrightarrow \det(A) \neq 0$. Daraus folgt $\det(A) = \begin{vmatrix} 2 & -1 & 2 \\ 3 & 3 & 1 \\ -4 & 2 & \alpha \end{vmatrix} = 2\begin{vmatrix} 3 & 1 \\ 2 & \alpha \end{vmatrix} -$

$3\begin{vmatrix} -1 & 2 \\ 2 & \alpha \end{vmatrix} - 4\begin{vmatrix} -1 & 2 \\ 3 & 1 \end{vmatrix} = 2(3\alpha - 2) + 3(\alpha + 4) + 28 = 9\alpha + 36 \overset{!}{\neq} 0 \Rightarrow \alpha \neq -4.$

b) $\det(B) = \begin{vmatrix} 2 & 3 & 4 \\ 1 & 0 & 3 \\ 0 & \alpha & -2 \end{vmatrix} = 2\begin{vmatrix} 0 & 3 \\ \alpha & -2 \end{vmatrix} - 1\begin{vmatrix} 3 & 4 \\ \alpha & -2 \end{vmatrix} + 0\begin{vmatrix} 3 & 4 \\ 0 & 3 \end{vmatrix} = -6\alpha + (6 + 4\alpha) =$

$6 - 2\alpha \overset{!}{\neq} 0 \quad \Rightarrow \quad \alpha \neq 3.$

c) $\det(C) = \begin{vmatrix} 2 & -1 & 1-\alpha \\ 1 & 1 & 6 \\ 2 & 2 & \alpha \end{vmatrix} = 2\begin{vmatrix} 1 & 6 \\ 2 & \alpha \end{vmatrix} - 1\begin{vmatrix} -1 & 1-\alpha \\ 2 & \alpha \end{vmatrix} + 2\begin{vmatrix} -1 & 1-\alpha \\ 1 & 6 \end{vmatrix} = 2(\alpha -$

$12) + \alpha + 2(1 - \alpha) + 2(-6 + \alpha - 1) = 3\alpha - 36 \overset{!}{\neq} 0 \quad \Rightarrow \quad \alpha \neq 12.$ ■

Übung 3.8

● ○ ○ Man bestimme möglichst geschickt die folgenden Determinanten

a) $\begin{bmatrix} 0 & 0 & 2 \\ 3 & 3 & 0 \\ 4 & 2 & 0 \end{bmatrix}$,

b) $\begin{bmatrix} 2 & 3 & 4 \\ 0 & 1 & 3 \\ 0 & 0 & -2 \end{bmatrix}$,

c) $\begin{bmatrix} 1 & 2 & 3 \\ 3 & 0 & 1 \\ 1 & 0 & 1 \end{bmatrix}$,

d) $\begin{bmatrix} 1 & 0 & 0 & 0 \\ 0 & 2 & 0 & 0 \\ 0 & 0 & -10 & 0 \\ 0 & 0 & 0 & -2 \end{bmatrix}$

e) $\begin{bmatrix} 1 & 1 & 0 & 0 & 0 \\ -1 & 2 & 0 & 0 & 0 \\ 0 & 0 & -10 & 0 & 0 \\ 0 & 0 & 2 & -2 & 0 \\ 0 & 0 & 1 & -1 & 10 \end{bmatrix}$,

f) $\begin{bmatrix} 1 & 1 & 0 & 0 \\ 0 & 2 & 0 & 0 \\ 100 & 8 & -10 & 0 \\ -22 & 19 & 2 & -2 \end{bmatrix}$.

Lösung

a) In diesem Fall hat die letzte Spalte viele Nullen. Somit entwickeln wir die Determinante nach der dritten Spalte und bekommen

$$\det\begin{bmatrix} 0 & 0 & 2 \\ 3 & 3 & 0 \\ 4 & 2 & 0 \end{bmatrix} = 2\cdot\begin{vmatrix} 3 & 3 \\ 4 & 2 \end{vmatrix} = 2\cdot(6-12) = -12.$$

Für die Bestimmung des richtigen Vorzeichens bei dieser Entwicklung haben wir das folgende Schema benutzt:

$$\begin{bmatrix} + & - & \boxed{+} \\ - & + & - \\ + & - & + \end{bmatrix}.$$

b) In diesem Fall befindet sich die Matrix in Dreiecksform. Somit ist die Determinante einfach als Produkt der Diagonalelemente (Regel D8), konkret:

$$\det\begin{bmatrix} 2 & 3 & 4 \\ 0 & 1 & 3 \\ 0 & 0 & -2 \end{bmatrix} = 2\cdot 1\cdot(-2) = -4.$$

c) Die zweite Spalte hat am meisten Nullen. Wir entwickeln die Determinante nach dieser Spalte und erhalten:

$$\det\begin{bmatrix} 1 & 2 & 3 \\ 3 & 0 & 1 \\ 1 & 0 & 1 \end{bmatrix} = -2\cdot\begin{vmatrix} 3 & 1 \\ 1 & 1 \end{vmatrix} = (-2)\cdot(3-1) = -4.$$

Für die Bestimmung des richtigen Vorzeichens benutzen wir unser bekanntes Schema:

$$\begin{bmatrix} + & \boxed{-} & + \\ - & + & - \\ + & - & + \end{bmatrix}.$$

d) Die Matrix befindet sich bereits in Diagonalform. Somit ist die Determinante einfach das Produkt der Diagonalelementen (Regel D8):

$$\det\begin{bmatrix} 1 & 0 & 0 & 0 \\ 0 & 2 & 0 & 0 \\ 0 & 0 & -10 & 0 \\ 0 & 0 & 0 & -2 \end{bmatrix} = 1\cdot 2\cdot(-10)\cdot(-2) = 40.$$

e) Die Matrix befindet sich in Blockdiagonalform und es gilt die Regel D9:

$$\det\left[\begin{array}{cc|ccc} 1 & 1 & 0 & 0 & 0 \\ -1 & 2 & 0 & 0 & 0 \\ \hline 0 & 0 & -10 & 0 & 0 \\ 0 & 0 & 2 & -2 & 0 \\ 0 & 0 & 1 & -1 & 10 \end{array}\right] = \underbrace{\begin{vmatrix} 1 & 1 \\ -1 & 2 \end{vmatrix}}_{2+1=3} \cdot \underbrace{\begin{vmatrix} -10 & 0 & 0 \\ 2 & -2 & 0 \\ 1 & -1 & 10 \end{vmatrix}}_{(-10)\cdot(-2)\cdot 10=200} = 600.$$

f) Die Matrix ist eine Blockdreiecksmatrix. Somit (Regel D9)

$$\det\left[\begin{array}{cc|cc} 1 & 1 & 0 & 0 \\ 0 & 2 & 0 & 0 \\ \hline 100 & 8 & -10 & 0 \\ -22 & 19 & 2 & -2 \end{array}\right] = \underbrace{\begin{vmatrix} 1 & 1 \\ 0 & 2 \end{vmatrix}}_{1\cdot 2=2} \cdot \underbrace{\begin{vmatrix} -10 & 0 \\ 2 & -2 \end{vmatrix}}_{(-10)\cdot(-2)=20} = 40.$$

■

Übung 3.9

• ○ ○ Man zeige durch explizite Rechnung, dass die Determinante einer (2×2)-Matrix $\boldsymbol{A}$ gleich dem Flächeninhalt des von den Spaltenvektoren von $\boldsymbol{A}$ aufgespannten Parallelogramms ist.

Lösung

Wir betrachten $\boldsymbol{A} = \begin{bmatrix} a & b \\ c & d \end{bmatrix}$ und das von den Spaltenvektoren $[a, c]^T$, $[b, d]^T$ aufgespannten Parallelogram (■ Abb. 3.3). Der Flächeninhalt dieses Parallelogramm ist gleich dem Flächeninhalt des großen Rechteckes (mit Seitenlängen $a + b$ und $c + d$) minus dem Flächeninhalt der 4 Dreiecken und der 2 kleinen Rechtecken. Der Flächeninhalt des großen Rechteckes beträgt

$$(a + b)(c + d) = ac + ad + bc + bd.$$

Zu diesem Ergebnis müssen wir die Flächen der 4 Dreiecken und der 2 kleinen Rechtecken abziehen. Die 4 Dreiecke haben den Flächeninhalt

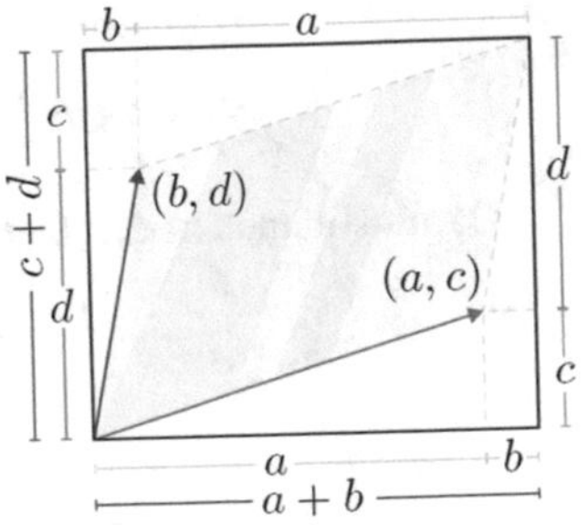

■ **Abb. 3.3** Übung 3.9

$$2 \times \frac{ac}{2} + 2 \times \frac{bd}{2} = ac + bd.$$

Die kleinen Rechtecke haben den Flächeninhalt $2 \times cb$. Zusammenfassend: Der Flächeninhalt des von den Spaltenvektoren von $\boldsymbol{A}$ aufgespannten Parallelogramms ist:

$$\begin{aligned}
F &= (a+b)(c+d) - ac - bd - 2cb \\
&= \cancel{ac} + ad + bc + \cancel{bd} - \cancel{ac} - \cancel{bd} - 2cb = ad - cb = \det(\boldsymbol{A}).
\end{aligned}$$

■

Übung 3.10

• ○ ○ Man zeige durch Ausrechnen, dass für (2×2)-Matrizen $\boldsymbol{A}$ und $\boldsymbol{B}$ Folgendes gilt:

$$\det(\boldsymbol{AB}) = \det(\boldsymbol{A}) \det(\boldsymbol{B}).$$

Lösung

Es seien $\boldsymbol{A} = \begin{bmatrix} a_{11} & a_{12} \\ a_{21} & a_{22} \end{bmatrix}$ und $\boldsymbol{B} = \begin{bmatrix} b_{11} & b_{12} \\ b_{21} & b_{22} \end{bmatrix}$. Einerseits haben wir:

$$\begin{aligned}
\det(\boldsymbol{AB}) &= \det\left(\begin{bmatrix} a_{11} & a_{12} \\ a_{21} & a_{22} \end{bmatrix}\begin{bmatrix} b_{11} & b_{12} \\ b_{21} & b_{22} \end{bmatrix}\right) \\
&= \det\left(\begin{bmatrix} a_{11}b_{11} + a_{12}b_{21} & a_{11}b_{12} + a_{12}b_{22} \\ a_{21}b_{11} + a_{22}b_{21} & a_{21}b_{12} + a_{22}b_{22} \end{bmatrix}\right) \\
&= (a_{11}b_{11} + a_{12}b_{21})(a_{21}b_{12} + a_{22}b_{22}) - (a_{21}b_{11} + a_{22}b_{21})(a_{11}b_{12} + a_{12}b_{22}) \\
&= \cancel{a_{11}a_{21}b_{11}b_{12}} + a_{11}a_{22}b_{11}b_{22} + a_{12}a_{21}b_{21}b_{12} + \cancel{a_{12}a_{22}b_{21}b_{22}} \\
&\quad - \cancel{a_{11}a_{21}b_{11}b_{12}} - a_{12}a_{21}b_{11}b_{22} - a_{11}a_{22}b_{21}b_{12} - \cancel{a_{12}a_{22}b_{21}b_{22}} \\
&= a_{11}a_{22}b_{11}b_{22} + a_{12}a_{21}b_{12}b_{21} - a_{12}a_{21}b_{11}b_{22} - a_{11}a_{22}b_{12}b_{21}.
\end{aligned}$$

Andererseits gilt:

$$\begin{aligned}
\det(\boldsymbol{A})\det(\boldsymbol{B}) &= \det\left(\begin{bmatrix} a_{11} & a_{12} \\ a_{21} & a_{22} \end{bmatrix}\right) \det\left(\begin{bmatrix} b_{11} & b_{12} \\ b_{21} & b_{22} \end{bmatrix}\right) \\
&= (a_{11}a_{22} - a_{12}a_{21})(b_{11}b_{22} - b_{12}b_{21}) \\
&= a_{11}a_{22}b_{11}b_{22} + a_{12}a_{21}b_{12}b_{21} - a_{12}a_{21}b_{11}b_{22} - a_{11}a_{22}b_{12}b_{21}.
\end{aligned}$$

Damit stimmen beiden Seiten der Gleichung überein.

■

Übung 3.11

• ○ ○ Man zeige, dass für eine (2×2)-Matrix $\boldsymbol{A}$ Folgendes gilt:

$$\det\left(\boldsymbol{A}^T\right) = \det(\boldsymbol{A}).$$

Lösung

Es sei $\boldsymbol{A} = \begin{bmatrix} a_{11} & a_{12} \\ a_{21} & a_{22} \end{bmatrix}$. Mit der Definition der Determinante einer (2×2)-Matrix erhalten wir:

$$\det\left(\boldsymbol{A}^T\right) = \begin{vmatrix} a_{11} & a_{21} \\ a_{12} & a_{22} \end{vmatrix} = a_{11}a_{22} - a_{21}a_{12} = a_{11}a_{22} - a_{12}a_{21} = \begin{vmatrix} a_{11} & a_{12} \\ a_{21} & a_{22} \end{vmatrix} = \det(\boldsymbol{A}).$$

Somit haben $\boldsymbol{A}$ und $\boldsymbol{A}^T$ dieselbe Determinante. ■

Übung 3.12

• • ○ Man zeige, dass für eine (2×2)-Matrix $\boldsymbol{A}$ Folgendes gilt:

$$\boldsymbol{A}^2 = \operatorname{Spur}(\boldsymbol{A})\,\boldsymbol{A} - \det(\boldsymbol{A})\,\boldsymbol{E}.$$

Lösung

Es sei $\boldsymbol{A} = \begin{bmatrix} a_{11} & a_{12} \\ a_{21} & a_{22} \end{bmatrix}$. Wegen $\operatorname{Spur}(\boldsymbol{A}) = a_{11} + a_{22}$ und $\det(\boldsymbol{A}) = a_{11}a_{22} - a_{12}a_{21}$ ist:

$$\begin{aligned}
\boldsymbol{A}^2 - \operatorname{Spur}(\boldsymbol{A})\,\boldsymbol{A} + \det(\boldsymbol{A})\,\boldsymbol{E} &= \begin{bmatrix} a_{11} & a_{12} \\ a_{21} & a_{22} \end{bmatrix}\begin{bmatrix} a_{11} & a_{12} \\ a_{21} & a_{22} \end{bmatrix} - (a_{11} + a_{22})\begin{bmatrix} a_{11} & a_{12} \\ a_{21} & a_{22} \end{bmatrix} \\
&\quad + (a_{11}a_{22} - a_{12}a_{21})\begin{bmatrix} 1 & 0 \\ 0 & 1 \end{bmatrix} \\
&= \begin{bmatrix} a_{11}^2 + a_{12}a_{21} & a_{11}a_{12} + a_{12}a_{22} \\ a_{11}a_{21} + a_{21}a_{22} & a_{12}a_{21} + a_{22}^2 \end{bmatrix} - \begin{bmatrix} a_{11}^2 + a_{11}a_{22} & a_{11}a_{12} + a_{12}a_{22} \\ a_{11}a_{21} + a_{21}a_{22} & a_{11}a_{22} + a_{22}^2 \end{bmatrix} \\
&\quad + \begin{bmatrix} a_{11}a_{22} - a_{12}a_{21} & 0 \\ 0 & a_{11}a_{22} - a_{12}a_{21} \end{bmatrix} = \begin{bmatrix} 0 & 0 \\ 0 & 0 \end{bmatrix}.
\end{aligned}$$

Somit $\boldsymbol{A}^2 = \operatorname{Spur}(\boldsymbol{A})\,\boldsymbol{A} - \det(\boldsymbol{A})\,\boldsymbol{E}$, was zu zeigen war. ■

Übung 3.13

• ○ ○ Man zeige durch ein Gegenbeispiel, dass im Allgemeinen

$\det(\boldsymbol{A}+\boldsymbol{B}) \neq \det(\boldsymbol{A}) + \det(\boldsymbol{B})$.

Lösung

Wir betrachten zum Beispiel die Matrizen $\boldsymbol{A} = \begin{bmatrix} 2 & 0 \\ 1 & 0 \end{bmatrix}$ und $\boldsymbol{B} = \begin{bmatrix} 0 & 1 \\ 0 & 2 \end{bmatrix}$. Es gilt $\det(\boldsymbol{A}) = \begin{vmatrix} 2 & 0 \\ 1 & 0 \end{vmatrix} = 0 - 0 = 0$ und $\det(\boldsymbol{B}) = \begin{vmatrix} 0 & 1 \\ 0 & 2 \end{vmatrix} = 0 - 0 = 0$, aber $\det(\boldsymbol{A}+\boldsymbol{B}) = \begin{vmatrix} 2 & 1 \\ 1 & 2 \end{vmatrix} = 4 - 1 = 3$. Dies Beispiel zeigt, dass im Allgemeinen $\det(\boldsymbol{A}+\boldsymbol{B}) \neq \det(\boldsymbol{A}) + \det(\boldsymbol{B})$ gilt. ■

Übung 3.14

• • ○ Es seien $\boldsymbol{A}, \boldsymbol{B} \in \mathrm{Gl}_n(\mathbb{K})$ invertierbare $(n \times n)$-Matrizen. Man berechne

a) $\det\left(\boldsymbol{B}\boldsymbol{A}^{-T}\boldsymbol{B}^{-1}\right) \det\left(\boldsymbol{E} + (\boldsymbol{A}-\boldsymbol{E})(\boldsymbol{A}+\boldsymbol{E})\right) \det\left(\boldsymbol{A}^{-1}\right)$

b) $\det\left(\boldsymbol{E} + \boldsymbol{A}^{-T}\boldsymbol{B}^{-1}(\boldsymbol{A}\boldsymbol{B})^T\right)$

Lösung

a) Zuerst vereinfachen wir den folgenden Ausdruck

$$\begin{aligned}\boldsymbol{E} + (\boldsymbol{A}-\boldsymbol{E})(\boldsymbol{A}+\boldsymbol{E}) &= \boldsymbol{E} + \boldsymbol{A}^2 - \boldsymbol{E}\boldsymbol{A} + \boldsymbol{A}\boldsymbol{E} - \boldsymbol{E}^2 \\ &= \boldsymbol{E} + \boldsymbol{A}^2 - \boldsymbol{A} + \boldsymbol{A} - \boldsymbol{E} = \boldsymbol{A}^2.\end{aligned}$$

Mit den Rechenregeln für Determinanten finden wir:

$$\begin{aligned}&\det\left(\boldsymbol{B}\boldsymbol{A}^{-T}\boldsymbol{B}^{-1}\right) \det\left(\boldsymbol{E} + (\boldsymbol{A}-\boldsymbol{E})(\boldsymbol{A}+\boldsymbol{E})\right) \det\left(\boldsymbol{A}^{-1}\right) \\ &\qquad = \det(\boldsymbol{B}) \frac{1}{\det(\boldsymbol{A})} \frac{1}{\det(\boldsymbol{B})} \det\left(\boldsymbol{A}^2\right) \frac{1}{\det(\boldsymbol{A})} \\ &\qquad = \cancel{\det(\boldsymbol{B})} \frac{1}{\cancel{\det(\boldsymbol{A})}} \frac{1}{\cancel{\det(\boldsymbol{B})}} \cancel{\det(\boldsymbol{A})}\cancel{\det(\boldsymbol{A})} \frac{1}{\cancel{\det(\boldsymbol{A})}} = 1.\end{aligned}$$

b) $\det\left(\boldsymbol{E} + \boldsymbol{A}^{-T}\boldsymbol{B}^{-1}(\boldsymbol{A}\boldsymbol{B}^T)^T\right) = \det\left(\boldsymbol{E} + \boldsymbol{A}^{-T}\boldsymbol{B}^{-1}(\boldsymbol{B}^T)^T\boldsymbol{A}^T\right)$

$= \det\left(\boldsymbol{E} + \boldsymbol{A}^{-T}\boldsymbol{B}^{-1}\boldsymbol{B}\boldsymbol{A}^T\right) = \det\left(\boldsymbol{E} + \boldsymbol{A}^{-T}\boldsymbol{E}\boldsymbol{A}^T\right)$

$= \det\left(\boldsymbol{E} + \boldsymbol{A}^{-T}\boldsymbol{A}^T\right) = \det(\boldsymbol{E}+\boldsymbol{E}) = \det(2\boldsymbol{E}) = 2^n \underbrace{\det(\boldsymbol{E})}_{=1} = 2^n.$

■

Übung 3.15
• ∘ ∘ Sei $A \in \mathrm{Gl}_n(\mathbb{K})$ eine invertierbare $(n \times n)$-Matrix. Man zeige:

$$\det\left(A^{-1}\right) = \frac{1}{\det(A)}.$$

Lösung
Aus der Definition der inversen Matrix folgt $E = AA^{-1}$. Aus der Produktregel für Determinanten (Regel D1) folgt

$$1 = \det(E) = \det\left(AA^{-1}\right) = \det(A) \cdot \det\left(A^{-1}\right) \quad \Rightarrow \quad \det\left(A^{-1}\right) = \frac{1}{\det(A)}.$$ ■

Übung 3.16
• • ∘ Sei A eine schiefsymmetrische $(n \times n)$-Matrix. Man zeige, dass für ungerades n

$$\det(A) = 0$$

ist. Ist diese Aussage auch richtig für n gerade?

Lösung
Da A schiefsymmetrisch ist, gilt $A^T = -A$. Aus den Rechenregeln für Determinanten (Regel D2) folgt unmittelbar:

$$\det(A) = \det\left(A^T\right) = \det(-A) = (-1)^n \det(A).$$

Ist n ungerade, so gilt $(-1)^n = -1$, d. h.

$$\det(A) = -\det(A) \quad \Rightarrow \quad \det(A) = 0.$$

Für gerades n ist $(-1)^n = 1$. Wir erhalten also die triviale Aussage $\det(A) = \det(A)$. In der Tat muss für gerades n nicht $\det(A) = 0$ gelten. Zum Beispiel, die (2×2)-Matrix $A = \left[\begin{smallmatrix} 0 & 2 \\ -2 & 0 \end{smallmatrix}\right]$ ist schiefsymmetrisch, trotzdem $\det(A) = 2$. ■

Übung 3.17
• ∘ ∘ Die Matrix $A \in \mathbb{R}^{3\times 3}$ hat nur die Einträge 1 oder -1. Man zeige, dass $\det(A) \leq 6$ ist.

Lösung

Wegen der Formel für (3×3)-Determinanten (Sarrus, Gl. (3.3))

$$\det(\boldsymbol{A}) = a_{11}a_{22}a_{33} + a_{13}a_{21}a_{32} + a_{12}a_{23}a_{31} - a_{12}a_{21}a_{33} - a_{13}a_{22}a_{31} - a_{11}a_{23}a_{32}.$$

besteht $\det(\boldsymbol{A})$ aus 6 Summanden. Jeder Summand ist entweder 1 oder -1. Die Summe von 6 Zahlen ± 1 kann sicher nicht größer als 6 sein, d. h. $\det(\boldsymbol{A}) \leq 6$. ∎

Übung 3.18

•○○ Es sei $\boldsymbol{A} \in \mathbb{R}^{n \times n}$ invertierbar. Außerdem haben $\boldsymbol{A}$ und $\boldsymbol{A}^{-1}$ nur ganzzahlige Einträge. Welche Werte kann $\det(\boldsymbol{A})$ annehmen?

Lösung

Bestehen $\boldsymbol{A}$ und $\boldsymbol{A}^{-1}$ nur aus ganzzahligen Elementen, dann sind $\det(\boldsymbol{A})$ und $\det\left(\boldsymbol{A}^{-1}\right)$ offensichtlich ganzzahlig ($\det(\boldsymbol{A})$ entsteht aus der Multiplikation und Addition von ganzen Zahlen). Weil $1 = \det\left(\boldsymbol{A}\boldsymbol{A}^{-1}\right) = \det(\boldsymbol{A})\det\left(\boldsymbol{A}^{-1}\right)$ gibt es nur zwei Möglichkeiten: $\det(\boldsymbol{A}) = \pm 1$. ∎

Übung 3.19

•••

a) Man zeige, dass für Blockdiagonalmatrizen

$$\det \left[\begin{array}{c|c} \boldsymbol{A}_{m\times m} & \boldsymbol{0}_{m\times r} \\ \hline \boldsymbol{0}_{r\times m} & \boldsymbol{B}_{r\times r} \end{array}\right] = \det(\boldsymbol{A})\det(\boldsymbol{B})$$

gilt.

b) Man wende dies Resultat, um die Determinante der folgenden Matrizen zu bestimmen

$$\begin{bmatrix} 1 & 1 & 0 & 0 & 0 \\ -1 & 2 & 0 & 0 & 0 \\ 0 & 0 & -10 & 0 & 0 \\ 0 & 0 & 2 & -2 & 0 \\ 0 & 0 & 1 & -1 & 10 \end{bmatrix}, \quad \begin{bmatrix} 2 & 0 & 0 & 0 & 0 & 0 \\ 2 & 2 & 1 & 0 & 0 & 0 \\ 3 & -1 & 2 & 0 & 0 & 0 \\ -45 & 10 & \pi & -2 & 1 & 0 \\ 230 & 23 & \sqrt{3} & -1 & 1 & 1 \\ 31 & e^2 & 2 & 0 & 1 & 1 \end{bmatrix}$$

Lösung

a) Es gilt

$$\left[\begin{array}{c|c} \boldsymbol{A}_{m\times m} & \boldsymbol{0}_{m\times r} \\ \hline \boldsymbol{0}_{r\times m} & \boldsymbol{B}_{r\times r} \end{array}\right] = \left[\begin{array}{c|c} \boldsymbol{A}_{m\times m} & \boldsymbol{0}_{m\times r} \\ \hline \boldsymbol{0}_{r\times m} & \boldsymbol{E}_{r\times r} \end{array}\right] \left[\begin{array}{c|c} \boldsymbol{E}_{m\times m} & \boldsymbol{0}_{m\times r} \\ \hline \boldsymbol{0}_{r\times m} & \boldsymbol{B}_{r\times r} \end{array}\right],$$

d. h.

$$\det\left[\begin{array}{c|c}\boldsymbol{A} & \mathbf{0}\\ \hline \mathbf{0} & \boldsymbol{B}\end{array}\right] = \det\left[\begin{array}{c|c}\boldsymbol{A} & \mathbf{0}\\ \hline \mathbf{0} & \boldsymbol{E}\end{array}\right]\left[\begin{array}{c|c}\boldsymbol{E} & \mathbf{0}\\ \hline \mathbf{0} & \boldsymbol{B}\end{array}\right] = \det\left[\begin{array}{c|c}\boldsymbol{A} & \mathbf{0}\\ \hline \mathbf{0} & \boldsymbol{E}\end{array}\right]\det\left[\begin{array}{c|c}\boldsymbol{E} & \mathbf{0}\\ \hline \mathbf{0} & \boldsymbol{B}\end{array}\right].$$

Mittels Spaltenentwicklung der Determinante finden wir:

$$\det\left[\begin{array}{c|c}\boldsymbol{A} & \mathbf{0}\\ \hline \mathbf{0} & \boldsymbol{E}\end{array}\right] = \left|\begin{array}{c|ccc}\boldsymbol{A} & & \mathbf{0} & \\ \hline & 1 & \cdots & 0\\ \mathbf{0} & \vdots & \ddots & \vdots\\ & 0 & \cdots & 1\end{array}\right| = \det(\boldsymbol{A})\cdot 1\cdots 1 = \det(\boldsymbol{A}).$$

Analog, gilt:

$$\det\left[\begin{array}{c|c}\boldsymbol{E} & \mathbf{0}\\ \hline \mathbf{0} & \boldsymbol{B}\end{array}\right] = \left|\begin{array}{ccc|c}1 & \cdots & 0 & \\ \vdots & \ddots & \vdots & \mathbf{0}\\ 0 & \cdots & 1 & \\ \hline & \mathbf{0} & & \boldsymbol{B}\end{array}\right| = 1\cdots 1\cdot\det(\boldsymbol{B}) = \det(\boldsymbol{B}).$$

Daraus folgt $\det\left[\begin{array}{c|c}\boldsymbol{A} & \mathbf{0}\\ \hline \mathbf{0} & \boldsymbol{B}\end{array}\right] = \det(\boldsymbol{A})\det(\boldsymbol{B})$.

b) Wir verwenden das Resultat aus Teilaufgabe (a) auf die gegebenen Matrizen an

$$\det\left[\begin{array}{cc|ccc}1 & 1 & 0 & 0 & 0\\ -1 & 2 & 0 & 0 & 0\\ \hline 0 & 0 & -10 & 0 & 0\\ 0 & 0 & 2 & -2 & 0\\ 0 & 0 & 1 & -1 & 10\end{array}\right] = \underbrace{\det\begin{bmatrix}1 & 1\\ -1 & 2\end{bmatrix}}_{=3}\underbrace{\det\begin{bmatrix}-10 & 0 & 0\\ 2 & -2 & 0\\ 1 & -1 & 10\end{bmatrix}}_{=200} = 600,$$

$$\det\left[\begin{array}{c|cc|ccc}2 & 0 & 0 & 0 & 0 & 0\\ \hline 2 & 2 & 1 & 0 & 0 & 0\\ 3 & -1 & 2 & 0 & 0 & 0\\ \hline -45 & 10 & \pi & -2 & 1 & 0\\ 230 & 23 & \sqrt{3} & -1 & 1 & 1\\ 31 & e^2 & 2 & 0 & 1 & 1\end{array}\right] = 2\cdot\underbrace{\det\begin{bmatrix}2 & 1\\ -1 & 2\end{bmatrix}}_{=5}\underbrace{\det\begin{bmatrix}-2 & 1 & 0\\ -1 & 1 & 1\\ 0 & 1 & 1\end{bmatrix}}_{=1} = 10.$$

■

Praxistipp

Erinnerung: Bei Blockmatrizen kann man jeden Block als einen „einzigen Matrixeintrag“ betrachten (▶ vgl. Abschn. 1.2.7).

3.2 Determinante und Gauß-Algorithmus

Für die Berechnung von großen Determinanten ist die explizite Formel mittels der Laplace-Entwicklung eher unpraktisch. Der **Gauß-Algorithmus** bietet oft eine schnellere Methode solche Determinanten zu berechnen.

Praxistipp

Die grundlegende Idee dieser Methode ist, die Determinante auf **Dreiecksform** mittels elementaren Zeilenoperationen zu transformieren. Dabei muss beachtet werden:

- Wenn man zwei Zeilen oder Spalten vertauscht, ändert die Determinante das Vorzeichen (**Vertauschen**).
- Wird eine Zeile oder Spalte mit einer Zahl k multipliziert, so wird die Determinante mit k multipliziert (**Skalierung**).
- Die Determinante ändert sich nicht, wenn man das Vielfache einer Zeile oder Spalte zu einer anderen Zeile oder Spalte addiert (**Addition**).

Mittels Gauß-Algorithmus lässt sich die Berechnung von großen Determinanten oft auf **Rekursionsrelationen** zurückführen (vgl. Übung 3.28).

Musterbeispiel 3.2 (Determinante mittels Gauß-Algorithmus bestimmen)

Als Beispiel betrachten wir die folgende Determinante:

$$\det \begin{bmatrix} 0 & 1 & 0 & 0 \\ 1 & 0 & 2 & 0 \\ 0 & 2 & 1 & 3 \\ 0 & 0 & 3 & 1 \end{bmatrix}$$

Die Berechnung der Determinante mittels Laplace-Entwicklung wäre ziemlich mühsam. Mit dem Gauß-Algorithmus kann man diese Determinante viel effizienter berechnen. Dazu wenden wir den Gauß-Algorithmus in 3 Schritte an:

$$\begin{vmatrix} 0 & 1 & 0 & 0 \\ 1 & 0 & 2 & 0 \\ 0 & 2 & 1 & 3 \\ 0 & 0 & 3 & 1 \end{vmatrix} \overset{(Z_1)\leftrightarrow(Z_2)}{=} (-1)\begin{vmatrix} 1 & 0 & 2 & 0 \\ 0 & 1 & 0 & 0 \\ 0 & 2 & 1 & 3 \\ 0 & 0 & 3 & 1 \end{vmatrix} \overset{(Z_3)-2(Z_2)}{=} (-1)\begin{vmatrix} 1 & 0 & 2 & 0 \\ 0 & 1 & 0 & 0 \\ 0 & 0 & 1 & 3 \\ 0 & 0 & 3 & 1 \end{vmatrix}$$

$$\overset{(Z_4)-3(Z_3)}{=} (-1)\begin{vmatrix} 1 & 0 & 2 & 0 \\ 0 & 1 & 0 & 0 \\ 0 & 0 & 1 & 3 \\ 0 & 0 & 0 & -8 \end{vmatrix}$$

- Wir haben zunächst die erste und zweite Zeile vertauscht. Dabei ändert sich die Determinante um den Faktor (-1).
- Bei den Operationen $(Z_3)-2(Z_2)$ und $(Z_4)-3(Z_3)$ wird die Determinante nicht geändert.

Nun ist die Zielmatrix in Diagonalform, sodass man die Determinante ganz einfach als Produkt der Diagonaleinträge bestimmen kann:

$$\begin{vmatrix} 0 & 1 & 0 & 0 \\ 1 & 0 & 2 & 0 \\ 0 & 2 & 1 & 3 \\ 0 & 0 & 3 & 1 \end{vmatrix} = (-1) \begin{vmatrix} \boxed{1} & 0 & 2 & 0 \\ 0 & \boxed{1} & 0 & 0 \\ 0 & 0 & \boxed{1} & 3 \\ 0 & 0 & 0 & \boxed{-8} \end{vmatrix} = (-1) \cdot 1 \cdot 1 \cdot 1 \cdot (-8) = 8.$$

Übung 3.20

● ○ ○ Man berechne $\det \begin{bmatrix} 1 & 2 & 4 & 8 \\ 1 & 3 & 9 & 27 \\ 1 & 4 & 16 & 64 \\ 1 & 5 & 25 & 125 \end{bmatrix}$.

Lösung

Wir wenden den Gauß-Algorithmus in 3 Schritte an:

$$\begin{vmatrix} 1 & 2 & 4 & 8 \\ 1 & 3 & 9 & 27 \\ 1 & 4 & 16 & 64 \\ 1 & 5 & 25 & 125 \end{vmatrix} \overset{\substack{(Z_2)-(Z_1) \\ (Z_3)-(Z_1) \\ (Z_4)-(Z_1)}}{=} \begin{vmatrix} 1 & 2 & 4 & 8 \\ 0 & 1 & 5 & 19 \\ 0 & 2 & 12 & 56 \\ 0 & 3 & 21 & 117 \end{vmatrix} \overset{\substack{(Z_3)-2(Z_2) \\ (Z_4)-3(Z_2)}}{=} \begin{vmatrix} 1 & 2 & 4 & 8 \\ 0 & 1 & 5 & 19 \\ 0 & 0 & 2 & 18 \\ 0 & 0 & 6 & 60 \end{vmatrix} \overset{(Z_4)-3(Z_3)}{=} \begin{vmatrix} 1 & 2 & 4 & 8 \\ 0 & 1 & 5 & 19 \\ 0 & 0 & 2 & 18 \\ 0 & 0 & 0 & 6 \end{vmatrix}.$$

Wir erhalten $\begin{vmatrix} 1 & 2 & 4 & 8 \\ 1 & 3 & 9 & 27 \\ 1 & 4 & 16 & 64 \\ 1 & 5 & 25 & 125 \end{vmatrix} = \begin{vmatrix} 1 & 2 & 4 & 8 \\ 0 & 1 & 5 & 19 \\ 0 & 0 & 2 & 18 \\ 0 & 0 & 0 & 6 \end{vmatrix} = 1 \cdot 1 \cdot 2 \cdot 6 = 12.$ ■

Bemerkung

Die Determinante in Übung 3.20 ist eine Vandermonde-Determinante (vgl. Übung 3.32) mit $x_1 = 2$, $x_2 = 3$, $x_3 = 4$ und $x_4 = 5$. Daher lautet die Determinante $(x_2 - x_1)(x_3 - x_1)(x_3 - x_2)(x_4 - x_1)(x_4 - x_2)(x_4 - x_3) = (5-4)(5-3)(5-2)(4-3)(4-2)(3-2) = 12$.

Übung 3.21

● ○ ○ Man berechne $\det \begin{bmatrix} 0 & -1 & 0 & 0 & 0 \\ 1 & 0 & 1 & 0 & 0 \\ 0 & 1 & 0 & -1 & 0 \\ 0 & 1 & -1 & 0 & 1 \\ 0 & 0 & 0 & 1 & 0 \end{bmatrix}$.

Lösung

Wir wenden den Gauß-Algorithmus an:

$$\begin{vmatrix} 0 & -1 & 0 & 0 & 0 \\ 1 & 0 & 1 & 0 & 0 \\ 0 & 1 & 0 & -1 & 0 \\ 0 & 1 & -1 & 0 & 1 \\ 0 & 0 & 0 & 1 & 0 \end{vmatrix} \overset{(Z_1)\leftrightarrow(Z_2)}{=} (-1) \begin{vmatrix} 1 & 0 & 1 & 0 & 0 \\ 0 & -1 & 0 & 0 & 0 \\ 0 & 1 & 0 & -1 & 0 \\ 0 & 1 & -1 & 0 & 1 \\ 0 & 0 & 0 & 1 & 0 \end{vmatrix} \overset{\substack{(Z_3)+(Z_2)\\(Z_4)+(Z_2)}}{=} (-1) \begin{vmatrix} 1 & 0 & 1 & 0 & 0 \\ 0 & -1 & 0 & 0 & 0 \\ 0 & 0 & 0 & -1 & 0 \\ 0 & 0 & -1 & 0 & 1 \\ 0 & 0 & 0 & 1 & 0 \end{vmatrix}$$

$$\overset{(Z_3)\leftrightarrow(Z_4)}{=} (-1)^2 \begin{vmatrix} 1 & 0 & 1 & 0 & 0 \\ 0 & -1 & 0 & 0 & 0 \\ 0 & 0 & -1 & 0 & 1 \\ 0 & 0 & 0 & -1 & 0 \\ 0 & 0 & 0 & 1 & 0 \end{vmatrix} \overset{(Z_5)+(Z_4)}{=} (-1)^2 \begin{vmatrix} 1 & 0 & 1 & 0 & 0 \\ 0 & -1 & 0 & 0 & 0 \\ 0 & 0 & -1 & 0 & 1 \\ 0 & 0 & 0 & -1 & 0 \\ 0 & 0 & 0 & 0 & 0 \end{vmatrix} = 0.$$

Die Determinante ist Null, weil die Zielmatrix eine Nullzeile hat. ■

Übung 3.22

• ○ ○ Man berechne det $\begin{bmatrix} 0&1&0&0&0&0 \\ 1&0&0&0&0&0 \\ 0&0&0&0&0&1 \\ 0&0&0&1&0&0 \\ 0&0&1&0&0&0 \\ 0&0&0&0&1&0 \end{bmatrix}$.

Lösung

Wir wenden den Gauß-Algorithmus in 3 Schritte an:

$$\begin{vmatrix} 0&1&0&0&0&0 \\ 1&0&0&0&0&0 \\ 0&0&0&0&0&1 \\ 0&0&0&1&0&0 \\ 0&0&1&0&0&0 \\ 0&0&0&0&1&0 \end{vmatrix} \overset{(S_1)\leftrightarrow(S_2)}{=} (-1) \begin{vmatrix} 1&0&0&0&0&0 \\ 0&1&0&0&0&0 \\ 0&0&0&0&0&1 \\ 0&0&0&1&0&0 \\ 0&0&1&0&0&0 \\ 0&0&0&0&1&0 \end{vmatrix} \overset{(S_3)\leftrightarrow(S_6)}{=}$$

$$(-1)^2 \begin{vmatrix} 1&0&0&0&0&0 \\ 0&1&0&0&0&0 \\ 0&0&1&0&0&0 \\ 0&0&0&1&0&0 \\ 0&0&0&0&0&1 \\ 0&0&0&0&1&0 \end{vmatrix} \overset{(S_5)\leftrightarrow(S_6)}{=} (-1)^3 \begin{vmatrix} 1&0&0&0&0&0 \\ 0&1&0&0&0&0 \\ 0&0&1&0&0&0 \\ 0&0&0&1&0&0 \\ 0&0&0&0&1&0 \\ 0&0&0&0&0&1 \end{vmatrix} = (-1)^3 \cdot 1 = -1.$$

■

Bemerkung
Die Matrix in Übung 3.22 ist eine Permutationsmatrix (► vgl. Abschn. 4.2.1) mit Signum -1. Daher ist die Determinante gleich -1.

Übung 3.23
● ○ ○ Man berechne die folgende Determinante mittels Skalierung:

$$\det\begin{bmatrix} 1 & 1 & 1 & 1 \\ \pi & 2\pi & 0 & -\pi \\ e & -e & -e & 2e \\ \sin(1) & 7\sin(1) & -\sin(1) & 4\sin(1) \end{bmatrix}.$$

Lösung
Man erkennt, dass die zweite, dritte und vierte Zeile einen gemeinsamen Faktor haben (π, e, beziehungsweise, $\sin(1)$). Somit gilt (Skalierung):

$$\begin{vmatrix} 1 & 1 & 1 & 1 \\ \pi & 2\pi & 0 & -\pi \\ e & -e & -e & 2e \\ \sin(1) & 7\sin(1) & -\sin(1) & 4\sin(1) \end{vmatrix} = \pi e \sin(1) \begin{vmatrix} 1 & 1 & 1 & 1 \\ 1 & 2 & 0 & -1 \\ 1 & -1 & -1 & 2 \\ 1 & 7 & -1 & 4 \end{vmatrix}.$$

Dann führen wir den Gauß-Algorithmus durch:

$$\begin{vmatrix} 1 & 1 & 1 & 1 \\ 1 & 2 & 0 & -1 \\ 1 & -1 & -1 & 2 \\ 1 & 7 & -1 & 4 \end{vmatrix} \overset{\substack{(Z_2)-(Z_1)\\(Z_3)-(Z_1)\\(Z_4)-(Z_1)}}{=} \begin{vmatrix} 1 & 1 & 1 & 1 \\ 0 & 1 & -1 & -2 \\ 0 & -2 & -2 & 1 \\ 0 & 6 & -2 & 3 \end{vmatrix} \overset{\substack{(Z_3)+2(Z_2)\\(Z_4)-6(Z_2)}}{=} \begin{vmatrix} 1 & 1 & 1 & 1 \\ 0 & 1 & -1 & -2 \\ 0 & 0 & -4 & -3 \\ 0 & 0 & 4 & 15 \end{vmatrix} = 1 \cdot 1 \cdot \begin{vmatrix} -4 & -3 \\ 4 & 15 \end{vmatrix} = -48.$$

Somit:

$$\begin{vmatrix} 1 & 1 & 1 & 1 \\ \pi & 2\pi & 0 & -\pi \\ e & -e & -e & 2e \\ \sin(1) & 7\sin(1) & -\sin(1) & 4\sin(1) \end{vmatrix} = \pi e \sin(1) \begin{vmatrix} 1 & 1 & 1 & 1 \\ 1 & 2 & 0 & -1 \\ 1 & -1 & -1 & 2 \\ 1 & 7 & -1 & 4 \end{vmatrix} = -48\pi e \sin(1).$$

■

Übung 3.24
● ● ○ Die Einträge 1443, 1560, 1690, 1963 sind alle durch 13 teilbar. Man zeige ohne explizite Berechnung der Determinanten, dass

$$D = \det \begin{bmatrix} 1 & 4 & 4 & 3 \\ 1 & 5 & 6 & 0 \\ 1 & 6 & 9 & 0 \\ 1 & 9 & 6 & 3 \end{bmatrix}$$

ebenfalls durch 13 teilbar ist.

Lösung

Der Trick bei dieser Aufgabe ist es, die Zahlen 1443, 1560, 1690, 1963 als Einträge einer Spalten zu erhalten. Wie kann man das tun? Man kann diese Zahlen so umschreiben: $1442 = 2 + 40 + 400 + 1000 = 2 + 4 \cdot 10 + 4 \cdot 100 + 1 \cdot 1000$ usw. Diese Bemerkung suggeriert, 10 Mal die dritte Spalte, 100 Mal die zweite Spalte und 1000 Mal die erste Spalte zur letzten Spalte zu addieren:

$$D = \begin{vmatrix} 1 & 4 & 4 & 3 \\ 1 & 5 & 6 & 0 \\ 1 & 6 & 9 & 0 \\ 1 & 9 & 6 & 3 \end{vmatrix} \overset{(S_4)+10(S_3)+100(S_2)+1000(S_1)}{=} \begin{vmatrix} 1 & 4 & 4 & 1443 \\ 1 & 5 & 6 & 1560 \\ 1 & 6 & 9 & 1690 \\ 1 & 9 & 6 & 1963 \end{vmatrix}.$$

Weil 1443, 1560, 1690, 1963 sind alle durch 13 teilbar sind, gilt

$$D = \begin{vmatrix} 1 & 4 & 4 & 1443 \\ 1 & 5 & 6 & 1560 \\ 1 & 6 & 9 & 1690 \\ 1 & 9 & 6 & 1963 \end{vmatrix} = \begin{vmatrix} 1 & 4 & 4 & 111 \cdot 13 \\ 1 & 5 & 6 & 120 \cdot 13 \\ 1 & 6 & 9 & 130 \cdot 13 \\ 1 & 9 & 6 & 151 \cdot 13 \end{vmatrix} = 13 \begin{vmatrix} 1 & 4 & 4 & 111 \\ 1 & 5 & 6 & 120 \\ 1 & 6 & 9 & 130 \\ 1 & 9 & 6 & 151 \end{vmatrix}.$$

Somit ist D gleich 13·(ganzzahliger Faktor), d. h., D ist durch 13 teilbar. Kontrollieren Sie das Resultat, indem Sie die Determinante in gewohnter Manier berechnen. Das Resultat ist $D = 39$, welches durch 13 teilbar ist. ■

Übung 3.25

• • ○ Man berechne die folgende Determinante

$$\det \begin{bmatrix} 1 & 0 & 0 & 1 & 2 & 0 \\ 1 & -1 & 1 & 2 & -3 & -2 \\ -6 & 1 & 1 & 3 & 5 & -2 \\ 1 & 0 & 0 & 3 & -1 & 0 \\ 2 & 0 & 0 & 5 & 1 & 0 \\ -199 & 2 & 1 & 1 & 7 & 1 \end{bmatrix}$$

(Hinweis: man versuche, die Matrix durch Spalten- und Zeilenpermutationen in Blockform zu schreiben).

Lösung

Im ersten Augenblick sieht diese Determinante sehr kompliziert aus. Bei näherer Betrachtung stellen wir jedoch fest, dass es viele Nullen gibt. Eine solche Matrix, welche aus vielen Nullen besteht, nennt man **dünnbesetzt**. In solchen Situationen ist es oft möglich, die Matrix durch Zeilen- oder Spaltenvertauschungen geeignet auf Blockform zu bringen. In diesem Fall kann man die zweite und dritte Zeile mit der vierten und fünften Zeile vertauschen. Außerdem kann man die zweite und dritte Spalte mit der vierten und fünften Spalte vertauschen. Dies ergibt die gewünschte Matrix in Blockform, für welche man die Determinante einfach bestimmen kann:

$$\begin{vmatrix} 1 & 0 & 0 & 1 & 2 & 0 \\ 1 & -1 & 1 & 2 & -3 & -2 \\ -6 & 1 & 1 & 3 & 5 & -2 \\ 1 & 0 & 0 & 3 & -1 & 0 \\ 2 & 0 & 0 & 5 & 1 & 0 \\ -199 & 2 & 1 & 1 & 7 & 1 \end{vmatrix} \overset{\substack{(Z_2)\leftrightarrow(Z_4) \\ (Z_3)\leftrightarrow(Z_5)}}{=} \begin{vmatrix} 1 & 0 & 0 & 1 & 2 & 0 \\ 1 & 0 & 0 & 3 & -1 & 0 \\ 2 & 0 & 0 & 5 & 1 & 0 \\ 1 & -1 & 1 & 2 & -3 & -2 \\ -6 & 1 & 1 & 3 & 5 & -2 \\ -199 & 2 & 1 & 1 & 7 & 1 \end{vmatrix} \overset{\substack{(S_2)\leftrightarrow(S_4) \\ (S_3)\leftrightarrow(S_5)}}{=}$$

$$\left|\begin{array}{ccc|ccc} 1 & 1 & 2 & 0 & 0 & 0 \\ 1 & 3 & -1 & 0 & 0 & 0 \\ 2 & 5 & 1 & 0 & 0 & 0 \\ \hline 1 & 2 & -3 & -1 & 1 & -2 \\ -6 & 3 & 5 & 1 & 1 & -2 \\ -199 & 1 & 7 & 2 & 1 & 1 \end{array}\right| = \begin{vmatrix} 1 & 1 & 2 \\ 1 & 3 & -1 \\ 2 & 5 & 1 \end{vmatrix} \begin{vmatrix} -1 & 1 & -2 \\ 1 & 1 & -2 \\ 2 & 1 & 1 \end{vmatrix} = 3 \cdot (-6) = -18.$$

■

Übung 3.26

●●○

a) Man berechne $\det \begin{bmatrix} \beta & \alpha & \cdots & \alpha \\ \beta & \beta & \ddots & \vdots \\ \vdots & \ddots & \ddots & \alpha \\ \beta & \cdots & \beta & \beta \end{bmatrix}$ für $\alpha, \beta \in \mathbb{R}$.

b) Man benutze das Resultat, um die Determinante der folgenden Matrizen zu bestimmen

$$\boldsymbol{A} = \begin{bmatrix} 2 & 5 & 5 & 5 \\ 2 & 2 & 5 & 5 \\ 2 & 2 & 2 & 5 \\ 2 & 2 & 2 & 2 \end{bmatrix}, \quad \boldsymbol{B} = \begin{bmatrix} 1 & 5 & \cdots & 5 \\ 1 & 1 & \ddots & 5 \\ \vdots & \ddots & \ddots & \vdots \\ 1 & 1 & \cdots & 1 \end{bmatrix}.$$

Lösung

a) Um diese anscheinend komplizierte Determinante zu berechnen, genügt es, einen Schritt des Gauß-Algorithmus anzuwenden. Wir subtrahieren die erste Zeile von alle anderen Zeilen:

$$D = \begin{vmatrix} \beta & \alpha & \alpha & \cdots & \alpha \\ \beta & \beta & \alpha & \ddots & \alpha \\ \beta & \beta & \beta & \ddots & \vdots \\ \vdots & \vdots & \ddots & \ddots & \alpha \\ \beta & \beta & \cdots & \beta & \beta \end{vmatrix} \overset{\substack{(Z_2)-(Z_1)\\(Z_3)-(Z_1)\\\text{etc}}}{=} \begin{vmatrix} \beta & \alpha & \alpha & \cdots & \alpha \\ 0 & \beta-\alpha & 0 & \ddots & 0 \\ 0 & \beta-\alpha & \beta-\alpha & \ddots & 0 \\ \vdots & \vdots & \ddots & \ddots & \vdots \\ 0 & \beta-\alpha & \cdots & \beta-\alpha & \beta-\alpha \end{vmatrix}.$$

Nun entwickeln wir nach der ersten Spalte (hat viele Nullen) und erhalten eine Dreiecksmatrix:

$$D = \beta \begin{vmatrix} \beta-\alpha & 0 & \cdots & 0 \\ \beta-\alpha & \beta-\alpha & \ddots & 0 \\ \vdots & \ddots & \ddots & \vdots \\ \beta-\alpha & \cdots & \beta-\alpha & \beta-\alpha \end{vmatrix} = \beta(\beta-\alpha)^{n-1}.$$

b) Wenden wir nun das obige Resultat mit $n = 4$, $\alpha = 5$ und $\beta = 2$ (für $\boldsymbol{A}$) bzw. $\alpha = 5$ und $\beta = 1$ (für $\boldsymbol{B}$), so erhalten wir:

$$\begin{vmatrix} 2 & 5 & 5 & 5 \\ 2 & 2 & 5 & 5 \\ 2 & 2 & 2 & 5 \\ 2 & 2 & 2 & 2 \end{vmatrix} = 2 \cdot (2-5)^3 = -54, \qquad \begin{vmatrix} 1 & 5 & \cdots & 5 \\ 1 & 1 & \ddots & 5 \\ \vdots & \vdots & \ddots & \vdots \\ 1 & 1 & \cdots & 1 \end{vmatrix} = 1 \cdot (1-5)^{n-1} = (-4)^{n-1}.$$

■

Übung 3.27

●●○

a) Man berechne $\det \begin{bmatrix} \beta & \alpha & \cdots & \alpha \\ \alpha & \beta & \ddots & \vdots \\ \vdots & \ddots & \ddots & \alpha \\ \alpha & \cdots & \alpha & \beta \end{bmatrix}$ für $\alpha, \beta \in \mathbb{R}$.

b) Man benutze das Resultat aus (a), um die Determinante der folgenden Matrix zu bestimmen

$$\boldsymbol{A} = \begin{bmatrix} -3 & 1 & 1 & 1 \\ 1 & -3 & 1 & 1 \\ 1 & 1 & -3 & 1 \\ 1 & 1 & 1 & -3 \end{bmatrix}.$$

Lösung

a) Wir wenden den Gauß-Algorithmus an und bekommen:

$$\begin{vmatrix} \beta & \alpha & \alpha & \cdots & \alpha \\ \alpha & \beta & \alpha & \ddots & \alpha \\ \alpha & \alpha & \beta & \ddots & \vdots \\ \vdots & \vdots & \ddots & \ddots & \alpha \\ \alpha & \alpha & \cdots & \alpha & \beta \end{vmatrix} \overset{\substack{(Z_2)-(Z_1)\\(Z_3)-(Z_1)\\ \text{etc.}}}{=} \begin{vmatrix} \beta & \alpha & \alpha & \cdots & \alpha \\ \alpha-\beta & \beta-\alpha & 0 & \ddots & 0 \\ \alpha-\beta & 0 & \beta-\alpha & \ddots & 0 \\ \vdots & \vdots & \ddots & \ddots & \vdots \\ \alpha-\beta & 0 & \cdots & 0 & \beta-\alpha \end{vmatrix} \overset{(S_1)+(S_2)}{=}$$

$$\begin{vmatrix} \beta+\alpha & \alpha & \alpha & \cdots & \alpha \\ 0 & \beta-\alpha & 0 & \ddots & 0 \\ \alpha-\beta & 0 & \beta-\alpha & \ddots & 0 \\ \vdots & \vdots & \ddots & \ddots & \vdots \\ \alpha-\beta & 0 & \cdots & 0 & \beta-\alpha \end{vmatrix} \overset{(S_1)+(S_3)}{=} \begin{vmatrix} \beta+2\alpha & \alpha & \alpha & \cdots & \alpha \\ 0 & \beta-\alpha & 0 & \ddots & 0 \\ 0 & 0 & \beta-\alpha & \ddots & 0 \\ \vdots & \vdots & \ddots & \ddots & \vdots \\ \alpha-\beta & 0 & \cdots & 0 & \beta-\alpha \end{vmatrix} = \cdots \overset{(S_1)+(S_n)}{=}$$

$$\begin{vmatrix} \beta+(n-1)\alpha & \alpha & \alpha & \cdots & \alpha \\ 0 & \beta-\alpha & 0 & \ddots & 0 \\ 0 & 0 & \beta-\alpha & \ddots & 0 \\ \vdots & \vdots & \ddots & \ddots & \vdots \\ 0 & 0 & \cdots & 0 & \beta-\alpha \end{vmatrix} = [\beta+(n-1)\alpha](\beta-\alpha)^{n-1}.$$

b) Benutzen wir das obige Resultat mit $n = 4$, $\alpha = 1$ und $\beta = -3$, so erhalten wir

$$\begin{vmatrix} -3 & 1 & 1 & 1 \\ 1 & -3 & 1 & 1 \\ 1 & 1 & -3 & 1 \\ 1 & 1 & 1 & -3 \end{vmatrix} = [-3+(4-1)](-3-1)^3 = 0.$$

■

Übung 3.28

●●○ Man berechne die Determinante der folgenden $(n \times n)$-Matrix

$$\det \begin{bmatrix} 1 & 1 & 1 & \cdots & 1 & 1 \\ -1 & 2 & 1 & \cdots & 1 & 1 \\ -1 & -1 & 3 & \cdots & 1 & 1 \\ \vdots & \vdots & \vdots & \ddots & \vdots & \vdots \\ -1 & -1 & -1 & \cdots & n-1 & 1 \\ -1 & -1 & -1 & \cdots & -1 & n \end{bmatrix}, \quad n \geq 2.$$

Lösung

Es sei D_n die zu bestimmende Determinante. Wir wenden den ersten Schritt des Gauß-Algorithmus an, indem wir die erste Zeile zur letzten Zeile addieren:

$$D_n = \begin{vmatrix} 1 & 1 & 1 & \cdots & 1 & 1 \\ -1 & 2 & 1 & \cdots & 1 & 1 \\ -1 & -1 & 3 & \cdots & 1 & 1 \\ \vdots & \vdots & \vdots & \ddots & \vdots & \vdots \\ -1 & -1 & -1 & \cdots & n-1 & 1 \\ -1 & -1 & -1 & \cdots & -1 & n \end{vmatrix} \overset{(Z_n)+(Z_1)}{=} \begin{vmatrix} 1 & 1 & 1 & \cdots & 1 & 1 \\ -1 & 2 & 1 & \cdots & 1 & 1 \\ -1 & -1 & 3 & \cdots & 1 & 1 \\ \vdots & \vdots & \vdots & \ddots & \vdots & \vdots \\ -1 & -1 & -1 & \cdots & n-1 & 1 \\ 0 & 0 & 0 & \cdots & 0 & n+1 \end{vmatrix}$$

Dann entwicklen wir nach der letzten Zeile (hat viele Nullen) und erhalten:

$$D_n = \begin{vmatrix} 1 & 1 & 1 & \cdots & 1 & 1 \\ -1 & 2 & 1 & \cdots & 1 & 1 \\ -1 & -1 & 3 & \cdots & 1 & 1 \\ \vdots & \vdots & \vdots & \ddots & \vdots & \vdots \\ -1 & -1 & -1 & \cdots & n-1 & 1 \\ 0 & 0 & 0 & \cdots & 0 & n+1 \end{vmatrix} = (n+1) \underbrace{\begin{vmatrix} 1 & 1 & 1 & \cdots & 1 \\ -1 & 2 & 1 & \cdots & 1 \\ -1 & -1 & 3 & \cdots & 1 \\ \vdots & \vdots & \vdots & \ddots & \vdots \\ -1 & -1 & -1 & \cdots & n-1 \end{vmatrix}}_{=D_{n-1}} = (n+1)\, D_{n-1}.$$

Wir erhalten eine Rekursionsformel für die Determinante D_n. Wenden wir diese Formel rekursiv an, so bekommen wir

$$\begin{aligned} D_n &= (n+1)\, D_{n-1} = (n+1) \cdot n\, D_{n-2} \\ &= (n+1) \cdot n \cdot (n-1)\, D_{n-3} = \cdots = (n+1) \cdot n \cdot (n-1) \cdots 4\, D_2. \end{aligned}$$

Wir berechnen D_2 explizit, $D_2 = \begin{vmatrix} 1 & 1 \\ -1 & 2 \end{vmatrix} = 2 + 1 = 3$, und erhalten

$$\begin{aligned} D_n &= (n+1) \cdot n \cdot (n-1) \cdots 4 D_2 = (n+1) \cdot n \cdot (n-1) \cdots 4 \cdot 3 \\ &= \frac{(n+1) \cdot n \cdot (n-1) \cdots 4 \cdot 3 \cdot 2}{2} = \frac{(n+1)!}{2}. \end{aligned}$$

■

Übung 3.29

• • • Man berechne die folgende Determinante:

$$\det \begin{bmatrix} 0 & 0 & \cdots & 0 & a_1 \\ 0 & 0 & \cdots & a_2 & 0 \\ \vdots & \vdots & \iddots & \vdots & \vdots \\ 0 & a_{n-1} & \cdots & 0 & 0 \\ a_n & 0 & \cdots & 0 & 0 \end{bmatrix}.$$

Lösung
Es sei D_n die zu bestimmende Determinante. Wir entwickeln zuerst nach der ersten Spalte

$$D_n = \begin{vmatrix} 0 & 0 & \cdots & 0 & a_1 \\ 0 & 0 & \cdots & a_2 & 0 \\ \vdots & \vdots & \iddots & \vdots & \vdots \\ 0 & a_{n-1} & \cdots & 0 & 0 \\ a_n & 0 & \cdots & 0 & 0 \end{vmatrix} = (-1)^{n+1} a_n \underbrace{\begin{vmatrix} 0 & \cdots & 0 & a_1 \\ 0 & \cdots & a_2 & 0 \\ \vdots & \iddots & \vdots & \vdots \\ a_{n-1} & \cdots & 0 & 0 \end{vmatrix}}_{=D_{n-1}} = (-1)^{n+1} a_n D_{n-1}.$$

Dies ist eine Rekursionsformel für die Determinante D_n. Wenden wir diese Formel rekursiv an, so wird:

$$D_n = (-1)^{n+1} a_n D_{n-1} = (-1)^{(n+1)+n} a_n a_{n-1} D_{n-2} = (-1)^{(n+1)+n+(n-1)} a_n a_{n-1} a_{n-2} D_{n-3}$$
$$= \cdots = (-1)^{(n+1)+n+(n-1)+\cdots+2} a_n a_{n-1} a_{n-2} \cdots a_1.$$

Mit der Formel $\sum_{j=1}^{n} j = \frac{n(n+1)}{2}$ erhalten wir:

$$(n+1) + n + (n-1) + \cdots + 2 = \sum_{j=2}^{n+1} j = \left(\sum_{j=1}^{n+1} j \right) - 1 = \frac{(n+1)(n+2)}{2} - 1 = \frac{n^2 + 3n}{2}.$$

Wir fassen zusammen:

$$\begin{vmatrix} 0 & 0 & \cdots & 0 & a_1 \\ 0 & 0 & \cdots & a_2 & 0 \\ \vdots & \vdots & \iddots & \vdots & \vdots \\ 0 & a_{n-1} & \cdots & 0 & 0 \\ a_n & 0 & \cdots & 0 & 0 \end{vmatrix} = (-1)^{\frac{n^2+3n}{2}} a_1 \cdots a_n.$$

■

Übung 3.30
●●○ Man berechne die Determinante der $(n \times n)$-Matrix A mit den Komponenten

$$a_{ij} = \min\{i, j\}, \quad i, j = 1, \cdots, n.$$

Lösung

Die Matrix A lautet explizit

$$A = \begin{bmatrix} \min\{1,1\} & \min\{1,2\} & \min\{1,3\} & \cdots & \min\{1,n\} \\ \min\{2,1\} & \min\{2,2\} & \min\{2,3\} & \cdots & \min\{2,n\} \\ \min\{3,1\} & \min\{3,2\} & \min\{3,3\} & \cdots & \min\{3,n\} \\ \vdots & \vdots & \vdots & \ddots & \vdots \\ \min\{n,1\} & \min\{n,2\} & \min\{n,3\} & \cdots & \min\{n,n\} \end{bmatrix} = \begin{bmatrix} 1 & 1 & 1 & \cdots & 1 \\ 1 & 2 & 2 & \cdots & 2 \\ 1 & 2 & 3 & \cdots & 3 \\ \vdots & \vdots & \vdots & \ddots & \vdots \\ 1 & 2 & 3 & \cdots & n \end{bmatrix}.$$

Es sei D_n die zu bestimmende Determinante. Mit einigen Zeilenoperationen erzielen wir:

$$D_n = \begin{vmatrix} 1 & 1 & 1 & \cdots & 1 \\ 1 & 2 & 2 & \cdots & 2 \\ 1 & 2 & 3 & \cdots & 3 \\ \vdots & \vdots & \vdots & \ddots & \vdots \\ 1 & 2 & 3 & \cdots & n \end{vmatrix} \overset{\substack{(Z_2)-(Z_1)\\(Z_3)-(Z_1)\\ \vdots \\ (Z_n)-(Z_1)}}{=} \begin{vmatrix} 1 & 1 & 1 & \cdots & 1 \\ 0 & 1 & 1 & \cdots & 1 \\ 0 & 1 & 2 & \cdots & 2 \\ \vdots & \vdots & \vdots & \ddots & \vdots \\ 0 & 1 & 2 & \cdots & n-1 \end{vmatrix}.$$

Nun entwicklen wir nach der ersten Spalte (hat viele Nullen):

$$D_n = \begin{vmatrix} 1 & 1 & 1 & \cdots & 1 \\ 0 & 1 & 1 & \cdots & 1 \\ 0 & 1 & 2 & \cdots & 2 \\ \vdots & \vdots & \vdots & \ddots & \vdots \\ 0 & 1 & 2 & \cdots & n-1 \end{vmatrix} = 1 \cdot \underbrace{\begin{vmatrix} 1 & 1 & \cdots & 1 \\ 1 & 2 & \cdots & 2 \\ \vdots & \vdots & \ddots & \vdots \\ 1 & 2 & \cdots & n-1 \end{vmatrix}}_{=D_{n-1}} = D_{n-1}.$$

Wir erhalten eine Rekursionsformel für die Determinante D_n und zwar $D_n = D_{n-1}$. Aus dieser Formel folgt unmittelbar $D_n = D_{n-1} = D_{n-2} = \cdots D_1$. Wegen $D_1 = \det[1] = 1$, gilt $D_n = 1, \forall n \in \mathbb{N}$.

■

Übung 3.31

• • ○ Man berechne die Determinante der $(n \times n)$-Matrix A mit den Komponenten

$$a_{ij} = \delta_{i,j} + \frac{i}{j}, \; i,j = 1, \cdots, n.$$

Lösung

Die Matrix $\boldsymbol{A}$ lautet explizit

$$\boldsymbol{A} = \begin{bmatrix} 1+\frac{1}{1} & \frac{1}{2} & \frac{1}{3} & \cdots & \frac{1}{n} \\ \frac{2}{1} & 1+\frac{2}{2} & \frac{2}{3} & \cdots & \frac{2}{n} \\ \frac{3}{1} & \frac{3}{2} & 1+\frac{3}{3} & \cdots & \frac{3}{n} \\ \vdots & \vdots & \vdots & \ddots & \vdots \\ \frac{n}{1} & \frac{n}{2} & \frac{n}{3} & \cdots & 1+\frac{n}{n} \end{bmatrix} = \begin{bmatrix} 2 & \frac{1}{2} & \frac{1}{3} & \cdots & \frac{1}{n} \\ 2 & 2 & \frac{2}{3} & \cdots & \frac{2}{n} \\ 3 & \frac{3}{2} & 2 & \cdots & \frac{3}{n} \\ \vdots & \vdots & \vdots & \ddots & \vdots \\ n & \frac{n}{2} & \frac{n}{3} & \cdots & 2 \end{bmatrix}.$$

Mit einigen Zeilen-/Spaltenoperationen erzeugen wir:

$$\begin{vmatrix} 2 & \frac{1}{2} & \frac{1}{3} & \cdots & \frac{1}{n} \\ 2 & 2 & \frac{2}{3} & \cdots & \frac{2}{n} \\ 3 & \frac{3}{2} & 2 & \cdots & \frac{3}{n} \\ \vdots & \vdots & \vdots & \ddots & \vdots \\ n & \frac{n}{2} & \frac{n}{3} & \cdots & 2 \end{vmatrix} \overset{\substack{(Z_2)-2(Z_1) \\ (Z_3)-3(Z_1) \\ \vdots \\ (Z_n)-n(Z_1)}}{=} \begin{vmatrix} 2 & \frac{1}{2} & \frac{1}{3} & \cdots & \frac{1}{n} \\ -2 & 1 & 0 & \cdots & 0 \\ -3 & 0 & 1 & \cdots & 0 \\ \vdots & \vdots & \vdots & \ddots & \vdots \\ -n & 0 & 0 & \cdots & 1 \end{vmatrix}$$

$$\overset{\substack{(S_1)+2(S_2) \\ (S_1)+3(S_3) \\ \vdots \\ (S_1)+n(S_n)}}{=} \begin{vmatrix} n+1 & \frac{1}{2} & \frac{1}{3} & \cdots & \frac{1}{n} \\ 0 & 1 & 0 & \cdots & 0 \\ 0 & 0 & 1 & \cdots & 0 \\ \vdots & \vdots & \vdots & \ddots & \vdots \\ 0 & 0 & 0 & \cdots & 1 \end{vmatrix} = n+1.$$

■

Übung 3.32

• • • Ziel dieser Aufgabe ist die sogenannte **Vandermonde-Determinante**

$$V_n(x_1, x_2, \cdots, x_n) = \det \begin{bmatrix} 1 & x_1 & x_1^2 & \cdots & x_1^{n-1} \\ 1 & x_2 & x_2^2 & \cdots & x_2^{n-1} \\ \vdots & \vdots & \vdots & \ddots & \vdots \\ 1 & x_n & x_n^2 & \cdots & x_n^{n-1} \end{bmatrix}$$

zu berechnen. Man gehe wie folgt vor:

a) Zeige, durch eine geschickte Spaltenentwicklung, dass V_n ein Polynom vom Grad $n-1$ in der Variable x_n ist.

b) Man folgere aus (a), dass

$$V_n(x_1, \cdots, x_n) = (x_n - x_1)(x_n - x_2) \cdots (x_n - x_{n-1}) V_{n-1}(x_1, \cdots, x_{n-1})$$

gilt. (Hinweis: Man definiere die Funktion $p_n(z) = V_n(x_1, \cdots, x_{n-1}, z)$. Was sind die Nullstellen von $p_n(z)$?)

c) Man bestimme V_n explizit und zeige

$$\det\begin{bmatrix} 1 & x_1 & x_1^2 & \cdots & x_1^{n-1} \\ 1 & x_2 & x_2^2 & \cdots & x_2^{n-1} \\ \vdots & \vdots & \vdots & \ddots & \vdots \\ 1 & x_n & x_n^2 & \cdots & x_n^{n-1} \end{bmatrix} = \prod_{i<j}(x_j - x_i).$$

Lösung

a) Mittels Spaltenentwicklung der Determinante nach der letzten Zeile gilt:

$$V_n(x_1, x_2, \cdots, x_n) = \begin{vmatrix} 1 & x_1 & x_1^2 & \cdots & x_1^{n-1} \\ 1 & x_2 & x_2^2 & \cdots & x_2^{n-1} \\ \vdots & \vdots & \ddots & & \vdots \\ 1 & x_n & x_n^2 & \cdots & x_n^{n-1} \end{vmatrix}$$

$$= (-1)^{n+1} \cdot \overbrace{\begin{vmatrix} x_1 & x_1^2 & \cdots & x_1^{n-1} \\ x_2 & x_2^2 & \cdots & x_2^{n-1} \\ \vdots & \vdots & \ddots & \vdots \\ x_{n-1} & x_{n-1}^2 & \cdots & x_{n-1}^{n-1} \end{vmatrix}}^{=:a_0} + x_n \cdot \overbrace{(-1)^{n+2} \begin{vmatrix} 1 & x_1^2 & \cdots & x_1^{n-1} \\ 1 & x_2^2 & \cdots & x_2^{n-1} \\ \vdots & \vdots & \ddots & \vdots \\ 1 & x_{n-1}^2 & \cdots & x_{n-1}^{n-1} \end{vmatrix}}^{=:a_1} + \cdots$$

$$+ x_n^{n-1} \underbrace{(-1)^{2n}}_{=1} \cdot \overbrace{\begin{vmatrix} 1 & x_1 & x_1^2 & \cdots & x_1^{n-2} \\ 1 & x_2 & x_2^2 & \cdots & x_2^{n-2} \\ \vdots & \vdots & \vdots & \ddots & \vdots \\ 1 & x_{n-1} & x_{n-1}^2 & \cdots & x_{n-1}^{n-2} \end{vmatrix}}^{=:a_{n-1}} = a_0 + a_1 x_n + \cdots + a_{n-1} x_n^{n-1}.$$

$V_n(x_1, x_2, \cdots, x_n)$ ist somit ein Polynom in der Variable x_n vom Grad $n-1$. Die Koeffizienten $a_0, a_1, \cdots, a_{n-1}$ sind Funktionen der anderen Variablen $x_1, x_2, \cdots, x_{n-1}$.

b) Die Idee ist, x_n als eine neue Variable z aufzufassen:

$$p_n(z) = \begin{vmatrix} 1 & x_1 & x_1^2 & \cdots & x_1^{n-1} \\ 1 & x_2 & x_2^2 & \cdots & x_2^{n-1} \\ \vdots & \vdots & \vdots & \ddots & \vdots \\ 1 & x_{n-1} & x_{n-1}^2 & \cdots & x_{n-1}^{n-1} \\ 1 & z & z^2 & \cdots & z^{n-1} \end{vmatrix}.$$

Aus Teilaufgabe (a) wissen wir, dass $p_n(z)$ ein Polynom vom Grad $n-1$ in z ist. Werten wir dieses Polynom an der Stelle $z = x_1$ aus, so erhalten wir:

$$p_n(z = x_1) = \begin{vmatrix} 1 & x_1 & x_1^2 & \cdots & x_1^{n-1} \\ 1 & x_2 & x_2^2 & \cdots & x_2^{n-1} \\ \vdots & \vdots & \vdots & \ddots & \vdots \\ 1 & x_{n-1} & x_{n-1}^2 & \cdots & x_{n-1}^{n-1} \\ 1 & x_1 & x_1^2 & \cdots & x_1^{n-1} \end{vmatrix} = 0,$$

weil die erste und letzte Zeile identisch sind. Analog gilt:

$$p_n(z = x_2) = \begin{vmatrix} 1 & x_1 & x_1^2 & \cdots & x_1^{n-1} \\ 1 & x_2 & x_2^2 & \cdots & x_2^{n-1} \\ \vdots & \vdots & \vdots & \ddots & \vdots \\ 1 & x_{n-1} & x_{n-1}^2 & \cdots & x_{n-1}^{n-1} \\ 1 & x_2 & x_2^2 & \cdots & x_2^{n-1} \end{vmatrix} = 0$$

usw. bis

$$p_n(z = x_{n-1}) = \begin{vmatrix} 1 & x_1 & x_1^2 & \cdots & x_1^{n-1} \\ 1 & x_2 & x_2^2 & \cdots & x_2^{n-1} \\ \vdots & \vdots & \vdots & \ddots & \vdots \\ 1 & x_{n-1} & x_{n-1}^2 & \cdots & x_{n-1}^{n-1} \\ 1 & x_{n-1} & x_{n-1}^2 & \cdots & x_{n-1}^{n-1} \end{vmatrix} = 0.$$

Somit hat das Polynom $p_n(z)$ genau $n-1$ Nullstellen: $z = x_1, z = x_2, \cdots, z = x_{n-1}$. Folglich ist $p_n(z)$ von der Form $p_n(z) = C(z - x_1)(z - x_2)\cdots(z - x_{n-1})$. Wegen $p_n(z) = C(z - x_1)(z - x_2)\cdots(z - x_{n-1}) = Cz^{n-1} + \cdots$ ist die Konstante C gleich dem Koeffizient von $p_n(z)$ zu z^{n-1}, d. h. $C = a_{n-1}$

$$C = a_{n-1} = \begin{vmatrix} 1 & x_1 & x_1^2 & \cdots & x_1^{n-2} \\ 1 & x_2 & x_2^2 & \cdots & x_2^{n-2} \\ \vdots & \vdots & \vdots & \ddots & \vdots \\ 1 & x_{n-1} & x_{n-1}^2 & \cdots & x_{n-1}^{n-2} \end{vmatrix} = V_{n-1}(x_1, \cdots, x_{n-1}).$$

Daraus folgt $V_n(x_1, \cdots, x_n) = (x_n - x_1)(x_n - x_2)\cdots(x_n - x_{n-1})V_{n-1}(x_1, \cdots, x_{n-1})$.

c) In Teilaufgabe (b) haben wir eine Rekursionsrelation für $V_n(x_1, \cdots, x_n)$ erhalten. Wenden wir diese Relation an so erhalten wir:

$$\begin{aligned} V_n(x_1, \cdots, x_n) &= (x_n - x_1)(x_n - x_2)\cdots(x_n - x_{n-1})V_{n-1}(x_1, \cdots, x_{n-1}) \\ &= (x_n - x_1)(x_n - x_2)\cdots(x_n - x_{n-1})(x_{n-1} - x_1)\cdots(x_{n-1} - x_{n-2}) \\ &\quad V_{n-2}(x_1, \cdots, x_{n-2}) \\ &\vdots \\ &= (x_n - x_1)(x_n - x_2)\cdots(x_n - x_{n-1})\cdots(x_3 - x_1)(x_3 - x_2)V_2(x_1, x_2). \end{aligned}$$

Wir müssen nur noch $V_2(x_1, x_2)$ bestimmen:

$$V_2(x_1, x_2) = \begin{vmatrix} 1 & x_1 \\ 1 & x_2 \end{vmatrix} = x_2 - x_1.$$

Somit gilt:

$$V_n(x_1, \cdots, x_n) = (x_n - x_1)(x_n - x_2)\cdots(x_n - x_{n-1})\cdots(x_3 - x_1)(x_3 - x_2)(x_2 - x_1)$$
$$= \prod_{i<j}(x_j - x_i).$$

■

3.3 Allgemeine Definition der Determinante – die Leibniz-Formel

In den vorausgegangenen Abschnitten haben wir die Determinante praktisch eingeführt und viele Beispiele dazu bearbeitet. Jetzt wollen wir die Determinante etwas **formaler** definieren. Dies erfolgt **axiomatisch** durch die sogenannten **Axiome von Weierstraß**. Man kann zeigen, dass es genau eine Determinantenfunktion gibt, welche die Axiome von Weierstraß erfüllt. Diese Determinantenfunktion ist durch die sogenannte **Leibniz-Formel** gegeben, welche in der Praxis genau den Definitionen der vorausgegangenen Abschnitten entspricht. Bevor wir mit der Leibniz-Formel loslegen, müssen wir zuerst den Begriff der **Permutationen** einführen.

3.3.1 Permutationen

Eine **Permutation** beschreibt das Vertauschen der Reihenfolge von n Objekten (wie Zahlen, Buchstaben, geometrische Figuren usw.), ◘ Abb. 3.4. Diese Operation kann man mathematisch durch eine **bijektive Abbildung** σ von der Menge $\{1, 2, \cdots, n\}$ in sich selbst beschreiben:

$$\sigma : \{1, 2, \cdots, n\} \to \{1, 2, \cdots, n\}, \; i \mapsto \sigma(i). \tag{3.11}$$

Eine Permutation ordnet somit jeder Zahl $i \in \{1, 2, \cdots, n\}$ genau eine Zahl $\sigma(i)$ in derselben Menge $\{1, 2, \cdots, n\}$ zu, aber **in einer anderen Reihenfolge**. Permutationen kann man in Matrixschreibweise wie folgt beschreiben

$$\sigma = \begin{bmatrix} 1 & 2 & \cdots & n \\ \sigma(1) & \sigma(2) & \cdots & \sigma(n) \end{bmatrix}. \tag{3.12}$$

In der ersten Zeile stehen die natürlichen Zahlen von 1 bis n (Ausgangspunkt). Unter jeder Zahl steht in der zweiten Zeile das Bild $\sigma(i)$. Weil jede Permutation σ nur die Reihenfolge der Zahlen von 1 bis n ändert, kommt jeder $i \in \{1, 2, \cdots, n\}$

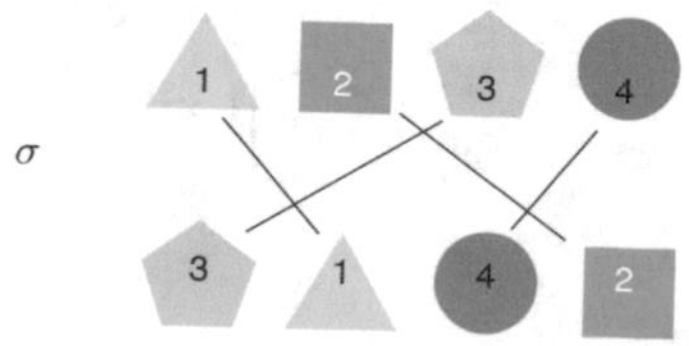

◘ **Abb. 3.4** Permutation von vier Objekten gemäß $1 \mapsto \sigma(1) = 3,\ 2 \mapsto \sigma(2) = 1,\ 3 \mapsto \sigma(3) = 4,\ 4 \mapsto \sigma(4) = 2$

in der zweiten Zeile genau 1 Mal vor. Eine alternative (einfachere) Notation von Permutationen betrachtet nur die Bilder unter σ:

$$\sigma = \big(\sigma(1)\ \sigma(2)\ \cdots\ \sigma(n)\big)\,. \tag{3.13}$$

► **Beispiel**

- Die folgende Permutation σ der Zahlen $\{1, 2, 3, 4, 5\}$

  $$1 \mapsto \sigma(1) = 4,\ 2 \mapsto \sigma(2) = 1,\ 3 \mapsto \sigma(3) = 5,\ 4 \mapsto \sigma(4) = 2,\ 5 \mapsto \sigma(5) = 3$$

  wird in Matrixschreibweise wie folgt dargestellt $\sigma = \left[\begin{smallmatrix} 1 & 2 & 3 & 4 & 5 \\ 4 & 1 & 5 & 2 & 3 \end{smallmatrix}\right] = \begin{pmatrix} 4 & 1 & 5 & 2 & 3 \end{pmatrix}$.
- Bei der Permutation $\sigma = \left[\begin{smallmatrix} 1 & 2 & 3 & 4 \\ 2 & 3 & 1 & 4 \end{smallmatrix}\right] = \begin{pmatrix} 2 & 3 & 1 & 4 \end{pmatrix}$ geht 1 zu 2, 2 geht zu 3, 3 zu 1 und 4 zu 4.
- Die Permutation, die kein Element bewegt, heißt **identische Permutation**, oft mit e bezeichnet:

  $$e = \begin{bmatrix} 1\ 2 \cdots n \\ 1\ 2 \cdots n \end{bmatrix} = \begin{pmatrix} 1\ 2 \cdots n \end{pmatrix}. \ ◄$$

Zusammensetzung von Permutationen

Permutationen können zusammengesetzt werden.

► **Definition 3.4**

Die **Zusammensetzung** der Permutationen σ und π wird mit dem Symbol $\pi \circ \sigma$ bezeichnet. In diesem Fall werden die Permutationen π und σ nacheinander ausgeführt (von rechts nach links, d. h. zuerst σ und dann π). Das Ergebnis ist wieder eine Permutation. ◄

► **Beispiel**

Die Komposition von $\sigma = \left[\begin{smallmatrix} 1 & 2 & 3 & 4 \\ 2 & 3 & 1 & 4 \end{smallmatrix}\right]$ und $\pi = \left[\begin{smallmatrix} 1 & 2 & 3 & 4 \\ 1 & 4 & 2 & 3 \end{smallmatrix}\right]$ ergibt $\pi \circ \sigma = \left[\begin{smallmatrix} 1 & 2 & 3 & 4 \\ 4 & 2 & 1 & 3 \end{smallmatrix}\right]$. ◄

Praxis Tip

Zur praktischen Berechnung von $\pi \circ \sigma$ kann man einfach den Weg aller Elemente $1, 2, 3, 4$ unter σ und dann π individuell verfolgen:

$$1 \overset{\sigma}{\mapsto} 2 \overset{\pi}{\mapsto} 4$$

$$2 \overset{\sigma}{\mapsto} 3 \overset{\pi}{\mapsto} 2$$

$$3 \overset{\sigma}{\mapsto} 1 \overset{\pi}{\mapsto} 1$$

$$4 \overset{\sigma}{\mapsto} 4 \overset{\pi}{\mapsto} 3$$

oder

$$\begin{array}{ccccc} & 1 & 2 & 3 & 4 \\ \sigma & \downarrow & \downarrow & \downarrow & \downarrow \\ & 2 & 3 & 1 & 4 \\ \pi & \downarrow & \downarrow & \downarrow & \downarrow \\ & 4 & 2 & 1 & 3 \end{array}$$

Inverse Permutation

► Definition 3.5

π heißt **Inverse** von σ, wenn $\pi \circ \sigma = \sigma \circ \pi = e$ gilt. Geschrieben wird $\pi = \sigma^{-1}$. ◄

► Beispiel

Die Komposition von $\sigma = \begin{bmatrix} 1 & 2 & 3 & 4 & 5 \\ 4 & 1 & 5 & 2 & 3 \end{bmatrix}$ und $\pi = \begin{bmatrix} 1 & 2 & 3 & 4 & 5 \\ 2 & 4 & 5 & 1 & 3 \end{bmatrix}$ ergibt $\pi \circ \sigma = \begin{bmatrix} 1 & 2 & 3 & 4 & 5 \\ 1 & 2 & 3 & 4 & 5 \end{bmatrix} = e$. π ist somit die Inverse von σ, d. h. $\sigma^{-1} = \pi$. ◄

Praxis Tip

In der Praxis kann man $\pi \circ \sigma$ berechnen, indem man man den Weg aller Elemente 1, 2, 3, 4, 5 unter σ und dann π individuell verfolgt:

$$1 \overset{\sigma}{\mapsto} 4 \overset{\pi}{\mapsto} 1$$
$$2 \overset{\sigma}{\mapsto} 1 \overset{\pi}{\mapsto} 2$$
$$3 \overset{\sigma}{\mapsto} 5 \overset{\pi}{\mapsto} 3$$
$$4 \overset{\sigma}{\mapsto} 2 \overset{\pi}{\mapsto} 4$$
$$5 \overset{\sigma}{\mapsto} 3 \overset{\pi}{\mapsto} 5$$

oder

$$\begin{array}{cccccc} & 1 & 2 & 3 & 4 & 5 \\ \sigma & \downarrow & \downarrow & \downarrow & \downarrow & \downarrow \\ & 4 & 1 & 5 & 2 & 3 \\ \pi & \downarrow & \downarrow & \downarrow & \downarrow & \downarrow \\ & 1 & 2 & 3 & 4 & 5 \end{array}$$

3.3.2 Die Menge S_n

► Definition 3.6

Die Menge aller Permutationen der Zahlen $\{1, \cdots, n\}$ wird mit S_n bezeichnet und heißt die **symmetrische Gruppe**

$$\boxed{S_n = \{\sigma \mid \sigma \text{ ist eine Permutation von } \{1, 2, \cdots, n\}\}} \tag{3.14}$$

◄

► Satz 3.3

Die Ordnung von S_n (d. h., die Anzahl Elemente von S_n) ist

$$|S_n| = n! \tag{3.15}$$

d. h. es gibt $n!$ Permutationen von n Zahlen. ◄

► Beispiel

- S_2 enthält $2! = 2$ Permutationen. Diese sind $e = (12)$ und (21).
- S_3 hat $3! = 6$ Elemente. Diese sind $e = (123)$, (312), (231), (132), (321) und (213). ◄

3.3.3 Transpositionen

► Definition 3.7

Eine **Transposition** ist eine Permutation σ, welche nur zwei Zahlen i und j vertauscht, aber sonst alle anderen Zahlen invariant lässt, d. h.

$$\sigma(i) = j, \quad \sigma(j) = i, \quad \text{und} \quad \sigma(k) = k \text{ sonst.} \tag{3.16}$$

Die Transposition, welche i und j vertauscht, wird mit τ_{ij} bezeichnet. ◄

► Beispiel

Die Permutation$\sigma = \begin{bmatrix} 1 & 2 & 3 & 4 & 5 \\ 1 & \boxed{5} & 3 & 4 & \boxed{2} \end{bmatrix}$ vertauscht nur die Zahlen 2 und 5. σ ist daher eine Transposition und wir schreiben $\sigma = \tau_{25}$. ◄

3.3.4 Darstellung von Parmutationen durch Transpositionen

► Satz 3.4

Jede Permutation lässt sich als Produkt von Transpositionen darstellen. ◄

► Beispiel

Die Permutation $\sigma = \begin{bmatrix} 1 & 2 & 3 \\ 2 & 3 & 1 \end{bmatrix} = \begin{pmatrix} 2 & 3 & 1 \end{pmatrix}$ kann man wie folgt als Produkt von Transpositionen schreiben $\sigma = \tau_{12}\tau_{13}$, wie man leicht nachrechnet:

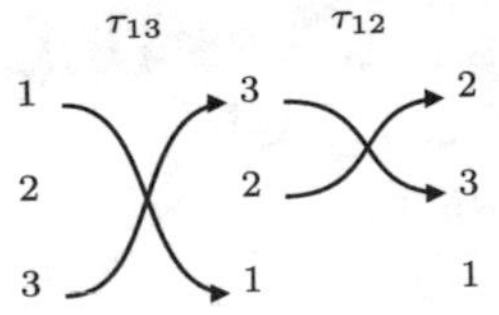

◄

Bemerkung

Beachte, dass die Darstellung einer Permutation als Produkt von Transpositionen **nicht eindeutig ist**. Jede solche Darstellung kann man immer durch Multiplikation mit dem Paar $\tau_{ji}\,\tau_{ij} = e$ in ein weiteres Produkt überführen, ohne dass sich das Endresultat ändert. Zum Beispiel:

$$\sigma = \tau_{12}\tau_{13} = \tau_{12}\tau_{13}\underbrace{\tau_{21}\tau_{12}}_{=e} = \tau_{12}\tau_{13}\underbrace{\tau_{21}\tau_{12}}_{=e}\underbrace{\tau_{32}\tau_{23}}_{=e} = \text{ usw.}$$

Grafisch:

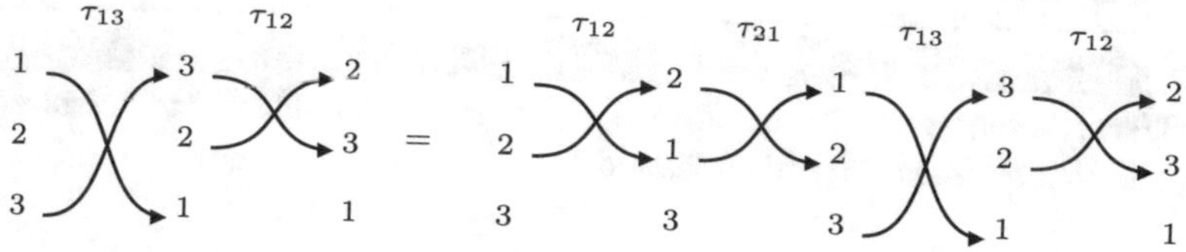

3.3.5 Signum einer Permutation

Im vorigen Abschnitt haben wir gesehen, dass wir jede Permutation als Produkt von Transpositionen darstellen können. Obwohl diese Darstellung nicht eindeutig ist, ist die Anzahl der nötigen Transpositionen für eine Permutation immer gerade oder ungerade. Aus diesem Grund, definieren wir das **Signum** einer Permutation σ (notiert $\operatorname{sign}(\sigma)$) als:

$$\operatorname{sign}(\sigma) = \begin{cases} +1 & \sigma \text{ ist Produkt einer } \textbf{geraden} \text{ Anzahl von Transpositionen} \\ -1 & \sigma \text{ ist Produkt einer } \textbf{ungeraden} \text{ Anzahl von Transpositionen} \end{cases}$$

Das Signum ist eine Vorzeichenfunktion für Permutationen:
- Permutationen mit $\operatorname{sign}(\sigma) = +1$ heißen **gerade**
- Permutationen mit $\operatorname{sign}(\sigma) = -1$ heißen **ungerade**

▶ Satz 3.5 (Rechenregeln für Signum)

- Das Signum einer Transposition ist -1;
- $\operatorname{sign}(\sigma \circ \pi) = \operatorname{sign}(\sigma)\operatorname{sign}(\pi)$;
- $\operatorname{sign}(\sigma^{-1}) = \operatorname{sign}(\sigma)$;
- Die Hälfte der Permutationen von S_n ist gerade. Die andere Hälfte ist ungerade. ◀

Bemerkung

Die Formel $\operatorname{sign}(\sigma^{-1}) = \operatorname{sign}(\sigma)$ kann man intuitiv wie folgt verstehen. Es gilt: $\sigma \circ \sigma^{-1} = e$. Die Identität e hat keine Transpositionen. Um σ^{-1} zu erzeugen, müssen wir alle Transpositionen von σ rückwärts anwenden. σ^{-1} besteht somit aus derselben Anzahl Transpoitionen wie σ, also hat σ^{-1} desselbe Signum wie σ.

▶ Beispiel

- Die identische Permutation $e = (12345)$ enthält keine Transposition. Daraus folgt $\operatorname{sign}(e) = (-1)^0 = 1$.
- Die Permutation $\sigma = (132)$ entsteht aus der Transposition von 2 und 3. Daraus folgt $\operatorname{sign}(\sigma) = (-1)^1 = -1$.

- $\sigma = (312)$ ist gleich dem Produkt von 2 Transpositionen $\sigma = \tau_{13}\tau_{12}$. Daraus folgt $\text{sign}(\sigma) = (-1)^2 = 1$.

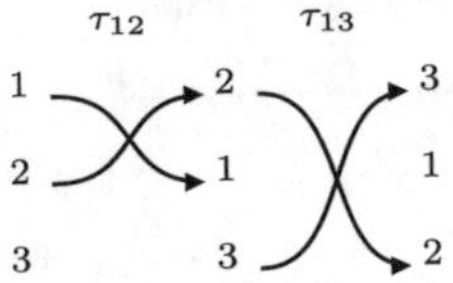

- Die Permutation $\sigma = (51243)$ kann man als Produkt von 4 Transpositionen schreiben $\sigma = \begin{bmatrix} 1 & 2 & 3 & 4 & 5 \\ 5 & 1 & 2 & 4 & 3 \end{bmatrix} = \tau_{35}\tau_{25}\tau_{15}$. Somit $\text{sign}(\sigma) = (-1)^3 = -1$.

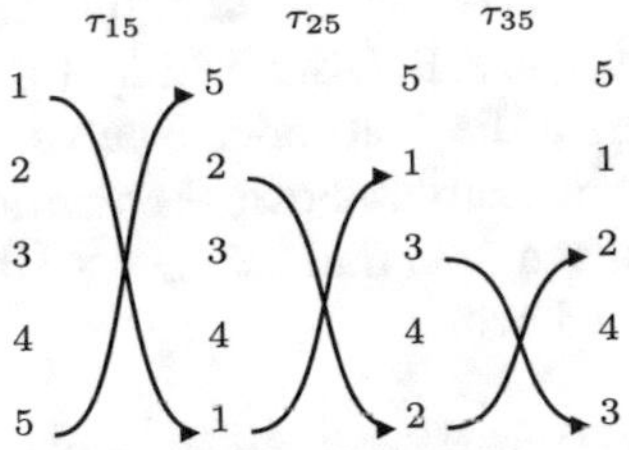

- Die Permutation $\sigma = (2345671)$ kann man wie folgt als Produkt von Transpositionen schreiben $\sigma = \begin{bmatrix} 1 & 2 & 3 & 4 & 5 & 6 & 7 \\ 2 & 3 & 4 & 5 & 6 & 7 & 1 \end{bmatrix} = \tau_{67}\tau_{56}\tau_{45}\tau_{34}\tau_{23}\tau_{12}$. Somit $\text{sign}(\sigma) = (-1)^6 = 1$.

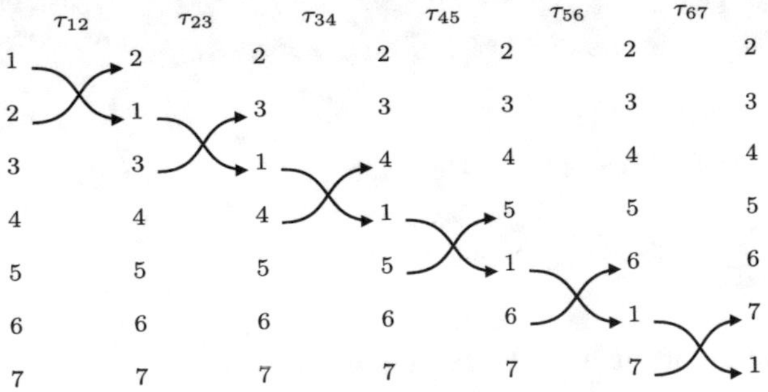

- S_2 enthält $2! = 2$ Permutationen. Diese sind die Identität $e = (12)$ und (21). Es ist $\text{sign}(e) = +1$ und $\text{sign}(21) = -1$
- S_3 enthält $3! = 6$ Permutationen. 3 davon sind gerade; die anderen 3 sind ungerade:

$\sigma = (123) \Rightarrow \text{sign}(\sigma) = +1$	$\sigma = (213) \Rightarrow \text{sign}(\sigma) = -1$
$\sigma = (312) \Rightarrow \text{sign}(\sigma) = +1$	$\sigma = (321) \Rightarrow \text{sign}(\sigma) = -1$
$\sigma = (231) \Rightarrow \text{sign}(\sigma) = +1$	$\sigma = (132) \Rightarrow \text{sign}(\sigma) = -1$

◄

3.3.6 Leibniz-Formel für Determinante

Die Determinante einer allgemeinen Matrix $A \in \mathbb{K}^{n \times n}$ kann man mithilfe von Permutationen wie folgt definieren:

► **Definition 3.8 (Leibniz-Formel)**

$$\det(A) := \sum_{\sigma \in S_n} \operatorname{sign}(\sigma)\, a_{1\sigma(1)} a_{2\sigma(2)} \cdots a_{n\sigma(n)}$$

◄

Diese Formel ist als **Leibniz-Formel** bekannt. Die Summe läuft über alle Permutationen $\sigma \in S_n$. Wegen $|S_n| = n!$ enthält die Leibniz-Formel $n!$ Summanden, was die Berechnung der Determinante bei großes n sehr aufwendig macht. Aus diesem Grund wird die Leibniz-Formel in der Praxis nicht zur Berechnung von Determinanten verwendet. Die Formel ist stattdessen nützlich für theoretische Beweise, an denen die Determinante beteiligt ist (vgl. z. B. Übung 3.36). Für die praktische Berechnung von Determinanten benutzt man die Methoden, die wir in den vorherigen Abschnitten untersucht haben. Denn die Leibniz-Formel entspricht genau der Definitionen von ► Abschn. 3.1 (vgl. Übungen 3.33 und 3.34). Als Übung betrachten wir jetzt einige Anwendungen der Leibniz-Formel.

Übung 3.33

• ○ ○ Mithilfe der Leibniz-Formel leite man die Formel der Determinante einer (2×2)-Matrix her (Formel (3.1)).

Lösung

Nach der Leibniz-Formel ist die Determinante einer (2×2)-Matrix $A \in \mathbb{K}^{2\times 2}$

$$\det(A) = \sum_{\sigma \in S_2} \operatorname{sign}(\sigma)\, a_{1\sigma(1)} a_{2\sigma(2)}.$$

Die Menge S_2 enthält $2! = 2$ Permutationen, und zwar:

$$\sigma = (12) = e \qquad \Rightarrow \operatorname{sign}(\sigma) = +1 \qquad \text{und} \qquad a_{1\sigma(1)} a_{2\sigma(2)} = a_{11} a_{22}$$

$$\sigma = (21) \qquad \Rightarrow \operatorname{sign}(\sigma) = -1 \qquad \text{und} \qquad a_{1\sigma(1)} a_{2\sigma(2)} = a_{12} a_{21}$$

Somit erhalten wir Formel (3.1)

$$\det(A) = \sum_{\sigma \in S_2} \operatorname{sign}(\sigma)\, a_{1\sigma(1)} a_{2\sigma(2)} = (+1)\, a_{11} a_{22} + (-1)\, a_{12} a_{21} = a_{11} a_{22} - a_{12} a_{21}.$$

■

Übung 3.34

• ○ ○ Mithilfe der Leibniz-Formel leite man die Formel der Determinante einer (3×3)-Matrix her (Formel (3.3)).

Lösung

Nach der Leibniz-Formel ist die Determinante einer (3 × 3)-Matrix $A \in \mathbb{K}^{3\times 3}$

$$\det(A) = \sum_{\sigma \in S_3} \operatorname{sign}(\sigma)\, a_{1\sigma(1)}a_{2\sigma(2)}a_{3\sigma(3)}.$$

Die Menge S_3 enthält $3! = 6$ Permutationen. Diese sind:

$$
\begin{aligned}
&\sigma = (123) = e && \Rightarrow \operatorname{sign}(\sigma) = +1 && \text{und} && a_{1\sigma(1)}a_{2\sigma(2)}a_{3\sigma(3)} = a_{11}a_{22}a_{33}\\
&\sigma = (312) && \Rightarrow \operatorname{sign}(\sigma) = +1 && \text{und} && a_{1\sigma(1)}a_{2\sigma(2)}a_{3\sigma(3)} = a_{13}a_{21}a_{32}\\
&\sigma = (231) && \Rightarrow \operatorname{sign}(\sigma) = +1 && \text{und} && a_{1\sigma(1)}a_{2\sigma(2)}a_{3\sigma(3)} = a_{12}a_{23}a_{31}\\
&\sigma = (213) && \Rightarrow \operatorname{sign}(\sigma) = -1 && \text{und} && a_{1\sigma(1)}a_{2\sigma(2)}a_{3\sigma(3)} = a_{12}a_{21}a_{33}\\
&\sigma = (321) && \Rightarrow \operatorname{sign}(\sigma) = -1 && \text{und} && a_{1\sigma(1)}a_{2\sigma(2)}a_{3\sigma(3)} = a_{13}a_{22}a_{31}\\
&\sigma = (132) && \Rightarrow \operatorname{sign}(\sigma) = -1 && \text{und} && a_{1\sigma(1)}a_{2\sigma(2)}a_{3\sigma(3)} = a_{11}a_{23}a_{32}
\end{aligned}
$$

Wir erhalten somit Formel (3.3):

$$
\begin{aligned}
\det(A) &= \sum_{\sigma \in S_3} \operatorname{sign}(\sigma)\, a_{1\sigma(1)}a_{2\sigma(2)}a_{3\sigma(3)}\\
&= a_{11}a_{22}a_{33} + a_{13}a_{21}a_{32} + a_{12}a_{23}a_{31} - a_{12}a_{21}a_{33} - a_{13}a_{22}a_{31} - a_{11}a_{23}a_{32}. \qquad \blacksquare
\end{aligned}
$$

Übung 3.35

• ○ ○ Man zeige mithilfe der Leibniz-Formel, dass für Diagonalmatrizen $A = \begin{bmatrix} a_{11} & \cdots & 0 \\ \vdots & \ddots & \vdots \\ 0 & \cdots & a_{nn} \end{bmatrix}$ gilt $\det(A) = a_{11} \cdots a_{nn}$.

Lösung

Um ein Gefühl für die Situation zu bekommen, beweisen wir die Aussage zuerst für eine (3 × 3)-Diagonalmatrix $A = \begin{bmatrix} a_{11} & 0 & 0 \\ 0 & a_{22} & 0 \\ 0 & 0 & a_{33} \end{bmatrix}$. Nach der Leibniz-Formel ist die Determinante von A durch

$$\det(A) = \sum_{\sigma \in S_3} \operatorname{sign}(\sigma)\, a_{1\sigma(1)}a_{2\sigma(2)}a_{3\sigma(3)}$$

gegeben. Da S_3 genau $3! = 6$ Permutationen enthält, erhalten wir die folgenden Kombinationen:

$$
\begin{aligned}
&\sigma = (123) = e && \Rightarrow \operatorname{sign}(\sigma) = +1 && \text{und} && a_{1\sigma(1)}a_{2\sigma(2)}a_{3\sigma(3)} = a_{11}a_{22}a_{33}\\
&\sigma = (312) && \Rightarrow \operatorname{sign}(\sigma) = +1 && \text{und} && a_{1\sigma(1)}a_{2\sigma(2)}a_{3\sigma(3)} = a_{13}a_{21}a_{32} = 0\\
&\sigma = (231) && \Rightarrow \operatorname{sign}(\sigma) = +1 && \text{und} && a_{1\sigma(1)}a_{2\sigma(2)}a_{3\sigma(3)} = a_{12}a_{23}a_{31} = 0\\
&\sigma = (213) && \Rightarrow \operatorname{sign}(\sigma) = -1 && \text{und} && a_{1\sigma(1)}a_{2\sigma(2)}a_{3\sigma(3)} = a_{12}a_{21}a_{33} = 0
\end{aligned}
$$

$$\sigma = (321) \quad \Rightarrow \text{sign}(\sigma) = -1 \quad \text{und} \quad a_{1\sigma(1)}a_{2\sigma(2)}a_{3\sigma(3)} = a_{13}a_{22}a_{31} = 0$$
$$\sigma = (132) \quad \Rightarrow \text{sign}(\sigma) = -1 \quad \text{und} \quad a_{1\sigma(1)}a_{2\sigma(2)}a_{3\sigma(3)} = a_{11}a_{23}a_{32} = 0$$

Dabei haben wir die Tatsache benutzt, dass alle außerdiagonalen Elemente von $\boldsymbol{A}$ verschwinden, d. h. $a_{12} = a_{13} = a_{23} = \cdots = 0$. Aus der Leibniz-Formel folgt somit das gewünschte Resultat $\det(\boldsymbol{A}) = a_{11}a_{22}a_{33}$.
Jetzt wiederholen wir das obige Argument für eine $(n \times n)$-Diagonalmatrix. Nach der Leibniz-Formel gilt:

$$\det(\boldsymbol{A}) = \sum_{\sigma \in S_n} \text{sign}(\sigma)\, a_{1\sigma(1)}a_{2\sigma(2)} \cdots a_{n\sigma(n)}.$$

Weil alle außerdiagonalen Elemente von $\boldsymbol{A}$ verschwinden, d. h. $a_{ij} = 0$ für $i \neq j$, sind alle Terme $a_{1\sigma(1)}a_{2\sigma(2)} \cdots a_{n\sigma(n)}$ in der obigen Summe gleich Null, außer für $e = (12 \cdots n)$. Daraus folgt

$$\det(\boldsymbol{A}) = \sum_{\sigma \in S_n} \text{sign}(\sigma)\, a_{1\sigma(1)}a_{2\sigma(2)} \cdots a_{n\sigma(n)} = a_{11}a_{22} \cdots a_{nn}.$$

■

Übung 3.36

• • ○ Man zeige: Vertauscht man zwei Spalten, dann ändert die Determinante ihr Vorzeichen.

Lösung

Es sei $\boldsymbol{A} \in \mathbb{K}^{n\times n}$ und es sei $\boldsymbol{B} \in \mathbb{K}^{n\times n}$ die Matrix, die durch Vertauschen der p-ten und q-ten Spalten von $\boldsymbol{A}$ entstanden ist. Wie können wir nun den Link zwischen $\boldsymbol{A}$ und $\boldsymbol{B}$ mithilfe von Permutationen darstellen? Bei der Matrix $\boldsymbol{B}$ sind die Spalten p und q vertauscht. Es sei also τ_{pq} die Transposition, welche p und q vertauscht. Dann hat $\boldsymbol{B}$ die Einträge $b_{ij} = a_{i\tau_{pq}(j)}$. Somit ist

$$\begin{aligned}\det(\boldsymbol{B}) &= \sum_{\sigma \in S_n} \text{sign}(\sigma)\, b_{1\sigma(1)}b_{2\sigma(2)} \cdots b_{n\sigma(n)} \\ &= \sum_{\sigma \in S_n} \text{sign}(\sigma)\, a_{1(\tau_{pq}\circ\sigma)(1)}a_{2(\tau_{pq}\circ\sigma)(2)} \cdots a_{n(\tau_{pq}\circ\sigma)(n)}.\end{aligned}$$

Für Transpositionen ist $\text{sign}(\tau_{pq}) = -1$. Daraus folgt $\text{sign}(\tau_{pq}\circ\sigma) = \text{sign}(\tau_{pq})\,\text{sign}(\sigma) = -\text{sign}(\sigma)$, so gilt:

$$\begin{aligned}\det(\boldsymbol{B}) &= -\sum_{\sigma \in S_n} \text{sign}(\tau_{pq} \circ \sigma)\, a_{1(\tau_{p,q}\circ\sigma)(1)}a_{2(\tau_{pq}\circ\sigma)(2)} \cdots a_{n(\tau_{pq}\circ\sigma)(n)} \\ &= -\sum_{\sigma' \in S_n} \text{sign}(\sigma')\, a_{1\sigma'(1)}a_{2\sigma'(2)} \cdots a_{n\sigma'(n)} = -\det(\boldsymbol{A}).\end{aligned}$$

Im letzten Schritt haben wir benutzt, dass mit σ auch $\sigma' = \tau_{pq} \circ \sigma$ ganz S_n durchläuft.
■

Übung 3.37
●●○ Es sei $A \in \mathbb{K}^{n\times n}$. Man zeige: $\det\left(A^T\right) = \det(A)$.

Lösung
Es sei $B = A^T$. Hat A die Einträge a_{ij}, so hat B die Einträge $[B]_{ij} = \left[A^T\right]_{ij} = a_{ji}$. Somit gilt:

$$\det\left(A^T\right) = \det(B) = \sum_{\sigma \in S_n} \operatorname{sign}(\sigma)\, b_{1\sigma(1)} b_{2\sigma(2)} \cdots b_{n\sigma(n)}$$
$$= \sum_{\sigma \in S_n} \operatorname{sign}(\sigma)\, a_{\sigma(1)1} a_{\sigma(2)2} \cdots a_{\sigma(n)n} = \sum_{\sigma \in S_n} \operatorname{sign}(\sigma)\, a_{1\sigma^{-1}(1)} a_{2\sigma^{-1}(2)} \cdots a_{n\sigma^{-1}(n)}.$$

Wegen $\operatorname{sign}(\sigma^{-1}) = \operatorname{sign}(\sigma)$ gilt

$$\det\left(A^T\right) = \sum_{\sigma \in S_n} \operatorname{sign}(\sigma^{-1})\, a_{1\sigma^{-1}(1)} a_{2\sigma^{-1}(2)} \cdots a_{n\sigma^{-1}(n)}$$
$$= \sum_{\sigma' \in S_n} \operatorname{sign}(\sigma')\, a_{1\sigma'(1)} a_{2\sigma'(2)} \cdots a_{n\sigma'(n)} = \det(A).$$

Im letzten Schritt haben wir benutzt, dass mit σ auch $\sigma' = \sigma^{-1}$ ganz S_n durchläuft. ■

3.4 Inverse Matrix

Eine wichtige Anwendung der Determinante ist die Berechnung der **inversen Matrix**.

3.4.1 Invertierbarkeit und Determinante

Mithilfe der Determinante $\det(A)$ charakterisiert man, ob die Matrix A **invertierbar** (d. h. **regulär**) oder **nichtinvertierbar** (d. h. **singulär**) ist.

► **Satz 3.6**

$A \in \mathbb{K}^{n\times n}$ ist genau dann **invertierbar** (d. h. regulär), wenn $\det(A) \neq 0$. Ist $\det(A) = 0$, so ist A **nichtinvertierbar** (d. h. singulär). ◄

3.4.2 Inverse einer (2 × 2)-Matrix

Für (2 × 2)-Matrizen ist die Berechnung der Inversen besonders einfach. Es gilt folgende Formel (vgl. Bsp. 3.44):

▶ **Satz 3.7**

Eine (2×2)-Matrix $\boldsymbol{A} = \left[\begin{smallmatrix} a_{11} & a_{12} \\ a_{21} & a_{22} \end{smallmatrix}\right]$ ist genau dann invertierbar, wenn $\det(\boldsymbol{A}) \neq 0$ gilt. Die Inverse ist bestimmt durch:

$$\boxed{\boldsymbol{A}^{-1} = \frac{1}{\det(\boldsymbol{A})} \begin{bmatrix} a_{22} & -a_{12} \\ -a_{21} & a_{11} \end{bmatrix}} \tag{3.17}$$

◀

Merkregel

Bei $\boldsymbol{A}^{-1}$ werden die Diagonaleinträge vertauscht, während die Nebendiagonalelemente mit (-1) multipliziert werden

$$\begin{bmatrix} a_{11} & a_{12} \\ a_{21} & a_{22} \end{bmatrix}^{-1} = \frac{1}{\det(\boldsymbol{A})} \begin{bmatrix} \boxed{a_{22}} & \boxed{-}\,a_{12} \\ & \nwarrow\!\searrow \\ \boxed{-}\,a_{21} & \boxed{a_{11}} \end{bmatrix}$$

▶ **Beispiel**

$\boldsymbol{A} = \left[\begin{smallmatrix} 1 & 2 \\ 0 & 2 \end{smallmatrix}\right]$ ist invertierbar, weil $\det(\boldsymbol{A}) = \begin{vmatrix} 1 & 2 \\ 0 & 2 \end{vmatrix} = 1 \cdot 2 - 0 \cdot 2 = 2 \neq 0$. Die Inverse ist (Satz (3.7)):

$$\boldsymbol{A}^{-1} = \frac{1}{\det(\boldsymbol{A})} \begin{bmatrix} a_{22} & -a_{12} \\ -a_{21} & a_{11} \end{bmatrix} = \frac{1}{2} \begin{bmatrix} 2 & -2 \\ 0 & 1 \end{bmatrix} = \begin{bmatrix} 1 & -1 \\ 0 & \frac{1}{2} \end{bmatrix}.$$ ◀

3.4.3 Inverse einer $(n \times n)$-Matrix

Bevor wir die Formel für die Inverse einer $(n \times n)$-Matrix diskutieren können, müssen wir zuerst die **Kofaktormatrix** und die **adjunkte Matrix** einführen.

Kofaktormatrix

▶ **Definition 3.9**

Es sei $\boldsymbol{A} \in \mathbb{K}^{n \times n}$. Wir definieren die **Kofaktormatrix** $\text{cof}(\boldsymbol{A})$ von $\boldsymbol{A}$ wie folgt:

$$\text{cof}(\boldsymbol{A}) = \begin{bmatrix} [\text{cof}(\boldsymbol{A})]_{11} & \cdots & [\text{cof}(\boldsymbol{A})]_{1n} \\ \vdots & \ddots & \vdots \\ [\text{cof}(\boldsymbol{A})]_{n1} & \cdots & [\text{cof}(\boldsymbol{A})]_{nn} \end{bmatrix}, \tag{3.18}$$

wobei

$$[\text{cof}(\boldsymbol{A})]_{ij} = (-1)^{i+j} \det\big(\boldsymbol{A}_{ij}\big). \tag{3.19}$$

$\boldsymbol{A}_{ij}$ ist die Matrix, welche man erhält, wenn man die i-te Zeile und die j-te Spalte von $\boldsymbol{A}$ streicht (▶ vgl. Abschn. 3.1.3):

$$A_{ij} = \begin{bmatrix} a_{11} & \cdots & a_{1j} & \cdots & a_{1n} \\ \vdots & \ddots & & \ddots & \vdots \\ a_{i1} & \cdots & a_{ij} & \cdots & a_{in} \\ \vdots & \ddots & & \ddots & \vdots \\ a_{m1} & \cdots & a_{mj} & \cdots & a_{mn} \end{bmatrix} \tag{3.20}$$

◄

Adjunkte Matrix

► **Definition 3.10**

Die Transponierte von $\mathrm{cof}(A)$ heißt **adjunkte Matrix**:

$$\mathrm{adj}(A) = \mathrm{cof}(A)^T. \tag{3.21}$$

◄

Achtung
Die **adjunkte** Matrix ist nicht mit der **adjungierten** Matrix (vgl. ► Kap. 1) zu verwechseln.

Inverse einer $(n \times n)$-Matrix

Die Inverse einer $(n \times n)$-Matrix kann man jetzt mithilfe der Kofaktormatrix oder adjunkten Matrix wie folgt bestimmen:

► **Satz 3.8**

Eine $(n \times n)$-Matrix A ist genau dann invertierbar, wenn $\det(A) \neq 0$. Außerdem ist die Inverse

$$\boxed{A^{-1} = \frac{\mathrm{cof}(A)^T}{\det(A)} = \frac{\mathrm{adj}(A)}{\det(A)}} \tag{3.22}$$

$\mathrm{cof}(A)$ ist die Kofaktormatrix von A und $\mathrm{adj}(A)$ ist die adjunkte Matrix. ◄

Musterbeispiel 3.3 (Inverse von (3×3)-Matrix)

$$A = \begin{bmatrix} 1 & -4 & 2 \\ 0 & 2 & -1 \\ 0 & 0 & 5 \end{bmatrix}$$ ist invertierbar, weil

$$\det(A) = \begin{vmatrix} 1 & -4 & 2 \\ 0 & 2 & -1 \\ 0 & 0 & 5 \end{vmatrix} = 1 \cdot 2 \cdot 5 = 10 \neq 0.$$

Um die Inverse zu berechnen, rechnen wir die Kofaktormatrix

$$\operatorname{cof}(A) = \begin{bmatrix} (-1)^{1+1}\begin{vmatrix} 2 & -1 \\ 0 & 5 \end{vmatrix} & (-1)^{1+2}\begin{vmatrix} 0 & -1 \\ 0 & 5 \end{vmatrix} & (-1)^{1+3}\begin{vmatrix} 0 & 2 \\ 0 & 0 \end{vmatrix} \\ (-1)^{2+1}\begin{vmatrix} -4 & 2 \\ 0 & 5 \end{vmatrix} & (-1)^{2+2}\begin{vmatrix} 1 & 2 \\ 0 & 5 \end{vmatrix} & (-1)^{2+3}\begin{vmatrix} 1 & -4 \\ 0 & 0 \end{vmatrix} \\ (-1)^{3+1}\begin{vmatrix} -4 & 2 \\ 2 & -1 \end{vmatrix} & (-1)^{3+2}\begin{vmatrix} 1 & 2 \\ 0 & -1 \end{vmatrix} & (-1)^{3+3}\begin{vmatrix} 1 & -4 \\ 0 & 2 \end{vmatrix} \end{bmatrix} = \begin{bmatrix} 10 & 0 & 0 \\ 20 & 5 & 0 \\ 0 & 1 & 2 \end{bmatrix}.$$

Die inverse Matrix lautet somit (Satz (3.8)):

$$A^{-1} = \frac{\operatorname{cof}(A)^T}{\det(A)} = \frac{1}{10}\begin{bmatrix} 10 & 0 & 0 \\ 20 & 5 & 0 \\ 0 & 1 & 2 \end{bmatrix}^T = \frac{1}{10}\begin{bmatrix} 10 & 20 & 0 \\ 0 & 5 & 1 \\ 0 & 0 & 2 \end{bmatrix} = \begin{bmatrix} 1 & 2 & 0 \\ 0 & \frac{1}{2} & \frac{1}{10} \\ 0 & 0 & \frac{1}{5} \end{bmatrix}.$$

Bemerkung

Wie man im Musterbeispiel 3.3 sieht, ist für große Matrizen die Bestimmung der inversen Matrix im Allgemeinen leichter mit dem Gauß-Algorithmus (vgl. 2.4.2) als mit der expliziten Satz (3.8). Für (2 × 2)-Matrizen ist die Formel vom Satz 3.7 aber ganz praktisch.

3.4.4 Beispiele

Übung 3.38

•○○ Untersuche die folgenden Matrizen auf Invertierbarkeit und bestimme gegebenfalls die inverse Matrix:

a) $A = \begin{bmatrix} 2 & 3 \\ 3 & 5 \end{bmatrix}$

b) $B = \begin{bmatrix} -2 & -1 \\ 4 & -3 \end{bmatrix}$

c) $C = \begin{bmatrix} 1 & 2 \\ 3 & 6 \end{bmatrix}$

Lösung

a) Um A auf Invertierbarkeit zu untersuchen, müssen wir einfach die Determinante bestimmen $\det A = \begin{vmatrix} 2 & 3 \\ 3 & 5 \end{vmatrix} = 10 - 9 = 1$. Wegen $\det A \neq 0$ ist A invertierbar. Nun wenden wir Satz (3.7) an und erhalten

$$A^{-1} = \frac{1}{\det(A)} \begin{bmatrix} a_{22} & -a_{12} \\ -a_{21} & a_{11} \end{bmatrix} = \frac{1}{1} \begin{bmatrix} 5 & -3 \\ -3 & 2 \end{bmatrix} = \begin{bmatrix} 5 & -3 \\ -3 & 2 \end{bmatrix}.$$

b) Wegen $\det(B) = \begin{vmatrix} -2 & -1 \\ 4 & -3 \end{vmatrix} = 6 + 4 = 10 \neq 0$ ist B invertierbar. Mit Satz (3.7) finden wir

$$B^{-1} = \frac{1}{\det(B)} \begin{bmatrix} b_{22} & -b_{12} \\ -b_{21} & b_{11} \end{bmatrix} = \frac{1}{10} \begin{bmatrix} -3 & 1 \\ -4 & -2 \end{bmatrix} = \begin{bmatrix} -\frac{3}{10} & \frac{1}{10} \\ -\frac{2}{5} & -\frac{1}{5} \end{bmatrix}.$$

c) Wegen $\det(C) = \begin{vmatrix} 1 & 2 \\ 3 & 6 \end{vmatrix} = 6 - 6 = 0$ ist C nichtinvertierbar. Die inverse Matrix C^{-1} existiert folglich nicht. ■

Übung 3.39

• ○ ○ Für welche $\alpha \in \mathbb{R}$ sind die folgenden Matrizen invertierbar? Man bestimme gegebenfalls die Inverse.

a) $A = \begin{bmatrix} \alpha & 0 \\ 2 & 1 \end{bmatrix}$

b) $B = \begin{bmatrix} 2 & 1 - \alpha^2 \\ 0 & \frac{1}{2} \end{bmatrix}$

c) $C = \begin{bmatrix} 1 - \alpha & 2 \\ -\frac{3}{2} & 1 + \alpha \end{bmatrix}$

Lösung

a) Um die Matrix A in Abhängigkeit des Parameters α auf Invertierbarkeit zu untersuchen, müssen wir einfach die Determinante bestimmen $\det(A) = \begin{vmatrix} \alpha & 0 \\ 2 & 1 \end{vmatrix} = \alpha - 0 = \alpha$. Nun wissen wir, dass die Matrix A genau dann invertierbar ist, wenn $\det(A) \neq 0$ gilt. Hiermit ist die gegebene Matrix genau dann invertierbar, wenn $\alpha \neq 0$. Mit Satz (3.7) finden wir

$$A^{-1} = \frac{1}{\det(A)} \begin{bmatrix} a_{22} & -a_{12} \\ -a_{21} & a_{11} \end{bmatrix} = \frac{1}{\alpha} \begin{bmatrix} 1 & 0 \\ -2 & \alpha \end{bmatrix} = \begin{bmatrix} \frac{1}{\alpha} & 0 \\ -\frac{2}{\alpha} & 1 \end{bmatrix}.$$

b) Wegen $\det(B) = \begin{vmatrix} 2 & 1 - \alpha^2 \\ 0 & \frac{1}{2} \end{vmatrix} = 1 - 0 = 1 \neq 0$ ist B für alle $\alpha \in \mathbb{R}$ invertierbar. Mit Satz (3.7) finden wir

$$B^{-1} = \frac{1}{\det(B)} \begin{bmatrix} b_{22} & -b_{12} \\ -b_{21} & b_{11} \end{bmatrix} = \frac{1}{1} \begin{bmatrix} \frac{1}{2} & \alpha^2 - 1 \\ 0 & 2 \end{bmatrix} = \begin{bmatrix} \frac{1}{2} & \alpha^2 - 1 \\ 0 & 2 \end{bmatrix}.$$

c) Wegen $\det(\boldsymbol{C}) = \begin{vmatrix} 1-\alpha & 2 \\ -\frac{3}{2} & 1+\alpha \end{vmatrix} = 1-\alpha^2+3 = 4-\alpha^2$ ist $\boldsymbol{C}$ genau dann invertierbar, $4-\alpha^2 \neq 0 \Rightarrow \alpha^2 \neq 4 \Rightarrow \alpha \neq \pm 2$. Für $\alpha \neq \pm 2$ lautet die gesuchte Inverse

$$\boldsymbol{C}^{-1} = \frac{1}{\det(\boldsymbol{C})}\begin{bmatrix} c_{22} & -c_{12} \\ -c_{21} & c_{11} \end{bmatrix} = \frac{1}{4-\alpha^2}\begin{bmatrix} 1+\alpha & -2 \\ \frac{3}{2} & 1-\alpha \end{bmatrix} = \begin{bmatrix} \frac{1+\alpha}{4-\alpha^2} & -\frac{2}{4-\alpha^2} \\ \frac{3}{2(4-\alpha^2)} & \frac{1-\alpha}{4-\alpha^2} \end{bmatrix}.$$

■

Übung 3.40

• ○ ○ Man betrachte die folgenden Matrizen

a) $\boldsymbol{A} = \begin{bmatrix} \alpha & 1 \\ 2 & 0 \end{bmatrix}$

b) $\boldsymbol{A} = \begin{bmatrix} 1 \\ \alpha \end{bmatrix}$

c) $\boldsymbol{A} = \begin{bmatrix} 2 & 0 & -2 \\ 2 & 1-\alpha & -2 \end{bmatrix}$

Für welche $\alpha \in \mathbb{R}$ ist $\boldsymbol{AA}^T$ regulär? Man bestimme gegebenfalls die Inverse $(\boldsymbol{AA}^T)^{-1}$.

Lösung

a) Wir berechnen zuerst die Matrix $\boldsymbol{AA}^T = \begin{bmatrix} \alpha & 1 \\ 2 & 0 \end{bmatrix} \cdot \begin{bmatrix} \alpha & 2 \\ 1 & 0 \end{bmatrix} = \begin{bmatrix} \alpha^2+1 & 2\alpha \\ 2\alpha & 4 \end{bmatrix}$. Wegen $\det\left(\boldsymbol{AA}^T\right) = \begin{vmatrix} \alpha^2+1 & 2\alpha \\ 2\alpha & 4 \end{vmatrix} = 4\alpha^2+4-4\alpha^2 = 4 \neq 0$ ist $\boldsymbol{AA}^T$ für alle $\alpha \in \mathbb{R}$ regulär. Die Inverse ist:

$$(\boldsymbol{AA}^T)^{-1} = \frac{1}{4}\begin{bmatrix} 4 & -2\alpha \\ -2\alpha & \alpha^2+1 \end{bmatrix} = \begin{bmatrix} 1 & -\frac{\alpha}{2} \\ -\frac{\alpha}{2} & \frac{\alpha^2+1}{4} \end{bmatrix}.$$

b) Es gilt $\boldsymbol{AA}^T = \begin{bmatrix} 1 \\ \alpha \end{bmatrix} \cdot \begin{bmatrix} 1 & \alpha \end{bmatrix} = \begin{bmatrix} 1 & \alpha \\ \alpha & \alpha^2 \end{bmatrix}$. Wegen $\det\left(\boldsymbol{AA}^T\right) = \begin{vmatrix} 1 & \alpha \\ \alpha & \alpha^2 \end{vmatrix} = \alpha^2 - \alpha^2 = 0$ ist $\boldsymbol{AA}^T$ für kein $\alpha \in \mathbb{R}$ regulär.

c) Aus $\boldsymbol{AA}^T = \begin{bmatrix} 2 & 0 & -2 \\ 2 & 1-\alpha & -2 \end{bmatrix} \cdot \begin{bmatrix} 2 & 2 \\ 0 & 1-\alpha \\ -2 & -2 \end{bmatrix} = \begin{bmatrix} 8 & 8 \\ 8 & 8+(\alpha-1)^2 \end{bmatrix}$ folgt $\det\left(\boldsymbol{AA}^T\right) = \begin{vmatrix} 8 & 8 \\ 8 & 8+(\alpha-1)^2 \end{vmatrix} = 64+8(\alpha-1)^2-64 = 8(\alpha-1)^2$. $\boldsymbol{AA}^T$ ist genau dann invertierbar, wenn $\det\left(\boldsymbol{AA}^T\right) = 8(\alpha-1)^2 \neq 0 \Rightarrow \alpha \neq 1$. Somit ist $\boldsymbol{AA}^T$ für $\alpha \neq 1$ regulär. Die Inverse lautet

$$(\boldsymbol{AA}^T)^{-1} = \frac{1}{8(\alpha-1)^2}\begin{bmatrix} 8+(\alpha-1)^2 & -8 \\ -8 & 8 \end{bmatrix} = \begin{bmatrix} \frac{8+(\alpha-1)^2}{8(\alpha-1)^2} & -\frac{1}{(\alpha-1)^2} \\ -\frac{1}{(\alpha-1)^2} & \frac{1}{(\alpha-1)^2} \end{bmatrix}.$$

■

Übung 3.41

●●○ Man untersuche $A = \begin{bmatrix} 1 & -1 & 3 \\ 1 & 1 & 2 \\ 2 & 0 & 7 \end{bmatrix}$ auf Invertierbarkeit und man berechne die Inverse mittels der Kofaktormatrix.

Lösung

Wegen $\det(A) = 4 \neq 0$ ist A invertierbar. Die Inverse lautet (Satz (3.8)):

$$A^{-1} = \frac{1}{\det(A)} \begin{bmatrix} \begin{vmatrix} 1 & 2 \\ 0 & 7 \end{vmatrix} & -\begin{vmatrix} 1 & 2 \\ 2 & 7 \end{vmatrix} & \begin{vmatrix} 1 & 1 \\ 2 & 0 \end{vmatrix} \\ -\begin{vmatrix} -1 & 3 \\ 0 & 7 \end{vmatrix} & \begin{vmatrix} 1 & 3 \\ 2 & 7 \end{vmatrix} & -\begin{vmatrix} 1 & -1 \\ 2 & 0 \end{vmatrix} \\ \begin{vmatrix} -1 & 3 \\ 1 & 2 \end{vmatrix} & -\begin{vmatrix} 1 & 3 \\ 1 & 2 \end{vmatrix} & \begin{vmatrix} 1 & -1 \\ 1 & 1 \end{vmatrix} \end{bmatrix}^T = \frac{1}{4} \begin{bmatrix} 7 & -3 & -2 \\ 7 & 1 & -2 \\ -5 & 1 & 2 \end{bmatrix}^T$$

$$= \frac{1}{4} \begin{bmatrix} 7 & 7 & -5 \\ -3 & 1 & 1 \\ -2 & -2 & 2 \end{bmatrix} = \begin{bmatrix} \frac{7}{4} & \frac{7}{4} & -\frac{5}{4} \\ -\frac{3}{4} & \frac{1}{4} & \frac{1}{4} \\ -\frac{1}{2} & -\frac{1}{2} & \frac{1}{2} \end{bmatrix}.$$

■

Praxistipp

Bei der Berechnung der Kofaktormatrix in Übung 3.41 liefert das bereits bekannte Schema eine einfache Regel, um sich das Vorzeichen der verschiedenen Einträgen zu merken:

$$\begin{bmatrix} + & - & + & \cdots \\ - & + & - & \cdots \\ + & - & + & \cdots \\ \vdots & \vdots & \vdots & \ddots \end{bmatrix}.$$

Übung 3.42

●●○ Man invertiere $A = \begin{bmatrix} 1 & -1 & 0 & 0 \\ 1 & 1 & 0 & 0 \\ 0 & 0 & 3 & 1 \\ 0 & 0 & 0 & 1 \end{bmatrix}$.

Lösung

A ist eine Blockdiagonalmatrix

$$A = \left[\begin{array}{cc|cc} 1 & -1 & 0 & 0 \\ 1 & 1 & 0 & 0 \\ \hline 0 & 0 & 3 & 1 \\ 0 & 0 & 0 & 1 \end{array}\right].$$

Daher berechnen wir einfach die Inverse jedes Blocks (vgl. Übung 1.28):

$$A^{-1} = \left[\begin{array}{c|c} \begin{bmatrix} 1 & -1 \\ 1 & 1 \end{bmatrix}^{-1} & 0 \\ \hline 0 & \begin{bmatrix} 3 & 1 \\ 0 & 1 \end{bmatrix}^{-1} \end{array}\right] = \left[\begin{array}{c|c} \frac{1}{2}\begin{bmatrix} 1 & 1 \\ -1 & 1 \end{bmatrix} & 0 \\ \hline 0 & \frac{1}{3}\begin{bmatrix} 1 & -1 \\ 0 & 3 \end{bmatrix} \end{array}\right]$$

$$= \begin{bmatrix} \frac{1}{2} & \frac{1}{2} & 0 & 0 \\ -\frac{1}{2} & \frac{1}{2} & 0 & 0 \\ 0 & 0 & \frac{1}{3} & -\frac{1}{3} \\ 0 & 0 & 0 & 1 \end{bmatrix}.$$

■

Übung 3.43

• • ◦ Für welche $\alpha, \beta \in \mathbb{R}$ ist $A = \begin{bmatrix} 1 & 1 & \beta \\ 1 & \alpha & \beta^2 \\ 1 & \alpha^2 & \beta^3 \end{bmatrix}$ invertierbar?

Lösung

Die Matrix A ist genau dann invertierbar, wenn ihre Determinante nicht verschwindet. Wir rechnen somit die Determinante von A aus

$$\det(A) = \begin{vmatrix} 1 & 1 & \beta \\ 1 & \alpha & \beta^2 \\ 1 & \alpha^2 & \beta^3 \end{vmatrix} = \beta \begin{vmatrix} 1 & 1 & 1 \\ 1 & \alpha & \beta \\ 1 & \alpha^2 & \beta^2 \end{vmatrix} \overset{Z_2 - Z_1, Z_3 - Z_1}{=} \beta \begin{vmatrix} 1 & 1 & 1 \\ 0 & \alpha - 1 & \beta - 1 \\ 0 & \alpha^2 - 1 & \beta^2 - 1 \end{vmatrix}$$

$$= \beta \begin{vmatrix} \alpha - 1 & \beta - 1 \\ \alpha^2 - 1 & \beta^2 - 1 \end{vmatrix} = \beta\left[(\alpha - 1)(\beta^2 - 1) - (\alpha^2 - 1)(\beta - 1)\right]$$

$$= \beta\left[(\alpha - 1)(\beta - 1)(\beta + 1) - (\alpha - 1)(\alpha + 1)(\beta - 1)\right] = \beta(\alpha - 1)(\beta - 1)(\beta - \alpha).$$

Damit die Determinante von A ungleich Null ist, muss $\beta \neq 0$, $\alpha \neq 1$, $\beta \neq 1$ und $\alpha \neq \beta$ gelten. Nur in diesem Fall ist A invertierbar und die Inverse A^{-1} ist gegeben durch:

$$A^{-1} = \frac{1}{\det A}\begin{bmatrix} \begin{vmatrix} \alpha & \beta^2 \\ \alpha^2 & \beta^3 \end{vmatrix} & -\begin{vmatrix} 1 & \beta^2 \\ 1 & \beta^3 \end{vmatrix} & \begin{vmatrix} 1 & \alpha \\ 1 & \alpha^2 \end{vmatrix} \\ -\begin{vmatrix} 1 & \beta \\ \alpha^2 & \beta^3 \end{vmatrix} & \begin{vmatrix} 1 & \beta \\ 1 & \beta^3 \end{vmatrix} & -\begin{vmatrix} 1 & 1 \\ 1 & \alpha^2 \end{vmatrix} \\ \begin{vmatrix} 1 & \beta \\ \alpha & \beta^2 \end{vmatrix} & -\begin{vmatrix} 1 & \beta \\ 1 & \beta^2 \end{vmatrix} & \begin{vmatrix} 1 & 1 \\ 1 & \alpha \end{vmatrix} \end{bmatrix}^T$$

$$= \frac{1}{\beta(\alpha-1)(\beta-1)(\beta-\alpha)}\begin{bmatrix} \alpha\beta^2(\beta-\alpha) & \beta(\alpha^2-\beta^2) & \beta(\beta-\alpha) \\ \beta^2(1-\beta) & \beta(\beta^2-1) & \beta(1-\beta) \\ \alpha(\alpha-1) & 1-\alpha^2 & \alpha-1 \end{bmatrix}.$$

■

Übung 3.44

• • ○ Man leite die Formel für die Inverse einer (2 × 2)-Matrix her (Satz 3.7).

Lösung

Es sei $A = \left[\begin{smallmatrix} a_{11} & a_{12} \\ a_{21} & a_{22} \end{smallmatrix}\right]$ mit $\det(A) = a_{11}a_{22} - a_{21}a_{12} \neq 0$. Gesucht ist eine Matrix $X = \left[\begin{smallmatrix} x_{11} & x_{12} \\ x_{21} & x_{22} \end{smallmatrix}\right]$, für welche Folgendes gilt:

$$AX = E.$$

Wir schreiben die Matrixmultiplikation explizit auf

$$\begin{bmatrix} a_{11} & a_{12} \\ a_{21} & a_{22} \end{bmatrix}\begin{bmatrix} x_{11} & x_{12} \\ x_{21} & x_{22} \end{bmatrix} = \begin{bmatrix} a_{11}x_{11} + a_{12}x_{21} & a_{11}x_{12} + a_{12}x_{22} \\ a_{21}x_{11} + a_{22}x_{21} & a_{21}x_{12} + a_{22}x_{22} \end{bmatrix} \stackrel{!}{=} \begin{bmatrix} 1 & 0 \\ 0 & 1 \end{bmatrix}.$$

Der Koeffizientenvergleich liefert die folgenden 4 Gleichungen mit 4 Unbekannten $x_{11}, x_{12}, x_{21}, x_{22}$:

$$\begin{cases} a_{11}x_{11} + a_{12}x_{21} = 1 \\ a_{21}x_{11} + a_{22}x_{21} = 0 \end{cases} \quad \text{und} \quad \begin{cases} a_{11}x_{12} + a_{12}x_{22} = 0 \\ a_{21}x_{12} + a_{22}x_{22} = 1 \end{cases}$$

Das erste LGS hat die 2 Unbekannten x_{11}, x_{21}; das zweite LGS hat die Unbekannten x_{12}, x_{22}. Diese LGS lösen wir mit den Methoden aus ▶ Kap. 2.

- Für das erste LGS wenden wir den Gauß-Algorithmus in einem Schritt an:

$$\left[\begin{array}{cc|c} a_{11} & a_{12} & 1 \\ a_{21} & a_{22} & 0 \end{array}\right] \overset{a_{11}(Z_2)-a_{21}(Z_1)}{\rightsquigarrow} \left[\begin{array}{cc|c} a_{11} & a_{12} & 1 \\ 0 & a_{11}a_{22} - a_{21}a_{12} & -a_{21} \end{array}\right].$$

Die Zielmatrix ist in Dreiecksform und wir können die Lösung durch Rückwärtsauflösen herauslesen. Insbesondere, für $a_{11}a_{22} - a_{21}a_{12} \neq 0$ finden wir

$$\begin{cases} a_{11}x_{11} + a_{12}x_{21} = 1 \\ (a_{11}a_{22} - a_{21}a_{12})x_{21} = -a_{21} \end{cases} \Rightarrow \begin{cases} x_{11} = \frac{1-a_{12}x_{21}}{a_{11}} = \frac{a_{22}}{a_{11}a_{22}-a_{21}a_{12}} \\ x_{21} = -\frac{a_{21}}{a_{11}a_{22}-a_{21}a_{12}} \end{cases}$$

Beachte, dass $a_{11}a_{22} - a_{21}a_{12} \neq 0$ gelten muss, damit das obige LGS eine Lösung hat. Dies entspricht genau der Bedingung $\det(\boldsymbol{A}) \neq 0$.

- Für das zweite LGS gehen wir analog vor:

$$\left[\begin{array}{cc|c} a_{11} & a_{12} & 0 \\ a_{21} & a_{22} & 1 \end{array}\right] \overset{a_{11}(Z_2)-a_{21}(Z_1)}{\rightsquigarrow} \left[\begin{array}{cc|c} a_{11} & a_{12} & 1 \\ 0 & a_{11}a_{22} - a_{21}a_{12} & a_{11} \end{array}\right].$$

Die Zielmatrix ist in Dreiecksform und wir können die Lösung durch Rückwärtsauflösen herauslesen. Insbesondere, für $a_{11}a_{22} - a_{21}a_{12} \neq 0$ finden wir

$$\begin{cases} a_{11}x_{12} + a_{12}x_{22} = 0 \\ (a_{11}a_{22} - a_{21}a_{12})x_{22} = a_{11} \end{cases} \Rightarrow \begin{cases} x_{12} = \frac{-a_{12}x_{22}}{a_{11}} = -\frac{a_{12}}{a_{11}a_{22}-a_{21}a_{12}} \\ x_{22} = \frac{a_{11}}{a_{11}a_{22}-a_{21}a_{12}} \end{cases}$$

Die gesuchte inverse Matrix lautet somit:

$$\boldsymbol{A}^{-1} = \boldsymbol{X} = \begin{bmatrix} \frac{a_{22}}{a_{11}a_{22}-a_{21}a_{12}} & -\frac{a_{12}}{a_{11}a_{22}-a_{21}a_{12}} \\ -\frac{a_{21}}{a_{11}a_{22}-a_{21}a_{12}} & \frac{a_{11}}{a_{11}a_{22}-a_{21}a_{12}} \end{bmatrix} = \frac{1}{\det(\boldsymbol{A})} \begin{bmatrix} a_{22} & -a_{12} \\ -a_{21} & a_{11} \end{bmatrix},$$

was die bekannte Formel für (2×2)-Matrizen ist! ■

Übung 3.45

● ● ○ Man betrachte die folgende (2×2)-Matrix $\boldsymbol{A} = \begin{bmatrix} 3 & 4 \\ 1 & 3 \end{bmatrix}$.

a) Ist $\boldsymbol{A}$ in $\mathbb{R}^{2\times 2}$ invertierbar?
b) Ist $\boldsymbol{A}$ in $\mathbb{Z}_5^{2\times 2}$ invertierbar?

Lösung

a) Die gegebene Matrix ist auf $\mathbb{R}^{2\times 2}$ invertierbar, weil $\det(\boldsymbol{A}) = \det \begin{bmatrix} 3 & 4 \\ 1 & 3 \end{bmatrix} = 9 - 4 = 5 \neq 0$. Die Inverse lautet:

$$\boldsymbol{A}^{-1} = \frac{1}{\det(\boldsymbol{A})} \begin{bmatrix} a_{22} & -a_{12} \\ -a_{21} & a_{11} \end{bmatrix} = \frac{1}{5} \begin{bmatrix} 3 & -4 \\ -1 & 3 \end{bmatrix} = \begin{bmatrix} \frac{3}{5} & -\frac{4}{5} \\ -\frac{1}{5} & \frac{3}{5} \end{bmatrix}.$$

b) In $\mathbb{K} = \mathbb{Z}_5$ ist $5 = 0$. Daher ist $\det(\boldsymbol{A}) = 5 = 0$. Die Matrix $\boldsymbol{A}$ ist somit singulär in $\mathbb{Z}_5^{2\times 2}$. ■

Übung 3.46

● ● ○ Man berechne die Inverse von $\boldsymbol{A} = \begin{bmatrix} 1 & 2 & 0 \\ 0 & 2 & 4 \\ 0 & 0 & 3 \end{bmatrix}$ über **a)** $\mathbb{Z}_5$ und **b)** $\mathbb{Z}_2$.

Lösung

Es gilt $\det(\boldsymbol{A}) = \begin{vmatrix} 1 & 2 & 0 \\ 0 & 2 & 4 \\ 0 & 0 & 3 \end{vmatrix} = 6.$

a) In $\mathbb{Z}_5$ ist $6 = 1$. Daher ist $\det(\boldsymbol{A}) = 6 = 1 \neq 0$, d. h. $\boldsymbol{A}$ ist invertierbar über $\mathbb{Z}_5$. Die Inverse lautet:

$$\boldsymbol{A}^{-1} = \frac{1}{\det \boldsymbol{A}} \begin{bmatrix} \begin{vmatrix} 2 & 4 \\ 0 & 3 \end{vmatrix} & -\begin{vmatrix} 0 & 4 \\ 0 & 3 \end{vmatrix} & \begin{vmatrix} 0 & 2 \\ 0 & 0 \end{vmatrix} \\ -\begin{vmatrix} 2 & 0 \\ 0 & 3 \end{vmatrix} & \begin{vmatrix} 1 & 0 \\ 0 & 3 \end{vmatrix} & -\begin{vmatrix} 1 & 2 \\ 0 & 0 \end{vmatrix} \\ \begin{vmatrix} 2 & 0 \\ 2 & 4 \end{vmatrix} & -\begin{vmatrix} 1 & 0 \\ 0 & 4 \end{vmatrix} & \begin{vmatrix} 1 & 2 \\ 0 & 2 \end{vmatrix} \end{bmatrix}^T = \begin{bmatrix} 6 & 0 & 0 \\ -6 & 3 & 0 \\ 8 & -4 & 2 \end{bmatrix}^T$$

$$= \begin{bmatrix} 6 & -6 & 8 \\ 0 & 3 & -4 \\ 0 & 0 & 2 \end{bmatrix} = \begin{bmatrix} 1 & 4 & 3 \\ 0 & 3 & 1 \\ 0 & 0 & 2 \end{bmatrix}.$$

(Beachte: In $\mathbb{Z}_5$ gilt $6 = 1, -6 = 4, 8 = 3, -4 = 1$). Kontrolle:

$$\begin{bmatrix} 1 & 4 & 3 \\ 0 & 3 & 1 \\ 0 & 0 & 2 \end{bmatrix} \begin{bmatrix} 1 & 2 & 0 \\ 0 & 2 & 4 \\ 0 & 0 & 3 \end{bmatrix} = \begin{bmatrix} 1 & 10 & 25 \\ 0 & 6 & 15 \\ 0 & 0 & 6 \end{bmatrix} = \begin{bmatrix} 1 & 0 & 0 \\ 0 & 1 & 0 \\ 0 & 0 & 1 \end{bmatrix}.$$

(Beachte: In $\mathbb{Z}_5$ gilt $6 = 1, 10 = 15 = 25 = 0$).

b) In $\mathbb{Z}_2$ ist $6 = 0$. Daher ist $\det(\boldsymbol{A}) = 6 = 0$ und $\boldsymbol{A}$ ist über $\mathbb{Z}_2$ nichtinvertierbar (singulär). ■

Übung 3.47

• • ○ Es sei $\mathbb{K} = \mathbb{Z}_p$ und $n \in \mathbb{N} \setminus \{0\}$. Man zeige, dass die Matrix $\boldsymbol{A} = \begin{bmatrix} 0 & \frac{1}{2} & \frac{1}{2} \\ -1 & n & -1 \\ -1 & 1 & n \end{bmatrix}$ genau dann invertierbar ist, wenn n nicht durch p teilbar ist.

Lösung

Es gilt $\det(\boldsymbol{A}) = \begin{vmatrix} \frac{1}{2} & \frac{1}{2} \\ 1 & n \end{vmatrix} - \begin{vmatrix} \frac{1}{2} & \frac{1}{2} \\ n & -1 \end{vmatrix} = \frac{n}{2} - \frac{1}{2} + \frac{1}{2} + \frac{n}{2} = n$. $\boldsymbol{A}$ ist genau dann invertierbar, wenn $\det(\boldsymbol{A}) \neq 0$ gilt. In $\mathbb{Z}_p$ gilt $n = 0$ nur dann, wenn n durch p teilbar ist (d. h. $n = 0 \bmod p$). Daher ist $\boldsymbol{A}$ genau dann invertierbar, wenn n nicht durch p teilbar ist. ■

3.5 Cramer'sche Regel

Eine weitere Anwendung der Determinante ist die sogenannte **Cramer'sche Regel**:

► Satz 3.9 (Cramer'sche Regel)

Es sei $\boldsymbol{Ax} = \boldsymbol{b}$ ein LGS mit ***n* Gleichungen und *n* Unbekannten**, wobei $\boldsymbol{A} \in \mathbb{K}^{n\times n}$ und $\boldsymbol{b} \in \mathbb{K}^n$. Gilt $\det(\boldsymbol{A}) \neq 0$, so besitzt das LGS eine **eindeutige** Lösung

$$\boxed{x_i = \frac{\det(\boldsymbol{A_i})}{\det(\boldsymbol{A})}, \quad i = 1, \cdots, n} \tag{3.23}$$

$\boldsymbol{A_i}$ ist die Matrix, welche man erhält, wenn man die i-te Spalte von $\boldsymbol{A}$ durch den Lösungsvektor $\boldsymbol{b}$ (rechte Seite des LGS) ersetzt:

$$\boldsymbol{A} = \begin{bmatrix} a_{11} & \cdots & \boxed{a_{1i}} & \cdots & a_{1n} \\ a_{21} & \cdots & \boxed{a_{2i}} & \cdots & a_{2n} \\ \vdots & & \vdots & & \vdots \\ a_{n1} & \cdots & \boxed{a_{ni}} & \cdots & a_{nn} \end{bmatrix} \Rightarrow \boldsymbol{A_i} = \begin{bmatrix} a_{11} & \cdots & \boxed{b_1} & \cdots & a_{1n} \\ a_{21} & \cdots & \boxed{b_2} & \cdots & a_{2n} \\ \vdots & & \vdots & & \vdots \\ a_{n1} & \cdots & \boxed{b_n} & \cdots & a_{nn} \end{bmatrix}. ◄$$

Musterbeispiel 3.4 (LGS mit Cramer'schen Regel lösen)

Als Beispiel lösen wir das folgende LGS mit der Cramer'schen Regel:

$$\begin{cases} 2x_1 + \frac{1}{2}x_2 = 0 \\ x_1 - x_2 = 1 \end{cases}$$

Die Matrixdarstellung des LGS ist $\boldsymbol{Ax} = \boldsymbol{b}$, wobei $\boldsymbol{A} = \begin{bmatrix} 2 & \frac{1}{2} \\ 1 & -1 \end{bmatrix}$, $\boldsymbol{b} = \begin{bmatrix} 0 \\ 1 \end{bmatrix}$. Wegen $\det(\boldsymbol{A}) = \det\begin{bmatrix} 2 & \frac{1}{2} \\ 1 & -1 \end{bmatrix} = 2\cdot(-1) - 1\cdot\frac{1}{2} = -\frac{5}{2} \neq 0$ hat das LGS genau eine Lösung. Mit der Cramer'schen Regel finden wir

$$x_1 = \frac{\det(\boldsymbol{A_1})}{\det(\boldsymbol{A})} = \frac{\begin{vmatrix} \boxed{0} & \frac{1}{2} \\ \boxed{1} & -1 \end{vmatrix}}{-\frac{5}{2}} = \frac{1}{5}, \quad x_2 = \frac{\det(\boldsymbol{A_2})}{\det(\boldsymbol{A})} = \frac{\begin{vmatrix} 2 & \boxed{0} \\ 1 & \boxed{1} \end{vmatrix}}{-\frac{5}{2}} = -\frac{4}{5}.$$

Die Lösung lautet somit $\mathbb{L} = \left\{ \begin{bmatrix} \frac{1}{5} \\ -\frac{4}{5} \end{bmatrix} \right\}$.

Übung 3.48

• ○ ○ Für welche $\alpha \in \mathbb{R}$ besitzt das folgende LGS eine eindeutige Lösung?

$$\begin{cases} 2x_1 + x_2 = \alpha \\ 2x_1 + 3x_2 = 2 + \alpha \end{cases}$$

Lösung

Die Matrixdarstellung des LGS ist $\boldsymbol{A}\boldsymbol{x} = \boldsymbol{b}$, wobei $\boldsymbol{A} = \begin{bmatrix} 2 & 1 \\ 2 & 3 \end{bmatrix}$, $\boldsymbol{b} = \begin{bmatrix} \alpha \\ 2+\alpha \end{bmatrix}$. Wegen $\det(\boldsymbol{A}) = \begin{vmatrix} 2 & 1 \\ 2 & 3 \end{vmatrix} = 2 \cdot 3 - 2 \cdot 1 = 4 \neq 0$ besitzt das LGS eine eindeutige Lösung für alle $\alpha \in \mathbb{R}$. Nach der Cramer'schen Regel ist

$$x_1 = \frac{\det(\boldsymbol{A}_1)}{\det(\boldsymbol{A})} = \frac{\begin{vmatrix} \alpha & 1 \\ 2+\alpha & 3 \end{vmatrix}}{4} = \frac{\alpha - 1}{2}, \quad x_2 = \frac{\det(\boldsymbol{A}_2)}{\det(\boldsymbol{A})} = \frac{\begin{vmatrix} 2 & \alpha \\ 2 & 2+\alpha \end{vmatrix}}{4} = 1.$$

Die Lösung lautet somit $\mathbb{L} = \left\{ \begin{bmatrix} \frac{\alpha-1}{2} \\ 1 \end{bmatrix} \right\}$. ■

Übung 3.49

● ○ ○ Man löse das folgende LGS mit der Cramer'schen Regel:

$$\begin{cases} x_1 - x_2 + x_3 = 6 \\ 2x_1 + x_2 - x_3 = -3 \\ x_1 - x_2 - x_3 = 0 \end{cases}$$

Lösung

Die Matrixdarstellung des LGS ist $\boldsymbol{A}\boldsymbol{x} = \boldsymbol{b}$, wobei $\boldsymbol{A} = \begin{bmatrix} 1 & -1 & 1 \\ 2 & 1 & -1 \\ 1 & -1 & -1 \end{bmatrix}$, $\boldsymbol{b} = \begin{bmatrix} 6 \\ -3 \\ 0 \end{bmatrix}$. Wegen $\det(\boldsymbol{A}) = -6 \neq 0$ hat das LGS eine eindeutige Lösung. Nach der Cramer'schen Regel ist

$$x_1 = \frac{\begin{vmatrix} 6 & -1 & 1 \\ -3 & 1 & -1 \\ 0 & -1 & -1 \end{vmatrix}}{\det(\boldsymbol{A})} = \frac{-6}{-6} = 1, \quad x_2 = \frac{\begin{vmatrix} 1 & 6 & 1 \\ 2 & -3 & -1 \\ 1 & 0 & -1 \end{vmatrix}}{\det(\boldsymbol{A})} = \frac{12}{-6} = -2,$$

$$x_3 = \frac{\begin{vmatrix} 1 & -1 & 6 \\ 2 & 1 & -3 \\ 1 & -1 & 0 \end{vmatrix}}{\det(\boldsymbol{A})} = \frac{-18}{-6} = 3.$$

Die Lösung lautet somit $\mathbb{L} = \left\{ \begin{bmatrix} 1 \\ -2 \\ 3 \end{bmatrix} \right\}$. ■

Übung 3.50

• ○ ○ Man löse das folgende LGS mit der Cramer'schen Regel:

$$\begin{cases} x_1 + x_2 + x_3 = 13 \\ x_1 + 2x_2 + x_3 = 19 \\ 2x_2 + x_3 = 15 \end{cases}$$

Lösung

Das LGS hat die Matrixdarstellung $\boldsymbol{A}\boldsymbol{x} = \boldsymbol{b}$ mit $\boldsymbol{A} = \begin{bmatrix} 1 & 1 & 1 \\ 1 & 2 & 1 \\ 0 & 2 & 1 \end{bmatrix}$, $\boldsymbol{b} = \begin{bmatrix} 13 \\ 19 \\ 15 \end{bmatrix}$. Wegen $\det(\boldsymbol{A}) = 1 \neq 0$ hat das LGS genau eine Lösung. Nach der Cramer'schen Regel finden wir

$$x_1 = \frac{\begin{vmatrix} 13 & 1 & 1 \\ 19 & 2 & 1 \\ 15 & 2 & 1 \end{vmatrix}}{\det(\boldsymbol{A})} = 4, \quad x_2 = \frac{\begin{vmatrix} 1 & 13 & 1 \\ 1 & 19 & 1 \\ 0 & 15 & 1 \end{vmatrix}}{\det(\boldsymbol{A})} = 6, \quad x_3 = \frac{\begin{vmatrix} 1 & 1 & 13 \\ 1 & 2 & 19 \\ 0 & 2 & 15 \end{vmatrix}}{\det(\boldsymbol{A})} = 3.$$

Die Lösung lautet somit $\mathbb{L} = \left\{ \begin{bmatrix} 4 \\ 6 \\ 3 \end{bmatrix} \right\}$. ■

Übung 3.51

• ○ ○ Man löse das folgende LGS mit der Cramer'schen Regel:

$$\begin{cases} 3x_1 + 2x_2 - x_3 = 2 \\ x_1 + x_3 = 2 \\ x_1 - x_2 + 2x_3 = 3 \end{cases}$$

Lösung

Die Matrixdarstellung des LGS ist $\boldsymbol{A}\boldsymbol{x} = \boldsymbol{b}$, wobei

$$\boldsymbol{A} = \begin{bmatrix} 3 & 2 & -1 \\ 1 & 0 & 1 \\ 1 & -1 & 2 \end{bmatrix}, \quad \boldsymbol{b} = \begin{bmatrix} 2 \\ 2 \\ 3 \end{bmatrix}.$$

Wegen $\det(\boldsymbol{A}) = \begin{vmatrix} 3 & 2 & -1 \\ 1 & 0 & 1 \\ 1 & -1 & 2 \end{vmatrix} = 2 \neq 0$ wenden wir die Cramer'sche Regel an und finden

$$x_1 = \frac{\begin{vmatrix} 2 & 2 & -1 \\ 2 & 0 & 1 \\ 3 & -1 & 2 \end{vmatrix}}{\det(\boldsymbol{A})} = \frac{2}{2} = 1, \quad x_2 = \frac{\begin{vmatrix} 3 & 2 & -1 \\ 1 & 2 & 1 \\ 1 & 3 & 2 \end{vmatrix}}{\det(\boldsymbol{A})} = \frac{0}{2} = 0, \quad x_3 = \frac{\begin{vmatrix} 3 & 2 & 2 \\ 1 & 0 & 2 \\ 1 & -1 & 3 \end{vmatrix}}{\det(\boldsymbol{A})} = \frac{2}{2} = 1$$

Die Lösung lautet somit $\mathbb{L} = \left\{ \begin{bmatrix} 1 \\ 0 \\ 1 \end{bmatrix} \right\}$. ■

Übung 3.52

● ● ○ Man beweise die Cramer'sche Regel für ein LGS mit 2 Gleichungen und 2 Unbekannten.

Lösung

Die Cramer'sche Regel folgt direkt aus der Formel für die inverse Matrix. Sei $\boldsymbol{Ax} = \boldsymbol{b}$, ein LGS mit $\boldsymbol{A} = \begin{bmatrix} a_{11} & a_{12} \\ a_{21} & a_{22} \end{bmatrix}$, $\boldsymbol{b} = \begin{bmatrix} b_1 \\ b_2 \end{bmatrix}$. Gilt $\det(\boldsymbol{A}) \neq 0$, so ist $\boldsymbol{A}$ invertierbar und die Lösung des obigen LGS ist einfach durch

$$\boldsymbol{Ax} = \boldsymbol{b} \quad \Rightarrow \quad \boldsymbol{x} = \boldsymbol{A}^{-1}\boldsymbol{b}$$

gegeben. Mit der Formel für die Inverse $\boldsymbol{A}^{-1}$ (Satz 3.7) finden wir somit

$$\boldsymbol{x} = \boldsymbol{A}^{-1}\boldsymbol{b} = \frac{1}{\det(\boldsymbol{A})} \begin{bmatrix} a_{22} & -a_{12} \\ -a_{21} & a_{11} \end{bmatrix} \begin{bmatrix} b_1 \\ b_2 \end{bmatrix} = \frac{1}{\det(\boldsymbol{A})} \begin{bmatrix} b_1 a_{22} - b_2 a_{12} \\ a_{11} b_1 - a_{21} b_2 \end{bmatrix}$$

$$= \frac{1}{\det(\boldsymbol{A})} \begin{bmatrix} \det \begin{bmatrix} b_1 & a_{12} \\ b_2 & a_{22} \end{bmatrix} \\ \det \begin{bmatrix} a_{11} & b_1 \\ a_{21} & b_2 \end{bmatrix} \end{bmatrix} = \begin{bmatrix} \frac{\det(\boldsymbol{A_1})}{\det(\boldsymbol{A})} \\ \frac{\det(\boldsymbol{A_2})}{\det(\boldsymbol{A})} \end{bmatrix}.$$

■

Übung 3.53

● ● ○ Man löse das folgende LGS auf $\mathbb{K} = \mathbb{Z}_5$

$$\begin{cases} 4x_1 + x_2 = 58 \pmod 5 \\ 2x_1 + x_2 = 1231 \pmod 5 \end{cases}$$

Lösung

Wir führen alle Rechnungen in $\mathbb{Z}_5$ durch. In $\mathbb{Z}_5$ gilt $58 = 3$ und $1231 = 1$. Wir müssen somit

$$\begin{cases} 4x_1 + x_2 = 3 \\ 2x_1 + x_2 = 1 \end{cases}$$

lösen. Dazu wenden wir die Cramer'schen Regel an (vgl. Satz 3.9). Es gilt:

$$\boldsymbol{A} = \begin{bmatrix} 4 & 1 \\ 2 & 1 \end{bmatrix} \quad \Rightarrow \quad \det(\boldsymbol{A}) = 4 - 2 = 2 \quad \Rightarrow \quad \frac{1}{\det(\boldsymbol{A})} = 2^{-1} = 3.$$

Dass $2^{-1} = 3$ sieht man wie folgt: In $\mathbb{Z}_5$ gilt $2 \cdot 3 = 6 = 1 \Rightarrow 2^{-1} = 3$. Daraus folgt:

$$x_1 = \frac{\det(\boldsymbol{A_1})}{\det(\boldsymbol{A})} = 3 \cdot \det \begin{bmatrix} 3 & 1 \\ 1 & 1 \end{bmatrix} = 3 \cdot 2 = 6 = 1$$

$$x_2 = \frac{\det(\boldsymbol{A_2})}{\det(\boldsymbol{A})} = 3 \cdot \det \begin{bmatrix} 4 & 3 \\ 2 & 1 \end{bmatrix} = 3 \cdot (-2) = 3 \cdot 3 = 9 = 4.$$

Die gesuchte Lösung des LGS ist somit

$$\mathbb{L} = \left\{ \begin{bmatrix} x_1 \\ x_2 \end{bmatrix} \in \mathbb{Z}_5^2 \;\middle|\; \begin{bmatrix} x_1 \\ x_2 \end{bmatrix} = \begin{bmatrix} 1 \\ 4 \end{bmatrix} \right\}.$$

Probe: $4 \cdot 1 + 4 = 8 = 3$ und $2 \cdot 1 + 4 = 6 = 1$ ✓. ■

Übung 3.54

• • • In diesem Beispiel diskutieren wir eine Anwendung der Vandermonde-Determinante (vgl. Übung 3.32). Man zeige: Sind n Stützstellen (x_i, y_i) für $i = 1, \cdots, n$ gegeben mit $x_i \neq x_j$, so gibt es genau ein Polynom $p(x) = a_0 + a_1 x + \cdots + a_{n-1} x^{n-1}$ mit $p(x_i) = y_i$ für $i = 1, \cdots, n$.

Lösung

Die Bedingungen $p(x_1) = y_1, p(x_2) = y_2, \cdots$ lauten:

$$p(x_1) = a_0 + a_1 x_1 + a_2 x_1^2 + \cdots + a_{n-1} x_1^{n-1} \stackrel{!}{=} y_1$$

$$p(x_1) = a_0 + a_1 x_2 + a_2 x_2^2 + \cdots + a_{n-1} x_2^{n-1} \stackrel{!}{=} y_2$$

$$\vdots$$

$$p(x_n) = a_0 + a_1 x_n + a_2 x_n^2 + \cdots + a_{n-1} x_n^{n-1} \stackrel{!}{=} y_n$$

Wir erhalten ein LGS für $a_0, a_1, \cdots, a_{n-1}$

$$\underbrace{\begin{bmatrix} 1 & x_1 & x_1^2 & \cdots & x_1^{n-1} \\ 1 & x_2 & x_2^2 & \cdots & x_2^{n-1} \\ \vdots & \vdots & \vdots & \ddots & \vdots \\ 1 & x_n & x_n^2 & \cdots & x_n^{n-1} \end{bmatrix}}_{=A} \begin{bmatrix} a_0 \\ a_1 \\ a_2 \\ \vdots \\ a_{n-1} \end{bmatrix} = \begin{bmatrix} y_1 \\ y_2 \\ \vdots \\ y_n \end{bmatrix}$$

Das obige LGS hat genau dann eine eindeutige Lösung, wenn $\det(A) \neq 0$. Wir erkennen, dass $\det(A)$ die Vandermonde-Determinante ist (vgl. Übung 3.32):

$$\det(A) = \det \begin{bmatrix} 1 & x_1 & x_1^2 & \cdots & x_1^{n-1} \\ 1 & x_2 & x_2^2 & \cdots & x_2^{n-1} \\ \vdots & \vdots & \vdots & \ddots & \vdots \\ 1 & x_n & x_n^2 & \cdots & x_n^{n-1} \end{bmatrix} = \prod_{i<j} (x_j - x_i).$$

Wegen $x_i \neq x_j$ (Voraussetzung) ist $\det(A) \neq 0$. Somit ist das obige LGS eindeutig lösbar d. h., es gibt genau ein Polynom $p(x) = a_0 + a_1 x + \cdots + a_{n-1} x^{n-1}$ mit $p(x_i) = y_i$. ■

3.5.1 Homogene LGS

Ein homogenes LGS $\boldsymbol{A}\boldsymbol{x} = \boldsymbol{0}$ mit $\boldsymbol{A} \in \mathbb{K}^{n \times n}$ besitzt immer eine Lösung: die triviale Lösung $\boldsymbol{x} = \boldsymbol{0}$. In ▶ Abschn. 2.3.4 haben wir gelernt, dass solche homogene LGS genau dann eine nichttriviale Lösung besitzen, wenn $\text{Rang}(\boldsymbol{A}) < n$ gilt, d. h. wenn $\boldsymbol{A}$ **nichtinvertierbar** ist. Dieses Kriterium können wir nun in einer äquivalenter Form mithilfe der Determinante formulieren:

▶ Satz 3.10 (Determinantenkriterium für homogene LGS)

Sei $\boldsymbol{A}\boldsymbol{x} = \boldsymbol{0}$ ein homogenes LGS mit **n Gleichungen und n Unbekannten**. Dann gilt:

$$\boldsymbol{A}\boldsymbol{x} = \boldsymbol{0} \text{ hat eine nichttriviale Lösung } \boldsymbol{x} \neq \boldsymbol{0} \quad \Leftrightarrow \quad \det(\boldsymbol{A}) = 0$$

◀

Merkregel

Ein quadratisches homogenes LGS $\boldsymbol{A}\boldsymbol{x} = \boldsymbol{0}$ hat genau dann eine **nichttriviale Lösung** $\boldsymbol{x} \neq \boldsymbol{0}$, wenn $\det(\boldsymbol{A}) = 0$ gilt (d. h. wenn $\boldsymbol{A}$ nichtinvertierbar ist). Dies ist ein sehr wichtiges Resultat, das wir mehrmals anwenden werden (z. B. bei Eigenwerten, vgl. ▶ Kap. 9).

Bemerkung

Vergleiche Satz 3.10 mit Satz 2.4.

Übung 3.55

•∘∘ Für welche Werte von $\alpha \in \mathbb{R}$ besitzt das folgende homogene LGS eine nichttriviale Lösung?

$$\begin{cases} \alpha x_1 - x_2 + x_3 = 0 \\ x_1 + \alpha x_2 - x_3 = 0 \\ 2x_1 + x_2 = 0 \end{cases}$$

Lösung

Die Matrixdarstellung des LGS ist $\boldsymbol{A}\boldsymbol{x} = \boldsymbol{0}$, wobei

$$\boldsymbol{A} = \begin{bmatrix} \alpha & -1 & 1 \\ 1 & \alpha & -1 \\ 2 & 1 & 0 \end{bmatrix} \quad \Rightarrow \quad \det(\boldsymbol{A}) = 3 - \alpha.$$

Damit das LGS eine nichttriviale Lösung besitzt, muss $\det(\boldsymbol{A}) = 0$ sein. Daraus folgt $\alpha = 3$.

■

Übung 3.56

•∘∘ Für welche Werte von $\alpha, \beta \in \mathbb{R}$ besitzt das folgende homogene LGS eine nichttriviale Lösung?

$$\begin{cases} 3x_1 + 4x_3 = 0 \\ 2\alpha x_2 + 2\beta x_3 = 0 \\ 3x_1 + \alpha x_2 + 4x_3 = 0 \end{cases}$$

Lösung

Die Matrixdarstellung des LGS ist $\boldsymbol{A}\boldsymbol{x} = \boldsymbol{0}$, wobei

$$\boldsymbol{A} = \begin{bmatrix} 3 & 0 & 4 \\ 0 & 2\alpha & 2\beta \\ 3 & \alpha & 4 \end{bmatrix} \quad \Rightarrow \quad \det(\boldsymbol{A}) = -6\alpha\beta.$$

Damit das LGS eine nichttriviale Lösung besitzt, muss $\det(\boldsymbol{A}) = 0$ sein. Daraus folgt

- $\alpha = 0$ und $\beta = 0$, oder
- $\alpha = 0$ und $\beta \neq 0$, oder
- $\alpha \neq 0$ und $\beta = 0$.

■

LR-Zerlegung

Inhaltsverzeichnis

T. C. T. Michaels, M. Liechti, *Prüfungstraining Lineare Algebra*, Grundstudium Mathematik Prüfungstraining, https://doi.org/10.1007/978-3-030-65886-1_4

Ein zentrales Thema der linearen Algebra ist die Entwicklung effizienter Methoden zur Lösung von LGS, welche in verschiedenen Bereichen der Naturwissenschaften oder der Technologie vorkommen. In diesem Kapitel studieren wir eine solche Methode: die ***LR*-Zerlegung**. Wie wir in diesem Kapitel erfahren werden, ist die *LR*-Zerlegung grundsätzlich eine Variante des Gauß-Algorithmus (welcher wir im ▶ Kap. 2 studiert haben). Die *LR*-Zerlegung erlaubt alle nötigen Zeilenoperationen beim Gauß-Algorithmus geschickt zu speichern.
Wir werden zuerst eine einfache Variante der *LR*-Zerlegung diskutieren: die ***LR*-Zerlegung ohne Zeilenverstauschung** oder einfach ***LR*-Zerlegung** (▶ Abschn. 4.1). Wir werden uns dann mit der ***LR*-Zerlegung mit Zeilenvertauschung** beschäftigen (▶ Abschn. 4.2.4), welche eine etwas kompliziertere Variante der einfachen *LR*-Zerlegung ist. Diese Variante führt aber zu einer erhörten numerischen Genauigkeit (▶ Abschn. 4.3).

LERNZIELE

Nach gewissenhaftem Bearbeiten des ▶ Kap. 4 sind Sie in der Lage:
- den Sinn einer *LR*-Zerlegung sowie deren Existenz und Eindeutigkeit zu erklären,
- die Lösungen eines LGS durch *LR*-Zerlegung zu bestimmen,
- *LR*-Zerlegung mittels Gauß-Algorithmus durchzuführen,
- *LR*-Zerlegung mit Zeilenvertauschung und Permutationsmatrix zu berechnen,
- die Komplexität und numerische Stabilität der *LR*-Zerlegung zu erkennen und zu diskutieren,
- Manipulationen mit Permutationsmatrizen durchzuführen.

4.1 *LR*-Zerlegung ohne Zeilenvertauschung

4.1.1 Definition

▶ **Definition 4.1**

Eine $(n \times n)$-Matrix A besitzt eine **LR-Zerlegung** (auch *LU*-Zerlegung gennant, aus der englischen Literatur *LU*-decomposition für <u>L</u>ower<u>U</u>pper-Zerlegung), wenn man A wie folgt schreiben (zerlegen) kann:

$$\boxed{A = LR} \tag{4.1}$$

In dieser Zerlegung, ist L eine **normierte $(n \times n)$-untere Dreiecksmatrix** (oder Linksdreiecksmatrix), während R eine **$(n \times n)$-obere Dreiecksmatrix** (oder Rechtsdreiecksmatrix) ist:

$$L = \underbrace{\begin{bmatrix} 1 & 0 & \cdots & 0 \\ \star & 1 & \ddots & \vdots \\ \vdots & \ddots & \ddots & 0 \\ \star & \cdots & \star & 1 \end{bmatrix}}_{\substack{\text{normierte untere} \\ \text{Dreiecksmatrix}}}, \quad R = \underbrace{\begin{bmatrix} \star & \star & \cdots & \star \\ 0 & \star & \cdots & \star \\ \vdots & \ddots & \ddots & \vdots \\ 0 & \cdots & 0 & \star \end{bmatrix}}_{\text{obere Dreiecksmatrix}}. \tag{4.2}$$

Eine **normierte** Dreiecksmatrix hat **nur Einsen** auf der Hauptdiagonalen. ◀

Bemerkung
Der Einfachheit halber beschäftigen wir uns hier nur mit quadratischen Matrizen, aber bemerken, dass die *LR*-Zerlegung prinzipiell auch mit $(m \times n)$-Matrizen durchgeführt werden kann (vgl. Übungen 4.6 und 4.7).

Bemerkung
Beachte auch, dass, in der englischen Literatur untere und obere Dreiecksmatrizen beziehungsweise *lower* und *upper triangular matrices* genannt werden. Daher werden die Buchstaben L (für *lower*) und U (für *upper*) verwendet, im Unterschied zur deutschen Literatur, wo die Buchstaben L (für *links*) und R (für *rechts*) benutzt werden.

4.1.2 Bestimmung der *LR*-Zerlegung (praktisch)

Wie kann man die Matrizen $\boldsymbol{L}$ und $\boldsymbol{R}$ der *LR*-Zerlegung (Gl. (4.1)) einer vorgegebenen Matrix $\boldsymbol{A}$ bestimmen? Der Gauß-Algorithmus liefert sie ganz automatisch. Wir wollen jetzt diese Prozedur an einem einfachen Beispiel praktisch einführen.[1]

Musterbeispiel 4.1 (*LR*-Zerlegung)

Gesucht ist die *LR*-Zerlegung der folgenden Matrix:

$$\boldsymbol{A} = \begin{bmatrix} 2 & 6 & 2 \\ -3 & -8 & 0 \\ 4 & 9 & 2 \end{bmatrix}.$$

Wir beginnen mit der folgenden erweiterten Matrix

$$[\boldsymbol{E}|\boldsymbol{A}] = \left[\begin{array}{ccc|ccc} 1 & 0 & 0 & 2 & 6 & 2 \\ 0 & 1 & 0 & -3 & -8 & 0 \\ 0 & 0 & 1 & 4 & 9 & 2 \end{array}\right].$$

Dann führen wir den Gauß-Algorithmus auf die rechte Matrix durch und speichern die nötigen Zeilenoperationen in den Einträgen der linken Matrix unter der Diagonalen. Die Matrizen $\boldsymbol{L}$ und $\boldsymbol{R}$ werden dann direkt im Endschema $[\boldsymbol{L}|\boldsymbol{R}]$ abgelesen.

Der erste Schritt beim Gauß-Algorithmus besteht in diesem Fall darin, die erste Zeile mit $(-3/2)$ zu multiplizieren und sie dann von der zweiten Gleichung zu subtrahieren. Daher verschwindet der erste Eintrag der rechten Matrix aus der zweiten Zeile. Die Zahl $(-3/2)$ wird entsprechend in der linken Matrix an der Stelle $(2, 1)$ eingetragen:

$$\left[\begin{array}{ccc|ccc} 1 & 0 & 0 & 2 & 6 & 2 \\ 0 & 1 & 0 & -3 & -8 & 0 \\ 0 & 0 & 1 & 4 & 9 & 2 \end{array}\right] \overset{(Z_2)-\boxed{\left(-\frac{3}{2}\right)}(Z_1)}{\rightsquigarrow} \left[\begin{array}{ccc|ccc} 1 & 0 & 0 & 2 & 6 & 2 \\ \boxed{-\frac{3}{2}} & 1 & 0 & 0 & 1 & 3 \\ 0 & 0 & 1 & 4 & 9 & 2 \end{array}\right].$$

1 Nicht für jede Matrix $\boldsymbol{A}$ existiert eine *LR*-Zerlegung (► vgl. Abschn. 4.1.3).

Im nächsten Schritt, multiplizieren wir die erste Zeile mit 2 und subtrahieren sie dann von der dritten Zeile. Die Zahl 2 wird entsprechend in der linken Matrix an der Stelle (3, 1) eingetragen:

$$\left[\begin{array}{ccc|ccc} 1 & 0 & 0 & 2 & 6 & 2 \\ -\frac{3}{2} & 1 & 0 & 0 & 1 & 3 \\ 0 & 0 & 1 & 4 & 9 & 2 \end{array}\right] \overset{(Z_3)-\boxed{2}(Z_1)}{\rightsquigarrow} \left[\begin{array}{ccc|ccc} 1 & 0 & 0 & 2 & 6 & 2 \\ -\frac{3}{2} & 1 & 0 & 0 & 1 & 3 \\ \boxed{2} & 0 & 1 & 0 & -3 & -2 \end{array}\right].$$

Als letztes Schritt, multiplizieren wir die zweite Zeile mit (−3) und subtrahieren sie von der dritten Zeile. Die Zahl (−3) wird dann entsprechend in der linken Matrix an der Stelle (3, 2) eingetragen:

$$\left[\begin{array}{ccc|ccc} 1 & 0 & 0 & 2 & 6 & 2 \\ -\frac{3}{2} & 1 & 0 & 0 & 1 & 3 \\ 2 & 0 & 1 & 0 & -3 & -2 \end{array}\right] \overset{(Z_3)-\boxed{(-3)}(Z_2)}{\rightsquigarrow} \left[\begin{array}{ccc|ccc} 1 & 0 & 0 & 2 & 6 & 2 \\ -\frac{3}{2} & 1 & 0 & 0 & 1 & 3 \\ 2 & \boxed{-3} & 1 & 0 & 0 & 7 \end{array}\right].$$

Somit ist die rechte Matrix in Zeilenstufenform. Der Gauß-Algorithmus ist abgeschlossen. Die Matrizen $\boldsymbol{L}$ und $\boldsymbol{R}$ können wir direkt im Endschema ablesen

$$[\boldsymbol{L}|\boldsymbol{R}] = \left[\begin{array}{ccc|ccc} 1 & 0 & 0 & 2 & 6 & 2 \\ -\frac{3}{2} & 1 & 0 & 0 & 1 & 3 \\ 2 & -3 & 1 & 0 & 0 & 7 \end{array}\right] \Rightarrow \boldsymbol{L} = \begin{bmatrix} 1 & 0 & 0 \\ -\frac{3}{2} & 1 & 0 \\ 2 & -3 & 1 \end{bmatrix}, \quad \boldsymbol{R} = \begin{bmatrix} 2 & 6 & 2 \\ 0 & 1 & 3 \\ 0 & 0 & 7 \end{bmatrix}.$$

Man kann jetzt leicht durch direkte Matrixmultiplikation nachweisen, dass die so gefundenen Matrizen $\boldsymbol{L}$ und $\boldsymbol{R}$ tatsächlich eine *LR*-Zerlegung der Ausgangsmatrix $\boldsymbol{A}$ sind:

$$\boldsymbol{LR} = \begin{bmatrix} 1 & 0 & 0 \\ -\frac{3}{2} & 1 & 0 \\ 2 & -3 & 1 \end{bmatrix} \begin{bmatrix} 2 & 6 & 2 \\ 0 & 1 & 3 \\ 0 & 0 & 7 \end{bmatrix} = \begin{bmatrix} 2 & 6 & 2 \\ -3 & 8 & 0 \\ 4 & 9 & 2 \end{bmatrix} = \boldsymbol{A} \checkmark$$

Achtung

Beachte das Vorzeichen der Einträgen der Matrix $\boldsymbol{L}$: Bei der Zeilenoperation $(Z_i) - \alpha(Z_j)$ wird die Zahl α (nicht $-\alpha$) an der Stelle (i, j) der Matrix $\boldsymbol{L}$ gespeichert.

LR-Zerlegung – allgemeines Vorgehen

Die Prozedur zur Berechnung der *LR*-Zerlegung einer Matrix, welche wir oben anhand eines Beispiels illustriert haben, kann man mit folgendem Satz festhalten:

► Satz 4.1 (Bestimmung der *LR*-Zerlegung)

Falls der Gauß-Algorithmus angewandt auf $\boldsymbol{A} \in \mathbb{K}^{n \times n}$ ohne Zeilenvertauschungen möglich ist, dann liefert dieser im Endschema eine untere Dreiecksmatrix $\boldsymbol{L}$ (mit Einsen in der Hauptdiagonalen) und eine obere Dreiecksmatrix $\boldsymbol{R}$, sodass $\boldsymbol{LR} = \boldsymbol{A}$ gilt. Die Matrix $\boldsymbol{R}$ ist die **Zielmatrix am Ende des Gauß-Algorithmus**. Die Matrix $\boldsymbol{L}$ **speichert alle beim Gauß-Algorithmus benötigten Zeilenoperationen**. Dabei gilt: Wird die Zeilenoperation $(Z_i) - \alpha(Z_j)$ durchgeführt, so wird die Zahl α entsprechend an der Stelle (i, j) in der Matrix $\boldsymbol{L}$ eingetragen. ◄

Übung 4.1

● ○ ○ Man bestimme die *LR*-Zerlegung von $\boldsymbol{A} = \begin{bmatrix} 1 & 2 & 4 \\ 2 & 3 & 8 \\ -1 & -3 & -1 \end{bmatrix}$.

Lösung

Das Ausgangsschema der Prozedur zur Bestimmung der *LR*-Zerlegung ist die erweiterte Matrix:

$$[\boldsymbol{E}|\boldsymbol{A}] = \left[\begin{array}{ccc|ccc} 1 & 0 & 0 & 1 & 2 & 4 \\ 0 & 1 & 0 & 2 & 3 & 8 \\ 0 & 0 & 1 & -1 & -3 & -1 \end{array}\right].$$

Dann wenden wir den Gauß-Algorithmus auf die rechte Matrix an und speichern die nötigen Zeilenoperationen in den Einträgen der linken Matrix (links von der Diagonalen):

$$\left[\begin{array}{ccc|ccc} 1 & 0 & 0 & 1 & 2 & 4 \\ 0 & 1 & 0 & 2 & 3 & 8 \\ 0 & 0 & 1 & -1 & -3 & -1 \end{array}\right] \overset{\substack{(Z_2) - \boxed{2}(Z_1) \\ (Z_3) - \boxed{(-1)}(Z_1)}}{\rightsquigarrow} \left[\begin{array}{ccc|ccc} 1 & 0 & 0 & 1 & 2 & 4 \\ \boxed{2} & 1 & 0 & 0 & -1 & 0 \\ \boxed{-1} & 0 & 1 & 0 & -1 & 3 \end{array}\right]$$

$$\overset{(Z_3) - \boxed{1}(Z_2)}{\rightsquigarrow} \left[\begin{array}{ccc|ccc} 1 & 0 & 0 & 1 & 2 & 4 \\ 2 & 1 & 0 & 0 & -1 & 0 \\ -1 & \boxed{1} & 1 & 0 & 0 & 3 \end{array}\right].$$

Nun ist die rechte Matrix in Zeilenstufenform. Somit ist der Gauß-Algorithmus beendet und wir können die *LR*-Zerlegung von $\boldsymbol{A}$ direkt aus dem Endschema ablesen:

$$\boldsymbol{L} = \begin{bmatrix} 1 & 0 & 0 \\ 2 & 1 & 0 \\ -1 & 1 & 1 \end{bmatrix}, \quad \boldsymbol{R} = \begin{bmatrix} 1 & 2 & 4 \\ 0 & -1 & 0 \\ 0 & 0 & 3 \end{bmatrix}.$$

Probe:

$$\boldsymbol{LR} = \begin{bmatrix} 1 & 0 & 0 \\ 2 & 1 & 0 \\ -1 & 1 & 1 \end{bmatrix} \begin{bmatrix} 1 & 2 & 4 \\ 0 & -1 & 0 \\ 0 & 0 & 3 \end{bmatrix} = \boldsymbol{A} \checkmark$$

■

Übung 4.2

• ○ ○ Man bestimme die LR-Zerlegung von $\boldsymbol{A} = \begin{bmatrix} 1 & -2 & 4 \\ 5 & 0 & 2 \\ 3 & -1 & 1 \end{bmatrix}$.

Lösung

Das Ausgangsschema ist $[\boldsymbol{E}|\boldsymbol{A}] = \left[\begin{array}{ccc|ccc} 1 & 0 & 0 & 1 & -2 & 4 \\ 0 & 1 & 0 & 5 & 0 & 2 \\ 0 & 0 & 1 & 3 & -1 & 1 \end{array}\right]$. Dann wenden wir den Gauß-Algorithmus auf die rechte Matrix an und speichern die nötigen Zeilenoperationen in den Einträgen der linken Matrix:

$$\left[\begin{array}{ccc|ccc} 1 & 0 & 0 & 1 & -2 & 4 \\ 0 & 1 & 0 & 5 & 0 & 2 \\ 0 & 0 & 1 & 3 & -1 & 1 \end{array}\right] \overset{\substack{(Z_2)-\boxed{5}(Z_1) \\ (Z_3)-\boxed{3}(Z_1)}}{\rightsquigarrow} \left[\begin{array}{ccc|ccc} 1 & 0 & 0 & 1 & -2 & 4 \\ \boxed{5} & 1 & 0 & 0 & 10 & -18 \\ \boxed{3} & 0 & 1 & 0 & 5 & -11 \end{array}\right] \overset{(Z_3)-\boxed{\frac{1}{2}}(Z_2)}{\rightsquigarrow}$$

$$\left[\begin{array}{ccc|ccc} 1 & 0 & 0 & 1 & -2 & 4 \\ 5 & 1 & 0 & 0 & 10 & -18 \\ 3 & \boxed{\frac{1}{2}} & 1 & 0 & 0 & -2 \end{array}\right] \Rightarrow \quad \boldsymbol{L} = \begin{bmatrix} 1 & 0 & 0 \\ 5 & 1 & 0 \\ 3 & \frac{1}{2} & 1 \end{bmatrix}, \quad \boldsymbol{R} = \begin{bmatrix} 1 & -2 & 4 \\ 0 & 10 & -18 \\ 0 & 0 & -2 \end{bmatrix}.$$

Der Leser kann selber kontrollieren, dass $\boldsymbol{LR} = \boldsymbol{A}$ gilt. ■

Übung 4.3

• • ○ Man bestimme die LR-Zerlegung von $\boldsymbol{A} = \begin{bmatrix} 1 & 1 & 1 & 1 \\ 1 & 2 & 3 & 4 \\ 1 & 3 & 6 & 10 \\ 1 & 4 & 10 & 20 \end{bmatrix}$.

Lösung

Wir beginnen mit der erweiterten Matrix $[\boldsymbol{E}|\boldsymbol{A}]$ und wenden den Gauß-Algorithmus in drei Schritten an:

$$[\boldsymbol{E}|\boldsymbol{A}] = \left[\begin{array}{cccc|cccc} 1 & 0 & 0 & 0 & 1 & 1 & 1 & 1 \\ 0 & 1 & 0 & 0 & 1 & 2 & 3 & 4 \\ 0 & 0 & 1 & 0 & 1 & 3 & 6 & 10 \\ 0 & 0 & 0 & 1 & 1 & 4 & 10 & 20 \end{array}\right] \overset{\substack{(Z_2)-\boxed{1}(Z_1) \\ (Z_3)-\boxed{1}(Z_1) \\ (Z_4)-\boxed{1}(Z_1)}}{\rightsquigarrow} \left[\begin{array}{cccc|cccc} 1 & 0 & 0 & 0 & 1 & 1 & 1 & 1 \\ \boxed{1} & 1 & 0 & 0 & 0 & 1 & 2 & 3 \\ \boxed{1} & 0 & 1 & 0 & 0 & 2 & 5 & 9 \\ \boxed{1} & 0 & 0 & 1 & 0 & 3 & 9 & 19 \end{array}\right] \overset{\substack{(Z_3)-\boxed{2}(Z_2) \\ (Z_4)-\boxed{3}(Z_2)}}{\rightsquigarrow}$$

$$\left[\begin{array}{cccc|cccc} 1 & 0 & 0 & 0 & 1 & 1 & 1 & 1 \\ 1 & 1 & 0 & 0 & 0 & 1 & 2 & 3 \\ 1 & \boxed{2} & 1 & 0 & 0 & 0 & 1 & 3 \\ 1 & \boxed{3} & 0 & 1 & 0 & 0 & 3 & 10 \end{array}\right] \overset{(Z_4)-\boxed{3}(Z_3)}{\rightsquigarrow} \left[\begin{array}{cccc|cccc} 1 & 0 & 0 & 0 & 1 & 1 & 1 & 1 \\ 1 & 1 & 0 & 0 & 0 & 1 & 2 & 3 \\ 1 & 2 & 1 & 0 & 0 & 0 & 1 & 3 \\ 1 & 3 & \boxed{3} & 1 & 0 & 0 & 0 & 1 \end{array}\right].$$

Der Gauß-Algorithmus ist beendet. Nun können wir die *LR*-Zerlegung von $\boldsymbol{A}$ direkt aus dem Endschema ablesen:

$$\boldsymbol{L} = \begin{bmatrix} 1&0&0&0\\ 1&1&0&0\\ 1&2&1&0\\ 1&3&3&1 \end{bmatrix}, \quad \boldsymbol{R} = \begin{bmatrix} 1&1&1&1\\ 0&1&2&3\\ 0&0&1&3\\ 0&0&0&1 \end{bmatrix}.$$

Die Kontrolle liefert $\boldsymbol{LR} = \boldsymbol{A}$. ■

Übung 4.4

● ● ○ Man bestimme die *LR*-Zerlegung von $\boldsymbol{A} = \begin{bmatrix} -2&4&6&0\\ 0&3&1&1\\ 2&-10&-7&-1\\ 1&-8&-4&2 \end{bmatrix}$.

Lösung

Wir beginnen mit dem Ausgangsschema $[\boldsymbol{E}|\boldsymbol{A}]$ und wenden den Gauß-Algorithmus in drei Schritten an:

$$[\boldsymbol{E}|\boldsymbol{A}] = \left[\begin{array}{cccc|cccc} 1&0&0&0&-2&4&6&0\\ 0&1&0&0&0&3&1&1\\ 0&0&1&0&2&-10&-7&-1\\ 0&0&0&1&1&-8&-4&2 \end{array}\right] \begin{array}{c}(Z_3)-\boxed{(-1)}(Z_1)\\ (Z_4)-\boxed{(-\frac{1}{2})}(Z_1)\\ \rightsquigarrow\end{array} \left[\begin{array}{cccc|cccc} 1&0&0&0&-2&4&6&0\\ 0&1&0&0&0&3&1&1\\ \boxed{-1}&0&1&0&0&-6&-1&-1\\ \boxed{-\frac{1}{2}}&0&0&1&0&-6&-1&2 \end{array}\right]$$

$$\begin{array}{c}(Z_3)-\boxed{(-2)}(Z_2)\\ (Z_4)-\boxed{(-2)}(Z_2)\\ \rightsquigarrow\end{array} \left[\begin{array}{cccc|cccc} 1&0&0&0&-2&4&6&0\\ 0&1&0&0&0&3&1&1\\ -1&\boxed{-2}&1&0&0&0&1&1\\ -\frac{1}{2}&\boxed{-2}&0&1&0&0&1&4 \end{array}\right]$$

$$\begin{array}{c}(Z_4)-\boxed{1}(Z_3)\\ \rightsquigarrow\end{array} \left[\begin{array}{cccc|cccc} 1&0&0&0&-2&4&6&0\\ 0&1&0&0&0&3&1&1\\ -1&-2&1&0&0&0&1&1\\ -\frac{1}{2}&-2&\boxed{1}&1&0&0&0&3 \end{array}\right].$$

Da die rechte Matrix in Zeilenstufenform ist, ist der Gauß-Algorithmus beendet und wir können die *LR*-Zerlegung von $\boldsymbol{A}$ direkt aus dem Endschema ablesen:

$$\boldsymbol{L} = \begin{bmatrix} 1&0&0&0\\ 0&1&0&0\\ -1&-2&1&0\\ -\frac{1}{2}&-2&1&1 \end{bmatrix}, \quad \boldsymbol{R} = \begin{bmatrix} -2&4&6&0\\ 0&3&1&1\\ 0&0&1&1\\ 0&0&0&3 \end{bmatrix}.$$

Die Kontrolle liefert $\boldsymbol{LR} = \boldsymbol{A}$. ■

Übung 4.5

• • ∘ Man berechne die Determinante von $\boldsymbol{A} = \begin{bmatrix} 1 & 1 & 2 & 3 \\ 3 & -1 & -1 & -2 \\ 2 & 3 & -1 & -1 \\ 1 & 2 & 4 & -1 \end{bmatrix}$ mittels der *LR*-Zerlegung.

Lösung

Zu Beginn betrachten wir das Ausgangsschema $[\boldsymbol{E}|\boldsymbol{A}]$ und wenden den Gauß-Algorithmus in drei Schritten an:

$$[\boldsymbol{E}|\boldsymbol{A}] = \left[\begin{array}{cccc|cccc} 1&0&0&0&1&1&2&3 \\ 0&1&0&0&3&-1&-1&-2 \\ 0&0&1&0&2&3&-1&-1 \\ 0&0&0&1&1&2&4&-1 \end{array}\right] \begin{array}{c}(Z_2)-\boxed{3}(Z_1)\\(Z_3)-\boxed{2}(Z_1)\\(Z_4)-\boxed{1}(Z_1)\\ \rightsquigarrow\end{array} \left[\begin{array}{cccc|cccc} 1&0&0&0&1&1&2&3 \\ \boxed{3}&1&0&0&0&-4&-7&-11 \\ \boxed{2}&0&1&0&0&1&-5&-7 \\ \boxed{1}&0&0&1&0&1&2&-4 \end{array}\right]$$

$$\begin{array}{c}(Z_3)-\boxed{(-\frac{1}{4})}(Z_2)\\(Z_4)-\boxed{(-\frac{1}{4})}(Z_2)\\ \rightsquigarrow\end{array} \left[\begin{array}{cccc|cccc} 1&0&0&0&1&1&2&3 \\ 3&1&0&0&0&-4&-7&-11 \\ 2&\boxed{-\frac{1}{4}}&1&0&0&0&-\frac{27}{4}&-\frac{39}{4} \\ 1&\boxed{-\frac{1}{4}}&0&1&0&0&\frac{1}{4}&-\frac{27}{4} \end{array}\right]$$

$$\begin{array}{c}(Z_4)-\boxed{(-\frac{1}{27})}(Z_3)\\ \rightsquigarrow\end{array} \left[\begin{array}{cccc|cccc} 1&0&0&0&1&1&2&3 \\ 3&1&0&0&0&-4&-7&-11 \\ 2&-\frac{1}{4}&1&0&0&0&-\frac{27}{4}&-\frac{39}{4} \\ 1&-\frac{1}{4}&\boxed{-\frac{1}{27}}&1&0&0&0&-\frac{64}{9} \end{array}\right].$$

Die *LR*-Zerlegung von $\boldsymbol{A}$ ist:

$$\boldsymbol{L} = \begin{bmatrix} 1&0&0&0 \\ 3&1&0&0 \\ 2&-\frac{1}{4}&1&0 \\ 1&-\frac{1}{4}&-\frac{1}{27}&1 \end{bmatrix}, \quad \boldsymbol{R} = \begin{bmatrix} 1&1&2&3 \\ 0&-4&-7&-11 \\ 0&0&-\frac{27}{4}&-\frac{39}{4} \\ 0&0&0&-\frac{64}{9} \end{bmatrix}.$$

Für die Determinante der Ausgangsmatrix $\boldsymbol{A}$ gilt:

$$\det(\boldsymbol{A}) = \det(\boldsymbol{L}\boldsymbol{R}) = \underbrace{\det(\boldsymbol{L})}_{=1}\det(\boldsymbol{R}) = \det(\boldsymbol{R}) = 1\cdot(-4)\cdot\left(-\frac{27}{4}\right)\cdot\left(-\frac{64}{9}\right) = -192. \quad \blacksquare$$

Übung 4.6

● ○ ○ Man bestimme die LR-Zerlegung der (3×2)-Matrix:

$$\boldsymbol{A} = \begin{bmatrix} 2 & 1 \\ 4 & -2 \\ 0 & -4 \end{bmatrix}.$$

Lösung

Mit diesem Beispiel wollen wir die LR-Zerlegung an einer nicht quadratischen Matrix demonstrieren. Zu Beginn betrachten wir das folgende Ausgangsschema:

$$[\boldsymbol{E}|\boldsymbol{A}] = \left[\begin{array}{ccc|cc} 1 & 0 & 0 & 2 & 1 \\ 0 & 1 & 0 & 4 & -2 \\ 0 & 0 & 1 & 0 & -4 \end{array}\right].$$

Wir führen den Gauß-Algorithmus in zwei Schritten durch:

$$\left[\begin{array}{ccc|cc} 1 & 0 & 0 & 2 & 1 \\ 0 & 1 & 0 & 4 & -2 \\ 0 & 0 & 1 & 0 & -4 \end{array}\right] \overset{(Z_2)-\boxed{2}(Z_1)}{\rightsquigarrow} \left[\begin{array}{ccc|cc} 1 & 0 & 0 & 2 & 1 \\ \boxed{2} & 1 & 0 & 0 & -4 \\ 0 & 0 & 1 & 0 & -4 \end{array}\right] \overset{(Z_3)-\boxed{1}(Z_2)}{\rightsquigarrow} \left[\begin{array}{ccc|cc} 1 & 0 & 0 & 2 & 1 \\ 2 & 1 & 0 & 0 & -4 \\ 0 & \boxed{1} & 1 & 0 & 0 \end{array}\right].$$

Somit ist die LR-Zerlegung von $\boldsymbol{A}$ gegeben durch $\boldsymbol{L} = \begin{bmatrix} 1 & 0 & 0 \\ 2 & 1 & 0 \\ 0 & 1 & 1 \end{bmatrix}$, $\boldsymbol{R} = \begin{bmatrix} 2 & 1 \\ 0 & -4 \\ 0 & 0 \end{bmatrix}$.

Kontrolle:

$$\boldsymbol{LR} = \begin{bmatrix} 1 & 0 & 0 \\ 2 & 1 & 0 \\ 0 & 1 & 1 \end{bmatrix} \begin{bmatrix} 2 & 1 \\ 0 & -4 \\ 0 & 0 \end{bmatrix} = \begin{bmatrix} 2 & 1 \\ 4 & -2 \\ 0 & -4 \end{bmatrix} = \boldsymbol{A} \checkmark$$

■

Bemerkung

Beachte, dass die Matrix $\boldsymbol{A}$ in Übung 4.6 nicht quadratisch ist. Wir müssen somit auf die Dimensionen der Matrizen $\boldsymbol{L}$ und $\boldsymbol{R}$ aufpassen: In diesem Fall ist $\boldsymbol{L}$ eine (3×3)-Matrix, während $\boldsymbol{R}$ eine (3×2)-Matrix ist. Nur so ergibt sich aus der Multiplikation $\boldsymbol{LR}$ eine (3×2)-Matrix: $\boldsymbol{L}_{(3\times3)\,(3\times2)}\boldsymbol{R} \Rightarrow \boldsymbol{A}_{(3\times2)}$.

Übung 4.7

• • ∘ Man bestimme die *LR*-Zerlegung der folgenden (5×3)-Matrix:

$$\boldsymbol{A} = \begin{bmatrix} 2 & -6 & 6 \\ -4 & 5 & -7 \\ 8 & -3 & 9 \\ -6 & 4 & -8 \\ 3 & 5 & -1 \end{bmatrix}.$$

Lösung

Mit diesem Beispiel wollen wir die *LR*-Zerlegung an einer weiteren nicht quadratischen Matrix demonstrieren. Wir betrachten das Ausgangsschema:

$$[\boldsymbol{E}|\boldsymbol{A}] = \left[\begin{array}{ccccc|ccc} 1 & 0 & 0 & 0 & 0 & 2 & -6 & 6 \\ 0 & 1 & 0 & 0 & 0 & -4 & 5 & -7 \\ 0 & 0 & 1 & 0 & 0 & 8 & -3 & 9 \\ 0 & 0 & 0 & 1 & 0 & -6 & 4 & -8 \\ 0 & 0 & 0 & 0 & 1 & 3 & 5 & -1 \end{array}\right].$$

und wenden den Gauß-Algorithmus in zwei Schritten an:

$$\left[\begin{array}{ccccc|ccc} 1 & 0 & 0 & 0 & 0 & 2 & -6 & 6 \\ 0 & 1 & 0 & 0 & 0 & -4 & 5 & -7 \\ 0 & 0 & 1 & 0 & 0 & 8 & -3 & 9 \\ 0 & 0 & 0 & 1 & 0 & -6 & 4 & -8 \\ 0 & 0 & 0 & 0 & 1 & 3 & 5 & -1 \end{array}\right] \begin{array}{c} (Z_2) - \boxed{(-2)}(Z_1) \\ (Z_3) - \boxed{4}(Z_1) \\ (Z_3) - \boxed{(-3)}(Z_1) \\ (Z_5) - \boxed{\tfrac{3}{2}}(Z_1) \\ \rightsquigarrow \end{array} \left[\begin{array}{ccccc|ccc} 1 & 0 & 0 & 0 & 0 & 2 & -6 & 6 \\ \boxed{-2} & 1 & 0 & 0 & 0 & 0 & -7 & 5 \\ \boxed{4} & 0 & 1 & 0 & 0 & 0 & 21 & -15 \\ \boxed{-3} & 0 & 0 & 1 & 0 & 0 & -14 & 10 \\ \boxed{\tfrac{3}{2}} & 0 & 0 & 0 & 1 & 0 & 14 & -10 \end{array}\right]$$

$$\begin{array}{c} (Z_3) - \boxed{(-3)}(Z_2) \\ (Z_4) - \boxed{2}(Z_2) \\ (Z_5) - \boxed{(-2)}(Z_2) \\ \rightsquigarrow \end{array} \left[\begin{array}{ccccc|ccc} 1 & 0 & 0 & 0 & 0 & 2 & -6 & 6 \\ -2 & 1 & 0 & 0 & 0 & 0 & -7 & 5 \\ 4 & \boxed{-3} & 1 & 0 & 0 & 0 & 0 & 0 \\ -3 & \boxed{2} & 0 & 1 & 0 & 0 & 0 & 0 \\ \tfrac{3}{2} & \boxed{-2} & 0 & 0 & 1 & 0 & 0 & 0 \end{array}\right].$$

Die resultierende *LR*-Zerlegung von $\boldsymbol{A}$ lautet:

$$\boldsymbol{L} = \begin{bmatrix} 1 & 0 & 0 & 0 & 0 \\ -2 & 1 & 0 & 0 & 0 \\ 4 & -3 & 1 & 0 & 0 \\ -3 & 2 & 0 & 1 & 0 \\ \tfrac{3}{2} & -2 & 0 & 0 & 1 \end{bmatrix}, \quad \boldsymbol{R} = \begin{bmatrix} 2 & -6 & 6 \\ 0 & -7 & 5 \\ 0 & 0 & 0 \\ 0 & 0 & 0 \\ 0 & 0 & 0 \end{bmatrix}.$$

Wieder zeigt die Kontrolle $\boldsymbol{LR} = \boldsymbol{A}$. ■

Bemerkung
Beachte die Dimensionen der Matrizen $\boldsymbol{L}$ und $\boldsymbol{R}$ in Übung 4.7: In diesem Fall ist $\boldsymbol{L}$ eine (5×5)-Matrix, während $\boldsymbol{R}$ eine (5×3)-Matrix ist. Nur so ergibt sich aus der Multiplikation $\boldsymbol{LR}$ eine (5×3)-Matrix: $\boldsymbol{L}_{(5\times5)\,(5\times3)}\boldsymbol{R} \Rightarrow \boldsymbol{A}_{(5\times3)}$.

4.1.3 Existenz und Eindeutigkeit der *LR*-Zerlegung

Welche Matrizen $\boldsymbol{A}$ besitzen überhaupt eine *LR*-Zerlegung? Ist die *LR*-Zerlegung eindeutig? Der folgende wichtige Satz liefert ein Kriterium für die **Existenz und Eindeutigkeit der *LR*-Zerlegung**:

► Satz 4.2 (Existenz und Eindeutigkeit der *LR*-Zerlegung)

Eine $(n \times n)$-Matrix $\boldsymbol{A}$ besizt eine *LR*-Zerlegung **genau dann**, wenn

$$\det(\boldsymbol{A_k}) = \det \begin{bmatrix} a_{11} & \cdots & a_{1k} \\ \vdots & \ddots & \vdots \\ a_{k1} & \cdots & a_{kk} \end{bmatrix} \neq 0, \ \forall k = 1, \cdots, n \tag{4.3}$$

gilt. Dabei ist $\boldsymbol{A_k}$ die Teilmatrix der Größe k, welche man ausgehend von der linken oberen Ecke von $\boldsymbol{A}$ bildet:

$$\begin{array}{c} \boldsymbol{A_1}\ \boldsymbol{A_2}\ \boldsymbol{A_3} \cdots \boldsymbol{A_n} \\ \begin{bmatrix} a_{11} & a_{12} & a_{13} & & a_{1n} \\ a_{21} & a_{22} & a_{23} & & a_{1n} \\ a_{31} & a_{32} & a_{33} & & a_{1n} \\ & & & \ddots & \vdots \\ a_{n1} & a_{n2} & a_{n3} & \cdots & a_{nn} \end{bmatrix} \end{array} \tag{4.4}$$

Die *LR*-Zerlegung von $\boldsymbol{A}$ ist eindeutig. ◄

Diesen Satz benutzen wir in den Übungen 4.8–4.10.

Übung 4.8
● ○ ○ Welche der folgenden Matrizen besitzen eine *LR*-Zerlegung?

$$\boldsymbol{A} = \begin{bmatrix} 1 & 2 & 3 \\ -1 & 1 & 1 \\ 0 & 1 & 2 \end{bmatrix}, \quad \boldsymbol{B} = \begin{bmatrix} 1 & 1 & 1 \\ 1 & 1 & 0 \\ 0 & 3 & 7 \end{bmatrix}.$$

Lösung

a) Gemäß Satz 4.2 besitzt $\boldsymbol{A}$ eine *LR*-Zerlegung genau dann, wenn die Teilmatrizen $\boldsymbol{A}_1$, $\boldsymbol{A}_2$ und $\boldsymbol{A}_3 = \boldsymbol{A}$ nichtverschwindende Determinanten haben:

$$\begin{array}{ccc} \boldsymbol{A}_1 & \boldsymbol{A}_2 & \boldsymbol{A}_3 \end{array} \qquad \begin{bmatrix} 1 & 2 & 3 \\ -1 & 1 & 1 \\ 0 & 1 & 2 \end{bmatrix}$$

$$\boldsymbol{A}_1 = \begin{bmatrix} 1 \end{bmatrix} \quad \Rightarrow \quad \det(\boldsymbol{A}_1) = 1 \neq 0 \checkmark$$

$$\boldsymbol{A}_2 = \begin{bmatrix} 1 & 2 \\ -1 & 1 \end{bmatrix} \quad \Rightarrow \quad \det(\boldsymbol{A}_2) = 3 \neq 0 \checkmark$$

$$\boldsymbol{A}_3 = \begin{bmatrix} 1 & 2 & 3 \\ -1 & 1 & 1 \\ 0 & 1 & 2 \end{bmatrix} \quad \Rightarrow \quad \det(\boldsymbol{A}_3) = 2 \neq 0 \checkmark$$

$\boldsymbol{A}$ besitzt somit eine *LR*-Zerlegung.

b) In diesem Fall haben wir:

$$\begin{array}{ccc} \boldsymbol{B}_1 & \boldsymbol{B}_2 & \boldsymbol{B}_3 \end{array} \qquad \begin{bmatrix} 1 & 1 & 1 \\ 1 & 1 & 0 \\ 0 & 3 & 7 \end{bmatrix}$$

$$\boldsymbol{B}_1 = \begin{bmatrix} 1 \end{bmatrix} \quad \Rightarrow \quad \det(\boldsymbol{B}_1) = 1 \neq 0 \checkmark$$

$$\boldsymbol{B}_2 = \begin{bmatrix} 1 & 1 \\ 1 & 1 \end{bmatrix} \quad \Rightarrow \quad \det(\boldsymbol{B}_2) = 0 \text{ ✗}$$

Nach Satz 4.2, besitzt $\boldsymbol{B}$ keine *LR*-Zerlegung. ■

Übung 4.9

• • ○ Man betrachte die Matrix $\boldsymbol{A} = \begin{bmatrix} a & 1 & 1 \\ 3a & 2-a & 2a \\ -a & a & 2 \end{bmatrix}$, $a \in \mathbb{R}$.

a) Für welche Werte des Parameters $a \in \mathbb{R}$ besitzt $\boldsymbol{A}$ eine *LR*-Zerlegung?

b) Man bestimme die *LR*-Zerlegung von $\boldsymbol{A}$ in Abhängigkeit des Parameters $a \in \mathbb{R}$.

Lösung

a) Damit wir die *LR*-Zerlegung der Matrix $\boldsymbol{A}$ berechnen können, müssen die Teilmatrizen $\boldsymbol{A}_1$, $\boldsymbol{A}_2$ und $\boldsymbol{A}_3 = \boldsymbol{A}$ nicht-verschwindende Determinanten haben (Satz 4.2):

$$\boldsymbol{A}_1 = \begin{bmatrix} a \end{bmatrix} \quad \Rightarrow \quad \det(\boldsymbol{A}_1) = a \neq 0 \quad \Rightarrow \quad a \neq 0.$$

$$\boldsymbol{A}_2 = \begin{bmatrix} a & 1 \\ 3a & 2-a \end{bmatrix} \quad \Rightarrow \quad \det(\boldsymbol{A}_2) = -a(a+1) \neq 0 \quad \Rightarrow \quad a \neq \{0, -1\}$$

$$\begin{aligned} \boldsymbol{A}_3 = \begin{bmatrix} a & 1 & 1 \\ 3a & 2-a & 2a \\ -a & a & 2 \end{bmatrix} \quad \Rightarrow \quad \det(\boldsymbol{A}_3) &= \begin{vmatrix} a & 1 & 1 \\ 3a & 2-a & 2a \\ -a & a & 2 \end{vmatrix} \\ &= a \begin{vmatrix} 2-a & 2a \\ a & 2 \end{vmatrix} - 3a \begin{vmatrix} 1 & 1 \\ a & 2 \end{vmatrix} - a \begin{vmatrix} 1 & 1 \\ 2-a & 2a \end{vmatrix} \\ &= -2a^2(a+1) \neq 0 \quad \Rightarrow \quad a \neq \{0, -1\}. \end{aligned}$$

Somit besitzt A eine *LR*-Zerlegung genau dann wenn $a \neq \{0, -1\}$.

b) Um die *LR*-Zerlegung von A für $a \neq \{0, -1\}$ zu bestimmen, betrachten wir das folgende Ausgangsschema

$$[\boldsymbol{E}|\boldsymbol{A}] = \left[\begin{array}{ccc|ccc} 1 & 0 & 0 & a & 1 & 1 \\ 0 & 1 & 0 & 3a & 2-a & 2a \\ 0 & 0 & 1 & -a & a & 2 \end{array}\right].$$

Wir wenden den Gauß-Algorithmus in zwei Schritten an:

$$\left[\begin{array}{ccc|ccc} 1 & 0 & 0 & a & 1 & 1 \\ 0 & 1 & 0 & 3a & 2-a & 2a \\ 0 & 0 & 1 & -a & a & 2 \end{array}\right] \overset{\substack{(Z_2)-\boxed{3}(Z_1) \\ (Z_3)-\boxed{(-1)}(Z_1)}}{\rightsquigarrow} \left[\begin{array}{ccc|ccc} 1 & 0 & 0 & a & 1 & 1 \\ \boxed{3} & 1 & 0 & 0 & -a-1 & 2a-3 \\ \boxed{-1} & 0 & 1 & 0 & a+1 & 3 \end{array}\right]$$

$$\overset{(Z_3)-\boxed{(-1)}(Z_2)}{\rightsquigarrow} \left[\begin{array}{ccc|ccc} 1 & 0 & 0 & a & 1 & 1 \\ 3 & 1 & 0 & 0 & -a-1 & 2a-3 \\ -1 & \boxed{-1} & 1 & 0 & 0 & 2a \end{array}\right].$$

Die *LR*-Zerlegung von A ist:

$$\boldsymbol{L} = \begin{bmatrix} 1 & 0 & 0 \\ 3 & 1 & 0 \\ -1 & -1 & 1 \end{bmatrix}, \quad \boldsymbol{R} = \begin{bmatrix} a & 1 & 1 \\ 0 & -a-1 & 2a-3 \\ 0 & 0 & 2a \end{bmatrix}$$

vorausgesetzt $a \neq \{0, -1\}$. ■

Übung 4.10

●●○

a) Wieso besitzt $\boldsymbol{A} = \begin{bmatrix} 0 & 1 \\ 1 & 0 \end{bmatrix}$ keine *LR*-Zerlegung?

b) Man beweise Satz 4.2.

Lösung

a) Das Ausgangsschema ist die erweiterte Matrix $[\boldsymbol{E}|\boldsymbol{A}] = \left[\begin{array}{cc|cc} 1 & 0 & 0 & 1 \\ 0 & 1 & 1 & 0 \end{array}\right]$. Wenden wir nun den Gauß-Algorithmus auf die rechte Matrix an, so stoßen wir bereits an ein Problem: Der erste Eintrag der rechten Matrix ist gleich Null. Aus diesem Grund gibt es keine Zeilenoperation $(Z_2) - \alpha(Z_1)$, welche das Ausgangsschema in die folgende Form bringt

$$[\boldsymbol{L}|\boldsymbol{R}] = \left[\begin{array}{cc|cc} 1 & 0 & r_{11} & r_{12} \\ \ell_{21} & 1 & 0 & r_{22} \end{array}\right].$$

Die *LR*-Zerlegung von A ist somit nicht möglich!

Wichtig: Diese Problematik tritt nicht vor, wenn man Zeilenvertauschung beim Gauß-Algorithmus anwendet. Daher gibt es Matrizen, welche keine *LR*-Zerlegung besitzen, aber für welche eine ***LR*-Zerlegung mit Zeilenvertauschung** trotzdem möglich ist (▶ vgl. Abschn. 4.3). $\boldsymbol{A} = \begin{bmatrix} 0 & 1 \\ 1 & 0 \end{bmatrix}$ ist ein solches Beispiel.

b) Wir wollen uns jetzt überlegen, dass eine *LR*-Zerlegung nur dann möglich ist, wenn die Zielmatrix $\boldsymbol{R}$ keine verschwindende Diagonalelemente besitzt. Man betrachte zu diesem Zweck den j-Schritt im *LR*-Algorithmus. Das Ausgangsschema im j-ten Schritt ist

$$\left[\begin{array}{cccccc|cccccc} 1 & 0 & & \cdots & & 0 & r_{11} & \star & & \cdots & & \star \\ \ell_{21} & \ddots & & & & & 0 & \ddots & & & & \\ & \ddots & 1 & \ddots & & \vdots & & \ddots & r_{jj} & \ddots & & \vdots \\ \vdots & & 0 & 1 & & & \vdots & & \tilde{a}_{j+1,j} & \star & & \\ & & \vdots & \vdots & \ddots & 0 & & & \vdots & \vdots & \ddots & \star \\ \ell_{n1} & \cdots & 0 & 0 & \cdots & 1 & 0 & \cdots & \tilde{a}_{n,j} & \star & \cdots & \star \end{array}\right].$$

Im Gauß-Algorithmus würden wir nun die folgenden Zeilenoperationen durchführen:

$$(Z_i) - \frac{\tilde{a}_{ij}}{r_{jj}}(Z_j), \quad i > j.$$

Ist aber nun $r_{jj} = 0$, so sind diese Operationen nicht definiert. Daraus folgt, dass die *LR*-Zerlegung der Matrix $\boldsymbol{A}$ nur dann ohne Zeilenvertauschung möglich ist, wenn alle Diagonaleinträge von $\boldsymbol{R}$ nicht verschwinden, d. h.

$$r_{11} \neq 0, \quad r_{22} \neq 0, \quad \cdots, \quad r_{nn} \neq 0$$

gilt. Diese Bedingung ist äquivalent zu:

$$\begin{aligned} r_{11} \neq 0 \quad &\Rightarrow \quad \det(\boldsymbol{R_1}) \neq 0 \\ r_{11}r_{22} \neq 0 \quad &\Rightarrow \quad \det(\boldsymbol{R_2}) \neq 0 \\ &\vdots \\ r_{11}r_{22}\cdots r_{nn} \neq 0 \quad &\Rightarrow \quad \det(\boldsymbol{R_n}) = \det(\boldsymbol{R}) \neq 0, \end{aligned}$$

d. h., alle Untermatrizen $\boldsymbol{R_k}$ mit $k = 1, \cdots, n$ haben nichtverschwindende Determinanten. Wegen $\det(\boldsymbol{A_k}) = \det(\boldsymbol{R_k})$, folgt $\det(\boldsymbol{A_k}) \neq 0$ für alle $k = 1, \cdots, n$. Die Bedingung $\det(\boldsymbol{A_k}) \neq 0$ im Satz 4.2 garantiert, dass alle Diagonaleinträge von $\boldsymbol{R}$ nicht verschwinden.

■

Übung 4.11

• • ○ Eine Matrix von der Form $L_j = \begin{bmatrix} 1 & & & & \\ & \ddots & & & \\ & & 1 & & \\ & & \ell_{j+1,j} & & \\ & & \vdots & \ddots & \\ & & \ell_{n,j} & & 1 \end{bmatrix}$ heißt **Frobenius-Matrix** (alle weiteren Einträge sind Null). Man zeige:

a) $L_1 \cdots L_{n-1} = \begin{bmatrix} 1 & & & & \\ \ell_{21} & 1 & & & \\ \ell_{31} & \ell_{32} & \ddots & & \\ \vdots & \vdots & \ddots & 1 & \\ \ell_{n1} & \ell_{n2} & \cdots & \ell_{n,n-1} & 1 \end{bmatrix}$. **b)** $L_j^{-1} = \begin{bmatrix} 1 & & & & \\ & \ddots & & & \\ & & 1 & & \\ & & -\ell_{j+1,j} & & \\ & & \vdots & \ddots & \\ & & -\ell_{n,j} & & 1 \end{bmatrix}$

Lösung

a) Eine direkte Rechnung zeigt:

$$L_1L_2 = \begin{bmatrix} 1 & & & & \\ \ell_{21} & 1 & & & \\ \ell_{31} & 0 & \ddots & & \\ \vdots & \vdots & \ddots & 1 & \\ \ell_{n1} & 0 & \cdots & 0 & 1 \end{bmatrix}\begin{bmatrix} 1 & & & & \\ 0 & 1 & & & \\ \vdots & \ell_{32} & \ddots & & \\ \vdots & \vdots & \ddots & 1 & \\ 0 & \ell_{n2} & \cdots & 0 & 1 \end{bmatrix} = \begin{bmatrix} 1 & & & & \\ \ell_{21} & 1 & & & \\ \ell_{31} & \ell_{32} & \ddots & & \\ \vdots & \vdots & & 1 & \\ \ell_{n1} & \ell_{n2} & & 0 & 1 \end{bmatrix}.$$

Im Allgemeinen $L_1L_2 \cdots L_{n-1} = \begin{bmatrix} 1 & & & & \\ \ell_{21} & 1 & & & \\ \ell_{31} & \ell_{32} & \ddots & & \\ \vdots & \vdots & \ddots & 1 & \\ \ell_{n1} & \ell_{n2} & \cdots & \ell_{n,n-1} & 1 \end{bmatrix}$.

b) Eine direkte Rechnung zeigt:

$$L_jL_j^{-1} = \begin{bmatrix} 1 & & & & \\ & \ddots & & & \\ & & 1 & & \\ & & \ell_{j+1,j} & & \\ & & \vdots & \ddots & \\ & & \ell_{n,j} & & 1 \end{bmatrix}\begin{bmatrix} 1 & & & & \\ & \ddots & & & \\ & & 1 & & \\ & & -\ell_{j+1,j} & & \\ & & \vdots & \ddots & \\ & & -\ell_{n,j} & & 1 \end{bmatrix} = \begin{bmatrix} 1 & & & & \\ & \ddots & & & \\ & & 1 & & \\ & & \cancel{-\ell_{j+1,j}}+\cancel{\ell_{j+1,j}} & & \\ & & \vdots & \ddots & \\ & & \cancel{-\ell_{n,j}}+\cancel{\ell_{n,j}} & & 1 \end{bmatrix} = E. \blacksquare$$

Übung 4.12

• • • Ziel dieser Aufgabe ist, die **Eindeutigkeit** der *LR*-Zerlegung zu beweisen. Man zeige:

a) Sind L und $\bar{L}$ normierte untere Dreiecksmatrizen, so ist auch $L\bar{L}$ eine normierte untere Dreiecksmatrix.

b) Ist $\boldsymbol{L}$ eine normierte untere Dreiecksmatrix, so ist auch $\boldsymbol{L}^{-1}$ eine normierte untere Dreiecksmatrix.
c) Die Aussagen (a) und (b) gelten auch für obere Dreiecksmatrizen.
d) Die LR-Zerlegung ist eindeutig.

Lösung

a) Erinnerung: Eine Dreiecksmatrix heißt **normiert**, wenn alle Diagonaleinträge gleich 1 sind. Es seien $\boldsymbol{L}$ und $\bar{\boldsymbol{L}}$ normierte untere Dreiecksmatrizen

$$\boldsymbol{L} = \begin{bmatrix} 1 & 0 & \cdots & 0 \\ \ell_{21} & 1 & \ddots & \vdots \\ \vdots & \ddots & \ddots & 0 \\ \ell_{n1} & \cdots & \ell_{n,n-1} & 1 \end{bmatrix}, \quad \bar{\boldsymbol{L}} = \begin{bmatrix} 1 & 0 & \cdots & 0 \\ \bar{\ell}_{21} & 1 & \ddots & \vdots \\ \vdots & \ddots & \ddots & 0 \\ \bar{\ell}_{n1} & \cdots & \bar{\ell}_{n,n-1} & 1 \end{bmatrix}.$$

Dann ist

$$\boldsymbol{L}\bar{\boldsymbol{L}} = \begin{bmatrix} 1 & 0 & \cdots & 0 \\ \ell_{21} & 1 & \ddots & \vdots \\ \vdots & \ddots & \ddots & 0 \\ \ell_{n1} & \cdots & \ell_{n,n-1} & 1 \end{bmatrix} \begin{bmatrix} 1 & 0 & \cdots & 0 \\ \bar{\ell}_{21} & 1 & \ddots & \vdots \\ \vdots & \ddots & \ddots & 0 \\ \bar{\ell}_{n1} & \cdots & \bar{\ell}_{n,n-1} & 1 \end{bmatrix} = \begin{bmatrix} 1 & 0 & \cdots & 0 \\ \ell_{21}+\bar{\ell}_{21} & 1 & \ddots & \vdots \\ \vdots & \ddots & \ddots & 0 \\ \ell_{n1}+\ell_{n2}\bar{\ell}_{21}+\cdots+\bar{\ell}_{n1} & \cdots & \ell_{n,n-1}+\bar{\ell}_{n,n-1} & 1 \end{bmatrix}$$

eine normierte untere Dreiecksmatrix (alle Diagonalelemente sind gleich 1).

b) Es sei nun $\boldsymbol{L}$ wie in (a). In Übung 4.11 haben wir gezeigt, dass man $\boldsymbol{L}$ als Produkt von $n-1$ Frobenius-Matrizen schreiben kann $\boldsymbol{L} = \boldsymbol{L_1 L_2 \cdots L_{n-1}}$, wobei $\boldsymbol{L_j} = \begin{bmatrix} 1 & & & & \\ & \ddots & & & \\ & & 1 & & \\ & & \ell_{j+1,j} & & \\ & & \vdots & \ddots & \\ & & \ell_{n,j} & & 1 \end{bmatrix}$. Die Inverse von $\boldsymbol{L}$ lautet somit (Erinnerung: die Reihenfolge der Matrizen kehrt sich bei der Inversen):

$$\boldsymbol{L}^{-1} = \boldsymbol{L_{n-1}}^{-1} \cdots \boldsymbol{L_2}^{-1}\boldsymbol{L_1}^{-1}, \quad \boldsymbol{L_j}^{-1} = \begin{bmatrix} 1 & & & & \\ & \ddots & & & \\ & & 1 & & \\ & & -\ell_{j+1,j} & & \\ & & \vdots & \ddots & \\ & & -\ell_{n,j} & & 1 \end{bmatrix}.$$

Alle Matrizen $\boldsymbol{L_j}^{-1}$ sind normierte untere Dreiecksmatrizen. Aus Teilaufgabe (a) folgt somit, dass auch $\boldsymbol{L}^{-1}$ eine normierte untere Dreiecksmatrix ist.

c) Der Beweis dieser Aussage erfolgt analog zu Teilaufgaben (a) und (b).

d) Es seien $\boldsymbol{A} = \boldsymbol{L_1 R_1} = \boldsymbol{L_2 R_2}$ zwei LR-Zerlegungen der Matrix $\boldsymbol{A}$. Daraus folgt:

$$\boldsymbol{L_1 R_1} = \boldsymbol{L_2 R_2} \quad \Rightarrow \quad \boldsymbol{L_2}^{-1}\boldsymbol{L_1 R_1} = \boldsymbol{R_2} \quad \Rightarrow \quad \boldsymbol{L_2}^{-1}\boldsymbol{L_1} = \boldsymbol{R_2 R_1}^{-1}.$$

Nach Teilaufgaben (a) und (b) ist $\boldsymbol{L_2}^{-1}\boldsymbol{L_1}$ eine normierte untere Dreiecksmatrize. Nach Teilaufgabe (c) ist $\boldsymbol{R_2 R_1}^{-1}$ eine obere Dreiecksmatrix.

$$L_1 L_2^{-1} = \begin{bmatrix} 1 & 0 & \cdots & 0 \\ \star & 1 & \ddots & \vdots \\ \vdots & \ddots & \ddots & 0 \\ \star & \cdots & \star & 1 \end{bmatrix}, \quad R_1^{-1} R_2 = \begin{bmatrix} \star & \star & \cdots & \star \\ 0 & \star & \cdots & \star \\ \vdots & \ddots & \ddots & \vdots \\ 0 & \cdots & 0 & \star \end{bmatrix}.$$

Aus der Gleichheit $L_2^{-1} L_1 = R_2 R_1^{-1}$ folgt $L_1 L_2^{-1} = R_1^{-1} R_2 = \begin{bmatrix} 1 & 0 & \cdots & 0 \\ 0 & 1 & \ddots & \vdots \\ \vdots & \ddots & \ddots & 0 \\ 0 & \cdots & 0 & 1 \end{bmatrix} =$

E, d. h.

$$L_1 L_2^{-1} = E \quad \Rightarrow \quad L_1 = L_2 \qquad R_1^{-1} R_2 = E \quad \Rightarrow \quad R_1 = R_2.$$

Somit ist die *LR*-Zerlegung von A eindeutig! ∎

4.1.4 Lösung von LGS durch *LR*-Zerlegung

Jetzt untersuchen wir die Bedeutung der *LR*-Zerlegung bei der Lösung von LGS. Für die Praxis ist dies ziemlich wichtig. Die Grundidee ist denkbar einfach: Mittels *LR*-Zerlegung der Darstellungsmatrix A wird das LGS $Ax = b$ auf die Lösung von LGS mit unteren (bzw. oberen) Dreiecksmatrizen reduziert. Solche Gleichungssysteme sind direkt lösbar durch eine sukzessive Auflösung von oben nach unten (**Vorwärtseinsetzen**) bzw. von unten nach oben (**Rückwärtseinsetzen**).

► Beispiel

Das folgende LGS

$$\begin{cases} 2x_1 & = 4 \\ 2x_1 + 4x_2 & = 8 \\ 3x_1 - 2x_2 + 3x_3 & = 10 \end{cases} \quad \rightsquigarrow \quad \begin{bmatrix} 2 & 0 & 0 \\ 2 & 4 & 0 \\ 3 & -2 & 3 \end{bmatrix} \begin{bmatrix} x_1 \\ x_2 \\ x_3 \end{bmatrix} = \begin{bmatrix} 4 \\ 8 \\ 10 \end{bmatrix}$$

kann man ganz einfach die Lösung durch Vorwärtseinsetzen direkt bestimmen:

$$\begin{cases} 2x_1 & = 4 \\ 2x_1 + 4x_2 & = 8 \\ 3x_1 - 2x_2 + 3x_3 & = 10 \end{cases} \quad \Rightarrow \quad \begin{cases} x_1 = 2 \\ x_2 = \frac{8-2\cdot 2}{4} = 1 \\ x_3 = \frac{10-3\cdot 2+2\cdot 1}{3} = 2 \end{cases} \quad \Rightarrow \quad x = \begin{bmatrix} 2 \\ 1 \\ 2 \end{bmatrix}.$$

Dies ist ein Vorteil der Zerlegung der Matrix A in Dreiecksmatrizen L und R. ◄

Lösung von LGS mittels *LR*-Zerlegung (allgemeines Vorgehen)

Man betrachte nun das LGS $Ax = b$, wobei $A \in \mathbb{K}^{n\times n}$ und $b \in \mathbb{K}^n$ vorgegeben sind und $x \in \mathbb{K}^n$ der Unbekannten gesucht ist. A ist im Allgemeinen keine Dreiecksmatrix. Hierzu wird zuerst die Matrix A in L und R zerlegt, wobei wir aus der ursprünglichen

Matrixgleichung die folgende Gleichung erhalten

$$\boldsymbol{Ax} = \boldsymbol{b} \quad \Rightarrow \quad \boldsymbol{LR}\,\boldsymbol{x} = \boldsymbol{b}. \tag{4.5}$$

Mit der Substitution $\boldsymbol{y} = \boldsymbol{Rx}$ ergibt sich die folgende Gleichung:

$$\boldsymbol{Ly} = \boldsymbol{b}. \tag{4.6}$$

Sobald wir $\boldsymbol{y}$ bestimmt haben lösen wir

$$\boldsymbol{Rx} = \boldsymbol{y}. \tag{4.7}$$

Da die Matrizen $\boldsymbol{L}$ und $\boldsymbol{R}$ Dreiecksform haben, kann man beide Gleichungssysteme ganz einfach durch eine sukzessive Auflösung von oben nach unten (**Vorwärtseinsetzen**) bzw. von unten nach oben (**Rückwärtseinsetzen**) direkt lösen.

Musterbeispiel 4.2 (*LR*-Zerlegung für LGS)

Gesucht ist die Lösung des folgenden LGS

$$\begin{cases} 2x_1 + 6x_2 + 2x_3 = 2 \\ -3x_1 - 8x_2 = 2 \\ 4x_1 + 9x_2 + 2x_3 = 3 \end{cases} \rightsquigarrow \quad \begin{bmatrix} 2 & 6 & 2 \\ -3 & -8 & 0 \\ 4 & 9 & 2 \end{bmatrix} \begin{bmatrix} x_1 \\ x_2 \\ x_3 \end{bmatrix} = \begin{bmatrix} 2 \\ 2 \\ 3 \end{bmatrix}.$$

Zuerst führen wir eine *LR*-Zerlegung der Matrix $\boldsymbol{A}$ durch. Diese wurde bereits in Musterbeispiel 4.1 bestimmt:

$$\boldsymbol{A} = \begin{bmatrix} 2 & 6 & 2 \\ -3 & -8 & 0 \\ 4 & 9 & 2 \end{bmatrix} = \begin{bmatrix} 1 & 0 & 0 \\ -\frac{3}{2} & 1 & 0 \\ 2 & -3 & 1 \end{bmatrix} \begin{bmatrix} 2 & 6 & 2 \\ 0 & 1 & 3 \\ 0 & 0 & 7 \end{bmatrix} = \boldsymbol{LR}.$$

Dann lösen wir $\boldsymbol{Ly} = \boldsymbol{b}$ für die Hilfsvariable $\boldsymbol{y}$ durch **Vorwärtseinsetzen** von oben:

$$\begin{cases} y_1 = 2 \\ -\frac{3}{2}y_1 + y_2 = 2 \\ 2y_1 - 3y_2 + y_3 = 3 \end{cases} \Rightarrow \begin{cases} y_1 = 2 \\ y_2 = 2 + \frac{3}{2} \cdot 2 = 5 \\ y_3 = 3 - 2 \cdot 2 + 3 \cdot 5 = 14 \end{cases} \Rightarrow \boldsymbol{y} = \begin{bmatrix} 2 \\ 5 \\ 14 \end{bmatrix}.$$

Anschließend lösen wir $\boldsymbol{Rx} = \boldsymbol{y}$ durch **Rückwärtseinsetzen** von unten:

$$\begin{cases} 2x_1 + 6x_2 + 2x_3 = 2 \\ x_2 + 3x_3 = 5 \\ 7x_3 = 14 \end{cases} \Rightarrow \begin{cases} x_1 = \frac{2-6\cdot(-1)-2\cdot 2}{2} = 2 \\ x_2 = 5 - 3 \cdot 2 = -1 \\ x_3 = 2 \end{cases} \Rightarrow \boldsymbol{x} = \begin{bmatrix} 2 \\ -1 \\ 2 \end{bmatrix}$$

Kochrezept 4.1 (LGS mittels LR-Zerlegung lösen)

Gegeben – LGS $\boldsymbol{Ax} = \boldsymbol{b}$.

Gesucht – Lösung $\boldsymbol{x}$ mittels LR-Zerlegung von $\boldsymbol{A}$.

Voraussetzung – LR-Zerlegung von $\boldsymbol{A}$ möglich (vgl. Satz 4.2).

Schritt 1 – Man bestimme die LR-Zerlegung der Matrix $\boldsymbol{A}$, d. h., man finde Matrizen $\boldsymbol{L}$ und $\boldsymbol{R}$, sodass $\boldsymbol{A} = \boldsymbol{LR}$ gilt.

Schritt 2 – Man löse zuerst das LGS $\boldsymbol{Ly} = \boldsymbol{b}$ für die Hilfsvariable $\boldsymbol{y}$ zeilenweise durch **Vorwärtseinsetzen** (d. h. von oben nach unten).

Schritt 3 – Man löse dann das LGS $\boldsymbol{Rx} = \boldsymbol{y}$ zeilenweise durch **Rückwärtseinsetzen** (d. h. von unten nach oben) mit dem Hilfsvektor $\boldsymbol{y}$, der im Schritt 2 bestimmt wurde. Der Vektor $\boldsymbol{x}$ ist die gesuchte Lösung von $\boldsymbol{Ax} = \boldsymbol{b}$.

Übung 4.13

● ○ ○ Man löse das folgende LGS mittels LR-Zerlegung:

$$\begin{cases} x_1 + 2x_2 + 4x_3 = 1 \\ 2x_1 + 3x_2 + 8x_3 = 1 \\ -x_1 - 3x_2 - x_3 = 1 \end{cases}$$

Lösung

Gegeben sei die Matrixform des LGS $\boldsymbol{Ax} = \boldsymbol{b}$ mit $\boldsymbol{A} = \begin{bmatrix} 1 & 2 & 4 \\ 2 & 3 & 8 \\ -1 & -3 & -1 \end{bmatrix}$, $\boldsymbol{b} = \begin{bmatrix} 1 \\ 1 \\ 1 \end{bmatrix}$. Nun gehen wir das Kochrezept 4.1 Schritt für Schritt durch.

Schritt 1 – Die LR-Zerlegung der Matrix $\boldsymbol{A}$ wurde bereits in Übung 4.1 vorgenommen:

$$\boldsymbol{L} = \begin{bmatrix} 1 & 0 & 0 \\ 2 & 1 & 0 \\ -1 & 1 & 1 \end{bmatrix}, \quad \boldsymbol{R} = \begin{bmatrix} 1 & 2 & 4 \\ 0 & -1 & 0 \\ 0 & 0 & 3 \end{bmatrix}.$$

Schritt 2 – Wir lösen das LGS $\boldsymbol{Ly} = \boldsymbol{b}$ zeilenweise von oben

$$\begin{cases} y_1 = 1 \\ 2y_1 + y_2 = 1 \\ -y_1 + y_2 + y_3 = 1 \end{cases} \Rightarrow \quad \boldsymbol{y} = \begin{bmatrix} 1 \\ -1 \\ 3 \end{bmatrix}.$$

Schritt 3 – Nun lösen wir das LGS $\boldsymbol{Rx} = \boldsymbol{y}$ zeilenweise mit dem im Schritt 2 gefundenen Vektor $\boldsymbol{y}$ von unten

$$\begin{cases} x_1 + 2x_2 + 4x_3 = 1 \\ -x_2 = -1 \\ 3x_3 = 3 \end{cases} \Rightarrow \quad \boldsymbol{x} = \begin{bmatrix} -5 \\ 1 \\ 1 \end{bmatrix}.$$

■

Übung 4.14

• ○ ○ Man löse das folgende LGS mittels *LR*-Zerlegung:

$$\begin{cases} x_1 + x_2 + x_3 + x_4 = 1 \\ x_1 + 2x_2 + 3x_3 + 4x_4 = 0 \\ x_1 + 3x_2 + 6x_3 + 10x_4 = 0 \\ x_1 + 4x_2 + 10x_3 + 20x_4 = 0 \end{cases}$$

Lösung

Gegeben sei die Matrixform des LGS $\boldsymbol{Ax} = \boldsymbol{b}$ mit $\boldsymbol{A} = \begin{bmatrix} 1 & 1 & 1 & 1 \\ 1 & 2 & 3 & 4 \\ 1 & 3 & 6 & 10 \\ 1 & 4 & 10 & 20 \end{bmatrix}$, $\boldsymbol{b} = \begin{bmatrix} 1 \\ 0 \\ 0 \\ 0 \end{bmatrix}$. Dann folgen wir dem Kochrezept 4.1 Schritt für Schritt.

Schritt 1 – Die *LR*-Zerlegung der Matrix $\boldsymbol{A}$ wurde bereits in Übung 4.3 vorgenommen:

$$\boldsymbol{L} = \begin{bmatrix} 1 & 0 & 0 & 0 \\ 1 & 1 & 0 & 0 \\ 1 & 2 & 1 & 0 \\ 1 & 3 & 3 & 1 \end{bmatrix}, \quad \boldsymbol{R} = \begin{bmatrix} 1 & 1 & 1 & 1 \\ 0 & 1 & 2 & 3 \\ 0 & 0 & 1 & 3 \\ 0 & 0 & 0 & 1 \end{bmatrix}.$$

Schritt 2 – Wir lösen das LGS $\boldsymbol{Ly} = \boldsymbol{b}$ zeilenweise von oben

$$\begin{cases} y_1 = 1 \\ y_1 + y_2 = 0 \\ y_1 + 2y_2 + y_3 = 0 \\ y_1 + 3y_2 + 3y_3 + y_4 = 0 \end{cases} \Rightarrow \quad \boldsymbol{y} = \begin{bmatrix} 1 \\ -1 \\ 1 \\ -1 \end{bmatrix}.$$

Schritt 3 – Nun lösen wir das LGS $\boldsymbol{Rx} = \boldsymbol{y}$ zeilenweise mit dem im Schritt 2 gefundenen Vektor $\boldsymbol{y}$ von unten

$$\begin{cases} x_1 + x_2 + x_3 + x_4 = 1 \\ x_2 + 2x_3 + 3x_4 = -1 \\ x_3 + 3x_4 = 1 \\ x_4 = -1 \end{cases} \Rightarrow \quad \boldsymbol{x} = \begin{bmatrix} 4 \\ -6 \\ 4 \\ -1 \end{bmatrix}$$

■

Übung 4.15

• • ○ Man löse das folgende LGS mittels *LR*-Zerlegung:

$$\begin{cases} x_1 + x_2 + x_4 + x_5 = 1 \\ x_1 + x_3 + x_5 = 0 \\ x_2 + x_3 + x_4 = 0 \end{cases}$$

Lösung
Mit diesem Beispiel wollen wir ein nicht quadratisches LGS mittels *LR*-Zerlegung lösen. Zunächst schreiben wir das LGS in Matrixform $\boldsymbol{Ax} = \boldsymbol{b}$ mit

$$\boldsymbol{A} = \begin{bmatrix} 1 & 1 & 0 & 1 & 1 \\ 1 & 0 & 1 & 0 & 1 \\ 0 & 1 & 1 & 1 & 0 \end{bmatrix}, \quad \boldsymbol{b} = \begin{bmatrix} 1 \\ 0 \\ 0 \end{bmatrix}.$$

Schritt 1 – Wir bestimmen die *LR*-Zerlegung von $\boldsymbol{A}$. Dazu betrachten wir das Ausgangsschema $[\boldsymbol{E}|\boldsymbol{A}]$ und wenden den Gauß-Algorithmus in zwei Schritten an:

$$[\boldsymbol{E}|\boldsymbol{A}] = \left[\begin{array}{ccc|ccccc} 1 & 0 & 0 & 1 & 1 & 0 & 1 & 1 \\ 0 & 1 & 0 & 1 & 0 & 1 & 0 & 1 \\ 0 & 0 & 1 & 0 & 1 & 1 & 1 & 0 \end{array}\right] \overset{(Z_2)-\boxed{1}(Z_1)}{\rightsquigarrow} \left[\begin{array}{ccc|ccccc} 1 & 0 & 0 & 1 & 1 & 0 & 1 & 1 \\ \boxed{1} & 1 & 0 & 0 & -1 & 1 & -1 & 0 \\ 0 & 0 & 1 & 0 & 1 & 1 & 1 & 0 \end{array}\right] \overset{(Z_3)-\boxed{(-1)}(Z_2)}{\rightsquigarrow}$$

$$\left[\begin{array}{ccc|ccccc} 1 & 0 & 0 & 1 & 1 & 0 & 1 & 1 \\ 1 & 1 & 0 & 0 & -1 & 1 & -1 & 0 \\ 0 & \boxed{-1} & 1 & 0 & 0 & 2 & 0 & 0 \end{array}\right] \quad \Rightarrow \quad \boldsymbol{L} = \begin{bmatrix} 1 & 0 & 0 \\ 1 & 1 & 0 \\ 0 & -1 & 1 \end{bmatrix}, \quad \boldsymbol{R} = \begin{bmatrix} 1 & 1 & 0 & 1 & 1 \\ 0 & -1 & 1 & -1 & 0 \\ 0 & 0 & 2 & 0 & 0 \end{bmatrix}.$$

Schritt 2 – Wir lösen das LGS $\boldsymbol{Ly} = \boldsymbol{b}$ zeilenweise von oben

$$\begin{cases} y_1 & & = 1 \\ y_1 + & y_2 & = 0 \\ & -y_2 + y_3 & = 0 \end{cases} \quad \Rightarrow \quad \boldsymbol{y} = \begin{bmatrix} 1 \\ -1 \\ -1 \end{bmatrix}.$$

Schritt 3 – Nun lösen wir das LGS $\boldsymbol{Rx} = \boldsymbol{y}$ zeilenweise mit dem im Schritt 2 gefundenen Vektor $\boldsymbol{y}$

$$\begin{cases} x_1 + x_2 + x_4 + x_5 = 1 \\ \quad - x_2 + x_3 - x_4 = -1 \\ \quad\quad 2x_3 = -1 \end{cases}$$

In diesem Fall hat das LGS 3 Gleichungen für 5 Unbekannte. Zwei Variablen sind somit frei wählbar: $x_4 = t$ und $x_5 = s$. Dann Lösen wir das LGS zeilenweise von unten. Dies ergibt

$$\boldsymbol{x} = \begin{bmatrix} \frac{1}{2} \\ \frac{1}{2} \\ -\frac{1}{2} \\ 0 \\ 0 \end{bmatrix} + t \begin{bmatrix} 0 \\ -1 \\ 0 \\ 1 \\ 0 \end{bmatrix} + s \begin{bmatrix} -1 \\ 0 \\ 0 \\ 0 \\ 1 \end{bmatrix}, \quad t, s \in \mathbb{R}.$$

■

Bemerkung
Die Matrix $\boldsymbol{A}$ in Übung 4.15 ist nicht quadratisch. Beachte somit die Dimensionen der Matrizen $\boldsymbol{L}$ und $\boldsymbol{R}$: In diesem Fall ist $\boldsymbol{L}$ eine (3×3)-Matrix, während $\boldsymbol{R}$ eine (3×5)-Matrix ist. Somit ergibt sich aus der Multiplikation $\boldsymbol{LR}$ eine (3×5)-Matrix: $\boldsymbol{L}_{(3\times 3)(3\times 5)}\boldsymbol{R} \Rightarrow \boldsymbol{A}_{(3\times 5)}$.

4.2 *LR*-Zerlegung mit Zeilenvertauschung – Pivotstrategie

Wir diskutieren nun den wichtigen Fall, wenn man **Zeilenvertauschung** bei der *LR*-Zerlegung verwenden muss. Bevor wir loslegen, müssen wir aber sogenannte **Permutationsmatrizen** sowie den **Gauß-Algorithmus mit Pivotstrategie** einführen.

4.2.1 Permutationsmatrizen

▶ **Definition 4.2**

Es sei $\sigma \in S_n$ eine Permutation (▶ vgl. Abschn. 3.3.1). Die Matrix $\boldsymbol{P}_\sigma$, welche durch Vertauschen der Zeilen aus der Einheitsmatrix $\boldsymbol{E}$ bezüglich der Permutation σ entsteht, heißt **Permutationsmatrix**. Es seien $\boldsymbol{e_1}^T, \boldsymbol{e_2}^T, \cdots, \boldsymbol{e_n}^T$ die Zeilen der Einheitsmatrix $\boldsymbol{E}$

$$\boldsymbol{E} = \begin{bmatrix} 1 & 0 & \cdots & 0 \\ 0 & 1 & \cdots & 0 \\ \vdots & \vdots & \ddots & \vdots \\ 0 & 0 & \cdots & 1 \end{bmatrix} = \begin{bmatrix} - & \boldsymbol{e_1}^T & - \\ - & \boldsymbol{e_2}^T & - \\ & \vdots & \\ - & \boldsymbol{e_n}^T & - \end{bmatrix}.$$

Dann erhält man die Permutationsmatrix $\boldsymbol{P}_\sigma$, indem man die Zeilen von $\boldsymbol{E}$ bezüglich σ vertauscht:

$$\boldsymbol{P}_\sigma = \begin{bmatrix} - & \boldsymbol{e_{\sigma(1)}}^T & - \\ - & \boldsymbol{e_{\sigma(2)}}^T & - \\ & \vdots & \\ - & \boldsymbol{e_{\sigma(n)}}^T & - \end{bmatrix}. \blacktriangleleft$$

▶ **Beispiel**

Die Permutation $\sigma = \left[\begin{smallmatrix} 1 & 2 & 3 & 4 & 5 \\ 4 & 1 & 5 & 2 & 3 \end{smallmatrix}\right]$ erzeugt die folgende (5×5)-Permutationsmatrix

$$\boldsymbol{E} = \begin{bmatrix} 1&0&0&0&0 \\ 0&1&0&0&0 \\ 0&0&1&0&0 \\ 0&0&0&1&0 \\ 0&0&0&0&1 \end{bmatrix} = \begin{bmatrix} - & \boldsymbol{e_1}^T & - \\ - & \boldsymbol{e_2}^T & - \\ - & \boldsymbol{e_3}^T & - \\ - & \boldsymbol{e_4}^T & - \\ - & \boldsymbol{e_5}^T & - \end{bmatrix} \quad \to \quad \boldsymbol{P}_\sigma = \begin{bmatrix} 0&0&0&1&0 \\ 1&0&0&0&0 \\ 0&0&0&0&1 \\ 0&1&0&0&0 \\ 0&0&1&0&0 \end{bmatrix} = \begin{bmatrix} - & \boldsymbol{e_4}^T & - \\ - & \boldsymbol{e_1}^T & - \\ - & \boldsymbol{e_5}^T & - \\ - & \boldsymbol{e_2}^T & - \\ - & \boldsymbol{e_3}^T & - \end{bmatrix}$$

Dabei wurden die Zeilen der Einheitsmatrix bezüglich der Permutation σ vertauscht. Beachte, dass die j-te Spalte der Einheitsmatrix $\boldsymbol{E}$ ist die $\sigma(j)$-te Spalte von $\boldsymbol{P}_\sigma$. Daher entsteht $\boldsymbol{P}_\sigma$ durch Vertauschen der **Spalten** von $\boldsymbol{E}$ bezüglich der **inversen** Permutation σ^{-1}:

$$\boldsymbol{E} = \begin{bmatrix} 1 & 0 & \cdots & 0 \\ 0 & 1 & \cdots & 0 \\ \vdots & \vdots & \ddots & \vdots \\ 0 & 0 & \cdots & 1 \end{bmatrix} = \begin{bmatrix} | & | & & | \\ \boldsymbol{e_1} & \boldsymbol{e_2} & \ldots & \boldsymbol{e_n} \\ | & | & & | \end{bmatrix} \quad \to \quad \boldsymbol{P}_\sigma = \begin{bmatrix} | & | & & | \\ \boldsymbol{e_{\sigma^{-1}(1)}} & \boldsymbol{e_{\sigma^{-1}(2)}} & \cdots & \boldsymbol{e_{\sigma^{-1}(n)}} \\ | & | & & | \end{bmatrix}.$$

In unserem Beispiel ist $\sigma^{-1} = \left[\begin{smallmatrix} 1 & 2 & 3 & 4 & 5 \\ 2 & 4 & 5 & 1 & 3 \end{smallmatrix}\right]$ und in der Tat ist

$$\boldsymbol{E} = \begin{bmatrix} | & | & | & | & | \\ e_1 & e_2 & e_3 & e_4 & e_5 \\ | & | & | & | & | \end{bmatrix} \quad \rightarrow \quad \boldsymbol{P}_\sigma = \begin{bmatrix} 0&0&0&1&0 \\ 1&0&0&0&0 \\ 0&0&0&0&1 \\ 0&1&0&0&0 \\ 0&0&1&0&0 \end{bmatrix} = \begin{bmatrix} | & | & | & | & | \\ e_2 & e_4 & e_5 & e_1 & e_3 \\ | & | & | & | & | \end{bmatrix} . \blacktriangleleft$$

4.2.2 Eigenschaften von Permutationsmatrizen

Inverse

Permutationsmatrizen sind immer **regulär**, da sie durch Vertauschen der Zeilen aus $\boldsymbol{E}$ entstehen. Die Inverse $\boldsymbol{P}_\sigma^{-1}$ entsteht durch Vertauschen der Zeilen aus $\boldsymbol{E}$ bezüglich der inversen Permutation σ^{-1}

$$\boldsymbol{P}_\sigma^{-1} = \boldsymbol{P}_{\sigma^{-1}} .$$

Diese Operation entspricht das Vertauschen der Spalten von $\boldsymbol{E}$ bezüglich σ (welche die Inverse von σ^{-1} ist). Die Inverse von $\boldsymbol{P}_\sigma$ ist somit einfach die Transponierte von $\boldsymbol{P}_\sigma$

$$\boxed{\boldsymbol{P}_\sigma^{-1} = \boldsymbol{P}_\sigma^T}$$

Determinante

Jede Permutationsmatrix entsteht durch Zeilenvertauschungen aus der Einheitsmatrix $\boldsymbol{E}$. Weil die Determinante einer Matrix das Vorzeichen ändert, wenn man zwei Zeilen vertauscht, ist die Determinante einer Permutationsmatrix entweder 1 oder -1, je nachdem, wie viele Zeilen von $\boldsymbol{E}$ vertauscht werden. Insbesondere ist:

$$\boxed{\det(\boldsymbol{P}_\sigma) = (-1)^{\#\text{Zeilenpermutationen}} = \operatorname{sign}(\sigma)}$$

wobei $\operatorname{sign}(\sigma)$ das Signum der Permutation σ ist.

► **Beispiel**

Für die folgende Permutationsmatrix $\boldsymbol{P}$ gilt:

$$\boldsymbol{P} = \begin{bmatrix} 0&0&0&1&0 \\ 1&0&0&0&0 \\ 0&0&0&0&1 \\ 0&1&0&0&0 \\ 0&0&1&0&0 \end{bmatrix} \quad \Rightarrow \quad \boldsymbol{P}^{-1} = \boldsymbol{P}^T = \begin{bmatrix} 0&1&0&0&0 \\ 0&0&0&1&0 \\ 0&0&0&0&1 \\ 1&0&0&0&0 \\ 0&0&1&0&0 \end{bmatrix} .$$

Diese Pemutationsmatrix entsteht aus der Permutation $\sigma = \left[\begin{smallmatrix} 1 & 2 & 3 & 4 & 5 \\ 4 & 1 & 5 & 2 & 3 \end{smallmatrix}\right]$, welche $\operatorname{sign}(\sigma) = -1$ hat. Daher ist

$$\det(\boldsymbol{P}) = \det \begin{bmatrix} 0 & 0 & 0 & 1 & 0 \\ 1 & 0 & 0 & 0 & 0 \\ 0 & 0 & 0 & 0 & 1 \\ 0 & 1 & 0 & 0 & 0 \\ 0 & 0 & 1 & 0 & 0 \end{bmatrix} = \operatorname{sign}(\sigma) = -1. \blacktriangleleft$$

Wirkung der Permutationsmatrizen

Wird eine Permutationsmatrix $\boldsymbol{P}$ mit einer anderen Matrix $\boldsymbol{A}$ multipliziert, so werden die **Zeilen der Matrix $\boldsymbol{A}$ entsprechend vertauscht**:

$$\boldsymbol{A} = \begin{bmatrix} — & \boldsymbol{a}_1{}^T & — \\ — & \boldsymbol{a}_2{}^T & — \\ & \vdots & \\ — & \boldsymbol{a}_n{}^T & — \end{bmatrix} \quad \rightarrow \quad \boldsymbol{P}_\sigma \boldsymbol{A} = \begin{bmatrix} — & \boldsymbol{a}_{\sigma(1)}{}^T & — \\ — & \boldsymbol{a}_{\sigma(2)}{}^T & — \\ & \vdots & \\ — & \boldsymbol{a}_{\sigma(n)}{}^T & — \end{bmatrix}$$

Aus diesem Grund werden Permutationsmatrizen auch als **Zeilenvertauschungsmatrizen** bezeichnet.

▶ Beispiel

Die Permutation $\sigma = \left[\begin{smallmatrix} 1 & 2 & 3 & 4 \\ 2 & 4 & 3 & 1 \end{smallmatrix}\right]$ erzeugt die folgende (4×4)-Permutationsmatrix

$$\boldsymbol{P} = \begin{bmatrix} 0 & 1 & 0 & 0 \\ 0 & 0 & 0 & 1 \\ 0 & 0 & 1 & 0 \\ 1 & 0 & 0 & 0 \end{bmatrix} = \begin{bmatrix} — & \boldsymbol{e}_2{}^T & — \\ — & \boldsymbol{e}_4{}^T & — \\ — & \boldsymbol{e}_3{}^T & — \\ — & \boldsymbol{e}_1{}^T & — \end{bmatrix}.$$

Daher gilt:

$$\boldsymbol{A} = \begin{bmatrix} 1 & 2 & 3 & 4 \\ 5 & 6 & 7 & 8 \\ 9 & 10 & 11 & 12 \\ 13 & 14 & 15 & 16 \end{bmatrix} = \begin{bmatrix} — & \boldsymbol{a}_1{}^T & — \\ — & \boldsymbol{a}_2{}^T & — \\ — & \boldsymbol{a}_3{}^T & — \\ — & \boldsymbol{a}_4{}^T & — \end{bmatrix} \quad \Rightarrow \quad \boldsymbol{PA} = \begin{bmatrix} 5 & 6 & 7 & 8 \\ 13 & 14 & 15 & 16 \\ 9 & 10 & 11 & 12 \\ 1 & 2 & 3 & 4 \end{bmatrix} = \begin{bmatrix} — & \boldsymbol{a}_2{}^T & — \\ — & \boldsymbol{a}_4{}^T & — \\ — & \boldsymbol{a}_3{}^T & — \\ — & \boldsymbol{a}_1{}^T & — \end{bmatrix}.$$

Die Zeilen von $\boldsymbol{A}$ werden also gemäß σ permutiert. ◀

Übung 4.16

● ○ ○

a) Man bestimme die Inverse der folgenden Matrizen:

$$\boldsymbol{A} = \begin{bmatrix} 0 & 0 & 1 \\ 0 & 1 & 0 \\ 1 & 0 & 0 \end{bmatrix}, \quad \boldsymbol{B} = \begin{bmatrix} 0 & 0 & 0 & 1 & 0 \\ 1 & 0 & 0 & 0 & 0 \\ 0 & 1 & 0 & 0 & 0 \\ 0 & 0 & 0 & 0 & 1 \\ 0 & 0 & 1 & 0 & 0 \end{bmatrix}.$$

b) Man zeige, dass Permutationsmatrizen orthogonal sind.

Lösung

a) $\boldsymbol{A}$ und $\boldsymbol{B}$ sind beides Permutationsmatrizen. Daher ist

$$\boldsymbol{A}^{-1} = \boldsymbol{A}^T = \begin{bmatrix} 0 & 0 & 1 \\ 0 & 1 & 0 \\ 1 & 0 & 0 \end{bmatrix}, \quad \boldsymbol{B}^{-1} = \boldsymbol{B}^T = \begin{bmatrix} 0 & 1 & 0 & 0 & 0 \\ 0 & 0 & 1 & 0 & 0 \\ 0 & 0 & 0 & 0 & 1 \\ 1 & 0 & 0 & 0 & 0 \\ 0 & 0 & 0 & 1 & 0 \end{bmatrix}.$$

b) Es sei $\boldsymbol{P}$ eine Permutationsmatrix. Dann ist $\boldsymbol{P}^{-1} = \boldsymbol{P}^T$. Daraus folgt $\boldsymbol{P}^T\boldsymbol{P} = \boldsymbol{P}^{-1}\boldsymbol{P} = \boldsymbol{E} \Rightarrow \boldsymbol{P}$ ist orthogonal. ■

4.2.3 Gauß-Algorithmus mit Pivotstrategie

Der Gauß-Algorithmus mit **Pivotstrategie** (oder **Pivotisierung**) ist eine Variante des normalen Gauß-Algorithmus, den wir in ▶ Kap. 2 studiert haben. Beim Gauß-Algorithmus mit Pivotstrategie werden dieselben elementaren Zeilenoperationen wie beim normalen Gauß-Algorithmus verwendet (▶ vgl. Abschn. 2.2.1), jedoch mit einer wichtigen Variante. Im ersten Schritt wählen wir innerhalb der ersten Spalte das Element mit dem größten Betrag aus und vertauschen es nach oben. Dieses betragsgrösste Element wird also zum neuen **Pivot** der ersten Spalte. Beim zweiten Schritt suchen wir das betragsgrößte Element innerhalb der zweiten Spalte und vertauschen es nach oben. Beim Gauß-Algorithmus mit Pivotstrategie wird dieses Verfahren in jedem Schritt durchgeführt, bis das betragsgrößte Element jeder Pivotspalte immer als Pivots oben steht.

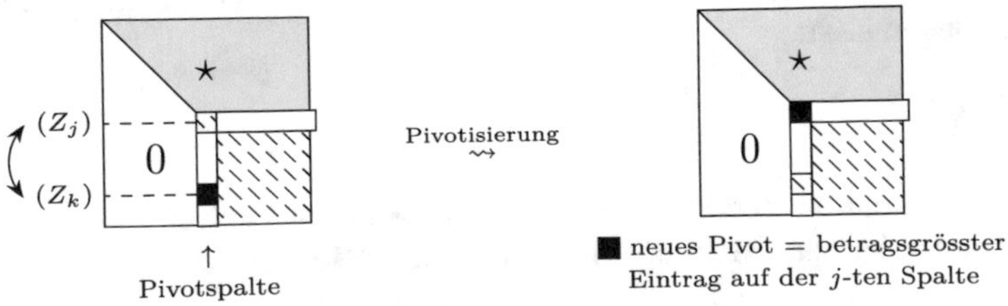

Übung 4.17

∘ ∘ ∘ Man löse das folgende LGS mittels Gauß-Algorithmus mit Pivotstrategie:

$$\begin{cases} x_1 + x_2 + x_3 = 1 \\ 2x_1 + x_2 + 2x_3 = 0 \\ 4x_1 + x_2 + x_3 = 1 \end{cases}$$

Lösung

Die erweiterte Matrix $[\boldsymbol{A}|\boldsymbol{b}]$ des LGS ist:

$$\begin{cases} x_1 + x_2 + x_3 = 1 & (Z_1) \\ 2x_1 + x_2 + 2x_3 = 0 & (Z_2) \\ 4x_1 + x_2 + x_3 = 1 & (Z_3) \end{cases} \rightsquigarrow [\boldsymbol{A}|\boldsymbol{b}] = \left[\begin{array}{ccc|c} 1 & 1 & 1 & 1 \\ 2 & 1 & 2 & 0 \\ 4 & 1 & 1 & 1 \end{array}\right].$$

Im ersten Schritt betrachten wir die erste Pivotspalte, $(1, 2, 4)$. Das betragsgrößte Element in dieser Spalte ist 4. Somit vertauschen wir die erste Zeile mit der dritten Zeile. Das neue Pivot ist nun 4:

$$\left[\begin{array}{ccc|c} \boxed{1} & 1 & 1 & 1 \\ 2 & 1 & 2 & 0 \\ 4 & 1 & 1 & 1 \end{array}\right] \overset{(Z_1) \leftrightarrow (Z_3)}{\rightsquigarrow} \left[\begin{array}{ccc|c} \boxed{4} & 1 & 1 & 1 \\ 2 & 1 & 2 & 0 \\ 1 & 1 & 1 & 1 \end{array}\right] \overset{\substack{2(Z_2)-(Z_1) \\ 4(Z_3)-(Z_1)}}{\rightsquigarrow} \left[\begin{array}{ccc|c} \boxed{4} & 1 & 1 & 1 \\ 0 & 1 & 3 & -1 \\ 0 & 3 & 3 & 3 \end{array}\right].$$

Dann betrachten wir die zweite Pivotspalte, $(1, 3)$. Weil 3 der betragsgrößte Eintrag ist, vertauschen wir die zweite Zeile mit der dritten Zeile und fahren weiter mit dem Gauß-Algorithmus:

$$\left[\begin{array}{ccc|c} 4 & 1 & 1 & 1 \\ 0 & \boxed{1} & 3 & -1 \\ 0 & 3 & 3 & 3 \end{array}\right] \overset{(Z_2) \leftrightarrow (Z_3)}{\rightsquigarrow} \left[\begin{array}{ccc|c} 4 & 1 & 1 & 1 \\ 0 & \boxed{3} & 3 & 3 \\ 0 & 1 & 3 & -1 \end{array}\right] \overset{3(Z_3)-(Z_2)}{\rightsquigarrow} \left[\begin{array}{ccc|c} 4 & 1 & 1 & 1 \\ 0 & \boxed{3} & 3 & 3 \\ 0 & 0 & 6 & -6 \end{array}\right].$$

Die Lösung ist somit $\mathbb{L} = \left\{ \begin{bmatrix} 0 \\ 2 \\ -1 \end{bmatrix} \right\}$. ■

4.2.4 *LR*-Zerlegung mit Zeilenvertauschung

Eine $(n \times n)$-Matrix $\boldsymbol{A}$ besitzt eine ***LR*-Zerlegung mit Zeilenvertauschung**, wenn $\boldsymbol{A}$ sich wie folgt zerlegen lässt:

$$\boxed{\boldsymbol{PA} = \boldsymbol{LR}} \tag{4.8}$$

In dieser Zerlegung ist $\boldsymbol{L}$ eine **normierte $(n \times n)$-untere Dreiecksmatrix**. $\boldsymbol{R}$ ist eine **$(n \times n)$-obere Dreiecksmatrix** und $\boldsymbol{P}$ ist eine **Permutationsmatrix**.

LR-Zerlegung mit Zeilenvertauschung – allgemeines Vorgehen

Wir können die Prozedur zur Bestimmung der *LR*-Zerlegung mit Pivotstrategie im folgenden Satz festhalten:

▶ Satz 4.3 (*LR*-Zerlegung mit Zeilenvertauschung)

Der Gauß-Algorithmus mit Pivotstrategie angewandt auf die $(n \times n)$-Matrix $\boldsymbol{A}$ liefert im erweiterten Endschema eine normierte Linksdreiecksmatrix $\boldsymbol{L}$ (mit Einsen in der Hauptdiagonalen), einer Rechtsdreiecksmatrix $\boldsymbol{R}$ und einer Permutationsmatrix $\boldsymbol{P}$, sodass $\boldsymbol{LR} = \boldsymbol{PA}$ gilt. Die Matrizen $\boldsymbol{L}$ und $\boldsymbol{R}$ sind wie bei der einfachen *LR*-Zerlegung definiert. Bei der *LR*-Zerlegung mit Zeilenvertauschung sind zusätzlich **alle nötigen Zeilenvertauschungen** in der Permutationsmatrix $\boldsymbol{P}$ gespeichert. ◀

Musterbeispiel 4.3 (*LR*-Zerlegung mit Zeilenvertauschung)

Wir illustrieren die *LR*-Zerlegung mit Zeilenvertauschung an der folgenden Matrix

$$\boldsymbol{A} = \begin{bmatrix} 1 & -2 & 4 \\ 5 & 1 & 2 \\ 3 & -1 & 1 \end{bmatrix}.$$

Das Ausgangsschema *LR*-Zerlegung mit Zeilenvertauschung ist

$$[\boldsymbol{E}|\boldsymbol{E}|\boldsymbol{A}] = \left[\begin{array}{ccc|ccc|ccc} 1 & 0 & 0 & 1 & 0 & 0 & 1 & -2 & 4 \\ 0 & 1 & 0 & 0 & 1 & 0 & 5 & 1 & 2 \\ 0 & 0 & 1 & 0 & 0 & 1 & 3 & -1 & 1 \end{array}\right].$$

Dann wenden wir den Gauß-Algorithmus **mit Pivotstrategie** auf die rechte Matrix an. Wir speichern alle nötigen Zeilenoperationen in den Einträgen der mittleren Matrix unter der Diagonalen. Zusätzlich speichern wir alle nötigen Zeilenpermutationen in der linken Matrix. Die *LR*-Zerlegung mit Zeilenvertauschung können wir somit direkt im Endschema $[\boldsymbol{P}|\boldsymbol{L}|\boldsymbol{R}]$ ablesen.

Wir betrachten die erste Pivotspalte der rechten Matrix, $(1, 5, 3)$. Der betragsgrösste Eintrag in dieser Spalte ist 5. Somit vertauschen wir die erste und zweite Zeilen und führen dann einen Schritt des Gauß-Algorithmus durch:

$$\left[\begin{array}{ccc|ccc|ccc} 1 & 0 & 0 & 1 & 0 & 0 & 1 & -2 & 4 \\ 0 & 1 & 0 & 0 & 1 & 0 & 5 & 1 & 2 \\ 0 & 0 & 1 & 0 & 0 & 1 & 3 & -1 & 1 \end{array}\right] \overset{(Z_1) \leftrightarrow (Z_2)}{\leadsto} \left[\begin{array}{ccc|ccc|ccc} \boxed{0 \;\; 1 \;\; 0} & & & 1 & 0 & 0 & \boxed{5 \;\; 1 \;\; 2} & & \\ \boxed{1 \;\; 0 \;\; 0} & & & 0 & 1 & 0 & \boxed{1 \;\; -2 \;\; 4} & & \\ 0 \;\; 0 \;\; 1 & & & 0 & 0 & 1 & 3 \;\; -1 \;\; 1 & & \end{array}\right]$$

$$\overset{\substack{(Z_2) - \boxed{\frac{1}{5}}(Z_1) \\ (Z_3) - \boxed{\frac{3}{5}}(Z_1)}}{\leadsto} \left[\begin{array}{ccc|ccc|ccc} 0 & 1 & 0 & 1 & 0 & 0 & 5 & 1 & 2 \\ 1 & 0 & 0 & \boxed{\frac{1}{5}} & 1 & 0 & 0 & -\frac{11}{5} & \frac{18}{5} \\ 0 & 0 & 1 & \boxed{\frac{3}{5}} & 0 & 1 & 0 & -\frac{8}{5} & -\frac{1}{5} \end{array}\right].$$

Dann betrachten wir die zweite Pivotspalte, $(-11/5, -8/5)$. Weil $-11/5$ bereits der betragsgrößte Eintrag ist, müssen wir keine Zeile vertauschen und wir verfahren weiter mit dem Gauß-Algorithmus:

$$\left[\begin{array}{ccc|ccc|ccc} 0 & 1 & 0 & 1 & 0 & 0 & 5 & 1 & 2 \\ 1 & 0 & 0 & \frac{1}{5} & 1 & 0 & 0 & -\frac{11}{5} & \frac{18}{5} \\ 0 & 0 & 1 & \frac{3}{5} & 0 & 1 & 0 & -\frac{8}{5} & -\frac{1}{5} \end{array}\right] \overset{(Z_3)-\boxed{\frac{8}{11}}(Z_2)}{\rightsquigarrow} \left[\begin{array}{ccc|ccc|ccc} 0 & 1 & 0 & 1 & 0 & 0 & 5 & 1 & 2 \\ 1 & 0 & 0 & \frac{1}{5} & 1 & 0 & 0 & -\frac{11}{5} & \frac{18}{5} \\ 0 & 0 & 1 & \frac{3}{5} & \boxed{\frac{8}{11}} & 1 & 0 & 0 & -\frac{31}{11} \end{array}\right].$$

Der Gauß-Algorithmus ist zu Ende gekommen. Aus dem Endschema

$$[\boldsymbol{P}|\boldsymbol{L}|\boldsymbol{R}] = \left[\begin{array}{ccc|ccc|ccc} 0 & 1 & 0 & 1 & 0 & 0 & 5 & 1 & 2 \\ 1 & 0 & 0 & \frac{1}{5} & 1 & 0 & 0 & -\frac{11}{5} & \frac{18}{5} \\ 0 & 0 & 1 & \frac{3}{5} & \frac{8}{11} & 1 & 0 & 0 & -\frac{31}{11} \end{array}\right]$$

lesen wir die *LR*-Zerlegung direkt aus

$$\boldsymbol{P} = \begin{bmatrix} 0 & 1 & 0 \\ 1 & 0 & 0 \\ 0 & 0 & 1 \end{bmatrix}, \quad \boldsymbol{L} = \begin{bmatrix} 1 & 0 & 0 \\ \frac{1}{5} & 1 & 0 \\ \frac{3}{5} & \frac{8}{11} & 1 \end{bmatrix}, \quad \boldsymbol{R} = \begin{bmatrix} 5 & 1 & 2 \\ 0 & -\frac{11}{5} & \frac{18}{5} \\ 0 & 0 & -\frac{31}{11} \end{bmatrix}.$$

Probe:

$$\boldsymbol{LR} = \begin{bmatrix} 1 & 0 & 0 \\ \frac{1}{5} & 1 & 0 \\ \frac{3}{5} & \frac{8}{11} & 1 \end{bmatrix} \begin{bmatrix} 5 & 1 & 2 \\ 0 & -\frac{11}{5} & \frac{18}{5} \\ 0 & 0 & -\frac{31}{11} \end{bmatrix} = \begin{bmatrix} 5 & 1 & 2 \\ 1 & -2 & 4 \\ 3 & -1 & 1 \end{bmatrix} = \boldsymbol{PA} \checkmark$$

In $\boldsymbol{PA}$ sind die erste und zweite Zeile von $\boldsymbol{A}$ vertauscht.

Übung 4.18

• ∘ ∘ Man bestimme die *LR*-Zerlegung mit Zeilenvertauschung der folgenden Matrix:

$$\boldsymbol{A} = \begin{bmatrix} 5 & 1 & 2 \\ 2 & \frac{2}{5} & 1 \\ -4 & 0 & 6 \end{bmatrix}.$$

Lösung

Wir betrachten das Ausgangsschema $[\boldsymbol{E}|\boldsymbol{E}|\boldsymbol{A}]$ und wenden den Gauß-Algorithmus mit Pivotstrategie an:

$$[\boldsymbol{E}|\boldsymbol{E}|\boldsymbol{A}] = \left[\begin{array}{ccc|ccc|ccc} 1 & 0 & 0 & 1 & 0 & 0 & 5 & 1 & 2 \\ 0 & 1 & 0 & 0 & 1 & 0 & 2 & \frac{2}{5} & 1 \\ 0 & 0 & 1 & 0 & 0 & 1 & -4 & 0 & 6 \end{array}\right] \overset{\substack{(Z_2)-\boxed{\frac{2}{5}}(Z_1) \\ (Z_3)-\boxed{-\frac{4}{5}}(Z_1)}}{\rightsquigarrow} \left[\begin{array}{ccc|ccc|ccc} 1 & 0 & 0 & 1 & 0 & 0 & 5 & 1 & 2 \\ 0 & 1 & 0 & \boxed{\frac{2}{5}} & 1 & 0 & 0 & 0 & \frac{1}{5} \\ 0 & 0 & 1 & \boxed{-\frac{4}{5}} & 0 & 1 & 0 & \frac{4}{5} & \frac{38}{5} \end{array}\right]$$

$$\overset{(Z_3)\leftrightarrow(Z_2)}{\rightsquigarrow} \left[\begin{array}{ccc|ccc|ccc} 1 & 0 & 0 & 1 & 0 & 0 & 5 & 1 & 2 \\ \boxed{0 \ 0 \ 1} & & & -\frac{4}{5} & 1 & 0 & \boxed{0 \ \frac{4}{5} \ \frac{38}{5}} & & \\ \boxed{0 \ 1 \ 0} & & & \frac{2}{5} & 0 & 1 & \boxed{0 \ 0 \ \frac{1}{5}} & & \end{array}\right].$$

Das Verfahren wurde terminiert und wir lesen die LR-Zerlegung von $\boldsymbol{A}$ aus dem Endschema $[\boldsymbol{P}|\boldsymbol{L}|\boldsymbol{R}]$ ab:

$$\boldsymbol{P} = \begin{bmatrix} 1 & 0 & 0 \\ 0 & 0 & 1 \\ 0 & 1 & 0 \end{bmatrix}, \quad \boldsymbol{L} = \begin{bmatrix} 1 & 0 & 0 \\ -\frac{4}{5} & 1 & 0 \\ \frac{2}{5} & 0 & 1 \end{bmatrix}, \quad \boldsymbol{R} = \begin{bmatrix} 5 & 1 & 2 \\ 0 & \frac{4}{5} & \frac{38}{5} \\ 0 & 0 & \frac{1}{5} \end{bmatrix}.$$

Eine Probe zeigt $\boldsymbol{LR} = \boldsymbol{PA}$. ■

Übung 4.19

● ● ○ Man bestimme die LR-Zerlegung mit Zeilenvertauschung der folgenden Matrix:

$$\boldsymbol{A} = \begin{bmatrix} 1 & 1 & 1 & 1 \\ 0 & 4 & 0 & 3 \\ 2 & 0 & 0 & 5 \\ 1 & 2 & 3 & -1 \end{bmatrix}.$$

Lösung

Wir betrachten das Ausgangsschema $[\boldsymbol{E}|\boldsymbol{E}|\boldsymbol{A}]$ und wenden den Gauß-Algorithmus mit Pivotstrategie an:

$$\left[\begin{array}{cccc|cccc|cccc} 1&0&0&0&1&0&0&0&1&1&1&1 \\ 0&1&0&0&0&1&0&0&0&4&0&3 \\ 0&0&1&0&0&0&1&0&2&0&0&5 \\ 0&0&0&1&0&0&0&1&1&2&3&-1 \end{array}\right] \underset{\rightsquigarrow}{(Z_1)\leftrightarrow(Z_3)} \left[\begin{array}{cccc|cccc|cccc} 0&0&1&0&1&0&0&0&2&0&0&5 \\ 0&1&0&0&0&1&0&0&0&4&0&3 \\ 1&0&0&0&0&0&1&0&1&1&1&1 \\ 0&0&0&1&0&0&0&1&1&2&3&-1 \end{array}\right]$$

$$\underset{\rightsquigarrow}{\begin{array}{l}(Z_3)-\boxed{\tfrac{1}{2}}(Z_1)\\(Z_4)-\boxed{\tfrac{1}{2}}(Z_1)\end{array}} \left[\begin{array}{cccc|cccc|cccc} 0&0&1&0&1&0&0&0&2&0&0&5 \\ 0&1&0&0&0&1&0&0&0&4&0&3 \\ 1&0&0&0&\boxed{\frac{1}{2}}&0&1&0&0&1&1&-\frac{3}{2} \\ 0&0&0&1&\boxed{\frac{1}{2}}&0&0&1&0&2&3&-\frac{7}{2} \end{array}\right]$$

$$\underset{\rightsquigarrow}{\begin{array}{l}(Z_3)-\boxed{\tfrac{1}{4}}(Z_2)\\(Z_4)-\boxed{\tfrac{1}{2}}(Z_2)\end{array}} \left[\begin{array}{cccc|cccc|cccc} 0&0&1&0&1&0&0&0&2&0&0&5 \\ 0&1&0&0&0&1&0&0&0&4&0&3 \\ 1&0&0&0&\frac{1}{2}&\boxed{\frac{1}{4}}&1&0&0&0&1&-\frac{9}{4} \\ 0&0&0&1&\frac{1}{2}&\boxed{\frac{1}{2}}&0&1&0&0&3&-5 \end{array}\right]$$

$$\underset{\rightsquigarrow}{(Z_3)\leftrightarrow(Z_4)} \left[\begin{array}{cccc|cccc|cccc} 0&0&1&0&1&0&0&0&2&0&0&5 \\ 0&1&0&0&0&1&0&0&0&4&0&3 \\ 0&0&0&1&\frac{1}{2}&\frac{1}{2}&1&0&0&0&3&-5 \\ 1&0&0&0&\frac{1}{2}&\frac{1}{4}&0&1&0&0&1&-\frac{9}{4} \end{array}\right]$$

$$\underset{\rightsquigarrow}{(Z_4)-\boxed{\tfrac{1}{3}}(Z_3)} \left[\begin{array}{cccc|cccc|cccc} 0&0&1&0&1&0&0&0&2&0&0&5 \\ 0&1&0&0&0&1&0&0&0&4&0&3 \\ 0&0&0&1&\frac{1}{2}&\frac{1}{2}&1&0&0&0&3&-5 \\ 1&0&0&0&\frac{1}{2}&\frac{1}{4}&\boxed{\frac{1}{3}}&1&0&0&0&-\frac{7}{12} \end{array}\right]$$

Wir erhalten endlich:

$$P = \begin{bmatrix} 0 & 0 & 1 & 0 \\ 0 & 1 & 0 & 0 \\ 0 & 0 & 0 & 1 \\ 1 & 0 & 0 & 0 \end{bmatrix}, \quad L = \begin{bmatrix} 1 & 0 & 0 & 0 \\ 0 & 1 & 0 & 0 \\ \frac{1}{2} & \frac{1}{2} & 1 & 0 \\ \frac{1}{2} & \frac{1}{4} & \frac{1}{3} & 1 \end{bmatrix}, \quad R = \begin{bmatrix} 2 & 0 & 0 & 5 \\ 0 & 4 & 0 & 3 \\ 0 & 0 & 3 & -5 \\ 0 & 0 & 0 & -\frac{7}{12} \end{bmatrix}.$$

$$\text{Probe: } LR = \begin{bmatrix} 1 & 0 & 0 & 0 \\ 0 & 1 & 0 & 0 \\ \frac{1}{2} & \frac{1}{2} & 1 & 0 \\ \frac{1}{2} & \frac{1}{4} & \frac{1}{3} & 1 \end{bmatrix} \begin{bmatrix} 2 & 0 & 0 & 5 \\ 0 & 4 & 0 & 3 \\ 0 & 0 & 3 & -5 \\ 0 & 0 & 0 & -\frac{7}{12} \end{bmatrix} = \begin{bmatrix} 2 & 0 & 0 & 5 \\ 0 & 4 & 0 & 3 \\ 1 & 2 & 3 & -1 \\ 1 & 1 & 1 & 1 \end{bmatrix} = PA \checkmark$$

■

Übung 4.20

● ● ○ Man bestimme die LR-Zerlegung mit Zeilenvertauschung der folgenden Matrix:

$$A = \begin{bmatrix} -2 & 4 & 6 & 0 \\ 0 & 3 & 1 & 1 \\ 2 & -10 & -7 & -1 \\ 1 & -8 & -4 & 2 \end{bmatrix}.$$

Man bestimme die Determinante von A.

Lösung

Das Ausgangsschema der Prozedur zur Bestimmung der LR-Zerlegung ist:

$$[E|E|A] = \left[\begin{array}{cccc|cccc|cccc} 1 & 0 & 0 & 0 & 1 & 0 & 0 & 0 & -2 & 4 & 6 & 0 \\ 0 & 1 & 0 & 0 & 0 & 1 & 0 & 0 & 0 & 3 & 1 & 1 \\ 0 & 0 & 1 & 0 & 0 & 0 & 1 & 0 & 2 & -10 & -7 & -1 \\ 0 & 0 & 0 & 1 & 0 & 0 & 0 & 1 & 1 & -8 & -4 & 2 \end{array}\right].$$

Wir betrachten die erste Spalte von A. $|-2| = 2$ ist der betragsgrößte Eintrag in dieser Spalte. Wir müssen somit keine Zeilen vertauschen und wir führen den ersten Schritt des Gauß-Algorithmus durch:

$$\left[\begin{array}{cccc|cccc|cccc} 1 & 0 & 0 & 0 & 1 & 0 & 0 & 0 & -2 & 4 & 6 & 0 \\ 0 & 1 & 0 & 0 & 0 & 1 & 0 & 0 & 0 & 3 & 1 & 1 \\ 0 & 0 & 1 & 0 & 0 & 0 & 1 & 0 & 2 & -10 & -7 & -1 \\ 0 & 0 & 0 & 1 & 0 & 0 & 0 & 1 & 1 & -8 & -4 & 2 \end{array}\right] \begin{array}{l} (Z_3) - \boxed{-1}(Z_1) \\ (Z_4) - \boxed{-\frac{1}{2}}(Z_1) \\ \rightsquigarrow \end{array}$$

$$\left[\begin{array}{cccc|cccc|cccc} 1 & 0 & 0 & 0 & 1 & 0 & 0 & 0 & -2 & 4 & 6 & 0 \\ 0 & 1 & 0 & 0 & 0 & 1 & 0 & 0 & 0 & 3 & 1 & 1 \\ 0 & 0 & 1 & 0 & \boxed{-1} & 0 & 1 & 0 & 0 & -6 & -1 & -1 \\ 0 & 0 & 0 & 1 & \boxed{-\frac{1}{2}} & 0 & 0 & 1 & 0 & -6 & -1 & 2 \end{array}\right].$$

Nun müssen wir die zweite und dritte Zeile vertauschen, da $|3| < |-6|$. Wir erhalten somit:

$$\left[\begin{array}{cccc|cccc|cccc} 1&0&0&0&1&0&0&0&-2&4&6&0\\ 0&1&0&0&0&1&0&0&0&3&1&1\\ 0&0&1&0&-1&0&1&0&0&-6&-1&-1\\ 0&0&0&1&-\frac{1}{2}&0&0&1&0&-6&-1&2 \end{array}\right] \overset{(Z_2)\leftrightarrow(Z_3)}{\rightsquigarrow}$$

$$\left[\begin{array}{cccc|cccc|cccc} 1&0&0&0&1&0&0&0&-2&4&6&0\\ 0&0&1&0&-1&1&0&0&0&-6&-1&-1\\ 0&1&0&0&0&0&1&0&0&3&1&1\\ 0&0&0&1&-\frac{1}{2}&0&0&1&0&-6&-1&2 \end{array}\right].$$

Jetzt führen wir den letzen Schritt des Gauß-Algorithmus aus:

$$\left[\begin{array}{cccc|cccc|cccc} 1&0&0&0&1&0&0&0&-2&4&6&0\\ 0&0&1&0&-1&1&0&0&0&-6&-1&-1\\ 0&1&0&0&0&0&1&0&0&3&1&1\\ 0&0&0&1&-\frac{1}{2}&0&0&1&0&-6&-1&2 \end{array}\right] \begin{array}{l}(Z_3)-\boxed{-\frac{1}{2}}(Z_2)\\ (Z_4)-\boxed{1}(Z_2)\\ \rightsquigarrow\end{array}$$

$$\left[\begin{array}{cccc|cccc|cccc} 1&0&0&0&1&0&0&0&-2&4&6&0\\ 0&0&1&0&-1&1&0&0&0&-6&-1&-1\\ 0&1&0&0&0&\boxed{-\frac{1}{2}}&1&0&0&0&\frac{1}{2}&\frac{1}{2}\\ 0&0&0&1&-\frac{1}{2}&\boxed{1}&0&1&0&0&0&3 \end{array}\right].$$

Somit erhalten wir:

$$\boldsymbol{P} = \begin{bmatrix} 1&0&0&0\\ 0&0&1&0\\ 0&1&0&0\\ 0&0&0&1 \end{bmatrix}, \quad \boldsymbol{L} = \begin{bmatrix} 1&0&0&0\\ -1&1&0&0\\ 0&-\frac{1}{2}&1&0\\ -\frac{1}{2}&1&0&1 \end{bmatrix}, \quad \boldsymbol{R} = \begin{bmatrix} -2&4&6&0\\ 0&-6&-1&-1\\ 0&0&\frac{1}{2}&\frac{1}{2}\\ 0&0&0&3 \end{bmatrix}.$$

Die Kontrolle zeigt $\boldsymbol{LR} = \boldsymbol{PA}$. Für die Determinante von $\boldsymbol{A}$ gilt

$$\det(\boldsymbol{A}) = \det\left(\boldsymbol{P}^T\right) \underbrace{\det(\boldsymbol{L})}_{=1} \det(\boldsymbol{R}) = (-1)^{\#\,\text{Zeilenoperationen}} r_{11}\, r_{22}\, r_{33}\, r_{44}$$

$$= (-1)^1 \cdot (-2) \cdot (-6) \cdot \frac{1}{2} \cdot 3 = -18. \qquad \blacksquare$$

4.2.5 Lösung von LGS

Das Lösen eines LGS mittels *LR*-Zerlegung mit Zeilenvertauschung erfolgt analog zu ▶ Abschn. 4.1.4. Für das LGS $\boldsymbol{Ax} = \boldsymbol{b}$ wird zuerst die Matrix $\boldsymbol{A}$ mittels *LR*-Zerlegung mit Zeilenvertauschung zerlegt: $\boldsymbol{PA} = \boldsymbol{LR}$. Weil $\boldsymbol{P}$ eine Permutationsmatrix ist, gilt $\boldsymbol{P}^{-1} = \boldsymbol{P}^T \Rightarrow \boldsymbol{P}^T\boldsymbol{P} = \boldsymbol{E}$. Aus der ursprünglischen Matrizengleichung erhalten wir:

$$Ax = b \overset{P^TP=E}{\Rightarrow} P^TPAx = b \overset{P^T=P^{-1}}{\Rightarrow} PAx = Pb \overset{PA=LR}{\Rightarrow} LRx = Pb.$$

Zuerst lösen wir das folgende LGS für die Hilfsvariable $\boldsymbol{y} = \boldsymbol{Rx}$

$$\boldsymbol{Ly} = \boldsymbol{Pb} \tag{4.9}$$

dann lösen wir

$$\boldsymbol{Rx} = \boldsymbol{y}. \tag{4.10}$$

Da die Matrizen $\boldsymbol{L}$ und $\boldsymbol{R}$ Dreiecksform haben, kann man beide LGS ganz einfach durch sukzessives Auflösen von oben nach unten bzw. von unten nach oben direkt lösen.

Kochrezept 4.2 (LGS mittels LR-Zerlegung mit Zeilenvertauschung lösen)
Gegeben – LGS: $\boldsymbol{Ax} = \boldsymbol{b}$.

Gesucht – Lösung $\boldsymbol{x}$ mittels LR-Zerlegung von $\boldsymbol{A}$.

Voraussetzung – LR-Zerlegung von $\boldsymbol{A}$ mit Zeilenvertauschung möglich.

Schritt 1 – Man nehme die LR-Zerlegung mit Zeilenvertauschung der Matrix $\boldsymbol{A}$ vor, d. h., man bestimme Matrizen $\boldsymbol{P}$, $\boldsymbol{L}$ und $\boldsymbol{R}$, sodass $\boldsymbol{PA} = \boldsymbol{LR}$ gilt.

Schritt 2 – Man bilde den Vektor $\boldsymbol{z} = \boldsymbol{Pb}$.

Schritt 3 – Man löse das LGS $\boldsymbol{Ly} = \boldsymbol{z}$ zeilenweise ($\boldsymbol{z}$ wurde im Schritt 2 gefunden).

Schritt 4 – Man löse das LGS $\boldsymbol{Rx} = \boldsymbol{y}$ zeilenweise ($\boldsymbol{y}$ wurde im Schritt 3 gefunden). Der Vektor $\boldsymbol{x}$ ist die gesuchte Lösung von $\boldsymbol{Ax} = \boldsymbol{b}$.

Übung 4.21

• ∘ ∘ Man löse das folgende LGS mittels LR-Zerlegung und Zeilenvertauschung:

$$\begin{cases} 5x_1 + x_2 + 2x_3 = 13 \\ 2x_1 + \frac{2}{5}x_2 + x_3 = \frac{29}{5} \\ -4x_1 + 6x_3 = 14 \end{cases}$$

Lösung

Zuerst schreiben wir das LGS in Matrixform $\boldsymbol{Ax} = \boldsymbol{b}$ mit

$$\boldsymbol{A} = \begin{bmatrix} 5 & 1 & 2 \\ 2 & \frac{2}{5} & 1 \\ -4 & 0 & 6 \end{bmatrix}, \quad \boldsymbol{b} = \begin{bmatrix} 13 \\ \frac{29}{5} \\ 14 \end{bmatrix}.$$

Nun gehen wir das Kochrezept 4.2 Schritt für Schritt durch.

Schritt 1 – Die *LR*-Zerlegung mit Zeilenvertauschung der Matrix A wurde bereits in Übung 4.18 vorgenommen:

$$\boldsymbol{P} = \begin{bmatrix} 1 & 0 & 0 \\ 0 & 0 & 1 \\ 0 & 1 & 0 \end{bmatrix}, \quad \boldsymbol{L} = \begin{bmatrix} 1 & 0 & 0 \\ -\frac{4}{5} & 1 & 0 \\ \frac{2}{5} & 0 & 1 \end{bmatrix}, \quad \boldsymbol{R} = \begin{bmatrix} 5 & 1 & 2 \\ 0 & \frac{4}{5} & \frac{38}{5} \\ 0 & 0 & \frac{1}{5} \end{bmatrix}.$$

Schritt 2 – Wir berechnen den Vektor $z = \boldsymbol{Pb}$

$$z = \begin{bmatrix} 1 & 0 & 0 \\ 0 & 0 & 1 \\ 0 & 1 & 0 \end{bmatrix} \begin{bmatrix} 13 \\ \frac{29}{5} \\ 14 \end{bmatrix} = \begin{bmatrix} 13 \\ 14 \\ \frac{29}{5} \end{bmatrix}.$$

Schritt 3 – Wir lösen das LGS $\boldsymbol{Ly} = z$ zeilenweise

$$\begin{cases} y_1 & & = 13 \\ -\frac{4}{5}y_1 + y_2 & & = 14 \\ \frac{2}{5}y_1 & + y_3 & = \frac{29}{5} \end{cases} \quad \Rightarrow \quad \boldsymbol{y} = \begin{bmatrix} 13 \\ \frac{122}{5} \\ \frac{3}{5} \end{bmatrix}.$$

Schritt 4 – Nun lösen wir das LGS $\boldsymbol{Rx} = \boldsymbol{y}$ zeilenweise mit dem im Schritt 3 gefundenen Vektor $\boldsymbol{y}$

$$\begin{cases} 5x_1 + x_2 + 2x_3 = 13 \\ \frac{4}{5}x_2 + \frac{38}{5}x_3 = \frac{122}{5} \\ \frac{1}{5}x_3 = \frac{3}{5} \end{cases} \quad \Rightarrow \quad \boldsymbol{x} = \begin{bmatrix} 1 \\ 2 \\ 3 \end{bmatrix}.$$

■

Übung 4.22

● ○ ○ Man löse das folgende LGS mittels *LR*-Zerlegung und Zeilenvertauschung:

$$\begin{cases} x_1 + x_2 + x_3 + x_4 = 0 \\ 4x_2 + 3x_4 = 5 \\ 2x_1 + 5x_4 = 4 \\ x_1 + 2x_2 + 3x_3 - x_4 = 1 \end{cases}$$

Lösung

Zuerst schreiben wir das LGS in Matrixform $\boldsymbol{Ax} = \boldsymbol{b}$ mit

$$\boldsymbol{A} = \begin{bmatrix} 1 & 1 & 1 & 1 \\ 0 & 4 & 0 & 3 \\ 2 & 0 & 0 & 5 \\ 1 & 2 & 3 & -1 \end{bmatrix}, \quad \boldsymbol{b} = \begin{bmatrix} 0 \\ 5 \\ 4 \\ 1 \end{bmatrix}.$$

Nun gehen wir das Kochrezept 4.2 Schritt für Schritt durch.

Schritt 1 – Die LR-Zerlegung mit Zeilenvertauschung der Matrix $\boldsymbol{A}$ wurde bereits in Übung 4.19 vorgenommen:

$$\boldsymbol{P} = \begin{bmatrix} 0&0&1&0 \\ 0&1&0&0 \\ 0&0&0&1 \\ 1&0&0&0 \end{bmatrix}, \quad \boldsymbol{L} = \begin{bmatrix} 1&0&0&0 \\ 0&1&0&0 \\ \frac{1}{2}&\frac{1}{2}&1&0 \\ \frac{1}{2}&\frac{1}{4}&\frac{1}{3}&1 \end{bmatrix}, \quad \boldsymbol{R} = \begin{bmatrix} 2&0&0&5 \\ 0&4&0&3 \\ 0&0&3&-5 \\ 0&0&0&-\frac{7}{12} \end{bmatrix}.$$

Schritt 2 – Wir berechnen den Vektor $\boldsymbol{z} = \boldsymbol{Pb}$

$$\boldsymbol{z} = \begin{bmatrix} 0&0&1&0 \\ 0&1&0&0 \\ 0&0&0&1 \\ 1&0&0&0 \end{bmatrix} \begin{bmatrix} 0 \\ 5 \\ 4 \\ 1 \end{bmatrix} = \begin{bmatrix} 4 \\ 5 \\ 1 \\ 0 \end{bmatrix}.$$

Schritt 3 – Wir lösen das LGS $\boldsymbol{Ly} = \boldsymbol{z}$ zeilenweise

$$\begin{cases} y_1 = 4 \\ y_2 = 5 \\ \frac{1}{2}y_1 + \frac{1}{2}y_2 + y_3 = 1 \\ \frac{1}{2}y_1 + \frac{1}{4}y_2 + \frac{1}{3}y_3 + y_4 = 0 \end{cases} \Rightarrow \quad \boldsymbol{y} = \begin{bmatrix} 4 \\ 5 \\ -\frac{7}{2} \\ -\frac{25}{12} \end{bmatrix}.$$

Schritt 4 – Nun lösen wir das LGS $\boldsymbol{Rx} = \boldsymbol{y}$ zeilenweise mit dem im **Schritt 3** gefundenen Vektor $\boldsymbol{y}$

$$\begin{cases} 2x_1 + 5x_4 = 4 \\ 4x_2 + 3x_4 = 5 \\ 3x_3 - 5x_4 = -\frac{7}{12} \\ -\frac{7}{12}x_4 = -\frac{25}{12} \end{cases} \Rightarrow \quad \boldsymbol{x} = \begin{bmatrix} -\frac{97}{14} \\ -\frac{10}{7} \\ \frac{67}{14} \\ \frac{25}{7} \end{bmatrix}.$$

■

4.3 Zeilenvertauschung: ja oder nein?

Wir wollen uns noch mit der folgenden Frage beschäftigen: Was ist der Unterschied zwischen der LR-Zerlegung ohne und mit Zeilenvertauschung? Es gibt grundsätzlich **zwei Gründe**, wieso man eine LR-Zerlegung mit Zeilenvertauschung durchführen will:

- Die LR-Zerlegung mit Zeilenvertauschung bietet **erhöhte numerische Stabilität** bei endlicher Arithmetik (vgl. Übung 4.23).
- Nicht alle Matrizen besitzen eine LR-Zerlegung. In solchen Situationen kann man trotzdem eine LR-Zerlegung mit Zeilenvertauschung durchführen (vgl. Übung 4.24).

4.3.1 Numerische Stabilität

Das folgende Beispiel soll an einem konkreten Fall die Wichtigkeit der Zeilenvertauschung für die numerische Stabilität der LR-Zerlegung aufzeigen. Für die Lösung eines LGS auf dem Computer (endliche Arithmetik, Auslöschung) bietet die LR-Zerlegung mit Zeilenvertauschung eine genauere Methode im Vergleich zur LR-Zerlegung ohne Zeilenvertauschung.

Übung 4.23

• • ○ Das Gleichungssystem

$$\begin{cases} 0.035x_1 + 3.6x_2 = 9.1 \\ \quad 1.2x_1 + 1.4x_2 = 5.9 \end{cases}$$

hat folgende exakte Lösung:

$$\boldsymbol{x} = \begin{bmatrix} 1.99016\cdots \\ 2.50842\cdots \end{bmatrix}.$$

Nehmen wir an, dass ein Computer nur mit 2 signifikanten Stellen rechnen kann (d. h. 0.123 wird auf 0.12 gerundet während 249 auf 250 gerundet wird). Welche Lösung wird der Computer liefern, wenn zum Lösen des Gleichungssystems **(a)** eine LR-Zerlegung **ohne** Zeilenvertauschung benutzt wird oder **(b)** eine LR-Zerlegung **mit** Zeilenvertauschung? Welches der zwei Verfahren ist genauer?

Lösung

Zuerst schreiben wir das LGS in Matrixform $\boldsymbol{Ax} = \boldsymbol{b}$ mit

$$\boldsymbol{A} = \begin{bmatrix} 0.035 & 3.6 \\ 1.2 & 1.4 \end{bmatrix}, \quad \boldsymbol{b} = \begin{bmatrix} 9.1 \\ 5.9 \end{bmatrix}.$$

a) Wir bestimmen nun eine LR-Zerlegung der Matrix $\boldsymbol{A}$ **ohne** Zeilenvertauschung:

$$\left[\begin{array}{cc|cc} 1 & 0 & 0.035 & 3.6 \\ 0 & 1 & 1.2 & 1.4 \end{array}\right] \overset{(Z_2)-\boxed{34}(Z_1)}{\rightsquigarrow} \left[\begin{array}{cc|cc} 1 & 0 & 0.035 & 3.6 \\ \boxed{34} & 1 & 0 & -120 \end{array}\right] \Rightarrow \boldsymbol{L} = \begin{bmatrix} 1 & 0 \\ 34 & 1 \end{bmatrix},$$

$$\boldsymbol{R} = \begin{bmatrix} 0.035 & 3.6 \\ 0 & -120 \end{bmatrix}.$$

Dann lösen wir das LGS $\boldsymbol{Ly} = \boldsymbol{z}$ zeilenweise

$$\begin{cases} y_1 \qquad\quad = 9.1 \\ 34y_1 + y_2 = 5.9 \end{cases} \Rightarrow \quad \boldsymbol{y} = \begin{bmatrix} 9.1 \\ -300 \end{bmatrix}.$$

Schließlich lösen wir das LGS $\boldsymbol{Rx} = \boldsymbol{y}$ zeilenweise mit dem gefundenen Vektor $\boldsymbol{y}$

$$\begin{cases} 0.035x_1 + 3.6x_2 = 9.1 \\ -120x_2 = -300 \end{cases} \Rightarrow \quad \boldsymbol{x} = \begin{bmatrix} 2.9 \\ 2.5 \end{bmatrix}.$$

Das Endresultat ist weit entfernt von der exakten Lösung: $\boldsymbol{x} = \begin{bmatrix} 1.99017\cdots \\ 2.50843\cdots \end{bmatrix}$. Das Problem liegt darin, dass das erste Element in der ersten Zeile von $\boldsymbol{A}$ im Vergleich zum anderen Element in derselben Zeile relativ klein ist. Bei endlicher Arithmetik kann dies zu Auslöschung führen. Deshalb sollte man die Pivotzeile so aussuchen, dass das Pivotelement in dieser Zeile relativ zu den anderen Elementen der Zeile möglichst das größte ist. Die Anwendung der *LR*-Zerlegung mit Zeilenvertauschungen liefert genau deshalb eine genauere Lösung.

b) Wir bestimmen nun eine *LR*-Zerlegung der Matrix $\boldsymbol{A}$ **mit** Zeilenvertauschung:

$$\left[\begin{array}{cc|cc|cc} 1 & 0 & 1 & 0 & 0.035 & 3.6 \\ 0 & 1 & 0 & 1 & 1.2 & 1.4 \end{array}\right] \overset{(Z_2)\leftrightarrow(Z_1)}{\rightsquigarrow} \left[\begin{array}{cc|cc|cc} 0 & 1 & 1 & 0 & 1.2 & 1.4 \\ 1 & 0 & 0 & 1 & 0.035 & 3.6 \end{array}\right] \overset{(Z_2)-\boxed{0.029}(Z_1)}{\rightsquigarrow}$$

$$\left[\begin{array}{cc|cc|cc} 0 & 1 & 1 & 0 & 1.2 & 1.4 \\ 1 & 0 & \boxed{0.029} & 1 & 0 & 3.6 \end{array}\right] \quad \Rightarrow \quad \boldsymbol{P} = \begin{bmatrix} 0 & 1 \\ 1 & 0 \end{bmatrix}, \ \boldsymbol{L} = \begin{bmatrix} 1 & 0 \\ 0.029 & 1 \end{bmatrix}, \ \boldsymbol{R} = \begin{bmatrix} 1.2 & 1.4 \\ 0 & 3.6 \end{bmatrix}$$

Dann berechnen wir den Vektor $\boldsymbol{z} = \boldsymbol{Pb} = \begin{bmatrix} 0 & 1 \\ 1 & 0 \end{bmatrix} \begin{bmatrix} 9.1 \\ 5.9 \end{bmatrix} = \begin{bmatrix} 5.9 \\ 9.1 \end{bmatrix}$ und lösen das LGS $\boldsymbol{Ly} = \boldsymbol{z}$ zeilenweise

$$\begin{cases} y_1 = 5.9 \\ 0.029y_1 + y_2 = 9.1 \end{cases} \Rightarrow \boldsymbol{y} = \begin{bmatrix} 5.9 \\ 8.9 \end{bmatrix}.$$

Schließlich lösen wir das LGS $\boldsymbol{Rx} = \boldsymbol{y}$ zeilenweise mit dem gefundenen Vektor $\boldsymbol{y}$

$$\begin{cases} 1.2x_1 + 1.4x_2 = 5.9 \\ 3.6x_2 = 8.9 \end{cases} \Rightarrow \quad \boldsymbol{x} = \begin{bmatrix} 2.0 \\ 2.5 \end{bmatrix}.$$

Diese Lösung ist genau, wenn man das exakte Resultat auf 2 signifikanten Stellen rundet. Die *LR*-Zerlegung **mit** Zeilenvertauschung ist somit ein **besserer Algorithmus** als die *LR*-Zerlegung **ohne** Zeilenvertauschung. ■

Existenz der einfachen *LR*-Zerlegung ist nicht möglich

Das folgende Beispiel soll an einem konkreten Fall zeigen, dass die *LR*-Zerlegung mit Zeilenvertauschung auch dann möglich ist, wenn die einfache *LR*-Zerlegung versagt.

Übung 4.24

• • ○ Man betrachte die folgende Matrix

$$A = \begin{bmatrix} 1 & 0 & 2 \\ -1 & a & 1 \\ 0 & -1 & 3 \end{bmatrix}, \quad a \in \mathbb{R}.$$

a) Für welche Werte des Parameters $a \in \mathbb{R}$ besitzt die folgende Matrix eine LR-Zerlegung?

b) Für welche Werte des Parameters $a \in \mathbb{R}$ besitzt die folgende Matrix eine LR-Zerlegung mit Zeilenvertauschung? Man bestimme diese Zerlegung in Abhängigkeit des Parameters $a \in \mathbb{R}$.

Lösung

a) Damit eine LR-Zerlegung der Matrix A möglich ist, muss $\det(A_k) \neq 0$ für $k = 1, 2, 3$ gelten (Satz 4.2):

$$A_1 = \begin{bmatrix} 1 \end{bmatrix} \quad \Rightarrow \quad \det(A_1) = 1 \neq 0 \checkmark$$

$$A_2 = \begin{bmatrix} 1 & 0 \\ -1 & a \end{bmatrix} \quad \Rightarrow \quad \det(A_2) = a \neq 0 \quad \Rightarrow \quad a \neq 0$$

$$A_3 = \begin{bmatrix} 1 & 0 & 2 \\ -1 & a & 1 \\ 0 & -1 & 3 \end{bmatrix} \quad \Rightarrow \quad \det(A_3) = \begin{vmatrix} 1 & 0 & 2 \\ -1 & a & 1 \\ 0 & -1 & 3 \end{vmatrix}$$

$$= \begin{vmatrix} a & 1 \\ -1 & 3 \end{vmatrix} + \begin{vmatrix} 0 & 2 \\ -1 & 3 \end{vmatrix}$$

$$= 3(a+1) \neq 0 \Rightarrow a \neq -1.$$

Somit besitzt A eine LR-Zerlegung wenn $a \neq \{-1, 0\}$.

b) Um die LR-Zerlegung mit Zeilenvertauschung von A zu bestimmen, bemerken wir, dass 1 bereits der betragsgrößte Eintrag in der ersten Pivotspalte ist. Wir müssen also keine Zeile vertauschen und wir wenden einfach den ersten Schritt des Gauß-Algorithmus an:

$$\left[\begin{array}{ccc|ccc|ccc} 1 & 0 & 0 & 1 & 0 & 0 & 1 & 0 & 2 \\ 0 & 1 & 0 & 0 & 1 & 0 & -1 & a & 1 \\ 0 & 0 & 1 & 0 & 0 & 1 & 0 & -1 & 3 \end{array}\right] \xrightarrow{(Z_2) - \boxed{-1}(Z_1)} \left[\begin{array}{ccc|ccc|ccc} 1 & 0 & 0 & 1 & 0 & 0 & 1 & 0 & 2 \\ 0 & 1 & 0 & \boxed{-1} & 1 & 0 & 0 & a & 3 \\ 0 & 0 & 1 & 0 & 0 & 1 & 0 & -1 & 3 \end{array}\right].$$

Nun suchen wir das Betragsgrößte Element in der zweiten Pivotspalte: Ist es -1 oder a? Wir müssen zwei Fälle unterscheiden:

- Fall 1: $|a| > 1$. In diesem Fall ist a bereits das Pivot. Wir müssen somit keine Zeilenvertauschung durchführen:

$$\left[\begin{array}{ccc|ccc|ccc} 1&0&0&1&0&0&1&0&2\\ 0&1&0&-1&1&0&0&a&3\\ 0&0&1&0&0&1&0&-1&3\end{array}\right] \overset{(Z_3)-\boxed{-\frac{1}{a}}(Z_2)}{\rightsquigarrow} \left[\begin{array}{ccc|ccc|ccc} 1&0&0&1&0&0&1&0&2\\ 0&1&0&-1&1&0&0&a&3\\ 0&0&1&0&\boxed{-\frac{1}{a}}&1&0&0&3\left(1+\frac{1}{a}\right)\end{array}\right].$$

Die LR-Zerlegung von A ist dann:

$$\boldsymbol{P}=\begin{bmatrix}1&0&0\\0&1&0\\0&0&1\end{bmatrix},\quad \boldsymbol{L}=\begin{bmatrix}1&0&0\\-1&1&0\\0&-\frac{1}{a}&1\end{bmatrix},\quad \boldsymbol{R}=\begin{bmatrix}1&0&2\\0&a&3\\0&0&3\left(1+\frac{1}{a}\right)\end{bmatrix}$$

vorausgesetzt $|a|>1$ (insbesondere $a\neq 0$).

- Fall 2: $|a|\leq 1$. In diesem Fall ist -1 das Pivot. Somit müssen wir die zweite und dritte Zeilen vertauschen:

$$\left[\begin{array}{ccc|ccc|ccc} 1&0&0&1&0&0&1&0&2\\ 0&1&0&-1&1&0&0&a&3\\ 0&0&1&0&0&1&0&-1&3\end{array}\right] \overset{(Z_3)\leftrightarrow(Z_2)}{\rightsquigarrow} \left[\begin{array}{ccc|ccc|ccc} 1&0&0&1&0&0&1&0&2\\ 0&0&1&-1&1&0&0&-1&3\\ 0&1&0&0&0&1&0&a&3\end{array}\right].$$

Dann gehen wir mit dem Gauß-Algorithmus weiter:

$$\left[\begin{array}{ccc|ccc|ccc} 1&0&0&1&0&0&1&0&2\\ 0&0&1&-1&1&0&0&-1&3\\ 0&1&0&0&0&1&0&a&3\end{array}\right] \overset{(Z_3)-\boxed{-a}(Z_2)}{\rightsquigarrow} \left[\begin{array}{ccc|ccc|ccc} 1&0&0&1&0&0&1&0&2\\ 0&0&1&0&1&0&0&-1&3\\ 0&1&0&-1&\boxed{-a}&1&0&0&3(a+1)\end{array}\right].$$

Die LR-Zerlegung von A ist dann:

$$\boldsymbol{P}=\begin{bmatrix}1&0&0\\0&0&1\\0&1&0\end{bmatrix},\quad \boldsymbol{L}=\begin{bmatrix}1&0&0\\0&1&0\\-1&-a&1\end{bmatrix},\quad \boldsymbol{R}=\begin{bmatrix}1&0&2\\0&-1&3\\0&0&3(a+1)\end{bmatrix}$$

vorausgesetzt $|a|\leq 1$.

Zusammenfassend: Die Matrix A besitzt eine LR-Zerlegung mit Zeilenvertauschung für alle $a\in\mathbb{R}$, obwohl die LR-Zerlegung ohne Zeilenvertauschung für $a\neq\{-1,0\}$ nicht existiert.

■

4.4 Komplexität der *LR*-Zerlegung

Zum Schluss dieses Kapitels, wollen wir uns noch mit der folgenden Frage beschäftigen: Wie viele Rechenoperationen werden gebraucht, um ein LGS $\boldsymbol{Ax}=\boldsymbol{b}$ mit n Gleichungen und n Unbekannten mittels LR-Zerlegung für großes n zu lösen? Gemäß Kochrezept 4.1 sind drei Schritte nötig:

- Bestimmung der LR-Zerlegung von A. In diesem Schritt sind $\frac{4n^3-3n^2-n}{6}$ Operationen nötig (Übung 4.25).

- Lösen des LGS $\boldsymbol{Ly} = \boldsymbol{b}$ durch Vorwärtseinsetzen. Der Rechenaufwand ist n^2 (Übung 4.26).
- Lösen des LGS $\boldsymbol{Rx} = \boldsymbol{y}$ durch Rückwärtseinsetzen. Es sind $n^2 + n$ Operationen nötig (Übung 4.27).

Der gesamte Rechenaufwand bei der Lösung eines $(n \times n)$-LGS mittels *LR*-Zerlegung beträgt somit

$$\frac{4n^3 - 3n^2 - n}{6} + n^2 + (n^2 + n) \text{ Operationen.}$$

Für großes n, sind die Terme mit n und n^2 vernachlässigbar im Vergleich zu n^3. Somit sind insgesamt Ordnung n^3 Operationen nötig. Dieser Rechenaufwand ist viel kleiner als bei der Lösung des LGS mithilfe der Determinante, wobei Ordnung $(n + 1)!$ Operationen nötig sind (Übung 4.28).

Übung 4.25

• • • Wie viele Rechenschritte sind für die *LR*-Zerlegung einer $(n \times n)$-Matrix nötig?

Lösung

Die Bestimmung der *LR*-Zerlegung gemäß ▶ Abschn. 4.1.2 können wir mit folgendem Algorithmus im **Pseudocode** zusammenfassen:

Algorithm 1: Algorithmus für *LR*-Zerlegung (Pseudocode)

```
input : (n × n)-Matrix A (unter den Voraussetzungen von Satz 4.2)
output: LR-Zerlegung von A

for j = 1 to n do
    for i = j + 1 to n do
        ℓ_ij = a_ij / a_jj                    ← 1 Operation
        for k = j + 1 to n do
            a_ik ← a_ik − ℓ_ij a_jk          ← 2 Operationen
        end
    end
end
```

Der Algorithmus besteht aus drei For-Schleifen. Die innere For-Schleife benötigt 2 Operationen (1 Multiplikation und 1 Addition) pro Schritt. Insgesamt sind es somit

$$\sum_{k=j+1}^{n} 2 = 2 \times \underbrace{\sum_{i=j+1}^{n} 1}_{=n-j} = 2(n-j)$$

Operationen. Die mittlere For-Schleife verwendet eine Operation (Division) und ruft die innere For-Schleife. Pro Schritt sind es somit $1 + 2(n - j)$ Operationen. Insgesamt ergibt dies:

$$\sum_{i=j+1}^{n} [1+2(n-j)] = [1+2(n-j)] \underbrace{\sum_{i=j+1}^{n} 1}_{=n-j} = [1+2(n-j)](n-j)$$
$$= 2j^2 - (4n+1)j + n(2n+1)$$

Operationen. Schließlich, summieren wir über die äußere For-Schleife und bekommen:

$$\sum_{j=1}^{n} [2j^2 - (4n+1)j + n(2n+1)] = \underbrace{2\sum_{j=1}^{n} j^2}_{=2\frac{n(n+1)(2n+1)}{6}} \underbrace{-(4n+1)\sum_{j=1}^{n} j}_{=(4n+1)\frac{n(n+1)}{2}} \underbrace{+n(2n+1)\sum_{j=1}^{n} 1}_{=n(2n+1)n}$$
$$= \frac{4n^3 - 3n^2 - n}{6}$$

Für großes n betrachten wir nur die größte Potenz von n (n^3 in diesem Fall). Die Gesamtanzahl der Operationen bei der *LR*-Zerlegung vereinfacht sich somit im Grenzwert $n \gg 1$ zu:

$$\frac{4n^3 - 3n^2 - n}{6} \simeq \frac{2n^3}{3} \text{ Operationen.}$$

Der Rechenaufwand bei der *LR*-Zerlegung beträgt somit $\mathcal{O}(n^3)$. ■

Praxistipp

Bei Rechenaufwandberechnungen sind oft die folgenden Formeln nützlich:

$$\sum_{j=1}^{n} 1 = n, \qquad \sum_{j=1}^{n} j = \frac{n(n+1)}{2}, \qquad \sum_{j=1}^{n} j^2 = \frac{n(n+1)(2n+1)}{6}.$$

Übung 4.26

• • • Sei $\boldsymbol{L}$ eine normierte $(n \times n)$-untere Dreiecksmatrix. Man bestimme den Rechenaufwand bei der Lösung von $\boldsymbol{Ly} = \boldsymbol{b}$ durch Vorwärtseinsetzen.

Lösung

Durch Vorwärtseinsetzen ergibt sich die folgende Lösung von $\boldsymbol{Ly} = \boldsymbol{b}$:

$$y_1 = b_1 \qquad \leftarrow \text{1 Operation}$$
$$y_2 = b_2 - \ell_{21} y_1 \qquad \leftarrow \text{2 Operationen}$$
$$y_3 = b_3 - \ell_{31} y_1 - \ell_{32} y_2 \qquad \leftarrow \text{4 Operationen}$$

$\vdots$

$$y_j = b_j - \ell_{j1}y_1 - \ell_{j2}y_2 - \cdots - \ell_{j,j-1}y_{j-1} \qquad \leftarrow 2(n-j)+1 \text{ Operation}$$

$\vdots$

Für das Lösen des LGS $\boldsymbol{Ly} = \boldsymbol{b}$ durch Vorwärtseinsetzen können wir somit den folgenden Algorithmus im Pseudocode festhalten:

Algorithm 2: Algorithmus für Vorwärtseinsetzen (Pseudocode)

---

input : LGS $\boldsymbol{Ly} = \boldsymbol{b}$ ($\boldsymbol{L}$ ist normierte untere $(n \times n)$-Dreiecksmatrix)
output: Lösung von $\boldsymbol{Ly} = \boldsymbol{b}$ durch Vorwärtseinsetzen

$y_1 = b_1$;
for $j = 2$ **to** n **do**
| $y_j = b_j - (\ell_{j1}y_1 + \cdots + \ell_{j,j-1}y_{j-1})$ $\leftarrow 2(n-j)+1$ Operationen
end

Wie viele Operationen sind beim Vorwärtseinsetzen nötig? Im j-tem Schritt brauchen wir 1 Subtraktion, sowie $n-j$ Additionen und Multiplikationen (für den Teil $\ell_{j1}y_1 + \cdots \ell_{j,j-1}y_{j-1}$); dies ergibt $2(n-j)+1$ Operationen. Summieren wir diese Anzahl Operationen über die gesamte For-Schleife, so erhalten wir:

$$\sum_{j=1}^{n} [2(n-j)+1] = \underbrace{(2n+1) \times \sum_{j=1}^{n} 1}_{=(2n+1)\times n} - \underbrace{2 \times \sum_{j=1}^{n} j}_{=2\times\frac{n(n+1)}{2}}$$

$$= n(2n+1) - n(n+1) = n^2 \text{ Operationen.}$$ ■

Übung 4.27

• • • Sei $\boldsymbol{R}$ eine $(n \times n)$-obere Dreiecksmatrix. Man berechne den Rechenaufwand bei der Lösung von $\boldsymbol{Rx} = \boldsymbol{y}$ durch Rückwärtseinsetzen.

Lösung

Für das Lösen des LGS $\boldsymbol{Rx} = \boldsymbol{y}$ durch Rückwärtseinsetzen können wir, analog zum Übung 4.26, den folgenden Algorithmus im Pseudocode nutzen:

Algorithm 3: Algorithmus für Rückwärtseinsetzen (Pseudocode)

---

input : LGS $\boldsymbol{Rx} = \boldsymbol{y}$ ($\boldsymbol{R}$ ist obere $(n \times n)$-Dreiecksmatrix)
output: Lösung von $\boldsymbol{Rx} = \boldsymbol{y}$ durch Rückwärtseinsetzen

$x_n = \frac{y_n}{r_{nn}}$;
for $j = n-1$ **to** 1 **do**
| $x_j = \frac{y_j - (r_{j,j+1}x_{j+1} + \cdots + r_{jn}x_n)}{r_{jj}}$ $\leftarrow 2(n-j)+2$ Operationen
end

Beachte, dass die Diagonaleinträge $r_{11}, r_{22}, \cdots, r_{nn}$ der Matrix $\boldsymbol{R}$ ungleich Null sein müssen, damit dieser Schritt überhaupt definiert ist (vgl. Satz 4.2). Mit diesem Pseudocode können wir die Anzahl Operationen beim Rückwärtseinsetzen berechnen. Bei der Bestimmung von y_j sind $2(n-j)+2$ Operationen nötig. Insgesamt ergibt dies:

$$\sum_{j=1}^{n}[2(n-j)+2] = \underbrace{(2n+2)\times\sum_{j=1}^{n}1}_{=(2n+2)\times n} - \underbrace{2\times\sum_{j=1}^{n}j}_{=2\times\frac{n(n+1)}{2}}$$

$$= n(2n+2) - n(n+1) = n^2 + n \text{ Operationen.}$$

Wie beim Vorwärtseinsetzen, für großes n sind $\mathcal{O}(n^2)$ Operationen nötig. ■

Übung 4.28

• • ○ Man vergleiche den Rechenaufwand der Lösung eines $(n \times n)$-LGS mit den folgenden Methoden:

a) *LR*-Zerlegung
b) Cramer'sche Regel (Determinantenberechnung mit Laplace-Entwicklung)
c) Welche Methode ist effizienter? Man nehme an, dass ein Computer 10^9 Gleitkommaoperationen pro Sekunde (10^9 FLOP = 1 GFLOP, 1 FLOP = 1 Operation/Sekunde) durchführen kann. Wie viel Zeit würde der Computer benötigen, um ein (20×20)-LGS mit diesen zwei Methoden zu lösen?

Lösung

a) Die Lösung eines $(n \times n)$-LGS mittels *LR*-Zerlegung benötigt $\mathcal{O}(n^3)$ Operationen.
b) Um ein $(n \times n)$-LGS mit der Cramer'schen Regel zu lösen, müssen wir $n+1$ Determinanten der Ordnung $(n \times n)$ berechnen. Werden diese Determinanten mit der Laplace-Entwicklung bestimmt, so sind jeweils $\mathcal{O}(n!)$ Operationen nötig. Insgesamt sind $\mathcal{O}((n+1)!)$ Operationen nötig.
c) Klarerweise ist die *LR*-Zerlegung viel effizienter als die Cramer'sche Regel. Die Lösung eines (20×20)-LGS mit der Cramer'schen Regel benötigt Ordnung 21! Operationen. Die dazu nötige Rechenzeit ist unglaublich groß:

$$\frac{21!}{10^9 \text{ FLOP}} = 5.2 \times 10^{10} \text{ Sekunden } = 1620 \text{ Jahre.}$$

Wird stattdessen eine *LR*-Zerlegung durchgeführt, so sind nur Ordnung 21^3 Operationen nötig. Die nötige Rechenzeit ist signifikant viel kleiner:

$$\frac{21^3}{10^9 \text{ FLOP}} = 9.2 \times 10^{-6} \text{ Sekunden } = 9.2\,\mu\text{s.}$$

Daraus erkennt man eindrücklich den Wert der *LR*-Zerlegung für die Lösung von großen LGS in der Praxis! ■

Vektorräume

Inhaltsverzeichnis

Vektorräume und Unterräume

Inhaltsverzeichnis

T. C. T. Michaels, M. Liechti, *Prüfungstraining Lineare Algebra*, Grundstudium Mathematik Prüfungstraining, https://doi.org/10.1007/978-3-030-65886-1_5

In diesem Kapitel legen wir jetzt los, uns mit der linearen Algebra zu befassen. Zuerst verallgemeinern wir das Vektorkonzept auf allgemeine mathematische Objekte, wie Matrizen, Polynome oder Funktionen. Dies geschieht durch sogenannte **Vektorräume**. Ein Vektorraum ist grundsätzlich eine Verallgemeinerung oder Erweiterung von $\mathbb{R}^n$ (oder $\mathbb{K}^n$), wobei gewisse Axiome erfüllt werden müssen. Sind diese Axiome erfüllt, so können wir unsere erweiterten mathematischen Objekte (Matrizen, Polynomen oder Funktionen) als **„verallgemeinerte Vektoren"** betrachten. Diese Identifizierung ist nicht einfach ein theoretisches Konstrukt. Damit können wir tatsächlich komplexe Probleme der Mathematik, welche Matrizen, Polynome oder Funktionen beinhalten, viel einfacher lösen, indem wir das jeweilige Problem mittels Vektoren im $\mathbb{R}^n$ (oder $\mathbb{K}^n$) betrachten.

LERNZIELE

Nach gewissenhaftem Bearbeiten des ▶ Kap. 5 sind Sie in der Lage:

- Vektorräume eindeutig zu erkennen und zu klassifizieren,
- Kriterien für Unterräume anzuwenden,
- affine Unterräume von üblichen Unterräumen unterscheiden und geometrisch interpretieren können zu interpretieren,
- Operationen mit Unterräumen wie Durchschnitt, Summe und direkte Summe durchzuführen und geometrisch zu interpretieren,
- verschiedene konkrete Beispiele zu Vektorräumen zu verstehen und praktisch anzuwenden,
- Lösungsmengen von LGS als Unterräume oder affine Unterräume zu interpretieren.

5.1 Vektorräume

5.1.1 Definition

Es sei $\mathbb{K}$ ein Körper (in der Praxis ist oft $\mathbb{K} = \mathbb{R}, \mathbb{C}, \mathbb{Q}, \mathbb{Z}_p$, usw.).

▶ Definition 5.1 (Vektorraum über Körper $\mathbb{K}$)

Ein **Vektorraum über dem Körper** $\mathbb{K}$ ist eine nichtleere Menge V zusammen mit einer **Addition**

$$+ : V \times V \to V, \quad (u, v) \to u + v \tag{5.1}$$

und einer **Skalarmultiplikation**

$$\cdot : \mathbb{K} \times V \to V, \quad (\alpha, v) \to \alpha \cdot v, \tag{5.2}$$

sodass die folgenden 8 Bedingungen (Axiome) erfüllt sind:

(VR1) $u + v = v + u$ für alle $u, v \in V$ (**Kommutativität der Addition**).

(VR2) $u + (v + w) = (u + v) + w$ für alle $u, v, w \in V$ (**Assoziativität** der Addition).

(VR3) Es gibt ein eindeutig bestimmtes **Nullelement** $0 \in V$ mit $0 + v = v + 0 = v$ für alle $v \in V$ (**Nullelement**).
(VR4) Zu jedem Element $v \in V$ gibt es ein eindeutig bestimmtes Element $(-v) \in V$ mit $v + (-v) = (-v) + v = 0$ (**inverses Element**).
(VR5) $\alpha \cdot (u + v) = \alpha \cdot u + \alpha \cdot v$ für alle $u, v \in V$ und $\alpha \in \mathbb{K}$ (**Rechtsdistributivität der Multiplikation**).
(VR6) $(\alpha + \beta) \cdot v = \alpha \cdot v + \beta \cdot v$ für alle $v \in V$ und $\alpha, \beta \in \mathbb{K}$ (**Linksdistributivität der Multiplikation**).
(VR7) $(\alpha \cdot \beta) \cdot v = \alpha \cdot (\beta \cdot v)$ für alle $v \in V$ und $\alpha, \beta \in \mathbb{K}$ (**Assoziativität der Multiplikation**).
(VR8) $1 \cdot v = v$ für alle $v \in V$ (**Einselement**).

Notiert wird der Vektorraum durch das Tripel $(V, +, \cdot)$. Ist $\mathbb{K} = \mathbb{R}$ oder $\mathbb{K} = \mathbb{C}$, so spricht man von einem reellen oder komplexen Vektorraum. ◄

Bemerkung
Der Einfachheit halber schreiben wir das Produkt $\alpha \cdot v$ oft als $\alpha\, v$.

Link zu Gruppen

Axiome (VR1) – (VR4) besagen, dass $(V, +, 0)$ eine **abelsche Gruppe** ist (vgl. Anhang B).

Vektoren = Elemente eines Vektorraums

Die Elemente eines Vektorraums heißen **Vektoren**. Ab jetzt werden wir unter Vektoren allgemein **Elemente eines Vektorraums** verstehen, egal ob diese Objekte Funktionen, Polynome, Matrizen, oder übliche Vektoren aus $\mathbb{K}^n$ sind (Abb. 5.1).

Rechenregeln

▶ **Satz 5.1**

Aus den Vektorraumaxiomen (VR1)–(VR8) folgen unmittelbar die folgenden Rechenregeln ($u \in V$ und $\alpha \in \mathbb{K}$):
- $0 \cdot u = 0$ und $\alpha \cdot 0 = 0$;
- $\alpha \cdot u = 0 \Leftrightarrow \alpha = 0$ oder $u = 0$;
- $(-1) \cdot u = -u$. ◄

5.1.2 Beispiele von Vektorräumen

Wir diskutieren nun einige wichtige Beispiele von Vektorräumen.

Bemerkung
In jedem Beispiel müssen wir den Körper $\mathbb{K}$, die Menge V, die Addition "+" und die Skalarmultiplikation "·" festhalten.

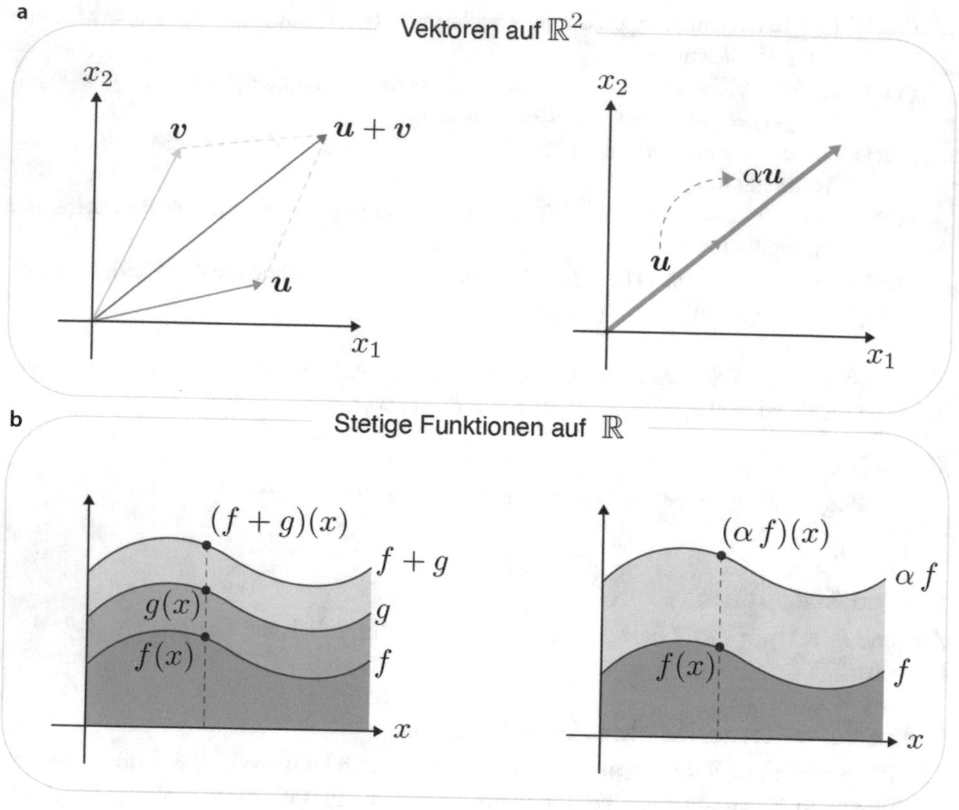

Abb. 5.1 Genauso wie man Vektoren in $\mathbb{R}^2$ addieren oder mit $\alpha \in \mathbb{R}$ skalar multiplizieren kann, definiert man die Addition und Skalarmultiplikation für stetige Funktionen auf $\mathbb{R}$. Stetige Funktionen auf $\mathbb{R}$ kann man somit wie übliche „Vektoren" behandeln

► Beispiel

Jeder Vektorraum muss, wegen Axiom (VR3), mindestens das Nullelement enthalten. Aus diesem Grund ist der Vektorraum nur bestehend aus dem Nullelement, $V = \{0\}$, der kleinste Vektorraum, den wir auf $\mathbb{K}$ definieren können. $V = \{0\}$ nennt man den **trivialen Vektorraum**. ◄

► Beispiel

Die Menge der n-dimensionalen Vektoren über $\mathbb{K}$

$$\mathbb{K}^n = \{n\text{-dimensionale Vektoren mit Komponenten in } \mathbb{K}\} \tag{5.3}$$

bildet zusammen mit der üblichen Addition und Skalarmultiplikation für Vektoren einen $\mathbb{K}$-Vektorraum. $\mathbb{K}^n$ heißt der **Standardvektorraum** auf $\mathbb{K}$. ◄

► **Beispiel**

Die Menge der $(m \times n)$-Matrizen auf $\mathbb{K}$

$$\mathbb{K}^{m \times n} = \{(m \times n)\text{-Matrizen mit Einträgen aus } \mathbb{K}\} \tag{5.4}$$

bildet zusammen mit der üblichen Addition und Skalarmultiplikation für Matrizen (vgl. ► Kap. 1) einen $\mathbb{K}$-Vektorraum. ◄

► **Beispiel**

Die Menge der Polynome vom Grad $\leq n$ und mit Koeffizienten aus $\mathbb{K}$

$$\begin{aligned} P_n(\mathbb{K}) &= \{\text{Polynome mit Koeffizienten aus } \mathbb{K} \text{ und mit Grad } \leq n\} \\ &= \{p(x) \mid p(x) = a_0 + a_1 x + \cdots + a_n x^n = \sum_{i=0}^{n} a_i x^i,\ a_i \in \mathbb{K}\} \end{aligned} \tag{5.5}$$

bilden zusammen mit der folgenden Addition und Skalarmultiplikation

$$(p+q)(x) := p(x) + q(x), \quad (\alpha \cdot p)(x) := \alpha\, p(x), \quad p, q \in P_n(\mathbb{K}),\ \alpha \subset \mathbb{K}$$

einen $\mathbb{K}$-Vektorraum. ◄

► **Beispiel**

Die Menge der **stetigen Funktionen von $\mathbb{K}$ nach $\mathbb{K}$**

$$C^0(\mathbb{K}) = \{f : \mathbb{K} \to \mathbb{K} \mid f \text{ stetig}\} \tag{5.6}$$

bildet bezüglich der folgenden Addition und Skalarmultiplikation

$$(f+g)(x) := f(x) + g(x), \quad (\alpha \cdot f)(x) := \alpha f(x), \quad f, g \in C^0(\mathbb{K}),\ \alpha \in \mathbb{K}$$

einen $\mathbb{K}$-Vektorraum. ◄

Musterbeispiel: Vektorraumaxiome verifizieren

Musterbeispiel 5.1 (Beweis, dass V ein Vektorraum ist)

Als klassisches Beispiel zeigen wir, dass $V = \mathbb{K}^n$ zusammen mit der üblichen Addition und Skalarmultiplikation mit Vektoren

$$\begin{bmatrix} u_1 \\ \vdots \\ u_n \end{bmatrix} + \begin{bmatrix} v_1 \\ \vdots \\ v_n \end{bmatrix} := \begin{bmatrix} u_1+v_1 \\ \vdots \\ u_n+v_n \end{bmatrix}, \quad \alpha \cdot \begin{bmatrix} v_1 \\ \vdots \\ v_n \end{bmatrix} := \begin{bmatrix} \alpha v_1 \\ \vdots \\ \alpha v_n \end{bmatrix} \quad \text{für } \alpha \in \mathbb{K}$$

einen Vektorraum über $\mathbb{K}$ bildet. Das Vorgehen bei einer solchen Aufgabe ist standardisiert und lautet wie folgt: Man zeigt (Schritt für Schritt), dass die vorgegebene Menge V alle **8 Eigenschaften (Axiome) eines Vektorraums** (Definition 5.1) erfüllt.

- Beweis von **(VR1)**: Es seien $\boldsymbol{u}, \boldsymbol{v} \in \mathbb{K}^n$. Dann gilt (per Definition):

$$\boldsymbol{u}+\boldsymbol{v}=\begin{bmatrix}u_1\\ \vdots\\ u_n\end{bmatrix}+\begin{bmatrix}v_1\\ \vdots\\ v_n\end{bmatrix}=\begin{bmatrix}u_1+v_1\\ \vdots\\ u_n+v_n\end{bmatrix}=\begin{bmatrix}v_1+u_1\\ \vdots\\ v_n+u_n\end{bmatrix}=\begin{bmatrix}v_1\\ \vdots\\ v_n\end{bmatrix}+\begin{bmatrix}u_1\\ \vdots\\ u_n\end{bmatrix}=\boldsymbol{v}+\boldsymbol{u}\,\checkmark$$

- Beweis von **(VR2)**: Es seien $\boldsymbol{u}, \boldsymbol{v}, \boldsymbol{w} \in \mathbb{K}^n$. Dann gilt:

$$\begin{aligned}\boldsymbol{u}+(\boldsymbol{v}+\boldsymbol{w})&=\begin{bmatrix}u_1\\ \vdots\\ u_n\end{bmatrix}+\begin{bmatrix}v_1+w_1\\ \vdots\\ v_n+w_n\end{bmatrix}=\begin{bmatrix}u_1+v_1+w_1\\ \vdots\\ u_n+v_n+w_n\end{bmatrix}\\ &=\begin{bmatrix}u_1+v_1\\ \vdots\\ u_n+v_n\end{bmatrix}+\begin{bmatrix}w_1\\ \vdots\\ w_n\end{bmatrix}=(\boldsymbol{u}+\boldsymbol{v})+\boldsymbol{w}\,\checkmark\end{aligned}$$

- Beweis von **(VR3)**: Das Nullelement ist der Nullvektor $\mathbf{0} = [0, \cdots, 0]^T \in \mathbb{K}^n$. Denn für alle $\boldsymbol{v} \in \mathbb{K}^n$ gilt $\mathbf{0}+\boldsymbol{v}=\begin{bmatrix}0\\ \vdots\\ 0\end{bmatrix}+\begin{bmatrix}v_1\\ \vdots\\ v_n\end{bmatrix}=\begin{bmatrix}0+v_1\\ \vdots\\ 0+v_n\end{bmatrix}=\begin{bmatrix}v_1\\ \vdots\\ v_n\end{bmatrix}=\boldsymbol{v}\,\checkmark$

- Beweis von **(VR4)**: Das zu $\boldsymbol{v} = [v_1, \cdots, v_n]^T$ inverse Element bezüglich "+" ist $(-\boldsymbol{v}) = [-v_1, \cdots, -v_n]^T$. Denn es gilt:

$$\boldsymbol{v}+(-\boldsymbol{v})=\begin{bmatrix}v_1\\ \vdots\\ v_n\end{bmatrix}+\begin{bmatrix}-v_1\\ \vdots\\ -v_n\end{bmatrix}=\begin{bmatrix}v_1-v_1\\ \vdots\\ v_n-v_n\end{bmatrix}=\begin{bmatrix}0\\ \vdots\\ 0\end{bmatrix}=\mathbf{0}\,\checkmark$$

- Beweis von **(VR5)**: Es seien $\boldsymbol{u}, \boldsymbol{v} \in \mathbb{K}^n$ und $\alpha \in \mathbb{K}$. Dann gilt:

$$\begin{aligned}\alpha\cdot(\boldsymbol{u}+\boldsymbol{v})&=\alpha\cdot\begin{bmatrix}u_1+v_1\\ \vdots\\ u_n+v_n\end{bmatrix}=\begin{bmatrix}\alpha\,(u_1+v_1)\\ \vdots\\ \alpha\,(u_n+v_n)\end{bmatrix}=\begin{bmatrix}\alpha\,u_1+\alpha\,v_1\\ \vdots\\ \alpha\,u_n+\alpha\,v_n\end{bmatrix}\\ &=\begin{bmatrix}\alpha\,u_1\\ \vdots\\ \alpha\,u_n\end{bmatrix}+\begin{bmatrix}\alpha\,v_1\\ \vdots\\ \alpha\,v_n\end{bmatrix}=\alpha\cdot\begin{bmatrix}u_1\\ \vdots\\ u_n\end{bmatrix}+\alpha\cdot\begin{bmatrix}v_1\\ \vdots\\ v_n\end{bmatrix}=\alpha\cdot\boldsymbol{u}+\alpha\cdot\boldsymbol{v}\,\checkmark\end{aligned}$$

- Beweis von **(VR6)**: Es seien $\boldsymbol{v} \in \mathbb{K}^n$ und $\alpha, \beta \in \mathbb{K}$. Dann gilt:

$$(\alpha+\beta)\cdot\boldsymbol{v}=\begin{bmatrix}(\alpha+\beta)\,v_1\\ \vdots\\ (\alpha+\beta)\,v_n\end{bmatrix}=\begin{bmatrix}\alpha\,v_1+\beta\,v_1\\ \vdots\\ \alpha\,v_n+\beta\,v_n\end{bmatrix}=\alpha\cdot\begin{bmatrix}v_1\\ \vdots\\ v_n\end{bmatrix}+\beta\cdot\begin{bmatrix}v_1\\ \vdots\\ v_n\end{bmatrix}=\alpha\cdot\boldsymbol{v}+\beta\cdot\boldsymbol{v}\,\checkmark$$

- Beweis von **(VR7)**: Es seien $\boldsymbol{v} \in \mathbb{K}^n$ und $\alpha, \beta \in \mathbb{K}$. Dann gilt:

$$(\alpha\cdot\beta)\cdot\boldsymbol{v}=\begin{bmatrix}(\alpha\,\beta)\,v_1\\ \vdots\\ (\alpha\,\beta)\,v_n\end{bmatrix}=\begin{bmatrix}\alpha\,(\beta\,v_1)\\ \vdots\\ \alpha\,(\beta\,v_n)\end{bmatrix}=\alpha\cdot\begin{bmatrix}\beta\,v_1\\ \vdots\\ \beta\,v_n\end{bmatrix}=\alpha\cdot(\beta\cdot\boldsymbol{v})\,\checkmark$$

- Beweis von **(VR8)**: Für alle $\boldsymbol{v} \in \mathbb{K}^n$ gilt $1\cdot\boldsymbol{v}=\begin{bmatrix}1\cdot v_1\\ \vdots\\ 1\cdot v_n\end{bmatrix}=\begin{bmatrix}v_1\\ \vdots\\ v_n\end{bmatrix}=\boldsymbol{v}\,\checkmark$

Alle Bedingungen (VR1)-(VR8) von Definition 5.1 sind erfüllt. Somit ist V ein Vektorraum über $\mathbb{K}$.

Übung 5.1

•∘∘ Man zeige, dass die Menge $\mathbb{K}^{m\times n}$ der $(m\times n)$-Matrizen mit Einträgen in $\mathbb{K}$ bezüglich der üblichen Matrixaddition und Skalarmultiplikation einen $\mathbb{K}$-Vektorraum bildet.

Lösung

Wir müssen einfach überprüfen, ob die Menge $\mathbb{K}^{m\times n}$ die 8 Axiome eines Vektorraums (Definition 5.1) erfüllt. Dies folgt jedoch direkt aus den Rechenregeln für Matrizen (vgl. ► Kap. 1).

- Beweis von **(VR1)**: Es seien $\boldsymbol{A}, \boldsymbol{B} \in \mathbb{K}^{m\times n}$. Dann gilt:

$$\boldsymbol{A}+\boldsymbol{B} = \begin{bmatrix} a_{11} & \cdots & a_{1n} \\ \vdots & \ddots & \vdots \\ a_{m1} & \cdots & a_{mn} \end{bmatrix} + \begin{bmatrix} b_{11} & \cdots & b_{1n} \\ \vdots & \ddots & \vdots \\ b_{m1} & \cdots & b_{mn} \end{bmatrix} = \begin{bmatrix} a_{11}+b_{11} & \cdots & a_{1n}+b_{1n} \\ \vdots & \ddots & \vdots \\ a_{m1}+b_{m1} & \cdots & a_{mn}+b_{mn} \end{bmatrix}$$

$$= \begin{bmatrix} b_{11}+a_{11} & \cdots & b_{1n}+a_{1n} \\ \vdots & \ddots & \vdots \\ b_{m1}+a_{m1} & \cdots & b_{mn}+a_{mn} \end{bmatrix} = \begin{bmatrix} b_{11} & \cdots & b_{1n} \\ \vdots & \ddots & \vdots \\ b_{m1} & \cdots & b_{mn} \end{bmatrix} + \begin{bmatrix} a_{11} & \cdots & a_{1n} \\ \vdots & \ddots & \vdots \\ a_{m1} & \cdots & a_{mn} \end{bmatrix} = \boldsymbol{B}+\boldsymbol{A}\ \checkmark$$

- Beweis von **(VR2)**: Analog zu (VR1).
- Beweis von **(VR3)**: Das Nullelement ist die Nullmatrix $\boldsymbol{0} \in \mathbb{K}^{m\times n}$. Denn für alle $\boldsymbol{A} \in \mathbb{K}^n$ gilt:

$$\boldsymbol{0}+\boldsymbol{A} = \begin{bmatrix} 0 & \cdots & 0 \\ \vdots & \ddots & \vdots \\ 0 & \cdots & 0 \end{bmatrix} + \begin{bmatrix} a_{11} & \cdots & a_{1n} \\ \vdots & \ddots & \vdots \\ a_{m1} & \cdots & a_{mn} \end{bmatrix} = \begin{bmatrix} a_{11} & \cdots & a_{1n} \\ \vdots & \ddots & \vdots \\ a_{m1} & \cdots & a_{mn} \end{bmatrix} = \boldsymbol{A}\ \checkmark$$

- Beweis von **(VR4)**: Das zu $\boldsymbol{A} \in \mathbb{K}^n$ inverse Element bezüglich "+" ist $-\boldsymbol{A}$. Denn:

$$\boldsymbol{A}+(-\boldsymbol{A}) = \begin{bmatrix} a_{11} & \cdots & a_{1n} \\ \vdots & \ddots & \vdots \\ a_{m1} & \cdots & a_{mn} \end{bmatrix} + \begin{bmatrix} -a_{11} & \cdots & -a_{1n} \\ \vdots & \ddots & \vdots \\ -a_{m1} & \cdots & -a_{mn} \end{bmatrix} = \begin{bmatrix} 0 & \cdots & 0 \\ \vdots & \ddots & \vdots \\ 0 & \cdots & 0 \end{bmatrix} = \boldsymbol{0}\ \checkmark$$

- Beweis von **(VR5)**: Es seien $\boldsymbol{A}, \boldsymbol{B} \in \mathbb{K}^n$ und $\alpha \in \mathbb{K}$. Dann gilt

$$\alpha\cdot(\boldsymbol{A}+\boldsymbol{B}) = \begin{bmatrix} \alpha\, a_{11}+\alpha\, b_{11} & \cdots & \alpha\, a_{1n}+\alpha\, b_{1n} \\ \vdots & \ddots & \vdots \\ \alpha\, a_{m1}+\alpha\, b_{m1} & \cdots & \alpha\, a_{mn}+\alpha\, b_{mn} \end{bmatrix}$$

$$= \alpha\cdot \begin{bmatrix} a_{11} & \cdots & a_{1n} \\ \vdots & \ddots & \vdots \\ a_{m1} & \cdots & a_{mn} \end{bmatrix} + \alpha\cdot \begin{bmatrix} b_{11} & \cdots & b_{1n} \\ \vdots & \ddots & \vdots \\ b_{m1} & \cdots & b_{mn} \end{bmatrix} = \alpha\cdot\boldsymbol{A}+\alpha\cdot\boldsymbol{B}\ \checkmark$$

- Beweis von **(VR6)**: Analog zu (VR5).
- Beweis von **(VR7)**: Analog zu (VR5).
- Beweis von **(VR8)**: $1\cdot\boldsymbol{A} = \begin{bmatrix} 1\cdot a_{11} & \cdots & 1\cdot a_{1n} \\ \vdots & \ddots & \vdots \\ 1\cdot a_{m1} & \cdots & 1\cdot a_{mn} \end{bmatrix} = \begin{bmatrix} a_{11} & \cdots & a_{1n} \\ \vdots & \ddots & \vdots \\ a_{m1} & \cdots & a_{mn} \end{bmatrix} = \boldsymbol{A}\ \checkmark$

Alle Bedingungen (VR1) - (VR8) der Definition 5.1 sind erfüllt. Somit ist $\mathbb{K}^{m\times n}$ ein $\mathbb{K}$-Vektorraum. ■

Übung 5.2

● ○ ○

a) $P_n(\mathbb{R})$ ist die Menge der reellen Polynome **vom Grad kleiner oder gleich** n

$$P_n(\mathbb{R}) = \left\{ p(x) = a_0 + a_1 x + \dots + a_n x^n = \sum_{i=0}^{n} a_i x^i, \ a_i \in \mathbb{R} \right\}.$$

Für $p, q \in P_n(\mathbb{R})$ und $\alpha \in \mathbb{R}$ betrachten wir die übliche Addition und Skalarmultiplikation auf $P_n(\mathbb{R})$

$$(p+q)(x) := p(x) + q(x), \quad (\alpha \cdot p)(x) := \alpha\, p(x).$$

Man zeige, dass $(P_n(\mathbb{R}), +, \cdot)$ ein Vektorraum ist.

b) Es sei nun V die Menge aller reellen Polynome **vom Grad genau gleich** n. Man zeige, wieso $(V, +, \cdot)$ keinen Vektorraum bildet.

Lösung

a) Wir beginnen, indem wir anmerken, dass die Addition "+" und Skalarmultiplikation "·" in $P_n(\mathbb{R})$ wohldefiniert sind:

- Die Summe zweier Polynomen vom Grad $\leq n$ ist wieder ein Polynom vom Grad $\leq n$.
- Ist $p(x) \in P_n(\mathbb{R})$ und $\alpha \in \mathbb{R}$, so ist $\alpha\, p(x) \in P_n(\mathbb{R})$.

Wir zeigen nun, dass die Menge $P_n(\mathbb{R})$ alle Bedingungen eines Vektorraums erfüllt. Es seien $p(x) = \sum_{i=1}^{n} a_i x^i$, $q(x) = \sum_{i=1}^{n} b_i x^i$, $r(x) = \sum_{i=1}^{n} c_i x^i$ drei Polynome in $P_n(\mathbb{R})$ und $\alpha, \beta \in \mathbb{R}$.

- Beweis von **(VR1)**: $(p+q)(x) = p(x) + q(x) = \sum_{i=1}^{n} a_i x^i + \sum_{i=1}^{n} b_i x^i = \sum_{i=1}^{n}(a_i + b_i)x^i = \sum_{i=1}^{n}(b_i + a_i)x^i = \sum_{i=1}^{n} b_i x^i + \sum_{i=1}^{n} a_i x^i = q(x) + p(x) = (q+p)(x)$ ✓
- Beweis von **(VR2)**: $\big(p+(q+r)\big)(x) = \sum_{i=1}^{n} a_i x^i + \sum_{i=1}^{n}(b_i + c_i)x^i = \sum_{i=1}^{n}(a_i + b_i + c_i)x^i = \sum_{i=1}^{n}(a_i + b_i)x^i + \sum_{i=1}^{n} c_i x^i = \big((p+q)+r\big)(x)$ ✓
- Beweis von **(VR3)**: Das Nullelement von $P_n(\mathbb{R})$ ist das Nullpolynom 0 (alle Koeffizienten sind gleich Null). Denn $0 + p(x) = \sum_{i=1}^{n}(0 + a_i)x^i = \sum_{i=1}^{n} a_i x^i = p(x)$ ✓
- Beweis von **(VR4)**: Das zu $p(x) = \sum_{i=1}^{n} a_i x^i$ inverse Element ist $(-p)(x) = \sum_{i=1}^{n}(-a_i)x^i$. Denn es gilt:

$$(p+(-p))(x) = p(x)+(-p)(x) = \sum_{i=1}^{n} a_i x^i + \sum_{i=1}^{n}(-a_i)x^i = \sum_{i=1}^{n} \underbrace{(a_i - a_i)}_{=0} x^i = 0 \checkmark$$

- Beweis von **(VR5)**: $(\alpha \cdot (p+q))(x) = \alpha \sum_{i=1}^{n}(a_i + b_i)x^i = \sum_{i=1}^{n} \alpha\,(a_i + b_i)x^i =$
$\sum_{i=1}^{n}(\alpha\, a_i + \alpha\, b_i)x^i = \sum_{i=1}^{n} \alpha\, a_i x^i + \sum_{i=1}^{n} \alpha\, b_i x^i = (\alpha \cdot p)(x) + (\alpha \cdot q)(x) \checkmark$
- Beweis von **(VR6)**: $((\alpha + \beta) \cdot p)(x) = \sum_{i=1}^{n}(\alpha + \beta)\, a_i x^i = \sum_{i=1}^{n}(\alpha\, a_i + \beta\, a_i)x^i =$
$\sum_{i=1}^{n} \alpha\, a_i x^i + \sum_{i=1}^{n} \beta\, a_i x^i = (\alpha \cdot p)(x) + (\beta \cdot p)(x) \checkmark$
- Beweis von **(VR7)**: Es gilt $((\alpha\, \beta) \cdot p)(x) = \sum_{i=1}^{n}(\alpha\, \beta)\, a_i x^i = \sum_{i=1}^{n} \alpha(\beta\, a_i)x^i =$
$\alpha \sum_{i=1}^{n} \beta\, a_i x^i = (\alpha \cdot (\beta\, p))(x) \checkmark$
- Beweis von **(VR8)**: $(1 \cdot p)(x) = 1 \cdot p(x) = \sum_{i=1}^{n} 1 \cdot a_i x^i = \sum_{i=1}^{n} a_i x^i = p(x) \checkmark$

Alle Bedingungen (VR1)-(VR8) der Definition 5.1 sind somit erfüllt. Daher ist $P_n(\mathbb{R})$ ein Vektorraum über $\mathbb{R}$.

b) Die Menge V der Polynomen vom Grad n ist kein Vektorraum, weil die Skalarmultiplikation auf V nicht wohldefiniert ist: Aus der Skalarmultiplikation eines Polynomes von Grad n mit $\alpha = 0$ entsteht das Nullpolynom 0. 0 hat aber Grad 0 und ist somit nicht in V enthalten. ✗ ■

Bemerkung

Bei Aufgaben wie Übung 5.2 ist es wichtig, auf eine genaue Notation zu achten: p und q sind Polynome, während $p(x)$ und $q(x)$ die Werte dieser Polynomen an der Stelle $x \in \mathbb{R}$ sind.

Übung 5.3

●○○ Sei $C^0(\mathbb{R})$ die Menge aller reellen stetigen Funktionen. Für $f, g \in C^0(\mathbb{R})$ und $\alpha \in \mathbb{R}$ definieren wir die folgende Addition und Skalarmultiplikation

$$(f+g)(x) := f(x) + g(x), \quad (\alpha f)(x) := \alpha f(x).$$

Man zeige, dass $(C^0(\mathbb{R}), +, \cdot)$ ein Vektorraum ist.

Lösung

Wie im vorgehenden Beispiel, bemerken wir zuerst, dass die Addition „+" und Skalarmultiplikation „·" für $C^0(\mathbb{R})$ wohldefiniert sind. Dies folgt direkt aus den Rechenregeln für reelle stetige Funktionen, insbesondere weil aus Summen von stetigen Funktionen wieder stetige Funktionen entstehen. Wir überprüfen, dass $C^0(\mathbb{R})$ die 8 Eigenschaften (Axiome) eines Vektorraums erfüllt. Es seien $f, g, h \in C^0(\mathbb{R})$ und $\alpha, \beta \in \mathbb{R}$.

- Beweis von **(VR1)**: Es gilt $(f+g)(x) = f(x)+g(x) = g(x)+f(x) = (g+f)(x)$ ✓
- Beweis von **(VR2)**: Es gilt $\big(f+(g+h)\big)(x) = f(x)+\big(g(x)+h(x)\big) = f(x)+g(x)+h(x) = \big(f(x)+g(x)\big)+h(x) = \big((f+g)+h\big)(x)$ ✓
- Beweis von **(VR3)**: Das Nullelement ist die Nullfunktion $0 \in C^0(\mathbb{R})$. Denn es gilt $(0+f)(x) = 0+f(x) = f(x)$ ✓
- Beweis von **(VR4)**: Das zu $f(x)$ inverse Element ist $(-f)(x) = -f(x)$. Denn es gilt $\big(f+(-f)\big)(x) = f(x)-f(x) = 0$ ✓
- Beweis von **(VR5)**: Es gilt $\big(\alpha \cdot (f+g)\big)(x) = \alpha\,(f+g)(x) = \alpha f(x) + \alpha\, g(x) = (\alpha \cdot f)(x) + (\alpha \cdot g)(x)$ ✓
- Beweis von **(VR6)**: Es gilt $\big((\alpha+\beta)\cdot f\big)(x) = (\alpha+\beta) f(x) = \alpha f(x) + \beta f(x) = (\alpha \cdot f)(x) + (\beta \cdot f)(x)$ ✓
- Beweis von **(VR7)**: $\big((\alpha\,\beta)\cdot f\big)(x) = (\alpha\,\beta) f(x) = \alpha(\beta f)(x) = \big(\alpha \cdot (\beta \cdot f)\big)(x)$ ✓
- Beweis von **(VR8)**: $(1 \cdot f)(x) = 1 \cdot f(x) = f(x)$ ✓

$C^0(\mathbb{R})$ ist somit ein reeller Vektorraum. ■

Übung 5.4

• ○ ○ Sei $V = C^0(\mathbb{R}_+)$ die Menge aller stetigen Funktionen $f : \mathbb{R} \to \mathbb{R}_+$ (d. h. $f(x) > 0$ für alle $x \in \mathbb{R}$). Für $f, g \in V$ und $\alpha \in \mathbb{R}$ definieren wir die folgende „Addition ⊕" und „Skalarmultiplikation ⊙"

$$(f \oplus g)(x) := f(x)g(x), \quad (\alpha \odot f)(x) := f(x)^\alpha.$$

Man zeige, dass $(V, \oplus, \odot)$ ein Vektorraum ist.

Lösung

Wir halten fest, dass die oben definierten Addition "⊕" und Skalarmultiplikation "⊙" für V wohldefiniert sind. Sind f, g stetige, positive Funktionen, so sind es auch fg und f^α mit $\alpha \in \mathbb{R}$. Nun überprüfen wir, dass die 8 Eigenschaften (Axiome) eines Vektorraums erfüllt sind. Es seien $f, g, h \in V$ und $\alpha, \beta \in \mathbb{R}$.

- Beweis von **(VR1)**: Es gilt: $(f \oplus g)(x) = f(x)g(x) = g(x)f(x) = (g \oplus f)(x)$. ✓
- Beweis von **(VR2)**: Es gilt: $\big(f \oplus (g \oplus h)\big)(x) = f(x)\big(g(x)h(x)\big) = f(x)g(x)h(x) = \big(f(x)g(x)\big)h(x) = \big((f \oplus g) \oplus h\big)(x)$ ✓
- Beweis von **(VR3)**: Das Nullelement von V bezüglich ⊕ ist die Funktion 1 (konstante Funktion). Denn es gilt: $(1 \oplus f)(x) = 1 f(x) = f(x)$ ✓
- Beweis von **(VR4)**: Das zu $f(x)$ inverse Element bezüglich ⊕ ist $(-f)(x) = 1/f(x)$ (es existiert weil $f(x) > 0$ ist). Denn es gilt: $\big(f \oplus (-f)\big)(x) = f(x)\,\frac{1}{f(x)} = 1$ ✓ Erinnerung: 1 das Nullelement von V.

- Beweis von **(VR5)**: Es gilt $\big(\alpha \odot (f \oplus g)\big)(x) = \big(f(x)g(x)\big)^{\alpha} = f(x)^{\alpha} g(x)^{\alpha} = \big((\alpha \odot f) \oplus (\alpha \odot g)\big)(x)$ ✓
- Beweis von **(VR6)**: Es gilt $\big((\alpha + \beta) \odot f\big)(x) = f(x)^{\alpha+\beta} = f(x)^{\alpha} f(x)^{\beta} = \big((\alpha \odot f) \oplus (\beta \odot f)\big)(x)$ ✓
- Beweis von **(VR7)**: $\big((\alpha\,\beta) \odot f\big)(x) = f(x)^{\alpha\,\beta} = (f(x)^{\alpha})^{\beta} = \big(\alpha \odot (\beta \odot f)\big)(x)$ ✓
- Beweis von **(VR8)**: $(1 \odot f)(x) = f(x)^1 = f(x)$ ✓

Wir haben gezeigt, dass $(V, \oplus, \odot)$ ein Vektorraum ist. ■

Achtung
Übung 5.4 zeigt, dass das Nullelement eines Vektorraumes nicht unbedingt gleich 0 sein muss. Es hängt von der Definition der Addition "+" ab.

Übung 5.5

• • ∘ Sind die folgenden Mengen V mit den entsprechenden Additionen und Skalarmultiplikationen Vektorräume?

a) $V = \mathbb{R}^2$ mit der üblichen Vektor-Addition und $\alpha \cdot \begin{bmatrix} u_1 \\ u_2 \end{bmatrix} := \begin{bmatrix} \alpha\, u_1 \\ 0 \end{bmatrix}$, $\alpha \in \mathbb{R}$.

b) $V = \mathbb{R}^2$ mit der üblichen Vektor-Addition und $\alpha \cdot \begin{bmatrix} u_1 \\ u_2 \end{bmatrix} := \begin{bmatrix} \alpha\, u_1 \\ u_2 \end{bmatrix}$, $\alpha \in \mathbb{R}$.

c) $V = \mathbb{C}^2$ mit der üblichen Skalarmultiplikation für Vektoren in $\mathbb{C}$ und $\begin{bmatrix} u_1 \\ u_2 \end{bmatrix} + \begin{bmatrix} v_1 \\ v_2 \end{bmatrix} := \begin{bmatrix} u_2 + v_2 \\ u_1 + v_1 \end{bmatrix}$.

d) $V = \left\{ \boldsymbol{x} = \begin{bmatrix} x_1 \\ x_2 \end{bmatrix} \in \mathbb{R}^2 \,\middle|\, x_1^2 + x_2^2 = 4 \right\}$ zusammen mit der üblichen Addition und Skalarmultiplikation für Vektoren in $\mathbb{R}^2$.

e) $V = \mathbb{R}^{n \times n}$ mit der üblichen Matrix-Addition und $\alpha \cdot \boldsymbol{A} := \begin{bmatrix} 0 & \cdots & 0 \\ \vdots & \ddots & \vdots \\ 0 & \cdots & 0 \end{bmatrix}$, $\alpha \in \mathbb{R}$.

f) $V = \mathbb{Z}^3$ (Vektoren mit Einträgen aus $\mathbb{Z}$) zusammen mit der üblichen Addition und Skalarmultiplikation für Vektoren in $\mathbb{R}^3$.

Lösung
Keine der gegebenen Mengen V ist ein Vektorraum. Es genügt, jeweils ein Gegenbeispiel zu finden, dass irgendein Axiom (VR1)–(VR8) der Definition 5.1 verletzt ist.

a) Mit der vorgeschlagenen Skalarmultiplikation ist Axiom (VR8) verletzt, denn für $\boldsymbol{v} = [v_1, v_2] \in \mathbb{R}^2$ gilt $1 \cdot \boldsymbol{v} = 1 \cdot \begin{bmatrix} v_1 \\ v_2 \end{bmatrix} = \begin{bmatrix} v_1 \\ 0 \end{bmatrix} \neq \begin{bmatrix} v_1 \\ v_2 \end{bmatrix} = \boldsymbol{v}$ ✗

b) Axiom (VR6) ist verletzt, denn für $\boldsymbol{v} = [v_1, v_2] \in \mathbb{R}^2$ und $\alpha, \beta \in \mathbb{R}$ gilt:

$$(\alpha+\beta)\cdot \boldsymbol{v} = (\alpha+\beta)\cdot \begin{bmatrix} v_1 \\ v_2 \end{bmatrix} = \begin{bmatrix} (\alpha+\beta)v_1 \\ v_2 \end{bmatrix} = \begin{bmatrix} \alpha\, v_1 + \beta\, v_1 \\ v_2 \end{bmatrix} = \alpha \begin{bmatrix} v_1 \\ v_2 \end{bmatrix} + \beta \begin{bmatrix} v_1 \\ 0 \end{bmatrix}$$

$$\neq \alpha\,\boldsymbol{v} + \beta\,\boldsymbol{v}\ \boldsymbol{✗}$$

c) Mit dieser Addition ist Axiom (VR3) nicht erfüllt: Es gibt kein Nullelement. Der übliche Nullvektor versagt als Nullelement: $\boldsymbol{0} + \boldsymbol{v} = \begin{bmatrix} 0 \\ 0 \end{bmatrix} + \begin{bmatrix} v_1 \\ v_2 \end{bmatrix} = \begin{bmatrix} 0+v_2 \\ 0+v_1 \end{bmatrix} = \begin{bmatrix} v_2 \\ v_1 \end{bmatrix} \neq \begin{bmatrix} v_1 \\ v_2 \end{bmatrix} = \boldsymbol{v}\ \boldsymbol{✗}$.

Gibt es einen anderen Vektor $\boldsymbol{a} = \begin{bmatrix} a_1 \\ a_2 \end{bmatrix}$, der ein Nullelement von V ist? Für alle $\boldsymbol{v} \in \mathbb{C}^2$, sollte ein solches Nullelement Folgendes erfüllen:

$$\boldsymbol{a} + \boldsymbol{v} = \begin{bmatrix} a_1 \\ a_2 \end{bmatrix} + \begin{bmatrix} v_1 \\ v_2 \end{bmatrix} = \begin{bmatrix} a_2 + v_2 \\ a_1 + v_1 \end{bmatrix} \overset{!}{=} \begin{bmatrix} v_1 \\ v_2 \end{bmatrix} \quad \Rightarrow \quad \begin{cases} a_2 = v_1 - v_2 \\ a_1 = v_2 - v_1 \end{cases}$$

Da $v_1, v_2 \in \mathbb{C}$ beliebig sind, gibt es **kein eindeutiges Nullelement** $\boldsymbol{a}$ der $\boldsymbol{a} + \boldsymbol{v} = \boldsymbol{v}$ **für alle** $\boldsymbol{v} \in \mathbb{C}^2$ erfüllt. V ist somit kein Vektorraum.

d) Die Addition ist nicht wohldefiniert. Es seien $\boldsymbol{x}, \boldsymbol{y} \in V$; dann ist

$$\boldsymbol{x} + \boldsymbol{y} = \begin{bmatrix} x_1 + y_1 \\ x_2 + y_2 \end{bmatrix} \Rightarrow (x_1+y_1)^2 + (x_2+y_2)^2 = x_1^2 + 2x_1y_1 + y_1^2 + x_2^2 + 2x_2y_2 + y_2^2$$

$$= \underbrace{x_1^2 + x_2^2}_{=4} + \underbrace{y_1^2 + y_2^2}_{=4} + 2(x_1y_1 + x_2y_2) \neq 4 \Rightarrow \boldsymbol{x} + \boldsymbol{y} \notin V\ \boldsymbol{✗}$$

e) Axiom (VR8) ist verletzt: für $\boldsymbol{A} \in \mathbb{R}^{n\times n}$ gilt $1 \cdot \boldsymbol{A} = \begin{bmatrix} 0 & \cdots & 0 \\ \vdots & \ddots & \vdots \\ 0 & \cdots & 0 \end{bmatrix} \neq \boldsymbol{A}\ \boldsymbol{✗}$

f) Die Skalarmultiplikation ist nicht wohldefiniert. Man betrachte dazu ein Gegenbeispiel: $\alpha = \sqrt{2} \in \mathbb{R}$ und $\boldsymbol{x} = [1, 0, 0] \in \mathbb{Z}^3$; dann ist $\alpha\,\boldsymbol{x} = [\sqrt{2}, 0, 0]^T \notin \mathbb{Z}^3\ \boldsymbol{✗}$.

■

Übung 5.6

• • ○ Es sei $\mathbb{K} = \mathbb{Z}_2$.

a) Wie viele Elemente enthält der Vektorraum $\mathbb{K}^n$?

b) Man gebe alle Elemente des Vektorraums $\mathbb{K}^3$ explizit an.

c) Man gebe alle Elemente des Vektorraums $P_1(\mathbb{K})$ an.

Lösung

a) Jeder Vektor in $(\mathbb{Z}_2)^n$ hat n Komponenten und jede dieser Komponenten kann nur den Wert 0 oder 1 besitzen. Da wir alle Komponenten unabhängig voneinander wählen können, gibt es genau 2^n Möglichkeiten für Vektoren in $(\mathbb{Z}_2)^n$. Der Vektorraum $(\mathbb{Z}_2)^n$ enthält genau 2^n Elemente.

b) Jeder Vektor in $(\mathbb{Z}_2)^3$ sieht wie folgt aus $[a, b, c]^T$ mit $a, b, c \in \mathbb{Z}_2$. Da $\mathbb{Z}_2 = \{0, 1\}$, jede Komponente kann nur 0 oder 1 sein. Es gibt somit $2^3 = 8$ Vektoren in $(\mathbb{Z}_2)^3$, konkret:

$$\begin{bmatrix} 0 \\ 0 \\ 0 \end{bmatrix}, \begin{bmatrix} 1 \\ 0 \\ 0 \end{bmatrix}, \begin{bmatrix} 0 \\ 1 \\ 0 \end{bmatrix}, \begin{bmatrix} 1 \\ 1 \\ 0 \end{bmatrix}, \begin{bmatrix} 0 \\ 0 \\ 1 \end{bmatrix}, \begin{bmatrix} 1 \\ 0 \\ 1 \end{bmatrix}, \begin{bmatrix} 0 \\ 1 \\ 1 \end{bmatrix}, \begin{bmatrix} 1 \\ 1 \\ 1 \end{bmatrix}.$$

c) Jedes Polynom in $P_1(\mathbb{K})$ sieht wie folgt aus $p(x) = a_0 + a_1 x$ mit $a_0, a_1 \in \mathbb{Z}_2$. a_0 und a_1 sind entweder 0 oder 1. $P_1(\mathbb{K})$ enthält somit genau die 4 Polynome: 0, 1, x und $1 + x$. ■

5.2 Unterräume

In der Praxis beschäftigen wir uns oft mit **Teilmengen** eines Vektorraums V. Um die nützlichen Vektorraumeigenschaften übertragen zu können, ist es wünschenswert, dass diese **Teilmengen selbst Vektorräume sind**. Aus diesem Grund führt man den Begriff des **Unterraumes** (oder Untervektorraum) ein.

5.2.1 Definition

Sei V ein Vektorraum über $\mathbb{K}$.

► **Definition 5.2 (Unterraum)**

Eine nichtleere Teilmenge $U \subset V$ heißt **Unterraum** (oder **Untervektorraum**), wenn U die folgenden 3 Bedingungen (Axiome) erfüllt (◻ Abb. 5.2):

(UR0) $0 \in U$;

(UR1) Für alle $u, v \in U$ gilt $u + v \in U$ (**Abgeschlossenheit bzgl. der Addition**);

(UR2) Für alle $u \in U$ und $\alpha \in \mathbb{K}$ gilt $\alpha \cdot u \in U$ (**Abgeschlossenheit bzgl. der Skalarmultiplikation**). ◄

Bemerkung

Eigenschaften (UR1) und (UR2) besagen, dass U bezüglich der Addition „+“ bzw. der Skalarmultiplikation „·“ **abgeschlossen** ist. Weil V ein Vektorraum ist, reichen die Bedingungen (UR0)–(UR2) damit $U \subset V$ selbst eine Vektorraumstruktur besitzt.

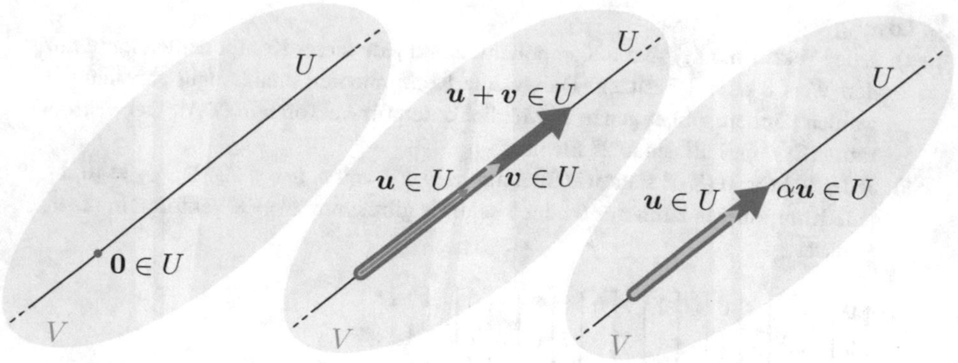

Abb. 5.2 Grafische Darstellung der 3 Bedingungen (UR0)–(UR2) eines Unterraumes (Definition 5.2). Hier sind diese Bedingungen anhand einer Geraden in $\mathbb{R}^2$ durch den Nullpunkt gezeigt

Praxistipp

Die Unterraumsaxiome (UR1) und (UR2) kann man zu einer einzigen äquivalenten kompakten Bedingung zusammenfassen:

(UR) Für alle $u, v \in U$ und $\alpha \in \mathbb{K}$ gilt $\alpha \cdot u + v \in U$

In der Praxis kann man entweder Bedingungen (UR1) und (UR2) oder die kompakte Bedingung (UR) überprüfen.

Musterbeispiel: Unterraumbedingungen untersuchen

Praxistipp

Wenn man in der Praxis zeigen will, ob eine vorgelegte Menge $U \subset V$ ein Unterraum von V ist, muss man einfach die 3 Bedingungen (UR0)–(UR2) der Definition 5.2 überprüfen:

(UR0) Das Nullelement 0 muss in U enthalten sein.

(UR1) Wenn man zwei Elemente u, v aus U addiert, muss das Ergebnis $u + v$ auch wieder in U sein (U muss abgeschlossen bezüglich der Addition sein).

(UR2) Wenn man ein Element u aus U mit einem beliebigen Skalar $\alpha \in \mathbb{K}$ multipliziert, muss das Ergebnis $\alpha \cdot u$ auch wieder in U sein (U muss abgeschlossen bezüglich der Skalarmultiplikation sein).

Alternativ kann man (UR0) und die kompakte Bedingung (UR) nachweisen.

Musterbeispiel 5.2 (Beweis, dass U ein Unterraum ist)

Als Beispiel untersuchen wir, ob $U = \left\{ \mathbf{v} = \begin{bmatrix} v_1 \\ v_2 \end{bmatrix} \in \mathbb{R}^2 \,\middle|\, v_2 = 0 \right\} \subset \mathbb{R}^2$ ein Unterraum von $\mathbb{R}^2$ ist. Wir überprüfen, ob die gegebene Menge U die **3 Bedingungen eines Untervektorraums (Definition 5.2)** erfüllt.

- Beweis von **(UR0)**: Der Nullvektor $\mathbf{0} = [0, 0]^T$ ist in U enthalten, weil die zweite Komponente von $\mathbf{0}$ trivialerweise gleich Null ist. ✓
- Beweis von **(UR1)**: Es seien $\mathbf{v} = \begin{bmatrix} v_1 \\ 0 \end{bmatrix}$ und $\mathbf{w} = \begin{bmatrix} w_1 \\ 0 \end{bmatrix}$ zwei beliebige Elemente aus U. Wir müssen zeigen, dass auch deren Summe $\mathbf{v} + \mathbf{w}$ in U liegt. Es gilt:

$$\mathbf{v} + \mathbf{w} = \begin{bmatrix} v_1 \\ 0 \end{bmatrix} + \begin{bmatrix} w_1 \\ 0 \end{bmatrix} = \begin{bmatrix} v_1 + w_1 \\ 0 + 0 \end{bmatrix} = \begin{bmatrix} v_1 + w_1 \\ 0 \end{bmatrix}.$$

  Die zweite Komponente von $\mathbf{v} + \mathbf{w}$ ist somit auch gleich Null. Folglich ist $\mathbf{v} + \mathbf{w} \in U$. ✓
- Beweis von **(UR2)**: Wir betrachten ein beliebiges Element $\mathbf{v} = \begin{bmatrix} v_1 \\ 0 \end{bmatrix}$ aus U. und eine Zahl $\alpha \in \mathbb{R}$. Wir müssen nachweisen, dass $\alpha\, \mathbf{v} \in U$. Es gilt:

$$\alpha\, \mathbf{v} = \alpha \begin{bmatrix} v_1 \\ 0 \end{bmatrix} = \begin{bmatrix} \alpha\, v_1 \\ \alpha\, 0 \end{bmatrix} = \begin{bmatrix} \alpha\, v_1 \\ 0 \end{bmatrix} \Rightarrow \alpha\, \mathbf{v} \in U \checkmark$$

Da die 3 Bedingungen (UR0), (UR1) und (UR2) erfüllt sind, ist U ein Unterraum von $\mathbb{R}^2$.

Bemerkung
Musterbeispiel 5.2 war ein einfaches Beispiel, aber prinzipiell kann man das Vorgehen auch auf komplexere Beispiele übertragen. Das Einzige, was sich ändert, ist die Definition von U sowie die „Rechenregeln", die man anwenden muss.

5.2.2 Beispiele von Unterräumen

► **Beispiel**

Unterräume von $\mathbb{K}^n$

- Menge mit dem Nullpunkt {0} (dies ist der **triviale Unterraum**);
- alle Geraden durch den Nullpunkt;
- alle Ebenen durch den Nullpunkt;
- alle Hyperebenen durch den Nullpunkt;
- der ganze $\mathbb{K}^n$.

Geraden und Ebenen, welche nicht durch den Nullpunkt gehen, sind keine Unterräume von $\mathbb{K}^n$ (**jeder Unterraum muss immer den Nullpunkt enthalten, wegen (UR0)**). Sie heißen **affine Räume** (► vgl. Abschn. 5.3). ◄

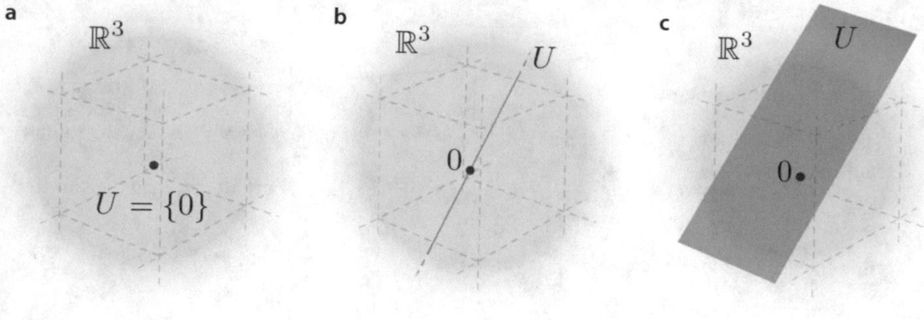

Abb. 5.3 Unterräume von $\mathbb{R}^3$. (**a**) Trivialer Unterraum $U = \{0\}$, (**b**) Gerade durch den Nullpunkt, (**c**) Ebene durch den Nullpunkt

► Beispiel

Unterräume von $\mathbb{K}^{n\times n}$. Die folgenden drei Mengen sind wichtige Beispiele von Unterräumen von $\mathbb{K}^{n\times n}$:
- $\mathrm{Diag}_n(\mathbb{R}) := \{A \in \mathbb{R}^{n\times n} \mid A \text{ ist diagonal}\}$ = diagonale Matrizen;
- $\mathrm{Sym}_n(\mathbb{R}) := \{A \in \mathbb{R}^{n\times n} \mid A^T = A\}$ = symmetrische Matrizen;
- $\mathrm{Skew}_n(\mathbb{R}) := \{A \in \mathbb{R}^{n\times n} \mid A^T = -A\}$ = schiefsymmetrische Matrizen.

Wichtige Teilmengen von $\mathbb{R}^{n\times n}$, welche **keine** Unterräume sind:
- $\mathrm{GL}(n, \mathbb{R}) := \{A \in \mathbb{R}^{n\times n} \mid A \text{ ist invertierbar}\}$ = invertierbare Matrizen;
- $O_n(\mathbb{R}) := \{A \in \mathbb{R}^{n\times n} \mid A^T A = E\}$ = orthogonale Matrizen. ◄

Bemerkung

$\mathrm{GL}_n(\mathbb{R})$ und $O_n(\mathbb{R})$ sind wichtige bekannte abelsche Gruppen bezüglich der Matrixmultiplikation. GL = General Linear group. O = Orthogonal group.

5.2.3 Unterräume und LGS

Die Lösungsmenge eines **homogenen** $(m \times n)$-LGS ist ein Unterraum von $\mathbb{K}^n$: der sogenannte **Lösungsraum** (vgl. Übung 5.8). Es gilt sogar die Umkehrung:

► **Satz 5.2 (Unterräume von $\mathbb{K}^n$)**

Jeder Unterraum von $\mathbb{K}^n$ ist die Lösungsmenge eines homogenen LGS. ◄

Praxistipp

Satz 5.2 bietet in der Praxis ein effizientes **Unterraumkriterium** (vgl. Übung 5.8).

Bemerkung

Beachte, dass dieses Resultat für **inhomogene LGS nicht stimmt**. In diesem Fall ist die Lösungsmenge **kein** Unterraum, sondern ein **affiner Raum** (► vgl. Abschn. 5.3).

Übung 5.7

• ∘ ∘ Welche der folgenden Mengen sind Unterräume von $\mathbb{R}^3$?

a) $U_1 = \{ \boldsymbol{x} \in \mathbb{R}^3 \mid x_1 + 2x_2 = 3x_3 \}$
b) $U_2 = \{ \boldsymbol{x} \in \mathbb{R}^3 \mid x_1 = -x_2,\ x_3 = 7 \}$
c) $U_3 = \{ \boldsymbol{x} \in \mathbb{R}^3 \mid x_1 + x_2 - 4x_3 = 0,\ x_1 = x_2 \}$
d) $U_4 = \{ \boldsymbol{x} \in \mathbb{R}^3 \mid x_1 = x_2 = x_3 \}$
e) $U_5 = \{ \boldsymbol{x} \in \mathbb{R}^3 \mid x_1 > x_2 > x_3 \}$
f) $U_6 = \{ \boldsymbol{x} \in \mathbb{R}^3 \mid x_i \in \mathbb{Q} \}$
g) $U_7 = \{ \boldsymbol{x} \in \mathbb{R}^3 \mid x_1^2 + x_2^2 + x_3^2 = 1 \}$

Lösung

a) **Ja.** U_1 erfüllt alle drei Eigenschaften eines Unterraumes:
- Beweis von **(UR0)**: Die Komponenten des Nullvektors $\mathbf{0} = [0, 0, 0]^T$ erfüllen die Bedingung $x_1 + 2x_2 = 3x_3$, d. h. $\mathbf{0} \in U_1$. ✓
- Beweis von **(UR1)**: Es seien nun $\boldsymbol{x} = \begin{bmatrix} x_1 \\ x_2 \\ x_3 \end{bmatrix}, \boldsymbol{y} = \begin{bmatrix} y_1 \\ y_2 \\ y_3 \end{bmatrix} \in U_1 \Rightarrow \boldsymbol{x} + \boldsymbol{y} = \begin{bmatrix} x_1+y_1 \\ x_2+y_2 \\ x_3+y_3 \end{bmatrix}$. Damit $\boldsymbol{x} + \boldsymbol{y} \in U_1$, muss $(x_1 + y_1) + 2(x_2 + y_2) = 3(x_3 + y_3)$ gelten. Ist dies der Fall? Da $\boldsymbol{x}, \boldsymbol{y} \in U$ ist

$$(x_1 + y_1) + 2(x_2 + y_2) = \underbrace{(x_1 + 2x_2)}_{=3x_3} + \underbrace{(y_1 + 2y_2)}_{=3y_3} = 3x_3 + 3y_3 = 3(x_3 + y_3).$$

  Somit $\boldsymbol{x} + \boldsymbol{y} \in U$. ✓
- Beweis von **(UR2)**: Es seien $\boldsymbol{x} = \begin{bmatrix} x_1 \\ x_2 \\ x_3 \end{bmatrix} \in U_1$ und $\alpha \in \mathbb{R} \Rightarrow \alpha\boldsymbol{x} = \begin{bmatrix} \alpha x_1 \\ \alpha x_2 \\ \alpha x_3 \end{bmatrix}$. Da $\boldsymbol{x} \in U$, gilt:

$$x_1 + 2x_2 = 3x_3 \Rightarrow (\alpha\, x_1) + 2(\alpha\, x_2) = \alpha\, \underbrace{(x_1 + 2x_2)}_{=3x_3} = \alpha\,(3x_3) = 3(\alpha\, x_3)$$

  d. h. $\alpha\, \boldsymbol{x} \in U_1$. ✓

Alle 3 Unterraumaxiome sind erfüllt.

b) **Nein.** Der Nullvektor ist nicht in U_2 enthalten ($0 = 7$ ist falsch).

c) **Ja.** U_3 erfüllt alle Eigenschaften (Axiome) eines Unterraumes, konkret:
- Beweis von **(UR0)**: Die Komponenten des Nullvektors erfüllen die beiden Bedingungen $x_1 + x_2 - 4x_3 = 0$ und $x_1 = x_2$. Somit $\mathbf{0} \in U_3$. ✓
- Beweis von **(UR1)**: Es seien nun $\boldsymbol{x} = \begin{bmatrix} x_1 \\ x_2 \\ x_3 \end{bmatrix}, \boldsymbol{y} = \begin{bmatrix} y_1 \\ y_2 \\ y_3 \end{bmatrix} \in U_3$. Damit $\boldsymbol{x} + \boldsymbol{y} \in U_3$, muss $(x_1 + y_1) + (x_2 + y_2) - 4(x_3 + y_3) = 0$ und $(x_1 + y_1) = (x_2 + y_2)$ gelten. Ist dies der Fall? Da $\boldsymbol{x}$ und $\boldsymbol{y}$ in U_3 enthalten sind, gilt für ihre Komponenten $x_1 + x_2 - 4x_3 = 0, x_1 = x_2$ beziehungsweise $y_1 + y_2 - 4y_3 = 0, y_1 = y_2$. Daraus folgt

$$(x_1 + y_1) + (x_2 + y_2) - 4(x_3 + y_3) = (x_1 + x_2 - 4x_3) + (y_1 + y_2 - 4y_3) = 0 + 0 = 0$$

und

$$(x_1 + y_1) = x_1 + y_1 = x_2 + y_2 = (x_2 + y_2).$$

Somit $\boldsymbol{x} + \boldsymbol{y} \in U_3$. ✓

- Beweis von **(UR2)**: Ferner sei $\boldsymbol{x} = \begin{bmatrix} x_1 \\ x_2 \\ x_3 \end{bmatrix} \in U_3$ und $\alpha \in \mathbb{R}$. Der Vektor $\alpha \cdot \boldsymbol{x}$ erfüllt dann beide Bedingungen von U_3:

$$x_1 + x_2 - 4x_3 = 0 \Rightarrow \alpha x_1 + \alpha x_2 - 4\alpha x_3 = \alpha(x_1 + x_2 - 4x_3) = \alpha \cdot 0 = 0$$
$$x_1 = x_2 \Rightarrow (\alpha x_1) = \alpha x_1 = \alpha y_1 = (\alpha y_1),$$

woraus folgt $\alpha \cdot \boldsymbol{x} \in U_3$. ✓

Alle 3 Unterraumaxiome sind erfüllt.

d) **Ja.** In diesem Fall überprüfen wir (UR0) und die kompakte Bedingung (UR):

- Beweis von **(UR0)**: Der Nullvektor $\mathbf{0} = [0, 0, 0]^T$ ist in U_4 enthalten, weil trivialerweise alle Komponenten von $\mathbf{0}$ gleich sind. ✓
- Beweis von **(UR)**: Es seien $\boldsymbol{x} = \begin{bmatrix} x \\ x \\ x \end{bmatrix}, \boldsymbol{y} = \begin{bmatrix} y \\ y \\ y \end{bmatrix} \in U_4$ und $\alpha \in \mathbb{R}$. Dann ist

$$\alpha \cdot \boldsymbol{x} + \boldsymbol{y} = \begin{bmatrix} \alpha\, x \\ \alpha\, x \\ \alpha\, x \end{bmatrix} + \begin{bmatrix} y \\ y \\ y \end{bmatrix} = \begin{bmatrix} \alpha\, x + y \\ \alpha\, x + y \\ \alpha\, x + y \end{bmatrix}.$$

Da die drei Komponenten von $\alpha \cdot \boldsymbol{x} + \boldsymbol{y}$ alle gleich sind, gehört $\alpha \cdot \boldsymbol{x} + \boldsymbol{y}$ zu U_4 ✓

e) **Nein.** Der Nullvektor ist nicht in U_5 enthalten, weil die Aussage $0 > 0 > 0$ falsch ist.

f) **Nein.** Bedingung (UR2) ist nicht erfüllt. Wählen wir zum Beispiel $\alpha = \sqrt{2} \in \mathbb{R}$, so gilt für $\boldsymbol{x} \in U_6$,

$$\alpha\, \boldsymbol{x} = \sqrt{2} \begin{bmatrix} x_1 \\ x_2 \\ x_3 \end{bmatrix} = \begin{bmatrix} \sqrt{2}\, x_1 \\ \sqrt{2}\, x_2 \\ \sqrt{2}\, x_3 \end{bmatrix} \notin U_6$$

weil $\sqrt{2}\, x_1, \sqrt{2}\, x_2, \sqrt{2}\, x_3 \notin \mathbb{Q}$.

g) **Nein.** Der Nullvektor ist nicht in U_7 enthalten ($0 = 1$ ist falsch). ■

Das folgende Beispiel lässt sich als effizientes **Unterraumkriterium** nutzen.

Übung 5.8

• ○ ○ Es sei $\boldsymbol{A} \in \mathbb{K}^{m \times n}$.

a) Man zeige, dass die Lösungsmenge $\mathbb{L} = \{\boldsymbol{x} \in \mathbb{K}^n \mid \boldsymbol{A}\boldsymbol{x} = \mathbf{0}\}$ des homogenen LGSs $\boldsymbol{A}\boldsymbol{x} = \mathbf{0}$ ein Unterraum von $\mathbb{K}^n$ ist.

b) Gilt diese Aussage auch für das inhomogene LGS $\boldsymbol{A}\boldsymbol{x} = \boldsymbol{b}$?

c) Man wiederhole die Übungen 5.7(a)–(d) unter Verwendung des in diesem Beispiel entwickelten neuen Kriteriums.

Lösung

a) Wir weisen einfach nach, dass $\mathbb{L}$ die drei Eigenschaften eines Unterraumes (Definition 5.2) erfüllt:

- Beweis von **(UR0)**: Der Nullvektor ist in $\mathbb{L}$ enthalten, weil $\boldsymbol{A}\boldsymbol{x} = \boldsymbol{0}$ immer die triviale Lösung $\boldsymbol{x} = \boldsymbol{0}$ besitzt (vgl. ▶ Kap. 2). ✓
- Beweis von **(UR1)**: Es seien $\boldsymbol{x}, \boldsymbol{y} \in \mathbb{L}$ zwei Lösungen von $\boldsymbol{A}\boldsymbol{x} = \boldsymbol{0}$. Dann gilt:

$$\boldsymbol{A}(\boldsymbol{x}+\boldsymbol{y}) = \underbrace{\boldsymbol{A}\boldsymbol{x}}_{=\boldsymbol{0}} + \underbrace{\boldsymbol{A}\boldsymbol{y}}_{=\boldsymbol{0}} = \boldsymbol{0} \Rightarrow \boldsymbol{x}+\boldsymbol{y} \in \mathbb{L} \checkmark$$

- Beweis von **(UR2)**: Es seien $\boldsymbol{x} \in \mathbb{L}$ und $\alpha \in \mathbb{K}$. Dann gilt:

$$\boldsymbol{A}(\alpha\,\boldsymbol{x}) = \alpha\,\underbrace{\boldsymbol{A}\boldsymbol{x}}_{=\boldsymbol{0}} = \boldsymbol{0} \Rightarrow \alpha\,\boldsymbol{x} \in \mathbb{L} \checkmark$$

Somit ist $\mathbb{L}$ ein Unterraum von $\mathbb{K}^n$.

b) Nein. Es seien $\boldsymbol{x}, \boldsymbol{y} \in \mathbb{L}$ zwei Lösungen von $\boldsymbol{A}\boldsymbol{x} = \boldsymbol{b}$. Dann gilt:

$$\boldsymbol{A}(\boldsymbol{x}+\boldsymbol{y}) = \underbrace{\boldsymbol{A}\boldsymbol{x}}_{=\boldsymbol{b}} + \underbrace{\boldsymbol{A}\boldsymbol{y}}_{=\boldsymbol{b}} = 2\boldsymbol{b} \Rightarrow \boldsymbol{x}+\boldsymbol{y} \notin \mathbb{L} \times$$

Bedingung (UR1) ist nicht erfüllt und somit kann die Lösungsmenge eines inhomogenen LGS keinen Unterraum von $\mathbb{R}^n$ sein.

c) Aus Teilaufgaben (a) und (b) ergibt sich ein nützliches Kriterium für Unterräume: Die Lösungsmenge eines homogenen $(m \times n)$-LGS ist immer ein Unterraum von $\mathbb{R}^n$. Dies gilt für inhomogene LGS nicht.

Mit diesem Kriterium können wir die Übungen 5.7(a)–(d) nochmals untersuchen.

U_1: Die definierende Bedingung $x_1 + 2x_2 = 3x_3$ kann man als ein **homogenes** (1×3)-LGS wie folgt interpretieren:

$$U_1 = \left\{ \boldsymbol{x} \in \mathbb{R}^3 \;\middle|\; x_1 + 2x_2 - 3x_3 = 0 \right\} = \left\{ \boldsymbol{x} \in \mathbb{R}^3 \;\middle|\; \underbrace{\begin{bmatrix} 1 & 2 & -3 \end{bmatrix}}_{=\boldsymbol{A}} \begin{bmatrix} x_1 \\ x_2 \\ x_3 \end{bmatrix} = 0 \right\}.$$

Daraus folgt, dass U_1 ein Unterraum von $\mathbb{R}^3$ ist.

U_2: In diesem Fall sind die definierenden Bedingungen $x_1 = -x_2$ und $x_3 = 7$ ein **inhomogenes** (2×3)-LGS:

$$\underbrace{\begin{bmatrix} 1 & -1 & 0 \\ 0 & 0 & 1 \end{bmatrix}}_{=\boldsymbol{A}} \begin{bmatrix} x_1 \\ x_2 \\ x_3 \end{bmatrix} = \underbrace{\begin{bmatrix} 0 \\ 7 \end{bmatrix}}_{=\boldsymbol{b}} \neq \begin{bmatrix} 0 \\ 0 \end{bmatrix}.$$

U_2 ist somit **kein** Unterraum von $\mathbb{R}^3$.

U_3: Die Bedingungen $x_1 + x_2 - 4x_3 = 0$ und $x_1 = x_2$ definieren ein **homogenes** (2×3)-LGS:

$$U_3 = \left\{ \boldsymbol{x} \in \mathbb{R}^3 \;\middle|\; x_1 + x_2 - 4x_3 = 0,\ x_1 - x_2 = 0 \right\}$$
$$= \left\{ \boldsymbol{x} \in \mathbb{R}^3 \;\middle|\; \underbrace{\begin{bmatrix} 1 & 1 & -4 \\ 1 & -1 & 0 \end{bmatrix}}_{=\boldsymbol{A}} \begin{bmatrix} x_1 \\ x_2 \\ x_3 \end{bmatrix} = \begin{bmatrix} 0 \\ 0 \end{bmatrix} \right\}.$$

Somit ist U_3 ein Unterraum von $\mathbb{R}^3$.

$\underline{U_4}$: Die definierenden Bedingungen $x_1 = x_2$, $x_2 = x_3$ liefern ein **homogenes** (2×3)-LGS:

$$U_4 = \left\{ \boldsymbol{x} \in \mathbb{R}^3 \middle| x_1 - x_2 = 0, x_2 - x_3 = 0 \right\} = \left\{ \boldsymbol{x} \in \mathbb{R}^3 \;\middle|\; \underbrace{\begin{bmatrix} 1 & -1 & 0 \\ 0 & 1 & -1 \end{bmatrix}}_{=\boldsymbol{A}} \begin{bmatrix} x_1 \\ x_2 \\ x_3 \end{bmatrix} = \begin{bmatrix} 0 \\ 0 \end{bmatrix} \right\}.$$

Somit ist U_4 ein Unterraum von $\mathbb{R}^3$.

Wichtig: Wir müssen nur überprüfen, **ob das System ein homogenes LGS ist oder nicht**! ■

Übung 5.9

● ○ ○ Man zeige, dass $\mathbb{H} = \left\{ \boldsymbol{A} \in \mathbb{R}^{2\times 2} \;\middle|\; \boldsymbol{A} = \begin{bmatrix} x & -y \\ y & x \end{bmatrix},\ x, y \in \mathbb{R} \right\}$ ein Unterraum von $\mathbb{R}^{2\times 2}$ ist.

Lösung

Wir weisen nach, dass $\mathbb{H}$ die drei Eigenschaften eines Unterraumes erfüllt

- Beweis von **(UR0)**: Die Nullmatrix ist in $\mathbb{H}$ enthalten. ✓
- Beweis von **(UR1)**: Es seien $\boldsymbol{A} = \left[\begin{smallmatrix} x_1 & -y_1 \\ y_1 & x_1 \end{smallmatrix}\right]$, $\boldsymbol{B} = \left[\begin{smallmatrix} x_2 & -y_2 \\ y_2 & x_2 \end{smallmatrix}\right] \in \mathbb{H}$. Dann gilt:

$$\boldsymbol{A} + \boldsymbol{B} = \begin{bmatrix} x_1 & -y_1 \\ y_1 & x_1 \end{bmatrix} + \begin{bmatrix} x_2 & -y_2 \\ y_2 & x_2 \end{bmatrix} = \begin{bmatrix} x_1 + x_2 & -(y_1 + y_2) \\ y_1 + y_2 & x_1 + x_2 \end{bmatrix} \in \mathbb{H}\ ✓$$

- Beweis von **(UR2)**: Es seien $\boldsymbol{A} = \left[\begin{smallmatrix} x & -y \\ y & x \end{smallmatrix}\right] \in \mathbb{H}$ und $\alpha \in \mathbb{R}$. Dann gilt:

$$\alpha \cdot \boldsymbol{A} = \alpha \begin{bmatrix} x & -y \\ y & x \end{bmatrix} = \begin{bmatrix} \alpha\, x & -\alpha\, y \\ \alpha\, y & \alpha\, x \end{bmatrix} \in \mathbb{H}\ ✓$$

Somit ist $\mathbb{H}$ ein Unterraum von $\mathbb{R}^{2\times 2}$. ■

Übung 5.10

• ○ ○ Welche der folgenden Teilmengen von $\mathbb{R}^{n\times n}$ sind Unterräume?

a) $\mathrm{Diag}_n(\mathbb{R}) = \{\boldsymbol{A} \in \mathbb{R}^{n\times n} \mid \boldsymbol{A} \text{ diagonal}\}$ = Diagonalmatrizen

b) $\mathrm{GL}_n(\mathbb{R}) = \{\boldsymbol{A} \in \mathbb{R}^{n\times n} \mid \boldsymbol{A} \text{ invertierbar}\}$ = invertierbare Matrizen

c) $O_n(\mathbb{R}) = \{\boldsymbol{A} \in \mathbb{R}^{n\times n} \mid \boldsymbol{A}^T\boldsymbol{A} = \boldsymbol{E}\}$ = orthogonale Matrizen

d) $\mathrm{Sym}_n(\mathbb{R}) = \{\boldsymbol{A} \in \mathbb{R}^{n\times n} \mid \boldsymbol{A}^T = \boldsymbol{A}\}$ = symmetrische Matrizen

Lösung

a) Ja. Denn (UR0) und die kombinierte Eigenschaft (UR) sind erfüllt:

- Beweis von **(UR0)**: Die $(n \times n)$-Nullmatrix ist diagonal (alle Diagonaleinträge sind Null), d. h. $\boldsymbol{0} \in \mathrm{Diag}_n(\mathbb{R})$ ✓
- Beweis von **(UR)**: Es seien $\boldsymbol{A} = \begin{bmatrix} a_1 & & \\ & \ddots & \\ & & a_n \end{bmatrix}$, $\boldsymbol{B} = \begin{bmatrix} b_1 & & \\ & \ddots & \\ & & b_n \end{bmatrix} \in \mathrm{Diag}_n(\mathbb{R})$ zwei $(n \times n)$-Diagonalmatrizen. Dann ist

$$\alpha \cdot \boldsymbol{A} + \boldsymbol{B} = \begin{bmatrix} \alpha\, a_1 + b_1 & & \\ & \ddots & \\ & & \alpha\, a_n + b_n \end{bmatrix}$$

ist eine Diagonalmatrix, d. h. $\alpha \cdot \boldsymbol{A} + \boldsymbol{B} \in \mathrm{Diag}_n(\mathbb{R})$ ✓

b) Nein. Die Nullmatrix ist nichtinvertierbar, gehört also nicht zu $\mathrm{GL}_n(\mathbb{R})$. Alternative: Die beiden Matrizen $\boldsymbol{A} = \left[\begin{smallmatrix} 1 & 0 \\ 0 & 1 \end{smallmatrix}\right]$, $\boldsymbol{B} = \left[\begin{smallmatrix} 1 & 0 \\ 0 & -1 \end{smallmatrix}\right]$ sind invertierbar, aber $\boldsymbol{A} + \boldsymbol{B} = \left[\begin{smallmatrix} 2 & 0 \\ 0 & 0 \end{smallmatrix}\right]$ ist nichtinvertierbar.

c) Nein. Die $(n \times n)$-Nullmatrix ist nicht orthogonal, weil $\boldsymbol{0}^T\boldsymbol{0} = \boldsymbol{0} \neq \boldsymbol{E}$.

d) Ja. Wir zeigen Eigenschaften (UR0) und (UR):

- Beweis von **(UR0)**: Wegen $\boldsymbol{0}^T = \boldsymbol{0}$ gehört $\boldsymbol{0}$ zu $\mathrm{Sym}_n(\mathbb{R})$. ✓
- Beweis von **(UR)**: Es seien $\boldsymbol{A}, \boldsymbol{B} \in \mathrm{Sym}_n(\mathbb{R})$ ($\Rightarrow \boldsymbol{A}^T = \boldsymbol{A}$ und $\boldsymbol{B}^T = \boldsymbol{B}$) und $\alpha \in \mathbb{R}$. Mit den Rechenregeln für die Transponierte finden wir dann:

$$(\alpha \cdot \boldsymbol{A} + \boldsymbol{B})^T = \alpha \cdot \underbrace{\boldsymbol{A}^T}_{=\boldsymbol{A}} + \underbrace{\boldsymbol{B}^T}_{=\boldsymbol{B}} = \alpha \cdot \boldsymbol{A} + \boldsymbol{B} \Rightarrow \alpha \cdot \boldsymbol{A} + \boldsymbol{B} \in \mathrm{Sym}_n(\mathbb{R}) ✓$$

■

Übung 5.11

• • ○ Es sei $C^0(\mathbb{R})$ der Vektorraum der reellen stetigen Funktionen auf $\mathbb{R}$. Welche der folgenden Teilmengen von $C^0(\mathbb{R})$ sind Unterräume?

a) $U_1 = \{f \in C^0(\mathbb{R}) \mid f(-x) = f(x)\}$

b) $U_2 = \{f \in C^0(\mathbb{R}) \mid f(-x) = -f(x)\}$

c) $U_3 = \{f \in C^0(\mathbb{R}) \mid f(5) = 0\}$

d) $U_4 = \{f \in C^0(\mathbb{R}) \mid \frac{df}{dx}|_{x=0} = 1\}$

e) $U_5 = \{f \in C^0(\mathbb{R}) \mid f(x) = A\sin(x) + B\cos(x),\ A, B \in \mathbb{R}\}$

f) $U_6 = \{f \in C^0(\mathbb{R}) \mid f(x+a) = f(x)\}$ $(a \in \mathbb{R})$

Lösung

a) **Ja.** Denn die drei Axiome eines Unterraumes (Definition 5.2) sind erfüllt:

- Beweis von **(UR0)**: Die Nullfunktion $f(x) \equiv 0$ gehört zu U_1. ✓
- Beweis von **(UR1)**: Es seien $f, g \in U_1$. Dann gilt:

$$(f+g)(-x) = \underbrace{f(-x)}_{=f(x)} + \underbrace{g(-x)}_{=g(x)} = f(x) + g(x) = (f+g)(x) \Rightarrow f+g \in U_1 \checkmark$$

- Beweis von **(UR2)**: Es seien $f \in U_1$ und $\alpha \in \mathbb{R}$. Dann gilt:

$$(\alpha f)(-x) = \alpha \underbrace{f(-x)}_{=f(x)} = \alpha f(x) = (\alpha f)(x) \Rightarrow \alpha f \in U_1 \checkmark$$

b) **Ja.** Der Beweis ist analog zu (a):

- Beweis von **(UR0)**: Wegen $0 = -0$ gehört die Nullfunktion $f(x) \equiv 0$ zu U_2. ✓
- Beweis von **(UR1)**: Es seien $f, g \in U_2$. Dann gilt:

$$(f+g)(-x) = \underbrace{f(-x)}_{=-f(x)} + \underbrace{g(-x)}_{=-g(x)} = -f(x) - g(x) = -(f+g)(x) \Rightarrow f+g \in U_2 \checkmark$$

- Beweis von **(UR2)**: Es seien $f \in U_2$ und $\alpha \in \mathbb{R}$. Dann gilt:

$$(\alpha f)(-x) = \alpha \underbrace{f(-x)}_{=-f(x)} = -\alpha f(x) = -(\alpha f)(x) \Rightarrow \alpha f \in U_2 \checkmark$$

c) **Ja.** Wir weisen die drei Axiome eines Unterraumes (Definition 5.2) nach:

- Beweis von **(UR0)**: Die Nullfunktion $f(x) \equiv 0$ gehört zu U_3, weil $f(5) = 0$. ✓
- Beweis von **(UR1)**: Es seien $f, g \in U_3$ ($\Rightarrow f(5) = 0$ und $g(5) = 0$). Dann gilt:

$$(f+g)(5) = \underbrace{f(5)}_{=0} + \underbrace{g(5)}_{=0} = 0 \Rightarrow f+g \in U_3 \checkmark$$

- Beweis von **(UR2)**: Für $f \in U_3$, $\alpha \in \mathbb{R}$ gilt $(\alpha f)(5) = \alpha \underbrace{f(5)}_{=0} = 0 \Rightarrow \alpha f \in U_3$ ✓

d) **Nein.** Die Nullfunktion $f(x) \equiv 0$ ist kein Element von U_4, weil $\frac{df}{dx}|_{x=0} = 0 \neq 1$. *Andere Möglichkeit: U_4 ist bezüglich der Addition und Skalarmultiplikation nicht abgeschlossen. Denn für $f, g \in U_4$ ist* $\frac{d(f+g)}{dx}|_{x=0} = \frac{df}{dx}|_{x=0} + \frac{dg}{dx}|_{x=0} = 1 + 1 = 2 \neq 1$.

e) **Ja.** Wir prüfen die drei Eigenschaften eines Unterraumes (Definition 5.2) nach:

- Beweis von **(UR0)**: $f(x) \equiv 0 \in U_5$ (wähle $A = B = 0$). ✓
- Beweis von **(UR1)**: Es seien $f, g \in U_5$. Dann gilt $f(x) = A_1 \sin(x) + B_1 \cos(x)$ und $g(x) = A_2 \sin(x) + B_2 \cos(x)$ für $A_1, A_2, B_1, B_2 \in \mathbb{R}$. Daraus folgt: $(f+g)(x) = \left[A_1 \sin(x) + B_1 \cos(x)\right] + \left[A_2 \sin(x) + B_2 \cos(x)\right] = (A_1 + A_2)\sin(x) + (B_1 + B_2)\cos(x) \Rightarrow f + g \in U_5$ ✓
- Beweis von **(UR2)**: Es seien $f \in U_5$ und $\alpha \in \mathbb{R}$. Dann gilt: $(\alpha f)(x) = \alpha\left[A\sin(x) + B\cos(x)\right] = (\alpha A)\sin(x) + (\alpha B)\cos(x) \Rightarrow \alpha f \in U_5$ ✓

f) Ja.

- Beweis von **(UR0)**: Die Nullfunktion $f(x) \equiv 0$ ist in U_6 enthalten (konstante Funktionen sind periodisch mit jeder Periode). ✓
- Beweis von **(UR1)**: Es seien $f, g \in U_6$. Dann gilt:

$$(f+g)(x+a) = \underbrace{f(x+a)}_{=f(x)} + \underbrace{g(x+a)}_{=g(x)} = f(x)+g(x) = (f+g)(x) \Rightarrow f+g \in U_6 \checkmark$$

- Beweis von **(UR2)**: Es seien $f \in U_6$ und $\alpha \in \mathbb{R}$. Dann gilt:

$$(\alpha f)(x+a) = \alpha \underbrace{f(x+a)}_{=f(x)} = \alpha f(x) = (\alpha f)(x) \Rightarrow \alpha f \in U_6 \checkmark$$

■

Bemerkung

$f \in C^0(\mathbb{R})$ heißt gerade bzw. ungerade, falls $f(x) = f(-x)$ bzw. $f(-x) = -f(x)$ für alle $x \in \mathbb{R}$ gilt. Die Unterräume U_1 und U_2 in Übung 5.11 sind somit die Unterräume der **geraden bzw. ungeraden stetigen Funktionen**. $f \in C^0(\mathbb{R})$ heißt periodisch mit Periode a falls $f(x+a) = f(x)$ für alle $x \in \mathbb{R}$ gilt. U_6 ist somit der Unterraum der **periodischen stetigen Funktionen** mit Periode a.

Übung 5.12

● ○ ○ Man gebe ein Beispiel für eine Teilmenge $U \subset \mathbb{R}^2$ an, sodass

a) U bezüglich der Addition abgeschlossen ist, aber keinen Unterraum von $\mathbb{R}^2$ ist;

b) U bezüglich der Skalarmultiplikation abgeschlossen ist, aber keinen Unterraum von $\mathbb{R}^2$ darstellt.

Lösung

a) Man betrachte $U = \mathbb{Z}^2 = \{\boldsymbol{x} = [x_1, x_2]^T \in \mathbb{R}^2 \mid x_1, x_2 \in \mathbb{Z}\}$.

- Beweis von **(UR0)**: $\mathbf{0} \in U$, weil $0 \in \mathbb{Z}$ ✓
- Beweis von **(UR1)**: Es seien $\boldsymbol{x} = [x_1, x_2]^T \in U$ und $\boldsymbol{y} = [y_1, y_2]^T \in U$. Dann gilt $x_1, x_2, y_1, y_2 \in \mathbb{Z}$. Daraus folgt $x_1 + y_1 \in \mathbb{Z}$ und $x_2 + y_2 \in \mathbb{Z}$, d. h. $\boldsymbol{x} + \boldsymbol{y} \in U$. ✓
- Beweis von **(UR2)**: Gegenbeispiel: Man betrachte $\boldsymbol{x} = [1, 1]^T \in U$ und $\alpha = \sqrt{3} \in \mathbb{R}$. Dann ist $\alpha \boldsymbol{x} = [\sqrt{3}, \sqrt{3}]^T \notin U$. ✗

U ist abgeschlossen bezüglich der Addition, trotzdem ist U kein Unterraum von $\mathbb{R}^2$.

b) Man betrachte $U = \{\boldsymbol{x} = [x_1, x_2]^T \in \mathbb{R}^2 \mid x_1 x_2 = 0\}$.

- Beweis von **(UR0)**: $\mathbf{0} \in U$, weil $0 \cdot 0 = 0$ ✓
- Beweis von **(UR1)**: Es seien $\boldsymbol{x} = [x_1, x_2]^T \in U$ und $\boldsymbol{y} = [y_1, y_2]^T \in U$ ($\Rightarrow x_1 x_2 = 0$ und $y_1 y_2 = 0$). Dann gilt:

$$\boldsymbol{x} + \boldsymbol{y} = \begin{bmatrix} x_1 + y_1 \\ x_2 + y_2 \end{bmatrix} \Rightarrow (x_1 + y_1)(x_2 + y_2) = \underbrace{x_1 x_2}_{=0} + x_1 y_2 + x_2 y_1 + \underbrace{x_2 y_2}_{=0}$$

$$= x_1 y_2 + x_2 y_1 \neq 0 \Rightarrow \boldsymbol{x} + \boldsymbol{y} \notin U \text{ ✗}$$

- Beweis von **(UR2)**: Es seien $\boldsymbol{x} = [x_1, x_2]^T \in U$ und $\alpha \in \mathbb{R}$. Dann gilt:

$$\alpha\,\boldsymbol{x} = \begin{bmatrix} \alpha\, x_1 \\ \alpha\, x_2 \end{bmatrix} \Rightarrow (\alpha\, x_1)(\alpha\, x_2) = \alpha^2 \underbrace{x_1 x_2}_{=0} = \alpha^2\, 0 = 0 \Rightarrow \alpha\,\boldsymbol{x} \in U \checkmark$$

Obwohl U abgeschlossen ist bezüglich der Skalarmultiplikation, ist U trotzdem kein Unterraum von $\mathbb{R}^2$. ■

Übung 5.13

• • ∘ Sind die folgenden Teilmengen Unterräume?

a) $U_1 = \{\boldsymbol{x} \in \mathbb{R}^3 \mid x_1 x_2 - x_3 = 0\} \subset \mathbb{R}^3$
b) $U_2 = \{\boldsymbol{x} \in \mathbb{C}^2 \mid x_1 + i x_2 = 0\} \subset \mathbb{C}^2$
c) $U_3 = \{\boldsymbol{x} \in \mathbb{R}^2 \mid x_1 + x_2 = 2\} \subset \mathbb{R}^2$
d) $U_4 = \{\boldsymbol{x} \in \mathbb{Z}_2^2 \mid x_1 + x_2 = 2\} \subset \mathbb{Z}_2^2$
e) $U_5 = \{\boldsymbol{x} \in \mathbb{R}^n \mid \sum_{i=1}^n x_i^2 = 0\} \subset \mathbb{R}^n$
f) $U_6 = \{\boldsymbol{A} \in \mathbb{R}^{n\times n} \mid \det(\boldsymbol{A}) = 2\} \subset \mathbb{R}^{n\times n}$
g) $U_7 = \{\boldsymbol{A} \in \mathbb{R}^{n\times n} \mid \boldsymbol{A}\boldsymbol{x} = \boldsymbol{b}$ hat eine eindeutige Lösung$\} \subset \mathbb{R}^{n\times n}$
h) $U_8 = \{p(x) = a_0 + a_1 x + a_2 x^2 \in P_2(\mathbb{R}) \mid a_0 = a_1 = a_2\} \subset P_2(\mathbb{R})$

Lösung

a) **Nein.** U_1 ist nicht abgeschlossen bezüglich der Skalarmultiplikation. Zum Beispiel (nach etwas Probieren oder „genauem Hinschauen“): $\boldsymbol{x} = [1, 1, 1]^T \in U_1$, weil $1 \cdot 1 - 1 = 1 - 1 = 0$ ✓. Aber $2\,\boldsymbol{x} = [2, 2, 2]^T \notin U_1$, weil $2 \cdot 2 - 2 = 4 - 2 = 2 \neq 0$ ✗.

b) **Ja.**

- Beweis von **(UR0)**: $\boldsymbol{0} \in U_2$, weil $0 + i\,0 = 0$ ✓
- Beweis von **(UR1)**: Es seien $\boldsymbol{x} = [x_1, x_2]^T \in U_2$ und $\boldsymbol{y} = [y_1, y_2]^T \in U_2$. Dann gilt:

$$\boldsymbol{x} + \boldsymbol{y} = \begin{bmatrix} x_1 + y_1 \\ x_2 + y_2 \end{bmatrix} \Rightarrow (x_1 + y_1) + i(x_2 + y_2) = \underbrace{x_1 + i x_2}_{=0} + \underbrace{y_1 + i y_2}_{=0}$$

$$= 0 + 0 = 0 \Rightarrow \boldsymbol{x} + \boldsymbol{y} \in U_2 \checkmark$$

- Beweis von **(UR2)**: Es seien $\boldsymbol{x} = [x_1, x_2]^T \in U_2$ und $\alpha \in \mathbb{C}$. Dann gilt:

$$\alpha\,\boldsymbol{x} = \begin{bmatrix} \alpha\, x_1 \\ \alpha\, x_2 \end{bmatrix} \Rightarrow (\alpha\, x_1) + i(\alpha\, x_2) = \alpha \underbrace{(x_1 + i x_2)}_{=0} = \alpha\, 0 = 0 \Rightarrow \alpha\,\boldsymbol{x} \in U_2 \checkmark$$

Alternative: U_2 ist die Lösungsmenge eines homogenen LGS; U_2 ist somit ein Unterraum von $\mathbb{C}^2$.

c) **Nein.** U_3 ist die Lösungsmenge eines inhomogenen LGS; U_3 ist somit kein Unterraum von $\mathbb{R}^2$

d) **Ja.** In $\mathbb{Z}_2$ gilt: $2 = 0$. U_4 ist somit die Lösungsmenge eines homogenen LGS, also ein Unterraum von $\mathbb{Z}_2^2$.

e) Der einzige Vektor in $\mathbb{R}^n$ mit $\sum_{i=1}^n x_i = ||\boldsymbol{x}||^2 = 0$ ist der Nullvektor $\mathbf{0}$. U_5 besteht somit nur aus der Menge mit dem Nullvektor $U_5 = \{\mathbf{0}\}$ und ist somit ein Unterraum von $\mathbb{R}^n$ (der triviale Unterraum).

f) **Nein.** U_6 ist nicht abgeschlossen bezüglich der Skalarmultiplikation. Es sei $\boldsymbol{A} \in U_6$ $\Rightarrow \det(\boldsymbol{A}) = 2$. Nach den Rechenregeln für die Determinante gilt dann: $\det(\alpha\, \boldsymbol{A}) = \alpha^n \det(\boldsymbol{A}) = 2\alpha^n \neq 2 \Rightarrow \boldsymbol{A} \notin U_6$ ✗

g) Aus ▶ Kap. 2 wissen wir, dass das LGS $\boldsymbol{A}\boldsymbol{x} = \boldsymbol{b}$ genau dann eine eindeutige Lösung hat, wenn $\det(\boldsymbol{A}) \neq 0$. Die Nullmatrix ist somit kein Element von U_7, weil $\det(\mathbf{0}) = 0$. U_7 ist also **kein** Unterraum von $\mathbb{R}^{n\times n}$.

h) **Ja.** U_8 ist die Menge der Polynome der Form $p(x) = a(1 + x + x^2)$ mit $a \in \mathbb{R}$.

- Beweis von **(UR0)**: $p(x) = 0 \in U_8$, weil $a_0 = a_1 = a_2 = 0$ ✓
- Beweis von **(UR1)**: Es seien $p(x) = a(1+x+x^2) \in U_8$ und $q(x) = b(1+x+x^2) \in U_8$. Dann gilt: $p(x)+q(x) = a(1+x+x^2)+b(1+x+x^2) = (a+b)(1+x+x^2) \in U_8$ ✓
- Beweis von **(UR2)**: Es seien $p(x) = a(1 + x + x^2) \in U_8$ und $\alpha \in \mathbb{R}$. Dann gilt: $\alpha\, p(x) = \alpha\, a(1 + x + x^2) = (\alpha\, a)(1 + x + x^2) \in U_8$ ✓ ■

Übung 5.14

● ○ ○ Es seien U und W zwei Unterräume des Vektorraums V. Welche der folgenden Teilmengen von V sind Unterräume?

a) $\emptyset = \{\,\}$ **b)** $\{0\}$ **c)** $U\backslash W$

Lösung

a) **Nein.** Der Nullvektor ist nicht in $\emptyset$ enthalten.

b) **Ja.** Die Menge $\{0\}$ erfüllt trivialerweise alle Eigenschaften eines Unterraumes (Definition 5.2).

c) **Nein.** $U\backslash W = \{v \in U \mid v \notin W\}$ besteht aus den Elementen von U, welche nicht in W enthalten sind. Da W ein Unterraum von V ist, muss W den Nullvektor enthalten. Somit enthält $U\backslash W$ nicht den Nullvektor, also kann $U\backslash W$ keinen Unterraum sein. ■

Übung 5.15

● ○ ○ Es seien $\boldsymbol{A}, \boldsymbol{B} \in \mathbb{K}^{m\times n}$. Ist $U = \{\boldsymbol{x} \in \mathbb{K}^n \mid \boldsymbol{A}\boldsymbol{x} = \boldsymbol{B}\boldsymbol{x}\}$ ein Unterraum von $\mathbb{K}^n$?

Lösung

Ja. Wir weisen (UR0) und die kombinierte Bedingung (UR) nach:

- Beweis von **(UR0)**: $\mathbf{0} \in U$, weil $\boldsymbol{A}\boldsymbol{x} = \mathbf{0} = \boldsymbol{B}\boldsymbol{x}$ ✓
- Beweis von **(UR)**: Es seien $\boldsymbol{x}, \boldsymbol{y} \in U$ und $\alpha \in \mathbb{K}$. Dann gilt: $\boldsymbol{A}(\alpha\, \boldsymbol{x}+\boldsymbol{y}) = \alpha\, \boldsymbol{A}\boldsymbol{x}+\boldsymbol{A}\boldsymbol{y} = \alpha\, \boldsymbol{B}\boldsymbol{x} + \boldsymbol{B}\boldsymbol{y} = \boldsymbol{B}(\alpha\, \boldsymbol{x} + \boldsymbol{y}) \Rightarrow \alpha\, \boldsymbol{x} + \boldsymbol{y} \in U$ ✓ ■

Übung 5.16

• ○ ○ Man gebe alle Unterräume von $(\mathbb{Z}_2)^2$ explizit an.

Lösung

$(\mathbb{Z}_2)^2$ enthält genau $2^2 = 4$ Elemente (vgl. Übung 5.6). Diese sind:

$$(\mathbb{Z}_2)^2 = \left\{ \begin{bmatrix} 0 \\ 0 \end{bmatrix}, \begin{bmatrix} 1 \\ 0 \end{bmatrix}, \begin{bmatrix} 0 \\ 1 \end{bmatrix}, \begin{bmatrix} 1 \\ 1 \end{bmatrix} \right\}.$$

Jeder Unterraum von $(\mathbb{Z}_2)^2$ muss mindestens den Nullvektor enthalten. Außerdem muss die Summe von je zwei Elemente des Unterraumes wieder zum Unterraum gehören. Die möglichen Unterräume von $(\mathbb{Z}_2)^2$ sind somit

$$\left\{ \begin{bmatrix} 0 \\ 0 \end{bmatrix} \right\}, \quad \left\{ \begin{bmatrix} 0 \\ 0 \end{bmatrix}, \begin{bmatrix} 1 \\ 0 \end{bmatrix} \right\}, \quad \left\{ \begin{bmatrix} 0 \\ 0 \end{bmatrix}, \begin{bmatrix} 0 \\ 1 \end{bmatrix} \right\}, \quad (\mathbb{Z}_2)^2 = \left\{ \begin{bmatrix} 0 \\ 0 \end{bmatrix}, \begin{bmatrix} 1 \\ 0 \end{bmatrix}, \begin{bmatrix} 0 \\ 1 \end{bmatrix}, \begin{bmatrix} 1 \\ 1 \end{bmatrix} \right\}.$$

■

5.3 Affine Unterräume

Wir diskutieren nun sogenannte **affine Unterräume**, welche Teilmenge sind, die durch **Parallelverschiebung von Unterräumen** entstehen.

5.3.1 Definition

Im Folgenden sei V ein Vektorraum über $\mathbb{K}$.

▶ Definition 5.3 (Affiner Unterraum)

Ein **affiner Unterraum** ist eine Menge

$$X = v + U = \{v + u \,|\, u \in U\}, \tag{5.7}$$

wobei $v \in V$ ein fester **Vektor** in V und $U \subset V$ ein **Unterraum** von V ist. v heißt **Stützvektor** und U der zugeordnete **Ursprungsunterraum** von X. ◀

Der affine Unterraum $X = v + U = \{v + u \,|\, u \in U\}$ entsteht aus der **Parallelverschiebung** des Ursprungsunterraum U um den Vektor v. Ein affiner Raum ist also ein „verschobener" Unterraum (◘ Abb. 5.4).

Bemerkung

Der Ursprungsunterraum U ist für jeden affinen Unterraum eindeutig bestimmt. Als Stützvektor kann man einen beliebigen Vektor aus X wählen.

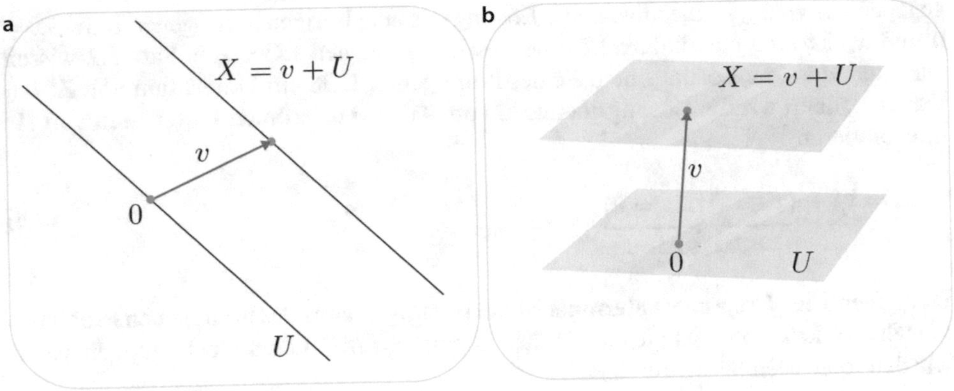

Abb. 5.4 (**a**) Affine Gerade und (**b**) affine Ebene

Affine Unterräume von $\mathbb{K}^n$

- ein einzelner **Punkt** im Raum;
- eine **affine Gerade** durch v;
- eine **affine Ebene** durch v;
- eine **affine Hyperebene** durch v.

Beachte, dass diese affinen Unterräume i.A. keine Unterräume sind, weil sie den Nullvektor nicht enthalten.

▶ Beispiel

Als Ursprungsunterraum wählen wir die Gerade U durch den Ursprung

$$U = \left\{ \boldsymbol{x} \in \mathbb{R}^3 \;\middle|\; \begin{bmatrix} x_1 \\ x_2 \\ x_3 \end{bmatrix} = t \begin{bmatrix} 1 \\ 1 \\ 1 \end{bmatrix},\ t \in \mathbb{R} \right\}.$$

Der Stützvektor sei $\boldsymbol{v} = [1, 0, 0]^T$. Dann ist

$$X = \boldsymbol{v} + U = \left\{ \boldsymbol{x} \in \mathbb{R}^3 \;\middle|\; \begin{bmatrix} x_1 \\ x_2 \\ x_3 \end{bmatrix} = \begin{bmatrix} 1 \\ 0 \\ 0 \end{bmatrix} + t \begin{bmatrix} 1 \\ 1 \\ 1 \end{bmatrix},\ t \in \mathbb{R} \right\}$$

ein affiner Unterraum. X ist eine verschobene Gerade, welche durch $[1, 0, 0]^T$ geht. Beachte, dass X kein Unterraum ist, weil X den Nullvektor nicht enthält. ◀

5.3.2 Affine Unterräume und LGS

Es seien $\boldsymbol{A} \in \mathbb{K}^{m \times n}$ und $\boldsymbol{b} \in \mathbb{K}^m$. Aus ▶ Abschn. 2.2.8 wissen wir, dass die Lösung eines inhomogenen LGS $\boldsymbol{A}\boldsymbol{x} = \boldsymbol{b}$ durch

$$\boldsymbol{x} = \boldsymbol{x}_{\text{Homo}} + \boldsymbol{x}_p$$

gegeben ist. $\boldsymbol{x}_{\text{Homo}}$ ist die allgemeine Lösung des zugehörigen homogenen LGS $\boldsymbol{Ax} = \boldsymbol{0}$ und $\boldsymbol{x}_p$ ist eine partikuläre Lösung des inhomogenen LGS. Aus Satz 5.2 wissen wir auch, dass die Lösungsmenge eines homogenen LGS ein Unterraum von $\mathbb{K}^n$ ist. Daher können wir die Lösungsmenge $\mathbb{L}$ von $\boldsymbol{Ax} = \boldsymbol{b}$ als affinen Unterraum von $\mathbb{K}^n$ interpretieren

$$\mathbb{L} = \boldsymbol{x}_p + \underbrace{\{\boldsymbol{x} \in \mathbb{K}^n \mid \boldsymbol{Ax} = \boldsymbol{0}\}}_{= \text{Ursprungsunterraum}} \tag{5.8}$$

Der zugehörige **Ursprungsunterraum** ist die Lösungsmenge des homogenen Problems. Der **Stützvektor** von $\mathbb{L}$ ist die partikuläre Lösung $\boldsymbol{x}_p$. Mit diesen Überlegungen haben wir den folgenden Satz motiviert.

► Satz 5.3 (Lösungsmengen von LGS und affine Unterräume)

Ist $\boldsymbol{A} \in \mathbb{K}^{m \times n}$ und $\boldsymbol{b} \in \mathbb{K}^m$, so ist die **Lösungsmenge** des (inhomogenen) LGS $\boldsymbol{Ax} = \boldsymbol{b}$ ein **affiner Unterraum** von $\mathbb{K}^n$. Umgekehrt ist jeder affiner Raum die **Lösungsmenge** eines LGS. ◄

5.3.3 Parameterdarstellung von affinen Unterräumen

Nach Satz 5.3 ist jeder affine Unterraum X durch ein (inhomogenes) LGS beschrieben. Man kann also X durch explizite Angabe der Lösungsmenge des LGS beschreiben. Wir erhalten also die folgende Darstellung eines affinen Unterraumes

$$X = \{\boldsymbol{v} + t_1\boldsymbol{v_1} + t_2\boldsymbol{v_2} + \cdots + t_r\boldsymbol{v_r} \mid t_i \in \mathbb{K}\} \tag{5.9}$$

welche **Parameterdarstellung** von X heißt. $\boldsymbol{v_1}, \boldsymbol{v_2}, \cdots, \boldsymbol{v_r}$ sind die **Spannvektoren**. Für affine Geraden oder Ebenen entspricht Gl. (5.9) genau der Parameterdarstellung von Geraden oder Ebenen im Raum (vgl. Anhang A).

► Beispiel

$X = \{\boldsymbol{x} \in \mathbb{R}^3 \mid x_1 + x_2 + x_3 = -1\}$ beschreibt die Lösungsmenge des LGS

$$\underbrace{\begin{bmatrix} 1 & 1 & 1 \end{bmatrix}}_{=\boldsymbol{A}} \underbrace{\begin{bmatrix} x_1 \\ x_2 \\ x_3 \end{bmatrix}}_{=\boldsymbol{x}} = \underbrace{-1}_{=\boldsymbol{b}}.$$

Nach Satz 5.3 ist X ein affiner Unterraum von $\mathbb{R}^3$. Die Parameterdarstellung von X erhalten wir als Lösungsmenge des obigen LGS

$$X = \left\{ \boldsymbol{x} \in \mathbb{R}^3 \;\middle|\; \begin{bmatrix} x_1 \\ x_2 \\ x_3 \end{bmatrix} = \begin{bmatrix} -1 \\ 0 \\ 0 \end{bmatrix} + t \begin{bmatrix} -1 \\ 1 \\ 0 \end{bmatrix} + s \begin{bmatrix} -1 \\ 0 \\ 1 \end{bmatrix}, \ t, s \in \mathbb{R} \right\}.$$

X beschreibt eine affine Ebene durch den Punkt $[-1, 0, 0]^T$. ◄

Übung 5.17

• ○ ○ Welche der folgenden Teilmengen von $\mathbb{R}^n$ sind Unterräume? Welche sind affine Unterräume?

a) $X_1 = \{x \in \mathbb{R}^3 \mid x_1 + 2x_2 + x_3 = 0\}$
b) $X_2 = \{x \in \mathbb{R}^3 \mid x_1 + 2x_2 + x_3 = 1\}$
c) $X_3 = \{x \in \mathbb{R}^4 \mid x_1 = x_2,\ x_1 = 1 - x_3 - x_4\}$
d) $X_4 = \{x \in \mathbb{R}^4 \mid x_1 = x_2,\ x_1 = -x_3 - x_4\}$
e) $X_5 = \{[x_1, x_2, 1]^T \mid x_1, x_2 \in \mathbb{R}\}$
f) $X_6 = \{[0, x_2, 0]^T \mid x_2 \in \mathbb{R}\}$
g) $X_7 = \{x \in \mathbb{R}^3 \mid x_1^2 + x_2^2 + x_3 = 0\}$

Lösung

Wir wenden Satz 5.3 an.

a) X_1 ist die Lösungsmenge eines **homogenen** LGS. Somit ist X_1 ein Unterraum und zugleich auch ein affiner Unterraum.
b) X_2 ist die Lösungsmenge eines **inhomogenen** LGS. Somit ist X_2 ein affiner Unterraum, aber kein Unterraum.
c) X_3 ist die Lösungsmenge eines **inhomogenen** LGS. Somit ist X_3 ein affiner Unterraum, aber kein Unterraum.
d) X_4 ist die Lösungsmenge eines **homogenen** LGS. X_4 ist ein Unterraum und zugleich auch ein affiner Unterraum.
e) X_5 ist die Lösungsmenge eines **inhomogenen** LGS $\Rightarrow X_5$ ist kein Unterraum, jedoch ist ein affiner Unterraum.
f) X_6 ist die Lösungsmenge eines **homogenen** LGS $\Rightarrow X_6$ ist ein Unterraum sowie ein affiner Unterraum.
g) Wegen den quadratischen Termen $x_1^2 + x_2^2$ stammt X_7, nicht aus einem LGS $\Rightarrow X_7$ ist kein Unterraum und zugleich auch kein affiner Unterraum. ■

Übung 5.18

• ○ ○ Man zeige, dass $Y = \{x \in \mathbb{R}^n \mid x_n = 1\}$ ein affiner Unterraum von $\mathbb{R}^n$ ist. Wie lautet der zugehörige Ursprungsunterraum?

Lösung

Y können wir wie folgt umschreiben:

$$Y = \left\{ \begin{bmatrix} x_1 \\ \vdots \\ x_{n-1} \\ 1 \end{bmatrix} \middle| \; x_i \in \mathbb{R} \right\} = \begin{bmatrix} 0 \\ \vdots \\ 0 \\ 1 \end{bmatrix} + \underbrace{\left\{ \begin{bmatrix} x_1 \\ \vdots \\ x_{n-1} \\ 0 \end{bmatrix} \middle| \; x_i \in \mathbb{R} \right\}}_{=\,\text{zugehöriger Ursprungsunterraum}}$$

Y ist somit ein affiner Unterraum. Der zugehörige Ursprungsunterraum U ist die Menge aller Vektoren $x \in \mathbb{R}^n$ mit $x_n = 0$. ■

Übung 5.19

• ∘ ∘ Man zeige, dass $Y = \{A \in \mathbb{R}^{2\times 2} \mid \text{Spur}(A) = 1\}$ ein affiner Unterraum von $\mathbb{R}^{2\times 2}$ ist. Was ist der zugehörige Ursprungsunterraum?

Lösung

Es sei $A = \begin{bmatrix} a & b \\ c & d \end{bmatrix} \in \mathbb{R}^{2\times 2}$. Die Bedingung $\text{Spur}(A) = 1$ ist äquivalent zu $a + d = 1 \Rightarrow d = 1 - a$. Daher ist

$$Y = \left\{ A \in \mathbb{R}^{2\times 2} \,\middle|\, A = \begin{bmatrix} a & b \\ c & 1-a \end{bmatrix}, a, b, c \in \mathbb{R} \right\} = \begin{bmatrix} 0 & 0 \\ 0 & 1 \end{bmatrix} + \underbrace{\left\{ A \in \mathbb{R}^{2\times 2} \,\middle|\, A = \begin{bmatrix} a & b \\ c & -a \end{bmatrix} \right\}}_{=\{A \in \mathbb{R}^{2\times 2} | \text{Spur}(A)=0\}}$$

$Y = \begin{bmatrix} 0 & 0 \\ 0 & 1 \end{bmatrix} + U$ ist somit ein affiner Unterraum. Der zugehörige Ursprungsunterraum U ist die Menge der spurlosen (2×2)-Matrizen. ■

Übung 5.20

• ∘ ∘ Man zeige, dass $Y = \{p(x) \in P_2(\mathbb{R}) \mid p(0) = 1, \, p'(0) = 1\}$ ein affiner Unterraum von $P_2(\mathbb{R})$ ist. Wie lautet der zugehörige Ursprungsunterraum?

Lösung

Es sei $p(x) = a_0 + a_1 x + a_2 x^2$. Die Bedingungen $p(0) = 1$ und $p'(0) = 1$ sind äquivalent zu $a_0 = 1$ und $a_1 = 1$. Daher ist

$$Y = \left\{ p(x) \in P_2(\mathbb{R}) \,\middle|\, p(x) = 1 + x + a_2 x^2, \, a_2 \in \mathbb{R} \right\} = 1 + x + \underbrace{\left\{ p(x) \in P_2(\mathbb{R}) \,\middle|\, p(x) = a_2 x^2 \right\}}_{=\text{zugehöriger Ursprungsunterraum}}$$

$Y = 1 + x + U$ ist somit ein affiner Unterraum und der zugehörige Ursprungsunterraum U ist die Menge der Polynome $p(x) = a_2 x^2$. ■

5.4 Operationen mit Unterräumen

5.4.1 Durchschnitt und Vereinigung

► **Definition 5.4**

Es seien $U \subset V$ und $W \subset V$ Unterräume von V. Deren **Durchschnitt** ist

$$U \cap W := \{v \in V \mid v \in U \text{ und } v \in W\} \tag{5.10}$$

◄

Es gilt (vgl. Übung 5.22):

▶ Satz 5.4 (Durchschnitt von Unterräumen)

Es seien $U \subset V$ und $W \subset V$ Unterräume von V. Dann ist der Durchschnitt $U \cap W$ ein Unterraum von V. ◀

Bemerkung

Wichtig: Die Vereinigung $U \cup W$ ist im Allgemeinen **kein** Unterraum von V.

Übung 5.21

● ○ ○ Man betrachte die folgenden Unterräume von $\mathbb{R}^3$:
- $U_1 = \{\boldsymbol{x} \in \mathbb{R}^3 \mid x_1 + 2x_2 = 3x_3\}$
- $U_2 = \{\boldsymbol{x} \in \mathbb{R}^3 \mid x_1 + x_2 - 4x_3 = 0,\ x_1 = x_2\}$
- $U_3 = \{\boldsymbol{x} \in \mathbb{R}^3 \mid x_1 = x_2 = x_3\}$

Man bestimme $U_1 \cap U_2$ und $U_1 \cap U_3$.

Lösung

$U_1 \cap U_2$ ist der folgende Unterraum

$$U_1 \cap U_2 = \left\{\boldsymbol{x} \in \mathbb{R}^3 \;\middle|\; x_1 + 2x_2 = 3x_3,\ x_1 + x_2 - 4x_3 = 0,\ x_1 = x_2\right\}.$$

Wir bekommen somit ein homogenes (3×3)-LGS, das wir mit dem Gauß-Algorithmus lösen können:

$$\begin{cases} x_1 + 2x_2 - 3x_3 = 0 & (Z_1) \\ x_1 + x_2 - 4x_3 = 0 & (Z_2) \\ x_1 - x_2 = 0 & (Z_3) \end{cases} \rightsquigarrow \left[\begin{array}{ccc|c} 1 & 2 & -3 & 0 \\ 1 & 1 & -4 & 0 \\ 1 & -1 & 0 & 0 \end{array}\right] \overset{\substack{(Z_2)-(Z_1)\\(Z_3)-(Z_1)}}{\rightsquigarrow} \left[\begin{array}{ccc|c} 1 & 2 & -3 & 0 \\ 0 & -1 & -1 & 0 \\ 0 & -3 & 3 & 0 \end{array}\right]$$

$$\overset{(Z_3)-3(Z_2)}{\rightsquigarrow} \left[\begin{array}{ccc|c} 1 & 1 & -3 & 0 \\ 0 & -1 & -1 & 0 \\ 0 & 0 & 6 & 0 \end{array}\right] = \boldsymbol{Z}$$

Die einzige Lösung des LGS ist $x_1 = x_2 = x_3 = 0$. Somit $U_1 \cap U_2 = \{\boldsymbol{0}\}$.
$U_1 \cap U_3$ ist der folgende Unterraum

$$U_1 \cap U_3 = \left\{\boldsymbol{x} \in \mathbb{R}^3 \;\middle|\; x_1 + 2x_2 = 3x_3,\ x_1 = x_2,\ x_2 = x_3\right\}.$$

Wir erhalten somit ein homogenes (3×3)-LGS, das wir mit dem Gauß-Algorithmus lösen können:

$$\begin{cases} x_1 + 2x_2 - 3x_3 = 0 & (Z_1) \\ x_1 - x_2 = 0 & (Z_2) \\ x_2 - x_3 = 0 & (Z_3) \end{cases} \rightsquigarrow \left[\begin{array}{ccc|c} 1 & 2 & -3 & 0 \\ 1 & -1 & 0 & 0 \\ 0 & 1 & -1 & 0 \end{array}\right] \overset{(Z_2)-(Z_1)}{\rightsquigarrow} \left[\begin{array}{ccc|c} 1 & 2 & -3 & 0 \\ 0 & -3 & 3 & 0 \\ 0 & 1 & -1 & 0 \end{array}\right]$$

$$\overset{(Z_3)+(Z_2)}{\overset{(Z_2)/3}{\rightsquigarrow}} \left[\begin{array}{ccc|c} 1 & 2 & -3 & 0 \\ 0 & -1 & 1 & 0 \\ 0 & 0 & 0 & 0 \end{array}\right] = \boldsymbol{Z}$$

Wir erhalten 2 Gleichungen mit 3 Unbekannten. Eine Unbekannte ist somit frei wählbar, z. B. $x_3 = t$. Aus der zweiten Gleichung folgt dann $x_2 = x_3 = t$ und aus der ersten Gleichung $x_1 = -2x_2 + 3x_3 = t$. Somit ist:

$$U_1 \cap U_3 = \left\{ \boldsymbol{x} \in \mathbb{R}^3 \,\middle|\, \begin{bmatrix} x_1 \\ x_2 \\ x_3 \end{bmatrix} = t \begin{bmatrix} 1 \\ 1 \\ 1 \end{bmatrix},\ t \in \mathbb{R} \right\}.$$

$U_1 \cap U_3$ ist eine Gerade durch den Nullpunkt und somit ein Unterraum. ■

Übung 5.22

● ○ ○ Es seien U, W Unterräume von V. Man zeige:

a) $U \cap W = \{v \in V \mid v \in U \text{ und } v \in W\}$ ist ein Unterraum von V.

b) $U \cup W$ ist im Allgemeinen kein Unterraum von V *(Hinweis: Gegenbeispiel)*.

Lösung

a) Wir müssen einfach nachweisen, dass $U \cap W$ die drei Eigenschaften eines Unterraumes erfüllt:

- Beweis von **(UR0)**: Da U und W selbst Unterräume sind, gilt $0 \in U$ und $0 \in W$. Somit ist $0 \in U \cap W$. ✓
- Beweis von **(UR1)**: Es seien $v_1, v_2 \in U \cap W$, d. h. v_1 und v_2 gehören zu U *und* W. Da U ein Unterraum von V ist, gilt $v_1 + v_2 \in U$. Weil W ein Unterraum von V ist folgt $v_1 + v_2 \in W$. $v_1 + v_2$ gehört somit zu U und W, d. h. $v_1 + v_2 \in U \cap W$. ✓
- Beweis von **(UR2)**: Es seien $v \in U \cap W$ (d. h. $v \in U$ und $v \in W$) und $\alpha \in \mathbb{K}$. Weil U und W Unterräume sind gilt $\alpha v \in U$ und $\alpha v \in W$. Dies bedeutet $\alpha v \in U \cap W$. ✓

b) Wir betrachten ein einfaches Gegenbeispiel (es gibt mehrere!). Es seien $V = \mathbb{R}^2$ und

$$U_1 = x_1\text{-Achse} = \left\{ \begin{bmatrix} x_1 \\ 0 \end{bmatrix} \,\middle|\, x_1 \in \mathbb{R} \right\}, \quad U_2 = x_2\text{-Achse} = \left\{ \begin{bmatrix} 0 \\ x_2 \end{bmatrix} \,\middle|\, x_2 \in \mathbb{R} \right\}.$$

U_1 und U_2 sind Unterräume von V. Die Vereinigung $U_1 \cup U_2 = x_1$-Achse $\cup$ x_2-Achse ist aber kein Unterraum von V, weil sie bezüglich der Summe nicht abgeschlossen ist. Zum Beispiel betrachte man die Vektoren $[1, 0]^T \in U_1$ und $[0, 1]^T \in U_2$. Deren Summe $[1, 0]^T + [0, 1]^T = [1, 1]^T$ gehört weder zu U_1 noch zu U_2, also gehört sie nicht zu $U_1 \cup U_2$. Somit ist $U_1 \cup U_2$ kein Unterraum von V (▶ Abb. 5.5).

Beachte, dass $U_1 \cap U_2 = \{0\}$ ein Unterraum ist (enthält nur den Nullvektor). ■

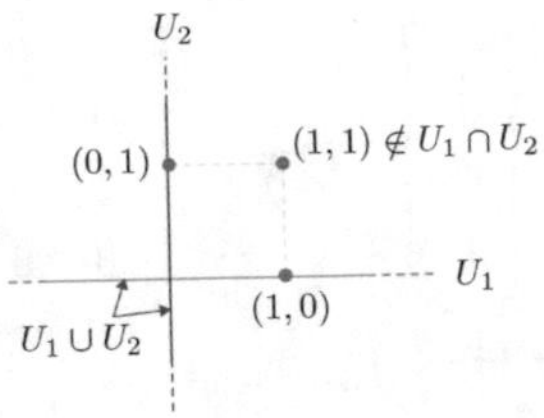

Abb. 5.5 Die Menge $U_1 \cup U_2$ in Übung 5.22(b) ist die Vereinigung der x_1- und x_2-Achse. Diese Menge ist kein Unterraum: Die Vektoren $[1,0]^T$ und $[0,1]^T$ sind beide in $U_1 \cup U_2$; deren Summe $[1,1]^T$ ist aber kein Element von $U_1 \cup U_2$!

Übung 5.23

● ○ ○ Man betrachte die folgenden affinen Unterräume von $\mathbb{R}^4$:

$$Y_1 = \begin{bmatrix} 2 \\ 0 \\ 0 \\ 1 \end{bmatrix} + \left\{ \alpha_1 \begin{bmatrix} 1 \\ 1 \\ 0 \\ 0 \end{bmatrix} + \alpha_2 \begin{bmatrix} 0 \\ 1 \\ 1 \\ 0 \end{bmatrix} + \alpha_3 \begin{bmatrix} 0 \\ 0 \\ 1 \\ 1 \end{bmatrix} \middle| \alpha_1, \alpha_2, \alpha_3 \in \mathbb{R} \right\}$$

$$Y_2 = \begin{bmatrix} 3 \\ 1 \\ 0 \\ 0 \end{bmatrix} + \left\{ \beta_1 \begin{bmatrix} 0 \\ 1 \\ 0 \\ 0 \end{bmatrix} + \beta_2 \begin{bmatrix} -1 \\ 1 \\ 2 \\ 0 \end{bmatrix} \middle| \beta_1, \beta_2 \in \mathbb{R} \right\}$$

Man zeige, dass $Y_1 \cap Y_2$ ein affiner Unterraum ist.

Lösung

Um den Durchschnitt $Y_1 \cap Y_2$ zu bestimmen, setzen wir

$$\begin{bmatrix} 2 \\ 0 \\ 0 \\ 1 \end{bmatrix} + \alpha_1 \begin{bmatrix} 1 \\ 1 \\ 0 \\ 0 \end{bmatrix} + \alpha_2 \begin{bmatrix} 0 \\ 1 \\ 1 \\ 0 \end{bmatrix} + \alpha_3 \begin{bmatrix} 0 \\ 0 \\ 1 \\ 1 \end{bmatrix} = \begin{bmatrix} 3 \\ 1 \\ 0 \\ 0 \end{bmatrix} + \beta_1 \begin{bmatrix} 0 \\ 1 \\ 0 \\ 0 \end{bmatrix} + \beta_2 \begin{bmatrix} -1 \\ 1 \\ 2 \\ 0 \end{bmatrix}.$$

Wir erhalten ein LGS, das wir mit dem Gauß-Algorithmus lösen:

$$\begin{cases} -\alpha_1 & & & & - \beta_2 = -1 & (Z_1) \\ -\alpha_1 - \alpha_2 & & + \beta_1 & + \beta_2 & = -1 & (Z_2) \\ & - \alpha_2 - \alpha_3 & & + 2\beta_2 & = 0 & (Z_3) \\ & - \alpha_3 & & & = 1 & (Z_4) \end{cases} \rightsquigarrow \left[\begin{array}{ccccc|c} -1 & 0 & 0 & 0 & -1 & -1 \\ -1 & -1 & 0 & 1 & 1 & -1 \\ 0 & -1 & -1 & 0 & 2 & 0 \\ 0 & 0 & -1 & 0 & 0 & 1 \end{array}\right]$$

$$\overset{(Z_2)-(Z_1)}{\rightsquigarrow}\left[\begin{array}{ccccc|c} -1 & 0 & 0 & 0 & -1 & -1 \\ 0 & -1 & 0 & 1 & 2 & 0 \\ 0 & -1 & -1 & 0 & 2 & 0 \\ 0 & 0 & -1 & 0 & 0 & 1 \end{array}\right] \overset{(Z_3)-(Z_2)}{\rightsquigarrow}\left[\begin{array}{ccccc|c} -1 & 0 & 0 & 0 & -1 & -1 \\ 0 & -1 & 0 & 1 & 2 & 0 \\ 0 & 0 & -1 & -1 & 0 & 0 \\ 0 & 0 & -1 & 0 & 0 & 1 \end{array}\right]$$

$$\overset{(Z_4)-(Z_3)}{\rightsquigarrow}\left[\begin{array}{ccccc|c} -1 & 0 & 0 & 0 & -1 & -1 \\ 0 & -1 & 0 & 1 & 2 & 0 \\ 0 & 0 & -1 & -1 & 0 & 0 \\ 0 & 0 & 0 & 1 & 0 & 1 \end{array}\right] = \boldsymbol{Z}$$

Es folgt $\beta_1 = 1$ und $\beta_2 = t$ ist beliebig. Es ist:

$$Y_1 \cap Y_2 = \left\{ \begin{bmatrix} 3 \\ 1 \\ 0 \\ 0 \end{bmatrix} + \begin{bmatrix} 0 \\ 1 \\ 0 \\ 0 \end{bmatrix} + t \begin{bmatrix} -1 \\ 1 \\ 2 \\ 0 \end{bmatrix} \middle| \, t \in \mathbb{R} \right\} = \begin{bmatrix} 3 \\ 2 \\ 0 \\ 0 \end{bmatrix} + \left\{ t \begin{bmatrix} -1 \\ 1 \\ 2 \\ 0 \end{bmatrix} \middle| \, t \in \mathbb{R} \right\}.$$

$Y_1 \cap Y_2$ ist somit ein affiner Unterraum. Er repräsentiert eine affine Gerade durch $[3, 2, 0, 0]^T$.

■

5.4.2 Summe

Da die Vereinigung von Unterräumen keine vernünftige Menge im Sinne der linearen Algebra, ist führt man stattdessen die sogenannte **Summe** von Unterräumen ein:

▶ Definition 5.5 (Summe von Unterräumen)

Es seien U und W zwei Unterräume des Vektorraums V. Dann definiert man deren **Summe** als

$$\boxed{U + W := \{u + w \,|\, u \in U,\ w \in W\}} \tag{5.11}$$

◄

Bemerkung

Die Summe $U + W$ besteht aus allen Vektoren, die durch Addition von Vektoren aus U und W gebildet werden. Es sind also alles Elemente der Form „etwas von U plus etwas von W" (■ Abb. 5.6).

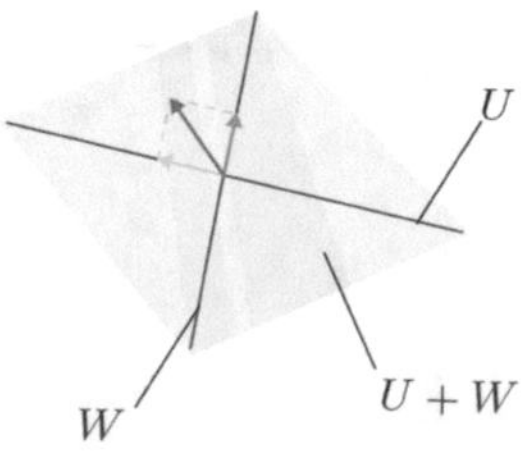

■ **Abb. 5.6** Die Summe $U + W$ enthält alle Vektoren, welche aus der Addition von Vektoren aus U und W entstehen. Es gilt auch $U + W = \text{Span}(U, W) = \langle U, W \rangle$ (vgl. ▶ Abschn. 6.1)

Die Summe von Unterräumen ist ein Unterraum

► **Satz 5.5 (Summe)**

Es seien U und W zwei Unterräume des Vektorraums V. Die **Summe** $U + W$ ist dann ein Unterraum von V (vgl. Übung 5.24). $U + W$ ist sogar der **kleinste Unterraum** von V, der U und W enthält! ◄

► **Beispiel**

Man betrachte die Unterräume $U = \left\{ \boldsymbol{x} \in \mathbb{R}^3 \,\middle|\, \boldsymbol{x} = \left[\begin{smallmatrix} a \\ 0 \\ c \end{smallmatrix}\right],\ a, c \in \mathbb{R} \right\}$ und $W = \left\{ \boldsymbol{x} \in \mathbb{R}^3 \,\middle|\, \boldsymbol{x} = \left[\begin{smallmatrix} 0 \\ b \\ c \end{smallmatrix}\right],\ b, c \in \mathbb{R} \right\}$. Dann ist $U \cap W$ der Unterraum bestehend aus allen Vektoren $\boldsymbol{x}$, welche sowohl in U und W liegen, d. h.

$$U \cap W = \left\{ \boldsymbol{x} \in \mathbb{R}^3 \,\middle|\, \boldsymbol{A} = \left[\begin{smallmatrix} 0 \\ 0 \\ c \end{smallmatrix}\right],\ c \in \mathbb{R} \right\}.$$

$U + W$ enthält alle Vektoren, welche aus der Addition von Vektoren aus U und W entstehen, d. h.

$$U + W = \left\{ \boldsymbol{x} \in \mathbb{R}^3 \,\middle|\, \boldsymbol{A} = \left[\begin{smallmatrix} a \\ b \\ c \end{smallmatrix}\right],\ a, b, c \in \mathbb{R} \right\} = \mathbb{R}^3. \blacktriangleleft$$

► **Beispiel**

Man betrachte die Unterräume $U = \left\{ \boldsymbol{A} \in \mathbb{R}^{2\times 2} \,\middle|\, \boldsymbol{A} = \left[\begin{smallmatrix} a & b \\ 0 & 0 \end{smallmatrix}\right],\ a, b \in \mathbb{R} \right\}$ und $W = \left\{ \boldsymbol{A} \in \mathbb{R}^{2\times 2} \,\middle|\, \boldsymbol{A} = \left[\begin{smallmatrix} a & 0 \\ c & 0 \end{smallmatrix}\right],\ a, c \in \mathbb{R} \right\}$. Dann ist $U \cap W$ der Unterraum bestehend aus allen Matrizen $\boldsymbol{A}$, welche gleichzeitig zu U und W gehören, d. h.

$$U \cap W = \left\{ \boldsymbol{A} \in \mathbb{R}^{2\times 2} \,\middle|\, \boldsymbol{A} = \left[\begin{smallmatrix} a & 0 \\ 0 & 0 \end{smallmatrix}\right],\ a \in \mathbb{R} \right\}.$$

$U + W$ enthält alle Matrizen, welche aus der Addition von Matrizen aus U und W entstehen, d. h.

$$U + W = \left\{ \boldsymbol{A} \in \mathbb{R}^{2\times 2} \,\middle|\, \boldsymbol{A} = \left[\begin{smallmatrix} a & b \\ c & 0 \end{smallmatrix}\right],\ a, b, c \in \mathbb{R} \right\}. \blacktriangleleft$$

Übung 5.24

●●○ Es seien U, W Unterräume von V. Man zeige:

a) Die Summe $U + W = \{u + w \,|\, u \in U,\ w \in W\}$ ist ein Unterraum von V.

b) $U + W$ ist der kleinste Unterraum von V, der U und W enthält.

Lösung

a) Wir zeigen einfach, dass $U + W$ die drei Eigenschaften eines Unterraumes erfüllt:

- Beweis von **(UR0)**: Der Nullvektor ist in $U + W$ enthalten, weil $0 = \underbrace{0}_{\in U} + \underbrace{0}_{\in W} \in U + W$. Dabei haben wir benutzt, dass U und W selbst Unterräume sind, sodass sie den Nullvektor enthalten. ✓
- Beweis von **(UR1)**: Es seien $v_1 = u_1 + w_1$ und $v_2 = u_2 + w_2$ zwei Elemente aus $U + W$ (mit $u_1, u_2 \in U$ und $w_1, w_2 \in W$). Dann gilt:

$$v_1 + v_2 = (u_1 + w_1) + (u_2 + w_2) = (u_1 + u_2) + (v_1 + v_2).$$

Weil U ein Unterraum von V ist, gilt: $u_1 + u_2 \in U$. Analog ist $w_1 + w_2 \in W$, weil W ein Unterraum von V ist. Somit gilt: $v_1 + v_2 = \underbrace{(u_1 + u_2)}_{\in U} + \underbrace{(v_1 + v_2)}_{\in W} \in U + W$

✓

- Beweis von **(UR2)**: Es seien $v = u + w \in U + W$ ($u \in U$ und $w \in W$) und $\alpha \in \mathbb{K}$. Dann gilt:

$$\alpha\, v = \alpha\,(u + w) = \underbrace{\alpha\, u}_{\in U} + \underbrace{\alpha\, w}_{\in W} \in U + W \checkmark$$

Dabei haben wir benutzt, dass U und W Unterräume sind, sodass $u \in U \Rightarrow \alpha\, u \in U$ und $w \in W \Rightarrow \alpha\, w \in W$.

b) Per Definition enthält $U + W$ sicher U und W. Wie zeigt man aber, dass $U + W$ der *kleinste* Unterraum ist, der U und W enthält? Wir betrachten einen beliebigen Unterraum $Z \subset V$ von V, der U und W enthält. Dann zeigen wir, dass $U + W \subset Z$ gelten muss. Damit hat man gezeigt, dass $U + W$ in der Tat der kleinste Unterraum ist, der U und W enthält. Legen wir los. Es sei $Z \subset V$ ein Unterraum von V, der U und W enthält. Es seien nun $u \in U$ und $w \in W$ zwei Elemente aus U bzw. W. Weil Z sowohl U als auch W enthält, gilt $u \in Z$ und $w \in Z$. Weil Z ein Unterraum ist, muss auch die Summe $u + w$ in Z enthalten sein, d. h. $u + w \in Z$. Dies bedeutet $U + W \subset Z$. Somit ist $U + W$ der kleinste Unterraum, der U und W enthält. ■

5.4.3 Direkte Summe

▶ Definition 5.6 (Direkte Summe von Unterräumen)

Es seien U und W zwei Unterräume von V. Dann heißt V **direkte Summe** von U und W, wenn die **beiden Bedingungen** erfüllt sind

1) $U + W = V$

2) $U \cap W = \{0\}$.

Geschrieben wird $V := U \oplus W$, was stets als "V ist die direkte Summe von U und W" gelesen wird. ◀

Bemerkung

$V = U \oplus W$ ist eine kompakte Schreibweise für die zwei Bedingungen 1) $U + W = V$ und 2) $U \cap W = \{0\}$. Aus diesem Grund müssen wir diese beiden Bedingungen überprüfen, wenn wir beweisen wollen, dass $V = U \oplus W$ ist.

Eigenschaften der direkten Summe

Man könnte sich nun Folgendes fragen: Warum haben wir das Konzept einer direkten Summe überhaupt eingeführt? Ist der Begriff der Summe von Unterräumen nicht genug? Direkte Summen haben nützliche Eigenschaften, einschließlich (vgl. Übung 5.29)

► Satz 5.6 (Darstellung von Elementen einer direkten Summe)

Es sei $V = U \oplus W$. Dann lässt sich jedes Element $v \in V$ auf **genau** eine Art als Summe von Elementen aus U und W schreiben. Mit anderen Worten: Die Darstellung eines Elements $v \in v$ als

$$v = u + w, \quad u \in U,\ w \in W$$

ist **eindeutig**. ◄

Bemerkung

Beachte, dass bei „einfachen" Summen die Zerlegung $v = u + w \in U + W$ im Allgemeinen **nicht eindeutig** ist. Die Darstellung eines Elements $v \in V$ mit $v = u + w \in U + W$ ist nur dann eindeutig, wenn $U \cap W = \{0\}$ gilt, d. h. wenn U und W sozusagen „unabhängig" sind. Aus diesem Grund benötigen wir die Bedingung $U \cap W = \{0\}$ in der Definition der direkten Summe.

► Beispiel

Man betrachte die folgenden Unterräume von $\mathbb{R}^3$

$$U = \left\{ \begin{bmatrix} x_1 \\ x_2 \\ 0 \end{bmatrix} \middle| \; x_1, x_2 \in \mathbb{R} \right\}, \quad W = \left\{ \begin{bmatrix} 0 \\ 0 \\ x_3 \end{bmatrix} \middle| \; x_3 \in \mathbb{R} \right\}.$$

Geometrisch ist U die x_1x_2-Ebene und W die x_3-Achse. Was ist $U + W$? Es sind alle Elemente der Form etwas von U plus etwas von W, d. h.

$$\begin{bmatrix} x_1 \\ x_2 \\ 0 \end{bmatrix} + \begin{bmatrix} 0 \\ 0 \\ x_3 \end{bmatrix} = \begin{bmatrix} x_1 \\ x_2 \\ x_3 \end{bmatrix}.$$

Somit ist $U + W$ ganz $\mathbb{R}^3$, d. h. $U + W = \mathbb{R}^3$. Was ist $U \cap W$? Der Unterraum $U \cap W$ besteht aus allen Vektoren, welche sowohl in U als auch W liegen. Der einzige Vektor, der in U und W liegt, ist der Nullvektor, d. h. $U \cap W = \{\mathbf{0}\}$. Somit ist $U + W$ eine direkte Summe (◘ Abb. 5.7). Wir schreiben deshalb $\mathbb{R}^3 = U \oplus W$.
Beachte, dass man jeden Vektor in $\mathbb{R}^3$ wie folgt schreiben kann:

$$\begin{bmatrix} x_1 \\ x_2 \\ x_3 \end{bmatrix} = \underbrace{\begin{bmatrix} x_1 \\ x_2 \\ 0 \end{bmatrix}}_{\in U} + \underbrace{\begin{bmatrix} 0 \\ 0 \\ x_3 \end{bmatrix}}_{\in W} \in U + W.$$

Diese Darstellung ist eindeutig. Diese Eigenschaft folgt aus der Tatsache, dass U und W den trivialen Durchschnitt $U \cap W = \{\mathbf{0}\}$ haben (der Nullvektor ist der einzige Vektor, der sowohl in U als auch in W liegt). ◄

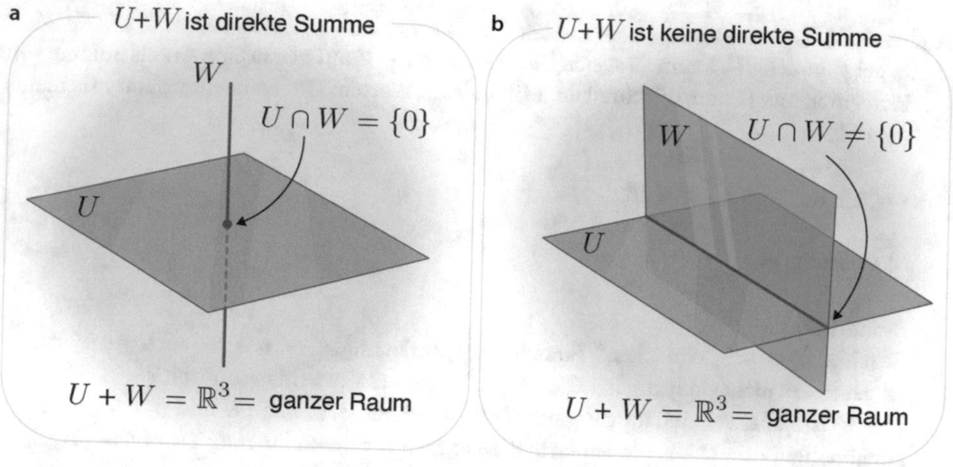

Abb. 5.7 Unterschied zwischen Summe und direkter Summe

► Beispiel

Nun betrachten wir die folgenden Unterräume von $\mathbb{R}^3$

$$U = \left\{ \begin{bmatrix} x_1 \\ x_2 \\ 0 \end{bmatrix} \middle| \; x_1, x_2 \in \mathbb{R} \right\}, \quad W = \left\{ \begin{bmatrix} 0 \\ x_2 \\ x_3 \end{bmatrix} \middle| \; x_2, x_3 \in \mathbb{R} \right\}.$$

Es ist $U + W = \mathbb{R}^3$, aber

$$U \cap W = \left\{ \begin{bmatrix} 0 \\ x_2 \\ 0 \end{bmatrix} \middle| \; x_2 \in \mathbb{R} \right\} \neq \{\mathbf{0}\}.$$

$U + W$ ist somit **keine** direkte Summe (Abb. 5.7). Geometrisch interpretiert man das Resultat so, dass es mehr als eine Art gibt, Vektoren in V als Summe von Vektoren aus U und W zu schreiben. Zum Beispiel:

$$\begin{bmatrix} x_1 \\ x_2 \\ x_3 \end{bmatrix} = \underbrace{\begin{bmatrix} x_1 \\ x_2 \\ 0 \end{bmatrix}}_{\in U} + \underbrace{\begin{bmatrix} 0 \\ 0 \\ x_3 \end{bmatrix}}_{\in W} = \underbrace{\begin{bmatrix} x_1 \\ 0 \\ 0 \end{bmatrix}}_{\in U} + \underbrace{\begin{bmatrix} 0 \\ x_2 \\ x_3 \end{bmatrix}}_{\in W} = \underbrace{\begin{bmatrix} x_1 \\ \frac{x_2}{2} \\ 0 \end{bmatrix}}_{\in U} + \underbrace{\begin{bmatrix} 0 \\ \frac{x_2}{2} \\ x_3 \end{bmatrix}}_{\in W} = \text{usw.}$$

d. h. die Eindeutigkeit der Darstellung $v = u + w \in U + W$ geht verloren! ◄

Übung 5.25

• ○ ○ Man betrachte die folgenden Unterräume von $\mathbb{R}^2$:

$$U_1 = x_1\text{-Achse} = \left\{ \begin{bmatrix} x_1 \\ 0 \end{bmatrix} \middle| \; x_1 \in \mathbb{R} \right\}, \quad U_2 = x_2\text{-Achse} = \left\{ \begin{bmatrix} 0 \\ x_2 \end{bmatrix} \middle| \; x_2 \in \mathbb{R} \right\}.$$

Man zeige $\mathbb{R}^2 = U_1 \oplus U_2$.

Lösung

Wir müssen zwei Sachen nachweisen: (1) $U_1 + U_2 = \mathbb{R}^2$ und (2) $U_1 \cap U_2 = \{0\}$.

1) Jeden Vektor $\boldsymbol{x}$ in $\mathbb{R}^2$ kann man wie folgt darstellen:

$$\boldsymbol{x} = \begin{bmatrix} x_1 \\ x_2 \end{bmatrix} = \underbrace{\begin{bmatrix} x_1 \\ 0 \end{bmatrix}}_{\in U_1} + \underbrace{\begin{bmatrix} 0 \\ x_2 \end{bmatrix}}_{\in U_2} \quad \Rightarrow \quad \boldsymbol{x} \in U_1 + U_2$$

Somit $U_1 + U_2 = \mathbb{R}^2$ ✓

2) Alle Vektoren in U_1 haben die Form $[x_1, 0]^T$, während jeder Vektor in U_2 die Form $[0, x_2]^T$ hat. Der einzige Vektor, der sowohl in U_1 als auch in U_2 liegt, ist der Nullvektor, d. h. $U_1 \cap U_2 = \{0\}$ ✓

Da Punkte (1) und (2) erfüllt sind, ist $U_1 + U_2$ eine direkte Summe. Wir schreiben somit $\mathbb{R}^2 = U_1 \oplus U_2$. ■

Übung 5.26

• • ○ Es seien $\text{Sym}_n(\mathbb{R})$ und $\text{Skew}_n(\mathbb{R})$ die Mengen der symmetrischen bzw. schiefsymmetrischen reellen $(n \times n)$-Matrizen.

a) Man zeige, dass $\text{Sym}_n(\mathbb{R})$ und $\text{Skew}_n(\mathbb{R})$ Unterräume von $\mathbb{R}^{n\times n}$ sind.

b) Man zeige: $V = \text{Sym}_n(\mathbb{R}) \oplus \text{Skew}_n(\mathbb{R})$.

Lösung

a) Wir haben bereits in Übung 5.10 gezeigt, dass $\text{Sym}_n(\mathbb{R})$ ein Unterraum von $\mathbb{R}^{n\times n}$ ist. Nun zeigen wir, dass $\text{Skew}_n(\mathbb{R})$ ein Unterraum ist:

- Beweis von **(UR0)**: Wegen $\mathbf{0}^T = -\mathbf{0}$ gehört $\mathbf{0}$ zu $\text{Skew}_n(\mathbb{R})$. ✓
- Beweis von **(UR1)**: Es seien $\boldsymbol{A}, \boldsymbol{B} \in \text{Skew}_n(\mathbb{R})$ ($\Rightarrow \boldsymbol{A}^T = -\boldsymbol{A}$ und $\boldsymbol{B}^T = -\boldsymbol{B}$). Mit den Rechenregeln für die Transponierte finden wir dann:

$$(\boldsymbol{A} + \boldsymbol{B})^T = \underbrace{\boldsymbol{A}^T}_{=-\boldsymbol{A}} + \underbrace{\boldsymbol{B}^T}_{=-\boldsymbol{B}} = -(\boldsymbol{A} + \boldsymbol{B}) \Rightarrow \boldsymbol{A} + \boldsymbol{B} \in \text{Skew}_n(\mathbb{R}) \checkmark$$

- Beweis von **(UR2)**: Es seien $\boldsymbol{A} \in \text{Skew}_n(\mathbb{R})$ und $\alpha \in \mathbb{R}$. Dann gilt:

$$(\alpha\, \boldsymbol{A})^T = \alpha \underbrace{\boldsymbol{A}^T}_{=-\boldsymbol{A}} = -\alpha\, \boldsymbol{A} \Rightarrow \alpha\, \boldsymbol{A} \in \text{Skew}_n(\mathbb{R}) \checkmark$$

b) Wir gehen wie in Übung 5.25 vor, und weisen die folgenden Punkten nach: (1) $\mathrm{Sym}_n(\mathbb{R}) + \mathrm{Skew}_n(\mathbb{R}) = \mathbb{R}^{n\times n}$ und (2) $\mathrm{Sym}_n(\mathbb{R}) \cap \mathrm{Skew}_n(\mathbb{R}) = \{0\}$.

1) In Übung 1.35 haben wir bereits gezeigt, dass jede reelle $(n \times n)$-Matrix sich als Summe einer symmetrischen und einer schiefsymmetrischen Matrix schreiben lässt:

$$\boldsymbol{A} = \boldsymbol{S} + \boldsymbol{T}, \quad \text{wobei } \boldsymbol{S} = \frac{\boldsymbol{A} + \boldsymbol{A}^T}{2} \in \mathrm{Sym}_n(\mathbb{R}) \text{ und } \boldsymbol{T} = \frac{\boldsymbol{A} - \boldsymbol{A}^T}{2} \in \mathrm{Skew}_n(\mathbb{R}).$$

Somit $\mathrm{Sym}_n(\mathbb{R}) + \mathrm{Skew}_n(\mathbb{R}) = \mathbb{R}^{n\times n}$. ✓

2) Die einzige Matrix, welche sowohl symmetrisch als antisymmetrisch ist, ist die Nullmatrix. Denn

$$\left.\begin{array}{l} \boldsymbol{A}^T = \boldsymbol{A} \Rightarrow a_{ji} = a_{ij} \\ \boldsymbol{A}^T = -\boldsymbol{A} \Rightarrow a_{ji} = -a_{ij} \end{array}\right\} \Rightarrow a_{ij} = -a_{ij} \Rightarrow a_{ij} = 0$$

Somit $\mathrm{Sym}_n(\mathbb{R}) \cap \mathrm{Skew}_n(\mathbb{R}) = \{0\}$. ✓

Dies zeigt $\mathbb{R}^{n\times n} = \mathrm{Sym}_n(\mathbb{R}) \oplus \mathrm{Skew}_n(\mathbb{R})$. ■

Übung 5.27

• • ∘ Es sei $V = C^0(\mathbb{R})$ der Vektorraum der stetigen Funktionen $f : \mathbb{R} \to \mathbb{R}$. Man betrachte die Unterräume der geraden bzw. ungeraden Funktionen

$$G = \{f \in C^0(\mathbb{R}) \,|\, f(-x) = f(x)\}, \quad U = \{f \in C^0(\mathbb{R}) \,|\, f(-x) = -f(x)\}$$

Man zeige: $V = G \oplus U$.

Lösung

Wir müssen die folgenden Sachen nachweisen: (1) $G + U = V$ und (2) $G \cap U = \{0\}$.

(1) Jede Funktion $f \in C^0(\mathbb{R})$ kann man wie folgt darstellen (vgl. Übung 1.35):

$$\begin{aligned} f(x) &= \frac{f(x)}{2} + \frac{f(x)}{2} = \frac{f(x)}{2} + \frac{f(x)}{2} + \frac{f(-x)}{2} - \frac{f(-x)}{2} \\ &= \underbrace{\frac{f(x)+f(-x)}{2}}_{=:g(x)} + \underbrace{\frac{f(x)-f(-x)}{2}}_{=:u(x)} = g(x) + u(x). \end{aligned}$$

Die Funktion $g(x)$ ist gerade, d. h. $g \in G$

$$g(-x) = \frac{f(-x)+f(x)}{2} = \frac{f(x)+f(-x)}{2} = g(x).$$

Die Funktion $u(x)$ ist ungerade, d. h. $g \in U$

$$u(-x) = \frac{f(-x)-f(x)}{2} = -\frac{f(x)-f(-x)}{2} = -u(x).$$

Somit können wir jede Funktion $f \in C^0(\mathbb{R})$ als Summe einer geraden und einer ungeraden Funktion schreiben. Daraus folgt: $G + U = V$. ✓

(2) Die einzige Funktion, welche sowohl gerade als auch ungerade, ist die Nullfunktion. Denn

$$f(-x) = f(x) \text{ und } f(-x) = -f(x) \quad \Rightarrow \quad f(x) = -f(x) \quad \Rightarrow \quad f(x) = 0$$

Somit $G \cap U = \{0\}$. ✓

Dies zeigt $V = G \oplus U$. ■

Übung 5.28

• • ○ Es sei $V = \mathbb{R}^{m\times n}$ der Vektorraum der reellen $(m \times n)$-Matrizen. Man betrachte die Teilmenge der Blockdiagonalmatrizen:

$$\mathcal{B} = \left\{ A \in \mathbb{R}^{m\times n} \;\middle|\; A = \left[\begin{array}{c|c} A_1 & \mathbf{0} \\ \hline \mathbf{0} & A_2 \end{array}\right],\ A_1 \in \mathbb{R}^{p\times q},\ A_2 \in \mathbb{R}^{r\times s} \right\}$$

mit $p + r = m$ und $q + s = n$.

a) Man zeige, dass $\mathcal{B}$ ein Unterraum von V ist.

b) Man zeige $\mathcal{B} = \mathcal{B}_1 \oplus \mathcal{B}_2$, wobei

$$\mathcal{B}_1 = \left\{ A \in \mathbb{R}^{m\times n} \;\middle|\; A = \left[\begin{array}{c|c} A_1 & \mathbf{0} \\ \hline \mathbf{0} & \mathbf{0} \end{array}\right],\ A_1 \in \mathbb{R}^{p\times q} \right\}$$

$$\mathcal{B}_2 = \left\{ A \in \mathbb{R}^{m\times n} \;\middle|\; A = \left[\begin{array}{c|c} \mathbf{0} & \mathbf{0} \\ \hline \mathbf{0} & A_2 \end{array}\right],\ A_2 \in \mathbb{R}^{r\times s} \right\}$$

c) Aufgrund von Teilaufgabe (b), führt man eine neue Operation für Matrizen ein: die direkte Summe von Matrizen, definiert durch $\boldsymbol{A} \oplus \boldsymbol{B} := \left[\begin{array}{c|c} \boldsymbol{A} & \mathbf{0} \\ \hline \mathbf{0} & \boldsymbol{B} \end{array}\right]$. Man berechne $\begin{bmatrix} 2 & 1 & 2 \\ 0 & 1 & 2 \end{bmatrix} \oplus \begin{bmatrix} 1 & -1 \\ 2 & 0 \\ -1 & 5 \end{bmatrix}$.

Lösung

a) Wir zeigen, dass $\mathcal{B}$ die drei Eigenschaften eines Unterraumes erfüllt:

- Beweis von **(UR0)**: Die $(m \times n)$-Nullmatrix kann man als eine Blockdiagonalmatrix auffassen $\mathbf{0} = \left[\begin{array}{c|c} \mathbf{0} & \mathbf{0} \\ \hline \mathbf{0} & \mathbf{0} \end{array}\right]$. Daraus folgt $\mathbf{0} \in \mathcal{B}$. ✓
- Beweis von **(UR1)**: Es seien nun $\boldsymbol{A}, \boldsymbol{B} \in \mathcal{B}$ zwei Blockdiagonalmatrizen. Dann ist deren Summe

$$\boldsymbol{A} + \boldsymbol{B} = \left[\begin{array}{c|c} A_1 & \mathbf{0} \\ \hline \mathbf{0} & A_2 \end{array}\right] + \left[\begin{array}{c|c} B_1 & \mathbf{0} \\ \hline \mathbf{0} & B_2 \end{array}\right] = \left[\begin{array}{c|c} A_1 + B_1 & \mathbf{0} \\ \hline \mathbf{0} & A_2 + B_2 \end{array}\right] \in \mathcal{B}\ ✓$$

- Beweis von **(UR2)**: Es seien $A \in B$ und $\alpha \in \mathbb{R}$. Dann gilt:

$$A = \left[\begin{array}{c|c} A_1 & 0 \\ \hline 0 & A_2 \end{array}\right] \in B \Rightarrow \alpha A = \alpha \left[\begin{array}{c|c} A_1 & 0 \\ \hline 0 & A_2 \end{array}\right] = \left[\begin{array}{c|c} \alpha A_1 & 0 \\ \hline 0 & \alpha A_2 \end{array}\right] \in B \checkmark$$

b) Um $B = B_1 \oplus B_2$ zu zeigen, müssen wir die folgenden Punkten überprüfen: (1) $B_1 + B_2 = B$ und (2) $B_1 \cap B_2 = \{\mathbf{0}\}$.

1) Jede Blockdiagonalmatrix $A \in B$ lässt sich wie folgt schreiben:

$$A = \left[\begin{array}{c|c} A_1 & 0 \\ \hline 0 & A_2 \end{array}\right] = \underbrace{\left[\begin{array}{c|c} A_1 & 0 \\ \hline 0 & 0 \end{array}\right]}_{\in B_1} + \underbrace{\left[\begin{array}{c|c} 0 & 0 \\ \hline 0 & A_2 \end{array}\right]}_{\in B_2} \in B_1 + B_2.$$

Somit $B_1 + B_2 = B$. ✓

2) Es sei $A = \left[\begin{array}{c|c} A_1 & 0 \\ \hline 0 & A_2 \end{array}\right] \in B_1 \cap B_2$. Dann gilt:

$$\left.\begin{array}{l} A \in B_1 \Rightarrow A = \left[\begin{array}{c|c} A_1 & 0 \\ \hline 0 & 0 \end{array}\right] \quad \text{d. h. } A_2 = 0 \\ A \in B_2 \Rightarrow A = \left[\begin{array}{c|c} 0 & 0 \\ \hline 0 & A_2 \end{array}\right] \quad \text{d. h. } A_1 = 0 \end{array}\right\} \Rightarrow A_1 = A_2 = 0 \Rightarrow A = 0.$$

Somit $B_1 \cap B_2 = \{\mathbf{0}\}$. ✓

Dies zeigt $B = B_1 \oplus B_2$.

c) $$\begin{bmatrix} 2 & 1 & 2 \\ 0 & 1 & 2 \end{bmatrix} \oplus \begin{bmatrix} 1 & -1 \\ 2 & 0 \\ -1 & 5 \end{bmatrix} = \left[\begin{array}{ccc|cc} 2 & 1 & 2 & 0 & 0 \\ 0 & 1 & 2 & 0 & 0 \\ \hline 0 & 0 & 0 & 1 & -1 \\ 0 & 0 & 0 & 2 & 0 \\ 0 & 0 & 0 & -1 & 5 \end{array}\right].$$ ■

Übung 5.29

●●○ Es sei $V = U \oplus W$. Man zeige: Jedes $v \in V$ kann auf nur eine Weise als $v = u + w$ geschrieben werden, wobei $u \in U$ und $w \in W$.

Lösung

Es sei $V = U \oplus W$. Per Definition heißt dies $V = U + W$ und $U \cap W = \{0\}$. Es sei $v \in V$. Wegen $V = U + W$ gibt es $u \in U$ und $w \in W$ mit $v = u + w$. Wir wollen zeigen, dass diese Zerlegung eindeutig ist. Nehmen wir an, dass es eine weitere Zerlegung $v = u' + w'$ gibt mit $u' \in U$ und $w' \in W$. Dann ist $v = u + w = u' + w' \Rightarrow u - u' = w - w'$. Weil U ein Unterraum ist, ist $u - u' \in U$. Analog ist $w - w' \in W$. Aus $u - u' = w - w'$ folgt $u - u', w - w' \in U \cap W$. Wegen $U \cap W = \{0\}$ finden wir $u - u' = 0$ und $w - w' = 0$, d. h. $u = u'$ und $w = w'$. Die Zerlegung $v = u + w \in U + W$ ist somit eindeutig. ■

Vektorraumstruktur: Basis, Dimension und Koordinaten

Inhaltsverzeichnis

T. C. T. Michaels, M. Liechti, *Prüfungstraining Lineare Algebra*, Grundstudium Mathematik Prüfungstraining, https://doi.org/10.1007/978-3-030-65886-1_6

Im letzten Kapitel haben wir die Begriffe „Vektorraum" und „Unterraum" eingeführt und diese anhand von mehreren Beispielen eingeübt. Wir wollen uns jetzt mit der **Struktur** dieser Vektorräume (oder Unterräume) beschäftigen. Grundsätzlich geht es darum, die folgenden wichtigen Fragen zu beantworten:
- Wie „gross" ist ein vorgelegter Vektorraum?
- Wie sieht ein beliebiges Element aus einem solchen Vektorraum aus?

Diese Fragen kann man mit zentralen Begriffen wie **Basis**, **Dimension** und **Koordinaten** treffend beantworten.

LERNZIELE

Nach gewissenhaftem Bearbeiten des ► Kap. 6 sind Sie in der Lage:
- wichtige Vektorraumstrukturen wie Basis, Dimension und Koordinaten zu erklären und anzuwenden,
- wichtige Vektorraumstrukturen wie Basis, Dimension und Koordinaten algebraisch und geometrisch zu interpretieren,
- lineare Unabhängigkeit von Vektoren und Erzeugendensysteme zu erklären,
- das Konzept von Basis anhand typischer Beispiele erklären und anzuwenden,
- das Rangkriterium und Determinanten-Kriterium anwenden und daraus wichtige Schlüsse über lineare Unabhängigkeit, Erzeugendensysteme und Basis zu ziehen,
- das Prinzip der Basiswechsel für Vektoren zu verstehen und praktisch durchzuführen

6.1 Linearkombinationen, Span und Erzeugendensysteme

Im Folgenden seien:
- V = **Vektorraum** über dem Körper $\mathbb{K}$ (z. B. $V = \mathbb{R}^n$, $\mathbb{R}^{m\times n}$, $P_n(\mathbb{R})$, usw.);
- $\boldsymbol{u}, \boldsymbol{v}, \boldsymbol{w}, \cdots \in V$ = Elemente (**Vektoren**) aus V (es könnten übliche Vektoren, Matrizen, Polynome usw. sein)
- $\alpha, \beta, \gamma, \cdots \in \mathbb{K}$ = **Skalare** (d. h. Zahlen aus dem Körper $\mathbb{K} = \mathbb{R}, \mathbb{C}$ usw.)

6.1.1 Linearkombinationen

Es seien $\boldsymbol{v}_1, \boldsymbol{v}_2, \cdots, \boldsymbol{v}_k$ Vektoren aus V.

► Definition 6.1 (Linearkombination)

Der Ausdruck

$$\boxed{\alpha_1 \boldsymbol{v}_1 + \alpha_2 \boldsymbol{v}_1 + \cdots + \alpha_k \boldsymbol{v}_k = \sum_{i=1}^{k} \alpha_i \boldsymbol{v}_i} \tag{6.1}$$

heißt eine **Linearkombination** der Vektoren $\boldsymbol{v}_1, \boldsymbol{v}_2, \cdots, \boldsymbol{v}_k$ mit den Koeffizienten $\alpha_1, \alpha_2, \cdots, \alpha_k \in \mathbb{K}$. ◄

Beispiele

Übung 6.1

○ ○ ○ Es seien $\boldsymbol{v_1} = \begin{bmatrix} 1 \\ 2 \end{bmatrix}$, $\boldsymbol{v_2} = \begin{bmatrix} -3 \\ 2 \end{bmatrix}$, $\boldsymbol{v_3} = \begin{bmatrix} 4 \\ 0 \end{bmatrix}$. Man berechne die folgenden Linearkombinationen

a) $\boldsymbol{u} = 2\boldsymbol{v_1} + \boldsymbol{v_2} - 3\boldsymbol{v_3}$,

b) $\boldsymbol{w} = \boldsymbol{v_1} - \boldsymbol{v_2} + \boldsymbol{v_3}$.

Lösung

a) $\boldsymbol{u} = 2\boldsymbol{v_1} + \boldsymbol{v_2} - 3\boldsymbol{v_3} = 2\begin{bmatrix} 1 \\ 2 \end{bmatrix} + \begin{bmatrix} -3 \\ 2 \end{bmatrix} - 3\begin{bmatrix} 4 \\ 0 \end{bmatrix} = \begin{bmatrix} -13 \\ 6 \end{bmatrix}$.

b) $\boldsymbol{w} = \boldsymbol{v_1} - \boldsymbol{v_2} + \boldsymbol{v_3} = \begin{bmatrix} 1 \\ 2 \end{bmatrix} - \begin{bmatrix} -3 \\ 2 \end{bmatrix} + \begin{bmatrix} 4 \\ 0 \end{bmatrix} = \begin{bmatrix} 8 \\ 0 \end{bmatrix}$. ■

Übung 6.2

○ ○ ○ Man betrachte $\boldsymbol{v_1} = \begin{bmatrix} 1 \\ 3 \end{bmatrix}$, $\boldsymbol{v_2} = \begin{bmatrix} 1 \\ 5 \end{bmatrix}$, $\boldsymbol{w} = \begin{bmatrix} 1 \\ 1 \end{bmatrix}$. Man schreibe den Vektor $\boldsymbol{w}$ als Linearkombination von $\boldsymbol{v_1}$ und $\boldsymbol{v_2}$.

Lösung

Wir suchen zwei Zahlen $\alpha_1, \alpha_2 \in \mathbb{R}$, sodass gilt

$$\boldsymbol{w} = \alpha_1 \boldsymbol{v_1} + \alpha_2 \boldsymbol{v_1} \Rightarrow \alpha_1 \begin{bmatrix} 1 \\ 3 \end{bmatrix} + \alpha_2 \begin{bmatrix} 1 \\ 5 \end{bmatrix} = \begin{bmatrix} \alpha_1 + \alpha_2 \\ 3\alpha_1 + 5\alpha_3 \end{bmatrix} \overset{!}{=} \begin{bmatrix} 1 \\ 1 \end{bmatrix}.$$

Wir erhalten ein LGS für α_1, α_2, das wir mit dem Gauß-Algorithmus lösen können:

$$\begin{cases} \alpha_1 + \alpha_2 = 1 & (Z_1) \\ 3\alpha_1 + 5\alpha_2 = 1 & (Z_2) \end{cases} \rightsquigarrow [\boldsymbol{A}|\boldsymbol{b}] = \left[\begin{array}{cc|c} 1 & 1 & 1 \\ 3 & 5 & 1 \end{array}\right] \overset{(Z_2)-3(Z_1)}{\rightsquigarrow} \left[\begin{array}{cc|c} 1 & 1 & 1 \\ 0 & 2 & -2 \end{array}\right] = \boldsymbol{Z}.$$

Aus der zweiten Gleichung folgt $\alpha_2 = -1$. Aus der ersten Gleichung folgt entsprechend $\alpha_1 = 2$. Somit ist $\boldsymbol{w}$ eine Linearkombination von $\boldsymbol{v_1}$ und $\boldsymbol{v_2}$ und zwar $\boldsymbol{w} = 2\boldsymbol{v_1} - \boldsymbol{v_2}$. ■

In den folgenden Beispielen erzeugen wir Linearkombinationen von „verallgemeinerten" Vektorraumelementen, wie Polynome oder Matrizen.

Übung 6.3

• ○ ○ Ist das Polynom $p(x) = 3x^3 - 2x^2 - x$ eine Linearkombination der Polynomen $p_1(x) = x^3 - x$ und $p_2(x) = x^3 - x^2$?

Lösung
Wir suchen zwei Skalare $\alpha_1, \alpha_2 \in \mathbb{R}$, sodass gilt

$$p(x) = \alpha_1 p_1(x) + \alpha_2 p_2(x) \Rightarrow \alpha_1(x^3 - x) + \alpha_2(x^3 - x^2) = (\alpha_1 + \alpha_2)x^3 - \alpha_2 x^2 - \alpha_1 x$$
$$\stackrel{!}{=} 3x^3 - 2x^2 - x.$$

Der Koeffizientenvergleich liefert ein LGS für α_1, α_2:

$$\begin{cases} \alpha_1 + \alpha_2 = 3 & (Z_1) \\ -\alpha_2 = -2 & (Z_2) \\ -\alpha_1 = -1 & (Z_3) \end{cases}$$

Die Lösung ist $\alpha_1 = 1, \alpha_2 = 2$. Somit ist $p(x)$ eine Linearkombination von $p_1(x)$ und $p_2(x)$ und zwar $p(x) = p_1(x) + 2p_2(x)$.
Kontrolle: $p_1(x) + 2p_2(x) = (x^3 - x) + 2(x^3 - x^2) = 3x^3 - 2x_2 - x$ ✓ ■

Übung 6.4
● ○ ○ Man betrachte die Matrizen

$$\boldsymbol{A_1} = \begin{bmatrix} 1 & 1 \\ 1 & -1 \end{bmatrix}, \boldsymbol{A_2} = \begin{bmatrix} 1 & 0 \\ 0 & 1 \end{bmatrix}, \boldsymbol{A_3} = \begin{bmatrix} 2 & 1 \\ 1 & 1 \end{bmatrix}, \boldsymbol{A_4} = \begin{bmatrix} 0 & 1 \\ -1 & 1 \end{bmatrix}$$

Man schreibe $\boldsymbol{A} = \begin{bmatrix} -1 & 1 \\ 3 & 1 \end{bmatrix}$ als Linearkombination von $\boldsymbol{A_1}, \boldsymbol{A_2}, \boldsymbol{A_3}$ und $\boldsymbol{A_4}$.

Lösung
Wir suchen vier Skalare $\alpha_1, \alpha_2, \alpha_3, \alpha_4 \in \mathbb{R}$ derart, dass gilt $\boldsymbol{A} = \alpha_1\boldsymbol{A_1} + \alpha_2\boldsymbol{A_2} + \alpha_3\boldsymbol{A_3} + \alpha_4\boldsymbol{A_4}$ d. h.

$$\alpha_1 \begin{bmatrix} 1 & 1 \\ 1 & -1 \end{bmatrix} + \alpha_2 \begin{bmatrix} 1 & 0 \\ 0 & 1 \end{bmatrix} + \alpha_3 \begin{bmatrix} 2 & 1 \\ 1 & 1 \end{bmatrix} + \alpha_4 \begin{bmatrix} 0 & 1 \\ -1 & 1 \end{bmatrix} =$$
$$= \begin{bmatrix} \alpha_1 + \alpha_2 + 2\alpha_3 & \alpha_1 + \alpha_3 + \alpha_4 \\ \alpha_1 + \alpha_3 - \alpha_4 & -\alpha_1 + \alpha_2 + \alpha_3 + \alpha_4 \end{bmatrix} \stackrel{!}{=} \begin{bmatrix} -1 & 1 \\ 3 & 1 \end{bmatrix}.$$

Der Koeffizientenvergleich liefert ein LGS für $\alpha_1, \alpha_2, \alpha_3, \alpha_4$:

$$\begin{cases} \alpha_1 + \alpha_2 + 2\alpha_3 = -1 & (Z_1) \\ \alpha_1 + \alpha_3 + \alpha_4 = 1 & (Z_2) \\ \alpha_1 + \alpha_3 - \alpha_4 = 3 & (Z_3) \\ -\alpha_1 + \alpha_2 + \alpha_3 + \alpha_4 = 1 & (Z_4) \end{cases}$$

Die Lösung mittels Gauß-Algorithmus ist $\alpha_1 = -5, \alpha_2 = -10, \alpha_3 = 7$ und $\alpha_4 = -1$. Somit ist $\boldsymbol{A}$ eine Linearkombination der Matrizen $\boldsymbol{A_1}, \boldsymbol{A_2}, \boldsymbol{A_3}$ und $\boldsymbol{A_4}$:

$$A = -5A_1 - 10A_2 + 7A_3 - A_4.$$

Kontrolle: $-5\begin{bmatrix} 1 & 1 \\ 1 & -1 \end{bmatrix} - 10\begin{bmatrix} 1 & 0 \\ 0 & 1 \end{bmatrix} + 7\begin{bmatrix} 2 & 1 \\ 1 & 1 \end{bmatrix} - \begin{bmatrix} 0 & 1 \\ -1 & 1 \end{bmatrix} = \begin{bmatrix} -1 & 1 \\ 3 & 1 \end{bmatrix}$ ✓ ■

6.1.2 Span

Die Menge aller möglichen Linearkombinationen der Vektoren $\boldsymbol{v}_1, \cdots, \boldsymbol{v}_k$ heißt **Span** (oder **lineare Hülle**) von $\boldsymbol{v}_1, \cdots, \boldsymbol{v}_k$.

► Definition 6.2 (Span $\langle S \rangle$)

Es sei $S = \{\boldsymbol{v}_1, \cdots, \boldsymbol{v}_k\} \subset V$ eine Teilmenge von V. Der **Span** von S, welcher mit $\langle S \rangle$ bezeichnet wird, ist die **Menge aller möglichen Linearkombinationen der Vektoren aus** S

$$\langle S \rangle := \left\{ \alpha_1 \boldsymbol{v}_1 + \cdots + \alpha_k \boldsymbol{v}_k = \sum_{i=1}^{k} \alpha_i \boldsymbol{v}_i \;\middle|\; \boldsymbol{v}_i \in S,\ \alpha_i \in \mathbb{K} \right\} \tag{6.2}$$

◄

Bemerkung
Alternative Bezeichnungen für $\langle S \rangle$ sind: $\text{span}(S)$, $L(A)$, $\mathcal{L}(A)$.

Bemerkung
Der Span der leeren Menge wird definiert als $\langle \emptyset \rangle = \{\boldsymbol{0}\}$.

► Satz 6.1

$\langle S \rangle$ ist der kleinste Unterraum von V, der S enthält. ◄

Geometrische Deutung

Was ist die geometrische Deutung des Spans? $\langle S \rangle$ ist die Menge aller möglichen Linearkombinationen von Elementen von S. Für Vektoren in $\mathbb{R}^n$ gilt somit (■ Abb. 6.1):

- $\langle \boldsymbol{v} \rangle$ ist die Gerade, welche durch dem Vektor $\boldsymbol{v}$ aufgespannt wird:

  $$\langle \boldsymbol{v} \rangle = \{\alpha\, \boldsymbol{v} \mid \alpha \in \mathbb{R}\}.$$

- $\langle \boldsymbol{v}, \boldsymbol{w} \rangle$ ist die Ebene, welche durch den Vektoren $\boldsymbol{v}, \boldsymbol{w}$ aufgespannt wird:

  $$\langle \boldsymbol{v}, \boldsymbol{w} \rangle = \{\alpha\, \boldsymbol{v} + \beta \boldsymbol{w} \mid \alpha, \beta \in \mathbb{R}\}.$$

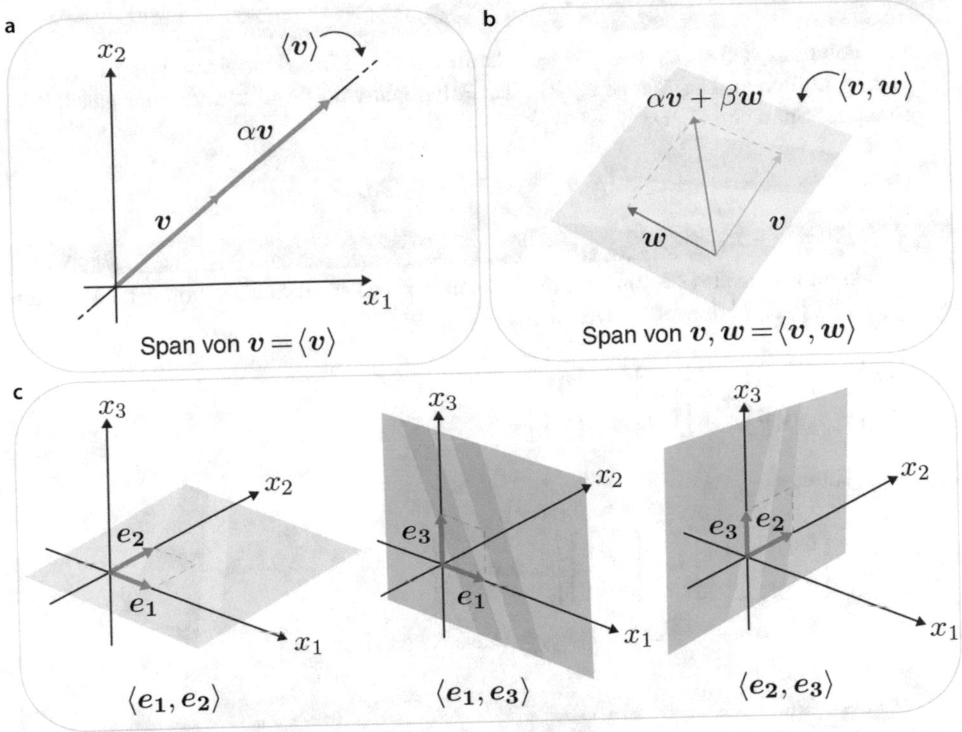

Abb. 6.1 Grafische Darstellung des Spans von Vektoren in $\mathbb{R}^n$. (**a**) Der Span eines einzelnen Vektors $\boldsymbol{v}$ ist eine Gerade. (**b**) Der Span von zwei linear anabhängigen Vektoren ist eine Ebene. (**c**) Der Span der Einheitsvektoren $\boldsymbol{e}_1 = [1, 0, 0]^T$, $\boldsymbol{e}_2 = [0, 1, 0]^T$, $\boldsymbol{e}_3 = [0, 0, 1]^T$ in $\mathbb{R}^3$

► Beispiel

$$\left\langle \begin{bmatrix} 1 \\ 0 \\ 0 \end{bmatrix} \right\rangle = \left\{ \alpha \begin{bmatrix} 1 \\ 0 \\ 0 \end{bmatrix} \middle| \alpha \in \mathbb{R} \right\} = \left\{ \begin{bmatrix} \alpha \\ 0 \\ 0 \end{bmatrix} \middle| \alpha \in \mathbb{R} \right\} = x_1\text{-Acshe.}$$

$$\left\langle \begin{bmatrix} 1 \\ 0 \\ 0 \end{bmatrix}, \begin{bmatrix} 0 \\ 1 \\ 0 \end{bmatrix} \right\rangle = \left\{ \alpha \begin{bmatrix} 1 \\ 0 \\ 0 \end{bmatrix} + \beta \begin{bmatrix} 0 \\ 1 \\ 0 \end{bmatrix} \middle| \alpha, \beta \in \mathbb{R} \right\} = \left\{ \begin{bmatrix} \alpha \\ \beta \\ 0 \end{bmatrix} \middle| \alpha, \beta \in \mathbb{R} \right\} = x_1x_2\text{-Ebene.}$$

◄

Der Begriff des Spans gilt nicht nur für Vektoren in $\mathbb{R}^n$, sondern allgemein für Elemente eines Vektorraumes, ob Polynome oder Matrizen. In der Tat haben wir im vorausgegangenen Kapitel gelernt, dass solche Objekte als „verallgemeinerte Vektoren" des entsprechenden Vektorraumes interpretiert werden können. Betrachten wir hierzu zwei Beispiele.

► Beispiel

Das Polynom $p(x) = a_0 + a_1x + a_2x^2$ kann man als Linearkombination der Polynome $1, x, x^2$ auffassen. Die Menge $P_2(\mathbb{R})$ aller Polynome vom Grad kleiner oder gleich 2 ist somit der Span von $\{1, x, x^2\}$:

$$\langle 1, x, x^2 \rangle = \{a_0 + a_1x + a_2x^2 \mid a_0, a_1, a_2 \in \mathbb{R}\} = P_2(\mathbb{R}).$$ ◄

► Beispiel

Man kann jede reelle (2×2)-obere Dreiecksmatrix als Linearkombination der 3 Matrizen $\begin{bmatrix} 1 & 0 \\ 0 & 0 \end{bmatrix}$, $\begin{bmatrix} 0 & 1 \\ 0 & 0 \end{bmatrix}$, $\begin{bmatrix} 0 & 0 \\ 0 & 1 \end{bmatrix}$ darstellen. Denn

$$\begin{bmatrix} a & b \\ 0 & c \end{bmatrix} = a \begin{bmatrix} 1 & 0 \\ 0 & 0 \end{bmatrix} + b \begin{bmatrix} 0 & 1 \\ 0 & 0 \end{bmatrix} + c \begin{bmatrix} 0 & 0 \\ 0 & 1 \end{bmatrix}.$$

Es gilt somit

$$\left\langle \begin{bmatrix} 1 & 0 \\ 0 & 0 \end{bmatrix}, \begin{bmatrix} 0 & 1 \\ 0 & 0 \end{bmatrix}, \begin{bmatrix} 0 & 0 \\ 0 & 1 \end{bmatrix} \right\rangle = \left\{ \begin{bmatrix} a & b \\ 0 & c \end{bmatrix} \middle| \; a, b, c \in \mathbb{R} \right\}$$
$$= (2 \times 2)\text{-obere Dreiecksmatrizen.}$$ ◄

Übung 6.5

● ○ ○ Es seien $V = \left\langle \begin{bmatrix} 2 \\ 2 \\ 1 \\ 1 \end{bmatrix}, \begin{bmatrix} 1 \\ 1 \\ 2 \\ -1 \end{bmatrix}, \begin{bmatrix} 1 \\ 1 \\ 0 \\ 3 \end{bmatrix} \right\rangle$ und $\boldsymbol{a} = \begin{bmatrix} 1 \\ 1 \\ 1 \\ 0 \end{bmatrix}$. Ist $\boldsymbol{a} \in V$?

Lösung

$V = \langle \boldsymbol{v_1}, \boldsymbol{v_2}, \boldsymbol{v_3} \rangle$ ist der Span der 3 Vektoren

$$\boldsymbol{v_1} = \begin{bmatrix} 2 \\ 2 \\ 1 \\ 1 \end{bmatrix}, \quad \boldsymbol{v_2} = \begin{bmatrix} 1 \\ 1 \\ 2 \\ -1 \end{bmatrix}, \quad \boldsymbol{v_3} = \begin{bmatrix} 1 \\ 1 \\ 0 \\ 3 \end{bmatrix},$$

d. h. die Menge aller Linearkombinationen von $\boldsymbol{v_1}$, $\boldsymbol{v_2}$ und $\boldsymbol{v_3}$. Der Vektor $\boldsymbol{a}$ liegt somit in V genau dann, wenn $\boldsymbol{a}$ eine Linearkombination von $\boldsymbol{v_1}, \boldsymbol{v_2}, \boldsymbol{v_3}$ ist. Ist dies der Fall? Wir suchen Zahlen $\alpha_1, \alpha_2, \alpha_3 \in \mathbb{R}$, sodass $\boldsymbol{a} = \alpha_1 \boldsymbol{v_1} + \alpha_2 \boldsymbol{v_2} + \alpha_3 \boldsymbol{v_3}$ gilt. Wir erzeugen ein LGS für $\alpha_1, \alpha_2, \alpha_3$, das wir mit dem Gauß-Algorithmus lösen:

$$\begin{cases} 2\alpha_1 + \alpha_2 + \alpha_3 = 1 & (Z_1) \\ 2\alpha_1 + \alpha_2 + \alpha_3 = 1 & (Z_2) \\ \alpha_1 + 2\alpha_2 \phantom{{}+\alpha_3} = 1 & (Z_3) \\ \alpha_1 - \alpha_2 + 3\alpha_3 = 0 & (Z_4) \end{cases} \rightsquigarrow [\boldsymbol{A}|\boldsymbol{b}] = \left[\begin{array}{ccc|c} 2 & 1 & 1 & 1 \\ 2 & 1 & 1 & 1 \\ 1 & 2 & 0 & 1 \\ 1 & -1 & 3 & 0 \end{array}\right]$$

$$\Rightarrow \left[\begin{array}{ccc|c} 2 & 1 & 1 & 1 \\ 2 & 1 & 1 & 1 \\ 1 & 2 & 0 & 1 \\ 1 & -1 & 3 & 0 \end{array}\right] \overset{\substack{(Z_2)-(Z_1)\\ 2(Z_3)-(Z_1)\\ 2(Z_4)-(Z_1)}}{\rightsquigarrow} \left[\begin{array}{ccc|c} 2 & 1 & 1 & 1 \\ 0 & 0 & 0 & 0 \\ 0 & 3 & -1 & 1 \\ 0 & -3 & 5 & -1 \end{array}\right] \overset{(Z_4)+(Z_3)}{\rightsquigarrow} \left[\begin{array}{ccc|c} 2 & 1 & 1 & 1 \\ 0 & 0 & 0 & 0 \\ 0 & 3 & -1 & 1 \\ 0 & 0 & 4 & 0 \end{array}\right] = \boldsymbol{Z}.$$

Aus der letzten Gleichung folgt $\alpha_3 = 0$. Aus der dritten Gleichung folgt somit $3\alpha_2 = 1 + \alpha_3 \Rightarrow \alpha_2 = 1/3$, woraus sich aus der ersten Gleichung $2\alpha_1 = 1 - \alpha_2 - \alpha_3 \Rightarrow \alpha_1 = 1/3$ ergibt. Der Vektor $\boldsymbol{a} = (\boldsymbol{v_1} + \boldsymbol{v_2})/3$ ist eine Linearkombination von $\boldsymbol{v_1}, \boldsymbol{v_2}, \boldsymbol{v_3}$, d. h. $\boldsymbol{a} \in V = \langle \boldsymbol{v_1}, \boldsymbol{v_2}, \boldsymbol{v_3} \rangle$. ■

Übung 6.6

● ○ ○ Sei $V = P_2(\mathbb{R})$ der Vektorraum der reellen Polynomen vom Grad ≤ 2.

a) Man finde den kleinsten Unterraum U von V der $1 + x$ und $x + x^2$ enthält.

b) Ist $p(x) = (x + 1)^2 \in U$?

c) Ist $q(x) = x - x^2 \in U$?

Lösung

a) Der kleinste Unterraum U von V, der $1 + x$ und $x + x^2$ enthält, ist der Span von $1 + x$ und $x + x^2$ (Satz 6.1), d. h.

$$U = \langle 1 + x, x + x^2 \rangle = \{a(1 + x) + b(x + x^2) = a + (a + b)x + bx^2 \mid a, b \in \mathbb{R}\}.$$

U ist somit der Unterraum der Polynomen der Form $a+(a+b)x+bx^2$ mit $a, b \in \mathbb{R}$.

b) Es gilt $p(x) = (x + 1)^2 = x^2 + 2x + 1 = x^2 + (1 + 1)x + 1$. Somit ist $p(x)$ der Form $a + (a + b)x + bx^2$ mit $a = b = 1$. Also $p(x) \in U$.

c) Wir suchen $a, b \in \mathbb{R}$ derart, dass $q(x) = x - x^2 \overset{!}{=} a + (a + b)x + bx^2$ gilt. Der Koeffizientenvergleich liefert

$$\begin{cases} a = 0 \\ a + b = 1 \\ b = -1 \end{cases}$$

Dies LGS hat keine Lösung. Somit $q(x) \notin U$. ■

Übung 6.7

● ○ ○ Es sei $\mathbb{K} = \mathbb{Z}_2$. Man gebe alle Vektoren in $V = \left\langle \begin{bmatrix} 1 \\ 1 \\ 0 \end{bmatrix}, \begin{bmatrix} 0 \\ 1 \\ 1 \end{bmatrix} \right\rangle$ explizit an.

Lösung

V enthält alle Linearkombinationen der Vektoren $\boldsymbol{v_1} = \begin{bmatrix} 1 \\ 1 \\ 0 \end{bmatrix}$, $\boldsymbol{v_2} = \begin{bmatrix} 0 \\ 1 \\ 1 \end{bmatrix}$. V enthält also alle Vektoren der Form $\alpha_1 \boldsymbol{v_1} + \alpha_2 \boldsymbol{v_2}$, wobei die Koeffizienten Elemente des Körpers $\mathbb{K} = \mathbb{Z}_2$ sind. Weil $\mathbb{Z}_2 = \{0, 1\}$, gibt es genau vier solche Linearkombinationen:

- $\underline{\alpha_1 = 0, \alpha_2 = 0} \Rightarrow 0 \begin{bmatrix} 1 \\ 1 \\ 0 \end{bmatrix} + 0 \begin{bmatrix} 0 \\ 1 \\ 1 \end{bmatrix} = \begin{bmatrix} 0 \\ 0 \\ 0 \end{bmatrix}.$
- $\underline{\alpha_1 = 1, \alpha_2 = 0} \Rightarrow 1 \begin{bmatrix} 1 \\ 1 \\ 0 \end{bmatrix} + 0 \begin{bmatrix} 0 \\ 1 \\ 1 \end{bmatrix} = \begin{bmatrix} 1 \\ 1 \\ 0 \end{bmatrix}.$
- $\underline{\alpha_1 = 0, \alpha_2 = 1} \Rightarrow 0 \begin{bmatrix} 1 \\ 1 \\ 0 \end{bmatrix} + 1 \begin{bmatrix} 0 \\ 1 \\ 1 \end{bmatrix} = \begin{bmatrix} 0 \\ 1 \\ 1 \end{bmatrix}.$
- $\underline{\alpha_1 = 1, \alpha_2 = 1} \Rightarrow 1 \begin{bmatrix} 1 \\ 1 \\ 0 \end{bmatrix} + 1 \begin{bmatrix} 0 \\ 1 \\ 1 \end{bmatrix} = \begin{bmatrix} 1 \\ 2 \\ 1 \end{bmatrix} = \begin{bmatrix} 1 \\ 0 \\ 1 \end{bmatrix}.$

Wir erhalten: $V = \left\langle \begin{bmatrix} 1 \\ 1 \\ 0 \end{bmatrix}, \begin{bmatrix} 0 \\ 1 \\ 1 \end{bmatrix} \right\rangle = \left\{ \begin{bmatrix} 0 \\ 0 \\ 0 \end{bmatrix}, \begin{bmatrix} 1 \\ 1 \\ 0 \end{bmatrix}, \begin{bmatrix} 0 \\ 1 \\ 1 \end{bmatrix}, \begin{bmatrix} 1 \\ 0 \\ 1 \end{bmatrix} \right\}.$ ■

6.1.3 Erzeugendensysteme

Kann man mittels Linearkombinationen der Vektoren $\boldsymbol{v_1}, \cdots, \boldsymbol{v_k}$ **den ganzen Vektorraum** V **aufspannen**, so spricht man von einem **Erzeugendensystem** von V.

► Definition 6.3 (Erzeugendensystem)

$S \subset V$ heißt **Erzeugendensystem** von V, falls jeder Vektor aus V sich als Linearkombination von Vektoren aus S darstellen lässt. Mit anderen Worten: S ist ein Erzeugendensystem von V, falls $\langle S \rangle = V$. ◄

Betrachten wir exemplarisch drei Beispiele.

► Beispiel

Jeder Vektor in $V = \mathbb{R}^3$ kann man wie folgt schreiben

$$\begin{bmatrix} a \\ b \\ c \end{bmatrix} = a \begin{bmatrix} 1 \\ 0 \\ 0 \end{bmatrix} + b \begin{bmatrix} 0 \\ 1 \\ 0 \end{bmatrix} + c \begin{bmatrix} 0 \\ 0 \\ 1 \end{bmatrix}, \quad a, b, c \in \mathbb{R}$$

d. h. als Linearkombination der folgenden 3 Vektoren

$$\boldsymbol{e_1} = \begin{bmatrix} 1 \\ 0 \\ 0 \end{bmatrix}, \quad \boldsymbol{e_2} = \begin{bmatrix} 0 \\ 1 \\ 0 \end{bmatrix}, \quad \boldsymbol{e_3} = \begin{bmatrix} 0 \\ 0 \\ 1 \end{bmatrix}.$$

Die Vektoren $\{\boldsymbol{e_1}, \boldsymbol{e_2}, \boldsymbol{e_3}\}$ bilden also ein Erzeugendensystem von $\mathbb{R}^3$

$$\left\langle \begin{bmatrix} 1 \\ 0 \\ 0 \end{bmatrix}, \begin{bmatrix} 0 \\ 1 \\ 0 \end{bmatrix}, \begin{bmatrix} 0 \\ 0 \\ 1 \end{bmatrix} \right\rangle = \mathbb{R}^3. \blacktriangleleft$$

▶ Beispiel

Jedes Polynom in $V = P_n(\mathbb{R})$

$$p(x) = a_0 + a_1 x + a_2 x^2 + \cdots + a_n x^n = \sum_{i=0}^{n} a_i x^i, \ a_i \in \mathbb{R}$$

kann man als Linearkombination der Polynome $1, x, x^2, \cdots, x^n$ auffassen. Die Menge $\{1, x, x^2, \cdots, x^n\}$ ist somit ein Erzeugendensystem von $P_n(\mathbb{R})$:

$$\langle 1, x, x^2, \cdots, x^n \rangle = P_n(\mathbb{R}).$$ ◀

▶ Beispiel

Es sei $V = \mathbb{R}^{2\times 2}$ der Vektorraum aller reellen (2×2)-Matrizen. Jede Matrix in $\mathbb{R}^{2\times 2}$ lässt sich als Linearkombination der 4 Matrizen

$$\boldsymbol{E_{11}} = \begin{bmatrix} 1 & 0 \\ 0 & 0 \end{bmatrix}, \ \boldsymbol{E_{12}} = \begin{bmatrix} 0 & 1 \\ 0 & 0 \end{bmatrix}, \ \boldsymbol{E_{21}} = \begin{bmatrix} 0 & 0 \\ 1 & 0 \end{bmatrix}, \ \boldsymbol{E_{22}} = \begin{bmatrix} 0 & 0 \\ 0 & 1 \end{bmatrix}$$

schreiben. Denn

$$\begin{bmatrix} a & b \\ c & d \end{bmatrix} = a \begin{bmatrix} 1 & 0 \\ 0 & 0 \end{bmatrix} + b \begin{bmatrix} 0 & 1 \\ 0 & 0 \end{bmatrix} + c \begin{bmatrix} 0 & 0 \\ 1 & 0 \end{bmatrix} + d \begin{bmatrix} 0 & 0 \\ 0 & 1 \end{bmatrix}, \ a, b, c, d \in \mathbb{R}.$$

Es folgt

$$\left\langle \begin{bmatrix} 1 & 0 \\ 0 & 0 \end{bmatrix}, \begin{bmatrix} 0 & 1 \\ 0 & 0 \end{bmatrix}, \begin{bmatrix} 0 & 0 \\ 1 & 0 \end{bmatrix}, \begin{bmatrix} 0 & 0 \\ 0 & 1 \end{bmatrix} \right\rangle = \mathbb{R}^{2\times 2}.$$

Die Matrizen $\{\boldsymbol{E_{11}}, \boldsymbol{E_{12}}, \boldsymbol{E_{21}}, \boldsymbol{E_{22}}\}$ sind somit ein Erzeugendensystem von $\mathbb{R}^{2\times 2}$. ◀

6.2 Lineare Abhängigkeit und Unabhängigkeit

▶ Definition 6.4 (Lineare Abhängigkeit und Unabhängigkeit)

$\boldsymbol{v_1}, \boldsymbol{v_2}, \cdots, \boldsymbol{v_k} \in V$ heißen ***linear unabhängig***, wenn die Gleichung

$$\alpha_1 \boldsymbol{v_1} + \alpha_2 \boldsymbol{v_2} + \cdots + \alpha_k \boldsymbol{v_k} = \sum_{i=1}^{k} \alpha_i \boldsymbol{v_i} = \boldsymbol{0} \tag{6.3}$$

exakt die Lösung $\alpha_1 = \alpha_2 = \cdots = \alpha_k = 0$ hat. ◀

Sind $\boldsymbol{v_1}, \boldsymbol{v_2}, \cdots, \boldsymbol{v_k}$ nicht linear unabhängig, so heißen die Vektoren ***linear abhängig***. In diesem Fall hat die Gleichung

$$\alpha_1 \boldsymbol{v_1} + \alpha_2 \boldsymbol{v_2} + \cdots + \alpha_k \boldsymbol{v_k} = \sum_{i=1}^{k} \alpha_i \boldsymbol{v_i} = \boldsymbol{0} \tag{6.4}$$

eine **nichttriviale Lösung** $(\alpha_1, \alpha_2, \cdots, \alpha_k) \neq (0, 0, \cdots, 0)$. Man sagt: $\alpha_1 \boldsymbol{v_1} + \alpha_2 \boldsymbol{v_2} + \cdots + \alpha_k \boldsymbol{v_k}$ ist eine nichttriviale Darstellung der Null.

Bemerkung

Beachte:

- $S = \{\boldsymbol{0}\}$ ist per Definition linear abhängig.
- Die Menge bestehend aus einem einzigen Vektor $\boldsymbol{v} \neq \boldsymbol{0}$ ist linear unabhängig.

Eine sehr nützliche Eigenschaft von linear unabhängigen Vektoren ist im folgenden Satz enthalten (vgl. Basis und Koordinaten):

► Satz 6.2

Eine Menge S von Vektoren ist genau dann linear unabhängig, wenn jeder Vektor $\boldsymbol{v} \in \langle S \rangle$ **auf nur eine Art** als Linearkombination von Vektoren aus S dargestellt werden kann. ◄

Übung 6.8

• ○ ○ Sind die folgenden Vektoren linear abhängig?

a) $\boldsymbol{v_1} = \begin{bmatrix} 1 \\ 3 \end{bmatrix}, \boldsymbol{v_2} = \begin{bmatrix} 2 \\ 6 \end{bmatrix}$,

b) $\boldsymbol{v_1} = \begin{bmatrix} 1 \\ 1 \end{bmatrix}, \boldsymbol{v_2} = \begin{bmatrix} 2 \\ 3 \end{bmatrix}$.

Lösung

a) Laut Definition fragen wir uns, ob es Zahlen $\alpha_1, \alpha_2 \in \mathbb{R}$ gibt mit

$$\alpha_1 \boldsymbol{v_1} + \alpha_2 \boldsymbol{v_2} = \boldsymbol{0} \Rightarrow \alpha_1 \begin{bmatrix} 1 \\ 3 \end{bmatrix} + \alpha_2 \begin{bmatrix} 2 \\ 6 \end{bmatrix} = \begin{bmatrix} \alpha_1 + 2\alpha_2 \\ 3\alpha_1 + 6\alpha_2 \end{bmatrix} \stackrel{!}{=} \begin{bmatrix} 0 \\ 0 \end{bmatrix}.$$

Wir erhalten ein LGS für α_1, α_2, das wir mit dem Gauß-Algorithmus lösen können:

$$\begin{cases} \alpha_1 + 2\alpha_2 = 0 & (Z_1) \\ 3\alpha_1 + 6\alpha_2 = 0 & (Z_2) \end{cases} \rightsquigarrow [\boldsymbol{A}|\boldsymbol{b}] = \left[\begin{array}{cc|c} 1 & 2 & 0 \\ 3 & 6 & 0 \end{array}\right] \stackrel{(Z_2)-3(Z_1)}{\rightsquigarrow} \left[\begin{array}{cc|c} 1 & 2 & 0 \\ 0 & 0 & 0 \end{array}\right] = \boldsymbol{Z}.$$

Eine Variable ist somit frei, zum Beispiel $\alpha_2 = t$. Daraus folgt $\alpha_1 = -2\alpha_2 = -2t$. Die Lösungsmenge ist somit

$$\mathbb{L} = \left\{ \begin{bmatrix} \alpha_1 \\ \alpha_2 \end{bmatrix} \in \mathbb{R}^2 \;\middle|\; \begin{bmatrix} \alpha_1 \\ \alpha_2 \end{bmatrix} = t \begin{bmatrix} -2 \\ 1 \end{bmatrix},\ t \in \mathbb{R} \right\}.$$

Das LGS hat eine nichttriviale Lösung. Die Vektoren $\mathbf{v}_1, \mathbf{v}_2$ sind somit **linear abhängig**.
Alternative: Man sieht auch durch genaues „Hingucken", dass $\mathbf{v}_2 = 2\mathbf{v}_1 \Rightarrow \mathbf{v}_1, \mathbf{v}_2$ sind linear abhängig!

b) Wir gehen wie in Teilaufgabe (a) vor und suchen Zahlen $\alpha_1, \alpha_2 \in \mathbb{R}$ mit

$$\alpha_1 \mathbf{v}_1 + \alpha_2 \mathbf{v}_2 = \mathbf{0} \Rightarrow \alpha_1 \begin{bmatrix} 1 \\ 1 \end{bmatrix} + \alpha_2 \begin{bmatrix} 2 \\ 3 \end{bmatrix} = \begin{bmatrix} \alpha_1 + 2\alpha_2 \\ \alpha_1 + 3\alpha_2 \end{bmatrix} \stackrel{!}{=} \begin{bmatrix} 0 \\ 0 \end{bmatrix}.$$

Wir bekommen somit ein LGS für α_1, α_2, das wir mit dem Gauß-Algorithmus lösen können:

$$\begin{cases} \alpha_1 + 2\alpha_2 = 0 & (Z_1) \\ \alpha_1 + 3\alpha_2 = 0 & (Z_2) \end{cases} \rightsquigarrow [\mathbf{A}|\mathbf{b}] = \left[\begin{array}{cc|c} 1 & 2 & 0 \\ 1 & 3 & 0 \end{array}\right] \stackrel{(Z_2)-(Z_1)}{\rightsquigarrow} \left[\begin{array}{cc|c} 1 & 2 & 0 \\ 0 & 1 & 0 \end{array}\right] = \mathbf{Z}.$$

Die einzige Lösung ist $\alpha_1 = \alpha_2 = 0$ (triviale Lösung). Die Vektoren $\mathbf{v}_1, \mathbf{v}_2$ sind somit **linear unabhängig**. ■

Übung 6.9

● ○ ○ Man zeige, dass $\mathbf{e}_1 = \begin{bmatrix} 1 \\ 0 \\ \vdots \\ 0 \end{bmatrix}, \mathbf{e}_2 = \begin{bmatrix} 0 \\ 1 \\ \vdots \\ 0 \end{bmatrix}, \cdots, \mathbf{e}_n = \begin{bmatrix} 0 \\ 0 \\ \vdots \\ 1 \end{bmatrix}$ linear unabhängig sind.

Lösung

Wir suchen alle Lösungen der Gleichung

$$\alpha_1 \mathbf{e}_1 + \alpha_2 \mathbf{e}_2 + \cdots + \alpha_n \mathbf{e}_n = \mathbf{0} \Rightarrow \begin{bmatrix} \alpha_1 \\ \alpha_2 \\ \vdots \\ \alpha_n \end{bmatrix} \stackrel{!}{=} \begin{bmatrix} 0 \\ 0 \\ \vdots \\ 0 \end{bmatrix}.$$

Die einzige Lösung ist $\alpha_1 = \alpha_2 = \cdots = \alpha_n = 0$ (triviale Lösung). Die Vektoren $\mathbf{e}_1, \mathbf{e}_2, \cdots, \mathbf{e}_n$ sind somit linear unabhängig. ■

Übung 6.10

● ○ ○ Sind die folgenden Matrizen linear abhängig oder unabhängig?

$$\mathbf{A}_1 = \begin{bmatrix} 1 & 1 \\ 0 & 1 \end{bmatrix}, \mathbf{A}_2 = \begin{bmatrix} 1 & 0 \\ 0 & -1 \end{bmatrix}, \mathbf{A}_3 = \begin{bmatrix} 1 & 0 \\ 0 & 1 \end{bmatrix}.$$

Lösung

Wir suchen Zahlen $\alpha_1, \alpha_2, \alpha_3 \in \mathbb{R}$ mit

$$\alpha_1 \boldsymbol{A_1} + \alpha_2 \boldsymbol{A_2} + \alpha_3 \boldsymbol{A_3} = \boldsymbol{0} \Rightarrow \begin{bmatrix} \alpha_1 + \alpha_2 + \alpha_3 & \alpha_1 \\ 0 & \alpha_1 - \alpha_2 + \alpha_3 \end{bmatrix} \overset{!}{=} \begin{bmatrix} 0 & 0 \\ 0 & 0 \end{bmatrix}.$$

Wir erhalten ein LGS für $\alpha_1, \alpha_2, \alpha_3$, das wir mit dem Gauß-Algorithmus lösen können:

$$\begin{cases} \alpha_1 + \alpha_2 + \alpha_3 = 0 & (Z_1) \\ \alpha_1 = 0 & (Z_2) \\ \alpha_1 - \alpha_2 + \alpha_3 = 0 & (Z_3) \end{cases} \rightsquigarrow [\boldsymbol{A}|\boldsymbol{b}] = \left[\begin{array}{ccc|c} 1 & 1 & 1 & 0 \\ 1 & 0 & 0 & 0 \\ 1 & -1 & 1 & 0 \end{array}\right]$$

$$\Rightarrow \left[\begin{array}{ccc|c} 1 & 1 & 1 & 0 \\ 1 & 0 & 0 & 0 \\ 1 & -1 & 1 & 0 \end{array}\right] \overset{\substack{(Z_2)-(Z_1) \\ (Z_3)-(Z_1)}}{\rightsquigarrow} \left[\begin{array}{ccc|c} 1 & 1 & 1 & 0 \\ 0 & -1 & -1 & 0 \\ 0 & -2 & 0 & 0 \end{array}\right] \overset{(Z_3)-2(Z_2)}{\rightsquigarrow} \left[\begin{array}{ccc|c} 1 & 1 & 1 & 0 \\ 0 & -1 & -1 & 0 \\ 0 & 0 & 2 & 0 \end{array}\right] = \boldsymbol{Z}.$$

Die einzige Lösung ist $\alpha_1 = \alpha_2 = \alpha_3 = 0$ (triviale Lösung). Die Matrizen $\boldsymbol{A_1}, \boldsymbol{A_2}, \boldsymbol{A_3}$ sind somit **linear unabhängig**. ■

Übung 6.11

● ○ ○ Man zeige, dass die Polynome $1, x, x^2$ linear unabhängig sind.

Lösung

$1, x, x^2$ sind genau dann linear unabhängig, wenn aus $\lambda_0 + \lambda_1 x + \lambda_2 x^2 = 0$ folgt $\lambda_0 = \lambda_1 = \lambda_2 = 0$. Wir betrachten also die folgende Gleichung

$$\lambda_0 + \lambda_1 x + \lambda_2 x^2 = 0$$

in den Unbekannten $\lambda_0, \lambda_1, \lambda_2$. Diese Gleichung muss für alle $x \in \mathbb{R}$ gelten. Der **Trick** bei solchen Aufgaben ist: Wir werten diese Gleichung an drei unterschiedlichen Stellen aus, z. B. $x = 0, 1, -1$:

$$\begin{aligned} x = 0: &\quad \lambda_0 = 0 \\ x = 1: &\quad \lambda_0 + \lambda_1 + \lambda_2 = 0 \\ x = -1: &\quad \lambda_0 - \lambda_1 + \lambda_2 = 0 \end{aligned}$$

Dadurch erhalten wir ein LGS für $\lambda_0, \lambda_1, \lambda_2$, das wir mit dem Gauß-Algorithmus lösen können:

$$\begin{cases} \lambda_0 = 0 & (Z_1) \\ \lambda_0 + \lambda_1 + \lambda_2 = 0 & (Z_2) \\ \lambda_0 - \lambda_1 + \lambda_2 = 0 & (Z_3) \end{cases} \rightsquigarrow [\boldsymbol{A}|\boldsymbol{b}] = \left[\begin{array}{ccc|c} 1 & 0 & 0 & 0 \\ 1 & 1 & 1 & 0 \\ 1 & -1 & 1 & 0 \end{array}\right]$$

$$\Rightarrow \left[\begin{array}{ccc|c} 1 & 0 & 0 & 0 \\ 1 & 1 & 1 & 0 \\ 1 & -1 & 1 & 0 \end{array}\right] \overset{\substack{(Z_2)-(Z_1) \\ (Z_3)-(Z_1)}}{\rightsquigarrow} \left[\begin{array}{ccc|c} 1 & 0 & 0 & 0 \\ 0 & 1 & 1 & 0 \\ 0 & -1 & 1 & 0 \end{array}\right] \overset{(Z_3)+(Z_2)}{\rightsquigarrow} \left[\begin{array}{ccc|c} 1 & 0 & 0 & 0 \\ 0 & 1 & 1 & 0 \\ 0 & 0 & 2 & 0 \end{array}\right] = \boldsymbol{Z}.$$

Die einzige Lösung ist $\lambda_0 = \lambda_1 = \lambda_2 = 0$. Die Polynome 1, x und x^2 sind somit **linear unabhängig**. ■

Übung 6.12

• • ○ Man zeige, dass $\sin(x)$, $\sin(2x)$ und $\sin(3x)$ linear unabhängig sind.

Lösung

$\sin(x)$, $\sin(2x)$ und $\sin(3x)$ sind genau dann linear unabhängig, wenn die Gleichung

$$\lambda_1 \sin(x) + \lambda_2 \sin(2x) + \lambda_3 \sin(3x) = 0$$

nur die triviale Lösung $\lambda_1 = \lambda_2 = \lambda_3 = 0$ hat. Wir werten diese Gleichung an drei Stellen aus (Trick wie in Übung 6.11), z. B. $x = \pi/2, \pi/3, \pi/4$:

$$x = \frac{\pi}{2}: \quad \lambda_1 \underbrace{\sin\left(\frac{\pi}{2}\right)}_{=1} + \lambda_2 \underbrace{\sin(\pi)}_{=0} + \lambda_3 \underbrace{\sin\left(\frac{3\pi}{2}\right)}_{=-1} = 0 \Rightarrow \lambda_1 - \lambda_3 = 0$$

$$x = \frac{\pi}{3}: \quad \lambda_1 \underbrace{\sin\left(\frac{\pi}{3}\right)}_{=\frac{\sqrt{3}}{2}} + \lambda_2 \underbrace{\sin\left(\frac{2\pi}{3}\right)}_{=\frac{\sqrt{3}}{2}} + \lambda_3 \underbrace{\sin(\pi)}_{=0} = 0 \Rightarrow \lambda_1 + \lambda_2 = 0$$

$$x = \frac{\pi}{4}: \quad \lambda_1 \underbrace{\sin\left(\frac{\pi}{4}\right)}_{=\frac{1}{\sqrt{2}}} + \lambda_2 \underbrace{\sin\left(\frac{\pi}{2}\right)}_{=1} + \lambda_3 \underbrace{\sin\left(\frac{3\pi}{4}\right)}_{=\frac{1}{\sqrt{2}}} = 0 \Rightarrow \lambda_1 + \sqrt{2}\lambda_2 + \lambda_3 = 0.$$

Wir erzeugen dadurch ein LGS für $\lambda_1, \lambda_2, \lambda_3$, das wir mit dem Gauß-Algorithmus wie üblich lösen:

$$\begin{cases} \lambda_1 \qquad\qquad - \lambda_3 = 0 & (Z_1) \\ \lambda_1 + \quad \lambda_2 \qquad = 0 & (Z_2) \\ \lambda_1 + \sqrt{2}\lambda_2 + \lambda_3 = 0 & (Z_3) \end{cases} \rightsquigarrow [\boldsymbol{A}|\boldsymbol{b}] = \left[\begin{array}{ccc|c} 1 & 0 & -1 & 0 \\ 1 & 1 & 0 & 0 \\ 1 & \sqrt{2} & 1 & 0 \end{array}\right]$$

$$\Rightarrow \left[\begin{array}{ccc|c} 1 & 0 & -1 & 0 \\ 1 & 1 & 0 & 0 \\ 1 & \sqrt{2} & 1 & 0 \end{array}\right] \overset{\substack{(Z_2)-(Z_1) \\ (Z_3)-(Z_1)}}{\rightsquigarrow} \left[\begin{array}{ccc|c} 1 & 0 & -1 & 0 \\ 0 & 1 & 1 & 0 \\ 0 & \sqrt{2} & 2 & 0 \end{array}\right] \overset{(Z_3)-\sqrt{2}(Z_2)}{\rightsquigarrow} \left[\begin{array}{ccc|c} 1 & 0 & -1 & 0 \\ 0 & 1 & 1 & 0 \\ 0 & 0 & 2-\sqrt{2} & 0 \end{array}\right] = \boldsymbol{Z}.$$

Die einzige Lösung ist $\lambda_1 = \lambda_2 = \lambda_3 = 0$. Die drei Abbildungen $\sin(x)$, $\sin(2x)$ und $\sin(3x)$ sind linear unabhängig. ■

Übung 6.13

• • ∘ Es sei $n \in \mathbb{N}$. Man zeige, dass die Abbildungen

$$\varphi_m(x) = \frac{1}{x+m}, \qquad m = 0, 1, 2, \cdots, n$$

linear unabhängig sind.

Lösung

Wir müssen zeigen, dass die Gleichung

$$\alpha_0\varphi_0(x) + \alpha_1\varphi_1(x) + \cdots + \alpha_n\varphi_n(x) = 0$$

nur die triviale Lösung $\alpha_0 = \alpha_1 = \cdots = \alpha_n = 0$ zulässt. Umformen liefert

$$\begin{aligned} 0 &= \alpha_0\varphi_0(x) + \alpha_1\varphi_1(x) + \cdots + \alpha_n\varphi_n(x) = \frac{\alpha_0}{x} + \frac{\alpha_1}{x+1} + \cdots + \frac{\alpha_n}{x+n} \\ &= \frac{\alpha_0(x+1)\cdots(x+n) + \alpha_1 x(x+2)\cdots(x+n) + \cdots + \alpha_n x(x+1)\cdots(x+n-1)}{x(x+1)\cdots(x+n)}, \end{aligned}$$

woraus wir schließen:

$$\alpha_0(x+1)\cdots(x+n) + \alpha_1 x(x+2)\cdots(x+n) + \cdots + \alpha_n x(x+1)\cdots(x+n-1) = 0.$$

Der Trick ist nun: Der erste Term ist proportional zu $(x+1)\cdots(x+n)$, der zweite Term ist proportional zu $x(x+2)\cdots(x+n)$, usw. Werten wir die obige Gleichung bei $x = 0$ aus, so verschwinden alle Terme bis auf den ersten. Werten wir diese Gleichung bei $x = -1$ aus, so verschwinden alle Terme bis auf den zweiten; usw.

$$\begin{aligned} x = 0 :& \underbrace{\alpha_0(x+1)\cdots(x+n)}_{\alpha_0 1\cdot 2\cdots n} + \underbrace{\alpha_1 x(x+2)\cdots(x+n)}_{=0} + \cdots + \underbrace{\alpha_n x\cdots(x+n-1)}_{=0} = 0 \\ x = -1 :& \underbrace{\alpha_0(x+1)\cdots(x+n)}_{=0} + \underbrace{\alpha_1 x(x+2)\cdots(x+n)}_{=\alpha_1(-1)\cdot 1\cdots(n-1)} + \cdots + \underbrace{\alpha_n x\cdots(x+n-1)}_{=0} = 0 \\ &\vdots \\ x = -n :& \underbrace{\alpha_0(x+1)\cdots(x+n)}_{=0} + \underbrace{\alpha_1 x(x+2)\cdots(x+n)}_{=0} + \cdots + \underbrace{\alpha_n x\cdots(x+n-1)}_{=\alpha_n(-n)(-n+1)\cdots(-1)} = 0 \end{aligned}$$

Es folgt:

$$\underbrace{1 \cdot 2 \cdots n}_{\neq 0}\, \alpha_0 = 0$$

$$\underbrace{(-1) \cdot 1 \cdots (n-1)}_{\neq 0}\, \alpha_1 = 0$$

$$\vdots$$

$$\underbrace{(-n)(-n+1) \cdots (-1)}_{\neq 0}\, \alpha_n = 0$$

Die einzige Lösung ist $\alpha_0 = \alpha_1 = \cdots = \alpha_n = 0$. Somit sind die Abbildungen $\varphi_m(x)$, $m = 0, 1, \cdots n$ linear unabhängig. ■

Übung 6.14

• • ∘ In diesem Beispiel erfahren wir die Wichtigkeit der richtigen Körperwahl für die lineare Abhängigkeit/Unabhängigkeit von Vektoren. Man betrachte die folgenden Vektoren in $\mathbb{C}^2$:

$$\boldsymbol{v_1} = \begin{bmatrix} 1+i \\ -3+3i \end{bmatrix}, \quad \boldsymbol{v_2} = \begin{bmatrix} 1+3i \\ -9+3i \end{bmatrix}.$$

a) Sind $\boldsymbol{v_1}, \boldsymbol{v_2}$ linear abhängig oder unabhängig über $\mathbb{K} = \mathbb{C}$?
b) Sind $\boldsymbol{v_1}, \boldsymbol{v_2}$ linear abhängig oder unabhängig über $\mathbb{K} = \mathbb{R}$?

Hinweis: Der Vektorraum $\mathbb{C}$ können wir einerseits als ein Vektorraum über $\mathbb{C}$ betrachten. In diesem Fall dürfen wir Vektorraumelemente mit beliebigen komplexen Zahlen multiplizieren. Andererseits können wir $\mathbb{C}$ als ein Vektorraum über $\mathbb{R}$ betrachten, wenn wir uns auf die Multiplikation nur mit reellen Zahlen einschränken. In diesem Fall entspricht $\mathbb{C}$ dem $\mathbb{R}^2$ mit $x + iy \leftrightarrow \left[\begin{smallmatrix} x \\ y \end{smallmatrix}\right]$.

Lösung

a) Wir suchen **komplexe** Zahlen $\alpha, \beta \in \mathbb{C}$ mit

$$\alpha \boldsymbol{v_1} + \beta \boldsymbol{v_2} = \boldsymbol{0} \quad \Rightarrow \quad \begin{bmatrix} \alpha(1+i) + \beta(1+3i) \\ \alpha(-3+3i) + \beta(-9+3i) \end{bmatrix} = \begin{bmatrix} 0 \\ 0 \end{bmatrix}.$$

Wir erhalten folgendes LGS, das wir mit dem Gauß-Algorithmus lösen:

$$\left[\begin{array}{cc|c} 1+i & 1+3i & 0 \\ -3+3i & -9+3i & 0 \end{array}\right] \overset{-\frac{i}{3}(Z_2)}{\rightsquigarrow} \left[\begin{array}{cc|c} 1+i & 1+3i & 0 \\ 1+i & 1+3i & 0 \end{array}\right] \overset{(Z_2)-(Z_1)}{\rightsquigarrow} \left[\begin{array}{cc|c} 1+i & 1+3i & 0 \\ 0 & 0 & 0 \end{array}\right].$$

Wir erhalten eine nichttriviale Lösung $\alpha = -\frac{1+3i}{1+i}\beta = -(2+i)\beta$, d. h., die Vektoren $\boldsymbol{v_1}, \boldsymbol{v_2}$ sind linear **abhängig** über $\mathbb{K} = \mathbb{C}$.

b) Betrachten wir $\mathbb{C}$ als als ein Vektorraum über $\mathbb{R}$, so entspricht $\mathbb{C}^2$ dem $\mathbb{R}^4$ mit

$$\begin{bmatrix} x_1 + iy_1 \\ x_2 + iy_2 \end{bmatrix} \leftrightarrow \begin{bmatrix} x_1 \\ y_1 \\ x_2 \\ y_2 \end{bmatrix}$$

$\left[\begin{smallmatrix} 1+i \\ -3+3i \end{smallmatrix}\right]$ entspricht $\left[\begin{smallmatrix} 1 \\ 1 \\ -3 \\ 3 \end{smallmatrix}\right]$ und $\left[\begin{smallmatrix} 1+3i \\ -9+3i \end{smallmatrix}\right]$ entspricht $\left[\begin{smallmatrix} 1 \\ 3 \\ -9 \\ 3 \end{smallmatrix}\right]$. Wir suchen **reelle** $\alpha, \beta \in \mathbb{R}$ mit

$$\alpha \boldsymbol{v_1} + \beta \boldsymbol{v_2} = \boldsymbol{0} \quad \Rightarrow \quad \begin{bmatrix} \alpha + \beta \\ \alpha + 3\beta \\ -3\alpha - 9\beta \\ 3\alpha + 3\beta \end{bmatrix} = \begin{bmatrix} 0 \\ 0 \\ 0 \\ 0 \end{bmatrix}$$

Wir erhalten folgendes LGS, das wir mit dem Gauß-Algorithmus lösen:

$$\left[\begin{array}{cc|c} 1 & 1 & 0 \\ 1 & 3 & 0 \\ -3 & -9 & 0 \\ 3 & 3 & 0 \end{array}\right] \overset{\substack{(Z_2)-(Z_1) \\ (Z_3)+3(Z_1) \\ (Z_4)-3(Z_1)}}{\rightsquigarrow} \left[\begin{array}{cc|c} 1 & 1 & 0 \\ 0 & 2 & 0 \\ 0 & -6 & 0 \\ 0 & 0 & 0 \end{array}\right] \overset{\substack{\frac{1}{2}(Z_2) \\ (Z_3)+3(Z_2)}}{\rightsquigarrow} \left[\begin{array}{cc|c} 1 & 1 & 0 \\ 0 & 1 & 0 \\ 0 & 0 & 0 \\ 0 & 0 & 0 \end{array}\right].$$

Die einzige Lösung ist $\alpha = \beta = 0$, d. h., die Vektoren $\boldsymbol{v_1}, \boldsymbol{v_2}$ sind linear **unabhängig** über $\mathbb{K} = \mathbb{R}$.

■

Übung 6.15

• ○ ○ Es seien $\boldsymbol{v_1}, \boldsymbol{v_2}, \cdots, \boldsymbol{v_k} \in V$ linear abhängig. Man zeige: Mindestens einer der Vektoren $\boldsymbol{v_1}, \boldsymbol{v_2}, \cdots, \boldsymbol{v_k}$ lässt sich als Linearkombination der anderen Vektoren darstellen.

Lösung

$\boldsymbol{v_1}, \boldsymbol{v_2}, \cdots, \boldsymbol{v_k}$ linear abhängig $\Rightarrow$ Die Gleichung

$$\alpha_1 \boldsymbol{v_1} + \alpha_2 \boldsymbol{v_2} + \cdots + \alpha_k \boldsymbol{v_k} = \boldsymbol{0}$$

hat eine nichttriviale Lösung $(\alpha_1, \alpha_2, \cdots, \alpha_k) \neq (0, 0, \cdots, 0)$. Insbesondere sind $\alpha_1, \alpha_2, \cdots, \alpha_k$ nicht alle gleich Null. Ohne Beschränkung der Allgemeinheit (OBdA), sei $\alpha_1 \neq 0$. Dann gilt:

$$\alpha_1 \boldsymbol{v_1} + \alpha_2 \boldsymbol{v_2} + \cdots + \alpha_k \boldsymbol{v_k} = \boldsymbol{0} \Rightarrow \boldsymbol{v_1} = -\frac{\alpha_2}{\alpha_1} \boldsymbol{v_2} - \cdots - \frac{\alpha_k}{\alpha_1} \boldsymbol{v_k}.$$

$\boldsymbol{v_1}$ ist somit eine Linearkombination der Vektoren $\boldsymbol{v_2}, \cdots, \boldsymbol{v_k}$.

■

Übung 6.16

• ∘ ∘ Es sei $\boldsymbol{w} \in V$ eine Linearkombination der Vektoren $\boldsymbol{v}_1, \boldsymbol{v}_2, \cdots, \boldsymbol{v}_k \in V$. Man zeige, dass die Menge $\{\boldsymbol{v}_1, \boldsymbol{v}_2, \cdots, \boldsymbol{v}_k, \boldsymbol{w}\}$ linear abhängig ist.

Lösung

$\boldsymbol{w}$ ist eine Linearkombination der Vektoren $\boldsymbol{v}_1, \boldsymbol{v}_2, \cdots, \boldsymbol{v}_k$, d. h.

$$\boldsymbol{w} = \alpha_1 \boldsymbol{v}_1 + \alpha_2 \boldsymbol{v}_2 + \cdots + \alpha_k \boldsymbol{v}_k,$$

wobei die Koeffizienten $\alpha_1, \alpha_2, \cdots, \alpha_k$ nicht alle gleich Null sind. Daraus folgt

$$\boldsymbol{w} = \alpha_1 \boldsymbol{v}_1 + \alpha_2 \boldsymbol{v}_2 + \cdots + \alpha_k \boldsymbol{v}_k \Rightarrow \alpha_1 \boldsymbol{v}_1 + \alpha_2 \boldsymbol{v}_2 + \cdots + \alpha_k \boldsymbol{v}_k - \boldsymbol{w} = \boldsymbol{0}.$$

Dies ist eine nichttriviale Darstellung der Null. Somit sind die Vektoren $\boldsymbol{v}_1, \boldsymbol{v}_2, \cdots, \boldsymbol{v}_k, \boldsymbol{w}$ linear abhängig. ■

Übung 6.17

• • ∘ Es seien $\boldsymbol{u}, \boldsymbol{v}, \boldsymbol{w} \in V$ linear unabhängig. Man zeige, dass auch $\boldsymbol{u}+\boldsymbol{v}, \boldsymbol{v}+\boldsymbol{w}, \boldsymbol{w}+\boldsymbol{u}$ linear unabhängig sind.

Lösung

$\boldsymbol{u}, \boldsymbol{v}, \boldsymbol{w}$ linear unabhängig $\Rightarrow$ Die Gleichung $\lambda_1 \boldsymbol{u} + \lambda_2 \boldsymbol{v} + \lambda_3 \boldsymbol{w} = \boldsymbol{0}$ hat nur die triviale Lösung $\lambda_1 = \lambda_2 = \lambda_3 = 0$. Wir wollen zeigen, dass auch $\boldsymbol{u}+\boldsymbol{v}, \boldsymbol{v}+\boldsymbol{w}, \boldsymbol{w}+\boldsymbol{u}$ linear unabhängig sind. Zu diesem Zweck betrachten wir die Gleichung

$$\mu_1(\boldsymbol{u}+\boldsymbol{v}) + \mu_2(\boldsymbol{v}+\boldsymbol{w}) + \mu_3(\boldsymbol{w}+\boldsymbol{u}).$$

Zu zeigen ist: $\mu_1 = \mu_2 = \mu_3 = 0$. Es gilt:

$$\mu_1(\boldsymbol{u}+\boldsymbol{v}) + \mu_2(\boldsymbol{v}+\boldsymbol{w}) + \mu_3(\boldsymbol{w}+\boldsymbol{u}) = (\mu_1+\mu_3)\boldsymbol{u} + (\mu_1+\mu_2)\boldsymbol{v} + (\mu_2+\mu_3)\boldsymbol{w}$$

Weil $\boldsymbol{u}, \boldsymbol{v}, \boldsymbol{w}$ linear unabhängig sind, folgt

$$\mu_1 + \mu_3 = \mu_1 + \mu_2 = \mu_2 + \mu_3 = 0.$$

Wir bekommen somit ein LGS für μ_1, μ_2, μ_3, das wir mit dem Gauß-Algorithmus lösen:

$$\begin{cases} \mu_1 \phantom{{}+\mu_2} + \mu_3 = 0 & (Z_1) \\ \mu_1 + \mu_2 \phantom{{}+\mu_3} = 0 & (Z_2) \\ \phantom{\mu_1 +{}} \mu_2 + \mu_3 = 0 & (Z_3) \end{cases} \rightsquigarrow [\boldsymbol{A}|\boldsymbol{b}] = \left[\begin{array}{ccc|c} 1 & 0 & 1 & 0 \\ 1 & 1 & 0 & 0 \\ 0 & 1 & 1 & 0 \end{array}\right]$$

$$\Rightarrow \left[\begin{array}{ccc|c} 1 & 0 & 1 & 0 \\ 1 & 1 & 0 & 0 \\ 0 & 1 & 1 & 0 \end{array}\right] \overset{(Z_2)-(Z_1)}{\rightsquigarrow} \left[\begin{array}{ccc|c} 1 & 0 & 1 & 0 \\ 0 & 1 & -1 & 0 \\ 0 & 1 & 1 & 0 \end{array}\right] \overset{(Z_3)-(Z_2)}{\rightsquigarrow} \left[\begin{array}{ccc|c} 1 & 0 & 1 & 0 \\ 0 & 1 & -1 & 0 \\ 0 & 0 & 2 & 0 \end{array}\right] = \boldsymbol{Z}.$$

Die einzige Lösung ist $\mu_1 = \mu_2 = \mu_3 = 0$. Die Vektoren $\boldsymbol{u}+\boldsymbol{v}$, $\boldsymbol{v}+\boldsymbol{w}$, $\boldsymbol{w}+\boldsymbol{u}$ sind somit linear unabhängig. ■

Übung 6.18

• • ○ Es seien $\boldsymbol{A} \in \mathbb{R}^{n\times n}$ nilpotent mit Nilpotenzgrad m und $\boldsymbol{v} \in \mathbb{R}^n$. Man zeige, dass $\boldsymbol{v}, \boldsymbol{A}\boldsymbol{v}, \cdots, \boldsymbol{A}^{m-1}\boldsymbol{v}$ linear unabhängig sind.

Lösung

Erinnerung: $\boldsymbol{A} \in \mathbb{R}^{n\times n}$ ist nilpotent mit Nilpotenzgrad m, wenn $\boldsymbol{A}^m = \boldsymbol{0}$ und $\boldsymbol{A}^{m-1} \neq \boldsymbol{0}$. Wir wollen zeigen, dass $\boldsymbol{v}, \boldsymbol{A}\boldsymbol{v}, \cdots, \boldsymbol{A}^{m-1}\boldsymbol{v}$ linear unabhängig sind, d. h. dass die Gleichung

$$\lambda_0\boldsymbol{v} + \lambda_1\boldsymbol{A}\boldsymbol{v} + \cdots + \lambda_{m-1}\boldsymbol{A}^{m-1}\boldsymbol{v} = \boldsymbol{0}$$

nur die triviale Lösung $\lambda_0 = \lambda_1 = \cdots = \lambda_{m-1} = 0$ hat. Nach mehrmaliger Anwendung von $\boldsymbol{A}$ bekommen wir:

$$\begin{aligned}
& && \lambda_0\boldsymbol{v} + \lambda_1\boldsymbol{A}\boldsymbol{v} + \cdots + \lambda_{m-3}\boldsymbol{A}^{m-3}\boldsymbol{v} + \lambda_{m-2}\boldsymbol{A}^{m-2}\boldsymbol{v} + \lambda_{m-1}\boldsymbol{A}^{m-1}\boldsymbol{v} = \boldsymbol{0} \\
&\boldsymbol{A}: && \lambda_0\boldsymbol{A}\boldsymbol{v} + \lambda_1\boldsymbol{A}^2\boldsymbol{v} + \cdots + \lambda_{m-3}\boldsymbol{A}^{m-2}\boldsymbol{v} + \lambda_{m-2}\boldsymbol{A}^{m-1}\boldsymbol{v} + \lambda_m \underbrace{\boldsymbol{A}^m}_{=0} \boldsymbol{v} = \boldsymbol{0} \\
&\boldsymbol{A}^2: && \lambda_0\boldsymbol{A}^2\boldsymbol{v} + \lambda_1\boldsymbol{A}^3\boldsymbol{v} + \cdots + \lambda_{m-3}\boldsymbol{A}^{m-1}\boldsymbol{v} + \lambda_{m-1} \underbrace{\boldsymbol{A}^m}_{=0} \boldsymbol{v} = \boldsymbol{0} \\
& && \vdots \\
&\boldsymbol{A}^{m-1}: && \lambda_0\boldsymbol{A}^{m-1}\boldsymbol{v} + \lambda_1 \underbrace{\boldsymbol{A}^m}_{=0} \boldsymbol{v} = \boldsymbol{0}
\end{aligned}$$

d. h.

$$\begin{aligned}
\lambda_0\boldsymbol{v} + \lambda_1\boldsymbol{A}\boldsymbol{v} + \cdots + \lambda_{m-3}\boldsymbol{A}^{m-3}\boldsymbol{v} + \lambda_{m-2}\boldsymbol{A}^{m-2}\boldsymbol{v} + \lambda_{m-1}\boldsymbol{A}^{m-1}\boldsymbol{v} &= \boldsymbol{0} \\
\lambda_0\boldsymbol{A}\boldsymbol{v} + \lambda_1\boldsymbol{A}^2\boldsymbol{v} + \cdots + \lambda_{m-3}\boldsymbol{A}^{m-2}\boldsymbol{v} + \lambda_{m-2}\boldsymbol{A}^{m-1}\boldsymbol{v} &= \boldsymbol{0} \\
\lambda_0\boldsymbol{A}^2\boldsymbol{v} + \lambda_1\boldsymbol{A}^3\boldsymbol{v} + \cdots + \lambda_{m-3}\boldsymbol{A}^{m-1}\boldsymbol{v} &= \boldsymbol{0} \\
&\vdots \\
\lambda_0\boldsymbol{A}^{m-2}\boldsymbol{v} + \lambda_1\boldsymbol{A}^{m-1}\boldsymbol{v} &= \boldsymbol{0} \\
\lambda_0\boldsymbol{A}^{m-1}\boldsymbol{v} &= \boldsymbol{0}
\end{aligned}$$

Aus der letzten Gleichung folgt $\lambda_0 = 0$. Aus der vorletzten Gleichung folgt dann $\lambda_1 = 0$ usw. Die einzige Lösung ist somit $\lambda_0 = \lambda_1 = \cdots = \lambda_{m-1} = 0$. $\boldsymbol{v}, A\boldsymbol{v}, \cdots, A^{m-1}\boldsymbol{v}$ sind somit linear unabhängig. ■

Übung 6.19

• • • Beweise Satz 6.2.

Lösung

"$\Leftarrow$": Es sei $S = \{\boldsymbol{v}_1, \boldsymbol{v}_2, \cdots, \boldsymbol{v}_k\}$. Wir nehmen an, dass jeder Vektor $\boldsymbol{v} \in \langle S \rangle$ sich in eindeutiger Weise als Linearkombination von Vektoren aus S darstellen lässt. Es ist

$$\mathbf{0} = 0\,\boldsymbol{v}_1 + 0\,\boldsymbol{v}_2 + \cdots + 0\,\boldsymbol{v}_k$$

eine Darstellung von $\mathbf{0}$. Wegen der Eindeutigkeit der Darstellung ist dies die einzige Möglichkeit $\mathbf{0}$ als Linearkombination der Vektoren $\boldsymbol{v}_1, \boldsymbol{v}_2, \cdots, \boldsymbol{v}_k$ zu schreiben. Somit sind $\boldsymbol{v}_1, \boldsymbol{v}_2, \cdots, \boldsymbol{v}_k$ linear unabhängig.

"$\Rightarrow$": Es seien nun $\boldsymbol{v}_1, \boldsymbol{v}_2, \cdots, \boldsymbol{v}_k$ linear unabhängig. Nehmen wir an, dass der Vektor $\boldsymbol{v} \in \langle S \rangle$ zwei Darstellungen als Linearkombination der Vektoren $\boldsymbol{v}_1, \boldsymbol{v}_2, \cdots, \boldsymbol{v}_k$ besitzt:

$$\boldsymbol{v} = \alpha_1\boldsymbol{v}_1 + \alpha_2\boldsymbol{v}_2 + \cdots + \alpha_k\boldsymbol{v}_k = \beta_1\boldsymbol{v}_1 + \beta_2\boldsymbol{v}_2 + \cdots + \beta_k\boldsymbol{v}_k.$$

Daraus folgt

$$\begin{aligned}\mathbf{0} = \boldsymbol{v} - \boldsymbol{v} &= (\alpha_1\boldsymbol{v}_1 + \alpha_2\boldsymbol{v}_2 + \cdots + \alpha_k\boldsymbol{v}_k) - (\beta_1\boldsymbol{v}_1 + \beta_2\boldsymbol{v}_2 + \cdots + \beta_k\boldsymbol{v}_k)\\ &= (\alpha_1 - \beta_1)\boldsymbol{v}_1 + (\alpha_2 - \beta_2)\boldsymbol{v}_2 + \cdots + (\alpha_k - \beta_k)\boldsymbol{v}_k.\end{aligned}$$

Da $\boldsymbol{v}_1, \boldsymbol{v}_2, \cdots, \boldsymbol{v}_k$ linear unabhängig sind, folgt $\alpha_1 - \beta_1 = 0, \alpha_2 - \beta_2 = 0, \cdots, \alpha_k - \beta_k = 0$. Daraus folgt $\alpha_1 = \beta_1, \alpha_2 = \beta_2, \cdots, \alpha_k = \beta_k$, d. h., die Darstellung von $\boldsymbol{v}$ als Linearkombination von $\boldsymbol{v}_1, \boldsymbol{v}_2, \cdots, \boldsymbol{v}_k$ ist eindeutig. ■

6.3 Basis, Dimension und Koordinaten

6.3.1 Basis

► **Definition 6.5 (Basis)**

Eine **Basis** des Vektorraumes V ist eine Menge S von Vektoren aus V, welche linear unabhängig sind und ein Erzeugendensystem von V bilden. ◄

Aus Satz 6.2 folgt dann unmittelbar:

► Satz 6.3

Eine Menge S von Vektoren ist genau dann eine Basis von V, wenn sich jeder Vektor $\boldsymbol{v} \in V$ in **eindeutiger** Weise als Linearkombination von Vektoren aus S dargestellen lässt. ◄

Bemerkung

Man kann sich eine Basis wie folgt vorstellen: Eine Basis von V enthält alle „Bausteine", die zur Darstellung eines beliebigen Vektors in V benötigt werden; nicht zu viele, nicht zu wenige, sondern genau die richtige Anzahl!

► Beispiel

Die folgenden n Vektoren

$$\boldsymbol{e_1} = \begin{bmatrix} 1 \\ 0 \\ \vdots \\ 0 \end{bmatrix}, \ \boldsymbol{e_2} = \begin{bmatrix} 0 \\ 1 \\ \vdots \\ 0 \end{bmatrix}, \ \cdots, \ \boldsymbol{e_n} = \begin{bmatrix} 0 \\ 0 \\ \vdots \\ 1 \end{bmatrix}$$

bilden eine Basis von $\mathbb{R}^n$, weil sich jeder Vektor $\boldsymbol{v} \in \mathbb{R}^n$ in eindeutiger Weise als Linearkombination dieser Vektoren darstellen lässt

$$\boldsymbol{v} = \begin{bmatrix} v_1 \\ v_2 \\ \vdots \\ v_n \end{bmatrix} = v_1 \begin{bmatrix} 1 \\ 0 \\ \vdots \\ 0 \end{bmatrix} + v_2 \begin{bmatrix} 0 \\ 1 \\ \vdots \\ 0 \end{bmatrix} + \cdots + v_n \begin{bmatrix} 0 \\ 0 \\ \vdots \\ 1 \end{bmatrix}.$$

Diese Basis heißt **Standardbasis** oder **kanonische Basis**, von $\mathbb{R}^n$ und wird oft mit $\mathcal{E}$ bezeichnet. ◄

► Beispiel

Jede Matrix $\boldsymbol{A} \in \mathbb{R}^{m \times n}$ lässt sich wie folgt darstellen

$$\boldsymbol{A} = \begin{bmatrix} a_{11} & \cdots & a_{1n} \\ \vdots & \ddots & \vdots \\ a_{m1} & \cdots & a_{mn} \end{bmatrix} = a_{11} \begin{bmatrix} 1 & \cdots & 0 \\ \vdots & \ddots & \vdots \\ 0 & \cdots & 0 \end{bmatrix} + \cdots + a_{1n} \begin{bmatrix} 0 & \cdots & 1 \\ \vdots & \ddots & \vdots \\ 0 & \cdots & 0 \end{bmatrix} + \cdots$$
$$+ a_{m1} \begin{bmatrix} 0 & \cdots & 0 \\ \vdots & \ddots & \vdots \\ 1 & \cdots & 0 \end{bmatrix} + \cdots + a_{mn} \begin{bmatrix} 0 & \cdots & 0 \\ \vdots & \ddots & \vdots \\ 0 & \cdots & 1 \end{bmatrix}.$$

Die folgenden $m \cdot n$ Matrizen (sogenannte **Standardmatrizen**)

$$E_{ij} = \begin{bmatrix} 0 & \cdots & 0 & \cdots & 0 \\ \vdots & \ddots & \vdots & \ddots & \vdots \\ 0 & \cdots & \boxed{1} & \cdots & 0 \\ \vdots & \ddots & \vdots & \ddots & \vdots \\ 0 & \cdots & 0 & \cdots & 0 \end{bmatrix} \leftarrow i\text{-te Zeile}$$

$$\uparrow$$
$$j\text{-te Zeile}$$

bilden somit eine Basis von $\mathbb{R}^{m\times n}$: die **Standardbasis**. Jede Matrix $A \in \mathbb{R}^{m\times n}$ kann man mithilfe dieser Basis ausdrücken

$$A = a_{11}E_{11} + \cdots a_{1n}E_{1n} + \cdots + a_{m1}E_{m1} + \cdots a_{mn}E_{mn} = \sum_{i=1}^{m}\sum_{j=1}^{n} a_{ij}E_{ij}.$$

Zum Beispiel, die Standardbasis von $\mathbb{R}^{2\times 2}$ besteht aus den folgenden 4 Matrizen

$$E_{11} = \begin{bmatrix} 1 & 0 \\ 0 & 0 \end{bmatrix},\ E_{12} = \begin{bmatrix} 0 & 1 \\ 0 & 0 \end{bmatrix},\ E_{21} = \begin{bmatrix} 0 & 0 \\ 1 & 0 \end{bmatrix},\ E_{22} = \begin{bmatrix} 0 & 0 \\ 0 & 1 \end{bmatrix}.$$

Jede Matrix $A \in \mathbb{R}^{2\times 2}$ lässt sich dann in eindeutiger Weise als Linearkombination von $E_{11}, E_{12}, E_{21}, E_{22}$ darstellen:

$$A = \begin{bmatrix} a & b \\ c & d \end{bmatrix} = aE_{11} + bE_{12} + cE_{21} + dE_{22}.$$ ◀

► Beispiel

Die Polynome $\{1, x, x^2, \cdots, x^n\}$ bilden eine Basis von $P_n(\mathbb{R})$. Denn jedes Polynom $p(x) \in P_n(\mathbb{R})$ lässt sich in eindeutiger Weise als Linearkombination von $1, x, x^2, \cdots, x^n$ darstellen:

$$p(x) = a_0 + a_1x + a_2x^2 + \cdots + a_nx^n.$$

Diese ist die **Standardbasis** von $P_n(\mathbb{R})$. ◀

6.3.2 Dimension

► Satz 6.4

Falls V eine Basis von n Elementen besitzt, so enthält **jede** Basis von V **genau** n Elemente. ◀

Aus diesem Grund führt man den Begriff der Dimension ein:

► **Definition 6.6 (Dimension)**

Die **Dimension** von V ist die Anzahl n der Basiselemente von V. Geschrieben wird dies durch $\dim(V) = n$. ◄

Eine direkte Folgerung aus Satz 6.4 ist der folgende einleuchtende Satz:

► **Satz 6.5**

Es sei V ein Vektorraum der Dimension n. Dann gilt:

- Jede linear unabhängige Menge von n Vektoren ist eine Basis von V.
- Jedes Erzeugendensystem von n Vektoren ist eine Basis von V.
- Mehr als n Vektoren sind immer linear abhängig.
- Weniger als n Vektoren bilden nie eine Basis von V. ◄

Rechenregeln

► **Satz 6.6 (Rechenregeln für Dimension)**

- $U \subset V \Rightarrow \dim(U) \leq \dim(V)$.
- $\dim(U + W) = \dim(U) + \dim(W) - \dim(U \cap W)$.
- $V = U \oplus W \Rightarrow \dim(V) = \dim(U) + \dim(W)$ (direkte Summe). ◄

► **Beispiel**

Die Standardbasis von $\mathbb{R}^n$ besteht aus den folgenden n Vektoren

$$\boldsymbol{e_1} = \begin{bmatrix} 1 \\ 0 \\ \vdots \\ 0 \end{bmatrix}, \; \boldsymbol{e_2} = \begin{bmatrix} 0 \\ 1 \\ \vdots \\ 0 \end{bmatrix}, \; \cdots, \; \boldsymbol{e_n} = \begin{bmatrix} 0 \\ 0 \\ \vdots \\ 1 \end{bmatrix}.$$

Somit ist $\dim(\mathbb{R}^n) = n$. ◄

► **Beispiel**

Die Standardbasis von $\mathbb{R}^{m \times n}$ besteht aus den folgenden $m \cdot n$ Matrizen

$$\boldsymbol{E_{ij}} = \begin{bmatrix} 0 & \cdots & 0 & \cdots & 0 \\ \vdots & \ddots & \vdots & \ddots & \vdots \\ 0 & \cdots & \boxed{1} & \cdots & 0 \\ \vdots & \ddots & \vdots & \ddots & \vdots \\ 0 & \cdots & 0 & \cdots & 0 \end{bmatrix} \leftarrow i\text{-te Zeile}$$

$$\uparrow$$
$$j\text{-te Zeile}$$

Somit ist $\dim(\mathbb{R}^{m \times n}) = m \cdot n$. ◄

▶ **Beispiel**

Die $n + 1$ Polynome $\{1, x, x^2, \cdots, x^n\}$ bilden die Standardbasis von $P_n(\mathbb{R})$. Folglich ist $\dim(P_n(\mathbb{R})) = n + 1$. ◀

Übung 6.20

○ ○ ○ Es seien $U_1, U_2 \subset \mathbb{R}^{90}$ mit $\dim(U_1) = 50$ und $\dim(U_2) = 70$. Welche Werte kann $\dim(U_1 \cap U_2)$ annehmen?

Lösung

Wir wenden die Formel $\dim(U_1 \cap U_2) = \dim(U_1) + \dim(U_2) - \dim(U_1 + U_2)$ an. Wir wissen auch, dass $U_1 + U_2$ ein Unterraum von $\mathbb{R}^{90}$ ist, d. h. $\dim(U_1 + U_2) \leq 90$. Daraus folgt $\dim(U_1 \cap U_2) = \dim(U_1) + \dim(U_2) - \dim(U_1 + U_2) = 50 + 70 - \dim(U_1 + U_2) = 120 - \dim(U_1 + U_2) \geq 120 - 90 = 30 \Rightarrow \dim(U_1 \cap U_2) \geq 30$. ■

Übung 6.21

● ○ ○ Man finde eine Basis des folgenden Unterraumes von $\mathbb{R}^3$

$$U = \left\{ \boldsymbol{x} = \begin{bmatrix} x_1 \\ x_2 \\ x_3 \end{bmatrix} \in \mathbb{R}^3 \;\middle|\; x_1 = x_2 = x_3 \right\}.$$

Man bestimme die Dimension von U.

Lösung

Die definierenden Gleichungen $x_1 = x_2$, $x_2 = x_3$, $x_1 = x_3$ kann man in Matrixform aufschreiben:

$$\begin{cases} x_1 - x_2 = 0 & (Z_1) \\ x_2 - x_3 = 0 & (Z_2) \\ x_1 - x_3 = 0 & (Z_3) \end{cases} \rightsquigarrow [\boldsymbol{A}|\boldsymbol{b}] = \left[\begin{array}{ccc|c} 1 & -1 & 0 & 0 \\ 0 & 1 & -1 & 0 \\ 1 & 0 & -1 & 0 \end{array}\right]$$

$$\Rightarrow \left[\begin{array}{ccc|c} 1 & -1 & 0 & 0 \\ 0 & 1 & -1 & 0 \\ 1 & 0 & -1 & 0 \end{array}\right] \overset{(Z_3)-(Z_1)}{\rightsquigarrow} \left[\begin{array}{ccc|c} 1 & -1 & 0 & 0 \\ 0 & 1 & -1 & 0 \\ 0 & 1 & -1 & 0 \end{array}\right] \overset{(Z_3)-(Z_2)}{\rightsquigarrow} \left[\begin{array}{ccc|c} 1 & -1 & 0 & 0 \\ 0 & 1 & -1 & 0 \\ 0 & 0 & 0 & 0 \end{array}\right] = \boldsymbol{Z}.$$

Es sind zwei Gleichungen für drei Unbekannte. Eine Variable ist also frei wählbar, z. B. $x_3 = t$. Aus der ersten und zweiten Gleichung folgt, dass $x_1 = t$ und $x_2 = t$. Die Lösungsmenge lautet somit

$$U = \left\{ \boldsymbol{x} = \begin{bmatrix} x_1 \\ x_2 \\ x_3 \end{bmatrix} \in \mathbb{R}^3 \;\middle|\; \begin{bmatrix} x_1 \\ x_2 \\ x_3 \end{bmatrix} = t \begin{bmatrix} 1 \\ 1 \\ 1 \end{bmatrix},\; t \in \mathbb{R} \right\} = \left\langle \begin{bmatrix} 1 \\ 1 \\ 1 \end{bmatrix} \right\rangle.$$

Eine Basis von U ist somit

$$\left\{\begin{bmatrix}1\\1\\1\end{bmatrix}\right\}.$$

Da diese Basis von U aus einem einzigen Vektor besteht, ist $\dim(U) = 1$. ■

Übung 6.22

• ○ ○ Man betrachte den folgenden Unterraum von $\mathbb{R}^3$:

$$E = \left\{ \boldsymbol{x} = \begin{bmatrix}x_1\\x_2\\x_3\end{bmatrix} \in \mathbb{R}^3 \;\middle|\; x_1 + 2x_2 + 3x_3 = 0 \right\}.$$

a) Man finde eine Basis von E. Was ist die Dimension von E? Welches geometrisches Objekt wird von E beschrieben?

b) Man finde einen Normalenvektor zu E.

Lösung

a) Wir lösen einfach die Gleichung $x_1 + 2x_2 + 3x_3 = 0$. Es ist eine Gleichung für 3 Unbekannte. Somit sind 2 Variablen frei wählbar. Wir setzen beispielsweise $x_2 = t$ und $x_3 = s$. Daraus folgt $x_1 = -2x_2 - 3x_3 = -2t - 3s$. Die Lösung ist somit

$$E = \left\{ \boldsymbol{x} \in \mathbb{R}^3 \;\middle|\; \begin{bmatrix}x_1\\x_2\\x_3\end{bmatrix} = t\begin{bmatrix}-2\\1\\0\end{bmatrix} + s\begin{bmatrix}-3\\0\\1\end{bmatrix},\ t, s \in \mathbb{R} \right\} = \left\langle \begin{bmatrix}-2\\1\\0\end{bmatrix}, \begin{bmatrix}-3\\0\\1\end{bmatrix} \right\rangle.$$

Eine Basis von E ist somit

$$\left\{ \begin{bmatrix}-2\\1\\0\end{bmatrix}, \begin{bmatrix}-3\\0\\1\end{bmatrix} \right\}.$$

Da die Basis von E aus zwei (linear unabhängigen) Vektoren besteht, ist $\dim(E) = 2$. E ist eine Ebene in $\mathbb{R}^3$.

b) Die Vektoren $\boldsymbol{b_1} = [-2, 1, 0]^T$ und $\boldsymbol{b_2} = [-3, 0, 1]^T$ sind die Spannvektoren der Ebene E (vgl. Anhang A.3.2). Eine Normale an der Ebene E ist somit

$$\boldsymbol{n} = \boldsymbol{b_1} \times \boldsymbol{b_2} = \begin{bmatrix}-2\\1\\0\end{bmatrix} \times \begin{bmatrix}-3\\0\\1\end{bmatrix} = \begin{bmatrix}1\\2\\3\end{bmatrix}.$$

Kontrolle (vgl. Anhang A.3.2): $E: \underline{1}\,x_1 + \underline{2}\,x_2 + \underline{3}\,x_3 = 0 \Rightarrow \boldsymbol{n} = \begin{bmatrix}1\\2\\3\end{bmatrix}$. ■

Übung 6.23

• ○ ○ Es sei $V = \mathbb{R}^{2\times 2}$.

a) Man zeige, dass die Menge U der oberen Dreiecksmatrizen

$$U = \left\{ A \in \mathbb{R}^{2\times 2} \;\middle|\; A = \begin{bmatrix} a & b \\ 0 & c \end{bmatrix}, \quad a, b, c \in \mathbb{R} \right\}$$

ein Unterraum von V ist.

b) Man bestimme eine Basis von U. Was ist die Dimension von U?

Lösung

a) Wir müssen zeigen, dass die Menge U die drei Eigenschaften eines Unterraumes erfüllt (▶ vgl. Kap. 5):

- Beweis von **(UR0)**: Die Nullmatrix ist eine obere Dreiecksmatrix, also $\mathbf{0} \in U$. ✓
- Beweis von **(UR1)**: Es seien $A = \begin{bmatrix} a_1 & b_1 \\ 0 & c_1 \end{bmatrix}$, $B = \begin{bmatrix} a_2 & b_2 \\ 0 & c_2 \end{bmatrix} \in U$. Dann gilt:

$$A + B = \begin{bmatrix} a_1 & b_1 \\ 0 & c_1 \end{bmatrix} + \begin{bmatrix} a_2 & b_2 \\ 0 & c_2 \end{bmatrix} = \begin{bmatrix} a_1 + a_2 & b_1 + b_2 \\ 0 & c_1 + c_2 \end{bmatrix} \in U \checkmark$$

- Beweis von **(UR2)**: Es seien $A = \begin{bmatrix} a & b \\ 0 & c \end{bmatrix} \in U$ und $\alpha \in \mathbb{R}$. Dann gilt:

$$\alpha A = \alpha \begin{bmatrix} a & b \\ 0 & c \end{bmatrix} = \begin{bmatrix} \alpha a & \alpha b \\ 0 & \alpha c \end{bmatrix} \in U \checkmark$$

Somit ist U ein Unterraum von V.

b) Jede obere Dreiecksmatrix in U können wir wie folgt schreiben

$$A = \begin{bmatrix} a & b \\ 0 & c \end{bmatrix} = a \begin{bmatrix} 1 & 0 \\ 0 & 0 \end{bmatrix} + b \begin{bmatrix} 0 & 1 \\ 0 & 0 \end{bmatrix} + c \begin{bmatrix} 0 & 0 \\ 0 & 1 \end{bmatrix}.$$

Eine Basis von U ist somit

$$\left\{ \begin{bmatrix} 1 & 0 \\ 0 & 0 \end{bmatrix}, \begin{bmatrix} 0 & 1 \\ 0 & 0 \end{bmatrix}, \begin{bmatrix} 0 & 0 \\ 0 & 1 \end{bmatrix} \right\}$$

Die Dimension von U ist 3, d. h. $\dim(U) = 3$. ■

Übung 6.24

• • ◦ Es sei $V = P_3(\mathbb{R})$ der Vektorraum der Polynome vom Grad ≤ 3. Man betrachte $W = \{p \in P_3(\mathbb{R}) \mid p(0) = p(1) = 0\} \subset V$.

a) Man zeige, dass W ein Unterraum von V ist.

b) Man bestimme eine Basis von W. Was ist die Dimension von W?

Lösung

a) Wir müssen zeigen, dass die Menge W die drei Eigenschaften eines Unterraumes erfüllt (▶ vgl. Kap. 5):

- Beweis von **(UR0)**: Das Nullpolynom $p(x) \equiv 0$ erfüllt $p(0) = p(1) = 0$. Also $0 \in W$. ✓
- Beweis von **(UR1)**: Es seien $p \in W$ und $q \in W$ ($\Rightarrow p(0) = p(1) = 0$ und $q(0) = q(1) = 0$). Dann gilt:

$$\left.\begin{array}{l} (p+q)(0) = \underbrace{p(0)}_{=0} + \underbrace{q(0)}_{=0} = 0 + 0 = 0 \\ (p+q)(1) = \underbrace{p(1)}_{=0} + \underbrace{q(1)}_{=0} = 0 + 0 = 0 \end{array}\right\} \quad \Rightarrow \quad p + q \in W \checkmark$$

- Beweis von **(UR2)**: Es seien $p \in W$ und $\alpha \in \mathbb{R}$. Dann gilt:

$$\left.\begin{array}{l} (\alpha\, p)(0) = \alpha \underbrace{p(0)}_{=0} = \alpha\, 0 = 0 \\ (\alpha\, p)(1) = \alpha \underbrace{p(1)}_{=0} = \alpha\, 0 = 0 \end{array}\right\} \quad \Rightarrow \quad \alpha\, p \in W \checkmark$$

Somit ist W ein Unterraum von V.

b) Ein Polynom aus $P_3(\mathbb{R})$ sieht wie folgt aus $p(x) = a_0 + a_1 x + a_2 x^2 + a_3 x^3$. Damit $p \in W$ muss gelten

$$p(0) = a_0 \stackrel{!}{=} 0 \quad \Rightarrow \quad a_0 = 0$$

$$p(1) = a_0 + a_1 + a_2 + a_3 \stackrel{!}{=} 0 \quad \Rightarrow \quad a_3 = -(a_0 + a_1 + a_2) = -(a_1 + a_2).$$

Also

$$p(x) = a_1 x + a_2 x^2 - (a_1 + a_2)x^3 = a_1(x - x^3) + a_2(x^2 - x^3).$$

Eine Basis von W ist somit $\{x - x^3, x^2 - x^3\}$ und die Dimension von W ist $\dim(W) = 2$.

■

Übung 6.25

• • ∘ Es sei $P_{n,2}(\mathbb{R})$ der Vektorraum der reellen Polynome in den **zwei Variablen** x und y mit Totalgrad $\leq n$.

a) Man finde eine Basis von $P_{2,2}(\mathbb{R})$. Was ist die Dimension von $P_{2,2}(\mathbb{R})$?

b) Man finde eine Basis von $P_{n,2}(\mathbb{R})$ und man bestimme $\dim(P_{n,2}(\mathbb{R}))$.

Lösung

a) $P_{2,2}(\mathbb{R})$ ist der Vektorraum der reellen Polynome in den zwei Variablen x und y mit Totalgrad ≤ 2. Ein beliebiges Element aus $P_{2,2}(\mathbb{R})$ sieht wie folgt aus

$$p(x, y) = a_0 + a_{1,0}x + a_{1,1}y + a_{2,0}x^2 + a_{2,1}xy + a_{2,2}y^2,$$

$$a_0, a_{1,0}, a_{1,1}, a_{2,0}, a_{2,1}, a_{2,2} \in \mathbb{R}.$$

Eine Basis von $P_{2,2}(\mathbb{R})$ besteht somit aus den folgenden 6 Monome $\{1, x, y, x^2, xy, y^2\}$. Beachte, dass das Polynom 1 den Totalgrad 0 hat, x und y haben den Totalgrad 1, während x^2, xy und y^2 den Totalgrad 2 haben. Somit können wir die Basiselemente anhand ihres Totalgrades k sortieren:

$$\begin{array}{lccccc} k=0 & & & 1 & & \\ k=1 & & x & & y & \\ k=2 & x^2 & & xy & & y^2 \end{array}$$

Diese Basis von $P_{2,2}(\mathbb{R})$ besteht aus 6 Elementen. Es gilt somit $\dim(P_{2,2}(\mathbb{R})) = 6$.

b) Im Allgemeinen hat ein beliebiges Element aus $P_{n,2}(\mathbb{R})$ die folgende Form

$$p(x, y) = a_0 + (a_{1,0}x + a_{1,1}y) + \cdots + (a_{n,0}x^n + a_{n,1}x^{n-1}y + \cdots + a_{n,n}y^n), \quad a_{i,j} \in \mathbb{R}.$$

Eine Basis von $P_{n,2}(\mathbb{R})$ ist somit $\{1, x, y, x^2, xy, y^2, \cdots, x^n, x^{n-1}y, \cdots, y^n\}$. Wie in (a) können wir die Basiselemente anhand ihres Totalgrades k sortieren:

$$\begin{array}{lccccccc} k=0 & & & & 1 & & & \\ k=1 & & & x & & y & & \\ k=2 & & x^2 & & xy & & y^2 & \\ k=3 & x^3 & & x^2y & & xy^2 & & y^3 \\ \vdots & & & & & & & \\ k=n & x^n & x^{n-1}y & & \cdots & & xy^{n-1} & y^n \end{array}$$

Es gibt $k+1$ Basiselemente mit Totalgrad k. Die Gesamtanzahl von Basiselementen berechnet sich somit

$$\sum_{k=0}^{n}(k+1) = \underbrace{\sum_{k=0}^{n} k}_{=\frac{n(n+1)}{2}} + \underbrace{\sum_{k=0}^{n} 1}_{=n+1} = \frac{n(n+1)}{2} + n + 1 = \frac{(n+1)(n+2)}{2}.$$

Somit ist $\dim(P_{n,2}(\mathbb{R})) = \frac{(n+1)(n+2)}{2}$. ■

6.3.3 Koordinaten

Sei V ein Vektorraum der Dimension n mit Basis $\mathcal{B} = \{\boldsymbol{b}_1, \cdots, \boldsymbol{b}_n\}$. Dann können wir jeden Vektor $\boldsymbol{v} \in V$ **in eindeutiger Weise** als lineare Kombination der Basiselemente $\boldsymbol{b}_1, \cdots, \boldsymbol{b}_n$ darstellen

$$\boldsymbol{v} = v_1 \boldsymbol{b}_1 + \cdots + v_n \boldsymbol{b}_n = \sum_{i=1}^{n} v_i \boldsymbol{b}_i. \tag{6.5}$$

Die Koeffizienten $v_1, \cdots, v_n \in \mathbb{R}$ sind die **Koordinaten** des Vektors $\boldsymbol{v}$ bezüglich der Basis $\mathcal{B}$. Diese Koordinaten werden dann in einem **Koordinatenvektor** zusammengefasst

$$[\boldsymbol{v}]_{\mathcal{B}} = \begin{bmatrix} v_1 \\ \vdots \\ v_n \end{bmatrix}. \tag{6.6}$$

Bemerkung

Die Koordinaten des Vektors $\boldsymbol{v}$ bzgl. der Basis $\mathcal{B}$ sind nichts anderes als die Koeffizienten in der Darstellung von $\boldsymbol{v}$ als Linearkombination der Basisvektoren $\boldsymbol{b}_1, \cdots, \boldsymbol{b}_n$ von $\mathcal{B}$. Mit anderen Worten:

$$[\boldsymbol{v}]_{\mathcal{B}} = \begin{bmatrix} v_1 \\ \vdots \\ v_n \end{bmatrix} \quad \text{bedeutet} \quad \boldsymbol{v} = \underline{v_1}\, \boldsymbol{b}_1 + \cdots + \underline{v_n}\, \boldsymbol{b}_n \tag{6.7}$$

Die Basisvektoren sind sozusagen die „Bausteine" des Vektorraumes. Die Koordinaten eines Vektors bzgl. einer Basis sagen wie oft jeder Basisvektor vorkommt: $\boldsymbol{v}$ ist v_1 Mal $\boldsymbol{b}_1$ plus v_2 Mal $\boldsymbol{b}_2$, usw. Diese Bausteine (Basiselemente) können selbst übliche Vektoren, Matrizen, Polynome usw. sein.

Musterbeispiel 6.1 (Koordinaten für Vektoren)

Als erstes Beispiel betrachten wir die Koordinaten von Vektoren in $\mathbb{R}^2$. Die **Standardbasis** von $\mathbb{R}^2$ ist gegeben durch

$$\mathcal{E} = \left\{ \boldsymbol{e}_1 = \begin{bmatrix} 1 \\ 0 \end{bmatrix}, \boldsymbol{e}_2 = \begin{bmatrix} 0 \\ 1 \end{bmatrix} \right\}.$$

In der Standardbasis hat der Vektor $\boldsymbol{v} = [2, 4]^T$ die Koordinaten (Abb. 6.2)

$$[\boldsymbol{v}]_{\mathcal{E}} = \begin{bmatrix} 2 \\ 4 \end{bmatrix}, \text{ weil } \boldsymbol{v} = \underline{2} \cdot \begin{bmatrix} 1 \\ 0 \end{bmatrix} + \underline{4} \cdot \begin{bmatrix} 0 \\ 1 \end{bmatrix} = \underline{2} \cdot \boldsymbol{e}_1 + \underline{4} \cdot \boldsymbol{e}_2.$$

Jetzt betrachten wir eine andere Basis von $\mathbb{R}^2$, zum Beispiel:

$$\mathcal{B} = \left\{ \boldsymbol{b}_1 = \begin{bmatrix} 1 \\ -1 \end{bmatrix}, \boldsymbol{b}_2 = \begin{bmatrix} 1 \\ 1 \end{bmatrix} \right\}.$$

Wie lauten die Koordinaten von $\boldsymbol{v}$ bezüglich der Basis $\mathcal{B}$? Wir schreiben

$$\boldsymbol{v} = \begin{bmatrix} 4 \\ 2 \end{bmatrix} \stackrel{!}{=} \alpha\, \boldsymbol{b}_1 + \beta\, \boldsymbol{b}_2 = \alpha \begin{bmatrix} 1 \\ -1 \end{bmatrix} + \beta \begin{bmatrix} 1 \\ 1 \end{bmatrix} \Rightarrow \begin{cases} \alpha + \beta = 2 \\ -\alpha + \beta = 4 \end{cases}$$

Die Lösung lautet $\alpha = -1$, $\beta = 3$. In der Basis $\mathcal{B}$ kann man den Vektor $\boldsymbol{v}$ wie folgt darstellen

$$\boldsymbol{v} = \underline{-1} \cdot \begin{bmatrix} 1 \\ -1 \end{bmatrix} + \underline{3} \cdot \begin{bmatrix} 1 \\ 1 \end{bmatrix} = \underline{-1} \cdot \boldsymbol{b}_1 + \underline{3} \cdot \boldsymbol{b}_2,$$

d. h., die Koordinaten von $\boldsymbol{v}$ bezüglich der Basis $\mathcal{B}$ sind (◘ Abb. 6.2)

$$[\boldsymbol{v}]_{\mathcal{B}} = \begin{bmatrix} -1 \\ 3 \end{bmatrix}.$$

Bemerkung
Die Standardbasis eines Vektorraumes wird oft mit $\mathcal{E}$ bezeichnet.

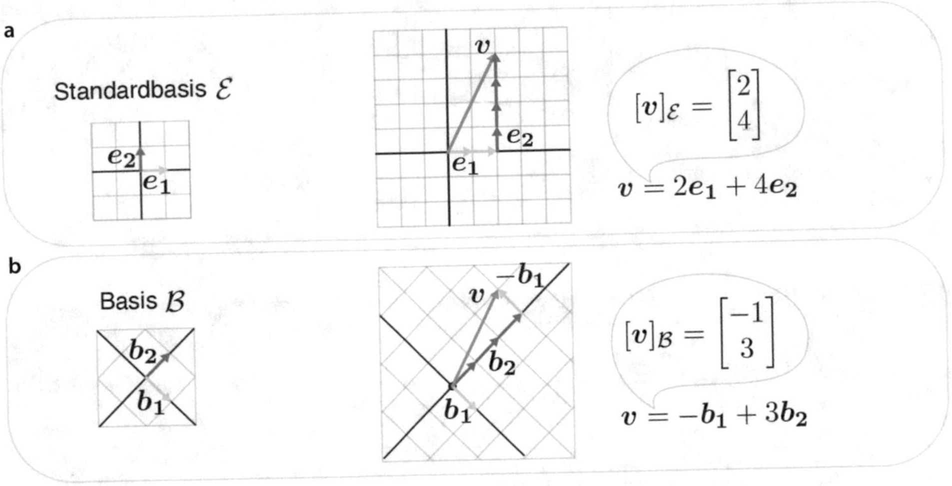

◘ **Abb. 6.2** Musterbeispiel 6.1

Musterbeispiel 6.2 (Koordinaten für Polynome)

Als zweites Beispiel betrachten wir die Koordinaten eines etwas abstrakteren Objektes, nähmlich der Polynome. Man betrachte dazu den Vektorraum $P_2(\mathbb{R})$ der Polynome vom Grad kleiner oder gleich 2. Die Standardbasis von $P_2(\mathbb{R})$ ist

$$\mathcal{E} = \left\{1, x, x^2\right\}.$$

In dieser Standardbasis hat dann das Polynom $p(x) = x^2 + 2x + 1$ die Koordinaten

$$[p(x)]_{\mathcal{E}} = \begin{bmatrix} 1 \\ 2 \\ 1 \end{bmatrix},$$

weil

$$p(x) = \underline{1} \cdot 1 + \underline{2} \cdot x + \underline{1} \cdot x^2.$$

In der Basis

$$\mathcal{B} = \left\{x^2 + x, x + 1, 1\right\}$$

kann man das Polynom $p(x)$ wie folgt darstellen:

$$p(x) = x^2 + 2x + 1 = x^2 + x + x + 1 = \underline{1} \cdot (x^2 + x) + \underline{1} \cdot (x + 1) + \underline{0} \cdot 1.$$

Die Koordinaten von $p(x)$ bezüglich der Basis $\mathcal{B}$ sind

$$[p(x)]_{\mathcal{B}} = \begin{bmatrix} 1 \\ 1 \\ 0 \end{bmatrix}.$$

Durch den Koordinatenvektor können wir Polynome in $P_2(\mathbb{R})$ wie übliche Vektoren in $\mathbb{R}^3$ interpretieren.

Musterbeispiel 6.3 (Koordinaten für Matrizen)

Als letztes Beispiel betrachten wir Koordinaten von Matrizen in $\mathbb{R}^{2\times 2}$. Die Standardbasis von $\mathbb{R}^{2\times 2}$ ist bekanntlich

$$\mathcal{E} = \left\{ \boldsymbol{E}_{11} = \begin{bmatrix} 1 & 0 \\ 0 & 0 \end{bmatrix}, \boldsymbol{E}_{12} = \begin{bmatrix} 0 & 1 \\ 0 & 0 \end{bmatrix}, \boldsymbol{E}_{21} = \begin{bmatrix} 0 & 0 \\ 1 & 0 \end{bmatrix}, \boldsymbol{E}_{22} = \begin{bmatrix} 0 & 0 \\ 0 & 1 \end{bmatrix} \right\}.$$

Wir können dadurch jede Matrix in $\mathbb{R}^{2\times 2}$ mithilfe dieser Standardbasiselementen darstellen. Die folgende Matrix hat die Koordinaten

$$A = \begin{bmatrix} 1 & 2 \\ 3 & 4 \end{bmatrix} \Rightarrow [A]_{\mathcal{E}} = \begin{bmatrix} 1 \\ 2 \\ 3 \\ 4 \end{bmatrix},$$

weil

$$A = \begin{bmatrix} 1 & 2 \\ 3 & 4 \end{bmatrix} = \underline{1} \cdot \begin{bmatrix} 1 & 0 \\ 0 & 0 \end{bmatrix} + \underline{2} \cdot \begin{bmatrix} 0 & 1 \\ 0 & 0 \end{bmatrix} + \underline{3} \cdot \begin{bmatrix} 0 & 0 \\ 1 & 0 \end{bmatrix} + \underline{4} \cdot \begin{bmatrix} 0 & 0 \\ 0 & 1 \end{bmatrix}$$
$$= \underline{1} \cdot \boldsymbol{E}_{11} + \underline{2} \cdot \boldsymbol{E}_{12} + \underline{3} \cdot \boldsymbol{E}_{21} + \underline{4} \cdot \boldsymbol{E}_{22}.$$

In der Basis

$$\mathcal{B} = \left\{ \boldsymbol{B}_1 = \begin{bmatrix} 1 & 1 \\ 1 & 1 \end{bmatrix}, \boldsymbol{B}_2 = \begin{bmatrix} 0 & 1 \\ 1 & 1 \end{bmatrix}, \boldsymbol{B}_3 = \begin{bmatrix} 0 & 0 \\ 1 & 1 \end{bmatrix}, \boldsymbol{B}_4 = \begin{bmatrix} 0 & 0 \\ 0 & 1 \end{bmatrix} \right\}$$

kann man $\boldsymbol{A}$ wie folgt darstellen

$$A = \begin{bmatrix} 1 & 2 \\ 3 & 4 \end{bmatrix} = \underline{1} \begin{bmatrix} 1 & 1 \\ 1 & 1 \end{bmatrix} + \underline{1} \cdot \begin{bmatrix} 0 & 1 \\ 1 & 1 \end{bmatrix} + \underline{1} \cdot \begin{bmatrix} 0 & 0 \\ 1 & 1 \end{bmatrix} + \underline{1} \cdot \begin{bmatrix} 0 & 0 \\ 0 & 1 \end{bmatrix}$$
$$= \underline{1} \cdot \boldsymbol{B}_1 + \underline{1} \cdot \boldsymbol{B}_2 + \underline{1} \cdot \boldsymbol{B}_3 + \underline{1} \cdot \boldsymbol{B}_4.$$

Die Koordinaten von $\boldsymbol{A}$ in dieser Basis $\mathcal{B}$ lauten

$$[A]_{\mathcal{B}} = \begin{bmatrix} 1 \\ 1 \\ 1 \\ 1 \end{bmatrix}.$$

Wie für Polynome, können wir jetzt durch den Koordinatenvektor Matrizen in $\mathbb{R}^{2\times 2}$ als Vektoren im $\mathbb{R}^4$ interpretieren.

Übung 6.26

● ○ ○ Man betrachte die folgende Basis von $\mathbb{R}^3$

$$\mathcal{B} = \left\{ \boldsymbol{b}_1 = \begin{bmatrix} k \\ 2 \\ 1 \end{bmatrix}, \boldsymbol{b}_2 = \begin{bmatrix} -2 \\ 1 \\ 0 \end{bmatrix}, \boldsymbol{b}_3 = \begin{bmatrix} 0 \\ 1 \\ 1 \end{bmatrix} \right\}, \quad k \neq -2.$$

Man bestimme die Koordinaten des Vektors $\boldsymbol{v} = [-2, 1, 2]^T$ in dieser Basis.

Lösung

Wir suchen Zahlen $v_1, v_2, v_3 \in \mathbb{R}$, sodass

$$\boldsymbol{v} = v_1\boldsymbol{b_1} + v_2\boldsymbol{b_2} + v_3\boldsymbol{b_3}$$

gilt. Dies ergibt ein LGS für v_1, v_2, v_3, welches wir mit dem Gauß-Verfahren lösen:

$$\begin{cases} kv_1 - 2v_2 = -2 & (Z_1) \\ 2v_1 + v_2 + v_3 = 1 & (Z_2) \\ v_1 + v_3 = 2 & (Z_3) \end{cases} \rightsquigarrow [\boldsymbol{A}|\boldsymbol{b}] = \left[\begin{array}{ccc|c} k & -2 & 0 & -2 \\ 2 & 1 & 1 & 1 \\ 1 & 0 & 1 & 2 \end{array}\right]$$

$$\Rightarrow \left[\begin{array}{ccc|c} k & -2 & 0 & -2 \\ 2 & 1 & 1 & 1 \\ 1 & 0 & 1 & 2 \end{array}\right] \overset{(Z_3)\leftrightarrow(Z_1)}{\rightsquigarrow} \left[\begin{array}{ccc|c} 1 & 0 & 1 & 2 \\ 2 & 1 & 1 & 1 \\ k & -2 & 0 & -2 \end{array}\right] \overset{\substack{(Z_2)-2(Z_1)\\(Z_3)-k(Z_1)}}{\rightsquigarrow} \left[\begin{array}{ccc|c} 1 & 0 & 1 & 2 \\ 0 & 1 & -1 & -3 \\ 0 & -2 & -k & -2k-2 \end{array}\right]$$

$$\overset{(Z_3)+2(Z_2)}{\rightsquigarrow} \left[\begin{array}{ccc|c} 1 & 0 & 1 & 3 \\ 0 & 1 & -1 & -3 \\ 0 & 0 & -k-2 & -2k-8 \end{array}\right] = \boldsymbol{Z}.$$

Es folgt $v_1 = -\frac{4}{k+2}$, $v_2 = \frac{-k+2}{k+2}$, $v_3 = \frac{2k+8}{k+2}$, d. h., der Vektor $\boldsymbol{v}$ hat die Koordinaten

$$\boldsymbol{v} = \underline{\frac{4}{k+2}} \cdot \boldsymbol{b_1} + \underline{\frac{-k+2}{k+2}} \cdot \boldsymbol{b_2} + \underline{\frac{2k+8}{k+2}} \cdot \boldsymbol{b_3} \Rightarrow [\boldsymbol{v}]_{\mathcal{B}} = \begin{bmatrix} \frac{4}{k+2} \\ \frac{-k+2}{k+2} \\ \frac{2k+8}{k+2} \end{bmatrix}.$$

■

Übung 6.27

• ○ ○ Es sei $V = \mathbb{R}^{2\times 3}$ der Vektorraum der (2×3)-Matrizen. Man betrachte den Unterraum $U \subset V$ mit Basis

$$\mathcal{B} = \left\{ \begin{bmatrix} 1 & 2 & 3 \\ 1 & -2 & 0 \end{bmatrix}, \begin{bmatrix} 1 & 1 & 0 \\ 0 & 1 & 1 \end{bmatrix}, \begin{bmatrix} 0 & 3 & 3 \\ 1 & -1 & 1 \end{bmatrix} \right\}.$$

Man finde die Koordinaten von $\boldsymbol{A} = \begin{bmatrix} 1 & 9 & 6 \\ 2 & 1 & 5 \end{bmatrix}$ in der Basis $\mathcal{B}$. Sind diese Koordinaten eindeutig? Man begründe die Antwort.

Lösung

Wir wollen grundsätzlich die Matrix $\boldsymbol{A}$ als Linearkombination der Basiselemente aus $\mathcal{B}$ schreiben, d. h., wir suchen drei Zahlen a_1, a_2 und $a_3 \in \mathbb{R}$ mit

$$\boldsymbol{A} = \begin{bmatrix} 1 & 9 & 6 \\ 2 & 1 & 5 \end{bmatrix} = a_1 \begin{bmatrix} 1 & 2 & 3 \\ 1 & -2 & 0 \end{bmatrix} + a_2 \begin{bmatrix} 1 & 1 & 0 \\ 0 & 1 & 1 \end{bmatrix} + a_3 \begin{bmatrix} 0 & 3 & 3 \\ 1 & -1 & 1 \end{bmatrix}.$$

a_1, a_2 und a_3 sind dann die gesuchten Koordinaten von $\boldsymbol{A}$ in der Basis $\mathcal{B}$. Es gilt:

$$a_1 \begin{bmatrix} 1 & 2 & 3 \\ 1 & -2 & 0 \end{bmatrix} + a_2 \begin{bmatrix} 1 & 1 & 0 \\ 0 & 1 & 1 \end{bmatrix} + a_3 \begin{bmatrix} 0 & 3 & 3 \\ 1 & -1 & 1 \end{bmatrix}$$
$$= \begin{bmatrix} a_1 + a_2 & 2a_1 + a_2 + 3a_3 & 3a_1 + 3a_3 \\ a_1 + a_3 & -2a_1 + a_2 - a_3 & a_2 + a_3 \end{bmatrix} \overset{!}{=} \begin{bmatrix} 1 & 9 & 6 \\ 2 & 1 & 5 \end{bmatrix}$$

Ein Koeffizientenvergleich liefert ein LGS mit 6 Gleichungen und 3 Unbekannten

$$\begin{cases} a_1 + a_2 = 1 \\ 2a_1 + a_2 + 3a_3 = 9 \\ 3a_1 + 3a_3 = 6 \\ a_1 + a_3 = 2 \\ -2a_1 + a_2 - a_3 = 1 \\ a_2 + a_3 = 5 \end{cases}$$

Die Lösung ist $a_1 = -1$, $a_2 = 2$, $a_3 = 3$. Die Koordinaten von A in der Basis $\mathcal{B}$ sind somit

$$A = \underline{-1} \cdot \begin{bmatrix} 1 & 2 & 3 \\ 1 & -2 & 0 \end{bmatrix} + \underline{2} \cdot \begin{bmatrix} 1 & 1 & 0 \\ 0 & 1 & 1 \end{bmatrix} + \underline{3} \cdot \begin{bmatrix} 0 & 3 & 3 \\ 1 & -1 & 1 \end{bmatrix} \Rightarrow [A]_{\mathcal{B}} = \begin{bmatrix} -1 \\ 2 \\ 3 \end{bmatrix}.$$

Alle Elemente eines Unterraumes lassen sich in eindeutiger Weise als Linearkombination der Basiselemente schreiben. Somit sind die Koordinaten von A in der Basis $\mathcal{B}$ eindeutig. ■

Übung 6.28

• • ○ Man betrachte den komplexen Vektorraum $V = \langle e^{ix}, e^{-ix} \rangle$.

a) Man zeige, dass $\mathcal{B} = \{e^{ix}, e^{-ix}\}$ eine Basis von V ist.

b) Man finde die Koordinaten der Abbildungen $\sin(x)$ und $\cos(x)$ in der Basis $\mathcal{B}$.

Lösung

a) $V = \langle e^{ix}, e^{-ix} \rangle$ ist der Span der Funktionen e^{ix}, e^{-ix}. Damit $\mathcal{B} = \{e^{ix}, e^{-ix}\}$ eine Basis von V ist, müssen e^{ix}, e^{-ix} linear unabhängig sein. Wir müssen also Folgendes zeigen:

$$\lambda_1 e^{ix} + \lambda_2 e^{-ix} = 0 \text{ impliziert } \lambda_1 = \lambda_2 = 0.$$

Wir starten mit

$$\lambda_1 e^{ix} + \lambda_2 e^{-ix} = 0.$$

Diese Gleichung muss für alle $x \in \mathbb{C}$ gelten. Wir gehen wie in Übung 6.11 vor und werten diese Gleichung an zwei unterschiedlichen Stellen aus, z. B. $x = 0, 1$:

$$x = 0: \qquad \lambda_1 + \lambda_2 = 0,$$
$$x = 1: \qquad \lambda_1 e^i + \lambda_2 e^{-i} = 0.$$

Wir lösen das resultierende LGS für λ_1, λ_2 mit dem Gauß-Algorithmus:

$$\begin{cases} \lambda_1 + \quad \lambda_2 = 0 & (Z_1) \\ e^i\lambda_1 + e^{-i}\lambda_2 = 0 & (Z_2) \end{cases} \rightsquigarrow [\boldsymbol{A}|\boldsymbol{b}]$$

$$= \left[\begin{array}{cc|c} 1 & 1 & 0 \\ e^i & e^{-i} & 0 \end{array}\right] \overset{(Z_2)-e^i(Z_1)}{\rightsquigarrow} \left[\begin{array}{cc|c} 1 & 1 & 0 \\ 0 & e^{-i} - e^i & 0 \end{array}\right] = \boldsymbol{Z}.$$

Die einzige Lösung ist $\lambda_1 = \lambda_2 = 0$ und die Abbildungen e^{ix} und e^{-ix} sind somit linear unabhängig. Folglich ist $\mathcal{B}$ eine Basis von V und $\dim(V) = 2$.

b) Mit den Euler'schen Formeln (Anhang C) finden wir:

$$\sin(x) = \frac{e^{ix} - e^{-ix}}{2i} = \underline{\frac{1}{2i}} \cdot e^{ix} - \underline{\frac{1}{2i}} \cdot e^{-ix} \quad \Rightarrow \quad [\sin(x)]_{\mathcal{B}} = \begin{bmatrix} \frac{1}{2i} \\ -\frac{1}{2i} \end{bmatrix} = i \begin{bmatrix} -\frac{1}{2} \\ \frac{1}{2} \end{bmatrix},$$

$$\cos(x) = \frac{e^{ix} + e^{-ix}}{2} = \underline{\frac{1}{2}} \cdot e^{ix} + \underline{\frac{1}{2}} \cdot e^{-ix} \quad \Rightarrow \quad [\cos(x)]_{\mathcal{B}} = \begin{bmatrix} \frac{1}{2} \\ \frac{1}{2} \end{bmatrix}.$$

■

6.3.4 Folgerung: Endlichdimensionale Vektorräume *V* sind isomorph zum $\mathbb{K}^n$

Wir schließen diesen Abschnitt mit einer wichtigen Bemerkung ab: Die Tatsache, dass wir jedem Element eines Vektorraumes einen Koordinatenvektor zuordnen können, bedeutet grundsätzlich, dass wir V mit $\mathbb{K}^n$ identifizieren können.

Identifikation von *V* mit $\mathbb{K}^n$

Durch die Wahl einer Basis $\mathcal{B} = \{\boldsymbol{b_1}, \cdots, \boldsymbol{b_n}\}$ besitzt jedes Element $\boldsymbol{v} \in V$ die eindeutige Darstellung

$$\boldsymbol{v} = v_1\boldsymbol{b_1} + \cdots + v_n\boldsymbol{b_n} = \sum_{i=1}^{n} v_i\boldsymbol{b_i}. \tag{6.8}$$

Die Identifizierung von V mit $\mathbb{K}^n$ erfolgt durch die Koordinaten

$$\boldsymbol{v} = v_1\boldsymbol{b_1} + \cdots + v_n\boldsymbol{b_n} = \sum_{i=1}^{n} v_i\boldsymbol{b_i} \in V \quad \leftrightarrow \quad [\boldsymbol{v}]_{\mathcal{B}} = \begin{bmatrix} v_1 \\ \vdots \\ v_n \end{bmatrix} \in \mathbb{K}^n. \tag{6.9}$$

Mathematisch efolgt diese Identifizierung durch einen Isomorphismus, welche wir genauer im nächsten Kapitel aufgreifen werden. Im Moment soll es genügen, diese Identifizierung mit dem folgenden Satz festzustellen:

► **Satz 6.7 (Isomorphiesatz)**

Es sei V ein Vektorraum der Dimension n. Dann kann man V mit $\mathbb{K}^n$ identifizieren (d. h., man kann jedes Element $\boldsymbol{v} \in V$ mit einem Vektor in $\mathbb{K}^n$ identifizieren). Wir schreiben dies kurz $V \cong \mathbb{K}^n$, was mit "V ist **isomorph** zu $\mathbb{K}^n$" gelesen wird. ◄

Bemerkung

In der Praxis können wir durch Satz 6.7 beliebige Vektorraumelemente, wie Matrizen, Polynome oder Abbildungen mit Vektoren aus $\mathbb{K}^n$ identifizieren. Diese Identifikation ermöglicht es uns, mit diesen abstrakten Vektorraumelementen zu arbeiten als wären es einfach Vektoren.

► **Beispiel**

In der Standardbasis von $\mathbb{R}^{2\times 2}$ können wir alle (2×2)-Matrizen mit Vektoren des $\mathbb{R}^4$ identifizieren, d. h. $\mathbb{R}^{2\times 2} \cong \mathbb{R}^4$:

$$\boldsymbol{A} = \begin{bmatrix} a & b \\ c & d \end{bmatrix} \leftrightarrow [\boldsymbol{A}]_{\mathcal{E}} = \begin{bmatrix} a \\ b \\ c \\ d \end{bmatrix}. ◄$$

► **Beispiel**

In der Standardbasis von $P_n(\mathbb{R})$ können wir jedes Polynom $p(x)$ mit einem Vektor in $\mathbb{R}^{n+1}$ identifizieren, d. h. $P_n(\mathbb{R}) \cong \mathbb{R}^{n+1}$:

$$p(x) = a_0 + a_1 x + \cdots + a_n x^n \leftrightarrow [p(x)]_{\mathcal{E}} = \begin{bmatrix} a_0 \\ a_1 \\ \vdots \\ a_n \end{bmatrix}. ◄$$

Bemerkung

Die Identifizierung von Vektorräumen mit $\mathbb{K}^n$ wird im Verlauf dieses Buches immer wieder eine wichtige Rolle spielen (u. a. bei der Bestimmung der Matrixdarstellung linearer Abbildungen, vgl. z. B. Übung 7.16 und 7.20).

6.4 Berechnungsmethoden

In diesem Abschnitt lernen wir praktische Berechnungskriterien, welche uns erlauben, Aufgaben der folgenden Art sehr leicht, schnell und elegant zu lösen:

- Sind $\boldsymbol{v}_1, \cdots, \boldsymbol{v}_k$ linear unabhängig?
- Ist $\mathcal{B} = \{\boldsymbol{v}_1, \cdots, \boldsymbol{v}_k\}$ eine Basis?
- Was ist die Dimension von $\langle \boldsymbol{v}_1, \cdots, \boldsymbol{v}_k \rangle$?
- Ist $\boldsymbol{w}$ eine Linearkombination von $\boldsymbol{v}_1, \cdots, \boldsymbol{v}_k$?

6.4.1 Das Rangkriterium

Lineare Unabhängigkeit

Das folgende Kriterium erlaubt es, schnell zu entscheiden, ob k **vorgelegte Vektoren** $\boldsymbol{v}_1, \cdots, \boldsymbol{v}_k$ des $\mathbb{K}^n$ linear abhängig sind ($k \leq n$).

► Satz 6.8 (Rangkriterium für lineare Unabhängigkeit)

Es seien $\boldsymbol{v}_1, \cdots, \boldsymbol{v}_k$ k **Vektoren** des $\mathbb{K}^n$ mit $k \leq n$. Dann gilt:

- $\boldsymbol{v}_1, \cdots, \boldsymbol{v}_k$ sind **linear unabhängig** $\Leftrightarrow$ Rang $\begin{bmatrix} | & & | \\ \boldsymbol{v}_1 & \cdots & \boldsymbol{v}_k \\ | & & | \end{bmatrix} = k$;
- $\boldsymbol{v}_1, \cdots, \boldsymbol{v}_k$ sind **linear abhängig** $\Leftrightarrow$ Rang $\begin{bmatrix} | & & | \\ \boldsymbol{v}_1 & \cdots & \boldsymbol{v}_k \\ | & & | \end{bmatrix} < k$. ◄

Praxistipp

Liegen mehr als n Vektoren des $\mathbb{K}^n$ vor (d. h. $k > n$), so sind diese Vektoren immer linear abhängig (vgl. Satz 6.5).

Basis von $\mathbb{K}^n$

Das Rangkriterium können wir auch anwenden, um zu untersuchen, ob n **Vektoren** eine Basis von $\mathbb{K}^n$ bilden.

► Satz 6.9 (Rangkriterium für Basis)

Die n **Vektoren** $\boldsymbol{v}_1, \boldsymbol{v}_2, \cdots, \boldsymbol{v}_n$ sind genau dann eine **Basis von** $\mathbb{K}^n$ wenn

$$\text{Rang} \begin{bmatrix} | & & | \\ \boldsymbol{v}_1 & \cdots & \boldsymbol{v}_n \\ | & & | \end{bmatrix} = n. \quad ◄$$

Dimension von $U = \langle \boldsymbol{v}_1, \cdots, \boldsymbol{v}_k \rangle$

► Satz 6.10

Es sei $U = \langle \boldsymbol{v}_1, \cdots, \boldsymbol{v}_k \rangle$. Dann gilt:

$$\dim(U) = \text{Rang} \begin{bmatrix} | & & | \\ \boldsymbol{v}_1 & \cdots & \boldsymbol{v}_k \\ | & & | \end{bmatrix}. \quad ◄$$

Lineare Kombinationen

Ferner betrachten wir die folgende Frage: Ist $\boldsymbol{w}$ eine Linearkombination von $\boldsymbol{v}_1, \cdots, \boldsymbol{v}_k$? Um diese Frage zu beantworten, suchen wir Zahlen $x_1, \ldots, x_k \in \mathbb{K}$ mit

$$x_1 \boldsymbol{v}_1 + \cdots + x_k \boldsymbol{v}_k = \boldsymbol{w}.$$

Diese Bedingung kann man in Matrixschreibweise als ein LGS auffassen:

$$\underbrace{\begin{bmatrix} | & & | \\ \boldsymbol{v}_1 & \cdots & \boldsymbol{v}_n \\ | & & | \end{bmatrix}}_{=\boldsymbol{A}} \underbrace{\begin{bmatrix} x_1 \\ \vdots \\ x_k \end{bmatrix}}_{=\boldsymbol{x}} = \underbrace{\begin{bmatrix} w_1 \\ \vdots \\ w_k \end{bmatrix}}_{=\boldsymbol{w}} \Rightarrow \boldsymbol{A}\boldsymbol{x} = \boldsymbol{w}.$$

Aus dem **Satz von Rouché-Capelli** (vgl. Satz 2.3) folgt, dass $\boldsymbol{A}\boldsymbol{x} = \boldsymbol{w}$ genau dann lösbar ist, wenn $\text{Rang}(\boldsymbol{A}|\boldsymbol{w}) = \text{Rang}(\boldsymbol{A})$ gilt. Wir halten folgendes Kriterium fest:

▶ Satz 6.11

$\boldsymbol{w}$ ist genau dann eine Linearkombination von $\boldsymbol{v}_1, \cdots, \boldsymbol{v}_k$, wenn $\text{Rang}(\boldsymbol{A}|\boldsymbol{w}) = \text{Rang}(\boldsymbol{A})$, wobei $\boldsymbol{A} = \begin{bmatrix} | & & | \\ \boldsymbol{v}_1 & \cdots & \boldsymbol{v}_n \\ | & & | \end{bmatrix}$. ◀

6.4.2 Das Determinantenkriterium

Liegen genau $\boldsymbol{n}$ **Vektoren** des $\mathbb{K}^n$ vor, so kann man das Rangkriterium auch mithilfe der Determinante ausdrücken:

▶ Satz 6.12 (Determinanten-Kriterium für lineare Unabhängigkeit)

Es seien $\boldsymbol{v}_1, \cdots, \boldsymbol{v}_n$ Vektoren des $\mathbb{K}^n$. Dann gilt:

- $\boldsymbol{v}_1, \cdots, \boldsymbol{v}_n$ sind **linear unabhängig** $\Leftrightarrow \det \begin{bmatrix} | & & | \\ \boldsymbol{v}_1 & \cdots & \boldsymbol{v}_n \\ | & & | \end{bmatrix} \neq 0$;
- $\boldsymbol{v}_1, \cdots, \boldsymbol{v}_n$ sind **linear abhängig** $\Leftrightarrow \det \begin{bmatrix} | & & | \\ \boldsymbol{v}_1 & \cdots & \boldsymbol{v}_n \\ | & & | \end{bmatrix} = 0$. ◀

Bemerkung

Die Determinante ist nur für quadratische Matrizen definiert. Aus diesem Grund ist das Determinantenkriterium (Satz 6.12) nur dann anwendbar, wenn genau n Vektoren des $\mathbb{K}^n$ vorliegen.

6.4.3 Lineare Unabhängigkeit von Abbildungen und die Wronski-Determinante

Die obigen Methoden sind sehr gut geeignet, um die lineare Unabhängigkeit von Vektoren im $\mathbb{K}^n$ nachzuweisen. Wie kann man aber die lineare Unabhängigkeit von Abbildungen nachweisen, wie zum Beispiel die Polynome $1, x, x^2, \cdots$ oder die Abbildungen $\sin(x)$ und $\cos(x)$? Die folgende Methode ist für solche Situationen sehr gut geeignet.

Zwei Abbildungen $y_1(x)$ und $y_2(x)$ sind linear unabhängig, wenn für alle x die Gleichung

$$\alpha_1 y_1(x) + \alpha_2 y_2(x) = 0 \tag{6.10}$$

nur die triviale Lösung $\alpha_1 = \alpha_2 = 0$ zulässt. Um die Koeffizienten α_1 und α_2 zu bestimmen, brauchen wir **zwei unabhängige Gleichungen**. Eine zweite Gleichung erhalten wir, indem wir die erste Gleichung nach x ableiten. Wir erzeugen auf dieser Art ein homogenes LGS für α_1 and α_2:

$$\alpha_1 y_1(x) + \alpha_2 y_2(x) = 0 \tag{6.11a}$$

$$\alpha_1 y_1'(x) + \alpha_2 y_2'(x) = 0 \tag{6.11b}$$

oder in Matrixschreibweise:

$$\begin{bmatrix} y_1(x) & y_2(x) \\ y_1'(x) & y_2'(x) \end{bmatrix} \begin{bmatrix} \alpha_1 \\ \alpha_2 \end{bmatrix} = \begin{bmatrix} 0 \\ 0 \end{bmatrix}. \tag{6.12}$$

Aus der Theorie der Lösung von LGS wissen wir, dass das obige LGS genau dann nur die triviale Lösung $\alpha_1 = \alpha_2 = 0$ hat, wenn die Determinante der Koeffizientenmatrix nicht verschwindet, d. h. wenn

$$W(y_1, y_2) = \begin{vmatrix} y_1(x) & y_2(x) \\ y_1'(x) & y_2'(x) \end{vmatrix} \neq 0. \tag{6.13}$$

Die Determinante $W(y_1, y_2)$ heißt **Wronski-Determinante** (auf english: Wronskian). Wir haben somit den folgenden praktischen Satz bewiesen:

► Satz 6.13 (Wronski-Test)

Zwei Abbildungen $y_1(x)$ und $y_2(x)$ sind genau dann linear unabhängig, wenn

$$W(y_1, y_2) = \begin{vmatrix} y_1(x) & y_2(x) \\ y_1'(x) & y_2'(x) \end{vmatrix} \neq 0. \tag{6.14}$$

◄

Wir können diese Methode leicht auf n Abbildungen $y_1(x), y_2(x), \cdots, y_n(x)$ verallgemeinern. In diesem Fall wollen wir zeigen, dass die Gleichung

$$\alpha_1 y_1(x) + \alpha_2 y_2(x) + \cdots + \alpha_n y_n(x) = 0 \tag{6.15}$$

nur die triviale Lösung $\alpha_1 = \alpha_2 = \cdots = \alpha_n = 0$ hat. Leiten wir diese Gleichung $n - 1$ mal nach x ab, so erhalten wir folgendes LGS:

$$\begin{bmatrix} y_1(x) & y_2(x) & \cdots & y_n(x) \\ y_1'(x) & y_2'(x) & \cdots & y_n'(x) \\ \vdots & \vdots & \ddots & \vdots \\ y_1^{(n-1)}(x) & y_2^{(n-1)}(x) & \cdots & y_n^{(n-1)}(x) \end{bmatrix} \begin{bmatrix} \alpha_1 \\ \alpha_2 \\ \vdots \\ \alpha_n \end{bmatrix} = \begin{bmatrix} 0 \\ 0 \\ \vdots \\ 0 \end{bmatrix}. \tag{6.16}$$

Dieses LGS hat genau dann nur die triviale Lösung $\alpha_1 = \alpha_2 = \cdots = \alpha_n = 0$, wenn

$$W(y_1, y_2, \cdots, y_n) = \begin{vmatrix} y_1(x) & y_2(x) & \cdots & y_n(x) \\ y_1'(x) & y_2'(x) & \cdots & y_n'(x) \\ \vdots & \vdots & \ddots & \vdots \\ y_1^{(n-1)}(x) & y_2^{(n-1)}(x) & \cdots & y_n^{(n-1)}(x) \end{vmatrix} \neq 0. \tag{6.17}$$

6.4.4 Beispiele

Übung 6.29

● ○ ○ Sind die gegebenen Vektoren linear abhägig oder linear unabhängig?

a) $\begin{bmatrix} -3 \\ 2 \end{bmatrix}, \begin{bmatrix} -6 \\ 4 \end{bmatrix}$

b) $\begin{bmatrix} 2 \\ 0 \\ 5 \end{bmatrix}, \begin{bmatrix} 1 \\ 7 \\ 4 \end{bmatrix}, \begin{bmatrix} 0 \\ 6 \\ 3 \end{bmatrix}$

c) $\begin{bmatrix} 2 \\ -1 \\ 1 \end{bmatrix}, \begin{bmatrix} 1 \\ 1 \\ 0 \end{bmatrix}, \begin{bmatrix} -2 \\ 1 \\ -1 \end{bmatrix}$

d) $\begin{bmatrix} 1 \\ 1 \\ 1 \end{bmatrix}, \begin{bmatrix} -1 \\ 1 \\ 2 \end{bmatrix}, \begin{bmatrix} 2 \\ 0 \\ -3 \end{bmatrix}$

e) $\begin{bmatrix} 3 \\ 0 \\ 1 \end{bmatrix}, \begin{bmatrix} 3 \\ 3 \\ 8 \end{bmatrix}, \begin{bmatrix} 1 \\ -1 \\ -2 \end{bmatrix}$

Lösung

Wie wir wissen, gibt es verschiedene Methoden, um vorgegebene Vektoren auf lineare Unabhängigkeit zu überprüfen. Um dies nochmals deutlich zu machen, werden wir in den verschiedenen Teilaufgaben bewusst unterschiedliche Methoden anwenden.

a) Wir wenden das Determinantenkriterium an:

$$\det \begin{bmatrix} | & | \\ \boldsymbol{v_1} & \boldsymbol{v_2} \\ | & | \end{bmatrix} = \begin{vmatrix} -3 & -6 \\ 2 & 4 \end{vmatrix} = -12 + 12 = 0.$$

Somit sind die gegebenen Vektoren **linear abhängig**.

b) Wiederum mit dem Determinantenkriterium:

$$\det\begin{bmatrix} | & | & | \\ \boldsymbol{v}_1 & \boldsymbol{v}_2 & \boldsymbol{v}_3 \\ | & | & | \end{bmatrix} = \begin{vmatrix} 2 & 1 & 0 \\ 0 & 7 & 6 \\ 5 & 4 & 3 \end{vmatrix} = 2\underbrace{\begin{vmatrix} 7 & 6 \\ 4 & 3 \end{vmatrix}}_{21-24=-3} - 0 + 5\underbrace{\begin{vmatrix} 1 & 0 \\ 7 & 6 \end{vmatrix}}_{6-0=6} = 24 \neq 0.$$

Somit sind diese Vektoren **linear unabhängig**.

c) In diesem Beispiel benutzen wir das Rangkriterium. Mittels Gauß-Algorithmus bestimmen wir den Rang der folgenden Matrix:

$$\begin{bmatrix} | & | & | \\ \boldsymbol{v}_1 & \boldsymbol{v}_2 & \boldsymbol{v}_3 \\ | & | & | \end{bmatrix} = \begin{bmatrix} 2 & 1 & -2 \\ -1 & 1 & 1 \\ 1 & 0 & -1 \end{bmatrix} \overset{\substack{2(Z_2)+(Z_1) \\ 2(Z_3)-(Z_1)}}{\rightsquigarrow} \begin{bmatrix} 2 & 1 & -2 \\ 0 & 3 & 0 \\ 0 & -1 & 0 \end{bmatrix} \overset{3(Z_3)+(Z_2)}{\rightsquigarrow} \begin{bmatrix} 2 & 1 & -2 \\ 0 & 3 & 0 \\ 0 & 0 & 0 \end{bmatrix}.$$

Da die Matrix den Rang 2 hat, sind die vorgegebenen Vektoren **linear abhängig**.

d) Wir wenden wiederum das Rangkriterium an:

$$\begin{bmatrix} | & | & | \\ \boldsymbol{v}_1 & \boldsymbol{v}_2 & \boldsymbol{v}_3 \\ | & | & | \end{bmatrix} = \begin{bmatrix} 1 & -1 & 2 \\ 1 & 1 & 0 \\ 1 & 2 & -3 \end{bmatrix} \overset{\substack{(Z_2)-(Z_1) \\ (Z_3)-(Z_1)}}{\rightsquigarrow} \begin{bmatrix} 1 & -1 & 2 \\ 0 & 2 & -2 \\ 0 & 3 & -5 \end{bmatrix} \overset{2(Z_3)-3(Z_2)}{\rightsquigarrow} \begin{bmatrix} 1 & -1 & 2 \\ 0 & 2 & -2 \\ 0 & 0 & -4 \end{bmatrix}.$$

Da die Matrix Rang 3 hat, sind diese Vektoren **linear unabhängig**.

e) In diesem letzten Beispiel wenden wir wieder das Determinantenkriterium an:

$$\det\begin{bmatrix} | & | & | \\ \boldsymbol{v}_1 & \boldsymbol{v}_2 & \boldsymbol{v}_3 \\ | & | & | \end{bmatrix} = \begin{vmatrix} 3 & 3 & 1 \\ 0 & 3 & -1 \\ 1 & 8 & -2 \end{vmatrix} = 3\underbrace{\begin{vmatrix} 3 & -1 \\ 8 & -2 \end{vmatrix}}_{-6+8=2} - 0 + 1\underbrace{\begin{vmatrix} 3 & 1 \\ 3 & -1 \end{vmatrix}}_{-3-3=-6} = 0.$$

Somit sind die Vektoren $\boldsymbol{v}_1, \boldsymbol{v}_2, \boldsymbol{v}_3$ **linear abhängig**. ■

Übung 6.30

● ○ ○ Man bestimme eine Basis und die Dimension des von den Vektoren $\boldsymbol{v}_1 = \begin{bmatrix} 1 \\ 2 \\ 1 \\ 1 \end{bmatrix}$, $\boldsymbol{v}_2 = \begin{bmatrix} 1 \\ 3 \\ 1 \\ 0 \end{bmatrix}$, $\boldsymbol{v}_3 = \begin{bmatrix} 0 \\ 1 \\ 1 \\ -1 \end{bmatrix}$ aufgespannten Unterraum $U = \langle \boldsymbol{v}_1, \boldsymbol{v}_2, \boldsymbol{v}_3 \rangle \subset \mathbb{R}^4$.

Lösung

Wir müssen einfach überprüfen, ob die vorgegebenen Vektoren linear unabhängig sind. Die Dimension von U ist dann gleich der Anzahl linear unabhängigen Vektoren. Zu diesem Zweck wenden wir das Rangkriterium an:

$$\begin{bmatrix} | & | & | \\ \boldsymbol{v_1} & \boldsymbol{v_2} & \boldsymbol{v_3} \\ | & | & | \end{bmatrix} = \begin{bmatrix} 1 & 1 & 0 \\ 2 & 3 & 1 \\ 1 & 1 & 1 \\ 1 & 0 & -1 \end{bmatrix} \overset{\substack{(Z_2)-2(Z_1)\\(Z_3)-(Z_1)\\(Z_3)-(Z_1)}}{\rightsquigarrow} \begin{bmatrix} 1 & 1 & 0 \\ 0 & 1 & 1 \\ 0 & 0 & 1 \\ 0 & -1 & -1 \end{bmatrix} \overset{(Z_4)+(Z_2)}{\rightsquigarrow} \begin{bmatrix} 1 & 1 & 0 \\ 0 & 1 & 1 \\ 0 & 0 & 1 \\ 0 & 0 & 0 \end{bmatrix}.$$

Da die Matrix Rang 3 hat, sind die Vektoren $\boldsymbol{v_1}, \boldsymbol{v_2}, \boldsymbol{v_3}$ linear unabhängig. Somit ist $\dim(U) = 3$ und $\{\boldsymbol{v_1}, \boldsymbol{v_2}, \boldsymbol{v_3}\}$ ist bereits eine Basis von U. ■

Übung 6.31

● ○ ○ Man betrachte die folgenden Vektoren

$$\boldsymbol{v_1} = \begin{bmatrix} 2 \\ 1 \\ 1 \end{bmatrix}, \quad \boldsymbol{v_2} = \begin{bmatrix} -1 \\ 1 \\ 2 \end{bmatrix}, \quad \boldsymbol{v_3} = \begin{bmatrix} 3 \\ -2 \\ -1 \end{bmatrix}, \quad \boldsymbol{v_4} = \begin{bmatrix} 4 \\ -1 \\ -2 \end{bmatrix}.$$

Ist $\boldsymbol{v_4}$ eine Linearkombination von $\boldsymbol{v_1}, \boldsymbol{v_2}, \boldsymbol{v_3}$? Falls ja, man bestimme die Koordinaten von $\boldsymbol{v_4}$ in der Basis $\mathcal{B} = \{\boldsymbol{v_1}, \boldsymbol{v_2}, \boldsymbol{v_3}\}$.

Lösung

$\boldsymbol{v_4}$ ist genau dann eine Linearkombination von $\boldsymbol{v_1}, \boldsymbol{v_2}, \boldsymbol{v_3}$, wenn Folgendes eintritt:

$$\text{Rang}(\boldsymbol{A}|\boldsymbol{v_4}) = \text{Rang}(\boldsymbol{A}), \quad \text{wobei } \boldsymbol{A} = \begin{bmatrix} | & | & | \\ \boldsymbol{v_1} & \boldsymbol{v_2} & \boldsymbol{v_3} \\ | & | & | \end{bmatrix} = \begin{bmatrix} 2 & -1 & 3 \\ 1 & 1 & -2 \\ 1 & 2 & -1 \end{bmatrix}.$$

Mit dem Gauß-Verfahren finden wir:

$$\left[\begin{array}{ccc|c} 2 & -1 & 3 & 4 \\ 1 & 1 & -2 & -1 \\ 1 & 2 & -1 & -2 \end{array}\right] \overset{\substack{2(Z_2)-(Z_1)\\(Z_3)-(Z_2)}}{\rightsquigarrow} \left[\begin{array}{ccc|c} 2 & -1 & 3 & 4 \\ 0 & 3 & -7 & -6 \\ 0 & 1 & 1 & -1 \end{array}\right] \overset{3(Z_3)-(Z_2)}{\rightsquigarrow} \left[\begin{array}{ccc|c} 2 & -1 & 3 & 4 \\ 0 & 3 & -7 & -6 \\ 0 & 0 & 10 & 3 \end{array}\right].$$

Somit

$$\text{Rang}(\boldsymbol{A}|\boldsymbol{v_4}) = \text{Rang}(\boldsymbol{A}) = 3.$$

Daraus folgt, dass $\boldsymbol{v_4}$ eine Linearkombination der Vektoren $\boldsymbol{v_1}, \boldsymbol{v_2}, \boldsymbol{v_3}$ ist. Lösen wir das obige LGS, so finden wir direkt die Koordinaten von $\boldsymbol{v_4}$ in der Basis $\mathcal{B} = \{\boldsymbol{v_1}, \boldsymbol{v_2}, \boldsymbol{v_3}\}$

$$\left[\begin{array}{ccc|c} 2 & -1 & 3 & 4 \\ 0 & 3 & -7 & -6 \\ 0 & 0 & 10 & 3 \end{array}\right] \Rightarrow [\boldsymbol{v_4}]_{\mathcal{B}} = \begin{bmatrix} \frac{9}{10} \\ -\frac{13}{10} \\ \frac{3}{10} \end{bmatrix}.$$

■

Übung 6.32

● ○ ○ Für welche $k \in \mathbb{R}$ sind die folgenden Vektoren eine Basis von $\mathbb{R}^3$?

$$\boldsymbol{b}_1 = \begin{bmatrix} 1 \\ 2 \\ -2 \end{bmatrix}, \quad \boldsymbol{b}_2 = \begin{bmatrix} 1 \\ 1 \\ -3 \end{bmatrix}, \quad \boldsymbol{b}_3 = \begin{bmatrix} 3 \\ 7 \\ k-6 \end{bmatrix}.$$

Lösung

Mit dem Determinanten-Kriterium finden wir:

$$\det \begin{bmatrix} | & | & | \\ \boldsymbol{v}_1 & \boldsymbol{v}_2 & \boldsymbol{v}_3 \\ | & | & | \end{bmatrix} = \begin{vmatrix} 1 & 1 & 3 \\ 2 & 1 & 7 \\ -2 & -3 & k-6 \end{vmatrix}$$

$$= \underbrace{\begin{vmatrix} 1 & 7 \\ -3 & k-6 \end{vmatrix}}_{=k+15} - 2 \underbrace{\begin{vmatrix} 1 & 3 \\ -3 & k-6 \end{vmatrix}}_{=k+3} - 2 \underbrace{\begin{vmatrix} 1 & 3 \\ 1 & 7 \end{vmatrix}}_{=4} = 1 - k \overset{!}{\neq} 0.$$

Die Determinante ist ungleich Null, wenn $k \neq 1$. Somit sind die gegebenen Vektoren $\boldsymbol{v}_1, \boldsymbol{v}_2, \boldsymbol{v}_3$ eine Basis von $\mathbb{R}^3$, wenn $k \neq 1$. ■

Übung 6.33

● ○ ○ Man betrachte die folgenden Vektoren

$$\boldsymbol{v}_1 = \begin{bmatrix} 1 \\ 1 \\ 1 \end{bmatrix}, \quad \boldsymbol{v}_2 = \begin{bmatrix} 2 \\ 7 \\ 7 \end{bmatrix}, \quad \boldsymbol{v}_3 = \begin{bmatrix} 0 \\ k^2+2 \\ 3 \end{bmatrix}, \quad \boldsymbol{v}_4 = \begin{bmatrix} 1 \\ k+3 \\ k^2+2 \end{bmatrix}.$$

Für welche $k \in \mathbb{R}$ ist $\boldsymbol{v}_4$ eine lineare Kombination von $\boldsymbol{v}_1, \boldsymbol{v}_2, \boldsymbol{v}_3$?

Lösung

Wir gehen gleich wie in Übung 6.31 vor und überprüfen, in Abhängigkeit von $k \in \mathbb{R}$, ob Folgendes gilt:

$$\text{Rang}(\boldsymbol{A}|\boldsymbol{v}_4) = \text{Rang}(\boldsymbol{A}), \qquad \text{wobei } \boldsymbol{A} = \begin{bmatrix} | & | & | \\ \boldsymbol{v}_1 & \boldsymbol{v}_2 & \boldsymbol{v}_3 \\ | & | & | \end{bmatrix} = \begin{bmatrix} 1 & 2 & 0 \\ 1 & 7 & k^2+2 \\ 1 & 7 & 3 \end{bmatrix}.$$

Mit dem Gauß-Verfahren finden wir:

$$\left[\begin{array}{ccc|c} 1 & 2 & 0 & 1 \\ 1 & 7 & k^2+2 & k+3 \\ 1 & 7 & 3 & k^2+2 \end{array}\right] \overset{\substack{(Z_2)-(Z_1) \\ (Z_3)-(Z_1)}}{\rightsquigarrow} \left[\begin{array}{ccc|c} 1 & 2 & 0 & 1 \\ 0 & 5 & k^2+2 & k+2 \\ 0 & 5 & 3 & k^2+1 \end{array}\right]$$

$$\overset{(Z_3)-(Z_2)}{\rightsquigarrow} \left[\begin{array}{ccc|c} 1 & 2 & 0 & 1 \\ 0 & 5 & k^2+2 & k+2 \\ 0 & 0 & 1-k^2 & k^2-k-1 \end{array}\right].$$

- Für $k \neq \pm 1$ ist $\text{Rang}(A|\boldsymbol{v}_4) = \text{Rang}(A) = 3$. Somit $\boldsymbol{v}_4$ ist eine Linearkombination von $\boldsymbol{v}_1, \boldsymbol{v}_2, \boldsymbol{v}_3$.
- Für $k = \pm 1$ ist $\text{Rang}(A|\boldsymbol{v}_4) = 3 > \text{Rang}(A) = 2$, d. h. $\boldsymbol{v}_4$ ist keine Linearkombination von $\boldsymbol{v}_1, \boldsymbol{v}_2, \boldsymbol{v}_3$. ■

Übung 6.34

● ○ ○ Man betrachte den Unterraum $U = \left\langle \begin{bmatrix} k \\ 2 \\ 1 \end{bmatrix}, \begin{bmatrix} -2 \\ 1 \\ 0 \end{bmatrix}, \begin{bmatrix} 0 \\ 1 \\ 1 \end{bmatrix} \right\rangle \subset \mathbb{R}^3$, Man bestimme $\dim(U)$ in Abhängigkeit des Parameters $k \in \mathbb{R}$.

Lösung

Wir schreiben die drei Vektoren als Spalten in einer Matrix auf und berechnen den Rang der resultierenden Matrix mit dem Gauß-Algorithmus:

$$\begin{bmatrix} | & | & | \\ \boldsymbol{v}_1 & \boldsymbol{v}_2 & \boldsymbol{v}_3 \\ | & | & | \end{bmatrix} = \begin{bmatrix} k & -2 & 0 \\ 2 & 1 & 1 \\ 1 & 0 & 1 \end{bmatrix} \overset{(Z_1)\leftrightarrow(Z_3)}{\rightsquigarrow} \begin{bmatrix} 1 & 0 & 1 \\ 2 & 1 & 1 \\ k & -2 & 0 \end{bmatrix} \overset{\substack{(Z_2)-2(Z_1) \\ (Z_3)-k(Z_1)}}{\rightsquigarrow} \begin{bmatrix} 1 & 0 & 1 \\ 0 & 1 & -1 \\ 0 & -2 & -k \end{bmatrix}$$

$$\overset{(Z_3)+2(Z_2)}{\rightsquigarrow} \begin{bmatrix} 1 & 0 & 1 \\ 0 & 1 & -1 \\ 0 & 0 & -k-2 \end{bmatrix}.$$

Wir betrachten nun den Rang der obigen Matrix in Abhängigkeit von $k \in \mathbb{R}$:

- Für $k \neq -2$ hat die Matrix Rang 3. Somit ist $\dim(U) = 3$.
- Für $k = -2$ hat die Matrix Rang 2. Somit sind $\dim(U) = 2$. ■

Übung 6.35

● ○ ○ Es seien $\boldsymbol{A} \in \mathbb{R}^{7\times 2}$, $\boldsymbol{B} \in \mathbb{R}^{2\times 5}$ und $\boldsymbol{C} = \boldsymbol{AB}$. Es seien $\boldsymbol{v}_1, \boldsymbol{v}_2, \boldsymbol{v}_3, \boldsymbol{v}_4$ vier beliebige Vektoren in $\mathbb{R}^7$. Man zeige, dass $\boldsymbol{C}\boldsymbol{v}_1, \boldsymbol{C}\boldsymbol{v}_2, \boldsymbol{C}\boldsymbol{v}_3, \boldsymbol{C}\boldsymbol{v}_4$ linear abhängig sind.

Lösung

$\boldsymbol{A} \in \mathbb{R}^{7\times 2}$, $\boldsymbol{B} \in \mathbb{R}^{2\times 5} \Rightarrow \text{Rang}(\boldsymbol{A}) \leq 2$ und $\text{Rang}(\boldsymbol{B}) \leq 2$. Mit der Ungleichung $\text{Rang}(\boldsymbol{AB}) \leq \min\{\text{Rang}(\boldsymbol{A}), \text{Rang}(\boldsymbol{B})\}$ erhalten wir damit $\text{Rang}(\boldsymbol{C}) = \text{Rang}(\boldsymbol{AB}) \leq 2$. Somit müssen die Bilder der vier Vektoren $\boldsymbol{v}_1, \boldsymbol{v}_2, \boldsymbol{v}_3, \boldsymbol{v}_4$ linear abhängig sein. ■

Übung 6.36

• • ○ Man betrachte die folgenden Vektoren in $\mathbb{K}^2$

$$\mathcal{B} = \left\{ \boldsymbol{b_1} = \begin{bmatrix} a \\ b \end{bmatrix}, \boldsymbol{b_2} = \begin{bmatrix} c \\ d \end{bmatrix} \right\}, \quad a, b, c, d \in \mathbb{K}.$$

a) Es sei $\mathbb{K} = \mathbb{C}$. Für welche $a, b, c, d \in \mathbb{C}$ ist $\mathcal{B}$ eine Basis von $\mathbb{C}^2$?

b) Es sei nun $\mathbb{K} = \mathbb{Z}_2$. Für welche $a, b, c, d \in \mathbb{Z}_2$ ist $\mathcal{B}$ eine Basis von $\mathbb{Z}_2^2$? Man gebe alle mögliche Basen von $\mathbb{Z}_2^2$ explizit an.

Lösung

a) Zwei Vektoren $\boldsymbol{b_1}, \boldsymbol{b_2} \in \mathbb{C}^2$ bilden eine Basis von $\mathbb{C}^2$ genau dann, wenn:

$$\det \begin{bmatrix} | & | \\ \boldsymbol{b_1} & \boldsymbol{b_2} \\ | & | \end{bmatrix} = \begin{vmatrix} a & c \\ b & d \end{vmatrix} = ad - bc \neq 0.$$

Die Vektoren $\boldsymbol{b_1}, \boldsymbol{b_2}$ bilden eine Basis von $\mathbb{C}^2$ exakt, wenn $ad - bc \neq 0$.

b) $\mathcal{B}$ ist genau dann eine Basis von $\mathbb{Z}_2^2$, wenn $ad - bc \neq 0$, d. h. $ad \neq bc$. Auf $\mathbb{Z}_2$ gibt es nur zwei Möglichkeiten: Entweder ist $ad = 1$ und $bc = 0$, oder $ad = 0$ und $bc = 1$. Nun betrachten wir diese zwei Fälle separat:

- $ad = 1$ impliziert unbedingt $a = d = 1$. Aus $bc = 0$ folgt $b = 0$ oder $c = 0$. Es gibt somit 3 Möglichkeiten für die Vektoren $\boldsymbol{b_1}, \boldsymbol{b_2}$:

$$\left\{ \begin{bmatrix} 1 \\ 0 \end{bmatrix}, \begin{bmatrix} 0 \\ 1 \end{bmatrix} \right\}, \quad \left\{ \begin{bmatrix} 1 \\ 1 \end{bmatrix}, \begin{bmatrix} 0 \\ 1 \end{bmatrix} \right\}, \quad \left\{ \begin{bmatrix} 1 \\ 0 \end{bmatrix}, \begin{bmatrix} 1 \\ 1 \end{bmatrix} \right\}.$$

- $ad = 0$ impliziert $a = 0$ oder $d = 0$. Aus $bc = 1$ folgt $b = c = 1$. Es gibt somit 3 Möglichkeiten für die Vektoren $\boldsymbol{b_1}, \boldsymbol{b_2}$:

$$\left\{ \begin{bmatrix} 0 \\ 1 \end{bmatrix}, \begin{bmatrix} 1 \\ 0 \end{bmatrix} \right\}, \quad \left\{ \begin{bmatrix} 1 \\ 1 \end{bmatrix}, \begin{bmatrix} 1 \\ 0 \end{bmatrix} \right\}, \quad \left\{ \begin{bmatrix} 0 \\ 1 \end{bmatrix}, \begin{bmatrix} 1 \\ 1 \end{bmatrix} \right\}.$$

Bis auf Permutationen der einselnen Vektoren haben wir genau 3 mögliche Basen von $(\mathbb{Z}_2)^2$ gefunden:

$$\left\{ \begin{bmatrix} 1 \\ 0 \end{bmatrix}, \begin{bmatrix} 0 \\ 1 \end{bmatrix} \right\}, \quad \left\{ \begin{bmatrix} 1 \\ 1 \end{bmatrix}, \begin{bmatrix} 0 \\ 1 \end{bmatrix} \right\}, \quad \left\{ \begin{bmatrix} 1 \\ 0 \end{bmatrix}, \begin{bmatrix} 1 \\ 1 \end{bmatrix} \right\}.$$

■

Übung 6.37

•• ○ Man betrachte die folgenden Unterräume von $\mathbb{R}^3$

$$U = \left\langle \begin{bmatrix} 1 \\ 1 \\ 0 \end{bmatrix}, \begin{bmatrix} 0 \\ 1 \\ 1 \end{bmatrix} \right\rangle, \quad W = \left\langle \begin{bmatrix} 1 \\ 0 \\ 1 \end{bmatrix}, \begin{bmatrix} 2 \\ 1 \\ -1 \end{bmatrix}, \begin{bmatrix} 4 \\ 1 \\ 1 \end{bmatrix} \right\rangle.$$

a) Man finde Basen für U und W. Was sind $\dim(U)$ und $\dim(W)$?
b) Man bestimme eine Basis von $U \cap W$. Was ist $\dim(U \cap W)$?
c) Man bestimme eine Basis von $U + W$. Was ist $\dim(U + W)$?
d) Man verifiziere die Formel $\dim(U + W) = \dim(U) + \dim(W) - \dim(U \cap W)$.

Lösung

a) Basis von U: Wir schreiben die vorgegebenen Vektoren als Spalten in einer Matrix auf und bestimmen den Rang von dieser Matrix:

$$\begin{bmatrix} 1 & 0 \\ 1 & 1 \\ 0 & 1 \end{bmatrix} \overset{(Z_2)-(Z_1)}{\rightsquigarrow} \begin{bmatrix} 1 & 0 \\ 0 & 1 \\ 0 & 1 \end{bmatrix} \overset{(Z_3)-(Z_2)}{\rightsquigarrow} \begin{bmatrix} 1 & 0 \\ 0 & 1 \\ 0 & 0 \end{bmatrix}.$$

Die Matrix hat Rang 2 (zwei Zeilen $\neq [0, 0]$). Somit sind die zwei vorgegebenen Vektoren linear unabhängig. Diese Vektoren bilden also eine Basis von U und $\dim(U) = 2$.

Basis von W: Wir wenden dieselbe Methode wie oben:

$$\begin{bmatrix} 1 & 2 & 4 \\ 0 & 1 & 1 \\ 1 & -1 & 1 \end{bmatrix} \overset{(Z_3)-(Z_1)}{\rightsquigarrow} \begin{bmatrix} 1 & 2 & 4 \\ 0 & 1 & 1 \\ 0 & -3 & -3 \end{bmatrix} \overset{(Z_3)+3(Z_2)}{\rightsquigarrow} \begin{bmatrix} 1 & 2 & 4 \\ 0 & 1 & 1 \\ 0 & 0 & 0 \end{bmatrix}.$$

Die Matrix hat Rang 2. Somit sind die drei vorgegebenen Vektoren linear abhängig. Eine Basis von W besteht nur aus 2 von diesen Vektoren, zum Beispiel $\left\{ \begin{bmatrix} 1 \\ 0 \\ 1 \end{bmatrix}, \begin{bmatrix} 2 \\ 1 \\ -1 \end{bmatrix} \right\}$ und $\dim(W) = 2$.

b) Wie bestimmt man eine Basis des Schnitts $U \cap W$? Der Trick bei solchen Aufgaben ist der folgende: Ist $\boldsymbol{v} \in U \cap W$ (d. h. $\boldsymbol{v} \in U$ und $\boldsymbol{v} \in W$), so kann man $\boldsymbol{v}$ sowohl in der Basis von U als auch in der Basis von W als Linearkombination darstellen, d. h.

$$\boldsymbol{v} = \alpha_1 \begin{bmatrix} 1 \\ 1 \\ 0 \end{bmatrix} + \alpha_2 \begin{bmatrix} 0 \\ 1 \\ 1 \end{bmatrix} = \beta_1 \begin{bmatrix} 1 \\ 0 \\ 1 \end{bmatrix} + \beta_2 \begin{bmatrix} 2 \\ 1 \\ -1 \end{bmatrix} \Rightarrow \begin{bmatrix} 1 & 0 \\ 1 & 1 \\ 0 & 1 \end{bmatrix} \begin{bmatrix} \alpha_1 \\ \alpha_2 \end{bmatrix} = \begin{bmatrix} 1 & 2 \\ 0 & 1 \\ 1 & -1 \end{bmatrix} \begin{bmatrix} \beta_1 \\ \beta_2 \end{bmatrix}.$$

Dies kann man wie folgt interpretieren:

$$\begin{bmatrix} 1 & 0 & -1 & -2 \\ 1 & 1 & 0 & -1 \\ 0 & 1 & -1 & 1 \end{bmatrix} \begin{bmatrix} \alpha_1 \\ \alpha_2 \\ \beta_1 \\ \beta_2 \end{bmatrix} = \begin{bmatrix} 0 \\ 0 \\ 0 \\ 0 \end{bmatrix}.$$

Dieses LGS lösen wir mit dem Gauß-Algorithmus

$$\left[\begin{array}{cccc|c} 1 & 0 & -1 & -2 & 0 \\ 1 & 1 & 0 & -1 & 0 \\ 0 & 1 & -1 & 1 & 0 \end{array}\right] \overset{(Z_2)-(Z_1)}{\rightsquigarrow} \left[\begin{array}{cccc|c} 1 & 0 & -1 & -2 & 0 \\ 0 & 1 & 1 & 1 & 0 \\ 0 & 1 & -1 & 1 & 0 \end{array}\right] \overset{(Z_3)-(Z_2)}{\rightsquigarrow} \left[\begin{array}{cccc|c} 1 & 0 & -1 & -2 & 0 \\ 0 & 1 & 1 & 1 & 0 \\ 0 & 0 & -2 & 0 & 0 \end{array}\right].$$

Aus der letzten Gleichung folgt $\beta_1 = 0$. $\beta_2 = t$ ist frei wählbar. Aus der zweiten Gleichung folgt $\alpha_2 = -t$. Folglich, die erste Gleichung impliziert $\alpha_1 = 2t$. Jeder Vektor $\boldsymbol{v} \in U \cap W$ sieht somit wie folgt aus:

$$\boldsymbol{v} = \alpha_1 \begin{bmatrix} 1 \\ 1 \\ 0 \end{bmatrix} + \alpha_2 \begin{bmatrix} 0 \\ 1 \\ 1 \end{bmatrix} = 2t \begin{bmatrix} 1 \\ 1 \\ 0 \end{bmatrix} - t \begin{bmatrix} 0 \\ 1 \\ 1 \end{bmatrix} = t \begin{bmatrix} 2 \\ 1 \\ -1 \end{bmatrix}$$

$$\boldsymbol{v} = \beta_1 \begin{bmatrix} 1 \\ 0 \\ 1 \end{bmatrix} + \beta_2 \begin{bmatrix} 2 \\ 1 \\ -1 \end{bmatrix} = 0 \begin{bmatrix} 1 \\ 0 \\ 1 \end{bmatrix} + t \begin{bmatrix} 2 \\ 1 \\ -1 \end{bmatrix} = t \begin{bmatrix} 2 \\ 1 \\ -1 \end{bmatrix}.$$

Eine Basis von $U \cap W$ ist somit $\left\{ \begin{bmatrix} 2 \\ 1 \\ -1 \end{bmatrix} \right\}$ und $\dim(U \cap W) = 1$.

c) Wie bestimmt man eine Basis von $U + W$? Man kombiniert die Vektoren aus den Basen von U und W in einer einzigen Matrix. Mit dem Rang-Kriterium überprüfen wir, ob diese Vektoren linear unabhängig sind, und bestimmen dadurch die Dimension von $U + W$. Wir schreiben also beide Basen in einer einzigen Matrix auf und wenden den Gauß-Algorithmus an, um den Rang der resultierende Matrix zu bestimmen:

$$\begin{bmatrix} 1 & 0 & 1 & 2 \\ 1 & 1 & 0 & 1 \\ 0 & 1 & 1 & -1 \end{bmatrix} \overset{(Z_2)-(Z_1)}{\rightsquigarrow} \begin{bmatrix} 1 & 0 & 1 & 2 \\ 0 & 1 & -1 & -1 \\ 0 & 1 & 1 & -1 \end{bmatrix} \overset{(Z_3)-(Z_2)}{\rightsquigarrow} \begin{bmatrix} 1 & 0 & 1 & 2 \\ 0 & 1 & -1 & -1 \\ 0 & 0 & 2 & 0 \end{bmatrix}.$$

Die Matrix hat Rang 3. Somit ist $\dim(U + W) = 3$ und je drei linear unabhängige Vektoren aus den kombinierten Basen von U und W ergeben eine Basis von $U + W$. Zum Beispiel:

$$\left\{ \begin{bmatrix} 1 \\ 1 \\ 0 \end{bmatrix}, \begin{bmatrix} 0 \\ 1 \\ 1 \end{bmatrix}, \begin{bmatrix} 1 \\ 0 \\ 1 \end{bmatrix} \right\}.$$

d) Es gilt $\underbrace{\dim(U + W)}_{=3} = \underbrace{\dim(U)}_{=2} + \underbrace{\dim(W)}_{=2} - \underbrace{\dim(U \cap W)}_{=1}$ ✓ ■

Übung 6.38

● ○ ○ Man untersuche ob jeweils $V = U \oplus W$.

a) $V = \mathbb{R}^3,\ U = \left\langle \begin{bmatrix}1\\1\\1\end{bmatrix}, \begin{bmatrix}1\\1\\0\end{bmatrix} \right\rangle,\ W = \left\langle \begin{bmatrix}1\\0\\1\end{bmatrix} \right\rangle$

b) $V = \mathbb{R}^3,\ U = \left\langle \begin{bmatrix}1\\1\\0\end{bmatrix}, \begin{bmatrix}0\\1\\1\end{bmatrix} \right\rangle,\ W = \left\langle \begin{bmatrix}1\\0\\-1\end{bmatrix} \begin{bmatrix}1\\2\\1\end{bmatrix} \right\rangle$

c) $V = \mathbb{R}^3,\ U = \{\boldsymbol{x} \in \mathbb{R}^3 \mid x_1 = x_2 = x_3\},\ W = \left\{ \boldsymbol{x} \in \mathbb{R}^3 \,\middle|\, \boldsymbol{x} = \begin{bmatrix}0\\x_2\\x_3\end{bmatrix} \right\}$

d) $V = \mathbb{R}^3,\ U = \left\langle \begin{bmatrix}1\\0\\1\end{bmatrix}, \begin{bmatrix}0\\1\\1\end{bmatrix} \right\rangle,\ W = \left\langle \begin{bmatrix}0\\1\\0\end{bmatrix}, \begin{bmatrix}0\\0\\1\end{bmatrix} \right\rangle$

Lösung

a) $\underline{V = U + W?}$ Wir kombinieren alle erzeugenden Vektoren von U und W als Spalten in einer einzigen Matrix. Wir berechnen dann den Rang dieser Matrix, um die Dimension von $U + W$ zu bestimmen:

$$A = \begin{bmatrix} 1 & 1 & 1 \\ 1 & 1 & 0 \\ 1 & 0 & 1 \end{bmatrix} \overset{\substack{(Z_2)-(Z_1)\\(Z_3)-(Z_1)}}{\rightsquigarrow} \begin{bmatrix} 1 & 1 & 1 \\ 0 & 0 & -1 \\ 0 & -1 & 0 \end{bmatrix} \Rightarrow \operatorname{Rang}(A) = 3 \Rightarrow \dim(U + W) = 3.$$

Somit ist $U + W = \mathbb{R}^3$.

$\underline{U \cap W = \{\mathbf{0}\}?}$ Um $U \cap W$ zu bestimmen, betrachten wir ein beliebiges Element $\boldsymbol{v} \in U \cap W$. Wegen $\boldsymbol{v} \in U$ und $\boldsymbol{v} \in W$ können wir $\boldsymbol{v}$ wie folgt darstellen

$$\boldsymbol{v} = \alpha \begin{bmatrix}1\\1\\1\end{bmatrix} + \beta \begin{bmatrix}1\\1\\0\end{bmatrix} = \gamma \begin{bmatrix}1\\0\\1\end{bmatrix} \Rightarrow \begin{bmatrix} 1 & 1 & -1 \\ 1 & 1 & 0 \\ 1 & 0 & -1 \end{bmatrix} \begin{bmatrix}\alpha\\\beta\\\gamma\end{bmatrix} = \begin{bmatrix}0\\0\\0\end{bmatrix}.$$

Dies LGS lösen wir mit dem Gauß-Algorithmus

$$\left[\begin{array}{ccc|c} 1 & 1 & -1 & 0 \\ 1 & 1 & 0 & 0 \\ 1 & 0 & -1 & 0 \end{array}\right] \overset{\substack{(Z_2)-(Z_1)\\(Z_3)-(Z_1)}}{\rightsquigarrow} \left[\begin{array}{ccc|c} 1 & 1 & -1 & 0 \\ 0 & 0 & 1 & 0 \\ 0 & -1 & 0 & 0 \end{array}\right] \overset{(Z_3)\leftrightarrow(Z_2)}{\rightsquigarrow} \left[\begin{array}{ccc|c} 1 & 1 & -1 & 0 \\ 0 & -1 & 0 & 0 \\ 0 & 0 & 1 & 0 \end{array}\right].$$

Die einzige Lösung ist $\alpha = \beta = \gamma = 0$, d. h., $\boldsymbol{v} = \mathbf{0} \Rightarrow U \cap W = \{\mathbf{0}\}$.

Zusammenfassend: Wegen $V = U + W$ und $U \cap W = \{\mathbf{0}\}$ ist $V = U \oplus W$.

b) $\underline{V = U + W?}$ Wir gehen wie in (a) vor. Wir kombinieren alle erzeugenden Vektoren von U und W als Spalten in einer einzigen Matrix. Wir berechnen dann den Rang dieser Matrix, um die Dimension von $U + W$ zu bestimmen:

$$A = \begin{bmatrix} 1 & 0 & 1 & 1 \\ 1 & 1 & 0 & 2 \\ 0 & 1 & -1 & 1 \end{bmatrix} \overset{(Z_2)-(Z_1)}{\rightsquigarrow} \begin{bmatrix} 1 & 0 & 1 & 1 \\ 0 & 1 & -1 & 1 \\ 0 & 1 & -1 & 1 \end{bmatrix} \overset{(Z_3)-(Z_2)}{\rightsquigarrow} \begin{bmatrix} 1 & 0 & 1 & 1 \\ 0 & 1 & -1 & 1 \\ 0 & 0 & 0 & 0 \end{bmatrix} \Rightarrow \operatorname{Rang}(A) = 2.$$

Somit ist $\dim(U + W) = 2$ also $U + W \neq \mathbb{R}^3$. Es folgt: $U + W$ ist keine direkte Summe.

c) Zunächst bestimmen wir Basen von U und W. Aus der definierenden Gleichungen $x_1 = x_2 = x_3$ folgt $U = \left\langle \begin{bmatrix} 1 \\ 1 \\ 1 \end{bmatrix} \right\rangle$. Für W finden wir $W = \left\langle \begin{bmatrix} 0 \\ 1 \\ 0 \end{bmatrix}, \begin{bmatrix} 0 \\ 0 \\ 1 \end{bmatrix} \right\rangle$.

$\underline{V = U + W?}$ Wir kombinieren alle erzeugenden Vektoren von U und W als Spalten in einer einzigen Matrix. Wir berechnen dann den Rang dieser Matrix, um die Dimension von $U + W$ zu bestimmen:

$$A = \begin{bmatrix} 1 & 0 & 0 \\ 1 & 1 & 0 \\ 1 & 0 & 1 \end{bmatrix} \overset{\substack{(Z_2)-(Z_1) \\ (Z_3)-(Z_1)}}{\rightsquigarrow} \begin{bmatrix} 1 & 0 & 0 \\ 0 & 1 & 0 \\ 0 & 0 & 1 \end{bmatrix} \Rightarrow \operatorname{Rang}(A) = 3 \Rightarrow \dim(U + W) = 3.$$

Somit ist $U + W = \mathbb{R}^3$.

$\underline{U \cap W = \{\mathbf{0}\}?}$ Um $U \cap W$ zu bestimmen, betrachten wir ein beliebiges Element $\boldsymbol{v} \in U \cap W$. Wegen $\boldsymbol{v} \in U$ und $\boldsymbol{v} \in W$ können wir $\boldsymbol{v}$ wie folgt darstellen

$$\boldsymbol{v} = \alpha \begin{bmatrix} 1 \\ 1 \\ 1 \end{bmatrix} = \beta \begin{bmatrix} 0 \\ 1 \\ 0 \end{bmatrix} + \gamma \begin{bmatrix} 0 \\ 0 \\ 1 \end{bmatrix} \Rightarrow \begin{bmatrix} 1 & 0 & 0 \\ 1 & -1 & 0 \\ 1 & 0 & -1 \end{bmatrix} \begin{bmatrix} \alpha \\ \beta \\ \gamma \end{bmatrix} = \begin{bmatrix} 0 \\ 0 \\ 0 \end{bmatrix}.$$

Dies LGS lösen wir mit dem Gauß-Algorithmus

$$\left[\begin{array}{ccc|c} 1 & 0 & 0 & 0 \\ 1 & -1 & 0 & 0 \\ 1 & 0 & -1 & 0 \end{array}\right] \overset{\substack{(Z_2)-(Z_1) \\ (Z_3)-(Z_1)}}{\rightsquigarrow} \left[\begin{array}{ccc|c} 1 & 0 & 0 & 0 \\ 0 & -1 & 0 & 0 \\ 0 & 0 & -1 & 0 \end{array}\right].$$

Die einzige Lösung ist $\alpha = \beta = \gamma = 0$, d. h., $\boldsymbol{v} = \mathbf{0} \Rightarrow U \cap W = \{\mathbf{0}\}$.

Zusammenfassend: Wegen $V = U + W$ und $U \cap W = \{\mathbf{0}\}$ ist $V = U \oplus W$.

d) $\underline{V = U + W?}$ Wir kombinieren alle erzeugenden Vektoren von U und W als Spalten in einer einzigen Matrix. Wir berechnen dann den Rang dieser Matrix, um die Dimension von $U + W$ zu bestimmen:

$$A = \begin{bmatrix} 1 & 0 & 0 & 0 \\ 0 & 1 & 1 & 0 \\ 1 & 1 & 0 & 1 \end{bmatrix} \overset{(Z_3)-(Z_1)}{\rightsquigarrow} \begin{bmatrix} 1 & 0 & 0 & 0 \\ 0 & 1 & 1 & 0 \\ 0 & 1 & 0 & 1 \end{bmatrix} \overset{(Z_3)-(Z_2)}{\rightsquigarrow} \begin{bmatrix} 1 & 0 & 0 & 0 \\ 0 & 1 & 1 & 0 \\ 0 & 0 & -1 & 1 \end{bmatrix} \Rightarrow \operatorname{Rang}(A) = 3.$$

Es folgt $\dim(U + W) = 3$ also $U + W = \mathbb{R}^3$.

$\underline{U \cap W = \{\mathbf{0}\}?}$ Es sei $\boldsymbol{v} \in U \cap W$. Wegen $\boldsymbol{v} \in U$ und $\boldsymbol{v} \in W$ gilt

$$\boldsymbol{v} = \alpha \begin{bmatrix} 1 \\ 0 \\ 1 \end{bmatrix} + \beta \begin{bmatrix} 0 \\ 1 \\ 1 \end{bmatrix} = \gamma \begin{bmatrix} 0 \\ 1 \\ 0 \end{bmatrix} + \delta \begin{bmatrix} 0 \\ 0 \\ 1 \end{bmatrix} \Rightarrow \begin{bmatrix} 1 & 0 & 0 & 0 \\ 0 & 1 & -1 & 0 \\ 1 & 1 & 0 & -1 \end{bmatrix} \begin{bmatrix} \alpha \\ \beta \\ \gamma \\ \delta \end{bmatrix} = \begin{bmatrix} 0 \\ 0 \\ 0 \end{bmatrix}.$$

Dies LGS lösen wir mit dem Gauß-Algorithmus

$$\begin{bmatrix} 1 & 0 & 0 & 0 & 0 \\ 0 & 1 & -1 & 0 & 0 \\ 1 & 1 & 0 & -1 & 0 \end{bmatrix} \overset{(Z_3)-(Z_1)}{\rightsquigarrow} \begin{bmatrix} 1 & 0 & 0 & 0 & 0 \\ 0 & 1 & -1 & 0 & 0 \\ 0 & 1 & 0 & -1 & 0 \end{bmatrix} \overset{(Z_3)-(Z_2)}{\rightsquigarrow} \begin{bmatrix} 1 & 0 & 0 & 0 & 0 \\ 0 & 1 & 1 & 0 & 0 \\ 0 & 0 & 1 & -1 & 0 \end{bmatrix}.$$

Eine Variable ist frei wählbar, z. B. $\delta = t$. Aus der dritten Gleichung folgt dann $\gamma = \delta = t$. Somit ist $\boldsymbol{v} = t\begin{bmatrix} 0 \\ 1 \\ 1 \end{bmatrix}$, d. h. $U \cap W = \left\langle \begin{bmatrix} 0 \\ 1 \\ 1 \end{bmatrix} \right\rangle \neq \{\boldsymbol{0}\}$.

Es folgt: $U + W$ ist keine direkte Summe (Aber es gilt: $V = U + W$). ■

Übung 6.39

●●○

a) Man zeige, dass die Vektoren $\begin{bmatrix} 1 \\ 1 \\ 0 \end{bmatrix}, \begin{bmatrix} 0 \\ 1 \\ 1 \end{bmatrix}, \begin{bmatrix} 1 \\ 0 \\ 1 \end{bmatrix}$ linear unabhängig über $\mathbb{R}$ sind.

b) Sind die Vektoren auch linear unabhängig über $\mathbb{Z}_2$?

Lösung

Drei Vektoren sind genau dann linear unabhängig, wenn die Matrix, welche diese Vektoren als Spalten enthält, eine nicht verschwindende Determinante hat.

a) Konkret:

$$\det\begin{bmatrix} 1 & 0 & 1 \\ 1 & 1 & 0 \\ 0 & 1 & 1 \end{bmatrix} = \begin{vmatrix} 1 & 0 \\ 1 & 1 \end{vmatrix} - \begin{vmatrix} 0 & 1 \\ 1 & 1 \end{vmatrix} = 1 + 1 = 2 \neq 0.$$

Die Vektoren sind somit linear unabhängig über $\mathbb{R}$.

b) Über $\mathbb{Z}_2$ ist $2 = 0$. Mit dem obigen Resultat erhalten wir $\det\begin{bmatrix} 1 & 0 & 1 \\ 1 & 1 & 0 \\ 0 & 1 & 1 \end{bmatrix} = 2 = 0$. Folglich sind die Vektoren linear abhängig über $\mathbb{Z}_2$. ■

Übung 6.40

●○○ Man betrachte $U = \left\langle \begin{bmatrix} 1 \\ 1 \\ 0 \\ 0 \end{bmatrix}, \begin{bmatrix} 0 \\ 1 \\ 1 \\ 0 \end{bmatrix}, \begin{bmatrix} 1 \\ 0 \\ 1 \\ 0 \end{bmatrix}, \begin{bmatrix} 1 \\ 0 \\ 0 \\ 1 \end{bmatrix} \right\rangle$. **a)** Man berechne die Dimension von U über $\mathbb{R}$. **b)** Wie lautet die Dimension von U über $\mathbb{Z}_2$?

Lösung

Wir überprüfen mit dem Rangkriterium, ob die vorgegebenen Vektoren linear unabhängig sind.

a) Über $\mathbb{R}$ gilt

$$\begin{bmatrix} 1 & 0 & 1 & 1 \\ 1 & 1 & 0 & 0 \\ 0 & 1 & 1 & 0 \\ 0 & 0 & 0 & 1 \end{bmatrix} \overset{(Z_2)-(Z_1)}{\rightsquigarrow} \begin{bmatrix} 1 & 0 & 1 & 1 \\ 0 & 1 & -1 & -1 \\ 0 & 1 & 1 & 0 \\ 0 & 0 & 0 & 1 \end{bmatrix} \overset{(Z_3)-(Z_2)}{\rightsquigarrow} \begin{bmatrix} 1 & 0 & 1 & 1 \\ 0 & 1 & -1 & -1 \\ 0 & 0 & 2 & 1 \\ 0 & 0 & 0 & 1 \end{bmatrix}.$$

Da die Matrix Rang 4 hat, ist $\dim_{\mathbb{R}}(U) = 4$.

b) In diesem Fall wiederholen wir dieselbe Rechnung wie in (a), aber müssen alle Rechnungen in $\mathbb{Z}_2$ durchführen. Wegen $-1 = 1$ und $2 = 0$, finden wir:

$$\begin{bmatrix} 1&0&1&1 \\ 1&1&0&0 \\ 0&1&1&0 \\ 0&0&0&1 \end{bmatrix} \overset{(Z_2)-(Z_1)}{\rightsquigarrow} \begin{bmatrix} 1&0&1&1 \\ 0&1&-1&-1 \\ 0&1&1&0 \\ 0&0&0&1 \end{bmatrix} \overset{(Z_3)-(Z_2)}{\rightsquigarrow} \begin{bmatrix} 1&0&1&1 \\ 0&1&-1&-1 \\ 0&0&2&1 \\ 0&0&0&1 \end{bmatrix} = \begin{bmatrix} 1&0&1&1 \\ 0&1&1&1 \\ 0&0&0&1 \\ 0&0&0&1 \end{bmatrix}$$

$$\overset{(Z_4)-(Z_3)}{\rightsquigarrow} \begin{bmatrix} 1&0&1&1 \\ 0&1&1&1 \\ 0&0&0&1 \\ 0&0&0&0 \end{bmatrix}.$$

Da die Matrix den Rang 3 hat, ist $\dim_{\mathbb{Z}_2}(U) = 3$. ■

Übung 6.41

• • ○ Man zeige, dass die folgenden Vektoren eine Basis des $\mathbb{C}$-Vektorraumes $V = \mathbb{C}^4$ bilden.

$$\begin{bmatrix} 1 \\ 0 \\ 0 \\ 1 \end{bmatrix}, \begin{bmatrix} i \\ 1 \\ 1 \\ i \end{bmatrix}, \begin{bmatrix} 1-2i \\ -i \\ i \\ 1 \end{bmatrix}, \begin{bmatrix} 1 \\ 0 \\ 0 \\ -1 \end{bmatrix}.$$

Lösung

Wir schreiben die gegebenen Vektoren als Matrix auf und wenden den Gauß-Algorithmus an:

$$\begin{bmatrix} 1&i&1-2i&1 \\ 0&1&-i&0 \\ 0&1&i&0 \\ 1&i&1&-1 \end{bmatrix} \overset{(Z_4)-(Z_1)}{\rightsquigarrow} \begin{bmatrix} 1&i&1-2i&1 \\ 0&1&-i&0 \\ 0&1&i&0 \\ 0&0&2i&-2 \end{bmatrix} \overset{(Z_3)-(Z_2)}{\rightsquigarrow} \begin{bmatrix} 1&0&0&1 \\ 0&1&-i&0 \\ 0&0&2i&0 \\ 0&0&2i&-2 \end{bmatrix}$$

$$\overset{(Z_4)-(Z_3)}{\rightsquigarrow} \begin{bmatrix} 1&0&0&1 \\ 0&1&-i&0 \\ 0&0&2i&0 \\ 0&0&0&-2 \end{bmatrix}.$$

Die Matrix hat Rang 4. Somit sind die vier Vektoren linear unabhängig. Der $\mathbb{C}$-Vektorraum $\mathbb{C}^4$ hat die Dimension 4. Somit bilden die gegebenen Vektoren eine Basis von $\mathbb{C}^4$ (als $\mathbb{C}$-Vektorraum). ■

Bemerkung

Die vier Vektoren in Übung 6.41 bilden keine Basis von $\mathbb{C}^4$, wenn man diesen Vektorraum als einen Vektorraum über $\mathbb{R}$ betrachtet (d. h. wenn wir nur reelle Zahlen als

Koeffizienten benutzen dürften, um Linearkombinationen zu bilden). Eine Basis von $\mathbb{C}$ (als $\mathbb{R}$-Vektorraum) ist $\{1, i\}$. Somit hat $\mathbb{C}^4$ Dimension 8 über $\mathbb{R}$ (und nicht 4). Eine Basis von $\mathbb{C}^4$ (als $\mathbb{R}$-Vektorraum) braucht somit 8 Vektoren!

Übung 6.42

• • ○ Für welche $x_1, \cdots, x_n \in \mathbb{R}$ sind die folgenden Vektoren linear unabhängig?

$$\begin{bmatrix} 1 \\ 1 \\ \vdots \\ 1 \end{bmatrix}, \begin{bmatrix} x_1 \\ x_2 \\ \vdots \\ x_n \end{bmatrix}, \begin{bmatrix} x_1^2 \\ x_2^2 \\ \vdots \\ x_n^2 \end{bmatrix}, \ldots, \begin{bmatrix} x_1^n \\ x_2^n \\ \vdots \\ x_n^n \end{bmatrix}.$$

Hinweis: Vandermonde Determinante (vgl. Übung 3.32).

Lösung

Wir untersuchen, ob die Vektoren linear unabhängig sind mit dem Determinantenkriterium. Dabei erkennen wir die Vandermonde-Determinante (vgl. Übung 3.32)

$$\begin{vmatrix} 1 & x_1 & x_1^2 & \cdots & x_1^n \\ 1 & x_2 & x_2^2 & \cdots & x_2^n \\ \vdots & \vdots & \vdots & \ddots & \vdots \\ 1 & x_n & x_n^2 & \cdots & x_n^n \end{vmatrix} = \prod_{i<j}(x_i - x_j).$$

Diese Determinante ist genau dann ungleich Null, wenn $x_i \neq x_j$ für alle $i, j = 1, \cdots, n$ gilt. Die gegebenen Vektoren sind also genau dann linear unnabhängig, wenn alle Zahlen $x_1, \cdots, x_n$ paarweise verschieden sind. ■

Übung 6.43

• ○ ○ Man bestimme, ob die folgenden Elemente des Vektorraumes V linear abhängig oder linear unabhängig sind. Bilden diese Elemente ein Erzeugendensystem?

a) $V = \mathbb{R}^3$: $\begin{bmatrix} 1 \\ -1 \\ 1 \end{bmatrix}, \begin{bmatrix} 0 \\ 0 \\ 0 \end{bmatrix}, \begin{bmatrix} 1 \\ 2 \\ -3 \end{bmatrix}$.

b) $V = \mathbb{R}^{1\times 4}$: $\begin{bmatrix} 1 & 1 & 3 & 1 \end{bmatrix}, \begin{bmatrix} 1 & 0 & 0 & 1 \end{bmatrix}, \begin{bmatrix} 1 & -1 & 0 & 0 \end{bmatrix}$.

c) $V = \mathbb{R}^{2\times 2}$: $\begin{bmatrix} 1 & 1 \\ 1 & -1 \end{bmatrix}, \begin{bmatrix} 1 & 0 \\ 0 & 1 \end{bmatrix}, \begin{bmatrix} 2 & 1 \\ 1 & 1 \end{bmatrix}, \begin{bmatrix} 0 & 1 \\ -1 & 1 \end{bmatrix}$.

Lösung

a) Wir schreiben die gegebenen Vektoren in einer Matrix auf und wenden den Gauß-Algorithmus an:

$$\begin{bmatrix} 1 & 0 & 1 \\ -1 & 0 & 2 \\ 1 & 0 & -3 \end{bmatrix} \overset{\substack{(Z_2)+(Z_1) \\ (Z_3)-(Z_1)}}{\rightsquigarrow} \begin{bmatrix} 1 & 0 & 1 \\ 0 & 0 & 3 \\ 0 & 0 & -4 \end{bmatrix} \overset{\substack{3(Z_3)+4(Z_2) \\ (Z_2)/3}}{\rightsquigarrow} \begin{bmatrix} 1 & 0 & 1 \\ 0 & 0 & 1 \\ 0 & 0 & 0 \end{bmatrix}.$$

Die Matrix hat Rang 2. Somit sind die drei Vektoren linear abhängig und sie bilden kein Erzeugendensystem von V.

b) Wir gehen wie in Teilaufgabe (a) vor und schreiben die drei Zeilenvektoren als Matrix auf. Mit dem Gauß-Algorithmus finden wir dann:

$$\begin{bmatrix} 1 & 1 & 3 & 1 \\ 1 & 0 & 0 & 1 \\ 1 & -1 & 0 & 0 \end{bmatrix} \overset{\substack{(Z_2)-(Z_1) \\ (Z_3)-(Z_1)}}{\rightsquigarrow} \begin{bmatrix} 1 & 1 & 3 & 1 \\ 0 & -1 & -3 & 0 \\ 0 & -2 & -3 & -1 \end{bmatrix} \overset{(Z_3)-2(Z_2)}{\rightsquigarrow} \begin{bmatrix} 1 & 1 & 3 & 1 \\ 0 & -1 & -3 & 0 \\ 0 & 0 & 3 & -1 \end{bmatrix}.$$

Da die Matrix Rang 3 hat, sind die vorgegebenen Zeilenvektoren linear unabhängig. Da die Dimension von V aber gleich 4 ist, bilden diese 3 Vektoren kein Erzeugendensystem.

c) Wir identifizieren die (2×2)-Matrizen mit den **Koordinatenvektoren bezüglich der Standardbasis von** $\mathbb{R}^{2\times 2}$:

$$\begin{bmatrix} 1 & 1 \\ 1 & -1 \end{bmatrix} \equiv \begin{bmatrix} 1 \\ 1 \\ 1 \\ -1 \end{bmatrix}, \begin{bmatrix} 1 & 0 \\ 0 & 1 \end{bmatrix} \equiv \begin{bmatrix} 1 \\ 0 \\ 0 \\ 1 \end{bmatrix}, \begin{bmatrix} 2 & 1 \\ 1 & 1 \end{bmatrix} \equiv \begin{bmatrix} 2 \\ 1 \\ 1 \\ 1 \end{bmatrix}, \begin{bmatrix} 0 & 1 \\ -1 & 1 \end{bmatrix} \equiv \begin{bmatrix} 0 \\ 1 \\ -1 \\ 1 \end{bmatrix}.$$

Dann gehen wir wie üblich weiter und schreiben diese Vektoren als Matrix auf

$$\begin{bmatrix} 1 & 1 & 2 & 0 \\ 1 & 0 & 1 & 1 \\ 1 & 0 & 1 & -1 \\ -1 & 1 & 1 & 1 \end{bmatrix} \overset{\substack{(Z_2)-(Z_1) \\ (Z_3)-(Z_1) \\ (Z_4)+(Z_1)}}{\rightsquigarrow} \begin{bmatrix} 1 & 1 & 2 & 0 \\ 0 & -1 & -1 & 1 \\ 0 & -1 & -1 & -1 \\ 0 & 2 & 3 & 1 \end{bmatrix} \overset{\substack{(Z_3)-(Z_2) \\ (Z_4)+2(Z_3)}}{\rightsquigarrow} \begin{bmatrix} 1 & 1 & 2 & 0 \\ 0 & -1 & -1 & 1 \\ 0 & 0 & 0 & -2 \\ 0 & 0 & 1 & 3 \end{bmatrix}.$$

Da die Matrix Rang 4 hat, sind die vier Vektoren (und somit die entsprechenden Matrizen in $\mathbb{R}^{2\times 2}$) linear unabhängig. Da die Dimension von V gleich 4 ist und wir genau 4 linear unabhängige Elemente haben, bilden die 4 Matrizen eine Basis von V.

■

Übung 6.44

• ○ ○ Man bestimme die Dimension des folgenden Unterraumes $V \subset \mathbb{R}^{3\times 3}$:

$$V = \left\langle \begin{bmatrix} 1 & 1 & 1 \\ 1 & 1 & 1 \\ 1 & 1 & 1 \end{bmatrix}, \begin{bmatrix} 1 & -1 & 0 \\ -1 & 0 & 1 \\ 0 & 1 & -1 \end{bmatrix}, \begin{bmatrix} 0 & 1 & -1 \\ -1 & 0 & 1 \\ 1 & -1 & 0 \end{bmatrix} \right\rangle.$$

Lösung

Wir müssen einfach untersuchen, ob die vorgegebenen Matrizen linear unabhängig sind. Dazu wenden wir zwei Methoden an.

Mit dem Rang-Kriterium: Wegen $\mathbb{R}^{3\times 3} \cong \mathbb{R}^9$ identifizieren wir die vorgegebenen (3×3)-Matrizen mit den folgenden **Koordinatenvektoren in** $\mathbb{R}^9$:

$$\begin{bmatrix} 1 & 1 & 1 \\ 1 & 1 & 1 \\ 1 & 1 & 1 \end{bmatrix} \equiv \begin{bmatrix} 1 \\ 1 \\ 1 \\ 1 \\ 1 \\ 1 \\ 1 \\ 1 \\ 1 \end{bmatrix}, \begin{bmatrix} 1 & -1 & 0 \\ -1 & 0 & 1 \\ 0 & 1 & -1 \end{bmatrix} \equiv \begin{bmatrix} 1 \\ -1 \\ 0 \\ -1 \\ 0 \\ 1 \\ 0 \\ 1 \\ -1 \end{bmatrix}, \begin{bmatrix} 0 & 1 & -1 \\ -1 & 0 & 1 \\ 1 & -1 & 0 \end{bmatrix} \equiv \begin{bmatrix} 0 \\ 1 \\ -1 \\ -1 \\ 0 \\ 1 \\ 1 \\ -1 \\ 0 \end{bmatrix}.$$

Dann schreiben wir diese Vektoren in einer Matrix auf und wenden den Gauß-Algorithmus an, um den Rang der resultierenden Matrix zu bestimmen:

$$\begin{bmatrix} 1 & 1 & 0 \\ 1 & -1 & 1 \\ 1 & 0 & -1 \\ 1 & -1 & -1 \\ 1 & 0 & 0 \\ 1 & 1 & 1 \\ 1 & 0 & 1 \\ 1 & 1 & -1 \\ 1 & -1 & 0 \end{bmatrix} \underset{i=2,\cdots,9}{\overset{(Z_i)-(Z_1)}{\rightsquigarrow}} \begin{bmatrix} 1 & 1 & 0 \\ 0 & -2 & 1 \\ 0 & -1 & -1 \\ 0 & -2 & -1 \\ 0 & -1 & 0 \\ 0 & 0 & 1 \\ 0 & -1 & 1 \\ 0 & 0 & -1 \\ 0 & -2 & 0 \end{bmatrix} \overset{\substack{2(Z_3)-(Z_2) \\ (Z_4)-(Z_2) \\ 2(Z_5)-(Z_2) \\ 2(Z_7)-(Z_2) \\ (Z_9)-(Z_2)}}{\rightsquigarrow} \begin{bmatrix} 1 & 1 & 0 \\ 0 & -2 & 1 \\ 0 & 0 & -3 \\ 0 & 0 & -2 \\ 0 & 0 & -1 \\ 0 & 0 & 1 \\ 0 & 0 & 1 \\ 0 & 0 & -1 \\ 0 & 0 & -1 \end{bmatrix}.$$

Die Matrix hat Rang 3. Somit sind die drei Matrizen linear unabhängig und $\dim(V) = 3$. Mit der Definition: Wir suchen Zahlen $\alpha_1, \alpha_2, \alpha_3 \in \mathbb{R}$ mit

$$\alpha_1 \begin{bmatrix} 1 & 1 & 1 \\ 1 & 1 & 1 \\ 1 & 1 & 1 \end{bmatrix} + \alpha_2 \begin{bmatrix} 1 & -1 & 0 \\ -1 & 0 & 1 \\ 0 & 1 & -1 \end{bmatrix} + \alpha_3 \begin{bmatrix} 0 & 1 & -1 \\ -1 & 0 & 1 \\ 1 & -1 & 0 \end{bmatrix} = \begin{bmatrix} 0 & 0 & 0 \\ 0 & 0 & 0 \\ 0 & 0 & 0 \end{bmatrix}$$

d. h.

$$\begin{bmatrix} \alpha_1+\alpha_2 & \alpha_1-\alpha_2+\alpha_3 & \alpha_1-\alpha_3 \\ \alpha_1-\alpha_2-\alpha_3 & \alpha_1 & \alpha_1+\alpha_2+\alpha_3 \\ \alpha_1+\alpha_3 & \alpha_1+\alpha_2-\alpha_3 & \alpha_1-\alpha_2 \end{bmatrix} \stackrel{!}{=} \begin{bmatrix} 0&0&0 \\ 0&0&0 \\ 0&0&0 \end{bmatrix}.$$

Durch komponentenweises Vergleichen erhalten wir $\alpha_1 = 0$ (Eintrag (2,2)). Daraus folgt $\alpha_2 = 0$ (Eintrag (3,3)) und $\alpha_3 = 0$ (Eintrag (1,3)). Somit sind die drei Matrizen linear unabhängig und $\dim(V) = 3$, gleich wie bei Methode 1. ■

Übung 6.45

• ○ ○ Man zeige, dass die Pauli-Matrizen (vgl. Übung 1.13)

$$\boldsymbol{\sigma}_0 = \begin{bmatrix} 1&0 \\ 0&1 \end{bmatrix}, \quad \boldsymbol{\sigma}_x = \begin{bmatrix} 0&1 \\ 1&0 \end{bmatrix}, \quad \boldsymbol{\sigma}_y = \begin{bmatrix} 0&-i \\ i&0 \end{bmatrix}, \quad \boldsymbol{\sigma}_z = \begin{bmatrix} 1&0 \\ 0&-1 \end{bmatrix}$$

eine Basis von $\mathbb{C}^{2\times 2}$ bilden.

Lösung

Wegen $\mathbb{C}^{2\times 2} \cong \mathbb{C}^4$ identifizieren wir die vorgegebenen (2×2)-Matrizen mittels **Koordinatenvektoren in** $\mathbb{C}^4$ (wegen $\mathbb{C}^{2\times 2} \cong \mathbb{C}^4$):

$$\begin{bmatrix} 1&0 \\ 0&1 \end{bmatrix} \equiv \begin{bmatrix} 1 \\ 0 \\ 0 \\ 1 \end{bmatrix}, \begin{bmatrix} 0&1 \\ 1&0 \end{bmatrix} \equiv \begin{bmatrix} 0 \\ 1 \\ 1 \\ 0 \end{bmatrix}, \begin{bmatrix} 0&-i \\ i&0 \end{bmatrix} \equiv \begin{bmatrix} 0 \\ -i \\ i \\ 0 \end{bmatrix}, \begin{bmatrix} 1&0 \\ 0&-1 \end{bmatrix} \equiv \begin{bmatrix} 1 \\ 0 \\ 0 \\ -1 \end{bmatrix}.$$

Dann gehen wir wie üblich weiter und schreiben diese Vektoren in einer Matrix auf:

$$\begin{bmatrix} 1&0&0&1 \\ 0&1&-i&0 \\ 0&1&i&0 \\ 1&0&0&-1 \end{bmatrix} \overset{(Z_4)-(Z_1)}{\rightsquigarrow} \begin{bmatrix} 1&0&0&1 \\ 0&1&-i&0 \\ 0&1&i&0 \\ 0&0&0&-2 \end{bmatrix} \overset{(Z_3)-(Z_2)}{\rightsquigarrow} \begin{bmatrix} 1&0&0&1 \\ 0&1&-i&0 \\ 0&0&2i&0 \\ 0&0&0&-2 \end{bmatrix}.$$

Die Matrix hat Rang 4. Somit sind die vier Vektoren linear unabhängig. Die Pauli-Matrizen sind also eine Basis von $\mathbb{C}^{2\times 2}$. ■

Übung 6.46

• ○ ○ Man zeige, dass die folgenden Matrizen

$$\boldsymbol{B}_1 = \begin{bmatrix} 1&i \\ 0&1 \end{bmatrix}, \quad \boldsymbol{B}_2 = \begin{bmatrix} 1&i \\ 0&2 \end{bmatrix}, \quad \boldsymbol{B}_3 = \begin{bmatrix} i&-2 \\ 0&i \end{bmatrix}$$

eine Basis des Vektorraumes der komplexen (2×2)-oberen Dreiecksmatrizen bilden.

Lösung

Der Vektorraum der komplexen (2×2)-oberen Dreiecksmatrizen hat Dimension 3. Es sind genau 3 komplexe (2×2)-obere Dreiecksmatrizen vorgegeben. Wir müssen somit nur die lineare Unabhängigkeit dieser Matrizen nachweisen. Dazu identifizieren wir die (2×2)-Matrizen mit Koordinatenvektoren in $\mathbb{C}^4$:

$$\begin{bmatrix} 1 & i \\ 0 & 1 \end{bmatrix} \equiv \begin{bmatrix} 1 \\ i \\ 0 \\ 1 \end{bmatrix}, \begin{bmatrix} 1 & i \\ 0 & 2 \end{bmatrix} \equiv \begin{bmatrix} 1 \\ i \\ 0 \\ 2 \end{bmatrix}, \begin{bmatrix} i & -2 \\ 0 & i \end{bmatrix} \equiv \begin{bmatrix} i \\ -2 \\ 0 \\ i \end{bmatrix}.$$

Dann gehen wir wie üblich weiter und schreiben diese Vektoren in einer Matrix auf:

$$\begin{bmatrix} 1 & 1 & i \\ i & i & -2 \\ 1 & 2 & i \end{bmatrix} \overset{\substack{(Z_2)-i(Z_1) \\ (Z_3)-(Z_1)}}{\leadsto} \begin{bmatrix} 1 & 1 & i \\ 0 & 0 & -1 \\ 0 & 1 & 0 \end{bmatrix}.$$

Die Matrix hat Rang 3. Somit bilden die vorgegebenen Matrizen eine Basis des Vektorraumes der komplexen (2×2)-oberen Dreiecksmatrizen. ■

Übung 6.47

• ∘ ∘ Man zeige, dass $\sin(x)$ und $\cos(x)$ linear unabhängig sind.

Lösung

Wir wenden den **Wronski-Test** an. Die Abbildungen sind $y_1(x) = \sin(x)$ und $y_2(x) = \cos(x)$. Die Wronski Determinante lautet dann

$$W(y_1, y_2) = \begin{vmatrix} y_1(x) & y_2(x) \\ y_1'(x) & y_2'(x) \end{vmatrix} = \begin{vmatrix} \sin(x) & \cos(x) \\ \cos(x) & -\sin(x) \end{vmatrix} = -\big(\underbrace{\sin^2(x) + \cos^2(x)}_{=1}\big) = -1 \neq 0.$$

Wegen $W \neq 0$ sind $\sin(x)$ und $\cos(x)$ linear unabhängig. ■

Übung 6.48

• • ∘ Es sei $V = \langle 1, x, e^x, e^{-x} \rangle$.

a) Man bestimme die Dimension sowie eine Basis von V.

b) Man berechne die Koordinaten der Funktionen $\sinh(x)$ und $\cosh(x)$ in dieser Basis.

Lösung

a) Wir untersuchen ob $1, x, e^x, e^{-x}$ linear unabhängig sind. Dazu berechnen wir die Wronski-Determinante:

$$W(y_1, y_2, y_3, y_4) = \begin{vmatrix} y_1(x) & y_2(x) & y_3(x) & y_4(x) \\ y_1'(x) & y_2'(x) & y_3'(x) & y_4'(x) \\ y_1''(x) & y_2''(x) & y_3''(x) & y_4''(x) \\ y_1'''(x) & y_2'''(x) & y_3'''(x) & y_4'''(x) \end{vmatrix} = \begin{vmatrix} 1 & x & e^x & e^{-x} \\ 0 & 1 & e^x & -e^{-x} \\ 0 & 0 & e^x & e^{-x} \\ 0 & 0 & e^x & -e^{-x} \end{vmatrix}$$

$$= 1 \cdot 1 \cdot \begin{vmatrix} e^x & e^{-x} \\ e^x & -e^{-x} \end{vmatrix} = -2 \neq 0.$$

Wegen $W \neq 0$ sind $1, x, e^x, e^{-x}$ linear unabhängig. V hat somit die Dimension $\dim(V) = 4$ und die Abbildungen $1, x, e^x, e^{-x}$ bilden eine Basis von V.

b) Es sei V versehen mit der Basis $\mathcal{B} = \{1, x, e^x, e^{-x}\}$. Es gilt:

$$\sinh(x) = \frac{e^x - e^{-x}}{2} = \underline{\frac{1}{2}} \cdot e^x - \underline{\frac{1}{2}} \cdot e^{-x} \qquad \Rightarrow [\sinh(x)]_{\mathcal{B}} = \begin{bmatrix} 0 \\ 0 \\ \frac{1}{2} \\ -\frac{1}{2} \end{bmatrix},$$

$$\cosh(x) = \frac{e^x + e^{-x}}{2} = \underline{\frac{1}{2}} \cdot e^x + \underline{\frac{1}{2}} \cdot e^{-x} \qquad \Rightarrow [\cosh(x)]_{\mathcal{B}} = \begin{bmatrix} 0 \\ 0 \\ \frac{1}{2} \\ \frac{1}{2} \end{bmatrix}.$$

■

Übung 6.49

● ● ○ Man zeige, dass $\{1, x, x^2, \cdots, x^n\}$ eine Basis von $P_n(\mathbb{R})$ ist.

Lösung

Wir wenden den Wronski-Test an. Die Abbildungen sind $y_0(x) = 1, y_1(x) = x, y_2(x) = x^2, \cdots, y_n(x) = x^n$. Die Wronski-Determinante lautet dann:

$$W(y_0, y_1, y_2, \cdots, y_n) = \begin{vmatrix} y_0(x) & y_1(x) & y_2(x) & \cdots & y_n(x) \\ y_0'(x) & y_1'(x) & y_2'(x) & \cdots & y_n'(x) \\ \vdots & \vdots & \vdots & \ddots & \vdots \\ y_0^{(n)}(x) & y_1^{(n)}(x) & y_2^{(n)}(x) & \cdots & y_n^{(n)}(x) \end{vmatrix}$$

$$= \begin{vmatrix} 1 & x & x^2 & x^3 & \cdots & x^n \\ 0 & 1 & 2x & 3x^2 & \cdots & nx^{n-1} \\ 0 & 0 & 2 & 6x & \cdots & n(n-1)x^{n-2} \\ 0 & 0 & 0 & 6 & \cdots & n(n-1)(n-2)x^{n-3} \\ \vdots & \vdots & \vdots & \vdots & \ddots & \vdots \\ 0 & 0 & 0 & 0 & \cdots & n! \end{vmatrix}$$

$$= 1 \cdot 2 \cdot 6 \cdots n! \neq 0.$$

Wegen $W \neq 0$ sind $1, x, x^2, \cdots, x^n$ linear unabhängig. Außerdem spannen $1, x, x^2, \cdots, x^n$ den Raum $P_n(\mathbb{R})$ auf. Folglich ist $\{1, x, x^2, \cdots, x^n\}$ eine Basis von $P_n(\mathbb{R})$. ■

Übung 6.50

● ● ○ Man zeige, dass $\{1, 1+x, 1+x+x^2, \cdots, 1+x+x^2+\cdots+x^n\}$ eine Basis von $P_n(\mathbb{R})$ ist.

Lösung

Wegen $P_n(\mathbb{R}) \cong \mathbb{R}^{n+1}$ identifizieren wir die Basiselemente durch Koordinatenvektoren in $\mathbb{R}^{n+1}$:

$$1 \equiv \begin{bmatrix} 1 \\ 0 \\ 0 \\ \vdots \\ 0 \end{bmatrix}, 1+x \equiv \begin{bmatrix} 1 \\ 1 \\ 0 \\ \vdots \\ 0 \end{bmatrix}, 1+x+x^2 \equiv \begin{bmatrix} 1 \\ 1 \\ 1 \\ \vdots \\ 0 \end{bmatrix}, \cdots, 1+x+x^2+\cdots+x^n \equiv \begin{bmatrix} 1 \\ 1 \\ 1 \\ \vdots \\ 1 \end{bmatrix}.$$

Dann gehen wir wie üblich weiter und schreiben diese Vektoren in einer Matrix auf:

$$\begin{bmatrix} 1 & 1 & 1 & \cdots & 1 \\ 0 & 1 & 1 & \cdots & 1 \\ 0 & 0 & 1 & \cdots & 1 \\ \vdots & \vdots & \vdots & \ddots & \vdots \\ 0 & 0 & 0 & \cdots & 1 \end{bmatrix} \Rightarrow \det \begin{bmatrix} 1 & 1 & 1 & \cdots & 1 \\ 0 & 1 & 1 & \cdots & 1 \\ 0 & 0 & 1 & \cdots & 1 \\ \vdots & \vdots & \vdots & \ddots & \vdots \\ 0 & 0 & 0 & \cdots & 1 \end{bmatrix} = 1 \neq 0 \Rightarrow \text{ Basis}$$

Alternative: Mit der Wronski-Determinante:

$$W(y_0, y_1, y_2, \cdots, y_n) = \begin{vmatrix} y_0(x) & y_1(x) & y_2(x) & \cdots & y_n(x) \\ y_0'(x) & y_1'(x) & y_2'(x) & \cdots & y_n'(x) \\ \vdots & \vdots & \vdots & \ddots & \vdots \\ y_0^{(n-1)}(x) & y_1^{(n-1)}(x) & y_2^{(n-1)}(x) & \cdots & y_n^{(n-1)}(x) \end{vmatrix}$$

$$= \begin{vmatrix} 1 & 1+x & 1+x+x^2 & \cdots & 1+x+x^2+\cdots+x^n \\ 0 & 1 & 1+2x & \cdots & 1+2x+\cdots+nx^{n-1} \\ 0 & 0 & 2 & \cdots & 2+\cdots+n(n-1)x^{n-2} \\ \vdots & \vdots & \vdots & \ddots & \vdots \\ 0 & 0 & 0 & \cdots & n! \end{vmatrix}$$

$$= 1 \cdot 2 \cdots n! \neq 0 \Rightarrow \text{ Basis}$$ ■

Übung 6.51

• • ∘ Man bestimme eine Basis der Heisenberg-Gruppe (vgl. Übung 2.58) $H_3(\mathbb{R}) = \left\{ \begin{bmatrix} 1 & x & z \\ 0 & 1 & y \\ 0 & 0 & 1 \end{bmatrix} \,\middle|\, x, y, z \in \mathbb{R} \right\}$. Was ist $\dim(H_3(\mathbb{R}))$?

Lösung

Eine Basis von $H_3(\mathbb{R})$ besteht aus den folgenden drei Matrizen

$$\left\{ \boldsymbol{H}_x = \begin{bmatrix} 1 & 1 & 0 \\ 0 & 1 & 0 \\ 0 & 0 & 1 \end{bmatrix}, \boldsymbol{H}_y = \begin{bmatrix} 1 & 0 & 0 \\ 0 & 1 & 1 \\ 0 & 0 & 1 \end{bmatrix}, \boldsymbol{H}_z = \begin{bmatrix} 1 & 0 & 1 \\ 0 & 1 & 0 \\ 0 & 0 & 1 \end{bmatrix} \right\},$$

weil

$$\boldsymbol{A} = \begin{bmatrix} 1 & x & z \\ 0 & 1 & y \\ 0 & 0 & 1 \end{bmatrix} = \begin{bmatrix} 1 & x & 0 \\ 0 & 1 & 0 \\ 0 & 0 & 1 \end{bmatrix} + \begin{bmatrix} 1 & 0 & 0 \\ 0 & 1 & y \\ 0 & 0 & 1 \end{bmatrix} + \begin{bmatrix} 1 & 0 & z \\ 0 & 1 & 0 \\ 0 & 0 & 1 \end{bmatrix} = x\boldsymbol{H}_x + y\boldsymbol{H}_y + z\boldsymbol{H}_z.$$

Somit ist $\dim(H_3(\mathbb{R})) = 3$ (es gibt 3 freie Parameter). ■

Übung 6.52

• • ∘ Es seien

$$\mathrm{Sym}_n(\mathbb{R}) = \{\boldsymbol{A} \in \mathbb{R}^{n\times n} \mid \boldsymbol{A}^T = \boldsymbol{A}\}$$

$$\mathrm{Skew}_n(\mathbb{R}) = \{\boldsymbol{A} \in \mathbb{R}^{n\times n} \mid \boldsymbol{A}^T = -\boldsymbol{A}\}$$

die Unterräume der symmetrischen bzw. schiefsymmetrischen reellen $(n \times n)$-Matrizen.

a) Man finde je eine Basis für $\mathrm{Sym}_2(\mathbb{R})$ und $\mathrm{Skew}_2(\mathbb{R})$. Was ist $\dim(\mathrm{Sym}_2(\mathbb{R}))$ und $\dim(\mathrm{Skew}_2(\mathbb{R}))$?

b) Genauso finde man je eine Basis für $\mathrm{Sym}_3(\mathbb{R})$ und $\mathrm{Skew}_3(\mathbb{R})$.

Lösung

a) Wir überlegen uns, wie allgemeine Matrizen in $\mathrm{Sym}_2(\mathbb{R})$ oder $\mathrm{Skew}_2(\mathbb{R})$ aussehen. $\boldsymbol{A}$ ist genau dann symmetrisch, wenn

$$\boldsymbol{A}^T = \begin{bmatrix} a & c \\ b & d \end{bmatrix} \stackrel{!}{=} \begin{bmatrix} a & b \\ c & d \end{bmatrix} = \boldsymbol{A} \quad \Rightarrow \quad b = c.$$

Bei einer symmetrischen Matrix müssen die Nichtdiagonalelemente gespiegelt passend übereinstimmen. Eine beliebige Matrix in $\mathrm{Sym}_2(\mathbb{R})$ sieht dann wie folgt aus:

$$A = \begin{bmatrix} a & b \\ b & d \end{bmatrix} = a \begin{bmatrix} 1 & 0 \\ 0 & 0 \end{bmatrix} + b \begin{bmatrix} 0 & 1 \\ 1 & 0 \end{bmatrix} + d \begin{bmatrix} 0 & 0 \\ 0 & 1 \end{bmatrix}.$$

Eine Basis von $\mathrm{Sym}_2(\mathbb{R})$ konstruiert sich somit aus den folgenden drei Matrizen

$$\left\{ \begin{bmatrix} 1 & 0 \\ 0 & 0 \end{bmatrix}, \begin{bmatrix} 0 & 1 \\ 1 & 0 \end{bmatrix}, \begin{bmatrix} 0 & 0 \\ 0 & 1 \end{bmatrix} \right\}.$$

A ist genau dann schiefsymmetrisch, wenn

$$A^T = \begin{bmatrix} a & c \\ b & d \end{bmatrix} \stackrel{!}{=} \begin{bmatrix} -a & -b \\ -c & -d \end{bmatrix} = -A \quad \Rightarrow \quad \begin{cases} a = -a & \Rightarrow a = 0 \\ b = -c & \\ d = -d & \Rightarrow d = 0 \end{cases}.$$

Bei einer schiefsymmetrischen Matrix sind alle Diagonalelemente Null. Außerdem sind die nichtdiagonalelemente gespiegelt passend jeweils das Gegenteil des anderen. Eine beliebige Matrix in $\mathrm{Skew}_2(\mathbb{R})$ sieht also wie folgt aus:

$$A = \begin{bmatrix} 0 & b \\ -b & 0 \end{bmatrix} = b \begin{bmatrix} 0 & 1 \\ -1 & 0 \end{bmatrix}.$$

Eine Basis von $\mathrm{Skew}_2(\mathbb{R})$ ist entsprechend

$$\left\{ \begin{bmatrix} 0 & 1 \\ -1 & 0 \end{bmatrix} \right\}.$$

Die Basis von $\mathrm{Sym}_2(\mathbb{R})$ besteht aus 3 Elementen, während die Basis von $\mathrm{Skew}_2(\mathbb{R})$ nur ein Element enthält. Deshalb gilt

$$\dim(\mathrm{Sym}_2(\mathbb{R})) = 3 \text{ und } \dim(\mathrm{Skew}_2(\mathbb{R})) = 1.$$

Bemerkung: In Übung 5.26 haben wir gezeigt, dass $\mathrm{Sym}_2(\mathbb{R}) \oplus \mathrm{Skew}_2(\mathbb{R}) = \mathbb{R}^{2\times 2}$. Wir können somit dadurch auf eine weitere Art die folgende Formel verifizieren: $V = U \oplus W \Rightarrow \dim(V) = \dim(U) + \dim(W)$. Denn in unserem Beispiel gilt

$$\underbrace{\dim(\mathbb{R}^{2\times 2})}_{=4} = \underbrace{\dim(\mathrm{Sym}_2(\mathbb{R}))}_{=3} + \underbrace{\dim(\mathrm{Skew}_2(\mathbb{R}))}_{=1} \checkmark$$

b) Eine beliebige Matrix in $\mathrm{Sym}_3(\mathbb{R})$ hat die Form:

$$A = \begin{bmatrix} a_{11} & a_{12} & a_{13} \\ a_{12} & a_{22} & a_{23} \\ a_{13} & a_{23} & a_{33} \end{bmatrix} = a_{11} \begin{bmatrix} 1 & 0 & 0 \\ 0 & 0 & 0 \\ 0 & 0 & 0 \end{bmatrix} + a_{22} \begin{bmatrix} 0 & 0 & 0 \\ 0 & 1 & 0 \\ 0 & 0 & 0 \end{bmatrix} + a_{33} \begin{bmatrix} 0 & 0 & 0 \\ 0 & 0 & 0 \\ 0 & 0 & 1 \end{bmatrix}$$

$$+ a_{12} \begin{bmatrix} 0 & 1 & 0 \\ 1 & 0 & 0 \\ 0 & 0 & 0 \end{bmatrix} + a_{13} \begin{bmatrix} 0 & 0 & 1 \\ 0 & 0 & 0 \\ 1 & 0 & 0 \end{bmatrix} + a_{23} \begin{bmatrix} 0 & 0 & 0 \\ 0 & 0 & 1 \\ 0 & 1 & 0 \end{bmatrix}.$$

Eine Basis von $\text{Sym}_3(\mathbb{R})$ hat die Gestalt

$$\left\{ \begin{bmatrix} 1&0&0\\0&0&0\\0&0&0 \end{bmatrix}, \begin{bmatrix} 0&0&0\\0&1&0\\0&0&0 \end{bmatrix}, \begin{bmatrix} 0&0&0\\0&0&0\\0&0&1 \end{bmatrix}, \begin{bmatrix} 0&1&0\\1&0&0\\0&0&0 \end{bmatrix}, \begin{bmatrix} 0&0&1\\0&0&0\\1&0&0 \end{bmatrix}, \begin{bmatrix} 0&0&0\\0&0&1\\0&1&0 \end{bmatrix} \right\}$$

mit $\dim(\text{Sym}_3(\mathbb{R})) = 6$. Eine beliebige Matrix in $\text{Skew}_3(\mathbb{R})$ sieht wie folgt aus:

$$A = \begin{bmatrix} 0 & a_{12} & a_{13} \\ -a_{12} & 0 & a_{23} \\ -a_{13} & -a_{23} & 0 \end{bmatrix} = a_{12} \begin{bmatrix} 0&1&0\\-1&0&0\\0&0&0 \end{bmatrix} + a_{13} \begin{bmatrix} 0&0&1\\0&0&0\\-1&0&0 \end{bmatrix} + a_{23} \begin{bmatrix} 0&0&0\\0&0&1\\0&-1&0 \end{bmatrix}.$$

Eine Basis von $\text{Skew}_3(\mathbb{R})$ besteht somit aus den folgenden drei Matrizen

$$\left\{ \begin{bmatrix} 0&1&0\\-1&0&0\\0&0&0 \end{bmatrix}, \begin{bmatrix} 0&0&1\\0&0&0\\-1&0&0 \end{bmatrix}, \begin{bmatrix} 0&0&0\\0&0&1\\0&-1&0 \end{bmatrix} \right\}.$$

Daher ist $\dim(\text{Skew}_3(\mathbb{R}))=3$. Beachte $\underbrace{\dim(\mathbb{R}^{3\times 3})}_{=9} = \underbrace{\dim(\text{Sym}_3(\mathbb{R}))}_{=6} + \underbrace{\dim(\text{Skew}_3(\mathbb{R}))}_{=3}$ ✓

■

Übung 6.53

• • • Man bestimme $\dim(\text{Sym}_n(\mathbb{R}))$ und $\dim(\text{Skew}_n(\mathbb{R}))$ für alle $n \in \mathbb{N}$.

Lösung

Eine beliebige Matrix in $\mathbb{R}^{n\times n}$ hat n^2 Einträge (freie wählbare Parameter). Bei einer symmetrischen Matrix stimmen die Nichtdiagonalelementen gespiegelt passend überein, d. h. $a_{ji} = a_{ij}\ \forall i \neq j$. Mit anderen Worten: Die Elemente links von der Hauptdiagonalen werden von den Elemente rechts von der Hauptdiagonalen bestimmt. Wie viele Elemente gibt es rechts von der Hauptdiagonalen? Man betrachte das folgende Schema:

$$\begin{bmatrix} & \star & \star & \cdots & \star \\ & & \star & \cdots & \star \\ & & & \ddots & \vdots \\ & & & & \star \\ & & & & \end{bmatrix}.$$

In der ersten Zeile sind es $n-1$, in der zweiten Zeile sind es $n-2$, usw. Insgesamt sind es (Gauß-Formel):

$$(n-1) + (n-2) + \cdots + 1 = \sum_{i=1}^{n-1} i = \frac{n(n-1)}{2}.$$

Bei einer symmetrischen Matrix haben wir somit

$$n^2 - \frac{n(n-1)}{2} = \frac{n(n+1)}{2}$$

frei wählbare Parameter. Folglich gilt

$$\dim(\mathrm{Sym}_n(\mathbb{R})) = \frac{n(n+1)}{2}.$$

Bei einer schiefsymmetrischen Matrix sind alle Diagonalelemente Null. Außerdem $a_{ji} = -a_{ij}\ \forall i \neq j$. Eine schiefsymmetrische Matrix hat also $\frac{n(n-1)}{2}$ freie Parameter. Daher

$$\dim(\mathrm{Skew}_n(\mathbb{R})) = \frac{n(n-1)}{2}.$$

Wir erhalten das folgende faszinierende Resultat:

$$\underbrace{\dim(\mathbb{R}^{n\times n})}_{=n^2} = \underbrace{\dim(\mathrm{Sym}_n(\mathbb{R}))}_{=\frac{n(n+1)}{2}} + \underbrace{\dim(\mathrm{Skew}_n(\mathbb{R}))}_{=\frac{n(n-1)}{2}} \checkmark$$

■

Übung 6.54

• • • Man zeige, dass die Anzahl von möglichen Basen von $(\mathbb{Z}_2)^n$ durch

$$\frac{(2^n-1)(2^n-2)(2^n-2^2)\cdots(2^n-2^k)\cdots(2^n-2^{n-1})}{n!}$$

gegeben ist. Man vergleiche das Resultat mit Übung 6.36(b).

Lösung

Eine Basis von $(\mathbb{Z}_2)^n$ besteht aus n linear unabhängigen Vektoren. Nun, wie kann man n linear unabhängige Vektoren in $(\mathbb{Z}_2)^n$ konstruieren? Zuerst wählen wir einen Vektor ungleich Null in $(\mathbb{Z}_2)^n$ und nennen ihn $\boldsymbol{v}_1$. Da jede Komponente von $\boldsymbol{v}_1$ entweder gleich 0 oder 1 ist, haben wir genau $2^n - 1$ Auswahlmöglichkeiten (nur der Fall $[0, 0, \cdots, 0]^T$ ist ausgeschlossen). Dann wählen wir einen beliebigen Vektor $\boldsymbol{v}_1 \neq \boldsymbol{v}_2$. Dafür gibt es noch genau $2^n - 2$ Möglichkeiten. Dann wählen wir einen weiteren Vektor $\boldsymbol{v}_3 \notin \langle \boldsymbol{v}_1, \boldsymbol{v}_2 \rangle$. Dazu gibt es $2^n - 2^2$ Möglichkeiten. Und so weiter. Die Anzahl der Auswahlmöglichkeiten einer Basis in dieser Reihenfolge ist gegeben durch

$$(2^n-1)(2^n-2)(2^n-2^2)\cdots(2^n-2^k)\cdots(2^n-2^{n-1}).$$

Nun kann dieselbe Basis in $n!$ verschiedenen Permutationen der oben beschriebenen Auswahlen auftreten. Somit ist die Anzahl von möglichen Basen von $(\mathbb{Z}_2)^n$ gleich

$$\frac{(2^n-1)(2^n-2)(2^n-2^2)\cdots(2^n-2^k)\cdots(2^n-2^{n-1})}{n!}.$$

Für $n = 2$ finden wir, dass die Anzahl Basen von $(\mathbb{Z}_2)^2$ gleich

$$\frac{(2^2-1)(2^2-2)}{2!} = \frac{3\cdot 2}{2} = 3$$

ist. Dieses Resultat stimmt mit Übung 6.36(b) überein. ■

6.5 Basiswechsel

In den vorausgegangenen Abschnitten haben wir erfahren, dass wir einen beliebigen Vektor $\boldsymbol{v}$ eines Vektorraumes V beschreiben können, in dem wir die Koordinaten von $\boldsymbol{v}$ bezüglich einer Basis von V angeben. Diese Koordinaten sind eindeutig, aber hängen von der Wahl der Basis ab. Liegen zwei Basen $\mathcal{B}$ und $\mathcal{C}$ von V vor, so sind die Koordinaten $\boldsymbol{v}$ in diesen Basen im Allgemeinen unterschiedlich:

$$[\boldsymbol{v}]_{\mathcal{B}} = \begin{bmatrix} x_1 \\ \vdots \\ x_n \end{bmatrix} = \text{Koordinaten von } \boldsymbol{v} \text{ in Basis } \mathcal{B}$$

$$[\boldsymbol{v}]_{\mathcal{C}} = \begin{bmatrix} y_1 \\ \vdots \\ y_n \end{bmatrix} = \text{Koordinaten von } \boldsymbol{v} \text{ in Basis } \mathcal{C}$$

In diesem letzten Abschnitt wollen wir uns mit der folgenden Aufgabe beschäftigen: Wir wollen eine **Transformationsmatrix** $\boldsymbol{T}_{\mathcal{B}\to\mathcal{C}}$ derart finden, dass der Koordinatenvektor $[\boldsymbol{v}]_{\mathcal{B}}$ in der **Originalbasis** $\mathcal{B}$ mittels der Transformationsmatrix $\boldsymbol{T}_{\mathcal{B}\to\mathcal{C}}$ in den entsprechenden Koordinatenvektor $[\boldsymbol{v}]_{\mathcal{C}}$ bezüglich der **neuen Basis** $\mathcal{C}$ übergeht:

$$[\boldsymbol{v}]_{\mathcal{C}} = \boldsymbol{T}_{\mathcal{B}\to\mathcal{C}}[\boldsymbol{v}]_{\mathcal{B}}$$

Das folgende Diagramm zeigt den Zusammenhang:

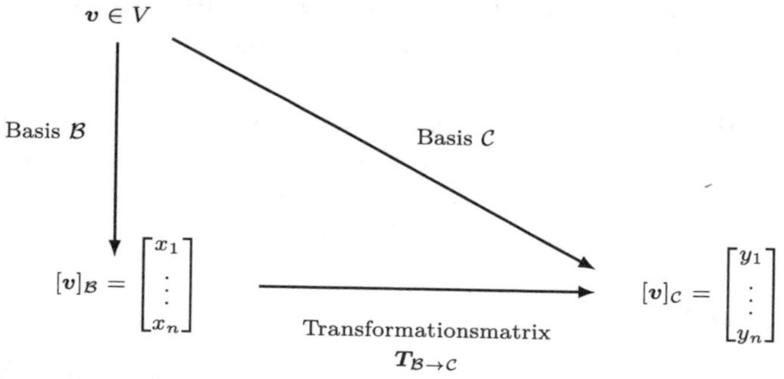

6.5.1 Basiswechsel zwischen der Standardbasis $\mathcal{E}$ und einer anderen Basis $\mathcal{B}$

Wir beginnen mit einer einfachen Version des Basiswechsels, nämlich dem Basiswechsel zwischen der **Standardbasis** $\mathcal{E}$ und einer **neuen Basis** $\mathcal{B}$.

Konstruktion des Basiswechsels

Sei V ein Vektorraum versehen mit der Standardbasis $\mathcal{E} = \{\boldsymbol{e_1}, \cdots, \boldsymbol{e_n}\}$ und einer anderen Basis $\mathcal{B} = \{\boldsymbol{b_1}, \cdots, \boldsymbol{b_n}\}$. Jeder Vektor $\boldsymbol{v} \in V$ lässt sich bekanntlich eindeutlich sowohl als Linearkombination der Standarbasis $\mathcal{E}$ wie auch als Linearkombination der Basis $\mathcal{B}$ darstellen, konkret:

$$\boldsymbol{v} = \sum_{j=1}^{n} x_j \boldsymbol{b_j} \quad \leftrightarrow \quad [\boldsymbol{v}]_{\mathcal{B}} = \begin{bmatrix} x_1 \\ \vdots \\ x_n \end{bmatrix} = \text{Koordinaten in Basis } \mathcal{B} \tag{6.18}$$

$$\boldsymbol{v} = \sum_{i=1}^{n} y_i \boldsymbol{e_i} \quad \leftrightarrow \quad [\boldsymbol{v}]_{\mathcal{E}} = \begin{bmatrix} y_1 \\ \vdots \\ y_n \end{bmatrix} = \text{Koordinaten in Standardbasis } \mathcal{E} \tag{6.19}$$

Uns interessiert: Was ist der Zusammenhang zwischen den Koordinaten $x_1, \cdots, x_n$ und $y_1, \cdots, y_n$? Da $\mathcal{E}$ eine Basis ist, können wir die Basisvektoren von $\mathcal{B}$ als Linearkombination der Standardbasisvektoren $\boldsymbol{e_1}, \cdots, \boldsymbol{e_n}$ darstellen:

$$\boldsymbol{b_j} = \sum_{i=1}^{n} t_{ij} \boldsymbol{e_i}, \quad \text{d. h.} \quad [\boldsymbol{b_1}]_{\mathcal{E}} = \begin{bmatrix} t_{11} \\ \vdots \\ t_{n1} \end{bmatrix}, \cdots, \quad [\boldsymbol{b_n}]_{\mathcal{E}} = \begin{bmatrix} t_{1n} \\ \vdots \\ t_{nn} \end{bmatrix}. \tag{6.20}$$

Mit Gl. (6.18) gilt dann:

$$\boldsymbol{v} = \sum_{j=1}^{n} x_j \boldsymbol{b_j} = \sum_{j=1}^{n} x_j \left(\sum_{i=1}^{n} t_{ij} \boldsymbol{e_i} \right) = \sum_{i=1}^{n} \left(\sum_{j=1}^{n} t_{ij} x_j \right) \boldsymbol{e_i}. \tag{6.21}$$

Wenn wir Gl. (6.21) mit Gl. (6.19) $\boldsymbol{v} = \sum_{i=1}^{n} y_i \boldsymbol{e_i}$ vergleichen, finden wir:

$$y_i = \sum_{j=1}^{n} t_{ij} x_j. \tag{6.22}$$

Fassen wir die Zahlen t_{ij} als Einträge in einer Matrix $\boldsymbol{T}_{\mathcal{B}\to\mathcal{E}}$ auf, so können wir die obige Gl. (6.22) in Matrixschreibweise wie folgt formulieren:

$$\boxed{[\boldsymbol{v}]_{\mathcal{E}} = \boldsymbol{T}_{\mathcal{B}\to\mathcal{E}} [\boldsymbol{v}]_{\mathcal{B}}} \tag{6.23}$$

$\boldsymbol{T}_{\mathcal{B}\to\mathcal{E}}$ enthält die Basisvektoren von $\mathcal{B}$ als Spalten und ist genau die gesuchte **Transformationsmatrix von $\mathcal{B}$ nach $\mathcal{E}$**:

$$\boxed{\boldsymbol{T}_{\mathcal{B}\to\mathcal{E}} = \text{Transformationsmatrix von } \mathcal{B} \text{ nach } \mathcal{E} = \begin{bmatrix} | & & | \\ [\boldsymbol{b_1}]_{\mathcal{E}} & \cdots & [\boldsymbol{b_n}]_{\mathcal{E}} \\ | & & | \end{bmatrix}} \tag{6.24}$$

Wie lautet die Transformationsmatrix von $\mathcal{E}$ nach $\mathcal{B}$? Wegen

$$[\boldsymbol{v}]_{\mathcal{E}} = \boldsymbol{T}_{\mathcal{B}\to\mathcal{E}}[\boldsymbol{v}]_{\mathcal{B}} \quad \Rightarrow \quad [\boldsymbol{v}]_{\mathcal{B}} = \boldsymbol{T}_{\mathcal{B}\to\mathcal{E}}^{-1}[\boldsymbol{v}]_{\mathcal{E}} = \boldsymbol{T}_{\mathcal{E}\to\mathcal{B}}[\boldsymbol{v}]_{\mathcal{E}} \tag{6.25}$$

wird die Transformation von $\mathcal{E}$ nach $\mathcal{B}$ durch die **inverse** Matrix dargestellt

$$\boxed{\boldsymbol{T}_{\mathcal{E}\to\mathcal{B}} = \boldsymbol{T}_{\mathcal{B}\to\mathcal{E}}^{-1}} \tag{6.26}$$

Als Diagramm übersichtlich:

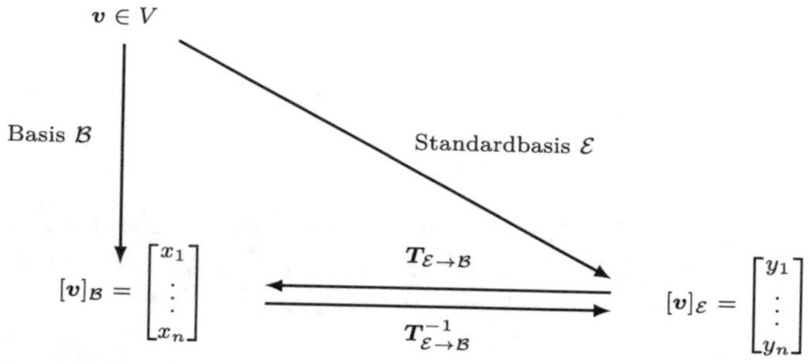

Praxistipp

Die **Spalten der Transformationsmatrix** $\boldsymbol{T}_{\mathcal{B}\to\mathcal{E}}$ sind die **Koordinaten bezüglich der Standardbasis** $\mathcal{E}$ **der Basisvektoren der neuen Basis** $\mathcal{B}$.

Bemerkung

Beachte: Die Transformationsmatrix $\boldsymbol{T}_{\mathcal{B}\to\mathcal{E}}$ ist invertierbar, weil ihre Spalten $[\boldsymbol{b}_1]_{\mathcal{E}}$, $[\boldsymbol{b}_2]_{\mathcal{E}}, \cdots, [\boldsymbol{b}_n]_{\mathcal{E}}$ linear unabhängig sind ($\mathcal{B}$ ist eine Basis!).

Kochrezept 6.1 (Basiswechsel I)

- Die Basiswechselmatrix $\boldsymbol{T}_{\mathcal{B}\to\mathcal{E}}$ von einer Basis $\mathcal{B}$ zur Standardbasis $\mathcal{E}$ ist die Matrix mit den entsprechenden Basisvektoren als Spalten.
- $\boldsymbol{T}_{\mathcal{E}\to\mathcal{B}} = \boldsymbol{T}_{\mathcal{B}\to\mathcal{E}}^{-1}$.

Musterbeispiel 6.4

Als Beispiel betrachten wir die folgende Aufgabe. Man betrachte $V = \mathbb{R}^2$ mit der Basis $\mathcal{B} = \left\{\boldsymbol{b}_1 = \left[\begin{smallmatrix} 0 \\ 2 \end{smallmatrix}\right], \boldsymbol{b}_2 \left[\begin{smallmatrix} -2 \\ -2 \end{smallmatrix}\right]\right\}$. Der Vektor $\boldsymbol{v}$ hat die Koordinaten $\left[\begin{smallmatrix} -1 \\ -1 \end{smallmatrix}\right]$ in der Basis $\mathcal{B}$. Wie lauten die Koordinaten von $\boldsymbol{v}$ in der Standardbasis? Um diese Aufgabe zu lösen, brauchen wir die Transformationsmatrix von der Basis $\mathcal{B}$ nach der Standardbasis. Diese bestimmt man einfach, indem wir die Vektoren der Basis $\mathcal{B}$ als Spalten in einer Matrix aufschreiben (diese Vektoren sind bereits in der Standardbasis ausgedrückt)

$$T_{\mathcal{B}\to\mathcal{E}} = \begin{bmatrix} | & | \\ [b_1]_{\mathcal{E}} & [b_2]_{\mathcal{E}} \\ | & | \end{bmatrix} = \begin{bmatrix} 0 & -2 \\ 2 & -2 \end{bmatrix}.$$

Die Koordinaten von v in der Standardbasis erhält man als

$$[v]_{\mathcal{E}} = T_{\mathcal{B}\to\mathcal{E}}[v]_{\mathcal{B}} = \begin{bmatrix} 0 & -2 \\ 2 & -2 \end{bmatrix}\begin{bmatrix} -1 \\ -1 \end{bmatrix} = \begin{bmatrix} 2 \\ 0 \end{bmatrix}.$$

Kontrolle: $[v]_{\mathcal{B}} = \left[\begin{smallmatrix} -1 \\ -1 \end{smallmatrix}\right]$ bedeutet $v = (-1)\,b_1 + (-1)\,b_2 = -\left[\begin{smallmatrix} 0 \\ 2 \end{smallmatrix}\right] - \left[\begin{smallmatrix} -2 \\ -2 \end{smallmatrix}\right] = \left[\begin{smallmatrix} 2 \\ 0 \end{smallmatrix}\right]$ ✓

Musterbeispiel 6.5

Als zweites Beispiel betrachten wir die folgende Aufgabe. Der Vektor w hat die Koordinaten $\left[\begin{smallmatrix} 1 \\ 2 \end{smallmatrix}\right]$ in der Standardbasis. Wie lauten die Koordinaten von w in der Basis $\mathcal{B}$? In diesem Fall benötigen wir die Transformationsmatrix von der Standardbasis nach der Basis $\mathcal{B}$. Diese erhält man direkt als Inverse von $T_{\mathcal{B}\to\mathcal{E}}$:

$$T_{\mathcal{E}\to\mathcal{B}} = T_{\mathcal{B}\to\mathcal{E}}^{-1} = \begin{bmatrix} 0 & -2 \\ 2 & -2 \end{bmatrix}^{-1} = \begin{bmatrix} -\frac{1}{2} & \frac{1}{2} \\ -\frac{1}{2} & 0 \end{bmatrix}.$$

Somit

$$[w]_{\mathcal{B}} = T_{\mathcal{E}\to\mathcal{B}}[w]_{\mathcal{E}} = \begin{bmatrix} -\frac{1}{2} & \frac{1}{2} \\ -\frac{1}{2} & 0 \end{bmatrix}\begin{bmatrix} 1 \\ 2 \end{bmatrix} = \begin{bmatrix} \frac{1}{2} \\ -\frac{1}{2} \end{bmatrix}.$$

Kontrolle: $[w]_{\mathcal{B}} = \begin{bmatrix} \frac{1}{2} \\ -\frac{1}{2} \end{bmatrix}$ bedeutet $w = \frac{1}{2}\,b_1 - \frac{1}{2}\,b_2 = \frac{1}{2}\left[\begin{smallmatrix} 0 \\ 2 \end{smallmatrix}\right] - \frac{1}{2}\left[\begin{smallmatrix} -2 \\ -2 \end{smallmatrix}\right] = \left[\begin{smallmatrix} 1 \\ 2 \end{smallmatrix}\right]$ ✓

6.5.2 Basiswechsel zwischen zwei allgemeinen Basen

Nun betrachten wir den Basiswechsel zwischen **zwei allgemeinen Basen** $\mathcal{B}$ **und** $\mathcal{C}$.

Transformationsmatrix

Es sei V ein Vektorraum versehen mit den Basen $\mathcal{B} = \{b_1, \cdots, b_n\}$ und $\mathcal{C} = \{c_1, \cdots, c_n\}$. Um die Transformationsmatrix $T_{\mathcal{B}\to\mathcal{C}}$ zu bestimmen, genügt es, die Argumente aus ▶ Abschn. 6.5.1 zu wiederholen. Die Transformationsmatrix $T_{\mathcal{B}\to\mathcal{C}}$ ist gegeben durch:

$$T_{\mathcal{B}\to\mathcal{C}} = \text{Transformationsmatrix von } \mathcal{B} \text{ nach } \mathcal{C} = \begin{bmatrix} | & & | \\ [b_1]_{\mathcal{C}} & \cdots & [b_n]_{\mathcal{C}} \\ | & & | \end{bmatrix} \tag{6.27}$$

Praxistipp

Die Spalten von $\boldsymbol{T}_{\mathcal{B}\to\mathcal{C}}$ sind die Koordinaten bezüglich der Basis $\mathcal{C}$ der Basisvektoren der Basis $\mathcal{B}$.

Trick: Abweichung über die Standardbasis

In der Praxis kann man die Transformationsmatrix zwischen zwei allgemeinen Basen $\mathcal{B}$ und $\mathcal{C}$ mit einen Trick bestimmen. Anstatt direkt eine Transformation zu finden, welche die Basis $\mathcal{B}$ in die Basis $\mathcal{C}$ überführt, führen wir einen Zwischenschritt ein, indem wir zuerst die Basis $\mathcal{B}$ in die Standardbasis überführen und dann von der Standardbasis in der Basis $\mathcal{C}$ transformieren:

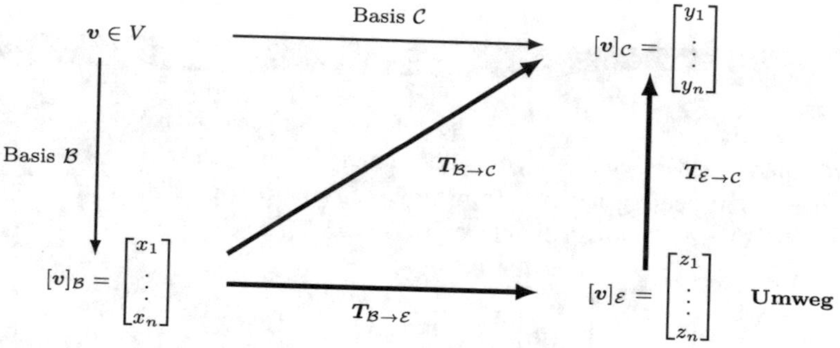

Die Transformationsmatrix $\boldsymbol{T}_{\mathcal{B}\to\mathcal{C}}$ ist dann einfach (erinnere, dass Matrixprodukte von links nach rechts zu lesen sind)

$$\boxed{\boldsymbol{T}_{\mathcal{B}\to\mathcal{C}} = \boldsymbol{T}_{\mathcal{E}\to\mathcal{C}}\, \boldsymbol{T}_{\mathcal{B}\to\mathcal{E}}} \tag{6.28}$$

Der Vorteil dieser Prozedur ist, dass es einfach ist, den Basiswechsel von oder nach der Standardbasis zu bestimmen (Kochrezept 6.1).

Rechenregeln

► Satz 6.14 (Rechenregeln für Basiswechsel)

- $\boldsymbol{T}_{\mathcal{B}\to\mathcal{C}} = \boldsymbol{T}^{-1}_{\mathcal{C}\to\mathcal{B}}$.
- $\boldsymbol{T}_{\mathcal{B}\to\mathcal{D}} = \boldsymbol{T}_{\mathcal{C}\to\mathcal{D}}\, \boldsymbol{T}_{\mathcal{B}\to\mathcal{C}}$ (**Kürzungsregel**). ◄

Kochrezept

Kochrezept 6.2 (Basiswechsel II)

Die Basiswechselmatrix $\boldsymbol{T}_{\mathcal{B}\to\mathcal{C}}$ von einer Basis $\mathcal{B}$ zu einer anderen Basis $\mathcal{C}$ kann man mittels folgendem Trick bestimmen (Umweg über die Standardbasis):

$$\boldsymbol{T}_{\mathcal{B}\to\mathcal{C}} = \boldsymbol{T}_{\mathcal{E}\to\mathcal{C}}\, \boldsymbol{T}_{\mathcal{B}\to\mathcal{E}}.$$

Die Matrizen $\boldsymbol{T}_{\mathcal{E}\to\mathcal{C}}$ und $\boldsymbol{T}_{\mathcal{B}\to\mathcal{E}}$ bestimmt man mit dem Kochrezept 6.1.

Musterbeispiel 6.6

Man betrachte die folgenden zwei Basen von $\mathbb{R}^2$

$$\mathcal{B} = \left\{ \begin{bmatrix} 3 \\ 2 \end{bmatrix}, \begin{bmatrix} 2 \\ 1 \end{bmatrix} \right\}, \quad \mathcal{C} = \left\{ \begin{bmatrix} 1 \\ 2 \end{bmatrix}, \begin{bmatrix} 1 \\ 1 \end{bmatrix} \right\}.$$

Wie lautet die Transformationsmatrizen $\boldsymbol{T}_{\mathcal{B}\to\mathcal{C}}$ und $\boldsymbol{T}_{\mathcal{C}\to\mathcal{B}}$? Wir gehen getreu dem Kochrezept 6.2 vor und bestimmen zuerst die Transformationsmatrix $\boldsymbol{T}_{\mathcal{B}\to\mathcal{E}}$ von $\mathcal{B}$ nach der Standardbasis $\mathcal{E}$. Diese bestimmen wir, indem wir die Vektoren der Basis $\mathcal{B}$ als Spalten aufschreiben

$$\boldsymbol{T}_{\mathcal{B}\to\mathcal{E}} = \begin{bmatrix} 3 & 2 \\ 2 & 1 \end{bmatrix}.$$

Dann berechnen wir die Transformationsmatrix $\boldsymbol{T}_{\mathcal{E}\to\mathcal{C}}$ von der Standardbasis $\mathcal{E}$ nach $\mathcal{C}$. Diese ist die Inverse von $\boldsymbol{T}_{\mathcal{C}\to\mathcal{E}}$:

$$\boldsymbol{T}_{\mathcal{C}\to\mathcal{E}} = \begin{bmatrix} 1 & 1 \\ 2 & 1 \end{bmatrix} \quad \Rightarrow \quad \boldsymbol{T}_{\mathcal{E}\to\mathcal{C}} = \boldsymbol{T}_{\mathcal{C}\to\mathcal{E}}^{-1} = \begin{bmatrix} 1 & 1 \\ 2 & 1 \end{bmatrix}^{-1} = \begin{bmatrix} -1 & 1 \\ 2 & -1 \end{bmatrix}.$$

Die Transformationsmatrix von $\mathcal{B}$ nach $\mathcal{C}$ lautet dann:

$$\boldsymbol{T}_{\mathcal{B}\to\mathcal{C}} = \boldsymbol{T}_{\mathcal{E}\to\mathcal{C}}\,\boldsymbol{T}_{\mathcal{B}\to\mathcal{E}} = \begin{bmatrix} -1 & 1 \\ 2 & -1 \end{bmatrix} \begin{bmatrix} 3 & 2 \\ 2 & 1 \end{bmatrix} = \begin{bmatrix} -1 & -1 \\ 4 & 3 \end{bmatrix}.$$

Ferner, will man die Transformationsmatrix von $\mathcal{C}$ nach $\mathcal{B}$, so kann man einfach $\boldsymbol{T}_{\mathcal{B}\to\mathcal{C}}$ invertieren:

$$\boldsymbol{T}_{\mathcal{C}\to\mathcal{B}} = \boldsymbol{T}_{\mathcal{B}\to\mathcal{C}}^{-1} = \begin{bmatrix} -1 & -1 \\ 4 & 3 \end{bmatrix}^{-1} = \begin{bmatrix} 3 & 1 \\ -4 & -1 \end{bmatrix}.$$

Alternative: Man kann auch $\boldsymbol{T}_{\mathcal{B}\to\mathcal{C}}$ direkt mit der Formel

$$\boldsymbol{T}_{\mathcal{B}\to\mathcal{C}} = \begin{bmatrix} | & | \\ [\boldsymbol{b}_1]_{\mathcal{C}} & [\boldsymbol{b}_2]_{\mathcal{C}} \\ | & | \end{bmatrix}$$

bestimmen. In diesem Fall müssen wir die Koordinaten der Basisvektoren von $\mathcal{B}$ bezüglich der Basis $\mathcal{C}$ bestimmen:

$$\begin{bmatrix} 3 \\ 2 \end{bmatrix} = \alpha_1 \begin{bmatrix} 1 \\ 2 \end{bmatrix} + \beta_1 \begin{bmatrix} 1 \\ 1 \end{bmatrix} \quad \Rightarrow \quad \begin{cases} \alpha_1 + \beta_1 = 3 \\ 2\alpha_1 + \beta_1 = 2 \end{cases} \quad \Rightarrow \quad \begin{cases} \alpha_1 = -1 \\ \beta_1 = 4 \end{cases}$$

$$\begin{bmatrix}2\\1\end{bmatrix} = \alpha_2 \begin{bmatrix}1\\2\end{bmatrix} + \beta_2 \begin{bmatrix}1\\1\end{bmatrix} \quad \Rightarrow \begin{cases}\alpha_2 + \beta_2 = 2\\ 2\alpha_2 + \beta_2 = 1\end{cases} \Rightarrow \begin{cases}\alpha_2 = -1\\ \beta_2 = 3\end{cases}$$

Es gilt:

$$\begin{bmatrix}3\\2\end{bmatrix} = \underline{(-1)} \cdot \begin{bmatrix}1\\2\end{bmatrix} + \underline{4} \cdot \begin{bmatrix}1\\1\end{bmatrix} \quad \Rightarrow \quad [\boldsymbol{b}_1]_{\mathcal{C}} = \begin{bmatrix}-1\\4\end{bmatrix},$$

$$\begin{bmatrix}2\\1\end{bmatrix} = \underline{(-1)} \cdot \begin{bmatrix}1\\2\end{bmatrix} + \underline{3} \cdot \begin{bmatrix}1\\1\end{bmatrix} \quad \Rightarrow \quad [\boldsymbol{b}_2]_{\mathcal{C}} = \begin{bmatrix}-1\\3\end{bmatrix}.$$

Somit ist

$$\boldsymbol{T}_{\mathcal{B}\to\mathcal{C}} = \begin{bmatrix}-1 & -1\\ 4 & 3\end{bmatrix}.$$

Die Methode mit dem Umweg über die Standardbasis ist in der Regel einfacher, da alle Vektoren bereits in der Standardbasis dargestellt werden.

Praxistipp

Zur Bildung der Inversen von $\boldsymbol{A} \in \mathbb{K}^{2\times 2}$ kann man die folgende Formel benutzen: $\boldsymbol{A} = \left[\begin{smallmatrix}a & b\\ c & d\end{smallmatrix}\right] \Rightarrow \boldsymbol{A}^{-1} = \frac{1}{\det(\boldsymbol{A})}\left[\begin{smallmatrix}d & -b\\ -c & a\end{smallmatrix}\right]$.

6.5.3 Beispiele

Nun einige weitere Beispiele zum Basiswechsel und Transformationsmatrix.

Übung 6.55

● ○ ○ Man betrachte die folgenden zwei Basen von $\mathbb{R}^2$

$$\mathcal{B} = \left\{\begin{bmatrix}1\\-1\end{bmatrix}, \begin{bmatrix}0\\1\end{bmatrix}\right\}, \quad \mathcal{C} = \left\{\begin{bmatrix}1\\-2\end{bmatrix}, \begin{bmatrix}5\\-4\end{bmatrix}\right\}.$$

a) Man bestimme die Transformationsmatrix von $\mathcal{B}$ nach $\mathcal{C}$.
b) Wie lautet die Transformationsmatrix von $\mathcal{C}$ nach der Basis $\mathcal{B}$?

Lösung

a) Wie soeben gelernt, bestimmen wir die Transformationsmatrix von $\mathcal{B}$ nach der Standardbasis $\mathcal{E}$ und die Transformationsmatrix von der Standardbasis $\mathcal{E}$ nach $\mathcal{C}$. Die Transformationsmatrix von $\mathcal{B}$ nach der Standardbasis $\mathcal{E}$ besteht einfach aus den beiden Basisvektoren, welche ja nichts anderes als die Koordinatenvektoren bezüglich $\mathcal{E}$ sind:

$$T_{\mathcal{B}\to\mathcal{E}} = \begin{bmatrix} 1 & 0 \\ -1 & 1 \end{bmatrix}.$$

Die Transformationsmatrix von $\mathcal{E}$ nach $\mathcal{C}$ ist einfach die Inverse von $T_{\mathcal{C}\to\mathcal{E}}$:

$$T_{\mathcal{C}\to\mathcal{E}} = \begin{bmatrix} 1 & 5 \\ -2 & -4 \end{bmatrix} \quad \Rightarrow \quad T_{\mathcal{E}\to\mathcal{C}} = T^{-1}_{\mathcal{C}\to\mathcal{E}} = \begin{bmatrix} 1 & 5 \\ -2 & -4 \end{bmatrix}^{-1} = \begin{bmatrix} -\frac{2}{3} & -\frac{5}{6} \\ \frac{1}{3} & \frac{1}{6} \end{bmatrix}.$$

Also lautet die Transformationsmatrix von $\mathcal{B}$ nach $\mathcal{C}$:

$$T_{\mathcal{B}\to\mathcal{C}} = T_{\mathcal{E}\to\mathcal{C}}\, T_{\mathcal{B}\to\mathcal{E}} = \begin{bmatrix} -\frac{2}{3} & -\frac{5}{6} \\ \frac{1}{3} & \frac{1}{6} \end{bmatrix} \begin{bmatrix} 1 & 0 \\ -1 & 1 \end{bmatrix} = \begin{bmatrix} \frac{1}{6} & -\frac{5}{6} \\ \frac{1}{6} & \frac{1}{6} \end{bmatrix}.$$

b) Die Transformationsmatrix von $\mathcal{C}$ nach $\mathcal{B}$ ist die Inverse der gefundenen Transformationsmatrix $T_{\mathcal{B}\to\mathcal{C}}$:

$$T_{\mathcal{C}\to\mathcal{B}} = T^{-1}_{\mathcal{B}\to\mathcal{C}} = \begin{bmatrix} \frac{1}{6} & -\frac{5}{6} \\ \frac{1}{6} & \frac{1}{6} \end{bmatrix}^{-1} = \begin{bmatrix} 1 & 5 \\ -1 & 1 \end{bmatrix}.$$

■

Übung 6.56

● ○ ○ Man betrachte die folgenden zwei Basen von $\mathbb{R}^2$

$$\mathcal{B} = \left\{ \begin{bmatrix} 1 \\ 1 \end{bmatrix}, \begin{bmatrix} 2 \\ 1 \end{bmatrix} \right\}, \quad \mathcal{C} = \left\{ \begin{bmatrix} 1 \\ 2 \end{bmatrix}, \begin{bmatrix} 2 \\ 3 \end{bmatrix} \right\}.$$

a) Man bestimme die Transformationsmatrizen der Basen $\mathcal{B}$ und $\mathcal{C}$ nach der Standardbasis $\mathcal{E}$.

b) Man bestimme die Transformationsmatrix von $T_{\mathcal{B}\to\mathcal{C}}$.

c) Man betrachte den Koordinatenvektor $v = [2, 2]^T$ in der Basis $\mathcal{B}$. Man drücke v in der Standardbasis $\mathcal{E}$ und der Basis $\mathcal{C}$ aus.

Lösung

a) Die Transformationsmatrix von $\mathcal{B}$ nach $\mathcal{E}$ ist:

$$T_{\mathcal{B}\to\mathcal{E}} = \begin{bmatrix} 1 & 2 \\ 1 & 1 \end{bmatrix}.$$

Die Transformationsmatrix von $\mathcal{C}$ nach $\mathcal{E}$ ist

$$T_{\mathcal{C}\to\mathcal{E}} = \begin{bmatrix} 1 & 2 \\ 2 & 3 \end{bmatrix}.$$

Daher ergibt sich $\boldsymbol{T}_{\mathcal{E}\to\mathcal{C}}$

$$\boldsymbol{T}_{\mathcal{E}\to\mathcal{C}} = \boldsymbol{T}_{\mathcal{C}\to\mathcal{E}}^{-1} = \begin{bmatrix} 1 & 2 \\ 2 & 3 \end{bmatrix}^{-1} = \begin{bmatrix} -3 & 2 \\ 2 & -1 \end{bmatrix}.$$

b) Die Transformationsmatrix von $\mathcal{B}$ nach $\mathcal{C}$ bilden wir nach vertrautem Schema:

$$\boldsymbol{T}_{\mathcal{B}\to\mathcal{C}} = \boldsymbol{T}_{\mathcal{E}\to\mathcal{C}}\,\boldsymbol{T}_{\mathcal{B}\to\mathcal{E}} = \begin{bmatrix} -3 & 2 \\ 2 & -1 \end{bmatrix}\begin{bmatrix} 1 & 2 \\ 1 & 1 \end{bmatrix} = \begin{bmatrix} -1 & -4 \\ 1 & 3 \end{bmatrix}.$$

c) Die Koordinaten von $\boldsymbol{v}$ bezüglich der Basis $\mathcal{B}$ sind gegeben durch $[\boldsymbol{v}]_{\mathcal{B}} = [2, 2]^T$. Um den Koordinatenvektor $\boldsymbol{v}$ in der Standardbasis zu erhalten, multiplizieren wir $[\boldsymbol{v}]_{\mathcal{B}}$ mit $\boldsymbol{T}_{\mathcal{B}\to\mathcal{E}}$ wie folgt:

$$[\boldsymbol{v}]_{\mathcal{E}} = \boldsymbol{T}_{\mathcal{B}\to\mathcal{E}}[\boldsymbol{v}]_{\mathcal{B}} = \begin{bmatrix} 1 & 2 \\ 1 & 1 \end{bmatrix}\begin{bmatrix} 2 \\ 2 \end{bmatrix} = \begin{bmatrix} 6 \\ 4 \end{bmatrix}.$$

Probe: Der Koordinatenvektor $[\boldsymbol{v}]_{\mathcal{B}} = [2, 2]^T$ in der Basis $\mathcal{B}$ bedeutet

$$\boldsymbol{v} = 2\begin{bmatrix} 1 \\ 1 \end{bmatrix} + 2\begin{bmatrix} 2 \\ 1 \end{bmatrix} = \begin{bmatrix} 6 \\ 4 \end{bmatrix} \checkmark$$

Um die Koordinaten von $\boldsymbol{v}$ in der Basis $\mathcal{C}$ zu bestimmen, multiplizieren wir $[\boldsymbol{v}]_{\mathcal{B}}$ mit $\boldsymbol{T}_{\mathcal{B}\to\mathcal{C}}$

$$[\boldsymbol{v}]_{\mathcal{C}} = \boldsymbol{T}_{\mathcal{B}\to\mathcal{C}}[\boldsymbol{v}]_{\mathcal{B}} = \begin{bmatrix} -1 & -4 \\ 1 & 3 \end{bmatrix}\begin{bmatrix} 2 \\ 2 \end{bmatrix} = \begin{bmatrix} -10 \\ 8 \end{bmatrix}.$$

Probe: Dieses Resultat ist korrekt, denn der Koordinatenvektor $[\boldsymbol{v}]_{\mathcal{C}} = \left[\begin{smallmatrix} -10 \\ 8 \end{smallmatrix}\right]$ bezüglich der Basis $\mathcal{C}$ ist $\boldsymbol{v} = -10\left[\begin{smallmatrix} 1 \\ 2 \end{smallmatrix}\right] + 8\left[\begin{smallmatrix} 2 \\ 3 \end{smallmatrix}\right] = \left[\begin{smallmatrix} 6 \\ 4 \end{smallmatrix}\right]$ in der Standardbasis, was zu zeigen war. ∎

Übung 6.57

• • ○ Man betrachte die folgenden zwei Basen von $\mathbb{R}^3$

$$\mathcal{B} = \left\{ \begin{bmatrix} 6 \\ 3 \\ 2 \end{bmatrix}, \begin{bmatrix} 2 \\ -1 \\ 1 \end{bmatrix}, \begin{bmatrix} 7 \\ 3 \\ 2 \end{bmatrix} \right\}, \quad \mathcal{C} = \left\{ \begin{bmatrix} 1 \\ 0 \\ 0 \end{bmatrix}, \begin{bmatrix} 1 \\ 0 \\ 1 \end{bmatrix}, \begin{bmatrix} 0 \\ 1 \\ -1 \end{bmatrix} \right\}.$$

a) Man bestimme die Transformationsmatrix von $\mathcal{B}$ nach $\mathcal{C}$.

b) Der Vektor $\boldsymbol{v}$ habe die Koordinaten $[1, 2, 3]^T$ bezüglich der Basis $\mathcal{B}$. Wie lauten die Koordinaten von $\boldsymbol{v}$ bezüglich der Basis $\mathcal{C}$?

Lösung

a) Die Transformationsmatrix von $\mathcal{B}$ nach der Standardbasis, $\boldsymbol{T}_{\mathcal{B}\to\mathcal{E}}$, hat bekanntlich die Vektoren der Basis $\mathcal{B}$ als Spalten:

$$\boldsymbol{T}_{\mathcal{B}\to\mathcal{E}} = \begin{bmatrix} 6 & 2 & 7 \\ 3 & -1 & 3 \\ 2 & 1 & 2 \end{bmatrix}.$$

Die Transformationsmatrix $\boldsymbol{T}_{\mathcal{E}\to\mathcal{C}}$ ist einfach die Inverse von $\boldsymbol{T}_{\mathcal{C}\to\mathcal{E}}$; diese hat die Vektoren der Basis $\mathcal{C}$ als Spalten:

$$\boldsymbol{T}_{\mathcal{C}\to\mathcal{E}} = \begin{bmatrix} 1 & 1 & 0 \\ 0 & 0 & 1 \\ 0 & 1 & -1 \end{bmatrix} \Rightarrow \boldsymbol{T}_{\mathcal{E}\to\mathcal{C}} = \boldsymbol{T}_{\mathcal{C}\to\mathcal{E}}^{-1} = \begin{bmatrix} 1 & -1 & -1 \\ 0 & 1 & 1 \\ 0 & 1 & 0 \end{bmatrix}.$$

Die Transformationsmatrix von $\mathcal{B}$ nach $\mathcal{C}$ lautet somit:

$$\boldsymbol{T}_{\mathcal{B}\to\mathcal{C}} = \boldsymbol{T}_{\mathcal{E}\to\mathcal{C}}\,\boldsymbol{T}_{\mathcal{B}\to\mathcal{E}} = \begin{bmatrix} 1 & -1 & -1 \\ 0 & 1 & 1 \\ 0 & 1 & 0 \end{bmatrix} \begin{bmatrix} 6 & 2 & 7 \\ 3 & -1 & 3 \\ 2 & 1 & 2 \end{bmatrix} = \begin{bmatrix} 1 & 2 & 2 \\ 5 & 0 & 5 \\ 3 & -1 & 3 \end{bmatrix}.$$

b) In der Basis $\mathcal{B}$ hat $\boldsymbol{v}$ die Koordinaten $[\boldsymbol{v}]_{\mathcal{B}} = \left[\begin{smallmatrix} 1 \\ 2 \\ 3 \end{smallmatrix}\right]$. Um die Koordinaten von $\boldsymbol{v}$ bezüglich der Basis $\mathcal{C}$ zu bestimmen, wenden wir einfach $\boldsymbol{T}_{\mathcal{B}\to\mathcal{C}}$ an

$$[\boldsymbol{v}]_{\mathcal{C}} = \boldsymbol{T}_{\mathcal{B}\to\mathcal{C}}[\boldsymbol{v}]_{\mathcal{B}} = \begin{bmatrix} 1 & 2 & 2 \\ 5 & 0 & 5 \\ 3 & -1 & 3 \end{bmatrix} \begin{bmatrix} 1 \\ 2 \\ 3 \end{bmatrix} = \begin{bmatrix} 11 \\ 20 \\ 10 \end{bmatrix}.$$

Probe: $[\boldsymbol{v}]_{\mathcal{B}} = \left[\begin{smallmatrix} 1 \\ 2 \\ 3 \end{smallmatrix}\right]$ bedeutet $\boldsymbol{v} = 1\left[\begin{smallmatrix} 6 \\ 3 \\ 2 \end{smallmatrix}\right] + 2\left[\begin{smallmatrix} 2 \\ -1 \\ 1 \end{smallmatrix}\right] + 3\left[\begin{smallmatrix} 7 \\ 3 \\ 2 \end{smallmatrix}\right] = \left[\begin{smallmatrix} 31 \\ 10 \\ 10 \end{smallmatrix}\right]$ ✓. Analog: $[\boldsymbol{v}]_{\mathcal{C}} = \left[\begin{smallmatrix} 11 \\ 20 \\ 10 \end{smallmatrix}\right]$ bedeutet $\boldsymbol{v} = 11\left[\begin{smallmatrix} 1 \\ 0 \\ 0 \end{smallmatrix}\right] + 20\left[\begin{smallmatrix} 1 \\ 0 \\ 1 \end{smallmatrix}\right] + 10\left[\begin{smallmatrix} 0 \\ 1 \\ -1 \end{smallmatrix}\right] = \left[\begin{smallmatrix} 31 \\ 10 \\ 10 \end{smallmatrix}\right]$ ✓ ■

Übung 6.58

●●○ Man betrachte den folgenden Unterraum $V \subset \mathbb{R}^3$

$$V = \left\langle \boldsymbol{v}_1 = \begin{bmatrix} 0 \\ 1 \\ 1 \end{bmatrix}, \boldsymbol{v}_2 = \begin{bmatrix} -1 \\ k \\ 0 \end{bmatrix}, \boldsymbol{v}_3 = \begin{bmatrix} 1 \\ 1 \\ k \end{bmatrix} \right\rangle, \ k \in \mathbb{R}.$$

a) Man zeige, dass für alle $k \in \mathbb{R}$ gilt: $V = \mathbb{R}^3$.

b) Man bestimme die Transformationsmatrizen des Basiswechsels zwischen der Basis $\mathcal{B} = \{\boldsymbol{v}_1, \boldsymbol{v}_2, \boldsymbol{v}_3\}$ und der Standardbasis von $\mathbb{R}^3$.

c) Man bestimme die Koordinaten des Vektors $\boldsymbol{v} = [2, 1, 2]^T$ bezüglich $\mathcal{B}$.

Lösung

a) Wir untersuchen, ob die drei Vektoren linear unabhängig sind. Zu diesem Zweck berechnen wir die Determinante

$$\det\begin{bmatrix} | & | & | \\ \boldsymbol{v_1} & \boldsymbol{v_2} & \boldsymbol{v_3} \\ | & | & | \end{bmatrix} = \begin{vmatrix} 0 & -1 & 1 \\ 1 & k & 1 \\ 1 & 0 & k \end{vmatrix} = 0 - 1\underbrace{\begin{vmatrix} -1 & 1 \\ 0 & k \end{vmatrix}}_{=-k-0=-k} + 1\underbrace{\begin{vmatrix} -1 & 1 \\ k & 1 \end{vmatrix}}_{=-1-k} = -1 \neq 0.$$

Weil die Determinante für alle $k \in \mathbb{R}$ ungleich Null ist, sind die gegebenen Vektoren $\boldsymbol{v_1}, \boldsymbol{v_2}, \boldsymbol{v_3}$ immer linear unabhängig und somit $\dim(V) = 3$. Weil V ein Unterraum von $\mathbb{R}^3$ ist und $\dim(V) = 3$ folgt, dass V gleich den ganzen Raum $\mathbb{R}^3$ sein muss, d. h. $V = \mathbb{R}^3$.

b) Die Transformationsmatrix von der Basis $\mathcal{B}$ nach der Standardbasis ist jetzt Formsache:

$$\boldsymbol{T}_{\mathcal{B}\to\mathcal{E}} = \begin{bmatrix} 0 & -1 & 1 \\ 1 & k & 1 \\ 1 & 0 & k \end{bmatrix}.$$

Durch Invertieren erhalten wir die Transformationsmatrix von der Standardbasis $\mathcal{E}$ nach $\mathcal{B}$:

$$\boldsymbol{T}_{\mathcal{E}\to\mathcal{B}} = \boldsymbol{T}_{\mathcal{B}\to\mathcal{E}}^{-1} = \begin{bmatrix} 0 & -1 & 1 \\ 1 & k & 1 \\ 1 & 0 & k \end{bmatrix}^{-1} = \begin{bmatrix} -k^2 & -k & k+1 \\ k-1 & 1 & -1 \\ k & 1 & -1 \end{bmatrix}.$$

c) Mit $\boldsymbol{T}_{\mathcal{E}\to\mathcal{B}}$ transformieren wir die Koordinaten von $\boldsymbol{v}$ von der Standardbasis von $\mathbb{R}^3$ nach der Basis $\mathcal{B}$:

$$[\boldsymbol{v}]_{\mathcal{E}} = \begin{bmatrix} 2 \\ 1 \\ 2 \end{bmatrix} \Rightarrow [\boldsymbol{v}]_{\mathcal{B}} = \boldsymbol{T}_{\mathcal{E}\to\mathcal{B}}[\boldsymbol{v}]_{\mathcal{E}} = \begin{bmatrix} -k^2 & -k & k+1 \\ k-1 & 1 & -1 \\ k & 1 & -1 \end{bmatrix}\begin{bmatrix} 1 \\ 2 \\ 3 \end{bmatrix} = \begin{bmatrix} -2k^2+k+2 \\ 2k-3 \\ 2k-1 \end{bmatrix}$$

d. h. $\boldsymbol{v} = (-2k^2 + k + 2)\boldsymbol{v_1} + (2k-3)\boldsymbol{v_2} + (2k-1)\boldsymbol{v_3}$. ∎

Übung 6.59

• • ○ Es sei $V = P_3(\mathbb{R})$ der Vektorraum aller Polynome mit Grad ≤ 3. Man drücke das Polynom $p(x) = x^3 + x^2 + x + 1$ bezüglich der folgenden Basis aus:

$$\mathcal{B} = \left\{1,\, x+1,\, x(x+1),\, x^2(x+1)\right\}.$$

Lösung

Die Standardbasis von $V = P_3(\mathbb{R})$ ist $\{1, x, x^2, x^3\}$. In dieser Basis hat das vorgegebene Polynom $p(x) = x^3 + x^2 + x + 1$ den folgenden Koordinatenvektor:

$$[p]_{\mathcal{E}} = \begin{bmatrix} 1 \\ 1 \\ 1 \\ 1 \end{bmatrix}.$$

Um die Koordinaten von p in der neuen Basis $\mathcal{B}$ auszudrücken, müssen wir die Transformationsmatrix von der Standardbasis $\mathcal{E}$ nach $\mathcal{B}$ berechnen. Dazu bestimmen wir zuerst die Transformationsmatrix von $\mathcal{B}$ nach $\mathcal{E}$. Die Spalten dieser Transformationsmatrix $\boldsymbol{T}_{\mathcal{B}\to\mathcal{E}}$ sind genau die Koordinaten der Basisvektoren der neuen Basis $\mathcal{B}$ bezüglich der Standardbasis $\mathcal{E}$. Die neuen Basiselemente entsprechen den folgenden Vektoren in der Standardbasis

$$[1]_{\mathcal{E}} = \begin{bmatrix} 1 \\ 0 \\ 0 \\ 0 \end{bmatrix}, \quad [x+1]_{\mathcal{E}} = \begin{bmatrix} 1 \\ 1 \\ 0 \\ 0 \end{bmatrix}, \quad [x(x+1)]_{\mathcal{E}} = \begin{bmatrix} 0 \\ 1 \\ 1 \\ 0 \end{bmatrix}, \quad [x^2(x+1)]_{\mathcal{E}} = \begin{bmatrix} 0 \\ 0 \\ 1 \\ 1 \end{bmatrix}.$$

Diese Vektoren bilden die Spalten der Transformationsmatrix $\boldsymbol{T}_{\mathcal{B}\to\mathcal{E}}$:

$$\boldsymbol{T}_{\mathcal{B}\to\mathcal{E}} = \begin{bmatrix} 1 & 1 & 0 & 0 \\ 0 & 1 & 1 & 0 \\ 0 & 0 & 1 & 1 \\ 0 & 0 & 0 & 1 \end{bmatrix}.$$

Die Transformationsmatrix $\boldsymbol{T}_{\mathcal{E}\to\mathcal{B}}$ ist einfach die Inverse von $\boldsymbol{T}_{\mathcal{B}\to\mathcal{E}}$

$$\boldsymbol{T}_{\mathcal{E}\to\mathcal{B}} = \begin{bmatrix} 1 & 1 & 0 & 0 \\ 0 & 1 & 1 & 0 \\ 0 & 0 & 1 & 1 \\ 0 & 0 & 0 & 1 \end{bmatrix}^{-1} = \begin{bmatrix} 1 & -1 & 1 & -1 \\ 0 & 1 & -1 & 1 \\ 0 & 0 & 1 & -1 \\ 0 & 0 & 0 & 1 \end{bmatrix}.$$

Um $p(x)$ in der neuen Basis auszudrücken, multiplizieren wir diesen Vektor mit $\boldsymbol{T}_{\mathcal{E}\to\mathcal{B}}$

$$[p]_{\mathcal{B}} = \boldsymbol{T}_{\mathcal{E}\to\mathcal{B}}[p]_{\mathcal{E}} = \begin{bmatrix} 1 & -1 & 1 & -1 \\ 0 & 1 & -1 & 1 \\ 0 & 0 & 1 & -1 \\ 0 & 0 & 0 & 1 \end{bmatrix} \begin{bmatrix} 1 \\ 1 \\ 1 \\ 1 \end{bmatrix} = \begin{bmatrix} 0 \\ 1 \\ 0 \\ 1 \end{bmatrix}$$

d. h. in der neuen Basis sieht $p(x)$ wie folgt aus

$$p(x) = (x+1) + x^2(x+1).$$

Probe: $p(x) = (x+1) + x^2(x+1) = x^3 + x^2 + x + 1$ ✓ ■

Übung 6.60

• ∘ ∘ Man betrachte $P_2(\mathbb{R})$ mit den folgenden Basen:

$$\mathcal{B} = \{1, x, x^2\}, \quad \mathcal{C} = \{x-1, 2x^2-1, x^2-3x+2\}.$$

a) Man bestimme die Transformationsmatrizen des Basiswechsels zwischen $\mathcal{B}$ und $\mathcal{C}$.
b) Man drücke das Polynom $p(x) = x^2$ in der Basis $\mathcal{C}$ aus.

Lösung

a) Wir drücken die Elemente der Basis $\mathcal{C}$ in der Basis $\mathcal{B}$ = Standardbasis aus:

$$[x-1]_{\mathcal{B}} = \begin{bmatrix} -1 \\ 1 \\ 0 \end{bmatrix}, \quad [2x^2-1]_{\mathcal{B}} = \begin{bmatrix} -1 \\ 0 \\ 2 \end{bmatrix}, \quad [x^2-3x+2]_{\mathcal{B}} = \begin{bmatrix} 2 \\ -3 \\ 1 \end{bmatrix}.$$

Diese Koordinatenvektoren bilden die Spalten der Transformationsmatrix $\boldsymbol{T}_{\mathcal{C}\to\mathcal{B}}$:

$$\boldsymbol{T}_{\mathcal{C}\to\mathcal{B}} = \begin{bmatrix} -1 & -1 & 2 \\ 1 & 0 & -3 \\ 0 & 2 & 1 \end{bmatrix}.$$

Die Transformationsmatrix $\boldsymbol{T}_{\mathcal{B}\to\mathcal{C}}$ ist dann

$$\boldsymbol{T}_{\mathcal{B}\to\mathcal{C}} = \boldsymbol{T}_{\mathcal{C}\to\mathcal{B}}^{-1} = \begin{bmatrix} -6 & -5 & -3 \\ 1 & 1 & 1 \\ -2 & -2 & -1 \end{bmatrix}.$$

b) In der Standardbasis $\mathcal{B}$ hat das Polynom $p(x) = x^2$ die folgenden Koordinaten

$$[x^2]_{\mathcal{B}} = \begin{bmatrix} 0 \\ 0 \\ 1 \end{bmatrix} \quad \Rightarrow \quad [x^2]_{\mathcal{C}} = \boldsymbol{T}_{\mathcal{B}\to\mathcal{C}}\,[x^2]_{\mathcal{B}} = \begin{bmatrix} -6 & -5 & -3 \\ 1 & 1 & 1 \\ -2 & -2 & -1 \end{bmatrix} \begin{bmatrix} 0 \\ 0 \\ 1 \end{bmatrix} = \begin{bmatrix} -3 \\ 1 \\ -1 \end{bmatrix},$$

d. h. $p(x) = -3(x-1) + (2x^2-1) - (x^2-3x+2)$.

Probe: $p(x) = -3(x-1) + (2x^2-1) - (x^2-3x+2) = -3x + 3 + 2x^2 - 1 - x^2 + 3x - 2 = x^2$ ✓

■

Übung 6.61

• • ∘ Man betrachte $V = \mathbb{R}^{2\times 2}$ mit der folgenden Basis:

$$\mathcal{B} = \left\{ \boldsymbol{B}_1 = \begin{bmatrix} 1 & 1 \\ 1 & -1 \end{bmatrix}, \boldsymbol{B}_2 = \begin{bmatrix} 1 & 0 \\ 0 & 1 \end{bmatrix}, \boldsymbol{B}_3 = \begin{bmatrix} 2 & 1 \\ 1 & 1 \end{bmatrix}, \boldsymbol{B}_4 = \begin{bmatrix} 0 & 1 \\ -1 & 1 \end{bmatrix} \right\}$$

a) Man bestimme die Transformationsmatrix von der Standardbasis nach $\mathcal{B}$.

b) Man bestimme die Koordinaten der Matrix $\boldsymbol{A} = \begin{bmatrix} -1 & 1 \\ 3 & 1 \end{bmatrix}$ in der Basis $\mathcal{B}$

Lösung

a) Zunächst bestimmen wir die Koordinatenvektoren der Basiselemente von $\mathcal{B}$ bezüglich $\mathcal{E}$:

$$[\boldsymbol{B}_1]_{\mathcal{E}} = \begin{bmatrix} 1 \\ 1 \\ 1 \\ -1 \end{bmatrix}, \quad [\boldsymbol{B}_2]_{\mathcal{E}} = \begin{bmatrix} 1 \\ 0 \\ 0 \\ 1 \end{bmatrix}, \quad [\boldsymbol{B}_3]_{\mathcal{E}} = \begin{bmatrix} 2 \\ 1 \\ 1 \\ 1 \end{bmatrix}, \quad [\boldsymbol{B}_4]_{\mathcal{E}} = \begin{bmatrix} 0 \\ 1 \\ -1 \\ 1 \end{bmatrix}.$$

Die Transformationsmatrix von $\mathcal{B}$ zur Standardbasis ist somit:

$$\boldsymbol{T}_{\mathcal{B}\to\mathcal{E}} = \begin{bmatrix} 1 & 1 & 2 & 0 \\ 1 & 0 & 1 & 1 \\ 1 & 0 & 1 & -1 \\ -1 & 1 & 1 & 1 \end{bmatrix}.$$

Deren Inverse ist die Transformationsmatrix von der Standardbasis nach der Basis $\mathcal{B}$:

$$\boldsymbol{T}_{\mathcal{E}\to\mathcal{B}} = \boldsymbol{T}_{\mathcal{B}\to\mathcal{E}}^{-1} = \begin{bmatrix} 1 & 0 & -1 & -1 \\ 2 & -1 & -2 & -1 \\ -1 & \frac{1}{2} & \frac{3}{2} & 1 \\ 0 & \frac{1}{2} & -\frac{1}{2} & 0 \end{bmatrix}.$$

b) In der Standardbasis $\mathcal{E}$ hat die Matrix $\boldsymbol{A}$ die folgenden Koordinaten

$$[\boldsymbol{A}]_{\mathcal{E}} = \begin{bmatrix} -1 \\ 1 \\ 3 \\ 1 \end{bmatrix} \Rightarrow [\boldsymbol{A}]_{\mathcal{B}} = \boldsymbol{T}_{\mathcal{E}\to\mathcal{B}}\,[\boldsymbol{A}]_{\mathcal{E}} = \begin{bmatrix} 1 & 0 & -1 & -1 \\ 2 & -1 & -2 & -1 \\ -1 & \frac{1}{2} & \frac{3}{2} & 1 \\ 0 & \frac{1}{2} & -\frac{1}{2} & 0 \end{bmatrix} \begin{bmatrix} -1 \\ 1 \\ 3 \\ 1 \end{bmatrix} = \begin{bmatrix} -5 \\ -10 \\ 7 \\ -1 \end{bmatrix},$$

d. h. $\boldsymbol{A} = -5\boldsymbol{B}_1 - 10\boldsymbol{B}_2 + 7\boldsymbol{B}_3 - \boldsymbol{B}_4$. ■

Übung 6.62

● ● ○ Es sei $V = \mathbb{C}^{2\times 2}$.

a) Man bestimme die Transformationsmatrix von der Standardbasis von $\mathbb{C}^{2\times 2}$ nach der Basis $\mathcal{B}$:

$$\mathcal{B} = \left\{ \sigma_0 = \begin{bmatrix} 1 & 0 \\ 0 & 1 \end{bmatrix}, \sigma_x = \begin{bmatrix} 0 & 1 \\ 1 & 0 \end{bmatrix}, \sigma_y = \begin{bmatrix} 0 & -i \\ i & 0 \end{bmatrix}, \sigma_z = \begin{bmatrix} 1 & 0 \\ 0 & -1 \end{bmatrix} \right\}.$$

Die Matrizen $\sigma_0, \sigma_x, \sigma_y, \sigma_z$ sind die Pauli-Matrizen.

b) Man stelle die folgende Matrix als Linearkombination der Pauli-Matrizen dar:

$$\psi = \begin{bmatrix} a_0 + a_3 & a_1 - ia_2 \\ a_1 + ia_2 & a_0 - a_3 \end{bmatrix}, \quad a_0, a_1, a_2, a_3 \in \mathbb{R}.$$

Lösung

a) Die Pauli-Matrizen haben die folgenden Koordinatenvektoren bezüglich der Standardbasis von $\mathbb{C}^{2\times 2}$:

$$[\sigma_0]_\mathcal{E} = \begin{bmatrix} 1 \\ 0 \\ 0 \\ 1 \end{bmatrix}, \quad [\sigma_x]_\mathcal{E} = \begin{bmatrix} 0 \\ 1 \\ 1 \\ 0 \end{bmatrix}, \quad [\sigma_y]_\mathcal{E} = \begin{bmatrix} 0 \\ -i \\ i \\ 0 \end{bmatrix}, \quad [\sigma_z]_\mathcal{E} = \begin{bmatrix} 1 \\ 0 \\ 0 \\ -1 \end{bmatrix}.$$

Die Transformationsmatrix von $\mathcal{B}$ zur Standardbasis $\mathcal{E}$ ist:

$$T_{\mathcal{B}\to\mathcal{E}} = \begin{bmatrix} 1 & 0 & 0 & 1 \\ 0 & 1 & -i & 0 \\ 0 & 1 & i & 0 \\ 1 & 0 & 0 & -1 \end{bmatrix}.$$

Deren Inverse ist:

$$T_{\mathcal{E}\to\mathcal{B}} = T_{\mathcal{B}\to\mathcal{E}}^{-1} = \begin{bmatrix} \frac{1}{2} & 0 & 0 & \frac{1}{2} \\ 0 & \frac{1}{2} & \frac{1}{2} & 0 \\ 0 & \frac{i}{2} & -\frac{i}{2} & 0 \\ \frac{1}{2} & 0 & 0 & -\frac{1}{2} \end{bmatrix}.$$

b) In der Standardbasis $\mathcal{E}$ hat die Matrix ψ die folgenden Koordinaten

$$[\psi]_\mathcal{E} = \begin{bmatrix} a_0 + a_3 \\ a_1 - ia_2 \\ a_1 + ia_2 \\ a_0 - a_3 \end{bmatrix} \Rightarrow [\psi]_\mathcal{B} = T_{\mathcal{E}\to\mathcal{B}} [\psi]_\mathcal{E}$$

$$= \begin{bmatrix} \frac{1}{2} & 0 & 0 & \frac{1}{2} \\ 0 & \frac{1}{2} & \frac{1}{2} & 0 \\ 0 & \frac{i}{2} & -\frac{i}{2} & 0 \\ \frac{1}{2} & 0 & 0 & -\frac{1}{2} \end{bmatrix} \begin{bmatrix} a_0 + a_3 \\ a_1 - ia_2 \\ a_1 + ia_2 \\ a_0 - a_3 \end{bmatrix} = \begin{bmatrix} a_0 \\ a_1 \\ a_2 \\ a_3 \end{bmatrix}.$$

Schreiben wir die Pauli-Matrizen als Vektor $\boldsymbol{\sigma} = [\boldsymbol{\sigma_0}, \boldsymbol{\sigma_x}, \boldsymbol{\sigma_y}, \boldsymbol{\sigma_z}]^T$, so können wir $\boldsymbol{\psi}$ als ein Skalarprodukt wie folgt auffassen:

$$\boldsymbol{\psi} = a_0\boldsymbol{\sigma_0} + a_1\boldsymbol{\sigma_x} + a_2\boldsymbol{\sigma_y} + a_3\boldsymbol{\sigma_z} = \boldsymbol{a} \cdot \boldsymbol{\sigma}, \quad \boldsymbol{a} = \begin{bmatrix} a_0 \\ a_1 \\ a_2 \\ a_3 \end{bmatrix}.$$

Aus diesem Grund heißt die Matrix $\boldsymbol{\psi}$ Pauli-Vektor. ■

Übung 6.63

• • ∘ Man beweise die Kürzungsformel für den Basiswechsel

$$\boldsymbol{T}_{\mathcal{B}\to\mathcal{D}} = \boldsymbol{T}_{\mathcal{C}\to\mathcal{D}}\,\boldsymbol{T}_{\mathcal{B}\to\mathcal{C}}.$$

Lösung

Es sei V ein Vektorraum versehen mit den Basen

$$\mathcal{B} = \{\boldsymbol{b_1}, \cdots, \boldsymbol{b_n}\}, \quad \mathcal{C} = \{\boldsymbol{c_1}, \cdots, \boldsymbol{c_n}\}, \quad \mathcal{D} = \{\boldsymbol{d_1}, \cdots, \boldsymbol{d_n}\}.$$

Jeder Vektor $\boldsymbol{v} \in V$ lässt sich dann als Linearkombination der Basiselemente der drei Basen $\mathcal{B}$, $\mathcal{C}$ und $\mathcal{D}$ darstellen:

$$\boldsymbol{v} = \sum_{k=1}^{n} x_k\boldsymbol{b_k} = \sum_{j=1}^{n} y_j\boldsymbol{c_j} = \sum_{i=1}^{n} z_i\boldsymbol{d_i}.$$

$x_1, \cdots, x_n$, $y_1, \cdots, y_n$ und $z_1, \cdots, z_n$ sind die Koordinaten von $\boldsymbol{v}$ bezüglich den drei Basen:

$$[\boldsymbol{v}]_{\mathcal{B}} = \begin{bmatrix} x_1 \\ \vdots \\ x_n \end{bmatrix}, \quad [\boldsymbol{v}]_{\mathcal{C}} = \begin{bmatrix} y_1 \\ \vdots \\ y_n \end{bmatrix}, \quad [\boldsymbol{v}]_{\mathcal{D}} = \begin{bmatrix} z_1 \\ \vdots \\ z_n \end{bmatrix}.$$

Da $\mathcal{D}$ eine Basis ist, können wir die Basisvektoren von $\mathcal{B}$ als Linearkombination der Vektoren $\boldsymbol{d_1}, \cdots, \boldsymbol{d_n}$ darstellen:

$$\boldsymbol{b_k} = \sum_{i=1}^{n} p_{ik}\boldsymbol{d_i} \tag{6.29}$$

p_{ik} sind die Komponenten der Transformationsmatrix $\boldsymbol{T}_{\mathcal{B}\to\mathcal{D}}$. Analog können wir die Basisvektoren von $\mathcal{B}$ in der Basis $\mathcal{C}$ darstellen

$$\boldsymbol{b_k} = \sum_{j=1}^{n} s_{jk}\boldsymbol{c_j} \tag{6.30}$$

sowie die Basisvektoren von $\mathcal{C}$ in der Basis $\mathcal{D}$

$$\boldsymbol{c_j} = \sum_{i=1}^{n} t_{ij} \boldsymbol{d_i}. \tag{6.31}$$

s_{jk} und t_{ij} sind die Komponenten der Transformationsmatrizen $\boldsymbol{T}_{\mathcal{B}\to\mathcal{C}}$ bzw. $\boldsymbol{T}_{\mathcal{C}\to\mathcal{D}}$. Mit Gl. (6.29) gilt einerseits:

$$\boldsymbol{v} = \sum_{k=1}^{n} x_k \boldsymbol{b_k} \overset{(6.29)}{=} \sum_{k=1}^{n} x_k \left(\sum_{i=1}^{n} p_{ik} \boldsymbol{d_i} \right) = \sum_{i=1}^{n} \left(\sum_{k=1}^{n} p_{ik} x_k \right) \boldsymbol{d_i}.$$

Es folgt:

$$z_i = \sum_{k=1}^{n} p_{ik} x_k \tag{6.32}$$

Mit Gls. (6.30) und (6.31) gilt anderseits:

$$\boldsymbol{v} = \sum_{k=1}^{n} x_k \boldsymbol{b_k} \overset{(6.30)}{=} \sum_{k=1}^{n} \sum_{j=1}^{n} x_k s_{jk} \boldsymbol{c_j} \overset{(6.31)}{=} \sum_{j=1}^{n} \sum_{k=1}^{n} \sum_{i=1}^{n} x_k s_{jk} t_{ij} \boldsymbol{d_i} = \sum_{i=1}^{n} \left(\sum_{j,k=1}^{n} t_{ij} s_{jk} \right) \boldsymbol{d_i}.$$

Es folgt:

$$z_i = \sum_{j,k=1}^{n} t_{ij} s_{jk} x_k = \sum_{k=1}^{n} \left(\sum_{j=1}^{n} t_{ij} s_{jk} \right) x_k. \tag{6.33}$$

Vergleichen wir Gl. (6.33) mit Gl. (6.32), so erhalten wir

$$p_{ik} = \sum_{j=1}^{n} t_{ij} s_{jk}.$$

Dies ist genau die Definition des Produktes der Matrizen $\boldsymbol{T}_{\mathcal{B}\to\mathcal{C}}$ und $\boldsymbol{T}_{\mathcal{C}\to\mathcal{D}}$, d. h.

$$\boldsymbol{T}_{\mathcal{B}\to\mathcal{D}} = \boldsymbol{T}_{\mathcal{C}\to\mathcal{D}} \, \boldsymbol{T}_{\mathcal{B}\to\mathcal{C}}.$$

■

Lineare Abbildungen

Inhaltsverzeichnis

Lineare Abbildungen I: Definition und Matrixdarstellung

Inhaltsverzeichnis

T. C. T. Michaels, M. Liechti, *Prüfungstraining Lineare Algebra*, Grundstudium Mathematik Prüfungstraining, https://doi.org/10.1007/978-3-030-65886-1_7

In diesem Kapitel beschäftigen wir uns mit dem zentralen Thema der linearen Abbildungen zwischen Vektorräumen.

LERNZIELE

Nach gewissenhaftem Bearbeiten des ► Kap. 7 sind Sie in der Lage:

- lineare Abbildungen zwischen Vektorräumen und deren Eigenschaften zu verstehen und zu verifizieren,
- die wichtigsten speziellen linearen Abbildungen bzw. Morphismen zu unterscheiden,
- den Zusammenhang zwischen linearen Abbildungen und Darstellungsmatrizen zu erklären,
- Darstellungsmatrizen von linearen Abbildungen bezüglich vorgegebenen Basen zu bestimmen,
- wichtige lineare Abbildungen geometrisch interpretieren und deren Matrixdarstellungen bestimmen und anwenden zu können,
- Klassifikation von linearen Abbildungen wie Streckungen, Rotationen, Spiegelungen und Projektionen im $\mathbb{R}^2$ und $\mathbb{R}^3$ zu erklären und anzuwenden.

7.1 Lineare Abbildungen

7.1.1 Definition einer linearen Abbildung

Es seien V und W zwei Vektorräume über dem Körper $\mathbb{K}$ (normalerweise $\mathbb{K} = \mathbb{R}, \mathbb{C}$).

► Definition 7.1 (Lineare Abbildung)

Eine Abbildung $F : V \to W$ heißt **linear**, falls sie die folgenden zwei Bedingungen erfüllt:

(L1) $F(\boldsymbol{v} + \boldsymbol{w}) = F(\boldsymbol{v}) + F(\boldsymbol{w}), \quad \forall \boldsymbol{v}, \boldsymbol{w} \in V$ **(Additivität)**

(L2) $F(\alpha\, \boldsymbol{v}) = \alpha\, F(\boldsymbol{v}), \quad \forall \boldsymbol{v} \in V,\ \alpha \in \mathbb{K}$ **(Homogenität)** ◄

Bemerkung

Bedingungen (L1) und (L2) heißen **Linearitätsbedingungen**. Sie besagen, dass es bei linearen Abbildungen keine Rolle spielt, ob man zuerst zwei Vektoren addiert und dann deren Summe mit F abbildet oder zuerst die Vektoren separat abbildet und dann die Summe der Resultate bildet (◘ Abb. 7.2). Das gleiche Prinzip gilt auch bei der Skalarmultiplikation eines Vektors mit einer Zahl aus $\mathbb{K}$.

Praxistipp

Die Linearitätsbedingungen (L1) und (L2) kann man zu einer einzigen äquivalenten kompakten Bedingung zusammenfassen:

$$\textbf{(L)} \qquad F(\alpha \boldsymbol{v} + \beta \boldsymbol{w}) = \alpha F(\boldsymbol{v}) + \beta F(\boldsymbol{w}) \tag{7.1}$$

für alle $\boldsymbol{v}, \boldsymbol{w} \in V$ und $\alpha, \beta \in \mathbb{K}$. In der Praxis kann man entweder Bedingungen (L1) und (L2) oder die kompakte Bedingung (L) überprüfen.

Vektorraum Homomorphismen

Eine allgemeine lineare Abbildung $F : V \to W$ nennt man auch einen **Homomorphismus** zwischen den Vektorräumen V und W. Homomorphismen und lineare Abbildungen sind synonym.

Bemerkung

Das Wort Homomorphismus stammt aus dem Griechischen und bedeutet „homo = gleiche" und „morphé = Form". Ein Homomorphismus ist also eine Abbildung, welche „die Struktur unverändert lässst". Da die lineare Algebra sich mit Vektorräumen beschäftigt, wollen wir sicherstellen, dass solche Homomorphismen die Vektorraumstruktur von V und W erhalten bzw. respektieren. Diese umfasst sowohl die **additive Struktur** $F(\boldsymbol{v}+\boldsymbol{w}) = F(\boldsymbol{v}) + F(\boldsymbol{w})$ als auch die **skalare Multiplikationsstruktur** $F(\alpha\,\boldsymbol{v}) = \alpha\,F(\boldsymbol{v})$. Man erkennt, dass ein Homomorphismus in der linearen Algebra nichts anderes ist als ein anderer Begriff für lineare Abbildungen.

Eigenschaften von linearen Abbildungen

► **Satz 7.1 (Wichtige Eigenschaften von linearen Abbildungen)**

- Für jede lineare Abbildung $F : V \to W$ gilt stets $F(\mathbf{0}) = \mathbf{0}$.
- Lineare Abbildungen $F : V \to W$ bilden Linearkombinationen auf Linearkombinationen ab:

$$F\left(\sum_{i=1}^{n} \alpha_i \boldsymbol{v}_i\right) = \sum_{j=1}^{n} \alpha_i F(\boldsymbol{v}_i), \quad \boldsymbol{v}_i \in V,\ \alpha_i \in \mathbb{K}.$$

- Die Zusammensetzung von linearen Abbildungen ist wiederum eine lineare Abbildung. Genauer: Es seien $F : V \to W$ und $G : W \to Z$ linear. Dann ist die Komposition $G \circ F : V \to Z$ linear. ◄

► **Beispiel**

Alle lineare Abbildungen $F : \mathbb{R} \to \mathbb{R}$ sind von der Form $F(x) = a\,x$ mit $a \in \mathbb{R}$. Denn man kann leicht die Linearitätsbedingungen (L1) und (L2) für $F(x) = a\,x$ nachweisen:

(L1) Es seien $x, y \in \mathbb{R}$. Dann gilt:

$$F(x+y) \overset{\text{Def.}}{=} a(x+y) = a\,x + a\,y \overset{\text{Def.}}{=} F(x) + F(y)\ \checkmark$$

(L2) Es seien $x \in \mathbb{R}$ und $\alpha \in \mathbb{R}$. Dann gilt:

$$F(\alpha\,x) \overset{\text{Def.}}{=} a(\alpha\,x) = \alpha\,(a\,x) \overset{\text{Def.}}{=} \alpha\,F(x)\ \checkmark$$ ◄

Bemerkung

Beachte, dass $F(x) = a\,x + b$ mit $b \neq 0$ **nicht** linear ist. Tatsächlich ist z. B. Bedingung (L1) nicht erfüllt:

$$F(x+y) \overset{\text{Def.}}{=} a(x+y) + b \quad \text{aber} \quad F(x) + F(y) \overset{\text{Def.}}{=} (a\,x+b) + (a\,y+b)\ \text{✗}$$

$F(x) = a\,x + b$ ist eine sogenannte **affine Abbildung**.

► Beispiel

Man betrachte die Abbildungen $F_1 : \mathbb{R}^2 \to \mathbb{R}^2$ und $F_2 : \mathbb{R}^2 \to \mathbb{R}^3$ definiert durch

$$F_1\left(\begin{bmatrix} v_1 \\ v_2 \end{bmatrix}\right) = \begin{bmatrix} v_1 - v_2 \\ v_1 + v_2 \end{bmatrix}, \quad F_2\left(\begin{bmatrix} v_1 \\ v_2 \end{bmatrix}\right) = \begin{bmatrix} v_1^2 - v_2^2 \\ v_1 + v_2 \\ 1 - v_2 \end{bmatrix}.$$

F_1 ist linear (vgl. Übung 7.1). F_2 ist aber **nicht** linear. Die Probleme sind die quadratischen Terme im ersten Eintrag und der konstante Term im dritten Eintrag (vgl. Übung 7.1). ◄

Praxistipp

Allgemein: Eine lineare Abbildung $\mathbb{R}^n \to \mathbb{R}^m$ darf grundsätzlich nur Terme der Form $\alpha_1 v_1 + \alpha_2 v_2 + \cdots \alpha_n v_n$ enthalten, aber keine quadratischen Terme oder höhere Potenzen, ebenso keine konstanten Terme und nichtlineare Terme (wie $\sin(v_1)$, $e^{v_1+v_2}$ $\log(v_3)$, usw.).

► Beispiel

Es sei $V = P_n(\mathbb{R})$ der Vektorraum der reellen Polynome vom Grad $\leq n$. Dann definiert die Ableitung-Abbildung $F : P_n(\mathbb{R}) \to P_n(\mathbb{R})$

$$F(p(x)) = \frac{dp(x)}{dx} = p'(x)$$

eine lineare Abbildung (vgl. Übung 7.3). ◄

► Beispiel

Es sei $V = C^0([0, 1])$ der Vektorraum der stetigen Funktionen über $[0, 1]$. Dann ist die Abbildung $F : C^0([0, 1]) \to \mathbb{R}$ definiert durch

$$F(\varphi(x)) = \int_0^1 \varphi(x)dx$$

linear (vgl. Übung 7.4). ◄

7.1.2 Spezielle lineare Abbildungen

Einige spezielle lineare Abbildungen bzw. Homomorphismen haben einen gesonderten Namen (▣ Abb. 7.1):

► Definition 7.2

- F heißt **Endomorphismus** $\Leftrightarrow$ F ist linear und $W = V$.
- F heißt **Isomorphismus** $\Leftrightarrow$ F ist linear und bijektiv.
- F heißt **Automorphismus** (oder **Monomorphismus**) $\Leftrightarrow$ F ist linear, bijektiv und $W = V$.

◄

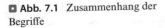

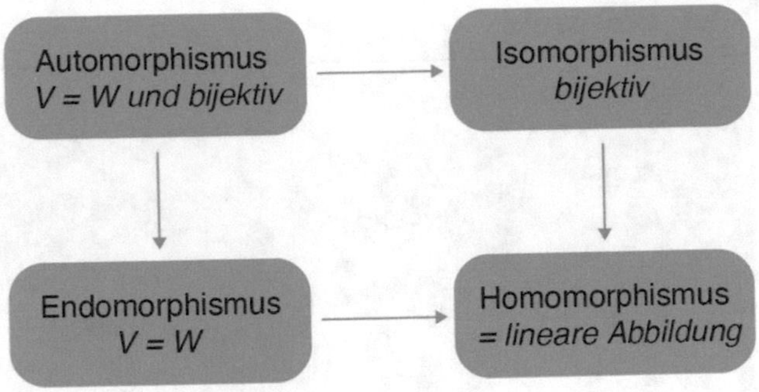

Abb. 7.1 Zusammenhang der Begriffe

7.1.3 Die Abbildungsräume Hom(*V*, *W*) und End(*V*)

▶ Definition 7.3 (Definition von Hom(*V*, *W*) und End(*V*))

- Die Menge aller linearen Abbildungen (Homomorphismen) von V nach W bezeichnet man mit:

$$\boxed{\operatorname{Hom}(V, W) := \{F : V \to W \mid F \text{ ist linear}\}} \tag{7.2}$$

- Im Falle $W = V$ bezeichnet man die Menge aller Endomorphismen (d. h. linearen Abbildungen von V auf V) mit:

$$\boxed{\operatorname{End}(V) := \operatorname{Hom}(V, V) = \{F : V \to V \mid F \text{ ist linear}\}} \tag{7.3}$$

◀

Hom(*V*, *W*) und End(*V*) sind Vektorräume

Es seien $F, G \in \operatorname{Hom}(V, W)$ und $a \in \mathbb{K}$. Dann verstehen wir unter $F + G$ und $a\,F$ die Abbildungen definiert durch

$$(F + G)(\boldsymbol{v}) = F(\boldsymbol{v}) + G(\boldsymbol{v}), \quad (a\,F)(\boldsymbol{v}) = a\,F(\boldsymbol{v}), \quad \forall \boldsymbol{v} \in V. \tag{7.4}$$

Es ist leicht zu zeigen, dass die Abbildungen $F + G$ und $a\,F$ wieder linear sind, d. h. $F + G, a\,F \in \operatorname{Hom}(V, W)$ (vgl. Übung 7.7). Die Menge $\operatorname{Hom}(V, W)$ ist somit **abgeschlossen bezüglich der Addition und Skalarmultiplikation von Funktionen**. Daraus folgt:

▶ Satz 7.2 (Hom(*V*, *W*) und End(*V*) sind Vektorräume)

$\operatorname{Hom}(V, W)$ und $\operatorname{End}(V)$ versehen mit der üblichen Addition und Skalarmultiplikation von Funktionen **sind Vektorräume** über $\mathbb{K}$. ◀

7.1.4 Beispiele

Übung 7.1

∘∘∘ Sind die folgenden Abbildungen linear?

a) $F : \mathbb{R}^2 \to \mathbb{R}^2$ definiert durch

$$F\left(\begin{smallmatrix} v_1 \\ v_2 \end{smallmatrix}\right) = \left[\begin{smallmatrix} v_1 - v_2 \\ v_1 + v_2 \end{smallmatrix}\right].$$

b) $F : \mathbb{R}^2 \to \mathbb{R}^3$ definiert durch

$$F\left(\begin{smallmatrix} v_1 \\ v_2 \end{smallmatrix}\right) = \begin{bmatrix} v_1^2 - v_2^2 \\ v_1 + v_2 \\ 1 - v_2 \end{bmatrix}.$$

c) $F : \mathbb{R}^4 \to \mathbb{R}^2$ definiert durch

$$F\begin{pmatrix} v_1 \\ v_2 \\ v_3 \\ v_4 \end{pmatrix} = \begin{bmatrix} v_1 - 2v_2 + 3v_3 \\ v_1 + v_3 \end{bmatrix}.$$

d) $F : \mathbb{R}^3 \to \mathbb{R}^3$ definiert durch

$$F\left(\begin{smallmatrix} v_1 \\ v_2 \\ v_3 \end{smallmatrix}\right) = \begin{bmatrix} v_1 - v_2 + 2 \\ v_1 + v_2 + 1 \\ v_1 - v_3 + 3 \end{bmatrix}.$$

Lösung

a) Ja. Wir müssen einfach nachweisen, dass F die Linearitätsbedingungen (L1) und (L2) erfüllt. Es seien $\boldsymbol{v} = [v_1, v_2]^T \in \mathbb{R}^2$ und $\boldsymbol{w} = [w_1, w_2]^T \in \mathbb{R}^2$ sowie die Zahl $\alpha \in \mathbb{R}$ vorgegeben. Dann gilt:

$$\textbf{(L1)}\quad F(\boldsymbol{v} + \boldsymbol{w}) \overset{\text{Def.}}{=} F\begin{bmatrix} v_1 + w_1 \\ v_2 + w_2 \end{bmatrix} = \begin{bmatrix} (v_1 + w_1) - (v_2 + w_2) \\ (v_1 + w_1) + (v_2 + w_2) \end{bmatrix}$$

$$= \begin{bmatrix} v_1 - v_2 \\ v_1 + v_2 \end{bmatrix} + \begin{bmatrix} w_1 - w_2 \\ w_1 + w_2 \end{bmatrix}$$

$$\overset{\text{Def.}}{=} F(\boldsymbol{v}) + F(\boldsymbol{w}) \checkmark$$

$$\textbf{(L2)}\quad F(\alpha \boldsymbol{v}) = F\begin{bmatrix} \alpha v_1 \\ \alpha v_2 \end{bmatrix} \overset{\text{Def.}}{=} \begin{bmatrix} \alpha v_1 - \alpha v_2 \\ \alpha v_1 \alpha w_2 \end{bmatrix} = \alpha \begin{bmatrix} v_1 - v_2 \\ v_1 + v_2 \end{bmatrix} \overset{\text{Def.}}{=} \alpha F(\boldsymbol{v}) \checkmark$$

Da beide Bedingungen (L1) und (L2) erfüllt sind ist F linear.

b) Nein. (L2) ist nicht erfüllt. Ein Gegenbeispiel genügt: Für $\boldsymbol{v} = [1, 0]^T$ gilt

$$F(2\boldsymbol{v}) = F\left(\begin{bmatrix} 2 \\ 0 \end{bmatrix}\right) = \begin{bmatrix} 2^2 - 0^2 \\ 2 + 0 \\ 1 - 0 \end{bmatrix} = \begin{bmatrix} 4 \\ 2 \\ 1 \end{bmatrix} \quad \text{aber } 2F(\boldsymbol{v}) = 2\begin{bmatrix} 1^2 - 0^2 \\ 1 + 0 \\ 1 - 0 \end{bmatrix} = \begin{bmatrix} 2 \\ 2 \\ 2 \end{bmatrix} \text{ ✗}$$

Die gegebene Abbildung ist somit *nicht* linear. Das Problem sind die quadratischen Terme in der ersten Komponente sowie der konstante Term in der dritten Komponente.

c) Ja. Denn F erfüllt die Linearitätsbedingungen (L1) und (L2). Konkret seien $\boldsymbol{v} = [v_1, v_2, v_3, v_4]^T \in \mathbb{R}^4$, $\boldsymbol{w} = [w_1, w_2, w_3, w_4]^T \in \mathbb{R}^4$ und $\alpha \in \mathbb{R}$ gegeben. Es gilt:

$$\textbf{(L1)}\ F(\boldsymbol{v} + \boldsymbol{w}) = F\begin{bmatrix} v_1 + w_1 \\ v_2 + w_2 \\ v_3 + w_3 \\ v_4 + w_4 \end{bmatrix} \overset{\text{Def.}}{=} \begin{bmatrix} (v_1 + w_1) - 2(v_2 + w_2) + 3(v_3 + w_3) \\ (v_1 + w_1) + (v_3 + w_3) \end{bmatrix}$$

$$= \begin{bmatrix} v_1 - 2v_2 + 3v_3 \\ v_1 + v_3 \end{bmatrix} + \begin{bmatrix} w_1 - 2w_2 + 3w_3 \\ w_1 + w_3 \end{bmatrix} \overset{\text{Def.}}{=} F(\boldsymbol{v}) + F(\boldsymbol{w}) \checkmark$$

$$\textbf{(L2)}\ F(\alpha\boldsymbol{v}) = F\begin{bmatrix} \alpha v_1 \\ \alpha v_2 \\ \alpha v_3 \\ \alpha v_4 \end{bmatrix} \overset{\text{Def.}}{=} \begin{bmatrix} \alpha v_1 - 2\alpha v_2 + 3\alpha v_3 \\ \alpha v_1 + \alpha v_3 \end{bmatrix} = \alpha \begin{bmatrix} v_1 - 2v_2 + 3v_3 \\ v_1 + v_3 \end{bmatrix}$$

$$\overset{\text{Def.}}{=} \alpha F(\boldsymbol{v}) \checkmark$$

d) Nein. Denn (L1) ist nicht erfüllt:

$$F(\boldsymbol{v} + \boldsymbol{w}) = \begin{bmatrix} (v_1 + w_1) - (v_2 + w_2) + 2 \\ (v_1 + w_1) + (v_2 + w_2) + 1 \\ (v_1 + w_1) - (v_3 + w_3) + 3 \end{bmatrix}$$

aber

$$F(\boldsymbol{v}) + F(\boldsymbol{w}) = \begin{bmatrix} v_1 - v_2 + 2 \\ v_1 + v_2 + 1 \\ v_1 - v_3 + 3 \end{bmatrix} + \begin{bmatrix} w_1 - w_2 + 2 \\ w_1 + w_2 + 1 \\ w_1 - w_3 + 3 \end{bmatrix} = \begin{bmatrix} v_1 + w_1 - v_2 - w_2 + 4 \\ v_1 + w_1 + v_2 + w_2 + 2 \\ v_1 + w_1 - v_3 - w_3 + 6 \end{bmatrix}$$

d. h. $F(\boldsymbol{v} + \boldsymbol{w}) \neq F(\boldsymbol{v}) + F(\boldsymbol{w})$. Das Problem sind die konstanten Terme. ■

Übung 7.2

∘ ∘ ∘ Es sei $\boldsymbol{A} \in \mathbb{K}^{m \times n}$. Man zeige, dass die Abbildung $F : \mathbb{K}^n \to \mathbb{K}^m$, $\boldsymbol{v} \to F(\boldsymbol{v}) = \boldsymbol{A}\boldsymbol{v}$ linear ist.

Lösung

Wir weisen einfach die Linearitätsbedingungen (L1) und (L2) nach. Es seien $\boldsymbol{v}, \boldsymbol{w} \in \mathbb{K}^n$ und $\alpha \in \mathbb{K}$. Mit den Rechenregeln für Matrizen und Vektoren folgt dann:

(L1) $F(\boldsymbol{v}+\boldsymbol{w}) \overset{\text{Def.}}{=} A(\boldsymbol{v}+\boldsymbol{w}) = A\boldsymbol{v} + A\boldsymbol{w} \overset{\text{Def.}}{=} F(\boldsymbol{v}) + F(\boldsymbol{w})$ ✓

(L2) $F(\alpha\,\boldsymbol{v}) \overset{\text{Def.}}{=} A(\alpha\,\boldsymbol{v}) = \alpha\,A\boldsymbol{v} \overset{\text{Def.}}{=} \alpha F(\boldsymbol{v})$ ✓

Somit ist F linear. ■

Übung 7.3

∘ ∘ ∘ Sei $P_n(\mathbb{R})$ die Menge aller reellen Polynome vom Grad $\leq n$. Man zeige, dass die Ableitung $F : P_n(\mathbb{R}) \to P_n(\mathbb{R})$, $F(p(x)) = \frac{dp(x)}{dx} = p'(x)$ ein Homomorphismus ist. Ist F ein Endomorphismus? Ist F ein Automorphismus?

Lösung

Wir müssen nur überprüfen, dass die Linearitätsbedingungen (L1) und (L2) erfüllt sind. Es seien also $p(x), q(x) \in P_n(\mathbb{R})$ und $\alpha \in \mathbb{R}$. Dann gilt:

(L1) Weil man die Summe von Funktionen gliedweise differenzieren kann, haben wir:
$F(p(x)+q(x)) \overset{\text{Def.}}{=} (p(x)+q(x))' = p'(x)+q'(x) \overset{\text{Def.}}{=} F(p(x)) + F(q(x))$ ✓

(L2) Es gilt: $F(\alpha p(x)) \overset{\text{Def.}}{=} (\alpha p(x))' = \alpha p'(x) \overset{\text{Def.}}{=} \alpha F(p(x))$ ✓

Somit ist F linear, also ein Homomorphismus. Weil der Ausgangs- und Zielvektorraum übereinstimmen, ist F ein Endomorphismus. Beachte, dass F nicht injektiv ist, denn

$$F(x+2) = (x+2)' = 1 = (x+1)' = F(x+1).$$

Weil F nicht injektiv ist, kann F nicht bijektiv sein, also *kein* Automorphismus. ■

Übung 7.4

∘ ∘ ∘ Es sei $V = C^0([0,1])$ der Vektorraum der stetigen Funktionen auf $[0,1]$. Man verifiziere die Linearität der Abbildung $F : C^0([0,1]) \to \mathbb{R}$ definiert durch

$$F(\varphi(x)) = \int_0^1 \varphi(x)dx.$$

Lösung

Um eine vorgegebene Abbildung auf Linearität zu überprüfen, muss man entweder (L1) und (L2) oder die äquivalente Bedingung (L) nachweisen. Um dies nochmals deutlich zu machen, werden wir in diesem Beispiel die Bedingung (L) anwenden. Es seien $\varphi(x), \psi(x) \in C^0([0,1])$ und $\lambda, \mu \in \mathbb{R}$. Aus den Eigenschaften des Integrals folgt:

$$F(\lambda\varphi(x)+\mu\psi(x)) \overset{\text{Def.}}{=} \int_0^1 (\lambda\varphi(x)+\mu\psi(x))dx = \lambda\int_0^1 \varphi(x)dx + \mu\int_0^1 \psi(x)dx$$

$$\overset{\text{Def.}}{=} \lambda F(\varphi(x)) + \mu F(\psi(x)) \checkmark$$

Somit ist F linear. ■

Übung 7.5

• ○ ○ Welche der folgenden Abbildungen sind linear?

a) $F : \mathbb{R}^{n\times n} \to \mathbb{R}^{n\times n}, \boldsymbol{A} \to \boldsymbol{A}^T$

b) $F : \mathbb{R}^{n\times n} \to \mathbb{R}, \boldsymbol{A} \to \text{Spur}(\boldsymbol{A}) = \sum_{i=1}^n a_{ii}$

c) $F : \mathbb{R}^{n\times n} \to \mathbb{R}, \boldsymbol{A} \to \det(\boldsymbol{A})$

d) $F : \mathbb{R}^{n\times n} \to \mathbb{R}^{n\times n}, \boldsymbol{A} \to \boldsymbol{AM}$ mit $\boldsymbol{M} \in \mathbb{R}^{n\times n}$

Lösung

a) Ja. Es seien $\boldsymbol{A}, \boldsymbol{B} \in \mathbb{R}^{n\times n}$ und $\alpha \in \mathbb{R}$ gegeben. Es gilt:
(L1) $F(\boldsymbol{A}+\boldsymbol{B}) = (\boldsymbol{A}+\boldsymbol{B})^T = \boldsymbol{A}^T + \boldsymbol{B}^T = F(\boldsymbol{A}) + F(\boldsymbol{B}) \checkmark$
(L2) $F(\alpha\boldsymbol{A}) = (\alpha\boldsymbol{A})^T = \alpha\boldsymbol{A}^T = \alpha F(\boldsymbol{A}) \checkmark$
Weil beide Linearitätsbedingungen (L1) und (L2) erfüllt sind, ist F linear.

b) Ja. Es seien $\boldsymbol{A}, \boldsymbol{B} \in \mathbb{R}^{n\times n}$ und $\alpha \in \mathbb{R}$. Dann gilt:

$$\textbf{(L1)}\ F(\boldsymbol{A}+\boldsymbol{B}) = \text{Spur}(\boldsymbol{A}+\boldsymbol{B}) = \sum_{i=1}^n (a_{ii}+b_{ii})$$

$$= \sum_{i=1}^n a_{ii} + \sum_{i=1}^n b_{ii} = \text{Spur}(\boldsymbol{A}) + \text{Spur}(\boldsymbol{B}) = F(\boldsymbol{A}) + F(\boldsymbol{B}) \checkmark$$

$$\textbf{(L2)}\ F(\alpha\,\boldsymbol{A}) = \text{Spur}(\alpha\,\boldsymbol{A}) = \sum_{i=1}^n (\alpha\, a_{ii}) = \alpha\sum_{i=1}^n a_{ii} = \text{Spur}(\boldsymbol{A}) = \alpha F(\boldsymbol{v}) \checkmark$$

c) Nein. (L1) ist nicht erfüllt. Durch ein Gegenbeispiel zeigen wir das. Für $\boldsymbol{A} = \begin{bmatrix} 1 & 0 \\ 0 & 0 \end{bmatrix}$, $\boldsymbol{B} = \begin{bmatrix} 0 & 0 \\ 0 & 1 \end{bmatrix}$ gilt $\det(\boldsymbol{A}) = 0$ und $\det(\boldsymbol{B}) = 0 \Rightarrow \det(\boldsymbol{A}) + \det(\boldsymbol{B}) = 0$. Andererseits ist $\det(\boldsymbol{A}+\boldsymbol{B}) = \det\begin{bmatrix} 1 & 0 \\ 0 & 1 \end{bmatrix} = 1$. Wegen $\det(\boldsymbol{A}) + \det(\boldsymbol{B}) \neq \det(\boldsymbol{A}+\boldsymbol{B})$ ist F *nicht* linear.

d) Ja. Wir zeigen, dass die Bedingung (L) erfüllt ist. Es seien $\boldsymbol{A}, \boldsymbol{B} \in \mathbb{R}^{n\times n}$ und $\alpha, \beta \in \mathbb{R}$. Aus den Regeln der Matrixmultiplikation folgt

$$F(\alpha\boldsymbol{A} + \beta\boldsymbol{B}) = (\alpha\boldsymbol{A} + \beta\boldsymbol{B})\boldsymbol{M} = \alpha\boldsymbol{AM} + \beta\boldsymbol{BM} = \alpha F(\boldsymbol{A}) + \beta F(\boldsymbol{B}) \checkmark$$

■

Übung 7.6

• ○ ○ Man zeige: Für jede lineare Abbildung $F : V \to W$ gilt $F(\boldsymbol{0}) = \boldsymbol{0}$.

Lösung

Dies folgt direkt aus (L1): $F(\mathbf{0}) = F(\mathbf{0}+\mathbf{0}) \overset{(L1)}{=} F(\mathbf{0}) + F(\mathbf{0}) \Rightarrow F(\mathbf{0}) = \mathbf{0}$.

Alternative: Dies folgt auch aus (L2) mit $\alpha = 0$: $F(\mathbf{0}) = F(0\,\boldsymbol{v}) \overset{(L2)}{=} 0\,F(\boldsymbol{v}) = \mathbf{0}$. ■

Übung 7.7

• ∘ ∘ Es seien $F, G \in \mathrm{Hom}(V, W)$ und $a \in \mathbb{K}$. Man zeige, dass die Abbildungen $F + G$ und $a\,F$ linear sind.

Lösung

Linearität von $F + G$: Wir überprüfen mittels (L). Es seien $\boldsymbol{v}, \boldsymbol{w} \in V$ und $\alpha, \beta \in \mathbb{K}$. Dann gilt wegen der Linearität von F und G:

$$\begin{aligned}(F+G)(\alpha\boldsymbol{v}+\beta\boldsymbol{w}) &\overset{\text{Def.}}{=} F(\alpha\boldsymbol{v}+\beta\boldsymbol{w}) + G(\alpha\boldsymbol{v}+\beta\boldsymbol{w})\\ &\overset{F,G\text{ linear}}{=} \alpha\,F(\boldsymbol{v}) + \beta\,F(\boldsymbol{w}) + \alpha\,G(\boldsymbol{v}) + \beta\,G(\boldsymbol{w})\\ &= \alpha\left(F(\boldsymbol{v}) + G(\boldsymbol{v})\right) + \beta\left(F(\boldsymbol{w}) + G(\boldsymbol{w})\right)\\ &\overset{\text{Def.}}{=} \alpha\,(F+G)(\boldsymbol{v}) + \beta\,(F+G)(\boldsymbol{w}) \checkmark\end{aligned}$$

Somit ist $F + G$ linear.

Linearität von $a\,F$: Wie oben, verifizieren wir (L). Es seien $\boldsymbol{v}, \boldsymbol{w} \in V$ und $\alpha, \beta \in \mathbb{K}$. Dann folgt aus der Linearität von F:

$$\begin{aligned}(a\,F)(\alpha\boldsymbol{v}+\beta\boldsymbol{w}) &\overset{\text{Def.}}{=} a\,F(\alpha\boldsymbol{v}+\beta\boldsymbol{w}) \overset{F\text{ linear}}{=} a\left(\alpha\,F(\boldsymbol{v}) + \beta\,F(\boldsymbol{w})\right)\\ &= \alpha\left(a\,F(\boldsymbol{v})\right) + \beta\left(a\,F(\boldsymbol{w})\right) \overset{\text{Def.}}{=} \alpha\,(a\,F)(\boldsymbol{v}) + \beta\,(a\,F)(\boldsymbol{w}) \checkmark\end{aligned}$$

Somit ist $a\,F$ linear. ■

Übung 7.8

• ∘ ∘ Man zeige, dass die Zusammensetzung von linearen Abbildungen wieder eine lineare Abbildung ist.

Lösung

Es seien $F : V \to W$ und $G : W \to Z$ linear. Zu zeigen ist, dass die Komposition $G \circ F : V \to Z$, definiert durch $(G \circ F)(\boldsymbol{v}) = G(F(\boldsymbol{v}))$, linear ist. Wir verifizieren die Linearitätsbedingungen (L1) und (L2) erfüllt.

(L1) Es seien $\boldsymbol{v}_1, \boldsymbol{v}_2 \in V$. Dann gilt:

$$\begin{aligned}(G\circ F)(\boldsymbol{v}_1+\boldsymbol{v}_2) &\overset{\text{Def.}}{=} G\big(F(\boldsymbol{v}_1+\boldsymbol{v}_2)\big) \overset{F\text{ linear}}{=} G\big(F(\boldsymbol{v}_1)+F(\boldsymbol{v}_2)\big)\\ &\overset{G\text{ linear}}{=} G\big(F(\boldsymbol{v}_1)\big) + G\big(F(\boldsymbol{v}_2)\big) \overset{\text{Def.}}{=} (G\circ F)(\boldsymbol{v}_1) + (G\circ F)(\boldsymbol{v}_2) \checkmark\end{aligned}$$

(L2) Es seien $\boldsymbol{v} \in V$ und $\alpha \in \mathbb{K}$. Dann ist:

$$(G \circ F)(\alpha\, \boldsymbol{v}) \overset{\text{Def.}}{=} G\big(F(\alpha\, \boldsymbol{v})\big) \overset{F \text{ linear}}{=} G\big(\alpha\, F(\boldsymbol{v})\big) \overset{G \text{ linear}}{=} \alpha\, G\big(F(\boldsymbol{v})\big) \overset{\text{Def.}}{=} \alpha\,(G \circ F)(\boldsymbol{v}) \checkmark$$

■

Übung 7.9

● ○ ○ In dieser Aufgabe erfahren wir die Wichtigkeit der Körperwahl für die Linearität. Es sei $V = \mathbb{C}$ und $F: \mathbb{C} \to \mathbb{C},\ z \to F(z) = \overline{z}$.

a) Man betrachte $V = \mathbb{C}$ als einen Vektorraum über $\mathbb{K} = \mathbb{R}$. Man zeige, dass F linear ist.

b) Man betrachte nun $V = \mathbb{C}$ als einen Vektorraum über $\mathbb{K} = \mathbb{C}$. Ist F auch linear?

Lösung

a) Wir verifizieren die Linearitätsbedingungen (L1) und (L2):

(L1) Es seien $z_1, z_2 \in \mathbb{C} \Rightarrow F(z_1 + z_2) = \overline{z_1 + z_2} = \overline{z_1} + \overline{z_2} = F(z_1) + F(z_2)$. ✓

(L2) Es seien $z \in \mathbb{C}$ und $\alpha \in \mathbb{R}$ (wichtig: $\alpha \in \mathbb{R}$, weil wir $\mathbb{C}$ als ein Vektorraum über $\mathbb{R}$ betrachten!). Dann gilt: $F(\alpha\, z) = \overline{\alpha\, z} = \overline{\alpha}\, \overline{z} \overset{\alpha \in \mathbb{R}}{=} \alpha\, \overline{z} = \alpha\, F(z)$. ✓

Somit ist F linear.

b) Ist jetzt $\mathbb{K} = \mathbb{C}$, so ist F nicht mehr linear. Das Problem ist, dass bei (L2) die Zahl α jetzt komplex ist ($\alpha \in \mathbb{C}$). Wählen wir beispielsweise $\alpha = i$, so gilt:

$$F(i\, z) = \overline{i\, z} = -i\, \overline{z} = -i\, F(z) \neq i\, F(z). \text{ ✗}$$

Somit ist (L2) nicht erfüllt und F ist nicht linear. ■

7.2 Matrixdarstellung von linearen Abbildungen

In diesem Abschnitt diskutieren wir den Zusammenhang zwischen linearen Abbildungen und „ihren" Matrizen. In Übung 7.2 haben wir gezeigt, dass die Abbildung $F: \boldsymbol{v} \to \boldsymbol{A}\boldsymbol{v}$ linear ist. Auf diese Weise definiert jede Matrix $\boldsymbol{A}$ eine lineare Abbildung. Stimmt aber auch das Gegenteil, dass jede lineare Abbildung genau einer Matrix entspricht? Die Antwort auf diese Frage lautet ja! Jede lineare Abbildung mit einer festen Basis kann durch genau eine Matrix (die sogenannte **Darstellungsmatrix**) dargestellt werden.

7.2.1 Einführendes Beispiel

Um den Zusammenhang zwischen linearen Abbildungen und Matrizen zu veranschaulichen, betrachten wir zuerst ein einfaches Beispiel.

► **Beispiel**

Die lineare Abbildung (vgl. Übung 7.1)

$$F : \mathbb{R}^2 \to \mathbb{R}^2, \; \boldsymbol{v} = \begin{bmatrix} v_1 \\ v_2 \end{bmatrix} \to F(\boldsymbol{v}) = \begin{bmatrix} v_1 - v_2 \\ v_1 + v_2 \end{bmatrix} \tag{7.5}$$

kann man wie folgt schreiben:

$$F(\boldsymbol{v}) = \begin{bmatrix} v_1 - v_2 \\ v_1 + v_2 \end{bmatrix} = \underbrace{\begin{bmatrix} 1 & -1 \\ 1 & 1 \end{bmatrix}}_{=A} \begin{bmatrix} v_1 \\ v_2 \end{bmatrix} = \boldsymbol{A}\boldsymbol{v}. \tag{7.6}$$

Mit dieser Matrixdarstellung ist die Wirkung von F auf $\boldsymbol{v} \in \mathbb{R}^2$ eindeutig als das Produkt der Matrix $\boldsymbol{A}$ (die ***Darstellungsmatrix*** von F) mit $\boldsymbol{v}$ Beschrieben:

$$F(\boldsymbol{v}) = \boldsymbol{A}\boldsymbol{v}. \tag{7.7}$$

◄

7.2.2 Die Darstellungsmatrix

Eine lineare Abbildung ist durch Angabe auf einer Basis eindeutig bestimmt

V und W seien in den folgenden Abschnitten endlich-dimensionale Vektorräume über $\mathbb{K}$ mit $\dim(V) = n$ und $\dim(W) = m$. Es seien jeweils $\mathcal{B}_1 = \{\boldsymbol{v_1}, \cdots, \boldsymbol{v_n}\}$ eine Basis von V und $\mathcal{B}_2 = \{\boldsymbol{w_1}, \cdots, \boldsymbol{w_m}\}$ eine Basis von W. Da $\mathcal{B}_1$ eine Basis ist, kann jeder $\boldsymbol{v} \in V$ in eindeutiger Weise als Linearkombination der Basisvektoren $\boldsymbol{v_1}, \cdots, \boldsymbol{v_n}$ dargestellt werden

$$\boldsymbol{v} = \sum_{i=1}^{n} \alpha_i \boldsymbol{v_i} = \alpha_1 \boldsymbol{v_1} + \cdots + \alpha_n \boldsymbol{v_n} \quad \Leftrightarrow \quad [\boldsymbol{v}]_{\mathcal{B}_1} = \begin{bmatrix} \alpha_1 \\ \vdots \\ \alpha_n \end{bmatrix}. \tag{7.8}$$

$\alpha_1, \cdots, \alpha_n$ sind dann die Koordinaten von $\boldsymbol{v}$ bezüglich der Basis $\mathcal{B}_1$. Es sei nun $F : V \to W$ eine lineare Abbildung. Wegen der Linearität von F gilt:

$$F(\boldsymbol{v}) = F(\alpha_1 \boldsymbol{v_1} + \cdots + \alpha_n \boldsymbol{v_n}) = \alpha_1 F(\boldsymbol{v_1}) + \cdots + \alpha_n F(\boldsymbol{v_n}). \tag{7.9}$$

Machen wir hier eine Pause und fragen: Was sagt uns diese Gleichung? Sie besagt, dass wir $F(\boldsymbol{v})$ in eindeutiger Weise aus den Bilder $F(\boldsymbol{v_1}), \cdots, F(\boldsymbol{v_n})$ berechnen können ($\alpha_1, \cdots, \alpha_n$ sind ja bekannt).

Merkregel

Mit anderen Worten: **Eine lineare Abbildung $F : V \to W$ ist durch Angabe einer Basis von V eindeutig bestimmt.**

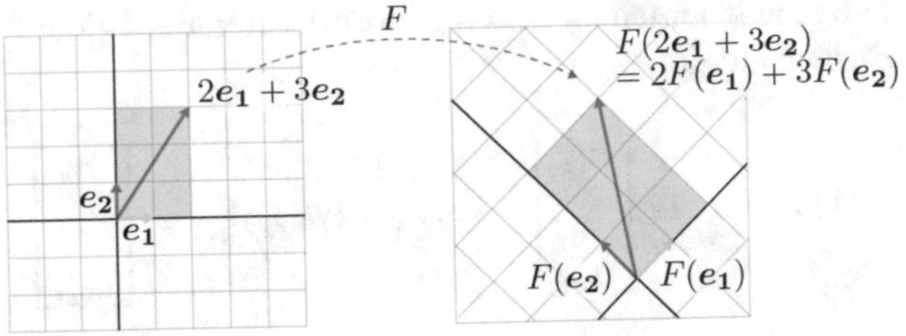

Abb. 7.2 Links: Ein Vektor $\boldsymbol{v}$ ist eine lineare Kombination der Standardbasisvektoren $\boldsymbol{e}_1$, $\boldsymbol{e}_2$. Rechts: Der Vektor $F(\boldsymbol{v})$ ist eine lineare Kombination der transformierten Basisvektoren $F(\boldsymbol{e}_1)$, $F(\boldsymbol{e}_2)$

Wir haben somit den folgenden Satz motiviert:

► Satz 7.3

Es sei $\mathcal{B}_1 = \{\boldsymbol{v}_1, \cdots, \boldsymbol{v}_n\}$ eine Basis von V und seien $\boldsymbol{u}_1, \cdots, \boldsymbol{u}_n$ beliebige Vektoren aus W. Dann gibt es eine **eindeutig bestimmte** lineare Abbildung $F : V \to W$ mit $F(\boldsymbol{v}_1) = \boldsymbol{u}_1, \cdots, F(\boldsymbol{v}_n) = \boldsymbol{u}_n$. ◄

► Beispiel

Die Linearität von Matrixtransformationen kann man wunderschön mithilfe eines Beispiels visualisieren (Abb. 7.2). Wir betrachten die lineare Abbildung F in Gl. (7.5) und wir schauen uns an, wie F auf den Vektor $\boldsymbol{v} = [2, 3]^T$ wirkt

$$F(\boldsymbol{v}) = \underbrace{\begin{bmatrix} 1 & -1 \\ 1 & 1 \end{bmatrix}}_{=A} \begin{bmatrix} 2 \\ 3 \end{bmatrix} = \begin{bmatrix} -1 \\ 5 \end{bmatrix} = 2 \underbrace{\begin{bmatrix} 1 \\ 1 \end{bmatrix}}_{=F(\boldsymbol{e}_1)} + 3 \underbrace{\begin{bmatrix} -1 \\ 1 \end{bmatrix}}_{=F(\boldsymbol{e}_2)}. \tag{7.10}$$

Wir können zwei wichtige Eigenschaften dieser Operation visualisieren (Abb. 7.2). Erstens stellen die Spalten von A dar, wo die Standardbasisvektoren $\boldsymbol{e}_1$, $\boldsymbol{e}_2$ im transformierten Vektorraum landen. Zweitens ist der Vektor im neuen Vektorraum $F(\boldsymbol{v})$ eine lineare Kombination der transformierten Basisvektoren $F(\boldsymbol{e}_1)$, $F(\boldsymbol{e}_2)$. Um dies zu visualisieren, können wir das Quadrat von den Standardbasisvektoren $\boldsymbol{e}_1$, $\boldsymbol{e}_2$ einfärben und sehen, wie dies transformiert wird. ◄

Konstruktion der Darstellungsmatrix

Satz 7.3 besagt, dass jede lineare Abbildung $F : V \to W$ genau festgelegt werden kann durch Angabe bezüglich einer Basis von V. Um die Darstellungsmatrix von F bezüglich der Basen $\mathcal{B}_1$ und $\mathcal{B}_2$ zu konstruieren, genügt es, das Bild $F(\boldsymbol{v}_i)$ jedes Basisvektors von $\mathcal{B}_1$ festzulegen:

$$F(\boldsymbol{v}_1), F(\boldsymbol{v}_2), \cdots, F(\boldsymbol{v}_n).$$

Diese Vektoren $F(\boldsymbol{v}_i)$ sind Elemente von W und können daher in eindeutiger Weise als Linearkombination der Vektoren der Basis $\mathcal{B}_2$ ausgedrückt werden, konkret:

$$\begin{aligned} F(\boldsymbol{v}_1) &= a_{11}\boldsymbol{w}_1 + \cdots + a_{m1}\boldsymbol{w}_m \\ &\vdots \\ F(\boldsymbol{v}_n) &= a_{1n}\boldsymbol{w}_1 + \cdots + a_{mn}\boldsymbol{w}_m. \end{aligned}$$

Die Koeffizienten a_{ij} sind die Koordinaten der Bilder $F(\boldsymbol{v_1}), \cdots, F(\boldsymbol{v_n})$ bezüglich der Basis $\mathcal{B}_2$, d. h.:

$$[F(\boldsymbol{v_1})]_{\mathcal{B}_2} = \begin{bmatrix} a_{11} \\ \vdots \\ a_{m1} \end{bmatrix}, \quad \cdots, \quad [F(\boldsymbol{v_n})]_{\mathcal{B}_2} = \begin{bmatrix} a_{1n} \\ \vdots \\ a_{mn} \end{bmatrix}.$$

Nun gilt:

$$\begin{aligned} F(\boldsymbol{v}) &= \alpha_1 F(\boldsymbol{v_1}) + \cdots + \alpha_n F(\boldsymbol{v_n}) \\ &= \alpha_1(a_{11}\boldsymbol{w_1} + \cdots + a_{m1}\boldsymbol{w_m}) + \cdots + \alpha_n(a_{1n}\boldsymbol{w_1} + \cdots + a_{mn}\boldsymbol{w_m}) \\ &= (a_{11}\alpha_1 + \cdots + a_{1n}\alpha_n)\,\boldsymbol{w_1} + \cdots + (a_{m1}\alpha_1 + \cdots + a_{mn}\alpha_n)\,\boldsymbol{w_m} \end{aligned} \tag{7.11}$$

Diese Gleichung besagt, dass $F(\boldsymbol{v})$ die folgenden Koordinaten in der Basis $\mathcal{B}_2 = \{\boldsymbol{w_1}, \cdots, \boldsymbol{w_m}\}$ hat:

$$[F(\boldsymbol{v})]_{\mathcal{B}_2} = \begin{bmatrix} a_{11}\alpha_1 + \cdots + a_{1n}\alpha_n \\ \vdots \\ a_{m1}\alpha_1 + \cdots + a_{mn}\alpha_n \end{bmatrix}. \tag{7.12}$$

Dies können wir nun in Matrixform umschreiben:

$$[F(\boldsymbol{v})]_{\mathcal{B}_2} = \begin{bmatrix} a_{11}\alpha_1 + \cdots + a_{1n}\alpha_n \\ \vdots \\ a_{m1}\alpha_1 + \cdots + a_{mn}\alpha_n \end{bmatrix} = \underbrace{\begin{bmatrix} a_{11} & \cdots & a_{1n} \\ \vdots & \ddots & \vdots \\ a_{m1} & \cdots & a_{mn} \end{bmatrix}}_{=\boldsymbol{A}} \underbrace{\begin{bmatrix} \alpha_1 \\ \vdots \\ \alpha_n \end{bmatrix}}_{=[\boldsymbol{v}]_{\mathcal{B}_1}} = \boldsymbol{A}[\boldsymbol{v}]_{\mathcal{B}_1}. \tag{7.13}$$

Wir haben es geschafft, unsere lineare Abbildung F in Matrixform zu schreiben! Die gefundene Matrix $\boldsymbol{A}$ ist genau die gesuchte Darstellungsmatrix von F bezüglich der Basen $\mathcal{B}_1$ und $\mathcal{B}_2$. Beachte, dass die Spalten von $\boldsymbol{A}$ genau die Koordinaten der Bilder $F(\boldsymbol{v_1}), \cdots, F(\boldsymbol{v_n})$ bezüglich der Basis $\mathcal{B}_2$ sind. Diese Überlegungen führen nun zur folgenden Definition der Darstellungsmatrix:

► Definition 7.4 (Darstellungsmatrix)

Die folgende Matrix

$$\boxed{\boldsymbol{M}^{\mathcal{B}_1}_{\mathcal{B}_2}(F) := \begin{bmatrix} | & & | \\ [F(\boldsymbol{v_1})]_{\mathcal{B}_2} & \cdots & [F(\boldsymbol{v_n})]_{\mathcal{B}_2} \\ | & & | \end{bmatrix}} \tag{7.14}$$

heißt **Darstellungsmatrix** von F bezüglich der Basen $\mathcal{B}_1 = \{\boldsymbol{v_1}, \cdots \boldsymbol{v_n}\}$ (von V) und $\mathcal{B}_2$ (von W). ◄

Praxistipp

Die **Spalten der Darstellungsmatrix** $M_{\mathcal{B}_2}^{\mathcal{B}_1}(F)$ sind die **Koordinaten bezüglich der Zielbasis** $\mathcal{B}_2$ **der Bilder der Vektoren der Ausgangsbasis** $\mathcal{B}_1$.

Bemerkung
Wir werden die Darstellungsmatrix der Abbildung F mit der Notation $\boldsymbol{M}_{\mathcal{B}_2}^{\mathcal{B}_1}(F)$ kennzeichnen, um ihre Abhängigkeit von der Wahl der Basen von V und W hervorzuheben

$$\boldsymbol{M}_{\mathcal{B}_2 \leftarrow \text{Zielbasis}}^{\mathcal{B}_1 \leftarrow \text{Ausgangsbasis}}$$

Mithilfe der Darstellungsmatrix können wir die Wirkung einer linearen Abbildung F vollständig beschreiben:

► Satz 7.4

Ist $F : V \rightarrow W$ eine lineare Abbildung mit Darstellungsmatrix $\boldsymbol{M}_{\mathcal{B}_2}^{\mathcal{B}_1}(F)$ bezüglich der Basen $\mathcal{B}_1$ und $\mathcal{B}_2$. Dann gilt:

$$\boxed{[F(\boldsymbol{v})]_{\mathcal{B}_2} = \boldsymbol{M}_{\mathcal{B}_2}^{\mathcal{B}_1}(F)\,[\boldsymbol{v}]_{\mathcal{B}_1}} \tag{7.15}$$

wobei

$$\begin{aligned} [\boldsymbol{v}]_{\mathcal{B}_1} &= \text{Koordinaten von } \boldsymbol{v} \text{ bzgl. der Basis } \mathcal{B}_1 \\ [F(\boldsymbol{v})]_{\mathcal{B}_2} &= \text{Koordinaten von } F(\boldsymbol{v}) \text{ bzgl. der Basis } \mathcal{B}_2 \\ \boldsymbol{M}_{\mathcal{B}_2}^{\mathcal{B}_1}(F) &= \text{Darstellungsmatrix von } F \text{ bzgl. der Basen } \mathcal{B}_1 \text{ und } \mathcal{B}_2 \end{aligned}$$ ◄

Merkregel
Der Koordinatenvektor von $F(\boldsymbol{v})$ in der Basis $\mathcal{B}_2$ ist gleich dem Produkt der Darstellungsmatrix $\boldsymbol{M}_{\mathcal{B}_2}^{\mathcal{B}_1}(F)$ mit dem Koordinatenvektor von $\boldsymbol{v}$ in der Basis $\mathcal{B}_1$.

Musterbeispiel 7.1 (Darstellungsmatrix bzgl. Standardbasis $\mathcal{E}$)

Man betrachte die folgende lineare Abbildung:

$$F : \mathbb{R}^2 \rightarrow \mathbb{R}^2,\ \boldsymbol{v} = \begin{bmatrix} v_1 \\ v_2 \end{bmatrix} \rightarrow F(\boldsymbol{v}) = \begin{bmatrix} v_1 - v_2 \\ v_1 + v_2 \end{bmatrix}.$$

Wie lautet die Darstellungsmatrix von F in der Standardbasis von $\mathbb{R}^2$? Die Standardbasis von $\mathbb{R}^2$ ist

$$\mathcal{E} = \left\{ \boldsymbol{e_1} = \begin{bmatrix} 1 \\ 0 \end{bmatrix}, \boldsymbol{e_2} = \begin{bmatrix} 0 \\ 1 \end{bmatrix} \right\}.$$

Um die Darstellungsmatrix von F in dieser Basis zu ermitteln, müssen wir einfach die Bilder der Basisvektoren bestimmen und diese als Spalten in einer Matrix aufschreiben:

$$F(\boldsymbol{e_1}) = F\left(\begin{bmatrix}1\\0\end{bmatrix}\right) = \begin{bmatrix}1-0\\1+0\end{bmatrix} = \begin{bmatrix}1\\1\end{bmatrix}, \quad F(\boldsymbol{e_2}) = F\left(\begin{bmatrix}0\\1\end{bmatrix}\right) = \begin{bmatrix}0-1\\0+1\end{bmatrix} = \begin{bmatrix}-1\\1\end{bmatrix}.$$

Die Darstellungsmatrix von F in der Standardbasis $\mathcal{E}$ lautet somit:

$$\boldsymbol{M}^{\mathcal{E}}_{\mathcal{E}}(F) = \begin{bmatrix}1 & -1\\1 & 1\end{bmatrix}.$$

Mit der Darstellungsmatrix können wir nun das Bild eines beliebigen Vektors berechnen. Zum Beispiel:

$$F\left(\begin{bmatrix}3\\-2\end{bmatrix}\right) = \begin{bmatrix}1 & -1\\1 & 1\end{bmatrix}\begin{bmatrix}3\\-2\end{bmatrix} = \begin{bmatrix}5\\1\end{bmatrix}.$$

Probe mit der Definition von F: $F\left(\begin{smallmatrix}3\\-2\end{smallmatrix}\right) = \left[\begin{smallmatrix}3-(-2)\\3+(-2)\end{smallmatrix}\right] = \left[\begin{smallmatrix}5\\1\end{smallmatrix}\right]$ ✓

Musterbeispiel 7.2 (Darstellungsmatrix in beliebigen Basen)

Als nächstes Beispiel betrachten wir dieselbe lineare Abbildung wie oben

$$F : \mathbb{R}^2 \to \mathbb{R}^2, \ \boldsymbol{v} = \begin{bmatrix}v_1\\v_2\end{bmatrix} \to F(\boldsymbol{v}) = \begin{bmatrix}v_1 - v_2\\v_1 + v_2\end{bmatrix},$$

aber wir fokussieren uns auf die folgenden zwei Basen von $\mathbb{R}^2$

$$\mathcal{B}_1 = \left\{\boldsymbol{v_1} = \begin{bmatrix}2\\1\end{bmatrix}, \boldsymbol{v_2} = \begin{bmatrix}1\\-1\end{bmatrix}\right\} \quad \mathcal{B}_2 = \left\{\boldsymbol{w_1} = \begin{bmatrix}0\\1\end{bmatrix}, \boldsymbol{w_2} = \begin{bmatrix}1\\1\end{bmatrix}\right\}.$$

Wie lautet die Darstellungsmatrix von F bezüglich der Basen $\mathcal{B}_1$ und $\mathcal{B}_2$? Wir berechnen die Bilder der Vektoren der Ausgangsbasis $\mathcal{B}_1$:

$$F(\boldsymbol{v_1}) = F\left(\begin{bmatrix}2\\1\end{bmatrix}\right) = \begin{bmatrix}2-1\\2+1\end{bmatrix} = \begin{bmatrix}1\\3\end{bmatrix}, \quad F(\boldsymbol{v_2}) = F\left(\begin{bmatrix}1\\-1\end{bmatrix}\right) = \begin{bmatrix}1+1\\1-1\end{bmatrix} = \begin{bmatrix}2\\0\end{bmatrix}.$$

Sind wir fertig? Nein: Wir müssen noch die Koordinaten von $F(\boldsymbol{v_1})$ und $F(\boldsymbol{v_2})$ bezüglich der Ankunftsbasis $\mathcal{B}_2$ bestimmen. Es gilt:

$$F(\boldsymbol{v_1}) = \begin{bmatrix}1\\3\end{bmatrix} = 2\begin{bmatrix}0\\1\end{bmatrix} + \begin{bmatrix}1\\1\end{bmatrix} = 2\boldsymbol{w_1} + \boldsymbol{w_2} \qquad \Rightarrow \ [F(\boldsymbol{v_1})]_{\mathcal{B}_2} = \begin{bmatrix}2\\1\end{bmatrix}$$

$$F(\boldsymbol{v_2}) = \begin{bmatrix} 2 \\ 0 \end{bmatrix} = (-2) \begin{bmatrix} 0 \\ 1 \end{bmatrix} + 2 \begin{bmatrix} 1 \\ 1 \end{bmatrix} = -2\boldsymbol{w_1} + 2\boldsymbol{w_2} \qquad \Rightarrow [F(\boldsymbol{v_2})]_{\mathcal{B}_2} = \begin{bmatrix} -2 \\ 2 \end{bmatrix}$$

Die Darstellungsmatrix von F bezüglich der Basen $\mathcal{B}_1$ und $\mathcal{B}_2$ lautet somit:

$$\boldsymbol{M}_{\mathcal{B}_2}^{\mathcal{B}_1}(F) = \begin{bmatrix} 2 & -2 \\ 1 & 2 \end{bmatrix}.$$

Musterbeispiel 7.3 (Darstellungsmatrix für lineare Abbildungen auf beliebigen Vektorräumen (z. B. Polynome))

Es sei $P_3(\mathbb{R})$ die Menge der reellen Polynome vom Grad $\leq$ 3. Man betrachte die Ableitung

$$\frac{d}{dx} : P_3(\mathbb{R}) \to P_3(\mathbb{R}),\ p(x) \to \frac{dp(x)}{dx}.$$

Wie lautet die Darstellungsmatrix von F in der Standardbasis von $P_3(\mathbb{R})$? Die Standardbasis von $P_3(\mathbb{R})$ ist $\mathcal{E} = \{1, x, x^2, x^3\}$. Jetzt wenden wir $\frac{d}{dx}$ auf jedes Basiselement an:

$$\frac{d(1)}{dx} = 0, \quad \frac{d(x)}{dx} = 1, \quad \frac{d(x^2)}{dx} = 2x, \quad \frac{d(x^3)}{dx} = 3x^2.$$

In der Basis $\mathcal{E} = \{1, x, x^2, x^3\}$ haben diese Bilder die folgenden Koordinaten:

$$\left[\frac{d(1)}{dx}\right]_{\mathcal{E}} = \begin{bmatrix} 0 \\ 0 \\ 0 \\ 0 \end{bmatrix}, \quad \left[\frac{d(x)}{dx}\right]_{\mathcal{E}} = \begin{bmatrix} 1 \\ 0 \\ 0 \\ 0 \end{bmatrix}, \quad \left[\frac{d(x^2)}{dx}\right]_{\mathcal{E}} = \begin{bmatrix} 0 \\ 2 \\ 0 \\ 0 \end{bmatrix}, \quad \left[\frac{d(x^3)}{dx}\right]_{\mathcal{E}} = \begin{bmatrix} 0 \\ 0 \\ 3 \\ 0 \end{bmatrix}.$$

Die gesuchte Darstellungsmatrix lautet somit

$$\boldsymbol{M}_{\mathcal{E}}^{\mathcal{E}}\left(\frac{d}{dx}\right) = \begin{bmatrix} 0 & 1 & 0 & 0 \\ 0 & 0 & 2 & 0 \\ 0 & 0 & 0 & 3 \\ 0 & 0 & 0 & 0 \end{bmatrix}.$$

Nun können wir die Darstellungsmatrix benutzen, um die Ableitung von $p(x) = x^3 + 2x^2 - 4x$ zu berechnen. Die Koordinaten von $p(x)$ in der Standardbasis lauten:

$$[p(x)]_{\mathcal{E}} = \begin{bmatrix} 0 \\ -4 \\ 2 \\ 1 \end{bmatrix} \Rightarrow \left[\frac{dp(x)}{dx}\right]_{\mathcal{E}} = \begin{bmatrix} 0 & 1 & 0 & 0 \\ 0 & 0 & 2 & 0 \\ 0 & 0 & 0 & 3 \\ 0 & 0 & 0 & 0 \end{bmatrix} \begin{bmatrix} 0 \\ -4 \\ 2 \\ 1 \end{bmatrix} = \begin{bmatrix} -4 \\ 4 \\ 3 \\ 0 \end{bmatrix}.$$

Die Ableitung von $p(x)$ ist somit $3x^2 + 4x - 4$.
Probe durch direktes Ableiten: $\frac{d}{dx}(x^3 + 2x^2 - 4x) = 3x^2 + 4x - 4$ ✓

7.2.3 Geometrische Interpretation linearer Abbildungen

Wie kann man sich eine lineare Abbildung geometrisch vorstellen? Eine Konsequenz der Linearität ist, dass lineare Abbildungen Vektoren nur auf bestimmte Weise modifizieren können, beispielsweise durch **Drehen**, **Reflektieren**, **Skalieren**, **Scheren** und **Projizieren** (◘ Abb. 7.3). Transformationen, welche Vektoren nicht linear „deformieren", sind nicht gestattet.

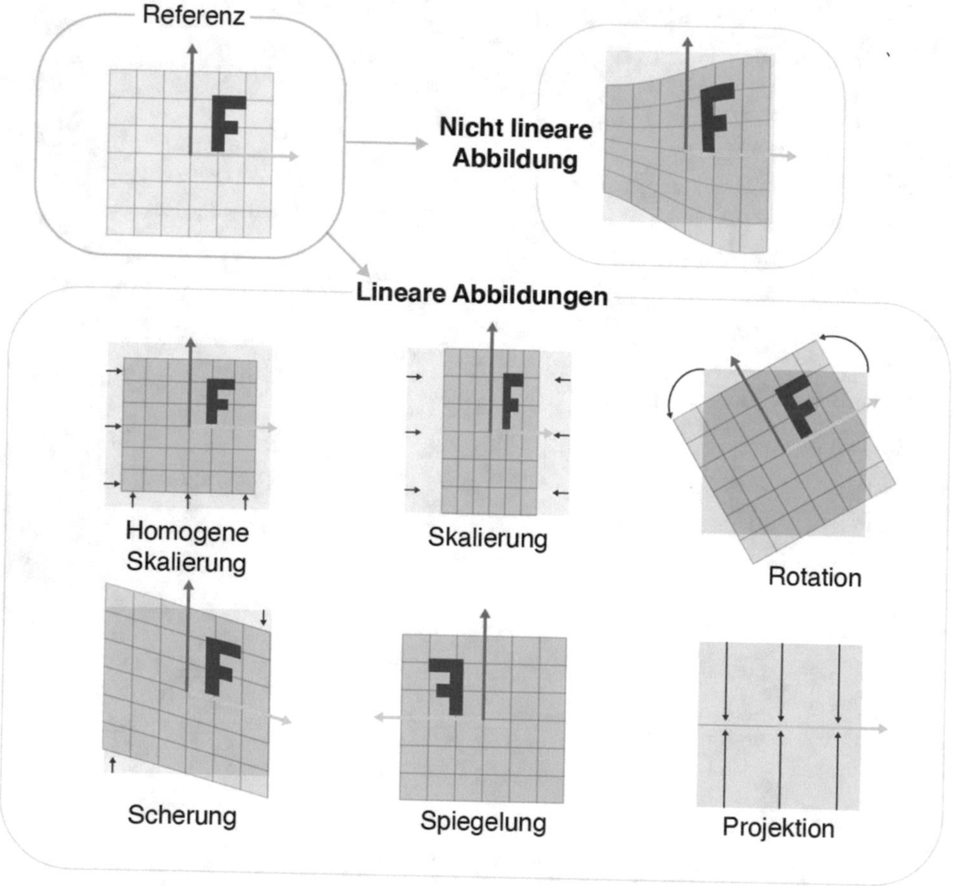

◘ **Abb. 7.3** Wie sehen lineare Abbildungen aus? Die Figur zeigt einige Beispiele von linearen und nicht linearen Abbildungen. Lineare Abbildungen beschreiben Skalierungen, Rotationen, Scherungen, Spiegelungen und Projektionen. Kompliziertere Abbildungen, welche Vektoren „deformieren" sind nicht linear

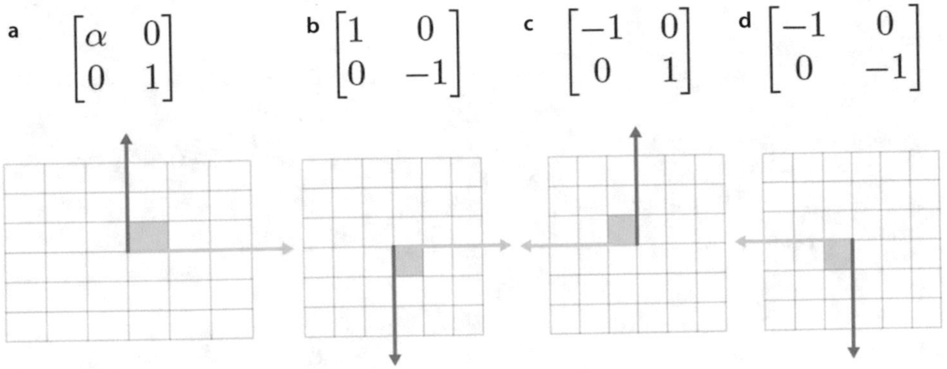

Abb. 7.4 Geometrische Wirkung von Diagonalmatrizen. (**a**) Streckung der ersten Komponente, (**b**) Spiegelung an der x_1-Achse, (**c**) Spiegelung an der x_2-Achse, (**d**) Punktspiegelung

Lineare Abbildungen in Diagonalform

Lineare Transformationen mit diagonaler Matrixdarstellung sind geometrisch am einfachsten zu verstehen (Abb. 7.4). Man betrachte beispielsweise eine beliebige Diagonalmatrix mit Diagonaleinträgen $\alpha_1, \alpha_2, \cdots, \alpha_n$. Dann gilt für einen beliebigen Vektor $\boldsymbol{v}$:

$$\begin{bmatrix} \alpha_1 & & & \\ & \alpha_2 & & \\ & & \ddots & \\ & & & \alpha_n \end{bmatrix} \begin{bmatrix} v_1 \\ v_2 \\ \vdots \\ v_n \end{bmatrix} = \alpha_1 \begin{bmatrix} v_1 \\ 0 \\ \vdots \\ 0 \end{bmatrix} + \alpha_2 \begin{bmatrix} 0 \\ v_2 \\ \vdots \\ 0 \end{bmatrix} + \cdots + \alpha_n \begin{bmatrix} 0 \\ 0 \\ \vdots \\ v_n \end{bmatrix}$$

Dies bedeutet, dass α_1 bestimmt, wie sich die erste Komponente von $\boldsymbol{v}$ transformiert, α_2 bestimmt, wie sich die zweite Komponente von $\boldsymbol{v}$ transformiert, usw. Beispielsweise können wir $\alpha_i > 0$ verwenden, um die i-te Komponente von $\boldsymbol{v}$ zu strecken. $\alpha_i < 0$ bedeutet, dass v_i gespiegelt wird. Man kann Vektoren mit einer diagonalen Matrix nicht scheren.

Bemerkung

Die Tatsache, dass lineare Abbildungen in Diagonalform beonders „einfach" darzustellen sind, hat wichtige Folgerungen, wie wir in „Lineare Algebra, Band II" genauer erfahren werden. Insbesondere wird die folgende Frage uns lange Zeit beschäftigen: Gegeben eine lineare Abbildung $F \in \mathrm{End}(V)$, gibt es eine Basis von V derart, dass F durch eine Diagonalmatrix (d. h. durch eine möglichst einfache Matrix) dargestellt wird?

Determinante einer linearen Abbildung

Was ist die geometrische Bedeutung der Determinante der Darstellungsmatrix? Um den Effekt von F besser zu visualisieren, können wir untersuchen, wie F das von den Standardbasisvektoren $\boldsymbol{e}_1, \cdots, \boldsymbol{e}_n$ überspannte Volumen (oder Flächeninhalt) abbildet. Die Determinante der Darstellungsmatrix von F gibt das Volumen (oder

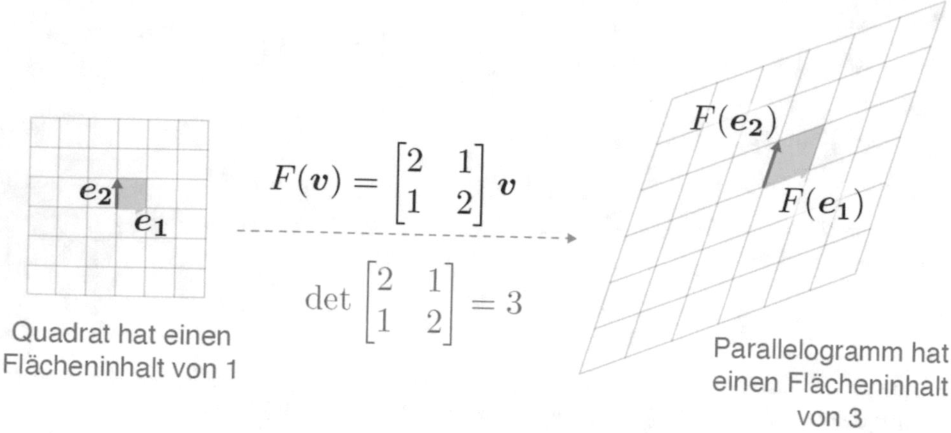

Abb. 7.5 Geometrische Interpretation der Determinante einer linearen Abbildung

Flächeninhalt) des Parallelepipeds an, das von den transformierten Basisvektoren $F(e_1), \cdots, F(e_n)$ aufgespannt wird. Die lineare Abbildung in Abb. 7.5 hat zum Beispiel Determinante 3. Daher hat der von den transformierten Basisvektoren $F(e_1)$, $F(e_2)$ aufgespannten Parallelogramm einen Flächeninhalt von 3.

Bemerkung

Im Allgemeinen gilt: Es sei $F : \mathbb{R}^n \to \mathbb{R}^n$ linear und $\Omega \subset \mathbb{R}^n$ ein Gebiet mit Volumen (oder Flächeninhalt) $\mathrm{Vol}(\Omega)$. Dann gilt für das Volumen (oder Flächeninhalt) des Transformierten Gebiet $F(\Omega)$

$$\mathrm{Vol}(F(\Omega)) = |\det(A)|\,\mathrm{Vol}(\Omega),$$

wobei A die Darstellungsmatrix von F ist. Wie wir in ▶ Kap. 8 erfahren werden, ist der Wert der Determinante der Darstellungsmatrizen von F bzgl. aller Basen von V gleich. Die Determinante ist damit eine intrinsische Eigenschaft einer linearen Abbildung.

7.2.4 Eigenschaften der Darstellungsmatrix

Addition und Skalarmultiplikation

Die Summe und Skalarmultiplikation von linearen Abbildungen entspricht der Summe bzw. Skalarmultiplikation der zugehörigen Darstellungsmatrizen. Genauer:

▶ Satz 7.5

Es seien $F, G : V \to W$ lineare Abbildungen und $\mathcal{B}_1, \mathcal{B}_2$ Basen von V bzw. W. Es sei $\alpha \in \mathbb{K}$. Dann gilt:
- $M^{\mathcal{B}_1}_{\mathcal{B}_2}(F + G) = M^{\mathcal{B}_1}_{\mathcal{B}_2}(F) + M^{\mathcal{B}_1}_{\mathcal{B}_2}(G)$
- $M^{\mathcal{B}_1}_{\mathcal{B}_2}(\alpha F) = \alpha\, M^{\mathcal{B}_1}_{\mathcal{B}_2}(F)$ ◀

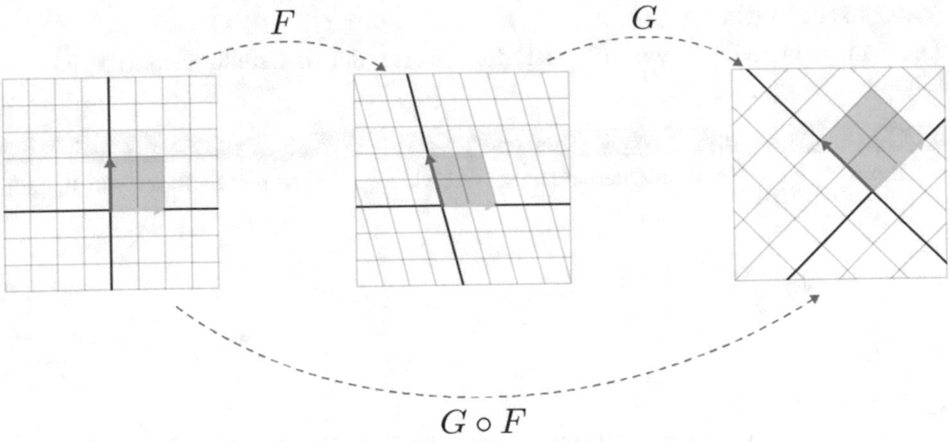

Abb. 7.6 Komposition von linearen Abbildungen

Merkregel
Die Summe und Skalarmultiplikation von linearen Abbildungen entspricht der Summe bzw. Skalarmultiplikation der zugehörigen Darstellungsmatrizen.

Komposition von Abbildungen

Die Darstellungsmatrix der Komposition $G \circ F$ ist das Produkt der Darstellungsmatrizen von G und F (in dieser Reihenfolge! Siehe Abb. 7.6). Konkret:

▶ Satz 7.6

Es seien $F : V \to W$ und $G : W \to Z$ lineare Abbildungen. Es seien $\mathcal{B}_1$, $\mathcal{B}_2$ und $\mathcal{B}_3$ Basen von V, W bzw. Z. Dann gilt:

$$\boldsymbol{M}^{\mathcal{B}_1}_{\mathcal{B}_3}(G \circ F) = \boldsymbol{M}^{\mathcal{B}_2}_{\mathcal{B}_3}(G)\,\boldsymbol{M}^{\mathcal{B}_1}_{\mathcal{B}_2}(F). \tag{7.16}$$

◀

Merkregel
Die Matrixdarstellung von $G \circ F$ ist das Produkt der Darstellungsmatrizen von F und G.

Insbesondere für $F : V \to V$ definieren wir $F^n := \overbrace{F \circ F \circ \cdots \circ F}^{n\text{-Mal}}$. Die Abbildung F^n ist linear, weil die Komposition von linearen Abbildungen es auch ist. Es gilt:

▶ Satz 7.7

Die Darstellungsmatrix von F^n bezüglich der Basis $\mathcal{B}$ ist

$$\boldsymbol{M}^{\mathcal{B}}_{\mathcal{B}}(F^n) = \left(\boldsymbol{M}^{\mathcal{B}}_{\mathcal{B}}(F)\right)^n. \tag{7.17}$$

◀

Inverse Abbildung

Die Matrixdarstellung von F^{-1} ist die Inverse der Darstellungsmatrix von F. Genauer:

► Satz 7.8

Es sei $F : V \to V$ eine invertierbare lineare Abbildung. Sind $\mathcal{B}_1$ und $\mathcal{B}_2$ Basen von V, dann gilt:

$$M_{\mathcal{B}_1}^{\mathcal{B}_2}(F^{-1}) = \left(M_{\mathcal{B}_2}^{\mathcal{B}_1}(F)\right)^{-1}. \tag{7.18}$$

◄

Merkregel

Die Matrixdarstellung von F^{-1} ist die Inverse der Darstellungsmatrix von F.

Bemerkung

Beachte: $F : V$ (mit Basis $\mathcal{B}_1$) $\to$ V (mit Basis $\mathcal{B}_2$) und $F^{-1} : V$ (mit Basis $\mathcal{B}_2$) $\to$ V (mit Basis $\mathcal{B}_1$).

7.2.5 Kochrezept

Für die Bestimmung der Darstellungsmatrix einer linearen Abbildung kann man in der Praxis das folgende Kochrezept benutzen:

Kochrezept 7.1 (Darstellungsmatrix einer linearen Abbildung bestimmen)

Gegeben: eine lineare Abbildung $F : V \to W$, eine Basis $\mathcal{B}_1 = \{\boldsymbol{v}_1, \cdots \boldsymbol{v}_n\}$ von V und eine Basis $\mathcal{B}_2 = \{\boldsymbol{w}_1, \cdots \boldsymbol{w}_m\}$ von W (im Allgemeinen: $n \neq m$).

Gesucht: Darstellungsmatrix $M_{\mathcal{B}_2}^{\mathcal{B}_1}(F)$ von F bezüglich der Basen $\mathcal{B}_1$ und $\mathcal{B}_2$.

Fall 1: $\mathcal{B}_1$ und $\mathcal{B}_2$ sind Standardbasen.

Schritt 1 Man berechne $F(\boldsymbol{v}_1), \cdots, F(\boldsymbol{v}_n)$.

Schritt 2 Man schreibe $F(\boldsymbol{v}_1), \cdots, F(\boldsymbol{v}_n)$ als Spalten in einer Matrix auf:

$$M_{\mathcal{E}}^{\mathcal{E}}(F) = \begin{bmatrix} | & & | \\ F(\boldsymbol{e}_1) & \cdots & F(\boldsymbol{e}_n) \\ | & & | \end{bmatrix}.$$

Die resultierende Matrix ist die gesuchte Darstellungsmatrix $M_{\mathcal{E}}^{\mathcal{E}}(F)$ von F bezüglich der Standardbasis $\mathcal{E}$.

Fall 2: $\mathcal{B}_1$ und $\mathcal{B}_2$ sind allgemeine Basen.

Schritt 1 Man berechne $F(\boldsymbol{v}_1), \cdots, F(\boldsymbol{v}_n)$.

Schritt 2 Man schreibe die Vektoren $F(\boldsymbol{v}_1), \cdots, F(\boldsymbol{v}_n)$ als Linearkombination der Basisvektoren $\boldsymbol{w}_1, \cdots \boldsymbol{w}_m$, d. h. man finde die Koordinaten von $F(\boldsymbol{v}_1), \cdots, F(\boldsymbol{v}_n)$ bezüglich der Basis $\mathcal{B}_2$.

Schritt 3 Man schreibe die Koordinaten aus Schritt 2 als Spalten in einer Matrix auf:

$$M_{\mathcal{B}_2}^{\mathcal{B}_1}(F) = \begin{bmatrix} | & & | \\ \text{Koordinaten} & & \text{Koordinaten} \\ \text{von } F(\boldsymbol{v}_1) & \cdots & \text{von } F(\boldsymbol{v}_n) \\ \text{in Basis } \mathcal{B}_2 & & \text{in Basis } \mathcal{B}_2 \\ | & & | \end{bmatrix}.$$

Die resultierende Matrix ist die gesuchte Darstellungsmatrix $M_{\mathcal{B}_2}^{\mathcal{B}_1}(F)$ von F bezüglich der Basen $\mathcal{B}_1$ und $\mathcal{B}_2$.

Weitere Eigenschaften und Hinweise

- Anzahl Spalten der Darstellungsmatrix $= \dim(V) = n$.
- Anzahl Zeilen der Darstellungsmatrix $= \dim(W) = m$.
- Um Fehler zu vermeiden, schlagen wir vor, die Basen von V und W immer anzugeben, anhand derer die Darstellugsmatrix berechnet wird. Diese werden mit einem oberen und einem unteren Index bezeichnet:

$$M_{\mathcal{B}_2 \leftarrow \text{Zielbasis}}^{\mathcal{B}_1 \leftarrow \text{Ausgangsbasis}}$$

7.2.6 Beispiele

Wir betrachten jetzt ausführliche Beispiele zur Darstellungsmatrix.

Übung 7.10

●○○ Es sei $\mathcal{E} = \{\boldsymbol{e}_1, \boldsymbol{e}_2, \boldsymbol{e}_3\}$ die Standardbasis von $\mathbb{R}^3$. Man finde die Darstellungsmatrix der linearen Abbildung $F : \mathbb{R}^3 \to \mathbb{R}^2$ gegeben durch

$$F(\boldsymbol{e}_1) = \begin{bmatrix} 2 \\ 1 \end{bmatrix}, \quad F(\boldsymbol{e}_2) = \begin{bmatrix} 1 \\ -2 \end{bmatrix}, \quad F(\boldsymbol{e}_3) = \begin{bmatrix} 3 \\ 1 \end{bmatrix}.$$

Man berechne $F\left(\begin{smallmatrix} 1 \\ -2 \\ 1 \end{smallmatrix}\right)$ und $F\left(\begin{smallmatrix} 1 \\ 1 \\ -1 \end{smallmatrix}\right)$.

Lösung

Die Spalten der Darstellungsmatrix von F in der Standardbasis sind genau die Bilder der Basisvektoren $\boldsymbol{e}_1, \boldsymbol{e}_2, \boldsymbol{e}_3$. In diesem Fall sind diese Bilder bereits gegeben. Die gesuchte Darstellungsmatrix lautet somit:

$$M_{\mathcal{E}}^{\mathcal{E}}(F) = \begin{bmatrix} 2 & 1 & 3 \\ 1 & -2 & 1 \end{bmatrix}.$$

Mit dieser Darstellungsmatrix finden wir:

$$F\left(\begin{bmatrix}1\\-2\\1\end{bmatrix}\right)=\begin{bmatrix}2&1&3\\1&-2&1\end{bmatrix}\begin{bmatrix}1\\-2\\1\end{bmatrix}=\begin{bmatrix}3\\6\end{bmatrix},\quad F\left(\begin{bmatrix}1\\1\\-1\end{bmatrix}\right)=\begin{bmatrix}2&1&3\\1&-2&1\end{bmatrix}\begin{bmatrix}1\\1\\-1\end{bmatrix}=\begin{bmatrix}0\\-2\end{bmatrix}.$$

■

Übung 7.11

• ○ ○ Für welche $\alpha \in \mathbb{R}$ gibt es eine lineare Abbildung $F : \mathbb{R}^2 \to \mathbb{R}^2$ mit

$$F\left(\begin{bmatrix}1\\0\end{bmatrix}\right)=\begin{bmatrix}2\\4\end{bmatrix},\quad F\left(\begin{bmatrix}0\\1\end{bmatrix}\right)=\begin{bmatrix}-1\\2\end{bmatrix},\quad F\left(\begin{bmatrix}1\\2\end{bmatrix}\right)=\begin{bmatrix}\alpha+1\\8\end{bmatrix}?$$

Lösung

Eine lineare Abbildung ist **eindeutig** durch die Bilder der Basisvektoren bestimmt (Satz 7.3). Da wir die Bilder der Basiselemente $\boldsymbol{e_1}, \boldsymbol{e_2}$ bereits kennen, können wir die Darstellungsmatrix von F in der Standardbasis direkt hinschreiben:

$$\boldsymbol{M}_{\mathcal{E}}^{\mathcal{E}}(F)=\begin{bmatrix}2&-1\\4&2\end{bmatrix}.$$

Es gilt somit $F\left(\begin{smallmatrix}1\\2\end{smallmatrix}\right)=\left[\begin{smallmatrix}2&-1\\4&2\end{smallmatrix}\right]\left[\begin{smallmatrix}1\\2\end{smallmatrix}\right]=\left[\begin{smallmatrix}0\\8\end{smallmatrix}\right]\stackrel{!}{=}\left[\begin{smallmatrix}\alpha+1\\8\end{smallmatrix}\right] \Rightarrow \alpha=-1.$ ■

Übung 7.12

• ○ ○ Man bestimme die Darstellungsmatrix der folgenden linearen Abbildung in der Standardbasis:

$$F:\mathbb{R}^3\to\mathbb{R}^2,\ \boldsymbol{v}=\begin{bmatrix}v_1\\v_2\\v_3\end{bmatrix}\stackrel{F}{\longmapsto}F(\boldsymbol{v})=\begin{bmatrix}v_1-2v_2+3v_3\\v_1+v_3\end{bmatrix}.$$

Lösung

Um die Darstellungsmatrix von F zu bestimmen, müssen wir zuerst die Bilder der Standardbasisvektoren bestimmen:

$$F\left(\begin{bmatrix}1\\0\\0\end{bmatrix}\right)=\begin{bmatrix}1\\1\end{bmatrix},\quad F\left(\begin{bmatrix}0\\1\\0\end{bmatrix}\right)=\begin{bmatrix}-2\\0\end{bmatrix},\quad F\left(\begin{bmatrix}0\\0\\1\end{bmatrix}\right)=\begin{bmatrix}3\\1\end{bmatrix}\Rightarrow \boldsymbol{M}_{\mathcal{E}}^{\mathcal{E}}(F)=\begin{bmatrix}1&-2&3\\1&0&1\end{bmatrix}.$$

■

Übung 7.13

• ○ ○ Man betrachte die Abbildung $F : \mathbb{R}^3 \to \mathbb{R}^4$ gegeben durch:

$$F\left(\begin{bmatrix} x_1 \\ x_2 \\ x_3 \end{bmatrix}\right) = \begin{bmatrix} x_1 - x_2 \\ x_1 + x_3 \\ x_2 - x_3 \\ x_1 - 2x_2 + x_3 \end{bmatrix}.$$

a) Ist F linear?

b) Man bestimme die Darstellungsmatrix von F in der Standardbasis.

Lösung

a) Ja. Wir verifizieren die Linearität von F durch direktes Nachrechnen:

(L1) Es seien $\boldsymbol{x} = (x_1, x_2, x_3)^T$ und $\boldsymbol{y} = (y_1, y_2, y_3)^T$ zwei Vektoren in $\mathbb{R}^3$. Dann gilt:

$$F(\boldsymbol{x} + \boldsymbol{y}) = F\left(\begin{bmatrix} x_1 + y_1 \\ x_2 + y_2 \\ x_3 + y_3 \end{bmatrix}\right) = \begin{bmatrix} (x_1 + y_1) - (x_2 + y_2) \\ (x_1 + y_1) + (x_3 + y_3) \\ (x_2 + y_2) - (x_3 + y_3) \\ (x_1 + y_1) - 2(x_2 + y_2) + (x_3 + y_3) \end{bmatrix}$$

$$= \begin{bmatrix} x_1 - x_2 \\ x_1 + x_3 \\ x_2 - x_3 \\ x_1 - 2x_2 + x_3 \end{bmatrix} + \begin{bmatrix} y_1 - y_2 \\ y_1 + y_3 \\ y_2 - y_3 \\ y_1 - 2y_2 + y_3 \end{bmatrix} = F(\boldsymbol{x}) + F(\boldsymbol{y}) \checkmark$$

(L2) Es seien $\boldsymbol{x} = (x_1, x_2, x_3)^T \in \mathbb{R}^3$ und $\alpha \in \mathbb{R}$. Dann gilt:

$$F(\alpha\boldsymbol{x}) = F\left(\begin{bmatrix} \alpha x_1 \\ \alpha x_2 \\ \alpha x_3 \end{bmatrix}\right) = \begin{bmatrix} \alpha x_1 - \alpha x_2 \\ \alpha x_1 + \alpha x_3 \\ \alpha x_2 - \alpha x_3 \\ \alpha x_1 - 2(\alpha x_2) + \alpha x_3 \end{bmatrix} = \alpha \begin{bmatrix} x_1 - x_2 \\ x_1 + x_3 \\ x_2 - x_3 \\ x_1 - 2x_2 + x_3 \end{bmatrix}$$

$$= \alpha F(\boldsymbol{x}) \checkmark$$

Weil beide Bedingungen (i) und (ii) erfüllt sind, ist F linear.

b) Um die Darstellungsmatrix von F zu ermitteln, müssen wir einfach die Bilder der Basisvektoren (in der Standardbasis) bestimmen und diese als Spalten in einer Matrix aufschreiben:

$$F\left(\begin{bmatrix} 1 \\ 0 \\ 0 \end{bmatrix}\right) = \begin{bmatrix} 1 \\ 1 \\ 0 \\ 1 \end{bmatrix}, \quad F\left(\begin{bmatrix} 0 \\ 1 \\ 0 \end{bmatrix}\right) = \begin{bmatrix} -1 \\ 0 \\ 1 \\ -2 \end{bmatrix}, \quad F\left(\begin{bmatrix} 0 \\ 0 \\ 1 \end{bmatrix}\right) = \begin{bmatrix} 0 \\ 1 \\ -1 \\ 1 \end{bmatrix}.$$

Die Darstellungsmatrix von F lautet somit $\boldsymbol{M}_{\mathcal{E}}^{\mathcal{E}}(F) = \begin{bmatrix} 1 & -1 & 0 \\ 1 & 0 & 1 \\ 0 & 1 & -1 \\ 1 & -2 & 1 \end{bmatrix}$.

Alternative:

$$F\left(\begin{bmatrix} x_1 \\ x_2 \\ x_3 \end{bmatrix}\right) = \begin{bmatrix} x_1 - x_2 \\ x_1 + x_3 \\ x_2 - x_3 \\ x_1 - 2x_2 + x_3 \end{bmatrix} = \begin{bmatrix} 1 & -1 & 0 \\ 1 & 0 & 1 \\ 0 & 1 & -1 \\ 1 & -2 & 1 \end{bmatrix} \begin{bmatrix} x_1 \\ x_2 \\ x_3 \end{bmatrix} \Rightarrow \boldsymbol{M}_{\mathcal{E}}^{\mathcal{E}}(F) = \begin{bmatrix} 1 & -1 & 0 \\ 1 & 0 & 1 \\ 0 & 1 & -1 \\ 1 & -2 & 1 \end{bmatrix}.$$

Da F eindeutig als Darstellungsmatrix $\boldsymbol{M}_{\mathcal{E}}^{\mathcal{E}}(F)$ darstellbar ist, ist F linear. ■

Übung 7.14

•∘∘ Es seien V und W Vektorräume mit den Basen $\mathcal{B}_1 = \{\boldsymbol{v_1}, \boldsymbol{v_2}, \boldsymbol{v_3}\}$ bzw. $\mathcal{B}_2 = \{\boldsymbol{w_1}, \boldsymbol{w_2}\}$. Man finde die Darstellungsmatrix der linearen Abbildung $F : V \to W$ gegeben durch

$$F(\boldsymbol{v_1}) = 2\boldsymbol{w_1} + 2\boldsymbol{w_2}, \; F(\boldsymbol{v_2}) = -4\boldsymbol{w_1} - 2\boldsymbol{w_2}, \; F(\boldsymbol{v_3}) = \boldsymbol{w_2}.$$

Man berechne $F(3\boldsymbol{v_1} + 2\boldsymbol{v_2} - \boldsymbol{v_3})$.

Lösung

Die Spalten der gesuchten Darstellungsmatrix von F enthalten die Koordinaten von $F(\boldsymbol{v_1}), F(\boldsymbol{v_2}), F(\boldsymbol{v_3})$ in der Basis $\boldsymbol{w_1}, \boldsymbol{w_2}$:

$$[F(\boldsymbol{v_1})]_{\mathcal{B}_2} = \begin{bmatrix} 2 \\ 2 \end{bmatrix}, \quad [F(\boldsymbol{v_2})]_{\mathcal{B}_2} = \begin{bmatrix} -4 \\ -2 \end{bmatrix},$$

$$[F(\boldsymbol{v_3})]_{\mathcal{B}_2} = \begin{bmatrix} 0 \\ 1 \end{bmatrix} \quad \Rightarrow \quad \boldsymbol{M}_{\mathcal{B}_2}^{\mathcal{B}_1}(F) = \begin{bmatrix} 2 & -4 & 0 \\ 2 & -2 & 1 \end{bmatrix}.$$

Daraus folgt $F(3\boldsymbol{v_1} + 2\boldsymbol{v_2} - \boldsymbol{v_3}) = \begin{bmatrix} 2 & -4 & 0 \\ 2 & -2 & 1 \end{bmatrix} \begin{bmatrix} 3 \\ 2 \\ -1 \end{bmatrix} = \begin{bmatrix} -2 \\ 1 \end{bmatrix} = -2\boldsymbol{w_1} + \boldsymbol{w_2}$. ■

Übung 7.15

• ∘ ∘ Man bestimme die Darstellungsmatrix der folgenden linearen Abbildung in der Standardbasis:

$$F : \mathbb{R}^{2\times 2} \to \mathbb{R}^2, \; \boldsymbol{A} = \begin{bmatrix} a & b \\ c & d \end{bmatrix} \overset{F}{\longmapsto} F(\boldsymbol{A}) = \begin{bmatrix} a - 3b \\ 2c + 4d \end{bmatrix}.$$

Lösung
Die Standardbasis von $\mathbb{R}^{2\times 2}$ besteht aus den folgenden vier Matrizen:

$$\boldsymbol{E}_{11} = \begin{bmatrix} 1 & 0 \\ 0 & 0 \end{bmatrix}, \quad \boldsymbol{E}_{12} = \begin{bmatrix} 0 & 1 \\ 0 & 0 \end{bmatrix}, \quad \boldsymbol{E}_{21} = \begin{bmatrix} 0 & 0 \\ 1 & 0 \end{bmatrix}, \quad \boldsymbol{E}_{22} = \begin{bmatrix} 0 & 0 \\ 0 & 1 \end{bmatrix}.$$

Wir rechnen nach:

$$F(\boldsymbol{E}_{11}) = \begin{bmatrix} 1 \\ 0 \end{bmatrix}, \quad F(\boldsymbol{E}_{12}) = \begin{bmatrix} -3 \\ 0 \end{bmatrix}, \quad F(\boldsymbol{E}_{21}) = \begin{bmatrix} 0 \\ 2 \end{bmatrix}, \quad F(\boldsymbol{E}_{22}) = \begin{bmatrix} 0 \\ 4 \end{bmatrix}.$$

Schreiben wir diese Bilder als Spalten in einer Matrix auf, so erhalten wir die gewünschte Darstellungsmatrix $\boldsymbol{M}_{\mathcal{E}}^{\mathcal{E}}(F) = \begin{bmatrix} 1 & -3 & 0 & 0 \\ 0 & 0 & 2 & 4 \end{bmatrix}$. ■

Übung 7.16
• ○ ○ Man bestimme die Darstellungsmatrix der folgenden linearen Abbildung in der Standardbasis:

$$F : \mathbb{R}^{2\times 2} \to \mathbb{R}^{2\times 2}, \; \boldsymbol{A} = \begin{bmatrix} a & b \\ c & d \end{bmatrix} \stackrel{F}{\longmapsto} F(\boldsymbol{A}) = \begin{bmatrix} a+d & b-c \\ b-c & a+d \end{bmatrix}.$$

Lösung
Wir wenden F auf jedes Basiselement an (Standardbasis von $\mathbb{R}^{2\times 2}$ wie in Übung 7.15) und drücken diese Bilder in der Standardbasis von $\mathbb{R}^{2\times 2}$ aus:

$$F(\boldsymbol{E}_{11}) = \begin{bmatrix} 1 & 0 \\ 0 & 1 \end{bmatrix} = \boldsymbol{E}_{11} + \boldsymbol{E}_{22} \qquad \Rightarrow \quad [F(\boldsymbol{E}_{11})]_{\mathcal{E}} = \begin{bmatrix} 1 \\ 0 \\ 0 \\ 1 \end{bmatrix}$$

$$F(\boldsymbol{E}_{12}) = \begin{bmatrix} 0 & 1 \\ 1 & 0 \end{bmatrix} = \boldsymbol{E}_{12} + \boldsymbol{E}_{21} \qquad \Rightarrow \quad [F(\boldsymbol{E}_{12})]_{\mathcal{E}} = \begin{bmatrix} 0 \\ 1 \\ 1 \\ 0 \end{bmatrix}$$

$$F(\boldsymbol{E}_{21}) = \begin{bmatrix} 0 & -1 \\ -1 & 0 \end{bmatrix} = -\boldsymbol{E}_{12} - \boldsymbol{E}_{21} \qquad \Rightarrow \quad [F(\boldsymbol{E}_{21})]_{\mathcal{E}} = \begin{bmatrix} 0 \\ -1 \\ -1 \\ 0 \end{bmatrix}$$

$$F(\boldsymbol{E}_{22}) = \begin{bmatrix} 1 & 0 \\ 0 & 1 \end{bmatrix} = \boldsymbol{E}_{11} + \boldsymbol{E}_{22} \qquad \Rightarrow \quad [F(\boldsymbol{E}_{22})]_{\mathcal{E}} = \begin{bmatrix} 1 \\ 0 \\ 0 \\ 1 \end{bmatrix}.$$

Es gilt somit: $\boldsymbol{M}_{\mathcal{E}}^{\mathcal{E}}(F) = \begin{bmatrix} 1 & 0 & 0 & 1 \\ 0 & 1 & -1 & 0 \\ 0 & 1 & -1 & 0 \\ 1 & 0 & 0 & 1 \end{bmatrix}$. ■

Übung 7.17

●○○ Es sei $\boldsymbol{B} = \begin{bmatrix} 1 & -2 \\ -3 & 4 \end{bmatrix}$. Man bestimme die Darstellungsmatrix der folgenden linearen Abbildung in der Standardbasis:

$$F : \mathbb{R}^{2\times 2} \to \mathbb{R}^{2\times 2}, \; \boldsymbol{X} \to F(\boldsymbol{X}) = \boldsymbol{XB}.$$

Lösung

Wir wenden F auf jedes Element der Standardbasis von $\mathbb{R}^{2\times 2}$ an und bestimmen die Koordinaten dieser Bilder in der Standardbasis von $\mathbb{R}^{2\times 2}$:

$$F(\boldsymbol{E}_{11}) = \boldsymbol{E}_{11}\boldsymbol{B} = \begin{bmatrix} 1 & -2 \\ 0 & 0 \end{bmatrix} = \boldsymbol{E}_{11} - 2\boldsymbol{E}_{12} \qquad \Rightarrow \qquad [F(\boldsymbol{E}_{11})]_{\mathcal{E}} = \begin{bmatrix} 1 \\ -2 \\ 0 \\ 1 \end{bmatrix}$$

$$F(\boldsymbol{E}_{12}) = \boldsymbol{E}_{12}\boldsymbol{B} = \begin{bmatrix} -3 & 4 \\ 0 & 0 \end{bmatrix} = -3\boldsymbol{E}_{11} + 4\boldsymbol{E}_{12} \qquad \Rightarrow \qquad [F(\boldsymbol{E}_{12})]_{\mathcal{E}} = \begin{bmatrix} -3 \\ 4 \\ 1 \\ 0 \end{bmatrix}$$

$$F(\boldsymbol{E}_{21}) = \boldsymbol{E}_{21}\boldsymbol{B} = \begin{bmatrix} 0 & 0 \\ 1 & -2 \end{bmatrix} = \boldsymbol{E}_{21} - 2\boldsymbol{E}_{22} \qquad \Rightarrow \qquad [F(\boldsymbol{E}_{21})]_{\mathcal{E}} = \begin{bmatrix} 0 \\ 0 \\ 1 \\ -2 \end{bmatrix}$$

$$F(\boldsymbol{E}_{22}) = \boldsymbol{E}_{22}\boldsymbol{B} = \begin{bmatrix} 0 & 0 \\ -3 & 4 \end{bmatrix} = -3\boldsymbol{E}_{21} + 4\boldsymbol{E}_{22} \qquad \Rightarrow \qquad [F(\boldsymbol{E}_{22})]_{\mathcal{E}} = \begin{bmatrix} 0 \\ 0 \\ -3 \\ 4 \end{bmatrix}$$

Es gilt somit $\boldsymbol{M}_{\mathcal{E}}^{\mathcal{E}}(F) = \begin{bmatrix} 1 & -2 & 0 & 0 \\ -3 & 4 & 0 & 0 \\ 0 & 0 & 1 & -2 \\ 0 & 0 & -3 & 4 \end{bmatrix} = \left[\begin{array}{c|c} \boldsymbol{B} & \boldsymbol{0} \\ \hline \boldsymbol{0} & \boldsymbol{B} \end{array}\right]$. ■

Übung 7.18

• • ∘ Es sei $V = \mathbb{C}^{2\times 2}$ mit der Basis (Pauli-Matrizen, vgl. Übung 1.13)

$$\mathcal{B} = \left\{ \boldsymbol{\sigma_0} = \begin{bmatrix} 1 & 0 \\ 0 & 1 \end{bmatrix}, \boldsymbol{\sigma_x} = \begin{bmatrix} 0 & 1 \\ 1 & 0 \end{bmatrix}, \boldsymbol{\sigma_y} = \begin{bmatrix} 0 & -i \\ i & 0 \end{bmatrix}, \boldsymbol{\sigma_z} = \begin{bmatrix} 1 & 0 \\ 0 & -1 \end{bmatrix} \right\}$$

und sei

$$F : \mathbb{C}^{2\times 2} \to \mathbb{C}^{2\times 2}, \; \boldsymbol{X} \to F(\boldsymbol{X}) = \boldsymbol{X} - \mathrm{Spur}(\boldsymbol{X})\boldsymbol{E}.$$

Man bestimme die Darstellungsmatrix von F in der Basis $\mathcal{B}$.

Lösung

Wir berechnen die Bilder der Basisvektoren $\boldsymbol{\sigma_0}, \boldsymbol{\sigma_x}, \boldsymbol{\sigma_y}, \boldsymbol{\sigma_z}$ unter F

$$F(\boldsymbol{\sigma_0}) = \boldsymbol{\sigma_0} - \mathrm{Spur}(\boldsymbol{\sigma_0})\boldsymbol{E}$$

$$= \begin{bmatrix} 1 & 0 \\ 0 & 1 \end{bmatrix} - 2 \begin{bmatrix} 1 & 0 \\ 0 & 1 \end{bmatrix} = \begin{bmatrix} -1 & 0 \\ 0 & -1 \end{bmatrix} = -\boldsymbol{\sigma_0} \qquad \Rightarrow [F(\boldsymbol{\sigma_0})]_{\mathcal{B}} = \begin{bmatrix} -1 \\ 0 \\ 0 \\ 0 \end{bmatrix}$$

$$F(\boldsymbol{\sigma_x}) = \boldsymbol{\sigma_x} - \mathrm{Spur}(\boldsymbol{\sigma_x})\boldsymbol{E}$$

$$= \begin{bmatrix} 0 & 1 \\ 1 & 0 \end{bmatrix} - 0 \begin{bmatrix} 1 & 0 \\ 0 & 1 \end{bmatrix} = \begin{bmatrix} 0 & 1 \\ 1 & 0 \end{bmatrix} = \boldsymbol{\sigma_x} \qquad \Rightarrow [F(\boldsymbol{\sigma_x})]_{\mathcal{B}} = \begin{bmatrix} 0 \\ 1 \\ 0 \\ 0 \end{bmatrix}$$

$$F(\boldsymbol{\sigma_y}) = \boldsymbol{\sigma_y} - \mathrm{Spur}(\boldsymbol{\sigma_y})\boldsymbol{E}$$

$$= \begin{bmatrix} 0 & -i \\ i & 0 \end{bmatrix} - 0 \begin{bmatrix} 1 & 0 \\ 0 & 1 \end{bmatrix} = \begin{bmatrix} 0 & -i \\ i & 0 \end{bmatrix} = \boldsymbol{\sigma_y} \qquad \Rightarrow [F(\boldsymbol{\sigma_y})]_{\mathcal{B}} = \begin{bmatrix} 0 \\ 0 \\ 1 \\ 0 \end{bmatrix}$$

$$F(\boldsymbol{\sigma_z}) = \boldsymbol{\sigma_z} - \mathrm{Spur}(\boldsymbol{\sigma_z})\boldsymbol{E}$$

$$= \begin{bmatrix} 1 & 0 \\ 0 & -1 \end{bmatrix} - 0 \begin{bmatrix} 1 & 0 \\ 0 & 1 \end{bmatrix} = \begin{bmatrix} 1 & 0 \\ 0 & -1 \end{bmatrix} = \boldsymbol{\sigma_z} \qquad \Rightarrow [F(\boldsymbol{\sigma_z})]_{\mathcal{B}} = \begin{bmatrix} 0 \\ 0 \\ 0 \\ 1 \end{bmatrix}$$

Somit lautet die gesuchte Darstellungsmatrix $\boldsymbol{M}^{\mathcal{B}}_{\mathcal{B}}(F) = \begin{bmatrix} -1 & 0 & 0 & 0 \\ 0 & 1 & 0 & 0 \\ 0 & 0 & 1 & 0 \\ 0 & 0 & 0 & 1 \end{bmatrix}$. ■

Übung 7.19

• ○ ○ Es sei $V = \langle \sin(x), \cos(x) \rangle$ versehen mit der Basis $\mathcal{B} = \{\sin(x), \cos(x)\}$. Man betrachte die lineare Abbildung $F : V \to V,\ \varphi \to F(\varphi) = \frac{d\varphi}{dx}$.

a) Man finde die Darstellungsmatrix von F in der Basis $\mathcal{B}$.

b) Man berechne die Ableitung von $2\sin(x) + 3\cos(x)$ mithilfe der in (a) bestimmten Darstellungsmatrix.

Lösung

a) Die Darstellungsmatrix von F in der Basis $\mathcal{B} = \{\sin(x), \cos(x)\}$ bestimmen wir einfach, indem wir die Bilder der Basiselemente berechnen. Es gilt:

$$F(\sin(x)) = \frac{d}{dx}\sin(x) = \cos(x) \qquad \Rightarrow \qquad [F(\sin(x))]_{\mathcal{B}} = \begin{bmatrix} 0 \\ 1 \end{bmatrix}$$

$$F(\cos(x)) = \frac{d}{dx}\cos(x) = -\sin(x) \qquad \Rightarrow \qquad [F(\cos(x))]_{\mathcal{B}} = \begin{bmatrix} -1 \\ 0 \end{bmatrix}.$$

Die gesuchte Darstellungsmatrix lautet somit $\boldsymbol{M}^{\mathcal{B}}_{\mathcal{B}}(F) = \begin{bmatrix} 0 & -1 \\ 1 & 0 \end{bmatrix}$.

b) Nun können wir mithilfe der in (a) bestimmten Darstellungsmatrix von F die Ableitung von $3\cos(x) + 2\sin(x)$ berechnen

$$[2\sin(x) + 3\cos(x)]_{\mathcal{B}} = \begin{bmatrix} 2 \\ 3 \end{bmatrix} \quad \Rightarrow \quad F(2\sin(x) + 3\cos(x)) = \begin{bmatrix} 0 & -1 \\ 1 & 0 \end{bmatrix}\begin{bmatrix} 2 \\ 3 \end{bmatrix} = \begin{bmatrix} -3 \\ 2 \end{bmatrix}.$$

Dies entspricht der Funktion $-3\sin(x) + 2\cos(x)$. ■

Übung 7.20

• • ○ Es sei $P_2(\mathbb{R})$ der Vektorraum der reellen Polynome vom Grad ≤ 2 mit der Standardbasis $\mathcal{E} = \{1, x, x^2\}$ und sei

$$F : P_2(\mathbb{R}) \to P_2(\mathbb{R}), \quad p(x) \to p''(x) + 4p'(x) + 3p(x).$$

a) Man finde die Darstellungsmatrix von F bezüglich der Basis $\mathcal{E}$.

b) Man finde die Darstellungsmatrix von F^{-1} bezüglich der Basis $\mathcal{E}$.

c) Man löse mithilfe von (b) die folgende Differenzialgleichung:

$$p''(x) + 4p'(x) + 3p(x) = x + 1.$$

Lösung

a) Wir wenden F auf jedes Element der Basis $\mathcal{E} = \{1, x, x^2\}$ an:

$$F(1) = 3 \quad F(x) = 4 + 3x, \quad F(x^2) = 2 + 8x + 3x^2.$$

In der Standardbasis $\mathcal{E} = \{1, x, x^2\}$ haben diese Bilder die folgenden Koordinaten:

$$[F(1)]_{\mathcal{E}} = \begin{bmatrix} 3 \\ 0 \\ 0 \end{bmatrix}, \quad [F(x)]_{\mathcal{E}} = \begin{bmatrix} 4 \\ 3 \\ 0 \end{bmatrix}, \quad [F(x^2)]_{\mathcal{E}} = \begin{bmatrix} 2 \\ 8 \\ 3 \end{bmatrix}.$$

Also ist die Darstellungsmatrix $\boldsymbol{M}_{\mathcal{E}}^{\mathcal{E}}(F) = \begin{bmatrix} 3 & 4 & 2 \\ 0 & 3 & 8 \\ 0 & 0 & 3 \end{bmatrix}$.

b) Mittels Gauß-Algorithmus erzeugt man die Darstellungsmatrix von F^{-1} als Inverse von $\boldsymbol{M}_{\mathcal{E}}^{\mathcal{E}}(F)$:

$$\boldsymbol{M}_{\mathcal{E}}^{\mathcal{E}}(F^{-1}) = \left(\boldsymbol{M}_{\mathcal{E}}^{\mathcal{E}}(F)\right)^{-1} = \begin{bmatrix} 3 & 4 & 2 \\ 0 & 3 & 8 \\ 0 & 0 & 3 \end{bmatrix}^{-1} = \frac{1}{27}\begin{bmatrix} 9 & -12 & 26 \\ 0 & 9 & -24 \\ 0 & 0 & 9 \end{bmatrix}.$$

c) Die Differenzialgleichung ist $F(p(x)) = x + 1$ mit Lösung $p(x) = F^{-1}(x + 1)$. Die rechte Seite der Differenzialgleichung entspricht dem Koordinatenvektor $[x+1]_{\mathcal{E}} = [1, 1, 0]^T$. Somit können wir die Differenzialgleichung für $p(x) = a_0 + a_1 x + a_2 x^2$ in Matrixform wie folgt umschreiben:

$$\underbrace{\begin{bmatrix} 3 & 4 & 2 \\ 0 & 3 & 8 \\ 0 & 0 & 3 \end{bmatrix}}_{=\boldsymbol{M}_{\mathcal{E}}^{\mathcal{E}}(F)} \begin{bmatrix} a_0 \\ a_1 \\ a_2 \end{bmatrix} = \begin{bmatrix} 1 \\ 1 \\ 0 \end{bmatrix} \Rightarrow \begin{bmatrix} a_0 \\ a_1 \\ a_2 \end{bmatrix} = \underbrace{\frac{1}{27}\begin{bmatrix} 9 & -12 & 26 \\ 0 & 9 & -24 \\ 0 & 0 & 9 \end{bmatrix}}_{=\boldsymbol{M}_{\mathcal{E}}^{\mathcal{E}}(F^{-1})} \begin{bmatrix} 1 \\ 1 \\ 0 \end{bmatrix} = \begin{bmatrix} -\frac{1}{9} \\ \frac{1}{3} \\ 0 \end{bmatrix}$$

$$\Rightarrow p(x) = \frac{x}{3} - \frac{1}{9}.$$

Die gesuchte Lösung der Differenzialgleichung ist somit $p(x) = \frac{x}{3} - \frac{1}{9}$. ■

Übung 7.21

● ○ ○ Sei $P_2(\mathbb{R})$ der Vektorraum der reellen Polynome vom Grad ≤ 2. Wir betrachten die folgende lineare Abbildung

$$F : P_2(\mathbb{R}) \to P_2(\mathbb{R}), \; p(x) \to F(p(x)) = p'(x) - x^2 \left(\int_0^1 p(y)dy \right).$$

Man bestimme die Darstellungsmatrix von $F^2 + 2F$ in der Standardbasis (bei F^2 handelt es sich um $F \circ F$, d. h. um die Komposition von F mit sich selbst).

Lösung

Wir wenden F auf jedes Element der Standardbasis an:

$$F(1) = 0 - x^2 \left(\int_0^1 1\,dy \right) = -x^2 \qquad \Rightarrow \quad [F(1)]_{\mathcal{E}} = \begin{bmatrix} 0 \\ 0 \\ -1 \end{bmatrix}$$

$$F(x) = 1 - x^2 \left(\int_0^1 y\,dy \right) = 1 - \frac{x^2}{2} \qquad \Rightarrow \quad [F(x)]_{\mathcal{E}} = \begin{bmatrix} 1 \\ 0 \\ -\frac{1}{2} \end{bmatrix}$$

$$F(x^2) = 2x - x^2 \left(\int_0^1 y^2\,dy \right) = 2x - \frac{x^2}{3} \qquad \Rightarrow \quad [F(x^2)]_{\mathcal{E}} = \begin{bmatrix} 0 \\ 2 \\ -\frac{1}{3} \end{bmatrix}$$

Daraus ergibt sich die Darstellungsmatrix von F

$$\boldsymbol{M}_{\mathcal{E}}^{\mathcal{E}}(F) = \begin{bmatrix} 0 & 1 & 0 \\ 0 & 0 & 2 \\ 1 & -\frac{1}{2} & -\frac{1}{3} \end{bmatrix}.$$

Die Dartstellungsmatrix von $F^2 + 2F = F \circ F + 2F$ ist dann

$$\boldsymbol{M}_{\mathcal{E}}^{\mathcal{E}}(F^2 + 2F) = \left(\boldsymbol{M}_{\mathcal{E}}^{\mathcal{E}}(F)\right)^2 + 2\boldsymbol{M}_{\mathcal{E}}^{\mathcal{E}}(F) = \begin{bmatrix} 0 & 2 & 2 \\ 2 & -1 & \frac{10}{3} \\ \frac{5}{3} & \frac{1}{6} & -\frac{14}{9} \end{bmatrix}.$$

■

Übung 7.22

• ○ ○ Es sei $n \geq 2$. Man betrachte die linearen Abbildungen $F_1, F_2, F_3 : P_n(\mathbb{R}) \to P_{n+1}(\mathbb{R})$ definiert durch

$$F_1(p(x)) = \frac{dp(x)}{dx}, \quad F_2(p(x)) = \frac{d^2p(x)}{dx^2}, \quad F_3(p(x)) = \int_0^x p(s)ds.$$

Man zeige, dass $\{F_1, F_2, F_3\}$ linear unabhängig sind.

Lösung

$\{F_1, F_2, F_3\}$ sind linear unabhängig, wenn die Gleichung $\alpha\, F_1(p) + \beta\, F_2(p) + \gamma\, F_3(p) = 0$ nur die triviale Lösung $\alpha = \beta = \gamma = 0$ hat. Beachte, dass diese Gleichung für alle $p \in P_n(\mathbb{R})$ gilt. Insbesondere gilt sie für $p(x) = 1$, $p(x) = x$ und $p(x) = x^2$:

$$p(x) = 1 \quad \Rightarrow \quad \alpha\, F_1(1) + \beta\, F_2(1) + \gamma\, F_3(1) = \gamma x = 0$$

$$p(x) = x \quad \Rightarrow \quad \alpha\, F_1(x) + \beta\, F_2(x) + \gamma\, F_3(x) = \alpha + \gamma \frac{x^2}{2} = 0$$

$$p(x) = x^2 \quad \Rightarrow \quad \alpha\, F_1(x^2) + \beta\, F_2(x^2) + \gamma\, F_3(x^2) = 2\alpha\, x + 2\beta + \gamma \frac{x^3}{3} = 0.$$

Aus der ersten Gleichung folgt $\gamma = 0$. Aus der zweiten Gleichung folgt dann $\alpha = 0$ und die dritte Gleichung impliziert $\beta = 0$. Somit sind $\{F_1, F_2, F_3\}$ linear unabhängig. ■

Übung 7.23

• ○ ○ Man betrachte den $\mathbb{R}$-Vektorraum $V = \mathbb{C}$. Es sei $f : \mathbb{C} \to \mathbb{C}$, $z \to f(z) = \overline{z}$ (vgl. Übung 7.9).

a) Man bestimme die Darstellungsmatrix von f bezüglich der Standardbasis $\mathcal{E} = \{1, i\}$.

b) Man berechne $\overline{2+3i}$ mithilfe der in (a) bestimmten Darstellungsmatrix.

Lösung

a) Wir berechnen das Bild der Basiselementen unter f:

$$f(1) = \overline{1} = 1 \Rightarrow [f(1)]_{\mathcal{E}} = \begin{bmatrix} 1 \\ 0 \end{bmatrix}, \quad f(i) = \overline{i} = -i \Rightarrow [f(i)]_{\mathcal{E}} = \begin{bmatrix} 0 \\ -1 \end{bmatrix}$$

Die Darstellungsmatrix von f ist somit $\boldsymbol{M}^{\mathcal{E}}_{\mathcal{E}}(f) = \begin{bmatrix} 1 & 0 \\ 0 & -1 \end{bmatrix}$.

b) Es gilt:

$$[2+3i]_{\mathcal{E}} = \begin{bmatrix} 2 \\ 3 \end{bmatrix} \quad \Rightarrow \quad f(2+3i) = \begin{bmatrix} 1 & 0 \\ 0 & -1 \end{bmatrix} \begin{bmatrix} 2 \\ 3 \end{bmatrix} = \begin{bmatrix} 2 \\ -3 \end{bmatrix} \quad \Rightarrow \quad f(2+3i) = 2-3i.$$

Probe: $\overline{2+3i} = 2 - 3i$ ✓ ■

Übung 7.24

• • ○ Man betrachte die folgenden linearen Abbildungen:

$$F_1 : \mathbb{R}^3 \to P_2(\mathbb{R}), \quad \begin{bmatrix} a \\ b \\ c \end{bmatrix} \overset{F_1}{\longmapsto} a + (a+b)x + (a+b+c)x^2$$

$$F_2 : P_2(\mathbb{R}) \to \mathbb{R}^{2\times 2}, \quad a + bx + cx^2 \overset{F_2}{\longmapsto} \begin{bmatrix} a+b & a+c \\ b-c & b-c \end{bmatrix}.$$

a) Man bestimme die Darstellungsmatrizen von F_1 und F_2 in der Standardbasis.

b) Man bestimme die Darstellungsmatrix von $F_2 \circ F_1$ in der Standardbasis.

Lösung

a) Darstellungsmatrix von F_1. Wir wenden F_1 auf jedes Standardbasiselement von $\mathbb{R}^3$ an:

$$F_1\left(\begin{bmatrix}1\\0\\0\end{bmatrix}\right) = 1+x+x^2, \quad F_1\left(\begin{bmatrix}0\\1\\0\end{bmatrix}\right) = x+x^2, \quad F_1\left(\begin{bmatrix}0\\0\\1\end{bmatrix}\right) = x^2.$$

In der Standardbasis von $P_2(\mathbb{R})$ entsprechen diese Bilder den folgenden Koordinatenvektoren:

$$\left[1+x+x^2\right]_{\mathcal{E}} = \begin{bmatrix}1\\1\\1\end{bmatrix}, \quad \left[x+x^2\right]_{\mathcal{E}} = \begin{bmatrix}0\\1\\1\end{bmatrix}, \quad \left[x^2\right]_{\mathcal{E}} = \begin{bmatrix}0\\0\\1\end{bmatrix}.$$

Es gilt somit $\boldsymbol{M}^{\mathcal{E}}_{\mathcal{E}}(F_1) = \begin{bmatrix}1&0&0\\1&1&0\\1&1&1\end{bmatrix}$.

Darstellungsmatrix von F_2. Es gilt:

$$F_2(1) = \begin{bmatrix}1&1\\0&0\end{bmatrix} = \boldsymbol{E}_{11} + \boldsymbol{E}_{12} \quad \Rightarrow \quad [F_2(1)]_{\mathcal{E}} = \begin{bmatrix}1\\1\\0\\0\end{bmatrix}$$

$$F_2(x) = \begin{bmatrix}1&0\\1&1\end{bmatrix} = \boldsymbol{E}_{11} + \boldsymbol{E}_{21} + \boldsymbol{E}_{22} \quad \Rightarrow \quad [F_2(x)]_{\mathcal{E}} = \begin{bmatrix}1\\0\\1\\1\end{bmatrix}$$

$$F_2(x^2) = \begin{bmatrix}0&1\\-1&-1\end{bmatrix} = \boldsymbol{E}_{12} - \boldsymbol{E}_{21} - \boldsymbol{E}_{22} \quad \Rightarrow \quad [F_2(x^2)]_{\mathcal{E}} = \begin{bmatrix}0\\1\\-1\\-1\end{bmatrix}.$$

Die Darstellungsmatrix von F_2 lautet somit $\boldsymbol{M}^{\mathcal{E}}_{\mathcal{E}}(F_2) = \begin{bmatrix}1&1&0\\1&0&1\\0&1&-1\\0&1&-1\end{bmatrix}$.

b) Die Darstellungsmatrix der Komposition $F_2 \circ F_1$ ist einfach das Produkt der Darstellungsmatrizen von F_2 und F_1 (Satz 7.6):

$$\boldsymbol{M}^{\mathcal{E}}_{\mathcal{E}}(F_2 \circ F_1) = \boldsymbol{M}^{\mathcal{E}}_{\mathcal{E}}(F_2)\boldsymbol{M}^{\mathcal{E}}_{\mathcal{E}}(F_1) = \begin{bmatrix}1&1&0\\1&0&1\\0&1&-1\\0&1&-1\end{bmatrix}\begin{bmatrix}1&0&0\\1&1&0\\1&1&1\end{bmatrix} = \begin{bmatrix}2&1&0\\2&1&1\\0&0&-1\\0&0&-1\end{bmatrix}.$$

■

Übung 7.25

• • ∘ Es sei $P_{2,2}(\mathbb{R})$ der Vektorraum der reellen Polynome in den zwei Variablen x und y mit Totalgrad ≤ 2 (vgl. Übung 6.25). Man betrachte die lineare Abbildung

$$F : P_{2,2}(\mathbb{R}) \to P_{2,2}(\mathbb{R}),\ p(x, y) \to \left(x\frac{\partial}{\partial y} - y\frac{\partial}{\partial x} \right) p(x, y).$$

Man finde die Darstellungsmatrix von F bezüglich der Standardbasis von $P_{2,2}(\mathbb{R})$.

Lösung

Die Standardbasis von $P_{2,2}(\mathbb{R})$ ist $\mathcal{E} = \{1, x, y, x^2, xy, y^2\}$ (vgl. Übung 6.25). Wie üblich bestimmen wir die Bilder der Basisvektoren unter der Abbildung F:

$$F(1) = \left(x\frac{\partial}{\partial y} - y\frac{\partial}{\partial x} \right) 1 = 0 \qquad \Rightarrow \ [F(1)]_{\mathcal{E}} = \begin{bmatrix} 0 \\ 0 \\ 0 \\ 0 \\ 0 \\ 0 \end{bmatrix}$$

$$F(x) = \left(x\frac{\partial}{\partial y} - y\frac{\partial}{\partial x} \right) x = -y \qquad \Rightarrow \ [F(x)]_{\mathcal{E}} = \begin{bmatrix} 0 \\ 0 \\ -1 \\ 0 \\ 0 \\ 0 \end{bmatrix}$$

$$F(y) = \left(x\frac{\partial}{\partial y} - y\frac{\partial}{\partial x} \right) y = x \qquad \Rightarrow \ [F(y)]_{\mathcal{E}} = \begin{bmatrix} 0 \\ 1 \\ 0 \\ 0 \\ 0 \\ 0 \end{bmatrix}$$

$$F(x^2) = \left(x\frac{\partial}{\partial y} - y\frac{\partial}{\partial x} \right) x^2 = -2xy \qquad \Rightarrow \ [F(x^2)]_{\mathcal{E}} = \begin{bmatrix} 0 \\ 0 \\ 0 \\ 0 \\ -2 \\ 0 \end{bmatrix}$$

$$F(xy) = \left(x\frac{\partial}{\partial y} - y\frac{\partial}{\partial x} \right) xy = x^2 - y^2 \qquad \Rightarrow \ [F(xy)]_{\mathcal{E}} = \begin{bmatrix} 0 \\ 0 \\ 0 \\ 1 \\ 0 \\ -1 \end{bmatrix}$$

$$F(y^2) = \left(x\frac{\partial}{\partial y} - y\frac{\partial}{\partial x} \right) y^2 = 2xy \qquad \Rightarrow \ [F(y^2)]_{\mathcal{E}} = \begin{bmatrix} 0 \\ 0 \\ 0 \\ 0 \\ 2 \\ 0 \end{bmatrix}$$

Die Darstellungsmatrix von F lautet somit $\boldsymbol{M}_{\mathcal{E}}^{\mathcal{E}}(F) = \begin{bmatrix} 0 & 0 & 0 & 0 & 0 & 0 \\ 0 & 0 & 1 & 0 & 0 & 0 \\ 0 & -1 & 0 & 0 & 0 & 0 \\ 0 & 0 & 0 & 0 & 1 & 0 \\ 0 & 0 & 0 & -2 & 0 & 2 \\ 0 & 0 & 0 & 0 & -1 & 0 \end{bmatrix}$. ■

Bemerkung

Beachte, dass die Darstellunsgmatrix in Übung 7.25 eine Blockdiagonalmatrix ist. Grund dafür ist, dass F Polynome vom Totalgrad k auf Polynome vom Totalgrad k abbildet. Wir können uns somit auf die Unterräume $\{1\}$, $\{x, y\}$ und $\{x^2, xy, y^2\}$ einschränken, wobei F durch die Matrizen 0, $\begin{bmatrix} 0 & 1 \\ -1 & 0 \end{bmatrix}$ bzw. $\begin{bmatrix} 0 & 1 & 0 \\ -2 & 0 & 2 \\ 0 & -1 & 0 \end{bmatrix}$ dargestellt wird. Wegen Übung 5.28 können wir schreiben: $\boldsymbol{M}_{\mathcal{E}}^{\mathcal{E}}(F) = 0 \oplus \begin{bmatrix} 0 & 1 \\ -1 & 0 \end{bmatrix} \oplus \begin{bmatrix} 0 & 1 & 0 \\ -2 & 0 & 2 \\ 0 & -1 & 0 \end{bmatrix}$. Diese Eigenschaft hat mit sogenannten invarianten Unterräumen zu tun, welche wir im Band II genauer unter die Lupe nehmen werden.

Übung 7.26

• • ○ In der Kontinuumsmechanik ist das **Hooke'sche Gesetz** eine Beziehung zwischen dem Verzerrungstensor $\boldsymbol{\epsilon}$ und dem Spannungstensor $\boldsymbol{\sigma}$:

$$\sigma = 2\mu\,\boldsymbol{\epsilon} + \lambda\,\mathrm{Spur}(\boldsymbol{\epsilon})\,\boldsymbol{E}$$

Die Koeffizienten μ und λ heißen Lamé-Konstanten.

a) $\boldsymbol{\epsilon}$ und $\boldsymbol{\sigma}$ sind symmetrische Matrizen, d. h. $\boldsymbol{\epsilon}, \boldsymbol{\sigma} \in \mathrm{Sym}_3(\mathbb{R})$. Man bestimme die Darstellungsmatrix des Hooke'schen Gesetzes bezüglich der folgenden Basis von $\mathrm{Sym}_3(\mathbb{R})$:

$$\mathcal{B} = \left\{ \begin{bmatrix} 1&0&0\\0&0&0\\0&0&0 \end{bmatrix}, \begin{bmatrix} 0&0&0\\0&1&0\\0&0&0 \end{bmatrix}, \begin{bmatrix} 0&0&0\\0&0&0\\0&0&1 \end{bmatrix}, \begin{bmatrix} 0&1&0\\1&0&0\\0&0&0 \end{bmatrix}, \begin{bmatrix} 0&0&1\\0&0&0\\1&0&0 \end{bmatrix}, \begin{bmatrix} 0&0&0\\0&0&1\\0&1&0 \end{bmatrix} \right\}$$

b) Eine Scherung in der x_1x_2-Ebene ist durch $\boldsymbol{\epsilon} = \begin{bmatrix} 0&\epsilon&0\\\epsilon&0&0\\0&0&0 \end{bmatrix}$ beschrieben. Man bestimme den entsprechenden Spannungstensor $\boldsymbol{\sigma}$.

Lösung

a) Wir wenden das Hooke'sche Gesetz auf jedes Basiselement an:

$$\boldsymbol{\epsilon_1} = \begin{bmatrix} 1&0&0\\0&0&0\\0&0&0 \end{bmatrix} \Rightarrow \boldsymbol{\sigma_1} = \begin{bmatrix} 2\mu&0&0\\0&0&0\\0&0&0 \end{bmatrix} + \begin{bmatrix} \lambda&0&0\\0&\lambda&0\\0&0&\lambda \end{bmatrix} = \begin{bmatrix} 2\mu+\lambda&0&0\\0&\lambda&0\\0&0&\lambda \end{bmatrix}$$

$$\boldsymbol{\epsilon_2} = \begin{bmatrix} 0&0&0\\0&1&0\\0&0&0 \end{bmatrix} \Rightarrow \boldsymbol{\sigma_2} = \begin{bmatrix} 0&0&0\\0&2\mu&0\\0&0&0 \end{bmatrix} + \begin{bmatrix} \lambda&0&0\\0&\lambda&0\\0&0&\lambda \end{bmatrix} = \begin{bmatrix} \lambda&0&0\\0&2\mu+\lambda&0\\0&0&\lambda \end{bmatrix}$$

$$\boldsymbol{\epsilon_3} = \begin{bmatrix} 0&0&0\\0&0&0\\0&0&1 \end{bmatrix} \Rightarrow \boldsymbol{\sigma_3} = \begin{bmatrix} 0&0&0\\0&0&0\\0&0&2\mu \end{bmatrix} + \begin{bmatrix} \lambda&0&0\\0&\lambda&0\\0&0&\lambda \end{bmatrix} = \begin{bmatrix} \lambda&0&0\\0&\lambda&0\\0&0&2\mu+\lambda \end{bmatrix}$$

$$\boldsymbol{\epsilon_4} = \begin{bmatrix} 0&1&0\\1&0&0\\0&0&0 \end{bmatrix} \Rightarrow \boldsymbol{\sigma_4} = \begin{bmatrix} 0&2\mu&0\\2\mu&0&0\\0&0&0 \end{bmatrix}$$

$$\boldsymbol{\epsilon_5} = \begin{bmatrix} 0 & 0 & 1 \\ 0 & 0 & 0 \\ 1 & 0 & 0 \end{bmatrix} \Rightarrow \boldsymbol{\sigma_5} = \begin{bmatrix} 0 & 0 & 2\mu \\ 0 & 0 & 0 \\ 2\mu & 0 & 0 \end{bmatrix}$$

$$\boldsymbol{\epsilon_6} = \begin{bmatrix} 0 & 0 & 0 \\ 0 & 0 & 1 \\ 0 & 1 & 0 \end{bmatrix} \Rightarrow \boldsymbol{\sigma_6} = \begin{bmatrix} 0 & 0 & 0 \\ 0 & 0 & 2\mu \\ 0 & 2\mu & 0 \end{bmatrix}$$

In der Basis $\mathcal{B}$ haben diese Bilder die folgenden Koordinaten

$$[\boldsymbol{\sigma_1}]_{\mathcal{B}} = \begin{bmatrix} 2\mu+\lambda \\ \lambda \\ \lambda \\ 0 \\ 0 \\ 0 \end{bmatrix}, \ [\boldsymbol{\sigma_2}]_{\mathcal{B}} = \begin{bmatrix} \lambda \\ 2\mu+\lambda \\ \lambda \\ 0 \\ 0 \\ 0 \end{bmatrix}, \ [\boldsymbol{\sigma_3}]_{\mathcal{B}} = \begin{bmatrix} \lambda \\ \lambda \\ 2\mu+\lambda \\ 0 \\ 0 \\ 0 \end{bmatrix}, \ [\boldsymbol{\sigma_4}]_{\mathcal{B}} = \begin{bmatrix} 0 \\ 0 \\ 0 \\ 2\mu \\ 0 \\ 0 \end{bmatrix},$$

$$[\boldsymbol{\sigma_5}]_{\mathcal{B}} = \begin{bmatrix} 0 \\ 0 \\ 0 \\ 0 \\ 2\mu \\ 0 \end{bmatrix}, \ [\boldsymbol{\sigma_6}]_{\mathcal{B}} = \begin{bmatrix} 0 \\ 0 \\ 0 \\ 0 \\ 0 \\ 2\mu \end{bmatrix} \quad \Rightarrow \quad \boldsymbol{\sigma} = \begin{bmatrix} 2\mu+\lambda & \lambda & \lambda & 0 & 0 & 0 \\ \lambda & 2\mu+\lambda & \lambda & 0 & 0 & 0 \\ \lambda & \lambda & 2\mu+\lambda & 0 & 0 & 0 \\ 0 & 0 & 0 & 2\mu & 0 & 0 \\ 0 & 0 & 0 & 0 & 2\mu & 0 \\ 0 & 0 & 0 & 0 & 0 & 2\mu \end{bmatrix}.$$

b) Es gilt $\boldsymbol{\epsilon} = \begin{bmatrix} 0 & \epsilon & 0 \\ \epsilon & 0 & 0 \\ 0 & 0 & 0 \end{bmatrix} = \epsilon \begin{bmatrix} 0 & 1 & 0 \\ 1 & 0 & 0 \\ 0 & 0 & 0 \end{bmatrix} = \epsilon\, \boldsymbol{\epsilon_4} \quad \Rightarrow \quad [\boldsymbol{\epsilon}]_{\mathcal{B}} = \begin{bmatrix} 0 \\ 0 \\ 0 \\ \epsilon \\ 0 \\ 0 \end{bmatrix}$. Somit

$$\boldsymbol{\sigma} = \begin{bmatrix} 2\mu+\lambda & \lambda & \lambda & 0 & 0 & 0 \\ \lambda & 2\mu+\lambda & \lambda & 0 & 0 & 0 \\ \lambda & \lambda & 2\mu+\lambda & 0 & 0 & 0 \\ 0 & 0 & 0 & 2\mu & 0 & 0 \\ 0 & 0 & 0 & 0 & 2\mu & 0 \\ 0 & 0 & 0 & 0 & 0 & 2\mu \end{bmatrix} \begin{bmatrix} 0 \\ 0 \\ 0 \\ \epsilon \\ 0 \\ 0 \end{bmatrix} = \begin{bmatrix} 0 \\ 0 \\ 0 \\ 2\mu\epsilon \\ 0 \\ 0 \end{bmatrix} \Rightarrow \boldsymbol{\sigma}$$

$$= 2\mu\epsilon \begin{bmatrix} 0 & 1 & 0 \\ 1 & 0 & 0 \\ 0 & 0 & 0 \end{bmatrix}.$$

■

Übung 7.27

● ○ ○ Es seien $F : V \to V$ linear und $\mathcal{B}_1, \mathcal{B}_2$ Basen von V. Man zeige

$$\boldsymbol{M}_{\mathcal{B}_1}^{\mathcal{B}_2}(F^{-1}) = \left(\boldsymbol{M}_{\mathcal{B}_2}^{\mathcal{B}_1}(F)\right)^{-1}.$$

Lösung

Es gilt: $\boldsymbol{M}_{\mathcal{B}_1}^{\mathcal{B}_1}(\mathrm{id}) = \boldsymbol{M}_{\mathcal{B}_2}^{\mathcal{B}_2}(\mathrm{id}) = \boldsymbol{E}$ (die Darstellungsmatrix der Identitätsabbildung ist die Identitätsmatrix). Wegen $\mathrm{id} = F^{-1} \circ F = F \circ F^{-1}$ folgt mit der Regel für die Komposition von Darstellungsmatrizen:

$$\boldsymbol{E} = \boldsymbol{M}_{\mathcal{B}_1}^{\mathcal{B}_1}(\mathrm{id}) = \boldsymbol{M}_{\mathcal{B}_1}^{\mathcal{B}_1}(F^{-1} \circ F) = \boldsymbol{M}_{\mathcal{B}_1}^{\mathcal{B}_2}(F^{-1})\boldsymbol{M}_{\mathcal{B}_2}^{\mathcal{B}_1}(F) \Rightarrow \boldsymbol{M}_{\mathcal{B}_1}^{\mathcal{B}_2}(F^{-1}) = \left(\boldsymbol{M}_{\mathcal{B}_2}^{\mathcal{B}_1}(F)\right)^{-1}.$$

■

Als typisches Anwendungsbeispiel betrachten wir jetzt lineare Abbildungen zum Lösen von Differenzialgleichungen.

Übung 7.28

●●○ Sei V ein reeller Vektorraum mit Basis $\mathcal{B} = \{e^x, 1, x, x^2\}$. Man betrachte die lineare Abbildung

$$L : V \to V,\ f(x) \to L(f) = f'(x) + f(x).$$

a) Man bestimme die Darstellungsmatrix von L bezüglich der Basis $\mathcal{B}$.

b) Man bestimme alle Lösungen der folgenden Differenzialgleichung welche in V liegen

$$y'(x) + y(x) = e^x + 2x^2.$$

Lösung

a) Um die Darstellungsmatrix von L zu bestimmen, wenden wir L auf die verschiedenen Basiselementen von $\mathcal{B}$ an:

$$L(e^x) = 2e^x \quad \Rightarrow [L(e^x)]_{\mathcal{B}} = \begin{bmatrix} 2 \\ 0 \\ 0 \\ 0 \end{bmatrix}, \quad L(1) = 0 + 1 = 1 \quad \Rightarrow [L(1)]_{\mathcal{B}} = \begin{bmatrix} 0 \\ 1 \\ 0 \\ 0 \end{bmatrix},$$

$$L(x) = 1 + x \quad \Rightarrow [L(x)]_{\mathcal{B}} = \begin{bmatrix} 0 \\ 1 \\ 1 \\ 0 \end{bmatrix}, \quad L(x^2) = 2x + x^2 \quad \Rightarrow [L(x^2)]_{\mathcal{B}} = \begin{bmatrix} 0 \\ 0 \\ 2 \\ 1 \end{bmatrix}.$$

Die Darstellungsmatrix von L bezüglich der Basis $\mathcal{B}$ lautet $\boldsymbol{M}_{\mathcal{B}}^{\mathcal{B}}(L) = \begin{bmatrix} 2 & 0 & 0 & 0 \\ 0 & 1 & 1 & 0 \\ 0 & 0 & 1 & 2 \\ 0 & 0 & 0 & 1 \end{bmatrix}$.

b) Die Differenzialgleichung ist $L(y(x)) = e^x + 2x^2$. Wir suchen eine Lösung der Form $y(x) = ae^x + b + cx + dx^2$. In der Basis $\mathcal{B}$ entspricht dies dem Koordinatenvektor $[a, b, c, d]^T$. In der Basis $\mathcal{B}$ ausgedrückt entspricht die rechte Seite der Differenzialgleichung dem Vektor $[e^x + 2x^2]_{\mathcal{B}} = [1, 0, 0, 2]^T$. Mithilfe der Darstellungsmatrix von L können wir die Differenzialgleichung in einem LGS umgewandeln

$$\begin{bmatrix} 2&0&0&0 \\ 0&1&1&0 \\ 0&0&1&2 \\ 0&0&0&1 \end{bmatrix} \begin{bmatrix} a \\ b \\ c \\ d \end{bmatrix} = \begin{bmatrix} 1 \\ 0 \\ 0 \\ 2 \end{bmatrix} \quad \Rightarrow \quad \begin{bmatrix} a \\ b \\ c \\ d \end{bmatrix} = \begin{bmatrix} \frac{1}{2} \\ 4 \\ -4 \\ 2 \end{bmatrix} \quad \Rightarrow \quad y(x) = \frac{e^x}{2} + 2x^2 - 4x + 4.$$

Die Lösung ist somit $y(x) = \frac{e^x}{2} + 2x^2 - 4x + 4$. ■

Übung 7.29

• • ∘ Sei V ein reeller Vektorraum mit Basis $\mathcal{B} = \{1, e^x, e^{2x}, e^{3x}\}$. Man betrachte die lineare Abbildung

$$L : V \to V,\ f(x) \to L(f) = f''(x) - 3f(x) + 2f(x).$$

a) Man bestimme die Darstellungsmatrix von L bezüglich der Basis $\mathcal{B}$.

b) Man bestimme alle Lösungen der folgenden Differenzialgleichung, welche in V liegen

$$y''(x) - 3y'(x) + 2y(x) = e^{3x} - 3.$$

Lösung

a) Wir gehen wie in Übung 7.28 vor und wenden L auf alle Basiselemente an:

$$L(1) = 2 \quad \Rightarrow [L(1)]_{\mathcal{B}} = \begin{bmatrix} 2 \\ 0 \\ 0 \\ 0 \end{bmatrix}, \qquad L(e^x) = 0 \quad \Rightarrow [L(e^x)]_{\mathcal{B}} = \begin{bmatrix} 0 \\ 0 \\ 0 \\ 0 \end{bmatrix},$$

$$L(e^{2x}) = 0 \quad \Rightarrow [L(e^{2x})]_{\mathcal{B}} = \begin{bmatrix} 0 \\ 0 \\ 0 \\ 0 \end{bmatrix}, \qquad L(e^{3x}) = 2e^{3x} \quad \Rightarrow [L(e^{3x})]_{\mathcal{B}} = \begin{bmatrix} 0 \\ 0 \\ 0 \\ 2 \end{bmatrix}$$

Somit $M^{\mathcal{B}}_{\mathcal{B}}(L) = \begin{bmatrix} 2&0&0&0 \\ 0&0&0&0 \\ 0&0&0&0 \\ 0&0&0&2 \end{bmatrix}$.

b) Die Differenzialgleichung ist $L(y(x)) = e^x + 2x^2$. Wir suchen eine Lösung der Form $y(x) = a + be^x + ce^{2x} + de^{3x}$, was dem Koordinatenvektor $[a, b, c, d]^T$ entspricht. In der Basis $\mathcal{B}$ ausgedrückt entspricht die rechte Seite der Differenzialgleichung dem Vektor $[e^{3x} - 3]_{\mathcal{B}} = [-3, 0, 0, 1]^T$. Mithilfe der Darstellungsmatrix von L können wir unsere Differenzialgleichung wie folgt schreiben:

$$\begin{bmatrix} 2&0&0&0\\ 0&0&0&0\\ 0&0&0&0\\ 0&0&0&2 \end{bmatrix}\begin{bmatrix} a\\ b\\ c\\ d \end{bmatrix}=\begin{bmatrix} -3\\ 0\\ 0\\ 1 \end{bmatrix} \quad\Rightarrow\quad \begin{bmatrix} a\\ b\\ c\\ d \end{bmatrix}=\begin{bmatrix} -\frac{3}{2}\\ 0\\ 0\\ \frac{1}{2} \end{bmatrix}+t\begin{bmatrix} 0\\ 1\\ 0\\ 0 \end{bmatrix}+s\begin{bmatrix} 0\\ 0\\ 1\\ 0 \end{bmatrix},\ t,s\in\mathbb{R}.$$

Die gesuchte Lösung der Differenzialgleichung lautet:

$$y(x)=\frac{e^{3x}-3}{2}+t\,e^{x}+s\,e^{2x},\ t,s\in\mathbb{R}.$$

Beachte, dass die Lösung 2 freie Parameter t, s hat. Diese sind die Integrationskonstanten der Differenzialgleichung (werden durch Anfangs- oder Randbedingungen festgelegt). ■

7.3 Wichtige lineare Abbildungen

Wir untersuchen nun wichtige lineare Abbildungen $\mathbb{R}^2 \to \mathbb{R}^2$ bzw. $\mathbb{R}^3 \to \mathbb{R}^3$ und deren Matrixdarstellungen.

7.3.1 Wichtige lineare Abbildungen $\mathbb{R}^2 \to \mathbb{R}^2$

		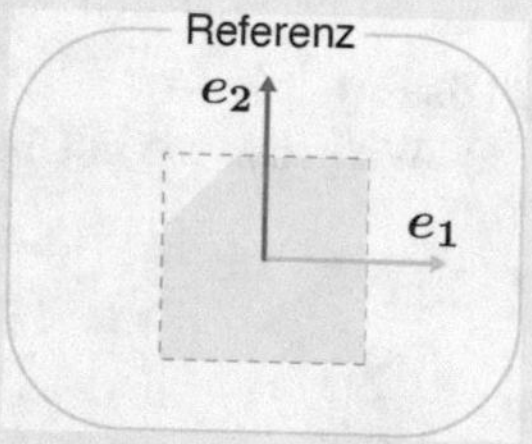
Streckungen (oder Reskalierungen)		
Streckung (Reskalierung) um Faktor α	$\begin{bmatrix} \alpha & 0\\ 0 & \alpha \end{bmatrix}$	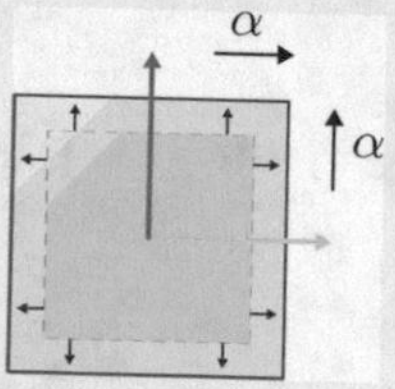
Reskalierung mit unterschiedlichen Faktoren (in x_1-Richtung um α_1, in x_2-Richtung um α_2)	$\begin{bmatrix} \alpha_1 & 0\\ 0 & \alpha_2 \end{bmatrix}$	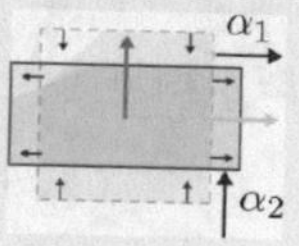

Spiegelungen		
Spiegelung an der x_1-Achse	$\begin{bmatrix} 1 & 0 \\ 0 & -1 \end{bmatrix}$	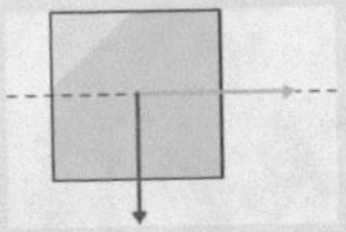
Spiegelung an der x_2-Achse	$\begin{bmatrix} -1 & 0 \\ 0 & 1 \end{bmatrix}$	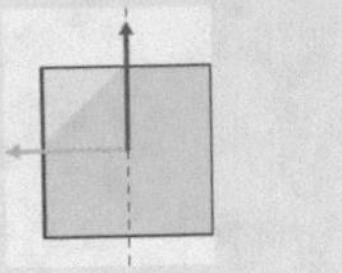
(Punkt-)Spiegelung am Nullpunkt (= Streckung um -1)	$\begin{bmatrix} -1 & 0 \\ 0 & -1 \end{bmatrix}$	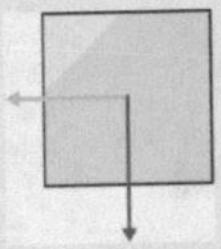
Spiegelung an der Geraden $x_2 = x_1$ bzw. 45°-Achse	$\begin{bmatrix} 0 & 1 \\ 1 & 0 \end{bmatrix}$	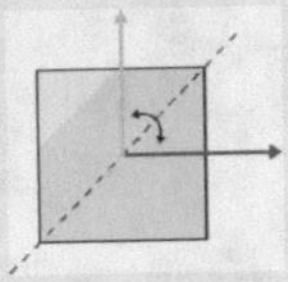
Rotationen		
Rotation um Winkel φ in positiver Richtung (Gegenuhrzeigersinn)	$\begin{bmatrix} \cos(\varphi) & -\sin(\varphi) \\ \sin(\varphi) & \cos(\varphi) \end{bmatrix}$	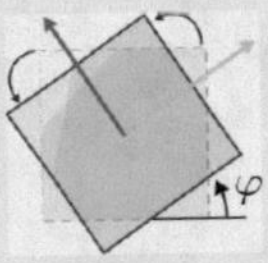
Projektionen		
Projektion auf die x_1-Achse	$\begin{bmatrix} 1 & 0 \\ 0 & 0 \end{bmatrix}$	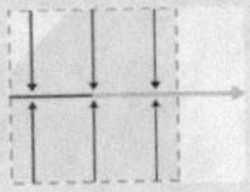
Projektion auf die x_2-Achse	$\begin{bmatrix} 0 & 0 \\ 0 & 1 \end{bmatrix}$	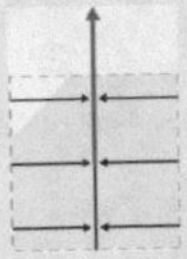
Scherungen		
Horizontale Scherung	$\begin{bmatrix} 1 & \beta \\ 0 & 1 \end{bmatrix}$	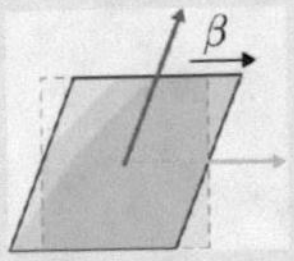
Vertikale Scherung	$\begin{bmatrix} 1 & 0 \\ \beta & 1 \end{bmatrix}$	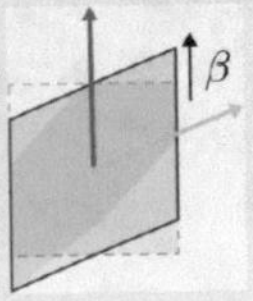

7.3.2 Wichtige lineare Abbildungen $\mathbb{R}^3 \to \mathbb{R}^3$

		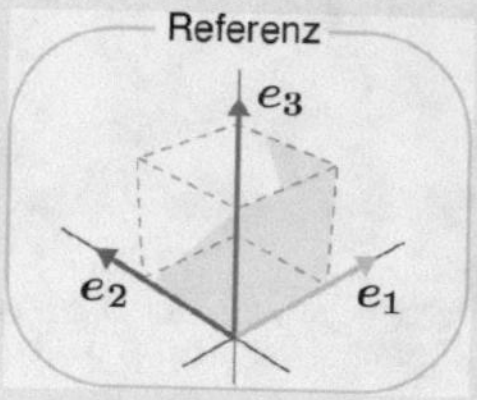
Streckungen (oder Reskalierungen)		
Streckung um $\alpha > 0$	$\begin{bmatrix} \alpha & 0 & 0 \\ 0 & \alpha & 0 \\ 0 & 0 & \alpha \end{bmatrix}$	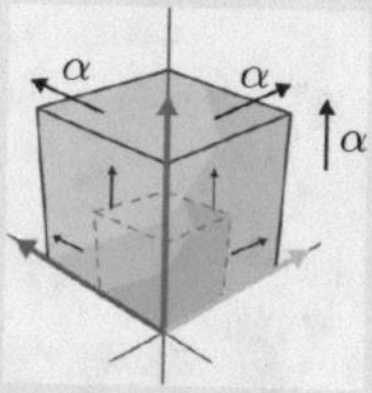
Reskalierung um α_1 in x_1-Richtung, α_2 in x_2-Richtung, und um α_3 in x_3-Richtung	$\begin{bmatrix} \alpha_1 & 0 & 0 \\ 0 & \alpha_2 & 0 \\ 0 & 0 & \alpha_3 \end{bmatrix}$	
Spiegelungen		
Spiegelung an der x_1x_2-Ebene	$\begin{bmatrix} 1 & 0 & 0 \\ 0 & 1 & 0 \\ 0 & 0 & -1 \end{bmatrix}$	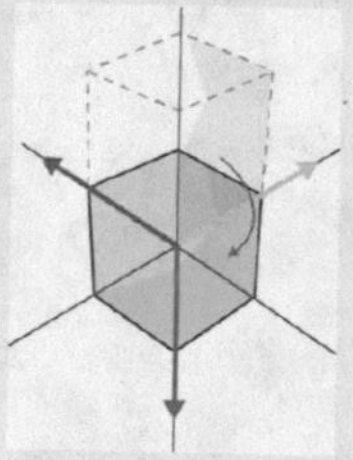
Spiegelung an der x_1x_3-Ebene	$\begin{bmatrix} 1 & 0 & 0 \\ 0 & -1 & 0 \\ 0 & 0 & 1 \end{bmatrix}$	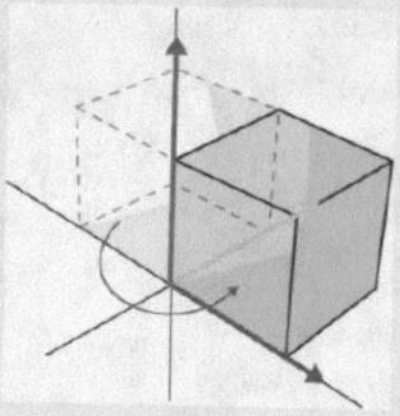
Spiegelung an der x_2x_3-Ebene	$\begin{bmatrix} -1 & 0 & 0 \\ 0 & 1 & 0 \\ 0 & 0 & 1 \end{bmatrix}$	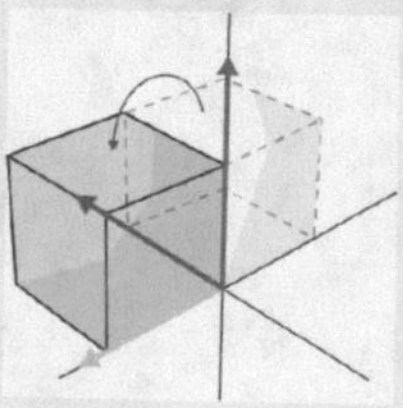

(Punkt-)Spiegelung am Nullpunkt	$\begin{bmatrix} -1 & 0 & 0 \\ 0 & -1 & 0 \\ 0 & 0 & -1 \end{bmatrix}$	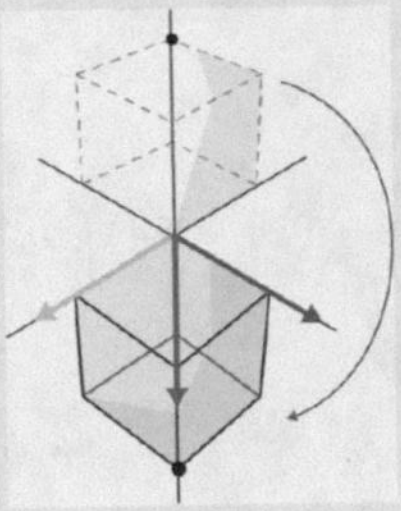
Rotationen		
Rotation um den Winkel φ um x_1-Achse in positiver Richtung	$\begin{bmatrix} 1 & 0 & 0 \\ 0 & \cos(\varphi) & -\sin(\varphi) \\ 0 & \sin(\varphi) & \cos(\varphi) \end{bmatrix}$	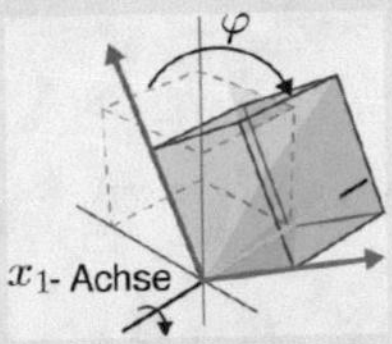
Rotation um den Winkel φ um x_2-Achse in positiver Richtung	$\begin{bmatrix} \cos(\varphi) & 0 & \sin(\varphi) \\ 0 & 1 & 0 \\ -\sin(\varphi) & 0 & \cos(\varphi) \end{bmatrix}$	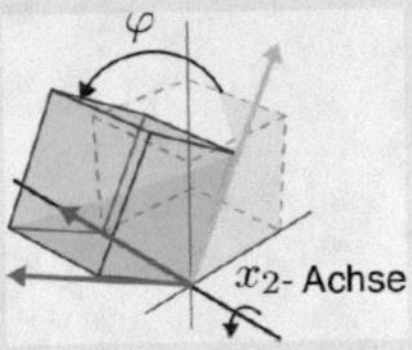
Rotation um ’ den Winkel φ um x_3-Achse in positiver Richtung	$\begin{bmatrix} \cos(\varphi) & -\sin(\varphi) & 0 \\ \sin(\varphi) & \cos(\varphi) & 0 \\ 0 & 0 & 1 \end{bmatrix}$	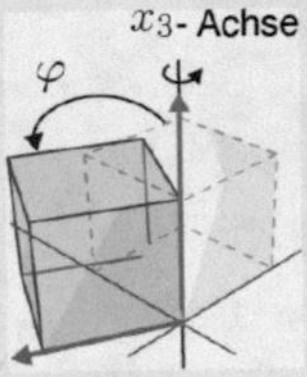
Sherungen		
Scherung	$\begin{bmatrix} 1 & \beta & 0 \\ 0 & 1 & 0 \\ 0 & 0 & 1 \end{bmatrix}$	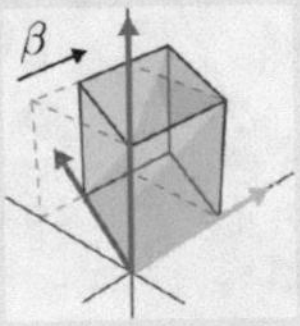
Scherung	$\begin{bmatrix} 1 & 0 & \beta \\ 0 & 1 & 0 \\ 0 & 0 & 1 \end{bmatrix}$	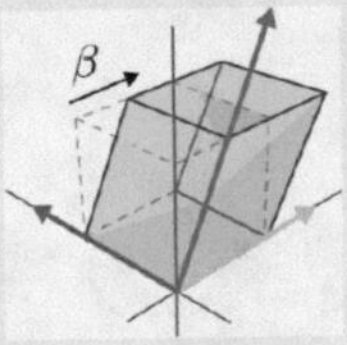
Scherung	$\begin{bmatrix} 1 & 0 & 0 \\ 0 & 1 & \beta \\ 0 & 0 & 1 \end{bmatrix}$	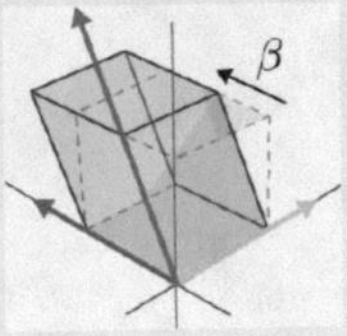

Projektionen		
Projektion auf die x_1x_2-Ebene	$\begin{bmatrix} 1 & 0 & 0 \\ 0 & 1 & 0 \\ 0 & 0 & 0 \end{bmatrix}$	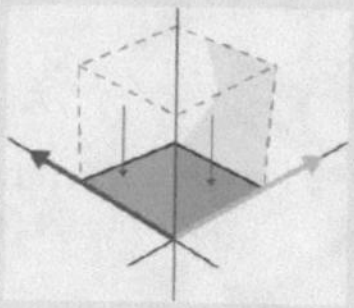
Projektion auf die x_1x_3-Ebene	$\begin{bmatrix} 1 & 0 & 0 \\ 0 & 0 & 0 \\ 0 & 0 & 1 \end{bmatrix}$	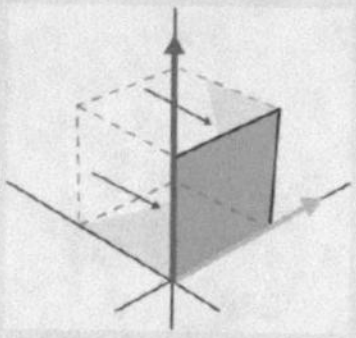
Projektion auf die x_2x_3-Ebene	$\begin{bmatrix} 0 & 0 & 0 \\ 0 & 1 & 0 \\ 0 & 0 & 1 \end{bmatrix}$	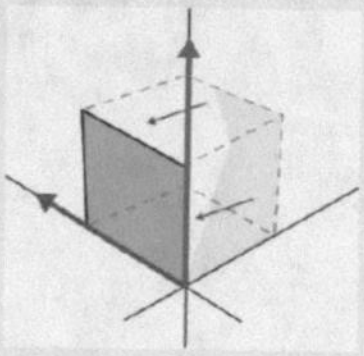
Allgemeine Formeln		
Spiegelung an Gerade $\boldsymbol{x} = t\,\boldsymbol{v}$ ($\boldsymbol{v}$ = Richtungsvektor)	$2\frac{\boldsymbol{v}\,\boldsymbol{v}^T}{\|\|\boldsymbol{v}\|\|^2} - \boldsymbol{E}$	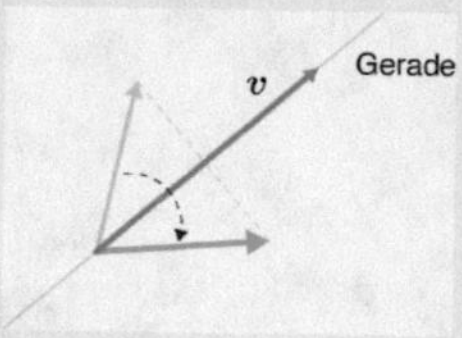
Projektion auf die Gerade $\boldsymbol{x} = t\,\boldsymbol{v}$ ($\boldsymbol{v}$ = Richtungsvektor)	$\frac{\boldsymbol{v}\,\boldsymbol{v}^T}{\|\|\boldsymbol{v}\|\|^2}$	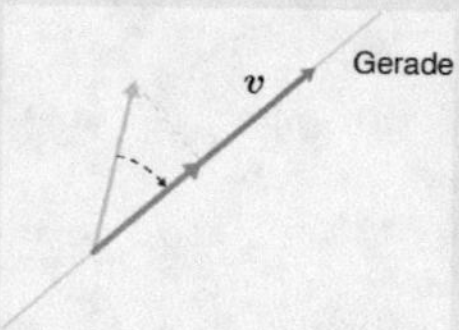
Rotation um den Winkel φ um Drehachse $\boldsymbol{v} = \begin{bmatrix} v_1 \\ v_2 \\ v_3 \end{bmatrix}$ ($\boldsymbol{v}$ muss ein Einheitsvektor sein)	$\cos(\varphi)\,\boldsymbol{E} + (1-\cos(\varphi))\,\boldsymbol{v}\boldsymbol{v}^T + \sin(\varphi)\begin{bmatrix} 0 & -v_3 & v_2 \\ v_3 & 0 & -v_1 \\ -v_2 & v_1 & 0 \end{bmatrix}$	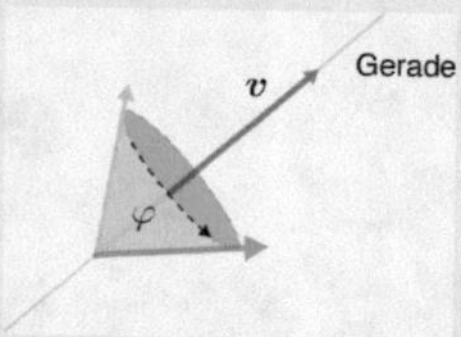
Spiegelung an Ebene $\boldsymbol{x}\cdot\boldsymbol{n} = 0$ ($\boldsymbol{n}$ = Normale)	$\boldsymbol{E} - 2\frac{\boldsymbol{n}\,\boldsymbol{n}^T}{\|\|\boldsymbol{n}\|\|^2}$	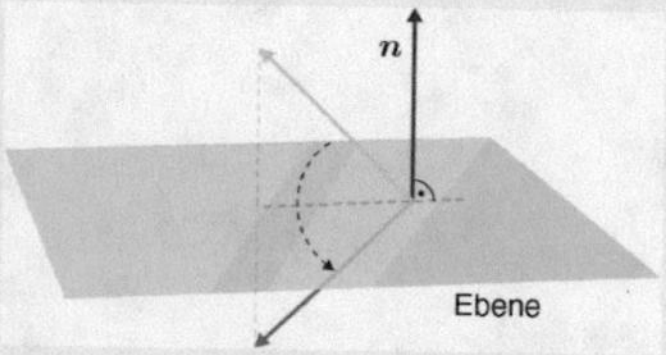
Projektion auf die Ebene $\boldsymbol{x}\cdot\boldsymbol{n} = 0$ ($\boldsymbol{n}$ = Normale)	$\boldsymbol{E} - \frac{\boldsymbol{n}\,\boldsymbol{n}^T}{\|\|\boldsymbol{n}\|\|^2}$	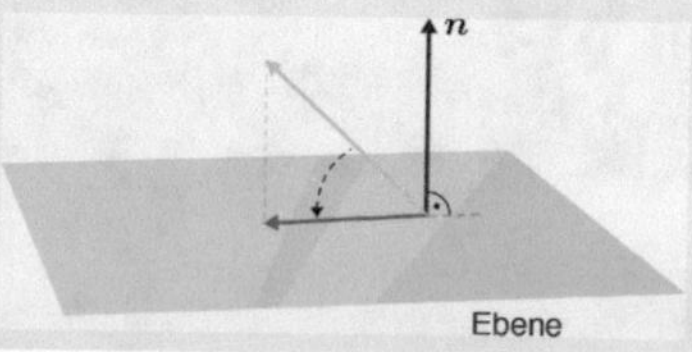

Übung 7.30

● ○ ○ Man bestimme die Darstellungsmatrizen der folgenden linearen Abbildungen in der Standardbasis:

a) $F_1 =$ Streckung in $\mathbb{R}^2$ um $\alpha > 0$.
b) $F_2 =$ Spiegelung in $\mathbb{R}^2$ an der Geraden $x_1 = x_2$.
c) $F_3 =$ Rotation in $\mathbb{R}^2$ um Winkel φ.
d) $F_4 =$ Projektion in $\mathbb{R}^3$ auf die x_2x_3-Ebene.
e) $F_5 =$ Projektion in $\mathbb{R}^3$ auf den Vektor $\boldsymbol{v} = [a, b, c]^T$.
f) $F_6 =$ Spiegelung in $\mathbb{R}^3$ an dem Vektor $\boldsymbol{v} = [a, b, c]^T$.

Lösung

Wir erinnern uns daran, dass die Darstellungsmatrix einer linearen Abbildung durch deren Wirkung auf die Basiselemente bestimmt ist. Der Trick bei dieser Aufgabe ist es also, die entsprechende Abbildung an den Standardbasisvektoren $\boldsymbol{e_1}, \boldsymbol{e_2}$ des $\mathbb{R}^2$ bzw. $\boldsymbol{e_1}, \boldsymbol{e_2}, \boldsymbol{e_3}$ des $\mathbb{R}^3$ anzuwenden (mit Skizze).

a) Wir betrachten die Wirkung einer Streckung um $\alpha > 0$ an den Basisvektoren $\boldsymbol{e_1}, \boldsymbol{e_2}$. Jeder Basisvektor wird mit einen Faktor α multipliziert:

$$F_1(\boldsymbol{e_1}) = \begin{bmatrix} \alpha \\ 0 \end{bmatrix}, \quad F_1(\boldsymbol{e_2}) = \begin{bmatrix} 0 \\ \alpha \end{bmatrix}.$$

Die Darstellungsmatrix von F_1 lautet somit $\boldsymbol{M}_{\mathcal{E}}^{\mathcal{E}}(F_1) = \begin{bmatrix} \alpha & 0 \\ 0 & \alpha \end{bmatrix}$.

b) Bei der Spiegelung an der Geraden $x_1 = x_2$ werden alle Vektoren an der Achse $x_1 = x_2$ gespiegelt. Somit werden die Basisvektoren $\boldsymbol{e_1}, \boldsymbol{e_2}$ wie folgt abgebildet:

$$F_2(\boldsymbol{e_1}) = \begin{bmatrix} 0 \\ 1 \end{bmatrix}, \quad F_2(\boldsymbol{e_2}) = \begin{bmatrix} 1 \\ 0 \end{bmatrix} \Rightarrow \boldsymbol{M}_{\mathcal{E}}^{\mathcal{E}}(F_2) = \begin{bmatrix} 0 & 1 \\ 1 & 0 \end{bmatrix}.$$

c) Wir rotieren die Basisvektoren $\boldsymbol{e_1}, \boldsymbol{e_2}$ in positiver Richtung um den Winkel φ (■ Abb. 7.7):

$$F_3(\boldsymbol{e_1}) = \begin{bmatrix} \cos(\varphi) \\ \sin(\varphi) \end{bmatrix}, \quad F_3(\boldsymbol{e_2}) = \begin{bmatrix} -\sin(\varphi) \\ \cos(\varphi) \end{bmatrix} \Rightarrow \boldsymbol{M}_{\mathcal{E}}^{\mathcal{E}}(F_3) = \begin{bmatrix} \cos(\varphi) & -\sin(\varphi) \\ \sin(\varphi) & \cos(\varphi) \end{bmatrix}.$$

d) Bei der Projektion auf die x_2x_3-Ebene werden die Basisvektoren $\boldsymbol{e_1}, \boldsymbol{e_2}, \boldsymbol{e_3}$ wie folgt abgebildet:

$$F_4(\boldsymbol{e_1}) = \begin{bmatrix} 0 \\ 0 \\ 0 \end{bmatrix}, \quad F_4(\boldsymbol{e_2}) = \begin{bmatrix} 0 \\ 1 \\ 0 \end{bmatrix}, \quad F_4(\boldsymbol{e_3}) = \begin{bmatrix} 0 \\ 0 \\ 1 \end{bmatrix} \quad \Rightarrow \quad \boldsymbol{M}_{\mathcal{E}}^{\mathcal{E}}(F_4) = \begin{bmatrix} 0 & 0 & 0 \\ 0 & 1 & 0 \\ 0 & 0 & 1 \end{bmatrix}.$$

Alternative: Die auf die x_2x_3-Ebene ist $F_4 : \mathbb{R}^3 \to \mathbb{R}^3$, $[x_1, x_2, x_3]^T \to [0, x_2, x_3]^T$. Die Darstellungsmatrix von F_4 ist somit $\begin{bmatrix} 0 & 0 & 0 \\ 0 & 1 & 0 \\ 0 & 0 & 1 \end{bmatrix}$.

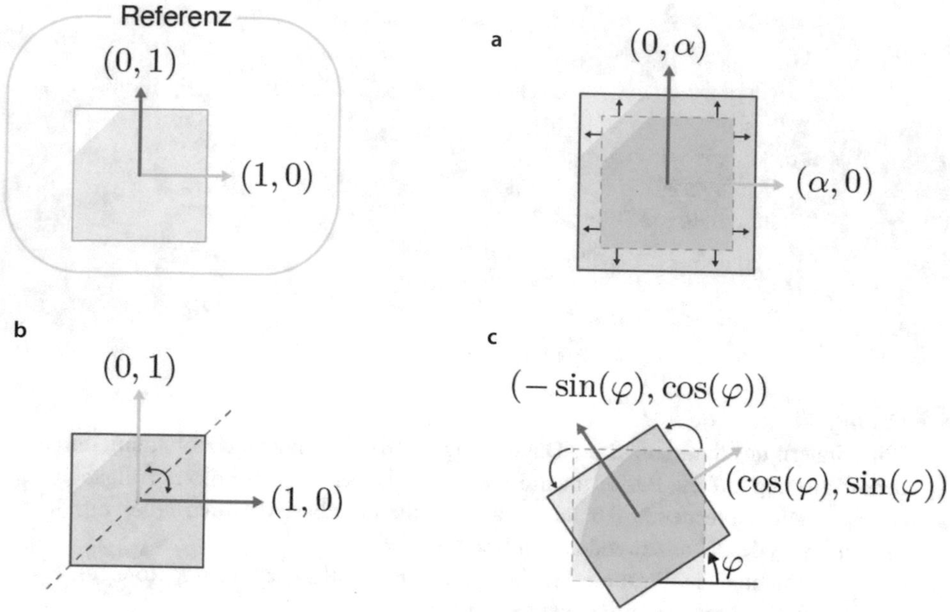

Abb. 7.7 Übung 7.30

e) Die Formel für die orthogonale Projektion eines Vektors $\boldsymbol{x}$ auf $\boldsymbol{v} = [a, b, c]^T$ lautet (vgl. Anhang A):

$$\text{Proj}_{\boldsymbol{v}}(\boldsymbol{x}) = \frac{\boldsymbol{x} \cdot \boldsymbol{v}}{||\boldsymbol{v}||^2}\boldsymbol{v} = \frac{\boldsymbol{x} \cdot \boldsymbol{v}}{\sqrt{a^2 + b^2 + c^2}} \begin{bmatrix} a \\ b \\ c \end{bmatrix}.$$

Wenden wir diese Abbildung auf die Basisvektoren $\boldsymbol{e_1}, \boldsymbol{e_2}, \boldsymbol{e_3}$ an, so bekommen wir:

$$F_5(\boldsymbol{e_1}) = \frac{\begin{bmatrix} 1 \\ 0 \\ 0 \end{bmatrix} \cdot \begin{bmatrix} a \\ b \\ c \end{bmatrix}}{\sqrt{a^2 + b^2 + c^2}} \begin{bmatrix} a \\ b \\ c \end{bmatrix} = \frac{a}{a^2 + b^2 + c^2} \begin{bmatrix} a \\ b \\ c \end{bmatrix},$$

$$F_5(\boldsymbol{e_2}) = \frac{\begin{bmatrix} 0 \\ 1 \\ 0 \end{bmatrix} \cdot \begin{bmatrix} a \\ b \\ c \end{bmatrix}}{\sqrt{a^2 + b^2 + c^2}} \begin{bmatrix} a \\ b \\ c \end{bmatrix} = \frac{b}{a^2 + b^2 + c^2} \begin{bmatrix} a \\ b \\ c \end{bmatrix}$$

$$F_5(\boldsymbol{e_3}) = \frac{\begin{bmatrix} 0 \\ 0 \\ 1 \end{bmatrix} \cdot \begin{bmatrix} a \\ b \\ c \end{bmatrix}}{\sqrt{a^2 + b^2 + c^2}} \begin{bmatrix} a \\ b \\ c \end{bmatrix} = \frac{c}{a^2 + b^2 + c^2} \begin{bmatrix} a \\ b \\ c \end{bmatrix}.$$

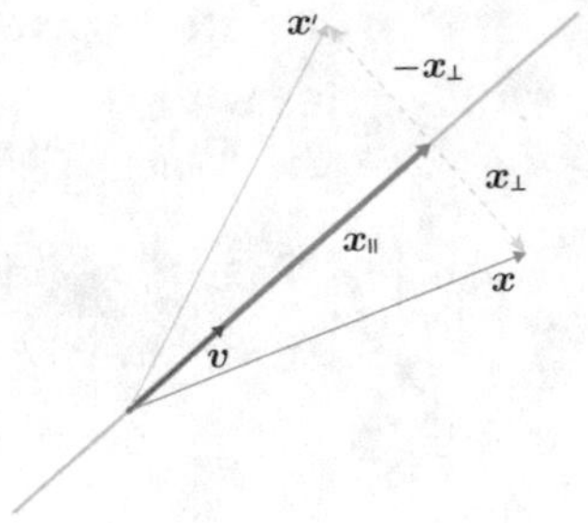

Abb. 7.8 Übung 7.30

Die gesuchte Darstellungsmatrix lautet somit:

$$M_{\mathcal{E}}^{\mathcal{E}}(F_5) = \frac{1}{a^2+b^2+c^2}\begin{bmatrix} a^2 & ab & ac \\ ab & b^2 & bc \\ ac & bc & c^2 \end{bmatrix}.$$

Beachte (▶ vgl. Tabelle in Abschn. 7.3):

$$M_{\mathcal{E}}^{\mathcal{E}}(F_5) = \frac{\boldsymbol{v}\,\boldsymbol{v}^T}{||\boldsymbol{v}||^2} = \frac{1}{a^2+b^2+c^2}\begin{bmatrix} a \\ b \\ c \end{bmatrix}\begin{bmatrix} a & b & c \end{bmatrix} = \frac{1}{a^2+b^2+c^2}\begin{bmatrix} a^2 & ab & ac \\ ab & b^2 & bc \\ ac & bc & c^2 \end{bmatrix}.$$

f) Mit der Skizze in Abb. 7.8 finden wir:

$$F_6(\boldsymbol{x}) = \boldsymbol{x} - 2\boldsymbol{x}_\perp = \boldsymbol{x} - 2(\boldsymbol{x} - \boldsymbol{x}_\parallel) = 2\boldsymbol{x}_\parallel - \boldsymbol{x} = 2\mathrm{Proj}_{\boldsymbol{v}}(\boldsymbol{x}) - \boldsymbol{x}.$$

Die Darstellungsmatrix der Spiegelung an dem Vektor $[a, b, c]^T$ lautet somit:

$$M_{\mathcal{E}}^{\mathcal{E}}(F_6) = \frac{2}{a^2+b^2+c^2}\begin{bmatrix} a^2 & ab & ac \\ ab & b^2 & bc \\ ac & bc & c^2 \end{bmatrix} - \begin{bmatrix} 1 & 0 & 0 \\ 0 & 1 & 0 \\ 0 & 0 & 1 \end{bmatrix}$$

$$= \frac{1}{a^2+b^2+c^2}\begin{bmatrix} a^2-b^2-c^2 & 2ab & 2ac \\ 2ab & b^2-a^2-c^2 & 2bc \\ 2ac & 2bc & c^2-a^2-b^2 \end{bmatrix}.$$

Beachte (▶ vgl. Tabelle in Abschn. 7.3):

$$M_{\mathcal{E}}^{\mathcal{E}}(F_6) = 2\frac{\boldsymbol{v}\,\boldsymbol{v}^T}{||\boldsymbol{v}||^2} - \boldsymbol{E} = \frac{2}{a^2+b^2+c^2}\begin{bmatrix} a \\ b \\ c \end{bmatrix}\begin{bmatrix} a & b & c \end{bmatrix} - \begin{bmatrix} 1 & 0 & 0 \\ 0 & 1 & 0 \\ 0 & 0 & 1 \end{bmatrix}.$$

■

Übung 7.31

● ○ ○ Welche Abbildungen werden von den folgenden Matrizen in der Standardbasis dargestellt?

a) $\frac{1}{2}\begin{bmatrix} 1 & \sqrt{3} \\ -\sqrt{3} & 1 \end{bmatrix}$

b) $\begin{bmatrix} \frac{1}{\sqrt{2}} & -\frac{1}{\sqrt{2}} & 0 \\ \frac{1}{\sqrt{2}} & \frac{1}{\sqrt{2}} & 0 \\ 0 & 0 & 0 \end{bmatrix}$

Lösung

a) Es gilt

$$\frac{1}{2}\begin{bmatrix} 1 & \sqrt{3} \\ -\sqrt{3} & 1 \end{bmatrix} = \begin{bmatrix} \frac{1}{2} & \frac{\sqrt{3}}{2} \\ -\frac{\sqrt{3}}{2} & \frac{1}{2} \end{bmatrix} = \begin{bmatrix} \cos\left(-\frac{\pi}{3}\right) & -\sin\left(-\frac{\pi}{3}\right) \\ \sin\left(-\frac{\pi}{3}\right) & \cos\left(-\frac{\pi}{3}\right) \end{bmatrix}.$$

Die Matrix stellt eine Rotation um den Winkel −60° dar.

b) Wegen

$$\begin{bmatrix} \frac{1}{\sqrt{2}} & -\frac{1}{\sqrt{2}} & 0 \\ \frac{1}{\sqrt{2}} & \frac{1}{\sqrt{2}} & 0 \\ 0 & 0 & 0 \end{bmatrix} = \underbrace{\begin{bmatrix} \frac{1}{\sqrt{2}} & -\frac{1}{\sqrt{2}} & 0 \\ \frac{1}{\sqrt{2}} & \frac{1}{\sqrt{2}} & 0 \\ 0 & 0 & 1 \end{bmatrix}}_{\text{Rotation um } \varphi=\frac{\pi}{4}} \underbrace{\begin{bmatrix} 1 & 0 & 0 \\ 0 & 1 & 0 \\ 0 & 0 & 0 \end{bmatrix}}_{\text{Projektion auf } x_1x_2\text{-Ebene}}$$

repräsentiert die Matrix eine Projektion auf die x_1x_2-Ebene, gefolgt von einer Drehung in dieser Ebene um 45°. ■

Obige Betrachtungen motivieren die folgende Klassifikation von linearen Abbildungen.

7.3.3 Klassifikation von linearen Abbildungen

Wichtige lineare Abbildungen sind Streckungen, Drehungen, Spiegelungen und Projektionen. Solche lineare Abbildungen können anhand der Darstellungsmatrix ganz einfach klassifiziert werden:

- **Streckung**, wenn $\boldsymbol{A} = \alpha \boldsymbol{E}$ (α ist Streckungsfaktor) oder $\boldsymbol{A} = \text{diag}[\alpha_1, \alpha_2, \alpha_3]$ (Streckung mit unterschiedlichen Faktoren $\alpha_1, \alpha_2, \alpha_3$).
- **Rotation (Drehung)**, wenn $\boldsymbol{A}^T\boldsymbol{A} = \boldsymbol{E}$ (d. h. $\boldsymbol{A}$ ist orthogonal) und $\det(\boldsymbol{A}) = 1$.
- **Spiegelung**, wenn $\boldsymbol{A}^T\boldsymbol{A} = \boldsymbol{E}$ (d. h. $\boldsymbol{A}$ ist orthogonal) und $\det(\boldsymbol{A}) = -1$.
- **Projektion**, wenn $\boldsymbol{A}^2 = \boldsymbol{A}$ (d. h. $\boldsymbol{A}$ ist idempotent).

Diese Klassifikationen lassen sich sehr schön auch anhand der Bilder in der Tabelle von ▶ Abschn. 7.3 nachvollziehen.

Bemerkung
Die Bedingung $A^T A = E$ (A orthogonal) besagt, dass Drehungen und Spiegelungen die Länge von Vektoren und die Winkel zwischen Vektoren invariant lassen (vgl. Lineare Algebra II, Vektorräume mit Skalarprodukt). Die Bedingung $\det(A) = 1$ besagt, dass Drehungen orientierungserhaltend bleiben. Spiegelungen haben $\det(A) = -1$, sie sind orientierungsumkehrend. Die Bedingung $A^2 = A$ bedeutet, dass beim zweimalprojizieren das zweite Mal nichts passiert.

Übung 7.32

• ○ ○ Man betrachte die Abbildungen mit den folgenden Darstellungsmatrizen

a) $A = \begin{bmatrix} 0 & -1 & 0 \\ 0 & 0 & -1 \\ 1 & 0 & 0 \end{bmatrix}$,

b) $A = \begin{bmatrix} 0 & -1 & -1 \\ -1 & 0 & -1 \\ 1 & 1 & 2 \end{bmatrix}$

c) $A = \frac{1}{a^2+b^2} \begin{bmatrix} a^2 - b^2 & 2ab \\ 2ab & b^2 - a^2 \end{bmatrix}$,

d) $A = \begin{bmatrix} 1 & -1 & 0 \\ -1 & 1 & 0 \\ 1 & 1 & 2 \end{bmatrix}$.

Sind es Rotationen, Spiegelungen, Projektionen oder Streckungen?

Lösung

a) Wegen

$$A^T A = \begin{bmatrix} 0 & -1 & 0 \\ 0 & 0 & -1 \\ 1 & 0 & 0 \end{bmatrix} \begin{bmatrix} 0 & 0 & 1 \\ -1 & 0 & 0 \\ 0 & -1 & 0 \end{bmatrix} = \begin{bmatrix} 1 & 0 & 0 \\ 0 & 1 & 0 \\ 0 & 0 & 1 \end{bmatrix} = E \text{ und } \det(A) = 1$$

ist A eine Drehung.

b) Es gilt

$$A^2 = \begin{bmatrix} 0 & -1 & -1 \\ -1 & 0 & -1 \\ 1 & 1 & 2 \end{bmatrix} \begin{bmatrix} 0 & -1 & -1 \\ -1 & 0 & -1 \\ 1 & 1 & 2 \end{bmatrix} = \begin{bmatrix} 0 & -1 & -1 \\ -1 & 0 & -1 \\ 1 & 1 & 2 \end{bmatrix} = A.$$

A ist eine Projektion.

c) Wegen

$$A^T A = \frac{1}{(a^2+b^2)^2} \begin{bmatrix} a^2 - b^2 & 2ab \\ 2ab & b^2 - a^2 \end{bmatrix} \begin{bmatrix} a^2 - b^2 & 2ab \\ 2ab & b^2 - a^2 \end{bmatrix} = \begin{bmatrix} 1 & 0 \\ 0 & 1 \end{bmatrix} = E$$

$$\det(\boldsymbol{A}) = \frac{1}{(a^2+b^2)^2} \det \begin{bmatrix} a^2-b^2 & 2ab \\ 2ab & b^2-a^2 \end{bmatrix} = \frac{-(a^2-b^2)^2 - 4a^2b^2}{(a^2+b^2)^2} = -1$$

repräsentiert $\boldsymbol{A}$ eine Spiegelung (es ist die Spiegelung an dem Vektor $[a, b]^T$).

d) Es gilt:

$$\boldsymbol{A}^2 = \begin{bmatrix} 1 & -1 & 0 \\ -1 & 1 & 0 \\ 1 & 1 & 2 \end{bmatrix} \begin{bmatrix} 1 & -1 & 0 \\ -1 & 1 & 0 \\ 1 & 1 & 2 \end{bmatrix} = \begin{bmatrix} 2 & -2 & 0 \\ -2 & 2 & 0 \\ 2 & 2 & 4 \end{bmatrix} = 2\boldsymbol{A}.$$

Was heißt dies? Es bedeutet, dass $\boldsymbol{A}$ „fast“ eine Projektion ist. Definieren wir $\boldsymbol{P} = \frac{1}{2}\boldsymbol{A}$, so haben wir genau eine Projektion

$$\boldsymbol{P} = \begin{bmatrix} \frac{1}{2} & -\frac{1}{2} & 0 \\ -\frac{1}{2} & \frac{1}{2} & 0 \\ \frac{1}{2} & \frac{1}{2} & 1 \end{bmatrix} \begin{bmatrix} \frac{1}{2} & -\frac{1}{2} & 0 \\ -\frac{1}{2} & \frac{1}{2} & 0 \\ \frac{1}{2} & \frac{1}{2} & 1 \end{bmatrix} = \begin{bmatrix} \frac{1}{2} & -\frac{1}{2} & 0 \\ -\frac{1}{2} & \frac{1}{2} & 0 \\ \frac{1}{2} & \frac{1}{2} & 1 \end{bmatrix} = \boldsymbol{P} \Rightarrow \boldsymbol{P} \text{ ist eine Projektion}$$

Somit ist $\boldsymbol{A} = 2\boldsymbol{E}\boldsymbol{P}$, d. h., $\boldsymbol{A}$ ist das Produkt einer Streckung ($2\boldsymbol{E}$) und einer Projektion ($\boldsymbol{P}$). ■

Übung 7.33

• ○ ○ Es sei $E = \{\boldsymbol{v} \in \mathbb{R}^3 \mid \boldsymbol{v} \cdot \boldsymbol{n} = 0\}$ die Ebene mit der Normalen $\boldsymbol{n}$. Die Projektion auf E ist durch der folgenden Matrix beschrieben (► vgl. Tabelle in Abschn. 7.3):

$$\boldsymbol{P} = \boldsymbol{E} - \frac{\boldsymbol{n}\,\boldsymbol{n}^T}{||\boldsymbol{n}||^2}.$$

Man zeige, dass $\boldsymbol{P}$ idempotent ist.

Lösung

a) Wir rechnen nach:

$$\boldsymbol{P}^2 = \left(\boldsymbol{E} - \frac{\boldsymbol{n}\,\boldsymbol{n}^T}{||\boldsymbol{n}||^2}\right)\left(\boldsymbol{E} - \frac{\boldsymbol{n}\,\boldsymbol{n}^T}{||\boldsymbol{n}||^2}\right) = \boldsymbol{E} - 2\frac{\boldsymbol{n}\,\boldsymbol{n}^T}{||\boldsymbol{n}||^2} + \frac{\boldsymbol{n}\ \overbrace{\boldsymbol{n}^T\boldsymbol{n}}^{=||\boldsymbol{n}||^2}\ \boldsymbol{n}^T}{||\boldsymbol{n}||^4}$$

$$= \boldsymbol{E} - 2\frac{\boldsymbol{n}\,\boldsymbol{n}^T}{||\boldsymbol{n}||^2} + \frac{\boldsymbol{n}\,||\boldsymbol{n}||^2\boldsymbol{n}^T}{||\boldsymbol{n}||^4} = \boldsymbol{E} - 2\frac{\boldsymbol{n}\,\boldsymbol{n}^T}{||\boldsymbol{n}||^2} + \frac{\boldsymbol{n}\,\boldsymbol{n}^T}{||\boldsymbol{n}||^2} = \boldsymbol{E} - \frac{\boldsymbol{n}\,\boldsymbol{n}^T}{||\boldsymbol{n}||^2} = \boldsymbol{P}.$$

Somit ist $\boldsymbol{P}$ idempotent. ■

Bemerkung

Erinnerung: Für Vektoren in $\mathbb{R}^3$ gilt $\boldsymbol{v}^T\boldsymbol{v} = \boldsymbol{v} \cdot \boldsymbol{v} = ||\boldsymbol{v}||^2$ (vgl. Anhang BA.1.1).

Übung 7.34

• • ∘ Es sei $\boldsymbol{n} = [n_1, n_2, n_3]^T$ ein Einheitsvektor. Die Rotation um den Winkel φ um Drehachse $\boldsymbol{n}$ ist gegeben durch die Matrixdarstellung

$$\boldsymbol{R} = \cos\varphi\,\boldsymbol{E} + \sin\varphi\,\boldsymbol{N} + (1-\cos\varphi)\boldsymbol{n}\boldsymbol{n}^T, \quad \boldsymbol{N} = \begin{bmatrix} 0 & -n_3 & n_2 \\ n_3 & 0 & -n_1 \\ -n_2 & n_1 & 0 \end{bmatrix}.$$

a) Man zeige, dass $\boldsymbol{R}$ orthogonal ist.

b) Man berechne $\det(\boldsymbol{R})$.

c) Man beweise die Formel $\cos\varphi = \frac{\mathrm{Spur}(\boldsymbol{R})-1}{2}$

Lösung

a) Wir rechnen nach:

$$\boldsymbol{n}\boldsymbol{n}^T = \begin{bmatrix} n_1 \\ n_2 \\ n_3 \end{bmatrix} \begin{bmatrix} n_1 & n_2 & n_3 \end{bmatrix} = \begin{bmatrix} n_1^2 & n_1 n_2 & n_1 n_3 \\ n_1 n_2 & n_2^2 & n_2 n_3 \\ n_1 n_3 & n_2 n_3 & n_3^2 \end{bmatrix}.$$

Man sieht, dass $\boldsymbol{n}\boldsymbol{n}^T$ symmetrisch ist $\Rightarrow \left(\boldsymbol{n}\boldsymbol{n}^T\right)^T = \boldsymbol{n}\boldsymbol{n}^T$. Alternativ kann man dies direkt nachweisen: $\left(\boldsymbol{n}\boldsymbol{n}^T\right)^T = \left(\boldsymbol{n}^T\right)^T \boldsymbol{n}^T = \boldsymbol{n}\boldsymbol{n}^T$. Die Matrix $\boldsymbol{N}$ ist hingegen schiefsymmetrisch

$$\boldsymbol{N}^T = \begin{bmatrix} 0 & n_3 & -n_2 \\ -n_3 & 0 & n_1 \\ n_2 & -n_1 & 0 \end{bmatrix} = -\boldsymbol{N}.$$

Wir erhalten:

$$\begin{aligned}
\boldsymbol{R}^T\boldsymbol{R} &= \left(\cos\varphi\,\boldsymbol{E} + \sin\varphi\,\boldsymbol{N}^T + (1-\cos\varphi)\left(\boldsymbol{n}\boldsymbol{n}^T\right)^T\right) \\
&\quad \times \left(\cos\varphi\,\boldsymbol{E} + \sin\varphi\,\boldsymbol{N} + (1-\cos\varphi)\boldsymbol{n}\boldsymbol{n}^T\right) \\
&= \left(\cos\varphi\,\boldsymbol{E} - \sin\varphi\,\boldsymbol{N} + (1-\cos\varphi)\boldsymbol{n}\boldsymbol{n}^T\right)\left(\cos\varphi\,\boldsymbol{E} + \sin\varphi\,\boldsymbol{N} + (1-\cos\varphi)\boldsymbol{n}\boldsymbol{n}^T\right) \\
&= \cos^2\varphi\,\boldsymbol{E} + \sin\varphi\cos\varphi\,\boldsymbol{N} + (1-\cos\varphi)\cos\varphi\,\boldsymbol{n}\boldsymbol{n}^T - \sin\varphi\cos\varphi\,\boldsymbol{N} - \sin^2\varphi\,\boldsymbol{N}^2 \\
&\quad - (1-\cos\varphi)\sin\varphi\,\boldsymbol{N}\boldsymbol{n}\boldsymbol{n}^T + (1-\cos\varphi)\cos\varphi\,\boldsymbol{n}\boldsymbol{n}^T + (1-\cos\varphi)\sin\varphi\,\boldsymbol{n}\boldsymbol{n}^T\boldsymbol{N} \\
&\quad + (1-\cos\varphi)^2\boldsymbol{n}\underbrace{\boldsymbol{n}^T\boldsymbol{n}}_{=\|\boldsymbol{n}\|^2=1}\boldsymbol{n}^T.
\end{aligned}$$

Es gilt

$$\boldsymbol{N}\boldsymbol{n}\boldsymbol{n}^T = \begin{bmatrix} 0 & -n_3 & n_2 \\ n_3 & 0 & -n_1 \\ -n_2 & n_1 & 0 \end{bmatrix} \begin{bmatrix} n_1^2 & n_1 n_2 & n_1 n_3 \\ n_1 n_2 & n_2^2 & n_2 n_3 \\ n_1 n_3 & n_2 n_3 & n_3^2 \end{bmatrix} = \begin{bmatrix} 0 & 0 & 0 \\ 0 & 0 & 0 \\ 0 & 0 & 0 \end{bmatrix}$$

$$\boldsymbol{n}\boldsymbol{n}^T\boldsymbol{N} = \begin{bmatrix} n_1^2 & n_1 n_2 & n_1 n_3 \\ n_1 n_2 & n_2^2 & n_2 n_3 \\ n_1 n_3 & n_2 n_3 & n_3^2 \end{bmatrix} \begin{bmatrix} 0 & -n_3 & n_2 \\ n_3 & 0 & -n_1 \\ -n_2 & n_1 & 0 \end{bmatrix} = \begin{bmatrix} 0 & 0 & 0 \\ 0 & 0 & 0 \\ 0 & 0 & 0 \end{bmatrix}$$

$$\boldsymbol{N}^2 = \begin{bmatrix} -n_2^2 - n_3^2 & n_1 n_2 & n_1 n_3 \\ n_1 n_2 & -n_1^2 - n_3^2 & n_2 n_3 \\ n_1 n_3 & n_2 n_3 & -n_1^2 - n_2^2 \end{bmatrix} = \boldsymbol{n}\boldsymbol{n}^T - \underbrace{(n_1^2 + n_2^2 + n_3^2)}_{=1} \boldsymbol{E} = \boldsymbol{n}\boldsymbol{n}^T - \boldsymbol{E}.$$

Wir erhalten somit:

$$\begin{aligned} \boldsymbol{R}^T\boldsymbol{R} &= \cos^2\varphi\,\boldsymbol{E} + \left[2(1-\cos\varphi)\cos\varphi + (1-\cos\varphi)^2\right]\boldsymbol{n}\boldsymbol{n}^T - \sin^2\varphi\,\boldsymbol{N}^2 \\ &= \cos^2\varphi\,\boldsymbol{E} + \underbrace{(1-\cos^2\varphi)}_{=\sin^2\varphi}\boldsymbol{n}\boldsymbol{n}^T - \sin^2\varphi\,\boldsymbol{n}\boldsymbol{n}^T + \sin^2\varphi\,\boldsymbol{E} \\ &= (\cos^2\varphi + \sin^2\varphi)\,\boldsymbol{E} = \boldsymbol{E} \quad \Rightarrow \quad \boldsymbol{R} \text{ orthogonal.} \end{aligned}$$

b) $\boldsymbol{R}$ orthogonal $\Rightarrow \boldsymbol{R}^T\boldsymbol{R} = \boldsymbol{E} \Rightarrow \det(\boldsymbol{R}^T\boldsymbol{R}) = \det(\boldsymbol{R})^2 = 1 \Rightarrow \det(\boldsymbol{R}) = \pm 1$. Es genügt also herauszufinden, ob $\det(\boldsymbol{R}) = 1$ oder $\det(\boldsymbol{R}) = -1$ gilt. Dies machen wir, indem wir die Determinante beispielsweise für $\varphi = 0$ berechnen. In diesem Fall ist $\boldsymbol{R} = \boldsymbol{E}$ $\Rightarrow \det(\boldsymbol{R}) = 1$.

c) Wir rechnen nach:

$$\begin{aligned} \mathrm{Spur}(\boldsymbol{R}) &= \cos\varphi\,\underbrace{\mathrm{Spur}(\boldsymbol{E})}_{=3} + \sin\varphi\,\underbrace{\mathrm{Spur}(\boldsymbol{N})}_{=0} + (1-\cos\varphi)\,\underbrace{\mathrm{Spur}\left(\boldsymbol{n}\boldsymbol{n}^T\right)}_{=n_1^2+n_2^2+n_3^2=1} \\ &= 3\cos\varphi + 1 - \cos\varphi = 1 - 2\cos\varphi \quad \Rightarrow \quad \cos\varphi = \frac{\mathrm{Spur}(\boldsymbol{R}) - 1}{2}. \end{aligned}$$

■

Lineare Abbildungen II: Kern, Bild und Basiswechsel

Inhaltsverzeichnis

T. C. T. Michaels, M. Liechti, *Prüfungstraining Lineare Algebra*, Grundstudium Mathematik Prüfungstraining, https://doi.org/10.1007/978-3-030-65886-1_8

LERNZIELE

Nach gewissenhaftem Bearbeiten des ▶ Kap. 8 sind Sie in der Lage:
- Kern und Bild einer linearen Abbildung erklären und zu bestimmen,
- die Dimensionsformel für lineare Abbildungen bzw. Matrizen anzuwenden,
- die Isomorphie von Vektorräumen zu erklären und zu zeigen,
- kommutative Diagramme zu linearen Abbildungen zu erstellen,
- Basiswechsel von linearen Abbildungen und deren Matrizen zu erstellen,
- Äquivalenz und Ähnlichkeit von Matrizen zu erklären und zu unterscheiden.

8.1 Kern und Bild

8.1.1 Definition und Eigenschaften

▶ Definition 8.1 (Bild und Kern)

Es sei $F : V \to W$ eine lineare Abbildung. Die Menge

$$\boxed{\operatorname{Ker}(F) := \{\boldsymbol{v} \in V \mid F(\boldsymbol{v}) = \boldsymbol{0}\}} \tag{8.1}$$

heißt der **Kern** von F und

$$\boxed{\operatorname{Im}(F) := \{\boldsymbol{w} \mid \boldsymbol{w} = F(\boldsymbol{v}) \text{ für ein } \boldsymbol{v} \in V\} = F(V)} \tag{8.2}$$

heißt das **Bild** von F. ◀

Bemerkung

Der Kern von F ist nichts anderes als das Urbild des Nullvektors (◻ Abb. 8.1)

$$\operatorname{Ker}(F) = F^{-1}\{\boldsymbol{0}\}, \tag{8.3}$$

d. h. die Menge aller Vektoren $\boldsymbol{v} \in V$, die auf $\boldsymbol{0}$ abgebildet werden. Das Bild von F ist die Menge aller Vektoren, die entsteht, wenn man F auf beliebige Vektoren aus V anwendet (◻ Abb. 8.1).

Kern und Bild sind Unterräume

Jede lineare Abbildung erfüllt $F(\boldsymbol{0}) = \boldsymbol{0}$. Dies bedeutet $\boldsymbol{0} \in \operatorname{Ker}(F)$. Aus diesem Grund ist der Kern von F nie leer; er enthält immer mindestens den Nullvektor, d. h. $\{\boldsymbol{0}\} \subset \operatorname{Ker}(F)$. Außerdem gilt:

- Sind $\boldsymbol{v}, \boldsymbol{w}$ zwei Elemente im $\operatorname{Ker}(F)$, so ist auch deren Summe im $\operatorname{Ker}(F)$. Tatsächlich impliziert die Linearität von F:

$$F(\boldsymbol{v} + \boldsymbol{w}) \overset{F \text{ linear}}{=} F(\boldsymbol{v}) + F(\boldsymbol{w}) \overset{\boldsymbol{v},\boldsymbol{w} \in \operatorname{Ker}(F)}{=} \boldsymbol{0} + \boldsymbol{0} = \boldsymbol{0} \Rightarrow \boldsymbol{v} + \boldsymbol{w} \in \operatorname{Ker}(F).$$

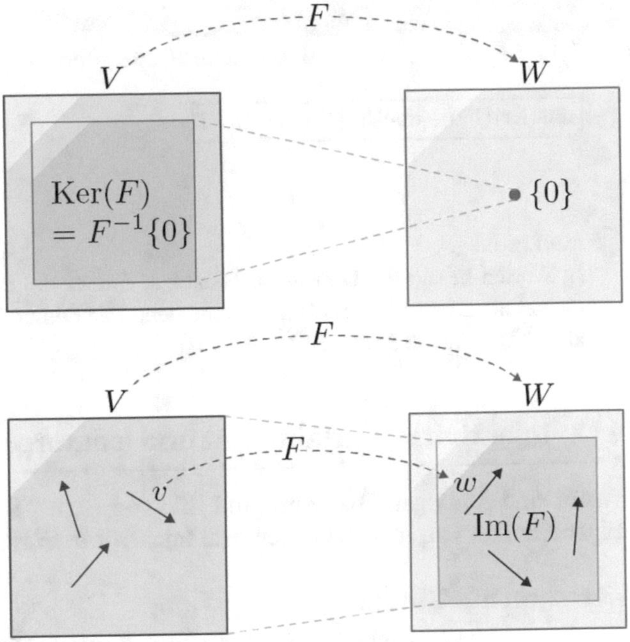

Abb. 8.1 Der Kern einer linearen Abbildung $F : V \to W$ besteht aus allen Vektoren $v \in V$, welche unter F auf Null abgebildet werden. Das Bild von F ist die Menge aller Vektoren $w \in W$, welche entstehen, wenn man F auf beliebige Vektoren $v \in V$ anwendet

- Ist $\boldsymbol{v}$ ein Element von Ker(F) und $\alpha \in \mathbb{K}$, so ist auch $\alpha\, \boldsymbol{v}$ im Ker(F), weil

$$F(\alpha\, \boldsymbol{v}) \overset{F \text{ linear}}{=} \alpha\, F(\boldsymbol{v}) \overset{\boldsymbol{v} \in \text{Ker}(F)}{=} \alpha\, \mathbf{0} = \mathbf{0} \;\Rightarrow\; \alpha\, \boldsymbol{v} \in \text{Ker}(F).$$

Wir haben gezeigt, dass Ker(F) die drei Bedingungen (UR0)–(UR2) eines Unterraumes erfüllt (▶ vgl. Kap. 5). Folglich ist Ker(F) ein Unterraum von V, was Satz 8.1 ausdrückt:

▶ Satz 8.1

Ker(F) ist ein Unterraum von V. ◀

Ein analoges Resultat gilt auch für das Bild von F (vgl. Übung 8.13)

▶ Satz 8.2

Im(F) ist ein Unterraum von W. ◀

8.1.2 Dimensionsformel für lineare Abbildungen

Für jede lineare Abbildung $F : V \to W$ gibt es einen wichtigen Zusammenhang zwischen den Dimensionen des Kerns und des Bildes. Dieser Zusammenhang ist als **Dimensionsformel** bekannt:

► Satz 8.3 (Dimensionsformel)

Sei $F : V \to W$ eine lineare Abbildung. Dann gilt:

$$\boxed{\dim(\mathrm{Ker}(F)) + \dim(\mathrm{Im}(F)) = \dim(V)} \tag{8.4}$$

◄

Merkregel

In Worten besagt die Dimensionsformel: Je größer die Dimension des Kernes, desto kleiner die Dimension des Bildes. Außerdem: Die Dimension von $\mathrm{Im}(F)$ ist nie größer als die Dimension des Urbildraums V.

8.1.3 Injektivität, Surjektivität und Isomorphismen

Wofür sind Aussagen über Kern und Bild von F gut? Sie erlauben uns, auf wichtige Eigenschaften von F zu schließen, wie **Injektivität**, **Surjektivität** und **Invertierbarkeit**.

Kern und Injektivität

$F : V \to W$ heißt **injektiv**, wenn für $\boldsymbol{v}, \boldsymbol{w} \in V$ aus $F(\boldsymbol{v}) = F(\boldsymbol{w})$ stets $\boldsymbol{v} = \boldsymbol{w}$ folgt. Zu jedem Element des Zielraumes gibt es also höchstens ein Element des Ausgangsraumes. Der Kern von F offeriert eine sehr nützliche Methode, die Injektivität linearer Abbildungen zu untersuchen:

► Satz 8.4

Eine lineare Abbildung $F : V \to W$ ist **genau dann injektiv**, wenn $\mathrm{Ker}(F) = \{\mathbf{0}\}$. ◄

Bild und Surjektivität

$F : V \to W$ heißt **surjektiv**, wenn es zu jedem $\boldsymbol{w} \in W$ mindestens ein $\boldsymbol{v} \in V$ gibt mit $F(\boldsymbol{v}) = \boldsymbol{w}$. Um die Surjektivität einer linearen Abbildung nachzuweisen ist das folgende Kriterium extrem nützlich:

► Satz 8.5

Eine lineare Abbildung $F : V \to W$ ist **genau dann surjektiv**, wenn $\mathrm{Im}(F) = W$. ◄

Isomorphismen

Eine lineare Abbildung (Homomorphismus) $F : V \to W$ heißt **Isomorphismus**, wenn F **injektiv und surjektiv** ist. Beachte: Damit F ein Isomorphismus ist, muss $\dim(V) = \dim(W)$ gelten. In diesem Fall ist das folgende Kriterium sehr nützlich:

► Satz 8.6

Es sei $F : V \to W$ eine lineare Abbildung mit $\dim(V) = \dim(W)$, dann gilt

$$F \text{ injektiv } \Leftrightarrow F \text{ surjektiv } \Leftrightarrow F \text{ isomoprhismus.} \tag{8.5}$$

◄

Bemerkung
Dieses Kriterium gilt nur, weil V und W dieselbe Dimension haben. In diesem Fall reicht die Injketivität von F aus, um auf die Surjektivität und sogar die Bijektivität von F zu schließen.

Dass $F : V \to W$ ein Isomorphismus ist, kann man auch mithilfe der Darstellungsmatrix nachweisen:

► **Satz 8.7**

Seien $\mathcal{B}$ eine geordnete Basis von V und $\mathcal{B}'$ eine geordnete Basis von W. Dann ist die lineare Abbildung $F : V \to W$ ein Isomorphismus genau dann, wenn die Darstellungsmatrix $M_{\mathcal{B}}^{\mathcal{B}'}(F)$ **invertierbar** ist. ◄

8.1.4 Rang einer linearen Abbildung

► **Definition 8.2 (Rang einer linearen Abbildung)**

Für eine lineare Abbildung $F : V \to W$ definiert man den **Rang** als

$$\boxed{\text{Rang}(F) := \dim(\text{Im}(F))} \tag{8.6}$$

◄

Wie kann man den Rang einer linearen Abbildung konkret bestimmen? Mithilfe der Darstellungsmatrix. Seien Basen $\mathcal{B}_1 = \{\boldsymbol{v}_1, \cdots, \boldsymbol{v}_n\}$ und $\mathcal{B}_2 = \{\boldsymbol{w}_1, \cdots, \boldsymbol{w}_m\}$ von V bzw. W gegeben. Dann ist F vollstängig durch die Darstellungsmatrix $M_{\mathcal{B}_2}^{\mathcal{B}_1}(F) =: \boldsymbol{A}$ bestimmt (vgl. Satz 7.3). Die Spalten von $\boldsymbol{A}$ sind gerade die Koordinaten der Vektoren $F(\boldsymbol{v}_1), \cdots, F(\boldsymbol{v}_n)$ ausgedrückt in der Basis $\mathcal{B}_2$. Nun ist das Bild von F erzeugt durch denselben Vektoren $F(\boldsymbol{v}_1), \cdots, F(\boldsymbol{v}_n)$, d. h.

$$\text{Im}(F) = \big\langle F(\boldsymbol{v}_1), \cdots, F(\boldsymbol{v}_n)\big\rangle = \langle \text{Spalten von } \boldsymbol{A} \rangle \,.$$

Diese Vektoren brauchen aber nicht linear unabhängig zu sein. Die Dimension von $\text{Im}(F)$ ist damit gleich der Anzahl **linear unabhängiger Spalten der Darstellungsmatrix**, d. h. gleich dem Rang der Darstellungsmatrix (Rangkriterium, ► Abschn. 6.4.1):

► **Satz 8.8**

Es sei $\boldsymbol{A}$ die Darstellungsmatrix von F durch gegebene Basen. Dann gilt:

$$\text{Rang}(F) = \text{Rang}(\boldsymbol{A}). \tag{8.7}$$

◄

Praxistipp

Aus diesen Überlegungen ergibt sich eine praktische Methode zur Bestimmung von $\mathrm{Im}(F)$: Die linear unabhängigen Spalten der Darstellungsmatrix von F bilden eine Basis von $\mathrm{Im}(F)$. Es gibt zwei Arten, dies zu erreichen:

- Man wendet Spaltenoperationen an der Darstellungsmatrix an, um die linear unabhängigen Spalten zu bestimmen.
- Man betrachtet die Transponierte der Darstellungsmatrix und bringt diese Matrix auf Zeilenstufenform mittels Gauß-Algorithmus (Erinnerung: Beim Transponieren werden Zeilen zu Spalten und Spalten zu Zeilen). Die von Null verschiedenen Zeilen der Zielmatrix sind dann eine Basis von $\mathrm{Im}(F)$.

Obwohl die zwei Methoden äquivalent sind, ist die zweite Methode in der Praxis etwas einfacher (vgl. Kochrezept 8.1).

Dimensionsformel für Matrizen

Aus diesen Überlegungen ergibt sich eine Variante der Dimensionsformel für Matrizen.

► Satz 8.9 (Dimensionsformel für Matrizen)

Sei $\boldsymbol{A} \in \mathbb{K}^{m \times n}$. Dann gilt:

$$\boxed{\dim(\mathrm{Ker}(\boldsymbol{A})) + \mathrm{Rang}(\boldsymbol{A}) = n} \tag{8.8}$$

Dabei gilt $\mathrm{Rang}(\boldsymbol{A}) = \dim(\mathrm{Im}(\boldsymbol{A}))$. ◄

Kochrezept 8.1 (Bestimmung von Ker(*F*) und Im(*F*))

Gegeben: Lineare Abbildung $F : V \to W$.

Gesucht: $\mathrm{Ker}(F)$ und $\mathrm{Im}(F)$.

Schritt 0 In beiden Fällen bestimme man zuerst die Darstellungsmatrix $\boldsymbol{A}$ von F.

Bestimmung von $\mathrm{Ker}(F)$

Schritt 1 Man löse $\boldsymbol{A}\boldsymbol{v} = \boldsymbol{0}$ mit dem Gauß-Algorithmus.

Schritt 2 Die linear unabhängigen Vektoren in der Lösungsmenge bilden eine Basis von $\mathrm{Ker}(F)$.

Bestimmung von $\mathrm{Im}(F)$

Schritt 1 Man bringe $\boldsymbol{A}^T$ (Transponierte der Darstellungsmatrix) auf Zeilenstufenform mit dem Gauß-Algorithmus.

Schritt 2 Nun kann man das Bild von F aus der Zielmatrix direkt ablesen: Die von Null verschiedenen Zeilen bilden eine Basis von $\mathrm{Im}(F)$.

Weitere Eigenschaften und Tricks

- $\dim(\mathrm{Im}(F)) = \mathrm{Rang}(A)$ und $\dim(\mathrm{Ker}(F)) = \dim(V) - \mathrm{Rang}(A)$
- $\dim(\mathrm{Ker}(F)) = 0 \Leftrightarrow \mathrm{Ker}(F) = \{\mathbf{0}\}$.
- $\dim(\mathrm{Im}(F)) = \dim(W) \Leftrightarrow \mathrm{Im}(F) = W$.
- Ist $\dim(W) = \dim(V)$, so gilt (Satz 8.6):

$$\mathrm{Ker}(F) = \{\mathbf{0}\} \;\Leftrightarrow\; \mathrm{Im}(F) = W \;\Leftrightarrow\; F \text{ Isomorphismus.}$$

- F Isomorphismus $\Leftrightarrow$ Darstellungsmatrix invertierbar.

Musterbeispiel 8.1 (Kern und Bild)

Man betrachte die lineare Abbildung

$$F: \mathbb{R}^2 \to \mathbb{R}^2,\ \boldsymbol{v} = \begin{bmatrix} x \\ y \end{bmatrix} \overset{F}{\longmapsto} F(\boldsymbol{v}) = \begin{bmatrix} x-y \\ x+y \end{bmatrix}.$$

a) Man bestimme $\mathrm{Ker}(F)$ und $\mathrm{Im}(F)$.
b) Ist F injektiv? Surjektiv? Bijektiv?

a) Die Darstellungsmatrix von F bezüglich der Standardbasis lautet:

$$\boldsymbol{M}_{\mathcal{E}}^{\mathcal{E}}(F) = \begin{bmatrix} 1 & -1 \\ 1 & 1 \end{bmatrix}.$$

Ker(F): Um den Kern von F zu bestimmen, lösen wir $F(\boldsymbol{v}) = \mathbf{0}$, d. h.

$$\left[\begin{array}{cc|c} 1 & -1 & 0 \\ 1 & 1 & 0 \end{array}\right] \underset{\rightsquigarrow}{(Z_2)-(Z_1)} \left[\begin{array}{cc|c} 1 & -1 & 0 \\ 0 & 2 & 0 \end{array}\right] = \boldsymbol{Z}$$

Die Lösung ist $x_1 = x_2 = 0$. Der Kern von F besteht somit nur aus dem Nullvektor

$$\mathrm{Ker}(F) = \{\mathbf{0}\}.$$

Im(F): Um das Bild von F zu bestimmen, haben wir zwei Möglichkeiten:

- 1. Möglichkeit. Wegen $\dim(\mathrm{Ker}(F)) = 0$, folgt aus der Dimensionsformel

$$\underbrace{\dim(\mathrm{Ker}(F))}_{=0} + \dim(\mathrm{Im}\, F) = \underbrace{\dim(V)}_{=2} \quad \Rightarrow \quad \dim(\mathrm{Im}\, F) = 2.$$

Weil $W = \mathbb{R}^2$, muss $\mathrm{Im}(F)$ ganz $\mathbb{R}^2$ sein, d. h. $\mathrm{Im}(F) = \mathbb{R}^2$.

- 2. Möglichkeit. Direkt mit Kochrezept 8.1.

$$M_{\mathcal{E}}^{\mathcal{E}}(F) = \begin{bmatrix} 1 & -1 \\ 1 & 1 \end{bmatrix} \overset{\text{Transponieren}}{\Rightarrow} \begin{bmatrix} 1 & 1 \\ -1 & 1 \end{bmatrix} \overset{(Z_2)+(Z_1)}{\leadsto} \begin{bmatrix} 1 & 1 \\ 0 & 2 \end{bmatrix} = \boldsymbol{Z}$$

Nun können wir das Bild direkt an den von Null verschiedenen Zeilen der gefundenen Zielmatrix $\boldsymbol{Z}$ ablesen:

$$\mathrm{Im}(F) = \left\langle \begin{bmatrix} 1 \\ 1 \end{bmatrix}, \begin{bmatrix} 0 \\ 2 \end{bmatrix} \right\rangle.$$

Da sich zwei linear unabhängige Vektoren im Bild befinden, ist $\dim(\mathrm{Im}\, F) = 2$. Dies ist aber gleich der Dimension des Zielraumes $\mathbb{R}^2$. Dies bedeutet, dass das Bild von F ganz $\mathbb{R}^2$ ist, d. h. $\mathrm{Im}(F) = \mathbb{R}^2$.

b) Injektiv? Wegen $\mathrm{Ker}(F) = \{\boldsymbol{0}\}$, ist F injektiv.
Surjektiv? Wegen $\mathrm{Im}(F) = \mathbb{R}^2$, ist F surjektiv.
Bijektiv? F injektiv und surjektiv, also bijektiv. F ist ein Isomorphismus.
Alternative: In diesem Fall sind die Dimensionen des Ausgangs- und des Zielraums gleich. Aus Satz 8.6 folgt, dass Injektivität und Surjektivität äquivalent sind. Weil F injektiv ist, ist F automatisch auch surjektiv.

8.1.5 Beispiele

Übung 8.1

● ○ ○ Welche der folgenden linearen Abbildungen sind injektiv, surjektiv, bijektiv?

a) $F_1 : \mathbb{R}^3 \to \mathbb{R}^2,\ \boldsymbol{v} \to \begin{bmatrix} 1 & 2 & 3 \\ 4 & 5 & 6 \end{bmatrix} \boldsymbol{v}$

b) $F_2 : \mathbb{R}^2 \to \mathbb{R}^2,\ \boldsymbol{v} \to \begin{bmatrix} 1 & 1 \\ 1 & 2 \end{bmatrix} \boldsymbol{v}$

c) $F_3 : \mathbb{R}^2 \to \mathbb{R}^3,\ \boldsymbol{v} \to \begin{bmatrix} 1 & 4 \\ 2 & 5 \\ 3 & 6 \end{bmatrix} \boldsymbol{v}$

Lösung

a) Kern von F_1: Um den Kern von F_1 zu bestimmen, lösen wir die Gleichung $F_1(\boldsymbol{v}) = \boldsymbol{0}$

$$\left[\begin{array}{ccc|c} 1 & 2 & 3 & 0 \\ 4 & 5 & 6 & 0 \end{array}\right] \overset{(Z_2)-4(Z_1)}{\leadsto} \left[\begin{array}{ccc|c} 1 & 2 & 3 & 0 \\ 0 & -3 & -6 & 0 \end{array}\right] \overset{-(Z_2)/3}{\leadsto} \left[\begin{array}{ccc|c} 1 & 2 & 3 & 0 \\ 0 & 1 & 2 & 0 \end{array}\right] = \boldsymbol{Z}$$

Wir haben zwei Gleichungen für drei Unbekannte. Somit ist eine Unbekannte frei wählbar, sagen wir $x_3 = t$ mit $t \in \mathbb{R}$. Aus der zweiten Gleichung folgt dann $x_2 = -2x_3 = -2t$. Aus der ersten Gleichung folgt dann $x_1 = -2x_2 - 3x_3 = t$. Somit:

$$\mathrm{Ker}(F_1) = \left\{ \boldsymbol{x} \in \mathbb{R}^3 \,\middle|\, \boldsymbol{x} = t \begin{bmatrix} 1 \\ -2 \\ 1 \end{bmatrix}, \, t \in \mathbb{R} \right\} = \left\langle \begin{bmatrix} 1 \\ -2 \\ 1 \end{bmatrix} \right\rangle.$$

Insbesondere ist $\dim(\mathrm{Ker}(F_1)) = 1 \neq 0$. F_1 ist somit **nicht injektiv**.

Bild von F_1: Aus der Dimensionsformel erhalten wir

$$\underbrace{\dim(\mathrm{Ker}(F_1))}_{=1} + \dim(\mathrm{Im}(F_1)) = \underbrace{\dim(\mathbb{R}^3)}_{=3} \quad \Rightarrow \quad \dim(\mathrm{Im}(F_1)) = 3 - \dim(\mathrm{Ker}(F_1))$$
$$= 3 - 1 = 2.$$

Da der Zielraum von F_1 gleich $\mathbb{R}^2$ ist und $\dim(\mathrm{Im}(F_1)) = 2$ ist $\mathrm{Im}(F_1)$ ganz $\mathbb{R}^2$, d. h. $\mathrm{Im}(F_1) = \mathbb{R}^2$. Somit ist F_1 **surjektiv**.

Alternative: Wir wenden Kochrezept 8.1 an. Wir betrachten die Transponierte der Darstellungsmatrix von F_1 und bestimmen deren Rang

$$\begin{bmatrix} 1 & 4 \\ 2 & 5 \\ 3 & 6 \end{bmatrix} \overset{\substack{(Z_2)-2(Z_1)\\(Z_3)-3(Z_1)}}{\rightsquigarrow} \begin{bmatrix} 1 & 4 \\ 0 & -3 \\ 0 & -6 \end{bmatrix} \overset{\substack{-(Z_2)/3\\(Z_3)-2(Z_2)}}{\rightsquigarrow} \begin{bmatrix} 1 & 4 \\ 0 & 1 \\ 0 & 0 \end{bmatrix} \quad \Rightarrow \quad \mathrm{Rang}(\boldsymbol{A}) = 2.$$

Wegen $\mathrm{Rang}(\boldsymbol{A}) = 2$ ist $\dim(\mathrm{Im}(F_1)) = 2$ und folglich $\mathrm{Im}(F_1) = \mathbb{R}^2 \Rightarrow F_1$ ist surjektiv.

b) Kern von F_2: Um den Kern von F_2 zu bestimmen, lösen wir einfach $F_2(\boldsymbol{v}) = \boldsymbol{0}$

$$\left[\begin{array}{cc|c} 1 & 1 & 0 \\ 1 & 2 & 0 \end{array}\right] \overset{(Z_2)-(Z_1)}{\rightsquigarrow} \left[\begin{array}{cc|c} 1 & 1 & 0 \\ 0 & 1 & 0 \end{array}\right] = \boldsymbol{Z}.$$

Die Lösung ist $x_1 = x_2 = 0$. Somit $\mathrm{Ker}(F_2) = \{\boldsymbol{0}\} \Rightarrow F_2$ ist **injektiv**.

Bild von F_2: Aus der Dimensionsformel erhalten wir

$$\underbrace{\dim(\mathrm{Ker}(F_2))}_{=0} + \dim(\mathrm{Im}(F_2)) = \underbrace{\dim(\mathbb{R}^2)}_{=2} \quad \Rightarrow \quad \dim(\mathrm{Im}(F_2)) = 2 - \dim(\mathrm{Ker}(F_2))$$
$$= 2 - 0 = 2.$$

Da der Zielraum von F_2 gleich $\mathbb{R}^2$ ist und $\dim(\mathrm{Im}(F_2)) = 2 \Rightarrow \mathrm{Im}(F_2) = \mathbb{R}^2$. Somit ist F_2 **surjektiv**. Weil F_2 injektiv und surjektiv ist folgt F_2 ist **bijektiv**.

c) Kern von F_3: Um den Kern von F_3 zu bestimmen, lösen wir $F_3(\boldsymbol{v}) = \boldsymbol{0}$

$$\left[\begin{array}{cc|c} 1 & 4 & 0 \\ 2 & 5 & 0 \\ 3 & 6 & 0 \end{array}\right] \overset{\substack{(Z_2)-2(Z_1)\\(Z_3)-3(Z_1)}}{\rightsquigarrow} \left[\begin{array}{cc|c} 1 & 4 & 0 \\ 0 & -3 & 0 \\ 0 & -6 & 0 \end{array}\right] \overset{\substack{-(Z_2)/3\\(Z_3)-2(Z_2)}}{\rightsquigarrow} \left[\begin{array}{cc|c} 1 & 4 & 0 \\ 0 & 1 & 0 \\ 0 & 0 & 0 \end{array}\right] = \boldsymbol{Z}.$$

Die Lösung ist $x_1 = x_2 = 0$, d. h. $\mathrm{Ker}(F_3) = \{\mathbf{0}\}$. F_3 ist **injektiv**.

Bild von F_3: Aus der Dimensionsformel folgt

$$\underbrace{\dim(\mathrm{Ker}(F_3))}_{=0} + \dim(\mathrm{Im}(F_3)) = \underbrace{\dim(\mathbb{R}^2)}_{=2} \quad \Rightarrow \quad \dim(\mathrm{Im}(F_3)) = 2 - \dim(\mathrm{Ker}(F_3))$$
$$= 2 - 0 = 2.$$

Das Zielraum von F_3 ist $\mathbb{R}^3$ (Dimension = 3). Die Dimension des Bildes von F_3 ist aber $2 \neq 3$. Somit ist F_3 **nicht surjektiv**. ■

Übung 8.2

● ○ ○ Man betrachte die folgende lineare Abbildung $F : \mathbb{R}^3 \to \mathbb{R}^3$

$$\boldsymbol{v} = \begin{bmatrix} x \\ y \\ z \end{bmatrix} \overset{F}{\longmapsto} F(\boldsymbol{v}) = \begin{bmatrix} x + 2y + 4z \\ x + y + 2z \\ x + y + 2z \end{bmatrix}.$$

a) Man bestimme den Kern und das Bild von F.

b) Ist F injektiv? Surjektiv? Bijektiv?

Lösung

a) Die Darstellungsmatrix von F in der Standardbasis ist $\boldsymbol{A} = \left[\begin{smallmatrix} 1 & 2 & 4 \\ 1 & 1 & 2 \\ 1 & 1 & 2 \end{smallmatrix}\right]$.

Kern von F: Wir lösen $F(\boldsymbol{v}) = \mathbf{0}$, d. h. $\boldsymbol{A}\boldsymbol{v} = \mathbf{0}$:

$$\left[\begin{array}{ccc|c} 1 & 2 & 4 & 0 \\ 1 & 1 & 2 & 0 \\ 1 & 1 & 2 & 0 \end{array}\right] \overset{\substack{(Z_2)-(Z_1) \\ (Z_3)-(Z_1)}}{\rightsquigarrow} \left[\begin{array}{ccc|c} 1 & 2 & 4 & 0 \\ 0 & -1 & -2 & 0 \\ 0 & -1 & -2 & 0 \end{array}\right] \overset{(Z_3)-(Z_2)}{\rightsquigarrow} \left[\begin{array}{ccc|c} 1 & 2 & 4 & 0 \\ 0 & -1 & -2 & 0 \\ 0 & 0 & 0 & 0 \end{array}\right] = \boldsymbol{Z}.$$

Es sind zwei Gleichungen für drei Unbekannte. Setzen wir $x_3 = t$, so erhalten wir $x_2 = -2t$ und $x_1 = 0$. Der Kern von F ist somit

$$\mathrm{Ker}(F) = \left\{ \boldsymbol{x} \in \mathbb{R}^3 \,\middle|\, \boldsymbol{x} = t \begin{bmatrix} 0 \\ -2 \\ 1 \end{bmatrix},\ t \in \mathbb{R} \right\} = \left\langle \begin{bmatrix} 0 \\ -2 \\ 1 \end{bmatrix} \right\rangle.$$

Bild von F: Wir transponieren die Darstellungsmatrix von F und wenden den Gauß-Algorithmus in zwei Schritte an:

$$\begin{bmatrix} 1 & 1 & 1 \\ 2 & 1 & 1 \\ 4 & 2 & 2 \end{bmatrix} \overset{\substack{(Z_2)-2(Z_1) \\ (Z_3)-4(Z_1)}}{\rightsquigarrow} \begin{bmatrix} 1 & 1 & 1 \\ 0 & -1 & -1 \\ 0 & -2 & -2 \end{bmatrix} \overset{(Z_3)-2(Z_2)}{\rightsquigarrow} \begin{bmatrix} 1 & 1 & 1 \\ 0 & -1 & -1 \\ 0 & 0 & 0 \end{bmatrix} \Rightarrow \mathrm{Rang}(\boldsymbol{A}) = 2.$$

Das Bild von F hat also die Dimension 2. Eine Basis des Bildes können wir direkt an den von Null verschiedenen Zeilen der Zielmatrix ablesen

$$\mathrm{Im}(F) = \left\langle \begin{bmatrix} 1 \\ 1 \\ 1 \end{bmatrix}, \begin{bmatrix} 0 \\ -1 \\ -1 \end{bmatrix} \right\rangle.$$

b) Wegen $\mathrm{Ker}(F) \neq \{\mathbf{0}\} \Rightarrow F$ **nicht injektiv**. Außerdem ist $\dim(\mathrm{Im}(F)) = 2 \neq 3 = \dim(W)$, d. h. F ist auch **nicht surjektiv**. ■

Übung 8.3

● ○ ○ Man betrachte die folgende lineare Abbildung:

$$F : \mathbb{R}^{2\times 2} \to \mathbb{R}^2,\ A = \begin{bmatrix} a & b \\ c & d \end{bmatrix} \overset{F}{\longmapsto} F(A) = \begin{bmatrix} a - 3b \\ 2c + 4d \end{bmatrix}.$$

a) Man bestimme den Kern von F.
b) Man bestimme das Bild von F.
c) Ist F injektiv? Surjektiv?

Lösung

a) Um den Kern von F zu bestimmen, lösen wir $F(A) = \mathbf{0}$:

$$\begin{bmatrix} a - 3b \\ 2c + 4d \end{bmatrix} = \begin{bmatrix} 0 \\ 0 \end{bmatrix}.$$

Wir haben zwei Gleichungen mit vier Unbekannten. Somit sind zwei der Variablen frei wählbar. Wir setzen $b = s$ und $d = t$. Mithilfe der zweiten Zeile erhalten wir $c = -2t$, und aus der ersten Gleichung erhalten wir $a = 3s$. Der Kern von F ist

$$\mathrm{Ker}(F) = \left\{ \begin{bmatrix} a & b \\ c & d \end{bmatrix} \in \mathbb{R}^{2\times 2} \,\middle|\, \begin{bmatrix} a & b \\ c & d \end{bmatrix} = \begin{bmatrix} 3s & s \\ -2t & t \end{bmatrix},\ s, t \in \mathbb{R} \right\}.$$

b) Die Dimension von $\mathrm{Ker}(F)$ ist 2 ($\mathrm{Ker}(F)$ hat 2 freie Parameter). Aus der Dimensionsformel leiten wir ab

$$\underbrace{\dim(\mathrm{Ker}(F))}_{=2} + \dim(\mathrm{Im}(F)) = \underbrace{\dim(V)}_{=4} \Rightarrow \dim(\mathrm{Im}\,F) = \dim(\mathbb{R}^{2\times 2}) - \dim(\mathrm{Ker}\,F)$$
$$= 4 - 2 = 2.$$

Das Bild von F hat somit Dimension 2. Weil der Zielvektorraum $W = \mathbb{R}^2$ auch Dimension 2 hat, ist das Bild von F einfach ganz $\mathbb{R}^2$, d. h. $\mathrm{Im}(F) = \mathbb{R}^2$.

c) Wegen $\mathrm{Ker}(F) \neq \{\mathbf{0}\}$ ist F **nicht injektiv**. Hingegen ist $\dim(\mathrm{Im}(F)) = \dim(W) = 2$. Somit ist F **surjektiv**. ■

Übung 8.4

• ∘ ∘ Man betrachte folgende lineare Abbildung:

$$F : \mathbb{R}^{2\times 2} \to \mathbb{R}^{2\times 2},\ A = \begin{bmatrix} a & b \\ c & d \end{bmatrix} \overset{F}{\longmapsto} F(A) = \begin{bmatrix} a+d & b-c \\ b-c & a+d \end{bmatrix}.$$

a) Man bestimme den Kern und das Bild von F.
b) Ist F injektiv? Surjektiv? Bijektiv?

Lösung

In der Standardbasis von $\mathbb{R}^{2\times 2}$ wurde die Darstellungsmatrix von F bereits in Übung 7.16 bestimmt:

$$A = \begin{bmatrix} 1 & 0 & 0 & 1 \\ 0 & 1 & -1 & 0 \\ 0 & 1 & -1 & 0 \\ 1 & 0 & 0 & 1 \end{bmatrix}.$$

a) <u>Kern von F:</u> Wir lösen:

$$\left[\begin{array}{cccc|c} 1 & 0 & 0 & 1 & 0 \\ 0 & 1 & -1 & 0 & 0 \\ 0 & 1 & -1 & 0 & 0 \\ 1 & 0 & 0 & 1 & 0 \end{array}\right] \underset{(Z_3)-(Z_2)}{\overset{(Z_4)-(Z_1)}{\rightsquigarrow}} \left[\begin{array}{cccc|c} 1 & 0 & 0 & 1 & 0 \\ 0 & 1 & -1 & 0 & 0 \\ 0 & 0 & 0 & 0 & 0 \\ 0 & 0 & 0 & 0 & 0 \end{array}\right] = \boldsymbol{Z}.$$

Es sind zwei Gleichungen für vier Unbekannte. Setzen wir $x_4 = t$ und $x_3 = s$, so folgt $x_1 = -x_4 = -t$ und $x_2 = x_3 = s$. Somit

$$\operatorname{Ker}(F) = \left\langle \begin{bmatrix} -1 \\ 0 \\ 0 \\ 1 \end{bmatrix}, \begin{bmatrix} 0 \\ 1 \\ 1 \\ 0 \end{bmatrix} \right\rangle.$$

Der Kern von F ist somit die Menge aller Matrizen der Form

$$\operatorname{Ker}(F) = \left\{ \begin{bmatrix} a & b \\ c & d \end{bmatrix} \in \mathbb{R}^{2\times 2} \,\middle|\, \begin{bmatrix} a & b \\ c & d \end{bmatrix} = \begin{bmatrix} -t & s \\ s & t \end{bmatrix},\ s, t \in \mathbb{R} \right\}.$$

<u>Bild von F:</u> Wir transponieren die Darstellungsmatrix von F und wenden den Gauß-Algorithmus in zwei Schritte an:

$$\begin{bmatrix} 1 & 0 & 0 & 1 \\ 0 & 1 & 1 & 0 \\ 0 & -1 & -1 & 0 \\ 1 & 0 & 0 & 1 \end{bmatrix} \underset{(Z_3)+(Z_2)}{\overset{(Z_4)-(Z_1)}{\rightsquigarrow}} \begin{bmatrix} 1 & 0 & 0 & 1 \\ 0 & 1 & 1 & 0 \\ 0 & 0 & 0 & 0 \\ 0 & 0 & 0 & 0 \end{bmatrix}.$$

Das Bild lesen wir direkt von den von Null verschiedenen Zeilen der Zielmatrix ab:

$$\mathrm{Im}(F) = \left\langle \begin{bmatrix} 1 \\ 0 \\ 0 \\ 1 \end{bmatrix}, \begin{bmatrix} 0 \\ 1 \\ 1 \\ 0 \end{bmatrix} \right\rangle.$$

Das Bild von F besteht somit aus allen Matrizen von der Form

$$\mathrm{Im}(F) = \left\{ \begin{bmatrix} a & b \\ c & d \end{bmatrix} \in \mathbb{R}^{2\times 2} \,\middle|\, \begin{bmatrix} a & b \\ c & d \end{bmatrix} = \begin{bmatrix} t & s \\ s & t \end{bmatrix},\ s, t \in \mathbb{R} \right\}.$$

b) Wegen $\mathrm{Ker}(F) \neq \{\mathbf{0}\}$ und $\dim(\mathrm{Im}(F)) = 2 \neq 4 = \dim(W)$ ist F **weder injektiv noch surjektiv**. ■

Übung 8.5

● ○ ○ Es seien $V = \mathbb{R}^{2\times 2}$ und $F : V \to V,\ \boldsymbol{A} \to F(\boldsymbol{A}) = \boldsymbol{A} + 2\boldsymbol{A}^T$.

a) Man bestimme die Darstellungsmatrix von F in der Standardbasis.

b) Ist F injektiv? Surjektiv? Bijektiv?

Lösung

a) Wir wenden F auf jedes Element der Standardbasis von $\mathbb{R}^{2\times 2}$ an:

$$F(\boldsymbol{E}_{11}) = \begin{bmatrix} 1 & 0 \\ 0 & 0 \end{bmatrix} + 2\begin{bmatrix} 1 & 0 \\ 0 & 0 \end{bmatrix}^T = \begin{bmatrix} 3 & 0 \\ 0 & 0 \end{bmatrix} \qquad \Rightarrow [F(\boldsymbol{E}_{11})]_{\mathcal{E}} = \begin{bmatrix} 3 \\ 0 \\ 0 \\ 0 \end{bmatrix}$$

$$F(\boldsymbol{E}_{12}) = \begin{bmatrix} 0 & 1 \\ 0 & 0 \end{bmatrix} + 2\begin{bmatrix} 0 & 1 \\ 0 & 0 \end{bmatrix}^T = \begin{bmatrix} 0 & 1 \\ 2 & 0 \end{bmatrix} \qquad \Rightarrow [F(\boldsymbol{E}_{12})]_{\mathcal{E}} = \begin{bmatrix} 0 \\ 1 \\ 2 \\ 0 \end{bmatrix}$$

$$F(\boldsymbol{E}_{21}) = \begin{bmatrix} 0 & 0 \\ 1 & 0 \end{bmatrix} + 2\begin{bmatrix} 0 & 0 \\ 1 & 0 \end{bmatrix}^T = \begin{bmatrix} 0 & 2 \\ 1 & 0 \end{bmatrix} \qquad \Rightarrow [F(\boldsymbol{E}_{21})]_{\mathcal{E}} = \begin{bmatrix} 0 \\ 2 \\ 1 \\ 0 \end{bmatrix}$$

$$F(\boldsymbol{E}_{22}) = \begin{bmatrix} 0 & 0 \\ 0 & 1 \end{bmatrix} + 2\begin{bmatrix} 0 & 0 \\ 0 & 1 \end{bmatrix}^T = \begin{bmatrix} 0 & 0 \\ 0 & 3 \end{bmatrix} \qquad \Rightarrow [F(\boldsymbol{E}_{22})]_{\mathcal{E}} = \begin{bmatrix} 0 \\ 0 \\ 0 \\ 3 \end{bmatrix}$$

Die gesuchte Darstellungsmatrix ist $\boldsymbol{M}_{\mathcal{E}}^{\mathcal{E}}(F) = \begin{bmatrix} 3 & 0 & 0 & 0 \\ 0 & 1 & 2 & 0 \\ 0 & 2 & 1 & 0 \\ 0 & 0 & 0 & 3 \end{bmatrix}$.

b) Die Darstellungsmatrix von F ist invertierbar, weil $\det \boldsymbol{M}_{\mathcal{E}}^{\mathcal{E}}(F) = 3 \cdot \begin{vmatrix} 1 & 2 \\ 2 & 1 \end{vmatrix} \cdot 3 = -27 \neq 0$. Somit ist F **bijektiv**, also **sowohl injektiv als auch surjektiv**. ■

Übung 8.6

• ○ ○ Sei $P_3(\mathbb{R})$ die Menge der reellen Polynome vom Grad ≤ 3. Man betrachte die Ableitung $\frac{d}{dx} : P_3(\mathbb{R}) \to P_3(\mathbb{R}),\ p(x) \mapsto \frac{dp(x)}{dx}$.

a) Man bestimme den Kern und das Bild von $\frac{d}{dx}$. Man interpretiere das Resultat.

b) Ist $\frac{d}{dx}$ injektiv? Surjektiv?

Lösung

In der Standardbasis lautet die Darstellungsmatrix von $\frac{d}{dx}$ (vgl. Musterbeispiel 7.3):

$$\boldsymbol{M}_{\mathcal{E}}^{\mathcal{E}}\left(\frac{d}{dx}\right) = \begin{bmatrix} 0 & 1 & 0 & 0 \\ 0 & 0 & 2 & 0 \\ 0 & 0 & 0 & 3 \\ 0 & 0 & 0 & 0 \end{bmatrix}.$$

a) Kern von $\frac{d}{dx}$: Wir lösen:

$$\left[\begin{array}{cccc|c} 0 & 1 & 0 & 0 & 0 \\ 0 & 0 & 2 & 0 & 0 \\ 0 & 0 & 0 & 3 & 0 \\ 0 & 0 & 0 & 0 & 0 \end{array}\right] \Rightarrow \operatorname{Ker}\left(\frac{d}{dx}\right) = \left\langle \begin{bmatrix} 1 \\ 0 \\ 0 \\ 0 \end{bmatrix} \right\rangle = \{p \in P_3(\mathbb{R}) \mid p(x) = \text{konstant}\} = P_0(\mathbb{R}).$$

Der Kern von $\frac{d}{dx}$ ist die Menge der konstanten Polynomen (alle konstante Polynome haben die Ableitung Null).

Bild von F: Wir bemerken, dass die Darstellungsmatrix von $\frac{d}{dx}$ bereits in Zeilenstufenform ist. Somit können wir das Bild direkt an den von Null verschiedenen Spaltenvektoren ablesen

$$\operatorname{Im}\left(\frac{d}{dx}\right) = \left\langle \begin{bmatrix} 1 \\ 0 \\ 0 \\ 0 \end{bmatrix}, \begin{bmatrix} 0 \\ 2 \\ 0 \\ 0 \end{bmatrix}, \begin{bmatrix} 0 \\ 0 \\ 3 \\ 0 \end{bmatrix} \right\rangle = P_2(\mathbb{R}).$$

Das Bild von $\frac{d}{dx}$ besteht aus den Polynomen vom Grad ≤ 2 (beim Ableiten wird der Grad um eine Stufe kleiner).

Bemerke, dass die Dimensionsformel erfüllt ist:

$$\underbrace{\dim\left(\text{Ker}\left(\frac{d}{dx}\right)\right)}_{=1} + \underbrace{\dim\left(\text{Im}\left(\frac{d}{dx}\right)\right)}_{=3} = \underbrace{\dim(V)}_{=4} \quad \Rightarrow \quad 1+3=4\,\checkmark$$

b) Wegen $\text{Ker}(\frac{d}{dx}) \neq \{0\}$, ist $\frac{d}{dx}$ **nicht injektiv**. Außerdem, wegen $\dim(\text{Im}(\frac{d}{dx})) = 3 \neq 4 = \dim(W)$ ist $\frac{d}{dx}$ auch **nicht surjektiv**. ■

Übung 8.7

● ○ ○ Sei $P_n(\mathbb{R})$ der Vektorraum der Polynome vom Grad $\leq n$ in der Variablen x. Man betrachte die folgende Abbildung für $n = 3$:

$$F : P_3(\mathbb{R}) \to P_2(\mathbb{R}), \quad p \to F(p)(x) = p(x+2) - p(x).$$

a) Man bestimme die Darstellungsmatrix von F bezüglich der Standardbasis.
b) Man bestimme den Kern und das Bild von F. Ist F injektiv, surjektiv?

Lösung

a) Wir bestimmen die Bilder der Standardbasiselemente von $P_3(\mathbb{R})$, d. h. $\mathcal{E} = \{p_0 = 1, p_1 = x, p_2 = x^2, p_3 = x^3\}$:

$$F(p_0)(x) = p_0(x+2) - p_0(x) = 1 - 1 = 0 \qquad \Rightarrow [F(p_0)]_{\mathcal{E}} = \begin{bmatrix} 0 \\ 0 \\ 0 \end{bmatrix},$$

$$F(p_1)(x) = p_1(x+2) - p_2(x) = (x+2) - x = 2 \qquad \Rightarrow [F(p_1)]_{\mathcal{E}} = \begin{bmatrix} 2 \\ 0 \\ 0 \end{bmatrix},$$

$$F(p_2)(x) = p_2(x+2) - p_2(x) = (x+2)^2 - x^2 = 4x + 4 \qquad \Rightarrow [F(p_2)]_{\mathcal{E}} = \begin{bmatrix} 4 \\ 4 \\ 0 \end{bmatrix},$$

$$F(p_3)(x) = p_3(x+2) - p_3(x) = (x+2)^3 - x^3 = 6x^2 + 12x + 8$$

$$\Rightarrow [F(p_3)]_{\mathcal{E}} = \begin{bmatrix} 8 \\ 12 \\ 6 \end{bmatrix}.$$

Die gesuchte Darstellungsmatrix lautet somit $\boldsymbol{M}^{\mathcal{E}}_{\mathcal{E}}(F) = \begin{bmatrix} 0 & 2 & 4 & 8 \\ 0 & 0 & 4 & 12 \\ 0 & 0 & 0 & 6 \end{bmatrix}$.

b) Kern von F: Um den Kern von F zu bestimmen, lösen wir

$$\left[\begin{array}{cccc|c} 0 & 2 & 4 & 8 & 0 \\ 0 & 0 & 4 & 12 & 0 \\ 0 & 0 & 0 & 6 & 0 \end{array}\right].$$

Aus der letzten Gleichung folgt $x_4 = 0$. Daraus ergibt sich mit der ersten und der zweiten Gleichung $x_2 = x_3 = 0$. Die Variable x_1 ist frei wählbar. Somit ist

$$\operatorname{Ker}(F) = \left\langle \begin{bmatrix} 1 \\ 0 \\ 0 \\ 0 \end{bmatrix} \right\rangle = P_0(\mathbb{R}).$$

Der Kern von F sind alle konstante Polynome. Da $\operatorname{Ker}(F) \neq \{0\}$ ist F **nicht injektiv**.

Bild von F: Um das Bild von F zu bestimmen, betrachten wir die Dimensionsformel:

$$\underbrace{\dim(\operatorname{Ker}(F))}_{=1} + \dim(\operatorname{Im}(F)) = \underbrace{\dim(V)}_{=4} \Rightarrow \dim(\operatorname{Im}(F))$$
$$= \dim(V) - \dim(\operatorname{Ker}(F)) = 4 - 1 = 3.$$

Da die Dimension des Zielraumes $\dim(P_2(\mathbb{R})) = 3$ ist folgt, dass $\operatorname{Im}(F) = P_2(\mathbb{R})$. Somit ist F **surjektiv**. ■

Übung 8.8

• ○ ○ Welche der folgenden Abbildungen sind (i) Homomorphismen, (ii) Endomorphismen, (iii) Isomorphismen oder (iv) Automorphismen?

a) $F_1 : \mathbb{R}^3 \to \mathbb{R}^3$, $\begin{bmatrix} x_1 \\ x_2 \\ x_3 \end{bmatrix} \to \begin{bmatrix} x_1+x_2 \\ x_1+x_3 \\ x_2+x_3 \end{bmatrix}$

b) $F_2 : \mathbb{R}^2 \to \mathbb{R}^3$, $\begin{bmatrix} x_1 \\ x_2 \end{bmatrix} \to \begin{bmatrix} x_1+x_2 \\ x_1-x_2 \\ x_1^2+x_2^2 \end{bmatrix}$

c) $F_3 : \mathbb{R}^3 \to \mathbb{R}^2$, $\begin{bmatrix} x_1 \\ x_2 \\ x_3 \end{bmatrix} \to \begin{bmatrix} x_1+x_2+x_3 \\ x_1-x_3 \end{bmatrix}$

d) $F_4 : \mathbb{R}^3 \to P_2(\mathbb{R})$, $\begin{bmatrix} \alpha \\ \beta \\ \gamma \end{bmatrix} \to \alpha + \beta x + \gamma x^2$

e) $F_5 : \mathbb{R}^2 \to \mathbb{R}^{2\times 2}$, $\begin{bmatrix} x_1 \\ x_2 \end{bmatrix} \to \begin{bmatrix} x_1+x_2 & x_2 \\ -x_2 & x_1-x_2 \end{bmatrix}$

Lösung

a) F_1 ist eine lineare Abbildung, also ein Homomorphismus. Weil $V = \mathbb{R}^3 = W$ (Ausgangsraum = Zielraum), ist F_1 ein Endomorphismus. Die Darstellungsmatrix von F_1 bezüglich der Standardbasis von $\mathbb{R}^3$ ist $\boldsymbol{A} = \begin{bmatrix} 1 & 1 & 0 \\ 1 & 0 & 1 \\ 0 & 1 & 1 \end{bmatrix}$. Wegen $\det(\boldsymbol{A}) = -2 \neq 0$ ist $\boldsymbol{A}$ invertierbar. Somit ist F_1 ein Isomorphismus und wegen $V = \mathbb{R}^3 = W$ auch ein Automorphismus.

b) F_2 ist keine lineare Abbildung, also kein Homomorphismus, Endomorphismus, Isomorphismus oder Automorphismus.

c) F_3 ist linear, somit ein Homomorphismus. In diesem Fall stimmen Ausgangsraum und Zielraum nicht überein ($V = \mathbb{R}^2 \neq \mathbb{R}^3 = W$). Somit ist F_3 sicher kein Endomorphismus und kein Automorphismus. Außerdem stimmen die Dimensionen von $V = \mathbb{R}^2$ und $W = \mathbb{R}^3$ nicht, d. h., F_3 kann kein Isomorphismus sein. Dies kann man auch anhand der Darstellungsmatrix sehen: $\boldsymbol{A} = \begin{bmatrix} 1 & 1 & 1 \\ 1 & 0 & -1 \end{bmatrix}$ ist keine quadratische Matrix, kann also nichtinvertierbar sein.

d) F_4 ist eine lineare Abbildung, also ein Homomorphismus. Ausgangsraum und Zielraum stimmen nicht, d. h., F_4 kann kein Endomorphismus oder Automorphismus sein. Die Darstellungsmatrix von F_4 bezüglich der Standardbasis ist $\boldsymbol{A} = \begin{bmatrix} 1 & 0 & 0 \\ 0 & 1 & 0 \\ 0 & 0 & 1 \end{bmatrix}$. Da $\boldsymbol{A}$ invertierbar ist, ist F_4 ein Isomorphismus.

e) Weil F_5 linear ist, ist F_5 ein Homomorphismus. Ausgangsraum und Zielraum stimmen nicht, d. h., F_5 kann kein Endomorphismus oder Automorphismus sein. Außerdem ist $\dim(V) = \dim(\mathbb{R}^2) = 2 \neq 4 = \dim(\mathbb{R}^{2\times 2}) = \dim(W)$. Somit kann F_5 kein Isomorphismus sein. ∎

Übung 8.9

• • ○ Man betrachte die $(n \times n)$-Matrix: $\boldsymbol{A} = \begin{bmatrix} 1 & 0 & \cdots & 0 & 1 \\ 0 & 1 & \ddots & \vdots & \vdots \\ \vdots & \ddots & \ddots & 0 & 1 \\ 0 & \cdots & 0 & 1 & 1 \\ 1 & \cdots & 1 & 1 & \alpha \end{bmatrix}$.

a) Man bestimme den Kern von $\boldsymbol{A}$.

b) Man bestimme Rang($\boldsymbol{A}$).

Lösung

a) Um den Kern von $\boldsymbol{A}$ zu bestimmen, lösen wir

$$\left[\begin{array}{ccccc|c} 1 & 0 & \cdots & 0 & 1 & 0 \\ 0 & 1 & \ddots & \vdots & \vdots & \vdots \\ \vdots & \ddots & \ddots & 0 & 1 & 0 \\ 0 & \cdots & 0 & 1 & 1 & 0 \\ 1 & \cdots & 1 & 1 & \alpha & 0 \end{array}\right] \overset{(Z_n)-(Z_1)}{\rightsquigarrow} \left[\begin{array}{ccccc|c} 1 & 0 & \cdots & 0 & 1 & 0 \\ 0 & 1 & \ddots & \vdots & \vdots & \vdots \\ \vdots & \ddots & \ddots & 0 & 1 & 0 \\ 0 & \cdots & 0 & 1 & 1 & 0 \\ 0 & 1 & \cdots & 1 & \alpha-1 & 0 \end{array}\right] \overset{(Z_n)-(Z_2)}{\rightsquigarrow}$$

$$\left[\begin{array}{ccccc|c} 1 & 0 & \cdots & 0 & 1 & 0 \\ 0 & 1 & \ddots & \vdots & \vdots & \vdots \\ \vdots & \ddots & \ddots & 0 & 1 & 0 \\ 0 & \cdots & 0 & 1 & 1 & 0 \\ 0 & 0 & \cdots & 1 & \alpha-2 & 0 \end{array}\right] \overset{(Z_n)-(Z_{n-1})}{\rightsquigarrow} \left[\begin{array}{ccccc|c} 1 & 0 & \cdots & 0 & 1 & 0 \\ 0 & 1 & \ddots & \vdots & \vdots & \vdots \\ \vdots & \ddots & \ddots & 0 & 1 & 0 \\ 0 & \cdots & 0 & 1 & 1 & 0 \\ 0 & 0 & \cdots & 0 & \alpha-(n-1) & 0 \end{array}\right] = \boldsymbol{Z}.$$

Wir unterscheiden 2 Fälle:

- $\alpha \neq n-1$: In diesem Fall ist $\boldsymbol{Z}$ gleich

$$\boldsymbol{Z} = \left[\begin{array}{ccccc|c} 1 & 0 & \cdots & 0 & 1 & 0 \\ 0 & 1 & \ddots & \vdots & \vdots & \vdots \\ \vdots & \ddots & \ddots & 0 & 1 & 0 \\ 0 & \cdots & 0 & 1 & 1 & 0 \\ 0 & 0 & \cdots & 0 & \alpha-(n-1) & 0 \end{array}\right] \Rightarrow \text{Ker}(\boldsymbol{A}) = \{\boldsymbol{0}\}.$$

- $\alpha = n-1$: In diesem Fall ist $\boldsymbol{Z}$ gleich

$$\boldsymbol{Z} = \left[\begin{array}{ccccc|c} 1 & 0 & \cdots & 0 & 1 & 0 \\ 0 & 1 & \ddots & \vdots & \vdots & \vdots \\ \vdots & \ddots & \ddots & 0 & 1 & 0 \\ 0 & \cdots & 0 & 1 & 1 & 0 \\ 0 & 0 & \cdots & 0 & 0 & 0 \end{array}\right] \Rightarrow \text{Ker}(\boldsymbol{A}) = \left\langle \begin{bmatrix} -1 \\ \vdots \\ -1 \\ 1 \end{bmatrix} \right\rangle.$$

b) Aus $\text{Rang}(\boldsymbol{A}) = \dim(\text{Im}(\boldsymbol{A})) = n - \dim(\text{Ker}(\boldsymbol{A}))$ folgt $\text{Rang}(\boldsymbol{A}) = \begin{cases} n & \alpha \neq n-1 \\ n-1 & \alpha = n-1 \end{cases}$

■

Übung 8.10

●○○ Es sei $F : V \to W$ linear. Die Dimension des Kernes von F ist 2 und die Dimension des Bildes von F ist 3. Wie viele linear unabhängige Vektoren muss eine Basis von V enthalten?

Lösung

Wegen der Dimensionsformel gilt: $\dim(V) = \dim(\text{Ker}(F)) + \dim(\text{Im}(F)) = 2 + 3 = 5$. Es folgt $\dim(V) = 5$. Somit besteht jede Basis von V genau aus 5 linear unabhängigen Vektoren.

■

Übung 8.11

●○○ Es sei $F : V \to W$ linear und $\dim(V) = \dim(W)$. Man beweise:

F injektiv $\Leftrightarrow$ F surjektiv.

Lösung

Aus der Dimensionsformel folgt:

$$F \text{ injektiv } \Leftrightarrow \operatorname{Ker}(F) = \{\mathbf{0}\} \Leftrightarrow \dim(\operatorname{Ker}(F)) = 0 \Leftrightarrow \dim(\operatorname{Im}(F)) = \dim(V)$$

$$\underbrace{\Leftrightarrow}_{\dim(V)=\dim(W)} \dim(\operatorname{Im}(F)) = \dim(W) \Leftrightarrow \operatorname{Im}(F) = W \Leftrightarrow F \text{surjektiv.}$$

■

Übung 8.12

• ○ ○ Es sei $F : V \to W$ linear. Man beweise:

a) F ist injektiv $\Rightarrow \dim(V) \leq \dim(W)$.

b) F ist surjektiv $\Rightarrow \dim(W) \leq \dim(V)$.

Lösung

a) Ist F injektiv, so ist $\operatorname{Ker}(F) = \{\mathbf{0}\}$ und somit $\dim(\operatorname{Ker}(F)) = 0$. Aus der Dimensionsformel folgt dann

$$\underbrace{\dim(\operatorname{Ker}(F))}_{=0} + \dim(\operatorname{Im}(F)) = \dim(V) \quad \Rightarrow \quad \dim(\operatorname{Im}(F)) = \dim(V).$$

Das Bild von F ist ein Unterraum von $W \Rightarrow \dim(\operatorname{Im}(F)) \leq \dim(W)$. Daraus folgt:

$$\dim(V) = \dim(\operatorname{Im}(F)) \leq \dim(W).$$

b) Ist F ist surjektiv, so ist $\dim(\operatorname{Im}(F)) = \dim(W)$. Aus der Dimensionsformel folgt

$$\dim(\operatorname{Ker}(F)) + \underbrace{\dim(\operatorname{Im}(F))}_{=\dim(W)} = \dim(V) \quad \Rightarrow \quad \dim(W) = \dim(V) - \dim(\operatorname{Ker}(F)).$$

Wegen $\dim(\operatorname{Ker}(F)) \geq 0$, gilt $\dim(W) \leq \dim(V)$. ■

Übung 8.13

• ○ ○ Es sei $F : V \to W$ linear. Man zeige: $\operatorname{Im}(F)$ ist ein Unterraum von W.

Lösung

Wir weisen einfach nach, dass $\operatorname{Im}(F)$ die drei Eigenschaften (UR0)–(UR2) eines Unterraumes erfüllt (▶ vgl. Abschn. 5.2):

- Beweis von **(UR0)**: Wegen $F(\mathbf{0}) = \mathbf{0}$ ist $\mathbf{0} \in \operatorname{Im}(F)$ ✓
- Beweis von **(UR1)**: Es seien $\boldsymbol{w}_1, \boldsymbol{w}_2 \in \operatorname{Im}(F)$. Dann gibt es $\boldsymbol{v}_1, \boldsymbol{v}_2 \in V$ mit $F(\boldsymbol{v}_1) = \boldsymbol{w}_1$ und $F(\boldsymbol{v}_2) = \boldsymbol{w}_2$. Aus der Linearität von F folgt dann:

$$F(\boldsymbol{v}_1 + \boldsymbol{v}_2) = F(\boldsymbol{v}_1) + F(\boldsymbol{v}_2) = \boldsymbol{w}_1 + \boldsymbol{w}_2 \ \Rightarrow\ \boldsymbol{w}_1 + \boldsymbol{w}_2 \in \operatorname{Im}(F) \checkmark$$

- Beweis von **(UR2)**: Es seien $\boldsymbol{w} \in \mathrm{Im}(F)$ und $\alpha \in \mathbb{K}$. Dann gibt es $\boldsymbol{v} \in V$ mit $F(\boldsymbol{v}) = \boldsymbol{w}$. Daraus folgt $F(\alpha \boldsymbol{v}) = \alpha\, F(\boldsymbol{v}) = \alpha\, \boldsymbol{w} \Rightarrow \alpha\, \boldsymbol{w} \in \mathrm{Im}(F)$ ✓

Somit ist $\mathrm{Im}(F)$ ein Unterraum von W. ∎

Übung 8.14

• • ○ Man beweise Satz 8.4.

Lösung

"⇒" Es sei F injektiv und $\boldsymbol{v} \in \mathrm{Ker}(F)$. Dann ist $F(\boldsymbol{v}) = \boldsymbol{0}$. Da F linear ist gilt $F(\boldsymbol{0}) = \boldsymbol{0}$. Wir haben also zwei Vektoren, welche auf Null abgebildet werden: $F(\boldsymbol{v}) = \boldsymbol{0} = F(\boldsymbol{0})$. Da F injektiv ist folgt $\boldsymbol{v} = \boldsymbol{0}$, also $\mathrm{Ker}(F) = \{\boldsymbol{0}\}$.

"⇐" Es sei umgekehrt $\mathrm{Ker}(F) = \{\boldsymbol{0}\}$. Weiter seien $\boldsymbol{v}, \boldsymbol{w} \in V$ mit $F(\boldsymbol{v}) = F(\boldsymbol{w})$. Aus der Linearität von F folgt $\boldsymbol{0} = F(\boldsymbol{v}) - F(\boldsymbol{w}) = F(\boldsymbol{v} - \boldsymbol{w}) \Rightarrow \boldsymbol{v} - \boldsymbol{w} \in \mathrm{Ker}(F)$. Da $\mathrm{Ker}(F) = \{\boldsymbol{0}\}$ folgt $\boldsymbol{v} - \boldsymbol{w} = \boldsymbol{0} \Rightarrow \boldsymbol{v} = \boldsymbol{w}$. Somit ist F injektiv. ∎

Übung 8.15

• • • Es seien V und W endlichdimensionale Vektorräume über einen Körper $\mathbb{K}$. Es sei $F: V \to W$ eine lineare Abbildung und $\mathcal{B} = \{\boldsymbol{v_1}, \cdots, \boldsymbol{v_n}\}$ eine Basis von V. Man beweise die folgenden Aussagen:

a) Ist F injektiv, so sind $F(\boldsymbol{v_1}), \cdots, F(\boldsymbol{v_n})$ linear unabhängig.

b) Ist F surjektiv, so bilden $F(\boldsymbol{v_1}), \cdots, F(\boldsymbol{v_n})$ ein Erzeugendensystem.

c) Ist F ein Isomorphismus, so bilden $F(\boldsymbol{v_1}), \cdots, F(\boldsymbol{v_n})$ eine Basis von W.

Lösung

a) Ist F injektiv, so gilt $\mathrm{Ker}(F) = \{\boldsymbol{0}\}$ (Satz 8.4). Wir wollen zeigen, dass $F(\boldsymbol{v_1}), \cdots, F(\boldsymbol{v_n})$ linear unabhängig sind, d. h., wir müssen zeigen, dass

$$\sum_{i=1}^{n} \lambda_i F(\boldsymbol{v_i}) = \boldsymbol{0} \;\Rightarrow\; \lambda_i = 0.$$

Um dies zu zeigen, gehen wir wie folgt vor: Wegen der Linearität von F gilt:

$$\boldsymbol{0} = \sum_{i=1}^{n} \lambda_i F(\boldsymbol{v_i}) = F\left(\sum_{i=1}^{n} \lambda_i \boldsymbol{v_i}\right) \;\Rightarrow\; F\left(\sum_{i=1}^{n} \lambda_i \boldsymbol{v_i}\right) = \boldsymbol{0} \;\Rightarrow\; \sum_{i=1}^{n} \lambda_i \boldsymbol{v_i} \in \mathrm{Ker}(F).$$

Da $\mathrm{Ker}(F) = \{\boldsymbol{0}\}$ folgt:

$$\sum_{i=1}^{n} \lambda_i \boldsymbol{v_i} = \boldsymbol{0}.$$

Da $\boldsymbol{v}_1, \cdots, \boldsymbol{v}_n$ eine Basis bilden, sind $\boldsymbol{v}_1, \cdots, \boldsymbol{v}_n$ linear unabhängig. Daher hat die Gleichung $\sum_{i=1}^n \lambda_i \boldsymbol{v}_i = \boldsymbol{0}$ nur die triviale Lösung $\lambda_i = 0$ für alle $i = 1, \cdots, n$. Dies war genau zu zeigen. Somit sind $F(\boldsymbol{v}_1), \cdots, F(\boldsymbol{v}_n)$ linear unabhängig.

b) Da F surjektiv ist und da jedes $\boldsymbol{v} \in V$ sich als Linearkombination der Vektoren $\boldsymbol{v}_1, \cdots, \boldsymbol{v}_n$ darstellen lässt, ist auch jedes $\boldsymbol{w} \in W$ als Linearkombination von $F(\boldsymbol{v}_1), \cdots, F(\boldsymbol{v}_n)$ darstellbar. Somit bilden $F(\boldsymbol{v}_1), \cdots, F(\boldsymbol{v}_n)$ ein Erzeugendensystem.

c) Aus (a) und (b) folgt: ist F bijektiv $\Rightarrow F(\boldsymbol{v}_1), \cdots, F(\boldsymbol{v}_n)$ sind linear unabhängig und bilden ein Erzeugendensystem $\Rightarrow F(\boldsymbol{v}_1), \cdots, F(\boldsymbol{v}_n)$ bilden eine Basis von W. ■

Übung 8.16

●●○ Es seien U und W zwei Unterräume eines endlichdimensionalen Vektorraum V. Man betrachte die Abbildung $F : U \times W \to U + W$ definiert durch

$$F(\boldsymbol{u}, \boldsymbol{w}) = \boldsymbol{u} + \boldsymbol{w}, \quad \boldsymbol{u} \in U,\ \boldsymbol{w} \in W.$$

a) Man zeige, dass F linear ist.
b) Man zeige: $\dim(\mathrm{Ker}(F)) = \dim(U \cap W)$.
c) Man folgere aus (b) die Formel

$$\dim(U + W) = \dim(U) + \dim(W) - \dim(U \cap W).$$

d) Man zeige: Ist $V = U \oplus W$, so gilt $\dim(V) = \dim(U) + \dim(W)$.

Lösung

a) Es seien $\boldsymbol{u}_1, \boldsymbol{u}_2 \in U$, $\boldsymbol{w}_1, \boldsymbol{w}_2 \in W$ und $\alpha \in \mathbb{K}$. Dann gilt:

(L1) $F\big((\boldsymbol{u}_1, \boldsymbol{w}_1) + (\boldsymbol{u}_2, \boldsymbol{w}_2)\big) = F(\boldsymbol{u}_1 + \boldsymbol{u}_2, \boldsymbol{w}_1 + \boldsymbol{w}_2) = (\boldsymbol{u}_1 + \boldsymbol{u}_2) + (\boldsymbol{w}_1 + \boldsymbol{w}_2)$
$= (\boldsymbol{u}_1 + \boldsymbol{w}_1) + (\boldsymbol{u}_2 + \boldsymbol{w}_2) = F(\boldsymbol{u}_1, \boldsymbol{w}_1) + F(\boldsymbol{u}_2, \boldsymbol{w}_2)$

(L2) $F\big(\alpha(\boldsymbol{u}_1, \boldsymbol{w}_1)\big) = F(\alpha\boldsymbol{u}_1, \alpha\boldsymbol{w}_1) = \alpha\boldsymbol{u}_1 + \alpha\boldsymbol{w}_1 = \alpha(\boldsymbol{u}_1 + \boldsymbol{w}_1) = \alpha F(\boldsymbol{u}_1, \boldsymbol{w}_1)$.

Somit ist F linear.

b) Der Kern von F besteht aus den Elementen der Form $(\boldsymbol{v}, -\boldsymbol{v})$, weil $F(\boldsymbol{v}, -\boldsymbol{v}) = \boldsymbol{v} - \boldsymbol{v} = \boldsymbol{0}$. Weil $\boldsymbol{v}$ sowohl im ersten wie auch im zweiten Eintrag vorkommt, muss $\boldsymbol{v} \in U$ und $\boldsymbol{v} \in W$, d. h. $\boldsymbol{v} \in U \cap W$. Folglich

$$\mathrm{Ker}(F) = \{(\boldsymbol{v}, -\boldsymbol{v}) \mid \boldsymbol{v} \in U \cap W\}.$$

Die Dimension von $\mathrm{Ker}(F)$ ist somit

$$\dim(\mathrm{Ker}(F)) = \dim(U \cap W).$$

c) Aus (b) folgt nach der Dimensionsformel für F

$$\underbrace{\dim(U \times W)}_{=\dim(U)+\dim(W)} = \underbrace{\dim(\mathrm{Ker}(F))}_{=\dim(U\cap W)} + \underbrace{\dim(\mathrm{Im}(F))}_{=\dim(U+W)}$$

$$\Rightarrow \quad \dim(U + W) = \dim(U) + \dim(W) - \dim(U \cap W).$$

d) $V = U \oplus W$ bedeutet $V = U + W$ und $U \cap W = \{\mathbf{0}\}$. Aus (c) folgt dann

$$\dim(V) = \dim(U) + \dim(W) - \underbrace{\dim(U \cap W)}_{=0} = \dim(U) + \dim(W).$$

■

Übung 8.17

• • ○ Es seien $\boldsymbol{A}, \boldsymbol{B} \in \mathbb{K}^{m\times n}$. Man zeige:

$$\text{Rang}(\boldsymbol{A}+\boldsymbol{B}) \leq \text{Rang}(\boldsymbol{A}) + \text{Rang}(\boldsymbol{B}).$$

Lösung

Wegen $(\boldsymbol{A}+\boldsymbol{B})\boldsymbol{v} = \boldsymbol{A}\boldsymbol{v} + \boldsymbol{B}\boldsymbol{v}$ ist $\text{Im}(\boldsymbol{A}+\boldsymbol{B}) \subset \text{Im}(\boldsymbol{A}) + \text{Im}(\boldsymbol{B})$. Daraus folgt $\dim(\text{Im}(\boldsymbol{A}+\boldsymbol{B})) \leq \dim\left(\text{Im}(\boldsymbol{A})+\text{Im}(\boldsymbol{B})\right)$. Mit der Formel $\dim(U+W) = \dim(U)+\dim(W)-\dim(U\cap W)$ finden wir dann:

$$\begin{aligned}\text{Rang}(\boldsymbol{A}+\boldsymbol{B}) &= \dim(\text{Im}(\boldsymbol{A}+\boldsymbol{B})) \leq \dim\left(\text{Im}(\boldsymbol{A}) + \text{Im}(\boldsymbol{B})\right)\\ &= \dim(\text{Im}(\boldsymbol{A})) + \dim(\text{Im}(\boldsymbol{B})) - \dim\left(\text{Im}(\boldsymbol{A}) \cap \text{Im}(\boldsymbol{B})\right)\\ &\leq \dim(\text{Im}(\boldsymbol{A})) + \dim(\text{Im}(\boldsymbol{B})) = \text{Rang}(\boldsymbol{A}) + \text{Rang}(\boldsymbol{B}).\end{aligned}$$

Erinnerung: $\text{Rang}(\boldsymbol{A}) = \dim(\text{Im}(\boldsymbol{A}))$.

■

Übung 8.18

• • • Es seien $\boldsymbol{A} \in \mathbb{K}^{m\times n}$ und $\boldsymbol{B} \in \mathbb{K}^{n\times r}$. Man beweise die folgenden Ungleichungen:

a) $\text{Rang}(\boldsymbol{AB}) \leq \min\{\text{Rang}(\boldsymbol{A}), \text{Rang}(\boldsymbol{B})\}$.

b) $\text{Rang}(\boldsymbol{AB}) \geq \text{Rang}(\boldsymbol{A}) + \text{Rang}(\boldsymbol{B}) - n$.

Hinweis: Betrachte die Abbildung $F : \text{Im}(\boldsymbol{B}) \to \mathbb{K}^n$, $\boldsymbol{v} \to \boldsymbol{A}\boldsymbol{v}$.

Lösung

a)
- Klarerweise ist $\text{Im}(\boldsymbol{AB}) \subset \text{Im}(\boldsymbol{A})$. Daraus folgt $\dim(\text{Im}(\boldsymbol{AB})) \leq \dim(\text{Im}(\boldsymbol{A}))$, d. h. $\text{Rang}(\boldsymbol{AB}) \leq \text{Rang}(\boldsymbol{A})$.
- Wir betrachten die Abbildung $F : \text{Im}(\boldsymbol{B}) \to \mathbb{K}^n$, $\boldsymbol{v} \to \boldsymbol{A}\boldsymbol{v}$. Das Bild von F ist $\text{Im}(F) = \text{Im}(\boldsymbol{AB})$. Somit ist $\dim(\text{Im}(F)) = \dim(\text{Im}(\boldsymbol{AB})) = \text{Rang}(\boldsymbol{AB})$. Aus der Dimensionsformel für F folgt dann:

$$\underbrace{\dim(\text{Im}(\boldsymbol{B}))}_{=\text{Rang}(\boldsymbol{B})} = \dim(\text{Ker}(F)) + \underbrace{\dim(\text{Im}(F))}_{=\text{Rang}(\boldsymbol{AB})}$$

$$\Rightarrow \quad \text{Rang}(\boldsymbol{AB}) = \text{Rang}(\boldsymbol{B}) - \dim(\text{Ker}(F)) \leq \text{Rang}(\boldsymbol{B}).$$

Aus $\text{Rang}(\boldsymbol{AB}) \leq \text{Rang}(\boldsymbol{A})$ und $\text{Rang}(\boldsymbol{AB}) \leq \text{Rang}(\boldsymbol{B})$ folgt

$$\text{Rang}(\boldsymbol{AB}) \leq \min\{\text{Rang}(\boldsymbol{A}), \text{Rang}(\boldsymbol{B})\}.$$

b) Wir starten mit der Formel $\operatorname{Rang}(\boldsymbol{AB}) = \operatorname{Rang}(\boldsymbol{B}) - \dim(\operatorname{Ker}(F))$ (aus Teilaufgabe (a)). Für den Kern von F gilt: $\boldsymbol{v} \in \operatorname{Ker}(F) \Rightarrow \boldsymbol{Av} = 0 \Rightarrow \boldsymbol{v} \in \operatorname{Ker}(\boldsymbol{A})$. Somit ist $\operatorname{Ker}(F) \subset \operatorname{Ker}(\boldsymbol{A}) \Rightarrow \dim(\operatorname{Ker}(F)) \leq \dim(\operatorname{Ker}(\boldsymbol{A}))$. Mit der Dimensionsformel für die Matrix $\boldsymbol{A} \in \mathbb{K}^{m\times n}$ finden wir

$$n = \dim(\operatorname{Ker}(\boldsymbol{A})) + \operatorname{Rang}(\boldsymbol{A}) \quad \Rightarrow \quad \dim(\operatorname{Ker}(\boldsymbol{A})) = n - \operatorname{Rang}(\boldsymbol{A})$$

also

$$\dim(\operatorname{Ker}(F)) \leq \dim(\operatorname{Ker} \boldsymbol{A}) = n - \operatorname{Rang}(\boldsymbol{A}).$$

Mit der Formel $\operatorname{Rang}(\boldsymbol{AB}) = \operatorname{Rang}(\boldsymbol{B}) - \dim(\operatorname{Ker}(F))$ finden wir somit:

$$\operatorname{Rang}(\boldsymbol{AB}) = \operatorname{Rang}(\boldsymbol{B}) - \dim(\operatorname{Ker}(F)) \geq \operatorname{Rang}(\boldsymbol{A}) + \operatorname{Rang}(\boldsymbol{B}) - n.$$ ■

Übung 8.19

●●○ Es seien $\boldsymbol{A}, \boldsymbol{B} \in \mathbb{K}^{n\times n}$ mit $\det(\boldsymbol{AB}) = 0$. Können die Matrizen $\boldsymbol{A}$ und $\boldsymbol{B}$ gleichzeitig vollen Rang haben?

Lösung

Wir benutzen das Resultat aus Übung 8.18:

$$\operatorname{Rang}(\boldsymbol{AB}) \geq \operatorname{Rang}(\boldsymbol{A}) + \operatorname{Rang}(\boldsymbol{B}) - n.$$

Wegen $\det(\boldsymbol{AB}) = 0$, hat $\boldsymbol{AB}$ nicht vollen Rang, d. h. $\operatorname{Rang}(\boldsymbol{AB}) < n$. Hätten die Matrizen $\boldsymbol{A}$ und $\boldsymbol{B}$ gleichzeitig vollen Rang, d. h. $\operatorname{Rang}(\boldsymbol{A}) = \operatorname{Rang}(\boldsymbol{B}) = n$, so würde Folgendes gelten

$$\underbrace{\operatorname{Rang}(\boldsymbol{AB})}_{<n} \geq \operatorname{Rang}(\boldsymbol{A}) + \operatorname{Rang}(\boldsymbol{B}) - n = n + n - n = n.$$

Widerspruch. Somit können $\boldsymbol{A}$ und $\boldsymbol{B}$ nicht gleichzeitig vollen Rang haben. ■

Übung 8.20

●●○ Es seien $\boldsymbol{A}, \boldsymbol{B} \in \mathbb{K}^{n\times n}$ mit $\boldsymbol{AB} = \boldsymbol{E}$. Man zeige, dass $\operatorname{Rang}(\boldsymbol{A}) = \operatorname{Rang}(\boldsymbol{B}) = n$, d. h. dass $\boldsymbol{A}$ und $\boldsymbol{B}$ invertierbar sind.

Lösung

Aus der Ungleichung $\operatorname{Rang}(\boldsymbol{AB}) \leq \operatorname{Rang}(\boldsymbol{A})$ folgt:

$$\underbrace{\operatorname{Rang}(\boldsymbol{BA})}_{\operatorname{Rang}(\boldsymbol{E})=n} \leq \operatorname{Rang}(\boldsymbol{A}) \quad \Rightarrow \quad \operatorname{Rang}(\boldsymbol{A}) \geq n.$$

Da Rang(A) nie größer als n sein kann, folgt Rang(A) $= n \Rightarrow A$ invertierbar. Mit Rang(AB) $\leq$ Rang(B) folgt das Resultat für B. ■

Übung 8.21

• • ○ Es sei $A \in \mathbb{K}^{n\times n}$. Man zeige:

a) $\{\mathbf{0}\} \subset \mathrm{Ker}(A) \subset \mathrm{Ker}(A^2) \subset \cdots \subset \mathrm{Ker}(A^j) \subset \cdots$

b) $n \geq \mathrm{Rang}(A) \geq \mathrm{Rang}(A^2) \geq \cdots \geq \mathrm{Rang}(A^j) \geq \cdots$

Lösung

a) Wir zeigen, dass $\mathrm{Ker}(A^j) \subset \mathrm{Ker}(A^{j+1})$ für alle $j = 0, 1, 2, \cdots$ gilt. Es sei $v \in \mathrm{Ker}(A^j)$, d. h. $A^j v = \mathbf{0}$. Wenden wir nun A auf beiden Seiten der Gleichung an, so folgt $A^{j+1}v = A\mathbf{0} = \mathbf{0}$, d. h. $v \in \mathrm{Ker}(A^{j+1})$. Somit ist $\mathrm{Ker}(A^j) \subset \mathrm{Ker}(A^{j+1})$.

b) Wir zeigen, dass $\mathrm{Im}(A^j) \supset \mathrm{Im}(A^{j+1})$ für alle $j = 0, 1, 2, \cdots$ gilt. Es sei $w \in \mathrm{Im}(A^{j+1})$. Dann gibt es $v \in \mathbb{K}^n$ mit $A^{j+1}v = w$. Daraus folgt

$$A^{j+1}v = A^j \underbrace{(Av)}_{=v'} = A^j v' = w \quad \Rightarrow \quad w \in \mathrm{Im}(A^j).$$

Somit ist $\mathrm{Im}(A^j) \supset \mathrm{Im}(A^{j+1})$. Daraus folgt

$$\underbrace{\dim(\mathrm{Im}(A^j))}_{=\mathrm{Rang}(A^j)} \geq \underbrace{\dim(\mathrm{Im}(A^{j+1}))}_{=\mathrm{Rang}(A^{j+1})} \quad \Rightarrow \quad \mathrm{Rang}(A^j) \geq \mathrm{Rang}(A^{j+1}).$$

■

Übung 8.22

• • ○ Es sei $A \in \mathbb{R}^{m\times n}$.

a) Man zeige: $\mathrm{Ker}(A^T A) = \mathrm{Ker}(A)$.

b) Man folgere aus (a): $\mathrm{Rang}(A^T A) = \mathrm{Rang}(A)$.

Lösung

a) Um $\mathrm{Ker}(A^T A) = \mathrm{Ker}(A)$ zu zeigen, zeigen wir $\mathrm{Ker}(A^T A) \subset \mathrm{Ker}(A)$ und $\mathrm{Ker}(A) \subset \mathrm{Ker}(A^T A)$ (▶ vgl. Anhang B Abschn. B.1.1).

Beweis von $\mathrm{Ker}(A^T A) \subset \mathrm{Ker}(A)$: Es sei $v \in \mathrm{Ker}(A) \Rightarrow Av = \mathbf{0}$. Multiplizieren wir nun beide Seiten der Gleichung mit A^T von links, so bekommen wir

$$(A^T A)v = A^T\mathbf{0} = \mathbf{0} \quad \Rightarrow \quad v \in \mathrm{Ker}(A^T A).$$

Wir haben somit gezeigt, dass $\mathrm{Ker}(A^T A) \subset \mathrm{Ker}(A)$.

Beweis von $\mathrm{Ker}(A) \subset \mathrm{Ker}(A^T A)$: Es sei $v \in \mathrm{Ker}(A^T A) \Rightarrow A^T A v = \mathbf{0}$. Jetzt multiplizieren wir die Gleichung auf beiden Seiten mit v^T von links und erhalten:

$$v^T A^T A v = (Av)^T (Av) = 0.$$

$(\boldsymbol{Av})^T(\boldsymbol{Av})$ ist die Norm (Länge) von $\boldsymbol{Av}$, d. h. $(\boldsymbol{Av})^T(\boldsymbol{Av}) = ||\boldsymbol{Av}||^2$. Der einzige Vektor mit Norm gleich Null ist der Nullvektor. Daraus folgt $\boldsymbol{Av} = \boldsymbol{0}$, d. h. $\boldsymbol{v} \in \text{Ker}(\boldsymbol{A})$. Wir haben somit gezeigt, dass $\text{Ker}(\boldsymbol{A}) \subset \text{Ker}(\boldsymbol{A}^T\boldsymbol{A})$.

b) Wir wenden die Dimensionsformel für die Matrizen $\boldsymbol{A}$ und $\boldsymbol{A}^T\boldsymbol{A}$ an:

$$n = \dim(\text{Ker}(\boldsymbol{A})) + \underbrace{\dim(\text{Im}(\boldsymbol{A}))}_{=\text{Rang}(\boldsymbol{A})} \quad \Rightarrow \quad \text{Rang}(\boldsymbol{A}) = n - \dim(\text{Ker}(\boldsymbol{A}))$$

$$n = \dim(\text{Ker}(\boldsymbol{A}^T\boldsymbol{A})) + \underbrace{\dim(\text{Im}(\boldsymbol{A}^T\boldsymbol{A}))}_{=\text{Rang}(\boldsymbol{A}^T\boldsymbol{A})} \quad \Rightarrow \quad \text{Rang}(\boldsymbol{A}^T\boldsymbol{A}) = n - \dim(\text{Ker}(\boldsymbol{A}^T\boldsymbol{A}))$$

Wegen $\dim(\text{Ker}(\boldsymbol{A}^T\boldsymbol{A})) = \dim(\text{Ker}(\boldsymbol{A}))$ finden wir $\text{Rang}(\boldsymbol{A}^T\boldsymbol{A}) = \text{Rang}(\boldsymbol{A})$. ■

Übung 8.23

●●○ Man beweise die Dimensionsformel 8.3.

Lösung

Es sei $\dim(V) = n$ und $\dim(\text{Ker}(F)) = p$. Es sei $\{\boldsymbol{v}_1, \cdots, \boldsymbol{v}_p\}$ eine Basis von $\text{Ker}(F)$. Da $\text{Ker}(F)$ ein Unterraum von V ist, gilt $p \leq n$. Somit können wir die Basis von $\text{Ker}(F)$ zu einer Basis von V ergänzen. Wir fügen einfach $n - p$ linear unabhängige Vektoren hinzu, welche nicht in $\text{Ker}(F)$ liegen:

$$\{\boldsymbol{v}_1, \cdots, \boldsymbol{v}_p, \boldsymbol{w}_1, \cdots, \boldsymbol{w}_{n-p}\}.$$

Für die Vektoren $\boldsymbol{v}_1, \cdots, \boldsymbol{v}_p$ gilt $F(\boldsymbol{v}_1) = \cdots = F(\boldsymbol{v}_p) = \boldsymbol{0}$. Somit ist $\text{Im}(F)$ durch den Vektoren $F(\boldsymbol{w}_1), \cdots, F(\boldsymbol{w}_{n-p})$ aufgespannt. Wir müssen nur noch zeigen, dass diese Vektoren linear unabhängig sind, d. h.

$$\boldsymbol{0} = \alpha_1 F(\boldsymbol{w}_1) + \cdots + \alpha_{n-p} F(\boldsymbol{w}_{n-p}) \text{ impliziert } \alpha_1 = \cdots = \alpha_{n-p} = 0.$$

Wegen der Linearität von F gilt:

$$\boldsymbol{0} = \alpha_1 F(\boldsymbol{w}_1) + \cdots + \alpha_{n-p} F(\boldsymbol{w}_{n-p}) = F\big(\alpha_1 \boldsymbol{w}_1 + \cdots + \alpha_{n-p} \boldsymbol{w}_{n-p}\big)$$

Somit ist $\alpha_1 \boldsymbol{w}_1 + \cdots + \alpha_{n-p} \boldsymbol{w}_{n-p} \in \text{Ker}(F)$. Die Vektoren $\boldsymbol{w}_1, \cdots, \boldsymbol{w}_{n-p}$ liegen aber nicht in $\text{Ker}(F)$. Es muss also $\alpha_1 = \cdots = \alpha_{n-p} = 0$ gelten. Somit sind die Vektoren $\boldsymbol{w}_1, \cdots, \boldsymbol{w}_{n-p}$ sind linear unabhängig und $\dim(\text{Im}(F)) = n - p$. Insgesamt:

$$\dim(\text{Ker}(F)) + \dim(\text{Im}(F)) = p + (n - p) = n = \dim(V).$$ ■

8.2 Isomorphe Vektorräume

In diesem Abschnitt wollen wir den Begriff von isomorphen Vektorräumen einführen. Bevor wir mit der Theorie loslegen, wollen wir zuerst ein einführendes Beispiel diskutieren.

8.2.1 Einführendes Beispiel

Als Beispiel betrachten wir den Vektorraum $\mathbb{R}^{2\times2}$ der reellen (2×2)-Matrizen.

▶ Beispiel

Jede (2×2)-Matrix $A \in \mathbb{R}^{2\times2}$ ist durch vier reellen Zahlen bestimmt. A ist also nichts anderes als eine rechteckige Anordnung von vier Zahlen. Diese Anordnung unterscheidet sich nicht wesentlich von einem Vektor im $\mathbb{R}^4$, welcher grundsätzlich auch nur eine Liste von vier Zahlen ist. Jede Matrix kann somit durch Umformen mit einem Spaltenvektor identifiziert werden und umgekehrt:

$$\begin{bmatrix} a & b \\ c & d \end{bmatrix} \quad \xrightleftharpoons[\text{Umformen}]{} \quad \begin{bmatrix} a \\ b \\ c \\ d \end{bmatrix}$$

Matrix in $\mathbb{R}^{2\times2}$ \qquad\qquad\qquad Vektor in $\mathbb{R}^4$

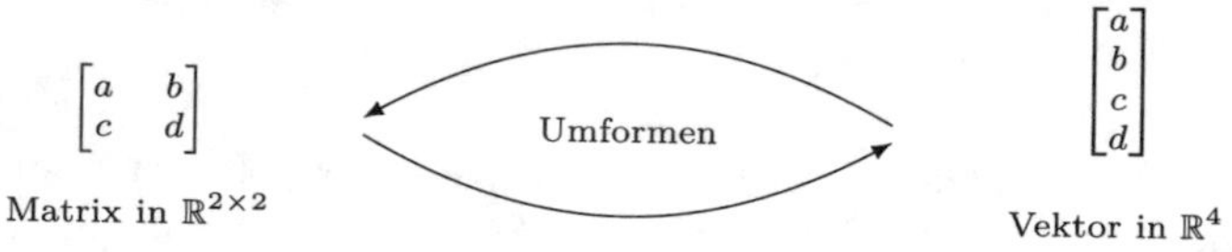

Diese Identifizierung von $\mathbb{R}^{2\times2}$ mit $\mathbb{R}^4$ hat eine interessante Eigenschaft: Sie respektiert die Vektorraumstruktur von $\mathbb{R}^{2\times2}$ und $\mathbb{R}^4$. Man betrachte als Beispiel die folgenden Matrizen

$$\begin{bmatrix} 1 & 2 \\ 3 & 4 \end{bmatrix} \leftrightarrow \begin{bmatrix} 1 \\ 2 \\ 3 \\ 4 \end{bmatrix} \quad \text{und} \quad \begin{bmatrix} 1 & -1 \\ -1 & 2 \end{bmatrix} \leftrightarrow \begin{bmatrix} 1 \\ -1 \\ -1 \\ 2 \end{bmatrix}.$$

Es gilt:

$$\begin{bmatrix} 1 & 2 \\ 3 & 4 \end{bmatrix} + \begin{bmatrix} 1 & -1 \\ -1 & 2 \end{bmatrix} = \begin{bmatrix} 2 & 1 \\ 2 & 6 \end{bmatrix} \leftrightarrow \begin{bmatrix} 1 \\ 2 \\ 3 \\ 4 \end{bmatrix} + \begin{bmatrix} 1 \\ -1 \\ -1 \\ 2 \end{bmatrix} = \begin{bmatrix} 2 \\ 1 \\ 2 \\ 6 \end{bmatrix}$$

Summe in $\mathbb{R}^{2\times2}$ \qquad $=$ \qquad Summe in $\mathbb{R}^4$

Die Matrixaddition bleibt somit bei der Identifizierung von $\mathbb{R}^{2\times2}$ mit $\mathbb{R}^4$ erhalten. Dasselbe gilt für die Skalarmultiplikation:

$$(-3) \cdot \begin{bmatrix} 1 & -1 \\ -1 & 2 \end{bmatrix} = \begin{bmatrix} -3 & 3 \\ 3 & -6 \end{bmatrix} \leftrightarrow (-3) \cdot \begin{bmatrix} 1 \\ -1 \\ -1 \\ 2 \end{bmatrix} = \begin{bmatrix} -3 \\ 3 \\ 3 \\ -6 \end{bmatrix}$$

Skalarmultiplikation in $\mathbb{R}^{2\times2}$ $=$ Skalarmultiplikation in $\mathbb{R}^4$

Aus diesen einfachen Überlegungen folgt, dass wir nicht nur jede Matrix mit einem Vektor identifizieren können, sondern auch, dass die beiden Vektorräume $\mathbb{R}^{2\times 2}$ und $\mathbb{R}^4$ die gleiche „Struktur“ haben. In diesem Sinne ist es sinnvoll zu sagen, dass $\mathbb{R}^{2\times 2}$ und $\mathbb{R}^4$ „gleichwertig“ sind. Mathematisch sagen wir, dass $\mathbb{R}^{2\times 2}$ und $\mathbb{R}^4$ isomorph sind und wir schreiben:

$$\mathbb{R}^{2\times 2} \cong \mathbb{R}^4. \blacktriangleleft$$

8.2.2 Isomorphe Vektorräume

Der Begriff von **isomorphen Vektorräumen** wird mithilfe von Isomorphismen formal definiert:

▶ Definition 8.3 (Isomorphe Vektorräume)

Zwei Vektorräume V und W über $\mathbb{K}$ heißen **isomorph**, wenn ein Isomorphismums $F : V \to W$ zwischen ihnen existiert. In Symbolen $V \cong W$. ◀

8.2.3 Endlichdimensionale Vektorräume sind isomorph zu $\mathbb{K}^n$

Wann sind zwei Vektorräume V und W isomorph? Für endlich-dimensionale Vektorräume kann man diese Frage ganz einfach mit der Dimension beantworten:

▶ Satz 8.10 (Isomorphiesatz)

Es seien V und W zwei endlich-dimensionale Vektorräume über $\mathbb{K}$. Dann gilt:

$$\boxed{V \cong W \quad \Leftrightarrow \quad \dim(V) = \dim(W)} \blacktriangleleft$$

Eine wichtige Folgerung (Korollar) des obigen Satzes ist:

▶ Satz 8.11

Jeder n-dimensionale Vektorraum über $\mathbb{K}$ ist isomorph zu $\mathbb{K}^n$. ◀

Bemerkung

Die Isomorphie von V und $\mathbb{K}^n$ erfolgt durch die **Koordinatenabbildung** $\varphi_{\mathcal{B}}$ von V zu einer (festen) Basis $\mathcal{B}$ von V:

$$\varphi_{\mathcal{B}} : V \to \mathbb{K}^n, \; \boldsymbol{v} \overset{\varphi_{\mathcal{B}}}{\mapsto} [\boldsymbol{v}]_{\mathcal{B}}.$$

Die Koordinatenabbildung $\varphi_{\mathcal{B}}$ ordnet jedem $\boldsymbol{v} \in V$ den entsprechenden Koordinatenvektor $[\boldsymbol{v}]_{\mathcal{B}}$ bezüglich der Basis $\mathcal{B}$ zu. $\varphi_{\mathcal{B}}$ ist ein Isomorphismus.

▶ Beispiel

Wegen $\dim(P_n(\mathbb{R})) = n + 1 = \dim(\mathbb{R}^{n+1})$ ist $P_n(\mathbb{R}) \cong \mathbb{R}^{n+1}$. ◀

▶ Beispiel

Wegen $\dim(\mathbb{R}^{m\times n}) = m\,n$ ist $\mathbb{R}^{m\times n} \cong \mathbb{R}^{m\,n}$. ◀

8.2.4 Hom(V, W) ist isomorph zu $\mathbb{K}^{m\times n}$

Es seien V und W Vektorräume mit $\dim(V) = n$ und $\dim(W) = m$. Bezüglich gegebenen Basen $\mathcal{B}_1$ und $\mathcal{B}_2$ entspricht jede lineare Abbildung $F : V \to W$ einer $(m \times n)$-Matrix (die Darstellungsmatrix). Man erhält dadurch Zuordnung:

$$\boldsymbol{M}_{\mathcal{B}_2}^{\mathcal{B}_1} : \mathrm{Hom}(V, W) \to \mathbb{K}^{m\times n},\ F \to \boldsymbol{M}_{\mathcal{B}_2}^{\mathcal{B}_1}(F).$$

► Satz 8.12

Die Abbildung $\boldsymbol{M}_{\mathcal{B}_2}^{\mathcal{B}_1} : \mathrm{Hom}(V, W) \to \mathbb{K}^{m\times n}$ ist ein Isomorphismus. Daher ist: $\mathrm{Hom}(V, W)$ isomorph zu $\mathbb{K}^{m\times n}$, d. h. $\mathrm{Hom}(V, W) \cong \mathbb{K}^{m\times n}$. Insbesondere gilt

$$\boxed{\dim(\mathrm{Hom}(V, W)) = nm = \dim(V)\dim(W)} \tag{8.9}$$

◄

8.2.5 Kommutative Diagramme

Die Identifizierung von $\mathrm{Hom}(V, W)$ mit $\mathbb{K}^{m\times n}$ kann man durch sogenannte **kommutativen Diagramme** veranschaulichen.

Definition

Was ist ein kommutatives Diagramm? Eine Abbildung $F : V \to W$ kann man mittels Diagramm durch Pfeile darstellen (kurz Pfeildiagramm):

$$V \xrightarrow{\ F\ } W$$

Die Hintereinanderführung (Komposition) der Abbildungen $F : V \to W$ und $G : W \to Z$ kann man durch zwei Pfeildiagramme darstellen:

$$V \xrightarrow{\ F\ } W \xrightarrow{\ G\ } Z$$

Wir könnten gleich direkt von V nach Z durch eine Abbildung $H : V \to Z$ gelangen:

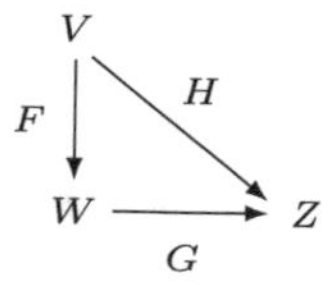

Sind H und $G \circ F$ dieselben Abbildungen, so sagt man, dass das obige Diagramm **kommutiert**. Bei einem kommutativen Diagramm spielt es also keine Rolle, welchen Weg wir durchlaufen. In unserem Beispiel erhalten wir das gleiche Resultat, wenn wir F und dann G anwenden oder gleich direkt H anwenden:

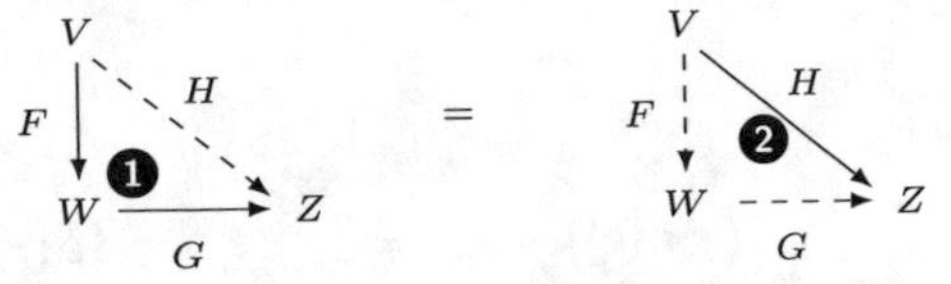

In Formeln heißt dies:

$$\underbrace{(G \circ F)(\boldsymbol{v})}_{\text{①}} = \underbrace{H(\boldsymbol{v})}_{\text{②}}, \ \forall \boldsymbol{v} \in V \quad \text{oder} \quad G \circ F = H.$$

Allgemein:

▶ **Definition 8.4 (Definition)**

Ein Diagramm, bestehend aus Mengen und Abbildungen (Pfeile), heißt **kommutativ**, wenn für je zwei Wege mit den gleichen Anfangs- und Endpunkte die entsprechenden Abbildungen übereinstimmen. ◀

Diagrammatische Formulierung von Satz 8.12

Satz 8.12 können wir nun mit einem Diagramm darstellen:

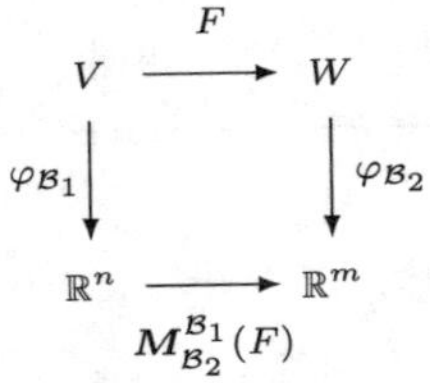

$\varphi_{\mathcal{B}_1}$ und $\varphi_{\mathcal{B}_2}$ sind die Koordinatenabbildungen für die Basen $\mathcal{B}_1$ und $\mathcal{B}_2$ (▶ vgl. Abschn. 8.2.3). Satz 8.12 besagt, dass das obige Diagramm kommutiert, d. h.

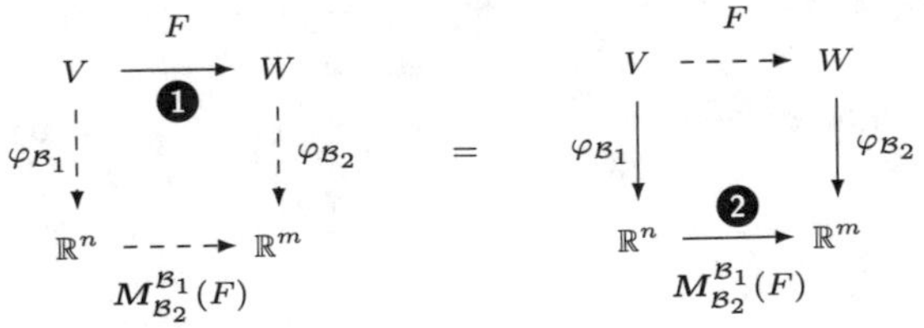

In Formeln ausgedrückt heißt dies:

$$\underbrace{F}_{\text{①}} = \underbrace{\varphi_{\mathcal{B}_2}^{-1} \circ \boldsymbol{M}_{\mathcal{B}_2}^{\mathcal{B}_1}(F) \circ \varphi_{\mathcal{B}_1}}_{\text{②}}$$

oder

$$\overbrace{\boldsymbol{M}_{\mathcal{B}_2}^{\mathcal{B}_1}(F)}^{\text{Darstellungsmatrix von } F} \qquad \underbrace{\left(\varphi_{\mathcal{B}_1}(\boldsymbol{v})\right)}_{\text{Koordinaten von } \boldsymbol{v} \text{ bzgl. } \mathcal{B}_1} \quad = \quad \underbrace{\varphi_{\mathcal{B}_2}\left(F(\boldsymbol{v})\right)}_{\text{Koordinaten von } F(\boldsymbol{v}) \text{ bzgl. } \mathcal{B}_2}$$

Beispiel: Ableitung

Um dieses abstrakte Konzept etwas konkreter zu machen, betrachten wir als Beispiel die Ableitung auf $P_2(\mathbb{R})$.

► Beispiel

Die Ableitung kann man als eine lineare Abbildung $\frac{d}{dx}$ von $P_2(\mathbb{R})$ nach $P_2(\mathbb{R})$ interpretieren (direkter Weg). Diese lineare Abbildung können wir aber auch durch der Darstellungsmatrix in der Standardbasis darstellen. Wählt man diesen alternativen Weg, so muss man zuerst das Polynom $p(x)$ in der Standardbasis darstellen (mit der Koordinatenabbildung $\varphi_{\mathcal{E}}$), dann die Darstellungsmatrix bilden (vgl. Musterbeispiel 7.3) und das Resultat wieder als Polynom in $P_2(\mathbb{R})$ umschreiben (mittels $\varphi_{\mathcal{E}}^{-1}$). Es spielt keine Rolle, ob wir den direkten oder den längeren Weg durchlaufen. Beide Wege stimmen überein, d. h., das folgende Diagramm **kommutiert**:

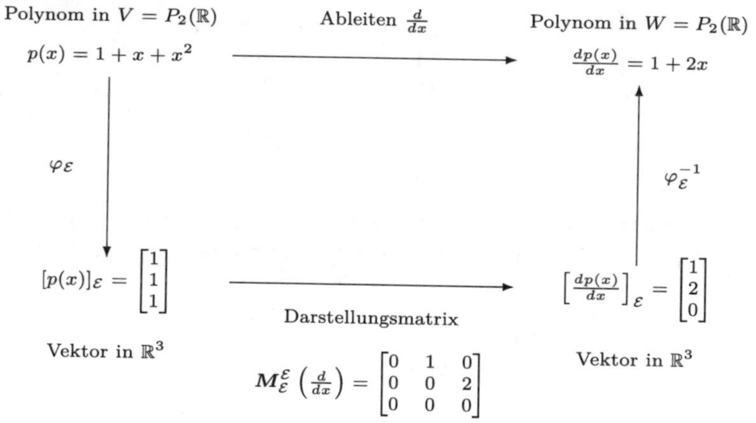

◄

Übung 8.24

● ○ ○ Man zeige $\mathbb{R}^{2\times 2} \cong \mathbb{R}^4$ (man gebe einen Isomorphismus explizit an).

Lösung

Wir betrachten die Abbildung $F : \mathbb{R}^{2\times 2} \to \mathbb{R}^4$ definiert durch

$$F\left(\begin{bmatrix} a & b \\ c & d \end{bmatrix}\right) = \begin{bmatrix} a \\ b \\ c \\ d \end{bmatrix}.$$

Es ist klar, dass F eine lineare Abbildung ist. Wir behaupten nun, dass F ein Isomorphismus von $\mathbb{R}^{2\times 2}$ nach $\mathbb{R}^4$ ist.

- Ist F injektiv? Es seien $\boldsymbol{A_1} = \begin{bmatrix} a_1 & b_1 \\ c_1 & d_1 \end{bmatrix}$ und $\boldsymbol{A_2} = \begin{bmatrix} a_2 & b_2 \\ c_2 & d_2 \end{bmatrix}$ zwei Matrizen aus $\mathbb{R}^{2\times 2}$ mit $F(\boldsymbol{A_1}) = F(\boldsymbol{A_2})$. Aus der Linearität von F folgt dann $F(\boldsymbol{A_1} - \boldsymbol{A_2}) = \boldsymbol{0}$, d. h.

$$F(\boldsymbol{A_1} - \boldsymbol{A_2}) = F\left(\begin{bmatrix} a_1 - a_2 & b_1 - b_2 \\ c_1 - c_2 & d_1 - d_2 \end{bmatrix}\right) = \begin{bmatrix} a_1 - a_2 \\ b_1 - b_2 \\ c_1 - c_2 \\ d_1 - d_2 \end{bmatrix} \stackrel{!}{=} \begin{bmatrix} 0 \\ 0 \\ 0 \\ 0 \end{bmatrix} \Rightarrow \begin{array}{c} a_1 = a_2 \\ b_1 = b_2 \\ c_1 = c_2 \\ d_1 = d_2 \end{array}$$

  Es folgt somit $\boldsymbol{A_1} = \boldsymbol{A_2}$, d. h. F ist injektiv.
- Ist F surjektiv? Da $\dim(\mathbb{R}^{2\times 2}) = \dim(\mathbb{R}^4) = 4$, impliziert die Injektivität von F auch die Surjektivität (Satz 8.6).

F ist somit ein Isomorphismus und folglich $\mathbb{R}^{2\times 2} \cong \mathbb{R}^4$. ■

Übung 8.25

• ○ ○ Man zeige $P_n(\mathbb{R}) \cong \mathbb{R}^{n+1}$ (man gebe einen Isomorphismus explizit an).

Lösung

Wir betrachten die lineare Abbildung $F : P_n(\mathbb{R}) \to \mathbb{R}^{n+1}$ definiert durch

$$F(a_0 + a_1 x + \cdots + a_n x^n) = \begin{bmatrix} a_0 \\ a_1 \\ \vdots \\ a_n \end{bmatrix}.$$

Wie im vorigen Beispiel, zeigen wir, dass F ein Isomorphismus ist.

- Ist F injektiv? Es seien $p(x) = a_0 + a_1 x + \cdots a_n x^n$ und $q(x) = b_0 + b_1 x + \cdots + b_n x^n$ zwei Polynome in $P_n(\mathbb{R})$ mit $F(p(x)) = F(q(x))$. Aus der Linearität von F folgt dann $F(p(x) - q(x)) = \boldsymbol{0}$, d. h.

$$F(p(x) - q(x)) = F\big((a_0 - b_0) + \cdots + (a_n - b_n)x^n\big) = \begin{bmatrix} a_0 - b_0 \\ a_1 - b_1 \\ \vdots \\ a_n - b_n \end{bmatrix} \stackrel{!}{=} \begin{bmatrix} 0 \\ 0 \\ \vdots \\ 0 \end{bmatrix}$$

  Es folgt $a_0 = b_0, a_1 = b_1, \cdots, a_n = b_n$, d. h. $p(x) = p(x)$. Die Abbildung F ist somit injektiv.
- Ist F surjektiv? Da die zwei Vektorräume dieselbe Dimension haben, $\dim(P_n(\mathbb{R})) = \dim(\mathbb{R}^{n+1}) = n+1$, kann man die Surjektivität von F direkt aus der Injektivität von F folgern (Satz 8.6).

F ist somit ein Isomorphismus von $P_n(\mathbb{R})$ nach $\mathbb{R}^{n+1}$ und folglich $P_n(\mathbb{R}) \cong \mathbb{R}^{n+1}$. ■

Übung 8.26

• ∘ ∘ Für welches $n \in \mathbb{N}$ ist $\mathbb{R}^{2\times 3} \cong \mathbb{R}^n$. Für dieses n man gebe einen Isomorphismus explizit an.

Lösung

Isomorphe Vektorräume haben dieselbe Dimension (Satz 8.10). Es gilt somit $\mathbb{R}^{2\times 3} \cong \mathbb{R}^6$, d. h. $n = 6$. Ein Isomorphismus von $\mathbb{R}^{2\times 3}$ nach $\mathbb{R}^6$ ist

$$F\left(\begin{bmatrix} a_{11} & a_{12} & a_{13} \\ a_{21} & a_{22} & a_{23} \end{bmatrix}\right) = \begin{bmatrix} a_{11} \\ a_{12} \\ a_{13} \\ a_{21} \\ a_{22} \\ a_{23} \end{bmatrix}.$$

■

Übung 8.27

• ∘ ∘ Welche der folgenden Vektorräumen sind zueinander isomorph?

a) $\mathbb{R}^{3\times 6}$, $\mathbb{R}^{18}$
b) $P_3(\mathbb{R})$, $\mathbb{R}^{3\times 3}$
c) $\mathbb{C}^2$ (als $\mathbb{R}$ Vektorraum), $\mathbb{R}^{2\times 2}$
d) $\mathrm{Hom}(\mathbb{R}^2, \mathbb{R}^3)$, $\mathbb{R}^6$
e) $\langle e^x, e^{2x}, e^{3x}\rangle$, $P_2(\mathbb{R})$
f) $\langle \sin(x), \cos(x)\rangle$, $\mathbb{R}^{2\times 2}$

Lösung

Wir wenden jeweils Satz 8.10 an.

a) Wegen $\dim(\mathbb{R}^{3\times 6}) = 3 \cdot 6 = 18 = \dim(\mathbb{R}^{18})$ ist $\mathbb{R}^{3\times 6} \cong \mathbb{R}^{18}$.
b) Wegen $\dim(P_3(\mathbb{R})) = 3 + 1 = 4 \neq 9 = \dim(\mathbb{R}^{3\times 3})$ sind $P_3(\mathbb{R})$ und $\mathbb{R}^{3\times 3}$ **nicht** isomorph.
c) Wegen $\dim_{\mathbb{R}}(\mathbb{C}^2) = 2 \cdot 2 = 4 = \dim(\mathbb{R}^{2\times 2})$ ist $\mathbb{C}^2 \cong \mathbb{R}^{2\times 2}$.
d) Wegen $\dim(\mathrm{Hom}(\mathbb{R}^2, \mathbb{R}^3)) = 2 \cdot 3 = 6 = \dim(\mathbb{R}^6)$ ist $\mathrm{Hom}(\mathbb{R}^2, \mathbb{R}^3) \cong \mathbb{R}^6$.
e) Wegen $\dim(\langle e^x, e^{2x}, e^{3x}\rangle) = 3 = 2 + 1 = \dim(P_2(\mathbb{R}))$ ist $\langle e^x, e^{2x}, e^{3x}\rangle \cong P_2(\mathbb{R})$.
f) Wegen $\dim(\langle \sin(x), \cos(x)\rangle) = 2 \neq 4 = \dim(\mathbb{R}^{2\times 2})$ sind $\langle \sin(x), \cos(x)\rangle$ und $\mathbb{R}^{2\times 2}$ **nicht** isomorph.

■

Übung 8.28

• • • Man beweise Satz 8.10.

Lösung

Beweis von $V \cong W \Rightarrow \dim(V) = \dim(W)$: $V \cong W$ bedeutet, dass es ein Isomorphismus $F : V \to W$ gibt. Es sei nun $\dim(V) = n$ und es sei $\mathcal{B} = \{\mathbf{v_1}, \cdots, \mathbf{v_n}\}$ eine Basis von V. Da F ein Isomorphismus ist, bilden die Vektoren $F(\mathbf{v_1}), \cdots, F(\mathbf{v_n})$ eine Basis von W (vgl. Übung 8.15). Da diese Basis von W aus n Vektoren besteht, ist $\dim(W) = n$, d. h. $\dim(V) = \dim(W)$.

Beweis von $V \cong W \Leftarrow \dim(V) = \dim(W)$: Nehmen wir an, dass $\dim(V) = \dim(W) = n$ gilt. Es seien $\mathcal{B} = \{\mathbf{v_1}, \cdots, \mathbf{v_n}\}$ und $\mathcal{B}' = \{\mathbf{w_1}, \cdots, \mathbf{w_n}\}$ Basen von V bzw. W (wegen $\dim(V) = \dim(W)$ haben die Basen $\mathcal{B}$ und $\mathcal{B}'$ dieselbe Anzahl von Elementen). Wir konstruieren nun ein Isomorphismus von V nach W wie folgt. Jeder Vektor $\mathbf{x} \in V$ lässt sich in eindeutiger Weise als Linearkombination der Basiselementen von $\mathcal{B}$ darstellen:

$$\mathbf{x} = x_1\mathbf{v_1} + \cdots + x_n\mathbf{v_n} = \sum_{i=1}^{n} x_i\mathbf{v_i}.$$

Wir definieren nun eine lineare Abbildung $F : V \to W$ wie folgt:

$$F\left(\sum_{i=1}^{n} x_i\mathbf{v_i}\right) = \sum_{i=1}^{n} x_i\mathbf{w_i}.$$

Es ist klar, dass F eine lineare Abbildung ist. Wir behaupten nun, dass F ein Isomorphismus ist.

- Ist F injektiv? Es seien $\mathbf{x}, \mathbf{y}$ zwei Vektoren in V mit den Koordinaten $x_1, \cdots, x_n$ bzw. $y_1, \cdots, y_n$ in der Basis $\mathcal{B}$. Es gelte $F(\mathbf{x}) = F(\mathbf{y})$. Aus der Linearität von F folgt dann $F(\mathbf{x} - \mathbf{y}) = \mathbf{0}$, d. h.

$$F(\mathbf{x} - \mathbf{y}) = F\left(\sum_{i=1}^{n}(x_i - y_i)\mathbf{v_i}\right) = \sum_{i=1}^{n}(x_i - y_i)F(\mathbf{v_i}) = \sum_{i=1}^{n}(x_i - y_i)\mathbf{w_i} \stackrel{!}{=} \mathbf{0}.$$

  Aus der Eindeutigkeit der Koordinaten des Nullvektors in der Basis $\mathcal{B}'$ impliziert die obige Gleichung $x_i - y_i = 0$ für alle $i = 1, \cdots, n$, d. h. $\mathbf{x} = \mathbf{y}$. Die Abbildung F ist somit injektiv.
- Ist F surjektiv? Wegen $\dim(V) = \dim(W)$, impliziert Injektivität von F auch die Surjektivität (Satz 8.6).

F ist somit ein Isomorphismus von V nach W, d. h. $V \cong W$. ■

8.3 Basiswechsel für lineare Abbildungen

In ► Kap. 7 haben wir erfahren, dass jede lineare Abbildung einer Matrix entspricht. Diese Matrixdarstellung ist aber von der Basis bestimmt. Wir diskutieren nun, wie sich die Matrixdarstellung einer linearen Abbildung ändert, wenn wir die Basis ändern.

8.3.1 Konstruktion des Basiswechsels

Es sei $F : V \to W$ eine lineare Abbildung und es seien die folgenden Basen von V bzw. W gegeben:

$\mathcal{B}_1 = \{\boldsymbol{v}_1, \cdots, \boldsymbol{v}_n\}$ **alte** Basis von V $\quad$ $\mathcal{B}_2 = \{\boldsymbol{w}_1, \cdots, \boldsymbol{w}_m\}$ **alte** Basis von W

$\mathcal{B}'_1 = \{\boldsymbol{v}'_1, \cdots, \boldsymbol{v}'_n\}$ **neue** Basis von V $\quad$ $\mathcal{B}'_2 = \{\boldsymbol{w}'_1, \cdots, \boldsymbol{w}'_m\}$ **neue** Basis von W

Wir fragen uns: Ist die Darstellungsmatrix von F bezüglich den **alten** Basen $\mathcal{B}_1$ und $\mathcal{B}_2$ gegeben, wie lautet die Darstellungsmatrix von F bezüglich den **neuen** Basen $\mathcal{B}'_1$ und $\mathcal{B}'_2$? Gemäß Definition gilt:

$$[F(\boldsymbol{v})]_{\mathcal{B}_2} = \boldsymbol{M}^{\mathcal{B}_1}_{\mathcal{B}_2}(F)[\boldsymbol{v}]_{\mathcal{B}_1}, \tag{8.10}$$

$$[F(\boldsymbol{v})]_{\mathcal{B}'_2} = \boldsymbol{M}^{\mathcal{B}'_1}_{\mathcal{B}'_2}(F)[\boldsymbol{v}]_{\mathcal{B}'_1}. \tag{8.11}$$

Mit dem Basiswechsel für Vektoren (► vgl. Abschn. 6.5) transformieren wir die Vektoren $[\boldsymbol{v}]_{\mathcal{B}_1}$ und $[F(\boldsymbol{v})]_{\mathcal{B}_2}$ in den neuen Basen:

$$[\boldsymbol{v}]_{\mathcal{B}'_1} = \boldsymbol{T}_{\mathcal{B}_1 \to \mathcal{B}'_1}[\boldsymbol{v}]_{\mathcal{B}_1} \tag{8.12}$$

$$[F(\boldsymbol{v})]_{\mathcal{B}'_2} = \boldsymbol{T}_{\mathcal{B}_2 \to \mathcal{B}'_2}[F(\boldsymbol{v})]_{\mathcal{B}_2}. \tag{8.13}$$

Somit

$$[F(\boldsymbol{v})]_{\mathcal{B}'_2} \overset{(8.13)}{=} \boldsymbol{T}_{\mathcal{B}_2 \to \mathcal{B}'_2}[F(\boldsymbol{v})]_{\mathcal{B}_2} \overset{(8.10)}{=} \boldsymbol{T}_{\mathcal{B}_2 \to \mathcal{B}'_2}\boldsymbol{M}^{\mathcal{B}_1}_{\mathcal{B}_2}(F)[\boldsymbol{v}]_{\mathcal{B}_1} \tag{8.14}$$

$$\overset{(8.12)}{=} \underbrace{\boldsymbol{T}_{\mathcal{B}_2 \to \mathcal{B}'_2}\boldsymbol{M}^{\mathcal{B}_1}_{\mathcal{B}_2}(F)\,\boldsymbol{T}^{-1}_{\mathcal{B}_1 \to \mathcal{B}'_1}}_{=\boldsymbol{M}^{\mathcal{B}'_1}_{\mathcal{B}'_2}(F)}[\boldsymbol{v}]_{\mathcal{B}'_1} \quad \Rightarrow \quad \boldsymbol{T}_{\mathcal{B}_2 \to \mathcal{B}'_2}\boldsymbol{M}^{\mathcal{B}_1}_{\mathcal{B}_2}(F)\,\boldsymbol{T}^{-1}_{\mathcal{B}_1 \to \mathcal{B}'_1}. \tag{8.15}$$

Wir haben somit den folgenden Satz bewiesen:

► Satz 8.13 (Basiswechsel für lineare Abbildungen)

Die Darstellungsmatrix der linearen Abbildung $F : V \to W$ transformiert sich gemäss der Formel:

$$\boxed{\boldsymbol{M}^{\mathcal{B}'_1}_{\mathcal{B}'_2}(F) = \boldsymbol{T}_{\mathcal{B}_2 \to \mathcal{B}'_2}\boldsymbol{M}^{\mathcal{B}_1}_{\mathcal{B}_2}(F)\,\boldsymbol{T}^{-1}_{\mathcal{B}_1 \to \mathcal{B}'_1} = \boldsymbol{T}_{\mathcal{B}_2 \to \mathcal{B}'_2}\boldsymbol{M}^{\mathcal{B}_1}_{\mathcal{B}_2}(F)\,\boldsymbol{T}_{\mathcal{B}'_1 \to \mathcal{B}_1}} \tag{8.16}$$

◄

Merkregel

Satz 8.13 kann man kompakt wie folgt ausdrücken

$$\boxed{A' = SAT^{-1}} \tag{8.17}$$

mit $A = M^{\mathcal{B}_1}_{\mathcal{B}_2}(F)$, $A' = M^{\mathcal{B}'_1}_{\mathcal{B}'_2}(F)$, $S = T_{\mathcal{B}_2 \to \mathcal{B}'_2}$ und $T = T_{\mathcal{B}_1 \to \mathcal{B}'_1}$.

Bemerkung

Ausgedrückt durch ein Diagramm besagt der Satz 8.13, dass es kommutiert:

$$\begin{array}{ccc}
[v]_{\mathcal{B}_1} & \xrightarrow{M^{\mathcal{B}_1}_{\mathcal{B}_2}(F)} & [F(v)]_{\mathcal{B}_2} \\
{\scriptstyle T_{\mathcal{B}_1 \to \mathcal{B}'_1}} \downarrow & & \uparrow {\scriptstyle T^{-1}_{\mathcal{B}_2 \to \mathcal{B}'_2}} \\
[v]_{\mathcal{B}'_1} & \xrightarrow[M^{\mathcal{B}'_1}_{\mathcal{B}'_2}(F)]{} & [F(v)]_{\mathcal{B}'_2}
\end{array}$$

8.3.2 Basiswechsel für Endomorphismen

Im Spezialfall, wo $V = W$ (d. h. F ist ein Endomorphismus), vereinfacht sich die Formel für den Basiswechsel.

► **Satz 8.14**

Es gilt:

$$\boxed{M^{\mathcal{B}'}_{\mathcal{B}'}(F) = T_{\mathcal{B} \to \mathcal{B}'} M^{\mathcal{B}}_{\mathcal{B}}(F)\, T^{-1}_{\mathcal{B} \to \mathcal{B}'} = T_{\mathcal{B} \to \mathcal{B}'} M^{\mathcal{B}}_{\mathcal{B}}(F)\, T_{\mathcal{B}' \to \mathcal{B}}} \tag{8.18}$$

◄

Merkregel

Satz 8.14 kann man kompakt wie folgt ausdrücken

$$\boxed{A' = TAT^{-1}} \tag{8.19}$$

mit $A = M^{\mathcal{B}}_{\mathcal{B}}(F)$, $A' = M^{\mathcal{B}'}_{\mathcal{B}'}(F)$, $T = T_{\mathcal{B} \to \mathcal{B}'}$.

Bemerkung

Beachte: In der Gl. (8.17) gibt es **zwei** Transformationsmatrizen S und T. In der Gl. (8.19) gibt es **nur eine** Transformationsmatrix T.

Musterbeispiel 8.2 (Basiswechsel für lineare Abbildungen)

Man betrachte die folgende lineare Abbildung:

$$F : \mathbb{R}^2 \to \mathbb{R}^2,\ \boldsymbol{v} = \begin{bmatrix} v_1 \\ v_2 \end{bmatrix} \to F(\boldsymbol{v}) = \begin{bmatrix} v_1 - v_2 \\ v_1 + v_2 \end{bmatrix}$$

und die folgenden zwei Basen von $\mathbb{R}^2$:

$$\mathcal{B}_1 = \left\{ \begin{bmatrix} 2 \\ 1 \end{bmatrix}, \begin{bmatrix} 1 \\ -1 \end{bmatrix} \right\}, \quad \mathcal{B}_2 = \left\{ \begin{bmatrix} 0 \\ 1 \end{bmatrix}, \begin{bmatrix} 1 \\ 1 \end{bmatrix} \right\}.$$

Wie lautet die Darstellungsmatrix von F, wenn der Ausgangs- und Ankunftsraum mit den Basen $\mathcal{B}_1$ bzw. $\mathcal{B}_2$ versehen sind? Diese Darstellungsmatrix haben wir bereits in Musterbeispiel 7.2 bestimmt. Hier wollen wir diese mit einem Basiswechsel zwischen der Standardbasis und $\mathcal{B}_1$ bzw. $\mathcal{B}_2$ bestimmen. Die Transformationsmatrix von $\mathcal{B}_1$ nach der Standardbasis ist:

$$\boldsymbol{T}_{\mathcal{B}_1 \to \mathcal{E}} = \begin{bmatrix} 2 & 1 \\ 1 & -1 \end{bmatrix}.$$

Die Transformationsmatrix von $\mathcal{B}_2$ nach der Standardbasis ist:

$$\boldsymbol{T}_{\mathcal{B}_2 \to \mathcal{E}} = \begin{bmatrix} 0 & 1 \\ 1 & 1 \end{bmatrix},$$

woraus sich die Transformationsmatrix von der Standardbasis $\mathcal{E}$ nach $\mathcal{B}_2$ als Inverse ergibt:

$$\boldsymbol{T}_{\mathcal{E} \to \mathcal{B}_2} = \boldsymbol{T}_{\mathcal{B}_2 \to \mathcal{E}}^{-1} = \begin{bmatrix} -1 & 1 \\ 1 & 0 \end{bmatrix}.$$

Die Darstellungsmatrix von F bezüglich der Basen $\mathcal{B}_1$ und $\mathcal{B}_2$ lautet somit:

$$\boldsymbol{M}_{\mathcal{B}_2}^{\mathcal{B}_1}(F) = \boldsymbol{T}_{\mathcal{E} \to \mathcal{B}_2} \boldsymbol{M}_{\mathcal{E}}^{\mathcal{E}}(F) \boldsymbol{T}_{\mathcal{B}_1 \to \mathcal{E}} = \begin{bmatrix} -1 & 1 \\ 1 & 0 \end{bmatrix} \begin{bmatrix} 1 & -1 \\ 1 & 1 \end{bmatrix} \begin{bmatrix} 2 & 1 \\ 1 & -1 \end{bmatrix} = \begin{bmatrix} 2 & -2 \\ 1 & 2 \end{bmatrix}.$$

8.3.3 Beispiele

Übung 8.29

• ○ ○ Sei $V = \mathbb{R}^3$ mit der Basis $\mathcal{B} = \{\boldsymbol{v}_1, \boldsymbol{v}_2, \boldsymbol{v}_3\}$, wobei

$$\boldsymbol{v}_1 = \begin{bmatrix} 1 \\ 0 \\ 1 \end{bmatrix}, \quad \boldsymbol{v}_2 = \begin{bmatrix} 1 \\ 1 \\ 0 \end{bmatrix}, \quad \boldsymbol{v}_3 = \begin{bmatrix} 0 \\ 0 \\ 1 \end{bmatrix}.$$

Die lineare Abbildung $F : \mathbb{R}^3 \to \mathbb{R}^3$ sei definiert durch

$$F(\boldsymbol{v}_1) = 2\boldsymbol{v}_1 - \boldsymbol{v}_2 + \boldsymbol{v}_3, \quad F(\boldsymbol{v}_2) = \boldsymbol{v}_2 + \boldsymbol{v}_3, \quad F(\boldsymbol{v}_3) = 2\boldsymbol{v}_1 + 3\boldsymbol{v}_3.$$

a) Man bestimme die Darstellungsmatrix von F in der Basis $\mathcal{B}$.
b) Man bestimme die Darstellungsmatrix von F in der Standardbasis von $\mathbb{R}^3$.

Lösung

a) Da F durch ihrer Wirkung auf die Basiselemente der Basis $\mathcal{B}$ definiert ist, kann man die Darstellungsmatrix von F in dieser Basis direkt bestimmen, indem wir die Bilder der Basiselementen $\boldsymbol{v}_1$, $\boldsymbol{v}_2$ und $\boldsymbol{v}_3$ in der Basis $\mathcal{B}$ als Spalten in einer Matrix aufschreiben:

$$\boldsymbol{M}_{\mathcal{B}}^{\mathcal{B}}(F) = \begin{bmatrix} 2 & 0 & 2 \\ -1 & 1 & 0 \\ 1 & 1 & 3 \end{bmatrix}.$$

b) Um die Darstellungsmatrix von F in der Standardbasis zu bestimmen, führen wir ein Basiswechsel von der Basis $\mathcal{B}$ nach der Standardbasis $\mathcal{E}$ durch:

$$\boldsymbol{T}_{\mathcal{B}\to\mathcal{E}} = \begin{bmatrix} 1 & 1 & 0 \\ 0 & 1 & 0 \\ 1 & 0 & 1 \end{bmatrix} \quad \Rightarrow \quad \boldsymbol{T}_{\mathcal{E}\to\mathcal{B}} = \boldsymbol{T}_{\mathcal{B}\to\mathcal{E}}^{-1} = \begin{bmatrix} 1 & -1 & 0 \\ 0 & 1 & 0 \\ -1 & 1 & 1 \end{bmatrix}.$$

Mit der Formel für den Basiswechsel von linearen Abbildungen (Gl. (8.18)) finden wir:

$$\boldsymbol{M}_{\mathcal{E}}^{\mathcal{E}}(F) = \boldsymbol{T}_{\mathcal{B}\to\mathcal{E}}\boldsymbol{M}_{\mathcal{B}}^{\mathcal{B}}(F)\boldsymbol{T}_{\mathcal{E}\to\mathcal{B}} = \begin{bmatrix} 1 & 1 & 0 \\ 0 & 1 & 0 \\ 1 & 0 & 1 \end{bmatrix} \begin{bmatrix} 2 & 0 & 2 \\ -1 & 1 & 0 \\ 1 & 1 & 3 \end{bmatrix} \begin{bmatrix} 1 & -1 & 0 \\ 0 & 1 & 0 \\ -1 & 1 & 1 \end{bmatrix} = \begin{bmatrix} -1 & 2 & 2 \\ -1 & 2 & 0 \\ -2 & 3 & 5 \end{bmatrix}.$$

■

Übung 8.30

• ○ ○ Sei $V = \mathbb{R}^3$ mit der Basis $\mathcal{B} = \{\boldsymbol{b}_1, \boldsymbol{b}_2, \boldsymbol{b}_3\}$, wobei

$$\boldsymbol{b}_1 = \begin{bmatrix} 1 \\ 0 \\ 0 \end{bmatrix}, \quad \boldsymbol{b}_2 = \begin{bmatrix} 2 \\ 1 \\ 0 \end{bmatrix}, \quad \boldsymbol{b}_3 = \begin{bmatrix} 6 \\ 4 \\ 2 \end{bmatrix}.$$

Die lineare Abbildung $F : \mathbb{R}^3 \to \mathbb{R}^3$ sei definiert durch

$$F(\boldsymbol{b}_1) = \boldsymbol{b}_2, \quad F(\boldsymbol{b}_2) = \boldsymbol{b}_3, \quad F(\boldsymbol{b}_3) = \boldsymbol{0}.$$

a) Man bestimme die Darstellungsmatrix von F in der Basis $\mathcal{B}$.
b) Man bestimme die Darstellungsmatrix von F in der Standardbasis von $\mathbb{R}^3$.

Lösung

a) Darstellungsmatrix von F bezüglich $\mathcal{B}$ hat die Bilder der Basiselementen $\boldsymbol{b}_1$, $\boldsymbol{b}_2$ und $\boldsymbol{b}_3$ als Spalten

$$\boldsymbol{M}_{\mathcal{B}}^{\mathcal{B}}(F) = \begin{bmatrix} 0 & 0 & 0 \\ 1 & 0 & 0 \\ 0 & 1 & 0 \end{bmatrix}.$$

b) Wir führen ein Basiswechsel von $\mathcal{B}$ nach der Standardbasis $\mathcal{E}$ durch:

$$\boldsymbol{T}_{\mathcal{B}\to\mathcal{E}} = \begin{bmatrix} 1 & 2 & 6 \\ 0 & 1 & 4 \\ 0 & 0 & 2 \end{bmatrix} \quad \Rightarrow \quad \boldsymbol{T}_{\mathcal{E}\to\mathcal{B}} = \boldsymbol{T}_{\mathcal{B}\to\mathcal{E}}^{-1} = \begin{bmatrix} 1 & -2 & 1 \\ 0 & 1 & -2 \\ 0 & 0 & \frac{1}{2} \end{bmatrix}.$$

Mit der Gl. (8.18) erkennen wir:

$$\boldsymbol{M}_{\mathcal{E}}^{\mathcal{E}}(F) = \boldsymbol{T}_{\mathcal{B}\to\mathcal{E}} \boldsymbol{M}_{\mathcal{B}}^{\mathcal{B}}(F) \boldsymbol{T}_{\mathcal{E}\to\mathcal{B}} = \begin{bmatrix} 1 & 2 & 6 \\ 0 & 1 & 4 \\ 0 & 0 & 2 \end{bmatrix} \begin{bmatrix} 0 & 0 & 0 \\ 1 & 0 & 0 \\ 0 & 1 & 0 \end{bmatrix} \begin{bmatrix} 1 & -2 & 1 \\ 0 & 1 & -2 \\ 0 & 0 & \frac{1}{2} \end{bmatrix} = \begin{bmatrix} 2 & 2 & -10 \\ 1 & 2 & -7 \\ 0 & 2 & -4 \end{bmatrix}.$$

■

Übung 8.31

• ○ ○ Es sei $V = \mathbb{R}^2$. Man betrachte die folgenden linearen Abbildungen
- $F_1 : \mathbb{R}^2 \to \mathbb{R}^2$ ist die Spiegelung an der Achse $x_1 = x_2$.
- $F_2 : \mathbb{R}^2 \to \mathbb{R}^2$ ist die Skalierung (Vergrösserung) um den Faktor 5.

a) Man bestimme die Darstellungsmatrizen von F_1, F_2 und $F_1 \circ F_2$ in der Standardbasis.
b) Man bestimme die Darstellungsmatrix von $F_1 \circ F_2$ in der Basis $\mathcal{B} = \left\{\begin{bmatrix} 0 \\ 1 \end{bmatrix}, \begin{bmatrix} 1 \\ 1 \end{bmatrix}\right\}$.

Lösung

a) Mithilfe der Tabelle in Abschnitt 7.3.1 finden wir:

$$\boldsymbol{M}^{\mathcal{E}}_{\mathcal{E}}(F_1) = \begin{bmatrix} 0 & 1 \\ 1 & 0 \end{bmatrix}, \quad \boldsymbol{M}^{\mathcal{E}}_{\mathcal{E}}(F_2) = \begin{bmatrix} 5 & 0 \\ 0 & 5 \end{bmatrix}.$$

Die Darstellungsmatrix von $F_1 \circ F_2$ ist das Produkt der einzelnen Darstellungsmatrizen:

$$\boldsymbol{M}^{\mathcal{E}}_{\mathcal{E}}(F_1 \circ F_2) = \boldsymbol{M}^{\mathcal{E}}_{\mathcal{E}}(F_1)\boldsymbol{M}^{\mathcal{E}}_{\mathcal{E}}(F_2) = \begin{bmatrix} 0 & 1 \\ 1 & 0 \end{bmatrix}\begin{bmatrix} 5 & 0 \\ 0 & 5 \end{bmatrix} = \begin{bmatrix} 0 & 5 \\ 5 & 0 \end{bmatrix}.$$

b) Wir führen ein Basiswechsel von der Standardbasis $\mathcal{E}$ nach $\mathcal{B}$ durch:

$$\boldsymbol{T}_{\mathcal{B}\to\mathcal{E}} = \begin{bmatrix} 0 & 1 \\ 1 & 1 \end{bmatrix} \quad \Rightarrow \quad \boldsymbol{T}_{\mathcal{E}\to\mathcal{B}} = \boldsymbol{T}^{-1}_{\mathcal{B}\to\mathcal{E}} = \begin{bmatrix} -1 & 1 \\ 1 & 0 \end{bmatrix}.$$

Es folgt somit (Gl. (8.18)):

$$\boldsymbol{M}^{\mathcal{B}}_{\mathcal{B}}(F_1 \circ F_2) = \boldsymbol{T}_{\mathcal{E}\to\mathcal{B}}\boldsymbol{M}^{\mathcal{E}}_{\mathcal{E}}(F_1 \circ F_2)\boldsymbol{T}_{\mathcal{B}\to\mathcal{E}} = \begin{bmatrix} -1 & 1 \\ 1 & 0 \end{bmatrix}\begin{bmatrix} 0 & 5 \\ 5 & 0 \end{bmatrix}\begin{bmatrix} 0 & 1 \\ 1 & 1 \end{bmatrix} = \begin{bmatrix} -5 & 0 \\ 5 & 5 \end{bmatrix}.$$ ■

Übung 8.32

● ○ ○ Man betrachte $V = \mathbb{R}^2$ mit der Basis $\mathcal{B} = \left\{\begin{bmatrix} 1 \\ 0 \end{bmatrix}, \begin{bmatrix} 1 \\ 1 \end{bmatrix}\right\}$. Es sei $F : \mathbb{R}^2 \to \mathbb{R}^3$ eine lineare Abbildung mit

$$F\left(\begin{bmatrix} 1 \\ 0 \end{bmatrix}\right) = \begin{bmatrix} 1 \\ 1 \\ 2 \end{bmatrix}, \quad F\left(\begin{bmatrix} 1 \\ 1 \end{bmatrix}\right) = \begin{bmatrix} 2 \\ 3 \\ 2 \end{bmatrix}.$$

a) Man bestimme die Darstellungsmatrix von F, wenn $\mathbb{R}^2$ mit der Basis $\mathcal{B}$ und $\mathbb{R}^3$ mit der Standardbasis versehen sind.
b) Man bestimme die Darstellungsmatrix von F in der Standardbasis.

Lösung

a) Aus der Aufgabenstellung wissen wir bereits die Bilder der Basiselemente von $\mathcal{B}$ (in der Standardbasis von $\mathbb{R}^3$ ausgedrückt). Die gesuchte Darstellungsmatrix lautet somit:

$$M_{\mathcal{E}}^{\mathcal{B}}(F) = \begin{bmatrix} 1 & 2 \\ 1 & 3 \\ 2 & 2 \end{bmatrix}.$$

b) Es gilt:

$$T_{\mathcal{B}\to\mathcal{E}} = \begin{bmatrix} 1 & 1 \\ 0 & 1 \end{bmatrix} \quad \Rightarrow \quad T_{\mathcal{E}\to\mathcal{B}} = T_{\mathcal{B}\to\mathcal{E}}^{-1} = \begin{bmatrix} 1 & 1 \\ 0 & 1 \end{bmatrix}^{-1} = \begin{bmatrix} 1 & -1 \\ 0 & 1 \end{bmatrix}.$$

Somit erhalten wir mit der Gl. (8.16):

$$M_{\mathcal{E}}^{\mathcal{E}}(F) = M_{\mathcal{E}}^{\mathcal{B}}(F) T_{\mathcal{E}\to\mathcal{B}} = \begin{bmatrix} 1 & 2 \\ 1 & 3 \\ 2 & 2 \end{bmatrix} \begin{bmatrix} 1 & -1 \\ 0 & 1 \end{bmatrix} = \begin{bmatrix} 1 & 1 \\ 1 & 2 \\ 2 & 0 \end{bmatrix}.$$

■

Übung 8.33

• ○ ○ Es seien

$$\mathcal{B}_1 = \left\{ \begin{bmatrix} 1 \\ 0 \\ 0 \end{bmatrix}, \begin{bmatrix} 1 \\ 1 \\ 0 \end{bmatrix}, \begin{bmatrix} 1 \\ 1 \\ 1 \end{bmatrix} \right\}, \quad \mathcal{B}_2 = \left\{ \begin{bmatrix} 1 \\ 0 \\ 0 \\ 0 \end{bmatrix}, \begin{bmatrix} 1 \\ 1 \\ 0 \\ 0 \end{bmatrix}, \begin{bmatrix} 1 \\ 1 \\ 1 \\ 0 \end{bmatrix}, \begin{bmatrix} 1 \\ 1 \\ 1 \\ 1 \end{bmatrix} \right\}$$

Basen von $\mathbb{R}^3$ bzw. $\mathbb{R}^4$. Die lineare Abbildung $F : \mathbb{R}^3 \to \mathbb{R}^4$ erfüllt

$$F\left(\begin{bmatrix} 1 \\ 0 \\ 0 \end{bmatrix}\right) = \begin{bmatrix} 1 \\ 0 \\ 1 \\ 2 \end{bmatrix}, \quad F\left(\begin{bmatrix} 1 \\ 1 \\ 0 \end{bmatrix}\right) = \begin{bmatrix} 1 \\ 1 \\ 1 \\ 1 \end{bmatrix}, \quad F\left(\begin{bmatrix} 1 \\ 1 \\ 1 \end{bmatrix}\right) = \begin{bmatrix} 3 \\ 0 \\ 2 \\ 5 \end{bmatrix}$$

Man bestimme die Darstellungsmatrix von F in den Basen $\mathcal{B}_1$ und $\mathcal{B}_2$ auf zwei Arten.

Lösung

Möglichkeit 1: direkte Rechnung. Wir müssen die Bilder der Basisvektoren $\boldsymbol{b}_1, \boldsymbol{b}_2, \boldsymbol{b}_3$ der Basis $\mathcal{B}_1$ in der Basis $\mathcal{B}_2$ ausdrücken:

$$F(\boldsymbol{b}_1) = \begin{bmatrix} 1 \\ 0 \\ 1 \\ 2 \end{bmatrix} = \begin{bmatrix} 1 \\ 0 \\ 0 \\ 0 \end{bmatrix} - \begin{bmatrix} 1 \\ 1 \\ 0 \\ 0 \end{bmatrix} - \begin{bmatrix} 1 \\ 1 \\ 1 \\ 0 \end{bmatrix} + 2 \begin{bmatrix} 1 \\ 1 \\ 1 \\ 1 \end{bmatrix} \qquad \Rightarrow [F(\boldsymbol{b}_1)]_{\mathcal{B}_2} = \begin{bmatrix} 1 \\ -1 \\ -1 \\ 2 \end{bmatrix}$$

$$F(\boldsymbol{b_2}) = \begin{bmatrix} 1 \\ 1 \\ 1 \\ 1 \end{bmatrix} = 0 \begin{bmatrix} 1 \\ 0 \\ 0 \\ 0 \end{bmatrix} + 0 \begin{bmatrix} 1 \\ 1 \\ 0 \\ 0 \end{bmatrix} + 0 \begin{bmatrix} 1 \\ 1 \\ 1 \\ 0 \end{bmatrix} + \begin{bmatrix} 1 \\ 1 \\ 1 \\ 1 \end{bmatrix} \qquad \Rightarrow \; [F(\boldsymbol{b_2})]_{\mathcal{B}_2} = \begin{bmatrix} 0 \\ 0 \\ 0 \\ 1 \end{bmatrix}$$

$$F(\boldsymbol{b_3}) = \begin{bmatrix} 3 \\ 0 \\ 2 \\ 5 \end{bmatrix} = 3 \begin{bmatrix} 1 \\ 0 \\ 0 \\ 0 \end{bmatrix} - 2 \begin{bmatrix} 1 \\ 1 \\ 0 \\ 0 \end{bmatrix} - 3 \begin{bmatrix} 1 \\ 1 \\ 1 \\ 0 \end{bmatrix} + 5 \begin{bmatrix} 1 \\ 1 \\ 1 \\ 1 \end{bmatrix} \qquad \Rightarrow \; [F(\boldsymbol{b_3})]_{\mathcal{B}_2} = \begin{bmatrix} 3 \\ -2 \\ -3 \\ 5 \end{bmatrix}$$

Die Darstellungsmatrix von F in den Basen $\mathcal{B}_1$ und $\mathcal{B}_2$ lautet somit:

$$\boldsymbol{M}_{\mathcal{B}_2}^{\mathcal{B}_1}(F) = \begin{bmatrix} 1 & 0 & 3 \\ -1 & 0 & -2 \\ -1 & 0 & -3 \\ 2 & 1 & 5 \end{bmatrix}.$$

Möglichkeit 2: Basiswechsel. Die Bilder der Basisvektoren von $\mathcal{B}_1$ unter F sind in der Standardbasis $\mathcal{E}$ ausgedrückt. Wir können somit die Darstellungsmatrix von F ganz einfach bestimmen, wenn $\mathbb{R}^4$ mit der Standardbasis versehen ist. Wir schreiben einfach die Bilder als Spalten auf:

$$\boldsymbol{M}_{\mathcal{E}}^{\mathcal{B}_1}(F) = \begin{bmatrix} 1 & 1 & 3 \\ 0 & 1 & 0 \\ 1 & 1 & 2 \\ 2 & 1 & 5 \end{bmatrix}.$$

Um $\boldsymbol{M}_{\mathcal{B}_2}^{\mathcal{B}_1}(F)$ zu bestimmen, führen wir eine Basistransformation von der Standardbasis nach $\mathcal{B}_2$ durch:

$$\boldsymbol{T}_{\mathcal{B}_2 \to \mathcal{E}} = \begin{bmatrix} 1 & 1 & 1 & 1 \\ 0 & 1 & 1 & 1 \\ 0 & 0 & 1 & 1 \\ 0 & 0 & 0 & 1 \end{bmatrix} \qquad \Rightarrow \qquad \boldsymbol{T}_{\mathcal{E} \to \mathcal{B}_2} = \boldsymbol{T}_{\mathcal{B}_2 \to \mathcal{E}}^{-1} = \begin{bmatrix} 1 & -1 & 0 & 0 \\ 0 & 1 & -1 & 0 \\ 0 & 0 & 1 & -1 \\ 0 & 0 & 0 & 1 \end{bmatrix}.$$

Mittels Gl. (8.16) erhalten wir:

$$\boldsymbol{M}_{\mathcal{B}_2}^{\mathcal{B}_1}(F) = \boldsymbol{T}_{\mathcal{E} \to \mathcal{B}_2} \boldsymbol{M}_{\mathcal{E}}^{\mathcal{B}_1}(F) = \begin{bmatrix} 1 & -1 & 0 & 0 \\ 0 & 1 & -1 & 0 \\ 0 & 0 & 1 & -1 \\ 0 & 0 & 0 & 1 \end{bmatrix} \begin{bmatrix} 1 & 1 & 3 \\ 0 & 1 & 0 \\ 1 & 1 & 2 \\ 2 & 1 & 5 \end{bmatrix} = \begin{bmatrix} 1 & 0 & 3 \\ -1 & 0 & -2 \\ -1 & 0 & -3 \\ 2 & 1 & 5 \end{bmatrix}.$$

■

Übung 8.34

• ○ ○ Es sei $F : \mathbb{R}^5 \to \mathbb{R}^3$ eine lineare Abbildung definiert durch

$$F\left(\begin{bmatrix} x_1 \\ x_2 \\ x_3 \\ x_4 \\ x_5 \end{bmatrix}\right) = \begin{bmatrix} x_1 + 2x_2 + 2x_3 - x_4 + x_5 \\ x_1 + 2x_2 + x_3 + x_5 \\ x_1 + x_3 + 2x_4 + x_5 \end{bmatrix}.$$

a) Man bestimme die Darstellungsmatrix von F in der Standardbasis.

b) Man zeige, dass

$$\mathcal{B} = \left\{ \begin{bmatrix} 1 \\ 1 \\ 0 \\ 0 \\ 0 \end{bmatrix}, \begin{bmatrix} 1 \\ -1 \\ 0 \\ 0 \\ 0 \end{bmatrix}, \begin{bmatrix} 0 \\ 0 \\ 1 \\ 0 \\ 0 \end{bmatrix}, \begin{bmatrix} 0 \\ 0 \\ 0 \\ 1 \\ 1 \end{bmatrix}, \begin{bmatrix} 0 \\ 0 \\ 0 \\ 1 \\ -1 \end{bmatrix} \right\}, \ \mathcal{C} = \left\{ \begin{bmatrix} 1 \\ 1 \\ 0 \end{bmatrix}, \begin{bmatrix} 0 \\ 1 \\ 1 \end{bmatrix}, \begin{bmatrix} 1 \\ 0 \\ 1 \end{bmatrix} \right\}$$

Basen von $\mathbb{R}^5$ bzw. $\mathbb{R}^3$ sind.

c) Man bestimme die Darstellungsmatrix $M^{\mathcal{B}}_{\mathcal{C}}(F)$.

Lösung

a) Die Darstellungsmatrix von F in der Standardbasis ist:

$$M^{\mathcal{E}}_{\mathcal{E}}(F) = \begin{bmatrix} 1 & 2 & 2 & -1 & 1 \\ 1 & 2 & 1 & 0 & 1 \\ 1 & 0 & 1 & 2 & 1 \end{bmatrix}.$$

b) Es gilt (Determinanten-Kriterium, ▶ Abschn. 6.4.2):

$$\det \begin{bmatrix} 1 & 1 & 0 & 0 & 0 \\ 1 & -1 & 0 & 0 & 0 \\ 0 & 0 & 1 & 0 & 0 \\ 0 & 0 & 0 & 1 & 1 \\ 0 & 0 & 0 & 1 & -1 \end{bmatrix} = \begin{vmatrix} 1 & 1 \\ 1 & -1 \end{vmatrix} \cdot 1 \cdot \begin{vmatrix} 1 & 1 \\ 1 & -1 \end{vmatrix} = 4 \neq 0 \ \Rightarrow \ \mathcal{B} \text{ Basis}$$

$$\det \begin{bmatrix} 1 & 0 & 1 \\ 1 & 1 & 0 \\ 0 & 1 & 1 \end{bmatrix} = \begin{vmatrix} 1 & 0 \\ 1 & 1 \end{vmatrix} - \begin{vmatrix} 0 & 1 \\ 1 & 1 \end{vmatrix} = 2 \neq 0 \ \Rightarrow \ \mathcal{C} \text{ Basis}$$

c) Um $M^{\mathcal{B}}_{\mathcal{C}}(F)$ zu bestimmen, führen wir eine Basistransformation zwischen der Standardbasis und $\mathcal{B}$ bzw. $\mathcal{C}$ durch. Es gilt:

$$T_{\mathcal{B}\to\mathcal{E}} = \begin{bmatrix} 1 & 1 & 0 & 0 & 0 \\ 1 & -1 & 0 & 0 & 0 \\ 0 & 0 & 1 & 0 & 0 \\ 0 & 0 & 0 & 1 & 1 \\ 0 & 0 & 0 & 1 & -1 \end{bmatrix}$$

und

$$T_{\mathcal{C}\to\mathcal{E}} = \begin{bmatrix} 1 & 0 & 1 \\ 1 & 1 & 0 \\ 0 & 1 & 1 \end{bmatrix} \quad \Rightarrow \quad T_{\mathcal{E}\to\mathcal{C}} = T_{\mathcal{C}\to\mathcal{E}}^{-1} = \begin{bmatrix} \frac{1}{2} & \frac{1}{2} & -\frac{1}{2} \\ -\frac{1}{2} & \frac{1}{2} & \frac{1}{2} \\ \frac{1}{2} & -\frac{1}{2} & \frac{1}{2} \end{bmatrix}.$$

Mittels Gl. (8.16) erhalten wir:

$$M_{\mathcal{C}}^{\mathcal{B}}(F) = T_{\mathcal{E}\to\mathcal{C}} M_{\mathcal{E}}^{\mathcal{E}}(F) T_{\mathcal{B}\to\mathcal{E}} = \begin{bmatrix} \frac{1}{2} & \frac{1}{2} & -\frac{1}{2} \\ -\frac{1}{2} & \frac{1}{2} & \frac{1}{2} \\ \frac{1}{2} & -\frac{1}{2} & \frac{1}{2} \end{bmatrix} \begin{bmatrix} 1 & 2 & 2 & -1 & 1 \\ 1 & 2 & 1 & 0 & 1 \\ 1 & 0 & 1 & 2 & 1 \end{bmatrix} \begin{bmatrix} 1 & 1 & 0 & 0 & 0 \\ 1 & -1 & 0 & 0 & 0 \\ 0 & 0 & 1 & 0 & 0 \\ 0 & 0 & 0 & 1 & 1 \\ 0 & 0 & 0 & 1 & -1 \end{bmatrix}$$

$$= \begin{bmatrix} \frac{5}{2} & -\frac{3}{2} & 1 & -1 & -2 \\ \frac{1}{2} & \frac{1}{2} & 0 & 2 & 1 \\ \frac{1}{2} & \frac{1}{2} & 1 & 1 & 0 \end{bmatrix}.$$

■

Übung 8.35

• • ○ Man betrachte die folgenden Homomorphismen auf $\mathbb{R}^{2\times 2}$

$$F_1 : \mathbb{R}^{2\times 2} \to \mathbb{R}^{2\times 2}, \quad A \to \frac{A + A^T}{2}$$

$$F_2 : \mathbb{R}^{2\times 2} \to \mathbb{R}^{2\times 2}, \quad A \to \frac{A - A^T}{2}.$$

a) Man bestimme die Darstellungsmatrizen von F_1, F_2 in der Standardbasis.
b) Man bestimme den Kern und das Bild von F_1, F_2.
c) Man bestimme die Darstellungsmatrizen von F_1, F_2 in der Basis

$$\mathcal{B} = \left\{ B_1 = \begin{bmatrix} 1 & 0 \\ 0 & 1 \end{bmatrix}, B_2 = \begin{bmatrix} 1 & 0 \\ 0 & -1 \end{bmatrix}, B_3 = \begin{bmatrix} 0 & 1 \\ 1 & 0 \end{bmatrix}, B_4 = \begin{bmatrix} 0 & 1 \\ -1 & 0 \end{bmatrix} \right\}$$

Lösung

a) Darstellungsmatrix von F_1: Wir bestimmen die Bilder der Standardbasiselemente von $\mathbb{R}^{2\times 2}$

$$F_1(\boldsymbol{E_{11}}) = \frac{\begin{bmatrix}1&0\\0&0\end{bmatrix}+\begin{bmatrix}1&0\\0&0\end{bmatrix}}{2} = \begin{bmatrix}1&0\\0&0\end{bmatrix} \qquad \Rightarrow \quad [F_1(\boldsymbol{E_{11}})]_{\mathcal{E}} = \begin{bmatrix}1\\0\\0\\0\end{bmatrix}$$

$$F_1(\boldsymbol{E_{12}}) = \frac{\begin{bmatrix}0&1\\0&0\end{bmatrix}+\begin{bmatrix}0&0\\1&0\end{bmatrix}}{2} = \begin{bmatrix}0&\frac{1}{2}\\\frac{1}{2}&0\end{bmatrix} \qquad \Rightarrow \quad [F_1(\boldsymbol{E_{12}})]_{\mathcal{E}} = \begin{bmatrix}0\\\frac{1}{2}\\\frac{1}{2}\\0\end{bmatrix}$$

$$F_1(\boldsymbol{E_{21}}) = \frac{\begin{bmatrix}0&0\\1&0\end{bmatrix}+\begin{bmatrix}0&1\\0&0\end{bmatrix}}{2} = \begin{bmatrix}0&\frac{1}{2}\\\frac{1}{2}&0\end{bmatrix} \qquad \Rightarrow \quad [F_1(\boldsymbol{E_{21}})]_{\mathcal{E}} = \begin{bmatrix}0\\\frac{1}{2}\\\frac{1}{2}\\0\end{bmatrix}$$

$$F_1(\boldsymbol{E_{22}}) = \frac{\begin{bmatrix}0&0\\0&1\end{bmatrix}+\begin{bmatrix}0&0\\0&1\end{bmatrix}}{2} = \begin{bmatrix}0&0\\0&1\end{bmatrix} \qquad \Rightarrow \quad [F_1(\boldsymbol{E_{22}})]_{\mathcal{E}} = \begin{bmatrix}0\\0\\0\\1\end{bmatrix}$$

Die gesuchte Darstellungsmatrix lautet somit $\boldsymbol{M}_{\mathcal{E}}^{\mathcal{E}}(F_1) = \begin{bmatrix}1&0&0&0\\0&\frac{1}{2}&\frac{1}{2}&0\\0&\frac{1}{2}&\frac{1}{2}&0\\0&0&0&1\end{bmatrix}$.

Darstellungsmatrix von F_2: Für F_2 gilt:

$$F_2(\boldsymbol{E_{11}}) = \frac{\begin{bmatrix}1&0\\0&0\end{bmatrix}-\begin{bmatrix}1&0\\0&0\end{bmatrix}}{2} = \begin{bmatrix}0&0\\0&0\end{bmatrix} \qquad \Rightarrow \quad [F_2(\boldsymbol{E_{11}})]_{\mathcal{E}} = \begin{bmatrix}0\\0\\0\\0\end{bmatrix}$$

$$F_2(\boldsymbol{E_{12}}) = \frac{\begin{bmatrix}0&1\\0&0\end{bmatrix}-\begin{bmatrix}0&0\\1&0\end{bmatrix}}{2} = \begin{bmatrix}0&\frac{1}{2}\\-\frac{1}{2}&0\end{bmatrix} \qquad \Rightarrow \quad [F_2(\boldsymbol{E_{12}})]_{\mathcal{E}} = \begin{bmatrix}0\\\frac{1}{2}\\-\frac{1}{2}\\0\end{bmatrix}$$

$$F_2(\boldsymbol{E_{21}}) = \frac{\begin{bmatrix}0&0\\1&0\end{bmatrix}-\begin{bmatrix}0&1\\0&0\end{bmatrix}}{2} = \begin{bmatrix}0&-\frac{1}{2}\\\frac{1}{2}&0\end{bmatrix} \qquad \Rightarrow \quad [F_2(\boldsymbol{E_{21}})]_{\mathcal{E}} = \begin{bmatrix}0\\-\frac{1}{2}\\\frac{1}{2}\\0\end{bmatrix}$$

$$F_2(\boldsymbol{E_{22}}) = \frac{\begin{bmatrix}0&0\\0&1\end{bmatrix}-\begin{bmatrix}0&0\\0&1\end{bmatrix}}{2} = \begin{bmatrix}0&0\\0&0\end{bmatrix} \qquad \Rightarrow \quad [F_2(\boldsymbol{E_{22}})]_{\mathcal{E}} = \begin{bmatrix}0\\0\\0\\0\end{bmatrix}$$

Die gesuchte Darstellungsmatrix lautet somit $M^{\mathcal{E}}_{\mathcal{E}}(F_2) = \begin{bmatrix} 0 & 0 & 0 & 0 \\ 0 & \frac{1}{2} & -\frac{1}{2} & 0 \\ 0 & -\frac{1}{2} & \frac{1}{2} & 0 \\ 0 & 0 & 0 & 0 \end{bmatrix}$.

b) Kern von F_1: Um den Kern von F_1 zu bestimmen, lösen wir

$$\left[\begin{array}{cccc|c} 1 & 0 & 0 & 0 & 0 \\ 0 & \frac{1}{2} & \frac{1}{2} & 0 & 0 \\ 0 & \frac{1}{2} & \frac{1}{2} & 0 & 0 \\ 0 & 0 & 0 & 1 & 0 \end{array}\right] \overset{\substack{(Z_3)-(Z_2) \\ 2(Z_2)}}{\rightsquigarrow} \left[\begin{array}{cccc|c} 1 & 0 & 0 & 0 & 0 \\ 0 & 1 & 1 & 0 & 0 \\ 0 & 0 & 0 & 0 & 0 \\ 0 & 0 & 0 & 1 & 0 \end{array}\right] = \boldsymbol{Z}$$

Aus der letzten Gleichung folgt $x_4 = 0$, während aus der ersten Gleichung $x_1 = 0$ folgt. Aus der zweiten Gleichung sieht man, dass x_2 frei wählbar ist. Wir setzen $x_2 = t$, dann folgt $x_3 = -x_2 = -t$. Somit ist

$$\mathrm{Ker}(F_1) = \left\langle \begin{bmatrix} 0 \\ 1 \\ -1 \\ 0 \end{bmatrix} \right\rangle \equiv \left\langle \begin{bmatrix} 0 & 1 \\ -1 & 0 \end{bmatrix} \right\rangle = \mathrm{Skew}_2(\mathbb{R})$$

Der Kern von F_1 ist die Menge der schiefsymmetrischen Matrizen (vgl. Übung 6.52).

Bild von F_1: Um das Bild von F_1 zu bestimmen, gehen wir wie im Kochrezept 8.1 vor: Wir bilden $M^{\mathcal{E}}_{\mathcal{E}}(F_1)^T$, wenden den Gauß-Algorithmus an und lesen die von Null verschiedenen Zeilen direkt aus.

$$\begin{bmatrix} 1 & 0 & 0 & 0 \\ 0 & \frac{1}{2} & \frac{1}{2} & 0 \\ 0 & \frac{1}{2} & \frac{1}{2} & 0 \\ 0 & 0 & 0 & 1 \end{bmatrix} \overset{\substack{(Z_3)-(Z_2) \\ 2(Z_2)}}{\rightsquigarrow} \begin{bmatrix} 1 & 0 & 0 & 0 \\ 0 & 1 & 1 & 0 \\ 0 & 0 & 0 & 0 \\ 0 & 0 & 0 & 1 \end{bmatrix} = \boldsymbol{Z}.$$

Somit ist

$$\mathrm{Im}(F_1) = \left\langle \begin{bmatrix} 1 \\ 0 \\ 0 \\ 0 \end{bmatrix}, \begin{bmatrix} 0 \\ 1 \\ 1 \\ 0 \end{bmatrix}, \begin{bmatrix} 0 \\ 0 \\ 0 \\ 1 \end{bmatrix} \right\rangle \equiv \left\langle \begin{bmatrix} 1 & 0 \\ 0 & 0 \end{bmatrix}, \begin{bmatrix} 0 & 1 \\ 1 & 0 \end{bmatrix}, \begin{bmatrix} 0 & 0 \\ 0 & 1 \end{bmatrix} \right\rangle = \mathrm{Sym}_2(\mathbb{R}).$$

Das Bild von von F_1 ist die Menge der symmetrischen Matrizen Übung 6.52.

Kern von F_2: Um den Kern von F_2 zu bestimmen, lösen wir

$$\left[\begin{array}{cccc|c} 0 & 0 & 0 & 0 & 0 \\ 0 & \frac{1}{2} & -\frac{1}{2} & 0 & 0 \\ 0 & -\frac{1}{2} & \frac{1}{2} & 0 & 0 \\ 0 & 0 & 0 & 0 & 0 \end{array}\right] \overset{\substack{(Z_3)+(Z_2) \\ 2(Z_2)}}{\rightsquigarrow} \left[\begin{array}{cccc|c} 0 & 0 & 0 & 0 & 0 \\ 0 & 1 & -1 & 0 & 0 \\ 0 & 0 & 0 & 0 & 0 \\ 0 & 0 & 0 & 0 & 0 \end{array}\right] = \boldsymbol{Z}.$$

Wir haben eine einzige Gleichung für 4 Unbekannte. Somit sind 3 Variablen frei wählbar, $x_1 = t$, $x_2 = s$ und $x_4 = p$. Aus der zweiten Gleichung folgt dann $x_3 = x_2 = s$. Somit ist

$$\mathrm{Ker}(F_2) = \left\langle \begin{bmatrix} 1 \\ 0 \\ 0 \\ 0 \end{bmatrix}, \begin{bmatrix} 0 \\ 1 \\ 1 \\ 0 \end{bmatrix}, \begin{bmatrix} 0 \\ 0 \\ 0 \\ 1 \end{bmatrix} \right\rangle \equiv \left\langle \begin{bmatrix} 1 & 0 \\ 0 & 0 \end{bmatrix}, \begin{bmatrix} 0 & 1 \\ 1 & 0 \end{bmatrix}, \begin{bmatrix} 0 & 0 \\ 0 & 1 \end{bmatrix} \right\rangle = \mathrm{Sym}_2(\mathbb{R})$$

Der Kern von F_2 ist die Menge der symmetrischen Matrizen.

Bild von F_2: Wir gehen wie oben vor: Wir transponieren die Darstellungsmatrix und wenden den Gauß-Algorithmus an

$$\begin{bmatrix} 0 & 0 & 0 & 0 \\ 0 & \frac{1}{2} & -\frac{1}{2} & 0 \\ 0 & -\frac{1}{2} & \frac{1}{2} & 0 \\ 0 & 0 & 0 & 0 \end{bmatrix} \overset{\substack{(Z_3)+(Z_2) \\ 2(Z_2)}}{\rightsquigarrow} \begin{bmatrix} 0 & 0 & 0 & 0 \\ 0 & 1 & -1 & 0 \\ 0 & 0 & 0 & 0 \\ 0 & 0 & 0 & 0 \end{bmatrix} = \boldsymbol{Z}.$$

Somit ist

$$\mathrm{Im}(F_2) = \left\langle \begin{bmatrix} 0 \\ 1 \\ -1 \\ 0 \end{bmatrix} \right\rangle \equiv \left\langle \begin{bmatrix} 0 & 1 \\ -1 & 0 \end{bmatrix} \right\rangle = \mathrm{Skew}_2(\mathbb{R}).$$

Das Bild von von F_2 ist die Menge der schiefsymmetrischen Matrizen.

c) Die Transformationsmatrix von $\mathcal{B}$ nach der Standardbasis $\mathcal{E}$ lautet:

$$\boldsymbol{T}_{\mathcal{B}\to\mathcal{E}} = \begin{bmatrix} 1 & 1 & 0 & 0 \\ 0 & 0 & 1 & 1 \\ 0 & 0 & 1 & -1 \\ 1 & -1 & 0 & 0 \end{bmatrix}.$$

Die Transformationsmatrix von der Standardbasis $\mathcal{E}$ nach $\mathcal{B}$ ist

$$\boldsymbol{T}_{\mathcal{E}\to\mathcal{B}} = \boldsymbol{T}_{\mathcal{B}\to\mathcal{E}}^{-1} = \begin{bmatrix} 1 & 1 & 0 & 0 \\ 0 & 0 & 1 & 1 \\ 0 & 0 & 1 & -1 \\ 1 & -1 & 0 & 0 \end{bmatrix}^{-1} = \begin{bmatrix} \frac{1}{2} & 0 & 0 & \frac{1}{2} \\ \frac{1}{2} & 0 & 0 & -\frac{1}{2} \\ 0 & \frac{1}{2} & \frac{1}{2} & 0 \\ 0 & \frac{1}{2} & -\frac{1}{2} & 0 \end{bmatrix}.$$

Somit

$$\boldsymbol{M}_{\mathcal{B}}^{\mathcal{B}}(F_1) = \boldsymbol{T}_{\mathcal{E}\to\mathcal{B}} \boldsymbol{M}_{\mathcal{E}}^{\mathcal{E}}(F_1) \boldsymbol{T}_{\mathcal{B}\to\mathcal{E}} = \begin{bmatrix} \frac{1}{2} & 0 & 0 & \frac{1}{2} \\ \frac{1}{2} & 0 & 0 & -\frac{1}{2} \\ 0 & \frac{1}{2} & \frac{1}{2} & 0 \\ 0 & \frac{1}{2} & -\frac{1}{2} & 0 \end{bmatrix} \begin{bmatrix} 1 & 0 & 0 & 0 \\ 0 & \frac{1}{2} & \frac{1}{2} & 0 \\ 0 & \frac{1}{2} & \frac{1}{2} & 0 \\ 0 & 0 & 0 & 1 \end{bmatrix} \begin{bmatrix} 1 & 1 & 0 & 0 \\ 0 & 0 & 1 & 1 \\ 0 & 0 & 1 & -1 \\ 1 & -1 & 0 & 0 \end{bmatrix}$$

$$= \begin{bmatrix} 1 & 0 & 0 & 0 \\ 0 & 1 & 0 & 0 \\ 0 & 0 & 1 & 0 \\ 0 & 0 & 0 & 0 \end{bmatrix}$$

$$\boldsymbol{M}_{\mathcal{B}}^{\mathcal{B}}(F_2) = \boldsymbol{T}_{\mathcal{E}\to\mathcal{B}}\boldsymbol{M}_{\mathcal{E}}^{\mathcal{E}}(F_2)\boldsymbol{T}_{\mathcal{B}\to\mathcal{E}} = \begin{bmatrix} \frac{1}{2} & 0 & 0 & \frac{1}{2} \\ \frac{1}{2} & 0 & 0 & -\frac{1}{2} \\ 0 & \frac{1}{2} & \frac{1}{2} & 0 \\ 0 & \frac{1}{2} & -\frac{1}{2} & 0 \end{bmatrix} \begin{bmatrix} 0 & 0 & 0 & 0 \\ 0 & \frac{1}{2} & -\frac{1}{2} & 0 \\ 0 & -\frac{1}{2} & \frac{1}{2} & 0 \\ 0 & 0 & 0 & 0 \end{bmatrix} \begin{bmatrix} 1 & 1 & 0 & 0 \\ 0 & 0 & 1 & 1 \\ 0 & 0 & 1 & -1 \\ 1 & -1 & 0 & 0 \end{bmatrix}$$

$$= \begin{bmatrix} 0 & 0 & 0 & 0 \\ 0 & 0 & 0 & 0 \\ 0 & 0 & 0 & 0 \\ 0 & 0 & 0 & 1 \end{bmatrix}.$$

Interpretation: Die Basiselemente von $\mathcal{B}$ erfüllen

$$F_1(\boldsymbol{B_1}) = \boldsymbol{B_1},\ F_1(\boldsymbol{B_2}) = \boldsymbol{B_2},\ F_1(\boldsymbol{B_3}) = \boldsymbol{B_3},\ F_1(\boldsymbol{B_4}) = \boldsymbol{0}.$$

Darum sind die ersten drei Diagonaleinträge von $\boldsymbol{M}_{\mathcal{B}}^{\mathcal{B}}(F_1)$ gleich 1. Analog gilt für F_2

$$F_2(\boldsymbol{B_1}) = F_2(\boldsymbol{B_2}) = F_2(\boldsymbol{B_3}) = \boldsymbol{0},\ F_2(\boldsymbol{B_4}) = \boldsymbol{B_4}.$$

Dies erklärt die Eins im vierten Diagonaleintrag von $\boldsymbol{M}_{\mathcal{B}}^{\mathcal{B}}(F_2)$. Außerdem bemerken wir, dass $\boldsymbol{B_1}, \boldsymbol{B_2}, \boldsymbol{B_3}$ symmetrische Matrizen sind, während $\boldsymbol{B_4}$ schiefsymmetrisch ist. F_1 entspricht die „Symmetrisierung" von $\boldsymbol{A}$. Aus diesem Grund wird $\boldsymbol{B_4}$ auf Null abgebildet. F_2 entspricht die „Antisymmetrisierung" $\boldsymbol{A}$. Deswegen werden die Matrizen $\boldsymbol{B_1}, \boldsymbol{B_2}, \boldsymbol{B_3}$ auf Null abgebildet. ■

Übung 8.36

• • ○ Es sei $V = \mathbb{C}^{2\times 2}$ und

$$F : \mathbb{C}^{2\times 2} \to \mathbb{C}^{2\times 2},\ \boldsymbol{X} \to F(\boldsymbol{X}) = \boldsymbol{BX} - \boldsymbol{XB}, \quad \text{mit } \boldsymbol{B} = \begin{bmatrix} 1 & 1 \\ 0 & 1 \end{bmatrix}.$$

a) Man bestimme die Darstellungsmatrix von F in der Standardbasis.

b) Man bestimme die Darstellungsmatrix von F in der Basis $\mathcal{B}$ der Pauli-Matrizen:

$$\mathcal{B} = \left\{ \boldsymbol{\sigma_0} = \begin{bmatrix} 1 & 0 \\ 0 & 1 \end{bmatrix}, \boldsymbol{\sigma_x} = \begin{bmatrix} 0 & 1 \\ 1 & 0 \end{bmatrix}, \boldsymbol{\sigma_y} = \begin{bmatrix} 0 & -i \\ i & 0 \end{bmatrix}, \boldsymbol{\sigma_z} = \begin{bmatrix} 1 & 0 \\ 0 & -1 \end{bmatrix} \right\}.$$

Lösung

a) Wir berechnen die Bilder der Standardbasiselementen $\boldsymbol{E}_{11}, \boldsymbol{E}_{12}, \boldsymbol{E}_{21}, \boldsymbol{E}_{22}$ unter F

$$F(\boldsymbol{E}_{11}) = \begin{bmatrix} 1 & 1 \\ 0 & 1 \end{bmatrix}\begin{bmatrix} 1 & 0 \\ 0 & 0 \end{bmatrix} - \begin{bmatrix} 1 & 0 \\ 0 & 0 \end{bmatrix}\begin{bmatrix} 1 & 1 \\ 0 & 1 \end{bmatrix} = \begin{bmatrix} 0 & -1 \\ 0 & 0 \end{bmatrix} = -\boldsymbol{E}_{12} \qquad \Rightarrow \begin{bmatrix} 0 \\ -1 \\ 0 \\ 0 \end{bmatrix}$$

$$F(\boldsymbol{E}_{12}) = \begin{bmatrix} 1 & 1 \\ 0 & 1 \end{bmatrix}\begin{bmatrix} 0 & 1 \\ 0 & 0 \end{bmatrix} - \begin{bmatrix} 0 & 1 \\ 0 & 0 \end{bmatrix}\begin{bmatrix} 1 & 1 \\ 0 & 1 \end{bmatrix} = \begin{bmatrix} 0 & 0 \\ 0 & 0 \end{bmatrix} = \boldsymbol{0} \qquad \Rightarrow \begin{bmatrix} 0 \\ 0 \\ 0 \\ 0 \end{bmatrix}$$

$$F(\boldsymbol{E}_{21}) = \begin{bmatrix} 1 & 1 \\ 0 & 1 \end{bmatrix}\begin{bmatrix} 0 & 0 \\ 1 & 0 \end{bmatrix} - \begin{bmatrix} 0 & 0 \\ 1 & 0 \end{bmatrix}\begin{bmatrix} 1 & 1 \\ 0 & 1 \end{bmatrix} = \begin{bmatrix} 1 & 0 \\ 0 & -1 \end{bmatrix} = \boldsymbol{E}_{11} - \boldsymbol{E}_{22} \qquad \Rightarrow \begin{bmatrix} 1 \\ 0 \\ 0 \\ -1 \end{bmatrix}$$

$$F(\boldsymbol{E}_{22}) = \begin{bmatrix} 1 & 1 \\ 0 & 1 \end{bmatrix}\begin{bmatrix} 0 & 0 \\ 0 & 1 \end{bmatrix} - \begin{bmatrix} 0 & 0 \\ 0 & 1 \end{bmatrix}\begin{bmatrix} 1 & 1 \\ 0 & 1 \end{bmatrix} = \begin{bmatrix} 0 & 1 \\ 0 & 0 \end{bmatrix} = \boldsymbol{E}_{12} \qquad \Rightarrow \begin{bmatrix} 0 \\ 1 \\ 0 \\ 0 \end{bmatrix}$$

Somit lautet die gesuchte Darstellungsmatrix von F in der Standardbasis:

$$\boldsymbol{M}_{\mathcal{E}}^{\mathcal{E}}(F) = \begin{bmatrix} 0 & 0 & 1 & 0 \\ -1 & 0 & 0 & 1 \\ 0 & 0 & 0 & 0 \\ 0 & 0 & -1 & 0 \end{bmatrix}.$$

b) Die Transformationsmatrix von $\mathcal{B}$ zur Standardbasis ist:

$$\boldsymbol{T}_{\mathcal{B}\to\mathcal{E}} = \begin{bmatrix} 1 & 0 & 0 & 1 \\ 0 & 1 & -i & 0 \\ 0 & 1 & i & 0 \\ 1 & 0 & 0 & -1 \end{bmatrix}.$$

Deren Inverse ist die Transformationsmatrix von der Standardbasis nach der Basis $\mathcal{B}$:

$$\boldsymbol{T}_{\mathcal{E}\to\mathcal{B}} = \boldsymbol{T}_{\mathcal{B}\to\mathcal{E}}^{-1} = \begin{bmatrix} \frac{1}{2} & 0 & 0 & \frac{1}{2} \\ 0 & \frac{1}{2} & \frac{1}{2} & 0 \\ 0 & \frac{i}{2} & -\frac{i}{2} & 0 \\ \frac{1}{2} & 0 & 0 & -\frac{1}{2} \end{bmatrix}.$$

Gl. (8.18) suggeriert

$$M_{\mathcal{B}}^{\mathcal{B}}(F) = T_{\mathcal{E}\to\mathcal{B}} M_{\mathcal{E}}^{\mathcal{E}}(F) T_{\mathcal{B}\to\mathcal{E}} = \begin{bmatrix} \frac{1}{2} & 0 & 0 & \frac{1}{2} \\ 0 & \frac{1}{2} & \frac{1}{2} & 0 \\ 0 & \frac{i}{2} & -\frac{i}{2} & 0 \\ \frac{1}{2} & 0 & 0 & -\frac{1}{2} \end{bmatrix} \begin{bmatrix} 0 & 0 & 1 & 0 \\ -1 & 0 & 0 & 1 \\ 0 & 0 & 0 & 0 \\ 0 & 0 & -1 & 0 \end{bmatrix} \begin{bmatrix} 1 & 0 & 0 & 1 \\ 0 & 1 & -i & 0 \\ 0 & 1 & i & 0 \\ 1 & 0 & 0 & -1 \end{bmatrix}$$

$$= \begin{bmatrix} 0 & 0 & 0 & 0 \\ 0 & 0 & 0 & -1 \\ 0 & 0 & 0 & -i \\ 0 & 1 & i & 0 \end{bmatrix}.$$

Alternative: Man rechnet die Bilder der Basiselementen von $\mathcal{B}$:

$$F(\boldsymbol{\sigma_0}) = \mathbf{0},\ F(\boldsymbol{\sigma_x}) = \boldsymbol{\sigma_z},\ F(\boldsymbol{\sigma_y}) = i\boldsymbol{\sigma_z},\ F(\boldsymbol{\sigma_z}) = -\boldsymbol{\sigma_x} - i\boldsymbol{\sigma_y}.$$

Also $M_{\mathcal{B}}^{\mathcal{B}}(F) = \begin{bmatrix} 0 & 0 & 0 & 0 \\ 0 & 0 & 0 & -1 \\ 0 & 0 & 0 & -i \\ 0 & 1 & i & 0 \end{bmatrix}.$ ■

Übung 8.37

●●○ Sei $P_2(\mathbb{R})$ der Vektorraum der reellen Polynome von Grad ≤ 2. Man betrachte die lineare Abbildung

$$F : P_2(\mathbb{R}) \to P_2(\mathbb{R}),\ p(x) \to xp'(x).$$

a) Man bestimme die Darstellungsmatrix von F bezüglich der Standardbasis.
b) Ist F invertierbar?
c) Man bestimme das Urbild von x unter F.
d) Man zeige: $\mathcal{B} = \{x^2 + x, 2x^2 + x, 3x^2 + 2x + x\}$ ist eine Basis von $P_2(\mathbb{R})$.
e) Man bestimme die Darstellungsmatrix von F in der Basis $\mathcal{B}$.

Lösung

a) Die Standardbasis von $P_2(\mathbb{R})$ ist $\{1, x, x^2\}$. Um die Darstellungsmatrix von F in dieser Basis zu bestimmen, müssen wir die Bilder der Basiselemente ermitteln

$$F(1) = x \cdot 0 = 0, \quad F(x) = x \cdot 1 = x, \quad F(x^2) = x \cdot (2x) = 2x^2.$$

Die Bilder haben die folgenden Koordinaten in der Standardbasis $\mathcal{E}$:

$$[F(1)]_{\mathcal{E}} = \begin{bmatrix} 0 \\ 0 \\ 0 \end{bmatrix}, \quad [F(x)]_{\mathcal{E}} = \begin{bmatrix} 0 \\ 1 \\ 0 \end{bmatrix}, \quad [F(x^2)]_{\mathcal{E}} = \begin{bmatrix} 0 \\ 0 \\ 2 \end{bmatrix}.$$

Die Darstellungsmatrix von F in der Standardbasis lautet somit:

$$M_{\mathcal{E}}^{\mathcal{E}}(F) = \begin{bmatrix} 0 & 0 & 0 \\ 0 & 1 & 0 \\ 0 & 0 & 2 \end{bmatrix}.$$

b) Die Darstellungsmatrix $M_{\mathcal{E}}^{\mathcal{E}}(F)$ ist nichtinvertierbar (Determinante = 0). Somit ist die Abbildung F nichtinvertierbar.

c) Wir suchen alle Polynome $p(x) = a_0 + a_1 x + a_2 x^2$ mit $F(p) = x$. In Matrixnotation heißt dies:

$$\begin{bmatrix} 0 & 0 & 0 \\ 0 & 1 & 0 \\ 0 & 0 & 2 \end{bmatrix} \begin{bmatrix} a_0 \\ a_1 \\ a_2 \end{bmatrix} = \begin{bmatrix} 0 \\ 1 \\ 0 \end{bmatrix} \quad \Rightarrow \quad \begin{cases} a_0 = t \\ a_1 = 1 \\ a_2 = 0 \end{cases}$$

mit $t \in \mathbb{R}$. Das Urbild von x unter F ist somit

$$F^{-1}\{x\} = \{p \in P_2(\mathbb{R}) \mid p(x) = x + t,\ t \in \mathbb{R}\}.$$

Beachte: $F^{-1}\{x\}$ ist ein affiner Unterraum, vgl. Abschnitt 5.3.

d) $\{x^2 + x, 2x^2 + x, 3x^2 + 2x + 1\}$ entsprechen in der Standardbasis die folgenden Vektoren

$$[x^2 + x]_{\mathcal{E}} = \begin{bmatrix} 0 \\ 1 \\ 1 \end{bmatrix}, \quad [2x^2 + x]_{\mathcal{E}} = \begin{bmatrix} 0 \\ 1 \\ 2 \end{bmatrix}, \quad [3x^2 + 2x + 1]_{\mathcal{E}} = \begin{bmatrix} 1 \\ 2 \\ 3 \end{bmatrix}.$$

Wir schreiben diese Vektoren als Spalten in einer Matrix auf und wenden den Gauß-Algorithmus an, um den Rang von dieser Matrix zu bestimmen (Rang-Kriterium, ▶ Abschn. 6.4.1)

$$\begin{bmatrix} 0 & 0 & 1 \\ 1 & 1 & 2 \\ 1 & 2 & 3 \end{bmatrix} \overset{(Z_1) \leftrightarrow (Z_3)}{\rightsquigarrow} \begin{bmatrix} 1 & 2 & 3 \\ 1 & 1 & 2 \\ 0 & 0 & 1 \end{bmatrix} \overset{(Z_2) - (Z_1)}{\rightsquigarrow} \begin{bmatrix} 1 & 2 & 3 \\ 0 & -1 & -1 \\ 0 & 0 & 1. \end{bmatrix}$$

Die Matrix hat Rang 3. Somit sind die Polynome $\{x^2 + x, 2x^2 + x, 3x^2 + 2x + 1\}$ linear unabhängig, also eine Basis von $P_2(\mathbb{R})$.

Alternative: Mit dem Determinantenkriterium (▶ vgl. Abschn. 6.4.2) erhalten wir

$$\det \begin{bmatrix} 0 & 0 & 1 \\ 1 & 1 & 2 \\ 1 & 2 & 3 \end{bmatrix} = 1 \cdot \begin{vmatrix} 1 & 1 \\ 1 & 2 \end{vmatrix} = 1 \neq 0 \Rightarrow \text{Basis.}$$

e) Es gilt:

$$T_{\mathcal{B} \to \mathcal{E}} = \begin{bmatrix} 0 & 0 & 1 \\ 1 & 1 & 2 \\ 1 & 2 & 3 \end{bmatrix} \quad \Rightarrow \quad T_{\mathcal{E} \to \mathcal{B}} = T_{\mathcal{B} \to \mathcal{E}}^{-1} = \begin{bmatrix} -1 & 2 & -1 \\ -1 & -1 & 1 \\ 1 & 0 & 0 \end{bmatrix}.$$

Mittels Gl. (8.18) erkennen wir:

$$M_{\mathcal{B}}^{\mathcal{B}}(F) = T_{\mathcal{E}\to\mathcal{B}} M_{\mathcal{E}}^{\mathcal{E}}(F) T_{\mathcal{B}\to\mathcal{E}} = \begin{bmatrix} -1 & 2 & -1 \\ -1 & -1 & 1 \\ 1 & 0 & 0 \end{bmatrix} \begin{bmatrix} 0 & 0 & 0 \\ 0 & 1 & 0 \\ 0 & 0 & 2 \end{bmatrix} \begin{bmatrix} 0 & 0 & 1 \\ 1 & 1 & 2 \\ 1 & 2 & 3 \end{bmatrix} = \begin{bmatrix} 0 & -2 & -2 \\ 1 & 3 & 4 \\ 0 & 0 & 0 \end{bmatrix}.$$

■

Übung 8.38

• • ∘ Sei $P_3(\mathbb{R})$ der Vektorraum der reellen Polynome vom Grad ≤ 3 mit der Basis $\mathcal{E} = \{1, x, x^2, x^3\}$ und sei

$$F : P_3(\mathbb{R}) \to P_3(\mathbb{R}), \quad p(x) \to p'' + xp'$$

a) Man finde die Darstellungsmatrix von F bezüglich der Basis $\mathcal{E}$.

b) Man finde die Darstellungsmatrix von F bezüglich der Basis $\mathcal{B} = \{1 + x^3, x - x^2, x^2 + x^3, x^3\}$.

Lösung

a) Wir bestimmen das Bild aller Basiselemente:

$$F(1) = 0 \quad \Rightarrow \quad [F(1)]_{\mathcal{E}} = \begin{bmatrix} 0 \\ 0 \\ 0 \\ 0 \end{bmatrix}, \quad F(x^2) = 2 + 2x^2 \quad \Rightarrow \quad [F(x^2)]_{\mathcal{E}} = \begin{bmatrix} 2 \\ 0 \\ 2 \\ 0 \end{bmatrix},$$

$$F(x) = x \quad \Rightarrow \quad [F(x)]_{\mathcal{E}} = \begin{bmatrix} 0 \\ 1 \\ 0 \\ 0 \end{bmatrix}, \quad F(x^3) = 6x + 3x^3 \quad \Rightarrow \quad [F(x^3)]_{\mathcal{E}} = \begin{bmatrix} 0 \\ 6 \\ 0 \\ 3 \end{bmatrix}.$$

Also die Darstellungsmatrix von F ist $M_{\mathcal{E}}^{\mathcal{E}}(F) = \begin{bmatrix} 0 & 0 & 2 & 0 \\ 0 & 1 & 0 & 6 \\ 0 & 0 & 2 & 0 \\ 0 & 0 & 0 & 3 \end{bmatrix}$.

b) Die Polynome $\{1 + x^3, x - x^2, x^2 + x^3, x^3\}$ entsprechen in der Standardbasis die folgenden Vektoren

$$[1 + x^3]_{\mathcal{E}} = \begin{bmatrix} 1 \\ 0 \\ 0 \\ 1 \end{bmatrix}, \quad [x - x^2]_{\mathcal{E}} = \begin{bmatrix} 0 \\ 1 \\ -1 \\ 0 \end{bmatrix}, \quad [x^2 + x^3]_{\mathcal{E}} = \begin{bmatrix} 0 \\ 0 \\ 1 \\ 1 \end{bmatrix}, \quad [x^3]_{\mathcal{E}} = \begin{bmatrix} 0 \\ 0 \\ 0 \\ 1 \end{bmatrix}.$$

Die Transformationsmatrix $T_{\mathcal{B}\to\mathcal{E}}$ lautet:

$$\boldsymbol{T}_{\mathcal{B}\to\mathcal{E}} = \begin{bmatrix} 1 & 0 & 0 & 0 \\ 0 & 1 & 0 & 0 \\ 0 & -1 & 1 & 0 \\ 1 & 0 & 1 & 1 \end{bmatrix} \quad \Rightarrow \quad \boldsymbol{T}_{\mathcal{E}\to\mathcal{B}} = \boldsymbol{T}_{\mathcal{B}\to\mathcal{E}}^{-1} = \begin{bmatrix} 1 & 0 & 0 & 0 \\ 0 & 1 & 0 & 0 \\ 0 & 1 & 1 & 0 \\ -1 & -1 & -1 & 1 \end{bmatrix}.$$

Wir erhalten mittels Gl. (8.18):

$$\boldsymbol{M}_{\mathcal{B}}^{\mathcal{B}}(F) = \boldsymbol{T}_{\mathcal{E}\to\mathcal{B}}\boldsymbol{M}_{\mathcal{E}}^{\mathcal{E}}(F)\boldsymbol{T}_{\mathcal{B}\to\mathcal{E}} = \begin{bmatrix} 1 & 0 & 0 & 0 \\ 0 & 1 & 0 & 0 \\ 0 & 1 & 1 & 0 \\ -1 & -1 & -1 & 1 \end{bmatrix} \begin{bmatrix} 0 & 0 & 2 & 0 \\ 0 & 1 & 0 & 6 \\ 0 & 0 & 2 & 0 \\ 0 & 0 & 0 & 3 \end{bmatrix} \begin{bmatrix} 1 & 0 & 0 & 0 \\ 0 & 1 & 0 & 0 \\ 0 & -1 & 1 & 0 \\ 1 & 0 & 1 & 1 \end{bmatrix}$$

$$= \begin{bmatrix} 0 & -2 & 2 & 0 \\ 6 & 1 & 6 & 6 \\ 6 & -1 & 8 & 6 \\ -3 & 3 & -7 & -3 \end{bmatrix}$$

■

Übung 8.39

• • • In dieser Aufgabe benutzen wir lineare Abbildungen und Basistransformationen, um die Vandermonde-Determinante zu berechnen (vgl. Übung 3.32). Es sei $V = P_{n-1}(\mathbb{R})$ der Vektorraum der reellen Polynome vom Grad $\leq n-1$ und es sei $\boldsymbol{x} = [x_1, x_2, \cdots, x_n]^T \in \mathbb{R}^n$. Man betrachte die lineare Abbildung

$$F : P_{n-1}(\mathbb{R}) \to \mathbb{R}^n,\ p(x) \to \begin{bmatrix} p(x_1) \\ p(x_2) \\ \vdots \\ p(x_n) \end{bmatrix}.$$

a) Man bestimme die Darstellungsmatrix von F bezüglich der Standardbasis $\mathcal{E}$ von $P_{n-1}(\mathbb{R})$.

b) Man bestimme die Darstellungsmatrix von F bezüglich der folgenden Basis $\mathcal{B}$ von $P_{n-1}(\mathbb{R})$

$$\mathcal{B} = \{1, x - x_1, (x - x_1)(x - x_2), \cdots, (x - x_1)(x - x_2)\cdots(x - x_{n-1})\}.$$

c) Man bestimme die Transformationsmatrix $\boldsymbol{T}_{\mathcal{B}\to\mathcal{E}}$ von der Basis $\mathcal{B}$ nach $\mathcal{E}$. Man zeige, dass $\det(\boldsymbol{T}_{\mathcal{B}\to\mathcal{E}}) = 1$.

d) Man folgere aus (a,b,c) die folgende Formel für die Vandermonde Determinante

$$\det \begin{bmatrix} 1 & x_1 & x_1^2 & \cdots & x_1^{n-1} \\ 1 & x_2 & x_2^2 & \cdots & x_2^{n-1} \\ \vdots & \vdots & \vdots & \ddots & \vdots \\ 1 & x_n & x_n^{n-1} & \cdots & x_n^{n-1} \end{bmatrix} = \prod_{i<j}(x_j - x_i).$$

Lösung

a) Die Standardbasis von $P_{n-1}(\mathbb{R})$ ist $\mathcal{E} = \{1, x, x^2, \cdots, x^{n-1}\}$. Um die Darstellungsmatrix von F zu berechnen, bestimmen wir die Bilder der Basiselemente von $\mathcal{E}$ unter F:

$$F(1) = \begin{bmatrix} 1 \\ 1 \\ \vdots \\ 1 \end{bmatrix}, \; F(x) = \begin{bmatrix} x_1 \\ x_2 \\ \vdots \\ x_n \end{bmatrix}, \; F(x^2) = \begin{bmatrix} x_1^2 \\ x_2^2 \\ \vdots \\ x_n^2 \end{bmatrix}, \; \cdots, \; F(x^{n-1}) = \begin{bmatrix} x_1^{n-1} \\ x_2^{n-1} \\ \vdots \\ x_n^{n-1} \end{bmatrix}.$$

Die gesuchte Darstellungsmatrix ist somit $\boldsymbol{M}^{\mathcal{E}}_{\mathcal{E}}(F) = \begin{bmatrix} 1 & x_1 & x_1^2 & \cdots & x_1^{n-1} \\ 1 & x_2 & x_2^2 & \cdots & x_2^{n-1} \\ \vdots & \vdots & \vdots & \ddots & \vdots \\ 1 & x_n & x_n^{n-1} & \cdots & x_n^{n-1} \end{bmatrix}$. Diese Matrix ist bekannt als **Vandermonde-Matrix**.

b) Wir gehen wie in (a) vor und wir bestimmen die Bilder der Basiselemente von $\boldsymbol{B}$ unter F:

$$F(1) = \begin{bmatrix} 1 \\ 1 \\ 1 \\ \vdots \\ 1 \end{bmatrix}, \; F(x - x_1) = \begin{bmatrix} 0 \\ x_2 - x_1 \\ x_3 - x_1 \\ \vdots \\ x_n - x_1 \end{bmatrix},$$

$$F((x - x_1)(x - x_2)) = \begin{bmatrix} 0 \\ 0 \\ (x_3 - x_1)(x_3 - x_2) \\ \vdots \\ (x_n - x_1)(x_n - x_2) \end{bmatrix}, \; \cdots,$$

$$F((x - x_1)\cdots(x - x_{n-1})) = \begin{bmatrix} 0 \\ 0 \\ 0 \\ \vdots \\ (x_n - x_1)(x_n - x_2)\cdots(x_n - x_{n-1}) \end{bmatrix}.$$

Die gesuchte Darstellungsmatrix ist somit (der Zielraum ist immer noch $\mathbb{R}^n$ mit der Standardbasis):

$$\boldsymbol{M}^{\mathcal{E}}_{\mathcal{B}}(F) = \begin{bmatrix} 1 & 0 & 0 & \cdots & 0 \\ 1 & x_2 - x_1 & 0 & \cdots & 0 \\ 1 & x_3 - x_1 & (x_3 - x_1)(x_3 - x_2) & \cdots & 0 \\ \vdots & \vdots & \vdots & \ddots & \vdots \\ 1 & x_n - x_1 & (x_n - x_1)(x_n - x_2) & \cdots & (x_n - x_1)\cdots(x_n - x_{n-1}) \end{bmatrix}.$$

c) Wir drücken die Basiselemente von $\boldsymbol{B}$ in der Standardbasis $\mathcal{E}$

$$[1]_{\mathcal{E}} = \begin{bmatrix} 1 \\ 0 \\ 0 \\ \vdots \\ 0 \end{bmatrix}, \quad [x - x_1]_{\mathcal{E}} = \begin{bmatrix} -x_1 \\ 1 \\ 0 \\ \vdots \\ 0 \end{bmatrix}, \quad [(x - x_1)(x - x_2)]_{\mathcal{E}} = \begin{bmatrix} x_1 x_2 \\ -(x_1 + x_2) \\ 1 \\ \vdots \\ 0 \end{bmatrix} \text{ usw.}$$

Um die Koordinaten von $[(x-x_1)(x-x_2)]_{\mathcal{E}}$ zu bestimmen, haben wir $(x-x_1)(x-x_2)$ wie folgt umgeschrieben $(x - x_1)(x - x_2) = x^2 - (x_1 + x_2)x + x_1 x_2$. Die gesuchte Transformationsmatrix lautet somit

$$\boldsymbol{T}_{\mathcal{B}\to\mathcal{E}} = \begin{bmatrix} 1 & -x_1 & x_1 x_2 & \cdots & \star \\ 0 & 1 & -(x_1 + x_2) & \cdots & \star \\ 0 & 0 & 1 & \cdots & \star \\ \vdots & \vdots & \vdots & \ddots & \vdots \\ 0 & 0 & 0 & \cdots & 1 \end{bmatrix}.$$

$\boldsymbol{T}_{\mathcal{B}\to\mathcal{E}}$ ist eine Dreiecksmatrix mit Diagonaleinträge gleich 1. Somit ist $\det(\boldsymbol{T}_{\mathcal{B}\to\mathcal{E}}) = 1$.

d) Es gilt $\boldsymbol{M}^{\mathcal{E}}_{\mathcal{E}}(F) = \boldsymbol{T}_{\mathcal{B}\to\mathcal{E}} \boldsymbol{M}^{\mathcal{E}}_{\mathcal{B}}(F)$. Wegen $\det(\boldsymbol{T}_{\mathcal{B}\to\mathcal{E}}) = 1$ erhalten wir das gewünschte Resultat:

$$\det \begin{bmatrix} 1 & x_1 & x_1^2 & \cdots & x_1^{n-1} \\ 1 & x_2 & x_2^2 & \cdots & x_2^{n-1} \\ \vdots & \vdots & \vdots & \ddots & \vdots \\ 1 & x_n & x_n^{n-1} & \cdots & x_n^{n-1} \end{bmatrix} = \det\left(\boldsymbol{M}^{\mathcal{E}}_{\mathcal{E}}(F)\right) = \underbrace{\det(\boldsymbol{T}_{\mathcal{B}\to\mathcal{E}})}_{=1} \det\left(\boldsymbol{M}^{\mathcal{E}}_{\mathcal{B}}(F)\right)$$

$$= \underbrace{\det \begin{bmatrix} 1 & 0 & 0 & \cdots & 0 \\ 1 & x_2-x_1 & 0 & \cdots & 0 \\ 1 & x_3-x_1 & (x_3-x_1)(x_3-x_2) & \cdots & 0 \\ \vdots & \vdots & \vdots & \ddots & \vdots \\ 1 & x_n-x_1 & (x_n-x_1)(x_n-x_2) & \cdots & (x_n-x_1)\cdots(x_n-x_{n-1}) \end{bmatrix}}_{\text{Dreiecksmatrix}}$$

$$= (x_2 - x_1)(x_3 - x_1)(x_3 - x_2) \cdots (x_n - x_1)(x_n - x_2) \cdots (x_n - x_{n-1})$$

$$= \prod_{i<j} (x_j - x_i).$$

■

8.4 Äquivalenz und Ähnlichkeit von Matrizen

8.4.1 Äquivalente Matrizen

► **Definition 8.5 (Äquivalente Matrizen)**

Zwei Matrizen $\boldsymbol{A}, \boldsymbol{B} \in \mathbb{K}^{m\times n}$ heißen **äquivalent**, wenn es invertierbare Matrizen $\boldsymbol{S} \in \mathrm{GL}(m, \mathbb{K})$ und $\boldsymbol{T} \in \mathrm{GL}(n, \mathbb{K})$ gibt mit

$$\boldsymbol{B} = \boldsymbol{S}\boldsymbol{A}\boldsymbol{T}^{-1}. \tag{8.20}$$

◄

Bemerkung
Vergleichen wir diese Definition mit der Formel für den Basiswechel von linearen Abbildungen (Satz 8.13), so erkennen wir, dass zwei Matrizen $\boldsymbol{A}$, $\boldsymbol{B}$ genau dann äquivalent sind, wenn sie **bezüglich unterschiedlicher Basen die gleiche lineare Abbildung darstellen**.

Satz über äquivalente Matrizen

Wann sind zwei Matrizen äquivalent?

► Satz 8.15

$\boldsymbol{A}, \boldsymbol{B} \in \mathbb{K}^{m\times n}$ sind äquivalent $\Leftrightarrow$ $\mathrm{Rang}(\boldsymbol{A}) = \mathrm{Rang}(\boldsymbol{B})$. ◄

Eine direkte Folgerung des obigen Satzes ist:

► Satz 8.16

Es sei $\boldsymbol{A} \in \mathbb{K}^{m\times n}$. Dann ist $\boldsymbol{A}$ äquivalent zu einer Blockmatrix der Form

$$\left[\begin{array}{c|c} \boldsymbol{E}_{r\times r} & \boldsymbol{0} \\ \hline \boldsymbol{0} & \boldsymbol{0} \end{array}\right], \quad \boldsymbol{E}_{r\times r} = (r \times r)\text{-Einheitsmatrix}, \tag{8.21}$$

wobei $r = \mathrm{Rang}(\boldsymbol{A}) \leq \min\{n, m\}$. ◄

Mit anderen Worten: Für jede lineare Abbildung $F : V \to W$ gibt es Basen $\mathcal{B}$ und $\mathcal{B}'$ von V bzw. W, bezüglich welcher die Darstellungsmatrix von F eine ganz spezielle Form hat:

$$\boldsymbol{M}^{\mathcal{B}}_{\mathcal{B}'}(F) = \left[\begin{array}{ccc|ccc} 1 & \cdots & 0 & 0 & \cdots & 0 \\ \vdots & \ddots & \vdots & \vdots & \ddots & \vdots \\ 0 & \cdots & 1 & 0 & \cdots & 0 \\ \hline 0 & \cdots & 0 & 0 & \cdots & 0 \\ \vdots & \ddots & \vdots & \vdots & \ddots & \vdots \\ 0 & \cdots & 0 & 0 & \cdots & 0 \end{array}\right]. \tag{8.22}$$

Siehe Übung 8.42, welches eine Methode zur Konstruktion einer solchen Basistransformation zeigt.

8.4.2 Ähnliche Matrizen

Im Spezialfall $V = W$ nutzt man oft dieselbe Basis für den Ausgangsraum und den Zielraum. In diesem Fall definiert man:

► Definition 8.6 (Ähnliche Matrizen)

$\boldsymbol{A}, \boldsymbol{B} \in \mathbb{K}^{n\times n}$ sind **ähnlich** genau dann, wenn es eine invertierbare Matrix $\boldsymbol{T} \in \mathrm{GL}(n, \mathbb{K})$ gibt, für die gilt:

$$\boldsymbol{B} = \boldsymbol{T}\boldsymbol{A}\boldsymbol{T}^{-1}. \tag{8.23}$$

◄

Bemerkung

Beachte: Ähnliche Matrizen sind äquivalent (setze $\boldsymbol{S} = \boldsymbol{T}$), aber die Umkehrung gilt im Allgemeinen nicht!

$$\boldsymbol{A} \text{ und } \boldsymbol{B} \text{ äquivalent} \not\Rightarrow \boldsymbol{A} \text{ und } \boldsymbol{B} \text{ ähnlich.} \tag{8.24}$$

Die Ähnlichkeit von Matrizen ist somit eine stärkere Eigenschaft als die Äquivalenz: Bei der Äquivalenz von Matrizen können **zwei** Basen variiert werden, bei der Ähnlichkeit nur **eine**. Aus diesem Grund erfordert die Ähnlichkeit von Matrizen fortgeschrittenere Hilfsmittel, wie z. B. Eigenwerte und Eigenvektoren, welche wir erst im ► Kap. 9 diskutieren werden.

Eigenschaften von ähnlichen Matrizen

- Ähnliche Matrizen haben die gleiche Spur. Daraus folgt: Ist $\text{Spur}(\boldsymbol{A}) \neq \text{Spur}(\boldsymbol{B})$, so sind $\boldsymbol{A}$ und $\boldsymbol{B}$ nicht ähnlich.
- Ähnliche Matrizen haben die gleiche Determinante. Daraus folgt: Ist $\det(\boldsymbol{A}) \neq \det(\boldsymbol{B})$, so sind $\boldsymbol{A}$ und $\boldsymbol{B}$ nicht ähnlich.
- Die Ähnlichkeit von Matrizen ist eine Äquivalenzrelation.

Übung 8.40

• ∘ ∘ Es seien $\boldsymbol{A} = \begin{bmatrix} 1 & 1 & 1 \\ 1 & 2 & 2 \\ 2 & 3 & 3 \end{bmatrix}$ und $\boldsymbol{B} = \begin{bmatrix} 1 & 2 & 2 \\ -2 & 2 & 8 \\ 2 & 1 & -2 \end{bmatrix}$.

a) Sind $\boldsymbol{A}$ und $\boldsymbol{B}$ äquivalent?

b) Sind $\boldsymbol{A}$ und $\boldsymbol{B}$ ähnlich?

Lösung

a) $\boldsymbol{A}$ und $\boldsymbol{B}$ sind genau dann äquivalent, wenn sie denselben Rang haben (Satz 8.15). Wegen

$$\begin{bmatrix} 1 & 1 & 1 \\ 1 & 2 & 2 \\ 2 & 3 & 3 \end{bmatrix} \overset{\substack{(Z_2)-(Z_1) \\ (Z_3)-2(Z_1)}}{\rightsquigarrow} \begin{bmatrix} 1 & 1 & 1 \\ 0 & 1 & 1 \\ 0 & 1 & 1 \end{bmatrix} \overset{(Z_3)-(Z_2)}{\rightsquigarrow} \begin{bmatrix} 1 & 1 & 1 \\ 0 & 1 & 1 \\ 0 & 0 & 0 \end{bmatrix} \quad \Rightarrow \quad \text{Rang}(\boldsymbol{A}) = 2$$

$$\begin{bmatrix} 1 & 2 & 2 \\ -2 & 2 & 8 \\ 2 & 1 & -2 \end{bmatrix} \overset{\substack{(Z_2)+2(Z_1) \\ (Z_3)-2(Z_1)}}{\rightsquigarrow} \begin{bmatrix} 1 & 2 & 2 \\ 0 & 6 & 12 \\ 0 & -3 & -6 \end{bmatrix} \overset{(Z_3)+2(Z_2)}{\rightsquigarrow} \begin{bmatrix} 1 & 2 & 2 \\ 0 & 6 & 12 \\ 0 & 0 & 0 \end{bmatrix} \quad \Rightarrow \quad \text{Rang}(\boldsymbol{B}) = 2$$

sind $\boldsymbol{A}$ und $\boldsymbol{B}$ äquivalent.

b) Wegen $\text{Spur}(\boldsymbol{A}) = 6 \neq \text{Spur}(\boldsymbol{B}) = 1$ sind $\boldsymbol{A}$ und $\boldsymbol{B}$ nicht ähnlich. ■

Übung 8.41

• ∘ ∘ Für welche $k \in \mathbb{R}$ ist $A = \begin{bmatrix} 0 & 1 & k & 2 \\ 1 & 1 & 0 & 2 \\ 0 & 1 & 1 & 2 \\ -2 & 0 & 1 & -1 \end{bmatrix}$ äquivalent zur folgenden Matrix?

$$B = \begin{bmatrix} 1 & 0 & 0 & 0 \\ 0 & 1 & 0 & 0 \\ 0 & 0 & 1 & 0 \\ 0 & 0 & 0 & 0 \end{bmatrix}$$

Lösung

a) Es gilt:

$$\begin{bmatrix} 0 & 1 & k & 2 \\ 1 & 1 & 0 & 2 \\ 0 & 1 & 1 & 2 \\ -2 & 0 & 1 & -1 \end{bmatrix} \overset{(Z_1)\leftrightarrow(Z_4)}{\rightsquigarrow} \begin{bmatrix} -2 & 0 & 1 & -1 \\ 1 & 1 & 0 & 2 \\ 0 & 1 & 1 & 2 \\ 0 & 1 & k & 2 \end{bmatrix} \overset{2(Z_2)+(Z_1)}{\rightsquigarrow} \begin{bmatrix} -2 & 0 & 1 & -1 \\ 0 & 2 & 1 & 3 \\ 0 & 1 & 1 & 2 \\ 0 & 1 & k & 2 \end{bmatrix}$$

$$\overset{\substack{2(Z_3)-(Z_2) \\ 2(Z_4)-(Z_2)}}{\rightsquigarrow} \begin{bmatrix} -2 & 0 & 1 & -1 \\ 0 & 2 & 1 & 3 \\ 0 & 0 & 1 & 1 \\ 0 & 0 & 2k-1 & 1 \end{bmatrix} \overset{(Z_4)-(2k-1)(Z_3)}{\rightsquigarrow} \begin{bmatrix} -2 & 0 & 1 & -1 \\ 0 & 2 & 1 & 3 \\ 0 & 0 & 1 & 1 \\ 0 & 0 & 0 & 2(1-k) \end{bmatrix} = Z.$$

Somit ist

$$\operatorname{Rang}(A) = \begin{cases} 4, & k \neq 1 \\ 3, & k = 1 \end{cases}.$$

Die Matrix B hat Rang 3. Folglich sind A und B nur für $k = 1$ äquivalent. ■

Übung 8.42

• • • Es sei $F : \mathbb{R}^3 \to \mathbb{R}^3$ linear mit Darstellungsmatrix

$$A = \begin{bmatrix} -2 & 1 & 1 \\ 1 & -2 & 1 \\ 1 & 1 & -2 \end{bmatrix}.$$

Man finde $r \in \mathbb{N}$, sodass A zu $B = \left[\begin{array}{c|c} E_{r\times r} & \mathbf{0} \\ \hline \mathbf{0} & \mathbf{0} \end{array}\right]$ äquivalent ist. Man finde explizite Basen von $\mathbb{R}^3$ bezüglich welcher die Darstellungsmatrix von F diese Gestalt hat.

Lösung

Wir bestimmen den Rang von A mit dem Gauß-Algorithmus:

$$\begin{bmatrix} -2 & 1 & 1 \\ 1 & -2 & 1 \\ 1 & 1 & -2 \end{bmatrix} \overset{\substack{2(Z_2)+(Z_1) \\ 2(Z_3)+(Z_1)}}{\rightsquigarrow} \begin{bmatrix} -2 & 1 & 1 \\ 0 & -3 & 3 \\ 0 & 3 & -3 \end{bmatrix} \overset{(Z_3)+(Z_2)}{\rightsquigarrow} \begin{bmatrix} 2 & 1 & 1 \\ 0 & -3 & 3 \\ 0 & 0 & 0 \end{bmatrix} \quad \Rightarrow \quad \mathrm{Rang}(A) = 2.$$

Aus Satz 8.16 folgt somit, dass A zur folgenden Matrix äquivalent ist:

$$B = \begin{bmatrix} 1 & 0 & 0 \\ 0 & 1 & 0 \\ 0 & 0 & 0 \end{bmatrix}$$

d. h. $r = \mathrm{Rang}(A) = 2$. Wie finden wir jetzt die Basistransformation, welche A in diese Gestalt bringt? Die Grundidee stammt aus der Dimensionsformel: Wegen $r = \mathrm{Rang}(A) = \dim(\mathrm{Im}\, A)$ ist $\dim(\mathrm{Ker}\, A) = n - \mathrm{Rang}(A) = n - r$. Was stellen wir fest? Die Anzahl von Nullspalten von B ist genau gleich der Dimension des Kerns von A. Die ersten r Spalten von B stammen aus der Einheitsmatrix. Dies legt nahe, eine Basis des Ausgangsraumes aus dem Kern von A und eine Basis des Zielraumes aus dem Bild von A aufzubauen. Wir werden daher die folgende Strategie verfolgen:

- **Schritt 1:** Wir bestimmen eine Basis von Ker(A) und ergänzen diese zu einer Basis $\mathcal{B}$ des Ausgangsraumes. Damit die letzten $n - r$ Spalten der Darstellungsmatrix Null sind, müssen die letzten $n-r$ Elemente dieser Basis aus Ker(A) stammen. Die ersten r Vektoren dieser Basis sind beliebig: Der Einfachheit halber wählen wir die Vektoren $e_1, \cdots, e_r$. Zusammenfassend:

$$\mathcal{B} = \{e_1, \cdots, e_r, \underbrace{\text{Basis von Ker}(A)}_{n-r \text{ Vektoren}}\}$$

- **Schritt 2:** Wir bestimmen die Bilder der ergänzten Vektoren $e_1, \cdots, e_r$. Diese Bilder ergänzen wir (rechts) mit $n-r$ beliebigen Vektoren zu einer Basis $\mathcal{B}'$ des Zielraumes:

$$\mathcal{B}' = \{Ae_1, \cdots, Ae_r, \underbrace{\text{beliebig}, \cdots, \text{beliebig}}_{n-r \text{ Vektoren}}\}.$$

Natürlich müssen die letzten $n - r$ Vektoren so gewählt werden, dass $\mathcal{B}'$ tatsächlich eine Basis bildet.

Schritt 1: Wir bestimmen eine Basis der Kerns von A

$$\left[\begin{array}{ccc|c} -2 & 1 & 1 & 0 \\ 1 & -2 & 1 & 0 \\ 1 & 1 & -2 & 0 \end{array}\right] \overset{\substack{2(Z_2)+(Z_1) \\ 2(Z_3)+(Z_1)}}{\rightsquigarrow} \left[\begin{array}{ccc|c} -2 & 1 & 1 & 0 \\ 0 & -3 & 3 & 0 \\ 0 & 3 & -3 & 0 \end{array}\right] \overset{(Z_3)+(Z_2)}{\rightsquigarrow} \left[\begin{array}{ccc|c} 2 & 1 & 1 & 0 \\ 0 & -3 & 3 & 0 \\ 0 & 0 & 0 & 0 \end{array}\right] = Z.$$

Wir haben eine zwei Gleichungen für 3 Unbekannte bekommen. Somit ist eine Variable frei wählbar, $x_3 = t$. Daraus folgt $x_2 = t$ und $x_1 = t$, d. h.

$$\mathrm{Ker}(A) = \left\langle \begin{bmatrix} 1 \\ 1 \\ 1 \end{bmatrix} \right\rangle.$$

Somit wählen wir die folgende Basis des Ausgangsraumes

$$\mathcal{B} = \{\boldsymbol{e}_1, \boldsymbol{e}_2, \text{Basis von Ker}(A)\} = \left\{ \begin{bmatrix} 1 \\ 0 \\ 0 \end{bmatrix}, \begin{bmatrix} 0 \\ 1 \\ 0 \end{bmatrix}, \begin{bmatrix} 1 \\ 1 \\ 1 \end{bmatrix} \right\}.$$

Die zugehörige Transformationsmatrix des Basiswechsels von $\mathcal{B}$ zur Standardbasis ist

$$\boldsymbol{T}_{\mathcal{B}\to\mathcal{E}} = \begin{bmatrix} 1 & 0 & 1 \\ 0 & 1 & 1 \\ 0 & 1 & 1 \end{bmatrix}.$$

<u>Schritt 2:</u> Für den Zielraum wählen wir die folgende Basis

$$\mathcal{B}' = \{\boldsymbol{A}\boldsymbol{e}_1, \boldsymbol{A}\boldsymbol{e}_2, \text{beliebig}\} = \left\{ \begin{bmatrix} -2 \\ 1 \\ 1 \end{bmatrix}, \begin{bmatrix} 1 \\ -2 \\ 1 \end{bmatrix}, \begin{bmatrix} 1 \\ 0 \\ 0 \end{bmatrix} \right\}.$$

Die zugehörige Transformationsmatrix der Basiswechsels zwischen $\mathcal{B}'$ und der Standardbasis ist

$$\boldsymbol{T}_{\mathcal{B}'\to\mathcal{E}} = \begin{bmatrix} -2 & 1 & 1 \\ 1 & -2 & 0 \\ 1 & 1 & 0 \end{bmatrix} \quad \Rightarrow \quad \boldsymbol{T}_{\mathcal{E}\to\mathcal{B}'} = \boldsymbol{T}_{\mathcal{B}'\to\mathcal{E}}^{-1} = \begin{bmatrix} 0 & \frac{1}{3} & \frac{2}{3} \\ 0 & -\frac{1}{3} & \frac{1}{3} \\ 1 & 1 & 1 \end{bmatrix}.$$

Bezüglich der Basen $\mathcal{B}$ und $\mathcal{B}'$ sollte die Darstellungsmatrix von F gleich $\boldsymbol{B}$ sein:

$$\boldsymbol{M}_{\mathcal{B}'}^{\mathcal{B}}(F) = \boldsymbol{T}_{\mathcal{E}\to\mathcal{B}'}\boldsymbol{M}_{\mathcal{E}}^{\mathcal{E}}(F)\,\boldsymbol{T}_{\mathcal{B}\to\mathcal{E}} = \boldsymbol{T}_{\mathcal{E}\to\mathcal{B}'}\boldsymbol{A}\,\boldsymbol{T}_{\mathcal{B}\to\mathcal{E}}$$

$$= \begin{bmatrix} 0 & \frac{1}{3} & \frac{2}{3} \\ 0 & -\frac{1}{3} & \frac{1}{3} \\ 1 & 1 & 1 \end{bmatrix} \begin{bmatrix} -2 & 1 & 1 \\ 1 & -2 & 1 \\ 1 & 1 & -2 \end{bmatrix} \begin{bmatrix} 1 & 0 & 1 \\ 0 & 1 & 1 \\ 0 & 1 & 1 \end{bmatrix} = \begin{bmatrix} 1 & 0 & 0 \\ 0 & 1 & 0 \\ 0 & 0 & 0 \end{bmatrix} = \boldsymbol{B} \checkmark$$

■

Übung 8.43

• • • Es seien $\boldsymbol{A} = \begin{bmatrix} 1 & 1 & 1 \\ 1 & 1 & 1 \\ 1 & 1 & 1 \end{bmatrix}$ und $\boldsymbol{B} = \begin{bmatrix} 1 & 2 & -1 \\ -1 & -2 & 1 \\ 2 & 4 & -2 \end{bmatrix}$.

a) Sind $\boldsymbol{A}$ und $\boldsymbol{B}$ äquivalent?
b) Man gebe explizite invertierbare Matrizen $\boldsymbol{S}, \boldsymbol{T}$ an mit $\boldsymbol{B} = \boldsymbol{S}\boldsymbol{A}\boldsymbol{T}^{-1}$.
c) Sind $\boldsymbol{A}$ und $\boldsymbol{B}$ ähnlich?

Lösung

a) $\boldsymbol{A}$ und $\boldsymbol{B}$ sind genau dann äquivalent, wenn sie denselben Rang haben (Satz 8.15). Wegen

$$\begin{bmatrix} 1 & 1 & 1 \\ 1 & 1 & 1 \\ 1 & 1 & 1 \end{bmatrix} \overset{\substack{(Z_2)-(Z_1) \\ (Z_3)-(Z_1)}}{\rightsquigarrow} \begin{bmatrix} 1 & 1 & 1 \\ 0 & 0 & 0 \\ 0 & 0 & 0 \end{bmatrix} \quad \Rightarrow \quad \text{Rang}(\boldsymbol{A}) = 1$$

$$\begin{bmatrix} 1 & 2 & -1 \\ -1 & -2 & 1 \\ 2 & 4 & -2 \end{bmatrix} \overset{\substack{(Z_2)+(Z_1) \\ (Z_3)-2(Z_1)}}{\rightsquigarrow} \begin{bmatrix} 1 & 2 & -1 \\ 0 & 0 & 0 \\ 0 & 0 & 0 \end{bmatrix} \quad \Rightarrow \quad \text{Rang}(\boldsymbol{B}) = 1$$

sind $\boldsymbol{A}$ und $\boldsymbol{B}$ äquivalent.

b) Anstatt den Basiswelchsel zwischen $\boldsymbol{A}$ und $\boldsymbol{B}$ direkt zu finden, konstruieren wir zunächst Basistransformationen, welche $\boldsymbol{A}$ und $\boldsymbol{B}$ in die Form

$$\boldsymbol{X} = \begin{bmatrix} 1 & 0 & 0 \\ 0 & 0 & 0 \\ 0 & 0 & 0 \end{bmatrix}$$

überführen. Denn $\boldsymbol{A}$ und $\boldsymbol{B}$ haben beide Rang 1. Nach Satz 8.16 sind $\boldsymbol{A}$ und $\boldsymbol{B}$ äquivalent zu $\boldsymbol{X}$. Diese Basistransformationen erzeugen wir mit derselben Methode wie in Übung 8.42.

- Basistransformation für $\boldsymbol{A}$. Schritt 1: Wir bestimmen eine Basis von $\text{Ker}(\boldsymbol{A})$

$$\left[\begin{array}{ccc|c} 1 & 1 & 1 & 0 \\ 1 & 1 & 1 & 0 \\ 1 & 1 & 1 & 0 \end{array}\right] \overset{\substack{(Z_2)-(Z_1) \\ (Z_3)-(Z_1)}}{\rightsquigarrow} \left[\begin{array}{ccc|c} 1 & 1 & 1 & 0 \\ 0 & 0 & 0 & 0 \\ 0 & 0 & 0 & 0 \end{array}\right] = \boldsymbol{Z} \Rightarrow \text{Ker}(\boldsymbol{A}) = \left\langle \begin{bmatrix} 1 \\ -1 \\ 0 \end{bmatrix}, \begin{bmatrix} 1 \\ 0 \\ -1 \end{bmatrix} \right\rangle.$$

Somit wählen wir die folgende Basis des Ausgangsraumes

$$\mathcal{B}_1 = \{\boldsymbol{e_1}, \text{Basis von Ker}(\boldsymbol{A})\} = \left\{ \begin{bmatrix} 1 \\ 0 \\ 0 \end{bmatrix}, \begin{bmatrix} 1 \\ -1 \\ 0 \end{bmatrix}, \begin{bmatrix} 1 \\ 0 \\ -1 \end{bmatrix} \right\}.$$

Die zugehörige Transformationsmatrix ist:

$$\boldsymbol{T}_{\mathcal{B}_1 \to \mathcal{E}} = \begin{bmatrix} 1 & 1 & 1 \\ 0 & -1 & 0 \\ 0 & 0 & -1 \end{bmatrix}.$$

Schritt 2: Für den Zielraum wählen wir die folgende Basis

$$\mathcal{B}_1' = \{\boldsymbol{A}\boldsymbol{e_1}, \text{beliebig}, \text{beliebig}\} = \left\{ \begin{bmatrix} 1 \\ 1 \\ 1 \end{bmatrix}, \begin{bmatrix} 1 \\ 0 \\ 0 \end{bmatrix}, \begin{bmatrix} 0 \\ 1 \\ 0 \end{bmatrix} \right\}.$$

Daraus folgt:

$$\boldsymbol{T}_{\mathcal{B}_1'\to\mathcal{E}} = \begin{bmatrix} 1&1&0\\ 1&0&1\\ 1&0&0 \end{bmatrix} \quad\Rightarrow\quad \boldsymbol{T}_{\mathcal{E}\to\mathcal{B}_1'} = \boldsymbol{T}^{-1}_{\mathcal{B}_1'\to\mathcal{E}} = \begin{bmatrix} 0&0&1\\ 1&0&-1\\ 0&1&-1 \end{bmatrix}.$$

Mit der Basistransformation nach den Basen $\mathcal{B}_1$ und $\mathcal{B}_1'$ finden wir:

$$\boldsymbol{T}_{\mathcal{E}\to\mathcal{B}_1'}\,\boldsymbol{A}\,\boldsymbol{T}_{\mathcal{B}_1\to\mathcal{E}} = \begin{bmatrix} 0&0&1\\ 1&0&-1\\ 0&1&-1 \end{bmatrix}\begin{bmatrix} 1&1&1\\ 1&1&1\\ 1&1&1 \end{bmatrix}\begin{bmatrix} 1&1&1\\ 0&-1&0\\ 0&0&-1 \end{bmatrix} = \begin{bmatrix} 1&0&0\\ 0&0&0\\ 0&0&0 \end{bmatrix} \checkmark$$

- Basistransformation für $\boldsymbol{B}$. Schritt 1: Der Kern von $\boldsymbol{B}$ ist

$$\left[\begin{array}{ccc|c} 1&2&-1&0\\ -1&-2&1&0\\ 2&4&-2&0 \end{array}\right] \overset{\substack{(Z_2)+(Z_1)\\ 2(Z_3)-(Z_1)}}{\rightsquigarrow} \left[\begin{array}{ccc|c} 1&2&-1&0\\ 0&0&0&0\\ 0&0&0&0 \end{array}\right] = \boldsymbol{Z} \;\Rightarrow\; \operatorname{Ker}(\boldsymbol{B}) = \left\langle \begin{bmatrix} -2\\1\\0 \end{bmatrix}, \begin{bmatrix} 1\\0\\1 \end{bmatrix} \right\rangle.$$

Somit wählen wir die folgende Basis des Ausgangsraumes

$$\mathcal{B}_2 = \{\boldsymbol{e}_1, \text{Basis von } \operatorname{Ker}(\boldsymbol{B})\} = \left\{ \begin{bmatrix} 1\\0\\0 \end{bmatrix}, \begin{bmatrix} -2\\1\\0 \end{bmatrix}, \begin{bmatrix} 1\\0\\1 \end{bmatrix} \right\}.$$

Die zugehörige Transformationsmatrix ist:

$$\boldsymbol{T}_{\mathcal{B}_2\to\mathcal{E}} = \begin{bmatrix} 1&-2&1\\ 0&1&0\\ 0&0&1 \end{bmatrix}.$$

Schritt 2: Für den Zielraum wählen wir die folgende Basis

$$\mathcal{B}_2' = \{\boldsymbol{B}\boldsymbol{e}_1, \text{beliebig}, \text{beliebig}\} = \left\{ \begin{bmatrix} 1\\-1\\2 \end{bmatrix}, \begin{bmatrix} 1\\0\\0 \end{bmatrix}, \begin{bmatrix} 0\\1\\0 \end{bmatrix} \right\}.$$

Daraus folgt:

$$\boldsymbol{T}_{\mathcal{B}_2'\to\mathcal{E}} = \begin{bmatrix} 1&1&0\\ -1&0&1\\ 2&0&0 \end{bmatrix} \quad\Rightarrow\quad \boldsymbol{T}_{\mathcal{E}\to\mathcal{B}_2'} = \boldsymbol{T}^{-1}_{\mathcal{B}_2'\to\mathcal{E}} = \begin{bmatrix} 0&0&\frac{1}{2}\\ 1&0&-\frac{1}{2}\\ 0&1&\frac{1}{2} \end{bmatrix}.$$

Mit der Basistransformation nach den Basen $\mathcal{B}_2$ und $\mathcal{B}_2'$ finden wir:

$$\boldsymbol{T}_{\mathcal{E}\to\mathcal{B}_2'}\boldsymbol{B}\,\boldsymbol{T}_{\mathcal{B}_2\to\mathcal{E}} = \begin{bmatrix} 0 & 0 & \frac{1}{2} \\ 1 & 0 & -\frac{1}{2} \\ 0 & 1 & \frac{1}{2} \end{bmatrix}\begin{bmatrix} 1 & 2 & -1 \\ -1 & -2 & 1 \\ 2 & 4 & -2 \end{bmatrix}\begin{bmatrix} 1 & -2 & 1 \\ 0 & 1 & 0 \\ 0 & 0 & 1 \end{bmatrix} = \begin{bmatrix} 1 & 0 & 0 \\ 0 & 0 & 0 \\ 0 & 0 & 0 \end{bmatrix} \checkmark$$

Zusammenfassend:

$$\begin{bmatrix} 1 & 0 & 0 \\ 0 & 0 & 0 \\ 0 & 0 & 0 \end{bmatrix} = \boldsymbol{T}_{\mathcal{E}\to\mathcal{B}_1'}\boldsymbol{A}\,\boldsymbol{T}_{\mathcal{B}_1\to\mathcal{E}} = \boldsymbol{T}_{\mathcal{E}\to\mathcal{B}_2'}\boldsymbol{B}\,\boldsymbol{T}_{\mathcal{B}_2\to\mathcal{E}}$$

$$\Rightarrow \quad \boldsymbol{B} = \underbrace{\boldsymbol{T}^{-1}_{\mathcal{E}\to\mathcal{B}_2'}\boldsymbol{T}_{\mathcal{E}\to\mathcal{B}_1'}}_{=\boldsymbol{S}}\,\boldsymbol{A}\,\underbrace{\boldsymbol{T}_{\mathcal{B}_1\to\mathcal{E}}\boldsymbol{T}^{-1}_{\mathcal{B}_2\to\mathcal{E}}}_{=\boldsymbol{T}^{-1}} = \boldsymbol{S}\boldsymbol{A}\boldsymbol{T}^{-1}$$

Die gesuchten Transformationsmatrizen lauten somit:

$$\boldsymbol{S} = \boldsymbol{T}_{\mathcal{B}_2'\to\mathcal{E}}\boldsymbol{T}_{\mathcal{E}\to\mathcal{B}_1'} = \begin{bmatrix} 1 & 1 & 0 \\ -1 & 0 & 1 \\ 2 & 0 & 0 \end{bmatrix}\begin{bmatrix} 0 & 0 & 1 \\ 1 & 0 & -1 \\ 0 & 1 & -1 \end{bmatrix} = \begin{bmatrix} 1 & 0 & 0 \\ 0 & 1 & -2 \\ 0 & 0 & 2 \end{bmatrix}$$

$$\boldsymbol{T}^{-1} = \boldsymbol{T}_{\mathcal{B}_1\to\mathcal{E}}\boldsymbol{T}^{-1}_{\mathcal{B}_2\to\mathcal{E}} = \begin{bmatrix} 1 & 1 & 1 \\ 0 & -1 & 0 \\ 0 & 0 & -1 \end{bmatrix}\begin{bmatrix} 1 & -2 & 1 \\ 0 & 1 & 0 \\ 0 & 0 & 1 \end{bmatrix}^{-1} = \begin{bmatrix} 1 & 3 & 0 \\ 0 & -1 & 0 \\ 0 & 0 & -1 \end{bmatrix}$$

Probe:

$$\boldsymbol{S}\boldsymbol{A}\boldsymbol{T}^{-1} = \begin{bmatrix} 1 & 0 & 0 \\ 0 & 1 & -2 \\ 0 & 0 & 2 \end{bmatrix}\begin{bmatrix} 1 & 1 & 1 \\ 1 & 1 & 1 \\ 1 & 1 & 1 \end{bmatrix}\begin{bmatrix} 1 & 3 & 0 \\ 0 & -1 & 0 \\ 0 & 0 & -1 \end{bmatrix} = \begin{bmatrix} 1 & 2 & -1 \\ -1 & -2 & 1 \\ 2 & 4 & -2 \end{bmatrix} = \boldsymbol{B} \checkmark$$

c) Wegen $\text{Spur}(\boldsymbol{A}) = 3 \neq \text{Spur}(\boldsymbol{B}) = -3$ sind $\boldsymbol{A}$ und $\boldsymbol{B}$ nicht ähnlich. ■

Übung 8.44

• • ○ Es sei $\boldsymbol{A} \in \mathbb{R}^{m\times n}$ mit $\text{Rang}(\boldsymbol{A}) = r$. Man zeige, dass es Matrizen $\boldsymbol{B} \in \mathbb{R}^{m\times r}$ und $\boldsymbol{C} \in \mathbb{R}^{r\times n}$ gibt mit $\text{Rang}(\boldsymbol{B}) = \text{Rang}(\boldsymbol{C}) = r$ und $\boldsymbol{A} = \boldsymbol{B}\boldsymbol{C}$.

Lösung

Nach Satz 8.15 ist $\boldsymbol{A}$ äquivalent zu $\left[\begin{array}{c|c} \boldsymbol{E}_{r\times r} & \boldsymbol{0} \\ \hline \boldsymbol{0} & \boldsymbol{0} \end{array}\right]$, wobei $r = \text{Rang}(\boldsymbol{A})$. Es gibt also invertierbare Matrizen $\boldsymbol{S} \in \text{GL}(m, \mathbb{R})$ und $\boldsymbol{T} \in \text{GL}(n, \mathbb{R})$ mit

$$\boldsymbol{A} = \boldsymbol{S}\left[\begin{array}{c|c} \boldsymbol{E}_{r\times r} & \boldsymbol{0}_{r\times(n-r)} \\ \hline \boldsymbol{0}_{(m-r)\times r} & \boldsymbol{0}_{(m-r)\times(n-r)} \end{array}\right]\boldsymbol{T}^{-1}.$$

Wegen

$$\underbrace{\left[\begin{array}{c}\boldsymbol{E}_{r\times r}\\ \hline \boldsymbol{0}_{(m-r)\times r}\end{array}\right]}_{m\times r}\underbrace{\left[\boldsymbol{E}_{r\times r}\middle|\boldsymbol{0}_{r\times(n-r)}\right]}_{r\times n}=\underbrace{\left[\begin{array}{c|c}\boldsymbol{E}_{r\times r} & \boldsymbol{0}_{r\times(n-r)}\\ \hline \boldsymbol{0}_{(m-r)\times r} & \boldsymbol{0}_{(m-r)\times(n-r)}\end{array}\right]}_{m\times n}$$

gilt

$$\boldsymbol{A}=\boldsymbol{S}\left[\begin{array}{c|c}\boldsymbol{E}_{r\times r} & \boldsymbol{0}_{r\times(n-r)}\\ \hline \boldsymbol{0}_{(m-r)\times r} & \boldsymbol{0}_{(m-r)\times(n-r)}\end{array}\right]\boldsymbol{T}^{-1}=\underbrace{\boldsymbol{S}\left[\begin{array}{c}\boldsymbol{E}_{r\times r}\\ \hline \boldsymbol{0}_{(m-r)\times r}\end{array}\right]}_{=:\boldsymbol{B}}\underbrace{\left[\boldsymbol{E}_{r\times r}\middle|\boldsymbol{0}_{r\times(n-r)}\right]\boldsymbol{T}^{-1}}_{=:\boldsymbol{C}}.$$

Es ist damit $\boldsymbol{A}=\boldsymbol{BC}$. Weil $\boldsymbol{S}$ und $\boldsymbol{T}$ invertierbar sind haben $\boldsymbol{B}$ und $\boldsymbol{C}$ beide Rang r. ■

Übung 8.45

● ○ ○ Man zeige: Ähnliche Matrizen haben gleiche Spur und Determinante.

Lösung

Es seien $\boldsymbol{A}'$ und $\boldsymbol{A}$ ähnlich. Dann gibt es eine Transformationsmatrix $\boldsymbol{T}\in \mathrm{GL}(n,\mathbb{K})$ mit $\boldsymbol{A}'=\boldsymbol{TAT}^{-1}$.

Invarianz der Spur: Wegen der Zyklizität der Spur[1] gilt:

$$\mathrm{Spur}(\boldsymbol{A}')=\mathrm{Spur}(\boldsymbol{TAT}^{-1})=\mathrm{Spur}(\boldsymbol{T}^{-1}\boldsymbol{TA})=\mathrm{Spur}(\boldsymbol{E}\,\boldsymbol{A})=\mathrm{Spur}(\boldsymbol{A}).$$

Somit haben $\boldsymbol{A}'$ und $\boldsymbol{A}$ dieselbe Spur.

Invarianz der Determinante:

$$\det(\boldsymbol{A}')=\det(\boldsymbol{TAT}^{-1})=\det(\boldsymbol{T})\det(\boldsymbol{A})\underbrace{\det(\boldsymbol{T}^{-1})}_{=\frac{1}{\det(\boldsymbol{T})}}=\det(\boldsymbol{A}).$$

$\boldsymbol{A}'$ und $\boldsymbol{A}$ haben somit dieselbe Determinante. ■

Übung 8.46

● ○ ○ Es seien $\boldsymbol{A},\boldsymbol{B}\in\mathbb{K}^{n\times n}$ ähnlich. Man zeige, dass auch $\boldsymbol{A}^m$ und $\boldsymbol{B}^m$ ähnlich sind.

Lösung

Weil $\boldsymbol{A}$ und $\boldsymbol{B}$ ähnlich sind, gibt es eine invertierbare Matrix $\boldsymbol{T}$ mit $\boldsymbol{B}=\boldsymbol{TAT}^{-1}$. Für $\boldsymbol{B}^m$ gilt dann:

$$\boldsymbol{B}^m=(\boldsymbol{TAT}^{-1})^m=\boldsymbol{TA}\underbrace{\boldsymbol{T}^{-1}\boldsymbol{T}}_{=\boldsymbol{E}}\boldsymbol{A}\underbrace{\boldsymbol{T}^{-1}\boldsymbol{T}}_{=\boldsymbol{E}}\boldsymbol{AT}^{-1}\cdots\boldsymbol{TAT}^{-1}=\boldsymbol{TA}^m\boldsymbol{T}^{-1},$$

d. h., $\boldsymbol{A}^m$ und $\boldsymbol{B}^m$ sind ähnlich. ■

1 Erinnerung: Die Spur ist Invariant bezüglich zyklischer Vertauschungen der Matrizen, d. h. $\mathrm{Spur}(\boldsymbol{ABC})=\mathrm{Spur}(\boldsymbol{CAB})=\mathrm{Spur}(\boldsymbol{BCA})$ (▶ vgl. Kap. 1).

Übung 8.47

• ∘ ∘ Man betrachte die folgende Relation für Matrizen in $\mathbb{K}^{n\times n}$:

$$\boldsymbol{A} \sim \boldsymbol{B} \quad \Longleftrightarrow \quad \boldsymbol{A} \text{ und } \boldsymbol{B} \text{ sind ähnlich.}$$

Man zeige, dass "$\sim$" eine Äquivalenzrelation auf $\mathbb{K}^{n\times n}$ definiert.

Lösung

Wir müssen die drei Eigenschaften der Definition einer Äquivalenzrelation überprüfen. Es seien also $\boldsymbol{A}, \boldsymbol{B}, \boldsymbol{C} \in \mathbb{K}^{n\times n}$. Dann gilt:

1) Reflexivität: Offenbar ist $\boldsymbol{A} = \boldsymbol{E}\boldsymbol{A}\boldsymbol{E}^{-1}$, d. h. $\boldsymbol{A} \sim \boldsymbol{A}$. Somit erfüllt "$\sim$" die Reflexivität-Eigenschaft. ✓

2) Symmetrie: Ist $\boldsymbol{A} \sim \boldsymbol{B}$, so gibt es eine invertierbare Matrix $\boldsymbol{T}$ mit $\boldsymbol{B} = \boldsymbol{T}\boldsymbol{A}\boldsymbol{T}^{-1}$. Daraus folgt:

$$\boldsymbol{A} = \boldsymbol{T}^{-1}\boldsymbol{B}\boldsymbol{T} = \boldsymbol{T}^{-1}\boldsymbol{B}\big(\boldsymbol{T}^{-1}\big)^{-1}.$$

Setzen wir $\boldsymbol{P} := \boldsymbol{T}^{-1}$, so bedeutet dies $\boldsymbol{A} = \boldsymbol{P}\boldsymbol{B}\boldsymbol{P}^{-1}$. Somit ist $\boldsymbol{B} \sim \boldsymbol{A}$ und die Symmetrie-Eigenschaft ist erfüllt. ✓

3) Transitivität: Ist $\boldsymbol{A} \sim \boldsymbol{B}$ und $\boldsymbol{A} \sim \boldsymbol{C}$, so gibt es invertierbare Matrizen $\boldsymbol{T}$ und $\boldsymbol{P}$ mit $\boldsymbol{B} = \boldsymbol{T}\boldsymbol{A}\boldsymbol{T}^{-1}$ bzw. $\boldsymbol{C} = \boldsymbol{P}\boldsymbol{B}\boldsymbol{P}^{-1}$. Daraus folgt:

$$\boldsymbol{C} = \boldsymbol{P}\boldsymbol{B}\boldsymbol{P}^{-1} = \boldsymbol{P}\boldsymbol{T}\boldsymbol{A}\boldsymbol{T}^{-1}\boldsymbol{P}^{-1} = (\boldsymbol{P}\boldsymbol{T})\boldsymbol{A}(\boldsymbol{P}\boldsymbol{T})^{-1}$$

und $\boldsymbol{P}\boldsymbol{T}$ ist invertierbar. Somit ist $\boldsymbol{A} \sim \boldsymbol{C}$ und die Transitivität von $\sim$ ist erfüllt. ✓

Die drei Eigenschaften der Definition einer Äquivalenzrelation sind erfüllt. Somit definiert "$\sim$" eine Äquivalenzrelation auf $\mathbb{K}^{n\times n}$. ■

Übung 8.48

• ∘ ∘ Es seien $\boldsymbol{A}$ und $\boldsymbol{B} \in \mathbb{K}^{n\times n}$ und $\lambda \in \mathbb{K}$. Man zeige:

$$\boldsymbol{A} \text{ und } \boldsymbol{B} \text{ sind ähnlich} \quad \Longleftrightarrow \quad \boldsymbol{A} - \lambda\boldsymbol{E} \text{ und } \boldsymbol{B} - \lambda\boldsymbol{E} \text{ sind ähnlich.}$$

Lösung

Beweis von "$\Rightarrow$": Nehmen wir an, dass $\boldsymbol{A}$ und $\boldsymbol{B}$ ähnlich sind. Dann gibt es eine invertierbare Matrix $\boldsymbol{T}$ mit $\boldsymbol{B} = \boldsymbol{T}\boldsymbol{A}\boldsymbol{T}^{-1}$. Daraus folgt:

$$\boldsymbol{T}\,(\boldsymbol{A} - \lambda\boldsymbol{E})\,\boldsymbol{T}^{-1} = \underbrace{\boldsymbol{T}\boldsymbol{A}\boldsymbol{T}^{-1}}_{=\boldsymbol{B}} - \lambda\,\underbrace{\boldsymbol{T}\boldsymbol{E}\boldsymbol{T}^{-1}}_{=\boldsymbol{E}} = \boldsymbol{B} - \lambda\boldsymbol{E}.$$

$\boldsymbol{A} - \lambda\boldsymbol{E}$ und $\boldsymbol{B} - \lambda\boldsymbol{E}$ sind somit ähnlich.

Beweis von "$\Leftarrow$": Nehmen wir nun an, dass $\boldsymbol{A} - \lambda\boldsymbol{E}$ und $\boldsymbol{B} - \lambda\boldsymbol{E}$ ähnlich sind. Dann gibt es eine invertierbare Matrix $\boldsymbol{P}$, sodass $\boldsymbol{B} - \lambda\boldsymbol{E} = \boldsymbol{P}(\boldsymbol{A} - \lambda\boldsymbol{E})\boldsymbol{P}^{-1}$ gilt. Wegen $\boldsymbol{A} =$

$(A - \lambda E) + \lambda E$ und $B = (B - \lambda E) + \lambda E$ finden wir

$$PAP^{-1} = P\left((A - \lambda E) + \lambda E\right) P^{-1} = \underbrace{P\,(A - \lambda E)\,P^{-1}}_{=B-\lambda E} + \lambda \underbrace{PEP^{-1}}_{=E}$$

$$= (B - \lambda E) + \lambda E = B.$$

A und B sind somit ähnlich. ■

Übung 8.49

• • ○ Es seien $A, B \in \mathbb{R}^{n\times n}$ ähnlich. Man zeige: $\mathrm{Ker}(A) \cong \mathrm{Ker}(B)$.

Lösung

Erinnerung: $A, B \in \mathbb{R}^{n\times n}$ sind ähnlich, wenn es $S \in GL(n, \mathbb{R})$ gibt mit $B = SAS^{-1}$ bzw. $A = S^{-1}BS$. Zu zeigen ist, dass $\mathrm{Ker}(A)$ und $\mathrm{Ker}(B)$ isomorph sind. Um dies zu beweisen, genügt es zu zeigen, dass es ein Isomorphismus zwischen $\mathrm{Ker}(A)$ und $\mathrm{Ker}(B)$ gibt. Es sei $v \in \mathrm{Ker}(A) \Rightarrow Av = 0 \Rightarrow S^{-1}BSv = 0 \Rightarrow B(Sv) = 0 \Rightarrow Sv \in \mathrm{Ker}(B)$. Wir definieren somit eine Abbildung $\Phi : \mathrm{Ker}(A) \to \mathrm{Ker}(B)$ durch $\Phi(v) = Sv$. Die „Hoffnung" ist, dass Φ ein Isomorphismus ist. Φ ist eine lineare Abbildung. Die Darstellunsgmatrix von Φ ist gleich der Matrix S. Weil S invertierbar ist, ist Φ ein Isomorphismus. Somit sind $\mathrm{Ker}(A)$ und $\mathrm{Ker}(B)$ isomorph, d. h. $\mathrm{Ker}(A) \cong \mathrm{Ker}(B)$. ■

Eigenwerte und Eigenvektoren

Inhaltsverzeichnis

T. C. T. Michaels, M. Liechti, *Prüfungstraining Lineare Algebra*, Grundstudium Mathematik Prüfungstraining, https://doi.org/10.1007/978-3-030-65886-1_9

LERNZIELE

Nach gewissenhaftem Bearbeiten des ▶ Kap. 9 sind Sie in der Lage:
- das Konzept der Eigenwerte und deren Eigenvektoren zu verstehen und zu erklären,
- Eigenwerte und deren Eigenvektoren bzw. Eigenräumen einer gegebener Matrix zu bestimmen,
- das charakteristische Polynom einer Matrix inklusive algebraischer und geometrischer Vielfachheit der Eigenwerte zu bestimmen,
- Eigenwerte und Eigenvektoren von Endomorphismen zu bestimmen.

9.1 Definition und erste Beispiele

In diesem Kapitel beschäftigen wir uns **nur** mit quadratischen Matrizen $\boldsymbol{A} \in \mathbb{K}^{n\times n}$.

9.1.1 Eigenwerte und Eigenvektoren

▶ Definition 9.1 (Eigenwerte und Eigenvektoren einer Matrix)

Ein von Null verschiedener Vektor $\boldsymbol{v} \neq \boldsymbol{0}$ heißt ***Eigenvektor*** von $\boldsymbol{A} \in \mathbb{K}^{n\times n}$, falls folgendes gilt

$$\boxed{\boldsymbol{A}\boldsymbol{v} = \lambda\,\boldsymbol{v}} \tag{9.1}$$

Die Zahl $\lambda \in \mathbb{K}$ ist der ***Eigenwert*** zum Eigenvektor $\boldsymbol{v}$. ◀

Bemerkung

$0 \in \mathbb{K}$ kann ein Eigenwert sein (dies ist beispielsweise bei Projektionen der Fall), jedoch der Nullvektor $\boldsymbol{0} \in \mathbb{K}^n$ ist per Definition kein Eigenvektor.

9.1.2 Eigenraum

Wenn $\boldsymbol{v}$ ein Eigenvektor von $\boldsymbol{A}$ zum Eigenwert λ ist, fällt es leicht zu verifizieren, dass auch alle Vielfache $\alpha\,\boldsymbol{v}$ ($\alpha \in \mathbb{K}$) Eigenvektoren von $\boldsymbol{A}$ zum gleichen Eigenwert λ sind. Sind weiter $\boldsymbol{v}$ und $\boldsymbol{w}$ Eigenvektoren von $\boldsymbol{A}$ zum selben Eigenwert λ sind so ist es auch die Summe $\boldsymbol{v} + \boldsymbol{w}$. Die Eigenvektoren zum Eigenwert λ bilden zusammen mit dem Nullvektor einen **Unterraum** von $\mathbb{K}^n$, den sogenannten **Eigenraum** (vgl. Übung 9.15):

▶ Definition 9.2 (Eigenraum)

Die Menge aller Eigenvektoren von $\boldsymbol{A}$ bezüglich dem Eigenwert λ bilden mit dem Nullvektor einen Unterraum von $\mathbb{K}^n$, den sogenannten **Eigenraum** von $\boldsymbol{A}$ bezüglich λ:

$$\boxed{\mathrm{Eig}_\lambda(\boldsymbol{A}) := \{\boldsymbol{v} \in \mathbb{K}^n \mid \boldsymbol{A}\boldsymbol{v} = \lambda\,\boldsymbol{v}\}} \tag{9.2}$$

◀

Bemerkung
Obwohl der Nullvektor $\mathbf{0} \in \mathbb{K}^n$ selbst kein Eigenvektor ist, gehört er per Definition zu $\text{Eig}_\lambda(A)$. Dies ist nötig, damit $\text{Eig}_\lambda(A)$ überhaupt ein Unterraum ist (vgl. Übung 9.15).

9.1.3 Geometrische Interpretation

Die Eigenvektoren von A sind diejenigen Vektoren, welche bei der Multiplikation mit A in einen Vektor der gleichen Richtung transformiert werden, d. h., $A\boldsymbol{v}$ ist ein Vielfaches (λ-faches) von $\boldsymbol{v}$. Ist der Eigenwert λ negativ, so erzeugt $A\boldsymbol{v}$ eine Richtungsumkehr. Veranschaulicht ist der Vektor $\boldsymbol{u}$ in Abb. 9.1 kein Eigenvektor von A, während der Vektor $\boldsymbol{v}$ ein Eigenvektor ist. Im zweiten Fall sind alle Vielfache von $\boldsymbol{v}$ Eigenvektoren von A.

► **Beispiel**

Es sei A eine **Streckung** um den Streckungsfaktor $\alpha > 0$. Dann ist jeder Vektor ein Eigenvektor von A zum Eigenwert α. ◄

► **Beispiel**

Es sei A die **orthogonale Projektion** auf eine Gerade oder eine Ebene (vgl. Übung 9.7). Dann gilt

- Alle Vektoren auf der Projektionsgerade/Projektionsebene werden auf sich selbst abgebildet. Dies sind Eigenvektoren von A zum Eigenwert 1.
- Alle Vektoren senkrecht zur Projektionsgerade/Projektionsebene werden auf Null abgebildet. Dies sind Eigenvektoren von A zum Eigenwert 0. ◄

► **Beispiel**

Es sei A die **Spiegelung** an einer Geraden oder einer Ebene (vgl. Übung 9.7). Dann gilt

- Alle Vektoren auf der Spiegelungsgerade/Spiegelungsebene werden auf sich selbst abgebildet. Dies sind Eigenvektoren von A zum Eigenwert 1.

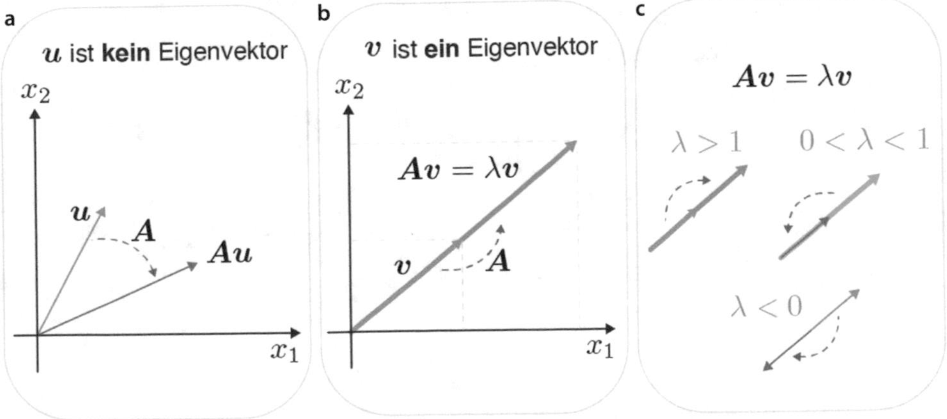

Abb. 9.1 Geometrische Interpretation der Eigenwerte und Eigenvektoren einer Matrix A

- Alle Vektoren $\boldsymbol{v}$ senkrecht zur Spiegelungsgerade/Spiegelungsebene werden auf $-\boldsymbol{v}$ abgebildet. Dies sind Eigenvektoren von $\boldsymbol{A}$ zum Eigenwert -1. ◀

► Beispiel

Es sei $\boldsymbol{A}$ eine **Rotation** im dreidimensionalen Raum $\mathbb{R}^3$. Dann sind alle Vektoren entlang der Rotationsachse Eigenvektoren von $\boldsymbol{A}$ zum Eigenwert 1 (vgl. Übung 9.6). ◀

9.1.4 Spektrum und Spektralradius

► Definition 9.3

- Die Menge aller Eigenwerte von $\boldsymbol{A} \in \mathbb{K}^{n \times n}$ heißt das **Spektrum** von $\boldsymbol{A}$, kurz $\sigma(\boldsymbol{A})$:

$$\sigma(\boldsymbol{A}) := \{\lambda \mid \lambda \text{ ist ein Eigenwert von } \boldsymbol{A}\} = \{\lambda_1, \cdots, \lambda_k\}. \tag{9.3}$$

- Der **Spektralradius** von $\boldsymbol{A}$ (notiert mit $\rho(\boldsymbol{A})$) ist der Betrag des größten Eigenwertes von $\boldsymbol{A}$:

$$\rho(\boldsymbol{A}) := \max\{|\lambda| \mid \lambda \in \sigma(\boldsymbol{A})\} = \max\{|\lambda_1|, \cdots, |\lambda_k|\}. \tag{9.4}$$

◀

Für komplexe Matrizen hat der Spektralradius die folgende geometrische Interpretation: Ein Kreis in der komplexen Ebene mit Radius $\rho(\boldsymbol{A})$ um 0 enthält alle Eigenwerte von $\boldsymbol{A}$ (vgl. Übung 9.23) (◘ Abb. 9.2).

Übung 9.1

○○○ Man zeige, dass $\boldsymbol{v}_1 = \begin{bmatrix} 0 \\ 3 \\ 1 \end{bmatrix}$, $\boldsymbol{v}_2 = \begin{bmatrix} 0 \\ 1 \\ -1 \end{bmatrix}$, $\boldsymbol{v}_3 = \begin{bmatrix} 1 \\ -1 \\ 0 \end{bmatrix}$ Eigenvektoren von $\boldsymbol{A} = \begin{bmatrix} 1 & 0 & 0 \\ 0 & 1 & 3 \\ 1 & 1 & -1 \end{bmatrix}$ sind. Wie lauten die zugehörigen Eigenwerte?

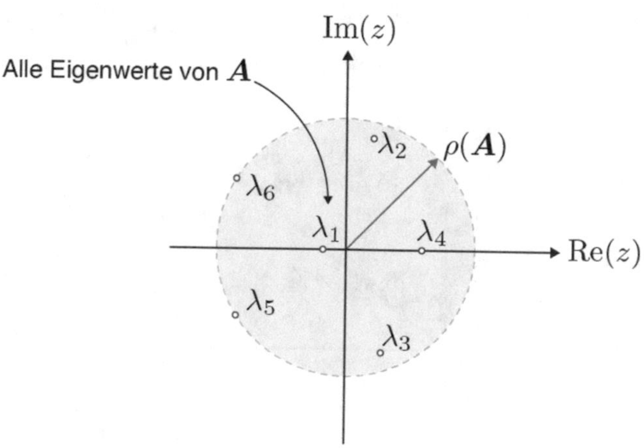

◘ **Abb. 9.2** Spektrum und Spektralradius einer Matrix $\boldsymbol{A}$

Lösung

Laut Definition müssen wir einfach zeigen, dass für diese Vektoren $\boldsymbol{Av} = \lambda\boldsymbol{v}$ gilt (λ ist zu bestimmen):

$$\boldsymbol{Av_1} = \begin{bmatrix} 1 & 0 & 0 \\ 0 & 1 & 3 \\ 1 & 1 & -1 \end{bmatrix} \begin{bmatrix} 0 \\ 3 \\ 1 \end{bmatrix} = \begin{bmatrix} 0 \\ 6 \\ 2 \end{bmatrix} = 2\,\boldsymbol{v_1} \Rightarrow \boldsymbol{v_1} \text{ ist Eigenvektor zum Eigenwert 2,}$$

$$\boldsymbol{Av_2} = \begin{bmatrix} 1 & 0 & 0 \\ 0 & 1 & 3 \\ 1 & 1 & -1 \end{bmatrix} \begin{bmatrix} 0 \\ -1 \\ 1 \end{bmatrix} = \begin{bmatrix} 0 \\ 2 \\ -2 \end{bmatrix} = -2\,\boldsymbol{v_2} \Rightarrow \boldsymbol{v_2} \text{ ist Eigenvektor zum Eigenwert -2,}$$

$$\boldsymbol{Av_3} = \begin{bmatrix} 1 & 0 & 0 \\ 0 & 1 & 3 \\ 1 & 1 & -1 \end{bmatrix} \begin{bmatrix} -1 \\ 1 \\ 0 \end{bmatrix} = \begin{bmatrix} -1 \\ 1 \\ 0 \end{bmatrix} = \boldsymbol{v_3} \Rightarrow \boldsymbol{v_3} \text{ ist Eigenvektor zum Eigenwert 1.}$$

■

Übung 9.2

○ ○ ○ Man zeige, dass $\boldsymbol{v_1} = \left[\begin{smallmatrix} 1 \\ -1 \end{smallmatrix}\right]$, $\boldsymbol{v_2} = \left[\begin{smallmatrix} 2 \\ 1 \end{smallmatrix}\right]$ Eigenvektoren von $\boldsymbol{A} = \left[\begin{smallmatrix} 1 & 4 \\ 2 & -1 \end{smallmatrix}\right]$ sind. Man berechne $\boldsymbol{v}_1^T \boldsymbol{A}^6 \boldsymbol{v}_2$.

Lösung

a) Es gilt:

$$\boldsymbol{Av}_1 = \begin{bmatrix} 1 & 4 \\ 2 & -1 \end{bmatrix} \begin{bmatrix} 1 \\ -1 \end{bmatrix} = \begin{bmatrix} -3 \\ 3 \end{bmatrix} = (-3)\,\boldsymbol{v}_1 \Rightarrow \boldsymbol{v}_1 \text{ ist Eigenvektor zum Eigenwert -3,}$$

$$\boldsymbol{Av}_2 = \begin{bmatrix} 1 & 4 \\ 2 & -1 \end{bmatrix} \begin{bmatrix} 2 \\ 1 \end{bmatrix} = \begin{bmatrix} 6 \\ 3 \end{bmatrix} = 3\,\boldsymbol{v}_2 \Rightarrow \boldsymbol{v}_2 \text{ ist Eigenvektor zum Eigenwert 3.}$$

b) Der Trick bei dieser Aufgabe ist: Wir wissen, dass $\boldsymbol{v_2}$ ein Eigenvektor von $\boldsymbol{A}$ zum Eigenwert 3 ist, d. h. $\boldsymbol{Av_2} = 3\,\boldsymbol{v_2}$. Nach mehrmaliger Anwendung von $\boldsymbol{A}$ folgt:

$$\boldsymbol{A}^6\boldsymbol{v_2} = \boldsymbol{A}^5 \underbrace{(\boldsymbol{Av_2})}_{=3\boldsymbol{v_2}} = 3\,\boldsymbol{A}^5\boldsymbol{v_2} = 3\,\boldsymbol{A}^4 \underbrace{(\boldsymbol{Av_2})}_{=3\boldsymbol{v_2}} = 3^2\boldsymbol{A}^4\boldsymbol{v_2} = \cdots = 3^6\,\boldsymbol{v_2}.$$

Somit erhalten wir:

$$\boldsymbol{v}_1^T\boldsymbol{A}^6\boldsymbol{v}_2 = \boldsymbol{v}_1^T(3^6\boldsymbol{v}_2) = 3^6\boldsymbol{v}_1^T\boldsymbol{v}_2 = 3^6 \underbrace{\begin{bmatrix} 1 & -1 \end{bmatrix} \begin{bmatrix} 2 \\ 1 \end{bmatrix}}_{=1\cdot 2+(-1)\cdot 1=1} = 3^6 = 729.$$

Bemerkung: Im Allgemeinen gilt $\boldsymbol{Av} = \lambda\boldsymbol{v} \Rightarrow \boldsymbol{A}^m\boldsymbol{v} = \lambda^m\boldsymbol{v}$ (vgl. Übung 9.9). ■

Übung 9.3

• ∘ ∘ Die reelle (2×2)-Matrix $\boldsymbol{A}$ besitze die Eigenwerte $\lambda_1 = 1$ und $\lambda_2 = -2$ mit zugehörigen Eigenvektoren $\boldsymbol{v}_1 = \left[\begin{smallmatrix}1\\2\end{smallmatrix}\right]$, $\boldsymbol{v}_2 = \left[\begin{smallmatrix}2\\1\end{smallmatrix}\right]$. Wie lautet die Matrix $\boldsymbol{A}$ konkret?

Lösung

Es seien a, b, c, d die Einträge der gesuchten Matrix $\boldsymbol{A} \in \mathbb{R}^{2\times 2}$, d. h. $\boldsymbol{A} = \left[\begin{smallmatrix}a&b\\c&d\end{smallmatrix}\right]$. Ist $\boldsymbol{v}_1$ Eigenvektor von $\boldsymbol{A}$ zum Eigenwert 1, so gilt:

$$\boldsymbol{A}\boldsymbol{v}_1 = \boldsymbol{v}_1 \quad \Rightarrow \quad \begin{bmatrix}a & b\\ c & d\end{bmatrix}\begin{bmatrix}1\\2\end{bmatrix} = \begin{bmatrix}a+2b\\ c+2d\end{bmatrix} \overset{!}{=} \begin{bmatrix}1\\2\end{bmatrix}.$$

Ist $\boldsymbol{v}_2$ Eigenvektor von $\boldsymbol{A}$ zum Eigenwert -2, so gilt:

$$\boldsymbol{A}\boldsymbol{v}_2 = -2\,\boldsymbol{v}_2 \quad \Rightarrow \quad \begin{bmatrix}a & b\\ c & d\end{bmatrix}\begin{bmatrix}2\\1\end{bmatrix} = \begin{bmatrix}2a+b\\ 2c+d\end{bmatrix} \overset{!}{=} \begin{bmatrix}-4\\-2\end{bmatrix}.$$

Es ergibt sich somit folgendes LGS für a, b, c, d:

$$\begin{cases} a+2b = 1\\ c+2d = 2\\ 2a+b = -4\\ 2c+d = -2 \end{cases} \quad \rightsquigarrow \quad \left[\begin{array}{cccc|c} 1&2&0&0&1\\ 0&0&1&2&2\\ 2&1&0&0&-4\\ 0&0&2&1&-2 \end{array}\right].$$

welches wir mit dem Gauß-Algorithmus lösen:

$$\left[\begin{array}{cccc|c} 1&2&0&0&1\\ 0&0&1&2&2\\ 2&1&0&0&-4\\ 0&0&2&1&-2 \end{array}\right] \overset{(Z_3)\leftrightarrow(Z_2)}{\rightsquigarrow} \left[\begin{array}{cccc|c} 1&2&0&0&1\\ 2&1&0&0&-4\\ 0&0&1&2&2\\ 0&0&2&1&-2 \end{array}\right] \overset{\substack{(Z_2)-2(Z_1)\\(Z_4)-2(Z_3)}}{\rightsquigarrow} \left[\begin{array}{cccc|c} 1&2&0&0&1\\ 0&-3&0&0&-6\\ 0&0&1&2&2\\ 0&0&0&-3&-6 \end{array}\right]$$

$$\overset{\substack{-(Z_2)/3\\-(Z_4)/3}}{\rightsquigarrow} \left[\begin{array}{cccc|c} 1&2&0&0&1\\ 0&1&0&0&2\\ 0&0&1&2&2\\ 0&0&0&1&2 \end{array}\right] = \boldsymbol{Z} \quad \Rightarrow \quad \begin{bmatrix}a\\b\\c\\d\end{bmatrix} = \begin{bmatrix}-3\\2\\-2\\2\end{bmatrix} \quad \Rightarrow \quad \boldsymbol{A} = \begin{bmatrix}-3 & 2\\ -2 & 2\end{bmatrix}.$$

■

Bemerkung

Die Isomorphie von $\left[\begin{smallmatrix}-3\\2\\-2\\2\end{smallmatrix}\right] \cong \left[\begin{smallmatrix}-3&2\\-2&2\end{smallmatrix}\right]$ haben wir im ► Kap. 8 gezeigt.

Ein interessantes Resultat zeigt die folgende Übung.

Übung 9.4

• ○ ○ Die Matrix $A \in \mathbb{R}^{n\times n}$ habe die folgende Eigenschaft: Jede Zeilensumme (Summe aller Elementen in einer Zeile) betrage α. Man zeige: α ist ein Eigenwert von A zum Eigenvektor $v = [1, 1, \cdots, 1]^T$.

Lösung

Es seien $A = \begin{bmatrix} a_{11} & \cdots & a_{1n} \\ a_{21} & \cdots & a_{2n} \\ \vdots & \ddots & \vdots \\ a_{n1} & \cdots & a_{nn} \end{bmatrix}$ und $v = \begin{bmatrix} 1 \\ 1 \\ \vdots \\ 1 \end{bmatrix}$. Jede Zeilensumme von A ist gleich α, d. h. $a_{11} + \cdots + a_{1n} = a_{21} + \cdots + a_{2n} = \cdots = a_{n1} + \cdots + a_{nn} = \alpha$. Daraus folgt:

$$Av = \begin{bmatrix} a_{11} & \cdots & a_{1n} \\ a_{21} & \cdots & a_{2n} \\ \vdots & \ddots & \vdots \\ a_{n1} & \cdots & a_{nn} \end{bmatrix} \begin{bmatrix} 1 \\ 1 \\ \vdots \\ 1 \end{bmatrix} = \begin{bmatrix} a_{11} + \cdots + a_{1n} \\ a_{21} + \cdots + a_{2n} \\ \vdots \\ a_{n1} + \cdots + a_{nn} \end{bmatrix} = \begin{bmatrix} \alpha \\ \alpha \\ \vdots \\ \alpha \end{bmatrix} = \alpha \begin{bmatrix} 1 \\ 1 \\ \vdots \\ 1 \end{bmatrix} = \alpha\, v.$$

v ist somit ein Eigenvektor von A zum Eigenwert α. ■

Merkregel

Wir halten folgende **Merkregel** fest: Ist jede Zeilensumme von A gleich α, so ist α ein Eigenwert von A. Der zugehörige Eigenvektor ist $[1, 1, \cdots, 1]^T$.

Übung 9.5

• ○ ○ Es sei $A \in \mathbb{R}^{n\times n}$. Man zeige: Hat $A^2 - A$ den Eigenwert -1, so hat auch A^3 den Eigenwert -1.

Lösung

$A^2 - A$ hat den Eigenwert -1, d. h. für $v \neq \mathbf{0}$ gilt $(A^2 - A)v = -v$. Nun wenden wir A auf beiden Seiten der Gleichung an und erhalten:

$$A(A^2 - A)v = A^3 v - A^2 v = -Av \;\Rightarrow\; A^3 v = \underbrace{A^2 v - Av}_{=(A^2 - A)v = -v} = -v.$$

Es folgt $A^3 v = -v$, d. h. A^3 hat den Eigenwert -1. ■

Übung 9.6

• ○ ○ Man betrachte die Matrix $A = \begin{bmatrix} \frac{1}{2} & \frac{1}{2} & \frac{1}{\sqrt{2}} \\ \frac{1}{2} & \frac{1}{2} & -\frac{1}{\sqrt{2}} \\ -\frac{1}{\sqrt{2}} & \frac{1}{\sqrt{2}} & 0 \end{bmatrix}$.

a) Welche lineare Abbildung wird von A dargestellt?

b) Man zeige, dass der Vektor $\boldsymbol{v} = [1, 1, 0]^T$ auf sich selbst abgebildet wird. Man interpretiere das Resultat geometrisch.

Lösung

a) Wegen

$$\boldsymbol{A}^T\boldsymbol{A} = \begin{bmatrix} \frac{1}{2} & \frac{1}{2} & -\frac{1}{\sqrt{2}} \\ \frac{1}{2} & \frac{1}{2} & \frac{1}{\sqrt{2}} \\ \frac{1}{\sqrt{2}} & -\frac{1}{\sqrt{2}} & 0 \end{bmatrix} \begin{bmatrix} \frac{1}{2} & \frac{1}{2} & \frac{1}{\sqrt{2}} \\ \frac{1}{2} & \frac{1}{2} & -\frac{1}{\sqrt{2}} \\ -\frac{1}{\sqrt{2}} & \frac{1}{\sqrt{2}} & 0 \end{bmatrix} = \begin{bmatrix} 1 & 0 & 0 \\ 0 & 1 & 0 \\ 0 & 0 & 1 \end{bmatrix}$$

ist $\boldsymbol{A}$ orthogonal. Außerdem ist $\det(\boldsymbol{A}) = \begin{vmatrix} \frac{1}{2} & \frac{1}{2} & \frac{1}{\sqrt{2}} \\ \frac{1}{2} & \frac{1}{2} & -\frac{1}{\sqrt{2}} \\ -\frac{1}{\sqrt{2}} & \frac{1}{\sqrt{2}} & 0 \end{vmatrix} = 1$. Somit beschreibt $\boldsymbol{A}$ eine Rotation im $\mathbb{R}^3$ (▶ vgl. Abschn. 7.3.3).

b) Es gilt:

$$\boldsymbol{A}\boldsymbol{v} = \begin{bmatrix} \frac{1}{2} & \frac{1}{2} & \frac{1}{\sqrt{2}} \\ \frac{1}{2} & \frac{1}{2} & -\frac{1}{\sqrt{2}} \\ -\frac{1}{\sqrt{2}} & \frac{1}{\sqrt{2}} & 0 \end{bmatrix} \begin{bmatrix} 1 \\ 1 \\ 0 \end{bmatrix} = \begin{bmatrix} 1 \\ 1 \\ 0 \end{bmatrix} \Rightarrow \boldsymbol{A}\boldsymbol{v} = \boldsymbol{v}.$$

$\boldsymbol{v} = [1, 1, 0]^T$ ist somit ein Eigenvektor von $\boldsymbol{A}$ zum Eigenwert 1.

Geometrische Interpretation: Bei Rotationen im $\mathbb{R}^3$ wird die Drehachse immer auf sich selbst abgebildet. $\boldsymbol{v}$ ist somit die Rotationsachse der von $\boldsymbol{A}$ dargestellten Rotation. ■

Übung 9.7

● ○ ○ Es sei $E = \{\boldsymbol{v} \in \mathbb{R}^3 \mid \boldsymbol{v} \cdot \boldsymbol{n} = 0\}$ eine Ebene im $\mathbb{R}^3$ mit Normale $\boldsymbol{n}$. Die orthogonale Projektion $\boldsymbol{P}$ auf E und die Spiegelung $\boldsymbol{S}$ an E sind durch die folgenden Matrizen beschrieben (▶ vgl. Tabelle in Abschn. 7.3):

$$\boldsymbol{P} = \boldsymbol{E} - \frac{\boldsymbol{n}\,\boldsymbol{n}^T}{||\boldsymbol{n}||^2} \quad \text{bzw.} \quad \boldsymbol{S} = \boldsymbol{E} - 2\frac{\boldsymbol{n}\,\boldsymbol{n}^T}{||\boldsymbol{n}||^2}.$$

a) Man zeige, dass alle Vielfachen von $\boldsymbol{n}$ Eigenvektoren von $\boldsymbol{P}$ und $\boldsymbol{S}$ sind. Wie lauten die zugehörigen Eigenwerte?

b) Man zeige, dass alle Vektoren $\boldsymbol{v} \in E$ Eigenvektoren von $\boldsymbol{P}$ und $\boldsymbol{S}$ sind. Wie lauten die zugehörigen Eigenwerte?

Lösung

a) Es sei $\boldsymbol{v} = \alpha\,\boldsymbol{n}$ mit $\alpha \in \mathbb{R}$. Wegen

$$\boldsymbol{P}\boldsymbol{v} = \left(\boldsymbol{E} - \frac{\boldsymbol{n}\,\boldsymbol{n}^T}{||\boldsymbol{n}||^2}\right)(\alpha\,\boldsymbol{n}) = \alpha\,\boldsymbol{E}\boldsymbol{n} - \alpha\,\frac{\boldsymbol{n}\,\boldsymbol{n}^T\boldsymbol{n}}{||\boldsymbol{n}||^2} = \alpha\,\boldsymbol{n} - \alpha\,\frac{\boldsymbol{n}\,||\boldsymbol{n}||^2}{||\boldsymbol{n}||^2} = \alpha\,\boldsymbol{n} - \alpha\,\boldsymbol{n} = \boldsymbol{0}$$

ist $\boldsymbol{v}$ ein Eigenvektor von $\boldsymbol{P}$ zum Eigenwert 0. Für $\boldsymbol{S}$ finden wir:

$$\boldsymbol{S}\boldsymbol{v} = \left(\boldsymbol{E} - 2\frac{\boldsymbol{n}\,\boldsymbol{n}^T}{||\boldsymbol{n}||^2}\right)(\alpha\,\boldsymbol{n}) = \alpha\,\boldsymbol{E}\boldsymbol{n} - 2\alpha\,\frac{\boldsymbol{n}\,\boldsymbol{n}^T\boldsymbol{n}}{||\boldsymbol{n}||^2} = \alpha\,\boldsymbol{n} - 2\alpha\,\frac{\boldsymbol{n}\,||\boldsymbol{n}||^2}{||\boldsymbol{n}||^2}$$
$$= \alpha\,\boldsymbol{n} - 2\alpha\,\boldsymbol{n} = -\alpha\,\boldsymbol{n} = -\boldsymbol{v}.$$

Somit ist $\boldsymbol{v}$ ein Eigenvektor von $\boldsymbol{S}$ zum Eigenwert -1.

b) Es sei $\boldsymbol{v} \in E \Rightarrow \boldsymbol{v}\cdot\boldsymbol{n} = 0$, was wie folgt $\boldsymbol{n}^T\boldsymbol{v} = 0$ umgeschrieben werden kann. Somit gilt:

$$\boldsymbol{P}\boldsymbol{v} = \left(\boldsymbol{E} - \frac{\boldsymbol{n}\,\boldsymbol{n}^T}{||\boldsymbol{n}||^2}\right)\boldsymbol{v} = \boldsymbol{E}\boldsymbol{v} - \frac{\boldsymbol{n}\,\boldsymbol{n}^T\boldsymbol{v}}{||\boldsymbol{n}||^2} = \boldsymbol{v} - \boldsymbol{0} = \boldsymbol{v}.$$

Somit ist $\boldsymbol{v}$ ein Eigenvektor von $\boldsymbol{P}$ zum Eigenwert 1. Analog finden wir für $\boldsymbol{S}$:

$$\boldsymbol{S}\boldsymbol{v} = \left(\boldsymbol{E} - 2\frac{\boldsymbol{n}\,\boldsymbol{n}^T}{||\boldsymbol{n}||^2}\right)\boldsymbol{v} = \boldsymbol{E}\boldsymbol{v} - 2\frac{\boldsymbol{n}\,\boldsymbol{n}^T\boldsymbol{v}}{||\boldsymbol{n}||^2} = \boldsymbol{v} - \boldsymbol{0} = \boldsymbol{v}.$$

Somit ist $\boldsymbol{v}$ ein Eigenvektor von $\boldsymbol{S}$ zum Eigenwert 1. ▶ Vgl. Abschn. 9.1.3 für die geometrische Interpretation. ■

Bemerkung

Erinnerung: Für Vektoren in $\mathbb{R}^3$ gilt $\boldsymbol{v}^T\boldsymbol{w} = \boldsymbol{v}\cdot\boldsymbol{w}$ (vgl. Anhang A.1.1).

Übung 9.8

● ○ ○ Es seien $\boldsymbol{A} \in \mathbb{R}^{n\times n}$ und $\alpha \in \mathbb{R}$. Man zeige: Ist λ ein Eigenwert von $\boldsymbol{A}$, so ist $\lambda + \alpha$ ein Eigenwert von $\boldsymbol{A} + \alpha\boldsymbol{E}$.

Lösung

Es sei $\boldsymbol{v} \neq \boldsymbol{0}$ ein Eigenvektor von $\boldsymbol{A}$ zum Eigenwert λ. Laut Definition heißt dies: $\boldsymbol{A}\boldsymbol{v} = \lambda\boldsymbol{v}$. Es sei nun $\alpha \in \mathbb{R}$. Für die Matrix $\boldsymbol{A} + \alpha\boldsymbol{E}$ gilt dann:

$$(\boldsymbol{A} + \alpha\boldsymbol{E})\boldsymbol{v} = \underbrace{\boldsymbol{A}\boldsymbol{v}}_{=\lambda\boldsymbol{v}} + \alpha\boldsymbol{E}\boldsymbol{v} = \lambda\boldsymbol{v} + \alpha\boldsymbol{v} = (\lambda + \alpha)\boldsymbol{v}.$$

Somit ist $\boldsymbol{v}$ ein Eigenvektor von $\boldsymbol{A} + \alpha\boldsymbol{E}$ zum Eigenwert $\lambda + \alpha$. ■

Übung 9.9

• ○ ○ Man zeige:

a) Ist $\boldsymbol{v} \neq \mathbf{0}$ ein Eigenvektor von $\boldsymbol{A} \in \mathbb{K}^{n\times n}$ zum Eigenwert $\lambda \in \mathbb{K}$, so ist $\boldsymbol{v}$ ein Eigenvektor von $\boldsymbol{A}^m$ zum Eigenwert λ^m ($m \in \mathbb{N}$).

b) Ist $\boldsymbol{v} \neq \mathbf{0}$ ein Eigenvektor von $\boldsymbol{A}, \boldsymbol{B} \in \mathbb{K}^{n\times n}$ zu den Eigenwerten λ bzw. μ, so ist $\boldsymbol{v}$ ein Eigenvektor von $\boldsymbol{AB}$ und $\boldsymbol{BA}$ zum Eigenwert $\lambda\mu$.

Lösung

a) Es sei λ ist ein Eigenwert von $\boldsymbol{A}$ mit Eigenvektor $\boldsymbol{v} \neq \mathbf{0}$, d. h. $\boldsymbol{Av} = \lambda\boldsymbol{v}$. Nach mehrmaliger Verwendung von $\boldsymbol{A}$ folgt:

$$\boldsymbol{A}^m\boldsymbol{v} = \boldsymbol{A}^{m-1}\underbrace{(\boldsymbol{Av})}_{=\lambda\boldsymbol{v}} = \lambda\boldsymbol{A}^{m-1}\boldsymbol{v} = \lambda\boldsymbol{A}^{m-2}\underbrace{(\boldsymbol{Av})}_{=\lambda\boldsymbol{v}} = \lambda^2\boldsymbol{A}^{m-2}\boldsymbol{v} = \cdots = \lambda^m\boldsymbol{v}.$$

Somit ist $\boldsymbol{v}$ ein Eigenvektor von $\boldsymbol{A}^m$ zum Eigenwert λ^m (Alternative: Beweis durch vollständigen Induktion).

b) Es sei $\boldsymbol{v} \neq \mathbf{0}$ ein Eigenvektor von $\boldsymbol{A}, \boldsymbol{B}$ zu den Eigenwerten λ bzw. μ, d. h. $\boldsymbol{Av} = \lambda\boldsymbol{v}$ bzw. $\boldsymbol{Bv} = \mu\boldsymbol{v}$. Daraus folgt:

$$(\boldsymbol{AB})\boldsymbol{v} = \boldsymbol{A}\underbrace{(\boldsymbol{Bv})}_{=\mu\boldsymbol{v}} = \mu\underbrace{\boldsymbol{Av}}_{=\lambda\boldsymbol{v}} = \lambda\mu\boldsymbol{v} \Rightarrow \boldsymbol{v} \text{ ist Eigenvektor von } \boldsymbol{AB} \text{ zum Eigenwert } \lambda\mu$$

$$(\boldsymbol{BA})\boldsymbol{v} = \boldsymbol{B}\underbrace{(\boldsymbol{Av})}_{=\lambda\boldsymbol{v}} = \lambda\underbrace{\boldsymbol{Bv}}_{=\mu\boldsymbol{v}} = \lambda\mu\boldsymbol{v} \Rightarrow \boldsymbol{v} \text{ ist Eigenvektor von } \boldsymbol{BA} \text{ zum Eigenwert } \lambda\mu$$

■

Übung 9.10

• ○ ○ $\boldsymbol{A} \in \mathbb{R}^{n\times n}$ heißt idempotent, wenn $\boldsymbol{A}^2 = \boldsymbol{A}$ gilt. Wie lauten die möglichen Eigenwerte einer idempotenten Matrix? Man interpretiere das Resultat geometrisch.

Lösung

Es sei $\boldsymbol{A} \in \mathbb{R}^{n\times n}$ idempotent, d. h. $\boldsymbol{A}^2 = \boldsymbol{A}$. Es sei λ ein Eigenwert von $\boldsymbol{A}$ mit Eigenvektor $\boldsymbol{v} \neq \mathbf{0}$. Dann ist λ^2 ein Eigenwert von $\boldsymbol{A}^2$ mit demselben Eigenvektor (vgl. Übung 9.9). Wegen $\boldsymbol{A}^2 = \boldsymbol{A}$ müssen die Eigenwerte von $\boldsymbol{A}$ die folgende Gleichung erfüllen:

$$\lambda^2 = \lambda \Rightarrow \lambda^2 - \lambda = \lambda(\lambda - 1) = 0 \Rightarrow \lambda = 0, 1.$$

Eine idempotente Matrix kann somit nur die Eigenwerte $\lambda = 0$ und $\lambda = 1$ haben.

Geometrische Interpretation: Eine idempotente Matrix beschreibt geometrisch eine orthogonale Projektion (▶ vgl. Abschn. 7.3.3). Vektoren auf der Projektionsachse oder Projektionsebene werden von der Projektion nicht geändert ($\Rightarrow$ Eigenwert 1). Vektoren, welche senkrecht zur Projektionsachse oder Projektionsebene sind, werden auf Null abgebildet ($\Rightarrow$ Eigenwert 0).

■

Übung 9.11

• ∘ ∘ $A \in \mathbb{R}^{n \times n}$ heißt involutiv, wenn $A^2 = E$ gilt. Wie lauten die möglichen Eigenwerte einer involutiven Matrix? Man interpretiere das Resultat geometrisch.

Lösung

Es sei $A \in \mathbb{R}^{n \times n}$ involutiv, d. h. $A^2 = E$. Ist λ ein Eigenwert von A mit Eigenvektor $v \neq 0$, so ist λ^2 ein Eigenwert von A^2 mit demselben Eigenvektor. Die Einheitsmatrix hat nur den Eigenwert 1. Aus $A^2 = E$ folgt somit, dass die Eigenwerte von A die folgende Gleichung erfüllen:

$$\lambda^2 = 1 \Rightarrow \lambda^2 - 1 = (\lambda + 1)(\lambda - 1) = 0 \Rightarrow \lambda = \pm 1.$$

Eine involutive Matrix kann somit nur $\lambda = \pm 1$ als Eigenwerte haben.

Geometrische Interpretation: Eine involutive Matrix beschreibt geometrisch eine Spiegelung (▶ vgl. Abschn. 7.3.3). Vektoren auf der Spiegelachse oder Spiegelebene werden von der Spiegelung nicht geändert (⇒ Eigenwert 1). Vektoren v, welche senkrecht zur Spiegelachse oder Spiegelebene sind, werden auf $-v$ abgebildet (⇒ Eigenwert -1). ■

Übung 9.12

• ∘ ∘ $A \in \mathbb{R}^{n \times n}$ heißt nilpotent, wenn es ein $m \in \mathbb{N}$ gibt, sodass $A^{m-1} \neq 0$ und $A^m = 0$ gilt. m ist der Nilpotenzgrad. Wie lauten die möglichen Eigenwerte einer nilpotenten Matrix?

Lösung

Eine nilpotente Matrix mit Nilpotenzgrad m erfüllt

$$A^m = 0.$$

Die Nullmatrix hat nur den Eigenwert 0. Somit ist 0 der einzige Eigenwert von A^m. Aus Übung 9.9 folgt somit: Ist λ ein Eigenwert von A, so ist $\lambda^m = 0$. Daraus folgt $\lambda = 0$. Somit kann die Matrix A nur den Eigenwert 0 haben. ■

Das folgende Beispiel ist sehr praktisch.

Übung 9.13

• • ∘ Es sei $A \in \mathrm{GL}(n, \mathbb{K})$ invertierbar. Man zeige:

a) Alle Eigenwerte von A sind ungleich Null.

b) Ist λ ein Eigenwert von A, so ist $1/\lambda$ ein Eigenwert der Inversen A^{-1}.

Lösung

a) Der Eigenraum von $\boldsymbol{A}$ zu $\lambda = 0$ ist per Definition:

$$\mathrm{Eig}_0(\boldsymbol{A}) = \{\boldsymbol{v} \in \mathbb{K}^n \mid \boldsymbol{A}\boldsymbol{v} = 0\,\boldsymbol{v} = \boldsymbol{0}.\}$$

Dies ist gerade der Kern von $\boldsymbol{A}$, d. h.

$$\mathrm{Eig}_0(\boldsymbol{A}) = \mathrm{Ker}(\boldsymbol{A}).$$

$\boldsymbol{A}$ ist genau dann invertierbar, wenn $\mathrm{Rang}(\boldsymbol{A}) = n$, d. h. $\mathrm{Ker}(\boldsymbol{A}) = \{\boldsymbol{0}\}$. Der Eigenraum zu $\lambda = 0$ besteht somit nur aus dem Nullvektor. Der Nullvektor ist jedoch nach Definition kein Eigenvektor von $\boldsymbol{A}$. Somit ist $\lambda = 0$ kein Eigenwert von $\boldsymbol{A}$, wenn $\boldsymbol{A}$ invertierbar ist (siehe Merkregel unten).

b) Es sei λ ist ein Eigenwert von $\boldsymbol{A}$ mit Eigenvektor $\boldsymbol{v} \neq \boldsymbol{0}$, d. h. $\boldsymbol{A}\boldsymbol{v} = \lambda\boldsymbol{v}$. Da $\boldsymbol{A}$ invertierbar ist und $\lambda \neq 0$ folgt nach Anwendung von $\boldsymbol{A}^{-1}$:

$$\boldsymbol{A}\boldsymbol{v} = \lambda\boldsymbol{v} \quad \Rightarrow \quad \boldsymbol{v} = \lambda\boldsymbol{A}^{-1}\boldsymbol{v} \quad \Rightarrow \quad \boldsymbol{A}^{-1}\boldsymbol{v} = \frac{1}{\lambda}\,\boldsymbol{v},$$

d. h., $1/\lambda$ ist ein Eigenwert von $\boldsymbol{A}^{-1}$. ■

Merkregel

Wir halten folgende **Merkregel** fest: Eine Matrix $\boldsymbol{A}$ ist genau dann invertierbar, wenn alle Eigenwerte ungleich Null sind.

Übung 9.14

• • ○ Man zeige: Eigenvektoren von $\boldsymbol{A}$ zu verschiedenen Eigenwerten sind linear unabhängig.

Lösung

Wir zeigen diese Aussage für zwei Eigenvektoren. Es seien $\boldsymbol{v_1}, \boldsymbol{v_2} \neq \boldsymbol{0}$ Eigenvektoren von $\boldsymbol{A}$ zu den Eigenwerten λ_1 bzw. λ_2 mit $\lambda_1 \neq \lambda_2$. Zu zeigen ist, dass $\boldsymbol{v_1}$ und $\boldsymbol{v_2}$ linear unabhängig sind, d. h.

$$\alpha_1\boldsymbol{v_1} + \alpha_2\boldsymbol{v_2} = \boldsymbol{0} \Rightarrow \alpha_1 = \alpha_2 = 0.$$

Wir beginnen mit der Gleichung $\alpha_1\boldsymbol{v_1} + \alpha_2\boldsymbol{v_2} = \boldsymbol{0}$ und zeigen, dass $\alpha_1 = \alpha_2 = 0$ sein muss. Wenden wir $\boldsymbol{A}$ auf beiden Seiten dieser Gleichung an so folgt:

$$\boldsymbol{A}(\alpha_1\boldsymbol{v_1} + \alpha_2\boldsymbol{v_2}) = \alpha_1\boldsymbol{A}\boldsymbol{v_1} + \alpha_2\boldsymbol{A}\boldsymbol{v_2} = \alpha_1\lambda_1\boldsymbol{v_1} + \alpha_2\lambda_2\boldsymbol{v_2} = \boldsymbol{A}\boldsymbol{0} = \boldsymbol{0}.$$

Wir haben somit zwei Gleichungen erhalten

$$\begin{cases} \alpha_1\boldsymbol{v_1} + \alpha_2\boldsymbol{v_2} = \boldsymbol{0} \\ \alpha_1\lambda_1\boldsymbol{v_1} + \alpha_2\lambda_2\boldsymbol{v_2} = \boldsymbol{0} \end{cases} \tag{9.5}$$

Multiplizieren wir die erste Gleichung von (9.5) mit λ_2 und subtrahieren davon die zweite Gleichung, so folgt

$$\alpha_1(\lambda_2 - \lambda_1)\boldsymbol{v_1} = \boldsymbol{0}.$$

Wegen $\lambda_1 \neq \lambda_2$ (die Eigenwerte sind verschieden) und $\boldsymbol{v_1} \neq \boldsymbol{0}$ (aus der Definition von Eigenvektoren) folgt $\alpha_1 = 0$. Nun multiplizieren wir die erste Gleichung von (9.5) mit λ_1 und subtrahieren davon die zweite Gleichung von (9.5), so folgt

$$\alpha_2(\lambda_1 - \lambda_2)\boldsymbol{v_2} = \boldsymbol{0},$$

woraus sich $\alpha_2 = 0$ ergibt (wegen $\lambda_1 \neq \lambda_2$ und $\boldsymbol{v_2} \neq \boldsymbol{0}$). Somit sind $\boldsymbol{v_1}$ und $\boldsymbol{v_2}$ linear unabhängig. Per Induktion zeigt man, dass dies für n verschiedenen Eigenwerte gilt! ■

Übung 9.15

● ○ ○ Es sei $\boldsymbol{A} \in \mathbb{K}^{n\times n}$ und $\lambda \in \mathbb{K}$ ein Eigenwert von $\boldsymbol{A}$. Man zeige, dass der zugehörige Eigenraum $\mathrm{Eig}_\lambda(\boldsymbol{A})$ ein Unterraum von $\mathbb{K}^n$ ist.

Lösung

Wir weisen einfach nach, dass $\mathrm{Eig}_\lambda(\boldsymbol{A})$ die drei Eigenschaften (U1)–(U3) eines Unterraumes erfüllt (► vgl. Abschn. 5.2):

- Beweis von **(UR0)**: Wegen $\boldsymbol{A}\,\boldsymbol{0} = \boldsymbol{0} = \lambda\,\boldsymbol{0}$ ist $\boldsymbol{0} \in \mathrm{Eig}_\lambda(\boldsymbol{A})$ ✓
- Beweis von **(UR1)**: Es seien $\boldsymbol{v}, \boldsymbol{w} \in \mathrm{Eig}_\lambda(\boldsymbol{A})$. Dann gilt $\boldsymbol{A}\boldsymbol{v} = \lambda\,\boldsymbol{v}$ und $\boldsymbol{A}\boldsymbol{w} = \lambda\,\boldsymbol{w}$. Daraus folgt

$$\boldsymbol{A}(\boldsymbol{v}+\boldsymbol{w}) = \boldsymbol{A}\boldsymbol{v} + \boldsymbol{A}\boldsymbol{w} = \lambda\,\boldsymbol{v} + \lambda\,\boldsymbol{w} = \lambda(\boldsymbol{v}+\boldsymbol{w}) \;\Rightarrow\; \boldsymbol{v}+\boldsymbol{w} \in \mathrm{Eig}_\lambda(\boldsymbol{A})\ \checkmark$$

- Beweis von **(UR2)**: Es seien $\boldsymbol{v} \in \mathrm{Eig}_\lambda(\boldsymbol{A})$ und $\alpha \in \mathbb{K}$. Dann gilt $\boldsymbol{A}\boldsymbol{v} = \lambda\,\boldsymbol{v}$ und somit

$$\boldsymbol{A}(\alpha\,\boldsymbol{v}) = \alpha\,\boldsymbol{A}\boldsymbol{v} = \alpha\,(\lambda\,\boldsymbol{v}) = \lambda(\alpha\,\boldsymbol{v}) \;\Rightarrow\; \alpha\,\boldsymbol{v} \in \mathrm{Eig}_\lambda(\boldsymbol{A})\ \checkmark$$

$\mathrm{Eig}_\lambda(\boldsymbol{A})$ ist somit ein Unterraum von $\mathbb{K}^n$. ■

Übung 9.16

● ● ○ Die Matrix $\boldsymbol{A} \in \mathbb{R}^{n\times n}$ habe die Eigenschaft, dass jeder Vektor $\boldsymbol{v} \neq \boldsymbol{0}$ in $\mathbb{R}^n$ ein Eigenvektor von $\boldsymbol{A}$ ist. Man zeige, dass dann $\boldsymbol{A} = \lambda\boldsymbol{E}$ für ein $\lambda \in \mathbb{R}$.

Lösung

Alle Vektoren $\boldsymbol{v} \neq \boldsymbol{0}$ in $\mathbb{R}^n$ sind Eigenvektoren von $\boldsymbol{A} = \begin{bmatrix} a_{11} & a_{12} & \cdots & a_{1n} \\ a_{21} & a_{22} & \cdots & a_{2n} \\ \vdots & \vdots & \ddots & \vdots \\ a_{n1} & a_{n2} & \cdots & a_{nn} \end{bmatrix}$. Insbesondere sind die Standardbasisvektoren $\boldsymbol{e_1} = \begin{bmatrix} 1 \\ 0 \\ \vdots \\ 0 \end{bmatrix}$, $\boldsymbol{e_2} = \begin{bmatrix} 0 \\ 1 \\ \vdots \\ 0 \end{bmatrix}, \cdots, \boldsymbol{e_n} = \begin{bmatrix} 0 \\ 0 \\ \vdots \\ 1 \end{bmatrix}$ Eigenvektoren von $\boldsymbol{A}$ zu den Eigenwerten $\lambda_1, \lambda_2, \cdots, \lambda_n$ (diese Eigenwerte brauchen nicht gleich zu sein) Aus $\boldsymbol{Ae_1} = \lambda_1 \boldsymbol{e_1}$ folgt

$$\begin{bmatrix} a_{11} & a_{12} & \cdots & a_{1n} \\ a_{21} & a_{22} & \cdots & a_{2n} \\ \vdots & \vdots & \ddots & \vdots \\ a_{n1} & a_{n2} & \cdots & a_{nn} \end{bmatrix} \begin{bmatrix} 1 \\ 0 \\ \vdots \\ 0 \end{bmatrix} = \begin{bmatrix} a_{11} \\ a_{21} \\ \vdots \\ a_{n1} \end{bmatrix} \stackrel{!}{=} \lambda_1 \begin{bmatrix} 1 \\ 0 \\ \vdots \\ 0 \end{bmatrix} \Rightarrow a_{11} = \lambda_1,\ a_{21} = \cdots = a_{n1} = 0.$$

Aus $\boldsymbol{Ae_2} = \lambda_2 \boldsymbol{e_2}$ folgt

$$\begin{bmatrix} a_{11} & a_{12} & \cdots & a_{1n} \\ a_{21} & a_{22} & \cdots & a_{2n} \\ \vdots & \vdots & \ddots & \vdots \\ a_{n1} & a_{n2} & \cdots & a_{nn} \end{bmatrix} \begin{bmatrix} 0 \\ 1 \\ \vdots \\ 0 \end{bmatrix} = \begin{bmatrix} a_{12} \\ a_{22} \\ \vdots \\ a_{n2} \end{bmatrix} \stackrel{!}{=} \lambda_2 \begin{bmatrix} 0 \\ 1 \\ \vdots \\ 0 \end{bmatrix} \Rightarrow a_{22} = \lambda_1,\ a_{12} = \cdots = a_{n2} = 0.$$

Usw. Es folgt $a_{ij} = \lambda_i$ für $i = j$ und $a_{ij} = 0$ für $i \neq j$, d. h. $\boldsymbol{A} = \begin{bmatrix} \lambda_1 & 0 & \cdots & 0 \\ 0 & \lambda_2 & \cdots & 0 \\ \vdots & \vdots & \ddots & \vdots \\ 0 & 0 & \cdots & \lambda_n \end{bmatrix}$. Es bleibt zu zeigen, dass $\lambda_1 = \cdots = \lambda_n$. Zu diesem Zweck betrachten wir den Vektor $\boldsymbol{v} = \begin{bmatrix} 1 \\ 1 \\ \vdots \\ 1 \end{bmatrix}$.

Nach Ausnahme ist $\boldsymbol{v}$ ein Eigenvektor von $\boldsymbol{A}$. Es sei λ der zugehörige Eigenvektor. Dann folgt aus $\boldsymbol{Av} = \lambda \boldsymbol{v}$

$$\begin{bmatrix} \lambda_1 & 0 & \cdots & 0 \\ 0 & \lambda_2 & \cdots & 0 \\ \vdots & \vdots & \ddots & \vdots \\ 0 & 0 & \cdots & \lambda_n \end{bmatrix} \begin{bmatrix} 1 \\ 1 \\ \vdots \\ 1 \end{bmatrix} = \begin{bmatrix} \lambda_1 \\ \lambda_2 \\ \vdots \\ \lambda_n \end{bmatrix} \stackrel{!}{=} \lambda \begin{bmatrix} 1 \\ 1 \\ \vdots \\ 1 \end{bmatrix} \Rightarrow \lambda_1 = \cdots = \lambda_n = \lambda.$$

Somit ist $\boldsymbol{A} = \begin{bmatrix} \lambda & 0 & \cdots & 0 \\ 0 & \lambda & \cdots & 0 \\ \vdots & \vdots & \ddots & \vdots \\ 0 & 0 & \cdots & \lambda \end{bmatrix} = \lambda \boldsymbol{E}$. ■

9.2 Bestimmung von Eigenwerten, deren Eigenvektoren und Eigenräumen

Wie kann man die Eigenwerte und die zugehörigen Eigenvektoren und Eigenräume einer gegebenen Matrix in der Praxis bestimmen?

9.2.1 Bestimmung des Eigenraumes

Sei $\lambda \in \mathbb{K}$ ein Eigenwert von $\boldsymbol{A} \in \mathbb{K}^{n\times n}$ mit dem Eigenvektor $\boldsymbol{v} \neq \boldsymbol{0}$. Dann gilt gemäß Definition

$$\boldsymbol{A}\boldsymbol{v} = \lambda \boldsymbol{v}. \tag{9.6}$$

Wir können diese Bedingung (9.6) in ein **homogenes LGS** umwandeln:

$$\boldsymbol{A}\boldsymbol{v} = \lambda \boldsymbol{v} = \lambda \boldsymbol{E}\boldsymbol{v} \quad \Leftrightarrow \quad (\boldsymbol{A} - \lambda \boldsymbol{E})\boldsymbol{v} = \boldsymbol{0}. \tag{9.7}$$

Die Lösungsmenge dieses homogenen LGS ist der Eigenraum von $\boldsymbol{A}$ zu λ, konkret:

$$\mathrm{Eig}_{\lambda}(\boldsymbol{A}) = \{\boldsymbol{v} \in \mathbb{K}^n \mid (\boldsymbol{A} - \lambda \boldsymbol{E})\boldsymbol{v} = \boldsymbol{0}\} = \mathrm{Ker}(\boldsymbol{A} - \lambda \boldsymbol{E}). \tag{9.8}$$

Wir haben somit Folgendes gezeigt:

► Satz 9.1

Der Eigenraum von $\boldsymbol{A} \in \mathbb{K}^{n\times n}$ zum Eigenwert λ ist der Kern von $\boldsymbol{A} - \lambda \boldsymbol{E}$, d. h.

$$\boxed{\mathrm{Eig}_{\lambda}(\boldsymbol{A}) = \mathrm{Ker}(\boldsymbol{A} - \lambda \boldsymbol{E})}$$ ◄

Mit anderen Worten: $\lambda \in \mathbb{K}$ ist genau dann ein Eigenwert von $\boldsymbol{A} \in \mathbb{K}^{n\times n}$, wenn es ein $\boldsymbol{v} \neq \boldsymbol{0}$ gibt mit $(\boldsymbol{A} - \lambda \boldsymbol{E})\boldsymbol{v} = \boldsymbol{0}$. Dies ist äquivalent zu $\mathrm{Ker}(\boldsymbol{A} - \lambda \boldsymbol{E})\boldsymbol{v} \neq \{\boldsymbol{0}\}$.

Geometrische Vielfachheit

► Definition 9.4 (Geometrische Vielfachheit)

Die Dimension von $\mathrm{Eig}_{\lambda}(\boldsymbol{A})$ nennt man die **geometrische Vielfachheit** des Eigenwertes λ. ◄

Praxistipp

Wenn wir die Dimensionsformel für Matrizen (Satz 8.9) auf $\boldsymbol{A} - \lambda \boldsymbol{E}$ anwenden, dann erhalten wir die folgende nützliche Formel für die geometrische Vielfachheit von λ:

$$n = \underbrace{\dim(\mathrm{Ker}(\boldsymbol{A} - \lambda \boldsymbol{E}))}_{=\dim(\mathrm{Eig}_{\lambda}(\boldsymbol{A}))} + \underbrace{\dim \mathrm{Im}(\boldsymbol{A} - \lambda \boldsymbol{E})}_{=\mathrm{Rang}(\boldsymbol{A}-\lambda \boldsymbol{E})} \quad \Rightarrow \quad \boxed{\dim(\mathrm{Eig}_{\lambda}(\boldsymbol{A})) = n - \mathrm{Rang}(\boldsymbol{A} - \lambda \boldsymbol{E})} \tag{9.9}$$

9.2.2 Bestimmung von Eigenwerten – das charakteristische Polynom

Im letzten Abschnitt haben wir die Bestimmung des Eigenraumes $\mathrm{Eig}_\lambda(A)$ auf die Lösung des folgenden homogenen LGS reduziert:

$$(A - \lambda E)v = 0. \tag{9.10}$$

Bemerkung

Erinnerung: Aus ► Abschn. 2.3.4 wissen wir, dass es 2 Möglichkeiten für die Lösung eines homogenen LGS gibt:

- Ist $\det(A - \lambda E) \neq 0$, so hat $(A - \lambda E)v = 0$ **nur die triviale Lösung** $v = 0$;
- Ist $\det(A - \lambda E) = 0$, so hat $(A - \lambda E)v = 0$ **unendlich viele nichttriviale Lösungen** $v \neq 0$.

Da der Nullvektor $0 \in \mathbb{K}^n$ kein Eigenvektor von A ist, interessieren wir uns nur für den zweiten Fall, d. h. wenn $Av = \lambda v$ eine **nichttriviale** Lösung $v \neq 0$ hat. Dies impliziert

$$\boxed{\det(A - \lambda E) = 0} \tag{9.11}$$

Merkregel

Die Matrix A besitzt Eigenvektoren nur zu denjenigen $\lambda \in \mathbb{K}$, welche $\det(A - \lambda E) = 0$ erfüllen.

Der Ausdruck $p_A(\lambda) := \det(A - \lambda E)$ ist ein **Polynom vom Grad n** in der Variablen λ und wird ***charakteristisches Polynom*** von A benannt. Die Nullstellen des charakteristisches Polynoms sind genau die Eigenwerte von A. Wir haben somit den folgenden Satz motiviert:

► Satz 9.2

Die Eigenwerte von $A \in \mathbb{K}^{n \times n}$ sind genau die in $\mathbb{K}$ liegenden **Nullstellen des charakteristischen Polynoms**

$$\boxed{p_A(\lambda) = \det(A - \lambda E)} \tag{9.12}$$

Gl. (9.12) heißt die **charakteristische Gleichung**. ◄

Da ein Polynom vom Grad n höchstens n Nullstellen hat, erhalten wir direkt aus dem obigen Satz 9.2 das folgende Resultat:

► Satz 9.3

Eine Matrix $A \in \mathbb{K}^{n \times n}$ hat **höchstens n Eigenwerte** (mit entsprechender Vielfachheit gezählt). ◄

Für komplexwertige Matrizen $A \in \mathbb{C}^{n \times n}$ gilt der **Fundamentalsatz der Algebra** (vgl. Anhang C.3): Jedes Polynom vom Grad n über $\mathbb{C}$ zerfällt in Linearfaktoren, d. h., es hat n Nullstellen. Daraus folgt unmittelbar:

▶ Satz 9.4

Jede Matrix $A \in \mathbb{C}^{n \times n}$ besitzt **immer** n Eigenwerte in $\mathbb{C}$ (mit entsprechender Vielfachheit gezählt). ◀

Algebraische Vielfachheit (oder Multiplizität)

Nullstellen in $p_A(\lambda)$ können – wie immer bei Nullstellen von Polynomen – mehrfach auftreten. Nur verschiedene Nullstellen liefern verschiedene Eigenwerte. Was ist damit gemeint? Die Gleichung

$$(\lambda - 1)^2(\lambda - 5) = 0 \tag{9.13}$$

hat beispielsweise zwei unterschiedliche Nullstellen 1 und 5. Wenn man diese Gleichung so aufschreibt

$$(\lambda - 1)(\lambda - 1)(\lambda - 5) = 0 \tag{9.14}$$

dann wird deutlich, dass 1 jeweils die Nullstelle von zwei Linearfaktoren ist. Man sagt, dass 1 eine **zweifache** Nullstelle ist, bzw., dass 1 die **Vielfachheit** 2 hat. Im Allgemeinen können wir die charakteristische Gl. (9.12) auf zwei äquivalenten Arten festlegen

$$p_A(\lambda) = a_n(\lambda - \lambda_1) \cdots (\lambda - \lambda_n) = 0 \tag{9.15}$$

$$p_A(\lambda) = a_n(\lambda - \lambda_1)^{m_1} \cdots (\lambda - \lambda_r)^{m_r} = 0. \tag{9.16}$$

In Gl. (9.15) werden alle n Eigenwerte explizit aufgeschrieben; ein bestimmtes λ_i kann daher die Nullstelle von mehreren Linearfaktoren sein. In Gl. (9.16) werden nur die **unterschiedlichen** Eigenwerte aufgeschrieben; die Potenz m_i ist die Vielfachheit der Nullstelle λ_i in $p_A(\lambda)$. Aus diesem Grund definiert man:

▶ Definition 9.5 (Algebraische Vielfachheit)

Die Vielfachheit der Nullstelle λ in $p_A(\lambda)$ nennt man die **algebraische Vielfachheit** des Eigenwertes λ. ◀

Zusammenhang der Vielfachheitsbegriffe

Für jeden Eigenwert λ unterscheidet man zwei Vielfachheitsbegriffe:

- Die **geometrische Vielfachheit** von λ ist die Dimension des Eigenraumes $\mathrm{Eig}_\lambda(\boldsymbol{A})$.
- Die **algebraische Vielfachheit** von λ ist die Vielfachheit von λ als Nullstelle des charakteristischen Polynoms $p_A(\lambda)$ (d. h. wie viel Mal λ als Nullstelle von $p_A(\lambda)$ auftritt).

Zwischen den beiden Vielfachheitsbegriffe gilt der folgende Zusammenhang und wichtige Satz:

► Satz 9.5

Für jeden Eigenwert λ gilt (vgl. Übung 9.40):

$$\boxed{1 \leq \text{geometrische Vielfachheit} \leq \text{algebraische Vielfachheit.}} \tag{9.17}$$

◄

Merkregel

Die geometrische Vielfachheit eines Eigenwertes ist **mindestens 1** und ist **kleiner oder gleich** der algebraischen Vielfachheit. Diese Begriffe spielen eine zentrale Rolle bei der Diagonalisierung von A (vgl. Prüfungstraining Lineare Algebra, Band II).

9.2.3 Kochrezept

Kochrezept 9.1 (Eigenwerte und Eigenvektoren)

Gegeben: eine $(n \times n)$-Matrix $A \in \mathbb{K}^{n \times n}$.

Gesucht: die Eigenwerte und Eigenvektoren/Eigenräume von A.

Schritt 1: Bilde das **charakteristische Polynom** von A

$$p_A(\lambda) = \det(A - \lambda I) = \begin{vmatrix} a_{11} - \lambda & a_{12} & \cdots & a_{1n} \\ a_{21} & a_{22} - \lambda & \cdots & a_{2n} \\ \vdots & \vdots & \ddots & \vdots \\ a_{n1} & a_{n2} & \cdots & a_{nn} - \lambda \end{vmatrix}.$$

Dies ist ein Polynom vom Grad n in λ. Für (2×2)-Matrizen kann man die Formel von Vieta benutzen, um $p_A(\lambda)$ schnell zu bestimmen (Trick # 9.1):

$$p_A(\lambda) = \lambda^2 - \text{Spur}(A)\,\lambda + \det(A).$$

Schritt 2: Die gesuchten Eigenwerte der Matrix A sind die **Nullstellen des charakteristischen Polynoms** $p_A(\lambda)$.

Schritt 3: Um die Eigenvektoren/Eigenräume zu den verschiedenen Eigenwerten zu bestimmen, löse man jeweils das LGS $(A - \lambda E)v = \mathbf{0}$ mit dem Gauß-Algorithmus. Diese Prozedur führt man mit allen im Schritt 2 bestimmten Eigenwerte separat durch.

9.2.4 Weitere nützliche Eigenschaften und Tricks

Wir halten in der Folge einige interessante und praktische Tatsachen fest, die bei der Eigenwertsuche sehr nützlich sind.

Trick # 9.1 *Für jede Matrix* $A \in \mathbb{K}^{n\times n}$ *ist* $p_A(\lambda)$ *ein* **Polynom vom Grad n**, *d. h.*

$$p_A(\lambda) = a_n\lambda^n + a_{n-1}\lambda^{n-1} + \cdots + a_0. \tag{9.18}$$

Dies folgt direkt aus der Definition der Determinante (vgl. Übung 9.33). Für einige Koeffizienten von $p_A(\lambda)$ *gelten die* **Formeln von Vieta** *(die Formeln für die anderen Koeffizienten sind etwas komplexer und werden in diesem Buch nicht behandelt, da sie kaum prüfungsrelevant sind):*

$$\boxed{a_n = (-1)^n, \quad a_{n-1} = (-1)^{n-1}\mathrm{Spur}(A), \quad a_0 = \det(A)} \tag{9.19}$$

Insbesondere ist das charakteristische Polynom einer (2×2)*-Matrix gleich:*

$$\boxed{p_A(\lambda) = \lambda^2 - \mathrm{Spur}(A)\,\lambda + \det(A)} \tag{9.20}$$

► Beispiel

» *Die Matrix* $A = \begin{bmatrix} 1 & 2 \\ 2 & 1 \end{bmatrix}$ *erfüllt* $\mathrm{Spur}(A) = 2$ *und* $\det(A) = -3$. *Daher ist das charakteristische Polynom von* A *gleich* $p_A(\lambda) = \lambda^2 - \mathit{Spur}(A)\,\lambda + \det(A) = \lambda^2 - 2\lambda - 3$. ◄

Trick # 9.2 *Die* **Summe der n Eigenwerte** *(mit Vielfachheit gezählt) ist gleich der Spur von* A *(vgl. Übung 9.27):*

$$\boxed{\lambda_1 + \cdots + \lambda_n = \mathrm{Spur}(A)} \tag{9.21}$$

► Beispiel

» *Die Matrix* $A = \begin{bmatrix} -3 & 1 & -1 \\ -7 & 5 & -1 \\ -6 & 6 & -2 \end{bmatrix}$ *hat die Eigenwerte* $\lambda_{1,2} = -2$ *(mit algebraischer Vielfachheit 2) und* $\lambda_3 = 4$. *Die Spur von* A *ist* $\mathrm{Spur}(A) = -3 + 5 - 2 = 0$ *und stimmt mit der Summe der Eigenwerte überein* $\lambda_1 + \lambda_2 + \lambda_3 = -2 - 2 + 4 = 0$ ✓. *Beachte: Der Eigenwert* -2 *hat algebraische Vielfachheit 2 und wird somit zwei Mal in der Summe mitgezählt.* ◄

Bemerkung
Trick 9.2 ist eine schnelle **Kontrollmöglichkeit**, ob wir die Eigenwerte richtig berechnet haben.

Trick # 9.3 *Das* **Produkt der n Eigenwerte** *von* A *ist gleich der Determinante von* A *(vgl. Übung 9.27):*

$$\boxed{\lambda_1 \cdots \lambda_n = \det(A)} \tag{9.22}$$

► Beispiel

» *Die Determinante der Matrix* $A = \begin{bmatrix} -3 & 1 & -1 \\ -7 & 5 & -1 \\ -6 & 6 & -2 \end{bmatrix}$ *ist* $\det(A) = 16$. *Dies stimmt mit dem Produkt der Eigenwerte überein* $\lambda_1 \cdot \lambda_2 \cdot \lambda_3 = (-2) \cdot (-2) \cdot 4 = 16$ ✓. *Beachte: Der Eigenwert* -2 *(algebraische Vielfachheit 2) wird zwei Mal mitgezählt.* ◄

Bemerkung

Nützliche Folgerung: Gilt $\det(A) = 0$, so hat A mindestens einen Eigenwert **gleich Null**.

Trick # 9.4 *Für* ***Diagonalmatrizen*** *und* ***Dreiecksmatrizen*** *sind die Eigenwerte* ***genau die Diagonaleinträge*** *(vgl. Übung 9.25).*

► Beispiel

» *Die Matrix* $A = \begin{bmatrix} 2 & 2 & 3 \\ 0 & -4 & 6 \\ 0 & 0 & 5 \end{bmatrix}$ *hat die Eigenwerte* 2, −4 *und* 5. ◄

Trick # 9.5 *Für die Bestimmung der Eigenwerte von* ***Blockdiagonalmatrizen***

$$A = \operatorname{diag}[A_1, \cdots, A_p] = \left[\begin{array}{c|c|c} A_1 & \cdots & \mathbf{0} \\ \hline \vdots & \ddots & \vdots \\ \hline \mathbf{0} & \cdots & A_p \end{array}\right]$$

darf man jeden Block $A_1, \cdots, A_p$ *einzeln betrachten. Dies gilt auch bei* ***Blockdreiecksmatrizen****.*

► Beispiel

» $A_1 = \begin{bmatrix} 1 & 2 \\ 2 & 1 \end{bmatrix}$ *hat die Eigenwerte* −1 *und* 3. *Die Eigenwerte von* $A_2 = \begin{bmatrix} 1 & 0 \\ 1 & 2 \end{bmatrix}$ *sind* 1 *und* 2. *Daher hat die Blockdiagonalmatrix* $\left[\begin{array}{cc|cc} 1 & 2 & 0 & 0 \\ 2 & 1 & 0 & 0 \\ \hline 0 & 0 & 1 & 0 \\ 0 & 0 & 1 & 2 \end{array}\right]$ *die Eigenwerte* −1, 1, 2 *und* 3. ◄

Trick # 9.6 *Ist* ***jede*** *Spaltensumme (Summe aller Elementen in einer Spalte) oder jede Zeilensumme (Summe aller Elementen in einer Zeile) von* $A \in \mathbb{K}^{n \times n}$ *gleich* α, *so ist* α *ein Eigenwert von* A *(vgl. Übung 9.4). Der zugehörige Eigenraum ist immer*

$$\mathrm{Eig}_\alpha(A) = \left\langle \begin{bmatrix} 1 \\ 1 \\ \vdots \\ 1 \end{bmatrix} \right\rangle.$$

► Beispiel

» *Für die Matrix* $A = \begin{bmatrix} 0 & 2 & 1 \\ 1 & 0 & 2 \\ 1 & 1 & 1 \end{bmatrix}$ *ist jede Zeilensumme gleich* 3. *Somit ist* 3 *ein Eigenwert von* A *zum Eigenvektor* $[1, 1, 1]^T$ *(man mache die Probe!).* ◄

Trick # 9.7 *Sind alle Zeilen von* A ***identisch***, *d. h.*

$$A = \begin{bmatrix} \boxed{a_1 \quad a_2 \quad \cdots \quad a_n} \\ \boxed{a_1 \quad a_2 \quad \cdots \quad a_n} \\ \vdots \\ \boxed{a_1 \quad a_2 \quad \cdots \quad a_n} \end{bmatrix},$$

und ist die $\text{Spur}(A) \neq 0$, *so hat* A *nur die Eigenwerte* $\lambda = 0$ *(mit algebraischer Vielfachheit* $n - 1$*) and* $\lambda = \text{Spur}(A)$ *(mit algebraischer Vielfachheit* 1*). Dieses interessante Resultat beweisen wir in Übung 9.31.*

► Beispiel

» *Alle Zeilen der Matrix* $A = \begin{bmatrix} 1 & 2 & 1 & 0 \\ 1 & 2 & 1 & 0 \\ 1 & 2 & 1 & 0 \\ 1 & 2 & 1 & 0 \end{bmatrix}$ *sind identisch mit der* $\text{Spur}(A) = 4 \neq 0$. *Die Eigenwerte von* A *sind somit* 0 *(algebraische Vielfachheit* 3*) und* 4. ◄

► Beispiel

» *Die Matrix* $A = \begin{bmatrix} 1 & 2 & 3 \\ 2 & 4 & 6 \\ 3 & 6 & 9 \end{bmatrix}$ *hat Rang 1 und* $\text{Spur}(A) = 14 \neq 0$. *Die Eigenwerte von* A *sind somit* 0 *(algebraische Vielfachheit* 2*) und* 14. ◄

Bemerkung
Trick 9.7 ist im Allgemeinen für Matrizen mit $\text{Rang}(A) = 1$ und $\text{Spur}(A) \neq 0$ gültig.

Trick # 9.8 *Ist* A, *eine Matrix mit Eigenwerten* $\lambda_1, \cdots, \lambda_k$, *so gilt:*
- $A + \alpha E$ *hat die Eigenwerte* $\lambda_1 + \alpha, \cdots, \lambda_k + \alpha$ *(vgl. Übung 9.8);*
- A^m *hat die Eigenwerte* $\lambda_1^m, \cdots, \lambda_k^m$ *(vgl. Übung 9.9);*
- A^T *hat die Eigenwerte* $\lambda_1, \cdots, \lambda_k$ *(gleich wie* A*) (vgl. Übung 9.35);*
- A^* *hat die Eigenwerte* $\overline{\lambda_1}, \cdots, \overline{\lambda_k}$ *(vgl. Übung 9.35);*
- A^{-1} *hat die Eigenwerte* $\frac{1}{\lambda_1}, \cdots, \frac{1}{\lambda_k}$ *(falls* $\lambda_1, \cdots, \lambda_k \neq 0$, *vgl. Übung 9.13).*

Trick # 9.9 *Eigenvektoren zu unterschiedlichen Eigenwerten haben sozusagen nichts miteinander zu tun. Genauer (vgl. Übung 9.14):*

► **Satz 9.6**

Eigenvektoren zu unterschiedlichen Eigenwerten sind linear unabhängig. ◄

Trick # 9.10 *Ähnliche Matrizen haben dasselbe charakteristische Polynom beziehungsweise dieselben Eigenwerte.*

Bemerkung

Wegen $\lambda_1 + \cdots + \lambda_n = \text{Spur}(A)$ und $\lambda_1 \cdots \lambda_n = \det(A)$ haben ähnliche Matrizen gleiche Spur und Determinante.

Nützliche Folgerung: Haben A, B ungleiche Spuren oder unterschiedliche Determinanten, so sind A, B **nicht** ähnlich.

Musterbeispiel 9.1 (Eigenwerte und Eigenvektoren bestimmen)

Als Beispiel berechnen wir die Eigenwerte und Eigenvektoren der folgenden Matrix über $\mathbb{R}$:

$$A = \begin{bmatrix} 2 & 1 \\ 1 & 2 \end{bmatrix}.$$

Schritt 1: Wir berechnen das charakteristische Polynom von A:

$$p_A(\lambda) = \det(A - \lambda E) = \begin{vmatrix} 2-\lambda & 1 \\ 1 & 2-\lambda \end{vmatrix} = (2-\lambda)(2-\lambda) - 1$$
$$= \lambda^2 - 4\lambda + 3 = (\lambda - 3)(\lambda - 1).$$

Alternative: Mit der Formel von Vieta (Trick # 9.1) finden wir $(\text{Spur}(A) = 4, \det(A) = 3)$:

$$p_A(\lambda) = \lambda^2 - \text{Spur}(A)\,\lambda + \det(A) = \lambda^2 - 4\lambda + 3.$$

Schritt 2: Die Eigenwerte von A sind die Nullstellen des charakteristischen Polynoms $p_A(\lambda)$:

$$p_A(\lambda) = (\lambda - 3)(\lambda - 1) \stackrel{!}{=} 0 \quad \Rightarrow \quad \lambda_1 = 3,\ \lambda_2 = 1.$$

Da jede Nullstelle von p_A nur einmal vorkommt, haben beide Eigenwerte die algebraische Vielfachheit 1.

Kontrolle: $\lambda_1 + \lambda_2 = 3 + 1 = \text{Spur}(A) = 2 + 2 = 4$ ✓

Schritt 3: Wir bestimmen die zugehörigen Eigenvektoren/Eigenräume. Wir betrachten die verschiedenen Eigenwerte separat.

- Eigenraum zu $\lambda_1 = 3$: Wir lösen das LGS $(\boldsymbol{A} - 3\boldsymbol{E})\boldsymbol{v} = \boldsymbol{0}$ mit dem Gauß-Algorithmus:

$$\left[\begin{array}{cc|c} 2-3 & 1 & 0 \\ 1 & 2-3 & 0 \end{array}\right] = \left[\begin{array}{cc|c} -1 & 1 & 0 \\ 1 & -1 & 0 \end{array}\right] \overset{(Z_2)+(Z_1)}{\rightsquigarrow} \left[\begin{array}{cc|c} -1 & 1 & 0 \\ 0 & 0 & 0 \end{array}\right] = \boldsymbol{Z}.$$

Die Lösung ist:

$$\mathrm{Eig}_3(\boldsymbol{A}) = \left\{ \boldsymbol{v} \in \mathbb{R}^2 \,\middle|\, \begin{bmatrix} v_1 \\ v_2 \end{bmatrix} = t \begin{bmatrix} 1 \\ 1 \end{bmatrix},\ t \in \mathbb{R} \right\} = \left\langle \begin{bmatrix} 1 \\ 1 \end{bmatrix} \right\rangle.$$

Insbesondere ist $\dim(\mathrm{Eig}_3(\boldsymbol{A})) = 1$. Somit hat der Eigenwert $\lambda_1 = 3$ die geometrische Vielfachheit 1.

- Eigenraum zu $\lambda_2 = 1$. In diesem Fall lösen wir das LGS $(\boldsymbol{A} - \boldsymbol{E})\boldsymbol{v} = \boldsymbol{0}$:

$$\left[\begin{array}{cc|c} 2-1 & 1 & 0 \\ 1 & 2-1 & 0 \end{array}\right] = \left[\begin{array}{cc|c} 1 & 1 & 0 \\ 1 & 1 & 0 \end{array}\right] \overset{(Z_2)-(Z_1)}{\rightsquigarrow} \left[\begin{array}{cc|c} 1 & 1 & 0 \\ 0 & 0 & 0 \end{array}\right] = \boldsymbol{Z}.$$

Die Lösung ist:

$$\mathrm{Eig}_1(\boldsymbol{A}) = \left\{ \boldsymbol{v} \in \mathbb{R}^2 \,\middle|\, \begin{bmatrix} v_1 \\ v_2 \end{bmatrix} = t \begin{bmatrix} 1 \\ -1 \end{bmatrix},\ t \in \mathbb{R} \right\} = \left\langle \begin{bmatrix} 1 \\ -1 \end{bmatrix} \right\rangle.$$

Wegen $\dim(\mathrm{Eig}_1(\boldsymbol{A})) = 1$ hat der Eigenwert $\lambda_2 = 1$ die geometrische Vielfachheit 1.

Bemerkung

Der erste Eigenvektor-Repräsentant, den wir in Musterbeispiel 9.1 berechnet haben, war $[1, 1]^T$, aber das ist nur ein Punkt auf der Eigenvektorlinie (Eigenraum). Der Eigenraum zum ersten Eigenwert ist somit eine Gerade mit Steigung 1. Der erste Eigenwert war 3. Somit wird jeder Vektor entlang der Eigenvektorlinie um Faktor 3 verlängert, wenn er unter $\boldsymbol{A}$ transformiert wird. Der zweite Eigenvektor-Repräsentant, den wir berechnet haben, war $[-1, 1]^T$. Daher ist der Eigenraum zum zweiten Eigenwert eine Gerade mit Steigung −1. Der Eigenwert ist 1, sodass sich die Punkte entlang der zweiten Eigenvektorlinie bei der Transformation durch $\boldsymbol{A}$ überhaupt nicht bewegen (◻ Abb. 9.3).

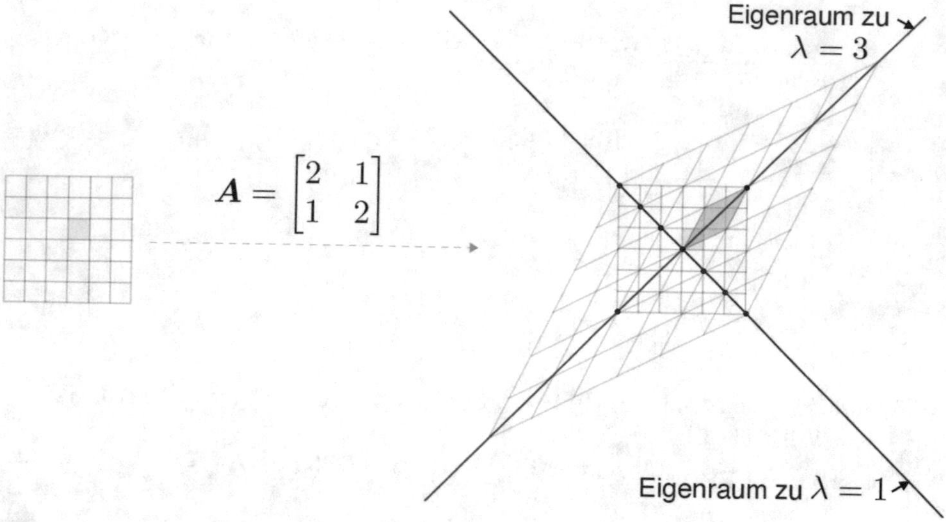

Abb. 9.3 Musterbeispiel 9.1

Übung 9.17

• • ∘ 2 schwarze Punkte Man bestimme alle Eigenwerte und Eigenvektoren der folgenden Matrizen über $\mathbb{K}$:

a) $\begin{bmatrix} 1 & 1 \\ 0 & -1 \end{bmatrix}$, $\mathbb{K} = \mathbb{R}$

b) $\begin{bmatrix} 5 & 3 \\ 1 & 3 \end{bmatrix}$, $\mathbb{K} = \mathbb{R}$

c) $\begin{bmatrix} -1 & 2 \\ -3 & 1 \end{bmatrix}$, $\mathbb{K} = \mathbb{R}, \mathbb{C}$

d) $\begin{bmatrix} 1 & 2 & 3 \\ 0 & 3 & 1 \\ 0 & 0 & 4 \end{bmatrix}$, $\mathbb{K} = \mathbb{R}$

e) $\begin{bmatrix} 1 & 1 & 1 \\ 1 & 1 & 1 \\ 1 & 1 & 1 \end{bmatrix}$, $\mathbb{K} = \mathbb{R}$

f) $\begin{bmatrix} -3 & 1 & -1 \\ -7 & 5 & -1 \\ -6 & 6 & -2 \end{bmatrix}$, $\mathbb{K} = \mathbb{R}$

g) $\begin{bmatrix} 2 & 9 & 0 & 2 \\ -1 & 2 & 1 & 0 \\ 0 & 0 & 3 & 0 \\ 0 & 0 & 2 & -1 \end{bmatrix}$, $\mathbb{K} = \mathbb{R}, \mathbb{C}$

Lösung

In allen Beispielen gehen wir nach dem Kochrezept 9.1 vor. Es ist den Lesern überlassen, mit welchen Methoden sie im Folgenden die Eigenwerte und die zugehörigen Eigenräume bestimmt (Sarrus, Laplace-Entwicklung, Gauß-Algorithmus, und Spezial-Methoden/Tricks aus diesem Kapitel).

a) Schritt 1: Wir berechnen das charakteristische Polynom

$$p_A(\lambda) = \det(\boldsymbol{A} - \lambda \boldsymbol{E}) = \begin{vmatrix} 1-\lambda & 1 \\ 0 & -1-\lambda \end{vmatrix} = (1-\lambda)(-1-\lambda) - 0 = (\lambda - 1)(\lambda + 1).$$

Schritt 2: Die Eigenwerte von $\boldsymbol{A}$ sind die Nullstellen von $p_A(\lambda)$, d. h.[1]

$$p_A(\lambda) = (\lambda - 1)(\lambda + 1) \stackrel{!}{=} 0 \quad \Rightarrow \quad \lambda_1 = 1,\ \lambda_2 = -1.$$

Da λ_1 und λ_2 einfache Nullstellen von $p_A(\lambda)$ sind, haben beide Eigenwerte algebraische Vielfachheit 1.

Schnellvariante: Weil $\boldsymbol{A}$ eine Dreiecksmatrix ist, sind die Diagonalelemente $\lambda_1 = 1$ und $\lambda_2 = -1$ schon die gesuchten Eigenwerte (Trick # 9.4).

Schritt 3: Um die Eigenvektoren zu den verschiedenen Eigenwerten zu bestimmen, lösen wir jeweils das LGS $(\boldsymbol{A} - \lambda \boldsymbol{E})\boldsymbol{v} = \boldsymbol{0}$. Wir betrachten die verschiedenen Eigenwerte separat.

- Eigenraum zu $\lambda_1 = 1$: Wir lösen $(\boldsymbol{A} - \boldsymbol{E})\boldsymbol{v} = \boldsymbol{0}$ mit dem Gauß-Algorithmus:

$$\left[\begin{array}{cc|c} 1-1 & 1 & 0 \\ 0 & -1-1 & 0 \end{array}\right] = \left[\begin{array}{cc|c} 0 & 1 & 0 \\ 0 & -2 & 0 \end{array}\right] \overset{(Z_2)+2(Z_1)}{\rightsquigarrow} \left[\begin{array}{cc|c} 0 & 1 & 0 \\ 0 & 0 & 0 \end{array}\right] = \boldsymbol{Z}.$$

Die Lösung ist:

$$\mathrm{Eig}_1(\boldsymbol{A}) = \left\{ \boldsymbol{v} \in \mathbb{R}^2 \;\middle|\; \begin{bmatrix} v_1 \\ v_2 \end{bmatrix} = t \begin{bmatrix} 1 \\ 0 \end{bmatrix},\ t \in \mathbb{R} \right\} = \left\langle \begin{bmatrix} 1 \\ 0 \end{bmatrix} \right\rangle.$$

Es gilt $\dim(\mathrm{Eig}_1(\boldsymbol{A})) = 1$, d. h. $\lambda_1 = 1$ hat geometrische Vielfachheit 1.

- Eigenraum zu $\lambda_2 = -1$: Für den zweiten Eigenwert lösen wir $(\boldsymbol{A} + \boldsymbol{E})\boldsymbol{v} = \boldsymbol{0}$:

$$\left[\begin{array}{cc|c} 1+1 & 1 & 0 \\ 0 & -1+1 & 0 \end{array}\right] = \left[\begin{array}{cc|c} 2 & 1 & 0 \\ 0 & 0 & 0 \end{array}\right] = \boldsymbol{Z}.$$

Die Lösung ist:

$$\mathrm{Eig}_{-1}(\boldsymbol{A}) = \left\{ \boldsymbol{v} \in \mathbb{R}^2 \;\middle|\; \begin{bmatrix} v_1 \\ v_2 \end{bmatrix} = t \begin{bmatrix} 1 \\ -2 \end{bmatrix},\ t \in \mathbb{R} \right\} = \left\langle \begin{bmatrix} 1 \\ -2 \end{bmatrix} \right\rangle.$$

Wegen $\dim(\mathrm{Eig}_{-1}(\boldsymbol{A})) = 1$ hat $\lambda_2 = -1$ geometrische Vielfachheit 1.

---

1 Als Kontrolle überprüfen wir, dass die Summe der gefundenen Eigenwerte gleich der Spur von $\boldsymbol{A}$ ist (Trick # 9.2): $\lambda_1 + \lambda_2 = 1 - 1 = 0 = \mathrm{Spur}(\boldsymbol{A})$. ✓

b) Schritt 1: Das charakteristische Polynom ist:

$$p_A(\lambda) = \det(\boldsymbol{A} - \lambda \boldsymbol{E}) = \begin{vmatrix} 5-\lambda & 3 \\ 1 & 3-\lambda \end{vmatrix} = (5-\lambda)(3-\lambda) - 3$$
$$= \lambda^2 - 8\lambda + 12 = (\lambda - 2)(\lambda - 6).$$

Alternative: Mit der Formel von Vieta (Trick # 9.1) finden wir ($\mathrm{Spur}(\boldsymbol{A}) = 8$, $\det(\boldsymbol{A}) = 12$):

$$p_A(\lambda) = \lambda^2 - \mathrm{Spur}(\boldsymbol{A})\,\lambda + \det(\boldsymbol{A}) = \lambda^2 - 8\lambda + 12.$$

Schritt 2: Die Nullstellen von $p_A(\lambda)$ sind die gesuchten Eigenwerte

$$p_A(\lambda) = (\lambda - 2)(\lambda - 6) \stackrel{!}{=} 0 \quad \Rightarrow \quad \lambda_1 = 2,\ \lambda_2 = 6.$$

Beide Nullstellen sind einfach, d. h., λ_1 und λ_2 haben algebraische Vielfachheit 1.
Schritt 3:

- Eigenraum zu $\lambda_1 = 2$: Wir lösen $(\boldsymbol{A} - 2\boldsymbol{E})\boldsymbol{v} = \boldsymbol{0}$ mit dem Gauß-Algorithmus:

$$\left[\begin{array}{cc|c} 5-2 & 3 & 0 \\ 1 & 3-2 & 0 \end{array}\right] = \left[\begin{array}{cc|c} 3 & 3 & 0 \\ 1 & 1 & 0 \end{array}\right] \overset{3(Z_2)-(Z_1)}{\rightsquigarrow} \left[\begin{array}{cc|c} 3 & 3 & 0 \\ 0 & 0 & 0 \end{array}\right] = \boldsymbol{Z}.$$

Die Lösung ist:

$$\mathrm{Eig}_2(\boldsymbol{A}) = \left\{ \boldsymbol{v} \in \mathbb{R}^2 \;\middle|\; \begin{bmatrix} v_1 \\ v_2 \end{bmatrix} = t \begin{bmatrix} 1 \\ -1 \end{bmatrix},\ t \in \mathbb{R} \right\} = \left\langle \begin{bmatrix} 1 \\ -1 \end{bmatrix} \right\rangle.$$

Wegen $\dim(\mathrm{Eig}_2(\boldsymbol{A})) = 1$ hat $\lambda_1 = 2$ geometrische Vielfachheit 1.

- Eigenraum zu $\lambda_2 = 6$: Wir lösen $(\boldsymbol{A} - 6\boldsymbol{E})\boldsymbol{v} = \boldsymbol{0}$:

$$\left[\begin{array}{cc|c} 5-6 & 3 & 0 \\ 1 & 3-6 & 0 \end{array}\right] = \left[\begin{array}{cc|c} -1 & 3 & 0 \\ 1 & -3 & 0 \end{array}\right] \overset{(Z_2)+(Z_1)}{\rightsquigarrow} \left[\begin{array}{cc|c} -1 & 3 & 0 \\ 0 & 0 & 0 \end{array}\right] = \boldsymbol{Z}.$$

Die Lösung ist:

$$\mathrm{Eig}_6(\boldsymbol{A}) = \left\{ \boldsymbol{v} \in \mathbb{R}^2 \;\middle|\; \begin{bmatrix} v_1 \\ v_2 \end{bmatrix} = t \begin{bmatrix} 3 \\ 1 \end{bmatrix},\ t \in \mathbb{R} \right\} = \left\langle \begin{bmatrix} 3 \\ 1 \end{bmatrix} \right\rangle.$$

$\lambda_2 = 6$ hat geometrische Vielfachheit 1, weil $\dim(\mathrm{Eig}_6(\boldsymbol{A})) = 1$.

c) Schritt 1: Wir bestimmen das charakteristische Polynom von $\boldsymbol{A}$

$$p_A(\lambda) = \det(\boldsymbol{A} - \lambda \boldsymbol{E}) = \begin{vmatrix} -1-\lambda & 2 \\ -3 & 1-\lambda \end{vmatrix} = (-1-\lambda)(1-\lambda) + 6 = \lambda^2 + 5$$

Schritt 2: Die Eigenwerte sind die in $\mathbb{K}$ liegenden Nullstellen von $p_A(\lambda)$.

- Weil das charakteristische Polynom **keine reelle Nullstellen** hat, hat die Matrix $\boldsymbol{A}$ **keine Eigenwerte in** $\mathbb{R}$.
- Über $\mathbb{C}$ zerfällt $p_A(\lambda)$ in Linearfaktoren (dies ist immer der Fall, wegen des Fundamentalsatzes der Algebra). Die Eigenwerte von $\boldsymbol{A}$ über $\mathbb{C}$ lauten:

$$p_A(\lambda) = \lambda^2 + 5 \stackrel{!}{=} 0 \quad \Rightarrow \quad \lambda_1 = i\sqrt{5}, \quad \lambda_2 = -i\sqrt{5}$$

und sie haben algebraische Vielfachheit 1.

Schritt 3:

- Eigenraum zu $\lambda_1 = i\sqrt{5}$: Wir lösen $(\boldsymbol{A} - i\sqrt{5}\,\boldsymbol{E})\boldsymbol{v} = \boldsymbol{0}$:

$$\left[\begin{array}{cc|c} -1-i\sqrt{5} & 2 & 0 \\ -3 & 1-i\sqrt{5} & 0 \end{array}\right] \overset{(1+i\sqrt{5})(Z_2)-3(Z_1)}{\rightsquigarrow} \left[\begin{array}{cc|c} -(1+i\sqrt{5}) & 2 & 0 \\ 0 & 0 & 0 \end{array}\right] = \boldsymbol{Z}.$$

Die Lösung ist:

$$\mathrm{Eig}_{i\sqrt{5}}(\boldsymbol{A}) = \left\{ \boldsymbol{v} \in \mathbb{C}^2 \;\middle|\; \begin{bmatrix} v_1 \\ v_2 \end{bmatrix} = t \begin{bmatrix} 1 \\ \frac{1+i\sqrt{5}}{2} \end{bmatrix},\ t \in \mathbb{C} \right\} = \left\langle \begin{bmatrix} 1 \\ \frac{1+i\sqrt{5}}{2} \end{bmatrix} \right\rangle.$$

Es gilt $\dim(\mathrm{Eig}_{i\sqrt{5}}(\boldsymbol{A})) = 1$ (als komplexer Unterraum!). Somit ist die geometrische Vielfachheit von $\lambda_1 = i\sqrt{5}$ gleich 1.

- Eigenraum zu $\lambda_2 = -i\sqrt{5}$: Wir lösen $(\boldsymbol{A} + i\sqrt{5}\,\boldsymbol{E})\boldsymbol{v} = \boldsymbol{0}$:

$$\left[\begin{array}{cc|c} -1+i\sqrt{5} & 2 & 0 \\ -3 & 1+i\sqrt{5} & 0 \end{array}\right] \overset{(1-i\sqrt{5})(Z_2)-3(Z_1)}{\rightsquigarrow} \left[\begin{array}{cc|c} -1+i\sqrt{5} & 2 & 0 \\ 0 & 0 & 0 \end{array}\right] = \boldsymbol{Z}.$$

Die Lösung ist:

$$\mathrm{Eig}_{-i\sqrt{5}}(\boldsymbol{A}) = \left\{ \boldsymbol{v} \in \mathbb{C}^2 \;\middle|\; \begin{bmatrix} v_1 \\ v_2 \end{bmatrix} = t \begin{bmatrix} 1 \\ \frac{1-i\sqrt{5}}{2} \end{bmatrix},\ t \in \mathbb{C} \right\} = \left\langle \begin{bmatrix} 1 \\ \frac{1-i\sqrt{5}}{2} \end{bmatrix} \right\rangle.$$

Wegen $\dim(\mathrm{Eig}_{-i\sqrt{5}}(\boldsymbol{A})) = 1$ hat $\lambda_2 = -i\sqrt{5}$ geometrische Vielfachheit 1.

d) **Schritt 1+2:** Da $\boldsymbol{A}$ eine Dreiecksmatrix ist sind die Diagonalelemente $\lambda_1 = 1, \lambda_2 = 3$ und $\lambda_3 = 4$ bereits die gesuchten Eigenwerte (Trick # 9.4). Alle Eigenwerte haben algebraische Vielfachheit 1.

Schritt 3: Für jeden Eigenwert lösen wir jeweils $(\boldsymbol{A} - \lambda\boldsymbol{E})\boldsymbol{v} = \boldsymbol{0}$ mit dem Gauß-Algorithmus.

- Eigenraum zu $\lambda_1 = 1$: Wir lösen $(\boldsymbol{A} - \boldsymbol{E})\boldsymbol{v} = \boldsymbol{0}$:

$$\left[\begin{array}{ccc|c} 1-1 & 2 & 3 & 0 \\ 0 & 3-1 & 1 & 0 \\ 0 & 0 & 4-1 & 0 \end{array}\right] = \left[\begin{array}{ccc|c} 0 & 2 & 3 & 0 \\ 0 & 2 & 1 & 0 \\ 0 & 0 & 3 & 0 \end{array}\right] \overset{(Z_2)-(Z_1)}{\rightsquigarrow} \left[\begin{array}{ccc|c} 0 & 2 & 3 & 0 \\ 0 & 0 & -2 & 0 \\ 0 & 0 & 3 & 0 \end{array}\right]$$

$$\overset{2(Z_3)+3(Z_2)}{\rightsquigarrow} \left[\begin{array}{ccc|c} 0 & 2 & 3 & 0 \\ 0 & 0 & -2 & 0 \\ 0 & 0 & 0 & 0 \end{array}\right] = \boldsymbol{Z}.$$

Die Lösung ist:

$$\mathrm{Eig}_1(\boldsymbol{A}) = \left\{ \boldsymbol{v} \in \mathbb{R}^3 \,\middle|\, \begin{bmatrix} v_1 \\ v_2 \\ v_3 \end{bmatrix} = t \begin{bmatrix} 1 \\ 0 \\ 0 \end{bmatrix},\ t \in \mathbb{R} \right\} = \left\langle \begin{bmatrix} 1 \\ 0 \\ 0 \end{bmatrix} \right\rangle$$

und $\dim(\mathrm{Eig}_1(\boldsymbol{A})) = 1$, d. h. $\lambda_1 = 1$ hat geometrische Vielfachheit 1.

- Eigenraum zu $\lambda_2 = 3$: Wir lösen $(\boldsymbol{A} - 3\boldsymbol{E})\boldsymbol{v} = \boldsymbol{0}$:

$$\left[\begin{array}{ccc|c} 1-3 & 2 & 3 & 0 \\ 0 & 3-3 & 1 & 0 \\ 0 & 0 & 4-3 & 0 \end{array}\right] = \left[\begin{array}{ccc|c} -2 & 2 & 3 & 0 \\ 0 & 0 & 1 & 0 \\ 0 & 0 & 1 & 0 \end{array}\right] \overset{(Z_3)-(Z_2)}{\rightsquigarrow} \left[\begin{array}{ccc|c} -2 & 2 & 3 & 0 \\ 0 & 0 & 1 & 0 \\ 0 & 0 & 0 & 0 \end{array}\right] = \boldsymbol{Z}.$$

Die Lösung ist:

$$\mathrm{Eig}_3(\boldsymbol{A}) = \left\{ \boldsymbol{v} \in \mathbb{R}^3 \,\middle|\, \begin{bmatrix} v_1 \\ v_2 \\ v_3 \end{bmatrix} = t \begin{bmatrix} 1 \\ 1 \\ 0 \end{bmatrix},\ t \in \mathbb{R} \right\} = \left\langle \begin{bmatrix} 1 \\ 1 \\ 0 \end{bmatrix} \right\rangle.$$

Die geometrische Vielfachheit von $\lambda_2 = 3$ ist 1.

- Eigenraum zu $\lambda_3 = 4$: Wir lösen $(\boldsymbol{A} - 4\boldsymbol{E})\boldsymbol{v} = \boldsymbol{0}$:

$$\left[\begin{array}{ccc|c} 1-4 & 2 & 3 & 0 \\ 0 & 3-4 & 1 & 0 \\ 0 & 0 & 4-4 & 0 \end{array}\right] = \left[\begin{array}{ccc|c} -3 & 2 & 3 & 0 \\ 0 & -1 & 1 & 0 \\ 0 & 0 & 0 & 0 \end{array}\right] = \boldsymbol{Z}.$$

Die Lösung ist:

$$\mathrm{Eig}_4(\boldsymbol{A}) = \left\{ \boldsymbol{v} \in \mathbb{R}^3 \,\middle|\, \begin{bmatrix} v_1 \\ v_2 \\ v_3 \end{bmatrix} = t \begin{bmatrix} \frac{5}{3} \\ 1 \\ 1 \end{bmatrix},\ t \in \mathbb{R} \right\} = \left\langle \begin{bmatrix} 5 \\ 3 \\ 3 \end{bmatrix} \right\rangle.$$

Die geometrische Vielfachheit von $\lambda_3 = 4$ ist 1.

e) **Schritt 1:** Das charakteristische Polynom von $\boldsymbol{A}$ ist:

$$p_A(\lambda) = \det(\boldsymbol{A} - \lambda\boldsymbol{E}) = \begin{vmatrix} 1-\lambda & 1 & 1 \\ 1 & 1-\lambda & 1 \\ 1 & 1 & 1-\lambda \end{vmatrix}$$

$$= (1-\lambda) \underbrace{\begin{vmatrix} 1-\lambda & 1 \\ 1 & 1-\lambda \end{vmatrix}}_{=(1-\lambda)(1-\lambda)-1} - 1 \underbrace{\begin{vmatrix} 1 & 1 \\ 1 & 1-\lambda \end{vmatrix}}_{=(1-\lambda)-1=-\lambda} + 1 \underbrace{\begin{vmatrix} 1 & 1 \\ 1-\lambda & 1 \end{vmatrix}}_{=1-(1-\lambda)=\lambda} = -\lambda^2(\lambda - 3).$$

Schritt 2: Die Eigenwerte sind die Nullstellen von $p_A(\lambda)$, d. h.

$$p_A(\lambda) = -\lambda^2(\lambda - 3) \overset{!}{=} 0 \quad \Rightarrow \quad \lambda_{1,2} = 0 \text{ (doppelte Nullstelle)},\ \lambda_3 = 3.$$

In diesem Fall ist 0 eine doppelte Nullstelle. Somit hat der Eigenwert 0 algebraische Vielfachheit 2. Die algebraische Vielfachheit von $\lambda_3 = 3$ ist 1.

Elegante Alternative: Die Eigenwerte von $\boldsymbol{A}$ kann man auch mittels Tricks bestimmen. Jede Zeilensumme ergibt 3. Somit ist 3 ein Eigenwert von $\boldsymbol{A}$ (Trick # 9.6). Weiterhin ist die Determinante von $\boldsymbol{A}$ Null, d. h., 0 ist ein weiterer Eigenwert von $\boldsymbol{A}$ (Trick # 9.3). Die Summe der Eigenwerte ist gleich der Spur von $\boldsymbol{A}$ (Trick # 9.2). Wegen $\text{Spur}(\boldsymbol{A}) = 3$ muss der letzte Eigenwert von $\boldsymbol{A}$ auch gleich 0 sein, damit die Gesamtsumme aller Eigenwerte gleich 3 wird.

Zweite Alternative: Alle Zeilen von $\boldsymbol{A}$ sind identisch und $\text{Spur}(\boldsymbol{A}) = 3 \neq 0$. Daher sind die Eigenwerte von $\boldsymbol{A}$ gleich $\lambda_{1,2} = 0$ (algebraische Vielfachheit 2) und $\lambda_3 = 3$ (Trick # 9.7).

Schritt 3:

- Eigenraum zu $\lambda_{1,2} = 0$: Wir lösen $(\boldsymbol{A} - 0\,\boldsymbol{E})\boldsymbol{v} = \boldsymbol{0}$:

$$\left[\begin{array}{ccc|c} 1-0 & 1 & 1 & 0 \\ 1 & 1-0 & 1 & 0 \\ 1 & 1 & 1-0 & 0 \end{array}\right] = \left[\begin{array}{ccc|c} 1 & 1 & 1 & 0 \\ 1 & 1 & 1 & 0 \\ 1 & 1 & 1 & 0 \end{array}\right] \overset{\substack{(Z_2)-(Z_1)\\(Z_3)-(Z_1)}}{\rightsquigarrow} \left[\begin{array}{ccc|c} 1 & 1 & 1 & 0 \\ 0 & 0 & 0 & 0 \\ 0 & 0 & 0 & 0 \end{array}\right] = \boldsymbol{Z}.$$

Die Lösung ist:

$$\text{Eig}_0(\boldsymbol{A}) = \left\{ \boldsymbol{v} \in \mathbb{R}^3 \;\middle|\; \begin{bmatrix} v_1 \\ v_2 \\ v_3 \end{bmatrix} = t \begin{bmatrix} 1 \\ 0 \\ -1 \end{bmatrix} + s \begin{bmatrix} 0 \\ 1 \\ -1 \end{bmatrix},\; t, s \in \mathbb{R} \right\} = \left\langle \begin{bmatrix} 1 \\ 0 \\ -1 \end{bmatrix}, \begin{bmatrix} 0 \\ 1 \\ -1 \end{bmatrix} \right\rangle.$$

Die Dimension von $\text{Eig}_0(\boldsymbol{A})$ ist 2. Also hat 0 die geometrische Vielfachheit 2, gleich wie die algebraische Vielfachheit.

- Eigenraum zu $\lambda_3 = 3$: Wir lösen $(\boldsymbol{A} - 3\boldsymbol{E})\boldsymbol{v} = \boldsymbol{0}$:

$$\left[\begin{array}{ccc|c} 1-3 & 1 & 1 & 0 \\ 1 & 1-3 & 1 & 0 \\ 1 & 1 & 1-3 & 0 \end{array}\right] = \left[\begin{array}{ccc|c} -2 & 1 & 1 & 0 \\ 1 & -2 & 1 & 0 \\ 1 & 1 & -2 & 0 \end{array}\right] \overset{\substack{2(Z_2)+(Z_1)\\2(Z_3)+(Z_1)}}{\rightsquigarrow} \left[\begin{array}{ccc|c} -2 & 1 & 1 & 0 \\ 0 & -3 & 3 & 0 \\ 0 & 3 & -3 & 0 \end{array}\right]$$

$$\overset{(Z_3)+(Z_2)}{\rightsquigarrow} \left[\begin{array}{ccc|c} -2 & 1 & 1 & 0 \\ 0 & -3 & 3 & 0 \\ 0 & 0 & 0 & 0 \end{array}\right] = \boldsymbol{Z}.$$

Die Lösung ist:

$$\text{Eig}_3(\boldsymbol{A}) = \left\{ \boldsymbol{v} \in \mathbb{R}^3 \;\middle|\; \begin{bmatrix} v_1 \\ v_2 \\ v_3 \end{bmatrix} = t \begin{bmatrix} 1 \\ 1 \\ 1 \end{bmatrix},\; t \in \mathbb{R} \right\} = \left\langle \begin{bmatrix} 1 \\ 1 \\ 1 \end{bmatrix} \right\rangle.$$

$\dim(\text{Eig}_3(\boldsymbol{A})) = 1$, d. h. 3 hat die geometrische Vielfachheit 1.

f) Schritt 1: Das charakteristische Polynom von A ist:

$$p_A(\lambda) = \det(\boldsymbol{A} - \lambda \boldsymbol{E}) = \begin{vmatrix} -3-\lambda & 1 & -1 \\ -7 & 5-\lambda & -1 \\ -6 & 6 & -2-\lambda \end{vmatrix} = -(\lambda - 4)(\lambda + 2)^2.$$

Schritt 2: Die Eigenwerte sind die Nullstellen des charakteristischen Polynoms, d. h.

$$p_A(\lambda) = -(\lambda - 4)(\lambda + 2)^2 \stackrel{!}{=} 0 \quad \Rightarrow \quad \lambda_{1,2} = -2 \text{ (doppelte Nullstelle)}, \; \lambda_3 = 4.$$

Der Eigenwert -2 hat die algebraische Vielfachheit 2 (doppelte Nullstelle), während $\lambda_3 = 4$ die algebraische Vielfachheit 1 hat.

Schritt 3:

- Eigenraum zu $\lambda_{1,2} = -2$: Wir lösen $(\boldsymbol{A} + 2\boldsymbol{E})\boldsymbol{v} = \boldsymbol{0}$:

$$\left[\begin{array}{ccc|c} -3+2 & 1 & -1 & 0 \\ -7 & 5+2 & -1 & 0 \\ -6 & 6 & -2+2 & 0 \end{array}\right] = \left[\begin{array}{ccc|c} -1 & 1 & -1 & 0 \\ -7 & 7 & -1 & 0 \\ -6 & 6 & 0 & 0 \end{array}\right] \overset{\substack{(Z_2)-7(Z_1) \\ (Z_3)-6(Z_1)}}{\rightsquigarrow} \left[\begin{array}{ccc|c} -1 & 1 & -1 & 0 \\ 0 & 0 & 6 & 0 \\ 0 & 0 & 6 & 0 \end{array}\right]$$

$$\overset{(Z_3)-(Z_2)}{\rightsquigarrow} \left[\begin{array}{ccc|c} -1 & 1 & -1 & 0 \\ 0 & 0 & 6 & 0 \\ 0 & 0 & 0 & 0 \end{array}\right] = \boldsymbol{Z}.$$

Die Lösung ist:

$$\text{Eig}_{-2}(\boldsymbol{A}) = \left\{ \boldsymbol{v} \in \mathbb{R}^3 \;\middle|\; \begin{bmatrix} v_1 \\ v_2 \\ v_3 \end{bmatrix} = t \begin{bmatrix} 1 \\ 1 \\ 0 \end{bmatrix}, \; t \in \mathbb{R} \right\} = \left\langle \begin{bmatrix} 1 \\ 1 \\ 0 \end{bmatrix} \right\rangle.$$

Es gilt $\dim(\text{Eig}_{-2}(\boldsymbol{A})) = 1$, d. h. der Eigenwert -2 hat die geometrische Vielfachheit 1. In diesem Fall ist die geometrische Vielfachheit kleiner ist als die algebraische Vielfachheit (vgl. Satz 9.5).[2]

- Eigenraum zu $\lambda_3 = 4$: Wir lösen $(\boldsymbol{A} - 4\boldsymbol{E})\boldsymbol{v} = \boldsymbol{0}$:

$$\left[\begin{array}{ccc|c} -3-4 & 1 & -1 & 0 \\ -7 & 5-4 & -1 & 0 \\ -6 & 6 & -2-4 & 0 \end{array}\right] = \left[\begin{array}{ccc|c} -7 & 1 & -1 & 0 \\ -7 & 1 & -1 & 0 \\ -6 & 6 & -6 & 0 \end{array}\right] \overset{\substack{(Z_2)-(Z_1) \\ (Z_3)-6(Z_1)}}{\rightsquigarrow} \left[\begin{array}{ccc|c} -7 & 1 & -1 & 0 \\ 0 & 0 & 0 & 0 \\ 36 & 0 & 0 & 0 \end{array}\right] = \boldsymbol{Z}.$$

Die Lösung ist:

$$\text{Eig}_{4}(\boldsymbol{A}) = \left\{ \boldsymbol{v} \in \mathbb{R}^3 \;\middle|\; \begin{bmatrix} v_1 \\ v_2 \\ v_3 \end{bmatrix} = t \begin{bmatrix} 0 \\ 1 \\ 1 \end{bmatrix}, \; t \in \mathbb{R} \right\} = \left\langle \begin{bmatrix} 0 \\ 1 \\ 1 \end{bmatrix} \right\rangle.$$

Die geometrische Vielfachheit von $\lambda_3 = 4$ ist 1.

2 Konsequenz: Die Matrix ist nicht diagonalisierbar (vgl. Prügungstraining Lineare Algebra, Band II).

g) **Schritt 1:** Wir stellen fest, dass

$$A - \lambda E = \left[\begin{array}{cc|cc} 2-\lambda & 9 & 0 & 2 \\ -1 & 2-\lambda & 1 & 0 \\ \hline 0 & 0 & 3-\lambda & 0 \\ 0 & 0 & 2 & -1-\lambda \end{array}\right]$$

eine **Blockdreiecksmatrix** ist. Somit lässt sich das charakteristische Polynom von A besonders leicht bestimmen (Trick # 9.5):

$$p_A(\lambda) = \det(A - \lambda E) = \det \left[\begin{array}{cc|cc} 2-\lambda & 9 & 0 & 2 \\ -1 & 2-\lambda & 1 & 0 \\ \hline 0 & 0 & 3-\lambda & 0 \\ 0 & 0 & 2 & -1-\lambda \end{array}\right]$$

$$= \det \begin{bmatrix} 2-\lambda & 9 \\ -1 & 2-\lambda \end{bmatrix} \det \begin{bmatrix} 3-\lambda & 0 \\ 2 & -1-\lambda \end{bmatrix} = \left((2-\lambda)^2 + 9\right)(\lambda - 3)(\lambda + 1).$$

Schritt 2: Die Eigenwerte sind die Nullstellen des charakteristischen Polynoms.

- Über $\mathbb{R}$ hat $p_A(\lambda)$ **nur zwei Nullstellen**: $\lambda_1 = -1$, $\lambda_2 = 3$.
- Über $\mathbb{C}$ hat $p_A(\lambda)$ **vier Nullstellen**: $\lambda_1 = -1$, $\lambda_2 = 3$, $\lambda_3 = 2+3i$ und $\lambda_4 = 2-3i$.
  Alle Eigenwerte haben algebraische Vielfachheit 1.
  Schritt 3:
- Eigenraum zu $\lambda_1 = -1$: Wir lösen $(A + E)v = 0$:

$$\left[\begin{array}{cccc|c} 2+1 & 9 & 0 & 2 & 0 \\ -1 & 2+1 & 1 & 0 & 0 \\ 0 & 0 & 3+1 & 0 & 0 \\ 0 & 0 & 2 & -1+1 & 0 \end{array}\right] = \left[\begin{array}{cccc|c} 3 & 9 & 0 & 2 & 0 \\ -1 & 3 & 1 & 0 & 0 \\ 0 & 0 & 4 & 0 & 0 \\ 0 & 0 & 2 & 0 & 0 \end{array}\right]$$

$$\overset{\substack{3(Z_2)+(Z_1) \\ (Z_4)-(Z_3)}}{\rightsquigarrow} \left[\begin{array}{cccc|c} 3 & 9 & 0 & 2 & 0 \\ 0 & 18 & 3 & 2 & 0 \\ 0 & 0 & 4 & 0 & 0 \\ 0 & 0 & 0 & 0 & 0 \end{array}\right] = Z.$$

Die Lösung ist:

$$\mathrm{Eig}_{-1}(A) = \left\{ v \in \mathbb{R}^4\,(\mathbb{C}^4) \,\middle|\, \begin{bmatrix} v_1 \\ v_2 \\ v_3 \\ v_4 \end{bmatrix} = t \begin{bmatrix} -\frac{1}{3} \\ -\frac{1}{9} \\ 0 \\ 1 \end{bmatrix},\ t \in \mathbb{R}\,(\mathbb{C}) \right\} = \left\langle \begin{bmatrix} -3 \\ -1 \\ 0 \\ 9 \end{bmatrix} \right\rangle.$$

Der Eigenwert -1 hat die geometrische Vielfachheit 1.

- Eigenraum zu $\lambda_2 = 3$: Wir lösen $(\boldsymbol{A} - 3\boldsymbol{E})\boldsymbol{v} = \boldsymbol{0}$:

$$\left[\begin{array}{cccc|c} 2-3 & 9 & 0 & 2 & 0 \\ -1 & 2-3 & 1 & 0 & 0 \\ 0 & 0 & 3-3 & 0 & 0 \\ 0 & 0 & 2 & -1-3 & 0 \end{array}\right] = \left[\begin{array}{cccc|c} -1 & 9 & 0 & 2 & 0 \\ -1 & -1 & 1 & 0 & 0 \\ 0 & 0 & 0 & 0 & 0 \\ 0 & 0 & 2 & -4 & 0 \end{array}\right]$$

$$\overset{(Z_2)-(Z_1)}{\rightsquigarrow} \left[\begin{array}{cccc|c} -1 & 9 & 0 & 2 & 0 \\ 0 & -10 & 1 & -2 & 0 \\ 0 & 0 & 0 & 0 & 0 \\ 0 & 0 & 2 & -4 & 0 \end{array}\right] = \boldsymbol{Z}.$$

Die Lösung lautet:

$$\mathrm{Eig}_3(\boldsymbol{A}) = \left\{ \boldsymbol{v} \in \mathbb{R}^4\,(\mathbb{C}^4) \;\middle|\; \begin{bmatrix} v_1 \\ v_2 \\ v_3 \\ v_4 \end{bmatrix} = t \begin{bmatrix} 2 \\ 0 \\ 2 \\ 1 \end{bmatrix},\; t \in \mathbb{R}\,(\mathbb{C}) \right\} = \left\langle \begin{bmatrix} 2 \\ 0 \\ 2 \\ 1 \end{bmatrix} \right\rangle.$$

Der Eigenwert 3 hat die geometrische Vielfachheit 1.

- Eigenraum zu $\lambda_3 = 2 + 3i$: Wir lösen $(\boldsymbol{A} - (2+3i)\boldsymbol{E})\boldsymbol{v} = \boldsymbol{0}$:

$$\left[\begin{array}{cccc|c} 2-(2+3i) & 9 & 0 & 2 & 0 \\ -1 & 2-(2+3i) & 1 & 0 & 0 \\ 0 & 0 & 3-(2+3i) & 0 & 0 \\ 0 & 0 & 2 & -1-(2+3i) & 0 \end{array}\right]$$

$$= \left[\begin{array}{cccc|c} -3i & 9 & 0 & 2 & 0 \\ -1 & -3i & 1 & 0 & 0 \\ 0 & 0 & 1-3i & 0 & 0 \\ 0 & 0 & 2 & -3-3i & 0 \end{array}\right]$$

$$\overset{3i(Z_2)-(Z_1)}{\rightsquigarrow} \left[\begin{array}{cccc|c} -3i & 9 & 0 & 2 & 0 \\ 0 & 0 & 3i & -2 & 0 \\ 0 & 0 & 1-3i & 0 & 0 \\ 0 & 0 & 2 & -3-3i & 0 \end{array}\right] = \boldsymbol{Z}.$$

Die Lösung ist:

$$\mathrm{Eig}_{2+3i}(\boldsymbol{A}) = \left\{ \boldsymbol{v} \in \mathbb{C}^4 \;\middle|\; \begin{bmatrix} v_1 \\ v_2 \\ v_3 \\ v_4 \end{bmatrix} = t \begin{bmatrix} -3i \\ 1 \\ 0 \\ 0 \end{bmatrix},\; t \in \mathbb{C} \right\} = \left\langle \begin{bmatrix} -3i \\ 1 \\ 0 \\ 0 \end{bmatrix} \right\rangle.$$

$\lambda_3 = 2 + 3i$ hat somit die geometrische Vielfachheit 1.

- Eigenraum zu $\lambda_4 = 2 - 3i$: Wir lösen $(\boldsymbol{A} - (2 - 3i)\boldsymbol{E})\boldsymbol{v} = \boldsymbol{0}$:

$$\left[\begin{array}{cccc|c} 2-(2-3i) & 9 & 0 & 2 & 0 \\ -1 & 2-(2-3i) & 1 & 0 & 0 \\ 0 & 0 & 3-(2-3i) & 0 & 0 \\ 0 & 0 & 2 & -1-(2-3i) & 0 \end{array}\right] = \left[\begin{array}{cccc|c} 3i & 9 & 0 & 2 & 0 \\ -1 & 3i & 1 & 0 & 0 \\ 0 & 0 & 1+3i & 0 & 0 \\ 0 & 0 & 2 & -3+3i & 0 \end{array}\right]$$

$$\overset{3i(Z_2)+(Z_1)}{\rightsquigarrow} \left[\begin{array}{cccc|c} 3i & 9 & 0 & 2 & 0 \\ 0 & 0 & 3i & 2 & 0 \\ 0 & 0 & 1+3i & 0 & 0 \\ 0 & 0 & 2 & -3+3i & 0 \end{array}\right] = \boldsymbol{Z}.$$

Die Lösung ist:

$$\text{Eig}_{2-3i}(\boldsymbol{A}) = \left\{ \boldsymbol{v} \in \mathbb{C}^4 \;\middle|\; \begin{bmatrix} v_1 \\ v_2 \\ v_3 \\ v_4 \end{bmatrix} = t \begin{bmatrix} 3i \\ 1 \\ 0 \\ 0 \end{bmatrix}, \; t \in \mathbb{C} \right\} = \left\langle \begin{bmatrix} 3i \\ 1 \\ 0 \\ 0 \end{bmatrix} \right\rangle.$$

$\lambda_4 = 2 - 3i$ hat ebenso die geometrische Vielfachheit 1. ■

Übung 9.18

• ○ ○ Für welche $\alpha \in \mathbb{R}$ ist $\lambda = 2$ ein Eigenwert der folgenden Matrix?

$$\boldsymbol{A} = \begin{bmatrix} 1 & 1-\alpha \\ -3 & -1 \end{bmatrix}.$$

Man bestimme den zugehörigen Eigenvektor. Wie lauten die weiteren Eigenwerte von $\boldsymbol{A}$?

Lösung

Damit $\lambda = 2$ ein Eigenwert von $\boldsymbol{A}$ ist, muss $\lambda = 2$ eine Nullstelle des charakteristischen Polynoms sein, d. h.

$$\det(\boldsymbol{A} - 2\boldsymbol{E}) = \begin{vmatrix} 1-2 & 1-\alpha \\ -3 & -1-2 \end{vmatrix} = \begin{vmatrix} -1 & 1-\alpha \\ -3 & -3 \end{vmatrix} = 6 - 3\alpha \overset{!}{=} 0 \quad \Rightarrow \quad \alpha = 2.$$

Die Matrix $\boldsymbol{A}$ lautet somit:

$$\boldsymbol{A} = \begin{bmatrix} 1 & -1 \\ -3 & -1 \end{bmatrix}.$$

Um den Eigenvektor zum Eigenwert $\lambda = 2$ zu bestimmen, lösen wir das folgende LGS:

$$\left[\begin{array}{cc|c} 1-2 & -1 & 0 \\ -3 & -1-2 & 0 \end{array}\right] = \left[\begin{array}{cc|c} -1 & -1 & 0 \\ -3 & -3 & 0 \end{array}\right] \overset{(Z_2)-3(Z_1)}{\rightsquigarrow} \left[\begin{array}{cc|c} -1 & -1 & 0 \\ 0 & 0 & 0 \end{array}\right] = \boldsymbol{Z}.$$

Die Lösung ist:

$$\mathrm{Eig}_2(\boldsymbol{A}) = \left\{ \boldsymbol{v} \in \mathbb{R}^2 \;\middle|\; \begin{bmatrix} v_1 \\ v_2 \end{bmatrix} = t \begin{bmatrix} 1 \\ -1 \end{bmatrix},\ t \in \mathbb{R} \right\} = \left\langle \begin{bmatrix} 1 \\ -1 \end{bmatrix} \right\rangle.$$

Da $\boldsymbol{A}$ eine (2×2)-Matrix ist, hat $\boldsymbol{A}$ höchstens 2 Eigenwerte. Die Summe der Eigenwerte von $\boldsymbol{A}$ ist gleich der $\mathrm{Spur}(\boldsymbol{A}) = 0$ (Trick # 9.2). Der zweite Eigenwert von $\boldsymbol{A}$ muss -2 sein. ■

Übung 9.19

• ○ ○ Für welche $\alpha \in \mathbb{R}$ ist $\lambda = 1$ ein Eigenwert der folgenden Matrix?

$$\boldsymbol{A} = \begin{bmatrix} \alpha & 1 & 0 \\ 1-\alpha & 0 & 2 \\ 1 & 1 & \alpha \end{bmatrix}.$$

Wie lauten die weiteren Eigenwerte von $\boldsymbol{A}$?

Lösung

Damit $\lambda = 1$ ein Eigenwert der Matrix $\boldsymbol{A}$ ist, muss $\lambda = 1$ eine Nullstelle des charakteristischen Polynoms sein, d. h.

$$\begin{aligned} p_{\boldsymbol{A}}(\lambda) = \det(\boldsymbol{A} - \boldsymbol{E}) &= \begin{vmatrix} \alpha-1 & 1 & 0 \\ 1-\alpha & 0-1 & 2 \\ 1 & 1 & \alpha-1 \end{vmatrix} \\ &= (\alpha-1) \underbrace{\begin{vmatrix} -1 & 2 \\ 1 & \alpha-1 \end{vmatrix}}_{=-(\alpha-1)-2} - (1-\alpha) \underbrace{\begin{vmatrix} 1 & 0 \\ 1 & \alpha-1 \end{vmatrix}}_{=\alpha-1} + 1 \underbrace{\begin{vmatrix} 1 & 0 \\ -1 & 2 \end{vmatrix}}_{=2} \\ &= -(\alpha-1)^2 - 2(\alpha-1) - (\alpha-1)(1-\alpha) + 2 = 4 - 2\alpha \overset{!}{=} 0 \quad \Rightarrow \quad \alpha = 2. \end{aligned}$$

Für $\alpha = 2$ lautet die Matrix $\boldsymbol{A} = \begin{bmatrix} 2 & 1 & 0 \\ -1 & 0 & 2 \\ 1 & 1 & 2 \end{bmatrix}$. Daraus folgt:

$$\mathrm{Spur}(\boldsymbol{A}) = 4 \text{ und } \det(\boldsymbol{A}) = \det \begin{bmatrix} 2 & 1 & 0 \\ -1 & 0 & 2 \\ 1 & 1 & 2 \end{bmatrix} = 0.$$

Die Summe der Eigenwerte ist Spur($\boldsymbol{A}$) $=$ 4 (Trick # 9.2) und deren Produkt ist det($\boldsymbol{A}$) $=$ 0 (Trick # 9.3). Wegen det($\boldsymbol{A}$) $=$ 0 ist 0 ein Eigenwert von $\boldsymbol{A}$. Der dritte Eigenwert ist somit 3, weil $1 + 3 = 4$. ■

Übung 9.20

● ○ ○ Die Eigenwerte der Matrix $\boldsymbol{A} = \begin{bmatrix} 0 & 1 \\ 1 & 0 \end{bmatrix}$ sind $\lambda_1 = 1$ und $\lambda_2 = -1$. Ohne das charakteristische Polynom zu berechnen soll man die Eigenwerte von $\boldsymbol{B} = \begin{bmatrix} \alpha & 1 \\ 1 & \alpha \end{bmatrix}$ ($\alpha \in \mathbb{R}$) bestimmen.

Lösung

Wir wenden den **„Verschiebungstrick"** (Trick # 9.8) an. Es gilt:

$$\boldsymbol{B} = \begin{bmatrix} \alpha & 1 \\ 1 & \alpha \end{bmatrix} = \begin{bmatrix} 0 & 1 \\ 1 & 0 \end{bmatrix} + \begin{bmatrix} \alpha & 0 \\ 0 & \alpha \end{bmatrix} = \boldsymbol{A} + \alpha \boldsymbol{E}.$$

Aus Trick # 9.8 folgt: Die Eigenwerte von $\boldsymbol{B}$ sind $\lambda_1 + \alpha = \alpha + 1$ und $\lambda_2 + \alpha = \alpha - 1$. ■

Die folgende Übung ist sehr praktisch und wichtig zugleich.

Übung 9.21

● ○ ○ Man bestimme möglichst geschickt die Eigenwerte der folgenden Matrizen:

a) $\begin{bmatrix} 1 & 2 & 0 \\ 1 & 1 & 1 \\ 1 & 2 & 0 \end{bmatrix}$

b) $\begin{bmatrix} 1 & 0 & 2 \\ 0 & 3 & -1 \\ 0 & 0 & 2 \end{bmatrix}$

c) $\begin{bmatrix} 0 & 1 & 1 \\ 1 & 0 & 1 \\ 1 & 1 & 0 \end{bmatrix}^{100}$

d) $\begin{bmatrix} 2 & 2 & 2 & 2 \\ 2 & 2 & 2 & 2 \\ 2 & 2 & 2 & 2 \\ 2 & 2 & 2 & 2 \end{bmatrix}$

e) $\begin{bmatrix} 1 & 2 & 1 & 3 \\ -1 & 4 & 1 & 3 \\ -1 & 2 & 3 & 3 \\ -1 & 2 & 1 & 5 \end{bmatrix}$

f) $\begin{bmatrix} 1 & 6 & 0 & 0 & 0 \\ 1 & 0 & 0 & 0 & 0 \\ 0 & 0 & 2 & 1 & \frac{3}{2} \\ 0 & 0 & -2 & 1 & -\frac{1}{2} \\ 0 & 0 & 1 & -1 & 0 \end{bmatrix}$

Hinweis: Anwenden der Tricks # 9.1 – # 9.10.

Lösung

a) Jede Zeilensumme von A ist 3

$$A = \begin{bmatrix} \boxed{1\ \ 2\ \ 0} \\ \boxed{1\ \ 1\ \ 1} \\ \boxed{1\ \ 2\ \ 0} \end{bmatrix} \begin{array}{l} \Rightarrow \text{Summe } = 3 \\ \Rightarrow \text{Summe } = 3\,. \\ \Rightarrow \text{Summe } = 3 \end{array}$$

Somit ist $\lambda_1 = 3$ ein Eigenwert (Trick # 9.6). Wie lauten die anderen Eigenwerte λ_2, λ_3? Die Determinante und die Spur von A lauten:

$$\det(A) = \begin{vmatrix} 1 & 2 & 0 \\ 1 & 1 & 1 \\ 1 & 2 & 0 \end{vmatrix} = 0, \quad \text{Spur}(A) = 1 + 1 + 0 = 2.$$

Das Produkt der Eigenwerte ist gleich $\det(A)$ und deren Summe ist $\text{Spur}(A)$ (Tricks # 9.2 und 9.3). Die gesuchten Eigenwerte erfüllen somit die folgenden Gleichungen:

$$\lambda_1 \cdot \lambda_2 \cdot \lambda_3 = 3 \cdot \lambda_2 \cdot \lambda_3 = 0, \quad \lambda_1 + \lambda_2 + \lambda_3 = 3 + \lambda_2 + \lambda_3 = 2.$$

Daraus folgt $\lambda_1 = 3$, $\lambda_2 = 0$ und $\lambda_3 = -1$.

b) Es ist eine obere Dreiecksmatrix. Die Eigenwerte sind somit die Diagonalelemente (Trick # 9.4): $\lambda_1 = 1$, $\lambda_2 = 2$ und $\lambda_3 = 3$.

c) Die Eigenwerte von A^k sind genau die Eigenwerte von A hoch k (Trick # 9.8). Wir betrachten also die Eigenwerte von $A = \left[\begin{smallmatrix} 0 & 1 & 1 \\ 1 & 0 & 1 \\ 1 & 1 & 0 \end{smallmatrix}\right]$. Jede Zeilensumme ergibt 2, d. h., $\lambda_1 = 2$ ist ein Eigenwert (Trick # 9.6). Die Determinante von A ist 2 und die Spur von A ist 0. Daraus folgt mit Tricks # 9.2 und 9.3:

$$\lambda_1 \cdot \lambda_2 \cdot \lambda_3 = 2 \cdot \lambda_2 \cdot \lambda_3 = 2 \quad \Rightarrow \quad \lambda_2 \cdot \lambda_3 = 1$$

$$\lambda_1 + \lambda_2 + \lambda_3 = 2 + \lambda_2 + \lambda_3 = 0 \quad \Rightarrow \quad \lambda_2 + \lambda_3 = -2.$$

Somit sind $\lambda_1 = 2$, $\lambda_2 = -1$ und $\lambda_3 = -1$ die Eigenwerte von A. Die Eigenwerte von A^{100} sind also $\lambda_1^{100} = 2^{100}$, $\lambda_2^{100} = 1$ und $\lambda_3^{100} = 1$.

d) Alle Zeilen von A sind identisch und $\text{Spur}(A) = 8 \neq 0$. Aus Trick # 9.7 folgt: die Eigenwerte von A sind $\lambda_{1,2,3} = 0$ (algebraische Vielfachheit 3) und $\lambda_4 = \text{Spur}(A) = 8$.

e) Dieses spezielle, aber interessante Beispiel verwendet den **„Verschiebungstrick"** (Trick # 9.8). Wir schreiben A wie folgt um:

$$A = \begin{bmatrix} 1 & 2 & 1 & 3 \\ -1 & 4 & 1 & 3 \\ -1 & 2 & 3 & 3 \\ -1 & 2 & 1 & 5 \end{bmatrix} = \underbrace{\begin{bmatrix} -1 & 2 & 1 & 3 \\ -1 & 2 & 1 & 3 \\ -1 & 2 & 1 & 3 \\ -1 & 2 & 1 & 3 \end{bmatrix}}_{=B} + \underbrace{\begin{bmatrix} 2 & 0 & 0 & 0 \\ 0 & 2 & 0 & 0 \\ 0 & 0 & 2 & 0 \\ 0 & 0 & 0 & 2 \end{bmatrix}}_{=2E}.$$

Auf diese Idee kommt man, weil in jede Spalte das Diagonalelement um 2 von den restlichen Spaltenelementen abweicht. Die Matrix $\boldsymbol{A}$ ist nun von der Form $\boldsymbol{B} + \alpha\boldsymbol{E}$. Aus dem Verschiebungstrick (Trick # 9.8) folgt, dass es genügt, die Eigenwerte von $\boldsymbol{B}$ zu bestimmen, was in diesem Beispiel besonders einfach ist. Denn alle Zeilen von $\boldsymbol{B}$ sind identisch ($\boldsymbol{B}$ hat Rang 1) und Spur($\boldsymbol{B}$) $= 5 \neq 0$. Nach Trick # 9.7 sind die Eigenwerte von $\boldsymbol{B}$ gleich 0 (Vielfachheit 3) und 5. Daraus ergeben sich mittels dem Verschiebungstrick die Eigenwerte von $\boldsymbol{A} = \boldsymbol{B} + 2\boldsymbol{E}$ als

$\lambda_{1,2,3} = 0 + 2 = 2$ und $\lambda_4 = 5 + 2 = 7$.

f) $\boldsymbol{A}$ ist eine Blockdiagonalmatrix

$$\boldsymbol{A} = \left[\begin{array}{cc|ccc} 1 & 6 & 0 & 0 & 0 \\ 1 & 0 & 0 & 0 & 0 \\ \hline 0 & 0 & 2 & 1 & \frac{3}{2} \\ 0 & 0 & -2 & 1 & -\frac{1}{2} \\ 0 & 0 & 1 & -1 & 0 \end{array}\right] = \left[\begin{array}{c|c} \boldsymbol{A_1} & \boldsymbol{0} \\ \hline \boldsymbol{0} & \boldsymbol{A_2} \end{array}\right].$$

Wegen Trick # 9.5 können wir die zwei Blöcke getrennt betrachten. Wir beginnen mit dem ersten Block $\boldsymbol{A_1}$. Die Matrix $\boldsymbol{A_1}$ hat Determinante -6 und Spur 1. Die Eigenwerte von $\boldsymbol{A_1}$ erfüllen somit $\lambda_1\lambda_2 = -6$ und $\lambda_1 + \lambda_2 = 1$ (Tricks # 9.2 und 9.3). Dies ergibt: $\lambda_1 = 3$ und $\lambda_2 = -2$. Nun betrachten wir den zweiten Block $\boldsymbol{A_2}$. Wir stellen fest, dass jede Spaltensumme 1 ergibt:

$$\left[\begin{array}{c|c|c} 2 & 1 & \frac{3}{2} \\ -2 & 1 & -\frac{1}{2} \\ 1 & -1 & 0 \end{array}\right]$$

$$\begin{array}{lccc} & \Downarrow & \Downarrow & \Downarrow \\ \text{Summe} = & 1 & 1 & 1 \end{array}$$

$\lambda_3 = 1$ ist somit ein Eigenwert von $\boldsymbol{A_2}$ (Trick # 9.6). Die Determinante von $\boldsymbol{A_2}$ ist 0. Somit ist $\lambda_4 = 0$ ein weiterer Eigenwert von $\boldsymbol{A_2}$. Ferner ist die Spur von $\boldsymbol{A_2}$ gleich 3. Somit ist $\lambda_5 = 3-1 = 2$ der letzte Eigenwert von $\boldsymbol{A_2}$. Zusammenfassend: Die Matrix $\boldsymbol{A}$ hat die Eigenwerte $\lambda_1 = 3$, $\lambda_2 = -2$, $\lambda_3 = 1$, $\lambda_4 = 0$ und $\lambda_5 = 2$. Überzeugen Sie sich von der Richtigkeit, in dem Sie mittels charakteristischen Polynom von $\boldsymbol{A}$ zu den gleichen Eigenwerten gelangen. ■

Übung 9.22

● ○ ○

a) Man zeige, durch direkte Berechnung, dass das charakteristische Polynom einer (2×2)-Matrix $\boldsymbol{A}$ lautet:

$$p_{\boldsymbol{A}}(\lambda) = \lambda^2 - \text{Spur}(\boldsymbol{A})\,\lambda + \det(\boldsymbol{A}).$$

b) Man benutze diese Formel, um das charakteristische Polynom von $\boldsymbol{A} = \begin{bmatrix} 1 & 2 \\ 3 & -4 \end{bmatrix}$, $\boldsymbol{B} = \begin{bmatrix} 7 & -3 \\ 5 & -2 \end{bmatrix}$ schnell zu bestimmen.

Lösung

a) Es sei $\boldsymbol{A} = \begin{bmatrix} a & b \\ c & d \end{bmatrix}$. Das charakteristische Polynom von $\boldsymbol{A}$ ist dann

$$p_{\boldsymbol{A}}(\lambda) = \det(\boldsymbol{A} - \lambda\boldsymbol{E}) = \begin{vmatrix} a-\lambda & b \\ c & d-\lambda \end{vmatrix} = (a-\lambda)(d-\lambda) - bc$$

$$= \lambda^2 - \underbrace{(a+d)}_{=\text{Spur}(\boldsymbol{A})}\lambda + \underbrace{ad-bc}_{\det(\boldsymbol{A})} = \lambda^2 - \text{Spur}(\boldsymbol{A})\,\lambda + \det(\boldsymbol{A}).$$

b) Mit Teilaufgabe (a) finden wir

$$\text{Spur}(\boldsymbol{A}) = 1 - 4 = -3, \quad \det(\boldsymbol{A}) = -4 - 6 = -10$$

$$\Rightarrow p_{\boldsymbol{A}}(\lambda) = \lambda^2 - \text{Spur}(\boldsymbol{A})\,\lambda + \det(\boldsymbol{A}) = \lambda^2 + 3\lambda - 10$$

$$\text{Spur}(\boldsymbol{B}) = 7 - 2 = 5, \quad \det(\boldsymbol{B}) = -14 + 15 = 1$$

$$\Rightarrow p_{\boldsymbol{B}}(\lambda) = \lambda^2 - \text{Spur}(\boldsymbol{B})\,\lambda + \det(\boldsymbol{B}) = \lambda^2 - 5\lambda + 1$$

■

Übung 9.23

● ○ ○ Man bestimme das Spektrum und den Spektralradius der folgenden Matrix

$$\boldsymbol{A} = \begin{bmatrix} 2 & 0 & 0 \\ -2 & 1 & -1 \\ 1 & 3 & -2 \end{bmatrix}.$$

Lösung

Das charakteristische Polynom von $\boldsymbol{A}$ ist

$$p_{\boldsymbol{A}}(\lambda) = \det(\boldsymbol{A} - \lambda\boldsymbol{E}) = \left[\begin{array}{c|cc} 2-\lambda & 0 & 0 \\ \hline -2 & 1-\lambda & -1 \\ 1 & 3 & -2-\lambda \end{array}\right]$$

$$= (2-\lambda)\begin{vmatrix} 1-\lambda & -1 \\ 3 & -2-\lambda \end{vmatrix} = (2-\lambda)(\lambda^2 + \lambda + 1).$$

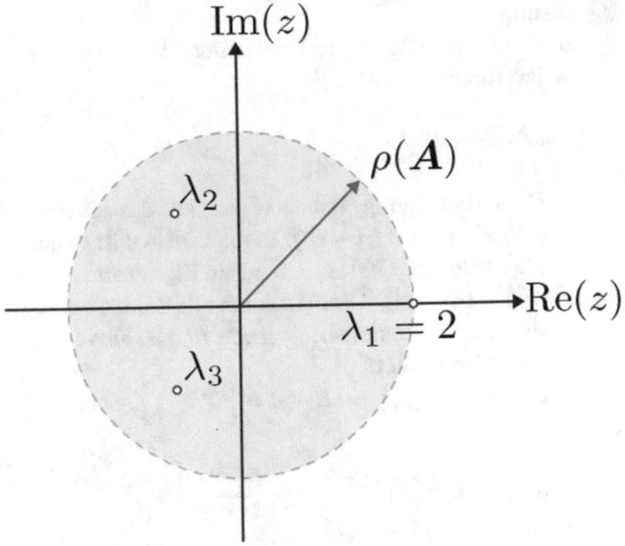

Abb. 9.4 Alle Eigenwerte der Matrix A von Übung 9.23 in der komplexen Ebene sind innerhalb einer Kreisscheibe mit Radius $\rho(A) = 2$ enthalten

Die Eigenwerte von A sind

$$p_A = (2 - \lambda)(\lambda^2 + \lambda + 1) \stackrel{!}{=} 0 \quad \Rightarrow \quad \lambda_1 = 2,\ \lambda_{2,3} = \frac{-1 \pm i\sqrt{3}}{2}.$$

Das Spektrum von A ist die Menge aller Eigenwerte von A, d. h. (► Abb. 9.4)

$$\sigma(A) = \left\{2, \frac{-1 + i\sqrt{3}}{2}, \frac{-1 - i\sqrt{3}}{2}\right\}.$$

Um den Spektralradius von A zu bestimmen, vergleichen wir die Beträge der verschiedenen Eigenwerte:

$$|\lambda_1| = 2, \quad |\lambda_2| = \sqrt{\frac{1}{4} + \frac{3}{4}} = 1, \quad |\lambda_3| = \sqrt{\frac{1}{4} + \frac{3}{4}} = 1 \quad \Rightarrow \quad \rho(A) = \max\{2, 1, 1\} = 2.$$

■

Übung 9.24

● ○ ○ Es sei $A \in \mathbb{C}^{n \times n}$. Die folgende Matrix

$$R(s) = \left(sE - A\right)^{-1}, \ s \in \mathbb{C}$$

heißt **Resolvente** von A und spielt eine wichtige Rolle bei der Lösung von Differenzialgleichungen (z. B. mittels der Laplace-Transformation).

a) Für welche $s \in \mathbb{C}$ ist die Resolvente von A definiert?

b) Man berechne die Resolvente von $A = \left[\begin{smallmatrix} 1 & 1 \\ 0 & 2 \end{smallmatrix}\right]$.

Lösung

a) Die Resolvente ist die Inverse der Matrix $sE - A$. Diese Matrix ist genau dann invertierbar, wenn

$$\det(sE - A) \neq 0.$$

Diese Bedingung erinnert uns an das charakteristischen Polynom von A, d. h. $p_A(s) = \det(A - sE)$. Es folgt: $sE - A$ ist genau dann invertierbar, wenn s keine Nullstelle von $p_A(s)$ ist, d. h. s kein Eigenwert von A ist. Der Definitionsbereich von $R(s) = (sE - A)^{-1}$ enthält somit alle Zahlen $s \in \mathbb{C}$, welche **keine** Eigenwerte von A sind. Der Definitionsbereich von $R(s)$ ist also $\mathbb{C} \setminus \sigma(A)$, wobei $\sigma(A)$ das Spektrum von A bezeichnet.

b) Es gilt $A = \begin{bmatrix} 1 & 1 \\ 0 & 2 \end{bmatrix} \Rightarrow sE - A = \begin{bmatrix} s-1 & -1 \\ 0 & s-2 \end{bmatrix}$. Somit:

$$R(s) = (sE - A)^{-1} = \frac{1}{(s-1)(s-2)} \begin{bmatrix} s-2 & 1 \\ 0 & s-1 \end{bmatrix} = \begin{bmatrix} \frac{1}{s-1} & \frac{1}{(s-1)(s-2)} \\ 0 & \frac{1}{s-2} \end{bmatrix}.$$

Beachte: $R(s)$ ist für alle $s \in \mathbb{R} \setminus \{1, 2\}$ definiert. $\lambda_1 = 1$ und $\lambda_2 = 2$ sind genau die Eigenwerte von A. ■

Übung 9.25

● ○ ○ Man bestimme die Eigenwerte einer oberen Dreiecksmatrix.

Lösung

Für eine obere Dreiecksmatrix A gilt:

$$A = \begin{bmatrix} a_{11} & a_{12} & \cdots & a_{1n} \\ 0 & a_{22} & \cdots & a_{2n} \\ \vdots & \vdots & \ddots & \vdots \\ 0 & 0 & \cdots & a_{nn} \end{bmatrix} \quad \Rightarrow \quad \det(A - \lambda E) = \begin{vmatrix} a_{11} - \lambda & a_{12} & \cdots & a_{1n} \\ 0 & a_{22} - \lambda & \cdots & a_{2n} \\ \vdots & \vdots & \ddots & \vdots \\ 0 & 0 & \cdots & a_{nn} - \lambda \end{vmatrix}$$

$$= (a_{11} - \lambda)(a_{22} - \lambda) \cdots (a_{nn} - \lambda).$$

Die Nullstellen des charakteristischen Polynoms sind:

$$\lambda_1 = a_{11}, \; \lambda_2 = a_{22}, \; \cdots \lambda_n = a_{nn}.$$

Somit sind die Eigenwerte von A **genau die Diagonaleinträge** von A. Dies gilt auch für untere Dreiecksmatrizen und Diagonalmatrizen (Trick # 9.4). ■

Übung 9.26

• ○ ○ Es sei $A \in \mathbb{R}^{n\times n}$. Man zeige: Ist n ungerade, so hat A mindestens einen reellen Eigenwert.

Lösung

Das charakteristische Polynom von A ist ein reelles Polynom vom Grad n. Da jedes reelle Polynom ungeraden Grades mindestens eine reelle Nullstelle hat (vgl. Anhang C.3), hat A mindestens einen reellen Eigenwert. ■

Übung 9.27

• • ○ Es sei $A \in \mathbb{K}^{n\times n}$. Nehmen wir an, dass A die n Eigenwerte $\lambda_1, \cdots, \lambda_n$ besitzt. Man zeige:

a) $\lambda_1 + \cdots + \lambda_n = \sum_{i=1}^{n} \lambda_i = \mathrm{Spur}(A)$

b) $\lambda_1 \cdots \lambda_n = \prod_{i=1}^{n} \lambda_i = \det(A)$

Hinweis: Formeln von Vieta für das charakteristische Polynom.

Lösung

Das charakteristische Polynom von A ist ein Polynom vom Grad n

$$p_A(\lambda) = a_n\lambda^n + a_{n-1}\lambda^{n-1} + \cdots + a_0. \tag{9.23}$$

Für die Koeffizienten a_n, a_{n-1} und a_0 gelten die Formeln von Vieta (Trick # 9.1)

$$a_n = (-1)^n, \quad a_{n-1} = (-1)^{n-1}\mathrm{Spur}(A), \quad a_0 = \det(A).$$

Da die n Eigenwerte $\lambda_1, \cdots, \lambda_n$ die Nullstellen des charakteristischen Polynoms sind, zerfällt $p_A(\lambda)$ in Linearfaktoren

$$p_A(\lambda) = a_n(\lambda - \lambda_1)(\lambda - \lambda_2)\cdots(\lambda - \lambda_n). \tag{9.24}$$

Es ergeben sich daraus zwei Darstellungen von $p_A(\lambda)$: Gl. (9.23) und Gl. (9.24). Resultat (a) und (b) erhalten wir jeweils durch geschicktes Vergleichen von Gl. (9.23) und Gl. (9.24).

a) Durch Ausmultiplizieren von (9.23) erhalten wir:

$$p_A(\lambda = 0) = a_n(\lambda - \lambda_1)(\lambda - \lambda_2)\cdots(\lambda - \lambda_n) = a_n\lambda^n - (\lambda_1 + \cdots + \lambda_n)\lambda^{n-1} + \cdots$$

Vergleichen wir dies mit (9.24) so erhalten wir

$$a_{n-1} = -a_n(\lambda_1 + \cdots + \lambda_n) \quad \Rightarrow \quad \lambda_1 + \cdots + \lambda_n = -\frac{a_{n-1}}{a_n} = (-1)^n\frac{\mathrm{Spur}(A)}{(-1)^n}$$
$$= \mathrm{Spur}(A).$$

b) Wir werten $p_A(\lambda)$ bei $\lambda = 0$ aus. So gewinnen wir aus Gl. (9.23) bzw. Gl. (9.24):

$$p_A(\lambda = 0) = a_0 = a_n(-\lambda_1)(-\lambda_2)\cdots(-\lambda_n) = (-1)^n a_n \lambda_1 \cdots \lambda_n$$

$$\Rightarrow \quad \lambda_1 \cdots \lambda_n = (-1)^n \frac{a_0}{a_n} = (-1)^n \frac{\det(\boldsymbol{A})}{(-1)^n} = \det(\boldsymbol{A}).$$

■

Übung 9.28

• • ∘ Man betrachte die Rotationsmatrix $\boldsymbol{A} = \begin{bmatrix} \cos(\varphi) & -\sin(\varphi) \\ \sin(\varphi) & \cos(\varphi) \end{bmatrix}$.

a) Für welche $\varphi \in \mathbb{R}$ hat $\boldsymbol{A}$ reelle Eigenwerte? Man interpretiere das Resultat geometrisch.

b) Man bestimme die Eigenwerte und Eigenvektoren von $\boldsymbol{A}$ auf $\mathbb{C}$.

✓ Lösung

a) Das charakteristische Polynom von $\boldsymbol{A}$ ist:

$$p_A(\lambda) = \det(\boldsymbol{A} - \lambda \boldsymbol{E}) = \begin{vmatrix} \cos(\varphi) - \lambda & -\sin(\varphi) \\ \sin(\varphi) & \cos(\varphi) - \lambda \end{vmatrix}$$

$$= \lambda^2 - 2\cos(\varphi)\,\lambda + \underbrace{\cos(\varphi)^2 + \sin(\varphi)^2}_{=1} = \lambda^2 - 2\cos(\varphi)\,\lambda + 1.$$

Die Eigenwerte von $\boldsymbol{A}$ sind somit

$$p_A(\lambda) = \lambda^2 - 2\cos(\varphi)\,\lambda + 1 \stackrel{!}{=} 0 \quad \Rightarrow \quad \lambda_{1,2} = \frac{2\cos(\varphi) \pm \sqrt{4\cos(\varphi)^2 - 4}}{2}$$

$$= \cos(\varphi) \pm \sqrt{\cos(\varphi)^2 - 1}.$$

Die Eigenwerte von $\boldsymbol{A}$ sind reell falls $\cos(\varphi)^2 - 1 \geq 0 \Rightarrow \cos(\varphi)^2 \geq 1 \Rightarrow \varphi = 0, \pi$. Interpretation: Für $\varphi = 0$ ist $\boldsymbol{A}$ die Einheitsmatrix ($\Rightarrow$ Eigenwert 1). Für $\varphi = \pi$ ist $\boldsymbol{A} = -\boldsymbol{E}$, d. h., $\boldsymbol{A}$ ist die Spiegelung an dem Nullpunkt ($\Rightarrow$ Eigenwerte ± 1). Für $\varphi \neq 0, \pi$ beschreibt $\boldsymbol{A}$ eine Rotation um den Winkel φ. In diesem Fall gibt es **keinen** Vektor, der bei der Anwendung von $\boldsymbol{A}$ in einen Vektor der gleicher Richtung übertragen wird, d. h., $\boldsymbol{A}$ hat keine reelle Eigenwerte/Eigenvektoren.

b) Wegen $\sin(\varphi)^2 + \cos(\varphi)^2 = 1$ lauten die (komplexen) Eigenwerte von $\boldsymbol{A}$

$$\lambda_{1,2} = \cos(\varphi) \pm \sqrt{\cos(\varphi)^2 - 1} = \cos(\varphi) \pm i\sin(\varphi) = e^{\pm i\varphi}.$$

Für $\varphi \neq 0, \pi$ gilt:

- Eigenraum zu $\lambda_1 = e^{i\varphi} = \cos(\varphi) + i\sin(\varphi)$: Wir lösen $(\boldsymbol{A} - e^{i\varphi}\boldsymbol{E})\boldsymbol{v} = \boldsymbol{0}$ mit dem Gauß-Algorithmus ($\sin(\varphi) \neq 0$):

$$\left[\begin{array}{cc|c} \cos(\varphi) - \cos(\varphi) - i\sin(\varphi) & -\sin(\varphi) & 0 \\ \sin(\varphi) & \cos(\varphi) - \cos(\varphi) - i\sin(\varphi) & 0 \end{array}\right] = \left[\begin{array}{cc|c} -i\sin(\varphi) & -\sin(\varphi) & 0 \\ \sin(\varphi) & -i\sin(\varphi) & 0 \end{array}\right]$$

$$\overset{i(Z_2)+(Z_1)}{\rightsquigarrow} \left[\begin{array}{cc|c} -i\sin(\varphi) & -\sin(\varphi) & 0 \\ 0 & 0 & 0 \end{array}\right] \overset{(Z_1)/\sin(\varphi)}{\rightsquigarrow} \left[\begin{array}{cc|c} -i & -1 & 0 \\ 0 & 0 & 0 \end{array}\right] = \boldsymbol{Z}.$$

Die Lösung ist:

$$\mathrm{Eig}_{e^{i\varphi}}(\boldsymbol{A}) = \left\{ \boldsymbol{v} \in \mathbb{C}^2 \;\middle|\; \begin{bmatrix} v_1 \\ v_2 \end{bmatrix} = t \begin{bmatrix} 1 \\ -i \end{bmatrix},\ t \in \mathbb{C} \right\} = \left\langle \begin{bmatrix} 1 \\ -i \end{bmatrix} \right\rangle.$$

- Eigenraum zu $\lambda_2 = e^{-i\varphi} = \cos(\varphi) - i\sin(\varphi)$: Wir lösen $(\boldsymbol{A} - e^{-i\varphi}\boldsymbol{E})\boldsymbol{v} = \boldsymbol{0}$ mit dem Gauß-Algorithmus ($\sin(\varphi) \neq 0$):

$$\left[\begin{array}{cc|c} \cos(\varphi) - \cos(\varphi) + i\sin(\varphi) & -\sin(\varphi) & 0 \\ \sin(\varphi) & \cos(\varphi) - \cos(\varphi) + i\sin(\varphi) & 0 \end{array}\right] = \left[\begin{array}{cc|c} i\sin(\varphi) & -\sin(\varphi) & 0 \\ \sin(\varphi) & i\sin(\varphi) & 0 \end{array}\right]$$

$$\overset{i(Z_2)-(Z_1)}{\rightsquigarrow} \left[\begin{array}{cc|c} i\sin(\varphi) & \sin(\varphi) & 0 \\ 0 & 0 & 0 \end{array}\right] \overset{(Z_1)/\sin(\varphi)}{\rightsquigarrow} \left[\begin{array}{cc|c} i & 1 & 0 \\ 0 & 0 & 0 \end{array}\right] = \boldsymbol{Z}.$$

Die Lösung ist:

$$\mathrm{Eig}_{e^{-i\varphi}}(\boldsymbol{A}) = \left\{ \boldsymbol{v} \in \mathbb{C}^2 \;\middle|\; \begin{bmatrix} v_1 \\ v_2 \end{bmatrix} = t \begin{bmatrix} 1 \\ i \end{bmatrix},\ t \in \mathbb{C} \right\} = \left\langle \begin{bmatrix} 1 \\ i \end{bmatrix} \right\rangle.$$

■

Übung 9.29

●●○ Man bestimme das Spektrum und den Spektralradius der folgenden $(n \times n)$-Matrix:

$$\boldsymbol{A} = \begin{bmatrix} 0 & 0 & \cdots & 0 & 1 \\ 1 & 0 & \ddots & 0 & 0 \\ 0 & 1 & \ddots & \vdots & \vdots \\ \vdots & \ddots & \ddots & 0 & 0 \\ 0 & \cdots & 0 & 1 & 0 \end{bmatrix}.$$

Lösung

Das charakteristische Polynom von $\boldsymbol{A}$ ist

$$p_{\boldsymbol{A}}(\lambda) = \det(\boldsymbol{A} - \lambda\boldsymbol{E}) = \begin{vmatrix} -\lambda & 0 & \cdots & 0 & 1 \\ 1 & -\lambda & \ddots & 0 & 0 \\ 0 & 1 & \ddots & \vdots & \vdots \\ \vdots & \ddots & \ddots & -\lambda & 0 \\ 0 & \cdots & 0 & 1 & -\lambda \end{vmatrix}.$$

Wir entwickeln nach der ersten Zeile $[-\lambda, 0, \cdots, 0, 1]$ und erhalten:

$$p_A(\lambda) = (-\lambda) \underbrace{\begin{vmatrix} -\lambda & 0 & \cdots & 0 \\ 1 & -\lambda & \ddots & \vdots \\ \vdots & \ddots & \ddots & 0 \\ 0 & \cdots & 1 & -\lambda \end{vmatrix}}_{=(-\lambda)^{n-1} \text{ (Dreiecksmatrix)}} + (-1)^{n+1} \underbrace{\begin{vmatrix} 1 & -\lambda & \cdots & 0 \\ 0 & 1 & \ddots & \vdots \\ \vdots & \ddots & \ddots & -\lambda \\ 0 & \cdots & 0 & 1 \end{vmatrix}}_{=1 \text{ (Dreiecksmatrix)}}$$

$$= (-\lambda)(-\lambda)^{n-1} + (-1)^{n+1} = (-1)^n\lambda^n + (-1)(-1)^n = (-1)^n(\lambda^n - 1).$$

Die Eigenwerte von A sind die Nullstellen von $p_A(\lambda)$, d. h. die n n-ten Wurzeln von 1 (vgl. Anhang C):

$$p_A(\lambda) = (-1)^n(\lambda^n - 1) \stackrel{!}{=} 0 \quad \Rightarrow \quad \lambda^n = 1 \quad \Rightarrow \quad \lambda = e^{\frac{2\pi ik}{n}}, \ k = 1, 2, \cdots, n-1.$$

Das Spektrum von A ist somit:

$$\sigma(A) = \left\{ e^{\frac{2\pi ik}{n}} \;\middle|\; k = 1, 2, \cdots, n-1 \right\}.$$

Alle Eigenwerte liegen auf dem Einheitskreis in der komplexen Ebene (◘ Abb. 9.5). Der Radius dieses Kreises ist genau der Spektralradius von A. Alle Eigenwerte haben Betrag 1, d. h., der Spektralradius von A ist $\rho(A) = 1$.

Elegante Alternative: Durch direkte Berechnung zeigt man, dass $A^n = E$. Der einzige Eigenwert von E ist $1 \Rightarrow A^n$ hat nur den Eigenwert 1. Daher sind die Eigenwerte von A die n-ten Wurzeln von 1, d. h. $e^{\frac{2\pi ik}{n}}$ mit $k = 0, \cdots, n-1$ (Trick # 9.8). Auf die Idee, A^n zu betrachten, kommt man, weil A eine Permutationsmatrix ist. A schickt die erste Spalte von E ganz nach rechts; A^2 schickt dann die zweite Spalte von E ganz nach rechts, usw.

$$A = \begin{bmatrix} 0 & 0 & \cdots & 0 & 1 \\ 1 & 0 & \ddots & 0 & 0 \\ 0 & 1 & \ddots & \vdots & \vdots \\ \vdots & \ddots & \ddots & 0 & 0 \\ 0 & \cdots & 0 & 1 & 0 \end{bmatrix}, \quad A^2 = \begin{bmatrix} 0 & 0 & \cdots & 1 & 0 \\ 0 & 0 & \ddots & 0 & 1 \\ 1 & 0 & \ddots & \vdots & \vdots \\ \vdots & \ddots & \ddots & 0 & 0 \\ 0 & \cdots & 0 & 0 & 0 \end{bmatrix} \quad \text{usw.}$$

Bei A^n erhält man genau E. ■

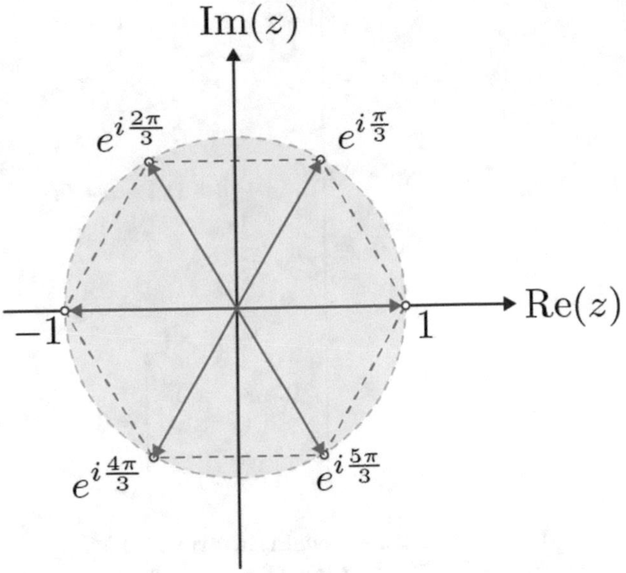

Abb. 9.5 Die Eigenwerte der Matrix A von Übung 9.29 liegen auf dem Einheitskreis in der komplexen Ebene (in diesem Fall $n = 6$)

Übung 9.30

• • ∘ Man betrachte die folgende $(n \times n)$-Matrix

$$A = \alpha E + J, \quad J = \begin{bmatrix} 1 & \cdots & 1 \\ \vdots & \ddots & \vdots \\ 1 & \cdots & 1 \end{bmatrix}.$$

a) Man zeige, dass α und $\alpha + n$ Eigenwerte von A sind.

b) Was ist die Dimension der zugehörigen Eigenräume?

Lösung

a) λ ist ein Eigenwert von A genau dann, wenn $\det(A - \lambda E) = 0$. Für $\lambda = \alpha$ finden wir:

$$\det(A - \alpha E) = \det(J) = \begin{vmatrix} 1 & 1 & \cdots & 1 \\ 1 & 1 & \cdots & 1 \\ \vdots & \vdots & \ddots & \vdots \\ 1 & 1 & \cdots & 1 \end{vmatrix} = 0.$$

Somit ist α ein Eigenwert von A. Für $\lambda = \alpha + n$ finden wir (wir addieren alle Zeilen $(Z_2), \cdots, (Z_n)$ zur ersten Zeile (Z_1)):

$$\det\big(A-(\alpha+n)E\big) = \begin{vmatrix} 1-n & 1 & \cdots & 1 \\ 1 & 1-n & \cdots & 1 \\ \vdots & \vdots & \ddots & \vdots \\ 1 & 1 & \cdots & 1-n \end{vmatrix} \overset{(Z_1)+(Z_2)+\cdots+(Z_n)}{=}$$

$$= \begin{vmatrix} 1-n+(n-1) & 1-n+(n-1) & \cdots & 1-n+(n-1) \\ 1 & 1-n & \cdots & 1 \\ \vdots & \vdots & \ddots & \vdots \\ 1 & 1 & \cdots & 1-n \end{vmatrix}$$

$$= \begin{vmatrix} 0 & 0 & \cdots & 0 \\ 1 & 1-n & \cdots & 1 \\ \vdots & \vdots & \ddots & \vdots \\ 1 & 1 & \cdots & 1-n \end{vmatrix} = 0.$$

Dies zeigt, dass $\alpha + n$ ein Eigenwert von A ist.

b) Für $A \in \mathbb{K}^{n\times n}$ ist die Dimension des Eigenraumes zum Eigenwert λ gleich $\dim(\mathrm{Eig}_\lambda(A)) = n - \mathrm{Rang}\,(A - \lambda E)$. Für $\lambda = \alpha$ finden wir mit dem Gauß-Algorithmus:

$$A - \alpha E = J = \begin{bmatrix} 1 & 1 & \cdots & 1 \\ 1 & 1 & \cdots & 1 \\ \vdots & \vdots & \ddots & \vdots \\ 1 & 1 & \cdots & 1 \end{bmatrix} \overset{\substack{(Z_2)-(Z_1) \\ \vdots \\ (Z_n)-(Z_1)}}{\rightsquigarrow} \begin{bmatrix} 1 & 1 & \cdots & 1 \\ 0 & 0 & \cdots & 0 \\ \vdots & \vdots & \ddots & \vdots \\ 0 & 0 & \cdots & 0 \end{bmatrix}.$$

Somit hat $A - \alpha E$ Rang 1. Daraus folgt

$$\dim(\mathrm{Eig}_\alpha(A)) = n - \mathrm{Rang}\,(A - \alpha E) = n - 1.$$

Um die Dimension des Eigenraumes zum Eigenwert $\alpha+n$ zu bestimmen, müssen wir gar keine Arbeit leisten. Für jeden Eigenwert ist $\dim(\mathrm{Eig}_\lambda(A))$ mindestens 1. Außerdem ist die Summe der Dimensionen aller Eigenräumen nie größer als n (Dimension des ganzes Raumes). Wegen $\dim(\mathrm{Eig}_\alpha(A)) = n - 1$, muss $\dim(\mathrm{Eig}_{\alpha+n}(A)) = 1$ sein.

■

Übung 9.31

• • ○ Alle Zeilen der Matrix $\boldsymbol{A} \in \mathbb{R}^{n \times n}$ seien **identisch**, d. h.

$$\boldsymbol{A} = \begin{bmatrix} \boxed{a_1 \;\; a_2 \;\; \cdots \;\; a_n} \\ \boxed{a_1 \;\; a_2 \;\; \cdots \;\; a_n} \\ \vdots \\ \boxed{a_1 \;\; a_2 \;\; \cdots \;\; a_n} \end{bmatrix},$$

und es gilt die Spur($\boldsymbol{A}$) $\neq 0$.

a) Man zeige, dass 0 und Spur($\boldsymbol{A}$) Eigenwerte von $\boldsymbol{A}$ sind.

b) Man bestimme die zugehörigen Eigenräume.

Lösung

a) Da alle Zeilen von $\boldsymbol{A}$ identisch sind, gilt für $\lambda = 0$:

$$\det(\boldsymbol{A} - \lambda \boldsymbol{E}) = \det(\boldsymbol{A}) = \begin{vmatrix} a_1 & a_2 & \cdots & a_n \\ a_1 & a_2 & \cdots & a_n \\ \vdots & \vdots & \ddots & \vdots \\ a_1 & a_2 & \cdots & a_n \end{vmatrix} = 0.$$

Somit ist 0 ein Eigenwert von $\boldsymbol{A}$. Für $\lambda = \mathrm{Spur}(\boldsymbol{A}) = a_1 + \cdots + a_n$ müssen wir etwas mehr herumprobieren (wir addieren alle Spalten $(S_2), \cdots, (S_n)$ zur ersten Spalte (S_1)):

$$\det(\boldsymbol{A} - \lambda \boldsymbol{E}) = \det(\boldsymbol{A} - \mathrm{Spur}(\boldsymbol{A})) = \begin{vmatrix} a_1 - \mathrm{Spur}(\boldsymbol{A}) & a_2 & \cdots & a_n \\ a_1 & a_2 - \mathrm{Spur}(\boldsymbol{A}) & \cdots & a_n \\ \vdots & \vdots & \ddots & \vdots \\ a_1 & a_2 & \cdots & a_n - \mathrm{Spur}(\boldsymbol{A}) \end{vmatrix}$$

$$\overset{(S_1)+(S_2)+\cdots+(S_n)}{=} \begin{vmatrix} a_1 + a_2 + \cdots + a_n - \mathrm{Spur}(\boldsymbol{A}) & a_2 & \cdots & a_n \\ a_1 + a_2 + \cdots + a_n - \mathrm{Spur}(\boldsymbol{A}) & a_2 - \mathrm{Spur}(\boldsymbol{A}) & \cdots & a_n \\ \vdots & \vdots & \ddots & \vdots \\ a_1 + a_2 + \cdots + a_n - \mathrm{Spur}(\boldsymbol{A}) & a_2 & \cdots & a_n - \mathrm{Spur}(\boldsymbol{A}) \end{vmatrix}$$

$$= \begin{vmatrix} 0 & a_2 & \cdots & a_n \\ 0 & a_2 - \mathrm{Spur}(\boldsymbol{A}) & \cdots & a_n \\ \vdots & \vdots & \ddots & \vdots \\ 0 & a_2 & \cdots & a_n - \mathrm{Spur}(\boldsymbol{A}) \end{vmatrix} = 0.$$

Dies zeigt, dass $\lambda = \text{Spur}(\boldsymbol{A})$ ein Eigenwert von $\boldsymbol{A}$ ist.

b) Um den Eigenraum zum Eigenwert $\lambda = 0$ zu bestimmen, lösen wir wie gewohnt das LGS $(\boldsymbol{A} - 0\boldsymbol{E})\boldsymbol{v} = \boldsymbol{0}$ mit dem Gauß-Algorithmus:

$$\left[\begin{array}{cccc|c} a_1 & a_2 & \cdots & a_n & 0 \\ a_1 & a_2 & \cdots & a_n & 0 \\ \vdots & \vdots & \ddots & \vdots & \vdots \\ a_1 & a_2 & \cdots & a_n & 0 \end{array}\right] \overset{\substack{(Z_2)-(Z_1) \\ \vdots \\ (Z_n)-(Z_1)}}{\rightsquigarrow} \left[\begin{array}{cccc|c} a_1 & a_2 & \cdots & a_n & 0 \\ 0 & 0 & \cdots & 0 & 0 \\ \vdots & \vdots & \ddots & \vdots & \vdots \\ 0 & 0 & \cdots & 0 & 0 \end{array}\right] = \boldsymbol{Z}.$$

Nun nehmen wir ohne Beschränkung der Allgemeinheit an, dass $a_n \neq 0$ ist (auf diese Weise dürfen wir die erste Gleichung nach x_n auflösen). Wäre $a_n = 0$, so löst man einfach nach einem anderen x_i mit $a_i \neq 0$ auf. Somit sind $n - 1$ Variablen frei wählbar und wir setzen $x_1 = t_1 \in \mathbb{R}$, $x_2 = t_2 \in \mathbb{R}, \cdots, x_{n-1} = t_{n-1} \in \mathbb{R}$. Aus der ersten Gleichung erhalten wir $x_n = -(a_1/a_n)t_1 - (a_2/a_n)t_2 - \cdots - (a_{n-1}/a_n)t_{n-1}$.

Die Lösung ist bestimmt durch

$$\text{Eig}_0(\boldsymbol{A}) = \left\langle \begin{bmatrix} 1 \\ 0 \\ \vdots \\ 0 \\ -\frac{a_1}{a_n} \end{bmatrix}, \begin{bmatrix} 0 \\ 1 \\ \vdots \\ 0 \\ -\frac{a_2}{a_n} \end{bmatrix}, \cdots, \begin{bmatrix} 0 \\ 0 \\ \vdots \\ 1 \\ -\frac{a_{n-1}}{a_n} \end{bmatrix} \right\rangle.$$

Der Eigenraum zum Eigenwert $\lambda = 0$ hat die Dimension $n - 1$. Da die Summe der Dimensionen aller Eigenräumen nie größer als n (Dimension des ganzes Raumes) sein kann, muss der Eigenraum zum Eigenwert $\lambda = \text{Spur}(\boldsymbol{A})$ die Dimension 1 haben.

■

Übung 9.32

• • ○ Man betrachte die folgende $(n \times n)$-Matrix

$$\boldsymbol{A} = \begin{bmatrix} 0 & 0 & \cdots & 0 & a_0 \\ 1 & 0 & \ddots & 0 & a_1 \\ 0 & 1 & \ddots & \vdots & \vdots \\ \vdots & \ddots & \ddots & 0 & a_{n-2} \\ 0 & \cdots & 0 & 1 & a_{n-1} \end{bmatrix}.$$

Man zeige: Das charakteristische Polynom von $\boldsymbol{A}$ ist

$$p_A(\lambda) = (-1)^n \left(\lambda^n - a_{n-1}\lambda^{n-1} - a_{n-1}\lambda^{n-2} \cdots - a_1\lambda - a_0\right).$$

Lösung

Das charakteristische Polynom von $\boldsymbol{A}$ ist

$$p_A(\lambda) = \det(\boldsymbol{A} - \lambda \boldsymbol{E}) = \begin{vmatrix} -\lambda & 0 & \cdots & 0 & a_0 \\ 1 & -\lambda & \ddots & 0 & a_1 \\ 0 & 1 & \ddots & \vdots & \vdots \\ \vdots & \ddots & \ddots & -\lambda & a_{n-2} \\ 0 & \cdots & 0 & 1 & a_{n-1} - \lambda \end{vmatrix}.$$

Um diese Determinante zu bestimmen, führen wir einige Zeilenoperationen durch. Zunächst addieren wir das λ-fache der zweiten Zeile zur ersten Zeile

$$\begin{vmatrix} -\lambda & 0 & \cdots & 0 & a_0 \\ 1 & -\lambda & \ddots & 0 & a_1 \\ 0 & 1 & \ddots & \vdots & \vdots \\ \vdots & \ddots & \ddots & -\lambda & a_{n-2} \\ 0 & \cdots & 0 & 1 & a_{n-1} - \lambda \end{vmatrix} \overset{(Z_1) + \lambda (Z_2)}{=} \begin{vmatrix} 0 & -\lambda^2 & \cdots & 0 & a_0 + a_1 \lambda \\ 1 & -\lambda & \ddots & 0 & a_1 \\ 0 & 1 & \ddots & \vdots & \vdots \\ \vdots & \ddots & \ddots & -\lambda & a_{n-2} \\ 0 & \cdots & 0 & 1 & a_{n-1} - \lambda \end{vmatrix}.$$

Dann addieren wir das λ^2-fache der dritten Zeile zur ersten Zeile

$$\begin{vmatrix} 0 & -\lambda^2 & 0 & \cdots & 0 & a_0 + a_1 \lambda \\ 1 & -\lambda & 0 & \ddots & 0 & a_1 \\ 0 & 1 & -\lambda & \ddots & 0 & a_2 \\ \vdots & \ddots & \ddots & \ddots & \vdots & \vdots \\ 0 & \cdots & \cdots & 0 & 1 & a_{n-1} - \lambda \end{vmatrix} \overset{(Z_1) + \lambda^2 (Z_3)}{=} \begin{vmatrix} 0 & 0 & -\lambda^3 & \cdots & 0 & a_0 + a_1 \lambda + a_2 \lambda^2 \\ 1 & -\lambda & 0 & \ddots & 0 & a_1 \\ 0 & 1 & -\lambda & \ddots & \vdots & \vdots \\ \vdots & \ddots & \ddots & \ddots & -\lambda & a_{n-2} \\ 0 & \cdots & \cdots & 0 & 1 & a_{n-1} - \lambda \end{vmatrix}.$$

Wir gehen auf dieser Art und Weise weiter, indem wir jeweils das λ^{i-1}-fache der i-ten Zeile zur ersten Zeile addieren. Am Ende bekommen wir

$$p_A(\lambda) = \begin{vmatrix} 0 & 0 & \cdots & 0 & P(\lambda) \\ 1 & -\lambda & \ddots & 0 & a_1 \\ 0 & 1 & \ddots & \vdots & \vdots \\ \vdots & \ddots & \ddots & -\lambda & a_{n-2} \\ 0 & \cdots & 0 & 1 & a_{n-1} - \lambda \end{vmatrix},$$

wobei

$$P(\lambda) = a_0 + a_1 \lambda + a_2 \lambda^2 + \cdots + a_{n-2} \lambda^{n-2} + (a_{n-1} - \lambda) \lambda^{n-1}.$$

Um diese Determinante zu bestimmen, entwicklen wir nach der ersten Zeile (da diese meisten aus Nullen besteht) und erhalten

$$p_A(\lambda) = (-1)^{n+1} P(\lambda) \underbrace{\begin{vmatrix} 1 & -\lambda & \cdots & 0 \\ 0 & 1 & \ddots & \vdots \\ \vdots & \ddots & \ddots & -\lambda \\ 0 & \cdots & 0 & 1 \end{vmatrix}}_{=1 \text{ (Dreiecksmatrix)}} = (-1)^{n+1} P(\lambda)$$

$$= (-1)^{n+1} \left(a_0 + a_1\lambda + a_2\lambda^2 + \cdots + a_{n-2}\lambda^{n-2} + (a_{n-1} - \lambda)\lambda^{n-1}\right)$$

$$= (-1)^n \left(\lambda^n - a_{n-1}\lambda^{n-1} - a_{n-1}\lambda^{n-2} \cdots - a_1\lambda - a_0\right).$$

■

Übung 9.33

• • ○ Man zeige: Für $A \in \mathbb{K}^{n\times n}$ ist $p_A(\lambda)$ ein Polynom vom Grad n, d. h.

$$p_A(\lambda) = a_n\lambda^n + a_{n-1}\lambda^{n-1} + \cdots + a_0.$$

Für die Koeffizienten von $p_A(\lambda)$ gilt:

$$a_n = (-1)^n, \quad a_{n-1} = (-1)^{n-1}\mathrm{Spur}(A), \quad a_0 = \det(A).$$

Lösung

Aus der Definition $p_A(\lambda) = \det(A - \lambda E)$ folgt mit der Entwicklung nach der ersten Spalte:

$$p_A(\lambda) = \begin{vmatrix} a_{11} - \lambda & a_{12} & \cdots & a_{1n} \\ a_{21} & a_{22} - \lambda & \cdots & a_{2n} \\ \vdots & \vdots & \ddots & \vdots \\ a_{n1} & a_{n2} & \cdots & a_{nn} - \lambda \end{vmatrix} = (a_{11} - \lambda) \begin{vmatrix} a_{22} - \lambda & \cdots & a_{2n} \\ \vdots & \ddots & \vdots \\ a_{n2} & \cdots & a_{nn} - \lambda \end{vmatrix}$$

$$\underbrace{-a_{21} \begin{vmatrix} a_{12} & \cdots & a_{1n} \\ \vdots & \ddots & \vdots \\ a_{n2} & \cdots & a_{nn} - \lambda \end{vmatrix} + \cdots + (-1)^{n-1} a_{n1} \begin{vmatrix} a_{12} & \cdots & a_{1n} \\ \vdots & \ddots & \vdots \\ a_{n-1,2} & \cdots & a_{n-1n} \end{vmatrix}}_{=q(\lambda) = \text{ Polynom vom Grad } \leq n-2}$$

$$\vdots$$

$$= (a_{11} - \lambda)(a_{22} - \lambda)(a_{nn} - \lambda) + q(\lambda).$$

Somit ist $p_A(\lambda)$ ein Polynom vom Grad n. Ausmultiplizieren im ersten Term ergibt:

$$p_A(\lambda) = (a_{11} - \lambda)(a_{22} - \lambda) \cdots (a_{nn} - \lambda) + q(\lambda)$$
$$= (-1)^n\lambda^n + (-1)^{n-1}(a_{11} + a_{22} + \cdots + a_{nn})\lambda^{n-1} + q(\lambda).$$

Somit ist

$$a_n = (-1)^n, \quad a_{n-1} = (-1)^{n-1}\mathrm{Spur}(\boldsymbol{A}).$$

Die Formel $a_0 = \det(\boldsymbol{A})$ erhalten wir, indem wir $p_{\boldsymbol{A}}(\lambda)$ bei $\lambda = 0$ auswerten; denn es gilt:

$$p_{\boldsymbol{A}}(\lambda = 0) = a_n\, 0^n + a_{n-1}\, 0^{n-1} + \cdots + a_0 = a_0.$$

Aus $p_{\boldsymbol{A}}(\lambda) = \det(\boldsymbol{A} - \lambda \boldsymbol{E})$ folgt somit $a_0 = p_{\boldsymbol{A}}(\lambda = 0) = \det(\boldsymbol{A} - 0\,\boldsymbol{E}) = \det(\boldsymbol{A})$. ■

Übung 9.34

••• Es sei $\mathbb{K} = \mathbb{Z}_2$.

a) Man bestimme alle Matrizen in $(\mathbb{Z}_2)^{2\times 2}$.

b) Wie lauten die möglichen charakteristischen Polynome der Matrizen in $(\mathbb{Z}_2)^{2\times 2}$?

c) Welche Matrizen in $(\mathbb{Z}_2)^{2\times 2}$ haben Eigenwerte in $\mathbb{Z}_2$?

Lösung

a) Da $\mathbb{Z}_2 = \{0, 1\}$, ist jede Komponente einer Matrix in $(\mathbb{Z}_2)^{2\times 2}$ entweder 0 order 1. Es gibt somit $2^4 = 16$ Matrizen in $(\mathbb{Z}_2)^{2\times 2}$. Diese sind:

$$\begin{bmatrix}0&0\\0&0\end{bmatrix}, \begin{bmatrix}1&0\\0&0\end{bmatrix}, \begin{bmatrix}0&1\\0&0\end{bmatrix}, \begin{bmatrix}0&0\\1&0\end{bmatrix}, \begin{bmatrix}0&0\\0&1\end{bmatrix}, \begin{bmatrix}1&1\\0&0\end{bmatrix}, \begin{bmatrix}1&0\\1&0\end{bmatrix}, \begin{bmatrix}1&0\\0&1\end{bmatrix},$$

$$\begin{bmatrix}0&1\\1&0\end{bmatrix}, \begin{bmatrix}0&1\\0&1\end{bmatrix}, \begin{bmatrix}0&0\\1&1\end{bmatrix}, \begin{bmatrix}1&1\\1&0\end{bmatrix}, \begin{bmatrix}1&1\\0&1\end{bmatrix}, \begin{bmatrix}1&0\\1&1\end{bmatrix}, \begin{bmatrix}0&1\\1&1\end{bmatrix}, \begin{bmatrix}1&1\\1&1\end{bmatrix}.$$

b) Es sei $\boldsymbol{A} \in (\mathbb{Z}_2)^{2\times 2}$. Das charakteristische Polynom von $\boldsymbol{A}$ ist ein Polynom zweiten Grades mit Koeffizienten aus $\mathbb{Z}_2$:

$$p_{\boldsymbol{A}}(\lambda) = a_0 + a_1\lambda + a_2\lambda^2, \quad a_0, a_1, a_2 \in \mathbb{Z}_2.$$

Für die Koeffizienten von $p_{\boldsymbol{A}}(\lambda)$ gelten:

$$a_0 = \det(\boldsymbol{A}), \quad a_1 = \mathrm{Spur}(\boldsymbol{A}), \quad a_2 = 1.$$

Es gibt somit genau 4 Möglichkeiten für das charakteristische Polynom von $\boldsymbol{A}$:

Charakteristisches Polynom	**Spur(A)**	**det(A)**	**Nullstellen**
λ^2	0	0	(0,0)
$\lambda^2 + \lambda = \lambda(\lambda + 1)$	1	0	(0,1)
$\lambda^2 + 1 = (\lambda + 1)^2$	0	1	(1,1)
$\lambda^2 + \lambda + 1$	1	1	Keine Nullstellen in $\mathbb{Z}_2$

c) Aus dem Resultat und der Tabelle aus (b) erhalten wir folgende komplette Übersicht:

Matrix	Spur(A)	det(A)	$p_A(\lambda)$	Eigenwerte
$\begin{bmatrix} 0 & 0 \\ 0 & 0 \end{bmatrix}$	0	0	λ^2	(0,0)
$\begin{bmatrix} 1 & 0 \\ 0 & 0 \end{bmatrix}$	1	0	$\lambda^2 + \lambda$	(0,1)
$\begin{bmatrix} 0 & 1 \\ 0 & 0 \end{bmatrix}$	0	0	λ^2	(0,0)
$\begin{bmatrix} 0 & 0 \\ 1 & 0 \end{bmatrix}$	0	0	λ^2	(0,0)
$\begin{bmatrix} 0 & 0 \\ 0 & 1 \end{bmatrix}$	1	0	$\lambda^2 + \lambda$	(0,1)
$\begin{bmatrix} 1 & 1 \\ 0 & 0 \end{bmatrix}$	1	0	$\lambda^2 + \lambda$	(0,1)
$\begin{bmatrix} 1 & 0 \\ 1 & 0 \end{bmatrix}$	1	0	$\lambda^2 + \lambda$	(0,1)
$\begin{bmatrix} 1 & 0 \\ 0 & 1 \end{bmatrix}$	$2 = 0$	1	$\lambda^2 + 1$	(1,1)
$\begin{bmatrix} 0 & 1 \\ 1 & 0 \end{bmatrix}$	0	$-1 = 1$	$\lambda^2 + 1$	(1,1)
$\begin{bmatrix} 0 & 1 \\ 0 & 1 \end{bmatrix}$	1	0	$\lambda^2 + \lambda$	(0,1)
$\begin{bmatrix} 0 & 0 \\ 1 & 1 \end{bmatrix}$	1	0	$\lambda^2 + \lambda$	(0,1)
$\begin{bmatrix} 1 & 1 \\ 1 & 0 \end{bmatrix}$	1	$-1 = 1$	$\lambda^2 + \lambda + 1$	keine Eigenwerte in $\mathbb{Z}_2$
$\begin{bmatrix} 1 & 1 \\ 0 & 1 \end{bmatrix}$	$2 = 0$	1	$\lambda^2 + 1$	(1,1)
$\begin{bmatrix} 1 & 0 \\ 1 & 1 \end{bmatrix}$	$2 = 0$	1	$\lambda^2 + 1$	(1,1)
$\begin{bmatrix} 0 & 1 \\ 1 & 1 \end{bmatrix}$	1	$-1 = 1$	$\lambda^2 + \lambda + 1$	keine Eigenwerte in $\mathbb{Z}_2$
$\begin{bmatrix} 1 & 1 \\ 1 & 1 \end{bmatrix}$	$2 = 0$	0	λ^2	(0,0)

■

Übung 9.35

• • ∘ Es sei $A \in \mathbb{C}^{n\times n}$. Man zeige:

a) A und A^T haben dieselben Eigenwerte.

b) Ist λ ein Eigenwert von A, so ist $\overline{\lambda}$ ein Eigenwert von A^*.

Lösung

a) Die Eigenwerte von A sind genau die Nullstellen ihres charakteristischen Polynoms $p_A(\lambda) = \det(A - \lambda E)$. Wie lautet das charakteristische Polynom von A^T? Es gilt:

$$p_{A^T}(\lambda) = \det\left(A^T - \lambda E\right) = \det\left(A^T - \lambda E^T\right) = \det\left((A - \lambda E)^T\right)$$
$$= \det(A - \lambda E) = p_A(\lambda),$$

wobei wir im letzten Schritt $\det(X^T) = \det(X)$ benutzt haben. Somit haben A und A^T dasselbe charakteristische Polynom, also auch dieselben Eigenwerte.

b) Wir überlegen analog wie bei Teilaufgabe (a):

$$p_{A^*}(\lambda) = \det(A^* - \lambda E) = \det(A^* - \lambda E^*) = \det\left(A^* - (\overline{\lambda} E)^*\right)$$
$$= \det(A - \overline{\lambda} E)^* = \overline{\det(A - \overline{\lambda} E)} = \overline{p_A(\overline{\lambda})}.$$

Aus $\det(A^* - \lambda E) = 0$ folgt somit $\det(A - \overline{\lambda} E) = 0$. Somit ist λ genau dann ein Eigenwert von A^*, wenn $\overline{\lambda}$ ein Eigenwert von A ist. ∎

Übung 9.36

●●○ $A \in \mathbb{R}^{n\times n}$ heißt orthogonal, wenn $A^T A = E$ gilt. Wie lauten die möglichen Eigenwerte einer reellen orthogonalen Matrix? Man interpretiere das Resultat geometrisch.

Lösung

Es sei $A \in \mathbb{R}^{n\times n}$ orthogonal, d. h. $A^T A = E$. Weil A und A^T dieselben Eigenwerte haben (vgl. Übung 9.35), müssen die Eigenwerte einer orthogonalen Matrix die folgende Gleichung erfüllen:

$$\lambda^2 = 1 \;\Rightarrow\; \lambda^2 - 1 = (\lambda + 1)(\lambda - 1) = 0 \;\Rightarrow\; \lambda = \pm 1.$$

Orthogonale Matrizen in $\mathbb{R}^{n\times n}$ haben somit nur die Eigenwerte ± 1.

Geometrische Interpretation: Orthogonale Matrizen in $\mathbb{R}^{n\times n}$ beschreiben entweder Rotationen (wenn $\det(A) = 1$) oder Spiegelungen (wenn $\det(A) = -1$), ▶ vgl. Abschn. 7.3.3. Vektoren entlang der Rotationsachse werden von der Rotation nicht geändert ($\Rightarrow$ Eigenwert 1). Beachte: Wir haben gezeigt, dass wenn A Eigenwerte hat, diese gleich ± 1 sind. Dies bedeutet aber nicht, dass A immer Eigenwerte haben muss (vgl. Übung 9.28). ∎

Übung 9.37

●●○ $A \in \mathbb{C}^{n\times n}$ heißt unitär, wenn $A^* A = E$ gilt. Wie lauten die möglichen Eigenwerte einer unitären Matrix?

Lösung

Wegen $A^* A = E$, müssen die Eigenwerte von A die folgende Gleichung erfüllen (vgl. Übung 9.35):

$$\overline{\lambda}\lambda = 1 \;\Rightarrow\; |\lambda|^2 = 1 \;\Rightarrow\; |\lambda| = 1.$$

Die Eigenwerte einer unitären Matrix sind somit alle komplexe Zahlen $\lambda \in \mathbb{C}$ mit Betrag $|\lambda| = 1$. Es sind somit alle Zahlen $\lambda = e^{i\varphi}$ mit $\varphi \in \mathbb{R}$ (die Eigenwerte liegen auf dem Einheitskreis in der komplexen Ebene, vgl. Übung 9.29). ∎

Übung 9.38

• • ○ Sei A eine invertierbare $(n \times n)$-Matrix mit charakteristischem Polynom $p_A(\lambda)$. Man finde eine Formel für das charakteristische Polynom von A^{-1}.

Lösung

Das charakteristische Polynom von A^{-1} ist $p_{A^{-1}}(\lambda) = \det\left(A^{-1} - \lambda E\right)$. Mit $E = A^{-1}A$, $\det\left(X^{-1}\right) = 1/\det(X)$ und $\det(\alpha X) = \alpha^n \det(X)$ finden wir:

$$
\begin{aligned}
p_{A^{-1}}(\lambda) &= \det\left(A^{-1} - \lambda E\right) = \det\left(E\left(A^{-1} - \lambda E\right)\right) = \det\left(A^{-1}A\left(A^{-1} - \lambda E\right)\right) \\
&= \det\left(A^{-1}\left(AA^{-1} - \lambda AE\right)\right) = \det\left(A^{-1}\left(E - \lambda A\right)\right) \\
&= \det\left(A^{-1}\right)\det\left(E - \lambda A\right) = \frac{\det(E - \lambda A)}{\det(A)} = \frac{\det\left(-\lambda\left(A - \frac{1}{\lambda}E\right)\right)}{\det(A)} \\
&= \frac{(-\lambda)^n \det\left(A - \frac{1}{\lambda}E\right)}{\det(A)} = \frac{(-1)^n \lambda^n}{\det(A)} p_A\left(\lambda^{-1}\right).
\end{aligned}
$$

■

Merkregel

Aus Übung 9.38 folgt, dass A^{-1} die Eigenwerte $\lambda_1^{-1}, \cdots, \lambda_k^{-1}$ hat, wenn $\lambda_1, \cdots, \lambda_k \neq 0$ die Eigenwerte von A sind.

Übung 9.39

• • ○ Man zeige, dass ähnliche Matrizen das gleiche charakteristische Polynom haben.

Lösung

A und B sind ähnlich, wenn es eine invertierbare Transformationsmatrix P gibt, sodass $B = PAP^{-1}$ gilt (▶ vgl. Kap. 8). Mit der Formel $\det\left(X^{-1}\right) = 1/\det(X)$ und $\det(XY) = \det(X)\det(Y)$ finden wir für das charakteristische Polynom von B:

$$
\begin{aligned}
p_B(\lambda) &= \det(B - \lambda E) = \det\left(PAP^{-1} - \lambda E\right) = \det\left(PAP^{-1} - \lambda PEP^{-1}\right) \\
&= \det\left(P(A - \lambda E)P^{-1}\right) = \det(P)\det(A - \lambda E)\det\left(P^{-1}\right) \\
&= \frac{\det(P)}{\det(P)}\det(A - \lambda E) = \det(A - \lambda E) = p_A(\lambda).
\end{aligned}
$$

A und B haben somit das gleiche charakteristische Polynom. ■

Übung 9.40

• • ○ Man beweise Satz 9.5: geometrische Vielfachheit $\leq$ algebraische Vielfachheit.

Lösung
Es sei $\lambda \in \mathbb{K}$ ein Eigenwert von $\boldsymbol{A} \in \mathbb{K}^{n\times n}$ und es bezeichne $\text{Eig}_\lambda(\boldsymbol{A})$ den zugehörigen Eigenraum. Es sei $\dim(\text{Eig}_\lambda(\boldsymbol{A})) = k$. Dann gibt es k linear unabhängige Eigenvektoren von $\boldsymbol{A}$ zum Eigenwert λ (vgl. Übung 9.14). Wählt man diese Vektoren als den ersten Teil einer Basis von $\mathbb{K}^n$, so hat $\boldsymbol{A}$ bezüglich dieser neuen Basis die folgende Form:

$$\left[\begin{array}{ccc|ccc} \lambda & \cdots & 0 & \star & \cdots & \star \\ \vdots & \ddots & \vdots & \vdots & \ddots & \vdots \\ 0 & \cdots & \lambda & \star & \cdots & \star \\ \hline 0 & \cdots & 0 & \star & \cdots & \star \\ \vdots & \ddots & \vdots & \vdots & \ddots & \vdots \\ 0 & \cdots & 0 & \star & \cdots & \star \end{array}\right].$$

Das charakteristische Polynom dieser Matrix ist dann

$$p_A(x) = (\lambda - x)^k \cdot (\text{Polynom vom Grad } n - k).$$

Die algebraische Vielfachheit von λ ist somit mindestens k, d. h. geometrische Vielfachheit $\leq$ algebraische Vielfachheit. ■

9.3 Eigenwerte und Eigenvektoren von Endomorphismen

9.3.1 Definition

Es sei V ein Vektorraum über $\mathbb{K}$. Eigenwerte und Eigenvektoren einer **linearen Abbildung (Endomorphismus)** $F : V \to V$ sind ganz analog zu denjenigen von Matrizen definiert:

▶ Definition 9.6 (Eigenwerte und Eigenvektoren von Endomorphismen)

- $\lambda \in \mathbb{K}$ heißt **Eigenwert** von F, wenn es ein $\boldsymbol{v} \in V$ mit $\boldsymbol{v} \neq \boldsymbol{0}$ gibt, sodass

$$\boxed{F(\boldsymbol{v}) = \lambda\, \boldsymbol{v}} \tag{9.25}$$

  gilt. $\boldsymbol{v} \in V$ heißt **Eigenvektor**.
- Der **Eigenraum** von F zum Eigenwert λ ist:

$$\boxed{\text{Eig}_\lambda(F) = \{\boldsymbol{v} \in V \mid F(\boldsymbol{v}) = \lambda\, \boldsymbol{v}\} = \text{Ker}(F - \lambda\, \text{id})} \tag{9.26}$$

◀

9.3.2 Zusammenhang mit Matrizen

Die Bestimmung der Eigenwerte und Eigenvektoren eines Endomorphismus $F : V \to V$ erfolgt über die **Darstellungsmatrix**.

Bemerkung

Da die Darstellungsmatrix $\boldsymbol{M}_{\mathcal{B}}^{\mathcal{B}}(F)$ von F von der Wahl der Basis $\mathcal{B}$ abhängig ist, könnte man sich Folgendes fragen: Sind Eigenwerte von $\boldsymbol{M}_{\mathcal{B}}^{\mathcal{B}}(F)$ abhängig von der Wahl der Basis? Die Antwort auf diese Frage ist **nein**! Ähnliche Matrizen besitzen dieselben Eigenwerte (vgl. Übung 9.39). Weil ähnliche Matrizen denselben Endomorphismus bezüglich unterschiedlichen Basen darstellen, bedeutet dies, dass die Eigenwerte von $\boldsymbol{M}_{\mathcal{B}}^{\mathcal{B}}(F)$ **unabhängig von der Wahl der Basis** existieren.

Übung 9.41

• • ∘ Es seien $P_2(\mathbb{R})$ der Vektorraum der reellen Polynomen vom Grad ≤ 2 und $F : P_2(\mathbb{R}) \to P_2(\mathbb{R}),\ p(x) \to F(p(x)) = p'(x) - p(x)$. Man bestimme alle Eigenwerte und Eigenvektoren von F.

Lösung

Um die Eigenwerte von F berechnen zu können, müssen wir zuerst die Darstellungsmatrix von F bezüglich einer Basis von $P_2(\mathbb{R})$ bestimmen. Da die Eigenwerte von F von der Wahl der Basis unabhängig sind, wählen wir hier die Standardbasis von $P_2(\mathbb{R})$, d. h. $\mathcal{E} = \{1, x, x^2\}$. Wir bestimmen die Bilder der Basiselemente:

$$F(1) = -1 \Rightarrow [F(1)]_{\mathcal{E}} = \begin{bmatrix} -1 \\ 0 \\ 0 \end{bmatrix}, \quad F(x) = 1 - x \Rightarrow [F(x)]_{\mathcal{E}} = \begin{bmatrix} 1 \\ -1 \\ 0 \end{bmatrix},$$

$$F(x^2) = 2x - x^2 \Rightarrow [F(x^2)]_{\mathcal{E}} = \begin{bmatrix} 0 \\ 2 \\ -1 \end{bmatrix}.$$

Die Darstellungsmatrix von F in der Standardbasis lautet somit:

$$\boldsymbol{M}_{\mathcal{E}}^{\mathcal{E}}(F) = \begin{bmatrix} -1 & 1 & 0 \\ 0 & -1 & 2 \\ 0 & 0 & -1 \end{bmatrix}.$$

Weil $\boldsymbol{M}_{\mathcal{E}}^{\mathcal{E}}(F)$ eine obere Dreiecksmatrix ist hat F den Eigenwert -1 mit algebraischer Vielfachheit 3. Um den zugehörigen Eigenraum zu bestimmen, lösen wir das LGS:

$$\left[\begin{array}{ccc|c} -1+1 & 1 & 0 & 0 \\ 0 & -1+1 & 2 & 0 \\ 0 & 0 & -1+1 & 0 \end{array}\right] = \left[\begin{array}{ccc|c} 0 & 1 & 0 & 0 \\ 0 & 0 & 2 & 0 \\ 0 & 0 & 0 & 0 \end{array}\right] \Rightarrow \mathrm{Eig}_{-1}(F) = \left\langle \begin{bmatrix} 1 \\ 0 \\ 0 \end{bmatrix} \right\rangle = \langle 1 \rangle.$$

Der Eigenraum zum Eigenwert -1 ist

$$\mathrm{Eig}_{-1}(F) = \{p(x) \in P_2(\mathbb{R}) \mid p(x) = a_0,\ a_0 \in \mathbb{R}\} = \text{ konstante Polynome.}$$

Es gilt $\dim(\mathrm{Eig}_{-1}(F)) = 1$, d. h. der Eigenwert -1 hat geometrische Vielfachheit 1. ■

Übung 9.42

• • ○ Es sei V der Vektorraum mit Basis $\mathcal{B} = \{e^x, e^{-x}, e^{2x}, e^{-2x}\}$.

a) Man bestimme alle Eigenwerte des Differenzialoperators $L = \frac{d^2}{dx^2} + 3\frac{d}{dx} + 2$.

b) Man finde die allgemeine Lösung der Differenzialgleichung $\frac{d^2y}{dx^2} + 3\frac{dy}{dx} + 2y = 0$.

Lösung

Wir berechnen die Darstellungsmatrix von L bezüglich der Basis $\mathcal{B}$. Dazu bestimmen wir die Bilder der Basiselementen:

$$L(e^x) = \left(\frac{d^2}{dx^2} + 3\frac{d}{dx} + 2\right) e^x = e^x + 3e^x + 2e^x = 6e^x \Rightarrow [L(e^x)]_{\mathcal{B}} = \begin{bmatrix} 6 \\ 0 \\ 0 \\ 0 \end{bmatrix},$$

$$L(e^{-x}) = \left(\frac{d^2}{dx^2} + 3\frac{d}{dx} + 2\right) e^{-x} = e^{-x} - 3e^{-x} + 2e^{-x} = 0 \Rightarrow [L(e^{-x})]_{\mathcal{B}} = \begin{bmatrix} 0 \\ 0 \\ 0 \\ 0 \end{bmatrix},$$

$$L\left(e^{2x}\right) = \left(\frac{d^2}{dx^2} + 3\frac{d}{dx} + 2\right) e^{2x}$$

$$= 4e^{2x} + 6e^{2x} + 2e^{2x} = 12e^{2x} \Rightarrow \left[L\left(e^{2x}\right)\right]_{\mathcal{B}} = \begin{bmatrix} 0 \\ 0 \\ 12 \\ 0 \end{bmatrix},$$

$$L\left(e^{-2x}\right) = \left(\frac{d^2}{dx^2} + 3\frac{d}{dx} + 2\right) e^{-2x}$$

$$= 4e^{-2x} - 6e^{-2x} + 2e^{-2x} = 0 \Rightarrow \left[L\left(e^{-2x}\right)\right]_{\mathcal{B}} = \begin{bmatrix} 0 \\ 0 \\ 0 \\ 0 \end{bmatrix}.$$

Die Darstellungsmatrix von L in der Basis $\mathcal{B}$ lautet somit:

$$M_{\mathcal{B}}^{\mathcal{B}}(L) = \begin{bmatrix} 6 & 0 & 0 & 0 \\ 0 & 0 & 0 & 0 \\ 0 & 0 & 12 & 0 \\ 0 & 0 & 0 & 0 \end{bmatrix}.$$

Weil $M_{\mathcal{B}}^{\mathcal{B}}(L)$ eine Diagonalmatrix ist, sind die Eigenwerte genau die Diagonaleinträge. L hat somit die folgenden Eigenwerte: 0 (mit algebraischer Vielfachheit 2), 6 und 12.
b) Die Differenzialgleichung $\frac{d^2y}{dx^2} + 3\frac{dy}{dx} + 2y = 0$ ist äquivalent zu $L(y) = 0$, d. h., wir suchen die Eigenvektoren von L zum Eigenwert 0. Um den Eigenraum zu 0 zu bestimmen, lösen wir das LGS:

$$\left[\begin{array}{cccc|c} 6 & 0 & 0 & 0 & 0 \\ 0 & 0 & 0 & 0 & 0 \\ 0 & 0 & 12 & 0 & 0 \\ 0 & 0 & 0 & 0 & 0 \end{array}\right] \Rightarrow \operatorname{Eig}_0(L) = \left\langle \begin{bmatrix} 0 \\ 1 \\ 0 \\ 0 \end{bmatrix}, \begin{bmatrix} 0 \\ 0 \\ 0 \\ 1 \end{bmatrix} \right\rangle = \langle e^{-x}, e^{-2x} \rangle.$$

Die Lösung der Differenzialgleichung ist somit $y = \langle e^{-x}, e^{-2x} \rangle = A\,e^{-x} + B\,e^{-2x}$.
Probe: $\left(\frac{d^2}{dx^2} + 3\frac{d}{dx} + 2\right)(A\,e^{-x} + B\,e^{-2x}) = 0$ ✓ ■

Übung 9.43

••∘ Es seien die folgenden Matrizen $A = \begin{bmatrix} 2 & 1 \\ 1 & 2 \end{bmatrix}$, $B = \begin{bmatrix} 0 & 0 \\ 0 & 1 \end{bmatrix}$ gegeben. Man betrachte die folgende lineare Abbildung

$$T : \mathbb{R}^{2\times 2} \to \mathbb{R}^{2\times 2}, \quad X \to T(X) = XA - BX.$$

a) Man bestimme die Darstellungsmatrix von T in der Standardbasis von $\mathbb{R}^{2\times 2}$.
b) Man bestimme alle Eigenwerte und Eigenvektoren von T.

Lösung

a) Die Standardbasis von $\mathbb{R}^{2\times 2}$ ist

$$\mathcal{E} = \left\{ E_{11} = \begin{bmatrix} 1 & 0 \\ 0 & 0 \end{bmatrix}, E_{12} = \begin{bmatrix} 0 & 1 \\ 0 & 0 \end{bmatrix}, E_{21} = \begin{bmatrix} 0 & 0 \\ 1 & 0 \end{bmatrix}, E_{22} = \begin{bmatrix} 0 & 0 \\ 0 & 1 \end{bmatrix} \right\}.$$

Um die Darstellungsmatrix von T in dieser Basis zu bestimmen, müssen wir einfach T auf die verschiedenen Basiselemente anwenden

$$T(E_{11}) = \begin{bmatrix} 1 & 0 \\ 0 & 0 \end{bmatrix}\begin{bmatrix} 2 & 1 \\ 1 & 2 \end{bmatrix} - \begin{bmatrix} 0 & 0 \\ 0 & 1 \end{bmatrix}\begin{bmatrix} 1 & 0 \\ 0 & 0 \end{bmatrix} = \begin{bmatrix} 2 & 1 \\ 0 & 0 \end{bmatrix} \quad \Rightarrow \quad [T(E_{11})]_{\mathcal{E}} = \begin{bmatrix} 2 \\ 1 \\ 0 \\ 0 \end{bmatrix}$$

$$T(\boldsymbol{E}_{12}) = \begin{bmatrix} 0 & 1 \\ 0 & 0 \end{bmatrix}\begin{bmatrix} 2 & 1 \\ 1 & 2 \end{bmatrix} - \begin{bmatrix} 0 & 0 \\ 0 & 1 \end{bmatrix}\begin{bmatrix} 0 & 1 \\ 0 & 0 \end{bmatrix} = \begin{bmatrix} 1 & 2 \\ 0 & 0 \end{bmatrix} \quad \Rightarrow \quad [T(\boldsymbol{E}_{12})]_{\mathcal{E}} = \begin{bmatrix} 1 \\ 2 \\ 0 \\ 0 \end{bmatrix}$$

$$T(\boldsymbol{E}_{21}) = \begin{bmatrix} 0 & 0 \\ 1 & 0 \end{bmatrix}\begin{bmatrix} 2 & 1 \\ 1 & 2 \end{bmatrix} - \begin{bmatrix} 0 & 0 \\ 0 & 1 \end{bmatrix}\begin{bmatrix} 0 & 0 \\ 1 & 0 \end{bmatrix} = \begin{bmatrix} 0 & 0 \\ 1 & 1 \end{bmatrix} \quad \Rightarrow \quad [T(\boldsymbol{E}_{21})]_{\mathcal{E}} = \begin{bmatrix} 0 \\ 0 \\ 1 \\ 1 \end{bmatrix}$$

$$T(\boldsymbol{E}_{22}) = \begin{bmatrix} 0 & 0 \\ 0 & 1 \end{bmatrix}\begin{bmatrix} 2 & 1 \\ 1 & 2 \end{bmatrix} - \begin{bmatrix} 0 & 0 \\ 0 & 1 \end{bmatrix}\begin{bmatrix} 0 & 0 \\ 0 & 1 \end{bmatrix} = \begin{bmatrix} 0 & 0 \\ 1 & 1 \end{bmatrix} \quad \Rightarrow \quad [T(\boldsymbol{E}_{22})]_{\mathcal{E}} = \begin{bmatrix} 0 \\ 0 \\ 1 \\ 1 \end{bmatrix}.$$

Die gesuchte Darstellungsmatrix von T lautet somit

$$\boldsymbol{M}_{\mathcal{E}}^{\mathcal{E}}(T) = \begin{bmatrix} 2 & 1 & 0 & 0 \\ 1 & 2 & 0 & 0 \\ 0 & 0 & 1 & 1 \\ 0 & 0 & 1 & 1 \end{bmatrix}.$$

b) Weil $\boldsymbol{M}_{\mathcal{E}}^{\mathcal{E}}(T)$ eine Blockdiagonalmatrix ist, lautet das charakteristische Polynom von $\boldsymbol{M}_{\mathcal{E}}^{\mathcal{E}}(T)$

$$p_T(\lambda) = \left|\begin{array}{cc|cc} 2-\lambda & 1 & 0 & 0 \\ 1 & 2-\lambda & 0 & 0 \\ \hline 0 & 0 & 1-\lambda & 1 \\ 0 & 0 & 1 & 1-\lambda \end{array}\right| = \begin{vmatrix} 2-\lambda & 1 \\ 1 & 2-\lambda \end{vmatrix} \cdot \begin{vmatrix} 1-\lambda & 1 \\ 1 & 1-\lambda \end{vmatrix}$$
$$= (\lambda^2 - 4\lambda + 3)(\lambda^2 - 2\lambda) = \lambda(\lambda - 1)(\lambda - 2)(\lambda - 3).$$

Die Eigenwerte sind somit 0, 1, 2 und 3. Die zugehörigen Eigenräume lauten:

$$\mathrm{Eig}_0(T) = \mathrm{Ker}(T) = \left\langle \begin{bmatrix} 0 \\ 0 \\ 1 \\ -1 \end{bmatrix} \right\rangle,$$

$$\mathrm{Eig}_1(T) = \mathrm{Ker}(T - 1\mathrm{id}) = \mathrm{Span}\left\langle \begin{bmatrix} 1 \\ -1 \\ 0 \\ 0 \end{bmatrix} \right\rangle$$

$$\mathrm{Eig}_2(T) = \mathrm{Ker}(T - 2\mathrm{id}) = \mathrm{Span}\left\langle \begin{bmatrix} 0 \\ 0 \\ 1 \\ 1 \end{bmatrix} \right\rangle,$$

$$\mathrm{Eig}_3(T) = \mathrm{Ker}(T - 3\mathrm{id}) = \mathrm{Span}\left\langle \begin{bmatrix} 1 \\ 1 \\ 0 \\ 0 \end{bmatrix} \right\rangle$$

■

Übung 9.44

• • ∘ Es sei $F : V \to V$ linear. Man zeige:

F ist ein Isomorphismus $\Leftrightarrow$ 0 ist kein Eigenwert von F.

Lösung

Es gilt

$$\mathrm{Eig}_0(F) = \{\boldsymbol{v} \in V \mid F(\boldsymbol{v}) = 0\,\boldsymbol{v} = \boldsymbol{0}\} = \mathrm{Ker}(F).$$

F ist ein Isomorphismus genau dann, wenn $\mathrm{Ker}(F) = \{\boldsymbol{0}\}$. Wegen $\mathrm{Eig}_0(F) = \mathrm{Ker}(F)$ ist F genau dann ein Isomorphismus, wenn $\mathrm{Eig}_0(F) = \{\boldsymbol{0}\}$. Der Nullvektor ist jedoch nach Definition nie ein Eigenvektor. Somit ist 0 kein Eigenwert von F. ■

Übung 9.45

• • ∘ Es sei V ein Vektorraum der Dimension n und A die Darstellungsmatrix eines Endomorphismus $F : V \to V$. Man zeige, dass die folgenden Aussagen äquivalent sind:

a) $\boldsymbol{v} \neq \boldsymbol{0}$ ist ein Eigenvektor von $\boldsymbol{A}$ zum Eigenwert λ.
b) $(\boldsymbol{A} - \lambda\boldsymbol{E})\boldsymbol{v} = \boldsymbol{0}$ hat eine nichttriviale Lösung $\boldsymbol{v} \neq \boldsymbol{0}$.
c) $\det(\boldsymbol{A} - \lambda\boldsymbol{E}) = 0$.
d) $\mathrm{Rang}(\boldsymbol{A} - \lambda\boldsymbol{E}) < n$.
e) $\dim(\mathrm{Ker}(\boldsymbol{A} - \lambda\boldsymbol{E})) \geq 1$.
f) $\dim(\mathrm{Eig}_\lambda(\boldsymbol{A})) \geq 1$.

Lösung

a) ⇔ b) Es sei λ ein Eigenwert von $\boldsymbol{A}$ mit Eigenvektor $\boldsymbol{v} \neq \boldsymbol{0}$, d. h. $\boldsymbol{A}\boldsymbol{v} = \lambda\boldsymbol{v}$. Die folgende Äquivalenz-Umformung liefert die Behauptung:

$$\boldsymbol{A}\boldsymbol{v} = \lambda\boldsymbol{v} \;\Leftrightarrow\; \boldsymbol{A}\boldsymbol{v} - \lambda\boldsymbol{v} = \boldsymbol{0} \;\Leftrightarrow\; (\boldsymbol{A} - \lambda\boldsymbol{E})\boldsymbol{v} = \boldsymbol{0}.$$

Dies ist ein homogenes LGS. Wegen $\boldsymbol{v} \neq \boldsymbol{0}$, sind die Eigenvektoren von $\boldsymbol{A}$ zum Eigenwert λ genau die nichttrivialen Lösungen des LGS $(\boldsymbol{A} - \lambda \boldsymbol{E})\boldsymbol{v} = \boldsymbol{0}$.

b) ⇔ c) Ein homogenes LGS $\boldsymbol{Bx} = \boldsymbol{0}$ hat genau dann eine nichttriviale Lösung, wenn $\det \boldsymbol{B} = 0$. In unserem Fall heißt dies: die Eigenvektoren von $\boldsymbol{A}$ zum Eigenwert λ sind genau die nichttrivialen Lösungen des LGS $(\boldsymbol{A} - \lambda \boldsymbol{E})\boldsymbol{v} = \boldsymbol{0}$. Diese Lösungen gibt es nur dann, wenn $\det(\boldsymbol{A} - \lambda \boldsymbol{E}) = 0$.

c) ⇔ d) Wegen $\det(\boldsymbol{A} - \lambda \boldsymbol{E}) = 0$ ist die Matrix $\boldsymbol{A} - \lambda \boldsymbol{E}$ singulär. Insbesondere hat $\boldsymbol{A} - \lambda \boldsymbol{E}$ nicht vollen Rang, d. h. $\text{Rang}(\boldsymbol{A} - \lambda \boldsymbol{E}) < n$.

d) ⇔ e) Wegen $\text{Rang}(\boldsymbol{A} - \lambda \boldsymbol{E}) = \dim(\text{Im}(\boldsymbol{A} - \lambda \boldsymbol{E}))$ folgt aus der Dimensionsformel:

$$\dim(V) = \dim(\text{Ker}(\boldsymbol{A} - \lambda \boldsymbol{E})) + \dim(\text{Im}(\boldsymbol{A} - \lambda \boldsymbol{E})) = \dim(\text{Ker}(\boldsymbol{A} - \lambda \boldsymbol{E})) + \text{Rang}(\boldsymbol{A} - \lambda \boldsymbol{E}).$$

Wegen $\text{Rang}(\boldsymbol{A} - \lambda \boldsymbol{E}) < n$ gilt:

$$\dim(\text{Ker}(\boldsymbol{A} - \lambda \boldsymbol{E})) = \dim(V) - \text{Rang}(\boldsymbol{A} - \lambda \boldsymbol{E}) = n - \underbrace{\text{Rang}(\boldsymbol{A} - \lambda \boldsymbol{E})}_{\leq n-1} \geq 1.$$

a) ⇔ e) λ ist ein Eigenwert von $\boldsymbol{A}$ genau dann, wenn $(\boldsymbol{A} - \lambda \boldsymbol{E})\boldsymbol{v} = \boldsymbol{0}$ eine nichttriviale Lösung $\boldsymbol{v} \neq \boldsymbol{0}$ hat. Insbesondere ist $\boldsymbol{v} \neq \boldsymbol{0}$ ein Element des Kernes von $\boldsymbol{A} - \lambda \boldsymbol{E}$. Somit ist $\text{Ker}(\boldsymbol{A} - \lambda \boldsymbol{E}) \neq \{\boldsymbol{0}\}$, d. h.

$$\dim(\text{Ker}(\boldsymbol{A} - \lambda \boldsymbol{E})) \geq 1.$$

f) Diese Aussage ist äquivalent zu (e), weil $\dim(\text{Eig}_\lambda(\boldsymbol{A})) = \dim(\text{Ker}(\boldsymbol{A} - \lambda \boldsymbol{E}))$.

■

Prüfungstrainer

Inhaltsverzeichnis

T. C. T. Michaels, M. Liechti, *Prüfungstraining Lineare Algebra*, Grundstudium Mathematik Prüfungstraining, https://doi.org/10.1007/978-3-030-65886-1_10

In diesem Kapitel wird umfangsreiches Übungsmaterial zum Eintrainieren des erworbenen Wissens zur Verfügung gestellt. Es beinhaltet 150 (ohne sich) Multiple-Choice-Fragen sowie 4 Musterprüfungen mit steigendem Schwierigkeitsgrad. Detaillierte Lösungen zu allen Aufgaben und Prüfungen finden Sie unten im Lösungsteil.

10.1 Multiple-Choice-Fragen

In diesem Teil befinden sich 150 Multiple-Choice-Fragen, welche perfekt zum Überprüfen des Linearen-Algebra-Basiswissens passen. Der Schwierigkeitsgrad der Fragen variiert bewusst von einfach bis schwierig. Beachten Sie: Es können jeweils eine, zwei oder mehrere Antworten richtig sein.

▶ Kapitel 1

1 ○ ○ ○ Es seien $\boldsymbol{A} = \begin{bmatrix} 1 & -1 & 2 \\ 4 & -1 & 2 \end{bmatrix}$, $\boldsymbol{B} = \begin{bmatrix} 1 & 0 \\ 1 & -2 \\ 5 & 1 \\ 5 & -1 \end{bmatrix}$, $\boldsymbol{C} = \begin{bmatrix} 3 & 5 \\ 1 & 1 \\ 10 & -2 \end{bmatrix}$. Welche Produkte existieren?

(A) $\boldsymbol{A}^2$ (B) $\boldsymbol{AB}$ (C) $\boldsymbol{BA}$ (D) $\boldsymbol{AC}$ (E) $\boldsymbol{BC}$ (F) $\boldsymbol{CA}$

2 ○ ○ ○ Es seien $\boldsymbol{A} \in \mathbb{K}^{n\times p}$, $\boldsymbol{B} \in \mathbb{K}^{p\times m}$, $\boldsymbol{C} \in \mathbb{K}^{m\times n}$. Welche Größe hat die Matrix $\boldsymbol{ABC}$?

(A) $n \times m$ (B) $n \times n$ (C) nicht definiert

3 ○ ○ ○ Welche Operationen extrahieren die zweite Zeile aus der Matrix $\boldsymbol{A} = \begin{bmatrix} -3 & 2 & 1 & 1 \\ 0 & 1 & 0 & 1 \\ 2 & -5 & 2 & 1 \end{bmatrix}$?

(A) Linksmultiplikation mit $\begin{bmatrix} 0 & 1 & 0 \end{bmatrix}$
(B) Linksmultiplikation mit $\begin{bmatrix} 0 \\ 1 \\ 0 \end{bmatrix}$
(C) Rechtsmultiplikation mit $\begin{bmatrix} 0 & 1 & 0 \end{bmatrix}$
(D) Rechtsmultiplikation mit $\begin{bmatrix} 0 \\ 1 \\ 0 \end{bmatrix}$

4 ○ ○ ○ Die Inverse der Matrix $\boldsymbol{A} = \begin{bmatrix} 1 & 1 \\ -3 & 2 \end{bmatrix}$ ist

(A) $\boldsymbol{A}^{-1} = \begin{bmatrix} 2 & -1 \\ 3 & 1 \end{bmatrix}$ (B) $\boldsymbol{A}^{-1} = \begin{bmatrix} \frac{1}{5} & \frac{1}{5} \\ -\frac{3}{5} & \frac{2}{5} \end{bmatrix}$ (C) $\boldsymbol{A}^{-1} = \begin{bmatrix} \frac{2}{5} & -\frac{1}{5} \\ \frac{3}{5} & \frac{1}{5} \end{bmatrix}$

5 ○○○ Die Matrix $A = \begin{bmatrix} 0&0&0 \\ 0&1&0 \\ 0&0&0 \end{bmatrix}$ ist ...

(A) eine obere Dreiecksmatrix
(B) eine untere Dreiecksmatrix
(C) eine Diagonalmatrix
(D) eine quadratische Matrix

6 ○○○ Die Adjungierte A^* der Matrix $A = \begin{bmatrix} i & 1+i \\ 1-i & 1 \\ 1 & -i \end{bmatrix}$ ist

(A) $\begin{bmatrix} -i & 1-i \\ 1+i & 1 \\ 1 & i \end{bmatrix}$
(B) $\begin{bmatrix} i & 1-i & 1 \\ 1+i & 1 & -i \end{bmatrix}$
(C) $\begin{bmatrix} -i & 1+i & 1 \\ 1-i & 1 & i \end{bmatrix}$

7 ●○○ Welche der folgenden reellen Matrizen sind normal?

(A) $\begin{bmatrix} a & b \\ 0 & c \end{bmatrix}$
(B) $\begin{bmatrix} a & b \\ b & d \end{bmatrix}$
(C) $\begin{bmatrix} a & b \\ -b & a \end{bmatrix}$
(D) $\begin{bmatrix} a & b \\ b & a \end{bmatrix}$

8 ○○○ Für die Matrix $A = \begin{bmatrix} i & 1 & 3 \\ 1 & 1+i & 1 \\ 2+i & 3i & 1-6i \end{bmatrix}$ gilt

(A) $\mathrm{Spur}(A^*) = 2 - 4i$
(B) $\mathrm{Spur}(A^*) = 2 + 4i$
(C) $\mathrm{Spur}(A^*) = 6 + 2i$

9 ○○○ Für beliebige Matrizen $A, B \in \mathbb{R}^{n \times n}$ gilt $(A + B)^2 = A^2 + 2AB + B^2$.

(A) Immer wahr
(B) Immer falsch
(C) Wahr für $[A, B] = 0$

10 ○○○ Für beliebige Matrizen $A, B, C \in \mathbb{R}^{n \times n}$ gilt: $AB = AC \Rightarrow B = C$.

(A) Wahr
(B) Falsch

11 ●○○ Für invertierbare Matrizen $A, B, C \in \mathrm{GL}(n, \mathbb{R})$ berechne man $C^T \left(AB^{-1}C^T\right)^{-1} AB^{-1}$.

(A) $\mathbf{0}$
(B) E
(C) $C^T A^{-1} B C^{-T} A B^{-1}$

12 ●○○ Für invertierbare Matrizen $A, B, C \in \mathrm{GL}(n, \mathbb{R})$ löse man die Matrizengleichung $5A + 4AB + C = \left(2DA^T + E\right)^T$ nach A auf.

(A) $A = \left(5E + 4B - 2D^T\right)^{-1} (E - C)$
(B) $A = (E - C)\left(5E + 4B - 2D^T\right)^{-1}$

13 ●●○ Es seien $\boldsymbol{A} = \begin{bmatrix} 3 & -3 & 2 \end{bmatrix}$ und $\boldsymbol{B} = \begin{bmatrix} 4 & 3 & -2 \end{bmatrix}$. Man berechne $\boldsymbol{A}^T\boldsymbol{B}$ auf $(\mathbb{Z}_3)^{3\times 3}$

(A) $\begin{bmatrix} 12 & 9 & -6 \\ -12 & -9 & 6 \\ 8 & 6 & -4 \end{bmatrix}$ (B) $\begin{bmatrix} 0 & 0 & 0 \\ 0 & 0 & 0 \\ 2 & 0 & 2 \end{bmatrix}$ (C) $\begin{bmatrix} 0 & 1 & 0 \\ 0 & 1 & 0 \\ 0 & 0 & 0 \end{bmatrix}$

14 ●○○ **a)** Die Menge S *aller* spurlosen Matrizen $\boldsymbol{A} \in \mathbb{R}^{2\times 2}$ ist

(A) $S = \left\{\boldsymbol{A} \in \mathbb{R}^{2\times 2} \mid \boldsymbol{A} = \begin{bmatrix} a & b \\ b & -a \end{bmatrix},\ a, b \in \mathbb{R}\right\}$

(B) $S = \left\{\boldsymbol{A} \in \mathbb{R}^{2\times 2} \mid \boldsymbol{A} = \begin{bmatrix} a & b \\ c & -a \end{bmatrix},\ a, b, c \in \mathbb{R}\right\}$

(C) $S = \left\{\boldsymbol{A} \in \mathbb{R}^{2\times 2} \mid \boldsymbol{A} = \begin{bmatrix} a & -b \\ b & -a \end{bmatrix},\ a, b \in \mathbb{R}\right\}$

b) Die Dimension von S ist

(A) 1 (C) 3
(B) 2 (D) 4

15 ○○○ Welche der folgenden Aussagen sind für alle Matrizen $\boldsymbol{A}, \boldsymbol{B}, \boldsymbol{C} \in \mathbb{R}^{n\times n}$ richtig?

(A) $\text{Spur}(\boldsymbol{A}+\boldsymbol{B}) = \text{Spur}(\boldsymbol{A}) + \text{Spur}(\boldsymbol{B})$ (C) $\text{Spur}(\boldsymbol{ABC}) = \text{Spur}(\boldsymbol{ACB})$
(B) $\text{Spur}(\boldsymbol{AB}) = \text{Spur}(\boldsymbol{BA})$ (D) $\text{Spur}(\boldsymbol{ABC}) = \text{Spur}(\boldsymbol{BCA})$

16 ●○○ Es sei $\boldsymbol{A} \in \mathbb{R}^{n\times n}$. Dann ist die $(2n \times 2n)$-Blockmatrix $\begin{bmatrix} \mathbf{0} & \boldsymbol{A} \\ \boldsymbol{A}^T & \mathbf{0} \end{bmatrix}$ symmetrisch.

(A) Wahr (B) Falsch

17 ●○○ Es seien $\boldsymbol{A}, \boldsymbol{B} \in \mathbb{R}^{n\times n}$ symmetrisch. Dann ist $\boldsymbol{ABA}$ symmetrisch.

(A) Wahr (B) Falsch

18 ●●○ $H_2(\mathbb{C})$ bezeichne alle hermitesche Matrizen in $\mathbb{C}^{2\times 2}$. Welche Aussagen sind richtig?

(A) $\dim_{\mathbb{R}} H_2(\mathbb{C}) = 4$ (C) $\dim_{\mathbb{R}} H_2(\mathbb{C}) = 8$
(B) Die Diagonaleinträge einer hermiteschen Matrix sind stets reell (D) Die Diagonaleinträge einer hermiteschen Matrix sind stets komplex

19 ○ ○ ○ Welche der folgenden Matrizen sind orthogonal?

$$\boldsymbol{A} = \frac{1}{\sqrt{2}}\begin{bmatrix} 1 & 1 \\ 1 & 1 \end{bmatrix}, \quad \boldsymbol{B} = \begin{bmatrix} 1 & 0 & 2 \\ -1 & 1 & 0 \\ 0 & 1 & 1 \end{bmatrix}, \quad \boldsymbol{C} = \frac{1}{3}\begin{bmatrix} 1 & -2 & 2 \\ 2 & -1 & -2 \\ 2 & 2 & 1 \end{bmatrix}$$

(A) $\boldsymbol{A}$ (B) $\boldsymbol{B}$ (C) $\boldsymbol{C}$ (D) Keine

20 ● ○ ○ Für welche $k \in \mathbb{C}$ ist $\boldsymbol{U} = \frac{1}{\sqrt{2}}\begin{bmatrix} -i & 0 & i \\ 1 & 0 & 1 \\ k & \sqrt{2} & 0 \end{bmatrix}$ unitär?

(A) $k = 0$ (B) $k = i$ (C) $k = 1$ (D) $k = \sqrt{2}$

21 ● ○ ○ Welche der folgenden Matrizen sind nilpotent (Nilpotenzgrad angeben)?

$$\boldsymbol{A} = \begin{bmatrix} 1 & -1 \\ 1 & -1 \end{bmatrix}, \quad \boldsymbol{B} = \begin{bmatrix} 0 & 1 & 1 \\ 0 & 0 & 1 \\ 0 & 0 & 0 \end{bmatrix}, \quad \boldsymbol{C} = \frac{1}{3}\begin{bmatrix} 0 & 1 & 1 \\ 1 & 0 & 1 \\ 1 & 1 & 0 \end{bmatrix}$$

(A) $\boldsymbol{A}$ (B) $\boldsymbol{B}$ (C) $\boldsymbol{C}$ (D) Keine

22 ● ○ ○ Sind $\boldsymbol{A}, \boldsymbol{B} \in \mathbb{R}^{n\times n}$ nilpotent gleichen Grades (z. B. m), so ist es auch $\boldsymbol{AB}$.

(A) Immer wahr (B) Immer falsch (C) Wahr für $[\boldsymbol{A}, \boldsymbol{B}] = \boldsymbol{0}$

23 ● ○ ○ Es sei $\boldsymbol{A} \in \mathbb{R}^{n\times n}$. Welche Aussagen sind richtig?

(A) $\boldsymbol{A}$ orthogonal $\Rightarrow \boldsymbol{A}$ normal

(B) $\boldsymbol{A}$ symmetrisch $\Rightarrow \boldsymbol{A}$ normal

(C) $\boldsymbol{A}$ normal $\Rightarrow \boldsymbol{A}$ orthogonal

(D) $\boldsymbol{A}$ idempotent $\Rightarrow \boldsymbol{A}$ orthogonal

▶ Kapitel 2

24 ● ○ ○ Es sei $\boldsymbol{A} \in \mathbb{R}^{2\times 4}$. Dann besitzt $\boldsymbol{Ax} = \boldsymbol{0}$ eine nichttriviale Lösung.

(A) Wahr (B) Falsch

25 ● ○ ○ Es sei $\boldsymbol{A} \in \mathbb{R}^{3\times 5}$ mit Rang 3. Dann hat das LGS $\boldsymbol{Ax} = \boldsymbol{0}$:

(A) keine Lösung

(B) eine Lösungsmenge mit 1 freien Parameter

(C) genau eine Lösung

(D) eine Lösungsmenge mit 2 freien Parametern

26 • ∘ ∘ Es seien $\boldsymbol{A} = \begin{bmatrix} 1 & 3 & 1 \\ 1 & 2 & 0 \\ 0 & 0 & 2\alpha+1 \end{bmatrix}$ und $\boldsymbol{b} = \begin{bmatrix} 2 \\ 2 \\ 5 \end{bmatrix}$. Für welche $\alpha \in \mathbb{R}$ hat das LGS $\boldsymbol{Ax} = \boldsymbol{b}$ keine Lösung?

(A) $\alpha \neq -1/2$ (B) $\alpha = -1/2$ (C) $\alpha = 1/2$

27 ∘ ∘ ∘ Für beliebige $\boldsymbol{A} \in \mathbb{R}^{m \times n}$ hat das LGS $\boldsymbol{Ax} = \boldsymbol{0}$ eine Lösung.

(A) Wahr (B) Falsch

28 ∘ ∘ ∘ Für beliebige $\boldsymbol{A} \in \mathbb{R}^{m \times n}$ und $\boldsymbol{b} \in \mathbb{R}^m$ hat das LGS $\boldsymbol{Ax} = \boldsymbol{b}$ eine Lösung.

(A) Wahr (B) Falsch

29 ∘ ∘ ∘ Für $\boldsymbol{A} = \begin{bmatrix} 1 & 2 & 0 & 1 \\ 2 & 5 & 4 & 4 \\ 3 & 5 & -6 & 4 \end{bmatrix}$ hat das LGS $\boldsymbol{Ax} = \boldsymbol{0}$

(A) keine Lösung
(B) eine Lösungsmenge mit 1 freien Parameter
(C) genau eine Lösung
(D) eine Lösungsmenge mit 2 freien Parametern

30 • ∘ ∘ Das LGS mit erweiterter Matrix $\left[\begin{array}{ccc|c} k & k & k^2 & 4 \\ 1 & 1 & k & k \\ 1 & 2 & 3 & 2k \end{array}\right]$ hat ...

(A) keine Lösung für $k \neq \pm 2$
(B) genau eine Lösung für $k \neq \pm 2$
(C) unendlich viele Lösungen für $k = \pm 2$

31 • ∘ ∘ Es sei $\boldsymbol{A} \in \mathbb{R}^{n \times n}$ so, dass die Lösungsmenge von $\boldsymbol{Ax} = \boldsymbol{0}$ eine Ebene ist. Dann gilt:

(A) $\dim \operatorname{Ker}(\boldsymbol{A}) = 1$
(B) $\dim \operatorname{Ker}(\boldsymbol{A}) = 2$
(C) $\dim \operatorname{Ker}(\boldsymbol{A}) = 0$
(D) $\operatorname{Rang}(\boldsymbol{A}) = n - 1$
(E) $\dim \operatorname{Im}(\boldsymbol{A}) = n - 2$
(F) $\dim \operatorname{Im}(\boldsymbol{A}) = n$

32 ∘∘∘ Man bestimme die implizite Darstellung der Ebene durch den Punkt $(1, 2, 3)$ und senkrecht zur Geraden mit Richtungsvektor $\begin{bmatrix} 2 & -1 & 0 \end{bmatrix}^T$.

(A) $x_1 + 2x_2 + 3x_3 = 0$ (B) $2x_1 - x_2 = 0$ (C) $2x_1 - x_2 = 1$

33 ○○○ Man berechne den Winkel zwischen der Normalenvektoren an den Ebenen mit Gleichungen $E_1 : 2x_1 + x_2 + x_3 = 0$ und $E_2 : x_1 + x_3 = 2$.

(A) 0 (B) $\frac{\pi}{6}$ (C) $\frac{\pi}{4}$ (D) $\frac{\pi}{2}$

34 ○○○ Man betrachte die Ebenen $E_1 : x_3 = 3$, $E_2 : x_1 + x_2 + 2 = 0$ und $E_3 : 3x_1 + 3x_2 - x_3 + 9 = 0$. Dann enthält die Ebene E_3 die Gerade $E_1 \cap E_2$.

(A) Wahr (B) Falsch

35 ●○○ Gegeben ist das LGS $\boldsymbol{Ax} = \boldsymbol{b}$ mit $\boldsymbol{A} \in \mathbb{R}^{3\times 6}$ und $\boldsymbol{b} \in \mathbb{R}^3$. Was stimmt?

(A) Die Lösungsmenge ist eine Teilmenge des $\mathbb{R}^6$
(B) Die Lösungsmenge ist eine Teilmenge des $\mathbb{R}^3$
(C) Die Lösungsmenge ist ein Unterraum
(D) Die Lösungsmenge ist ein affiner Raum
(E) Es gibt jedenfalls die triviale Lösung
(F) Die Summe von zwei Lösungen ist wieder eine Lösung

36 ●○○ Gegeben ist das LGS $\boldsymbol{Ax} = \boldsymbol{0}$ mit $\boldsymbol{A} \in \mathbb{R}^{2\times 8}$. Welche Aussagen sind richtig?

(A) Die Lösungsmenge ist eine Teilmenge des $\mathbb{R}^2$
(B) Die Lösungsmenge ist eine Teilmenge des $\mathbb{R}^8$
(C) Die Lösungsmenge ist ein Unterraum
(D) Die Lösungsmenge ist ein affiner Raum
(E) Es gibt jedenfalls die triviale Lösung
(F) Die Summe von zwei Lösungen ist wieder eine Lösung

37 ●○○ Für beliebige $\boldsymbol{A}, \boldsymbol{B} \in \mathbb{R}^{n\times n}$ gilt $\operatorname{Rang}(\boldsymbol{A}^T\boldsymbol{B}^T) \leq \operatorname{Rang}(\boldsymbol{B}^T)$.

(A) Wahr (B) Falsch

38 ●○○ Es seien $\boldsymbol{A}, \boldsymbol{B} \in \mathbb{R}^{n\times n}$ mit $\boldsymbol{AB} = \boldsymbol{E}$. Dann gilt $\operatorname{Rang}(\boldsymbol{A}) = \operatorname{Rang}(\boldsymbol{B}) = n$.

(A) Wahr (B) Falsch

39 ●○○ Es seien $\boldsymbol{A} \in \mathbb{R}^{2\times 3}$ und $\boldsymbol{b} \in \mathbb{R}^3$. Die Matrix $\boldsymbol{A}$ habe *maximalen* Rang. Dann hat das LGS $\boldsymbol{A}^T\boldsymbol{A}\boldsymbol{v} = \boldsymbol{b}$ genau eine Lösung.

(A) Wahr (B) Falsch

40 • ∘ ∘ Für die Matrix $A = \begin{bmatrix} 1 & k+2 & 0 \\ k^2-1 & 0 & 4-k \\ 1 & 2k-3 & 0 \end{bmatrix}$ $(k \in \mathbb{R})$ gilt

(A) Für $k = 4$ ist $\text{Rang}(A) = 2$
(B) Für $k \neq 5$ ist $\text{Rang}(A) = 3$
(C) Für $k \neq 4$ ist $\text{Rang}(A) = 2$
(D) Für $k = 5$ ist $\text{Rang}(A) = 1$

41 • ∘ ∘ Für die Matrix $A = \begin{bmatrix} 1 & -1 & 2 \\ 0 & k+1 & k-1 \\ 0 & 0 & k \\ 0 & 0 & k-3 \end{bmatrix}$ $(k \in \mathbb{R})$ gilt

(A) Für $k = -1$ ist $\text{Rang}(A) = 2$
(B) Für $k = 0$ ist $\text{Rang}(A) = 2$
(C) Für $k \neq 0$ ist $\text{Rang}(A) = 3$
(D) Für $k = 3$ ist $\text{Rang}(A) = 3$

42 • ∘ ∘ Für die Matrix $A = \begin{bmatrix} 1 & 1 & 3 & -1 \\ 1 & 0 & -2 & -2 \\ 1 & 2 & 8 & k^2-2k \\ -2 & -1 & k-1 & 3 \end{bmatrix}$ $(k \in \mathbb{R})$ gilt

(A) Für $k = 0$ ist $\text{Rang}(A) = 2$
(B) Für $k = 0$ ist $\text{Rang}(A) = 3$
(C) Für $k = 2$ ist $\text{Rang}(A) = 3$
(D) Für $k = 1$ ist $\text{Rang}(A) = 4$

43 • • ∘ Man berechne den Rang von $A = \begin{bmatrix} 1 & 2 & 2 & 0 \\ 2 & 1 & 1 & 0 \end{bmatrix}$ über dem Körper $\mathbb{K}$

(A) Über $\mathbb{K} = \mathbb{R}$ ist $\text{Rang}(A) = 2$
(B) Über $\mathbb{K} = \mathbb{Q}$ ist $\text{Rang}(A) = 1$
(C) Über $\mathbb{K} = \mathbb{Z}_3$ ist $\text{Rang}(A) = 2$
(D) Über $\mathbb{K} = \mathbb{Z}_2$ ist $\text{Rang}(A) = 1$

▶ Kapitel 3

44 ∘ ∘ ∘ Die Inverse der Matrix $A = \begin{bmatrix} 1 & 1 \\ 0 & 1 \end{bmatrix}$ ist

(A) $A^{-1} = \begin{bmatrix} 1 & -1 \\ 0 & 1 \end{bmatrix}$
(B) $A^{-1} = \begin{bmatrix} 1 & 0 \\ 1 & 1 \end{bmatrix}$
(C) A^{-1} existiert nicht

45 ∘ ∘ ∘ Es sei $A = \begin{bmatrix} 1 & -1 \\ 1 & 1 \end{bmatrix} \in \mathbb{R}^{2\times 2}$. Gibt es eine Matrix $B \in \mathbb{R}^{2\times 2}$ mit $AB = 7E$?

(A) Ja
(B) Nein

46 • ∘ ∘ Es sei $A = \begin{bmatrix} 4 & 2 \\ 1 & 2 \end{bmatrix} \in (\mathbb{Z}_2)^{2\times 2}$. Gibt es eine Matrix $B \in (\mathbb{Z}_2)^{2\times 2}$ mit $AB = E$?

(A) Ja
(B) Nein

47 ● ○ ○ Es sei $\boldsymbol{A} \in \mathbb{R}^{n\times n}$ so, dass $\boldsymbol{Ax} = \boldsymbol{0}$ nur die triviale Lösung besitzt. Dann gilt:

- (A) $\boldsymbol{A}$ ist singulär
- (B) $\det(\boldsymbol{A}) \neq 0$
- (C) $\det(\boldsymbol{A}) = 0$
- (D) $\mathrm{Rang}(\boldsymbol{A}) < n$
- (E) $\boldsymbol{A}$ ist invertierbar
- (F) $\dim \mathrm{Ker}(\boldsymbol{A}) \geq 1$
- (G) $\mathrm{Rang}(\boldsymbol{A}) = n$
- (H) $\dim \mathrm{Im}(\boldsymbol{A}) = n$

48 ○○○ Welche der folgenden Aussagen über die Determinante sind für alle Matrizen $\boldsymbol{A}, \boldsymbol{B} \in \mathbb{R}^{n\times n}$ richtig?

- (A) $\det(\boldsymbol{A} + \boldsymbol{B}) = \det(\boldsymbol{A}) + \det(\boldsymbol{B})$
- (B) $\det(\boldsymbol{AB}) = \det(\boldsymbol{B}) \det(\boldsymbol{A})$
- (C) $\det(2\boldsymbol{A}) = 2 \det(\boldsymbol{A})$
- (D) $\det(-\boldsymbol{A}) = \det(\boldsymbol{A})$

49 ○○○ Bei welchen Operationen bleibt die Determinante einer Matrix unverändert?

- (A) Vertauschen von zwei Zeilen oder Spalten
- (B) Transponieren
- (C) Komplex konjugieren
- (D) Addieren eines Vielfachen einer Zeile zu einer anderen Zeile
- (E) Multiplikation mit einer Matrix mit Determinante 1

50 ○ ○ ○ Was ist die Determinante von $\boldsymbol{A} = \begin{bmatrix} 0 & 1 & 1 \\ 1 & 0 & 1 \\ 1 & 1 & 0 \end{bmatrix}$?

- (A) 0
- (B) 1
- (C) 2
- (D) 3

51 ● ○ ○ Was ist die Determinante von $\boldsymbol{A} = \begin{bmatrix} -10 & 11 & 5 & 4 \\ 2 & 1 & 10 & -1 \\ 0 & 0 & 0 & 0 \\ 1 & 1 & 10 & 4 \end{bmatrix}$?

- (A) 0
- (B) 10
- (C) 50
- (D) 100

52 ● ○ ○ Was ist die Determinante von $\boldsymbol{A} = \begin{bmatrix} 0 & 0 & 0 & 0 & 0 & 1 \\ 0 & 0 & 0 & 0 & 3 & 3 \\ 0 & 0 & 0 & 4 & 6 & 5 \\ 0 & 0 & 1 & 3 & 2 & 2 \\ 0 & 2 & 1 & 2 & 9 & 1 \\ 1 & 1 & 1 & 7 & 9 & 8 \end{bmatrix}$?

- (A) 0
- (B) 12
- (C) 24
- (D) −24

53 ● ● ○ Was ist die Determinante von $\boldsymbol{A} = \begin{bmatrix} 1 & n & n & \cdots & n \\ n & 2 & n & \cdots & n \\ n & n & 3 & \cdots & n \\ \vdots & \vdots & \vdots & \ddots & \vdots \\ n & n & n & \cdots & n \end{bmatrix}$?

(A) 0 (B) $n!$ (C) $(-1)^{n-1}n!$ (D) $(-1)^n n!$

54 ● ● ○ $x = \frac{1}{a}$ ist eine Nullstelle der Ordnung $(n-1)$ von $p(x) = \begin{vmatrix} 1 & x & x^2 & \cdots & x^n \\ a & 1 & x & \cdots & x^{n-1} \\ a & a & 1 & \cdots & x^{n-2} \\ \vdots & \vdots & \vdots & \ddots & \vdots \\ a & a & a & \cdots & x \\ a & a & a & \cdots & 1 \end{vmatrix}$.

(A) Wahr (B) Falsch

55 ○ ○ ○ Die Adjunkte $\boldsymbol{adj}(\boldsymbol{A})$ der Matrix $\boldsymbol{A} = \begin{bmatrix} 1 & 0 & 0 \\ 1 & 1 & 0 \\ 1 & 1 & 1 \end{bmatrix}$ ist ...

(A) $\begin{bmatrix} 1 & 1 & 1 \\ 0 & 1 & 1 \\ 0 & 0 & 1 \end{bmatrix}$ (B) $\begin{bmatrix} 1 & 0 & 0 \\ -1 & 1 & 0 \\ -1 & -1 & 1 \end{bmatrix}$ (C) $\begin{bmatrix} 1 & -1 & 0 \\ 0 & 1 & -1 \\ 0 & 0 & 1 \end{bmatrix}$ (D) $\begin{bmatrix} 1 & 0 & 0 \\ -1 & 1 & 0 \\ 0 & -1 & 1 \end{bmatrix}$

56 ○ ○ ○ Man löse das folgende LGS mit der Cramer'schen Regel:

$$\begin{cases} 3x_1 + x_3 = 0 \\ x_1 + 2x_2 + x_3 = 1 \\ x_1 - x_2 + 2x_3 = 0 \end{cases}$$

(A) $\mathbb{L} = \left\{ \begin{bmatrix} -1 \\ 5 \\ 3 \end{bmatrix} \right\}$ (B) $\mathbb{L} = \left\{ \begin{bmatrix} -\frac{1}{12} \\ \frac{5}{12} \\ \frac{3}{12} \end{bmatrix} \right\}$ (C) $\mathbb{L} = \left\{ \begin{bmatrix} \frac{1}{12} \\ \frac{5}{12} \\ -\frac{3}{12} \end{bmatrix} \right\}$

57 ● ● ○ Der Rechenaufwand bei der Berechnung der Determinante einer Matrix $\boldsymbol{A} \in \mathbb{R}^{n \times n}$ mittels Laplace-Entwicklung ist

(A) $\mathcal{O}((n+1)!)$ (B) $\mathcal{O}(n!)$ (C) $\mathcal{O}((n-1)!)$ (D) $\mathcal{O}(n^3)$

58 ● ○ ○ Für welche $k \in \mathbb{R}$ ist $\boldsymbol{A} = \begin{bmatrix} 1 & 0 & 1 \\ k & 1 & 2 \\ 0 & 2 & 1 \end{bmatrix}$ invertierbar?

(A) $k \neq 1$ (B) $k \neq \frac{3}{2}$ (C) $k \neq -\frac{3}{2}$ (D) $k \in \mathbb{R}$

59 ● ● ○ Für welche $a, b \in \mathbb{R}$ ist $\boldsymbol{A} = \begin{bmatrix} 0 & b & 3 & 0 & 0 \\ 1 & 1 & 1 & 1 & 1 \\ 0 & 1 & 1 & 1 & -1 \\ 0 & 2 & 1 & 0 & 0 \\ 0 & 4 & 0 & a & 0 \end{bmatrix}$ invertierbar?

(A) $a \neq 1, b \neq 0$ (B) $a \neq 0, b \neq 1$ (C) $a \neq 0, b \neq 6$ (D) $a \neq 3, b \neq 2$

60 ● ● ○ Die Matrix $\boldsymbol{A} \in \mathbb{R}^{3\times 3}$ hat nur die Einträge ± 1. Dann ist $\det(\boldsymbol{A}) \leq 6$.

(A) Wahr (B) Falsch

▸ Kapitel 4

61 ○ ○ ○ Die obere Dreiecksmatrix bei der *LR*-Zerlegung von $\boldsymbol{A} = \begin{bmatrix} 1 & 1 & 1 \\ 1 & 0 & 1 \\ 0 & 1 & 1 \end{bmatrix}$ ist ...

(A) $\boldsymbol{R} = \begin{bmatrix} 1 & 1 & 1 \\ 0 & 1 & -1 \\ 0 & 0 & -1 \end{bmatrix}$ (B) $\boldsymbol{R} = \begin{bmatrix} 1 & 1 & 1 \\ 0 & -1 & 0 \\ 0 & 0 & 1 \end{bmatrix}$ (C) $\boldsymbol{R} = \begin{bmatrix} 1 & 1 & 1 \\ 0 & -1 & 0 \\ 0 & 0 & -1 \end{bmatrix}$

62 ● ○ ○ Die Matrix $\boldsymbol{P}$ bei der *LR*-Zerlegung mit Zeilenvertauschung von $\boldsymbol{A} = \begin{bmatrix} 3 & 1 & 0 & -1 \\ 2 & 1 & 1 & 0 \\ 2 & 1 & 0 & 1 \\ 1 & 2 & 3 & 1 \end{bmatrix}$ ist ...

(A) $\boldsymbol{P} = \begin{bmatrix} 0 & 0 & 0 & 1 \\ 0 & 1 & 0 & 0 \\ 1 & 0 & 0 & 0 \\ 0 & 0 & 1 & 0 \end{bmatrix}$ (B) $\boldsymbol{P} = \begin{bmatrix} 0 & 0 & 1 & 0 \\ 0 & 1 & 0 & 0 \\ 0 & 0 & 0 & 1 \\ 1 & 0 & 0 & 0 \end{bmatrix}$ (C) $\boldsymbol{P} = \begin{bmatrix} 0 & 0 & 0 & 1 \\ 0 & 0 & 1 & 0 \\ 0 & 1 & 0 & 0 \\ 1 & 0 & 0 & 0 \end{bmatrix}$

63 ● ○ ○ Es sei $\boldsymbol{A} = \boldsymbol{LR}$ die *LR*-Zerlegung von $\boldsymbol{A} = \begin{bmatrix} 1 & 1 \\ 2 & 1 \\ 3 & 1 \\ 4 & 1 \\ 5 & 1 \end{bmatrix}$. Welche Aussagen sind richtig?

(A) $\boldsymbol{A}$ hat keine *LR*-Zerlegung

(B) $\boldsymbol{L} \in \mathbb{R}^{2\times 5}$

(C) $\boldsymbol{L} \in \mathbb{R}^{5\times 2}$

(D) $\boldsymbol{R} \in \mathbb{R}^{5\times 5}$

(E) $\boldsymbol{R} \in \mathbb{R}^{2\times 2}$

(F) $\det(\boldsymbol{R}) = -1$

64 ● ● ○ Die Matrix $\boldsymbol{A} = \begin{bmatrix} 0 & 1 \\ 0 & 0 \end{bmatrix}$ besitzt eine eindeutige *LR*-Zerlegung.

(A) Wahr (B) Falsch

65 ● ● ○ Die Matrix $\boldsymbol{A} = \begin{bmatrix} 0 & 1 \\ 1 & 0 \end{bmatrix}$

(A) $\boldsymbol{A}$ besitzt eine *LR*-Zerlegung

(B) $\boldsymbol{A}$ besitzt eine *LR*-Zerlegung mit Zeilenvertauschung

(C) $\boldsymbol{A}$ besitzt keine *LR*-Zerlegung

(D) $\boldsymbol{A}$ besitzt keine *LR*-Zerlegung mit Zeilenvertauschung

66 ●○○ $\boldsymbol{P} = \begin{bmatrix} 0 & 1 & 1 \\ 1 & 0 & 0 \\ 0 & 0 & 1 \end{bmatrix}$ ist eine Permutationsmatrix

(A) Wahr
(B) Falsch

67 ●○○ Wir suchen eine Matrix $\boldsymbol{P} \in \mathbb{R}^{5\times5}$, welche bei der Multiplikation mit dem Vektor $\boldsymbol{v} \in \mathbb{R}^5$ genau den ersten und vierten Eintrag von $\boldsymbol{v}$ vertauscht. Für welche der folgenden Möglichkeiten ist dies gegeben?

(A) $\begin{bmatrix} 0&0&0&1&0 \\ 0&0&1&0&0 \\ 0&1&0&0&0 \\ 1&0&0&0&0 \\ 0&0&0&0&1 \end{bmatrix}$

(B) $\begin{bmatrix} 0&0&0&1&0 \\ 0&1&0&0&0 \\ 0&0&1&0&0 \\ 1&0&0&0&0 \\ 0&0&0&0&1 \end{bmatrix}^T$

(C) $\begin{bmatrix} 0&0&0&1&0 \\ 0&1&0&0&0 \\ 0&0&1&0&0 \\ 1&0&0&0&0 \\ 0&0&0&0&1 \end{bmatrix}$

68 ●●○ Gegeben ist die Permutationsmatrix $\boldsymbol{P} = \begin{bmatrix} 0&0&1&0&0 \\ 1&0&0&0&0 \\ 0&1&0&0&0 \\ 0&0&0&0&1 \\ 0&0&0&1&0 \end{bmatrix}$. Was stimmt?

(A) $\det(\boldsymbol{P}) = 1$

(B) $\boldsymbol{P}^{-1} = \begin{bmatrix} 0&1&0&0&0 \\ 0&0&1&0&0 \\ 1&0&0&0&0 \\ 0&0&0&0&1 \\ 0&0&0&1&0 \end{bmatrix}$

(C) $\boldsymbol{P}$ wird von der Permutation $\sigma = \begin{bmatrix} 1&2&3&4&5 \\ 2&3&1&5&4 \end{bmatrix}$ erzeugt

(D) $\boldsymbol{P}^{-1} = \begin{bmatrix} 0&0&1&0&0 \\ 1&0&0&0&0 \\ 0&1&0&0&0 \\ 0&0&0&0&1 \\ 0&0&0&1&0 \end{bmatrix}$

(E) $\det(\boldsymbol{P}) = -1$

(F) $\boldsymbol{P}$ wird von der Permutation $\sigma = \tau_{12}\tau_{13}\tau_{45}$ erzeugt

69 ○○○ Es sei $\boldsymbol{L}$ eine untere $(n\times n)$-Dreiecksmatrix. Man formuliere den Algorithmus zur Lösung von $\boldsymbol{Ly} = \boldsymbol{b}$ durch Vorwärtseinsetzen im Psedocode.

(A)
```
for j = 2 to n do
    sum =0 ;
    for k = 1 to j − 1 do
        sum = sum + ℓ_jk y_k
    end
    y_j = (b_j − sum)/ℓ_jj
end
```

(B)
```
y_1 = b_1/ℓ_11 ;
for j = 2 to n do
    sum =0 ;
    for k = 1 to j − 1 do
        sum = sum + ℓ_jk y_k
    end
    y_j = (b_j − sum)/ℓ_jj
end
```

(C)
```
y_1 = b_1/ℓ_11 ;
for j = 2 to n do
    sum =0 ;
    for k = 2 to j − 1 do
        sum = sum + ℓ_jk y_k
    end
    y_j = (b_j − sum)/ℓ_jj
end
```

(D)
```
y_1 = b_1/ℓ_11 ;
for j = 2 to n do
    sum =0 ;
    for k = 1 to j do
        sum = sum + ℓ_jk y_k
    end
    y_j = (b_j − sum)/ℓ_jj
end
```

70 ○○○ Die *LR*-Zerlegung ist rechnerisch effizienter als der Gauß-Algorithmus zum Lösen ...

Ⓐ mehrerer LGS mit unterschiedlichen Darstellungsmatrizen und gleichen Vektoren auf der rechten Seite
Ⓑ mehrerer LGS mit derselben Darstellungsmatrix und verschiedenen Vektoren auf der rechten Seite
Ⓒ eines einzelnen LGS

▶ Kapitel 5

71 ●○○ Die Menge $G = \left\{A \in \mathbb{R}^{2\times 2} \,\middle|\, A = \left[\begin{smallmatrix} a & b \\ 0 & c \end{smallmatrix}\right],\ a, b, c \in \mathbb{R}\right\}$ ist abgeschlossen bezüglich der Matrizenaddition

Ⓐ Wahr
Ⓑ Falsch

72 ●●○ Die Menge $G = \left\{A \in \mathbb{R}^{2\times 2} \,\middle|\, A = \left[\begin{smallmatrix} a & b \\ 0 & c \end{smallmatrix}\right],\ a, b, c \in \mathbb{N}\right\}$ ist eine Gruppe bezüglich der Matrizenmultiplikation

Ⓐ Wahr
Ⓑ Falsch

73 ●○○ Es sei $V = \mathbb{K}^{n\times n}$ der Vektorraum der quadratischen $(n \times n)$-Matrizen mit Einträgen in $\mathbb{K}$. Welche der folgenden Untermengen sind Unterräume von V?

Ⓐ Die Menge der oberen Dreiecksmatrizen
Ⓑ Die Menge der invertierbaren Matrizen
Ⓒ Die Menge der Diagonalmatrizen
Ⓓ Die Menge der symmetrischen Matrizen

74 ○○○ $U = \{\boldsymbol{x} \in \mathbb{R}^3 \mid x_1 + 2x_2 = 3(1 - x_3)\} \subset \mathbb{R}^3$

Ⓐ Ist ein Unterraum
Ⓑ Ist kein Unterraum
Ⓒ Ist ein affiner Raum
Ⓓ Ist kein affiner Raum

75 ○○○ $U = \{\boldsymbol{x} \in \mathbb{R}^3 \mid x_1 + x_2 + x_3 = 0\} \subset \mathbb{R}^3$

Ⓐ Ist ein Unterraum
Ⓑ Ist kein Unterraum
Ⓒ Ist ein affiner Raum
Ⓓ Ist kein affiner Raum

76 ∘∘∘ Für welche $\alpha \in \mathbb{R}$ ist $U_\alpha = \{\boldsymbol{x} \in \mathbb{R}^3 \mid x_1 - 2x_2 + \alpha x_3 = \alpha - 1,\ x_1 = (2-\alpha)x_2\} \subset \mathbb{R}^3$ ein Unterraum?

(A) $\alpha = 0$ (B) $\alpha = 1$ (C) $\alpha = 2$ (D) $\alpha \in \mathbb{R}$

77 ∘∘∘ Für welche $\alpha \in \mathbb{R}$ ist $U_\alpha = \{\boldsymbol{x} \in \mathbb{R}^3 \mid x_1 - x_2 + 2x_3 = \alpha^2,\ x_1 - 3\alpha x_3 = 1 - \alpha\} \subset \mathbb{R}^3$ ein affiner Raum?

(A) $\alpha = 0$ (B) $\alpha = 1$ (C) $\alpha = 0, 1$ (D) $\alpha \in \mathbb{R}$

78 ∘∘∘ $P_n(\mathbb{R})$ ist ein Unterraum von $C^0(\mathbb{R})$.

(A) Wahr (B) Falsch

79 •∘∘ $U = \{p \in P_2(\mathbb{R}) \mid p(x) = a(x^2 - 1),\ a \in \mathbb{Z}\} \subset P_2(\mathbb{R})$

(A) Ist ein Unterraum (B) Ist kein Unterraum

80 •∘∘ Sei V ein Vektorraum mit Untervektorräumen U_1 und U_2. Dann gilt $\dim(U_1) + \dim(U_2) \geq \dim(U_1 + U_2)$.

(A) Wahr (B) Falsch

81 •∘∘ Sei V ein Vektorraum mit Unterräumen U_1 und U_2. Es gelte $\dim(U_1) = \dim(U_2) = 2$. Welche Aussagen sind richtig?

(A) $\dim(U_1 + U_2) \leq 4$
(B) $\dim(V) = 4$
(C) $\dim(U_1 \cap U_2) \leq 2$
(D) $\dim(U_1 + U_2) \geq 2$

▶ Kapitel 6

82 ∘∘∘ Es sei $\boldsymbol{A} \in \mathbb{R}^{m \times n}$. Ist $\boldsymbol{b} \notin \mathrm{Im}(\boldsymbol{A})$, so hat $\boldsymbol{Ax} = \boldsymbol{b}$ keine Lösung.

(A) Wahr (B) Falsch

83 ∘∘∘ $\boldsymbol{A} \in \mathbb{R}^{n \times n}$ ist regulär $\Leftrightarrow$ Die Zeilen von $\boldsymbol{A}$ sind linear unabhängig.

(A) Wahr (B) Falsch

84 ●○○ Die Vektoren $\boldsymbol{v}_1, \cdots, \boldsymbol{v}_n$ sind linear unabhängig genau dann, wenn sich ein Vektor als Linearkombination der anderen darstellen lässt.

(A) Wahr (B) Falsch

85 ○○○ Gegeben sind die Vektoren $\boldsymbol{v}_1 = \begin{bmatrix} 1 \\ 2 \\ 3 \end{bmatrix}$, $\boldsymbol{v}_2 = \begin{bmatrix} 1 \\ 0 \\ 1 \end{bmatrix}$ und $\boldsymbol{v}_3 = \begin{bmatrix} 2 \\ 2 \\ 4 \end{bmatrix}$. Welche Aussagen sind richtig?

(A) $\boldsymbol{v}_1, \boldsymbol{v}_2$ sind linear unabhängig
(B) $\boldsymbol{v}_1, \boldsymbol{v}_2, \boldsymbol{v}_3$ sind linear abhängig
(C) $\boldsymbol{v}_1, \boldsymbol{v}_3$ sind linear unabhängig
(D) $\boldsymbol{v}_2, \boldsymbol{v}_3$ sind linear abhängig

86 ○○○ Gegeben sind die Vektoren $\boldsymbol{v}_1 = \begin{bmatrix} 1 \\ -3 \\ 7 \end{bmatrix}$, $\boldsymbol{v}_2 = \begin{bmatrix} 2 \\ -1 \\ -1 \end{bmatrix}$ und $\boldsymbol{v}_3 = \begin{bmatrix} 0 \\ 0 \\ 0 \end{bmatrix}$. Welche Aussagen sind richtig?

(A) $\boldsymbol{v}_1$ ist eine Linearkombination von $\boldsymbol{v}_2, \boldsymbol{v}_3$
(B) $\boldsymbol{v}_2$ ist eine Linearkombination von $\boldsymbol{v}_1, \boldsymbol{v}_3$
(C) $\boldsymbol{v}_3$ ist eine Linearkombination von $\boldsymbol{v}_1, \boldsymbol{v}_2$
(D) Die Vektoren $\boldsymbol{v}_1, \boldsymbol{v}_2, \boldsymbol{v}_3$ sind linear abhängig

87 ○○○ Gegeben sind die Vektoren $\boldsymbol{v}_1 = \begin{bmatrix} 1 \\ 2 \\ -2 \end{bmatrix}$, $\boldsymbol{v}_2 = \begin{bmatrix} 1 \\ 1 \\ -3 \end{bmatrix}$ und $\boldsymbol{v}_3 = \begin{bmatrix} 3 \\ 7 \\ k-6 \end{bmatrix}$. Für welche $k \in \mathbb{R}$ sind $\boldsymbol{v}_1, \boldsymbol{v}_2, \boldsymbol{v}_3$ linear unabhängig?

(A) $k = 1$ (B) $k \neq 1$ (C) $k \in \mathbb{R}$

88 ●○○ Gegeben sind die Vektoren $\boldsymbol{v}_1 = \begin{bmatrix} 0 \\ 1 \\ -1 \\ 0 \\ 1 \end{bmatrix}$, $\boldsymbol{v}_2 = \begin{bmatrix} 1 \\ 0 \\ 1 \\ 0 \\ k \end{bmatrix}$, $\boldsymbol{v}_3 = \begin{bmatrix} -1 \\ 2 \\ -3 \\ 0 \\ 0 \end{bmatrix}$ und $\boldsymbol{v}_4 = \begin{bmatrix} 0 \\ 0 \\ 0 \\ 0 \\ 0 \end{bmatrix}$. Welche Aussagen sind richtig?

(A) $\boldsymbol{v}_1, \boldsymbol{v}_2, \boldsymbol{v}_3$ sind für $k \neq 2$ linear abhängig
(B) $\boldsymbol{v}_1, \boldsymbol{v}_2, \boldsymbol{v}_3$ sind für $k \neq 2$ linear unabhängig
(C) $\boldsymbol{v}_1, \boldsymbol{v}_2, \boldsymbol{v}_3, \boldsymbol{v}_4$ sind für alle $k \in \mathbb{R}$ linear abhängig
(D) $\boldsymbol{v}_1, \boldsymbol{v}_2, \boldsymbol{v}_3, \boldsymbol{v}_4$ sind für alle $k \in \mathbb{R}$ linear unabhängig

89 ○○○ 5 Vektoren in $\mathbb{R}^3$ sind linear abhängig.

(A) Wahr (B) Falsch

90 ○○○ 4 Vektoren in $\mathbb{R}^4$ bilden eine Basis.

(A) Wahr (B) Falsch

91 ○○○ Gegeben sind die Vektoren $\boldsymbol{v_1} = \begin{bmatrix} 1 \\ 1 \\ 2 \end{bmatrix}$, $\boldsymbol{v_2} = \begin{bmatrix} 2 \\ 4 \\ 6 \end{bmatrix}$, $\boldsymbol{v_3} = \begin{bmatrix} -1 \\ 2 \\ 5 \end{bmatrix}$ und $\boldsymbol{v_4} = \begin{bmatrix} 1 \\ 1 \\ 10 \end{bmatrix}$. Dann ist $\boldsymbol{v_4} \in \langle \boldsymbol{v_1}, \boldsymbol{v_2}, \boldsymbol{v_3} \rangle$.

(A) Wahr (B) Falsch

92 ●○○ $\boldsymbol{D} = \begin{bmatrix} 0 & 1 \\ -1 & 2 \end{bmatrix}$ ist eine Linearkombination von $\boldsymbol{A} = \begin{bmatrix} 2 & 1 \\ 1 & 1 \end{bmatrix}$, $\boldsymbol{B} = \begin{bmatrix} 1 & 2 \\ -1 & 3 \end{bmatrix}$, $\boldsymbol{C} = \begin{bmatrix} -1 & 1 \\ 2 & 3 \end{bmatrix}$.

(A) Wahr (B) Falsch

93 ●○○ Gegeben sind die Matrizen $\boldsymbol{A} = \begin{bmatrix} 0 & 0 \\ k & 0 \end{bmatrix}$, $\boldsymbol{B} = \begin{bmatrix} 1 & k \\ -2 & 0 \end{bmatrix}$ und $\boldsymbol{C} = \begin{bmatrix} k & 1 \\ -1 & 1 \end{bmatrix}$. Für welche $k \in \mathbb{R}$ sind $\boldsymbol{A}, \boldsymbol{B}, \boldsymbol{C}$ linear unabhängig?

(A) $k \neq 0$ (B) $k = 0$ (C) $k \in \mathbb{R}$

94 ●○○ Die Koordinaten des Polynoms $p(x) = x^2 - x + 2$ bezüglich der Basis $\mathcal{B} = \{1 + x, 1 + 2x + x^2, x - x^2\}$ sind

(A) $[p(x)]_{\mathcal{B}} = \begin{bmatrix} 3 \\ -1 \\ -2 \end{bmatrix}$ (B) $[p(x)]_{\mathcal{B}} = \begin{bmatrix} 3 \\ 1 \\ 2 \end{bmatrix}$ (C) $[p(x)]_{\mathcal{B}} = \begin{bmatrix} -2 \\ -1 \\ 3 \end{bmatrix}$

95 ●○○ Es sei $V = P_2(\mathbb{R})$ der Vektorraum der reellen Polynome vom Grad ≤ 2.

a) Die Polynome $x + 1, x - 1, x^2 + x, x^2 - x$ sind linear unabhängig.

(A) Wahr (B) Falsch

b) $\{x + 1, x - 1, x^2 + x, x^2 - x\}$ ist ein Erzeugendensystem.

(A) Wahr (B) Falsch

c) $\{x + 1, x - 1, x^2 + x, x^2 - x\}$ ist eine Basis.

(A) Wahr (B) Falsch

96 ●○○ Es sei $V = P_2(\mathbb{R})$ der Vektorraum der reellen Polynome vom Grad ≤ 2. Man finde eine Basis $\mathcal{B}$ und die Dimension des folgenden Unterraums $U = \{p(x) \in P_2(\mathbb{R}) \mid p(1) = 0\}$.

(A) $\mathcal{B} = \{x - 1, x^2 - 1\}$, $\dim(U) = 2$
(B) $\mathcal{B} = \{1 - x^2, x - x^2\}$, $\dim(U) = 2$
(C) $\mathcal{B} = \{x^2 - 1\}$, $\dim(U) = 1$
(D) $\mathcal{B} = \{1 - x, x^2 - x\}$, $\dim(U) = 2$

97 ○○○ Es sei V ein Vektorraum mit $\dim(V) = 8$. Ein Erzeugendensystem von V kann höchstens 8 Elemente besitzen.

(A) Wahr
(B) Falsch

98 ●○○ Es sei $V = P_3(\mathbb{R})$ der Vektorraum der reellen Polynome vom Grad ≤ 3. Was ist die Dimension des Unterraums $U = \{p(x) \in P_3(\mathbb{R}) \mid p(1) = 0, p'(1) = 1, \int_0^1 p(x)dx = 2\}$?

(A) 1
(B) 2
(C) 3
(D) 4

99 ●○○

a) Man berechne die Transformationsmatrizen $\boldsymbol{T}_{\mathcal{E}\to\mathcal{B}}$ und $\boldsymbol{T}_{\mathcal{B}\to\mathcal{E}}$ zwischen der Standardbasis $\mathcal{E}$ von $\mathbb{R}^3$ und der Basis $\mathcal{B} = \left\{\begin{bmatrix}2\\1\\0\end{bmatrix}, \begin{bmatrix}0\\1\\0\end{bmatrix}, \begin{bmatrix}1\\0\\1\end{bmatrix}\right\}$.

(A) $\boldsymbol{T}_{\mathcal{E}\to\mathcal{B}} = \begin{bmatrix}2&0&1\\1&1&0\\0&0&1\end{bmatrix}$
(B) $\boldsymbol{T}_{\mathcal{B}\to\mathcal{E}} = \begin{bmatrix}2&0&1\\1&1&0\\0&0&1\end{bmatrix}$
(C) $\boldsymbol{T}_{\mathcal{E}\to\mathcal{B}} = \begin{bmatrix}\frac{1}{2}&0&-\frac{1}{2}\\-\frac{1}{2}&1&\frac{1}{2}\\0&0&1\end{bmatrix}$
(D) $\boldsymbol{T}_{\mathcal{B}\to\mathcal{E}} = \begin{bmatrix}\frac{1}{2}&0&-\frac{1}{2}\\-\frac{1}{2}&1&\frac{1}{2}\\0&0&1\end{bmatrix}$

b) Der Vektor $\boldsymbol{w}$ hat die Koordinaten $[\boldsymbol{w}]_{\mathcal{E}} = \begin{bmatrix}1\\1\\1\end{bmatrix}$ bezüglich der Standardbasis. Wie lauten die Koordinaten von $\boldsymbol{w}$ bezüglich $\mathcal{B}$?

(A) $\begin{bmatrix}2\\2\\1\end{bmatrix}$
(B) $\begin{bmatrix}0\\1\\1\end{bmatrix}$
(C) $\begin{bmatrix}1\\1\\1\end{bmatrix}$

100 ●○○ Gegeben sind die Unterräume $U = \left\langle\begin{bmatrix}1\\0\\1\\0\end{bmatrix}, \begin{bmatrix}0\\1\\1\\2\end{bmatrix}\right\rangle$ und $W = \left\langle\begin{bmatrix}-1\\1\\0\\0\end{bmatrix}, \begin{bmatrix}2\\1\\0\\2\end{bmatrix}\right\rangle$. Was stimmt?

(A) $\dim(U) = 2$
(B) $\dim(W) = 1$
(C) $U + W = \mathbb{R}^4$
(D) $U \cap W = \{\mathbf{0}\}$

101 $\bullet\circ\circ$ Gegeben sind die Unterräume $U = \left\langle \begin{bmatrix} 1 \\ 1 \\ 1 \end{bmatrix} \right\rangle$ und $W = \left\langle \begin{bmatrix} 1 \\ 0 \\ 0 \end{bmatrix}, \begin{bmatrix} 0 \\ 0 \\ 2 \end{bmatrix} \right\rangle$. Dann ist $\mathbb{R}^3 = U \oplus W$.

Ⓐ Wahr

Ⓑ Falsch

102 $\bullet\circ\circ$ Man bestimme eine Basis des folgenden Unterraums $W = \{A \in \mathbb{R}^{3\times 3} \mid a_{ij} = 0 \text{ für } i \geq j\}$.

Ⓐ $\left\{ \begin{bmatrix} 0&1&0 \\ 0&0&0 \\ 0&0&0 \end{bmatrix}, \begin{bmatrix} 0&0&1 \\ 0&0&0 \\ 0&0&0 \end{bmatrix}, \begin{bmatrix} 0&0&0 \\ 0&0&1 \\ 0&0&0 \end{bmatrix} \right\}$

Ⓑ $\left\{ \begin{bmatrix} 0&1&1 \\ 0&0&0 \\ 0&0&0 \end{bmatrix}, \begin{bmatrix} 0&0&1 \\ 0&0&1 \\ 0&0&0 \end{bmatrix}, \begin{bmatrix} 0&1&1 \\ 0&0&1 \\ 0&0&0 \end{bmatrix} \right\}$

▶ Kapitel 7 und 8

103 $\bullet\circ\circ$ Für welche Vektoren $\boldsymbol{u} \in \mathbb{R}^n$ beschreibt die Matrix $\boldsymbol{P} = \boldsymbol{E} - \boldsymbol{u}\boldsymbol{u}^T$ eine Projektion?

Ⓐ Für alle $\boldsymbol{u} \in \mathbb{R}^n$

Ⓑ Für $||\boldsymbol{u}|| = 1$ oder $\boldsymbol{u} = \boldsymbol{0}$

Ⓒ Für $||\boldsymbol{u}|| = 1$

Ⓓ Für $\boldsymbol{u}^T\boldsymbol{u} = 1$ oder $\boldsymbol{u} = \boldsymbol{0}$

104 $\circ\circ\circ$ Es sei $F : V \to W$ linear. Die Dimension des Kernes von F ist 3 und die Dimension des Bildes von F ist 4. Welche Aussagen sind richtig?

Ⓐ $\dim(W) = 7$

Ⓑ Jede Basis von V besteht aus 7 Vektoren

Ⓒ $\dim(V) = 7$

Ⓓ Gilt $\dim(W) = 4$, so ist F surjektiv

Ⓔ F ist injektiv

105 $\circ\circ\circ$ Gegeben ist die lineare Abbildung $F : \mathbb{R}^3 \to \mathbb{R}^4$, $\begin{bmatrix} x_1 \\ x_2 \\ x_3 \end{bmatrix} \to \begin{bmatrix} x_1+x_2+x_3 \\ x_1-x_2-x_3 \\ 2x_1+2x_3 \\ x_2+x_3 \end{bmatrix}$. Man berechne die Darstellungsmatrix von F bezüglich der Standardbasis.

Ⓐ $\boldsymbol{M}_{\mathcal{E}}^{\mathcal{E}}(F) = \begin{bmatrix} 1&1&2&0 \\ 1&-1&0&1 \\ 1&-1&2&1 \end{bmatrix}$

Ⓑ $\boldsymbol{M}_{\mathcal{E}}^{\mathcal{E}}(F) = \begin{bmatrix} 1&1&1 \\ 1&-1&-1 \\ 2&0&2 \\ 0&1&1 \end{bmatrix}$

106 $\bullet\circ\circ$ Gegeben ist die lineare Abbildung $F : \mathbb{R}^{2\times 2} \to \mathbb{R}^{2\times 2}$, $\boldsymbol{X} \to \boldsymbol{A}\boldsymbol{X}$ mit $\boldsymbol{A} = \begin{bmatrix} 0&1 \\ 2&0 \end{bmatrix}$. Man berechne die Darstellungsmatrix von F bezüglich der Standardbasis von $\mathbb{R}^{2\times 2}$.

Ⓐ $\boldsymbol{M}_{\mathcal{E}}^{\mathcal{E}}(F) = \begin{bmatrix} 0&0&0&1 \\ 0&0&2&0 \\ 0&1&0&0 \\ 2&0&0&0 \end{bmatrix}$

Ⓑ $\boldsymbol{M}_{\mathcal{E}}^{\mathcal{E}}(F) = \begin{bmatrix} 0&0&1&0 \\ 0&0&0&1 \\ 2&0&0&0 \\ 0&2&0&0 \end{bmatrix}$

Ⓒ $\boldsymbol{M}_{\mathcal{E}}^{\mathcal{E}}(F) = \begin{bmatrix} 0&1 \\ 2&0 \end{bmatrix}$

Ⓓ $\boldsymbol{M}_{\mathcal{E}}^{\mathcal{E}}(F) = \begin{bmatrix} 1&1 \\ 2&2 \end{bmatrix}$

107 ● ● ○ Es seien V der Vektorraum der reellen Polynome und φ, ψ lineare Abbildungen definiert durch $\varphi : p \to \frac{dp}{dt}$ und $\psi : p \to xp$. Man berechne $[\varphi, \psi]$.

(A) 0_V (B) x (C) id_V (D) 2φ

108 ● ○ ○ Für die Matrix $A = \begin{bmatrix} 2 & 2 & k \\ 1 & 2 & k \\ 0 & 0 & 3k \end{bmatrix}$ $(k \in \mathbb{R})$ gilt

(A) Für $k = 0$ ist $\mathrm{Rang}(A) = 2$
(B) Für $k = 1$ ist $\mathrm{Rang}(A) = 2$
(C) Für $k \neq 0$ ist $\dim(\mathrm{Im}(A)) = 3$
(D) Für $k = 0$ ist $\dim(\mathrm{Ker}(A)) = 2$

109 ● ○ ○ Es sei $F : V \to W$ eine lineare Abbildung mit Darstellungsmatrix $A = \begin{bmatrix} 1 & 0 & 3 & k \\ 2 & 1 & 2 & k+1 \\ k & 0 & k & 0 \end{bmatrix}$ $(k \in \mathbb{R})$. Welche Aussagen sind richtig?

(A) Für $k \neq 0$ ist $\dim(\mathrm{Ker}(F)) = 0$
(B) Für $k \neq 0$ ist $\dim(\mathrm{Ker}(F)) = 1$
(C) Für $k \neq 0$ ist F invertierbar
(D) Für $k \neq 0$ ist F surjektiv
(E) Für $k = 0$ ist $\dim(\mathrm{Im}(F)) = 2$
(F) Für $k = 0$ ist $\dim(\mathrm{Ker}(F)) = 2$

110 ○ ○ ○ Die lineare Abbildung $F : V \to W$ hat die Darstellungsmatrix $A \in \mathbb{R}^{6\times 4}$. Welche Aussagen sind richtig?

(A) $\dim(V) = 4$ (B) $\dim(V) = 6$ (C) $\dim(W) = 4$ (D) $\dim(W) = 6$

111 ○ ○ ○ Eine lineare Abbildung $F : \mathbb{R}^5 \to \mathbb{R}^3$ kann nicht injektiv sein.

(A) Wahr (B) Falsch

112 ○ ○ ○ Eine lineare Abbildung $F : \mathbb{R}^2 \to \mathbb{R}^4$ ist immer surjektiv.

(A) Wahr (B) Falsch

113 ○ ○ ○ Für welche $a, b \in \mathbb{R}$ ist die Abbildung $F : \mathbb{R} \to \mathbb{R},\ x \to ax + b$ linear?

(A) Für $a \in \mathbb{R}$ und $b = 0$ (B) Für $a = 0$ und $b \in \mathbb{R}$ (C) Für alle $a, b \in \mathbb{R}$

114 ∘∘∘ Welche der folgenden Abbildungen sind linear?

- $F_1 : \mathbb{R}^3 \to \mathbb{R}^3$, $[x_1, x_2, x_3] \to [x_1^2, x_2, 2x_3]$;
- $F_2 : \mathbb{R}^n \to \mathbb{R}$, $\boldsymbol{x} \to \sum_{j=1}^n x_j$;
- $F_3 : \mathbb{R}^{m\times n} \to \mathbb{R}$, $\boldsymbol{A} \to \frac{1}{n}\sum_{j=1}^n a_{1j}$;
- $F_4 : \mathbb{R}^2 \to \mathbb{C}^4$, $[x_1, x_2] \to [x_1 + x_2, x_1 - x_2, ix_1, -ix_2]$,
- $F_5 : \mathbb{R}^4 \to \mathbb{R}^2$, $[x_1, x_2, x_3, x_4] \to [e^{x_1+x_2}, x_3 \cos(x_4)]$,
- $F_6 : P_n(\mathbb{R}) \to P_{n+1}(\mathbb{R})$, $p(x) \to \int_0^x p(y)dy$.

(A) F_1 (B) F_2 (C) F_3 (D) F_4 (E) F_5 (F) F_6

115 •∘∘ Welche lineare Abbildung stellt die Matrix $\boldsymbol{A} = \begin{bmatrix} \cos(\varphi) & \sin(\varphi) \\ \sin(\varphi) & -\cos(\varphi) \end{bmatrix}$ dar?

(A) Eine Rotation (B) Eine Spiegelung (C) Eine Projektion

116 •∘∘ $\boldsymbol{A} = \begin{bmatrix} 1 & 0 & 0 \\ \frac{1}{2} & \frac{1}{2} & -\frac{1}{2} \\ \frac{1}{2} & -\frac{1}{2} & \frac{1}{2} \end{bmatrix}$ ist eine Projektion.

(A) Wahr (B) Falsch

117 ∘∘∘ Welche Matrix beschreibt die lineare Abbildung in der Figur (dunkelrot → hellrot)?

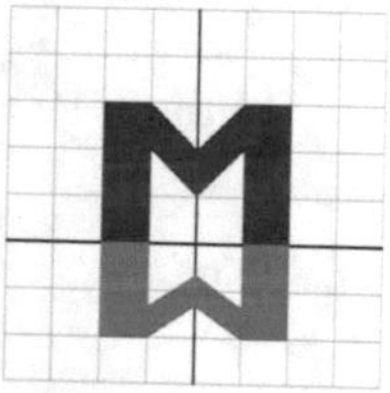

(A) $\begin{bmatrix} 1 & 0 \\ 0 & -\frac{2}{3} \end{bmatrix}$ (B) $\begin{bmatrix} 1 & 0 \\ 0 & \frac{2}{3} \end{bmatrix}$ (C) $\begin{bmatrix} -\frac{2}{3} & 0 \\ 0 & 1 \end{bmatrix}$ (D) $\begin{bmatrix} 0 & 1 \\ \frac{2}{3} & 0 \end{bmatrix}$

118 ∘∘∘ Welche Matrix beschreibt die lineare Abbildung in der Figur (dunkelrot → hellrot)?

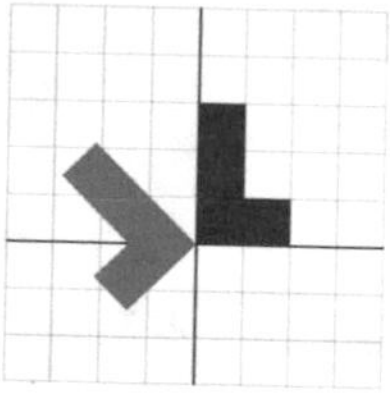

(A) $\begin{bmatrix} \frac{1}{\sqrt{2}} & -\frac{1}{\sqrt{2}} \\ \frac{1}{\sqrt{2}} & \frac{1}{\sqrt{2}} \end{bmatrix}$ (B) $\begin{bmatrix} \frac{1}{\sqrt{2}} & \frac{1}{\sqrt{2}} \\ -\frac{1}{\sqrt{2}} & \frac{1}{\sqrt{2}} \end{bmatrix}$ (C) $\begin{bmatrix} -\frac{1}{\sqrt{2}} & -\frac{1}{\sqrt{2}} \\ -\frac{1}{\sqrt{2}} & \frac{1}{\sqrt{2}} \end{bmatrix}$ (D) $\begin{bmatrix} -\frac{1}{\sqrt{2}} & \frac{1}{\sqrt{2}} \\ \frac{1}{\sqrt{2}} & \frac{1}{\sqrt{2}} \end{bmatrix}$

119 ∘∘∘ Gibt es eine lineare Abbildung $F : \mathbb{R}^2 \to \mathbb{R}^2$ mit $F\left(\begin{smallmatrix}1\\2\end{smallmatrix}\right) = \left[\begin{smallmatrix}3\\0\end{smallmatrix}\right]$, $F\left(\left[\begin{smallmatrix}1\\5\end{smallmatrix}\right]\right) = \left[\begin{smallmatrix}1\\4\end{smallmatrix}\right]$ und $F\left(\left[\begin{smallmatrix}2\\7\end{smallmatrix}\right]\right) = \left[\begin{smallmatrix}4\\5\end{smallmatrix}\right]$?

(A) Ja (B) Nein

120 ∘∘∘ Die lineare Abbildung $F : \mathbb{R}^3 \to \mathbb{R}^3$ ist definiert durch $F(e_1) = e_1 - 2e_2 + e_3$, $F(e_2) = 2e_2 - e_3$, $F(e_3) = e_1 + e_3$. Man bestimme die Darstellungsmatrix von F^{-1} bezüglich der Standardbasis.

(A) $M_{\mathcal{E}}^{\mathcal{E}}(F^{-1}) = \begin{bmatrix} 1 & 0 & 1 \\ -2 & 2 & 0 \\ 1 & -1 & 1 \end{bmatrix}$

(B) $M_{\mathcal{E}}^{\mathcal{E}}(F^{-1}) = \begin{bmatrix} 1 & -\frac{1}{2} & -1 \\ 1 & 0 & -1 \\ 0 & \frac{1}{2} & 1 \end{bmatrix}$

121 •∘∘ Gegeben sind die Homomorphismen $F : \mathbb{R}^3 \to \mathbb{R}^2$, $[x_1, x_2, x_3]^T \to [x_1 + x_2 + x_3, x_1 + x_3]^T$ und $G : \mathbb{R}^2 \to \mathbb{R}^3$, $[x_1, x_2]^T \to [2x_1 + x_2, x_1 + x_2, x_2]^T$. Was stimmt?

(A) $M_{\mathcal{E}}^{\mathcal{E}}(F \circ G) = \left[\begin{smallmatrix} 3 & 3 \\ 2 & 2 \end{smallmatrix}\right]$

(B) $M_{\mathcal{E}}^{\mathcal{E}}(G \circ F) = \left[\begin{smallmatrix} 3 & 3 \\ 2 & 2 \end{smallmatrix}\right]$

(C) $F \circ G$ ist ein Isomorphismus

122 •∘∘ Es sei $F : \mathbb{R}^2 \to \mathbb{R}^3$ die lineare Abbildung definiert durch $F\left(\left[\begin{smallmatrix} 1 \\ 0 \end{smallmatrix}\right]\right) = \left[\begin{smallmatrix} 1 \\ 2 \\ 1 \end{smallmatrix}\right]$, $F\left(\left[\begin{smallmatrix} 0 \\ 1 \end{smallmatrix}\right]\right) = \left[\begin{smallmatrix} 1 \\ 0 \\ -1 \end{smallmatrix}\right]$. Ist $w = \left[\begin{smallmatrix} 3 \\ 4 \\ 1 \end{smallmatrix}\right] \in \mathrm{Im}(F)$?

(A) Ja

(B) Nein

123 •∘∘ Man betrachte die lineare Abbildung $F : \mathbb{R}^4 \to \mathbb{R}^5$, $[x_1, x_2, x_3, x_4]^T \to [x_1 - x_2, x_1 + x_2, x_2, x_2 + 3x_3, -x_1 - x_2]^T$.

a) Welche Aussagen sind richtig?

(A) $\dim(\mathrm{Ker}(F)) = 0$

(B) $\dim(\mathrm{Ker}(F)) = 1$

(C) $\dim(\mathrm{Im}(F)) = 3$

(D) $\dim(\mathrm{Im}(F)) = 5$

(E) F ist injektiv

(F) F ist surjektiv

b) Eine Basis des Kerns von F ist gegeben durch ...

(A) $\begin{bmatrix} 1 \\ -1 \\ 0 \\ 0 \end{bmatrix}$

(B) $\begin{bmatrix} 0 \\ 0 \\ 0 \\ 1 \end{bmatrix}$

(C) $\begin{bmatrix} 0 \\ 0 \\ 0 \\ 0 \end{bmatrix}$

c) Eine Basis des Bildes von F ist gegeben durch ...

(A) $\begin{bmatrix} 1 \\ 1 \\ 0 \\ 0 \\ -1 \end{bmatrix}, \begin{bmatrix} -1 \\ 1 \\ 1 \\ 1 \\ -1 \end{bmatrix}, \begin{bmatrix} 0 \\ 0 \\ 0 \\ 3 \\ 0 \end{bmatrix}$

(B) $\begin{bmatrix} 1 \\ 0 \\ 0 \\ 0 \\ 0 \end{bmatrix}, \begin{bmatrix} -1 \\ 2 \\ 1 \\ 0 \\ 0 \end{bmatrix}, \begin{bmatrix} 0 \\ 0 \\ 0 \\ 3 \\ 0 \end{bmatrix}$

(C) $\mathbb{R}^5$

124 •∘∘ Man betrachte die lineare Abbildung $F : \mathbb{R}^3 \to \mathbb{R}^4$, $[x_1, x_2, x_3]^T \to [2kx_1 - x_2, x_2 + kx_3, x_1 + x_2 - x_3, x_1 - x_2]^T$ $(k \in \mathbb{R})$. Welche Aussagen sind richtig?

(A) F ist injektiv $\forall k \in \mathbb{R}$

(B) F ist surjektiv $\forall k \in \mathbb{R}$

125 •∘∘ Eine Basis des Bildes von $A = \begin{bmatrix} 0 & 1 & 3 & 0 \\ 0 & 0 & -2 & 1 \\ 0 & 0 & 0 & 0 \\ 1 & -1 & 0 & 1 \end{bmatrix}$ ist gegeben durch ...

(A) $\begin{bmatrix} 0 \\ 0 \\ 0 \\ 1 \end{bmatrix}, \begin{bmatrix} 1 \\ 0 \\ 0 \\ -1 \end{bmatrix}, \begin{bmatrix} 3 \\ -2 \\ 0 \\ 0 \end{bmatrix}$

(B) $\begin{bmatrix} 0 \\ 0 \\ 0 \\ 1 \end{bmatrix}, \begin{bmatrix} 1 \\ 0 \\ 0 \\ -1 \end{bmatrix}, \begin{bmatrix} 0 \\ 1 \\ 0 \\ 1 \end{bmatrix}$

(C) $\begin{bmatrix} 0 \\ 0 \\ 0 \\ 1 \end{bmatrix}, \begin{bmatrix} 1 \\ 0 \\ 0 \\ -1 \end{bmatrix}$

126 •∘∘ Gegeben ist $F : \mathbb{R}^3 \to \mathbb{R}^3$, $[x_1, x_2, x_3]^T \to [2x_1, x_2, 0]^T$ und die Basis $\mathcal{B} = \left\{ \begin{bmatrix} 1 \\ 0 \\ 1 \end{bmatrix}, \begin{bmatrix} 0 \\ 1 \\ -1 \end{bmatrix}, \begin{bmatrix} 1 \\ 1 \\ -1 \end{bmatrix} \right\}$. Welche Aussagen sind richtig?

(A) $M_{\mathcal{E}}^{\mathcal{E}}(F) = \begin{bmatrix} 2 & 0 & 0 \\ 0 & 1 & 0 \\ 0 & 0 & 0 \end{bmatrix}$

(B) $M_{\mathcal{E}}^{\mathcal{B}}(F) = \begin{bmatrix} 2 & 0 & 2 \\ 0 & 1 & 1 \\ 0 & 0 & 0 \end{bmatrix}$

127 ••∘ Man betrachte $\mathbb{C}$ als zweidimensionalen reellen Vektorraum mit Basis $\mathcal{B} = \{1, i\}$. Welche lineare Abbildung $F : \mathbb{C} \to \mathbb{C}$ wird von der Darstellungsmatrix $M_{\mathcal{B}}^{\mathcal{B}}(F) = \begin{bmatrix} 1 & 0 \\ 0 & 0 \end{bmatrix}$ beschrieben?

(A) $z \to \bar{z}$

(B) $z \to iz$

(C) $z \to \mathrm{Re}(z)$

(D) $z \to z + iz$

128 •∘∘ Gegeben sind die lineare Abbildung $F : \mathbb{C}^3 \to \mathbb{C}^3$, $\boldsymbol{z} \to \boldsymbol{A}\boldsymbol{z}$ mit $\boldsymbol{A} = \begin{bmatrix} 1 & i & 0 \\ i & 1 & 0 \\ 1 & 0 & 1 \end{bmatrix}$ und die Basis $\mathcal{B} = \left\{ \begin{bmatrix} 0 \\ i \\ 1 \end{bmatrix}, \begin{bmatrix} 1 \\ 0 \\ 0 \end{bmatrix}, \begin{bmatrix} 0 \\ -2 \\ i \end{bmatrix} \right\}$. Was stimmt?

(A) $M_{\mathcal{B}}^{\mathcal{B}}(F) = \begin{bmatrix} 1 & i & 0 \\ i & 1 & 0 \\ 1 & 0 & 1 \end{bmatrix}$

(B) $M_{\mathcal{B}}^{\mathcal{B}}(F) = \begin{bmatrix} 1 & 1 & 0 \\ -1 & 1 & -2i \\ 0 & 0 & 1 \end{bmatrix}$

129 •∘∘ Die lineare Abbildung $F : \mathbb{R}^3 \to \mathbb{R}^2$, $[x_1, x_2, x_3]^T \to [x_1, 2x_2]^T$ ist ein ...

(A) Isomorphismus

(B) Homomorphismus

(C) Endomorphismus

130 ••∘ Es seien $F, G \in \mathrm{End}(V)$ und F invertierbar. Welche Aussagen sind richtig?

(A) $F \circ G$ ist injektiv $\Rightarrow$ G ist injektiv

(B) $F \circ G$ ist surjektiv $\Rightarrow$ G ist surjektiv

(C) $F \circ G$ ist ein Isomorphismus $\Rightarrow$ G ist ein Isomorphismus

131 ● ● ○ Für welche $k \in \mathbb{R}$ ist $\boldsymbol{A} = \begin{bmatrix} 0 & 1 & k & 2 \\ 1 & 1 & 0 & 1 \\ 0 & 1 & 1 & 2 \\ -2 & 0 & 1 & -1 \end{bmatrix}$ äquivalent zu $\boldsymbol{B} = \begin{bmatrix} 1 & 0 & 0 & 0 \\ 0 & 1 & 0 & 0 \\ 0 & 0 & 1 & 0 \\ 0 & 0 & 0 & 0 \end{bmatrix}$?

(A) $k = 0$ (B) $k = 1$ (C) $k = -1$ (D) $k \in \mathbb{R}$

132 ● ● ○ Die Matrizen $\boldsymbol{A} = \begin{bmatrix} 2 & -1 & 1 \\ -2 & 3 & 1 \\ 1 & 5 & 1 \end{bmatrix}$ und $\boldsymbol{B} = \begin{bmatrix} 1 & 1 & 1 \\ 1 & 2 & 1 \\ 1 & 1 & 2 \end{bmatrix}$ sind ähnlich.

(A) Wahr (B) Falsch

133 ● ● ○ $\boldsymbol{A} \in \mathbb{K}^{n \times n}$ und die Einheitsmatrix $\boldsymbol{E} \in \mathbb{K}^{n \times n}$ sind ähnlich. Dann ist $\boldsymbol{A} = \boldsymbol{E}$.

(A) Wahr (B) Falsch

134 ● ● ○ Die reellen Vektorräume $P_7(\mathbb{R})$ und $\mathbb{C}^{2 \times 2}$ sind isomorph.

(A) Wahr (B) Falsch

▶ Kapitel 9

135 ○ ○ ○ Welche der folgenden Vektoren sind Eigenvektoren von $\boldsymbol{A} = \begin{bmatrix} 1 & 0 \\ -1 & 3 \end{bmatrix}$?

(A) $\begin{bmatrix} 1 \\ 1 \end{bmatrix}$ (B) $\begin{bmatrix} 2 \\ 1 \end{bmatrix}$ (C) $\begin{bmatrix} 0 \\ 1 \end{bmatrix}$ (D) $\begin{bmatrix} 1 \\ 0 \end{bmatrix}$

136 ○ ○ ○ Die Matrix $\boldsymbol{A} = \begin{bmatrix} -3 & 2 \\ -2 & 2 \end{bmatrix}$ hat den Eigenwert 1. Wie lautet der andere Eigenwert?

(A) 0 (B) 3 (C) 2 (D) -2

137 ○ ○ ○ Die Eigenwerte einer reellen Matrix sind immer reell.

(A) Wahr (B) Falsch

138 ● ○ ○ Das Spektrum der Matrix $\boldsymbol{A} = \begin{bmatrix} 0 & 2 & 1 \\ 1 & 0 & 2 \\ 1 & 1 & 1 \end{bmatrix}$ ist ...

(A) $\sigma(\boldsymbol{A}) = \{-1, -1, 3\}$ (B) $\sigma(\boldsymbol{A}) = \{1, -1, 3\}$ (C) $\sigma(\boldsymbol{A}) = \{1, 2, 3\}$

139 ∘∘∘ Sei $A = \begin{bmatrix} -2 & 1 & 1 \\ 0 & 4 & 0 \\ 0 & 0 & -2 \end{bmatrix}$. Was stimmt?

(A) Der Eigenwert -2 hat algebraische Vielfachheit 2
(B) Der Eigenwert -2 hat geometrische Vielfachheit 2
(C) Der Eigenwert 4 hat algebraische Vielfachheit 1
(D) Der Eigenwert -2 hat geometrische Vielfachheit 1

140 ∘∘∘ Die Eigenwerte von $A = \begin{bmatrix} 1 & 2 & 4 & 1 & 2 \\ 0 & 5 & 2 & 1 & -2 \\ 0 & 0 & 4 & 0 & 1 \\ 0 & 0 & 0 & 2 & 4 \\ 0 & 0 & 0 & 0 & 3 \end{bmatrix}$ sind ...

(A) 1, 1, 3, 3, 5
(B) 1, 2, 3, 4, 5
(C) 1, 1, 4, 4, 10

141 •∘∘ Der Spektralradius von $A = \begin{bmatrix} 1 & 1 & 0 & 0 & 0 \\ 1 & 1 & 0 & 0 & 0 \\ 0 & 0 & -5 & 0 & 0 \\ 0 & 0 & 0 & 1 & 2 \\ 0 & 0 & 0 & 2 & 1 \end{bmatrix}$ ist ...

(A) $\rho(A) = 0$
(B) $\rho(A) = 2$
(C) $\rho(A) = 3$
(D) $\rho(A) = 5$

142 •∘∘ Für welche $a, b \in \mathbb{R}$ ist 0 ein Eigenwert der folgenden Matrizen?

$$A = \begin{bmatrix} 1 & a & -1 \\ 0 & 1 & 2 \\ a & 3 & 3 \end{bmatrix}, \quad B = \begin{bmatrix} b & 2 & 1 & 3 \\ 1 & 0 & 1 & 1 \\ 0 & 0 & 1 & 1 \\ 1 & 3 & 1 & 4 \end{bmatrix}.$$

(A) Für alle $a, b \in \mathbb{R}$
(B) Für $a = \{1, -\frac{3}{2}\}$ und $b \in \mathbb{R}$
(C) Für $a \in \mathbb{R}$ und $b = 1$

143 ••∘ Die lineare Abbildung F habe das charakteristische Polynom $(\lambda - 2)(\lambda - 3)$. Welche Aussagen sind richtig?

(A) Über $\mathbb{R}$ hat F die Eigenwerte 2 und 3.
(B) Über $\mathbb{Z}_2$ hat F die Eigenwerte 0 und 1.
(C) Über $\mathbb{Z}_3$ hat F die Eigenwerte 1 und 2.

144 ∘∘∘ Die Eigenwerte der Matrix $A = \begin{bmatrix} -1 & 0 & 0 \\ 0 & 3 & 0 \\ 0 & 0 & -1 \end{bmatrix}$ sind

(A) 1, 2, 3
(B) $-1, -1, 3$
(C) 1, 1, 2
(D) $0, -1, 3$

145 ○○○ Gegeben ist die Matrix $A = \begin{bmatrix} 2 & i & 0 \\ -i & 2 & 0 \\ 0 & 0 & 2 \end{bmatrix}$.

a) Die Eigenwerte von A sind:

(A) $1, 2, 3$ (B) $-1, -2, -3$ (C) $1, 1, 2$ (D) $0, 1, 3$

b) Welche der folgenden Vektoren sind Eigenvektoren von A?

(A) $\begin{bmatrix} 1 \\ 1 \\ 1 \end{bmatrix}$ (B) $\begin{bmatrix} 1 \\ 0 \\ -1 \end{bmatrix}$ (C) $\begin{bmatrix} i \\ 1 \\ 0 \end{bmatrix}$ (D) $\begin{bmatrix} -i \\ 1 \\ 0 \end{bmatrix}$

146 ○○○ Eine Matrix $A \in \mathbb{R}^{n \times n}$ hat den Eigenwert 0 genau dann, wenn $\det(A) = 0$ gilt.

(A) Wahr (B) Falsch

147 ○○○ Man betrachte die Matrix $A = \begin{bmatrix} 5 & -8 \\ -1 & 3 \end{bmatrix}$. Welche Aussagen sind richtig?

(A) Die Eigenwerte von A sind $\lambda_1 = 1$ und $\lambda_2 = 7$.
(B) Die Eigenwerte von A sind $\lambda_1 = 1$ und $\lambda_2 = -7$.
(C) $\begin{bmatrix} 2 \\ 1 \end{bmatrix}$ ist ein Eigenvektor zum Eigenwert $\lambda = 1$.
(D) $\begin{bmatrix} 4 \\ -1 \end{bmatrix}$ ist ein Eigenvektor zum Eigenwert $\lambda = 1$.

148 ●○○ Das Spektrum $\sigma(A)$ einer unitären Matrix $A \in \mathbb{C}^{n \times n}$ erfüllt ...

(A) $\sigma(A) \subset \{-1, 1\}$ (B) $\sigma(A) \subset \{\lambda \in \mathbb{C} \mid |\lambda| = 1\}$

149 ●●○ Es sei $A \in \mathbb{R}^{2 \times 2}$ eine Spiegelung. Welche Aussagen sind richtig?

(A) $\det(A) = -1$
(B) A hat die Eigenwerte 1 und -1
(C) $p_A(x) = x^2 - 1$

150 ●●○ Es sei V der Vektorraum mit Basis $\mathcal{B} = \{\sin(x), \cos(x)\}$. Welche Aussagen über die lineare Abbildung $F : V \to V, f \to \frac{df}{dx}$ sind richtig?

(A) $M^{\mathcal{B}}_{\mathcal{B}}(F) = \begin{bmatrix} 0 & 1 \\ 1 & 0 \end{bmatrix}$
(B) e^{-ix} ist kein Eigenvektor von F
(C) e^{ix} ist ein Eigenvektor von F zum Eigenwert i
(D) F ist ein Isomorphismus

10.2 Musterprüfung 1

Schwierigkeitsgrad: ● ○ ○ ○ Zeit: 120 Minuten

Aufgabe	Punktezahl	Erreicht
1	24	
2	15	
3	10	
4	10	
5	10	
6	10	
7	16	
8	25	
Total	**120**	

Aufgabe 1 (24 Punkte)

a) Gegeben sind die Matrizen $\boldsymbol{A} = \begin{bmatrix} 1 & 1 & 1 \\ 1 & 2 & 1 \end{bmatrix}$ und $\boldsymbol{B} = \begin{bmatrix} 0 & 1 & 0 & 1 \\ 1 & 1 & 0 & 1 \\ 1 & 1 & 1 & 0 \end{bmatrix}$. Bestimmen Sie $\boldsymbol{C} = \boldsymbol{AB}$. Was ist der Wert des Eintrags c_{23} in der Matrix $\boldsymbol{C}$?

(A) 0 (B) 1 (C) 2 (D) 3 (E) -1

b) Die $(n \times n)$-Matrizen $\boldsymbol{A}$, $\boldsymbol{B}$ erfüllen die Bedingung $\boldsymbol{AB} = 2\boldsymbol{E}$. Man berechne $\boldsymbol{B}^{-1}$.

(A) $\boldsymbol{B}^{-1} = \boldsymbol{A}$ (B) $\boldsymbol{B}^{-1} = 2\boldsymbol{A}$ (C) $\boldsymbol{B}^{-1} = \frac{1}{2}\boldsymbol{A}$ (D) $\boldsymbol{B}^{-1} = 2\boldsymbol{E}$

c) Die Vektoren $\begin{bmatrix} 1 \\ 0 \\ 1 \end{bmatrix}, \begin{bmatrix} 0 \\ 1 \\ -1 \end{bmatrix}, \begin{bmatrix} 1 \\ 1 \\ 0 \end{bmatrix}$ bilden eine Basis von $\mathbb{R}^3$.

(A) Wahr (B) Falsch

d) Die Dimension des Unterraumes $U = \left\langle \begin{bmatrix} 1 \\ 0 \\ 1 \end{bmatrix}, \begin{bmatrix} 0 \\ 1 \\ -1 \end{bmatrix}, \begin{bmatrix} 1 \\ 1 \\ 0 \end{bmatrix} \right\rangle$ ist

(A) 1 (B) 2 (C) 3 (D) Keiner davon

e) Die $(n \times n)$-Matrix A erfüllt $\det(A) = 5$. Welche Aussagen sind korrekt?

Ⓐ A ist singulär
Ⓑ Die Inverse A^{-1} existiert
Ⓒ $\text{Rang}(A) < n$
Ⓓ $\text{Ker}(A) = \{\mathbf{0}\}$

f) $F : \mathbb{R}^m \to \mathbb{R}^n$ ist genau dann linear, wenn eine $(n \times m)$-Matrix A existiert mit $F(\mathbf{x}) = A\mathbf{x}$.

Ⓐ Wahr
Ⓑ Falsch

g) Es sei $F : \mathbb{R}^5 \to \mathbb{R}^4$ linear mit der Darstellungsmatrix A. Welche Aussagen sind korrekt?

Ⓐ $A \in \mathbb{R}^{5\times 4}$
Ⓑ $A \in \mathbb{R}^{4\times 5}$
Ⓒ $\text{Rang}(A) \le 4$

h) Es sei $A \in \mathbb{R}^{4\times 4}$ mit charakteristischem Polynom $p_A(\lambda) = (\lambda - 3)(\lambda + 2)^3$. Welche Aussagen sind korrekt?

Ⓐ $\lambda = 3$ ist ein Eigenwert von A
Ⓑ Der Eigenwert -2 hat algebraische Vielfachheit 3
Ⓒ $\lambda = 2$ ist ein Eigenwert von A^T
Ⓓ Alle Eigenwerte von A sind reell

Aufgabe 2 (15 Punkte)

a) Man betrachte die folgenden Matrizen

$$A = \begin{bmatrix} 0 & 1 & 2 \\ -1 & \alpha & 2 \end{bmatrix}, \quad B = \begin{bmatrix} \alpha & 0 \\ 1 & \alpha \\ 2 & 1 \end{bmatrix}.$$

Für welche $\alpha \in \mathbb{R}$ ist $\text{Spur}(AA^T) = \text{Spur}(BB^T)$? (5 Punkte)

b) Es seien $A, B \in \mathbb{R}^{n\times n}$ invertierbar. Die Matrix A sei symmetrisch. Man berechne $BB^T \left(AB^{-1}\right)^T (BA)^{-1} BA^T$. (5 Punkte)

c) Es seien $A, B \in \mathbb{R}^{n\times n}$ invertierbar. Man zeige, dass $C = A^{-1}BB^T(A^{-1})^T$ symmetrisch ist. (5 Punkte)

Aufgabe 3 (10 Punkte)

a) Für welche $k \in \mathbb{R}$ sind die Vektoren $\mathbf{v_1} = \begin{bmatrix} 1 \\ 1 \\ 0 \end{bmatrix}$, $\mathbf{v_2} = \begin{bmatrix} 1 \\ k \\ 5 \end{bmatrix}$, $\mathbf{v_3} = \begin{bmatrix} k \\ -\frac{4}{5} \\ k \end{bmatrix}$ linear unabhängig? (5 Punkte)

b) Man berechne die Eigenwerte von $A = \begin{bmatrix} 0 & 1 & 0 \\ -6 & -5 & 0 \\ 8 & 15 & 2 \end{bmatrix}$. (5 Punkte)

Aufgabe 4 (10 Punkte)

Gegeben sei das lineare Gleichungssystem $\boldsymbol{Ax} = \boldsymbol{b}$ mit

$$\boldsymbol{A} = \begin{bmatrix} 1 & 1 & 1 \\ 0 & 1 & a \\ 2 & a & 5 \end{bmatrix}, \quad \boldsymbol{b} = \begin{bmatrix} 3 \\ 2 \\ 0 \end{bmatrix}, \quad a \in \mathbb{R}.$$

a) Für welche $a \in \mathbb{R}$ hat das lineare Gleichungssystem genau eine Lösung? (3 Punkte)
b) Für welche $a \in \mathbb{R}$ hat das lineare Gleichungssystem keine Lösung? (3 Punkte)
c) Für welche $a \in \mathbb{R}$ hat das lineare Gleichungssystem unendlich viele Lösungen? Was ist die Dimension der Lösungsmenge in diesem Fall? Man gebe eine geometrische Interpretation der Lösungsmenge. (4 Punkte)

Aufgabe 5 (10 Punkte)

Gegeben sei die Matrix $\boldsymbol{A} = \begin{bmatrix} 1 & k & 0 \\ 0 & 1 & k-4 \\ 2 & k & 0 \end{bmatrix}$ mit $k \in \mathbb{R}$.
a) Für welche $k \in \mathbb{R}$ ist $\boldsymbol{A}$ invertierbar? (5 Punkte).
b) Bestimme für die im Punkt (a) gefundenen Werte von k die Inverse von $\boldsymbol{A}$. (5 Punkte)

Aufgabe 6 (10 Punkte)

Es sei $U = \{\boldsymbol{x} \in \mathbb{R}^4 \,|\, x_1 + 2x_4 = 0,\ 3x_1 + x_2 = 0\}$.
a) Man verifiziere, dass U ein Unterraum von $\mathbb{R}^4$ ist. (4 Punkte)
b) Man bestimme eine Basis von U. (5 Punkte)
c) Man bestimme $\dim(U)$. (1 Punkt)

Aufgabe 7 (16 Punkte)

Man betrachte die folgende lineare Abbildung

$$F : \mathbb{R}^4 \to \mathbb{R}^4, \quad \begin{bmatrix} x_1 \\ x_2 \\ x_3 \\ x_4 \end{bmatrix} \to \begin{bmatrix} x_1 + x_2 + 2x_3 + x_4 \\ x_1 + 2x_2 + 4x_3 + x_4 \\ 2x_1 + 2x_2 + 4x_3 + 3x_4 \\ -x_1 - 2x_2 - 4x_3 + 2x_4 \end{bmatrix}$$

a) Man bestimme die Darstellungsmatrix von F in der Standardbasis von $\mathbb{R}^4$. (2 Punkte)
b) Man bestimme eine Basis von $\mathrm{Ker}(F)$. (5 Punkte)
c) Man bestimme eine Basis von $\mathrm{Im}(F)$. (5 Punkte)
d) Ist F injektiv, surjektiv, bijektiv? (2 Punkte)
e) Man verifiziere die Dimensionsformel für F. (2 Punkte)

Aufgabe 8 (25 Punkte)

Man betrachte die Matrix $A = \begin{bmatrix} 0 & 3 & 0 \\ 1 & 2 & 0 \\ 0 & 5 & 4 \end{bmatrix}$.

a) Man beweise, dass $\lambda = 4$ ein Eigenwert von A ist. (4 Punkte)

b) Man bestimme den Eigenraum zum Eigenwert $\lambda = 4$. (4 Punkte)

c) Man zeige, dass $\boldsymbol{v} = \begin{bmatrix} 3 \\ -1 \\ 1 \end{bmatrix}$ ein Eigenvektor von A ist. Wie lautet der zugehörige Eigenvektor? (4 Punkte

d) Es seien $\boldsymbol{u} = \begin{bmatrix} 0 \\ 0 \\ 1 \end{bmatrix}$ und $\boldsymbol{v} = \begin{bmatrix} 3 \\ -1 \\ 1 \end{bmatrix}$. Man berechne $\boldsymbol{u}^T A^{100} \boldsymbol{v}$. (3 Punkte)

e) Wie lauten die weiteren Eigenwerte von A? (3 Punkte)

f) Man bestimme alle Eigenwerte von $\left(A^n + 2E\right)^T$. (4 Punkte)

g) Ist A invertierbar? Man bestimme alle Eigenwerte von A^{-1}. (3 Punkte)

10.3 Musterprüfung 2

Schwierigkeitsgrad: ● ● ○ ○ Zeit: 180 Minuten

Aufgabe	Punktezahl	Erreicht
1	30	
2	21	
3	14	
4	18	
5	21	
6	28	
7	28	
Total	**160**	

Aufgabe 1 Multiple-Choice (30 Punkte)

a) Es seien e_1, e_2, e_3 die Standardbasisvektoren von $\mathbb{R}^3$. Berechnen Sie $\det[3e_2, -e_3, 2e_1]$.

(A) 1 (B) 0 (C) 6 (D) -6

b) Es sei S eine linear unabhängige Menge von Vektoren in $\mathbb{R}^7$. Welche Aussagen sind korrekt?

(A) $T \subset S$ ist linear unabhängig

(B) $T \subset S$ ist linear abhängig

(C) S enthält mehr als 7 Vektoren

(D) S enthält ≤ 7 Vektoren

c) Die Matrix $A \in \mathbb{R}^{4\times 4}$ hat die Eigenwerte 1, 2, 3, 4. Welche Aussagen sind korrekt?

(A) A ist regulär

(B) $\text{Rang}(A) = 4$

(C) $\text{Spur}(A) = 10$

(D) Die Diagonaleinträge von A sind alle ≥ 5

d) Die Inverse von $A = \begin{bmatrix} 1 & 1 & 1 \\ 0 & 1 & 1 \\ 0 & 0 & 1 \end{bmatrix}$ ist ...

(A) $A^{-1} = \begin{bmatrix} 1 & 1 & 0 \\ 0 & 1 & 1 \\ 0 & 0 & 1 \end{bmatrix}$ (B) $A^{-1} = \begin{bmatrix} 1 & -1 & 0 \\ 0 & 1 & -1 \\ 0 & 0 & 1 \end{bmatrix}$ (C) $A^{-1} = \begin{bmatrix} 1 & -1 & -1 \\ 0 & 1 & -1 \\ 0 & 0 & 1 \end{bmatrix}$

e) Es sei $A = \begin{bmatrix} 1 & 2 & 3 & 2 \\ 1 & 0 & 1 & 2 \\ 1 & 1 & 2 & 1 \\ 0 & 2 & 3 & 1 \end{bmatrix}$. Man gebe eine Matrix P an, welche durch PA die zweite Zeile mit der dritten Zeile von A verstauscht.

(A) $P = \begin{bmatrix} 1 & 0 & 0 & 0 \\ 0 & 0 & 1 & 0 \\ 0 & 1 & 0 & 0 \\ 0 & 0 & 0 & 1 \end{bmatrix}$ (B) $P = \begin{bmatrix} 0 & 1 & 0 & 0 \\ 1 & 0 & 0 & 0 \\ 0 & 0 & 1 & 0 \\ 0 & 0 & 0 & 1 \end{bmatrix}$

f) Es seien $U_1 = \{\boldsymbol{x} \in \mathbb{R}^3 \mid 2x_1 - (1 - x_2) + 2(3 + 2x_3) = 0\} \subset \mathbb{R}^3$ und $U_2 = \{\boldsymbol{x} \in \mathbb{R}^5 \mid x_1 + x_3 = 0,\ x_3 = x_5\} \subset \mathbb{R}^5$. Welche Aussagen sind korrekt?

(A) U_1 ist ein Unterraum

(B) U_1 ist kein Unterraum

(C) U_2 ist ein Unterraum

(D) U_2 ist kein Unterraum

g) Es sei $A \in \mathbb{R}^{7\times 7}$ regulär. Welche Aussagen sind korrekt?

(A) 0 ist kein Eigenwert

(B) Das Gleichungssystem $A\boldsymbol{x} = \boldsymbol{0}$ hat eine nichttriviale Lösung

(C) $\text{Rang}(A) = 7$

(D) Die Spalten von A sind linear abhängig

h) Es sei $F : \mathbb{R}^2 \to \mathbb{R}^2$ gegeben durch $F(x_1, x_2) = [x_1 + x_2, x_1 - x_2]^T$. Welche Aussagen sind korrekt?

(A) F ist linear

(B) Die Darstellungsmatrix von F bezüglich der Standardbasis is $\begin{bmatrix} 1 & 1 \\ -1 & 1 \end{bmatrix}$

(C) F ist nichtlinear

(D) Die Darstellungsmatrix von F bezüglich der Standardbasis is $\begin{bmatrix} 1 & 1 \\ 1 & -1 \end{bmatrix}$

i) Es sei $F : \mathbb{R}^3 \to \mathbb{R}^3$ gegeben durch $F(x_1, x_2, x_3) = [0, x_2, x_3]^T$. Welche Aussagen sind korrekt?

(A) F beschreibt die Spiegelung an der x_2x_3-Ebene

(B) F hat den Eigenwert 0

(C) F beschreibt die Projektion auf die x_2x_3-Ebene

(D) Die Darstellungsmatrix von F ist invertierbar

j) Es sei $\boldsymbol{v} \in \mathbb{R}^n$ ein Eigenvektor von $\boldsymbol{A} \in \mathbb{R}^{n\times n}$ zum Eigenwert $\lambda \in \mathbb{R}$. Welche Aussagen sind korrekt?

(A) $-\boldsymbol{v}$ ist ein Eigenvektor zum Eigenwert λ

(B) $-\boldsymbol{v}$ ist ein Eigenvektor zum Eigenwert $-\lambda$

Aufgabe 2 Wahr oder falsch? (21 Punkte)

Jede Aussage (a)–(g) ist entweder wahr oder falsch. Machen Sie ein Kreuzchen in die richtige Spalte.

	Wahr	Falsch
a) $\begin{bmatrix} \frac{\sqrt{3}}{2} & \frac{1}{2} \\ -\frac{1}{2} & \frac{\sqrt{3}}{2} \end{bmatrix}$ beschreibt eine Drehung im $\mathbb{R}^2$.		
b) Es gibt unendlich viele lineare Abbildungen $F : \mathbb{R}^2 \to \mathbb{R}^2$ mit $F(1, 1) = [1, 1]^T$ und $F(0, 2) = [2, 3]^T$.		
c) Die lineare Abbildung $F : \mathbb{R}^4 \to \mathbb{R}^3$ erfüllt $\dim(\mathrm{Ker}(F)) = 1$. Somit ist F surjektiv.		
d) Die Polynome $\{x - 1, x^3 + x^2, x^3\}$ erzeugen $P_3(\mathbb{R})$.		
e) Es gibt keine lineare Abbildung $F : \mathbb{R}^2 \to \mathbb{R}^2$ welche $F(1, 0) = [1, 1]^T$, $F(0, 1) = [1, 2]^T$ und $F(1, 1) = [2, 2]^T$ erfüllt.		
f) Die Determinante von $\begin{bmatrix} 2 & -2 & -2 \\ 1 & 1 & 0 \\ -3 & 4 & 0 \end{bmatrix}$ ist -14		
g) Die Vektoren $\begin{bmatrix} 1 \\ 5 \\ 7 \end{bmatrix}, \begin{bmatrix} 1 \\ 3 \\ 4 \end{bmatrix}$ sind linear abhängig.		

Aufgabe 3 (14 Punkte)

Sei A die Matrix

$$A = \begin{bmatrix} 2 & 2 & 2 \\ 1 & 1 & 0 \\ -1 & -2 & -2 \end{bmatrix}.$$

a) Bestimmen Sie die LR-Zerlegung $\boldsymbol{PA} = \boldsymbol{LR}$ der Matrix $\boldsymbol{A}$. (7 Punkte)

b) Lösen Sie das lineare Gleichungssystem $\boldsymbol{Ax} = \boldsymbol{b}$, wobei $\boldsymbol{b} = \begin{bmatrix} 2 \\ -2 \\ -1 \end{bmatrix}$ mit der LR-Zerlegung. (7 Punkte)

Aufgabe 4 (18 Punkte)

a) Finden Sie alle $x \in \mathbb{R}$, welche die Gleichung

$$\det \begin{bmatrix} (a_1 - x) & a_2 & a_3 & a_4 \\ 0 & -x & 0 & 0 \\ 0 & 1 & -x & 0 \\ 0 & 0 & 1 & -x \end{bmatrix} = 0$$

erfüllen. (6 Punkte)

b) Es sei $\boldsymbol{A}$ die Matrix

$$\boldsymbol{A} = \begin{bmatrix} k & -k & 0 & -1 \\ 1 & -2 & 1 & 0 \\ 0 & 1 & k & 1 \end{bmatrix}$$

Bestimmen Sie den Rang von $\boldsymbol{A}$ in Abhängigkeit des Parameters $k \in \mathbb{R}$. Für welche $k \in \mathbb{R}$ ist die Lösungsmenge des homogenen linearen Gleichungssystem $\boldsymbol{Ax} = \boldsymbol{0}$ eine Gerade? (6 Punkte)

Es sei nun

$$\boldsymbol{A} = \begin{bmatrix} a & b & 0 & 1 \\ -b & a & -1 & 0 \\ 0 & 1 & a & -b \\ -1 & 0 & b & a \end{bmatrix}, \quad a, b \in \mathbb{R}.$$

c) Berechnen Sie $\det(\boldsymbol{A})$ und bestimmen Sie alle $a, b \in \mathbb{R}$ für welche $\boldsymbol{A}$ invertierbar ist. (6 Punkte)

Aufgabe 5 (21 Punkte)

a) Es sei $\boldsymbol{A} \in \mathbb{R}^{2\times 2}$ mit $\det(\boldsymbol{A}) = 4$ und $\text{Spur}(\boldsymbol{A}) = 5$. Wie lauten die Eigenwerte von $2\boldsymbol{A} + \boldsymbol{A}^T + 4\boldsymbol{A}^{-1}$? (5 Punkte)

Es sei nun $\boldsymbol{\alpha} = \begin{bmatrix} \alpha \\ \beta \\ \gamma \end{bmatrix} \in \mathbb{R}^3$ und $F : \mathbb{R}^3 \to \mathbb{R}^3$ gegeben durch $F(\boldsymbol{v}) = \boldsymbol{\alpha} \times \boldsymbol{v}$, wobei $\times$ das Kreuzprodukt von Vektoren ist.

b) Zeigen Sie, dass F linear ist. (5 Punkte)

c) Zeigen Sie, dass die Darstellungsmatrix von F in der Standardbasis durch

$$A = \begin{bmatrix} 0 & -\gamma & \beta \\ \gamma & 0 & -\alpha \\ -\beta & \alpha & 0 \end{bmatrix}$$

gegeben ist. (5 Punkte)

d) Für welche $\boldsymbol{a} \in \mathbb{R}^3$ hat die Darstellungsmatrix A nur reelle Eigenwerte? (6 Punkte)

Aufgabe 6 (28 Punkte)

Es seien $V = \mathbb{R}^3$, $U = \langle \boldsymbol{u}_1, \boldsymbol{u}_2, \boldsymbol{u}_3 \rangle$ und $W = \langle \boldsymbol{w}_1, \boldsymbol{w}_2, \boldsymbol{w}_3 \rangle$, wobei

$$\boldsymbol{u}_1 = \begin{bmatrix} 1 \\ 2 \\ 1 \end{bmatrix}, \ \boldsymbol{u}_2 = \begin{bmatrix} 1 \\ 1 \\ -1 \end{bmatrix}, \ \boldsymbol{u}_3 = \begin{bmatrix} 1 \\ 1 \\ 3 \end{bmatrix}, \quad \boldsymbol{w}_1 = \begin{bmatrix} 1 \\ 1 \\ -3 \end{bmatrix}, \ \boldsymbol{w}_2 = \begin{bmatrix} 1 \\ 2 \\ 2 \end{bmatrix}, \ \boldsymbol{w}_3 = \begin{bmatrix} 2 \\ 3 \\ -1 \end{bmatrix}.$$

a) Bestimmen Sie eine Basis und die Dimension von U bzw. W. (5 Punkte)

b) Bestimmen Sie eine Basis von $U \cap W$. Was ist $\dim(U \cap W)$? (5 Punkte)

Es sei nun $V = P_2(\mathbb{R})$ der Vektorraum der reellen Polynome vom Grad ≤ 2.

c) Zeigen Sie, dass $\mathcal{B} = \{1+x, 1+2x+x^2, x-x^2\}$ eine Basis von $P_2(\mathbb{R})$ ist. (5 Punkte)

d) Bestimmen Sie die Matrixdarstellung des Basiswechsels von der Standardbasis $\mathcal{E} = \{1, x, x^2\}$ nach der Basis $\mathcal{B}$. Bestimmen Sie damit die Koordinaten von $p(x) = x^2 - x + 2$ bezüglich der Basis $\mathcal{B}$. (8 Punkte)

e) Es sei $U = \left\{ p \in P_2(\mathbb{R}) \,\middle|\, p(0) = 0, \ \int_0^1 p(x)dx = 0 \right\}$. Bestimmen Sie eine Basis von U. Was ist $\dim(U)$? (5 Punkte)

Aufgabe 7 (28 Punkte)

Es sei $V = \mathbb{R}^{2\times 2}$ der Vektorraum der reellen (2×2)-Matrizen. Man betrachte die folgende lineare Abbildung $F : V \to V$ definiert durch $F(A) = 2A - A^T$.

a) Es sei $\mathcal{E} = \left\{ \left[\begin{smallmatrix} 1 & 0 \\ 0 & 0 \end{smallmatrix}\right], \left[\begin{smallmatrix} 0 & 1 \\ 0 & 0 \end{smallmatrix}\right], \left[\begin{smallmatrix} 0 & 0 \\ 1 & 0 \end{smallmatrix}\right], \left[\begin{smallmatrix} 0 & 0 \\ 0 & 1 \end{smallmatrix}\right] \right\}$ die Standardbasis von V. Bestimmen Sie die Darstellungsmatrix von F bezüglich $\mathcal{E}$. (5 Punkte)

b) Bestimmen Sie $\operatorname{Ker}(F)$. Ist F injektiv? (4 Punkte)

c) Bestimmen Sie $\operatorname{Im}(F)$. Ist F surjektiv? (4 Punkte)

d) Es sei nun $U = \{A \in \mathbb{R}^{2\times 2} \mid \operatorname{Spur}(A) = 0\}$ die Teilmenge der Spurlosen (2×2)-Matrizen. Zeigen Sie, dass U ein Unterraum von V ist. (5 Punkte)

e) Finden Sie eine Basis von U. Was ist die Dimension von U? (5 Punkte)

f) Bestimmen Sie die Darstellungsmatrix der Einschränkung von F auf U. (5 Punkte)

10.4 Musterprüfung 3

Schwierigkeitsgrad: ● ● ● ○ Zeit: 180 Minuten

Aufgabe	Punktezahl	Erreicht
1	30	
2	20	
3	15	
4	15	
5	15	
6	15	
7	20	
Total	**130**	

Aufgabe 1 (30 Punkte)

a) Es sei $n \in \mathbb{N}$ gerade und $\boldsymbol{A} = \begin{bmatrix} \star & \star & \cdots & \star & 2 \\ \star & \star & \cdots & 2 & 0 \\ \vdots & \vdots & \ddots & \vdots & \vdots \\ \star & 2 & \cdots & 0 & 0 \\ 2 & 0 & \cdots & 0 & 0 \end{bmatrix} \in \mathbb{R}^{n\times n}$. Man berechne $\det(\boldsymbol{A})$.

(A) $2^{\frac{n}{2}}$ (B) 2^n (C) $(-1)^n 2^n$ (D) $(-1)^{\frac{n}{2}} 2^n$

b) Es sei $\boldsymbol{A} = \begin{bmatrix} 2 & 1 & 1 \\ 1 & 2 & 1 \\ 1 & 1 & 2 \end{bmatrix}$. Welche Aussagen sind richtig?

(A) $\boldsymbol{A}$ hat den Eigenwert 1.
(B) $\boldsymbol{A}$ hat den Eigenwert 4.
(C) $[1, 1, 1]^T$ ist ein Eigenvektor von $\boldsymbol{A}$.
(D) $\boldsymbol{A}$ ist invertierbar.

c) Die Inverse von $\boldsymbol{A} = \begin{bmatrix} 0 & 0 & 1 & 0 & 0 \\ 1 & 0 & 0 & 0 & 0 \\ 0 & 1 & 0 & 0 & 0 \\ 0 & 0 & 0 & 0 & 1 \\ 0 & 0 & 0 & 1 & 0 \end{bmatrix}$ ist ...

(A) $\begin{bmatrix} 0 & 0 & -1 & 0 & 0 \\ -1 & 0 & 0 & 0 & 0 \\ 0 & 1 & 0 & 0 & 0 \\ 0 & 0 & 0 & -1 & 0 \\ 0 & 0 & 0 & 0 & 1 \end{bmatrix}$ (B) $\begin{bmatrix} 0 & 1 & 0 & 0 & 0 \\ 0 & 0 & 1 & 0 & 0 \\ 1 & 0 & 0 & 0 & 0 \\ 0 & 0 & 0 & 0 & 1 \\ 0 & 0 & 0 & 1 & 0 \end{bmatrix}$ (C) $\boldsymbol{A}$ ist nichtinvertierbar

d) Es seien $\boldsymbol{A}, \boldsymbol{B} \in \mathbb{R}^{n\times n}$. Welche Ausdrücke sind äquivalent zu $(\boldsymbol{A} + \boldsymbol{B})^2$?

(A) $\boldsymbol{A}(\boldsymbol{A} + \boldsymbol{B}) + \boldsymbol{B}(\boldsymbol{A} + \boldsymbol{B})$
(B) $\boldsymbol{A}^2 + 2\boldsymbol{A}\boldsymbol{B} + \boldsymbol{B}^2$
(C) $\boldsymbol{A}^2 + \boldsymbol{A}\boldsymbol{B} + \boldsymbol{B}\boldsymbol{A} + \boldsymbol{B}^2$
(D) $(\boldsymbol{B} + \boldsymbol{A})^2$

e) Zu welcher linearen Abbildung gehört die Darstellungsmatrix $\boldsymbol{A} = \begin{bmatrix} 2 & 1 \\ 1 & 0 \\ 0 & 2 \end{bmatrix}$ bezüglich der Standardbasis ?

(A) $F : \mathbb{R}^2 \to \mathbb{R}^3, [x, y]^T \to [2x + y, x, 2y]^T$

(B) $F : \mathbb{R}^3 \to \mathbb{R}^2, [x, y, z]^T \to [2x + y, x + 2z]^T$

f) $\mathbf{0}$ ist die einzige Matrix in $\mathbb{R}^{2\times 2}$ welche $A^2 = \mathbf{0}$ erfüllt.

(A) Wahr (B) Falsch

g) Für welche Werte von $k \in \mathbb{R}$ besitzt das folgende homogene lineare Gleichungssystem

$$\begin{cases} kx_1 + x_2 = 0 \\ -x_1 + kx_2 - 2x_3 = 0 \\ x_1 + x_3 = 0 \end{cases}$$

eine nichttriviale Lösung?

(A) $k = 0$ (B) $k = 1$ (C) $k = \pm 1$ (D) $k = 2$ (E) $k = \pm 2$

h) Man berechne die Dimension des Bildes der linearen Abbildung mit Darstellungsmatrix $\boldsymbol{A} = \begin{bmatrix} 1 & 2 & 2 & 2 \\ 2 & 1 & 1 & 1 \\ 0 & 2 & 2 & 1 \\ 1 & 0 & 0 & 1 \end{bmatrix}$

(A) 0 (B) 1 (C) 2 (D) 3

i) Welche der folgenden Tupeln von Vektoren in $\mathbb{R}^4$ sind linear abhängig?

(A) $\begin{bmatrix} 0 \\ 0 \\ 0 \\ 0 \end{bmatrix}, \begin{bmatrix} 1 \\ 0 \\ 0 \\ 0 \end{bmatrix}, \begin{bmatrix} 1 \\ 1 \\ 1 \\ 0 \end{bmatrix}, \begin{bmatrix} 1 \\ 2 \\ 3 \\ 1 \end{bmatrix}$

(B) $\begin{bmatrix} 1 \\ 0 \\ 0 \\ -1 \end{bmatrix}, \begin{bmatrix} 0 \\ 1 \\ -1 \\ 0 \end{bmatrix}, \begin{bmatrix} 0 \\ 1 \\ 1 \\ 0 \end{bmatrix}, \begin{bmatrix} 1 \\ 0 \\ 0 \\ 1 \end{bmatrix}$

(C) $\begin{bmatrix} 1 \\ 1 \\ 1 \\ 1 \end{bmatrix}, \begin{bmatrix} 0 \\ 0 \\ 1 \\ 1 \end{bmatrix}, \begin{bmatrix} 0 \\ 1 \\ 0 \\ -1 \end{bmatrix}, \begin{bmatrix} 1 \\ 0 \\ 0 \\ 1 \end{bmatrix}$

(D) $\begin{bmatrix} 1 \\ 1 \\ 1 \\ 1 \end{bmatrix}, \begin{bmatrix} 0 \\ 0 \\ 1 \\ 1 \end{bmatrix}, \begin{bmatrix} 0 \\ 1 \\ 0 \\ 1 \end{bmatrix}, \begin{bmatrix} 1 \\ 0 \\ 0 \\ 1 \end{bmatrix}$

j) Es sei $P_n(\mathbb{R})$ der Vektorraum der reellen Polynome vom Grad $\leq n$. Welche der folgenden Teilmengen sind Unterräume von $P_n(\mathbb{R})$?

(A) $\{p(x) \in P_n(\mathbb{R}) \,|\, p(0) = 1\}$

(B) $\{p(x) \in P_n(\mathbb{R}) \,|\, p(1) = 0\}$

(C) $\{p(x) \in P_n(\mathbb{R}) \,|\, p''(x) = p'(x)\}$

(D) $\{p(x) \in P_n(\mathbb{R}) \,|\, \int_0^1 p(x)dx = 2\}$

k) Es sei $P_2(\mathbb{R})$ versehen mit der geordneten Basis $\mathcal{B} = \{(x+1)^2, x^2 - 1, (x-1)^2\}$. Wie lauten die Koordinaten von $p(x) = 4x$ bezüglich der Basis $\mathcal{B}$?

(A) $\begin{bmatrix} 1 \\ 0 \\ 1 \end{bmatrix}$ (B) $\begin{bmatrix} 1 \\ 0 \\ -1 \end{bmatrix}$ (C) $\begin{bmatrix} 1 \\ 1 \\ 0 \end{bmatrix}$ (D) $\begin{bmatrix} 0 \\ -1 \\ 1 \end{bmatrix}$

l) Welche Aussage über beliebige Matrizen $\boldsymbol{A} \in \mathbb{K}^{n\times n}$ ist korrekt?

(A) Die Anzahl der Eigenwerte von $\boldsymbol{A}$ ist genau n.
(B) Die Anzahl der Eigenwerte von $\boldsymbol{A}$ ist gleich Rang($\boldsymbol{A}$).
(C) Ist $\mathbb{K} = \mathbb{C}$, so hat $\boldsymbol{A}$ genau n Eigenwerte.
(D) Ist $\boldsymbol{A}$ eine komplexe Diagonalmatrix, so ist jeder Vektor in $\mathbb{C}^n$ ein Eigenvektor.

m) Es seien $U_1, U_2 \subset \mathbb{R}^{50}$ mit $\dim(U_1) = 30$ und $\dim(U_2) = 40$. Dann kann $\dim(U_1 \cap U_2) = 10$ sein.

(A) Wahr (B) Falsch

n) Die Eigenwerte einer orthogonalen Projektion sind ...

(A) 0, 1 (B) −1, 1 (C) 0, −1

o) Die Menge $\{e^{-ix}, 1, e^{ix}\}$ ist linear unabhängig.

(A) Wahr (B) Falsch

Aufgabe 2 (20 Punkte)

a) Es seien $\boldsymbol{A} \in \mathbb{R}^{7\times 1}$ und $\boldsymbol{B} \in \mathbb{R}^{1\times 7}$. Berechnen Sie $\det(\boldsymbol{AB})$. (5 Punkte)
b) Es sei

$$\boldsymbol{A} = \begin{bmatrix} 1 & bc & a(b+c) \\ 1 & ac & b(a+c) \\ 1 & ab & c(a+b) \end{bmatrix} \in \mathbb{R}^{3\times 3}, \quad a, b, c \in \mathbb{R}.$$

Für welche $a, b, c \in \mathbb{R}$ ist $\boldsymbol{A}$ invertierbar? (5 Punkte)
c) Es sei

$$\boldsymbol{A} = \begin{bmatrix} a & 0 & 0 & 0 & 0 & b \\ 0 & a & 0 & 0 & b & 0 \\ 0 & 0 & a & b & 0 & 0 \\ 0 & 0 & c & d & 0 & 0 \\ 0 & c & 0 & 0 & d & 0 \\ c & 0 & 0 & 0 & 0 & d \end{bmatrix} \in \mathbb{R}^{6\times 6}, \quad a, b, c, d \in \mathbb{R}.$$

Berechnen Sie $\det(\boldsymbol{A})$. (5 Punkte)

d) Es sei

$$A = \begin{bmatrix} 0 & 1 & 1 & \cdots & 1 & 1 \\ 1 & 0 & 1 & \cdots & 1 & 1 \\ 1 & 1 & 0 & \cdots & 1 & 1 \\ \vdots & \vdots & \vdots & \ddots & \vdots & \vdots \\ 1 & 1 & 1 & \cdots & 0 & 1 \\ 1 & 1 & 1 & \cdots & 1 & 0 \end{bmatrix} \in \mathbb{R}^{n \times n}.$$

Zeigen Sie, dass $\det\left(A - (n-1)A^{-1}\right) = (n-2)^n$ gilt. *Hinweis: Finden Sie eine Formel für* A^2. (5 Punkte)

Aufgabe 3 (15 Punkte)

Betrachten Sie die Matrix

$$A = \begin{bmatrix} 1 & 1 & 1 \\ 2 & 4 & 6 \\ 1 & 2 & 3 \end{bmatrix}.$$

a) Bestimmen Sie alle Lösungen $x \in \mathbb{R}^3$ des linearen Gleichungssystems $Ax = \mathbf{0}$ (5 Punkte).
b) Bestimmen Sie alle Matrizen $X \in \mathbb{R}^{3\times 3}$ mit $AX = \mathbf{0}$ (5 Punkte).

Betrachten Sie nun das folgende lineare Gleichungssystem

$$\sum_{i=1}^{j} x_i = 1 + \sum_{i=j+1}^{n} x_i, \quad j = 1, \cdots, n-1$$

$$\sum_{i=1}^{n} x_i = 1.$$

c) Bestimmen Sie die Lösungsmenge. (5 Punkte).

Aufgabe 4 (15 Punkte)

Gegeben sind die folgenden Vektoren von $\mathbb{R}^3$ und $\mathbb{R}^4$

$$v_1 = \begin{bmatrix} 1 \\ 1 \\ 0 \end{bmatrix}, \quad v_2 = \begin{bmatrix} 2 \\ 1 \\ 2 \end{bmatrix}, \quad v_3 = \begin{bmatrix} 1 \\ 1-2t \\ t \end{bmatrix}, \quad w_1 = \begin{bmatrix} 1 \\ 0 \\ 2 \\ 1 \end{bmatrix}, \quad w_2 = \begin{bmatrix} 1 \\ 1 \\ 0 \\ 3 \end{bmatrix}, \quad w_3 = \begin{bmatrix} 0 \\ 2 \\ 1 \\ 1 \end{bmatrix}.$$

a) Bestimmen Sie die Dimension von $U = \langle \boldsymbol{v}_1, \boldsymbol{v}_2, \boldsymbol{v}_3 \rangle$ in Abhängigkeit von $t \in \mathbb{R}$ (5 Punkte).

b) Für welche $t \in \mathbb{R}$ gibt es (i) keine, (ii) genau eine, (iii) mehr als eine lineare Abbildung $F : \mathbb{R}^3 \to \mathbb{R}^4$ mit $F(\boldsymbol{v}_i) = \boldsymbol{w}_i$ für $i = 1, 2, 3$? (5 Punkte)

c) Sei nun $t = 1$ und $F : \mathbb{R}^3 \to \mathbb{R}^4$ die lineare Abbildung mit $F(\boldsymbol{v}_i) = \boldsymbol{w}_i$ für $i = 1, 2, 3$. Bestimmen Sie die Darstellungsmatrix von F bezüglich der Standardbasen von $\mathbb{R}^3$ und $\mathbb{R}^4$. (5 Punkte)

Aufgabe 5 (15 Punkte)

Betrachten Sie die folgende lineare Abbildung

$$F : \mathbb{R}^3 \to \mathbb{R}^3, \qquad \begin{bmatrix} x_1 \\ x_2 \\ x_3 \end{bmatrix} \to \begin{bmatrix} 2x_1 - x_2 - x_3 \\ x_1 - x_3 \\ x_1 - x_2 \end{bmatrix}.$$

a) Zeigen Sie: Für alle $\boldsymbol{x} \in \mathbb{R}^3$ ist $F(F(\boldsymbol{x})) = F(\boldsymbol{x})$, d. h. F ist idempotent (5 Punkte).

b) Bestimmen Sie eine Basis von $\text{Ker}(F)$ und $\text{Bild}(F)$. (5 Punkte)

c) Beweisen Sie: $\mathbb{R}^3 = \text{Ker}(F) \oplus \text{Bild}(F)$. (5 Punkte)

Aufgabe 6 (15 Punkte)

Die lineare Abbildung $F : \mathbb{R}^{2\times 2} \to \mathbb{R}^3$ hat die Darstellungsmatrix

$$\boldsymbol{M}_{\mathcal{B}_1}^{\mathcal{B}_2}(F) = \begin{bmatrix} 1 & 0 & -1 & 0 \\ 0 & 2 & 3 & 1 \\ 3 & 2 & 0 & 2 \end{bmatrix}$$

bezüglich der folgenden Basen von $\mathbb{R}^{2\times 2}$ bzw. $\mathbb{R}^3$

$$\mathcal{B}_1 = \left\{ \begin{bmatrix} 1 & 0 \\ 0 & 0 \end{bmatrix}, \begin{bmatrix} 1 & 1 \\ 0 & 0 \end{bmatrix}, \begin{bmatrix} 1 & 1 \\ 1 & 0 \end{bmatrix}, \begin{bmatrix} 1 & 1 \\ 1 & 1 \end{bmatrix} \right\}, \quad \mathcal{B}_2 = \left\{ \begin{bmatrix} 0 \\ 1 \\ -2 \end{bmatrix}, \begin{bmatrix} -1 \\ 0 \\ 2 \end{bmatrix}, \begin{bmatrix} 1 \\ 2 \\ 0 \end{bmatrix} \right\}.$$

a) Stellen Sie die Matrix $\boldsymbol{A} = \left[\begin{smallmatrix} a & b \\ c & d \end{smallmatrix}\right]$ als Linearkombination der Basiselemente aus $\mathcal{B}_1$ dar. (5 Punkte)

b) Bestimmen Sie die Darstellungsmatrix von F bezüglich der Standardbasis. (5 Punkte)

c) Ist F surjektiv? (5 Punkte)

Aufgabe 7 (20 Punkte)

Sei $P_n(\mathbb{R})$ der Vektorraum der reellen Polynome vom Grad $\leq n$. Betrachten Sie die lineare Abbildung

$$F : P_n(\mathbb{R}) \to P_n(\mathbb{R}), \quad p(x) \to \frac{d^2}{dx^2}\Big((x+1)^2 p(x)\Big).$$

a) Bestimmen Sie die Darstellungsmatrix von F bezüglich der Standardbasis $\{1, x, \cdots, x^n\}$ von $P_n(\mathbb{R})$. (5 Punkte)

b) Bestimmen Sie das Spektrum von F. (5 Punkte)

c) Zeigen Sie, dass die Polynome $q_k(x) = (x+1)^k$ mit $k = 0, 1, \cdots, n$ Eigenvektoren von F sind. (5 Punkte)

d) Es sei $k \in \{0, 1, \cdots, n\}$. Bestimmen Sie alle Lösungen der Differenzialgleichung

$$(x+1)^2 y''(x) + 4(x+1)y'(x) = [(k+1)(k+2) - 2]y(x),$$

welche in $P_n(\mathbb{R})$ liegen. (5 Punkte)

Hinweis: Schreiben Sie die Differenzialgleichung mithilfe von F um.

10.5 Musterprüfung 4

Schwierigkeitsgrad: ● ● ● ●   Zeit: 240 Minuten

Aufgabe	Punktezahl	Erreicht
1	42	
2	22	
3	15	
4	28	
5	23	
6	25	
7	15	
Total	**170**	

Aufgabe 1 (42 Punkte)

a) Es seien $\boldsymbol{A}, \boldsymbol{B} \in \mathbb{K}^{m\times n}$ mit $m > n$. Dann ist $\det\Big(\boldsymbol{A}\boldsymbol{B}^T\Big) \neq 0$.

(A) Wahr   (B) Falsch

b) Es sei $\boldsymbol{A} = \left[\begin{smallmatrix} 1 & 1 \\ 1 & 1 \end{smallmatrix}\right] \in \mathbb{K}^{2\times 2}$. Im Folgenden sei $\mathbb{K} = \mathbb{R}$. Welche Aussagen sind korrekt?

(A) A ist symmetrisch

(B) A ist schiefsymmetrisch

Es sei nun $\mathbb{K} = \mathbb{Z}_2$. Welche Aussagen sind korrekt?

(A) A ist symmetrisch

(B) A ist schiefsymmetrisch

c) Es sei $A = \begin{bmatrix} 2 & 3 \\ 2 & 4 \end{bmatrix}$. Was stimmt?

(A) A ist invertierbar über $\mathbb{R}$
(B) A ist invertierbar über $\mathbb{Q}$
(C) A ist invertierbar über $\mathbb{Z}_2$

d) Wie viele Elemente enthält der Vektorraum $(\mathbb{Z}_3)^2$?

(A) 1 (B) 3 (C) 6 (D) 9 (E) ∞

e) $U = \left\{\begin{bmatrix} 0 \\ 0 \end{bmatrix}, \begin{bmatrix} 1 \\ 0 \end{bmatrix}\right\}$ ist ein Unterraum von $(\mathbb{Z}_3)^2$.

(A) Wahr (B) Falsch

f) Welche der folgenden Teilmengen $U \subset V$ sind Unterräume?

(A) $V = \mathbb{R}^3,\ U = \{\boldsymbol{x} = \begin{bmatrix} 0 \\ t \\ 2t \end{bmatrix},\ t \in \mathbb{R}\}$
(B) $V = \mathbb{R}^3,\ U = \{\boldsymbol{x} = \begin{bmatrix} t \\ s \\ 0 \end{bmatrix},\ t, s \in \mathbb{R},\ t < s\}$
(C) $V = \mathbb{R}^3,\ U = \{\boldsymbol{x} = \begin{bmatrix} t \\ t^2 \\ t^3 \end{bmatrix},\ t \in \mathbb{R}\}$
(D) $V = \mathbb{R}^{2\times 2},\ U = \{\boldsymbol{A} = \begin{bmatrix} a & b \\ 0 & c \end{bmatrix}\}$
(E) $V = \mathbb{R}^{2\times 2},\ U = \{\boldsymbol{A} = \begin{bmatrix} a & b \\ c & d \end{bmatrix},\ a = d,\ a + c = 0\}$
(F) $V = \mathbb{R}^{2\times 2},\ U = \{\boldsymbol{A} = \begin{bmatrix} a & b \\ 1 & c \end{bmatrix}\}$

g) Welche der folgenden Mengen von Vektoren aus $\mathbb{R}^4$ sind linear unabhängig?

(A) $\left\{\begin{bmatrix} 1 \\ 0 \\ 0 \\ 1 \end{bmatrix}, \begin{bmatrix} 1 \\ 1 \\ 1 \\ 1 \end{bmatrix}, \begin{bmatrix} 0 \\ 0 \\ 1 \\ 1 \end{bmatrix}, \begin{bmatrix} 0 \\ 1 \\ 0 \\ -1 \end{bmatrix}\right\}$

(B) $\left\{\begin{bmatrix} 1 \\ 0 \\ 0 \\ 1 \end{bmatrix}, \begin{bmatrix} 1 \\ 1 \\ 1 \\ 1 \end{bmatrix}, \begin{bmatrix} 0 \\ 0 \\ 1 \\ 1 \end{bmatrix}, \begin{bmatrix} 0 \\ 0 \\ 0 \\ 0 \end{bmatrix}\right\}$

(C) $\left\{\begin{bmatrix} 1 \\ 0 \\ 0 \\ 1 \end{bmatrix}, \begin{bmatrix} 1 \\ 0 \\ 0 \\ -1 \end{bmatrix}, \begin{bmatrix} 0 \\ 1 \\ -1 \\ 0 \end{bmatrix}, \begin{bmatrix} 0 \\ 1 \\ 1 \\ 0 \end{bmatrix}\right\}$

h) Es sei V ein endlich dimensionaler Vektorraum über $\mathbb{K}$ und $S \subset V$. Welche Aussagen sind Korrekt?

(A) Sei S linear unabhängig und $T \subset S$. Dann ist T linear unabhängig.
(B) Sei S linear abhängig und $T \subset S$. Dann ist T linear abhängig.
(C) Sei $T \subset V$ mit $\langle T \rangle \subset \langle S \rangle$. Dann ist $|T| \leq |S|$.

i) Welche der folgenden Abbildungen sind linear?

(A) $F : \mathbb{R} \to \mathbb{R}, x \to x + 1$

(B) $F : \mathbb{R}^2 \to \mathbb{R}^3, [x, y]^T \to [0, x + y, x - y]^T$

(C) $F : \mathbb{R}^2 \to \mathbb{R}^3, [x, y]^T \to [2, x + y, x - y]^T$

(D) $F : \mathbb{R}^3 \to P_3(\mathbb{R}), [a, b, c]^T \to ax + bx^2 + cx^3$

j) Es seien $\boldsymbol{A}, \boldsymbol{B} \in \mathbb{R}^{n \times n}$ mit $\boldsymbol{AB} = \boldsymbol{E}$. Welche Aussagen sind korrekt?

(A) $\boldsymbol{BA} = \boldsymbol{E}$

(B) $\boldsymbol{A}$ ist invertierbar

(C) $\boldsymbol{B}$ ist invertierbar

(D) Keine der Aussagen ist richtig

k) Es seien nun $\boldsymbol{A} \in \mathbb{R}^{m \times n}$ und $\boldsymbol{B} \in \mathbb{R}^{n \times m}$ mit $\boldsymbol{AB} = \boldsymbol{E}$. Welche Aussagen sind korrekt?

(A) $\boldsymbol{BA} = \boldsymbol{E}$

(B) $\boldsymbol{A}$ ist invertierbar

(C) $\boldsymbol{B}$ ist invertierbar

(D) Keine der Aussagen ist richtig

l) Es sei $F : \mathbb{R}^2 \to \mathbb{R}^2$ eine lineare Abbildung mit Darstellungsmatrix $\boldsymbol{A}$. Welche Aussagen sind korrekt?

(A) $\dim(\mathrm{Ker}(F)) = 2 - \mathrm{Rang}(\boldsymbol{A})$

(B) $\dim(\mathrm{Ker}(F)) = 2 - \det(\boldsymbol{A})$

(C) $\dim(\mathrm{Ker}(F)) = 2 \Leftrightarrow \boldsymbol{A} = \begin{bmatrix} 0 & 0 \\ 0 & 0 \end{bmatrix}$

(D) $\dim(\mathrm{Ker}(F)) = 1 \Rightarrow \det(\boldsymbol{A}) = 1$

m) Es sei V ein endlich dimensionaler Vektorraum über $\mathbb{K}$ und $F \in \mathrm{End}(V)$. Es seien $\boldsymbol{v_1}$ und $\boldsymbol{v_2}$ verschiedene Eigenvektoren von $\boldsymbol{A}$. Dann ist $\boldsymbol{v_1} + \boldsymbol{v_2}$ ein Eigenvektor von $\boldsymbol{A}$.

(A) Wahr

(B) Falsch

n) Ein lineares Gleichungssystem mit mehr Unbekannten als Gleichungen hat mindestens eine Lösung.

(A) Wahr

(B) Falsch

o) Man betrachte den Vektorraum $P_2(\mathbb{R})$ mit den geordneten Basen $\mathcal{B}_1 = \{1, x, x^2\}$ und $\mathcal{B}_2 = \{x^2, (x + 1)^2, (x + 2)^2\}$. Die Transformationsmatrix von $\mathcal{B}_1$ nach $\mathcal{B}_2$ ist ...

(A) $\boldsymbol{T}_{\mathcal{B}_1 \to \mathcal{B}_2} = \begin{bmatrix} 0 & 1 & 4 \\ 0 & 2 & 4 \\ 1 & 1 & 1 \end{bmatrix}$

(B) $\boldsymbol{T}_{\mathcal{B}_1 \to \mathcal{B}_2} = \begin{bmatrix} 0 & 0 & 1 \\ 1 & 2 & 1 \\ 4 & 4 & 1 \end{bmatrix}$

(C) $\boldsymbol{T}_{\mathcal{B}_1 \to \mathcal{B}_2} = \frac{1}{4} \begin{bmatrix} 2 & -3 & 4 \\ -4 & 4 & 0 \\ 2 & -1 & 0 \end{bmatrix}$

(D) $\boldsymbol{T}_{\mathcal{B}_1 \to \mathcal{B}_2} = \frac{1}{4} \begin{bmatrix} 2 & -3 & 4 \\ -1 & 1 & 0 \\ 1 & -4 & 0 \end{bmatrix}$

p) Die Matrizen $\begin{bmatrix} 1 & 1 & 4 \\ 1 & 2 & 4 \\ 1 & 2 & 0 \end{bmatrix}$ und $\begin{bmatrix} 0 & 1 & 1 \\ 1 & 1 & 0 \\ 1 & 0 & 1 \end{bmatrix}$ sind ähnlich.

(A) Wahr (B) Falsch

q) Welche der folgenden Matrizen sind äquivalent zu $\begin{bmatrix} 1 & 1 & 1 \\ 1 & -1 & -1 \\ 0 & 1 & 1 \end{bmatrix}$?

(A) $\begin{bmatrix} 1 & 1 & 1 \\ 1 & 1 & 1 \\ 1 & 1 & 1 \end{bmatrix}$ (B) $\begin{bmatrix} 1 & 0 & 0 \\ 0 & 1 & 0 \\ 0 & 0 & 0 \end{bmatrix}$ (C) $\begin{bmatrix} 1 & 1 & 1 \\ 2 & 0 & -1 \\ 3 & 1 & 0 \end{bmatrix}$

r) Es seien V ein Vektorraum und $W \subset V$ ein Unterraum. Dann ist $\langle W \rangle = W$.

(A) Wahr (B) Falsch

s) Die Menge $\mathrm{GL}(n, \mathbb{K})$ der invertierbaren Matrizen $A \in \mathbb{K}^{n \times n}$ ist ein Unterraum von $\mathbb{K}^{n \times n}$.

(A) Wahr (B) Falsch

t) Es sei V ein endlich dimensionaler Vektorraum und U_1, U_2, W Unterräume. Es sei $U_1 \oplus W = U_2 \oplus W$. Dann ist $U_1 = U_2$.

(A) Wahr (B) Falsch

u) Die Vektorräume $P_5(\mathbb{R})$ und $\mathbb{R}^{2 \times 3}$ sind isomorph.

(A) Wahr (B) Falsch

v) Es sei $F \in \mathrm{End}(V)$. Dann ist $\dim(\mathrm{Ker}(F^2)) \geq \dim(\mathrm{Ker}(F))$.

(A) Wahr (B) Falsch

Aufgabe 2 (22 Punkte)

a) Geben Sie die Definition der Determinante einer Matrix $A \in \mathbb{K}^{n \times n}$ mittels Leibniz-Formel. Kommen die Produkte $a_{13}a_{24}a_{53}a_{41}a_{35}$ und $a_{21}a_{13}a_{34}a_{55}a_{42}$ in der Definitionsformel vor, wenn $A \in \mathbb{K}^{5 \times 5}$? (3 Punkte)

b) Es sei

$$A = \begin{bmatrix} a_{11} & 0 & \cdots & 0 \\ 0 & a_{22} & \cdots & 0 \\ \vdots & \vdots & \ddots & \vdots \\ 0 & 0 & \cdots & a_{nn} \end{bmatrix} \in \mathbb{K}^{n \times n}$$

eine Diagonalmatrix. Zeigen Sie mithilfe der Leibniz-Formel, dass $\det(\boldsymbol{A}) = a_{11}a_{22}\cdots a_{nn}$ gilt. (5 Punkte)

c) Es sei $\boldsymbol{x} = [x_1, \cdots, x_{n-1}]^T \in \mathbb{R}^{n-1}$. Wir definieren die Matrix $\boldsymbol{A_n} \in \mathbb{R}^{n\times n}$ wie folgt

$$\boldsymbol{A_n} = \begin{bmatrix} 0 & x_1 & x_2 & \cdots & x_{n-1} \\ x_1 & 1 & 0 & \cdots & 0 \\ x_2 & 0 & 1 & \cdots & 0 \\ \vdots & \vdots & \vdots & \ddots & \vdots \\ x_{n-1} & 0 & 0 & \cdots & 1 \end{bmatrix}.$$

Zeigen Sie, dass $\det(\boldsymbol{A_n}) = -||\boldsymbol{x}||^2$. (5 Punkte)

d) Es sei $n \in \mathbb{N}$ ungerade und $\boldsymbol{A} \in \mathbb{R}^{n\times n}$ schiefsymmetrisch. Zeigen Sie, dass $\det(\boldsymbol{A}) = 0$ gilt. (4 Punkte)

e) Es sei $\mathbb{K} = \mathbb{Z}_p$. Zeigen Sie, dass

$$\boldsymbol{A} = \begin{bmatrix} 5 & 4 & 4 & \cdots & 4 \\ 4 & 5 & 4 & \cdots & 4 \\ 4 & 4 & 5 & \cdots & 4 \\ \vdots & \vdots & \vdots & \ddots & \vdots \\ 4 & 4 & 4 & \cdots & 5 \end{bmatrix}$$

genau dann singulär ist, wenn $4n + 1$ durch p teilbar ist. (5 Punkte)

Aufgabe 3 (15 Punkte)

$\boldsymbol{A} \in \mathbb{R}^{n\times n}$ heißt stochastische Matrix, wenn alle Einträge von $\boldsymbol{A}$ zwischen 0 und 1 liegen und **jede Zeilensumme 1 ergibt**, d. h. $\sum_{j=1}^{n} a_{ij} = 1, \forall i = 1, \cdots, n$. Stochastische Matrizen treten in der Wahrscheinlichkeitstheorie vor, wobei sie dort die Übergangswahrscheinlichkeiten von Markow-Ketten ausdrücken.

a) Zeigen Sie, dass $\lambda = 1$ ein Eigenwert von $\boldsymbol{A}$ ist. (5 Punkte)

b) Es sei λ ein Eigenwert von $\boldsymbol{A}$. Zeigen Sie $|\lambda| \leq 1$. (5 Punkte)

c) Zeigen Sie, dass

$$\boldsymbol{A} = \begin{bmatrix} 0 & 0 & \frac{1}{2} & 0 & \frac{1}{2} \\ 0 & 0 & 1 & 0 & 0 \\ \frac{1}{4} & \frac{1}{4} & 0 & \frac{1}{4} & \frac{1}{4} \\ 0 & 0 & \frac{1}{2} & 0 & \frac{1}{2} \\ 0 & 0 & 0 & 0 & 1 \end{bmatrix}$$

eine stochastische Matrix ist. Bestimmen Sie alle Eigenwerte von $\boldsymbol{A}$ und verifizieren Sie die Aussage aus Teilaufgabe (b). (5 Punkte)

Aufgabe 4 (28 Punkte)

Es sei $A \in \mathbb{K}^{n \times n}$ idempotent, d. h. $A^2 = A$.

a) Zeigen Sie, dass A nur die Eigenwerte $\lambda = 0$ und $\lambda = 1$ hat. (5 Punkte)

b) Es sei $\boldsymbol{b} \in \mathbb{K}^n \setminus \{\boldsymbol{0}\}$. Zeigen Sie: Das lineare Gleichungssystem $A\boldsymbol{x} = \boldsymbol{b}$ hat genau dann eine Lösung, wenn $\boldsymbol{b}$ ein Eigenvektor zum Eigenwert $\lambda = 1$ ist. (5 Punkte)

c) Es sei $A\boldsymbol{x} = \boldsymbol{b}$ wie in (b). Zeigen Sie: Die Lösungsmenge von $A\boldsymbol{x} = \boldsymbol{b}$ ist

$$\mathbb{L} = \boldsymbol{b} + \mathrm{Eig}_0(A),$$

wobei $\mathrm{Eig}_0(A)$ den Eigenraum zum Eigenwert $\lambda = 0$ bezeichnet. (5 Punkte)

d) Es sei nun $\mathbb{K} = \mathbb{R}$. Bestimmen Sie die Lösungsmenge des Gleichungssystems $A\boldsymbol{x} = \boldsymbol{b}$ für $A = \begin{bmatrix} 2 & -2 & -4 \\ -1 & 3 & 4 \\ 1 & -2 & -3 \end{bmatrix}$ und $A = \begin{bmatrix} 0 \\ 2 \\ -1 \end{bmatrix}$. (5 Punkte)

e) Zeigen Sie: $\mathbb{K}^n = \mathrm{Ker}(A) \oplus \mathrm{Im}(A)$. (5 Punkte)

f) Ist die Aussage $\mathbb{K}^n = \mathrm{Ker}(A) \oplus \mathrm{Im}(A)$ für allgemeine Matrizen $A \in \mathbb{K}^{n \times n}$ richtig? (3 Punkte)

Aufgabe 5 (23 Punkte)

Es sei V ein endlich dimensionaler Vektorraum über den Körper $\mathbb{K}$ und seien U_1 und U_2 Unterräume von V.

a) Es sei $V = U_1 \oplus U_2$. Zeigen Sie: Jeder Vektor $\boldsymbol{v} \in V$ besitzt eine eindeutige Zerlegung $\boldsymbol{v} = \boldsymbol{u_1} + \boldsymbol{u_2}$ mit $\boldsymbol{u_1} \in U_1$ und $\boldsymbol{u_2} \in U_2$. (5 Punkte)

b) Es sei $\dim(U_1) + \dim(U_2) = \dim(V)$. Zeigen Sie, dass die folgenden Aussagen äquivalent sind. (5 Punkte):

(i) $U_1 + U_2 = V$

(ii) $U_1 \cap U_2 = \{0\}$

Es seien nun $V = \mathbb{R}^3$, $U_1 = \{\boldsymbol{x} \in \mathbb{R}^3 \mid x_1 + x_2 = 3 - k, (k-1)x_1 = (2-k)x_3\}$ und $U_2 = \left\langle \begin{bmatrix} 1 \\ 0 \\ 1 \end{bmatrix}, \begin{bmatrix} 1 \\ 2 \\ 1 \end{bmatrix}, \begin{bmatrix} 1 \\ 1 \\ 1 \end{bmatrix} \right\rangle$.

c) Für welche $k \in \mathbb{R}$ ist U_1 ein Unterraum? Man bestimme die Dimension und eine Basis von U_1. (5 Punkte)

d) Man bestimme die Dimension und eine Basis von U_2. (3 Punkte)

e) Man zeige oder widerlege, dass $\mathbb{R}^3 = U_1 \oplus U_2$. (5 Punkte)

Aufgabe 6 (25 Punkte)

Es sei $V = \mathbb{C}^{2 \times 2}$ der Vektorraum der komplexen (2×2)-Matrizen.

a) Zeigen Sie, dass die Menge $U \subset V$ der komplexen (2×2) oberen Dreiecksmatrizen ein Unterraum ist. (3 Punkte)

b) Zeigen Sie, dass die Matrizen $\boldsymbol{B_1} = \begin{bmatrix} 1 & i \\ 0 & 1 \end{bmatrix}$, $\boldsymbol{B_2} = \begin{bmatrix} 1 & i \\ 0 & 2 \end{bmatrix}$, $\boldsymbol{B_3} = \begin{bmatrix} i & -2 \\ 0 & i \end{bmatrix}$ eine Basis $\mathcal{B}$ von U bilden. (5 Punkte)

c) Es sei $\boldsymbol{T} = \begin{bmatrix} 1 & 1 \\ 0 & -1 \end{bmatrix}$. Zeigen Sie, dass $F : U \to U, \boldsymbol{A} \to \boldsymbol{TAT}$ eine wohldefinierte lineare Abbildung ist. (5 Punkte).

d) Berechnen Sie die Darstellungsmatrix von F bezüglich der Basis in (b). (5 Punkte)
e) Bestimmen Sie alle Eigenwerte von F. (5 Punkte)
f) Zeigen Sie, dass F ein Isomorphismus ist. (2 Punkte)

Aufgabe 7 (15 Punkte)

a) Wir definieren auf $\mathbb{K}^{m\times n}$ eine Relation durch

$$\boldsymbol{A} \sim \boldsymbol{B} \;\Leftrightarrow\; \boldsymbol{A} \text{ und } \boldsymbol{B} \text{ sind äquivalent.}$$

Zeigen Sie, dass $\sim$ eine Äquivalenzrelation auf $\mathbb{K}^{m\times n}$ definiert. (5 Punkte)
b) Es sei $\boldsymbol{A} \in \mathbb{K}^{n\times n}$ und $\boldsymbol{B} \in \mathrm{GL}(n, \mathbb{K})$. Zeigen Sie, dass $\mathrm{Im}(\boldsymbol{AB}) = \mathrm{Im}(\boldsymbol{A})$. Schließen Sie: $\boldsymbol{AB}$ und $\boldsymbol{A}$ sind äquivalent, d. h. $\boldsymbol{AB} \sim \boldsymbol{A}$. (5 Punkte)
c) Für welche $k \in \mathbb{R}$ sind die Matrizen $\boldsymbol{A}$ und $\boldsymbol{B}$ äquivalent? (5 Punkte)

$$\boldsymbol{A} = \begin{bmatrix} k & 1 & 2 \\ 1 & 1 & 1 \\ -1 & 1 & 1-k \end{bmatrix}, \quad \boldsymbol{B} = \begin{bmatrix} 1 & 0 & 0 \\ 0 & 1 & 0 \\ 0 & 0 & 0 \end{bmatrix}.$$

10.6 Multiple-Choice Fragen – Lösungen

▶ Kapitel 1

1 (A) (B) **(C)** **(D)** (E) **(F)** Wegen Dimensionen: $\boldsymbol{A}_{2\times 3}$, $\boldsymbol{B}_{4\times 2}$ und $\boldsymbol{C}_{3\times 2}$.

2 (A) **(B)** (C) Wegen Dimensionen: $\boldsymbol{A}_{n\times p}\boldsymbol{B}_{p\times m}\boldsymbol{C}_{m\times n} = (\boldsymbol{ABC})_{n\times n}$.

3 **(A)** (B) (C) (D) $[0\;1\;0]\begin{bmatrix} -3 & 2 & 1 & 1 \\ 0 & 1 & 0 & 1 \\ 2 & -5 & 2 & 1 \end{bmatrix} = \begin{bmatrix} 0 \\ 1 \\ 0 \\ 1 \end{bmatrix}.$

4 (A) (B) **(C)** $\begin{bmatrix} \frac{2}{5} & -\frac{1}{5} \\ \frac{3}{5} & \frac{1}{5} \end{bmatrix}\begin{bmatrix} 1 & 1 \\ -3 & 2 \end{bmatrix} = \begin{bmatrix} 1 & 0 \\ 0 & 1 \end{bmatrix}.$

5 **(A)** **(B)** **(C)** **(D)**

6 (A) (B) **(C)** Die Adjungierte ist $\boldsymbol{A}^* = \overline{\boldsymbol{A}}^T$ (komplexkonjugieren und transponieren).

7 (A) **(B)** **(C)** (D) $\boldsymbol{A}$ ist normal falls $\boldsymbol{A}^T\boldsymbol{A} = \boldsymbol{A}\boldsymbol{A}^T$. Für eine (2×2)-Matrix:

$$\begin{bmatrix} a & c \\ b & d \end{bmatrix}\begin{bmatrix} a & b \\ c & d \end{bmatrix} = \begin{bmatrix} a^2+c^2 & ab+cd \\ ab+cd & b^2+d^2 \end{bmatrix} \stackrel{!}{=} \begin{bmatrix} a^2+b^2 & ac+bd \\ ac+bd & c^2+d^2 \end{bmatrix} = \begin{bmatrix} a & b \\ c & d \end{bmatrix}\begin{bmatrix} a & c \\ b & d \end{bmatrix}$$

Aus $a^2+c^2 = a^2+b^2$ und $b^2+d^2 = c^2+d^2$ folgt $b = \pm c$. (1) Ist $b = c$, so ist $ab+cd = ac+bd$ automatisch erfüllt. (2) Ist $b = -c$, so folgt $(a-d)b = (d-a)b$, d. h. $a = d$. Eine beliebige normale (2×2)-Matrix hat somit die Form $\left[\begin{smallmatrix} a & b \\ b & d \end{smallmatrix}\right]$ oder $\left[\begin{smallmatrix} a & b \\ -b & a \end{smallmatrix}\right]$.

8 (A) **(B)** (C) $\mathrm{Spur}(A^*) = \overline{\mathrm{Spur}(A)} = \overline{2-4i} = 2+4i$.

9 (A) (B) **(C)** $[\boldsymbol{A}, \boldsymbol{B}] = \mathbf{0}$ heißt $\boldsymbol{AB} = \boldsymbol{BA}$ ($\boldsymbol{A}$ und $\boldsymbol{B}$ kommutieren) $\Rightarrow (\boldsymbol{A}+\boldsymbol{B})^2 = \boldsymbol{A}^2 + \boldsymbol{AB} + \boldsymbol{BA} + \boldsymbol{B}^2 = \boldsymbol{A}^2 + 2\boldsymbol{AB} + \boldsymbol{B}^2$.

10 (A) **(B)** Gegenbeispiel: $\boldsymbol{A} = \begin{bmatrix} 1 & 0 \\ 0 & 0 \end{bmatrix}$, $\boldsymbol{B} = \begin{bmatrix} 1 & 2 \\ 3 & 4 \end{bmatrix}$, $\boldsymbol{C} = \begin{bmatrix} 1 & 2 \\ 7 & 2 \end{bmatrix} \Rightarrow \boldsymbol{AB} = \begin{bmatrix} 1 & 2 \\ 0 & 0 \end{bmatrix} = \boldsymbol{AC}$ aber $\boldsymbol{B} \neq \boldsymbol{C}$. Man kann $\boldsymbol{A}$ nur dann kürzen, wenn $\boldsymbol{A}$ invertierbar ist. In diesem Fall gilt: $\boldsymbol{AB} = \boldsymbol{AC} \Rightarrow \boldsymbol{A}^{-1}\boldsymbol{AB} = \boldsymbol{A}^{-1}\boldsymbol{AC} \Rightarrow \boldsymbol{B} = \boldsymbol{C}$.

11 (A) **(B)** (C) $\boldsymbol{C}^T \left(\boldsymbol{AB}^{-1}\boldsymbol{C}^T\right)^{-1} \boldsymbol{AB}^{-1} = \boldsymbol{C}^T\boldsymbol{C}^{-T}\boldsymbol{BA}^{-1}\boldsymbol{AB}^{-1} = \boldsymbol{BB}^{-1} = \boldsymbol{E}$.

12 (A) **(B)** $5\boldsymbol{A} + 4\boldsymbol{AB} + \boldsymbol{C} = \left(2\boldsymbol{DA}^T + \boldsymbol{E}\right)^T = 2\boldsymbol{AD}^T + \boldsymbol{E}^T = 2\boldsymbol{AD}^T + \boldsymbol{E} \Rightarrow \boldsymbol{A}\left(5\boldsymbol{E} + 4\boldsymbol{B} - 2\boldsymbol{D}^T\right) = \boldsymbol{E} - \boldsymbol{C} \Rightarrow \boldsymbol{A} = (\boldsymbol{E} - \boldsymbol{C})\left(5\boldsymbol{E} + 4\boldsymbol{B} - 2\boldsymbol{D}^T\right)^{-1}$ (Inverse wird **rechts** multipliziert).

13 (A) **(B)** (C) Auf $\mathbb{Z}_3$ gilt $\boldsymbol{A}^T\boldsymbol{B} = \begin{bmatrix} 12 & 9 & -6 \\ -12 & -9 & 6 \\ 8 & 6 & -4 \end{bmatrix} = \begin{bmatrix} 0 & 0 & 0 \\ 0 & 0 & 0 \\ 2 & 0 & 2 \end{bmatrix}$.

14 a) (A) **(B)** (C) Eine beliebige Matrix $\boldsymbol{A} = \begin{bmatrix} a & b \\ c & d \end{bmatrix} \in \mathbb{R}^{2\times 2}$ ist spurlos, wenn $\mathrm{Spur}(\boldsymbol{A}) = a + d = 0 \Rightarrow d = -a \Rightarrow \boldsymbol{A} = \begin{bmatrix} a & b \\ c & -a \end{bmatrix}$.

b) (A) (B) **(C)** (D) Eine beliebige Matrix $\boldsymbol{A} \in S$ hat 3 freie Parameter $\Rightarrow \dim(S) = 3$.

15 **(A)** **(B)** (C) **(D)** Siehe Übung 1.20.

16 **(A)** (B) $\begin{bmatrix} \mathbf{0} & \boldsymbol{A} \\ \boldsymbol{A}^T & \mathbf{0} \end{bmatrix}^T = \begin{bmatrix} \mathbf{0} & \left(\boldsymbol{A}^T\right)^T \\ \boldsymbol{A}^T & \mathbf{0} \end{bmatrix} = \begin{bmatrix} \mathbf{0} & \boldsymbol{A} \\ \boldsymbol{A}^T & \mathbf{0} \end{bmatrix} \Rightarrow \begin{bmatrix} \mathbf{0} & \boldsymbol{A} \\ \boldsymbol{A}^T & \mathbf{0} \end{bmatrix}$ symmetrisch.

17 **(A)** (B) $\boldsymbol{A}, \boldsymbol{B}$ symmetrisch (d. h. $\boldsymbol{A}^T = \boldsymbol{A}$ und $\boldsymbol{B}^T\boldsymbol{B}$) $\Rightarrow (\boldsymbol{ABA})^T = \boldsymbol{A}^T\boldsymbol{B}^T\boldsymbol{A}^T = \boldsymbol{ABA} \Rightarrow \boldsymbol{ABA}$ symmetrisch.

18 **(A)** **(B)** (C) (D) $\boldsymbol{A}$ ist Hermitesch falls $\boldsymbol{A}^* = \boldsymbol{A}$. Für eine Matrix in $\mathbb{C}^{2\times 2}$:

$$\begin{bmatrix} x_{11} - iy_{11} & x_{21} - iy_{21} \\ x_{12} - iy_{12} & x_{22} - iy_{22} \end{bmatrix} \stackrel{!}{=} \begin{bmatrix} x_{11} + iy_{11} & x_{12} + iy_{12} \\ x_{21} + iy_{21} & x_{22} + iy_{22} \end{bmatrix} \Rightarrow \begin{cases} y_{11} = y_{22} = 0 \\ x_{12} = x_{21} \\ y_{12} = -y_{21} \end{cases}$$

Aus $y_{11} = y_{22}$ folgt, dass die Diagonaleinträge reell sind. Außerdem hat jede Matrix in $H_2(\mathbb{C})$ genau 4 freie Parameter (frei wählbare reelle Zahlen) $\Rightarrow \dim_{\mathbb{R}} H_2(\mathbb{C}) = 4$.

19 (A) (B) **(C)** (D) $\boldsymbol{C}^T\boldsymbol{C} = \frac{1}{9}\begin{bmatrix} 1 & 2 & 2 \\ -2 & -1 & 2 \\ 2 & -2 & 1 \end{bmatrix}\begin{bmatrix} 1 & -2 & 2 \\ 2 & -1 & -2 \\ 2 & 2 & 1 \end{bmatrix} = \begin{bmatrix} 1 & 0 & 0 \\ 0 & 1 & 0 \\ 0 & 0 & 1 \end{bmatrix} \Rightarrow \boldsymbol{C}$ orthogonal.

20 **(A)** (B) (C) (D) $\boldsymbol{U}^*\boldsymbol{U} = \frac{1}{2}\begin{bmatrix} 2+k^2 & \sqrt{2}k & 0 \\ \sqrt{2}k & 2 & 0 \\ 0 & 0 & 2 \end{bmatrix} \stackrel{!}{=} \begin{bmatrix} 1 & 0 & 0 \\ 0 & 1 & 0 \\ 0 & 0 & 1 \end{bmatrix} \Rightarrow k = 0$.

21 **(A)** **(B)** (C) (D) $\boldsymbol{A}^2 = \begin{bmatrix} 0 & 0 \\ 0 & 0 \end{bmatrix} \Rightarrow \boldsymbol{A}$ nilpotent mit Nilpotenzgrad 2. $\boldsymbol{B}^2 = \begin{bmatrix} 0 & 0 & 1 \\ 0 & 0 & 0 \\ 0 & 0 & 0 \end{bmatrix}$, $\boldsymbol{B}^3 = \begin{bmatrix} 0 & 0 & 0 \\ 0 & 0 & 0 \\ 0 & 0 & 0 \end{bmatrix} \Rightarrow \boldsymbol{B}$ nilpotent mit Nilpotenzgrad 3.

22 (A) (B) **(C)** $\boldsymbol{A}, \boldsymbol{B}$ nilpotent mit Nilpotenzgrad $m \Rightarrow \boldsymbol{A}^m = \boldsymbol{B}^m = \boldsymbol{0}$. Ist $[\boldsymbol{A}, \boldsymbol{B}] = \boldsymbol{0}$ (d. h. $\boldsymbol{AB} = \boldsymbol{BA}$), so gilt $(\boldsymbol{AB})^m = \boldsymbol{ABAB} \cdots \boldsymbol{AB} = \underbrace{\boldsymbol{A}^m}_{=\boldsymbol{0}} \underbrace{\boldsymbol{B}^m}_{=\boldsymbol{0}} = \boldsymbol{0} \Rightarrow \boldsymbol{AB}$ nilpotent.

23 **(A)** **(B)** (C) (D) $\boldsymbol{A}$ orthogonal $\Rightarrow \boldsymbol{A}^T\boldsymbol{A} = \boldsymbol{A}\boldsymbol{A}^T = \boldsymbol{E}$. Insbesondere ist $\boldsymbol{A}^T\boldsymbol{A} = \boldsymbol{A}\boldsymbol{A}^T$, d. h. $\boldsymbol{A}$ ist normal. $\boldsymbol{A}$ symmetrisch $\Rightarrow \boldsymbol{A}^T = \boldsymbol{A}$. Daraus folgt $\boldsymbol{A}^T\boldsymbol{A} = \boldsymbol{A}\boldsymbol{A} = \boldsymbol{A}\boldsymbol{A}^T$, d. h. $\boldsymbol{A}$ ist normal.

▶ Kapitel 2

24 **(A)** (B) Rouché-Capelli mit $m = 2, n = 4$. Wegen $\boldsymbol{A} \in \mathbb{R}^{2\times 4}$ hat $\boldsymbol{A}$ maximal Rang $2 \Rightarrow \text{Rang}(\boldsymbol{A}) < 4 = n \Rightarrow \boldsymbol{Ax} = \boldsymbol{0}$ hat eine nichttriviale Lösung.

25 (A) (B) (C) **(D)** Rouché-Capelli mit $m = 3, n = 5$. Wegen $\text{Rang}(\boldsymbol{A}) = 3 < 5 = n$ hat $\boldsymbol{Ax} = \boldsymbol{0}$ unendlich viele Lösungen mit $n - \text{Rang}(\boldsymbol{A}) = 5 - 3 = 2$ freien Parametern.

26 (A) **(B)** (C) Es gilt $\text{Rang}(\boldsymbol{A}|\boldsymbol{b}) = 3$. Für $\alpha = -\frac{1}{2}$ hat $\boldsymbol{A}$ 2 Zeilen $\neq [0, 0, 0]$, d. h. $\text{Rang}(\boldsymbol{A}) = 2$. Wegen $\text{Rang}(\boldsymbol{A}) = 2 < 3 = \text{Rang}(\boldsymbol{A}|\boldsymbol{b})$ besitzt das LGS keine Lösung.

27 **(A)** (B) Wegen $\boldsymbol{Ax} = \boldsymbol{A0} = \boldsymbol{0}$ ist $\boldsymbol{x} = \boldsymbol{0}$ immer eine Lösung von $\boldsymbol{Ax} = \boldsymbol{0}$.

28 (A) **(B)** Inhomogene LGS können keine Lösung besitzen.

29 (A) **(B)** (C) (D) Wir wenden den Gauß-Algorithmus in zwei Schritten an:

$$\left[\begin{array}{cccc|c} 1 & 2 & 0 & 1 & 0 \\ 2 & 5 & 4 & 4 & 0 \\ 3 & 5 & -6 & 4 & 0 \end{array}\right] \overset{\substack{(Z_2)-2(Z_1) \\ (Z_3)-3(Z_1)}}{\rightsquigarrow} \left[\begin{array}{cccc|c} 1 & 2 & 0 & 1 & 0 \\ 0 & 1 & 4 & 2 & 0 \\ 0 & -1 & -6 & 1 & 0 \end{array}\right] \overset{(Z_3)+(Z_2)}{\rightsquigarrow} \left[\begin{array}{cccc|c} 1 & 2 & 0 & 1 & 0 \\ 0 & 1 & 4 & 2 & 0 \\ 0 & 0 & -2 & 3 & 0 \end{array}\right] = \boldsymbol{Z}.$$

Das LGS hat unendlich viele Lösungen mit 1 freien Parameter ($\mathbb{L}$ = Gerade)

$$\mathbb{L} = \left\{ \boldsymbol{x} \in \mathbb{R}^4 \;\middle|\; \begin{bmatrix} x_1 \\ x_2 \\ x_3 \\ x_4 \end{bmatrix} = t \left[\, 15 \; -8 \; \tfrac{3}{2} \; 1 \,\right], \, t \in \mathbb{R} \right\}.$$

30 **(A)** (B) **(C)** Mit dem Gauß-Algorithmus (wichtig: wir vertauschen (Z_1) und (Z_3)):

$$\left[\begin{array}{ccc|c} k & k & k^2 & 4 \\ 1 & 1 & k & k \\ 1 & 2 & 3 & 2k \end{array}\right] \overset{(Z_1)\leftrightarrow(Z_3)}{\rightsquigarrow} \left[\begin{array}{ccc|c} 1 & 2 & 3 & 2k \\ 1 & 1 & k & k \\ k & k & k^2 & 4 \end{array}\right] \overset{\substack{(Z_2)-(Z_1) \\ (Z_3)-k(Z_2)}}{\rightsquigarrow} \left[\begin{array}{ccc|c} 1 & 2 & 3 & 2k \\ 0 & -1 & k-3 & -k \\ 0 & 0 & 0 & 4-k^2 \end{array}\right] = \boldsymbol{Z}.$$

Wir wenden den Satz von Rouché-Capelli an. Insbesondere ist $\text{Rang}(\boldsymbol{A}) = \text{Rang}(\boldsymbol{A}|\boldsymbol{b})$ nur wenn $k \neq \pm 2$. Wir machen eine Fallunterscheidung:

- $\underline{k = \pm 2}$: $\text{Rang}(\boldsymbol{A}) = 2 \neq 3 = \text{Rang}(\boldsymbol{A}|\boldsymbol{b}) \Rightarrow$ Das LGS hat keine Lösung.
- $\underline{k \neq \pm 2}$: $\text{Rang}(\boldsymbol{A}) = 2 = \text{Rang}(\boldsymbol{A}|\boldsymbol{b}) \Rightarrow$ Das LGS hat unendlich viele Lösungen mit $3 - \text{Rang}(\boldsymbol{A}) = 1$ freien Parameter.

31 (A) **(B)** (C) (D) **(E)** (F) Nach dem Satz von Rouché-Capelli hat das LGS $\boldsymbol{Ax} = \boldsymbol{0}$ unendlich viele Lösungen mit 2 Parametern (Ebene) wenn $n - \text{Rang}(A) = 2$ $\Rightarrow \text{Rang}(A) = \dim \text{Im}(A) = n - 2$. Aus der Dimensionsformel folgt dann $\dim \text{Ker}(A) = n - \dim \text{Im}(A) = 2$. (*Alternative: Die Lösungsmenge von* $\boldsymbol{Ax} = \boldsymbol{0}$ *ist* $\text{Ker}(A) \Rightarrow \dim \text{Ker}(A) = 2$).

32 (A) **(B)** (C) Die Ebene hat die Normale $\begin{bmatrix} 2 & -1 & 0 \end{bmatrix}^T$. Die implizite Gleichung ist somit $2x_1 - x_2 = d$ mit $d \in \mathbb{R}$. Auswerten bei $(1, 2, 3)$: $2 - 2 = d \Rightarrow d = 0$.

33 (A) **(B)** (C) (D) E_1 und E_2 haben die Normalenvektoren $\boldsymbol{n_1} = \begin{bmatrix} 2 & 1 & 1 \end{bmatrix}^T$ und $\boldsymbol{n_2} = \begin{bmatrix} 1 & 0 & 1 \end{bmatrix}^T$. Der Winkel zwischen $\boldsymbol{n_1}$ und $\boldsymbol{n_2}$ ist $\cos\theta = \frac{\boldsymbol{n_1} \cdot \boldsymbol{n_2}}{\|\boldsymbol{n_1}\| \, \|\boldsymbol{n_2}\|} = \frac{2+1}{\sqrt{2}\sqrt{6}} = \frac{\sqrt{3}}{2} \Rightarrow \theta = \frac{\pi}{6}$.

34 **(A)** (B) Wir bestimmen die Parameterdarstellung der Gerade $E_1 \cap E_2$:

$$\begin{cases} x_3 = 3 \\ x_1 + x_2 = -2 \end{cases} \quad \Rightarrow \quad \begin{cases} x_1 = -2 - t \\ x_2 = t \\ x_3 = 3 \end{cases} \qquad (t \in \mathbb{R})$$

Wir zeigen nun, dass die Gerade $E_1 \cap E_2$ die Gleichung von E_3 erfüllt: $3x_1 + 3x_2 - x_3 + 9 = 3(-2 - t) + 3t - 3 + 9 = 0$ ✓ $\Rightarrow E_3$ enthählt $E_1 \cap E_2$.

35 **(A)** (B) (C) **(D)** (E) (F) Weil $\boldsymbol{A} \in \mathbb{R}^{3 \times 6}$ ist $\boldsymbol{x} \in \mathbb{R}^6$. Daher ist die Lösungsmenge eine Teilmenge von $\mathbb{R}^6$. Die Lösungsmenge eines inhomogenen LGS $\boldsymbol{Ax} = \boldsymbol{b}$ ist ein affiner Raum aber kein Unterraum. Denn die Summe von zwei Lösungen ist im Allgemeinen keine Lösung: $\boldsymbol{A(x_1 + x_2) = Ax_1 + Ax_2 = b + b}$ ✗.

36 (A) **(B)** **(C)** **(D)** **(E)** **(F)** Die Lösungsmenge eines homogenen LGS $\boldsymbol{Ax} = \boldsymbol{0}$ ist immer ein Unterraum (also auch ein affiner Raum). Denn die Summe von zwei Lösungen ist wieder Lösung: $\boldsymbol{A(x_1 + x_2) = Ax_1 + Ax_2 = 0}$ ✓.

37 **(A)** (B) Mit der Formel $\text{Rang}(\boldsymbol{AB}) \le \min\{\text{Rang}(\boldsymbol{A}), \text{Rang}(\boldsymbol{B})\}$ finden wir

$$\text{Rang}(\boldsymbol{A}^T \boldsymbol{B}^T) \le \min\{\text{Rang}(\boldsymbol{A}^T), \text{Rang}(\boldsymbol{B}^T)\} \le \text{Rang}(\boldsymbol{B}^T).$$

38 **(A)** (B) $n = \text{Rang}(\boldsymbol{E}) = \text{Rang}(\boldsymbol{AB}) \le \min\{\text{Rang}(\boldsymbol{A}), \text{Rang}(\boldsymbol{B})\}$. Da $\boldsymbol{A}$ und $\boldsymbol{B}$ maximal Rang n haben folgt $\text{Rang}(\boldsymbol{A}) = \text{Rang}(\boldsymbol{B}) = n$.

39 (A) **(B)** Wegen $\boldsymbol{A} \in \mathbb{R}^{2 \times 3}$ ist $\boldsymbol{A}^T \boldsymbol{A} \in \mathbb{R}^{3 \times 3}$. Da $\boldsymbol{A}$ maximal Rang 2 hat (wegen $\boldsymbol{A} \in \mathbb{R}^{2 \times 3}$), ist $\text{Rang}(\boldsymbol{A}^T \boldsymbol{A}) \le \min\{\text{Rang}(\boldsymbol{A}^T), \text{Rang}(\boldsymbol{A})\} = \text{Rang}(\boldsymbol{A}) \le 2$ (wegen $\text{Rang}(\boldsymbol{A}^T) = \text{Rang}(\boldsymbol{A})$). Somit ist $\boldsymbol{A}^T \boldsymbol{A}$ singulär und das LGS $\boldsymbol{A}^T \boldsymbol{A v} = \boldsymbol{b}$ hat unendlich viele Lösungen.

40 **(A)** **(B)** (C) (D) Wir erzeugen die Zeilenstufenform mit dem Gauß-Algorithmus:

$$\begin{bmatrix} 1 & k+2 & 0 \\ k^2 - 1 & 0 & 4 - k \\ 1 & 2k - 3 & 0 \end{bmatrix} \overset{\substack{(Z_2) - (k^2 - 1)(Z_1) \\ (Z_3) - (Z_1)}}{\rightsquigarrow} \begin{bmatrix} 1 & k+2 & 0 \\ 0 & -(k^2 - 1)(k + 2) & 4 - k \\ 0 & k - 5 & 0 \end{bmatrix} = \boldsymbol{Z}.$$

Für $k \neq 4, 5$ hat die Zielmatrix 3 Zeilen $\neq [0,0,0] \Rightarrow \text{Rang}(A) = 3$. Für $k = 4$ oder $k = 5$ hat $\boldsymbol{Z}$ 2 Zeilen $\neq [0,0,0] \Rightarrow \text{Rang}(A) = 2$.

41 (A) (B) (C) (D) In den Spezialfällen $k = 0$ oder $k = 3$ hat A 3 Zeilen $\neq [0,0,0]$ $\Rightarrow \text{Rang}(A) = 3$. Für $k = -1$ lautet die Matrix $A = \begin{bmatrix} 1 & -4 & 2 \\ 0 & 0 & -1 \\ 0 & 0 & -4 \\ 0 & 0 & -1 \end{bmatrix} \overset{(Z_3)+4(Z_2)}{\underset{(Z_4)-(Z_2)}{\rightsquigarrow}}$

$\begin{bmatrix} 1 & -4 & 2 \\ 0 & 0 & -1 \\ 0 & 0 & 0 \\ 0 & 0 & 0 \end{bmatrix} \Rightarrow \text{Rang}(A) = 2$. Für alle andere k hat A Rang 3.

42 (A) (B) (C) (D) Wir erzeugen die Zeilenstufenform mit dem Gauß-Algorithmus:

$$\begin{bmatrix} 1 & 1 & 3 & -1 \\ 1 & 0 & -2 & -2 \\ 1 & 2 & 8 & k^2-2k \\ -2 & -1 & k-1 & 3 \end{bmatrix} \overset{(Z_2)-(Z_1)}{\underset{(Z_4)+2(Z_1)}{\overset{(Z_3)-(Z_1)}{\rightsquigarrow}}} \begin{bmatrix} 1 & 1 & 3 & -1 \\ 0 & -1 & -5 & -1 \\ 0 & 1 & 5 & k^2-2k+1 \\ 0 & 1 & k+5 & 1 \end{bmatrix}$$

$$\overset{(Z_3)+(Z_2)}{\underset{(Z_4)+(Z_2)}{\rightsquigarrow}} \begin{bmatrix} 1 & 1 & 3 & -1 \\ 0 & -1 & -5 & -1 \\ 0 & 0 & 0 & k^2-2k \\ 0 & 0 & k & 0 \end{bmatrix} \overset{(Z_3)\leftrightarrow(Z_4)}{\rightsquigarrow} \begin{bmatrix} 1 & 1 & 3 & -1 \\ 0 & -1 & -5 & -1 \\ 0 & 0 & k & 0 \\ 0 & 0 & 0 & k^2-2k \end{bmatrix} = \boldsymbol{Z}.$$

Für $k = 0$ hat die Zielmatrix 2 Zeilen $\neq [0,0,0] \Rightarrow \text{Rang}(A) = 2$. Für $k = 2$ hat die Zielmatrix 3 Zeilen $\neq [0,0,0] \Rightarrow \text{Rang}(A) = 3$. Für $k \neq 0, 2$ hat A Rang 4.

43 (A) (B) (C) (D) Mit dem Gauß-Algorithmus $\begin{bmatrix} 1 & 2 & 2 & 0 \\ 2 & 1 & 1 & 0 \end{bmatrix} \overset{(Z_2)-2(Z_1)}{\rightsquigarrow} \begin{bmatrix} 1 & 2 & 2 & 0 \\ 0 & -3 & -3 & 0 \end{bmatrix} =$ $\boldsymbol{Z}$. Es gibt zwei Zeilen $\neq [0,0,0,0]$. Somit hat A den Rang 2 über dem Körper $\mathbb{K} = \mathbb{R}$. Da alle Einträge von $\boldsymbol{Z}$ Elemente von $\mathbb{Q}$ sind, ist $\text{Rang}(A) = 2$ über $\mathbb{K} = \mathbb{Q}$. Über $\mathbb{Z}_3$ ist $-3 = 0$; die Zielmatrix lautet somit $\boldsymbol{Z} = \begin{bmatrix} 1 & 2 & 2 & 0 \\ 0 & 0 & 0 & 0 \end{bmatrix}$, d. h., A hat den Rang 1 über $\mathbb{Z}_3$. Über $\mathbb{Z}_2$ ist $-3 = 1$ und $2 = 0$; die Zielmatrix lautet somit $\boldsymbol{Z} = \begin{bmatrix} 1 & 0 & 0 & 0 \\ 0 & 1 & 1 & 0 \end{bmatrix}$, d. h., A hat den Rang 2 über $\mathbb{Z}_2$.

▶ Kapitel 3

44 (A) (B) (C) Mithilfe der Formel $A^{-1} = \frac{1}{\det(A)} \begin{bmatrix} d & -b \\ -c & a \end{bmatrix} \Rightarrow A^{-1} = \begin{bmatrix} 1 & -1 \\ 0 & 1 \end{bmatrix}$.

45 (A) (B) Wegen $\det(A) = 1 + 1 = 2 \neq 0$ ist A invertierbar. Somit $\boldsymbol{B} = 7A^{-1}\boldsymbol{E}$

46 (A) (B) Auf $\mathbb{Z}_2$ ist $6 = 0$, d. h. $\det(A) = 8 - 2 = 6 = 0 \Rightarrow A$ nichtinvertierbar.

47 (A) (B) (C) (D) (E) (F) (G) (H) $A\boldsymbol{x} = \boldsymbol{0}$ hat nur die triviale Lösung, wenn A invertierbar ist. Dies ist äquivalent zu $\det(A) \neq 0$ und $\text{Rang}(A) = \dim \text{Im}(A) = n$.

48 (A) **(B)** (C) (D) Beachte: $\det(2A) = 2^n \det(A)$ und $\det(-A) = (-1)^n \det(A)$.

49 (A) **(B)** (C) **(D)** **(E)**

50 (A) (B) **(C)** (D)

51 **(A)** (B) (C) (D) A hat eine Nullzeile $\Rightarrow \det(A) = 0$.

52 (A) (B) (C) **(D)** Wir vertauschen $(S1)$ mit $(S6)$, $(S2)$ mit $(S5)$ und $(S3)$ mit $(S4)$. Dabei ändert sich die Determinante um den Faktor $(-1)^3$:

$$\begin{vmatrix} 0&0&0&0&0&1\\ 0&0&0&0&3&3\\ 0&0&0&4&6&5\\ 0&0&1&3&2&2\\ 0&2&1&2&9&1\\ 1&1&1&7&9&8 \end{vmatrix} \overset{\substack{(S_1)\leftrightarrow(S_6)\\(S_2)\leftrightarrow(S_5)\\(S_3)\leftrightarrow(S_4)}}{\rightsquigarrow} \begin{vmatrix} 1&0&0&0&0&0\\ 3&3&0&0&0&0\\ 5&6&4&0&0&0\\ 2&2&3&1&0&0\\ 1&9&2&1&2&0\\ 8&9&7&1&1&1 \end{vmatrix} = (-1)^3 \cdot 1 \cdot 3 \cdot 4 \cdot 1 \cdot 2 \cdot 1 = -24.$$

53 (A) (B) **(C)** (D) Wir subtrahieren die letzte Zeile zu den anderen Zeilen:

$$\begin{vmatrix} 1&n&n&\cdots&n\\ n&2&n&\cdots&n\\ n&n&3&\cdots&n\\ \vdots&\vdots&\vdots&\ddots&\vdots\\ n&n&n&\cdots&n \end{vmatrix} \overset{\substack{(Z_1)-(Z_n)\\(Z_2)-(Z_n)\\ \vdots}}{\rightsquigarrow} \begin{vmatrix} 1-n&0&0&\cdots&0&0\\ 0&2-n&0&\cdots&0&0\\ 0&0&3-n&\cdots&0&0\\ \vdots&\vdots&\vdots&\ddots&\vdots&\vdots\\ 0&0&0&\cdots&-1&0\\ n&n&n&\cdots&n&n \end{vmatrix}$$

$$= (1-n)(2-n)\cdots(-1)n = (-1)^{n-1}n!.$$

54 (A) **(B)**

$$p(x) = \begin{vmatrix} 1&x&x^2&\cdots&x^n\\ a&1&x&\cdots&x^{n-1}\\ a&a&1&\cdots&x^{n-2}\\ \vdots&\vdots&\vdots&\ddots&\vdots\\ a&a&a&\cdots&x\\ a&a&a&\cdots&1 \end{vmatrix} \overset{\substack{(Z_1)-x(Z_2)\\(Z_2)-x(Z_3)\\ \vdots}}{\rightsquigarrow} \begin{vmatrix} 1-ax&0&0&\cdots&0\\ a-ax&1-ax&0&\cdots&0\\ a-ax&a-ax&1-ax&\cdots&0\\ \vdots&\vdots&\vdots&\ddots&\vdots\\ a&a&a&\cdots&1 \end{vmatrix} = (1-ax)^{n-1}.$$

$\frac{1}{a}$ ist eine Nullstelle $(n-1)$-ter Ordnung von $p(x)$.

55 (A) (B) (C) (**D**) Es gilt:

$$adj(\boldsymbol{A}) = \begin{bmatrix} \begin{vmatrix} 1 & 0 \\ 1 & 1 \end{vmatrix} & -\begin{vmatrix} 1 & 0 \\ 1 & 1 \end{vmatrix} & \begin{vmatrix} 1 & 1 \\ 1 & 1 \end{vmatrix} \\ -\begin{vmatrix} 0 & 0 \\ 1 & 1 \end{vmatrix} & \begin{vmatrix} 1 & 0 \\ 1 & 1 \end{vmatrix} & -\begin{vmatrix} 1 & 0 \\ 1 & 1 \end{vmatrix} \\ \begin{vmatrix} 0 & 0 \\ 1 & 0 \end{vmatrix} & -\begin{vmatrix} 1 & 0 \\ 1 & 0 \end{vmatrix} & \begin{vmatrix} 1 & 0 \\ 1 & 1 \end{vmatrix} \end{bmatrix}^T = \begin{bmatrix} 1 & -1 & 0 \\ 0 & 1 & -1 \\ 0 & 0 & 1 \end{bmatrix}^T = \begin{bmatrix} 1 & 0 & 0 \\ -1 & 1 & 0 \\ 0 & -1 & 1 \end{bmatrix}.$$

56 (A) (**B**) (C) Nach der Cramer'schen Regel

$$x_1 = \frac{\begin{vmatrix} 0 & 0 & 1 \\ 1 & 2 & 1 \\ 0 & -1 & 2 \end{vmatrix}}{\det(\boldsymbol{A})} = \frac{-1}{12}, \quad x_2 = \frac{\begin{vmatrix} 3 & 0 & 1 \\ 1 & 1 & 1 \\ 1 & 0 & 2 \end{vmatrix}}{\det(\boldsymbol{A})} = \frac{5}{12}, \quad x_3 = \frac{\begin{vmatrix} 3 & 0 & 0 \\ 1 & 2 & 1 \\ 1 & -1 & 0 \end{vmatrix}}{\det(\boldsymbol{A})} = \frac{3}{12}$$

Die Lösung lautet somit

$$\mathbb{L} = \left\{ \begin{bmatrix} -\frac{1}{12} \\ \frac{5}{12} \\ \frac{3}{12} \end{bmatrix} \right\}.$$

57 (A) (**B**) (C) (D) Um die Determinante von $\boldsymbol{A}$ zu berechnen, muss man n Determinanten der Größe $(n-1) \times (n-1)$ bestimmen. Jede dieser Determinanten berechnet man, indem man $n-1$ Determinanten der Größe $(n-2) \times (n-2)$ bestimmt, usw. Insgesamt braucht man $n(n-1)(n-2)\cdots 1 = n!$ Operationen.

58 (A) (**B**) (C) (D) $\det(\boldsymbol{A}) = 2k - 3 \neq 0 \Rightarrow k \neq \frac{3}{2}$.

59 (A) (B) (**C**) (D) Entwicklung nach der ersten Spalte und dann nach der letzten Spalte ergibt:

$$\begin{vmatrix} 0 & b & 3 & 0 & 0 \\ 1 & 1 & 1 & 1 & 1 \\ 0 & 1 & 1 & 1 & -1 \\ 0 & 2 & 1 & 0 & 0 \\ 0 & 4 & 0 & a & 0 \end{vmatrix} = (-1)\cdot(-1) \begin{vmatrix} b & 3 & 0 \\ 2 & 1 & 0 \\ 4 & 0 & a \end{vmatrix} = a(b-6) \neq 0 \;\Rightarrow\; a \neq 0,\, b \neq 6.$$

60 (**A**) (B) Aus der Regel von Sarrus folgt $\det \begin{bmatrix} a & b & c \\ d & e & f \\ g & h & i \end{bmatrix} = aei + bfg + cdh - afh - bdi - ceg$. $\det(\boldsymbol{A})$ hat somit 6 Summanden. Weil $\boldsymbol{A}$ nur Einträge ± 1 hat, ist jeder Summand entweder 1 oder -1. Die Summe von 6 Zahlen ± 1 kann nicht größer als 6 sein.

▶ Kapitel 4

61 (A) **(B)** (C) Die LR-Zerlegung von $\boldsymbol{A}$ lautet $\boldsymbol{L} = \begin{bmatrix} 1 & 0 & 0 \\ 1 & 1 & 0 \\ 0 & -1 & 1 \end{bmatrix}$ und $\boldsymbol{R} = \begin{bmatrix} 1 & 1 & 1 \\ 0 & -1 & 0 \\ 0 & 0 & 1 \end{bmatrix}$.

62 **(A)** (B) (C) Die LR-Zerlegung mit Zeilenvertauschung von $\boldsymbol{A}$ lautet $\boldsymbol{L} = \begin{bmatrix} 1 & 0 & 0 & 0 \\ 2 & 1 & 0 & 0 \\ 3 & \frac{5}{3} & 1 & 0 \\ 2 & 1 & \frac{3}{2} & 1 \end{bmatrix}$, $\boldsymbol{R} = \begin{bmatrix} 1 & 2 & 3 & 1 \\ 0 & -3 & -5 & -2 \\ 0 & 0 & -\frac{2}{3} & -\frac{2}{3} \\ 0 & 0 & 0 & 2 \end{bmatrix}$ und $\boldsymbol{P} = \begin{bmatrix} 0 & 0 & 0 & 1 \\ 0 & 1 & 0 & 0 \\ 1 & 0 & 0 & 0 \\ 0 & 0 & 1 & 0 \end{bmatrix}$.

63 (A) (B) **(C)** (D) **(E)** **(F)** Die LR-Zerlegung von $\boldsymbol{A}$ lautet

$$\boldsymbol{L} = \begin{bmatrix} 1 & 0 \\ 2 & 1 \\ 3 & 2 \\ 4 & 3 \\ 5 & 4 \end{bmatrix} \in \mathbb{R}^{5\times 2}, \ \boldsymbol{R} = \begin{bmatrix} 1 & 1 \\ 0 & -1 \end{bmatrix} \in \mathbb{R}^{2\times 2} \ (\Rightarrow \ \det(\boldsymbol{R}) = -1).$$

64 (A) **(B)** Mit Satz 4.2: Wegen $\det(\boldsymbol{A}) = 0$ besitzt $\boldsymbol{A}$ keine eindeutige LR-Zerlegung.

65 (A) **(B)** **(C)** (D) Mit Satz 4.2: Wegen $\det(\boldsymbol{A}_1) = 0$ besitzt $\boldsymbol{A}$ keine eindeutige LR-Zerlegung. $\boldsymbol{A}$ besitzt eine LR-Zerlegung mit Zeilenvertauschung (wenn man die erste Spalte mit der zweiten Spalte vertauscht, erhält man die Einheitsmatrix, welche, wegen Satz 4.2, eine LR-Zerlegung besitzt).

66 (A) **(B)** Eine Permutationsmatrix entsteht aus der Einheitsmatrix durch Permutation der Zeilen/Spalten. $\boldsymbol{P}$ enthält somit genau eine 1 in jeder Zeile/Spalte, was hier nicht zutrifft.

67 (A) **(B)** (C) Es gilt

$$\begin{bmatrix} 0 & 0 & 0 & 1 & 0 \\ 0 & 0 & 1 & 0 & 0 \\ 0 & 1 & 0 & 0 & 0 \\ 1 & 0 & 0 & 0 & 0 \\ 0 & 0 & 0 & 0 & 1 \end{bmatrix} \begin{bmatrix} v_1 \\ v_2 \\ v_3 \\ v_4 \\ v_5 \end{bmatrix} = \begin{bmatrix} v_4 \\ v_3 \\ v_2 \\ v_1 \\ v_5 \end{bmatrix} \ ✗$$

$$\begin{bmatrix} 0 & 0 & 0 & 1 & 0 \\ 0 & 1 & 0 & 0 & 0 \\ 0 & 0 & 1 & 0 & 0 \\ 1 & 0 & 0 & 0 & 0 \\ 0 & 0 & 0 & 0 & 1 \end{bmatrix}^T \begin{bmatrix} v_1 \\ v_2 \\ v_3 \\ v_4 \\ v_5 \end{bmatrix} = \begin{bmatrix} 0 & 0 & 0 & 1 & 0 \\ 0 & 1 & 0 & 0 & 0 \\ 0 & 0 & 1 & 0 & 0 \\ 1 & 0 & 0 & 0 & 0 \\ 0 & 0 & 0 & 0 & 1 \end{bmatrix} \begin{bmatrix} v_1 \\ v_2 \\ v_3 \\ v_4 \\ v_5 \end{bmatrix} = \begin{bmatrix} v_4 \\ v_2 \\ v_3 \\ v_1 \\ v_5 \end{bmatrix} \ \checkmark$$

68 (A) **(B)** **(C)** (D) **(E)** (F) Die Inverse einer Permutationsmatrix ist einfach die Transponierte: $\boldsymbol{P}^{-1} = \boldsymbol{P}^T = \begin{bmatrix} 0&1&0&0&0 \\ 0&0&1&0&0 \\ 1&0&0&0&0 \\ 0&0&0&0&1 \\ 0&0&0&1&0 \end{bmatrix}$. $\boldsymbol{P}$ wird von der Permutation $\sigma = \begin{bmatrix} 1&2&3&4&5 \\ 2&3&1&5&4 \end{bmatrix}$ erzeugt. σ kann man als Produkt von Transpositionen wie folgt darstellen $\sigma = \tau_{12}\tau_{13}\tau_{45}$. Somit ist $\operatorname{sign}(\sigma) = (-1)^3 = -1$. Die Determinante von $\boldsymbol{P}$ ist $\det(\boldsymbol{P}) = \operatorname{sign}(\sigma) = -1$.

69 (A) **(B)** (C) (D) Beachte: $\boldsymbol{L}$ ist nicht normiert, d. h., die Diagonaleinträge von $\boldsymbol{L}$ sind nicht unbedingt $= 1$.

70 (A) **(B)** (C) Bei der Lösung mehrerer LGS mit derselben Koeffizientenmatrix und verschiedenen Vektoren auf der rechten Seite müssen wir die LR-Zerlegung der Koeffizientenmatrix nur einmal durchführen. Die Vorwärtssubstitution und die Rückwärtssubstitution müssen wir trotzdem jedes Mal durchführen.

▶ Kapitel 5

71 (A) (B) $\begin{bmatrix} a_1 & b_1 \\ 0 & c_1 \end{bmatrix}, \begin{bmatrix} a_2 & b_2 \\ 0 & c_2 \end{bmatrix} \in G \Rightarrow \begin{bmatrix} a_1 & b_1 \\ 0 & c_1 \end{bmatrix} + \begin{bmatrix} a_2 & b_2 \\ 0 & c_2 \end{bmatrix} = \begin{bmatrix} a_1 + a_2 & b_1 + b_2 \\ 0 & c_1 + c_2 \end{bmatrix} \in G.$

72 (A) **(B)** Gegenbeispiel: $\begin{bmatrix} 1 & 1 \\ 0 & 1 \end{bmatrix} \in G$, $\frac{1}{2} \in \mathbb{R}$, aber $\frac{1}{2}\begin{bmatrix} 1 & 1 \\ 0 & 1 \end{bmatrix} = \begin{bmatrix} \frac{1}{2} & \frac{1}{2} \\ 0 & \frac{1}{2} \end{bmatrix} \notin G$ (Einträge müssen $\in \mathbb{N}$ sein).

73 (A) (B) **(C)** **(D)** B: Nein, weil die Nullmatrix nichtinvertierbar ist, d. h. $\mathbf{0} \notin V$.

74 (A) **(B)** **(C)** (D) Die Lösungsmenge eines LGS ist nur dann ein Unterraum, wenn das LGS homogen ist. U ist somit kein Unterraum. U ist jedoch ein affiner Raum.

75 (A) (B) **(C)** (D) U ist die Lösungsmenge eines homogenen LGS. U ist somit ein Unterraum (folglich auch ein affiner Raum).

76 (A) **(B)** (C) (D) U_α ist ein Unterraum, nur wenn U_α die Lösungsmenge eines homogenen LGS ist. Das LGS in diesem Fall ist homogen falls $\alpha = 1$.

77 (A) (B) (C) **(D)** Ein affiner Raum ist die Lösungsmenge eines beliebigen LGS (homogen oder inhomogen). U_α ist somit ein affiner Raum für alle $\alpha \in \mathbb{R}$.

78 (A) (B) Es seien $f(x) = a_0 + a_1 x + \cdots + a_n x^n \in P_n(\mathbb{R})$, $g(x) = b_0 + b_1 x + \cdots + b_n x^n \in P_n(\mathbb{R})$ und $\lambda \in \mathbb{R}$. Wir verifizieren die 3 Bedingungen eines Unterraumes:

(U1) $0 \in P_n(\mathbb{R})$ ✓

(U2) $f(x) + g(x) = (a_0 + b_0) + (a_1 + b_1)x + \cdots + (a_n + b_n)x^n \in P_n(\mathbb{R})$ ✓

(U3) $\lambda f(x) + g(x) = \lambda a_0 + \lambda a_1 x + \cdots + \lambda a_n x^n \in P_n(\mathbb{R})$ ✓

79 (A) **(B)** Gegenbeispiel zur Unterraumbedingung (U3): $p(x) = x^2 - 1 \in U$, $\alpha = \frac{1}{2} \in \mathbb{R}$ aber $\alpha\, p(x) = \frac{x^2}{2} - \frac{1}{2} \notin U$.

80 (A) (B) $\dim(U_1) + \dim(U_2) = \dim(U_1 + U_2) + \dim(U_1 \cap U_2) \geq \dim(U_1 + U_2)$

81 (A) (B) **(C)** **(D)** Aus der Formel $\dim(U_1 + U_2) + \dim(U_1 \cap U_2) = \dim(U_1) + \dim(U_2) = 2 + 2 = 4$ folgt $\dim(U_1 + U_2) = 4 - \dim(U_1 \cap U_2) \leq 4$. Außerdem ist $U_1 \cap U_2$ ein Unterraum von U_1. Daher ist $\dim(U_1 \cap U_2) \leq 2$. Daraus folgt $\dim(U_1 + U_2) = 4 - \dim(U_1 \cap U_2) \geq 4 - 2 = 2$.

▶ Kapitel 6

82 (A) (B) Es seien $\boldsymbol{a_1}, \cdots, \boldsymbol{a_n}$ die Spalten von A und $\boldsymbol{x} = \begin{bmatrix} x_1 & \cdots & x_n \end{bmatrix}^T$. Dann ist das LGS $A\boldsymbol{x} = \boldsymbol{b}$ äquivalent zu $x_1\boldsymbol{a_1} + \cdots + x_n\boldsymbol{a_n} = \boldsymbol{b}$, d. h. $\boldsymbol{b} \in \langle \boldsymbol{a_1}, \cdots, \boldsymbol{a_n} \rangle = \mathrm{Im}(A)$.

83 (A) (B) A regulär $\Leftrightarrow$ Zeilenrang(A) = Spaltenrang(A) = Rang$(A) = n \Leftrightarrow$ $ZR(A) = SR(A) = \mathbb{R}^n \Leftrightarrow$ Zeilen und Spalten von A sind linear unabhängig (sind Basis von $\mathbb{R}^n$).

84 (A) (B) Linear unabhängig heißt, dass die Gleichung $\alpha_1\boldsymbol{v_1} + \cdots + \alpha_n\boldsymbol{v_n} = \boldsymbol{0}$ nur die Lösung $\alpha_1 = \cdots = \alpha_n = 0$ hat. Wegen $\alpha_i = 0$, kann man nicht auflösen nach $\boldsymbol{v_i}$, d. h., man kann $\boldsymbol{v_i}$ nicht als Linearkombination der anderen Vektoren darstellen.

85 (A) (B) (C) (D) Es gilt $\boldsymbol{v_1} + \boldsymbol{v_2} = \boldsymbol{v_3}$. Die Vektoren $\boldsymbol{v_1}, \boldsymbol{v_2}, \boldsymbol{v_3}$ sind somit linear abhängig.

86 (A) (B) (C) (D) Der Nullvektor ist immer linear abhängig. Mit anderen Worten: Jede Menge von Vektoren, welche den Nullvektor enthält, ist linear abhängig. Somit sind $\boldsymbol{v_1}, \boldsymbol{v_2}, \boldsymbol{v_3}$ linear abhängig. Wir lösen die Gleichung $\alpha_1\boldsymbol{v_1} + \alpha_2\boldsymbol{v_2} + \alpha_3\boldsymbol{v_3} = \boldsymbol{0}$:

$$\left[\begin{array}{rrr|r} 1 & 2 & 0 & 0 \\ -3 & -1 & 0 & 0 \\ 7 & -1 & 0 & 0 \end{array}\right] \overset{\substack{(Z_2)+3(Z_1) \\ (Z_3)-7(Z_1)}}{\rightsquigarrow} \left[\begin{array}{rrr|r} 1 & 2 & 0 & 0 \\ 0 & -5 & 0 & 0 \\ 0 & 13 & 0 & 0 \end{array}\right] \rightsquigarrow \left[\begin{array}{rrr|r} 1 & 2 & 0 & 0 \\ 0 & -5 & 0 & 0 \\ 0 & 0 & 0 & 0 \end{array}\right] = \boldsymbol{Z}.$$

Es folgt $\alpha_1 = \alpha_2 = 0$ und $\alpha_3 = t$ mit $t \in \mathbb{R}$, d. h. $0\,\boldsymbol{v_1} + 0\,\boldsymbol{v_2} + t\,\boldsymbol{v_3} = \boldsymbol{0}$. Aus dieser Gleichung stellen wir fest:

- $\boldsymbol{v_1}$ kann nicht als Linearkombination von $\boldsymbol{v_2}, \boldsymbol{v_3}$ geschrieben werden;
- $\boldsymbol{v_2}$ kann nicht als Linearkombination von $\boldsymbol{v_1}, \boldsymbol{v_3}$ geschrieben werden;
- $\boldsymbol{v_3}$ ist eine Linearkombination von $\boldsymbol{v_2}, \boldsymbol{v_3}$ und zwar $\boldsymbol{v_3} = 0\,\boldsymbol{v_1} + 0\,\boldsymbol{v_2}$.

87 (A) (B) (C) Wir lösen die Gleichung $\alpha_1\boldsymbol{v_1} + \alpha_2\boldsymbol{v_2} + \alpha_3\boldsymbol{v_3} = \boldsymbol{0}$:

$$\left[\begin{array}{rrr|r} 1 & 1 & 3 & 0 \\ 2 & 1 & 7 & 0 \\ -2 & -3 & k-6 & 0 \end{array}\right] \overset{\substack{(Z_2)-2(Z_1) \\ (Z_3)+(Z_2)}}{\rightsquigarrow} \left[\begin{array}{rrr|r} 1 & 1 & 3 & 0 \\ 0 & -1 & 1 & 0 \\ 0 & -2 & k+1 & 0 \end{array}\right] \overset{(Z_3)-2(Z_2)}{\rightsquigarrow} \left[\begin{array}{rrr|r} 1 & 1 & 3 & 0 \\ 0 & -1 & 1 & 0 \\ 0 & 0 & k-1 & 0 \end{array}\right] = \boldsymbol{Z}.$$

Für $k = 1$ hat das LGS nur die triviale Lösung $\alpha_1 = \alpha_2 = \alpha_3 = 0$ und die Vektoren sind linear unabhängig. Für $k \neq 1$ hat das LGS unendlich viele Lösungen und die Vektoren sind linear abhängig.

88 (A) (B) (C) (D) Wir wissen bereits, dass $\boldsymbol{v_1}, \boldsymbol{v_2}, \boldsymbol{v_3}, \boldsymbol{v_4}$ linear abhängig sind, weil $\boldsymbol{v_4}$ der Nullvektor ist. Wir untersuchen nun $\boldsymbol{v_1}, \boldsymbol{v_2}, \boldsymbol{v_3}$ auf lineare Unabhängigkeit. Dazu lösen wir die Gleichung $\alpha_1\boldsymbol{v_1} + \alpha_2\boldsymbol{v_2} + \alpha_3\boldsymbol{v_3} = \boldsymbol{0}$:

$$\left[\begin{array}{ccc|c} 0 & 1 & -1 & 0 \\ 1 & 0 & 2 & 0 \\ -1 & 1 & -3 & 0 \\ 0 & 0 & 0 & 0 \\ 1 & k & 0 & 0 \end{array}\right] \overset{\substack{(Z_1)\leftrightarrow(Z_2)\\(Z_3)+(Z_2)\\(Z_5)-(Z_2)}}{\rightsquigarrow} \left[\begin{array}{ccc|c} 1 & 0 & 2 & 0 \\ 0 & 1 & -1 & 0 \\ 0 & 1 & -1 & 0 \\ 0 & 0 & 0 & 0 \\ 0 & k & -2 & 0 \end{array}\right] \overset{\substack{(Z_3)-(Z_2)\\(Z_5)-k(Z_2)\\(Z_5)\leftrightarrow(Z_3)}}{\rightsquigarrow} \left[\begin{array}{ccc|c} 1 & 0 & 2 & 0 \\ 0 & 1 & -1 & 0 \\ 0 & 0 & k-2 & 0 \\ 0 & 0 & 0 & 0 \\ 0 & 0 & 0 & 0 \end{array}\right] = \boldsymbol{Z}.$$

Für $k \neq 2$ hat das LGS nur die triviale Lösung $\alpha_1 = \alpha_2 = \alpha_3 = 0$ und die Vektoren sind linear unabhängig. Für $k = 2$ hat das LGS unendlich viele Lösungen und die Vektoren sind linear abhängig.

89 (A)● (B) Mehr als 3 Vektoren in $\mathbb{R}^3$ sind immer linear abhängig.

90 (A) (B)● Eine Basis von $\mathbb{R}^4$ besteht aus 4 *linear unabhängigen* Vektoren.

91 (A)● (B) Wir lösen die Gleichung $\alpha_1 \boldsymbol{v_1} + \alpha_2 \boldsymbol{v_2} + \alpha_3 \boldsymbol{v_3} = \boldsymbol{v_4}$:

$$\left[\begin{array}{ccc|c} 1 & 2 & -1 & 1 \\ 1 & 4 & 2 & 1 \\ 2 & 6 & 5 & 10 \end{array}\right] \overset{\substack{(Z_2)-(Z_1)\\(Z_3)-2(Z_1)}}{\rightsquigarrow} \left[\begin{array}{ccc|c} 1 & 2 & -1 & 1 \\ 0 & 2 & 3 & 0 \\ 0 & 2 & 7 & 8 \end{array}\right] \overset{(Z_3)-(Z_2)}{\rightsquigarrow} \left[\begin{array}{ccc|c} 1 & 2 & -1 & 1 \\ 0 & 2 & 3 & 0 \\ 0 & 0 & 4 & 2 \end{array}\right] = \boldsymbol{Z} \Rightarrow \begin{cases} \alpha_1 = 9 \\ \alpha_2 = -3 \\ \alpha_3 = 2 \end{cases}$$

Somit $\boldsymbol{v_4} = 9\boldsymbol{v_1} - 3\boldsymbol{v_2} + 2\boldsymbol{v_3} = \boldsymbol{v_4}$, d. h. $\boldsymbol{v_4} \in \langle \boldsymbol{v_1}, \boldsymbol{v_2}, \boldsymbol{v_3} \rangle$.

92 (A) (B)● Wir lösen $\alpha_1 \boldsymbol{A} + \alpha_2 \boldsymbol{B} + \alpha_3 \boldsymbol{C} = \boldsymbol{D}$

$$\begin{bmatrix} \alpha_1 + 2\alpha_2 - \alpha_3 & 2\alpha_1 + \alpha_2 + \alpha_3 \\ -\alpha_1 + \alpha_2 + 2\alpha_3 & 3\alpha_1 + \alpha_2 + 3\alpha_3 \end{bmatrix} \overset{!}{=} \begin{bmatrix} 0 & 1 \\ -1 & 2 \end{bmatrix}$$

Es ergibt sich das folgende LGS für $\alpha_1, \alpha_2, \alpha_3$:

$$\left[\begin{array}{ccc|c} 1 & 2 & -1 & 0 \\ 2 & 1 & 1 & 1 \\ -1 & 1 & 2 & -1 \\ 3 & 1 & 3 & 2 \end{array}\right] \overset{\substack{(Z_2)-2(Z_1)\\(Z_3)+(Z_1)\\(Z_4)-3(Z_1)}}{\rightsquigarrow} \left[\begin{array}{ccc|c} 1 & 2 & -1 & 0 \\ 0 & -3 & -3 & 1 \\ 0 & 3 & 1 & -1 \\ 0 & -5 & -6 & 2 \end{array}\right] \overset{\substack{(Z_3+(Z_2)\\3(Z_4)-5(Z_2)}}{\rightsquigarrow} \left[\begin{array}{ccc|c} 1 & 2 & -1 & 0 \\ 0 & -3 & -3 & 1 \\ 0 & 0 & -2 & 0 \\ 0 & 0 & -3 & 1 \end{array}\right] = \boldsymbol{Z}.$$

Das LGS hat keine Lösung, d. h. $\boldsymbol{D}$ ist keine Linearkombination von $\boldsymbol{A}, \boldsymbol{B}, \boldsymbol{C}$.

93 (A)● (B) (C) Wir lösen $\alpha_1 \boldsymbol{A} + \alpha_2 \boldsymbol{B} + \alpha_3 \boldsymbol{C} = \boldsymbol{0}$

$$\begin{bmatrix} \alpha_2 + k\alpha_3 & k\alpha_2 + \alpha_3 \\ k\alpha_1 - 2\alpha_2 - \alpha_3 & \alpha_3 \end{bmatrix} \overset{!}{=} \begin{bmatrix} 0 & 0 \\ 0 & 0 \end{bmatrix} \Rightarrow \begin{cases} k\alpha_1 = 0 \\ \alpha_2 = 0 \\ \alpha_3 = 0 \end{cases}$$

Für $k = 0$ finden wir eine nichttriviale Lösung $\alpha_1 = t \in \mathbb{R}$ und die Matrizen sind linear abhängig. Für $k \neq 0$ gibt es nur die Lösung $\alpha_1 = \alpha_2 = \alpha_3 = 0$ und die Matrizen sind linear unabhängig.

94 **(A)** (B) (C) Wir lösen $\alpha_1(1+x)+\alpha_2(1+2x+x^2)+\alpha_3(x-x^2) \stackrel{!}{=} x^2-x+2 \Rightarrow$ $(\alpha_2-\alpha_3)x^2+(\alpha_1+2\alpha_2+\alpha_3)x+\alpha_1+\alpha_2 \stackrel{!}{=} x^2-x+2$. Es ergibt sich das folgende LGS für $\alpha_1, \alpha_2, \alpha_3$:

$$\left[\begin{array}{ccc|c} 1 & 1 & 0 & 2 \\ 1 & 2 & 1 & -1 \\ 0 & 1 & -1 & 1 \end{array}\right] \overset{(Z_2)-(Z_1)}{\rightsquigarrow} \left[\begin{array}{ccc|c} 1 & 1 & 0 & 2 \\ 0 & 1 & 1 & -3 \\ 0 & 1 & -1 & 1 \end{array}\right] \overset{(Z_3)-(Z_2)}{\rightsquigarrow} \left[\begin{array}{ccc|c} 1 & 1 & 0 & 2 \\ 0 & 1 & 1 & -3 \\ 0 & 0 & -2 & 4 \end{array}\right] = \boldsymbol{Z} \Rightarrow \begin{cases} \alpha_1 = 3 \\ \alpha_2 = -1 \\ \alpha_3 = -2 \end{cases}$$

Es folgt $p(x) = 3(1+x)-(1+2x+x^2)-2(x-x^2)$, d. h. $[p(x)]_{\mathcal{B}} = \begin{bmatrix} 3 & -1 & -2 \end{bmatrix}^T$.

95 **a)** (A) **(B)** $\dim P_2(\mathbb{R}) = 3$. Somit sind 4 Polynome in $P_2(\mathbb{R})$ immer linear abhängig.

b) **(A)** (B) Wir drücken die Polynome in der Standardbasis von $P_2(\mathbb{R})$ aus

$$[x+1]_{\mathcal{E}} = \begin{bmatrix} 1 \\ 1 \\ 0 \end{bmatrix}, \; [x-1]_{\mathcal{E}} = \begin{bmatrix} 1 \\ -1 \\ 0 \end{bmatrix}, \; [x^2+x]_{\mathcal{E}} = \begin{bmatrix} 0 \\ 1 \\ 1 \end{bmatrix}, \; [x^2-x]_{\mathcal{E}} = \begin{bmatrix} 0 \\ -1 \\ 1 \end{bmatrix}$$

und betrachten die Matrix

$$\begin{bmatrix} 1 & -1 & 0 & 0 \\ 1 & 1 & 1 & -1 \\ 0 & 0 & 1 & 1 \end{bmatrix} \overset{(Z_2)-(Z_1)}{\rightsquigarrow} \begin{bmatrix} 1 & -1 & 0 & 0 \\ 0 & 2 & 1 & -1 \\ 0 & 0 & 1 & 1 \end{bmatrix} = \boldsymbol{Z}.$$

Da diese Matrix Rang 3 hat, bilden die vier Polynome ein Erzeugendensystem.

c) (A) **(B)** Die vier Polynome sind linear abhängig, also bilden keine Basis.

96 **(A)** **(B)** (C) **(D)** Es sei $p(x) = a+bx+cx^2 \in P_2(\mathbb{R})$. Aus $p(1) = 0$ folgt $a+b+c = 0$. Wir können somit eine der Parameter als Funktion der anderen 2 ausdrücken. Wir brauchen somit nur 2 Parameter, um $p(x)$ zu beschreiben $\Rightarrow \dim(U) = 2$. Wir können beispielsweise nach b und c auflösen $\Rightarrow a = -(b+c) \Rightarrow p(x) = -(b+c)+bx+cx^2 = b(x-1)+c(x^2-1) \Rightarrow \mathcal{B} = \{x-1, x^2-1\}$ ist eine Basis von U. Alternativ können wir nach a und c auflösen $\Rightarrow b = -(a+c) \Rightarrow p(x) = a-(a+c)x+cx^2 = a(1-x)+c(x^2-x) \Rightarrow \mathcal{B} = \{1-x, x^2-x\}$ ist eine weitere Basis von U. Eine andere Möglichkeit ist nach a und b aufzulösen $\Rightarrow c = -(a+b) \Rightarrow p(x) = a+bx-(a+b)x^2 = a(1-x^2)+b(x-x^2) \Rightarrow \mathcal{B} = \{1-x^2, x-x^2\}$ ist eine dritte Wahl für die Basis von U.

97 (A) **(B)** Ein Erzeugendensystem von V kann mehr als 8 Vektoren besitzen. Eine Basis von V muss jedoch genau 8 Vektoren enthalten.

98 **(A)** (B) (C) (D) Wir überlegen uns mithilfe der Anzahl freier Parameter. $P_3(\mathbb{R})$ hat Dimension 4 (d. h. hat 4 freie Parameter). Jedes Element in U muss 3 unabhängige Bedingungen erfüllen. Es bleiben somit nur $4-3 = 1$ freie Parameter zur Beschreibung der Elementen von $U \Rightarrow \dim(U) = 1$.

99 a) (A) (**B**) (**C**) (D) $\boldsymbol{T}_{\mathcal{B}\to\mathcal{E}}$ enthält die Basisvektoren von $\mathcal{B}$ als Spalten $\Rightarrow$ $\boldsymbol{T}_{\mathcal{B}\to\mathcal{E}} = \begin{bmatrix} 2&0&1\\ 1&1&0\\ 0&0&1 \end{bmatrix}$. $\boldsymbol{T}_{\mathcal{E}\to\mathcal{B}}$ ist die Inverse von $\boldsymbol{T}_{\mathcal{B}\to\mathcal{E}} \Rightarrow \boldsymbol{T}_{\mathcal{E}\to\mathcal{B}} = \begin{bmatrix} 2&0&1\\ 1&1&0\\ 0&0&1 \end{bmatrix}^{-1} = \begin{bmatrix} \frac{1}{2}&0&-\frac{1}{2}\\ -\frac{1}{2}&1&\frac{1}{2}\\ 0&0&1 \end{bmatrix}$.

b) (A) (**B**) (C) $[\boldsymbol{w}]_{\mathcal{B}} = \boldsymbol{T}_{\mathcal{E}\to\mathcal{B}}[\boldsymbol{w}]_{\mathcal{E}} = \begin{bmatrix} \frac{1}{2}&0&-\frac{1}{2}\\ -\frac{1}{2}&1&\frac{1}{2}\\ 0&0&1 \end{bmatrix}\begin{bmatrix}1\\1\\1\end{bmatrix} = \begin{bmatrix}0\\1\\1\end{bmatrix}$.

100 (**A**) (B) (**C**) (**D**) Die Dimension eines Unterraums ist der Rang der Matrix, die aus den entsprechenden Vektoren aufgebaut wird. Wir bestimmen deren Rang mit dem Gauß-Algorithmus:

$$\begin{bmatrix} 1&0\\ 0&1\\ 1&1\\ 0&2 \end{bmatrix} \overset{(Z_3)-(Z_1)}{\rightsquigarrow} \begin{bmatrix} 1&0\\ 0&1\\ 0&1\\ 0&2 \end{bmatrix} \overset{\substack{(Z_3)-(Z_2)\\ (Z_4)-2(Z_2)}}{\rightsquigarrow} \begin{bmatrix} 1&0\\ 0&1\\ 0&0\\ 0&0 \end{bmatrix} = \boldsymbol{Z}.$$

Die Matrix hat Rang 2 $\Rightarrow \dim(U) = 2$. Wir wenden dieselbe Prozedur für W an:

$$\begin{bmatrix} -1&2\\ 1&1\\ 0&0\\ 0&2 \end{bmatrix} \overset{(Z_2)+(Z_1)}{\rightsquigarrow} \begin{bmatrix} -1&2\\ 0&3\\ 0&0\\ 0&2 \end{bmatrix} \overset{3(Z_4)-2(Z_2)}{\rightsquigarrow} \begin{bmatrix} -1&2\\ 0&3\\ 0&0\\ 0&0 \end{bmatrix} = \boldsymbol{Z}.$$

Die Matrix hat Rang 2, also $\dim(W) = 2$. Die Summe $U + W$ ist

$$U + W = \left\langle \begin{bmatrix}1\\0\\1\\0\end{bmatrix}, \begin{bmatrix}0\\1\\1\\2\end{bmatrix}, \begin{bmatrix}-1\\1\\0\\0\end{bmatrix}, \begin{bmatrix}2\\1\\0\\2\end{bmatrix} \right\rangle \Rightarrow \begin{bmatrix} 1&0&-1&2\\ 0&1&1&1\\ 1&1&0&0\\ 0&2&0&2 \end{bmatrix} \overset{(Z_3)-(Z_1)}{\rightsquigarrow} \begin{bmatrix} 1&0&-1&2\\ 0&1&1&1\\ 0&1&1&-2\\ 0&2&0&2 \end{bmatrix}$$

$$\overset{\substack{(Z_3)-(Z_2)\\ (Z_4)-2(Z_2)}}{\rightsquigarrow} \begin{bmatrix} 1&0&-1&2\\ 0&1&1&1\\ 0&0&0&-3\\ 0&0&-2&0 \end{bmatrix} \overset{(Z_3)\leftrightarrow(Z_4)}{\rightsquigarrow} \begin{bmatrix} 1&0&-1&2\\ 0&1&1&1\\ 0&0&-2&0\\ 0&0&0&-3 \end{bmatrix} = \boldsymbol{Z} \Rightarrow \text{Rang}(\boldsymbol{Z}) = 4.$$

Somit ist $\dim(U+W) = 4 \Rightarrow U+W = \mathbb{R}^4$. Aus der Formel $\dim(U+W)+\dim(U\cap W) = \dim(U)+\dim(W)$ folgt $\dim(U\cap W) = \dim(U)+\dim(W)-\dim(U+W) = 2+2-4 = 0$. Somit ist $U \cap W = \{\boldsymbol{0}\}$.

101 (**A**) (B) $\underline{\mathbb{R}^3 = U + W?}$ Wir kombinieren alle erzeugende Vektoren von U und W als Spalten in einer einzigen Matrix. Mit dem Gauß-Algorithmus berechnen den Rang dieser Matrix und damit die Dimension von $U + W$:

$$A=\begin{bmatrix}1&1&0\\1&0&0\\1&0&2\end{bmatrix}\overset{\substack{(Z_2)-(Z_1)\\(Z_3)-(Z_1)}}{\rightsquigarrow}\begin{bmatrix}1&1&0\\0&-1&0\\0&0&2\end{bmatrix}\Rightarrow \operatorname{Rang}(A)=3\Rightarrow \dim(U+W)=3.$$

Somit ist $U+W=\mathbb{R}^3$.
$\underline{U\cap W=\{\mathbf{0}\}}$? Es sei $\boldsymbol{v}\in U\cap W$. Dann ist $\boldsymbol{v}\in U$ und $\boldsymbol{v}\in W$, d. h.

$$\boldsymbol{v}=\alpha\begin{bmatrix}1\\1\\1\end{bmatrix}=\beta\begin{bmatrix}1\\0\\0\end{bmatrix}+\gamma\begin{bmatrix}0\\0\\2\end{bmatrix}\Rightarrow\quad\begin{bmatrix}1&-1&0\\1&0&0\\1&0&-2\end{bmatrix}\begin{bmatrix}\alpha\\\beta\\\gamma\end{bmatrix}=\begin{bmatrix}0\\0\\0\end{bmatrix}.$$

Dies LGS lösen wir mit dem Gauß-Algorithmus

$$\left[\begin{array}{ccc|c}1&-1&0&0\\1&0&0&0\\1&0&-2&0\end{array}\right]\overset{\substack{(Z_2)-(Z_1)\\(Z_3)-(Z_1)}}{\rightsquigarrow}\left[\begin{array}{ccc|c}1&-1&0&0\\0&1&0&0\\0&0&-2&0\end{array}\right].$$

Die einzige Lösung ist $\alpha=\beta=\gamma=0$, d. h. $\boldsymbol{v}=\mathbf{0}\Rightarrow U\cap W=\{\mathbf{0}\}$.
Zusammenfassend: Wegen $\mathbb{R}^3=U+W$ und $U\cap W=\{\mathbf{0}\}$ ist $\mathbb{R}^3=U\oplus W$.

102 (A) (B) W ist der Unterraum der oberen Dreiecksmatrizen der Form $\begin{bmatrix}0&a&b\\0&0&c\\0&0&0\end{bmatrix}$. Eine Basis von W ist somit $\begin{bmatrix}0&1&0\\0&0&0\\0&0&0\end{bmatrix},\begin{bmatrix}0&0&1\\0&0&0\\0&0&0\end{bmatrix},\begin{bmatrix}0&0&0\\0&0&1\\0&0&0\end{bmatrix}$. Auch $\begin{bmatrix}0&1&1\\0&0&0\\0&0&0\end{bmatrix},\begin{bmatrix}0&0&1\\0&0&1\\0&0&0\end{bmatrix},\begin{bmatrix}0&1&1\\0&0&1\\0&0&0\end{bmatrix}$ ist eine Basis (es sind 3 linear unabhängigen Matrizen, welche W aufspannen).

▶ Kapitel 7und 8

103 (A) (B) (C) (D) $\boldsymbol{P}$ ist eine Projektion, falls $\boldsymbol{P}^2=\boldsymbol{P}$. Es muss also $\boldsymbol{P}^2=\boldsymbol{E}-2\boldsymbol{u}\boldsymbol{u}^T+\boldsymbol{u}\boldsymbol{u}^T\boldsymbol{u}\boldsymbol{u}^T\overset{!}{=}\boldsymbol{P}=\boldsymbol{E}-\boldsymbol{u}\boldsymbol{u}^T$ gelten. Daraus folgt $\boldsymbol{u}\boldsymbol{u}^T-\boldsymbol{u}\boldsymbol{u}^T\boldsymbol{u}\boldsymbol{u}^T=\mathbf{0}\Rightarrow \boldsymbol{u}(1-\boldsymbol{u}^T\boldsymbol{u})\boldsymbol{u}^T=\mathbf{0}\Rightarrow\boldsymbol{u}=\mathbf{0}$ oder $\boldsymbol{u}^T\boldsymbol{u}=||\boldsymbol{u}||^2=1$ (siehe Übung 7.33).

104 (A) (B) (C) (D) (E) Aus der Dimensionsformel folgt $\dim(V)=\dim\operatorname{Ker}(F)+\dim\operatorname{Im}(F)=3+4=7$. Jede Basis von V besteht somit genau aus 7 *linear unabhängigen* Vektoren (und nicht beliebigen Vektoren). Für $\dim(W)=4$ ist $\dim\operatorname{Im}(F)=\dim(W)$, d. h., F ist surjektiv. Wegen $\dim\operatorname{Ker}(F)\neq 0$ ist F nicht injektiv.

105 (A) (B) Wegen $\begin{bmatrix}x_1+x_2+x_3\\x_1-x_2-x_3\\2x_1+2x_3\\x_2+x_3\end{bmatrix}=\begin{bmatrix}1&1&1\\1&-1&-1\\2&0&2\\0&1&1\end{bmatrix}\begin{bmatrix}x_1\\x_2\\x_3\end{bmatrix}$ ist die Darstellungsmatrix von F bezüglich der Standardbasis gleich $\boldsymbol{M}_{\mathcal{E}}^{\mathcal{E}}(F)=\begin{bmatrix}1&1&1\\1&-1&-1\\2&0&2\\0&1&1\end{bmatrix}$.

106 (A) (B) (C) (D) Wir wenden F auf die Standardbasiselementen an:

$$F(\boldsymbol{E}_{11}) = \begin{bmatrix} 0 & 1 \\ 2 & 0 \end{bmatrix} \begin{bmatrix} 1 & 0 \\ 0 & 0 \end{bmatrix} = \begin{bmatrix} 0 & 0 \\ 2 & 0 \end{bmatrix} \qquad \Rightarrow \qquad [F(\boldsymbol{E}_{11})]_{\mathcal{E}} = \begin{bmatrix} 0 \\ 0 \\ 2 \\ 0 \end{bmatrix}$$

$$F(\boldsymbol{E}_{12}) = \begin{bmatrix} 0 & 1 \\ 2 & 0 \end{bmatrix} \begin{bmatrix} 0 & 1 \\ 0 & 0 \end{bmatrix} = \begin{bmatrix} 0 & 0 \\ 0 & 2 \end{bmatrix} \qquad \Rightarrow \qquad [F(\boldsymbol{E}_{12})]_{\mathcal{E}} = \begin{bmatrix} 0 \\ 0 \\ 0 \\ 2 \end{bmatrix}$$

$$F(\boldsymbol{E}_{21}) = \begin{bmatrix} 0 & 1 \\ 2 & 0 \end{bmatrix} \begin{bmatrix} 0 & 0 \\ 1 & 0 \end{bmatrix} = \begin{bmatrix} 1 & 0 \\ 0 & 0 \end{bmatrix} \qquad \Rightarrow \qquad [F(\boldsymbol{E}_{21})]_{\mathcal{E}} = \begin{bmatrix} 1 \\ 0 \\ 0 \\ 0 \end{bmatrix}$$

$$F(\boldsymbol{E}_{22}) = \begin{bmatrix} 0 & 1 \\ 2 & 0 \end{bmatrix} \begin{bmatrix} 0 & 0 \\ 0 & 1 \end{bmatrix} = \begin{bmatrix} 0 & 1 \\ 0 & 0 \end{bmatrix} \qquad \Rightarrow \qquad [F(\boldsymbol{E}_{22})]_{\mathcal{E}} = \begin{bmatrix} 0 \\ 1 \\ 0 \\ 0 \end{bmatrix}$$

Die gesuchte Darstellungsmatrix von F lautet somit $\boldsymbol{M}_{\mathcal{E}}^{\mathcal{E}}(F) = \begin{bmatrix} 0 & 0 & 1 & 0 \\ 0 & 0 & 0 & 1 \\ 2 & 0 & 0 & 0 \\ 0 & 2 & 0 & 0 \end{bmatrix}$.

107 (A) (B) (C) (D) $[\varphi, \psi] = \varphi\psi - \psi\varphi = \varphi(xp) - \psi(p') = (xp)' - xp' = p + xp' - xp' = p \Rightarrow [\varphi, \psi] = \mathrm{id}_V$.

108 (A) (B) (C) (D) Es gilt $\det(\boldsymbol{A}) = 6k$. Für $k \neq 0$ ist $\det(\boldsymbol{A}) \neq 0$, d. h. $\mathrm{Rang}(\boldsymbol{A}) = \dim \mathrm{Im}(\boldsymbol{A}) = 3$. Für $k = 0$ ist $\mathrm{Rang}(\boldsymbol{A}) \leq 2$. Mit dem Gauß-Algorithmus:

$$\boldsymbol{A} = \begin{bmatrix} 2 & 2 & 0 \\ 1 & 2 & 0 \\ 0 & 0 & 0 \end{bmatrix} \overset{2(Z_2)-(Z_1)}{\rightsquigarrow} \begin{bmatrix} 2 & 2 & 0 \\ 0 & 2 & 0 \\ 0 & 0 & 0 \end{bmatrix} = \boldsymbol{Z} \Rightarrow \mathrm{Rang}(\boldsymbol{A}) = 2.$$

Aus der Dimensionsformel folgt dann $\dim \mathrm{Ker}(\boldsymbol{A}) = n - \mathrm{Rang}(\boldsymbol{A}) = 3 - 2 = 1$.

109 (A) (B) (C) (D) (E) (F) Wir bringen die Matrix mit dem Gauß-Algorithmus in Zeilenstufenform:

$$\begin{bmatrix} 1 & 0 & 3 & k \\ 2 & 1 & 2 & k+1 \\ k & 0 & k & 0 \end{bmatrix} \overset{\substack{(Z_2)-2(Z_1) \\ (Z_3)-k(Z_1)}}{\rightsquigarrow} \begin{bmatrix} 1 & 0 & 3 & k \\ 0 & 1 & -4 & 1-k \\ 0 & 0 & -2k & -k^2 \end{bmatrix} = \boldsymbol{Z}.$$

Für $k = 0$ hat die Zielmatrix 2 Zeilen $\neq [0, 0, 0] \Rightarrow \mathrm{Rang}(\boldsymbol{A}) = 2$. Für $k \neq 0$ hat $\boldsymbol{A}$ Rang 3.

110 **(A)** (B) (C) **(D)** Die Darstellungsmatrix A wirkt auf Vektoren in $\mathbb{R}^4$; das Resultat ist ein Vektor in $\mathbb{R}^6 \Rightarrow \dim(V) = 4$ und $\dim(W) = 6$.

111 **(A)** (B) Die Darstellungsmatrix von F ist eine (3×5)-Matrix $A \in \mathbb{R}^{3\times 5}$. Der Rang von F ist somit maximal gleich 3, d. h. $\text{Rang}(F) \leq 3$. Der Ausgangsraum hat Dimension 5. Aus der Dimensionsformel folgt somit $\dim \text{Ker}(F) = n - \text{Rang}(F) \geq 5 - 3 = 2$. Wegen $\dim \text{Ker}(F) \neq 0$ ist F nicht injektiv.

112 **(A)** (B) Die Darstellungsmatrix von F ist eine (4×2)-Matrix $A \in \mathbb{R}^{4\times 2}$. Es gilt somit $\text{Rang}(F) \leq 2$. Der Zielraum hat Dimension 4. Damit F surjektiv ist, muss $\dim \text{Im}(F) = \text{Rang}(F)$ gleich 4 sein. Dies ist aber nie der Fall. Somit kann F nicht surjektiv sein.

113 **(A)** (B) (C) Damit F linear ist, muss $F(x) + F(y) = (ax + b) + (ay + b) = a(x + y) + 2b$ gleich $F(x + y) = a(x + y) + b$ sein $\Rightarrow b = 0$.

114 (A) **(B)** **(C)** **(D)** (E) **(F)**

115 (A) **(B)** (C) Mit der Formel $\sin(\varphi)^2 + \cos(\varphi)^2 = 1$ finden wir: (1) $A^T A = \begin{bmatrix} 1 & 0 \\ 0 & 1 \end{bmatrix}$ ($\Rightarrow A$ ist orthogonal) und (2) $\det(A) = -1$. Somit ist A eine Spiegelung (siehe ▶ Abschnitt 7.3.3).

116 **(A)** (B) Wegen $A^2 = \begin{bmatrix} 1 & 0 & 0 \\ \frac{1}{2} & \frac{1}{2} & -\frac{1}{2} \\ \frac{1}{2} & -\frac{1}{2} & \frac{1}{2} \end{bmatrix} = A$ ist A eine Projektion.

117 **(A)** (B) (C) (D) Diese lineare Abbildung entspricht eine Spiegelung an der x_1-Achse mit Matrixdarstellung $\begin{bmatrix} 1 & 0 \\ 0 & -1 \end{bmatrix}$ gefolgt von einer Streckung (Verkleinerung) in der x_2-Richtung um den Faktor $\frac{2}{3}$ mit Matrixdarstellung $\begin{bmatrix} 1 & 0 \\ 0 & \frac{2}{3} \end{bmatrix} \Rightarrow$ $\begin{bmatrix} 1 & 0 \\ 0 & -1 \end{bmatrix} \begin{bmatrix} 1 & 0 \\ 0 & \frac{2}{3} \end{bmatrix} = \begin{bmatrix} 1 & 0 \\ 0 & -\frac{2}{3} \end{bmatrix}$. *Alternative: Man kann die Bilder der Basisvektoren* $[1, 0]^T$ *und* $[0, 1]^T$ *betrachten:* $[1, 0]^T$ *wird auf* $[1, 0]^T$ *abgebildet;* $[0, 1]^T$ *wird auf* $[0, -2/3]^T$ *abgebildet.*

118 (A) (B) **(C)** (D) Diese lineare Abbildung entspricht einer Spiegelung an der x_2-Achse mit Matrixdarstellung $\begin{bmatrix} -1 & 0 \\ 0 & 1 \end{bmatrix}$ gefolgt von einer Rotation um 45 Grad in positiver Richtung mit Matrixdarstellung $\begin{bmatrix} \frac{1}{\sqrt{2}} & -\frac{1}{\sqrt{2}} \\ \frac{1}{\sqrt{2}} & \frac{1}{\sqrt{2}} \end{bmatrix} \Rightarrow \begin{bmatrix} \frac{1}{\sqrt{2}} & -\frac{1}{\sqrt{2}} \\ \frac{1}{\sqrt{2}} & \frac{1}{\sqrt{2}} \end{bmatrix} \begin{bmatrix} -1 & 0 \\ 0 & 1 \end{bmatrix} =$ $\begin{bmatrix} -\frac{1}{\sqrt{2}} & -\frac{1}{\sqrt{2}} \\ -\frac{1}{\sqrt{2}} & \frac{1}{\sqrt{2}} \end{bmatrix}$. *Alternative: Man kann die Bilder der Basisvektoren* $[1, 0]^T$ *und* $[0, 1]^T$ *betrachten:* $[1, 0]^T$ *wird auf* $[-1/\sqrt{2}, -1/\sqrt{2}]^T$ *abgebildet;* $[0, 1]^T$ *wird auf* $[-1/\sqrt{2}, 1/\sqrt{2}]^T$ *abgebildet.*

119 (A) **(B)** Wenn F eine lineare Abbildung wäre, müsste F Folgendes erfüllen:

$$F\left(\begin{bmatrix} 1 \\ 2 \end{bmatrix}\right) + F\left(\begin{bmatrix} 1 \\ 5 \end{bmatrix}\right) = F\left(\begin{bmatrix} 1 \\ 2 \end{bmatrix} + \begin{bmatrix} 1 \\ 5 \end{bmatrix}\right) = F\left(\begin{bmatrix} 2 \\ 7 \end{bmatrix}\right).$$

Dies ist aber nicht der Fall:

$$F\left(\begin{bmatrix}1\\2\end{bmatrix}\right)+F\left(\begin{bmatrix}1\\5\end{bmatrix}\right)=\begin{bmatrix}3\\0\end{bmatrix}+\begin{bmatrix}1\\4\end{bmatrix}=\begin{bmatrix}4\\4\end{bmatrix}\neq\begin{bmatrix}4\\5\end{bmatrix}=F\left(\begin{bmatrix}2\\7\end{bmatrix}\right)\ ✗$$

120 (A) (B●) Die Darstellungsmatrix von F bezüglich der Standardbasis ist $\boldsymbol{M}^{\mathcal{E}}_{\mathcal{E}}(F) =$ $\begin{bmatrix}1&0&1\\-2&2&0\\1&-1&1\end{bmatrix} \Rightarrow \boldsymbol{M}^{\mathcal{E}}_{\mathcal{E}}(F^{-1}) = \begin{bmatrix}1&0&1\\-2&2&0\\1&-1&1\end{bmatrix}^{-1} = \begin{bmatrix}1&-\frac{1}{2}&-1\\1&0&-1\\0&\frac{1}{2}&1\end{bmatrix}.$

121 (A●) (B) (C) Die Darstellungsmatrix von F und G bezüglich der Standardbasis sind $\boldsymbol{M}^{\mathcal{E}}_{\mathcal{E}}(F) = \begin{bmatrix}1&1&1\\1&0&1\end{bmatrix}$ bzw. $\boldsymbol{M}^{\mathcal{E}}_{\mathcal{E}}(G) = \begin{bmatrix}2&1\\1&1\\0&1\end{bmatrix}$. Daraus folgt $\boldsymbol{M}^{\mathcal{E}}_{\mathcal{E}}(F\circ G) =$

$\boldsymbol{M}^{\mathcal{E}}_{\mathcal{E}}(F)\boldsymbol{M}^{\mathcal{E}}_{\mathcal{E}}(G) = \begin{bmatrix}1&1&1\\1&0&1\end{bmatrix}\begin{bmatrix}2&1\\1&1\\0&1\end{bmatrix} = \begin{bmatrix}3&3\\2&2\end{bmatrix}$. $\boldsymbol{M}^{\mathcal{E}}_{\mathcal{E}}(G\circ F)$ ist nicht definiert. Wegen $\det \boldsymbol{M}^{\mathcal{E}}_{\mathcal{E}}(F\circ G) = 0$ ist $F\circ G$ nichtinvertierbar, also kein Isomorphismus.

122 (A) (B●) Die Darstellungsmatrix von F bezüglich der Standardbasis von $\mathbb{R}^2$ lautet

$$\boldsymbol{M}^{\mathcal{E}}_{\mathcal{E}}(F) = \begin{bmatrix}1&1\\2&0\\1&-1\end{bmatrix}.$$

$\boldsymbol{w}$ gehört zu $\mathrm{Im}(F)$ falls es $\boldsymbol{v}\in\mathbb{R}^2$ gibt, sodass $F(\boldsymbol{v}) = \boldsymbol{w}$

$$\boldsymbol{A}\boldsymbol{v} = \boldsymbol{w} \Rightarrow \begin{cases}v_1+v_2=3\\2v_1=4\\v_1-v_2=1\end{cases} \Rightarrow \begin{cases}v_1=2\\v_2=1\end{cases} \Rightarrow \begin{bmatrix}3\\4\\1\end{bmatrix}\in\mathrm{Im}(F).$$

Alternative: $\boldsymbol{w}\in\mathrm{Im}(F)$, *falls* $\boldsymbol{A}\boldsymbol{v}=\boldsymbol{w}$ *eine eindeutige Lösung hat, d. h. wenn* $\mathrm{Rang}(\boldsymbol{A}) = \mathrm{Rang}(\boldsymbol{A}|\boldsymbol{b})$. *In diesem Beispiel ist* $\mathrm{Rang}(\boldsymbol{A}) = 2 = \mathrm{Rang}(\boldsymbol{A}|\boldsymbol{b})$ ✓.

123 **a)** (A) (B●) (C●) (D) (E) (F) Die Darstelllungsmatrix von F bezüglich der Standardbasis ist

$$\begin{bmatrix}1&-1&0&0\\1&1&0&0\\0&1&0&0\\0&1&3&0\\-1&-1&0&0\end{bmatrix}.$$

Wir erzeugen die Zeilenstufenform mit dem Gauß-Algorithmus:

$$\begin{bmatrix} 1 & -1 & 0 & 0 \\ 1 & 1 & 0 & 0 \\ 0 & 1 & 0 & 0 \\ 0 & 1 & 3 & 0 \\ -1 & -1 & 0 & 0 \end{bmatrix} \overset{\substack{(Z_2)-(Z_1)\\(Z_4)-(Z_3)\\(Z_5)+(Z_2)}}{\rightsquigarrow} \begin{bmatrix} 1 & -1 & 0 & 0 \\ 0 & 2 & 0 & 0 \\ 0 & 1 & 0 & 0 \\ 0 & 0 & 3 & 0 \\ 0 & 0 & 0 & 0 \end{bmatrix} \overset{2(Z_3)-(Z_2)}{\rightsquigarrow} \begin{bmatrix} 1 & -1 & 0 & 0 \\ 0 & 2 & 0 & 0 \\ 0 & 0 & 0 & 0 \\ 0 & 0 & 3 & 0 \\ 0 & 0 & 0 & 0 \end{bmatrix} = \boldsymbol{Z}.$$

Die Zielmatrix hat 3 Zeilen $\neq$ $[0, 0, 0, 0]$. Somit ist $\text{Rang}(F) = 3 \Rightarrow \dim \text{Im}(F) = 3$. Aus der Dimensionsformel folgt dann $4 = \dim \ker(F) + \dim \text{Im}(F) \Rightarrow \dim \text{Ker}(F) = 4 - \dim \text{Im}(F) = 4 - 3 = 1$. Wegen $\dim \text{Im}(F) \neq 5$ ist F nicht surjektiv. Wegen $\dim \text{Ker}(F) \neq 0$ ist F nicht injektiv.

b) (A) (**B**) (C) Wir lösen

$$\left[\begin{array}{cccc|c} 1 & -1 & 0 & 0 & 0 \\ 0 & 2 & 0 & 0 & 0 \\ 0 & 0 & 0 & 0 & 0 \\ 0 & 0 & 3 & 0 & 0 \\ 0 & 0 & 0 & 0 & 0 \end{array}\right] \Rightarrow \begin{bmatrix} x_1 \\ x_2 \\ x_3 \\ x_4 \end{bmatrix} = \begin{bmatrix} 0 \\ 0 \\ 0 \\ t \end{bmatrix}, \ t \in \mathbb{R} \quad \Rightarrow \quad \ker(F) = \left\langle \begin{bmatrix} 0 \\ 0 \\ 0 \\ 1 \end{bmatrix} \right\rangle.$$

c) (**A**) (B) (C) Aus der Zielmatrix sieht man, dass $\text{Rang}(F) = 3$ und dass die ersten 3 Spalten der Darstellungsmatrix linear unabhängig sind. Somit ist $F(\boldsymbol{e}_1), F(\boldsymbol{e}_2), F(\boldsymbol{e}_3)$ eine Basis des Bildes von F, d. h. $\text{Im}(F) = \left\langle \begin{bmatrix} 1 \\ 1 \\ 0 \\ 0 \\ -1 \end{bmatrix}, \begin{bmatrix} -1 \\ 1 \\ 1 \\ 1 \\ -1 \end{bmatrix}, \begin{bmatrix} 0 \\ 0 \\ 0 \\ 3 \\ 0 \end{bmatrix} \right\rangle$.

124 (**A**) (B) Die Darstelllungsmatrix von F bezüglich der Standardbasis ist

$$\begin{bmatrix} 2k & -1 & 0 \\ 0 & 1 & k \\ 1 & 1 & -1 \\ 1 & -1 & 0 \end{bmatrix}.$$

Wir erzeugen die Zeilenstufenform mit dem Gauß-Algorithmus:

$$\begin{bmatrix} 2k & -1 & 0 \\ 0 & 1 & k \\ 1 & 1 & -1 \\ 1 & -1 & 0 \end{bmatrix} \overset{\substack{(Z_1)\leftrightarrow(Z_4)\\(Z_2)\leftrightarrow(Z_3)}}{\rightsquigarrow} \begin{bmatrix} 1 & -1 & 0 \\ 1 & 1 & -1 \\ 0 & 1 & k \\ 2k & -1 & 0 \end{bmatrix} \overset{\substack{(Z_2)-(Z_1)\\(Z_4)-2k(Z_1)}}{\rightsquigarrow} \begin{bmatrix} 1 & -1 & 0 \\ 0 & 2 & -1 \\ 0 & 1 & k \\ 0 & -1+2k & 0 \end{bmatrix}$$

$$\overset{\substack{2(Z_3)-(Z_2)\\2(Z_4)-(2k-1)(Z_3)}}{\rightsquigarrow} \begin{bmatrix} 1 & -1 & 0 \\ 0 & 2 & -1 \\ 0 & 0 & 2k+1 \\ 0 & 0 & 2k-1 \end{bmatrix} = \boldsymbol{Z}.$$

$2k+1$ und $2k-1$ sind nie gleichzeitig Null. Somit hat die Zielmatrix immer Rang $3 \Rightarrow \dim \mathrm{Im}(F) = 3$. Aus der Dimensionsformel folgt dann $\dim \ker(F) = 3 - \dim \mathrm{Im}(F) = 3 - 3 = 0$. Wegen $\dim \ker(F) = 0$ ist F injektiv. Wegen $\dim \mathrm{Im}(F) \neq 4$ ist F nie surjektiv.

125 Ⓐ Ⓑ Ⓒ Wir erzeugen die Zeilenstufenform mit dem Gauß-Algorithmus:

$$\begin{bmatrix} 0 & 1 & 3 & 0 \\ 0 & 0 & -2 & 1 \\ 0 & 0 & 0 & 0 \\ 1 & -1 & 0 & 1 \end{bmatrix} \rightsquigarrow \begin{bmatrix} 1 & -1 & 0 & 1 \\ 0 & 1 & 3 & 0 \\ 0 & 0 & -2 & 1 \\ 0 & 0 & 0 & 0 \end{bmatrix} = \boldsymbol{Z}.$$

Aus der Zielmatrix sieht man, dass $\mathrm{Rang}(\boldsymbol{A}) = 3$. Die ersten 3 Spalten von $\boldsymbol{A}$ sind linear unabhängig und bilden somit eine Basis des Bildes $\mathrm{Im}(F) = \left\langle \begin{bmatrix} 0 \\ 0 \\ 0 \\ 1 \end{bmatrix}, \begin{bmatrix} 1 \\ 0 \\ 0 \\ -1 \end{bmatrix}, \begin{bmatrix} 3 \\ -2 \\ 0 \\ 0 \end{bmatrix} \right\rangle$. Man könnte auch die Spalten 1,2 und 4 als Basis nehmen $\mathrm{Im}(F) = \left\langle \begin{bmatrix} 0 \\ 0 \\ 0 \\ 1 \end{bmatrix}, \begin{bmatrix} 1 \\ 0 \\ 0 \\ -1 \end{bmatrix}, \begin{bmatrix} 0 \\ 1 \\ 0 \\ 1 \end{bmatrix} \right\rangle$.

126 Ⓐ Ⓑ Die Darstellungsmatrix von F in der Standardbasis ist $\boldsymbol{M}_{\mathcal{E}}^{\mathcal{E}}(F) = \begin{bmatrix} 2 & 0 & 0 \\ 0 & 1 & 0 \\ 0 & 0 & 0 \end{bmatrix}$. Die Transformationsmatrix $\boldsymbol{T}_{\mathcal{B}\to\mathcal{E}}$ hat die Basisvektoren von $\mathcal{B}$ als Spalten $\boldsymbol{T}_{\mathcal{B}\to\mathcal{E}} = \begin{bmatrix} 1 & 0 & 1 \\ 0 & 1 & 1 \\ 1 & -1 & -1 \end{bmatrix}$. Somit $\boldsymbol{M}_{\mathcal{E}}^{\mathcal{B}}(F) = \boldsymbol{M}_{\mathcal{E}}^{\mathcal{E}}(F)\boldsymbol{T}_{\mathcal{B}\to\mathcal{E}} = \begin{bmatrix} 2 & 0 & 0 \\ 0 & 1 & 0 \\ 0 & 0 & 0 \end{bmatrix} \begin{bmatrix} 1 & 0 & 1 \\ 0 & 1 & 1 \\ 1 & -1 & -1 \end{bmatrix} = \begin{bmatrix} 2 & 0 & 2 \\ 0 & 1 & 1 \\ 0 & 0 & 0 \end{bmatrix}$.

127 Ⓐ Ⓑ Ⓒ Ⓓ Die Bilder der Basiselemente $\{1, i\}$ unter der Abbildung $F : \mathbb{C} \to \mathbb{C}\ z \to \mathrm{Re}(z)$ sind

$$F(1) = 1 \Rightarrow [F(1)]_{\mathcal{B}} = \begin{bmatrix} 1 \\ 0 \end{bmatrix} \text{ und } F(i) = 0 \Rightarrow [F(i)]_{\mathcal{B}} = \begin{bmatrix} 0 \\ 0 \end{bmatrix} \Rightarrow \boldsymbol{M}_{\mathcal{B}}^{\mathcal{B}}(F) = \begin{bmatrix} 1 & 0 \\ 0 & 0 \end{bmatrix}.$$

128 Ⓐ Ⓑ Die Darstellungsmatrix von F in der Standardbasis ist $\boldsymbol{M}_{\mathcal{E}}^{\mathcal{E}}(F) = \begin{bmatrix} 1 & i & 0 \\ i & 1 & 0 \\ 1 & 0 & 1 \end{bmatrix}$. Die Transformationsmatrix $\boldsymbol{T}_{\mathcal{B}\to\mathcal{E}}$ hat die Basisvektoren von $\mathcal{B}$ als Spalten $\boldsymbol{T}_{\mathcal{B}\to\mathcal{E}} = \begin{bmatrix} 0 & 1 & 0 \\ i & 0 & -2 \\ 1 & 0 & i \end{bmatrix}$. $\boldsymbol{T}_{\mathcal{E}\to\mathcal{B}}$ ist die Inverse von $\boldsymbol{T}_{\mathcal{B}\to\mathcal{E}}$,

d. h. $\boldsymbol{T}_{\mathcal{E}\to\mathcal{B}} = \boldsymbol{T}^{-1}_{\mathcal{B}\to\mathcal{E}} = \begin{bmatrix} 0 & i & 2 \\ 1 & 0 & 0 \\ 0 & -1 & i \end{bmatrix}$. Somit $\boldsymbol{M}^{\mathcal{B}}_{\mathcal{B}}(F) = \boldsymbol{T}_{\mathcal{E}\to\mathcal{B}}\boldsymbol{M}^{\mathcal{E}}_{\mathcal{E}}(F)\boldsymbol{T}_{\mathcal{B}\to\mathcal{E}} =$

$$\begin{bmatrix} 0 & i & 2 \\ 1 & 0 & 0 \\ 0 & -1 & i \end{bmatrix}\begin{bmatrix} 1 & i & 0 \\ i & 1 & 0 \\ 1 & 0 & 1 \end{bmatrix}\begin{bmatrix} 0 & 1 & 0 \\ i & 0 & -2 \\ 1 & 0 & i \end{bmatrix} = \begin{bmatrix} 1 & 1 & 0 \\ -1 & 1 & -2i \\ 0 & 0 & 1 \end{bmatrix}.$$

129 (A) **(B)** (C) Da $\dim(V) = 3 \neq 2 = \dim(W)$ ist F kein Endomorphismus. Bei Isomorphismen muss auch $\dim(V) = \dim(W)$ sein (damit Darstellungsmatrix invertierbar ist).

130 **(A)** **(B)** **(C)** Es sei $\dim(V) = n$.

- $F \circ G$ injektiv $\Rightarrow \operatorname{Ker}(F \circ G) = \{0\}$. Da F invertierbar ist, gilt $\operatorname{Ker}(F \circ G) = \operatorname{Ker}(G)$ (dies sieht man wie folgt: $(F \circ G)(v) = 0 \Leftrightarrow (F^{-1} \circ F \circ G)(v) = F^{-1}(0) = 0 \Leftrightarrow G(v) = 0$). Daraus folgt $\operatorname{Ker}(G) = \{0\} \Rightarrow G$ injektiv.
- $F \circ G$ surjektiv $\Rightarrow \operatorname{Rang}(F \circ G) = n$. Aus der Formel $\operatorname{Rang}(F \circ G) \leq \operatorname{Rang}(G)$ folgt $n \leq \operatorname{Rang}(G)$. Da $\operatorname{Rang}(G)$ nicht grösser als n sein kann, gilt $\operatorname{Rang}(G) = n \Rightarrow G$ surjektiv.
- Die Aussage über Isomorphismen folgt aus den obigen zwei Punkten.

131 (A) **(B)** (C) (D) $\boldsymbol{A}$ und $\boldsymbol{B}$ sind genau dann äquivalent, wenn $\operatorname{Rang}(\boldsymbol{A}) = \operatorname{Rang}(\boldsymbol{B})$ (Satz 8.15). $\boldsymbol{B}$ hat Rang 3. Wir suchen somit $k \in \mathbb{R}$, sodass $\boldsymbol{A}$ Rang 3 hat:

$$\begin{bmatrix} 0 & 1 & k & 2 \\ 1 & 1 & 0 & 1 \\ 0 & 1 & 1 & 2 \\ -2 & 0 & 1 & -1 \end{bmatrix} \overset{\substack{(Z_1)\text{ als} \\ \text{letzte Zeile}}}{\rightsquigarrow} \begin{bmatrix} 1 & 1 & 0 & 1 \\ 0 & 1 & 1 & 2 \\ -2 & 0 & 1 & -1 \\ 0 & 1 & k & 2 \end{bmatrix} \overset{\substack{(Z_3)+2(Z_1) \\ (Z_4)-(Z_2)}}{\rightsquigarrow} \begin{bmatrix} 1 & 1 & 0 & 1 \\ 0 & 1 & 1 & 2 \\ 0 & 2 & 1 & 3 \\ 0 & 0 & k-1 & 0 \end{bmatrix}$$

$$\overset{(Z_3)-2(Z_2)}{\rightsquigarrow} \begin{bmatrix} 1 & 1 & 0 & 1 \\ 0 & 1 & 1 & 2 \\ 0 & 0 & -1 & -1 \\ 0 & 0 & k-1 & 0 \end{bmatrix} \overset{(Z_4)+(k-1)(Z_3)}{\rightsquigarrow} \begin{bmatrix} 1 & 1 & 0 & 1 \\ 0 & 1 & 1 & 2 \\ 0 & 0 & -1 & -1 \\ 0 & 0 & 0 & 1-k \end{bmatrix} = \boldsymbol{Z}.$$

Für $k = 1$ ist $\operatorname{Rang}(\boldsymbol{A}) = 3 \Rightarrow \boldsymbol{A}$ und $\boldsymbol{B}$ äquivalent.

132 (A) **(B)** Ähnliche Matrizen haben dieselbe Spur. Wegen $\operatorname{Spur}(\boldsymbol{A}) = 6$ und $\operatorname{Spur}(\boldsymbol{B}) = 5$ sind $\boldsymbol{A}$ und $\boldsymbol{B}$ nicht ähnlich. *Alternative: Ähnliche Matrizen haben dieselbe Determinante. Wegen* $\det(\boldsymbol{A}) = -20$ *und* $\det(\boldsymbol{B}) = 1$ *sind* $\boldsymbol{A}$ *und* $\boldsymbol{B}$ *nicht ähnlich.*

133 **(A)** (B) „$\boldsymbol{A}$ und $\boldsymbol{E}$ sind ähnlich" bedeutet: es gibt eine invertierbare Matrix $\boldsymbol{T} \in GL(n, \mathbb{K})$ mit $\boldsymbol{A} = \boldsymbol{T}\boldsymbol{E}\boldsymbol{T}^{-1}$. Wegen $\boldsymbol{T}\boldsymbol{E}\boldsymbol{T}^{-1} = \boldsymbol{T}\boldsymbol{T}^{-1} = \boldsymbol{E}$ heißt dies $\boldsymbol{A} = \boldsymbol{E}$.

134 **(A)** (B) V und W sind genau dann isomorph, wenn $\dim(V) = \dim(W)$. $P_7(\mathbb{R})$ ist der Vektorraum der reellen Polynomen vom Grad $\leq 7 \Rightarrow \dim P_7(\mathbb{R}) = 8$. Die Dimension von $\mathbb{C}^{2\times 2}$ (als **reeller** Vektorraum) ist $\dim(\mathbb{C}^{2\times 2}) = 8$ (jede Matrix in $\mathbb{C}^{2\times 2}$ hat 4 Einträge; für jeden Eintrag müssen wir den Real- und den Imaginärteil angeben $\Rightarrow$ 8 freie Parameter). Wegen $\dim P_7(\mathbb{R}) = \dim(\mathbb{C}^{2\times 2})$ sind $P_7(\mathbb{R})$ und $\mathbb{C}^{2\times 2}$ isomorph. Beachte: Als $\mathbb{C}$-Vektorraum hat $\mathbb{C}^{2\times 2}$ die Dimension 4.

▶ Kapitel 9

135 (A) **(B)** **(C)** (D) $Av_1 = \begin{bmatrix} 1 & 0 \\ -1 & 3 \end{bmatrix} \begin{bmatrix} 2 \\ 1 \end{bmatrix} = \begin{bmatrix} 2 \\ 1 \end{bmatrix} = 1 \cdot v_1 \Rightarrow v_1$ ist Eigenvektor zum Eigenwert 1. Analog: $Av_2 = \begin{bmatrix} 1 & 0 \\ -1 & 3 \end{bmatrix} \begin{bmatrix} 0 \\ 1 \end{bmatrix} = \begin{bmatrix} 0 \\ 3 \end{bmatrix} = 3\, v_2 \Rightarrow v_2$ ist Eigenvektor zum Eigenwert 3.

136 (A) (B) (C) **(D)** A hat zwei Eigenwerte. Deren Summe ist gleich $\text{Spur}(A) = -3 + 2 = -1$. Der erste Eigenwert ist 1. Der zweite Eigenwert ist somit gleich -2.

137 **(A)** **(B)** Die Eigenwerte können komplex sein, selbst wenn die Matrix reell ist, z. B. $A = \begin{bmatrix} 0 & 1 \\ -1 & 0 \end{bmatrix}$ hat die komplexen Eigenwerte $\pm i$.

138 **(A)** (B) (C) Jede Zeilensumme ist gleich 3. Somit ist 3 ein Eigenwert von A. Der andere Eigenwert ist -1 mit algebraischer Vielfachheit 2. Somit ist das Spektrum von A gleich $\{-1, -1, 3\}$.

139 **(A)** (B) **(C)** **(D)** $\det(A - \lambda E) = -(\lambda + 2)^2(\lambda - 4)$. Die Eigenwerte sind somit -2 (mit algebraischer Vielfachheit 2) und 4 (mit algebraischer Vielfachheit 1). Der Eigenraum zu -2 ist $\text{Eig}_{-2}(A) = \left\langle \begin{bmatrix} 1 \\ 0 \\ 0 \end{bmatrix} \right\rangle \Rightarrow -2$ hat geometrische Vielfachheit 1.

Der Eigenraum zu 4 ist $\text{Eig}_4(A) = \left\langle \begin{bmatrix} 1 \\ 6 \\ 0 \end{bmatrix} \right\rangle \Rightarrow 4$ hat geometrische Vielfachheit 1.

140 (A) **(B)** (C) Bei Dreiecksmatrizen sind die Eigenwerte genau die Diagonaleinträge.

141 (A) (B) (C) **(D)** A ist eine Blockdiagonalmatrix. Somit können wir die Eigenwerte der einzelnen Blöcke separat betrachten. Die Eigenwerte von A sind 0, 2 (erster Block), -5 (zweiter Block) und 3, -1 (dritter Block). Der Spektralradius ist gleich dem Betragsgrößten der Eigenwerte $\rho(A) = \max\{|2|, |0|, |-5|, |3|, |-1|\} = 5$.

142 (A) **(B)** (C) Das Produkt der Eigenwerte einer Matrix A ist gleich $\det(A)$. Somit ist 0 ein Eigenwert von A genau dann, wenn $\det(A) = 0$. Wir suchen somit $a, b \in \mathbb{R}$, sodass $\det(A) = \det(B) = 0$ gilt. Für A gilt: $\det(A) = \begin{vmatrix} 1 & 2 \\ 3 & 3 \end{vmatrix} + a \begin{vmatrix} a & -1 \\ 1 & 2 \end{vmatrix} = 2a^2 + a - 3 = 0 \Rightarrow a = 1$ oder $a = -\frac{3}{2}$. Für B gilt (Entwicklung nach 2. Spalte):

$$\det(B) = \begin{vmatrix} 1 & 1 & 1 \\ 0 & 1 & 1 \\ 1 & 1 & 4 \end{vmatrix} + 3 \begin{vmatrix} b & 1 & 3 \\ 1 & 1 & 1 \\ 0 & 1 & 1 \end{vmatrix} = 0\ \forall b \in \mathbb{R}.$$

143 **(A)** **(B)** (C) Die Eigenwerte sind die Nullstellen des charakteristischen Polynoms. Über $\mathbb{R}$ sind diese Nullstellen genau 2 und 3, d. h., die Eigenwerte von F sind 2 und 3. Über $\mathbb{Z}_2$ gilt $2 = 0$ und $3 = 1$, d. h. F hat die Eigenwerte 0 und 1. Über $\mathbb{Z}_3$ gilt $2 = 2$ und $3 = 0$, d. h. F hat die Eigenwerte 0 und 2.

144 (A) **(B)** (C) (D) Die Eigenwerte einer Diagonalmatrix sind genau die Diagonaleinträge.

145 a) (A) (B) (C) (D) $\det(\boldsymbol{A}-\lambda\boldsymbol{E}) = \begin{vmatrix} 2-\lambda & i & 0 \\ -i & 2-\lambda & 0 \\ 0 & 0 & 2-\lambda \end{vmatrix} = (2-\lambda)\begin{vmatrix} 2-\lambda & i \\ -i & 2-\lambda \end{vmatrix} =$ $(2-\lambda)(\lambda^2-4\lambda+3) = (1-\lambda)(2-\lambda)(3-\lambda) = 0 \Rightarrow \lambda = 1, 2, 3.$

b) (A) (B) (C) (D) $\begin{bmatrix} 2 & i & 0 \\ -i & 2 & 0 \\ 0 & 0 & 2 \end{bmatrix}\begin{bmatrix} i \\ 1 \\ 0 \end{bmatrix} = \begin{bmatrix} 3i \\ 3 \\ 0 \end{bmatrix} = 3\begin{bmatrix} i \\ 1 \\ 0 \end{bmatrix} \Rightarrow$ Eigenvektor zu $\lambda = 3$;

Analog $\begin{bmatrix} 2 & i & 0 \\ -i & 2 & 0 \\ 0 & 0 & 2 \end{bmatrix}\begin{bmatrix} -i \\ 1 \\ 0 \end{bmatrix} = \begin{bmatrix} -i \\ 1 \\ 0 \end{bmatrix} \Rightarrow$ Eigenvektor zu $\lambda = 1$.

146 (A) (B) λ ist ein Eigenwert von $\boldsymbol{A} \Leftrightarrow \det(\boldsymbol{A}-\lambda\boldsymbol{E}) = 0$. Für $\lambda = 0$ ist dies genau dann der Fall, wenn $\det(\boldsymbol{A}-0\cdot\boldsymbol{E}) = \det(\boldsymbol{A}) = 0$.

147 (A) (B) (C) (D) Die Eigenwerte von $\boldsymbol{A}$ sind 7 und 1. Die zugehörigen Eigenvektoren sind $\begin{bmatrix} 4 \\ -1 \end{bmatrix}$ beziehungsweise $\begin{bmatrix} 2 \\ 1 \end{bmatrix}$.

148 (A) (B) Die Eigenwerte einer unitären Matrix sind komplexe Zahlen mit Modulus 1.

149 (A) (B) (C) (D) $\boldsymbol{A}$ ist eine Spiegelung falls $\boldsymbol{A}^T\boldsymbol{A} = \boldsymbol{E}$ (d. h. $\boldsymbol{A}$ ist orthogonal) und $\det(\boldsymbol{A}) = -1$ gilt. Orthogonale Matrizen haben nur 1 und -1 als Eigenwerte. Die Determinante von $\boldsymbol{A}$ ist gleich dem Produkt ihrer zwei Eigenwerte (wir wissen, es gibt 2 Eigenwerte, weil $\boldsymbol{A} \in \mathbb{R}^{2\times2}$). Somit hat $\boldsymbol{A}$ die Eigenwerte 1 und -1. Die Eigenwerte von $\boldsymbol{A}$ sind die Nullstellen von $p_A(x)$ und $p_A(x)$ ist ein Polynom vom Grad 2 (Koeffizient vor x^2 ist 1) $\Rightarrow p_A(x) = (x-1)(x+1) = x^2-1$.

150 (A) (B) (C) (D) Die Bilder der Basiselemente $\{\sin(x), \cos(x)\}$ unter F sind

$$F(\sin(x)) = \cos(x) \;\Rightarrow\; [F(\sin(x))]_{\mathcal{B}} = \begin{bmatrix} 0 \\ 1 \end{bmatrix} \text{ und}$$

$$F(\cos(x)) = -\sin(x) \;\Rightarrow\; [F(\cos(x))]_{\mathcal{B}} = \begin{bmatrix} -1 \\ 0 \end{bmatrix}.$$

Somit ist $\boldsymbol{M}_{\mathcal{B}}^{\mathcal{B}}(F) = \begin{bmatrix} 0 & -1 \\ 1 & 0 \end{bmatrix}$. Die Eigenwerte dieser Matrix sind i und $-i$. Der Eigenvektor zum Eigenwert i ist $\begin{bmatrix} 1 \\ i \end{bmatrix}$. Dies entspricht $\cos(x) + i\sin(x) = e^{ix}$ (in der Tat $\frac{d}{dx}e^{ix} = ie^{ix}$). Der Eigenvektor zum Eigenwert $-i$ ist $\begin{bmatrix} 1 \\ -i \end{bmatrix}$. Dies entspricht $\cos(x) - i\sin(x) = e^{-ix}$. F ist ein Isomorphismus, weil 0 kein Eigenwert ist (Alternative: $\det \boldsymbol{M}_{\mathcal{B}}^{\mathcal{B}}(F) = 1 \neq 0$).

10.7 Musterprüfung 1 – Musterlösung

Aufgabe 1

a) (A) (**B**) (C) (D) (E) Es gilt $C = AB = \begin{bmatrix} 2 & 3 & 1 & 2 \\ 3 & 4 & 1 & 3 \end{bmatrix} \Rightarrow c_{23} = 1$.

b) (A) (B) (**C**) (D) $AB = 2E \Rightarrow A = 2EB^{-1} \Rightarrow B^{-1} = \frac{1}{2}A$.

c) (A) (**B**) v_1, v_2, v_3 sind linear abhängig, weil $v_3 = v_1 + v_2$. Somit bilden sie keine Basis von $\mathbb{R}^3$.

d) (A) (**B**) (C) (D) $\dim(U) = \text{Rang}\begin{bmatrix} 1 & 0 & 1 \\ 0 & 1 & 1 \\ 1 & -1 & 0 \end{bmatrix} = 2$.

e) (A) (**B**) (C) (**D**) $\det(A) \neq 0 \Rightarrow A$ ist invertierbar (regulär und hat Rang n). Insbesondere ist für invertierbare lineare Abbildungen $\text{Ker}(A) = \{\mathbf{0}\}$.

f) (**A**) (B) Die Darstellungsmatrix einer linearen Abbildung $F : \mathbb{R}^m \to \mathbb{R}^n$ gehört zu $\mathbb{R}^{n\times m}$ (m und n werden "vertauscht").

g) (A) (**B**) (**C**) Die Darstellungsmatrix ist eine (4×5)-Matrix, also $\text{Rang}(A) \leq 4$ (wegen der Formel $\text{Rang}(A) \leq \min\{m, n\}$ für $A \in \mathbb{R}^{m\times n}$).

h) (**A**) (B) (C) (**D**) Die Eigenwerte von A (gleich wie A^T) sind die Nullstellen von $p_A(\lambda)$, d. h. -2 (algebraische Vielfachheit 3) und 3 (algebraische Vielfachheit 1).

Aufgabe 2

a) Direkte Berechnung $AA^T = \begin{bmatrix} 0 & 1 & 2 \\ -1 & \alpha & 2 \end{bmatrix}\begin{bmatrix} 0 & -1 \\ 1 & \alpha \\ 2 & 2 \end{bmatrix} = \begin{bmatrix} 5 & \alpha+4 \\ \alpha+4 & \alpha^2+5 \end{bmatrix} \Rightarrow$ $\text{Spur}(AA^T) = \alpha^2 + 10$. Analog $BB^T = \begin{bmatrix} \alpha & 0 \\ 1 & \alpha \\ 2 & 1 \end{bmatrix}\begin{bmatrix} \alpha & 1 & 2 \\ 0 & \alpha & 1 \end{bmatrix} = \begin{bmatrix} \alpha^2 & \alpha & 2\alpha \\ \alpha & \alpha^2+1 & \alpha+2 \\ 2\alpha & \alpha+2 & 5 \end{bmatrix} \Rightarrow$ $\text{Spur}(BB^T) = 2\alpha^2+6$. Aus $\text{Spur}(AA^T) = \text{Spur}(BB^T)$ folgt somit $\alpha^2+10 = 2\alpha^2+6$ $\Rightarrow \alpha^2 = 4 \Rightarrow \alpha = \pm 2$.

b) A symmetrisch $\Rightarrow A^T = A$. Mit der Regel $(XY)^T = Y^T X^T$ finden wir:

$$BB^T\left(AB^{-1}\right)^T(BA)^{-1}BA^T = B\underbrace{B^TB^{-T}}_{=E}A^TA^{-1}\underbrace{B^{-1}B}_{=E}A^T = B\underbrace{A^T}_{=A}A^{-1}\underbrace{A^T}_{=A}$$

$$= BA\underbrace{A^{-1}A}_{=E} = BA.$$

c) Zu zeigen ist $C^T = C$. Es gilt: $C^T = \left(A^{-1}BB^T(A^{-1})^T\right)^T = \left((A^{-1})^T\right)^T(B^T)^TB^T$ $(A^{-1})^T = A^{-1}BB^T(A^{-1})^T = C$. Somit ist C symmetrisch.

Aufgabe 3

a) v_1, v_2, v_3 sind genau dann linear unabhängig, wenn die Determinante der Matrix $A = [v_1, v_2, v_3]$ (die Spalten von A sind die gegebenen Vektoren) gleich Null ist.

Wegen

$$\det\begin{bmatrix}1 & 1 & k\\ 1 & k & -\frac{4}{5}\\ 0 & 5 & k\end{bmatrix} = \begin{vmatrix}k & -\frac{4}{5}\\ 5 & k\end{vmatrix} - \begin{vmatrix}1 & k\\ 5 & k\end{vmatrix} = k^2+4k+4 = (k+2)^2 \stackrel{!}{=} 0 \Rightarrow k=-2$$

sind $\boldsymbol{v}_1, \boldsymbol{v}_2, \boldsymbol{v}_3$ genau dann linear unabhängig, wenn $k = -2$.

b) Die Eigenwerte von $\boldsymbol{A}$ sind die Nullstellen des charakteristischen Polynoms $\det(\boldsymbol{A} - \lambda\boldsymbol{E})$:

$$\det(\boldsymbol{A}-\lambda\boldsymbol{E}) = \det\begin{bmatrix}-\lambda & 1 & 0\\ -6 & -5-\lambda & -\frac{4}{5}\\ 8 & 15 & 2-\lambda\end{bmatrix} = (2-\lambda)(\lambda+2)(\lambda+3) \stackrel{!}{=} 0 \Rightarrow \lambda = -3, -2, 2.$$

Die Eigenwerte sind also $-3, -2, 2$.

Aufgabe 4 Wir berechnen den Rang der erweiterten Matrix $[\boldsymbol{A}|\boldsymbol{b}]$ mit dem Gauß-Algorithmus

$$\left[\begin{array}{ccc|c}1 & 1 & 1 & 3\\ 0 & 1 & a & 2\\ 2 & a & 5 & 0\end{array}\right] \overset{(Z_3)-2(Z_1)}{\rightsquigarrow} \left[\begin{array}{ccc|c}1 & 1 & 1 & 3\\ 0 & 1 & a & 2\\ 0 & a-2 & 3 & -6\end{array}\right] \overset{(Z_3)-(a-2)(Z_2)}{\rightsquigarrow} \left[\begin{array}{ccc|c}1 & 1 & 1 & 3\\ 0 & 1 & a & 2\\ 0 & 0 & (a+1)(3-a) & -2(a+1)\end{array}\right].$$

a) Das lineare Gleichungssystem hat genau dann eine eindeutige Lösung, wenn $\text{Rang}(\boldsymbol{A}) = \text{Rang}[\boldsymbol{A}|\boldsymbol{b}] = 3$. Dies ist genau dann der Fall, wenn $(a+1)(3-a) \neq 0$ ($-2(a+1) \neq 0$ kann beliebig sein) $\Rightarrow a \neq -1, 3$.

b) Das lineare Gleichungssystem hat genau dann keine Lösung, wenn $\text{Rang}(\boldsymbol{A}) \neq \text{Rang}[\boldsymbol{A}|\boldsymbol{b}]$. Dies ist genau dann der Fall, wenn $(a+1)(3-a) = 0$ aber $-2(a+1) \neq 0$ $\Rightarrow a = 3$.

c) Das lineare Gleichungssystem hat genau dann unendlich viele Lösungen, wenn $\text{Rang}(\boldsymbol{A}) = \text{Rang}[\boldsymbol{A}|\boldsymbol{b}] < 3$. Dies ist genau dann der Fall, wenn $(a+1)(3-a) = 0$ und $-2(a+1) = 0 \Rightarrow a = -1$. In diesem Fall ist $\text{Rang}(\boldsymbol{A}) = 2 \Rightarrow$ die Dimension des Lösungsraumes $\mathbb{L}$ ist $n - \text{Rang}(\boldsymbol{A}) = 3 - 2 = 1$. $\mathbb{L}$ beschreibt eine Gerade im dreidimensionalen Raum.

Aufgabe 5

a) Wir berechnen den Rang von $\boldsymbol{A}$ mit dem Gauß-Algorithmus

$$\begin{bmatrix}1 & k & 0\\ 0 & 1 & k-4\\ 2 & k & 0\end{bmatrix} \overset{(Z_3)-2(Z_1)}{\rightsquigarrow} \begin{bmatrix}1 & k & 0\\ 0 & 1 & k-4\\ 0 & -k & 0\end{bmatrix} \overset{(Z_3)+k(Z_2)}{\rightsquigarrow} \begin{bmatrix}1 & k & 0\\ 0 & 1 & k-4\\ 0 & 0 & k(k-4)\end{bmatrix}.$$

$\boldsymbol{A}$ ist genau dann invertierbar, wenn $\text{Rang}(\boldsymbol{A}) = 3$. Dies ist genau dann der Fall, wenn $k(k-4) \neq 0 \Rightarrow k \neq 0, 4$.

Alternative: Mit der Determinante (Entwicklung nach der dritten Spalte)

$$\det\begin{bmatrix}1 & k & 0\\ 0 & 1 & k-4\\ 2 & k & 0\end{bmatrix} = -(k-4)\begin{vmatrix}1 & k\\ 2 & k\end{vmatrix} = k(k-4) \overset{!}{\neq} 0 \Rightarrow k \neq 0, 4.$$

b) Wir wenden den Gauß-Algorithmus auf die erweiterte Matrix $[A|E]$ an

$$\left[\begin{array}{ccc|ccc}1 & k & 0 & 1 & 0 & 0\\ 0 & 1 & k-4 & 0 & 1 & 0\\ 2 & k & 0 & 0 & 0 & 1\end{array}\right] \overset{(Z_3)-2(Z_1)}{\rightsquigarrow} \left[\begin{array}{ccc|ccc}1 & k & 0 & 1 & 0 & 0\\ 0 & 1 & k-4 & 0 & 1 & 0\\ 0 & -k & 0 & -2 & 0 & 1\end{array}\right]$$

$$\overset{\substack{(Z_3)+k(Z_2)\\ (Z_1)+(Z_3)}}{\rightsquigarrow} \left[\begin{array}{ccc|ccc}1 & 0 & 0 & -1 & 0 & 1\\ 0 & 1 & k-4 & 0 & 1 & 0\\ 0 & 0 & k(k-4) & -2 & k & 1\end{array}\right]$$

$$\overset{\substack{(Z_2)-(Z_3)/k\\ (Z_3)/(k(k-4))}}{\rightsquigarrow} \left[\begin{array}{ccc|ccc}1 & 0 & 0 & -1 & 0 & 1\\ 0 & 1 & 0 & \frac{2}{k} & 0 & -\frac{1}{k}\\ 0 & 0 & 1 & -\frac{2}{k(k-4)} & \frac{1}{k-4} & \frac{1}{k(k-4)}\end{array}\right] \Rightarrow A^{-1} = \begin{bmatrix}-1 & 0 & 1\\ \frac{2}{k} & 0 & -\frac{1}{k}\\ -\frac{2}{k(k-4)} & \frac{1}{k-4} & \frac{1}{k(k-4)}\end{bmatrix}$$

Aufgabe 6

a) U ist die Lösungsmenge eines homogenen linearen Gleichungssystem. Nach Satz 5.2 ist U ein Unterraum von $\mathbb{R}^4$. *Alternative:* Man weist die Unterraum-Bedingungen explizit nach.

b) Wir lösen die definierenden Gleichungen $x_1 + 2x_4 = 0$ und $3x_1 + x_2 = 0$. Es sind zwei Gleichungen für 4 Unbekannte $\Rightarrow$ zwei Variablen sind frei wählbar. Wir wählen $x_1 = t$ und $x_3 = s$ als freie Variablen (andere Wahlen sind natürlich möglich). Wir erhalten $x_4 = -x_1/2 = -t/2$ und $x_2 = -3x_1 = -3t$. Die Lösung ist $\boldsymbol{x} = t\begin{bmatrix}1\\ -3\\ 0\\ -\frac{1}{2}\end{bmatrix} + s\begin{bmatrix}0\\ 0\\ 1\\ 0\end{bmatrix}$, $t, s \in \mathbb{R}$. Eine Basis von U ist somit $\left\{\begin{bmatrix}1\\ -3\\ 0\\ -\frac{1}{2}\end{bmatrix}, \begin{bmatrix}0\\ 0\\ 1\\ 0\end{bmatrix}\right\}$.

c) Die gefundene Basis von U besteht aus 2 linear unabhängigen Vektoren $\Rightarrow$ $\dim(U) = 2$.

Aufgabe 7

a) $$M^{\mathcal{E}}_{\mathcal{E}}(F) = \begin{bmatrix}1 & 1 & 2 & 1\\ 1 & 2 & 4 & 1\\ 2 & 2 & 4 & 3\\ -1 & -2 & -4 & 2\end{bmatrix}$$

b) Wir lösen $F(\boldsymbol{x}) = \boldsymbol{0}$ mit dem Gauß-Algorithmus

$$\left[\begin{array}{cccc|c}1 & 1 & 2 & 1 & 0\\ 1 & 2 & 4 & 1 & 0\\ 2 & 2 & 4 & 3 & 0\\ -1 & -2 & -4 & 2 & 0\end{array}\right] \overset{\substack{(Z_2)-(Z_1)\\ (Z_3)-2(Z_1)\\ (Z_4)+(Z_1)}}{\rightsquigarrow} \left[\begin{array}{cccc|c}1 & 1 & 2 & 1 & 0\\ 0 & 1 & 2 & 0 & 0\\ 0 & 0 & 0 & 1 & 0\\ 0 & -1 & -2 & 3 & 0\end{array}\right]$$

$$\overset{(Z_4)+(Z_2)}{\rightsquigarrow}\left[\begin{array}{cccc|c} 1 & 1 & 2 & 1 & 0 \\ 0 & 1 & 2 & 0 & 0 \\ 0 & 0 & 0 & 1 & 0 \\ 0 & 0 & 0 & 3 & 0 \end{array}\right] \overset{(Z_4)-3(Z_3)}{\rightsquigarrow}\left[\begin{array}{cccc|c} 1 & 1 & 2 & 1 & 0 \\ 0 & 1 & 2 & 0 & 0 \\ 0 & 0 & 0 & 1 & 0 \\ 0 & 0 & 0 & 0 & 0 \end{array}\right].$$

Es folgt $x_4 = 0$ und $x_3 = t \in \mathbb{R}$ (beliebig) $\Rightarrow x_2 = -2x_3 = -2t$ und $x_1 = -x_2 - 2x_3 - x_4 = 0$. Daher ist

$$\text{Ker}(F) = \left\{ \boldsymbol{x} \in \mathbb{R}^4 \;\middle|\; \boldsymbol{x} = t \begin{bmatrix} 0 \\ -2 \\ 1 \\ 0 \end{bmatrix},\ t \in \mathbb{R} \right\}$$

und eine Basis von Ker(F) ist $\left\{ \begin{bmatrix} 0 \\ -2 \\ 1 \\ 0 \end{bmatrix} \right\}$.

c) Wir wenden den Gauß-Algorithmus an der Transponierten-Darstellungsmatrix und lesen die von Null verschiedenen Zeilen am Ende des Verfahrens ab:

$$\begin{bmatrix} 1 & 1 & 2 & -1 \\ 1 & 2 & 2 & -2 \\ 2 & 4 & 4 & -4 \\ 1 & 1 & 3 & 2 \end{bmatrix} \overset{\substack{(Z_2)-(Z_1) \\ (Z_3)-2(Z_1) \\ (Z_4)-(Z_1)}}{\rightsquigarrow} \begin{bmatrix} 1 & 1 & 2 & -1 \\ 0 & 1 & 0 & -1 \\ 0 & 2 & 0 & -2 \\ 0 & 0 & 1 & 3 \end{bmatrix} \overset{(Z_3)-2(Z_2)}{\rightsquigarrow} \begin{bmatrix} 1 & 1 & 2 & -1 \\ 0 & 1 & 0 & -1 \\ 0 & 0 & 0 & 0 \\ 0 & 0 & 1 & 3 \end{bmatrix}.$$

Eine Basis von Im(F) ist $\left\{ \begin{bmatrix} 1 \\ 1 \\ 2 \\ -1 \end{bmatrix}, \begin{bmatrix} 0 \\ 1 \\ 0 \\ -1 \end{bmatrix}, \begin{bmatrix} 0 \\ 0 \\ 1 \\ 3 \end{bmatrix} \right\}$.

d) Wegen Ker(F) $\neq \{\mathbf{0}\}$ ist F nicht injektiv. Wegen Im(F) $\neq \mathbb{R}^4$ ist F nicht surjektiv.

e) Mit $\dim(\text{Ker}(F)) = 1$, $\dim(\text{Im}(F)) = 3$ und $\dim(\mathbb{R}^4) = 4$ ist die Dimensionsformel erfüllt

$$\dim(\mathbb{R}^4) = 4 = 1 + 3 = \dim(\text{Ker}(F)) + \dim(\text{Im}(F)) \checkmark$$

Aufgabe 8

a) λ ist ein Eigenwert von $\boldsymbol{A}$ genau dann, wenn $\det(\boldsymbol{A} - \lambda \boldsymbol{E}) = 0$. Wegen

$$\det(\boldsymbol{A} - 4\boldsymbol{E}) = \det \begin{bmatrix} -4 & 3 & 0 \\ 1 & 2-4 & 0 \\ 0 & 5 & 4-4 \end{bmatrix} = \det \begin{bmatrix} -4 & 3 & 0 \\ 1 & -2 & 0 \\ 0 & 5 & 0 \end{bmatrix} = 0$$

ist $\lambda = 4$ ein Eigenwert von $\boldsymbol{A}$ (Determinante ist Null, weil eine Spalte ist gleich Null ist). *Alternative:* Wir berechnen alle Eigenwerte von $\boldsymbol{A}$ mit dem charakteristischen Polynoms $\det(\boldsymbol{A}-\lambda\boldsymbol{E}) = \det\begin{bmatrix} -\lambda & 3 & 0 \\ 1 & 2-\lambda & 0 \\ 0 & 5 & 4-\lambda \end{bmatrix} = (4-\lambda)(\lambda-3)(\lambda+1) \overset{!}{=} 0$

$\Rightarrow$ die Eigenwerte sind $\lambda = -1, 3, 4$.

b) Wir lösen $(\boldsymbol{A}-4\boldsymbol{E})\boldsymbol{v} = \boldsymbol{0}$ mit dem Gauß-Algorithmus

$$\left[\begin{array}{ccc|c} -4 & 3 & 0 & 0 \\ 1 & 2-4 & 0 & 0 \\ 0 & 5 & 4-4 & 0 \end{array}\right] = \left[\begin{array}{ccc|c} -4 & 3 & 0 & 0 \\ 1 & -2 & 0 & 0 \\ 0 & 5 & 0 & 0 \end{array}\right] \overset{4(Z_2)+(Z_1)}{\rightsquigarrow} \left[\begin{array}{ccc|c} -4 & 3 & 0 & 0 \\ 0 & -5 & 0 & 0 \\ 0 & 5 & 0 & 0 \end{array}\right]$$

$$\overset{(Z_3)+(Z_2)}{\rightsquigarrow} \left[\begin{array}{ccc|c} -4 & 3 & 0 & 0 \\ 0 & -5 & 0 & 0 \\ 0 & 0 & 0 & 0 \end{array}\right].$$

Es folgt $x_1 = 0$, $x_2 = 0$ und $x_3 = t \in \mathbb{R}$, d. h. der Eigenraum zu $\lambda = 4$ ist

$$\mathrm{Eig}_4(\boldsymbol{A}) = \left\{ \boldsymbol{x} \in \mathbb{R}^3 \;\middle|\; \boldsymbol{x} = t\begin{bmatrix} 0 \\ 0 \\ 1 \end{bmatrix},\ t \in \mathbb{R} \right\}.$$

c) Wegen $\boldsymbol{A}\boldsymbol{v} = \begin{bmatrix} 0 & 3 & 0 \\ 1 & 2 & 0 \\ 0 & 5 & 4 \end{bmatrix}\begin{bmatrix} 3 \\ -1 \\ 1 \end{bmatrix} = \begin{bmatrix} -3 \\ 1 \\ -1 \end{bmatrix} = -\begin{bmatrix} 3 \\ -1 \\ 1 \end{bmatrix} = (-1)\boldsymbol{v}$ ist $\boldsymbol{v}$ ein Eigenvector von $\boldsymbol{A}$ zum Eigenwert $\lambda = -1$.

d) Wegen $\boldsymbol{A}\boldsymbol{v} = -\boldsymbol{v}$ ist $\boldsymbol{A}^{100}\boldsymbol{v} = (-1)^{100}\boldsymbol{v} = \boldsymbol{v}$. Daher $\boldsymbol{u}^T\boldsymbol{A}^{100}\boldsymbol{v} = \boldsymbol{u}^T\boldsymbol{v} = [0\ 0\ 1]\begin{bmatrix} 3 \\ -1 \\ 1 \end{bmatrix} = 1$.

e) Die Summe aller Eigenwerte von $\boldsymbol{A}$ ist gleich $\mathrm{Spur}(\boldsymbol{A}) = 2+4 = 6$. Aus (a) und (d) wissen wir, dass 4 und -1 Eigenwerte sind. Der dritte Eigenwert λ erfüllt also $4+(-1)+\lambda = 6 \Rightarrow \lambda = 3$.

f) Die Eigenwerte von $\boldsymbol{A}$ sind 4, -1 und 3 $\Rightarrow$ Die Eigenwerte von $\left(\boldsymbol{A}^n + 2\boldsymbol{E}\right)^T$ sind 4^n+2, $(-1)^n+2$ und 3^n+2.

g) $\boldsymbol{A}$ ist genau dann invertierbar, wenn 0 kein Eigenwert von $\boldsymbol{A}$ ist. Da alle Eigenwerte von $\boldsymbol{A}$ ungleich Null sind, ist $\boldsymbol{A}$ invertierbar. Die Eigenwerte von $\boldsymbol{A}^{-1}$ sind $1/4$, $1/(-1) = -1$ und $1/3$.

10.8 Musterprüfung 2 – Musterlösung

Aufgabe 1

a) (A) (B) (C) (**D**) $\det[3\boldsymbol{e}_2, -\boldsymbol{e}_3, 2\boldsymbol{e}_1] = -6\det[\boldsymbol{e}_2, \boldsymbol{e}_3, \boldsymbol{e}_1] = 6\det[\boldsymbol{e}_2, \boldsymbol{e}_1, \boldsymbol{e}_3] = -6\det[\boldsymbol{e}_1, \boldsymbol{e}_2, \boldsymbol{e}_3] = -6$.

b) (**A**) (B) (C) (**D**) Eine Teilmenge einer linear unabhängigen Menge ist immer linear unabhängig. Mehr als 7 Vektoren in $\mathbb{R}^7$ sind linear abhängig.

c) (**A**) (**B**) (**C**) (D) $\boldsymbol{A}$ ist regulär, weil 0 kein Eigenwert ist. Daher hat $\boldsymbol{A}$ maximalen Rang, d. h. $\mathrm{Rang}(\boldsymbol{A}) = 4$. Die Summe aller Eigenwerte ist gleich $\mathrm{Spur}(\boldsymbol{A})$. Daher ist $\text{Spur}(A) = 1 + 2 + 3 + 4 = 10$. Die Diagonaleinträge von A können nicht alle ≥ 5, weil sonst wäre $\text{Spur}(A) \geq 5 + 5 + 5 + 5 = 20$. Wegen $\text{Spur}(A) = 10$ ist dies unmöglich.

d) (A) **(B)** (C) $\begin{bmatrix} 1 & 1 & 1 \\ 0 & 1 & 1 \\ 0 & 0 & 1 \end{bmatrix} \begin{bmatrix} 1 & -1 & 0 \\ 0 & 1 & -1 \\ 0 & 0 & 1 \end{bmatrix} = \begin{bmatrix} 1 & 0 & 0 \\ 0 & 1 & 0 \\ 0 & 0 & 1 \end{bmatrix}$

e) **(A)** (B) $\boldsymbol{P}$ ist die Permutationsmatrix, welche aus $\boldsymbol{E}$ durch Vertauschen der zweiten und dritten Zeile entsteht $\boldsymbol{P} = \begin{bmatrix} 1 & 0 & 0 & 0 \\ 0 & 0 & 1 & 0 \\ 0 & 1 & 0 & 0 \\ 0 & 0 & 0 & 1 \end{bmatrix}$.

f) (A) **(B)** **(C)** (D) Unterräume sind genau die Lösungsmengen von homogenen LGS. Daher ist U_1 kein Unterraum (LGS ist inhomogen). U_2 ist ein Unterraum (LGS ist homogen). Alternativ nach Sarrus!

g) **(A)** (B) **(C)** (D) A regulär $\Rightarrow$ A hat maximalen Rang (d. h. $\text{Rang}(A) = 7$) und 0 ist kein Eigenwert. Das LGS $\boldsymbol{Ax} = \boldsymbol{0}$ hat aber nur die triviale Lösung, wegen $\boldsymbol{Ax} = \boldsymbol{0} \Rightarrow \boldsymbol{x} = \boldsymbol{A}^{-1}\boldsymbol{0} = \boldsymbol{0}$.

h) **(A)** (B) (C) **(D)** F ist linear mit Darstellungsmatrix $\begin{bmatrix} x_1+x_2 \\ x_1-x_2 \end{bmatrix} = \underbrace{\begin{bmatrix} 1 & 1 \\ 1 & -1 \end{bmatrix}}_{=A} \begin{bmatrix} x_1 \\ x_2 \end{bmatrix}$.

i) (A) **(B)** **(C)** (D) F ist die Projektion auf die x_2x_3-Ebene. 0 ist ein Eigenwert und die Darstellungsmatrix ist daher nichtinvertierbar.

j) **(A)** (B) Wegen $\boldsymbol{A}(-\boldsymbol{v}) = -\boldsymbol{Av} = -\lambda\boldsymbol{v} = \lambda(-\boldsymbol{v})$ ist $(-\boldsymbol{v})$ ein Eigenvektor zum Eigenwert λ.

Aufgabe 2

a) Wahr. Die Matrix beschreibt eine Drehung um $\varphi = -\pi/6$.

b) Falsch. Lineare Abbildungen $F : \mathbb{R}^n \to \mathbb{R}^n$ sind eindeutig durch die Angabe von $F(\boldsymbol{b}_1), \cdots, F(\boldsymbol{b}_n)$ bestimmt (wobei $\{\boldsymbol{b}_1, \cdots, \boldsymbol{b}_n\}$ eine Basis von $\mathbb{R}^n$ ist).

c) Wahr. Aus der Dimensionsformel mit $V = \mathbb{R}^4$ und $W = \mathbb{R}^3$ folgt $\underbrace{\dim(V)}_{=4} = \underbrace{\dim(\text{Ker}(F))}_{=1} + \dim(\text{Im}(F)) \Rightarrow \dim(\text{Im}(F)) = 4 - 1 = 3$, gleich wie $W \Rightarrow F$ ist surjektiv.

d) Falsch. $P_3(\mathbb{R})$ hat die Dimension 4. Weniger als 4 Polynome bilden somit kein Erzeugendensystem von $P_3(\mathbb{R})$.

e) Wahr. Wegen $F(1, 0) = [1, 1]^T$ und $F(0, 1) = [1, 2]^T$ ist die Darstellungsmatrix von F gleich $\begin{bmatrix} 1 & 1 \\ 1 & 2 \end{bmatrix}$. Daher ist $F(1, 1) = \begin{bmatrix} 1 & 1 \\ 1 & 2 \end{bmatrix}\begin{bmatrix} 1 \\ 1 \end{bmatrix} = \begin{bmatrix} 2 \\ 3 \end{bmatrix} \neq \begin{bmatrix} 2 \\ 2 \end{bmatrix}$.

f) Wahr. Entwicklung nach der dritten Spalte (hat am meisten Nullen) $\begin{vmatrix} 2 & -2 & -2 \\ 1 & 1 & 0 \\ -3 & 4 & 0 \end{vmatrix} = (-2)\begin{vmatrix} 1 & 1 \\ -3 & 4 \end{vmatrix} = (-2)(4 + 3) = -14$.

g) Falsch. Wegen $\text{Rang}\begin{bmatrix} 1 & 1 \\ 5 & 3 \\ 7 & 4 \end{bmatrix} = 2$ sind die Vektoren linear unabhängig.

Aufgabe 3

a) Wir beginnen mit dem Ausgangsschema $[\boldsymbol{E}|\boldsymbol{E}|\boldsymbol{A}]$ und wenden den Gauß-Algorithmus mit Pivotstrategie an:

$$[\boldsymbol{E}|\boldsymbol{E}|\boldsymbol{A}] = \left[\begin{array}{ccc|ccc|ccc} 1&0&0&1&0&0&2&2&2\\ 0&1&0&0&1&0&1&1&0\\ 0&0&1&0&0&1&-1&-2&-2 \end{array}\right] \overset{\substack{(Z_2)-\frac{1}{2}(Z_1)\\(Z_3)+\frac{1}{2}(Z_1)}}{\rightsquigarrow} \left[\begin{array}{ccc|ccc|ccc} 1&0&0&1&0&0&2&2&2\\ 0&1&0&\frac{1}{2}&1&0&0&0&-1\\ 0&0&1&-\frac{1}{2}&0&1&0&-1&-1 \end{array}\right]$$

$$\overset{(Z_3)\leftrightarrow(Z_2)}{\rightsquigarrow} \left[\begin{array}{ccc|ccc|ccc} 1&0&0&1&0&0&2&2&2\\ 0&0&1&-\frac{1}{2}&1&0&0&-1&-1\\ 0&1&0&\frac{1}{2}&0&1&0&0&-1 \end{array}\right] = [\boldsymbol{P}|\boldsymbol{L}|\boldsymbol{R}]$$

Es folgt $\boldsymbol{P} = \begin{bmatrix} 1&0&0\\0&0&1\\0&1&0 \end{bmatrix}$, $\boldsymbol{L} = \begin{bmatrix} 1&0&0\\ -\frac{1}{2}&1&0\\ \frac{1}{2}&0&1 \end{bmatrix}$ und $\boldsymbol{R} = \begin{bmatrix} 2&2&2\\0&-1&-1\\0&0&-1 \end{bmatrix}$. Die Probe liefert $\boldsymbol{PA} = \boldsymbol{LR}$ ✓.

b) Wir lösen zuerst $\boldsymbol{Lz} = \boldsymbol{Pb}$ und danach $\boldsymbol{Rx} = \boldsymbol{y}$

$$\boldsymbol{Pb} = \begin{bmatrix} 2\\-1\\-2 \end{bmatrix} \Rightarrow \left[\begin{array}{ccc|c} 1&0&0&2\\ -\frac{1}{2}&1&0&-1\\ \frac{1}{2}&0&1&-2 \end{array}\right] \Rightarrow \boldsymbol{z} = \begin{bmatrix} 2\\0\\-3 \end{bmatrix}$$

$$\Rightarrow \left[\begin{array}{ccc|c} 2&2&2&2\\ 0&-1&-1&0\\ 0&0&-1&-3 \end{array}\right] \Rightarrow \boldsymbol{x} = \begin{bmatrix} 1\\-3\\3 \end{bmatrix}$$

Aufgabe 4

a) Entwicklung nach der ersten Spalte liefert

$$\begin{vmatrix} (a_1-x) & a_2 & a_3 & a_4\\ 0 & -x & 0 & 0\\ 0 & 1 & -x & 0\\ 0 & 0 & 1 & -x \end{vmatrix} = (a_1-x) \underbrace{\begin{vmatrix} -x & 0 & 0\\ 1 & -x & 0\\ 0 & 1 & -x \end{vmatrix}}_{=(-x)(-x)(-x)\text{ Dreiecksmatrix}} = (a_1-x)(-x)^3 = (x-a_1)x^3.$$

Aus $(x-a_1)x^3 \overset{!}{=} 0$ folgt $x = 0$ oder $x = a_1$.

b) Wir wenden den Gauß-Algorithmus an:

$$\begin{bmatrix} k&-k&0&-1\\ 1&-2&1&0\\ 0&1&k&1 \end{bmatrix} \overset{(Z_2)\leftrightarrow(Z_1)}{\rightsquigarrow} \begin{bmatrix} 1&-2&1&0\\ k&-k&0&-1\\ 0&1&k&1 \end{bmatrix} \overset{(Z_2)-k(Z_1)}{\rightsquigarrow} \begin{bmatrix} 1&-2&1&0\\ 0&k&-k&-1\\ 0&1&k&1 \end{bmatrix}$$

$$\overset{(Z_3)\leftrightarrow(Z_2)}{\rightsquigarrow} \begin{bmatrix} 1&-2&1&0\\ 0&1&k&1\\ 0&k&-k&-1 \end{bmatrix} \overset{(Z_3)-k(Z_2)}{\rightsquigarrow} \begin{bmatrix} 1&-2&1&0\\ 0&1&k&1\\ 0&0&-k(k+1)&-(k+1) \end{bmatrix}.$$

Es folgt $\text{Rang}(A) = \begin{cases} 3, & k \neq -1\\ 2, & k = -1 \end{cases}$. Die Dimension der Lösungsmenge ist $4 - \text{Rang}(A)$. Eine Gerade hat Dimension $1 \Rightarrow \text{Rang}(A) \overset{!}{=} 3 \Rightarrow k \neq -1$.

c) Es gilt $AA^T = \begin{bmatrix} a & b & 0 & 1 \\ -b & a & -1 & 0 \\ 0 & 1 & a & -b \\ -1 & 0 & b & a \end{bmatrix} \begin{bmatrix} a & -b & 0 & -1 \\ b & a & 1 & 0 \\ 0 & -1 & a & b \\ 1 & 0 & -b & a \end{bmatrix} = \begin{bmatrix} a^2+b^2+1 & 0 & 0 & 0 \\ 0 & a^2+b^2+1 & 0 & 0 \\ 0 & 0 & a^2+b^2+1 & 0 \\ 0 & 0 & 0 & a^2+b^2+1 \end{bmatrix}$.
Wegen $\det\left(AA^T\right) = \det(A)\det(A) = \det(A)^2 = (a^2+b^2+1)^4$ finden wir $\det(A) = \pm(a^2+b^2+1)^2$. Wir müssen nur noch das Vorzeichen der Determinante bestimmen, d. h. ob $\det(A) = (a^2+b^2+1)^2$ oder $\det(A) = -(a^2+b^2+1)^2$ ist. Zu diesem Zweck setzen wir $a = b = 0$ in A ein. Wegen $\det \begin{bmatrix} 0 & 0 & 0 & 1 \\ 0 & 0 & -1 & 0 \\ 0 & 1 & 0 & 0 \\ -1 & 0 & 0 & 0 \end{bmatrix} = 1$ ist $\det(A) = (a^2+b^2+1)^2$ die richtige Antwort.

Aufgabe 5

a) Die Summe der Eigenwerte ist Spur(A) und deren Produkt ist det(A). Es seien also λ_1 und λ_2 die zwei Eigenwerte von A. Dann gilt $\lambda_1 + \lambda_2 = 5$ und $\lambda_1 \cdot \lambda_2 = 4 \Rightarrow \lambda_1 = 1$ und $\lambda_2 = 4$. Die Eigenwerte von $2A + A^T + 4A^{-1}$ sind $2\lambda_1 + \lambda_1 + 4/\lambda_1 = 2 + 1 + 4 = 7$ und $2\lambda_2 + \lambda_2 + 4/\lambda_2 = 8 + 4 + 1 = 13$.

b) Wir verifizieren die Linearitätsbedingung (L). Es seien $\boldsymbol{v}, \boldsymbol{w} \in \mathbb{R}^3$ und $a, b \in \mathbb{R}$. Wegen der Linearität des Kreuzproduktes gilt:

$$F(a\boldsymbol{v} + b\boldsymbol{w}) = \boldsymbol{\alpha} \times (a\boldsymbol{v} + b\boldsymbol{w}) = a(\boldsymbol{\alpha} \times \boldsymbol{v}) + b(\boldsymbol{\alpha} \times \boldsymbol{w}) = a\,F(\boldsymbol{v}) + b\,F(\boldsymbol{w}).$$

Somit ist F linear.

c) Es gilt:

$$F(\boldsymbol{v}) = \boldsymbol{\alpha} \times \boldsymbol{v} = \begin{bmatrix} \alpha \\ \beta \\ \gamma \end{bmatrix} \times \begin{bmatrix} v_1 \\ v_2 \\ v_3 \end{bmatrix} = \begin{bmatrix} \beta v_3 - \gamma v_2 \\ \gamma v_1 - \alpha v_3 \\ \alpha v_2 - \beta v_1 \end{bmatrix} = \underbrace{\begin{bmatrix} 0 & -\gamma & \beta \\ \gamma & 0 & -\alpha \\ -\beta & \alpha & 0 \end{bmatrix}}_{=A} \begin{bmatrix} v_1 \\ v_2 \\ v_3 \end{bmatrix}$$

d) Wir berechnen das charakteristische Polynom

$$\det(A - \lambda E) = \begin{vmatrix} -\lambda & -\gamma & \beta \\ \gamma & -\lambda & -\alpha \\ -\beta & \alpha & -\lambda \end{vmatrix} = -\lambda \begin{vmatrix} -\lambda & -\alpha \\ \alpha & -\lambda \end{vmatrix} - \gamma \begin{vmatrix} -\gamma & \beta \\ \alpha & -\lambda \end{vmatrix} - \beta \begin{vmatrix} -\gamma & \beta \\ -\lambda & -\alpha \end{vmatrix}$$

$$- \lambda(\lambda^2 + \alpha^2) - \gamma(\gamma\lambda - \alpha\beta) - \beta(\alpha\gamma + \beta\lambda)$$

$$= -\lambda^3 - \lambda(\alpha^2 + \beta^2 + \gamma^2) \stackrel{!}{=} 0$$

Wegen $\alpha^2 + \beta^2 + \gamma^2 \geq 0$ sind die Eigenwerte von A gleich $\lambda_1 = 0$, $\lambda_{2,3} = \pm i\sqrt{\alpha^2 + \beta^2 + \gamma^2}$. A hat reelle Eigenwerte nur für $\alpha = \beta = \gamma = 0$; in allen anderen Fällen hat A komplexe Eigenwerte.

Aufgabe 6

a) Es ist $\dim(U) = \text{Rang}[\boldsymbol{u_1}, \boldsymbol{u_2}, \boldsymbol{u_3}]$ bzw. $\dim(W) = \text{Rang}[\boldsymbol{w_1}, \boldsymbol{w_2}, \boldsymbol{w_3}]$. Mit dem Gauß-Algorithmus finden wir

$$\begin{bmatrix}1&1&1\\2&1&1\\1&-1&3\end{bmatrix}\overset{\substack{(Z_2)-2(Z_1)\\(Z_3)-(Z_1)}}{\rightsquigarrow}\begin{bmatrix}1&1&1\\0&-1&-1\\0&-2&2\end{bmatrix}\overset{(Z_3)-2(Z_2)}{\rightsquigarrow}\begin{bmatrix}1&1&1\\0&-1&-1\\0&0&4\end{bmatrix}$$

$$\Rightarrow \operatorname{Rang}[\boldsymbol{u_1},\boldsymbol{u_2},\boldsymbol{u_3}]=3$$

$$\begin{bmatrix}1&1&2\\1&2&3\\-3&2&-1\end{bmatrix}\overset{\substack{(Z_2)-(Z_1)\\(Z_3)+3(Z_1)}}{\rightsquigarrow}\begin{bmatrix}1&1&2\\0&1&1\\0&5&5\end{bmatrix}\overset{(Z_3)-5(Z_2)}{\rightsquigarrow}\begin{bmatrix}1&1&2\\0&1&1\\0&0&0\end{bmatrix}\Rightarrow \operatorname{Rang}[\boldsymbol{w_1},\boldsymbol{w_2},\boldsymbol{w_3}]=2$$

Somit ist $\dim(U)=3$ und $\dim(W)=2$. Wegen $\dim(U)=3$ ist $\{\boldsymbol{u_1},\boldsymbol{u_2},\boldsymbol{u_3}\}$ bereits eine Basis von U. Wir bemerken, dass $U=\mathbb{R}^3$. Daher eine weitere mögliche Basis ist die Standardbasis $\{\left[\begin{smallmatrix}1\\0\\0\end{smallmatrix}\right],\left[\begin{smallmatrix}0\\1\\0\end{smallmatrix}\right],\left[\begin{smallmatrix}0\\0\\1\end{smallmatrix}\right]\}$. Wegen $\dim(W)=2$ ist $\{\boldsymbol{w_1},\boldsymbol{w_2}\}$ eine mögliche Basis von W.

b) Wegen $U=\mathbb{R}^3$ ist $U\cap W=\mathbb{R}^3\cap W=W$. Also $\dim(U\cap W)=2$.

c) Wir schreiben die Basispolynome als Vektoren in der Standardbasis $\mathcal{E}=\{1,x,x^2\}$ auf, $[1+x]_{\mathcal{E}}=\left[\begin{smallmatrix}1\\1\\0\end{smallmatrix}\right]$, $[1+2x+x^2]_{\mathcal{E}}=\left[\begin{smallmatrix}1\\2\\1\end{smallmatrix}\right]$, $[x-x^2]_{\mathcal{E}}=\left[\begin{smallmatrix}0\\1\\-1\end{smallmatrix}\right]$, und schreiben diese Vektoren als Spalten in einer Matrix. Mit dem Gauß-Algorithmus bestimmen wir den Rang dieser Matrix

$$\begin{bmatrix}1&1&0\\1&2&1\\0&1&-1\end{bmatrix}\overset{(Z_2)-(Z_1)}{\rightsquigarrow}\begin{bmatrix}1&1&0\\0&1&1\\0&1&-1\end{bmatrix}\overset{(Z_3)-(Z_2)}{\rightsquigarrow}\begin{bmatrix}1&1&0\\0&1&1\\0&0&-2\end{bmatrix}.$$

Die Matrix hat Rang 3 $\Rightarrow$ Somit ist $\{1+x, 1+2x+x^2, x-x^2\}$ eine Basis von $P_2(\mathbb{R})$.

d) Es gilt:

$$\boldsymbol{T}_{\mathcal{B}\to\mathcal{E}}=\begin{bmatrix}1&1&0\\1&2&1\\0&1&-1\end{bmatrix}\quad\Rightarrow\quad \boldsymbol{T}_{\mathcal{E}\to\mathcal{B}}=\boldsymbol{T}_{\mathcal{B}\to\mathcal{E}}^{-1}=\begin{bmatrix}\frac{3}{2}&-\frac{1}{2}&-\frac{1}{2}\\-\frac{1}{2}&\frac{1}{2}&\frac{1}{2}\\-\frac{1}{2}&\frac{1}{2}&-\frac{1}{2}\end{bmatrix}.$$

Die Koordinaten von $p(x)=x^2-x+2$ in der Standardbasis sind $[p(x)]_{\mathcal{E}}=\left[\begin{smallmatrix}2\\-1\\1\end{smallmatrix}\right]$. Daher

$$[p(x)]_{\mathcal{B}}=\boldsymbol{T}_{\mathcal{E}\to\mathcal{B}}[p(x)]_{\mathcal{E}}=\begin{bmatrix}\frac{3}{2}&-\frac{1}{2}&-\frac{1}{2}\\-\frac{1}{2}&\frac{1}{2}&\frac{1}{2}\\-\frac{1}{2}&\frac{1}{2}&-\frac{1}{2}\end{bmatrix}\begin{bmatrix}2\\-1\\1\end{bmatrix}=\begin{bmatrix}3\\-1\\-2\end{bmatrix}.$$

Es folgt $p(x)=3(1+x)-(1+2x+x^2)-2(x-x^2)$.

e) Es sei $p(x)=a_0+a_1x+a_2x^2$. Aus $p(0)=0$ folgt $p(0)=a_0\overset{!}{=}0\Rightarrow a_0=0$. Aus $\int_0^1 p(x)dx=0$ folgt $\int_0^1 p(x)dx=a_0+\frac{a_1}{2}+\frac{a_2}{3}=\frac{a_1}{2}+\frac{a_2}{3}\overset{!}{=}0\Rightarrow a_2=-\frac{3}{2}a_1$. Ein Polynom in U sieht wie folgt aus $p(x)=a_1\left(x-\frac{3}{2}x^2\right)$ mit $a_1\in\mathbb{R}$. Eine Basis von U ist also $\{x-\frac{3}{2}x^2\}$ mit $\dim(U)=1$.

Aufgabe 7

a) Wir wenden F auf jedes Element der Standardbasis von $\mathbb{R}^{2\times 2}$ an und bestimmen die Koordinaten dieser Bilder in der Standardbasis von $\mathbb{R}^{2\times 2}$:

$$F(\boldsymbol{E}_{11}) = \begin{bmatrix} 2 & 0 \\ 0 & 0 \end{bmatrix} - \begin{bmatrix} 1 & 0 \\ 0 & 0 \end{bmatrix}^T = \begin{bmatrix} 1 & 0 \\ 0 & 0 \end{bmatrix} = \boldsymbol{E}_{11} \qquad \Rightarrow \quad [F(\boldsymbol{E}_{11})]_{\mathcal{E}} = \begin{bmatrix} 1 \\ 0 \\ 0 \\ 0 \end{bmatrix}$$

$$F(\boldsymbol{E}_{12}) = \begin{bmatrix} 0 & 2 \\ 0 & 0 \end{bmatrix} - \begin{bmatrix} 0 & 1 \\ 0 & 0 \end{bmatrix}^T = \begin{bmatrix} 0 & 2 \\ -1 & 0 \end{bmatrix} = 2\boldsymbol{E}_{12} - \boldsymbol{E}_{21} \qquad \Rightarrow \quad [F(\boldsymbol{E}_{12})]_{\mathcal{E}} = \begin{bmatrix} 0 \\ 2 \\ -1 \\ 0 \end{bmatrix}$$

$$F(\boldsymbol{E}_{21}) = \begin{bmatrix} 0 & 0 \\ 2 & 0 \end{bmatrix} - \begin{bmatrix} 0 & 0 \\ 1 & 0 \end{bmatrix}^T = \begin{bmatrix} 0 & -1 \\ 2 & 0 \end{bmatrix} = -\boldsymbol{E}_{12} + 2\boldsymbol{E}_{21} \qquad \Rightarrow \quad [F(\boldsymbol{E}_{21})]_{\mathcal{E}} = \begin{bmatrix} 0 \\ -1 \\ 2 \\ 0 \end{bmatrix}$$

$$F(\boldsymbol{E}_{22}) = \begin{bmatrix} 0 & 0 \\ 0 & 2 \end{bmatrix} - \begin{bmatrix} 0 & 0 \\ 0 & 1 \end{bmatrix}^T = \begin{bmatrix} 0 & 0 \\ 0 & 1 \end{bmatrix} = \boldsymbol{E}_{22} \qquad \Rightarrow \quad [F(\boldsymbol{E}_{22})]_{\mathcal{E}} = \begin{bmatrix} 0 \\ 0 \\ 0 \\ 1 \end{bmatrix}$$

Es gilt somit $\boldsymbol{M}_{\mathcal{E}}^{\mathcal{E}}(F) = \begin{bmatrix} 1 & 0 & 0 & 0 \\ 0 & 2 & -1 & 0 \\ 0 & -1 & 2 & 0 \\ 0 & 0 & 0 & 1 \end{bmatrix}$.

b) Wir lösen $F(\boldsymbol{A}) = \boldsymbol{0}$ mit der Darstellungsmatrix

$$\left[\begin{array}{cccc|c} 1 & 0 & 0 & 0 & 0 \\ 0 & 2 & -1 & 0 & 0 \\ 0 & -1 & 2 & 0 & 0 \\ 0 & 0 & 0 & 1 & 0 \end{array}\right] \overset{2(Z_3)+(Z_2)}{\rightsquigarrow} \left[\begin{array}{cccc|c} 1 & 0 & 0 & 0 & 0 \\ 0 & 2 & -1 & 0 & 0 \\ 0 & 0 & 3 & 0 & 0 \\ 0 & 0 & 0 & 1 & 0 \end{array}\right] \Rightarrow \operatorname{Ker}(F) = \{\boldsymbol{0}\}.$$

Wegen $\operatorname{Ker}(F) = \{\boldsymbol{0}\}$ folgt F injektiv.
Alternative: Wegen $\det\left(\boldsymbol{M}_{\mathcal{E}}^{\mathcal{E}}(F)\right) = 3 \neq 0$ ist F injektiv und surjektiv.

c) Aus der Dimensionsformel erhalten wir mit $V = \mathbb{R}^{2\times 2}$

$$\underbrace{\dim(\mathbb{R}^{2\times 2})}_{=4} = \underbrace{\dim(\operatorname{Ker}(F))}_{=0} + \dim(\operatorname{Im}(F)) \;\Rightarrow\; \dim(\operatorname{Im}(F)) = 4 \;\Rightarrow\; \operatorname{Im}(F) = \mathbb{R}^{2\times 2}.$$

Somit ist F surjektiv.

d) Wir weisen nach, dass die Unterraumbedingungen (UR0) und (UR) erfüllt sind.
- Beweis von **(UR0)** Wegen $\operatorname{Spur}(\boldsymbol{0}) = 0$ ist $\boldsymbol{0} \in U$ ✓

- Beweis von **(UR)** Es seien $\boldsymbol{A}, \boldsymbol{B} \in U$ ($\Rightarrow \text{Spur}(\boldsymbol{A}) = \text{Spur}(\boldsymbol{B}) = 0$) und $\alpha, \beta \in \mathbb{R}$. Dann gilt wegen der Linearität der Spur

$$\text{Spur}(\alpha \boldsymbol{A} + \beta \boldsymbol{B}) = \alpha\,\text{Spur}(\boldsymbol{A}) + \beta\,\text{Spur}(\boldsymbol{B}) = 0 + 0 = 0 \;\Rightarrow\; \alpha \boldsymbol{A} + \beta \boldsymbol{B} \in U \,\checkmark$$

Somit ist U ein Unterraum von $V = \mathbb{R}^{2\times 2}$.

e) Es sei $\boldsymbol{A} = \begin{bmatrix} a & b \\ c & d \end{bmatrix} \in \mathbb{R}^{2\times 2}$. Aus $\text{Spur}(\boldsymbol{A}) = 0$ folgt $a + d = 0 \Rightarrow d = -a$. Die spurlosen Matrizen sind somit gegeben durch $\boldsymbol{A} = \begin{bmatrix} a & b \\ c & -a \end{bmatrix} \in \mathbb{R}^{2\times 2}$. Dies können wir wie folgt schreiben

$$\boldsymbol{A} = \begin{bmatrix} a & b \\ c & d \end{bmatrix} = a \begin{bmatrix} 1 & 0 \\ 0 & -1 \end{bmatrix} + b \begin{bmatrix} 0 & 1 \\ 0 & 0 \end{bmatrix} + c \begin{bmatrix} 0 & 0 \\ 1 & 0 \end{bmatrix}.$$

Eine Basis von U ist somit $\mathcal{B} = \left\{ \begin{bmatrix} 1 & 0 \\ 0 & -1 \end{bmatrix}, \begin{bmatrix} 0 & 1 \\ 0 & 0 \end{bmatrix}, \begin{bmatrix} 0 & 0 \\ 1 & 0 \end{bmatrix} \right\}$ mit $\dim(U) = 3$.

f) Zunächst bemerken wir, dass die Einschränkung von F auf U wohldefiniert ist. Ist $\boldsymbol{A} \in U$ (d. h. $\text{Spur}(\boldsymbol{A}) = 0$), so ist $\text{Spur}(2\boldsymbol{A} - \boldsymbol{A}^T) = 2\,\text{Spur}(\boldsymbol{A}) - \text{Spur}(\boldsymbol{A}) = 0 \Rightarrow F(\boldsymbol{A}) \in U$. Wir wenden nun F auf jedes Element der Basis $\mathcal{B} = \left\{ \boldsymbol{B}_1 = \begin{bmatrix} 1 & 0 \\ 0 & -1 \end{bmatrix}, \boldsymbol{B}_2 = \begin{bmatrix} 0 & 1 \\ 0 & 0 \end{bmatrix}, \boldsymbol{B}_3 = \begin{bmatrix} 0 & 0 \\ 1 & 0 \end{bmatrix} \right\}$ an und bestimmen die Koordinaten dieser Bilder bezüglich $\mathcal{B}$:

$$F(\boldsymbol{B}_1) = \begin{bmatrix} 2 & 0 \\ 0 & -2 \end{bmatrix} - \begin{bmatrix} 1 & 0 \\ 0 & -1 \end{bmatrix}^T = \begin{bmatrix} 1 & 0 \\ 0 & -1 \end{bmatrix} = \boldsymbol{B}_1 \qquad \Rightarrow \qquad [F(\boldsymbol{B}_1)]_{\mathcal{B}} = \begin{bmatrix} 1 \\ 0 \\ 0 \end{bmatrix}$$

$$F(\boldsymbol{B}_2) = \begin{bmatrix} 0 & 2 \\ 0 & 0 \end{bmatrix} - \begin{bmatrix} 0 & 1 \\ 0 & 0 \end{bmatrix}^T = \begin{bmatrix} 0 & 2 \\ -1 & 0 \end{bmatrix} = 2\boldsymbol{B}_2 - \boldsymbol{B}_3 \qquad \Rightarrow \qquad [F(\boldsymbol{B}_2)]_{\mathcal{B}} = \begin{bmatrix} 0 \\ 2 \\ -1 \end{bmatrix}$$

$$F(\boldsymbol{B}_3) = \begin{bmatrix} 0 & 0 \\ 2 & 0 \end{bmatrix} - \begin{bmatrix} 0 & 0 \\ 1 & 0 \end{bmatrix}^T = \begin{bmatrix} 0 & -1 \\ 2 & 0 \end{bmatrix} = -\boldsymbol{B}_2 + 2\boldsymbol{B}_3 \qquad \Rightarrow \qquad [F(\boldsymbol{B}_3)]_{\mathcal{B}} = \begin{bmatrix} 0 \\ -1 \\ 2 \end{bmatrix}$$

was $\boldsymbol{M}_{\mathcal{B}}^{\mathcal{B}}(F) = \begin{bmatrix} 1 & 0 & 0 \\ 0 & 2 & -1 \\ 0 & -1 & 2 \end{bmatrix}$ liefert.

10.9 Musterprüfung 3 – Musterlösung

Aufgabe 1

a) (A) (B) (C) **(D)** Wir vertauschen die erste Spalte mit der letzten, dann die zweite Spalte mit der vorletzten usw. Bei jeder Vertauschung erhalten wir einen Faktor (-1). Wir müssen $n/2$ Vertauschungen machen, und erhalten somit

$$\begin{vmatrix} \star & \star & \cdots & \star & 2 \\ \star & \star & \cdots & 2 & 0 \\ \vdots & \vdots & \ddots & \vdots & \vdots \\ \star & 2 & \cdots & 0 & 0 \\ 2 & 0 & \cdots & 0 & 0 \end{vmatrix} = (-1)^{\frac{n}{2}} \begin{vmatrix} 2 & \star & \cdots & \star & \star \\ 0 & 2 & \cdots & 2 & \star \\ \vdots & \vdots & \ddots & \vdots & \vdots \\ 0 & 0 & \cdots & 2 & \star \\ 0 & 0 & \cdots & 0 & 2 \end{vmatrix} = (-1)^{\frac{n}{2}} 2^n.$$

b) **(A)** **(B)** **(C)** **(D)** Jede Zeilensumme ergibt 4. Somit ist 4 ein Eigenwert mit dem Eigenvektor $[1, 1, 1]^T$. Die Spur von $\boldsymbol{A}$ ist 6 und die Determinante ist 4. Somit ist $\lambda = 1$ ein weiteres Eigenwert (mit algebraischer Vielfachheit 2). Wegen $\det(\boldsymbol{A}) = 4 \neq 0$ ist $\boldsymbol{A}$ invertierbar.

c) (A) **(B)** (C) $\boldsymbol{A}$ ist eine Permutationsmatrix. Daher ist $\boldsymbol{A}^{-1} = \boldsymbol{A}^T = \begin{bmatrix} 0&1&0&0&0 \\ 0&0&1&0&0 \\ 1&0&0&0&0 \\ 0&0&0&0&1 \\ 0&0&0&1&0 \end{bmatrix}$.

d) **(A)** (B) **(C)** **(D)** Aussage (B) stimmt nur wenn $\boldsymbol{AB} = \boldsymbol{BA}$, d. h. wenn $\boldsymbol{A}$ und $\boldsymbol{B}$ kommutieren.

e) **(A)** (B) Wegen $\begin{bmatrix} 2x+y \\ x \\ 2y \end{bmatrix} = \begin{bmatrix} 2&1 \\ 1&0 \\ 0&2 \end{bmatrix} \begin{bmatrix} x \\ y \end{bmatrix}$ ist (A) die richtige Antwort.

f) (A) **(B)** Die Matrix $\boldsymbol{A} = \begin{bmatrix} 0&1 \\ 0&0 \end{bmatrix}$ erfüllt $\boldsymbol{A}^2 = \boldsymbol{0}$ auch.

g) (A) (B) **(C)** (D) (E) Das LGS $\boldsymbol{Av} = \boldsymbol{0}$ hat genau dann eine nichttriviale Lösung, wenn $\det(\boldsymbol{A}) = 0$. Wegen $\det \begin{bmatrix} k&1&0 \\ -1&k&-2 \\ 1&0&1 \end{bmatrix} = (k-1)(k+1) \overset{!}{=} 0 \Rightarrow k = \pm 1$.

h) (A) (B) (C) **(D)** Es gilt $\dim(\mathrm{Im}(\boldsymbol{A})) = \mathrm{Rang}(\boldsymbol{A})$. Mit dem Gauß-Algorithmus erhalten wir:

$$\begin{bmatrix} 1&2&2&2 \\ 2&1&1&1 \\ 0&2&2&1 \\ 1&0&0&1 \end{bmatrix} \overset{\substack{(Z_2)-2(Z_1) \\ (Z_4)-(Z_1)}}{\rightsquigarrow} \begin{bmatrix} 1&2&2&2 \\ 0&-3&-3&-3 \\ 0&2&2&1 \\ 0&-2&-2&-1 \end{bmatrix} \overset{\substack{(Z_2)/(-3) \\ (Z_4)+(Z_3)}}{\rightsquigarrow} \begin{bmatrix} 1&2&2&2 \\ 0&1&1&1 \\ 0&2&2&1 \\ 0&0&0&0 \end{bmatrix}$$

$$\overset{(Z_3)-2(Z_2)}{\rightsquigarrow} \begin{bmatrix} 1&2&2&2 \\ 0&1&1&1 \\ 0&0&0&-1 \\ 0&0&0&0 \end{bmatrix}.$$

Somit ist $\mathrm{Rang}(\boldsymbol{A}) = 3 \Rightarrow \dim(\mathrm{Im}(\boldsymbol{A})) = 3$.

i) **(A)** (B) **(C)** (D) Bei (A): Jede Menge von Vektoren, welche den Nullvektor enthält, ist linear abhängig. Bei (B,C,D): Mit dem Determinantenkriterium. Wegen $\det \begin{bmatrix} 1&0&0&1 \\ 0&1&1&0 \\ 0&-1&1&0 \\ -1&0&0&1 \end{bmatrix} = 4 \neq 0 \Rightarrow$ Vektoren in (B) linear unabhängig. Wegen

$\det\begin{bmatrix} 1 & 0 & 0 & 1 \\ 1 & 0 & 1 & 0 \\ 1 & 1 & 0 & 0 \\ 1 & 1 & -1 & 1 \end{bmatrix} = 0 \Rightarrow$ Vektoren in (C) linear abhängig. Wegen $\det\begin{bmatrix} 1 & 0 & 0 & 1 \\ 1 & 0 & 1 & 0 \\ 1 & 1 & 0 & 0 \\ 1 & 1 & -1 & 1 \end{bmatrix} = -2 \neq 0 \Rightarrow$ Vektoren in (D) linear unabhängig.

j) (A) **(B)** **(C)** (D) Bei (A,D): Das Nullpolynom $p \equiv 0$ ist nicht enthalten $\Rightarrow$ (A) und (D) sind keine Unterräume.

k) (A) **(B)** (C) (D) Die Transformationsmatrix von $\mathcal{B} = \{(x+1)^2, x^2-1, (x-1)^2\}$ nach der Standardbasis $\mathcal{E} = \{1, x, x^2\}$ ist $\boldsymbol{T}_{\mathcal{B}\to\mathcal{E}} = \begin{bmatrix} 1 & -1 & 1 \\ 2 & 0 & -2 \\ 1 & 1 & 1 \end{bmatrix}$. Die Inverse ist $\boldsymbol{T}_{\mathcal{E}\to\mathcal{B}} = \boldsymbol{T}^{-1}_{\mathcal{B}\to\mathcal{E}} = \begin{bmatrix} \frac{1}{4} & \frac{1}{4} & \frac{1}{4} \\ -\frac{1}{2} & 0 & \frac{1}{2} \\ \frac{1}{4} & -\frac{1}{4} & \frac{1}{4} \end{bmatrix}$. Daher ist $[p(x)]_{\mathcal{B}} = \boldsymbol{T}_{\mathcal{E}\to\mathcal{B}}[p(x)]_{\mathcal{E}} = \begin{bmatrix} \frac{1}{4} & \frac{1}{4} & \frac{1}{4} \\ -\frac{1}{2} & 0 & \frac{1}{2} \\ \frac{1}{4} & -\frac{1}{4} & \frac{1}{4} \end{bmatrix}\begin{bmatrix} 0 \\ 4 \\ 0 \end{bmatrix} = \begin{bmatrix} 1 \\ 0 \\ -1 \end{bmatrix}$.

Alternative: $(x+1)^2-(x-1)^2 = x^2+2x+1-(x^2-2x+1) = 4x \Rightarrow [p(x)]_{\mathcal{B}} = \begin{bmatrix} 1 \\ 0 \\ -1 \end{bmatrix}$.

l) (A) (B) **(C)** (D) Bei (A): Die Matrix $\begin{bmatrix} 0 & -1 \\ 0 & 1 \end{bmatrix}$ hat keine reelle Eigenwerte (nur komplexe Eigenwerte $\pm i$). Bei (B): Die Nullmatrix hat Rang 0, aber hat den Eigenwert 0. Bei (C): Nach dem Fundamentalsatz der Algebra hat das charakteristische Polynom einer komplexen Matrix $\boldsymbol{A} \in \mathbb{C}^{n\times n}$ genau n Nullstellen $\Rightarrow \boldsymbol{A} \in \mathbb{C}^{n\times n}$ besitzt genau n Eigenwerte. Bei (D): Die komplexe Matrix $\begin{bmatrix} i & 0 \\ 0 & 1 \end{bmatrix}$ ist diagonal, jedoch ist $\begin{bmatrix} 1 \\ 1 \end{bmatrix}$ kein Eigenvektor.

m) (A) **(B)** Wir wenden die Formel $\dim(U_1 \cap U_2) = \dim(U_1) + \dim(U_2) - \dim(U_1 + U_2)$. Wir wissen auch, dass $U_1 + U_2$ ein Unterraum von $\mathbb{R}^{50}$ ist, d. h. $\dim(U_1 + U_2) \leq 50$. Daraus folgt $\dim(U_1 \cap U_2) = \dim(U_1) + \dim(U_2) - \dim(U_1 + U_2) = 30 + 40 - \dim(U_1 + U_2) = 70 - \dim(U_1 + U_2) \geq 70 - 50 = 20$. Daher ist $\dim(U_1 \cap U_2) \neq 10$.

n) **(A)** (B) (C) Eine orthogonale Projektion hat die Eigenwerte 0 und 1.

o) **(A)** (B) Die Wronski-Determinante ist

$$\begin{vmatrix} y_1(x) & y_2(x) & y_3(x) \\ y_1'(x) & y_2'(x) & y_3'(x) \\ y_1''(x) & y_2''(x) & y_3''(x) \end{vmatrix} = \begin{vmatrix} e^{-ix} & 1 & e^{ix} \\ -ie^{-ix} & 0 & ie^{ix} \\ -e^{ix} & 0 & -e^{-ix} \end{vmatrix} = -\begin{vmatrix} -ie^{ix} & ie^{-ix} \\ -e^{-ix} & -e^{ix} \end{vmatrix} = -2i \neq 0$$

$\Rightarrow e^{-ix}, 1, e^{ix}$ sind linear unabhängig.

Aufgabe 2

a) Für $\boldsymbol{X} \in \mathbb{R}^{m\times n}$ gilt $\text{Rang}(\boldsymbol{X}) \leq \min\{m, n\}$. In unserem Fall sind $\boldsymbol{A} \in \mathbb{R}^{7\times 1}$ und $\boldsymbol{B} \in \mathbb{R}^{1\times 7} \Rightarrow \text{Rang}(\boldsymbol{A}) \leq 1$ und $\text{Rang}(\boldsymbol{B}) \leq 1$. Außerdem mit der Formel $\text{Rang}(\boldsymbol{XY}) \leq \min\{\text{Rang}(\boldsymbol{X}), \text{Rang}(\boldsymbol{Y})\}$ erhalten wir $\text{Rang}(\boldsymbol{AB}) \leq 1$. Daher hat $\boldsymbol{AB} \in \mathbb{R}^{7\times 7}$ nicht den vollen Rang und somit ist $\det(\boldsymbol{AB}) = 0$.

b) Wir addieren die zweite Spalte zur dritten Spalte und erhalten

$$\begin{vmatrix} 1 & bc & a(b+c) \\ 1 & ac & b(a+c) \\ 1 & ab & c(a+b) \end{vmatrix} \overset{(S_3)+(S_2)}{=} \begin{vmatrix} 1 & bc & ab+ac+bc \\ 1 & ac & ab+ac+bc \\ 1 & ab & ab+ac+bc \end{vmatrix} = (ab+ac+bc) \begin{vmatrix} 1 & bc & 1 \\ 1 & ac & 1 \\ 1 & ab & 1 \end{vmatrix} = 0.$$

Die Determinante ist Null, weil zwei Spalten identisch sind. Wegen $\det(\boldsymbol{A}) = 0$ ist die Matrix $\boldsymbol{A}$ für kein $a, b, c \in \mathbb{R}$ invertierbar.

c) Es sei D_6 die Determinante (6 weil die Matrix 6×6 ist). Wir entwickeln nach der ersten Spalte

$$\underbrace{\begin{vmatrix} a&0&0&0&0&b \\ 0&a&0&0&b&0 \\ 0&0&a&b&0&0 \\ 0&0&c&d&0&0 \\ 0&c&0&0&d&0 \\ c&0&0&0&0&d \end{vmatrix}}_{\text{entwicklen nach 1. Spalte}} = a \underbrace{\begin{vmatrix} a&0&0&b&0 \\ 0&a&b&0&0 \\ 0&c&d&0&0 \\ c&0&0&d&0 \\ 0&0&0&0&d \end{vmatrix}}_{\text{entwicklen nach 5. Zeile}} - c \underbrace{\begin{vmatrix} 0&0&0&0&b \\ a&0&0&b&0 \\ 0&a&b&0&0 \\ 0&c&d&0&0 \\ c&0&0&d&0 \end{vmatrix}}_{\text{entwicklen nach 1. Zeile}}$$

$$= ad \underbrace{\begin{vmatrix} a&0&0&b \\ 0&a&b&0 \\ 0&c&d&0 \\ c&0&0&d \end{vmatrix}}_{=D_4} - cb \underbrace{\begin{vmatrix} a&0&0&b \\ 0&a&b&0 \\ 0&c&d&0 \\ c&0&0&d \end{vmatrix}}_{=D_4} = (ad-bc)D_4.$$

D_4 ist eine (4×4)-Variante der ursprünglichen Determinante D_6. Wir erhalten eine Rekursionsrelation $D_6 = (ad-bc)D_4 = (ad-bc)^2 D_2$. Wegen $D_2 = \begin{vmatrix} a & b \\ c & d \end{vmatrix} = ad-bc$ erhalten wir $D_6 = (ad-bc)^3$.

d) Eine direkte Rechnung zeigt

$$\boldsymbol{A}^2 = \begin{bmatrix} n-1 & n-2 & n-2 & \cdots & n-2 & n-2 \\ n-2 & n-1 & n-2 & \cdots & n-2 & n-2 \\ n-2 & n-2 & n-1 & \cdots & n-2 & n-2 \\ \vdots & \vdots & \vdots & \ddots & \vdots & \vdots \\ n-2 & n-2 & n-2 & \cdots & n-1 & n-2 \\ n-2 & n-2 & n-2 & \cdots & n-2 & n-1 \end{bmatrix} = (n-2)\boldsymbol{A} + (n-1)\boldsymbol{E}.$$

Wenden wir nun $\boldsymbol{A}^{-1}$ auf beiden Seiten der Gleichung an, so erhalten wir $\boldsymbol{A} = (n-2)\boldsymbol{E} + (n-1)\boldsymbol{A}^{-1} \Rightarrow \boldsymbol{A} - (n-1)\boldsymbol{A}^{-1} = (n-2)\boldsymbol{E}$. Daher ist $\det\left(\boldsymbol{A} - (n-1)\boldsymbol{A}^{-1}\right) = \det((n-2)\boldsymbol{E}) = (n-2)^n \det(\boldsymbol{E}) = (n-2)^n$.

Aufgabe 3

a) Mit dem Gauß-Algorithmus erzeugen wir die Zielmatrix

$$\left[\begin{array}{ccc|c} 1 & 1 & 1 & 0 \\ 2 & 4 & 6 & 0 \\ 1 & 2 & 3 & 0 \end{array}\right] \overset{\substack{(Z_2)-2(Z_1)\\(Z_3)-(Z_1)}}{\rightsquigarrow} \left[\begin{array}{ccc|c} 1 & 1 & 1 & 0 \\ 0 & 2 & 4 & 0 \\ 0 & 1 & 2 & 0 \end{array}\right] \overset{2(Z_3)-(Z_2)}{\rightsquigarrow} \left[\begin{array}{ccc|c} 1 & 1 & 1 & 0 \\ 0 & 2 & 4 & 0 \\ 0 & 0 & 0 & 0 \end{array}\right].$$

Es folgt $x_3 = t \Rightarrow x_2 = -2x_3 = -2t$ und $x_1 = -x_2 - x_3 = t$. Die Lösungsmenge ist somit $\mathbb{L} = \left\{ \boldsymbol{x} \in \mathbb{R}^3 \;\middle|\; \boldsymbol{x} = t \begin{bmatrix} 1 \\ -2 \\ 1 \end{bmatrix},\ t \in \mathbb{R} \right\} = \left\langle \begin{bmatrix} 1 \\ -2 \\ 1 \end{bmatrix} \right\rangle$.

b) Es sei $\boldsymbol{X} = \begin{bmatrix} x_{11} & x_{12} & x_{13} \\ x_{21} & x_{22} & x_{23} \\ x_{31} & x_{32} & x_{33} \end{bmatrix}$ die gesuchte Matrix. Dann ist

$$\boldsymbol{AX} = \begin{bmatrix} x_{11}+x_{21}+x_{31} & x_{12}+x_{22}+x_{32} & x_{13}+x_{23}+x_{33} \\ 2x_{11}+4x_{21}+6x_{31} & 2x_{12}+4x_{22}+6x_{32} & 2x_{13}+4x_{23}+6x_{33} \\ x_{11}+2x_{21}+3x_{31} & x_{12}+2x_{22}+3x_{32} & x_{13}+2x_{23}+3x_{33} \end{bmatrix} \overset{!}{=} \begin{bmatrix} 0 & 0 & 0 \\ 0 & 0 & 0 \\ 0 & 0 & 0 \end{bmatrix}$$

Wir erhalten 3 lineare Gleichungssysteme

$$\begin{cases} x_{11} + x_{21} + x_{31} = 0 \\ 2x_{11} + 4x_{21} + 6x_{31} = 0 \\ x_{11} + 2x_{21} + 3x_{31} = 0 \end{cases} \quad \begin{cases} x_{12} + x_{22} + x_{32} = 0 \\ 2x_{12} + 4x_{22} + 6x_{32} = 0 \\ x_{12} + 2x_{22} + 3x_{32} = 0 \end{cases} \quad \begin{cases} x_{13} + x_{23} + x_{33} = 0 \\ 2x_{13} + 4x_{23} + 6x_{33} = 0 \\ x_{13} + 2x_{23} + 3x_{33} = 0 \end{cases}$$

Die Lösungen von diesen linearen Gleichungssysteme erhalten wir aus (a)

$$\begin{bmatrix} x_{11} \\ x_{21} \\ x_{31} \end{bmatrix} = t \begin{bmatrix} 1 \\ -2 \\ 1 \end{bmatrix}, \quad \begin{bmatrix} x_{12} \\ x_{22} \\ x_{32} \end{bmatrix} = s \begin{bmatrix} 1 \\ -2 \\ 1 \end{bmatrix}, \quad \begin{bmatrix} x_{13} \\ x_{23} \\ x_{33} \end{bmatrix} = p \begin{bmatrix} 1 \\ -2 \\ 1 \end{bmatrix}, \quad t, s, p \in \mathbb{R}.$$

Somit ist $\boldsymbol{X} = \begin{bmatrix} t & s & p \\ -2t & -2s & -2p \\ t & s & p \end{bmatrix}$ die gesuchte Matrix.

c) Wir betrachten die erweiterte Matrix und erzeugen die Zielmatrix mit dem Gauß-Algorithmus

$$\left[\begin{array}{cccccc|c} 1 & -1 & -1 & \cdots & -1 & 1 \\ 1 & 1 & -1 & \cdots & -1 & 1 \\ \vdots & \vdots & \vdots & \ddots & \vdots & \vdots \\ 1 & 1 & 1 & \cdots & -1 & 1 \\ 1 & 1 & 1 & \cdots & 1 & 1 \end{array}\right] \overset{\substack{(Z_2)-(Z_1)\\(Z_3)-(Z_1)\\ \text{usw.}\\(Z_n)-(Z_1)}}{\rightsquigarrow} \left[\begin{array}{ccccc|c} 1 & -1 & -1 & \cdots & -1 & 1 \\ 0 & 2 & 0 & \cdots & 0 & 0 \\ 0 & 0 & 2 & \cdots & 0 & 0 \\ \vdots & \vdots & \vdots & \ddots & \vdots & \vdots \\ 0 & 0 & 0 & \cdots & 2 & 0 \end{array}\right] = \boldsymbol{Z}.$$

Es folgt $x_2 = x_3 = \cdots = x_n = 0$ und $x_1 = 1$. Die Lösungsmenge ist somit $\mathbb{L} = \left\{ \begin{bmatrix} 1 \\ 0 \\ \vdots \\ 0 \end{bmatrix} \right\}$.

Aufgabe 4

a) Wir schreiben die gegebenen Vektoren als Spalten in einer Matrix auf und bestimmen deren Rang mittels Gauß-Algorithmus

$$\begin{bmatrix} 1 & 2 & 1 \\ 1 & 1 & 1-2t \\ 0 & 2 & t \end{bmatrix} \overset{(Z_2)-(Z_1)}{\rightsquigarrow} \begin{bmatrix} 1 & 2 & 1 \\ 0 & -1 & -2t \\ 0 & 2 & t \end{bmatrix} \overset{(Z_3)+2(Z_2)}{\rightsquigarrow} \begin{bmatrix} 1 & 2 & 1 \\ 0 & -1 & -2t \\ 0 & 0 & -3t \end{bmatrix}.$$

Somit ist $\dim(U) = \operatorname{Rang}(A) = \begin{cases} 2 & \text{für } t = 0 \\ 3 & \text{für } t \neq 0 \end{cases}$

b) $\underline{t = 0:}$ In diesem Fall sind $\boldsymbol{v_1}, \boldsymbol{v_2}, \boldsymbol{v_3}$ keine Basis von $\mathbb{R}^3$. Es gilt $\boldsymbol{v_1} = \boldsymbol{v_3}$. Wegen $\boldsymbol{w_1} \neq \boldsymbol{v_3}$ kann es keine lineare Abbildung $F : \mathbb{R}^3 \to \mathbb{R}^4$ geben mit $F(\boldsymbol{v_1}) = \boldsymbol{w_1}$ und $F(\boldsymbol{v_3}) = \boldsymbol{w_3}$.

$\underline{t \neq 0:}$ In diesem Fall sind $\boldsymbol{v_1}, \boldsymbol{v_2}, \boldsymbol{v_3}$ keine Basis von $\mathbb{R}^3$. Daher gibt es nach Satz 7.3 genau eine lineare Abbildung $F : \mathbb{R}^3 \to \mathbb{R}^4$ mit $F(\boldsymbol{v_i}) = \boldsymbol{w_i}$, $i = 1, 2, 3$.

c) Wird der Ausgangsraum $\mathbb{R}^3$ mit der Basis $\mathcal{B} = \{\boldsymbol{v_1}, \boldsymbol{v_2}, \boldsymbol{v_3}\}$ versehen, so sind die Vektoren $\boldsymbol{w_1}, \boldsymbol{w_2}, \boldsymbol{w_3}$ bereits die Spalten der Darstellungsmatrix, d. h. $\boldsymbol{M}^{\mathcal{E}}_{\mathcal{B}}(F) = \begin{bmatrix} 1 & 1 & 0 \\ 0 & 1 & 2 \\ 2 & 0 & 1 \\ 1 & 3 & 1 \end{bmatrix}$ (Beachte: Der Zielraum ist mit der Standardbasis versehen). Die Transformationsmatrix von $\mathcal{B}$ nach der Standardbasis lautet $\boldsymbol{T}_{\mathcal{B}\to\mathcal{E}} = \begin{bmatrix} 1 & 2 & 1 \\ 1 & 1 & -1 \\ 0 & 2 & 1 \end{bmatrix} \Rightarrow$
$\boldsymbol{T}_{\mathcal{E}\to\mathcal{B}} = \boldsymbol{T}^{-1}_{\mathcal{B}\to\mathcal{E}} = \begin{bmatrix} 1 & 0 & -1 \\ -\frac{1}{3} & \frac{1}{3} & \frac{2}{3} \\ \frac{2}{3} & -\frac{2}{3} & -\frac{1}{3} \end{bmatrix}$. Daraus wird

$$\boldsymbol{M}^{\mathcal{E}}_{\mathcal{E}}(F) = \boldsymbol{M}^{\mathcal{E}}_{\mathcal{B}}(F)\boldsymbol{T}_{\mathcal{E}\to\mathcal{B}} = \begin{bmatrix} \frac{2}{3} & \frac{1}{3} & -\frac{1}{3} \\ 1 & -1 & 0 \\ \frac{8}{3} & -\frac{2}{3} & -\frac{7}{3} \\ \frac{2}{3} & \frac{1}{3} & \frac{2}{3} \end{bmatrix}.$$

Probe: $\boldsymbol{M}^{\mathcal{E}}_{\mathcal{E}}(F)\boldsymbol{v_1} = \begin{bmatrix} \frac{2}{3} & \frac{1}{3} & -\frac{1}{3} \\ 1 & -1 & 0 \\ \frac{8}{3} & -\frac{2}{3} & -\frac{7}{3} \\ \frac{2}{3} & \frac{1}{3} & \frac{2}{3} \end{bmatrix} \begin{bmatrix} 1 \\ 1 \\ 0 \end{bmatrix} = \begin{bmatrix} 1 \\ 0 \\ 2 \\ 1 \end{bmatrix} = \boldsymbol{w_1}$, usw. ✓

Aufgabe 5

a) Die Darstellungsmatrix von F bezüglich der Standardbasis von $\mathbb{R}^3$ ist $\boldsymbol{A} = \begin{bmatrix} 2 & -1 & -1 \\ 1 & 0 & -1 \\ 1 & -1 & 0 \end{bmatrix}$. Wegen $\boldsymbol{A}^2 = \begin{bmatrix} 2 & -1 & -1 \\ 1 & 0 & -1 \\ 1 & -1 & 0 \end{bmatrix} = \boldsymbol{A}$ ist F idempotent. *Alternative:* Mit der Definition von F rechnet man nach $F^2(\boldsymbol{x}) = F\left(\begin{bmatrix} 2x_1 - x_2 - x_3 \\ x_1 - x_3 \\ x_1 - x_2 \end{bmatrix}\right) = \begin{bmatrix} 2x_1 - x_2 - x_3 \\ x_1 - x_3 \\ x_1 - x_2 \end{bmatrix} = F(\boldsymbol{x})$.

b) Kern: Mit dem Gauß-Algorithmus lösen wir $\boldsymbol{A}\boldsymbol{x} = \boldsymbol{0}$:

$$\left[\begin{array}{ccc|c} 2 & -1 & -1 & 0 \\ 1 & 0 & -1 & 0 \\ 1 & -1 & 0 & 0 \end{array}\right] \overset{\substack{2(Z_2)-(Z_1) \\ 2(Z_3)-(Z_1)}}{\rightsquigarrow} \left[\begin{array}{ccc|c} 2 & -1 & -1 & 0 \\ 0 & 1 & -1 & 0 \\ 0 & -1 & 1 & 0 \end{array}\right] \overset{(Z_3)+(Z_2)}{\rightsquigarrow} \left[\begin{array}{ccc|c} 2 & -1 & -1 & 0 \\ 0 & 1 & -1 & 0 \\ 0 & 0 & 0 & 0 \end{array}\right].$$

Es folgt $x_3 = t \Rightarrow x_2 = t$ und $x_1 = t$, d. h. $\operatorname{Ker}(F) = \left\langle \begin{bmatrix} 1 \\ 1 \\ 1 \end{bmatrix} \right\rangle$.

Bild: Wir wenden unser Kochrezept 8.1 an. Wir betrachten die Transponierte der Darstellungsmatrix von F und wenden den Gauß-Algorithmus an

$$\begin{bmatrix} 2 & 1 & 1 \\ -1 & 0 & -1 \\ -1 & -1 & 0 \end{bmatrix} \overset{\substack{2(Z_2)+(Z_1) \\ 2(Z_3)+(Z_1)}}{\rightsquigarrow} \begin{bmatrix} 2 & 1 & 1 \\ 0 & 1 & -1 \\ 0 & -1 & 1 \end{bmatrix} \overset{(Z_3)+(Z_2)}{\rightsquigarrow} \begin{bmatrix} 2 & 1 & 1 \\ 0 & 1 & -1 \\ 0 & 0 & 0 \end{bmatrix} \Rightarrow \text{Rang}(\boldsymbol{A}) = 2.$$

Das Bild von F hat die Dimension 2. Eine Basis des Bildes können wir direkt an den von Null verschiedenen Zeilen der Zielmatrix erkennen $\text{Im}(F) = \left\langle \begin{bmatrix} 2 \\ 1 \\ 1 \end{bmatrix}, \begin{bmatrix} 0 \\ 1 \\ -1 \end{bmatrix} \right\rangle$.

c) Wir müssen zwei Bedingungen nachweisen: (1) $\mathbb{R}^3 = \text{Ker}(F) + \text{Im}(F)$ und (2) $\text{Ker}(F) \cap \text{Im}(F) = \{\mathbf{0}\}$.

$\underline{\mathbb{R}^3 = \text{Ker}(F) + \text{Im}(F)?}$ Wir kombinieren alle erzeugenden Vektoren von $\text{Ker}(F)$ und $\text{Im}(F)$ als Spalten in einer einzigen Matrix. Mit dem Gauß-Algorithmus berechnen wir den Rang dieser Matrix und damit die Dimension von $\text{Ker}(F) + \text{Im}(F)$:

$$\boldsymbol{A} = \begin{bmatrix} 1 & 2 & 0 \\ 1 & 1 & 1 \\ 1 & 1 & -1 \end{bmatrix} \overset{\substack{(Z_2)-(Z_1) \\ (Z_3)-(Z_1)}}{\rightsquigarrow} \begin{bmatrix} 1 & 2 & 0 \\ 0 & -1 & 1 \\ 0 & -1 & -1 \end{bmatrix} \overset{(Z_3)-(Z_2)}{\rightsquigarrow} \begin{bmatrix} 1 & 2 & 0 \\ 0 & -1 & 1 \\ 0 & 0 & -2 \end{bmatrix} \Rightarrow \text{Rang}(\boldsymbol{A}) = 3.$$

Somit ist $\dim(\text{Ker}(F) + \text{Im}(F)) = 3$ also $U_1 + U_2 = \mathbb{R}^3$.

$\underline{\text{Ker}(F) \cap \text{Im}(F) = \{\mathbf{0}\}?}$ Es sei $\boldsymbol{v} \in \text{Ker}(F) \cap \text{Im}(F)$. Wegen $\boldsymbol{v} \in \text{Ker}(F)$ und $\boldsymbol{v} \in \text{Im}(F)$ ist

$$\boldsymbol{v} = \alpha \begin{bmatrix} 1 \\ 1 \\ 1 \end{bmatrix} = \beta \begin{bmatrix} 2 \\ 1 \\ 1 \end{bmatrix} + \gamma \begin{bmatrix} 0 \\ 1 \\ -1 \end{bmatrix} \Rightarrow \begin{bmatrix} 1 & -2 & 0 \\ 1 & -1 & -1 \\ 1 & -1 & 1 \end{bmatrix} \begin{bmatrix} \alpha \\ \beta \\ \gamma \end{bmatrix} = \begin{bmatrix} 0 \\ 0 \\ 0 \end{bmatrix}.$$

Dieses LGS lösen wir erneut mit dem Gauß-Algorithmus

$$\left[\begin{array}{ccc|c} 1 & -2 & 0 & 0 \\ 1 & -1 & -1 & 0 \\ 1 & -1 & 1 & 0 \end{array}\right] \overset{\substack{(Z_2)-(Z_1) \\ (Z_3)-(Z_1)}}{\rightsquigarrow} \left[\begin{array}{ccc|c} 1 & -2 & 0 & 0 \\ 0 & 1 & -1 & 0 \\ 0 & 1 & 1 & 0 \end{array}\right] \overset{(Z_3)-(Z_2)}{\rightsquigarrow} \left[\begin{array}{ccc|c} 1 & -2 & 0 & 0 \\ 0 & 1 & -1 & 0 \\ 0 & 0 & 2 & 0 \end{array}\right].$$

Die einzige Lösung ist $\alpha = \beta = \gamma = 0$, d. h. $\boldsymbol{v} = \mathbf{0} \Rightarrow \text{Ker}(F) \cap \text{Im}(F) = \{\mathbf{0}\}$.
Zusammenfassend: Wegen $\mathbb{R}^3 = \text{Ker}(F) + \text{Im}(F)$ und $\text{Ker}(F) \cap \text{Im}(F) = \{\mathbf{0}\}$ ist $\mathbb{R}^3 = \text{Ker}(F) \oplus \text{Im}(F)$.

Aufgabe 6

a) Wir berechnen die Transformationsmatrix von der Standardbasis von $\mathbb{R}^{2\times 2}$ $\mathcal{E} = \left\{\begin{bmatrix} 1 & 0 \\ 0 & 0 \end{bmatrix}, \begin{bmatrix} 0 & 1 \\ 0 & 0 \end{bmatrix}, \begin{bmatrix} 0 & 0 \\ 1 & 0 \end{bmatrix}, \begin{bmatrix} 0 & 0 \\ 0 & 1 \end{bmatrix}\right\}$ nach der Basis $\mathcal{B}_1 = \left\{\begin{bmatrix} 1 & 0 \\ 0 & 0 \end{bmatrix}, \begin{bmatrix} 1 & 1 \\ 0 & 0 \end{bmatrix}, \begin{bmatrix} 1 & 1 \\ 1 & 0 \end{bmatrix}, \begin{bmatrix} 1 & 1 \\ 1 & 1 \end{bmatrix}\right\}$. Es gilt:

$$\boldsymbol{T}_{\mathcal{B}_1 \to \mathcal{E}} = \begin{bmatrix} 1 & 1 & 1 & 1 \\ 0 & 1 & 1 & 1 \\ 0 & 0 & 1 & 1 \\ 0 & 0 & 0 & 1 \end{bmatrix} \quad \Rightarrow \quad \boldsymbol{T}_{\mathcal{E} \to \mathcal{B}_1} = \boldsymbol{T}_{\mathcal{B}_1 \to \mathcal{E}}^{-1} = \begin{bmatrix} 1 & -1 & 0 & 0 \\ 0 & 1 & -1 & 0 \\ 0 & 0 & 1 & -1 \\ 0 & 0 & 0 & 1 \end{bmatrix}.$$

Die Koordinaten von $A = \left[\begin{smallmatrix} a & b \\ c & d \end{smallmatrix}\right]$ in $\mathcal{E}$ sind $[A]_{\mathcal{E}} = \begin{bmatrix} a \\ b \\ c \\ d \end{bmatrix} \Rightarrow [A]_{\mathcal{B}_1} = T_{\mathcal{E}\to\mathcal{B}_1}[A]_{\mathcal{E}} = \begin{bmatrix} 1 & -1 & 0 & 0 \\ 0 & 1 & -1 & 0 \\ 0 & 0 & 1 & -1 \\ 0 & 0 & 0 & 1 \end{bmatrix}\begin{bmatrix} a \\ b \\ c \\ d \end{bmatrix} = \begin{bmatrix} a-b \\ b-c \\ c-d \\ d \end{bmatrix}$, d. h. $A = \left[\begin{smallmatrix} a & b \\ c & d \end{smallmatrix}\right] = (a-b)\left[\begin{smallmatrix} 1 & 0 \\ 0 & 0 \end{smallmatrix}\right] + (b-c)\left[\begin{smallmatrix} 1 & 1 \\ 0 & 0 \end{smallmatrix}\right] + (c-d)\left[\begin{smallmatrix} 1 & 1 \\ 1 & 0 \end{smallmatrix}\right] + d\left[\begin{smallmatrix} 1 & 1 \\ 1 & 1 \end{smallmatrix}\right]$.

b) Wir bestimmen die Transformationsmatrix von $\mathcal{B}_2$ nach der Standardbasis von $\mathbb{R}^3$: $T_{\mathcal{B}_2\to\mathcal{E}} = \begin{bmatrix} 0 & -1 & 1 \\ 1 & 0 & 2 \\ -2 & 2 & 0 \end{bmatrix}$. Dann ist $M_{\mathcal{E}}^{\mathcal{E}}(F) = T_{\mathcal{B}_2\to\mathcal{E}} M_{\mathcal{B}_1}^{\mathcal{B}_2}(F) T_{\mathcal{E}\to\mathcal{B}_1} = \begin{bmatrix} 3 & -3 & -3 & 4 \\ 7 & -3 & -5 & 5 \\ -2 & 6 & 4 & -6 \end{bmatrix}$.

c) Wir berechnen den Rang der Darstellunsgsmatrix (z. B. in den alten Basen ist es einfacher):

$$\begin{bmatrix} 1 & 0 & -1 & 0 \\ 0 & 2 & 3 & 1 \\ 3 & 2 & 0 & 2 \end{bmatrix} \overset{(Z_3)-3(Z_1)}{\rightsquigarrow} \left[\begin{array}{ccc|c} 1 & 0 & -1 & 0 \\ 0 & 2 & 3 & 1 \\ 0 & 2 & 3 & 2 \end{array}\right] \overset{(Z_3)-(Z_2)}{\rightsquigarrow} \left[\begin{array}{ccc|c} 1 & 0 & -1 & 0 \\ 0 & 2 & 3 & 1 \\ 0 & 0 & 0 & 1 \end{array}\right].$$

Die Darstellungsmatrix hat Rang 3, d. h., $\dim(\mathrm{Im}(F)) = 3$. Der Zielvektorraum ist $\mathbb{R}^3$ (auch Dimension 3). Daher ist $\mathrm{Im}(F) = \mathbb{R}^3$ und somit F surjektiv.

Aufgabe 7

a) Wir rechnen nach $\frac{d^2}{dx^2}\Big((x+1)^2 p(x)\Big) = \frac{d}{dx}\Big((x+1)^2 p'(x) + 2(x+1)p(x)\Big) = (x+1)^2 p''(x) + 4(x+1)p'(x) + 2p(x)$. Somit ist

$$\begin{aligned} F(1) &= 2 \\ F(x) &= 6x + 4 \\ F(x^2) &= 12x^2 + 12x + 2 \\ &\vdots \\ F(x^k) &= (k+1)(k+2)x^k + 2k(k+1)x^{k-1} + k(k-1)x^{k-2} \end{aligned}$$

d. h. die Darstellungsmatrix von F bezüglich der Standardbasis von $P_n(\mathbb{R})$ ist

$$M_{\mathcal{E}}^{\mathcal{E}}(F) = \begin{bmatrix} 2 & 4 & 2 & \cdots & 0 \\ 0 & 6 & 12 & \ddots & \vdots \\ 0 & 0 & 12 & \ddots & n(n-1) \\ \vdots & \vdots & \vdots & \ddots & 2n(n+1) \\ 0 & 0 & 0 & \cdots & (n+1)(n+2) \end{bmatrix}.$$

b) Die Darstellungsmatrix von F ist eine obere Dreiecksmatrix. Die Eigenwerte sind bereits die Diagonaleinträge, also das Spektrum von F ist

$$\sigma = \{2, 6, 12, \cdots, (n+1)(n+2)\} = \{(k+1)(k+2) \mid k = 0, 1, \cdots, n\}.$$

c) Es gilt:

$$F(q_k(x)) = \frac{d^2}{dx^2}\left((x+1)^2 q_k(x)\right) = \frac{d^2}{dx^2}\left((x+1)^2(x+1)^k\right) = \frac{d^2}{dx^2}(x+1)^{k+2}$$
$$= \frac{d}{dx}\left((k+2)(x+1)^{k+1}\right)$$
$$= (k+1)(k+2)(x+1)^k = (k+1)(k+2)q_k(x).$$

$\Rightarrow q_k(x)$ ist ein Eigenvektor von F zum Eigenwert $(k+1)(k+2)$.

d) Wegen $\frac{d^2}{dx^2}\left((x+1)^2 y(x)\right) = (x+1)^2 y''(x) + 4(x+1)y'(x) + 2y(x)$ lautet die Differenzialgleichung $F(y(x)) = (k+1)(k+2)y(x)$. Die Lösung $y(x)$ besteht somit aus allen Eigenvektoren zum Eigenwert $(k+1)(k+2)$. Aus Teilaufgabe (c) folgt somit $y(x) = C(x+1)^k$, wobei C eine Konstante ist.

10.10 Musterprüfung 4 – Musterlösung

Aufgabe 1

a) (A) **(B)** Für $\boldsymbol{X} \in \mathbb{R}^{m\times n}$ gilt Rang$(\boldsymbol{X}) \le \min\{m, n\}$. Wegen $m > n$ heißt dies in unserem Fall Rang$(\boldsymbol{A}) \le \min\{m, n\} = n$ und Rang$(\boldsymbol{B}) \le \min\{m, n\} = n$. Außerdem mit der Formel Rang$(\boldsymbol{XY}) \le \min\{\text{Rang}(\boldsymbol{X}), \text{Rang}(\boldsymbol{Y})\}$ erhalten wir Rang$(\boldsymbol{AB}^T) \le n$. Daher hat $\boldsymbol{AB}^T \in \mathbb{R}^{m\times m}$ nicht vollen Rang und somit ist $\det\left(\boldsymbol{AB}^T\right) = 0$.

b) **(A)** (B) Auf $\mathbb{R}$ ist die Matrix symmetrisch aber nicht schiefsymmetrisch.
(A) **(B)** In $\mathbb{Z}_2$ ist $-1 = 1$. Daher ist die Matrix symmetrisch und auch schiefsymmetrisch.

c) **(A)** **(B)** (C) Es gilt $\det(\boldsymbol{A}) = 8 - 6 = 2$. Die Matrix $\boldsymbol{A}$ ist somit invertierbar über $\mathbb{R}$ und $\mathbb{Q}$ (wo $\det(\boldsymbol{A}) = 2 \neq 0$ gilt). Über $\mathbb{Z}_2$ ist $2 = 0$. Daher ist $\boldsymbol{A}$ nichtinvertierbar über $\mathbb{Z}_2$.

d) (A) (B) (C) **(D)** (E) Jeder Vektor in $(\mathbb{Z}_3)^2$ hat 2 Komponenten und jede dieser Komponenten kann nur den Wert 0, 1 oder 2 besitzen. Da wir alle Komponenten unabhängig voneindander wählen können, gibt es genau $3^2 = 9$ mögliche Vektoren in $(\mathbb{Z}_3)^2$.

e) (A) **(B)** $U = \left\{\begin{bmatrix}0\\0\end{bmatrix}, \begin{bmatrix}1\\0\end{bmatrix}\right\}$ ist kein Unterraum von $(\mathbb{Z}_3)^2$, weil $\begin{bmatrix}1\\0\end{bmatrix} + \begin{bmatrix}1\\0\end{bmatrix} = \begin{bmatrix}2\\0\end{bmatrix} \notin U$, d. h., U ist nicht abgeschlossen bezüglich der Addition.

f) **(A)** (B) (C) **(D)** **(E)** (F) Bei (B): $[0, 0, 0]^T \notin U$, also ist U kein Unterraum. Bei (C): U ist nicht abgeschlossen bezüglich der Addition. Zum Beispiel $\boldsymbol{v} = [1, 1, 1] \in U$ aber $\boldsymbol{v} + \boldsymbol{v} = [2, 2, 2]^T \notin U$. Bei (F): $\begin{bmatrix}0&0\\0&0\end{bmatrix} \notin U$, also ist U kein Unterraum.

g) (A) (B) **(C)** Bei (A): Wegen $\begin{bmatrix}1\\0\\0\\1\end{bmatrix} + \begin{bmatrix}0\\0\\1\\1\end{bmatrix} + \begin{bmatrix}0\\1\\0\\-1\end{bmatrix} = \begin{bmatrix}1\\1\\1\\1\end{bmatrix}$ sind die Vektoren linear abhängig. Alternative: Rang- oder Determinantenkriterium. Bei (B): Jede Menge von Vektoren, welche den Nullvektor enthält, ist linear abhängig. Bei (C): Mit dem Rangkriterium:

$$\begin{bmatrix} 1 & 1 & 0 & 0 \\ 0 & 0 & 1 & 1 \\ 0 & 0 & -1 & 1 \\ 1 & -1 & 0 & 0 \end{bmatrix} \overset{\substack{(Z_4)-(Z_1)\\(Z_3)+(Z_2)}}{\rightsquigarrow} \begin{bmatrix} 1 & 1 & 0 & 0 \\ 0 & 0 & 1 & 1 \\ 0 & 0 & 0 & 2 \\ 0 & -2 & 0 & 0 \end{bmatrix} \rightsquigarrow \begin{bmatrix} 1 & 1 & 0 & 0 \\ 0 & -2 & 0 & 0 \\ 0 & 0 & 1 & 1 \\ 0 & 0 & 0 & 2 \end{bmatrix} \Rightarrow \text{Rang}(A) = 4.$$

Somit sind die Vektoren linear unabhängig.

h) ●A ○B ○C Bei (C): Die Menge $T = \{v, 2v, 3v\}$ spannt denselben Unterraum wie $S = \{v\}$, jedoch enthält T mehr Elemente als S.

i) ○A ●B ○C ●D Bei (A) und (C): Jede lineare Abbildung erfüllt $F(0) = 0$. Wegen $F(0) \neq 0$ ist F nichtlinear.

j) ●A ●B ●C ○D

k) ○A ○B ○C ●D Gegenbeispiel: Betrachte $\boldsymbol{A} = \left[\begin{smallmatrix} 1 & 0 & 0 \\ 0 & 1 & 0 \end{smallmatrix}\right]$ und $\boldsymbol{B} = \left[\begin{smallmatrix} 1 & 0 \\ 0 & 1 \\ 0 & 0 \end{smallmatrix}\right]$. Dann ist $\boldsymbol{AB} = \left[\begin{smallmatrix} 1 & 0 \\ 0 & 1 \end{smallmatrix}\right]$, aber $\boldsymbol{BA} = \left[\begin{smallmatrix} 1 & 0 & 0 \\ 0 & 1 & 0 \\ 0 & 0 & 0 \end{smallmatrix}\right]$. Außerdem sind $\boldsymbol{A}$ und $\boldsymbol{B}$ nichtinvertierbar.

l) ●A ○B ●C ○D Zu (C): Ist $\dim(\text{Ker}(F)) = 2$ so folgt aus der Dimensionsformel $\text{Rang}(A) = 2 - \dim(\text{Ker}(F)) = 0$. Die einzige Matrix, welche Rang 0 hat, ist die Nullmatrix. Zu (D): Ist $\dim(\text{Ker}(F)) = 1$ so folgt aus der Dimensionsformel $\text{Rang}(A) = 2 - \dim(\text{Ker}(F)) = 1$. Daher ist A singulär (Rang ist nicht maximal) $\Rightarrow \det(A) = 0$.

m) ○A ●B Die Aussage ist im Allgemeinen falsch, wenn $\boldsymbol{v_1}$ und $\boldsymbol{v_2}$ Eigenvektoren zu unterschiedlichen Eigenwerten sind. Zum Beispiel: Es sei $\boldsymbol{A} = \left[\begin{smallmatrix} 1 & 0 \\ 0 & 2 \end{smallmatrix}\right]$. Dann ist $\boldsymbol{v_1} = \left[\begin{smallmatrix} 1 \\ 0 \end{smallmatrix}\right]$ ein Eigenvektor zum Eigenwert 1, während $\boldsymbol{v_2} = \left[\begin{smallmatrix} 0 \\ 1 \end{smallmatrix}\right]$ ein Eigenvektor zum Eigenwert 2 ist. Deren Summe $\boldsymbol{v_1} + \boldsymbol{v_2} = \left[\begin{smallmatrix} 1 \\ 1 \end{smallmatrix}\right]$ ist kein Eigenvektor von $\boldsymbol{A}$, weil $\left[\begin{smallmatrix} 1 & 0 \\ 0 & 2 \end{smallmatrix}\right]\left[\begin{smallmatrix} 1 \\ 1 \end{smallmatrix}\right] = \left[\begin{smallmatrix} 1 \\ 2 \end{smallmatrix}\right]$.

n) ○A ●B Gegenbeispiel: $0 \cdot x_1 + 0 \cdot x_2 + 0 \cdot x_3 = 1$ hat keine Lösung.

o) ○A ○B ●C ○D $\mathcal{B}_1$ ist die Standardbasis von $P_2(\mathbb{R})$. Die Basis $\mathcal{B}_2$ lautet explizit $\{x^2, 1 + 2x + x^2, 4 + 4x + x^2\}$. Die Transformationsmatrix von $\mathcal{B}_2$ nach $\mathcal{B}_1$ ist

$$\boldsymbol{T}_{\mathcal{B}_2 \to \mathcal{B}_1} = \begin{bmatrix} 0 & 1 & 4 \\ 0 & 2 & 4 \\ 1 & 1 & 1 \end{bmatrix} \quad \Rightarrow \quad \boldsymbol{T}_{\mathcal{B}_1 \to \mathcal{B}_2} = \boldsymbol{T}^{-1}_{\mathcal{B}_2 \to \mathcal{B}_1} = \frac{1}{4}\begin{bmatrix} 2 & -3 & 4 \\ -4 & 4 & 0 \\ 2 & -1 & 0 \end{bmatrix}.$$

p) ○A ●B Ähnliche Matrizen haben dieselbe Spur. Wegen $\text{Spur}\left[\begin{smallmatrix} 1 & 1 & 4 \\ 1 & 2 & 4 \\ 1 & 2 & 0 \end{smallmatrix}\right] = 3 \neq 2 = \text{Spur}\left[\begin{smallmatrix} 0 & 1 & 1 \\ 1 & 1 & 0 \\ 1 & 0 & 1 \end{smallmatrix}\right]$ sind die gegebenen Matrizen nicht ähnlich.

q) ○A ●B ●C Zwei Matrizen sind genau dann äquivalent, wenn sie denselben Rang haben. Es gilt $\text{Rang}\left[\begin{smallmatrix} 1 & 1 & 1 \\ 1 & -1 & -1 \\ 0 & 1 & 1 \end{smallmatrix}\right] = 2$, $\text{Rang}\left[\begin{smallmatrix} 1 & 1 & 1 \\ 1 & 1 & 1 \\ 1 & 1 & 1 \end{smallmatrix}\right] = 1$, $\text{Rang}\left[\begin{smallmatrix} 1 & 0 & 0 \\ 0 & 1 & 0 \\ 0 & 0 & 0 \end{smallmatrix}\right] = 2$ und $\text{Rang}\left[\begin{smallmatrix} 1 & 1 & 1 \\ 2 & 0 & -1 \\ 3 & 1 & 0 \end{smallmatrix}\right] = 2$. Somit ist $\left[\begin{smallmatrix} 1 & 1 & 1 \\ 1 & -1 & -1 \\ 0 & 1 & 1 \end{smallmatrix}\right]$ äquivalent zu $\left[\begin{smallmatrix} 1 & 0 & 0 \\ 0 & 1 & 0 \\ 0 & 0 & 0 \end{smallmatrix}\right]$ und $\left[\begin{smallmatrix} 1 & 1 & 1 \\ 2 & 0 & -1 \\ 3 & 1 & 0 \end{smallmatrix}\right]$.

r) Ⓐ Ⓑ $\langle W\rangle$ ist der kleinste Unterraum der W enthält. Ist W ein Unterraum, so ist $\langle W\rangle = W$.

s) Ⓐ Ⓑ Die Nullmatrix ist nichtinvertierbar. Somit ist $\mathbf{0} \notin \mathrm{GL}(n,\mathbb{K})$ und $\mathrm{GL}(n,\mathbb{K})$ ist daher **kein** Unterraum.

t) Ⓐ Ⓑ Gegenbeispiel: Es seien $V = \mathbb{R}^2$, $W = \langle\left[\begin{smallmatrix}0\\1\end{smallmatrix}\right]\rangle$, $U_1 = \langle\left[\begin{smallmatrix}1\\0\end{smallmatrix}\right]\rangle$ und $U_2 = \langle\left[\begin{smallmatrix}1\\1\end{smallmatrix}\right]\rangle$. Dann ist $\mathbb{R}^2 = U_1 \oplus W = U_2 \oplus W$ aber $U_1 \neq U_2$.

u) Ⓐ Ⓑ Wegen $\dim(P_5(\mathbb{R})) = 6 = \dim(\mathbb{R}^{2\times 3})$ sind $P_5(\mathbb{R})$ und $\mathbb{R}^{2\times 3}$ isomorph.

v) Ⓐ Ⓑ Wegen $\mathrm{Ker}(F) \subset \mathrm{Ker}(F^2)$ ist $\dim(\mathrm{Ker}(F)) \leq \dim(\mathrm{Ker}(F^2))$. Beweis von "$\mathrm{Ker}(F) \subset \mathrm{Ker}(F^2)$": Es sei $v \in \mathrm{Ker}(F) \Rightarrow F^2(v) = F(F(v)) = F(0) = 0 \Rightarrow v \in \mathrm{Ker}(F^2)$.

Aufgabe 2

a) $\det(A) := \sum_{\sigma\in S_n} \mathrm{sign}(\sigma)\, a_{1\sigma(1)}a_{2\sigma(2)}\cdots a_{n\sigma(n)}$. In der Definition von $\det(A)$ treten Terme der Form $a_{1\sigma(1)}a_{2\sigma(2)}\cdots a_{n\sigma(n)}$ auf, wobei σ eine Permutation der Zahlen $1, 2, \cdots, n$ ist ($\sigma \in S_n$). Der Term $a_{13}a_{24}a_{53}a_{41}a_{35}$ entspricht $\sigma = (34315)$, was keine Permutation ist (3 kommt zwei Mal vor) $\Rightarrow a_{13}a_{24}a_{53}a_{41}a_{35}$ kommt nicht vor. Der Term $a_{21}a_{13}a_{34}a_{55}a_{42}$ entspricht $\sigma = (13452)$, was eine Permutation ist, $\Rightarrow a_{21}a_{13}a_{34}a_{55}a_{42}$ kommt vor.

b) Vgl. Übung 3.35. Nach der Leibniz-Formel gilt: $\det(A) = \sum_{\sigma\in S_n} \mathrm{sign}(\sigma)\, a_{1\sigma(1)} a_{2\sigma(2)}\cdots a_{n\sigma(n)}$. Weil alle außerdiagonalen Elemente von $\boldsymbol{A}$ verschwinden, d. h. $a_{ij} = 0$ für $i \neq j$, sind alle Terme $a_{1\sigma(1)}a_{2\sigma(2)}\cdots a_{n\sigma(n)}$ in der obigen Summe gleich Null, außer für $\sigma = e = (12\cdots n)$. Daraus folgt das gewünschte Resultat $\det(A) = \sum_{\sigma\in S_n} \mathrm{sign}(\sigma)\, a_{1\sigma(1)}a_{2\sigma(2)}\cdots a_{n\sigma(n)} = a_{11}a_{22}\cdots a_{nn}$.

c) Wir entwickeln nach der letzten Spalte

$$D_n = \begin{vmatrix} 0 & x_1 & x_2 & \cdots & x_{n-1} \\ x_1 & 1 & 0 & \cdots & 0 \\ x_2 & 0 & 1 & \cdots & 0 \\ \vdots & \vdots & \vdots & \ddots & \vdots \\ x_{n-1} & 0 & 0 & \cdots & 1 \end{vmatrix} = (-1)^{n+1}x_{n-1} \underbrace{\begin{vmatrix} x_1 & 1 & 0 & \cdots & 0 \\ x_2 & 0 & 1 & \cdots & 0 \\ \vdots & \vdots & \vdots & \ddots & \vdots \\ x_{n-2} & 0 & 0 & \cdots & 1 \\ x_{n-1} & 0 & 0 & \cdots & 0 \end{vmatrix}}_{\text{entwickeln nach der letzten Zeile}}$$

$$+(-1)^{2n} \underbrace{\begin{vmatrix} 0 & x_1 & x_2 & \cdots & x_{n-2} \\ x_1 & 1 & 0 & \cdots & 0 \\ x_2 & 0 & 1 & \cdots & 0 \\ \vdots & \vdots & \vdots & \ddots & \vdots \\ x_{n-2} & 0 & 0 & \cdots & 1 \end{vmatrix}}_{=D_{n-1}}$$

$$= \underbrace{(-1)^{n+1}(-1)^n}_{=-1} x_{n-1}^2 \underbrace{\begin{vmatrix} 1 & 0 & \cdots & 0 \\ 0 & 1 & \cdots & 0 \\ \vdots & \vdots & \ddots & \vdots \\ 0 & 0 & \cdots & 1 \end{vmatrix}}_{=1} + \underbrace{(-1)^{2n}}_{=1} D_{n-1} = -x_{n-1}^2 + D_{n-1}$$

Wir erhalten die Rekursionsrelation $D_n = -x_{n-1}^2 + D_{n-1}$. Wenden wir diese Relation wiederholt an, so erhalten wir $D_n = -x_{n-1}^2 + D_{n-1} = -x_{n-1}^2 - x_{n-2}^2 + D_{n-2} = \cdots = -x_{n-1}^2 - x_{n-2}^2 - \cdots - x_2^2 + D_2$. Wegen $D_2 = \begin{vmatrix} 0 & x_1 \\ x_1 & 1 \end{vmatrix} = -x_1^2$ erhalten wir schließlich das gewünschte Resultat $D_n = -x_{n-1}^2 - x_{n-2}^2 - \cdots - x_2^2 - x_1^2 = -||x||^2$.

d) $\boldsymbol{A}$ schiefsymmetrisch $\Rightarrow \boldsymbol{A}^T = -\boldsymbol{A}$. Daher ist $\det(\boldsymbol{A}) = \det\left(\boldsymbol{A}^T\right) = \det(-\boldsymbol{A}) = (-1)^n \det(\boldsymbol{A})$. Wenn n ungerade ist, bedeutet dies $\det(\boldsymbol{A}) = -\det(\boldsymbol{A}) \Rightarrow \det(\boldsymbol{A}) = 0$.

e) Wir wenden den Gauß-Algorithmus an um die Determinante zu berechnen (vgl. Übung 3.26):

$$\begin{vmatrix} 5 & 4 & 4 & \cdots & 4 \\ 4 & 5 & 4 & \ddots & 4 \\ 4 & 4 & 5 & \ddots & 4 \\ \vdots & \vdots & \ddots & \ddots & \vdots \\ 4 & 4 & 4 & \cdots & 5 \end{vmatrix} \overset{\substack{(Z_2)-(Z_1)\\(Z_3)-(Z_1)\\ \text{etc.}}}{=} \begin{vmatrix} 5 & 4 & 4 & \cdots & 4 \\ -1 & 1 & 0 & \ddots & 0 \\ -1 & 0 & 1 & \ddots & 0 \\ \vdots & \vdots & \ddots & \ddots & \vdots \\ -1 & 0 & 0 & \cdots & 1 \end{vmatrix} \overset{\substack{(S_1)+(S_2)\\(S_1)+(S_3)\\ \text{etc.}}}{=}$$

$$\begin{vmatrix} 5+(n-1)4 & 4 & 4 & \cdots & 4 \\ 0 & 1 & 0 & \ddots & 0 \\ 0 & 0 & 1 & \ddots & 0 \\ \vdots & \vdots & \ddots & \ddots & \vdots \\ 0 & 0 & 0 & \cdots & 1 \end{vmatrix} = 5 + 4(n-1) = 4n + 1.$$

$\boldsymbol{A}$ ist genau dann singulär, wenn $\det(\boldsymbol{A}) = 0$ gilt. In $\mathbb{Z}_p$ gilt $4n + 1 = 0$ nur dann, wenn $4n + 1$ durch p teilbar ist (d. h. $4n + 1 = 0 \bmod p$). Daher ist $\boldsymbol{A}$ genau dann singulär, wenn $4n + 1$ durch p teilbar ist.

Aufgabe 3

a) Wegen $a_{11} + \cdots + a_{1n} = \cdots = a_{n1} + \cdots + a_{nn} = 1$ gilt:

$$\begin{bmatrix} a_{11} & \cdots & a_{1n} \\ \vdots & \ddots & \vdots \\ a_{n1} & \cdots & a_{nn} \end{bmatrix} \begin{bmatrix} 1 \\ \vdots \\ 1 \end{bmatrix} = \begin{bmatrix} a_{11} + \cdots + a_{1n} \\ \vdots \\ a_{n1} + \cdots + a_{nn} \end{bmatrix} = \begin{bmatrix} 1 \\ \vdots \\ 1 \end{bmatrix}$$

Somit ist $\begin{bmatrix} 1 \\ \vdots \\ 1 \end{bmatrix}$ ein Eigenvektor von $\boldsymbol{A}$ zum Eigenwert 1.

b) Es sei λ ein Eigenwert von $\boldsymbol{A}$ und $\boldsymbol{v} \neq \boldsymbol{0}$ der zugehörige Eigenvektor. Dann ist $\boldsymbol{A}\boldsymbol{v} = \lambda\boldsymbol{v}$. In Komponentenschreibweise heißt dies

$$\begin{bmatrix} a_{11}v_1 + \cdots + a_{1n}v_n \\ \vdots \\ a_{n1}v_1 + \cdots + a_{nn}v_n \end{bmatrix} = \begin{bmatrix} \lambda v_1 \\ \vdots \\ \lambda v_n \end{bmatrix} \quad \text{oder} \quad \sum_{j=1}^{n} a_{ij}v_j = \lambda v_i \, \forall i = 1, \cdots, n.$$

Es sei nun $|v_k|$ der betragsgrößte Eintrag von $\boldsymbol{v}$, d. h. $|v_k| = \max\{|v_1|, \cdots, |v_n|\}$. Dann gilt:

$$|\lambda v_k| = |\lambda|\,|v_k| = \left|\sum_{j=1}^{n} a_{kj}v_j\right| \leq \sum_{j=1}^{n} a_{kj}|v_j| \text{ (Dreiecksungleichung } |x+y| \leq |x| + |y| \text{)}$$

$$\overset{|v_j| \leq |v_k|}{\leq} \sum_{j=1}^{n} a_{kj}|v_k| = |v_k| \underbrace{\sum_{j=1}^{n} a_{kj}}_{=1} = |v_k|.$$

Es folgt $|\lambda|\,|v_k| \leq |v_k| \Rightarrow \lambda \leq 1$.

c) Wir berechnen das charakteristische Polynom von $\boldsymbol{A}$

$$\begin{vmatrix} -\lambda & 0 & \frac{1}{2} & 0 & \frac{1}{2} \\ 0 & -\lambda & 1 & 0 & 0 \\ \frac{1}{4} & \frac{1}{4} & -\lambda & \frac{1}{4} & \frac{1}{4} \\ 0 & 0 & \frac{1}{2} & -\lambda & \frac{1}{2} \\ 0 & 0 & 0 & 0 & 1-\lambda \end{vmatrix} = -\lambda^2\left(\lambda^3 - \lambda^2 - \frac{\lambda}{2} + \frac{1}{2}\right) = -\lambda^2(\lambda - 1)\left(\lambda^2 - \frac{1}{2}\right) \overset{!}{=} 0$$

Es folgt $\lambda = 0$ (algebraische Vielfachheit 2), $\lambda = 1$ (algebraische Vielfachheit 1), $\lambda = \pm\frac{1}{\sqrt{2}}$ (jeweils algebraische Vielfachheit 1). Wie erwartet gilt $|\lambda| \leq 1$.

Aufgabe 4

a) Wir gehen wie in Übung 9.10 vor. Es sei $\boldsymbol{A} \in \mathbb{K}^{n\times n}$ idempotent, d. h., $\boldsymbol{A}^2 = \boldsymbol{A}$. Es sei λ ein Eigenwert von $\boldsymbol{A}$ mit Eigenvektor $\boldsymbol{v} \neq \boldsymbol{0}$. Dann ist λ^2 ein Eigenwert von $\boldsymbol{A}^2$ mit demselben Eigenvektor (vgl. Übung 9.9). Wegen $\boldsymbol{A}^2 = \boldsymbol{A}$ müssen die Eigenwerte von $\boldsymbol{A}$ die folgende Gleichung erfüllen:

$$\lambda^2 = \lambda \;\Rightarrow\; \lambda^2 - \lambda = \lambda(\lambda - 1) = 0 \;\Rightarrow\; \lambda = 0, 1.$$

Eine idempotente Matrix kann somit nur die Eigenwerte $\lambda = 0$ und $\lambda = 1$ besitzen.

b) "⇒" Nehmen wir an, dass das LGS $\boldsymbol{Ax} = \boldsymbol{b}$ eine Lösung $\boldsymbol{x}$ besitze. Wir wenden nun $\boldsymbol{A}$ auf beiden Seiten der Gleichung an. Wegen $\boldsymbol{A}^2 = \boldsymbol{A}$ erhalten wir

$$\underbrace{\boldsymbol{A}^2\boldsymbol{x}}_{=\boldsymbol{Ax}=\boldsymbol{b}} = \boldsymbol{Ab} \quad \Rightarrow \quad \boldsymbol{Ab} = \boldsymbol{b}.$$

Somit ist $\boldsymbol{b}$ ein Eigenvektor von $\boldsymbol{A}$ zum Eigenwert $\lambda = 1$.
"⇐" Nehmen wir jetzt an, dass $\boldsymbol{b}$ ein Eigenvektor von $\boldsymbol{A}$ zum Eigenwert $\lambda = 1$ ist $\Rightarrow \boldsymbol{Ab} = \boldsymbol{b}$. Dies heißt, dass $\boldsymbol{b}$ eine Lösung des LGS $\boldsymbol{Ax} = \boldsymbol{b}$ ist.

c) Die Lösungsmenge von $\boldsymbol{A}\boldsymbol{x} = \boldsymbol{b}$ ist $\boldsymbol{x} = \boldsymbol{x}_{\text{Homo}} + \boldsymbol{x}_p$, wobei $\boldsymbol{x}_{\text{Homo}}$ die allgemeine Lösung des zugehörigen homogenen LGS $\boldsymbol{A}\boldsymbol{x} = \boldsymbol{0}$ ist und $\boldsymbol{x}_p$ eine partikuläre Lösung von $\boldsymbol{A}\boldsymbol{x} = \boldsymbol{b}$ ist. Die Lösungsmenge des homogenen LGS $\boldsymbol{A}\boldsymbol{x} = \boldsymbol{0}$ ist genau die Menge aller Eigenvektoren von $\boldsymbol{A}$ zum Eigenwert $\lambda = 0$, d. h. $\text{Eig}_0(\boldsymbol{A}) = \{\boldsymbol{x} \in \mathbb{K}^n \mid \boldsymbol{A}\boldsymbol{x} = \boldsymbol{0}\}$. Außerdem, aus (b) wissen wir, dass $\boldsymbol{b}$ eine partikuläre Lösung von $\boldsymbol{A}\boldsymbol{x} = \boldsymbol{b}$ ist. Daher ist die Lösungsmenge $\mathbb{L} = \boldsymbol{b} + \text{Eig}_0(\boldsymbol{A})$.

d) Es gilt $\boldsymbol{A}^2 = \begin{bmatrix} 2 & -2 & -4 \\ -1 & 3 & 4 \\ 1 & -2 & -3 \end{bmatrix} = \boldsymbol{A} \Rightarrow \boldsymbol{A}$ ist idempotent. Außerdem ist $\boldsymbol{A}\boldsymbol{b} = \begin{bmatrix} 2 & -2 & -4 \\ -1 & 3 & 4 \\ 1 & -2 & -3 \end{bmatrix} \begin{bmatrix} 0 \\ 2 \\ -1 \end{bmatrix} = \begin{bmatrix} 0 \\ 2 \\ -1 \end{bmatrix} = \boldsymbol{b} \Rightarrow \boldsymbol{b}$ ist Eigenvektor zum Eigenwert $\lambda = 1$. Aus (c) wissen wir, dass die Lösungsmenge von $\boldsymbol{A}\boldsymbol{x} = \boldsymbol{b}$ durch $\mathbb{L} = \boldsymbol{b} + \text{Eig}_0(\boldsymbol{A})$ gegeben ist. Wir müssen also nur noch den Eigenraum zu $\lambda = 0$ bestimmen. Dazu wenden wir den Gauß-Algorithmus an:

$$\left[\begin{array}{ccc|c} 2 & -2 & -4 & 0 \\ -1 & 3 & 4 & 0 \\ 1 & -2 & -3 & 0 \end{array}\right] \overset{\substack{2(Z_2)+(Z_1) \\ 2(Z_3)-(Z_1)}}{\rightsquigarrow} \left[\begin{array}{ccc|c} 2 & -2 & -4 & 0 \\ 0 & 4 & 4 & 0 \\ 0 & -2 & -2 & 0 \end{array}\right] \overset{2(Z_3)+(Z_2)}{\rightsquigarrow} \left[\begin{array}{ccc|c} 2 & -2 & -4 & 0 \\ 0 & 4 & 4 & 0 \\ 0 & 0 & 0 & 0 \end{array}\right].$$

Es folgt $x_3 = t \Rightarrow x_2 = -x_3 = -t$ und $x_1 = x_2 + 2x_3 = t$, d. h. $\text{Eig}_0(\boldsymbol{A}) = \left\langle \begin{bmatrix} 1 \\ -1 \\ 1 \end{bmatrix} \right\rangle$.
Die Lösungsmenge des LGS ist somit $\mathbb{L} = \boldsymbol{b} + \text{Eig}_0(\boldsymbol{A}) = \begin{bmatrix} 0 \\ 2 \\ -1 \end{bmatrix} + t \begin{bmatrix} 1 \\ -1 \\ 1 \end{bmatrix}$ mit $t \in \mathbb{R}$.

e) Um zu beweisen, dass $\mathbb{K}^n = \text{Ker}(\boldsymbol{A}) \oplus \text{Im}(\boldsymbol{A})$ ist, müssen wir die folgenden zwei Bedingungen nachweisen:

(i) $\mathbb{K}^n = \text{Ker}(\boldsymbol{A}) + \text{Im}(\boldsymbol{A})$ **(ii)** $\text{Ker}(\boldsymbol{A}) \cap \text{Im}(\boldsymbol{A}) = \{\boldsymbol{0}\}$

Beweis von (i). Wir zeigen $\mathbb{K}^n \subset \text{Ker}(\boldsymbol{A}) + \text{Im}(\boldsymbol{A})$ und $\mathbb{K}^n \supset \text{Ker}(\boldsymbol{A}) + \text{Im}(\boldsymbol{A})$.
"$\mathbb{K}^n \supset \text{Ker}(\boldsymbol{A}) + \text{Im}(\boldsymbol{A})$" $\text{Ker}(\boldsymbol{A})$ und $\text{Im}(\boldsymbol{A})$ sind Unterräume von $\mathbb{K}^n$. Daher ist deren Summe $\text{Ker}(\boldsymbol{A}) + \text{Im}(\boldsymbol{A})$ auch ein Unterraum von $\mathbb{K}^n$, d. h. $\text{Ker}(\boldsymbol{A}) + \text{Im}(\boldsymbol{A}) \subset \mathbb{K}^n$.
"$\mathbb{K}^n \subset \text{Ker}(\boldsymbol{A}) + \text{Im}(\boldsymbol{A})$" Es sei $\boldsymbol{v} \in \mathbb{K}^n$. Dann ist

$$\boldsymbol{v} = \boldsymbol{v} + \boldsymbol{A}\boldsymbol{v} - \boldsymbol{A}\boldsymbol{v} = \underbrace{\boldsymbol{A}\boldsymbol{v}}_{=:\boldsymbol{y}} + \underbrace{(\boldsymbol{v} - \boldsymbol{A}\boldsymbol{v})}_{=:\boldsymbol{z}}$$

Der erste Term $\boldsymbol{y} = \boldsymbol{A}\boldsymbol{v}$ gehört (per Definition) zu $\text{Im}(\boldsymbol{A})$. Der zweite Term $\boldsymbol{z} = \boldsymbol{v} - \boldsymbol{A}\boldsymbol{v}$ gehört zu $\text{Ker}(\boldsymbol{A})$, weil

$$\boldsymbol{A}\boldsymbol{z} = \boldsymbol{A}(\boldsymbol{v} - \boldsymbol{A}\boldsymbol{v}) = \boldsymbol{A}\boldsymbol{v} - \boldsymbol{A}^2\boldsymbol{v} \overset{\boldsymbol{A}^2=\boldsymbol{A}}{=} \boldsymbol{A}\boldsymbol{v} - \boldsymbol{A}\boldsymbol{v} = \boldsymbol{0} \Rightarrow \boldsymbol{z} \in \text{Ker}(\boldsymbol{A}).$$

Somit

$$\boldsymbol{v} = \underbrace{\boldsymbol{A}\boldsymbol{v}}_{\in \text{Im}(\boldsymbol{A})} + \underbrace{(\boldsymbol{v} - \boldsymbol{A}\boldsymbol{v})}_{\in \text{Ker}(\boldsymbol{A})} \in \text{Im}(\boldsymbol{A}) + \text{Ker}(\boldsymbol{A})$$

Dies zeigt $\mathbb{K}^n \subset \text{Ker}(\boldsymbol{A}) + \text{Im}(\boldsymbol{A})$.
Beweis von (ii). Die Strategie ist wie folgt: Wir betrachten ein beliebiges Element in $\text{Ker}(\boldsymbol{A}) \cap \text{Im}(\boldsymbol{A})$ und zeigen, dass es $\mathbf{0}$ ist. Es sei also $\boldsymbol{v} \in \text{Ker}(\boldsymbol{A}) \cap \text{Im}(\boldsymbol{A})$. Wegen $\boldsymbol{v} \in \text{Ker}(\boldsymbol{A})$ ist $\boldsymbol{A}\boldsymbol{v} = \mathbf{0}$. Wegen $\boldsymbol{v} \in \text{Im}(\boldsymbol{A})$ gibt es ein $\boldsymbol{w} \in \mathbb{K}^n$ mit $\boldsymbol{A}\boldsymbol{w} = \boldsymbol{v}$. Dann ist

$$\mathbf{0} = \boldsymbol{A}\boldsymbol{v} = \boldsymbol{A}(\boldsymbol{A}\boldsymbol{w}) = \boldsymbol{A}^2\boldsymbol{w} \overset{\boldsymbol{A}^2=\boldsymbol{A}}{=} \boldsymbol{A}\boldsymbol{w} = \boldsymbol{v} \quad \Rightarrow \boldsymbol{v} = \mathbf{0}.$$

Dies zeigt $\text{Ker}(\boldsymbol{A}) \cap \text{Im}(\boldsymbol{A}) = \{\mathbf{0}\}$.

f) Die Aussage $\mathbb{K}^n = \text{Ker}(\boldsymbol{A}) \oplus \text{Im}(\boldsymbol{A})$ stimmt für allgemeine Matrizen $\boldsymbol{A} \in \mathbb{K}^{n\times n}$ nicht. Gegenbeispiel: $\boldsymbol{A} = \begin{bmatrix} 0 & 1 \\ 0 & 0 \end{bmatrix}$. Der Kern von $\boldsymbol{A}$ ist $\text{Ker}(\boldsymbol{A}) = \left\langle \begin{bmatrix} 1 \\ 0 \end{bmatrix} \right\rangle$. Das Bild von $\boldsymbol{A}$ ist $\text{Im}(\boldsymbol{A}) = \left\langle \begin{bmatrix} 1 \\ 0 \end{bmatrix} \right\rangle$. Somit ist $\mathbb{R}^2 \neq \text{Ker}(\boldsymbol{A}) + \text{Im}(\boldsymbol{A})$ und $\text{Ker}(\boldsymbol{A}) \cap \text{Im}(\boldsymbol{A}) \neq \{\mathbf{0}\}$.

Aufgabe 5

a) Es sei $V = U_1 \oplus U_2$. Per Definition heißt dies $V = U_1 + U_2$ und $U_1 \cap U_2 = \{\mathbf{0}\}$. Es sei $\boldsymbol{v} \in V$. Wegen $V = U_1 + U_2$ gibt es ja ein $\boldsymbol{u}_1 \in U_1$ und $\boldsymbol{u}_2 \in U_2$ mit $\boldsymbol{v} = \boldsymbol{u}_1 + \boldsymbol{u}_2$. Wir zeigen, dass diese Zerlegung eindeutig ist. Zu diesem Zweck betrachten wir eine weitere Zerlegung $\boldsymbol{v} = \boldsymbol{u}_1' + \boldsymbol{u}_2'$ mit $\boldsymbol{u}_1' \in U_1$ und $\boldsymbol{u}_2' \in U_2$. Dann ist $\boldsymbol{v} = \boldsymbol{u}_1 + \boldsymbol{u}_2 = \boldsymbol{u}_1' + \boldsymbol{u}_2' \Rightarrow \boldsymbol{u}_1 - \boldsymbol{u}_1' = \boldsymbol{u}_2 - \boldsymbol{u}_2'$. Wegen $\boldsymbol{u}_1 - \boldsymbol{u}_1' \in U_1$ und $\boldsymbol{u}_2 - \boldsymbol{u}_2' \in U_2$ impliziert die Gleichheit $\boldsymbol{u}_1 - \boldsymbol{u}_1' = \boldsymbol{u}_2 - \boldsymbol{u}_2'$, dass $\boldsymbol{u}_1 - \boldsymbol{u}_1' \in U_1 \cap U_2$ und $\boldsymbol{u}_2 - \boldsymbol{u}_2' \in U_1 \cap U_2$. Wegen $U_1 \cap U_2 = \{\mathbf{0}\}$ finden wir $\boldsymbol{u}_1 - \boldsymbol{u}_1' = \mathbf{0}$ und $\boldsymbol{u}_2 - \boldsymbol{u}_2' = \mathbf{0}$, d. h. $\boldsymbol{u}_1 = \boldsymbol{u}_1'$ und $\boldsymbol{u}_2 = \boldsymbol{u}_2'$. Die Zerlegung $\boldsymbol{v} = \boldsymbol{u}_1 + \boldsymbol{u}_2$ ist somit eindeutig.

b) Wir betrachten die Dimensionsformel $\dim(U_1) + \dim(U_2) = \dim(U_1 + U_2) + \dim(U_1 \cap U_2)$. Dann gilt: $U_1 \cap U_2 = \{\mathbf{0}\} \Leftrightarrow \dim(U_1 \cap U_2) = 0 \Leftrightarrow \dim(U_1) + \dim(U_2) = \dim(U_1 + U_2) \overset{\dim(U_1)+\dim(U_2)=\dim(V)}{\Leftrightarrow} U_1 + U_2 = V$.

c) Unterräume sind genau die Lösungsmengen von homogenen linearen Gleichungssystemen. Somit ist U_1 ein Unterraum für $k = 3$. Aus den Gleichungen $x_1 + x_2 = 0$ und $2x_1 = -x_3$ folgt dann $x_1 = t \Rightarrow x_2 = -t \Rightarrow x_3 = -2t$, d. h. $U_1 = \left\langle \begin{bmatrix} 1 \\ -1 \\ -2 \end{bmatrix} \right\rangle$.

Somit ist $\dim(U_1) = 1$ und eine Basis von U_1 besteht aus dem Vektor $\begin{bmatrix} 1 \\ -1 \\ -2 \end{bmatrix}$.

d) Mit dem Gauß-Algorithmus untersuchen wir die gegebenen Vektoren auf lineare Unabhängigkeit:

$$\boldsymbol{A} = \begin{bmatrix} 1 & 1 & 1 \\ 0 & 2 & 1 \\ 1 & 1 & 1 \end{bmatrix} \overset{(Z_3)-(Z_1)}{\rightsquigarrow} \begin{bmatrix} 1 & 1 & 1 \\ 0 & 2 & 1 \\ 0 & 0 & 0 \end{bmatrix} \quad \Rightarrow \text{Rang}(\boldsymbol{A}) = 2 \Rightarrow \dim(U_2) = 2.$$

Eine mögliche Basis von U_2 (es gibt mehrere Möglichkeiten) ist $\left\{ \begin{bmatrix} 1 \\ 0 \\ 1 \end{bmatrix}, \begin{bmatrix} 1 \\ 1 \\ 1 \end{bmatrix} \right\}$.

e) $\mathbb{R}^3 = U_1 + U_2$? Wir kombinieren alle erzeugende Vektoren von U_1 und U_2 als Spalten in einer einzigen Matrix. Mit dem Gauß-Algorithmus berechnen wir den Rang dieser Matrix und somit auch die Dimension von $U_1 + U_2$:

$$\boldsymbol{A} = \begin{bmatrix} 1 & 1 & 1 \\ 0 & 1 & -1 \\ 1 & 1 & -2 \end{bmatrix} \overset{(Z_3)-(Z_1)}{\rightsquigarrow} \begin{bmatrix} 1 & 1 & 1 \\ 0 & 1 & -1 \\ 0 & 0 & -3 \end{bmatrix} \quad \Rightarrow \text{Rang}(\boldsymbol{A}) = 3 \Rightarrow \dim(U_1 + U_2) = 3.$$

Somit ist $U_1 + U_2 = \mathbb{R}^3$.

$U_1 \cap U_2 = \{\mathbf{0}\}$? Es sei $\boldsymbol{v} \in U_1 \cap U_2$. Wegen $\boldsymbol{v} \in U_1$ und $\boldsymbol{v} \in U_2$ ist

$$\boldsymbol{v} = \alpha \begin{bmatrix}1\\0\\1\end{bmatrix} + \beta \begin{bmatrix}1\\1\\1\end{bmatrix} = \gamma \begin{bmatrix}1\\-1\\-2\end{bmatrix} \Rightarrow \begin{bmatrix}1 & 1 & -1\\0 & 1 & 1\\1 & 1 & 2\end{bmatrix}\begin{bmatrix}\alpha\\\beta\\\gamma\end{bmatrix} = \begin{bmatrix}0\\0\\0\end{bmatrix}.$$

Dies LGS lösen wir mit dem Gauß-Algorithmus

$$\left[\begin{array}{ccc|c}1 & 1 & -1 & 0\\0 & 1 & 1 & 0\\1 & 1 & 2 & 0\end{array}\right] \overset{(Z_3)-(Z_1)}{\rightsquigarrow} \left[\begin{array}{ccc|c}1 & 1 & -1 & 0\\0 & 1 & 1 & 0\\0 & 0 & 3 & 0\end{array}\right].$$

Die einzige Lösung ist $\alpha = \beta = \gamma = 0$, d. h. $\boldsymbol{v} = \mathbf{0} \Rightarrow U_1 \cap U_2 = \{\mathbf{0}\}$.
Zusammenfassend: Wegen $\mathbb{R}^3 = U_1 + U_2$ und $U_1 \cap U_2 = \{\mathbf{0}\}$ ist $\mathbb{R}^3 = U_1 \oplus U_2$.

Aufgabe 6

a) Wir verifizieren die Unterraumbedingungen (UR0) und (UR).
Beweis von **(UR0)**: Die Nullmatrix ist eine obere Dreiecksmatrix, d. h. $\mathbf{0} \in U$. ✓
Beweis von **(UR)**: Es seien $\boldsymbol{A} = \begin{bmatrix}a_1 & a_2\\0 & a_3\end{bmatrix} \in U$, $\boldsymbol{B} = \begin{bmatrix}b_1 & b_2\\0 & b_3\end{bmatrix} \in U$ und $\alpha, \beta \in \mathbb{C}$. Dann ist $\alpha\boldsymbol{A}+\beta\boldsymbol{B} = \begin{bmatrix}\alpha a_1+\beta b_1 & \alpha a_2+\beta b_2\\0 & \alpha a_3+\beta b_3\end{bmatrix}$ eine obere Dreiecksmatrix, also $\alpha\boldsymbol{A}+\beta\boldsymbol{B} \in U$. ✓

b) Mit dem Rangkriterium

$$\boldsymbol{A} = \begin{bmatrix}1 & 1 & i\\i & i & -2\\0 & 0 & 0\\1 & 2 & i\end{bmatrix} \overset{\substack{(Z_2)-i(Z_1)\\(Z_4)-(Z_1)}}{\rightsquigarrow} \begin{bmatrix}1 & 1 & i\\0 & 0 & -3\\0 & 0 & 0\\0 & 1 & 0\end{bmatrix} \Rightarrow \text{Rang}(\boldsymbol{A}) = 3 \Rightarrow \dim(U) = 3.$$

Die drei Matrizen bilden somit eine Basis von U.

c) Das Produkt von oberen Dreiecksmatrizen ist wieder eine obere Dreiecksmatrix. Daraus folgt: Ist $\boldsymbol{A} \in U$ eine obere Dreiecksmatrix, so ist $F(\boldsymbol{A}) = \boldsymbol{TAT}$ eine obere Dreiecksmatrix und somit in U. Deshalb ist F wohldefiniert. Nun zeigen wir, dass F linear ist. Es seien $\boldsymbol{A}, \boldsymbol{B} \in U$ und $\alpha, \beta \in \mathbb{C}$. Dann gilt $F(\alpha\boldsymbol{A} + \beta\boldsymbol{B}) = \boldsymbol{T}(\alpha\boldsymbol{A} + \beta\boldsymbol{B})\boldsymbol{T} = \alpha\boldsymbol{TAT} + \beta\boldsymbol{TBT} = \alpha F(\boldsymbol{A}) + \beta F(\boldsymbol{B})$. Somit ist F linear. ✓

d) Wir berechnen zuerst die Darstellungsmatrix von F in der Standardbasis und führen dann einen Basiswechsel nach der Basis $\mathcal{B}$ durch. Die Standardbasis von U ist $\mathcal{E} = \{\boldsymbol{E}_{11} = \begin{bmatrix}1 & 0\\0 & 0\end{bmatrix}, \boldsymbol{E}_{12} = \begin{bmatrix}0 & 1\\0 & 0\end{bmatrix}, \boldsymbol{E}_{22} = \begin{bmatrix}0 & 0\\0 & 1\end{bmatrix}\}$. Wir bestimmen die Bilder der Basisvektoren vermögen der Abbildung F:

$$F(\boldsymbol{E}_{11}) = \begin{bmatrix}1 & 1\\0 & -1\end{bmatrix}\begin{bmatrix}1 & 0\\0 & 0\end{bmatrix}\begin{bmatrix}1 & 1\\0 & -1\end{bmatrix} = \begin{bmatrix}1 & 1\\0 & 0\end{bmatrix}$$

$$= \boldsymbol{E}_{11} + \boldsymbol{E}_{12} \qquad \Rightarrow \qquad [F(\boldsymbol{E}_{11})]_{\mathcal{E}} = \begin{bmatrix} 1 \\ 1 \\ 0 \end{bmatrix}$$

$$F(\boldsymbol{E}_{12}) = \begin{bmatrix} 1 & 1 \\ 0 & -1 \end{bmatrix} \begin{bmatrix} 0 & 1 \\ 0 & 0 \end{bmatrix} \begin{bmatrix} 1 & 1 \\ 0 & -1 \end{bmatrix} = \begin{bmatrix} 0 & -1 \\ 0 & 0 \end{bmatrix}$$

$$= -\boldsymbol{E}_{12} \qquad \Rightarrow \qquad [F(\boldsymbol{E}_{12})]_{\mathcal{E}} = \begin{bmatrix} 0 \\ -1 \\ 0 \end{bmatrix}$$

$$F(\boldsymbol{E}_{22}) = \begin{bmatrix} 1 & 1 \\ 0 & -1 \end{bmatrix} \begin{bmatrix} 0 & 0 \\ 0 & 1 \end{bmatrix} \begin{bmatrix} 1 & 1 \\ 0 & -1 \end{bmatrix} = \begin{bmatrix} 0 & -1 \\ 0 & 1 \end{bmatrix}$$

$$= -\boldsymbol{E}_{12} + \boldsymbol{E}_{22} \qquad \Rightarrow \qquad [F(\boldsymbol{E}_{22})]_{\mathcal{E}} = \begin{bmatrix} 0 \\ -1 \\ 1 \end{bmatrix}$$

Es gilt somit $\boldsymbol{M}^{\mathcal{E}}_{\mathcal{E}}(F) = \left[\begin{smallmatrix} 1 & 0 & 0 \\ 1 & -1 & -1 \\ 0 & 0 & 1 \end{smallmatrix}\right]$.
Die Transformationsmatrix von $\mathcal{B}$ nach der Standardbasis $\mathcal{E}$ ist

$$\boldsymbol{T}_{\mathcal{B}\to\mathcal{E}} = \begin{bmatrix} 1 & 1 & i \\ i & i & -2 \\ 1 & 2 & i \end{bmatrix} \quad \Rightarrow \quad \boldsymbol{T}_{\mathcal{E}\to\mathcal{B}} = \boldsymbol{T}^{-1}_{\mathcal{B}\to\mathcal{E}} = \begin{bmatrix} 3 & i & -1 \\ -1 & 0 & 1 \\ i & -1 & 0 \end{bmatrix}.$$

Somit gilt:

$$\boldsymbol{M}^{\mathcal{B}}_{\mathcal{B}}(F) = \boldsymbol{T}_{\mathcal{E}\to\mathcal{B}}\boldsymbol{M}^{\mathcal{E}}_{\mathcal{E}}(F)[\boldsymbol{T}_{\mathcal{B}\to\mathcal{E}} = \begin{bmatrix} 3 & 2-i & 4i \\ 0 & 1 & 0 \\ 2i & 1+2i & -3 \end{bmatrix}.$$

e) Die Eigenwerte sind unabhängig von der Wahl der Basis. Wir berechnen das charakteristische Polynom der Darstellungsmatrix bezüglich der Standardbasis (ist einfacher)

$$\det(\boldsymbol{A} - \lambda\boldsymbol{E}) = \begin{bmatrix} 1-\lambda & 0 & 0 \\ 1 & -1-\lambda & -1 \\ 0 & 0 & 1-\lambda \end{bmatrix} = -(\lambda-1)^2(\lambda+1) \stackrel{!}{=} 0 \Rightarrow \lambda_{1,2} = 1,\ \lambda_3 = -1.$$

f) Die Determinante der Darstellungsmatrix ist $-1 \neq 0$. Daher ist F ein Isomorphismus.

Aufgabe 7

a) Zwei Matrizen $\boldsymbol{A}, \boldsymbol{B} \in \mathbb{K}^{m\times n}$ heißen **äquivalent**, wenn es invertierbare Matrizen $\boldsymbol{S} \in \mathrm{GL}(m, \mathbb{K})$ und $\boldsymbol{T} \in \mathrm{GL}(n, \mathbb{K})$ gibt mit

$$\boldsymbol{B} = \boldsymbol{SAT}^{-1}.$$

Wir müssen die drei Eigenschaften der Definition einer Äquivalenzrelation überprüfen. Es seien also $\boldsymbol{A}, \boldsymbol{B}, \boldsymbol{C} \in \mathbb{K}^{m\times n}$. Dann gilt:

1) Reflexivität: Offenbar ist $\boldsymbol{A} = \boldsymbol{E}\boldsymbol{A}\boldsymbol{E}^{-1}$, d. h. $\boldsymbol{A} \sim \boldsymbol{A}$. Somit erfüllt "$\sim$" die Reflexivität-Eigenschaft. ✓

2) Symmetrie: Ist $\boldsymbol{A} \sim \boldsymbol{B}$, so gibt es invertierbare Matrizen $\boldsymbol{S}, \boldsymbol{T}$ mit $\boldsymbol{B} = \boldsymbol{S}\boldsymbol{A}\boldsymbol{T}^{-1}$. Daraus ergibt sich:

$$\boldsymbol{A} = \boldsymbol{S}^{-1}\boldsymbol{B}\boldsymbol{T} = \boldsymbol{S}^{-1}\boldsymbol{B}\big(\boldsymbol{T}^{-1}\big)^{-1}.$$

Somit ist $\boldsymbol{B} \sim \boldsymbol{A}$ und die Symmetrie-Eigenschaft ist gezeigt. ✓

3) Transitivität: Ist $\boldsymbol{A} \sim \boldsymbol{B}$ und $\boldsymbol{A} \sim \boldsymbol{C}$, so gibt es invertierbare Matrizen $\boldsymbol{S}_1, \boldsymbol{T}_1$ bzw. $\boldsymbol{S}_2, \boldsymbol{T}_2$ mit $\boldsymbol{B} = \boldsymbol{S}_1\boldsymbol{A}\boldsymbol{T}_1{}^{-1}$ bzw. $\boldsymbol{C} = \boldsymbol{S}_2\boldsymbol{B}\boldsymbol{T}_2{}^{-1}$. Daraus folgt:

$$\boldsymbol{C} = \boldsymbol{S}_2\boldsymbol{B}\boldsymbol{T}_2{}^{-1} = \boldsymbol{S}_2\boldsymbol{S}_1\boldsymbol{A}\boldsymbol{T}_1{}^{-1}\boldsymbol{T}_2{}^{-1} = (\boldsymbol{S}_2\boldsymbol{S}_1)\boldsymbol{A}(\boldsymbol{T}_2\boldsymbol{T}_1)^{-1}.$$

Somit ist $\boldsymbol{A} \sim \boldsymbol{C}$ und auch die Transitivität von $\sim$ ist erfüllt. ✓
Die drei Eigenschaften der Definition einer Äquivalenzrelation sind somit erfüllt. Also definiert "$\sim$" eine Äquivalenzrelation auf $\mathbb{K}^{m\times n}$.

b) Wir beweisen $\mathrm{Im}(\boldsymbol{A}\boldsymbol{B}) \subset \mathrm{Im}(\boldsymbol{A})$ und $\mathrm{Im}(\boldsymbol{A}\boldsymbol{B}) \supset \mathrm{Im}(\boldsymbol{A})$.

Beweis von $\mathrm{Im}(\boldsymbol{A}\boldsymbol{B}) \subset \mathrm{Im}(\boldsymbol{A})$: Es sei $\boldsymbol{v} \in \mathrm{Im}(\boldsymbol{A}\boldsymbol{B})$. Dann gibt es ein $\boldsymbol{w} \in \mathbb{K}^n$ mit $\boldsymbol{A}\boldsymbol{B}\boldsymbol{w} = \boldsymbol{v}$. Setzen wir $\boldsymbol{z} = \boldsymbol{B}\boldsymbol{w}$, so gilt $\boldsymbol{A}\boldsymbol{z} = \boldsymbol{v}$, d. h. $\boldsymbol{v} \in \mathrm{Im}(\boldsymbol{A})$.

Beweis von $\mathrm{Im}(\boldsymbol{A}\boldsymbol{B}) \supset \mathrm{Im}(\boldsymbol{A})$: Es sei nun $\boldsymbol{v} \in \mathrm{Im}(\boldsymbol{A})$. Dann gibt es ein $\boldsymbol{w} \in \mathbb{K}^n$ mit $\boldsymbol{A}\boldsymbol{w} = \boldsymbol{v}$. Da $\boldsymbol{B}$ invertierbar ist definieren wir $\boldsymbol{z} = \boldsymbol{B}^{-1}\boldsymbol{w}$. Dann ist $\boldsymbol{A}\boldsymbol{B}\boldsymbol{z} = \boldsymbol{A}\boldsymbol{B}\boldsymbol{B}^{-1}\boldsymbol{w} = \boldsymbol{A}\boldsymbol{w} = \boldsymbol{v}$, d. h. $\boldsymbol{v} \in \mathrm{Im}(\boldsymbol{A}\boldsymbol{B})$.

c) Zwei Matrizen sind genau dann äquivalent, wenn sie denselben Rang besitzen (Satz 8.15). Wir suchen also alle $k \in \mathbb{R}$, sodass $\mathrm{Rang}(\boldsymbol{A}) = 2$:

$$\boldsymbol{A} = \begin{bmatrix} k & 1 & 2 \\ 1 & 1 & 1 \\ -1 & 1 & 1-k \end{bmatrix} \overset{(Z_2)\leftrightarrow(Z_1)}{\rightsquigarrow} \begin{bmatrix} 1 & 1 & 1 \\ k & 1 & 2 \\ -1 & 1 & 1-k \end{bmatrix} \overset{\substack{(Z_2)-k(Z_1)\\(Z_3)+(Z_1)}}{\rightsquigarrow} \begin{bmatrix} 1 & 1 & 1 \\ 0 & 1-k & 2-k \\ 0 & 2 & 2-k \end{bmatrix}$$

$$\overset{(Z_2)\leftrightarrow(Z_3)}{\rightsquigarrow} \begin{bmatrix} 1 & 1 & 1 \\ 0 & 2 & 2-k \\ 0 & 1-k & 2-k \end{bmatrix} \overset{2(Z_3)-(1-k)(Z_2)}{\rightsquigarrow} \begin{bmatrix} 1 & 1 & 1 \\ 0 & 2 & 2-k \\ 0 & 0 & (1+k)(2-k) \end{bmatrix}$$

Es ist $\mathrm{Rang}(\boldsymbol{A}) = 2$ genau dann, wenn $k = -1$ oder $k = 2$.

Serviceteil

T. C. T. Michaels, M. Liechti, *Prüfungstraining Lineare Algebra*, Grundstudium Mathematik Prüfungstraining, https://doi.org/10.1007/978-3-030-65886-1

Anhang A Analytische Geometrie

Mithilfe von Vektoren kann man geometrische Objekte wie Geraden oder Ebenen mathematisch beschreiben. Dies ist der Inhalt der analytischen Geometrie. In diesem Anhang werden kurz und bündig die wichtigsten Tatsachen in Erinnerung gerufen.

A.1 Vektoren

A.1.1 Skalarprodukt

► Definition A.1

Für zwei Vektoren $\boldsymbol{u} = \begin{bmatrix} u_1 \\ \vdots \\ u_n \end{bmatrix}, \boldsymbol{v} = \begin{bmatrix} v_1 \\ \vdots \\ v_n \end{bmatrix} \in \mathbb{R}^n$ definiert man das **Skalarprodukt** von $\boldsymbol{u}$ und $\boldsymbol{v}$ als

$$\boldsymbol{u} \cdot \boldsymbol{v} = u_1 v_1 + u_2 v_2 + \cdots + u_n v_n = \sum_{i=1}^{n} u_i v_i. \tag{A.1}$$

◄

Bemerkung

Beachte: Das Skalarprodukt von $\boldsymbol{u}$ und $\boldsymbol{v}$ kann man auch wie folgt schreiben:

$$\boldsymbol{u} \cdot \boldsymbol{v} = \boldsymbol{u}^T \boldsymbol{v} = \boldsymbol{v}^T \boldsymbol{u} = u_1 \ \ldots \ u_n \begin{bmatrix} v_1 \\ \vdots \\ v_n \end{bmatrix}. \tag{A.2}$$

Länge eines Vektors

Der Skalarprodukt ist eine nützliche Operation, um die **Länge** eines Vektors oder den **Winkel** zwischen Vektoren zu bestimmen.

► Definition A.2

Die **Länge** eines Vektors $\boldsymbol{u} = \begin{bmatrix} u_1 \\ \vdots \\ u_n \end{bmatrix} \in \mathbb{R}^n$ ist

$$||u|| := \sqrt{\boldsymbol{u} \cdot \boldsymbol{u}} = \sqrt{\sum_{i=1}^{n} u_i^2} \tag{A.3}$$

$\boldsymbol{u} \in \mathbb{R}^n$ heißt **normiert**, wenn $||\boldsymbol{u}|| = 1$ gilt. ◄

Winkel zwischen zwei Vektoren

► Definition A.3

Der **Winkel** θ zwischen zwei Vektoren $\boldsymbol{u}, \ \boldsymbol{v} \in \mathbb{R}^n$ ist

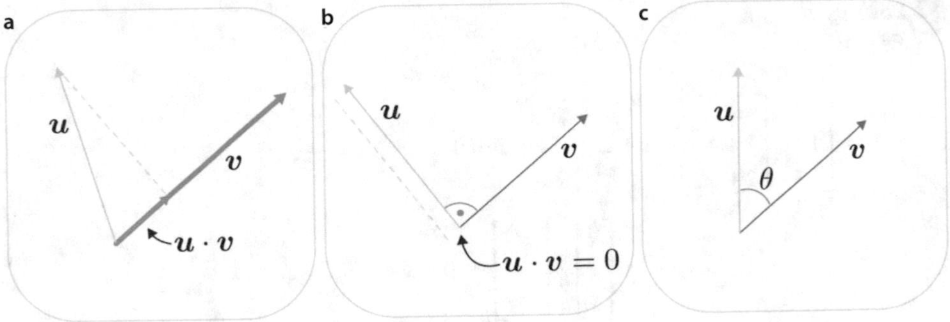

Abb. A.1 (a) Geometrische Interpretation des Skalarproduktes zwischen zwei Vektoren $\boldsymbol{u}$, $\boldsymbol{v}$. (b) Wenn $\boldsymbol{u}$ und $\boldsymbol{v}$ senkrecht zueinander stehen ist $\boldsymbol{u} \cdot \boldsymbol{v} = 0$, denn das Projizieren von $\boldsymbol{u}$ auf $\boldsymbol{v}$ führt zu einem Vektor mit Länge 0. (c) Winkel zwischen zwei Vektoren

$$\cos\theta := \frac{\boldsymbol{u} \cdot \boldsymbol{v}}{||\boldsymbol{u}||\,||\boldsymbol{v}||} \tag{A.4}$$

◀

Orthogonale Vektoren

Zwei Vektoren $\boldsymbol{u}, \boldsymbol{v} \in \mathbb{R}^n$ heißen **orthogonal** (oder **senkrecht**), wenn $\boldsymbol{u} \cdot \boldsymbol{v} = 0$ gilt. Geometrisch sind zwei Vektoren genau dann orthogonal, wenn ihr Zwischenwinkel $\theta = \pi/2$ beträgt ($\cos\theta = 0$) bzw. wenn sie senkrecht zueinander stehen. Man schreibt dann $\boldsymbol{u} \perp \boldsymbol{v}$ (Abb. A.1).

Rechenregeln

Es gelten für Vektoren $\boldsymbol{v}$, $\boldsymbol{u}$ folgende Rechenregeln:

▶ Satz A.1 (Rechenregeln für Skalarprodukt)

Es scien $\boldsymbol{u}, \boldsymbol{v} \in \mathbb{R}^n$ und $\alpha \in \mathbb{R}$. Dann gilt:

- $\boldsymbol{v} \cdot \boldsymbol{u} = \boldsymbol{u} \cdot \boldsymbol{v}$ (Reihenfolge der Vektoren spielt keine Rolle!)
- $\boldsymbol{u} \cdot (\boldsymbol{v} + \boldsymbol{w}) = \boldsymbol{u} \cdot \boldsymbol{v} + \boldsymbol{u} \cdot \boldsymbol{w}$
- $(\alpha\, \boldsymbol{u}) \cdot \boldsymbol{v} = \boldsymbol{u} \cdot (\alpha\, \boldsymbol{v}) = \alpha\, \boldsymbol{u} \cdot \boldsymbol{v}$
- $\boldsymbol{u} \cdot \boldsymbol{v} = 0$ genau dann, wenn $\boldsymbol{u} \perp \boldsymbol{v}$ (d. h. wenn $\boldsymbol{u}$ und $\boldsymbol{v}$ senkrecht sind) ◀

Übung A.1

○ ○ ○ Für welche $s \in \mathbb{R}$ ist $\boldsymbol{u}$ orthogonal zu $\boldsymbol{v}$ und $\boldsymbol{w}$?

$$\boldsymbol{u} = \begin{bmatrix} 0 \\ 1 \\ s \end{bmatrix}, \quad \boldsymbol{v} = \begin{bmatrix} s \\ 1 \\ 2 \end{bmatrix}, \quad \boldsymbol{w} = \begin{bmatrix} s \\ s \\ -1 \end{bmatrix}$$

Lösung

Es gilt:

$$\boldsymbol{u}\cdot\boldsymbol{v} = \begin{bmatrix}0\\1\\s\end{bmatrix}\cdot\begin{bmatrix}s\\1\\2\end{bmatrix} = 0+1+2s = 2s+1 \stackrel{!}{=} 0 \quad\Rightarrow\quad s = -\frac{1}{2}$$

$$\boldsymbol{u}\cdot\boldsymbol{w} = \begin{bmatrix}0\\1\\s\end{bmatrix}\cdot\begin{bmatrix}s\\s\\-1\end{bmatrix} = 0+s-s = 0\,\checkmark.$$

Somit $s = -1/2$. ■

Übung A.2

○ ○ ○ Man betrachte die Vektoren $\boldsymbol{u} = [1, 1, 0]^T$ und $\boldsymbol{v} = [0, -2, 2]^T$.

a) Man bestimme die Länge von $\boldsymbol{u}$ und $\boldsymbol{v}$.

b) Man bestimme den Winkel zwischen $\boldsymbol{u}$ und $\boldsymbol{v}$.

Lösung

a) Es gilt:

$$\boldsymbol{u}\cdot\boldsymbol{u} = \begin{bmatrix}1\\1\\0\end{bmatrix}\cdot\begin{bmatrix}1\\1\\0\end{bmatrix} = 1+1+0 = 2 \quad\Rightarrow\quad ||\boldsymbol{u}|| = \sqrt{\boldsymbol{u}\cdot\boldsymbol{u}} = \sqrt{2}$$

$$\boldsymbol{v}\cdot\boldsymbol{v} = \begin{bmatrix}0\\-2\\2\end{bmatrix}\cdot\begin{bmatrix}0\\-2\\2\end{bmatrix} = 0+4+4 = 8 \quad\Rightarrow\quad ||\boldsymbol{v}|| = \sqrt{\boldsymbol{v}\cdot\boldsymbol{v}} = 2\sqrt{2}.$$

b) Der Winkel zwischen $\boldsymbol{u}$ und $\boldsymbol{v}$ beträgt

$$\cos\theta = \frac{\boldsymbol{u}\cdot\boldsymbol{v}}{||\boldsymbol{u}||\,||\boldsymbol{v}||} = \frac{\begin{bmatrix}1\\1\\0\end{bmatrix}\cdot\begin{bmatrix}0\\-2\\2\end{bmatrix}}{\sqrt{2}\cdot 2\sqrt{2}} = \frac{-2}{\sqrt{2}\cdot 2\sqrt{2}}$$
$$= -\frac{1}{2} \quad\Rightarrow\quad \theta = \arccos\left(-\frac{1}{2}\right) = \frac{2\pi}{3}.$$

■

Übung A.3

● ○ ○ Man betrachte die Vektoren $\boldsymbol{u} = [1, 1, 1]^T$ und $\boldsymbol{v} = [1, -1, -1]^T$. Man bestimme alle Vektoren $\boldsymbol{w} \in \mathbb{R}^3$ der Länge 1, welche orthogonal zu $\boldsymbol{u}$ und $\boldsymbol{v}$ sind.

Lösung

Es sei $w = [x_1, x_2, x_3] \in \mathbb{R}^3$ der gesuchte Vektor. Dieser Vektor muss gleichzeitig $w \cdot u = 0$ und $w \cdot v = 0$ erfüllen, d. h.

$$w \cdot u = \begin{bmatrix} x_1 \\ x_2 \\ x_3 \end{bmatrix} \cdot \begin{bmatrix} 1 \\ 1 \\ 1 \end{bmatrix} = x_1 + x_2 + x_3 \stackrel{!}{=} 0, \quad w \cdot v = \begin{bmatrix} x_1 \\ x_2 \\ x_3 \end{bmatrix} \cdot \begin{bmatrix} 1 \\ -1 \\ -1 \end{bmatrix} = x_1 - x_2 - x_3 \stackrel{!}{=} 0.$$

Wir erhalten also das folgende LGS

$$\begin{cases} x_1 + x_2 + x_3 = 0 \\ x_1 - x_2 - x_3 = 0 \end{cases} \rightsquigarrow [A|b] = \left[\begin{array}{ccc|c} 1 & 1 & 1 & 0 \\ 1 & -1 & -1 & 0 \end{array}\right].$$

Um das LGS, zu lösen wenden wir den Gauß-Algorithmus an:

$$\left[\begin{array}{ccc|c} 1 & 1 & 1 & 0 \\ 1 & -1 & -1 & 0 \end{array}\right] \overset{(Z_2)-(Z_1)}{\rightsquigarrow} \left[\begin{array}{ccc|c} 1 & 1 & 1 & 0 \\ 0 & -2 & -2 & 0 \end{array}\right] = Z.$$

Man erhält zwei Gleichungen mit drei Unbekannten. Wir setzen $x_3 = t$. Daraus folgt $x_2 = -x_3 = -t$ und $x_1 = -x_2 - x_3 = 0$. Es gilt somit:

$$w = \begin{bmatrix} x_1 \\ x_2 \\ x_3 \end{bmatrix} = t \begin{bmatrix} 0 \\ -1 \\ 1 \end{bmatrix}, \ t \in \mathbb{R}.$$

Die Länge von w ist $||w|| = \sqrt{0^2 + t^2 + t^2} = \sqrt{2t^2}$. Aus $||w|| = 1$ folgt somit $\sqrt{2t^2} = 1$ $\Rightarrow t = \pm 1/\sqrt{2}$. Die gesuchten Vektoren sind somit $w = \pm \begin{bmatrix} 0 \\ -\frac{1}{\sqrt{2}} \\ \frac{1}{\sqrt{2}} \end{bmatrix}$. ■

A.1.2 Orthogonale Projektionen

Eine wichtige Anwendung des Skalarprodukts ist die Bestimmung von **orthogonalen Projektionen**. Man betrachte zwei Vektoren $u, v \in \mathbb{R}^n$. Wir wollen den Vektor u in einen zu v parallelen und einen dazu senkrechten Vektor zerlegen (■ Abb. A.2).

▶ Definition A.4

Die **orthogonale Projektion von u auf v** ist

$$u_{\parallel} := \mathrm{Proj}_v(u) = \frac{u \cdot v}{||v||^2}\, v. \tag{A.5}$$

Dementsprechend findet man die **orthogonale Projektion von u senkrecht zu v**:

$$u_{\perp} = u - u_{\parallel} = u - \mathrm{Proj}_v(u) = u - \frac{u \cdot v}{||v||^2}\, v. \tag{A.6}$$

Es gilt $u = u_{\parallel} + u_{\perp}$. ◀

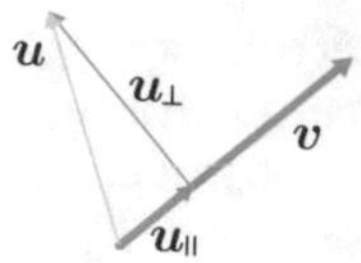

Abb. A.2 Orthogonale Projektion von $\boldsymbol{u}$ auf $\boldsymbol{v}$. Es gilt $\boldsymbol{u} = \boldsymbol{u}_\perp + \boldsymbol{u}_\|$

Übung A.4

● ○ ○ Man finde die orthogonalen Projektionen von $\boldsymbol{u} = [1, 1, 2]^T$ auf $\boldsymbol{v} = [0, -1, 1]^T$.

Lösung

Es gilt: $\boldsymbol{u}_\| = \text{Proj}_{\boldsymbol{v}}(\boldsymbol{u}) = \frac{\boldsymbol{u}\cdot\boldsymbol{v}}{||\boldsymbol{v}||^2}\boldsymbol{v} = \frac{\begin{bmatrix}1\\1\\2\end{bmatrix}\cdot\begin{bmatrix}0\\-1\\1\end{bmatrix}}{2}\begin{bmatrix}0\\-1\\1\end{bmatrix} = \begin{bmatrix}0\\-\frac{1}{2}\\\frac{1}{2}\end{bmatrix}$. Daraus folgt $\boldsymbol{u}_\perp = \boldsymbol{u} - \text{Proj}_{\boldsymbol{v}}(\boldsymbol{u}) = \begin{bmatrix}1\\1\\2\end{bmatrix} - \begin{bmatrix}0\\-\frac{1}{2}\\\frac{1}{2}\end{bmatrix} = \begin{bmatrix}1\\\frac{3}{2}\\\frac{3}{2}\end{bmatrix}$.

Beachte: $\boldsymbol{u}_\| + \boldsymbol{u}_\perp = \begin{bmatrix}0\\-\frac{1}{2}\\\frac{1}{2}\end{bmatrix} + \begin{bmatrix}1\\\frac{3}{2}\\\frac{3}{2}\end{bmatrix} = \begin{bmatrix}1\\1\\2\end{bmatrix} = \boldsymbol{u}$ ✓ ■

Übung A.5

● ○ ○ Man zeige, dass $\boldsymbol{u}_\perp$ orthogonal zu $\boldsymbol{v}$ ist.

Lösung

Es gilt:

$$\boldsymbol{u}_\perp \cdot \boldsymbol{v} = \left(\boldsymbol{u} - \frac{\boldsymbol{u}\cdot\boldsymbol{v}}{||\boldsymbol{v}||^2}\boldsymbol{v}\right)\cdot\boldsymbol{v} = \boldsymbol{u}\cdot\boldsymbol{v} - \frac{\boldsymbol{u}\cdot\boldsymbol{v}}{||\boldsymbol{v}||^2}\underbrace{\boldsymbol{v}\cdot\boldsymbol{v}}_{=||\boldsymbol{v}||^2} = \boldsymbol{u}\cdot\boldsymbol{v} - \boldsymbol{u}\cdot\boldsymbol{v} = 0.$$

Somit ist $\boldsymbol{u}_\perp$ orthogonal zu $\boldsymbol{v}$. ■

A.1.3 Das Kreuzprodukt

► Definition A.5

Es seien $\boldsymbol{u} = [u_1, u_2, u_3]^T \in \mathbb{R}^3$ und $\boldsymbol{v} = [v_1, v_2, v_3]^T \in \mathbb{R}^3$. Der Vektor

$$\boldsymbol{u} \times \boldsymbol{v} := \begin{bmatrix}u_1\\u_2\\u_3\end{bmatrix} \times \begin{bmatrix}v_1\\v_2\\v_3\end{bmatrix} = \begin{bmatrix}u_2v_3 - u_3v_2\\u_3v_1 - u_1v_3\\u_1v_2 - u_2v_1\end{bmatrix} \tag{A.7}$$

heißt **Kreuzprodukt** (oder **Vektorprodukt**) von $\boldsymbol{u}$ und $\boldsymbol{v}$. ◄

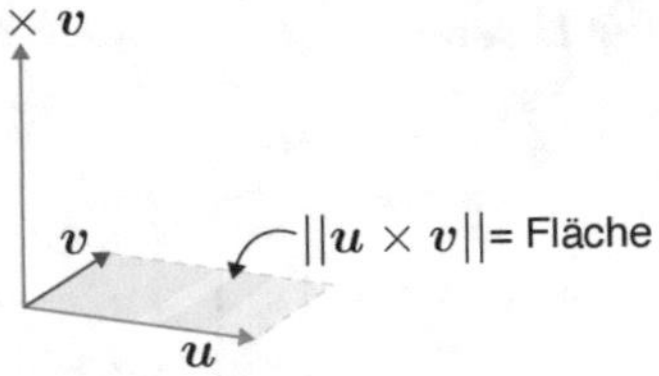

Abb. A.3 Geometrische Deutung des Kreuzprodukts

Geometrische Deutung

$\boldsymbol{u} \times \boldsymbol{v}$ hat zwei geometrische Interpretationen (Abb. A.3):
- Der Vektor $\boldsymbol{u} \times \boldsymbol{v}$ ist sowohl zu $\boldsymbol{u}$ als auch zu $\boldsymbol{v}$ orthogonal.
- Die Länge des Vektors $\boldsymbol{u} \times \boldsymbol{v}$ ist

  $$||\boldsymbol{u} \times \boldsymbol{v}|| = ||\boldsymbol{u}||\,||\boldsymbol{v}||\,\sin\theta,$$

  wobei θ der Winkel zwischen $\boldsymbol{u}$ und $\boldsymbol{v}$ ist. $||\boldsymbol{u} \times \boldsymbol{v}||$ entspricht konkret dem **Flächeninhalt** des von den Vektoren $\boldsymbol{u}$ und $\boldsymbol{v}$ aufgespannten Parallelogramms.

Rechenregeln

Es gelten folgende Rechenregeln:

▶ Satz A.2 (Rechenregeln für Kreuzprodukt)

Es seien $\boldsymbol{u}, \boldsymbol{v} \in \mathbb{R}^n$ und $\alpha \in \mathbb{R}$. Dann gilt:
- $\boldsymbol{v} \times \boldsymbol{u} = -\boldsymbol{u} \times \boldsymbol{v}$ (Reihenfolge der Vektoren ist wichtig!)
- $\boldsymbol{u} \times (\boldsymbol{v} + \boldsymbol{w}) = \boldsymbol{u} \times \boldsymbol{v} + \boldsymbol{u} \times \boldsymbol{w}$
- $(\alpha\,\boldsymbol{u}) \times \boldsymbol{v} = \boldsymbol{u} \times (\alpha\,\boldsymbol{v}) = \alpha\,\boldsymbol{u} \times \boldsymbol{v}$
- $\boldsymbol{u} \times \boldsymbol{v} = 0$ genau dann, wenn $\boldsymbol{u} \parallel \boldsymbol{v}$ (d. h. wenn $\boldsymbol{u}$ und $\boldsymbol{v}$ parallel sind) ◀

Übung A.6

○ ○ ○ Man bestimme das Kreuzprodukt der Vektoren $\boldsymbol{u} = [1, 2, 1]^T$ und $\boldsymbol{v} = [3, 1, 2]^T$.

Lösung

Es gilt: $\boldsymbol{u} \times \boldsymbol{v} = \begin{bmatrix} 1 \\ 2 \\ 1 \end{bmatrix} \times \begin{bmatrix} 3 \\ 1 \\ 2 \end{bmatrix} = \begin{bmatrix} 4-1 \\ 3-2 \\ 1-6 \end{bmatrix} = \begin{bmatrix} 3 \\ 1 \\ -5 \end{bmatrix}.$ ■

Übung A.7

● ○ ○ Man zeige, dass $\boldsymbol{u} \times \boldsymbol{v}$ sowohl zu $\boldsymbol{u}$ als auch zu $\boldsymbol{v}$ orthogonal ist.

Lösung
Es gilt:

$$\boldsymbol{u} \cdot (\boldsymbol{u} \times \boldsymbol{v}) = \begin{bmatrix} u_1 \\ u_2 \\ u_3 \end{bmatrix} \cdot \begin{bmatrix} u_2v_3 - u_3v_2 \\ u_3v_1 - u_1v_3 \\ u_1v_2 - u_2v_1 \end{bmatrix} = u_1(u_2v_3 - u_3v_2) + u_2(u_3v_1 - u_1v_3) + u_3(u_1v_2 - u_2v_1)$$

$$= u_1u_2v_3 - u_1u_3v_2 + u_2u_3v_1 - u_2u_1v_3 + u_3u_1v_2 - u_3u_2v_1$$

$$= 0 \quad \Rightarrow \quad \boldsymbol{u} \perp \boldsymbol{u} \times \boldsymbol{v}.$$

Analog zeigt man, dass $\boldsymbol{v} \perp \boldsymbol{u} \times \boldsymbol{v}$ ist. ■

A.2 Geraden im Raum

Eine Gerade im Raum kann man auf zwei Arten beschreiben (Abb. A.4): (1) **Parameterform** oder (2) **implizite Darstellung**.

A.2.1 Parameterform

Definition A.6 (Parameterform einer Gerade im Raum)
Die Gleichung

$$\boxed{\boldsymbol{x} = \boldsymbol{x_0} + t\boldsymbol{v}, \ t \in \mathbb{R}} \tag{A.8}$$

beschreibt eine Gerade g, welche in **Richtung** $\boldsymbol{v}$ zeigt und durch den **Punkt** $\boldsymbol{x_0}$ geht. $\boldsymbol{x_0}$ heißt **Stützvektor** und $\boldsymbol{v}$ heißt **Richtungsvektor**. ◄

Übung A.8
○ ○ ○ Man bestimme die Parameterform der Gerade g, welche durch $[1, 1, 1]^T$ und $[1, 2, 3]^T$ läuft.

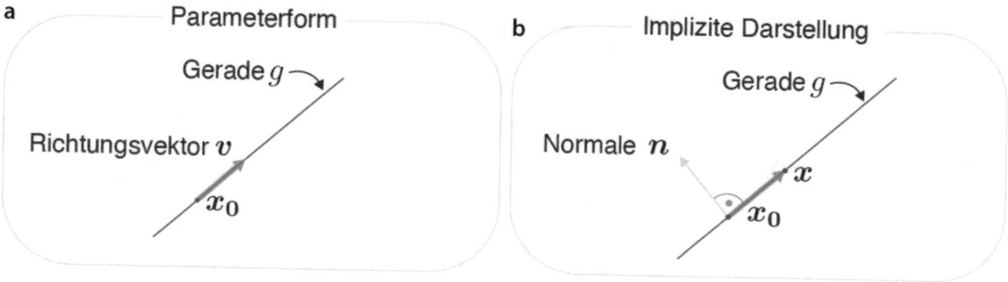

Abb. A.4 (**a**) Parameterform und (**b**) implizite Darstellung einer Gerade g. In der Parameterform werden **Stützvektor** $\boldsymbol{x_0}$ und **Richtungsvektor** $\boldsymbol{v}$ angegeben. Bei der impliziten Darstellung wird statt Richtungsvektor die **Normale** $\boldsymbol{n}$ angegeben

Lösung
Wir setzen $\boldsymbol{x_0} = [1, 1, 1]^T$ als Ausgangspunkt (Stützvektor) der Gerade. Der Richtungsvektor ist dann

$$\boldsymbol{v} = \begin{bmatrix} 1 \\ 2 \\ 3 \end{bmatrix} - \begin{bmatrix} 1 \\ 1 \\ 1 \end{bmatrix} = \begin{bmatrix} 0 \\ 1 \\ 2 \end{bmatrix}.$$

Daraus folgt $g = \left\{ \boldsymbol{x} \in \mathbb{R}^3 \;\middle|\; \boldsymbol{x} = \begin{bmatrix} 1 \\ 1 \\ 1 \end{bmatrix} + t \begin{bmatrix} 0 \\ 1 \\ 2 \end{bmatrix}, \; t \in \mathbb{R} \right\}.$ ■

A.2.2 Implizite Darstellung

▶ Definition A.7 (Implizite Darstellung einer Geraden in $\mathbb{R}^2$)

Jede Gerade g in $\mathbb{R}^2$ lässt implizit sich durch die Gleichung

$$\boxed{a_1 x_1 + a_2 x_2 - b = 0} \tag{A.9}$$

beschrieben, auch Koordinatenform genannt. ◀

Bemerkung
Geometrisch ist $\boldsymbol{n} = [a_1, a_2]^T$ die **Normale** (oder **Normalenvektor**) zur Geraden g. Denn ein Punkt $\boldsymbol{x} = [x_1, x_2]^T$ liegt genau dann auf der Geraden g (durch $\boldsymbol{x_0}$ und mit der Normale $\boldsymbol{n}$), wenn

$$\boldsymbol{n} \cdot (\boldsymbol{x} - \boldsymbol{x_0}) = 0. \tag{A.10}$$

Dadurch erhalten wir

$$a_1 x_1 + a_2 x_2 - b = 0 \text{ mit } b = \boldsymbol{n} \cdot \boldsymbol{x_0}, \tag{A.11}$$

was Gl. (A.9) entspricht.

Übung A.9
○○○ Eine Gerade g durch den Punkt $\boldsymbol{x_0} = [0, 1]^T$ hat den Normalenvektor $\boldsymbol{n} = [2, 3]^T$. Man gebe die implizite Darstellung der Geraden an.

Lösung
Mit $\boldsymbol{x_0} = [0, 1]^T$ und $\boldsymbol{n} = [2, 3]^T$ erhalten wir

$$\boldsymbol{n} \cdot (\boldsymbol{x} - \boldsymbol{x_0}) = 0 \quad \Rightarrow \quad \begin{bmatrix} 2 \\ 3 \end{bmatrix} \cdot \left(\begin{bmatrix} x_1 \\ x_2 \end{bmatrix} - \begin{bmatrix} 0 \\ 1 \end{bmatrix} \right) = 2x_1 + 3x_2 - 3 = 0.$$ ■

A.3 Ebenen im $\mathbb{R}^3$

Wie für Geraden kann man auch Ebenen in $\mathbb{R}^3$ auf mindestens zwei Arten beschreiben (Abb. A.5): (1) **Parameterform** oder (2) **implizite Darstellung**.

A.3.1 Parameterform

Definition A.8 (Parameterform einer Ebene in $\mathbb{R}^3$)

Die Gleichung

$$\boxed{\boldsymbol{x} = \boldsymbol{x_0} + t\boldsymbol{v_1} + s\boldsymbol{v_2},\ t, s \in \mathbb{R}} \tag{A.12}$$

beschreibt die Ebene E, welche durch $\boldsymbol{x_0}$ geht und durch die zwei nicht parallelen (linear unabhängigen) Vektoren $\boldsymbol{v_1}$ und $\boldsymbol{v_2}$ aufgespannt wird. ◀

Gl. (A.12) heißt **Ebenengleichung in Parameterform**. Die zwei **Parameter** sind t und s. Wenn wir diese Parameter variieren, bewegen wir uns innerhalb der Ebene. $\boldsymbol{x_0}$ heißt **Stützvektor**. $\boldsymbol{v_1}$ und $\boldsymbol{v_2}$ heißen **Spannvektoren** (oder Erzeugendessystem). Oft hat die Lösung eines LGS diese Form.

Übung A.10

∘ ∘ ∘ Man bestimme die Parameterform der Ebene E, welche die Punkte $[1, 0, 0]^T$, $[1, 1, 1]^T$ und $[2, 1, 2]^T$ beinhaltet.

Lösung

Wir wählen $\boldsymbol{x_0} = [1, 0, 0]^T$ als Ausgangspunkt (Stützvektor). Wir bilden die Spannvektoren $\boldsymbol{v_1}$ und $\boldsymbol{v_2}$:

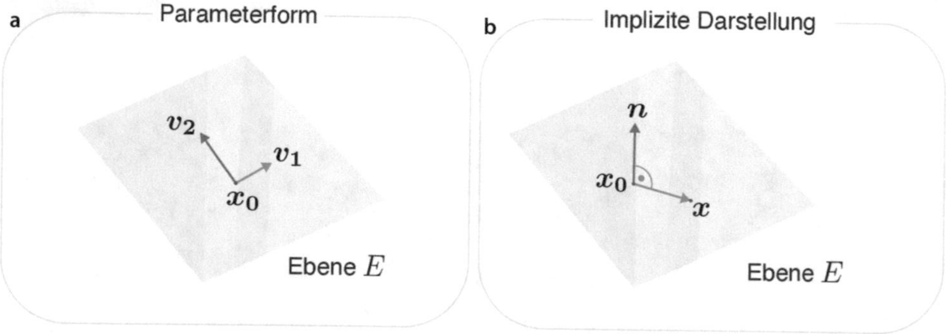

Abb. A.5 (**a**) Parameterform und (**b**) implizite Darstellung einer Ebene E. In der Parameterform werden **Stützvektor** $\boldsymbol{x_0}$ und zwei **Spannvektoren** $\boldsymbol{v_1}$, $\boldsymbol{v_2}$ angegeben. Bei der impliziten Darstellung wird statt den Spannvektoren die **Normale** $\boldsymbol{n}$ angegeben

$$\boldsymbol{v_1} = \begin{bmatrix}1\\1\\1\end{bmatrix} - \begin{bmatrix}1\\0\\0\end{bmatrix} = \begin{bmatrix}0\\1\\1\end{bmatrix}, \quad \boldsymbol{v_2} = \begin{bmatrix}2\\1\\2\end{bmatrix} - \begin{bmatrix}1\\0\\0\end{bmatrix} = \begin{bmatrix}1\\1\\2\end{bmatrix}.$$

Daraus folgt $E = \left\{ \boldsymbol{x} \in \mathbb{R}^3 \;\middle|\; \boldsymbol{x} = \begin{bmatrix}1\\0\\0\end{bmatrix} + t \begin{bmatrix}0\\1\\1\end{bmatrix} + s \begin{bmatrix}1\\1\\2\end{bmatrix}, \; t, s, \in \mathbb{R} \right\}$ in Parameterform. ■

A.3.2 Implizite Darstellung

▶ **Definition A.9 (Implizite Darstellung einer Ebene in $\mathbb{R}^3$)**

Eine Ebene E im $\mathbb{R}^3$ kann man auch implizit mit der folgenden Gleichung beschreiben:

$$\boxed{a_1x_1 + a_2x_2 + a_3x_3 - b = 0} \tag{A.13}$$

◀

Bemerkung

Die geometrische Interpretation der Koordinatenform (A.13) ist die folgende: Sind $\boldsymbol{v_1}$ und $\boldsymbol{v_2}$ die Spannvektoren von E, so ist der Vektor

$$\boldsymbol{n} = \boldsymbol{v_1} \times \boldsymbol{v_2} \tag{A.14}$$

normal zu E. $\boldsymbol{n}$ heißt die **Normale** zu E. Ein Punkt $\boldsymbol{x}$ liegt genau dann in der Ebene E, wenn der Ortsvektor $\boldsymbol{x} - \boldsymbol{x_0}$ normal zu $\boldsymbol{n}$ ist, d. h.

$$\boldsymbol{n} \cdot (\boldsymbol{x} - \boldsymbol{x_0}) = 0. \tag{A.15}$$

Mit $\boldsymbol{n} = [a_1, a_2, a_3]^T$ und $b = \boldsymbol{n} \cdot \boldsymbol{x_0}$ erhalten wir

$$a_1x_1 + a_2x_2 + a_3x_3 - b = 0. \tag{A.16}$$

Das ist genau die gewünschte Gl. (A.13).

Übung A.11

• ∘ ∘ Man bestimme die Koordinatenform der Ebene E, welche durch die Punkte $[1, 0, 0]^T$, $[1, 1, 1]^T$ und $[2, 1, 2]^T$ läuft.

Lösung

1. Möglichkeit: Aus Übung A.10 kennen wir die Parameterform von E:

$$E = \left\{ \boldsymbol{x} \in \mathbb{R}^3 \;\middle|\; \boldsymbol{x} = \begin{bmatrix} 1 \\ 0 \\ 0 \end{bmatrix} + t \begin{bmatrix} 0 \\ 1 \\ 1 \end{bmatrix} + s \begin{bmatrix} 1 \\ 1 \\ 2 \end{bmatrix},\; t, s, \in \mathbb{R} \right\}$$

Mit den Spannvektoren $\boldsymbol{v_1}$ und $\boldsymbol{v_2}$ bilden wir die Normale zu E

$$\boldsymbol{n} = \boldsymbol{v_1} \times \boldsymbol{v_2} = \begin{bmatrix} 0 \\ 1 \\ 1 \end{bmatrix} \times \begin{bmatrix} 1 \\ 1 \\ 2 \end{bmatrix} = \begin{bmatrix} 1 \\ 1 \\ -1 \end{bmatrix} \quad \Rightarrow \quad a_1 = 1,\; a_2 = 1,\; a_3 = -1.$$

Mithilfe von $\boldsymbol{n}$ können wir b bestimmen

$$b = \boldsymbol{n} \cdot \boldsymbol{x_0} = \begin{bmatrix} 1 \\ -1 \\ -1 \end{bmatrix} \cdot \begin{bmatrix} 1 \\ 0 \\ 0 \end{bmatrix} = 1.$$

Die gesuchte Koordinatenform von E ist somit

$$E = \left\{ \boldsymbol{x} \in \mathbb{R}^3 \mid x_1 + x_2 - x_3 - 1 = 0 \right\}.$$

2. Möglichkeit: Wir suchen die Ebene $a_1x_1 + a_2x_2 + a_3x_3 - b = 0$, sodass die Punkte $[1, 0, 0]^T$, $[1, 1, 1]^T$ und $[2, 1, 2]^T$ in der Ebene liegen. Einsetzen liefert uns ein LGS

$$\begin{cases} a_1 - b = 0 \\ a_1 + a_2 + a_3 - b = 0 \\ 2a_1 + a_2 + 2a_3 - b = 0 \end{cases} \quad \rightsquigarrow [\boldsymbol{A}|\boldsymbol{b}] = \left[\begin{array}{cccc|c} 1 & 0 & 0 & -1 & 0 \\ 1 & 1 & 1 & -1 & 0 \\ 2 & 1 & 2 & -1 & 0 \end{array}\right].$$

Um das LGS zu lösen, wenden wir den Gauß-Algorithmus an:

$$\left[\begin{array}{cccc|c} 1 & 0 & 0 & -1 & 0 \\ 1 & 1 & 1 & -1 & 0 \\ 2 & 1 & 2 & -1 & 0 \end{array}\right] \overset{\substack{(Z_2)-(Z_1) \\ (Z_3)-2(Z_1)}}{\rightsquigarrow} \left[\begin{array}{cccc|c} 1 & 0 & 0 & -1 & 0 \\ 0 & 1 & 1 & 0 & 0 \\ 0 & 1 & 2 & 1 & 0 \end{array}\right] \overset{(Z_3)-(Z_2)}{\rightsquigarrow} \left[\begin{array}{cccc|c} 1 & 0 & 0 & -1 & 0 \\ 0 & 1 & 1 & 0 & 0 \\ 0 & 0 & 1 & 1 & 0 \end{array}\right] = \boldsymbol{Z}$$

Das LGS hat 3 Gleichungen mit 4 Unbekannten. Wir setzen $b = t$ als freien Parameter. Aus der dritten Gleichung folgt dann $a_3 = -b = -t$. Einsetzen in der zweiten Gleichung liefert $a_2 = -a_3 = t$. Ferner, aus der ersten Gleichung erhalten wir $a_1 = b = t$. Schlussendlich ergibt dies:

$$tx_1 + tx_2 - tx_3 - t = 0 \quad \Rightarrow \quad x_1 + x_2 - x_3 - 1 = 0.$$ ■

Übung A.12

∘ ∘ ∘ Man bestimme die Parameterform der Ebene E mit der Gleichung $x_1 + 3x_2 - 2x_3 - 5 = 0$ (Parameterform).

Lösung

Die Ebene E definiert eine Gleichung mit 3 Unbekanntenn:

$$x_1 + 3x_2 - 2x_3 - 5 = 0.$$

Die Lösung besitzt zwei freie Parameter $x_2 = t$ und $x_3 = s$. Daraus folgt $x_1 = 5 - 3x_2 + 2x_3 = 5 - 3t + 2s$, d. h., die Parameterform von E ist bestimmt durch:

$$\begin{bmatrix} x_1 \\ x_2 \\ x_3 \end{bmatrix} = \begin{bmatrix} 5 \\ 0 \\ 0 \end{bmatrix} + t \begin{bmatrix} -3 \\ 1 \\ 0 \end{bmatrix} + s \begin{bmatrix} 2 \\ 0 \\ 1 \end{bmatrix}.$$

Beachte, dass die Normale zu E durch $\boldsymbol{n}$ festgelegt ist:

$$\boldsymbol{n} = \begin{bmatrix} -3 \\ 1 \\ 0 \end{bmatrix} \times \begin{bmatrix} 2 \\ 0 \\ 1 \end{bmatrix} = \begin{bmatrix} 1 \\ 3 \\ -2 \end{bmatrix}.$$

Die Komponenten von $\boldsymbol{n}$ sind genau die Koeffizienten von x_1, x_2, und x_3 in der Gleichung der Ebene E. ■

A.4 Geometrische Interpretation von LGS

Die **Lösungsmenge eines LGS** beschreibt oft eine **Gerade** oder eine **Ebene** im Raum.

Übung A.13

• ∘ ∘ Man beschreibe die Lösung des folgenden LGS geometrisch:

$$\begin{cases} x_1 - 2x_2 = 1 \\ 2x_1 + 2x_2 = 0 \end{cases}$$

Lösung

$$\begin{cases} x_1 - 2x_2 = 1 \\ 2x_1 + 2x_2 = 0 \end{cases} \quad \rightsquigarrow \quad [\boldsymbol{A}|\boldsymbol{b}] = \left[\begin{array}{cc|c} 1 & -2 & 1 \\ 2 & 2 & 1 \end{array}\right].$$

Um das LGS zu lösen, wenden wir den Gauß-Algorithmus an:

$$\begin{bmatrix} 1 & -2 & \big| & 1 \\ 2 & 2 & \big| & 1 \end{bmatrix} \overset{(Z_2)-2(Z_1)}{\rightsquigarrow} \begin{bmatrix} 1 & -2 & \big| & 1 \\ 0 & 6 & \big| & -1 \end{bmatrix} = Z \Rightarrow x = \begin{bmatrix} x_1 \\ x_2 \end{bmatrix} = \begin{bmatrix} \frac{2}{3} \\ -\frac{1}{6} \end{bmatrix}.$$

Die zwei Gleichungen des LGS, $x_1 - 2x_2 = 1$ und $2x_1 + 2x_2 = 0$ beschreiben **zwei Geraden** welche sich im **Punkt** $[\frac{2}{3}, -\frac{1}{6}]$ schneiden.   ∎

Übung A.14

● ○ ○ Man beschreibe die Lösung des folgenden LGS geometrisch:

$$\begin{cases} x_1 + 2x_2 = 3 \\ 2x_1 + 4x_2 = 6 \end{cases}$$

✅ Lösung

$$\begin{cases} x_1 + 2x_2 = 3 \\ 2x_1 + 4x_2 = 6 \end{cases} \rightsquigarrow [A|b] = \begin{bmatrix} 1 & 2 & \big| & 3 \\ 2 & 4 & \big| & 6 \end{bmatrix}.$$

Um das LGS zu lösen, wenden wir den Gauß-Algorithmus an:

$$\begin{bmatrix} 1 & 2 & \big| & 3 \\ 2 & 4 & \big| & 6 \end{bmatrix} \overset{(Z_2)-2(Z_1)}{\rightsquigarrow} \begin{bmatrix} 1 & 2 & \big| & 3 \\ 0 & 0 & \big| & 0 \end{bmatrix} = Z.$$

In diesem Fall hat das LGS unendlich viele Lösungen. Eine Variable ist frei wählbar. Wir setzen $x_2 = t$. Daraus folgt $x_1 = 3 - 2x_2 = 3 - 2t$. Die Lösungsmenge

$$\mathbb{L} = \left\{ x \in \mathbb{R}^2 \,\middle|\, \begin{bmatrix} x_1 \\ x_2 \end{bmatrix} = \begin{bmatrix} 3 \\ 0 \end{bmatrix} + t \begin{bmatrix} -2 \\ 1 \end{bmatrix}, \ t \in \mathbb{R} \right\}$$

ist somit eine **Gerade**. In der Tat, die zwei Gleichungen des LGS, $x_1 + 2x_2 = 3$ und $2x_1 + 4x_2 = 6$ beschreiben **dieselbe Gerade** in $\mathbb{R}^2$.   ∎

Übung A.15

● ○ ○ Man interpretiere die Lösung des folgenden LGS geometrisch:

$$\begin{cases} x_1 - 2x_2 = 1 \\ x_1 - 2x_2 = -2 \end{cases}$$

✅ Lösung

$$\begin{cases} x_1 - 2x_2 = 1 \\ x_1 - 2x_2 = -2 \end{cases} \rightsquigarrow [A|b] = \begin{bmatrix} 1 & -2 & \big| & 1 \\ 1 & -2 & \big| & -2 \end{bmatrix}.$$

Um das LGS zu lösen, nutzen wir den Gauß-Algorithmus:

$$\left[\begin{array}{cc|c} 1 & -2 & 1 \\ 1 & -2 & -2 \end{array}\right] \overset{(Z_2)-(Z_1)}{\rightsquigarrow} \left[\begin{array}{cc|c} 1 & -2 & 1 \\ 0 & 0 & 3 \end{array}\right] = \boldsymbol{Z}.$$

Das LGS hat keine Lösung. In der Tat, die zwei Gleichungen des LGS, $x_1 - 2x_2 = 1$ und $x_1 - 2x_2 = -2$ sind zwei **disjunkte parallele Geraden** im $\mathbb{R}^2$. ■

Übung A.16

● ○ ○ Man beschreibe die Lösung des folgenden LGS geometrisch:

$$\begin{cases} x_1 + x_2 + x_3 = 1 \\ x_1 + 2x_2 + 2x_3 = 1 \end{cases}$$

Lösung

$$\begin{cases} x_1 + x_2 + x_3 = 1 \\ x_1 + 2x_2 + 2x_3 = 1 \end{cases} \rightsquigarrow [\boldsymbol{A}|\boldsymbol{b}] = \left[\begin{array}{ccc|c} 1 & 1 & 1 & 1 \\ 1 & 2 & 2 & 1 \end{array}\right].$$

Wir wenden wieder den Gauß-Algorithmus an:

$$\left[\begin{array}{ccc|c} 1 & 1 & 1 & 1 \\ 1 & 2 & 2 & 1 \end{array}\right] \overset{(Z_2)-(Z_1)}{\rightsquigarrow} \left[\begin{array}{ccc|c} 1 & 1 & 1 & 1 \\ 0 & 1 & 1 & 2 \end{array}\right] = \boldsymbol{Z}.$$

Man erhält zwei Gleichungen in drei Unbekannten. Wir setzen $x_3 = t$ als freien Parameter. Daraus folgt $x_2 = 2 - x_3 = 2 - t$ und $x_1 = 1 - x_2 - x_3 = -1$. Die Lösungsmenge

$$\mathbb{L} = \left\{ \boldsymbol{x} \in \mathbb{R}^3 \;\middle|\; \begin{bmatrix} x_1 \\ x_2 \\ x_3 \end{bmatrix} = \begin{bmatrix} -1 \\ 2 \\ 0 \end{bmatrix} + t \begin{bmatrix} 0 \\ -1 \\ 0 \end{bmatrix},\ t \in \mathbb{R} \right\}$$

beschreibt eine **Gerade** im $\mathbb{R}^3$, welche den Durchschnitt zwischen den **Ebenen** $x_1 + x_2 + x_3 = 1$ und $x_1 + 2x_2 + 2x_3 = 1$ darstellt. ■

Anhang B Mengen, Gruppen und Körper

In diesem Anhang wollen wir kompakt die wichtigsten Tatsachen über Mengen, Gruppen, Körper festhalten, ohne grosse mathematische Strenge.

B.1 Mengen

Eine Menge X ist eine Ansammlung von Elementen. Bekannte Beispiele von Mengen sind (Abb. B.1):
- $\mathbb{N} = \{0, 1, 2, 3, \cdots\}$ = natürliche Zahlen;
- $\mathbb{N}^* = \{1, 2, 3, \cdots\}$ = natürliche Zahlen ohne Null;
- $\mathbb{Z} = \{\cdots, -3, -2, -1, 0, 1, 2, 3, \cdots\}$ = ganze Zahlen;
- $\mathbb{Z}_p$ = ganze Zahlen modulo p;
- $\mathbb{Q}$ = rationale Zahlen;
- $\mathbb{R}$ = reelle Zahlen;
- $\mathbb{C}$ = komplexe Zahlen;
- $\emptyset = \{\ \}$ = leere Menge.

B.1.1 Gleichheit von Mengen

Zwei Mengen X und Y sind **gleich** ($X = Y$), wenn für jedes x gilt: $x \in X \Leftrightarrow x \in Y$. Dies ist äquivalent zur folgenden Bedingung

$$X = Y \quad \Leftrightarrow \quad X \subset Y \text{ und } Y \subset X. \tag{B.1}$$

Praxistipp

Nützlicher Trick beim Beweisen. Die obige Definition (B.1) wendet man oft an, um **Mengengleichheit in der Praxis zu zeigen**. Will man beweisen, dass zwei Mengen X und Y gleich sind, so zeigt man konkret, dass $X \subset Y$ und $Y \subset X$ gilt. Um $X \subset Y$ zu

Abb. B.1 Bekannte Beispiele von Mengen

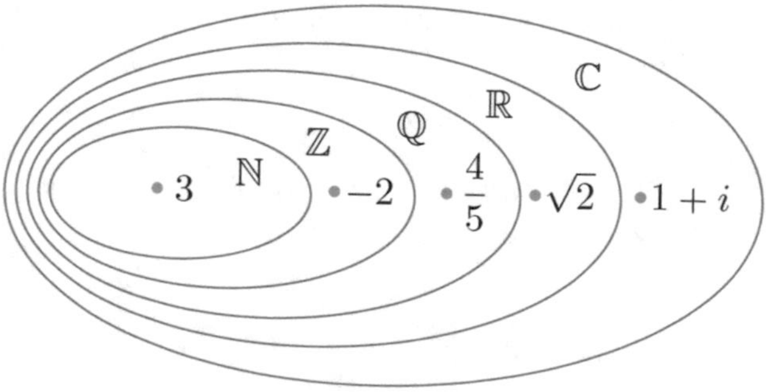

$$\mathbb{N} \subset \mathbb{Z} \subset \mathbb{Q} \subset \mathbb{R} \subset \mathbb{C}$$

zeigen, geht man wie folgt vor: Man wählt ein beliebiges Element $x \in X$ aus und zeigt, dass x auch in Y enthalten ist (d. h. $x \in Y$). Analog zeigt man $Y \subset X$.

B.1.2 Kartesisches Produkt

Das kartesische Produkt von n Mengen $X_1, \cdots, X_n$ bezeichnet die Menge aller n-Tupel $(x_1, \cdots, x_n)$ mit $x_1 \in X_1, \cdots, x_n \in X_n$

$$X_1 \times \cdots \times X_n := \{(x_1, \cdots, x_n) \,|\, x_i \in X_i,\ i = 1, \cdots, n\}.$$

Beim kartesischen Produkt von n Kopien derselben Menge X notieren wir

$$X^n := \underbrace{X \times X \times \cdots \times X}_{n \text{ Mal}}.$$

▶ **Beispiel**

$\mathbb{R}^n = \underbrace{\mathbb{R} \times \cdots \times \mathbb{R}}_{n \text{ Mal}} =$ Vektoren mit Komponenten aus $\mathbb{R}$. ◀

▶ **Beispiel**

$\mathbb{C}^n = \underbrace{\mathbb{C} \times \cdots \times \mathbb{C}}_{n \text{ Mal}} =$ Vektoren mit Komponenten aus $\mathbb{C}$. ◀

▶ **Beispiel**

$(\mathbb{Z}_2)^n = \underbrace{\mathbb{Z}_2 \times \cdots \times \mathbb{Z}_2}_{n \text{ Mal}} =$ Vektoren mit Komponenten aus $\mathbb{Z}_2$. ◀

B.1.3 Operationen mit Mengen

Für zwei Mengen X und Y definieren wir

$X \cup Y := \{z \,|\, z \in X \text{ oder } z \in Y\}$ **Vereinigung**

$X \cap Y := \{z \,|\, z \in X \text{ und } z \in Y\}$ **Durchschnitt**

$X \setminus Y := \{z \,|\, z \in X \text{ und } z \notin Y\}$ **Differenz**

B.1.4 Äquivalenzrelationen

Sei X eine beliebige Menge. Eine Beziehung (Relation) „$\sim$“ zwischen Elementen der Menge X heißt **Äquivalenzrelation**, falls die folgenden Eigenschaften erfüllt sind:

1) $\forall x \in X: \quad x \sim x$ **(Reflexivität)**

2) $\forall x, y \in X: \quad x \sim y \implies y \sim x$ **(Symmetrie)**

3) $\forall x, y, z \in X: \quad x \sim y \text{ und } y \sim z \implies x \sim z$ **(Transitivität)**

Der Ausdruck $x \sim y$ wird stets „x ist äquivalent zu y" gelesen und falls $x \sim y$ gilt, so nennt man x und y **äquivalent** (bezüglich der Äquivalenzrelation $\sim$).

Äquivalenzklassen

Sei nun $\sim$ eine Äquivalenzrelation auf X und $x \in X$ ein beliebiges Element von X. Die Menge aller Elemente $y \in X$, welche äquivalent zu x sind, bildet die sogenannte **Äquivalenzklasse** von x, welche geschrieben wird als

$$[x] := \{y \in X \mid x \sim y\}.$$

Falls $y \in [x]$, so sind natürlich die von x und y erzeugten Äquivalenzklassen identisch, weil nach der Transitivität alle Elemente von X, die äquivalent zu x sind, auch äquivalent zu y sind, und umgekehrt. Mit anderen Worten

$$\forall y \in [x] gilt: \quad [y] = [x].$$

Da alle Elemente einer Äquivalenzklasse zueinander äquivalent sind, kann man als ***Repräsentanten*** der Äquivalenzklasse jedes beliebige Element auswählen. Die Menge, bestehend aus allen *unterschiedlichen* Äquivalenzklassen (jede wird nur einmal gezählt), bezeichnet man mit

$$X/\sim = \{[x] \mid \text{Alle Repräsentanten } x\}$$

und heißt **Quotientenmenge** von X bezüglich $\sim$.

B.2 Gruppen

► Definition B.10 (Gruppe)

Eine Gruppe (G,o,e) (oder Kurz (G,o)) ist eine Menge G versehen mit einer **Operation** "$\circ$"

$$\circ: G \times G \to G, \; (a, b) \to a \circ b$$

und einem **neutralen Element** $\boldsymbol{e}$, sodass die folgenden drei Axiome erfüllt sind:

(G1) $\forall a, b, c \in G$ gilt: $a \circ (b \circ c) = (a \circ b) \circ c$ (**Assoziativität**);

(G2) $\forall a \in G$ gilt $e \circ a = a$ (**neutrales Element**);

(G3) zu jedem Element $a \in G$ gibt es ein eindeutig bestimmtes Element $a' \in G$ sodass $a' \circ a = e$ gilt (**linksinverses Element**). ◄

Bemerkung

Ist $\circ = +$ (Addition), so nennt man G eine **additive Gruppe**. Ist $\circ = \cdot$ (Multiplikation), so nennt man G eine **multiplikative Gruppe**.

► Beispiel

Bekannte Beispiele von Gruppen sind $(\mathbb{N}, +, 0)$, $(\mathbb{R}, +, 0)$ und $(\mathbb{R}, \cdot, 1)$. ◄

B.2.1 Abelsche Gruppen

Eine Gruppe $(G, \circ, e)$ heißt **abelsch**, wenn zusätzlich zu (G1)–(G3) gilt:

$$\forall a, b \in G: \quad a \circ b = b \circ a \ \textbf{(Kommutativität)}$$

► Beispiel

Zum Beispiel: $(\mathbb{N}, +, 0)$, $(\mathbb{R}, +, 0)$ und $(\mathbb{R}, \cdot, 1)$ sind abelsch. ◄

B.3 Körper

B.3.1 Definition

► Definition B.11 (Körper)

Ein Körper $(K, +, \cdot)$ ist eine Menge $\mathbb{K}$ versehen mit einer **Addition "+"**

$$+ : \mathbb{K} \times \mathbb{K} \to \mathbb{K}, \ (a, b) \to a + b$$

und einer **Skalarmultiplikation "·"**

$$\cdot : \mathbb{K} \times \mathbb{K} \to \mathbb{K}, \ (a, b) \to a \cdot b,$$

sodass für alle $a, b, c \in \mathbb{K}$ die folgenden neun Axiome erfüllt sind:

(K1) $a + b = b + a$ (**Kommuntativität der Addition**);
(K2) $a + (b + c) = (a + b) + c$ (**Assoziativität der Addition**);
(K3) es gibt ein eindeutig bestimmtes **Nullelement** $0 \in F$ sodass $0 + a = a + 0 = a$ für alle $a \in \mathbb{K}$ gilt (**neutrales Element der Addition**);
(K4) zu jedem Element $a \in \mathbb{K}$ gibt es ein eindeutig bestimmtes Element $(-a) \in \mathbb{K}$ sodass $a + (-a) = (-a) + a = 0$ gilt (**inverses Element der Addition**);
(K5) $a \cdot b = b \cdot a$ (**Kommuntativität der Multiplikation**);
(K6) $(a \cdot b) \cdot c = a \cdot (b \cdot c)$ (**Assoziativität der Multiplikation**);
(K7) es gibt ein eindeutig bestimmtes **neutrales Element** $1 \in \mathbb{K}$ sodass $1 \cdot a = a$ für alle $a \in \mathbb{K}$ gilt (**neutrales Element der Multiplikation**);
(K8) zu jedem $a \in \mathbb{K}$ gibt es ein eindeutig bestimmtes **inverses Element** $a^{-1} \in \mathbb{K}$ mit $a \cdot a^{-1} = a^{-1} \cdot a = 1$ (**inverses Element der Multiplikation**);
(K9) $a \cdot (b + c) = a \cdot b + a \cdot c$ (**Distributivität der Multiplikation**). ◄

► Beispiel

Bekannte Beispiele von Körpern sind:

- $\mathbb{K} = \mathbb{R}$ (mit der üblichen Addition und Multiplikation von reellen Zahlen);
- $\mathbb{K} = \mathbb{C}$ (mit der üblichen Addition und Multiplikation von komplexen Zahlen);
- $\mathbb{K} = \mathbb{Q}$ (mit der üblichen Addition und Multiplikation von rationalen Zahlen);
- Der **Primkörper** $\mathbb{Z}_p$, wobei p eine Primzahl ist. ◄

Zusammenhang mit Gruppen

- Axiome (K1)–(K4) besagen, dass $(\mathbb{K}, +, 0)$ eine abelsche **additive Gruppe** ist.
- Axiome (K5)–(K8) besagen, dass $(\mathbb{K}, \cdot, 1)$ eine abelsche **multiplikative Gruppe** ist.
- Axiom (K9) verknüpft Addition und Multiplikation.

B.3.2 Charakteristik eines Körpers

Es sei $\mathbb{K}$ ein Körper. Die **Charakteristik** von $\mathbb{K}$ ist die kleinste natürliche Zahl $n \in \mathbb{N}^* = \{1, 2, \cdots\}$ für welche $n \cdot 1 = 0$ gilt. Mathematisch:

$$\mathrm{Char}(\mathbb{K}) = \min\{n \in \mathbb{N}^* \mid n \cdot 1 = 0\}.$$

Fall es kein solches n gibt, so setzt man $\mathrm{Char}(\mathbb{K}) = 0$.

► Beispiel

$\mathrm{Char}(\mathbb{R}) = 0$, $\mathrm{Char}(\mathbb{C}) = 0$, $\mathrm{Char}(\mathbb{Q}) = 0$. ◄

► Beispiel

Ist p eine Primzahl, so ist $\mathrm{Char}(\mathbb{Z}_p) = p$. ◄

B.4 Der Primkörper $\mathbb{Z}_p$

Zwei ganze Zahlen $a, b \in \mathbb{Z}$ heißen **kongruent modulo** $\boldsymbol{p} \in \mathbb{N}$, falls es ein $k \in \mathbb{Z}$ gibt mit

$$b = a + kp. \tag{B.2}$$

Geschrieben wird $a = b \pmod p$.

► Beispiel

$6 = 1 \pmod 5$, weil $6 = 1 + 1 \cdot 5$. ◄

► Beispiel

$17 = 1 \pmod 2$, weil $17 = 1 + 8 \cdot 2$. ◄

B.4.1 Die Menge $\mathbb{Z}_p$

Wir definieren $\mathbb{Z}_p$ (auch $\mathbb{Z}/p\mathbb{Z}$ oder $\mathbb{F}_p$):

$$\mathbb{Z}_p = \text{Menge der ganzen Zahlen modulo } p.$$

$\mathbb{Z}_p$ heißt **Restklassenring modulo** $\boldsymbol{p}$ (ausgesprochen „$\mathbb{Z}$ modulo p").

B.4.2 Der Primkörper $\mathbb{Z}_p$

► Satz B.3

Ist p eine Primzahl, so ist $\mathbb{Z}_p$ ein Körper. $\mathbb{Z}_p$ heißt der **Primkörper**. ◄

► Beispiel

Für $p = 2$ ist $\mathbb{Z}_2$ der Körper der binären Zahlen $\mathbb{Z}_2 = \{0, 1\}$ (auch $\mathbb{Z}_2 = \{\bar{0}, \bar{1}\}$ geschrieben) mit den Operationen

+	0	1
0	0	1
1	1	0

·	0	1
0	0	0
1	0	1

Auf $\mathbb{Z}_2$ gilt $1 = 3 = 5 = 7 = \cdots$ und $0 = 2 = 4 = 6 = \cdots$. Graphische Interpretation:

$\mathbb{Z}$	···	−3	−2	−1	0	1	2	3	4	5	6	7	···
$\mathbb{Z}_2$	···	1	0	1	0	1	0	1	0	1	0	1	···

◄

► Beispiel

Für $p = 3$ ist $\mathbb{Z}_3 = \{0, 1, 2\}$ (auch $\mathbb{Z}_3 = \{\bar{0}, \bar{1}, \bar{2}\}$ geschrieben) mit den Operationen

+	0	1	2
0	0	1	2
1	1	2	0
2	2	0	1

·	0	1	2
0	0	0	0
1	0	1	2
2	0	2	1

Auf $\mathbb{Z}_3$ gilt $0 = 3 = 6 = \cdots$, $1 = 4 = 7 = \cdots$ und $2 = 5 = 8 = \cdots$. Graphische Interpretation:

$\mathbb{Z}$	···	−3	−2	−1	0	1	2	3	4	5	6	7	8	···
$\mathbb{Z}_3$	···	0	1	2	0	1	2	0	1	2	0	1	2	···

◄

► Beispiel

Für $p = 5$ ist $\mathbb{Z}_5 = \{0, 1, 2, 3, 4\}$ mit den Operationen

+	0	1	2	3	4
0	0	1	2	3	4
1	1	2	3	4	0
2	2	3	4	0	1
3	3	4	0	1	2
4	4	0	1	2	3

·	0	1	2	3	4
0	0	0	0	0	0
1	0	1	2	3	4
2	0	2	4	1	3
3	0	3	1	4	2
4	0	4	3	2	1

$\mathbb{Z}_5$ graphisch interpretiert:

$\mathbb{Z}$	···	−5	−4	−3	−2	−1	0	1	2	3	4	5	6	7	8	9	···
$\mathbb{Z}_5$	···	0	1	2	3	4	0	1	2	3	4	0	1	2	3	4	···

◄

Gleichungen über $\mathbb{Z}_p$

Wir lösen die Gleichung $11x + 6 = 5$ über $\mathbb{K} = \mathbb{R}$, $\mathbb{Z}_2$ und $\mathbb{Z}_5$.

- Über $\mathbb{K} = \mathbb{R}$ gilt: $11x + 6 = 5 \Rightarrow 11x = -1 \Rightarrow x = -1/11$.
- Über $\mathbb{K} = \mathbb{Z}_2$ gilt: $11 = 1, 6 = 0$ und $5 = 1$. Daraus folgt $x + 0 = 1 \Rightarrow x = 1$.
- Über $\mathbb{K} = \mathbb{Z}_5$ gilt: $11 = 1, 6 = 1$ und $5 = 0$. Daraus folgt $x+1 = 0 \Rightarrow x = -1 = 4$.

Anhang C Die komplexen Zahlen

In diesem Anhang wollen wir konzentriert die wichtigsten Tatsachen über komplexen Zahlen festhalten.

C.1 Darstellung von komplexen Zahlen

Komplexe Zahlen können auf drei Arten dargestellt werden.

C.1.1 Kartesische Darstellung

In der kartesischen Form wird die komplexe Zahl $z \in \mathbb{C}$ durch ihre (reellen) Koordinaten x und y in der komplexen Ebene (Gausschen Zahlenebene) identifiziert

$$z = x + iy. \tag{C.1}$$

Die x-Koordinate ist der **Realteil** von z, während y der **Imaginärteil** von z ist:

$$x = \mathrm{Re}(z) = \text{Realteil von } z, \tag{C.2}$$

$$y = \mathrm{Im}(z) = \text{Imaginärteil von } z. \tag{C.3}$$

i ist der Imaginäreinheit, definiert durch $i^2 = -1$, d. h. $i = \sqrt{-1}$ (◘ Abb. C.1).

C.1.2 Polare oder trigonometrische Darstellung

In der **polaren** bzw. **trigonometrischen Darstellung** wird die komplexe Zahl z durch dem **Betrag** $|z| = r$ und dem **Argument** $\mathrm{Arg}(z) = \varphi$ bestimmt. Der Betrag von z ist der Abstand des Punktes z vom Ursprung (in der Gauß'schen Zahlenebene). Das Argument von z ist der Winkel φ zwischen z und der positiven reellen Achse (der Winkel hat positive Werte, wenn φ im Gegenuhrzeigersinn gemessen wird). Auf diese Weise können wir schreiben:

$$z = r(\cos\varphi + i\sin\varphi), \tag{C.4}$$

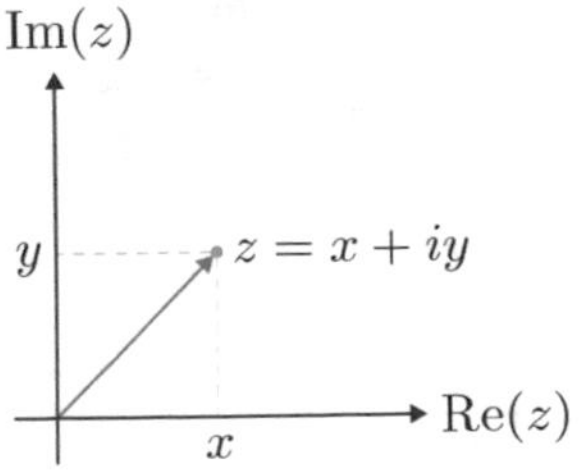

◘ **Abb. C.1** Kartesische Darstellung einer komplexen Zahl

wobei

$$r = |z| = \sqrt{x^2 + y^2} = \text{Betrag von } z, \tag{C.5}$$

$$\varphi = \text{Arg}(z) = \arctan\left(\frac{y}{x}\right) = \text{Argument von } z. \tag{C.6}$$

Beachte: In der polaren bzw. trigonometrischen Darstellung von z gibt es eine gewisse Freiheit für die Wahl von φ. Denn der Winkel φ ist nur Modulo 2π eindeutig, d. h., wir können ein beliebiges Vielfaches von 2π (was eine volle Umdrehung in der komplexen Ebene entspricht) zu φ addieren, ohne z zu ändern. Normalerweise werden Werte von φ zwischen 0 und 2π gewählt.

C.1.3 Euler'sche oder Exponentialdarstellung

Mit der **Euler'schen** Formel (Abb. C.2)

$$e^{i\varphi} = \cos\varphi + i\sin\varphi \tag{C.7}$$

können wir die komplexe Zahl z in **Euler'schen Form** (oder **Exponentialform**) darstellen:

$$z = re^{i\varphi}. \tag{C.8}$$

C.1.4 Zusammenhang zwischen verschiedenen Darstellungen

Von der kartesischen Form zu Polarform oder Euler'schen Form

Eine komplexe Zahl in kartesischer Form $z = x + iy$ kann man wie folgt in Polarform, $z = r(\cos\varphi + i\sin\varphi)$ bzw. Euler'schen Form (Exponentialform) $z = re^{i\varphi}$ umwandeln:

$$r = \sqrt{x^2 + y^2}, \quad \varphi = \arctan\left(\frac{y}{x}\right). \tag{C.9}$$

$r = |z|$ ist der **Betrag** von z und φ ist der **Argument**.

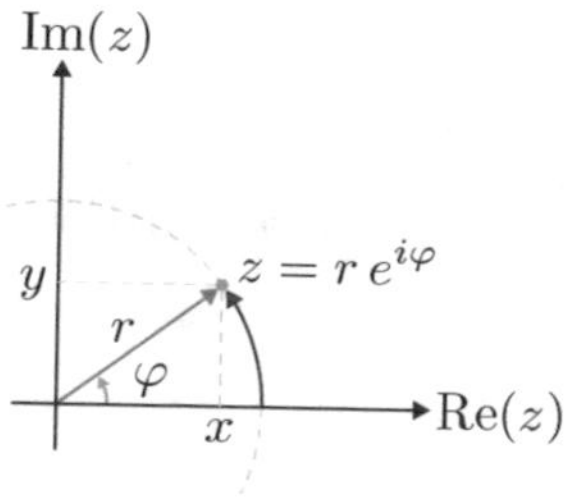

Abb. C.2 Euler'sche bzw. Exponential-Darstellung einer komplexen Zahl

Bemerkung

Der Übergang von der kartesischen Form zur Euler'schen Form wird durch die Ungewissheit des Argumentes erschwert: Wir können ein beliebiges Vielfaches von 2π zum Argument addieren

$$\mathrm{Arg}(z) = \varphi + 2\pi k, \quad k \in \mathbb{Z}. \tag{C.10}$$

In der Praxis wählt man das Argument aus einem bestimmten Intervall, z. B. $\varphi \in (-\pi, \pi]$. Dies wird bei der Definition des Hauptzweiges des Logarithmus oder der Wurzel wichtig sein.

Von der Polarform oder Euler'schen Form zur kartesichen Form

Eine komplexe Zahl in Polarform $z = r(\cos\varphi + i \sin\varphi)$ oder Euler'schen Form $z = re^{i\varphi}$ kann man wie folgt auf die kartesische Form $z = x + iy$ bringen:

$$x = r\cos\varphi, \quad y = r\sin\varphi. \tag{C.11}$$

Übung C.17

∘ ∘ ∘ Man stelle die folgenden komplexen Zahlen in der komplexen Ebene dar: **a)** $z_1 = 1 + i$, **b)** $z_2 = 2e^{i\frac{3\pi}{4}}$.

Lösung

a) Die komplexe Zahl $z_1 = 1 + i$ hat die Euler'sche Darstellung

$$r = \sqrt{1^2 + 1^2} = \sqrt{2}, \; \varphi = \arctan\left(\frac{1}{1}\right) = \frac{\pi}{4} \;\Rightarrow\; z_1 = 1 + i = \sqrt{2}e^{i\frac{\pi}{4}}.$$

$1 + i$ hat somit den Abstand $\sqrt{2}$ vom Ursprung und bildet den Winkel $\pi/4 = 45°$ mit der reellen Achse.

b) Die komplexe Zahl $z_2 = 2e^{i\frac{3\pi}{4}}$ ist bereits in Exponentialform. Der Betrag von w ist 2 und der Winkel mit der reellen Achse ist $3\pi/4 = 135°$ (Abb. C.3). ■

Abb. C.3 Übung C.17

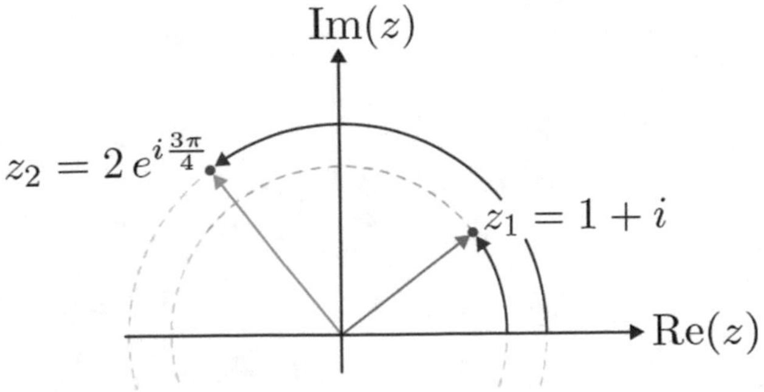

C.2 Operationen mit komplexen Zahlen

C.2.1 Summe

Das Addieren zweier komplexer Zahlen ist einfach: Die Realteile und die Imaginärteile werden separat addiert. Für $z_1 = x_1 + iy_1$ und $z_2 = x_2 + iy_2$ gilt

$$z_1 + z_2 = (x_1 + x_2) + i(y_1 + y_2). \tag{C.12}$$

Daher wird die Summe von komplexen Zahlen am einfachsten in der kartesischen Form durchgeführt. In der komplexen Ebene kann man die Summe von z_1 und z_2 als die Summe der entsprechenden „Ortsvektoren" interpretieren (◻ Abb. C.4).

Übung C.18

○ ○ ○ Man berechne $z_1 + z_2$ für $z_1 = 1 + i$ und $z_2 = 2e^{i\frac{3\pi}{4}}$.

Lösung

Die komplexe Zahl $z_1 = 1 + i$ ist bereits in kartesischen Form. Die komplexe Zahl $z_2 = 2e^{i\frac{3\pi}{4}}$ schreiben wir in kartesicher Form

$$x_2 = 2\underbrace{\cos\left(\frac{3\pi}{4}\right)}_{=-\frac{1}{\sqrt{2}}} = -\sqrt{2}, \quad y_2 = 2\underbrace{\sin\left(\frac{3\pi}{4}\right)}_{=\frac{1}{\sqrt{2}}} = \sqrt{2} \quad \Rightarrow \quad z_2 = -\sqrt{2} + i\sqrt{2}.$$

Die Summe $z_1 + z_2$ lautet somit

$$z_1 + z_2 = (1 + i) + (-\sqrt{2} + i\sqrt{2}) = 1 - \sqrt{2} + i(1 + \sqrt{2}).$$

(zu C.2.2) ■

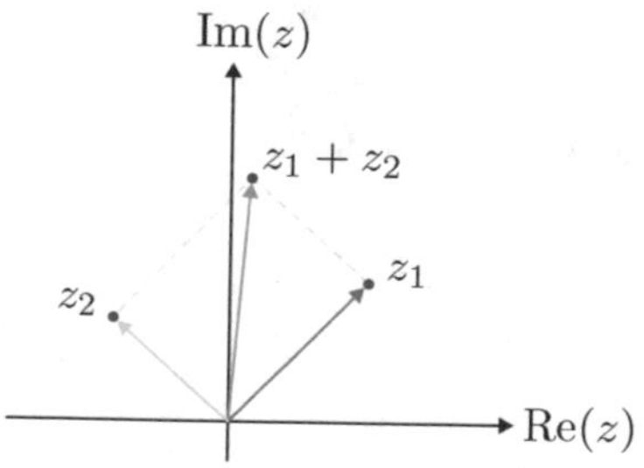

◻ **Abb. C.4** Summe von komplexen Zahlen

C.2.2 Komplexe Konjugation

Für eine komplexe Zahl $z = x + iy = r\,e^{i\varphi}$, ist die konjugiert komplexe Zahl definiert durch

$$\bar{z} = x - iy = r\,e^{-i\varphi}. \tag{C.13}$$

Die komplexe Konjugation entspricht der Spiegelung von z an der reellen Achse (Winkel φ wird zu $-\varphi$) (siehe ◘ Abb. C.5).

Bemerkung
Beachte, dass man $\mathrm{Re}(z)$ und $\mathrm{Im}(z)$ mithilfe der komplexen Konjugation auch wie folgt schreiben kann:

$$\mathrm{Re}(z) = \frac{z+\bar{z}}{2}, \quad \mathrm{Im}(z) = \frac{z-\bar{z}}{2i}. \tag{C.14}$$

C.2.3 Produkt

Kartesische Darstellung

In kartesischer Form bestimmt man das Produkt von zwei komplexen Zahlen $z_1 = x_1 + iy_1$ und $z_2 = x_2 + iy_2$ mithilfe der Formel $i^2 = -1$

$$z_1\,z_2 = (x_1 + iy_1)(x_2 + iy_2) = x_1x_2 - y_1y_2 + i(x_1y_2 + x_2y_1). \tag{C.15}$$

Bemerkung
Beachte:

$$z\,\bar{z} = (x+iy)(x-iy) = x^2 + y^2 - ixy + ixy = x^2 + y^2 = |z|^2. \tag{C.16}$$

Daher ist $|z| = \sqrt{z\,\bar{z}}$.

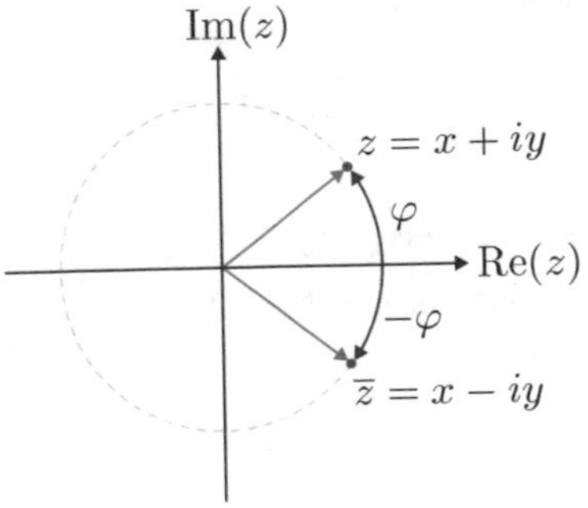

◘ **Abb. C.5** Komplexe Konjugation

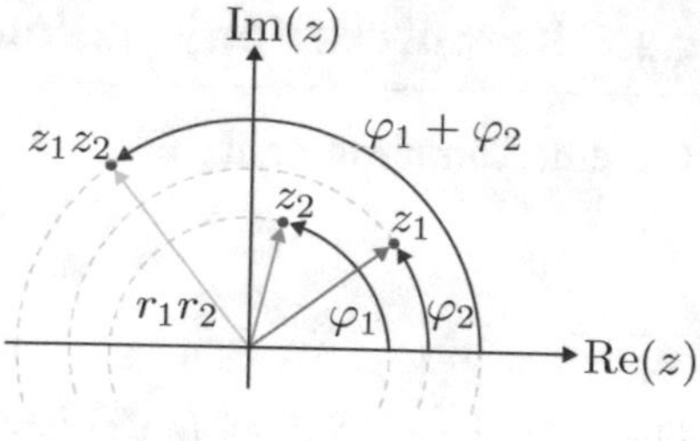

Abb. C.6 Produkt gezeigt mit der Euler'schen Darstellung

Euler'sche Form

Die geometrische Interpretation des Produkts wird einleuchtender, wenn die komplexen Zahlen in der Euler'schen Form dargestellt werden. Für $z_1 = r_1\, e^{i\varphi_1}$ mit $z_2 = r_2\, e^{i\varphi_2}$ gilt:

$$z_1\, z_2 = r_1 r_2\, e^{i(\varphi_1+\varphi_2)}. \tag{C.17}$$

Beim Produkt werden die Beträge multipliziert und die Argumente (Winkeln) addiert. Wegen $i = e^{i\frac{\pi}{2}}$ entspricht die Multiplikation mit i einer Rotation um $\pi/2 = 90°$ (Abb. C.6).

Übung C.19

○○○ Man berechne $z_1\, z_2$ für:
a) $z_1 = 1 + i$ und $z_2 = 1 - 2i$, **b)** $z_1 = 2\, e^{i\frac{\pi}{2}}$ und $z_2 = \sqrt{2}\, e^{i\frac{\pi}{3}}$.

Lösung

a) Es gilt: $z_1\, z_2 = (1+i)(1-2i) = 1 + 2 + i - 2i = 3 - i$.
b) Es gilt: $z_1\, z_2 = 2^{3/2}\, e^{i(\frac{\pi}{2}+\frac{\pi}{3})} = 2^{3/2}\, e^{i\frac{5\pi}{6}}$. ■

C.2.4 Division

Kartesische Darstellung

Mithilfe der Formel $z\,\overline{z} = |z|^2$ können wir immer eine Division elegant in ein Produkt umwandeln

$$\frac{z_1}{z_2} = \frac{z_1\,\overline{z_2}}{z_2\,\overline{z_2}} = \frac{z_1\,\overline{z_2}}{|z_2|^2}. \tag{C.18}$$

Euler'sche Darstellung

In der Euler'schen Darstellung ist die Division von $z_1 = r_1\, e^{i\varphi_1}$ mit $z_2 = r_2\, e^{i\varphi_2}$ sehr einfach:

$$\frac{z_1}{z_2} = \frac{r_1}{r_2}\, e^{i(\varphi_1-\varphi_2)}. \tag{C.19}$$

Übung C.20

∘∘∘ Man berechne z_1/z_2 für:

a) $z_1 = 1 + i$ und $z_2 = 1 - i$,

b) $z_1 = 2\,e^{i\frac{\pi}{2}}$ und $z_2 = \sqrt{2}\,e^{i\frac{\pi}{3}}$.

Lösung

a) Es gilt: $\frac{z_1}{z_2} = \frac{1+i}{1-i} = \frac{(1+i)}{(1-i)}\frac{(1+i)}{(1+i)} = \frac{(1+i)(1+i)}{1^2+1^2} = \frac{1-1+i+i}{2} = i.$

b) Es gilt: $\frac{z_1}{z_2} = \frac{2\,e^{i\frac{\pi}{2}}}{\sqrt{2}\,e^{i\frac{\pi}{3}}} = \sqrt{2}\,e^{i(\frac{\pi}{2}-\frac{\pi}{3})} = \sqrt{2}\,e^{i\frac{\pi}{6}}.$ ■

C.2.5 Potenz

Wie wir gesehen haben, ist die Euler'sche Form besonders praktisch, wenn wir Produkte oder Quotienten berechnen müssen. Beispielsweise erfolgt die Berechnung des Quadrats einer komplexen Zahl $z = r\,e^{i\varphi}$ elegant auf folgende Weise

$$z^2 = r^2\,e^{2i\varphi}. \quad \text{(C.20)}$$

In der komplexen Ebene entspricht die zweite Potenz z^2 einer Verdopplung des Argumentes von z. Im Allgemeinen ist die n-te Potenz von $z = r\,e^{i\varphi}$ gleich (Abb. C.7)

$$z^n = r^n\,e^{i\,n\varphi}. \quad \text{(C.21)}$$

Übung C.21

∘∘∘ Man schreibe die folgenden komplexen Zahlen in kartesischer Form, d. h. in der Form $z = x + iy$:

a) $(1 + i)^8$

b) $(2 + 3i)^3$

c) $\left(\frac{1+i}{\sqrt{2}}\right)^{80}$

d) $(1 + 2i)^{720}$.

Abb. C.7 Potenz

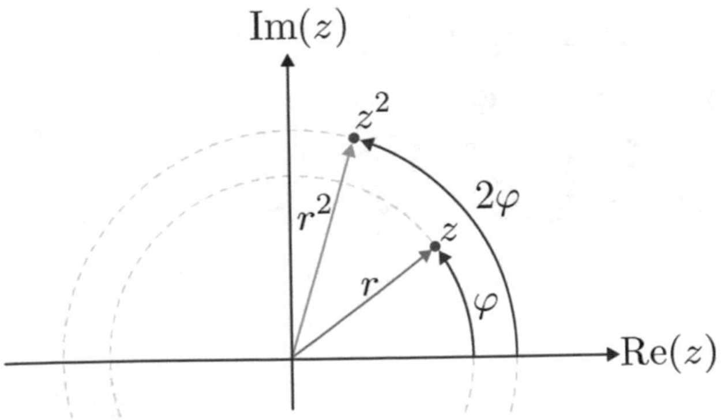

Lösung

a) Es ist viel einfacher, die Potenz einer komplexen Zahl zu bestimmen, wenn diese Zahl in der Euler'schen Form vorliegt. Also bringen wir die Zahl die Zahl $z = 1 + i$ in die Eulerform.

$$\text{Betrag: } r = |1+i| = \sqrt{1+1} = \sqrt{2}, \quad \text{Argument: } \varphi = \arctan\left(\frac{1}{1}\right) = \arctan(1) = \frac{\pi}{4}$$

Mit $z = 1 + i = \sqrt{2}e^{i\frac{\pi}{4}}$. Daher wird:

$$(1+i)^8 = \left[\sqrt{2}e^{i\frac{\pi}{4}}\right]^8 = 2^4 e^{i\frac{\pi}{4}\cdot 8} = 2^4 e^{4\pi i} = 2^6 = 16.$$

b) In diesem Fall ist es ist schneller, die Potenz mittels 3. Binom zu bestimmen (es ist nur eine dritte Potenz!):

$$(2+3i)^3 = 8 + 36i - 54 - 27i = -46 + 9i.$$

c) Wir schreiben zuerst die Zahl $z = \frac{1+i}{\sqrt{2}}$ in Exponentialform

$$\text{Betrag: } r = \left|\frac{1+i}{\sqrt{2}}\right| = \sqrt{\frac{1}{2} + \frac{1}{2}} = 1, \quad \text{Argument: } \varphi = \arctan\left(\frac{1}{1}\right) = \arctan(1) = \frac{\pi}{4}.$$

Somit $z = \frac{1+i}{\sqrt{2}} = e^{i\frac{\pi}{4}}$. Wir erhalten

$$\left(\frac{1+i}{\sqrt{2}}\right)^{80} = e^{80i\frac{\pi}{4}} = e^{40\pi i} = 1.$$

d) Wir schreiben die Zahl $z = 1 + 2i$ in Exponentialform:

$$\text{Betrag: } r = |1+2i| = \sqrt{1+4} = \sqrt{5}, \quad \text{Argument: } \varphi = \arctan\left(\frac{2}{1}\right) = \arctan(2).$$

Also

$$z = 1 + 2i = \sqrt{5}\, e^{i \arctan(2)}.$$

Wir finden somit

$$z^{720} = 5^{360} e^{720i \arctan(2)}.$$

■

Übung C.22

○ ○ ○ Man berechne z^n, $n = 2, 3, 4, 5, 6$ für $z = 2\,e^{i\frac{\pi}{3}}$.

Lösung
Es gilt:

$$z = 2\,e^{i\frac{\pi}{3}} \qquad z^2 = 4\,e^{i\frac{2\pi}{3}} \qquad z^3 = 8\,e^{i\frac{3\pi}{3}} = 8\,e^{i\pi} = -8$$

$$z^4 = 16\,e^{i\frac{4\pi}{3}} \qquad z^5 = 32\,e^{i\frac{5\pi}{3}} \qquad z^6 = 64\,e^{i\frac{6\pi}{3}} = 64\,e^{2\pi i} = 64.$$

■

Bemerkung
Anhand der letzten Beispiele sieht man, dass bei Potenzen $z, z^2, z^3, \cdots, z^n, \cdots$ einer komplexen Zahl z die entsprechenden „Ortsvektoren“ um den Ursprung „gedreht“ werden. Wenn außerdem $r > 1$, dann bewegen sich die Potenzen nach „aussen“ (Betrag wächst mit n). Ist $r = 1$, so bleiben die Potenzen auf dem Einheitskreis. Schließlich, wenn $r < 1$, nähern sich die Potenzen dem Ursprung. Man spricht von:
- $r > 1 \Rightarrow$ **Drehstreckung**
- $r = 1 \Rightarrow$ **Drehung**
- $r > 1 \Rightarrow$ **Drehschrumpfung**

C.2.6 Komplexe Wurzel

Auf $\mathbb{C}$ hat die Gleichung $w^n = z$ genau n Lösungen. Diese sind die n Wurzeln von z:

$$\sqrt[n]{z} := \left\{ \sqrt[n]{|z|}\, e^{i\left(\frac{\varphi}{n} + \frac{2\pi k}{n}\right)} \,\middle|\, k = 0, 1, \cdots, n-1 \right\}. \tag{C.22}$$

In der komplexen Ebene liegen die n Wurzeln von z an den Eckpunkten eines regelmäßigen n-Polygons oder n-Ecks.

Bemerkung
Beachte, dass $\sqrt[n]{z}$ eine Menge ist (mit n Elementen).

Übung C.23
○ ○ ○ Man berechne: **a)** $\sqrt[3]{1}$, **b)** $\sqrt[4]{-1}$, **c)** $\sqrt[6]{1}$.

Lösung
a) Wegen $1 = e^0$ ist

$$\sqrt[3]{1} = \{e^{\frac{2\pi k i}{3}} \mid k = 0, 1, 2\}$$

Explizit lauten die 3 Wurzeln

$$k = 0: \quad e^0 = \frac{1+i}{\sqrt{2}}$$

$$k = 1: \quad e^{i\frac{2\pi}{3}} = \frac{-1+\sqrt{3}\,i}{2}$$

$$k = 2: \quad e^{i\frac{4\pi}{3}} = \frac{-1 - \sqrt{3}\,i}{2}$$

Die 3 Wurzeln von $z = 1$ liegen auf dem gleichseitigen Dreieck.

b) Zuerst schreiben wir Zahl $z = -1$ in Exponentialdarstellung

Betrag: $r = |-1| = \sqrt{1+0} = 1$, Argument: $\varphi = \pi \quad \Rightarrow \quad z = -1 = e^{i\pi}$.

Daraus folgt:

$$\sqrt[4]{-1} = \{e^{i\frac{\pi}{4} + \frac{2\pi k i}{4}} \mid k = 0, 1, 2, 3\}.$$

Explizit lauten die 4 Wurzeln:

$$k = 0: \quad e^{i\frac{\pi}{4}} = \frac{1+i}{\sqrt{2}}$$

$$k = 1: \quad e^{3i\frac{\pi}{4}} = \frac{-1+i}{\sqrt{2}}$$

$$k = 2: \quad e^{5i\frac{\pi}{4}} = \frac{-1-i}{\sqrt{2}}$$

$$k = 3: \quad e^{7i\frac{\pi}{4}} = \frac{1-i}{\sqrt{2}}.$$

c) Wegen $1 = e^0$ ist

$$\sqrt[6]{1} = \{e^{\frac{2\pi k i}{6}} \mid k = 0, 1, 2, 3, 4, 5\}.$$

Explizit lauten die 6 Wurzeln

$$k = 0: \quad e^{6i\frac{\pi}{3}} = 1$$

$$k = 1: \quad e^{i\frac{\pi}{3}} = \frac{1}{2} + i\frac{\sqrt{3}}{2}$$

$$k = 2: \quad e^{2i\frac{\pi}{3}} = -\frac{1}{2} + i\frac{\sqrt{3}}{2}$$

$$k = 3: \quad e^{3i\frac{\pi}{3}} = -1$$

$$k = 4: \quad e^{4i\frac{\pi}{3}} = -\frac{1}{2} - i\frac{\sqrt{3}}{2}$$

$$k = 5: \quad e^{5i\frac{\pi}{3}} = \frac{1}{2} - i\frac{\sqrt{3}}{2}.$$

Die 6 Wurzeln von $z = 1$ liegen auf den Ecken des regelmäßigen 6-Ecks (◘ Abb. C.8–C.10). ■

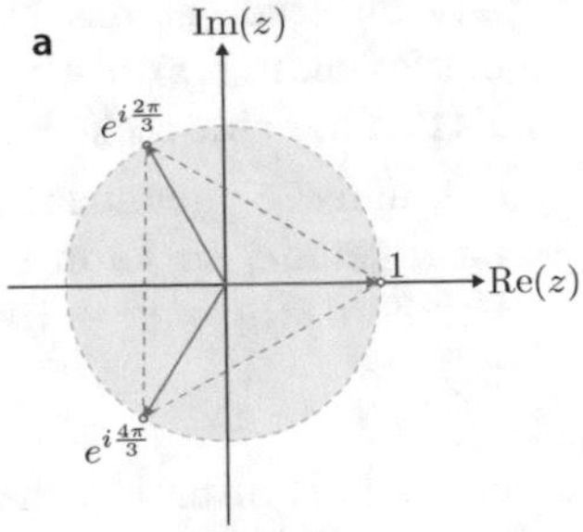

Abb. C.8 Übung C.23(**a**)

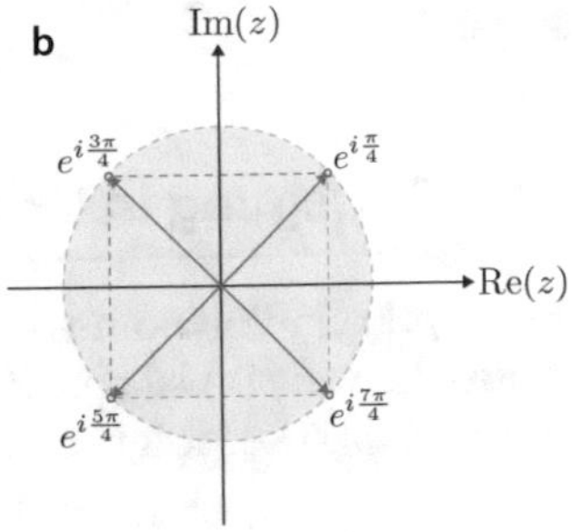

Abb. C.9 Übung C.23(**b**)

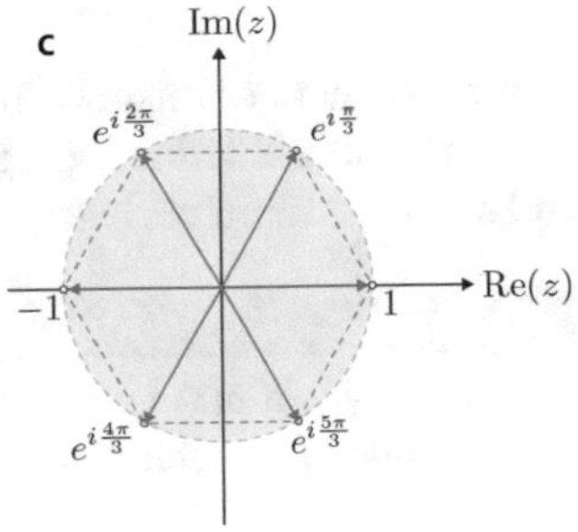

Abb. C.10 Übung C.23(**c**)

C.3 Gleichungen in $\mathbb{C}$ – Der Fundamentalsatz der Algebra

Viele Probleme der Mathematik haben mit der Lösbarkeit von Gleichungen n-ter Ordnung zu tun:

$$a_0 + a_1 z + a_2 z^2 + \cdots + a_n z^n = 0. \tag{C.23}$$

Diese Frage ist äquivalent zur Bestimmung der Nullstellen des Polynoms

$$p(z) = a_0 + a_1 z + a_2 z^2 + \cdots + a_n z^n = \sum_{i=0}^{n} a_i z^i. \tag{C.24}$$

Aus dem Gymnasium wissen wir bereits, dass über $\mathbb{R}$ solche Gleichungen (C.24) **höchstens n Lösungen** besitzen. In manchen Situationen gibt es sogar keine Lösung! Insbesondere:

- Ist n ungerade, so hat die Gleichung mindestens eine reelle Lösung. Zum Beispiel, das Polynom $p(z) = z^3 - 1$ kann man wie folgt schreiben: $p(z) = (z-1)(z^2+z+1)$. Es gibt nur eine reelle Nullstelle $\lambda = 1$ (die anderen zwei Nullstellen sind komplex $e^{i\frac{2\pi}{3}}$ und $e^{i\frac{4\pi}{3}}$, genauer konjugiert komplex).
- Ist n gerade, so kann die Gleichung über $\mathbb{R}$ unlösbar sein. Zum Beispiel, das Polynom $p(z) = z^2 + 1$ hat keine reelle Nullstellen (die Nullstellen sind komplex $\pm i$).

Über $\mathbb{C}$ ist die Situation ganz anders: Alle Polynome vom Grad $n \geq 1$ haben **genau** n **komplexe Nullstellen**. Dies ist die Aussage des sogenannten **Fundamentalsatzes der Algebra**.

C.3.1 Zerlegung in Linearfaktoren

Es sei $p(z)$ ein Polynom vom Grad $n \geq 1$ mit Koeffizienten aus dem Körper $\mathbb{K}$. Eine **Nullstelle** von $p(z)$ ist eine Zahl $\lambda \in \mathbb{K}$ mit $p(\lambda) = 0$. Ist λ eine Nullstelle von $p(z)$, so lässt sich $p(z)$ wie folgt schreiben

$$p(z) = (z - \lambda)q(z), \tag{C.25}$$

wobei $q(z)$ ein Polynom vom Grad $n-1$ ist. Der Term $(z-\lambda)$ nennt man **Linearfaktor**.

Im Sonderfall, dass $p(z)$ genau n Nullstellen über $\mathbb{K}$ hat, kann man $p(z)$ vollständig in Linearfaktoren zerlegen:

▶ Definition C.12 (Zerlegung in Linearfaktoren)

Ein Polynom $p(z)$ vom Grad n **zerfällt in Linearfaktoren** über $\mathbb{K}$, wenn $p(z)$ sich in der folgenden Form schreiben lässt:

$$p(z) = a\,(z - \lambda_1)(z - \lambda_2)\cdots(z - \lambda_n), \tag{C.26}$$

wobei $\lambda_1, \lambda_2, \cdots, \lambda_n \in \mathbb{K}$ die Nullstellen von $p(z)$ sind. ◀

Der Fundamentalsatz der Algebra

▶ Satz C.4 (Fundamentalsatz der Algebra)

Jedes Polynom vom Grad $n \geq 1$ über $\mathbb{C}$ zerfällt in Linearfaktoren, d. h. hat genau n Nullstellen in $\mathbb{C}$. ◀

Bemerkung

Wir halten einen interessanten Fakt über komplexen Nullstellen fest: Ist λ eine komplexe Nullstelle von $p(z)$, so ist auch ihr komplex Konjugiertes $\bar{\lambda}$ eine Nullstelle von $p(z)$.

Algebraisch abgeschlossene Körper

Ein Körper $\mathbb{K}$ heißt **algebraisch abgeschlossen**, wenn jedes nicht konstantes Polynom über $\mathbb{K}$ in Linearfaktoren zerfällt. Der Fundamentalsatz der Algebra besagt somit, dass $\mathbb{C}$ **algebraisch abgeschlossen ist**.

Einige nützliche Eigenschaften

Wir halten zwei interessante Tatsachen über komplexen Nullstellen fest.

- Ist λ eine komplexe Nullstelle von $p(z)$, so ist auch ihr komplex Konjugiertes $\bar{\lambda}$ eine Nullstelle von $p(z)$.
- Sind $\lambda_1, \lambda_2, \cdots, \lambda_n \in \mathbb{C}$ die n Nullstellen von $p(z) = a_0 + a_1 z + \cdots + a_{n-1} z^{n-1} + a_n z^n$, so gilt:

$$\lambda_1 + \lambda_2 + \cdots + \lambda_n = -\frac{a_{n-1}}{a_n} \quad \text{und} \quad \lambda_1 \cdot \lambda_2 \cdots \lambda_n = (-1)^n \frac{a_0}{a_n}. \tag{C.27}$$

Literaturverzeichnis

1. T. Bröcker, *Lineare Algebra und Analytische Geometrie: Ein Lehrbuch für Physiker und Mathematiker*. Birkhäuser-Springer, 2013.
2. P. Gabriel, *Matrizen, Geometrie, Lineare Algebra*, Birkhäuser-Springer, 2013.
3. D. Wille, *Repetitorium der Linearen Algebra Teil 1*, Binomi, 1997.
4. M. Holz, D. Wille, *Repetitorium der linearen Algebra Teil 2*, Binomi, 1993.
5. K. Nipp, D. Stoffer, *Lineare Algebra: eine Einführung für Ingenieure unter besonderer Berücksichtigung numerischer Aspekte*, vdf Hochschulverlag AG, 2002.
6. G. Strang, *Lineare Algebra*, Springer, 2003.
7. G.M. Gramlich, *Lineare Algebra: Eine Einführung*, Carl Hanser, 2014.
8. G. Fischer, *Lernbuch lineare Algebra und analytische Geometrie*, Vieweg+ Teubner, 2011.
9. A. Howard, R.C. Busby, *Contemporary linear algebra*, Wiley, 2003.
10. P. Furlan, *Das gelbe Rechenbuch*, Furlan, 1995.
11. K.F. Riley, M.P. Hobson, S.J. Bence, *Mathematical Methods for Physics and Engineering*, Cambridge University Press, 2012.
12. H. Stoppel, B. Griese, *Übungsbuch zur Linearen Algebra*, Vieweg, 1998.
13. T. Arens, F. Hettlich, Ch. Karpfinger, U. Kockelkorn, K. Lichtenegger, H. Stachel, *Mathematik*, 2. Aufl., Springer Spektrum, 2010.
14. T. Arens, F. Hettlich, Ch. Karpfinger, U. Kockelkorn, K. Lichtenegger, und H. Stachel, *Arbeitsbuch Mathematik*, Springer Spektrum, 2010.

Stichwortverzeichnis

A

B

C

D

E

F

G

H

I

K

L

M

N

O

P

R

S

T

U

V

W

Z

Printed in the United States
by Baker & Taylor Publisher Services